Lineare Codes

Herrad Schmidt • Manfred Schwabl-Schmidt

Lineare Codes

Theorie und Praxis mit AVR- und dsPIC-Mikrocontrollern

Springer Vieweg

Herrad Schmidt
Institut für Wirtschaftsinformatik
Universität Siegen
Siegen, Deutschland

Manfred Schwabl-Schmidt
Boppard, Deutschland

ISBN 978-3-658-13469-3 ISBN 978-3-658-13470-9 (eBook)
DOI 10.1007/978-3-658-13470-9

Die Deutsche Nationalbibliothek verzeichnet diese Publikation in der Deutschen Nationalbibliografie; detaillierte bibliografische Daten sind im Internet über http://dnb.d-nb.de abrufbar.

Springer Vieweg

Gedruckt auf säurefreiem und chlorfrei gebleichtem Papier

Springer Vieweg ist Teil von Springer Nature
Die eingetragene Gesellschaft ist Springer Fachmedien Wiesbaden GmbH

Vorwort

Wer sich daran begibt, einen ersten Überblick über Theorie und Techniken linearer Codes zu erhalten, ist bald davon überzeugt, daß vor der Implementierung solcher Codes die Arithmetik von Polynomen mit Koeffizienten in einem endlichen Körper $\mathbb{K}_q$ realisiert werden muss. Dabei ist q eine Primzahlpotenz, was im praktischen Einsatz überwiegend $q = 2$ bedeutet. Weil diese Arithmetik, so hat es den Anschein, zumindest in der Codierungsphase einzusetzen ist, sollte sie in Programmcode großer Effizienz umgesetzt werden. Genauso ist es auch geschehen, das Ergebnis wird in Abschnitt 5.1 vorgestellt.

Darstellungen der Theorie linearer Codes erreichen ihren Höhepunkt gewöhnlich mit den zyklischen Codes, welche die Nullstellen eines Generatorpolynoms zur Erkennung und Korrektur von Übertragungsfehlern nutzen. Man gewinnt so den Eindruck, daß die Implementierung eines solchen Codes erstrebenswert ist. Allerdings ist hier erst eine weitere Hürde zu nehmen, denn die Fehlererkennung und Fehlerkorrektur wird im Zerfällungskörper des Generatorpolynoms vorgenommen, etwa in $\mathbb{K}_{q^m}$. Das bedeutet also, daß vorab die Arithmetik von $\mathbb{K}_{q^m}$ zu implementieren ist.

An dieser Stelle war es nicht möglich, vorauszusagen, ob ein AVR-Mikrocontroller der Reihe **ATmegaXXX** genug Rechenleistung erbringen kann, um die Arithmetik von $\mathbb{K}_{q^m}$ programmatisch umsetzen zu können. Es wurde daher zweigleisig verfahren, d.h. die Umsetzung erfolgte sowohl für einen Mikrocontroller **ATmegaXXX** als auch für einen **dsPIC**-Mikrocontroller mit einer 16-Bit-CPU und einem potenten Befehlssatz. Um die Angelegenheit etwas interessanter zu gestalten wurden die Arithmetiken zweier Körper mit verschiedenen Verfahren implementiert.

Mit dem **dsPIC** wurde die Arithmetik von $\mathbb{K}_{13^2}$ mit einem Verfahren realisiert, das aus der Darstellungstheorie stammt, das also mit Matrizen arbeitet. Das Verfahren ist in Abschnitt 2.2 beschrieben, das Programm in Abschnitt 2.3.

Ein **ATmegaXXX** wurde dazu benutzt, die Arithmetik von $\mathbb{K}_{2^8}$ in ein Programm umzusetzen. Hier wurde von einem primitiven Element des Körpers Gebrauch gemacht, um zu einer effizienten Multiplikation zu gelangen. Abschnitt 2.4 enthält die Darstellung der Methode und Abschnitt 2.5 das realisierende Programm.

Glücklicherweise erwies sich der **ATmegaXXX** als seiner Aufgabe völlig gewachsen, d.h. die Polynomarithmetik musste nicht auf den **ATmegaXXX** umgeschrieben werden. Das ist auch deshalb erfreulich, weil für den praktischen Teil des Buches ein leicht erreichbarer und einfach zu programmierender Mikrocontroller Verwendung finden sollte.

Die Arithmetik von $\mathbb{K}_{2^8}$ zur Fehlererkennung und Fehlerbeseitigung stand nun zur Verfügung. Die Fehlerbehandlung besteht zum Teil daraus, den Rang von mindestens einer Matrix mit Koeffizienten in $\mathbb{K}_{2^8}$ zu bestimmen und die Lösung eines linearen Gleichungssystem mit Koeffizienten in $\mathbb{K}_{2^8}$ zu finden. Auch hier schien es besser, das Problem vorab zu lösen, um die schließliche Realisierung eines linearen Codes ohne Unterbrechung durchführen zu können. Abschnitt 5.2 enthält das zu diesem Zweck geschriebene Programm. Auch hier war große Effizienz anzustreben, sollte das Programm doch zur Fehlerbehandlung bei Ausführung eines Codes eingesetzt werden. Das bedeutet konkret, daß im Programm auf die Matrixelemente nicht über ihre Indizes, sondern über ihre Adressen zugegriffen wird. Dieses Vorgehen wird vom defizitären Befehlssatz des Prozessors praktisch erzwungen. Auf diese Weise wird aus einem noch recht einfachen Algorithmus zur Transformation einer Matrix in eine Dreiecksmatrix allerdings ein komplexes Programm.

Dann war da noch das Problem, wie ein zyklischer Code überhaupt gefunden werden könnte. Die Theorie sagt hierzu: Man nehme als Generatorpolynom einen echten Teiler des Polynoms $\boldsymbol{X}^n - 1$ aus dem Polynomring $\mathbb{K}_q[\boldsymbol{X}]$ für ein passendes n. Aber das ist leichter gesagt als getan, die Bestimmung der irreduziblen Faktoren eines Polynoms ist kein ganz einfaches Unterfangen.

Die wohl bekannteste Methode ist das Verfahren von Berlekamp, es ist in Abschnitt 3.3 ausführlich dargestellt. Leider ist es nur sehr aufwendig zu implementieren. Auch sind in seinem Verlauf Entscheidungen zu treffen, die einer Person, welche das Verfahren mit Papier und Bleistift anwendet, nicht allzuschwer fallen sollten, die aber programmatisch schwer umzusetzen sind.

Es gibt aber noch ein viel einfacheres Verfahren, das in Abschnitt 6.10.1 vorgestellt wird. Es beruht im Wesentlichen darauf, daß das Polynom $\boldsymbol{X}^{q^n} - \boldsymbol{X}$ das Produkt aller normierten irreduziblen Polynome mit Koeffizienten aus $\mathbb{K}_q$ ist, deren Grad ein Teiler von n ist. Der auf den ersten Blick absurd hohe Polynomgrad q^n, z.B. 16777216 bei $q = 2^8$ und $n = 3$ ist zur Umsetzung des Verfahrens nicht wirklich ein Hindernis.

Leider wurde erst jetzt nach all diesen aufwendigen und teils recht komplizierten Vorarbeiten die Theorie der linearen Codes in allen Einzelheiten entwickelt und dargestellt. Dabei stellte sich nämlich heraus, daß die eben geschildertem Vorarbeiten für die Umsetzung von linearen Codes in Programmcode vollkommen überflüssig sind. Gewiss, es ist sehr schön, wenn bei den zyklischen Codes ein Bezug zur Idealtheorie hergestellt werden kann, aber dieses und etwa auch die Verfahren zur Zerlegung eines Polynoms in seine irreduziblen Faktoren sind, was den praktischen Einsatz von linearen Codes angeht, unnütze theoretische Sandkastenspiele.

Denn zyklische Codes werden nicht wirklich benötigt. Tatsächlich sind die Verfahren zur Fehlererkennung und Fehlerbeseitigung, die bei zyklischen Codes eingesetzt werden, auch bei nicht-zyklischen Codes anwendbar. In Abschnitt 4.4.3 wird eine Methode, welche die Nullstellen eines Erzeugerpolynoms verwendet, entwickelt, der Leser kann sich selbst davon überzeugen, daß in dem Abschnitt nirgendwo die Eigenschaft eines Codes, zyklisch zu sein, eingesetzt wird. Tatsächlich werden zyklische Codes erst in einem folgenden Abschnitt eingeführt.

Einen Vorteil scheinen zyklische Codes allerdings zu besitzen: Sie geben eine untere Schranke für die Anzahl der erkennbaren und korrigierbaren Fehler. Es ist jedoch sehr sehr leicht, mit Hilfe der Fehlermetrik von Abschnitt 4.3 Generatorpolynome zu bestimmen, die zu Codes mit vorgegebener Anzahl erkennbarer Fehler führen. Abschnitt 4.6 enthält Tabellen solcher Polynome für Codes mit vier und Abschnitt 4.7 Tabellen für Codes mit acht Informationsbits.

Wenn aber auf zyklische Codes verzichtet werden kann, dann kann auch auf die Fehlererkennung der Art verzichtet werden, wie sie in Abschnitt 4.4.3 entwickelt wird. Das ist gut so, denn wie die Beispiele am Ende des Abschnitts zeigen, ist diese Fehlererkennung zu aufwendig, um in effizienten Programmcode umgesetzt zu werden. Zu dem Verfahren und zugehörigen Programm in Abschnitt 4.4.2 war es dann nur noch ein kleiner Schritt.

Zum theoretischen Anhang ist noch zu sagen, daß das Buch in sich abgeschlossen sein sollte. Ohne diesen Anhang hätte der Leser die zum Verständnis notwendigen Wissensgebiete wie die Theorie Endlicher Körper, spezielle Teile der Linearen Algebra etc. diversen Publikationen entnehmen müssen, sehr wahrscheinlich mit nicht zusammenpassenden Symbolismen. Und um den Anhang etwas lesbarer zu gestalten wurde in ihn mehr Stoff aufgenommen als unbedingt nötig gewesen wäre.

Herrad Schmidt
Manfred Schwabl-Schmidt

Boppard, im Januar 2016

Inhaltsverzeichnis

1. Einleitung

In der Kodierungstheorie spielen zwei Matrizen eine besondere Rolle. Es sind die Generator- und die Paritätsprüfungsmatrix. Sie sind durch eine Orthogonalitätsrelation miteinander verbunden. Für einen Einsteiger in die Theorie wirkt der Einsatz dieser Matrizen allerdings oft willkürlich, was auch für andere Objekte und Vorgehensweisen der Theorie gilt.

Woran es hier fehlt ist ein allgemeiner Begriff, ein mathematisches Objekt, aus dem sich so zwanglos wie möglich die einzelnen Aspekte der Theorie ableiten lassen. Solch ein Objekt existiert bereits seit vielen Jahren, es ist die **kurze exakte Sequenz**:

$$\{0\} \xrightarrow{\mathbf{0}} \underset{\star}{\mathfrak{U}} \xrightarrow{\boldsymbol{\Gamma}} \underset{\star}{\mathfrak{V}} \xrightarrow{\boldsymbol{\Sigma}} \underset{\star}{\mathfrak{W}} \xrightarrow{\mathbf{0}} \{0\}$$

In diesem Graphen bestehen die Knoten aus Vektorräumen über einem bestimmten endlichen Körper K, seine Kanten werden von Vektorraumhomomorphismen (linearen Abbildungen) gebildet (siehe Abschnitt 6.10.6). Das Wesentliche dieser kurzen exakten Sequenz ist die Gültigkeit von

$$\mathbf{Bild}(\boldsymbol{\Gamma}) = \mathbf{Kern}(\boldsymbol{\Sigma})$$

Eine solche Sequenz wird nun als ein **Kodierschema** interpretiert, mit $\boldsymbol{\Gamma}$ als sein Generator und $\boldsymbol{\Sigma}$ als sein Syndrom. Das Wort Syndrom bedeutet eigentlich Krankheitsbild, eine sehr passend gewählte Bezeichnung, denn mit $\boldsymbol{\Sigma}$ wird insbesondere die Anzahl der Fehler festgestellt, die ein Codewort bei einer Datenübertragung erfährt.

Der Vektorraum $\mathfrak{U}$ ist der Raum der Informationselemente (in der Praxis zumeist Bits), die mit dem Generator codiert werden. Aus dem Informationselement $\mathfrak{u} \in \mathfrak{U}$ wird also das Codewort $\mathfrak{c} = \boldsymbol{\Gamma}(\mathfrak{u})$, d.h. der eigentliche Code $\mathfrak{C}$ ist gegeben durch

$$\mathfrak{C} = \mathbf{Bild}(\boldsymbol{\Gamma})$$

Andererseits gilt aber wegen der Haupteigenschaft der kurzen exakten Sequenz auch

$$\mathfrak{C} = \mathbf{Kern}(\boldsymbol{\Sigma})$$

das bedeutet also, daß mit dem Syndrom festgestellt werden kann, ob ein $\mathfrak{v} \in \mathfrak{V}$ ein Codewort ist, denn dazu muß $\boldsymbol{\Sigma}(\mathfrak{v}) = \mathbf{o}$ gelten. Man kann also sagen (wenn auch etwas plakativ)

> Mit der linken Seite der kurzen exakten Sequenz wird codiert, mit ihrer rechten Seite wird dagegen decodiert.

Zu vorgegebenem Code, d.h. vorgegebenem Generator $\boldsymbol{\Gamma}$, kann es verschiedene Syndrome geben, und zwar nicht nur verschiedene Abbildungen $\boldsymbol{\Sigma}$, sondern auch verschiedene Vektorräume $\mathfrak{W}$. An dieser Stelle kann die Theorie etwas verwickelt werden (sie wird es allerdings nicht nur an dieser Stelle!). Beispielsweise wird in einem Kodierschema als $\mathfrak{W}$ ein bestimmter Vektorraum über einem Erweiterungskörper von K gewählt. Hier muß allerdings angemerkt werden: Je komplizierter das Syndrom ist und je schwieriger es zu berechnen ist, desto weniger ist das Kodierschema zur Implementierung auf einem Mikrocontroller geeignet.

Die oben erwähnten Matrizen ergeben sich hier ganz zwanglos als die Matrizen der Homomorphismen $\boldsymbol{\Gamma}$ und $\boldsymbol{\Sigma}$ bezüglich im Prinzip irgendwelcher aber in der Praxis doch geeigneter Basen der endlichdimensionalen Vektorräume $\mathfrak{U}$, $\mathfrak{V}$ und $\mathfrak{W}$. Es sei etwa $\mathbf{G}$ die Transponierte einer Matrix von $\boldsymbol{\Gamma}$ und $\mathbf{P}$ die Transponierte einer Matrix von $\boldsymbol{\Sigma}$. Nun folgt aus der Aussage

$$\mathbf{Bild}(\boldsymbol{\Gamma}) = \mathbf{Kern}(\boldsymbol{\Sigma})$$

über Bild und Kern der beiden linearen Abbildungen natürlich sofort eine Aussage über die Abbildungen selbst:

$$\boldsymbol{\Sigma} \circ \boldsymbol{\Gamma} = \mathbf{0}$$

Diese Gleichung überträgt sich sofort auf die Matrizen der beiden Abbildungen:

$$\mathbf{PG} = \mathbf{0}$$

Es hat sich also auch zwanglos die oben erwähnte Orthogonalitätsrelation ergeben, die bedeutet, daß die Zeilen von $\mathbf{P}$ und die Spalten von $\mathbf{G}$ orthogonal sind (aufeinander senkrecht stehen).

Tatsächlich werden die beiden Matrizen hier kaum eingesetzt, weder theoretisch noch praktisch. Mit den linearen Abbildungen läßt sich in der Theorie weitaus angenehmer umgehen als mit den Matrizen. In der Praxis, d.h. bei der Auswertung von Generator und Syndrom, gibt es bessere Methoden als die Matrizenmultiplikation.

Es gibt Syndrome, die zu ihrer Auswertung Berechnungen in Körpern $\mathbb{K}_{p^n}$ mit $n > 1$ erfordern. Die Arithmetik solcher Körper ist daher zu implementieren. Das Buch beginnt deshalb mit einer eingehenden Diskussion einiger Verfahren, die zur Implementierung genutzt werden können. Die Arithmetiken von $\mathbb{K}_{13^2}$ und $\mathbb{K}_{2^8}$ werden dabei in Assemblercode umgesetzt.

Die Anwendung der Kodierungstheorie erfordert auch die Zerlegung eines Polynoms mit Koeffizienten in einem endlichen Körper in seine irreduziblen Bestandteile. Verfahren zu solch einer Zerlegung werden deshalb anschließend vorgestellt. Weil der Algorithmus von BERLEKAMP doch recht kompliziert ist, auch in seiner Anwendung, wird auch ein sehr viel einfacheres Verfahren vorgestellt, das mit den Teilern von $\boldsymbol{X}^{p^{n^n}} - \boldsymbol{X}$ arbeitet.

Der mathematische Anhang ist zwar sehr umfangreich geraten, seinetwegen konnten die Bezeichnungen, die Auswahl der Symbole etc. des Textes sehr homogen gestaltet werden. Die Theorie der linearen Codes ist eine angewandte Theorie, sie verwendet deshalb Vieles aus grundlegenden Theorien, deren Bezeichnungen und Nomenklaturen nicht immer zusammenpassen. Etwaige Konflikte, die den Leser verwirren könnten, wurden auf diese Weise vermieden.

2. Darstellung und Arithmetik endlicher Körper

Einige Verfahren der Kodierungstheorie verlangen, daß Berechnungen in endlichen Körpern größerer Kardinalität ausgeführt werden. In der Praxis sind das hauptsächlich die Körper $\mathbb{K}_{2^n}$. Dazu gehören das Lösen linearer Gleichungssysteme und die Bestimmung von Nullstellen von Polynomen mit Koeffizienten aus solch einem Körper.

Die in der Theorie verwandte Methode, diese Körper zu konstruieren, eignet sich zur Implementierung nicht. Eine bessere Möglichkeit bietet ein Abstecher in die Darstellungstheorie: Die Körperoperationen werden mit bestimmten Matrizen simuliert. Die (spezielle) Matrizenarithmetik läßt sich sehr gut implementieren, wie am Beispiel des Körpers $\mathbb{K}_{13^2}$ gezeigt wird. Implementiert wird für den Mikrocontroller dsPIC.

Es ist auch möglich, primitive Elemente zu verwenden. Die Körpermultiplikation erfolgt hier über die Addition der Potenzen des primitiven Elementes und ist deshalb sehr schnell durchführbar. Auch die Addition ist meist recht schnell durchführbar, sie ist in $\mathbb{K}_{2^k}$ sogar so einfach zu implementieren, daß auf ein Unterprogramm verzichtet werden kann. Problematisch ist allerdings das schnelle Umschwenken von der normalen Darstellung als Polynom (d.h. Bitfolge) auf die Darstellung mit Potenzen des primitiven Elementes. Implementiert wird hier die Arithmetik von $\mathbb{K}_{2^8}$ für AVR-Mikrocontroller.

Zur Bestimmung des Inversen eines Körperelementes wird eine Tabelle eingesetzt. Das ist gut möglich, weil die Tabelle nur so viel Einträge enthält wie es von Null verschiedene Körperelemente gibt. Dagegen eignen sich Tabellen für die Körpermultiplikation nur bei kleinen Körpern, weil eine solche Tabelle die Größenordnung k^2 hat, wenn k die Kardinalzahl des Körpers ist. Der Körper $\mathbb{K}_{2^8}$ z.B. verlangt eine Multiplikationstabelle der Größenordnung 2^{16}.

Es sei noch angemerkt, daß $\mathbb{K}_{q^n}$ die Teilkörper $\mathbb{K}_{q^m}$ enthält, dabei ist m ein Teiler von n. Die Programme für $\mathbb{K}_{2^8}$ können daher auch mit $\mathbb{K}_{2^4}$, $\mathbb{K}_{2^2}$ und $\mathbb{K}_2$ benutzt werden, entsprechend die Programme für $\mathbb{K}_{13^2}$ auch mit $\mathbb{K}_{13}$.

2.1. Faktorringe

Ist K ein endlicher Körper und $\boldsymbol{p} \in \mathsf{K}[\boldsymbol{X}]$ ein irreduzibles Polynom, dann bildet der Ring (siehe Abschnitt 6.12)

$$\mathsf{K}[\boldsymbol{X}]_{\boldsymbol{p}} = \{\, \boldsymbol{f} \in \mathsf{K}[\boldsymbol{X}] \mid \partial(\boldsymbol{f}) < \partial(\boldsymbol{p}) \,\} \tag{2.1}$$

mit der von der Teilerrestabbildung $\boldsymbol{\varrho}_{\boldsymbol{p}}$ induzierten Ringverknüpfungen einen Körper. Die Addition in $\mathsf{K}[\boldsymbol{X}]_{\boldsymbol{p}}$ ist also die gewöhnliche Polynomaddition und das Produkt zweier Körperelemente ist ihr mit $\boldsymbol{\varrho}_{\boldsymbol{p}}$ reduziertes Polynomprodukt. Sind daher $\boldsymbol{f}, \boldsymbol{g} \in \mathsf{K}[\boldsymbol{X}]$, dann gibt es $\boldsymbol{q}, \boldsymbol{r} \in \mathsf{K}[\boldsymbol{X}]$ mit $\boldsymbol{f}\boldsymbol{g} = \boldsymbol{q}\boldsymbol{p} + \boldsymbol{r}$ und $\partial(\boldsymbol{r}) < \partial(\boldsymbol{p})$, und der Rest $\boldsymbol{r}$ ist gerade das Produkt der Körperelemente $\boldsymbol{f}$ und $\boldsymbol{g}$. Wählt man speziell $\mathsf{K} = \mathbb{K}_p$ für ein $p \in \mathbb{P}$ und $\partial(\boldsymbol{p}) = n \in \mathbb{N}_+$, dann enthält der Körper $\mathbb{K}_p[\boldsymbol{X}]_{\boldsymbol{p}}$ gerade $q = p^n$ Elemente (siehe z.B. 6.15.1), d.h. man erhält **den** Körper $\mathbb{K}_q$ mit q Elementen. Die Arithmetik von $\mathbb{K}_q$ kann daher mit der Polynomarithmetik von $\mathbb{K}_p[\boldsymbol{X}]_{\boldsymbol{p}}$ realisiert werden.

Als Beispiel soll die Arithmetik von $\mathbb{K}_{2^8} = \mathbb{K}_{256}$ implementiert werden (dieser Körper bildet die Grundlage des Verschlüsselungssystems *AES* (das ist *Advanced Encryption Standard*). Sie beruht auf der Arithmetik von $\mathbb{K}_2[\boldsymbol{X}]$ und kann deshalb mit der Polynomarithmetik aus Abschnitt 5.1 für AVR-Prozessoren umgesetzt werden.

Zu diesem Zweck ist ein irreduzibles Polynom $\boldsymbol{k} \in \mathbb{K}_2[\boldsymbol{X}]$ mit $\partial(\boldsymbol{k}) = 8$ zu bestimmen. Man kann so vorgehen, daß ein zufällig gewähltes Polynom aus $\mathbb{K}_2[\boldsymbol{X}]$ vom Grad 8 mit einem der Verfahren aus Abschnitt 3 auf Irreduzibilität getestet wird. Die Frage liegt hier nahe, wie groß die Wahrscheinlichkeit ist, bei einem solchen Versuch ein irreduzibles Polynom zu erhalten. Diese Frage läßt sich sehr genau beantworten. Die Anzahl N_q^n der **normierten** irreduziblen Polynome vom Grad n in $\mathbb{K}_q[\boldsymbol{X}]$ ist gegeben durch (siehe etwa [LiNi] Theorem **3.25.**)

$$N_q^n = \tfrac{1}{n} \sum_{k \in \mathsf{T}_n} \mu(k) q^{\frac{n}{k}} \tag{2.2}$$

Darin ist μ die **Möbiusfunktion** der Zahlentheorie (siehe etwa [NiZu] **Definition 4.3**). Im gegebenen Spezialfall erhält man (in $\mathbb{K}_2[\boldsymbol{X}]$ ist jedes Element normiert)

$$N_2^8 = \tfrac{1}{8}\big(\mu(1)2^8 + \mu(2)2^4 + \mu(4)2^2 + \mu(8)2\big) = \tfrac{1}{8}(2^8 - 2^4) = 2^5 - 2 = 30$$

Die Wahrscheinlichkeit eines Erfolges ist daher $\frac{30}{256} \approx 0,117$ oder $11,7\%$. Das ist nicht eben viel. Glücklicherweise sind in [LiNi] Tabellen normierter irreduzibler Polynome für einige Körper $\mathbb{K}_p$ und Grade n enthalten. Die Wahl ist auf das Polynom

$$\boldsymbol{k} = \boldsymbol{X}^8 + \boldsymbol{X}^4 + \boldsymbol{X}^3 + \boldsymbol{X}^2 + 1 \tag{2.3}$$

gefallen, aber jedes andere der 30 irreduziblen Polynome ist ebenso geeignet.

Nun ist es beim Rechnen mit den Elementen von $\mathbb{K}_{2^8}$ sehr unpraktisch, dazu die Polynome aus $\mathbb{K}_2[\boldsymbol{X}]_{\boldsymbol{k}}$ zu verwenden. Man betrachtet deshalb $\mathbb{K}_2[\boldsymbol{X}]_{\boldsymbol{k}}$ als einen Vektorraum über $\mathbb{K}_2$ mit der Basis $\{1, \boldsymbol{X}, \ldots, \boldsymbol{X}^7\}$ und geht mit der Koordinatenabbildung

$$\boldsymbol{\xi} \colon \mathbb{K}_2[\boldsymbol{X}]_{\boldsymbol{k}} \longrightarrow \mathbb{K}_2^8 \qquad \sum_{\nu=0}^{7} \boldsymbol{f}(\nu)\boldsymbol{X}^\nu \mapsto \big(\boldsymbol{f}(0), \ldots, \boldsymbol{f}(7)\big) \tag{2.4}$$

zum Vektorraum $\mathbb{K}_2^8$ über. Die Addition ist natürlich die Standardaddition in $\mathbb{K}_2^8$, die gegeben ist durch $(f_0,\ldots,f_7)+(g_0,\ldots,g_7)=(f_0\oplus g_0,\ldots,f_7\oplus g_7)$, wobei die Addition in $\mathbb{K}_2$ vorübergehend mit $\oplus$ bezeichnet wurde. Die Multiplikation ist allerdings nicht über die Komponenten definiert, vielmehr wird die Multiplikation von $\mathbb{K}_2[\boldsymbol{X}]_{\boldsymbol{k}}$ mit $\boldsymbol{\xi}$ nach $\mathbb{K}_2^8$ überführt:

$$(f_0,\ldots,f_7)(g_0,\ldots,g_7)=\boldsymbol{\xi}\Big(\varrho_{\boldsymbol{k}}\big(\boldsymbol{\xi}^{-1}(f_0,\ldots,f_7)\boldsymbol{\xi}^{-1}(g_0,\ldots,g_7)\big)\Big) \tag{2.5}$$

Und weil konkret nicht mit Variablen wie f_0 gerechnet wird, sondern mit den Konstanten 0 und 1, schreibt man die 8-Tupel als Binärzahlen oder noch kürzer als Hexadezimalzahlen. Man erhält so beispielsweise

$$\begin{aligned}\boldsymbol{X}^7+1 &\longleftrightarrow (1,0,0,0,0,0,0,1)=10000001=81\\ \boldsymbol{X}^6+\boldsymbol{X}^5+\boldsymbol{X}^4+\boldsymbol{X}^2+\boldsymbol{X}+1 &\longleftrightarrow (0,1,1,1,0,1,1,1)=01110111=77\end{aligned}$$

Die Summe ist leicht zu berechnen, es ist $81+77=\mathtt{F6}$. Für das Produkt $81\cdot 77$ bestimmt man zunächst das Produkt der beiden Polynome

$$\begin{aligned}&\big(\boldsymbol{X}^7+1\big)\big(\boldsymbol{X}^6+\boldsymbol{X}^5+\boldsymbol{X}^4+\boldsymbol{X}^2+\boldsymbol{X}+1\big)=\\ &\qquad=\boldsymbol{X}^{13}+\boldsymbol{X}^{12}+\boldsymbol{X}^{11}+\boldsymbol{X}^9+\boldsymbol{X}^8+\boldsymbol{X}^7+\boldsymbol{X}^6+\boldsymbol{X}^5+\boldsymbol{X}^4+\boldsymbol{X}^2+\boldsymbol{X}+1\end{aligned}$$

und reduziert mit der Restabbildung bezüglich $\boldsymbol{k}$

$$\varrho_{\boldsymbol{k}}\big(\boldsymbol{X}^{13}+\boldsymbol{X}^{12}+\boldsymbol{X}^{11}+\boldsymbol{X}^9+\boldsymbol{X}^8+\boldsymbol{X}^7+\boldsymbol{X}^6+\boldsymbol{X}^5+\boldsymbol{X}^4+\boldsymbol{X}^2+\boldsymbol{X}+1\big)=\boldsymbol{X}^6+\boldsymbol{X}^5+\boldsymbol{X}^4+\boldsymbol{X}\longleftrightarrow 72$$

Es ist also $81\cdot 77=72$. Nun sind diese Berechnungen recht aufwendig. Man kann sie vermeiden, wenn alle Produkte einmal berechnet und in einer Tabelle abgelegt werden, allerdings werden dazu $2^8\times 2^8=2^{16}$ Bitoktetts benötigt (Bytes für AVR).

Es bleibt noch, die Division auszuführen, d.h. für $f,g\in\mathbb{K}_{2^8}^{\star}$ ist fg^{-1} zu berechnen. Es ist daher für jedes $g\in\mathbb{K}_{2^8}^{\star}$ das inverse Element g^{-1} zu bestimmen. Nun ist $\boldsymbol{k}$ irreduzibel, folglich gilt $\boldsymbol{k}\perp\boldsymbol{f}$ für jedes $\boldsymbol{f}\in\mathbb{K}_2[\boldsymbol{X}]$ mit $\partial(\boldsymbol{f})<8$. Es gibt daher $\boldsymbol{u},\boldsymbol{v}\in\mathbb{K}_2[\boldsymbol{X}]$ mit $\boldsymbol{uk}+\boldsymbol{vf}=\mathbf{1}$, also

$$\mathbf{1}=\varrho_{\boldsymbol{k}}(\mathbf{1})=\varrho_{\boldsymbol{k}}(\boldsymbol{uk}+\boldsymbol{vf})=\varrho_{\boldsymbol{k}}(\boldsymbol{vf})=\varrho_{\boldsymbol{k}}(\boldsymbol{v})\varrho_{\boldsymbol{k}}(\boldsymbol{f})=\varrho_{\boldsymbol{k}}(\boldsymbol{v})\boldsymbol{f}$$

Es ist demnach $\boldsymbol{f}^{-1}=\varrho_{\boldsymbol{k}}(\boldsymbol{v})$. Die Berechnung des multiplikativen inversen Elementes ist offenbar noch aufwendiger als die Berechnung des Produktes, jedoch müssen hier nur 2^8-2 Inverse bestimmt werden, die auch bei kleineren Prozessoren in einer Tabelle bereitgehalten werden können. Hierzu ein Beispiel, es ist 81^{-1} zu bestimmen. Es ist $81\longleftrightarrow\boldsymbol{X}^7+1$. Mit dem Euklidischen Algorithmus erhält man die Darstellung

$$\mathbf{1}=(\boldsymbol{X}^5+\boldsymbol{X}^3+1)\boldsymbol{k}+(\boldsymbol{X}^6+\boldsymbol{X}^4+\boldsymbol{X}^2)\boldsymbol{f}$$

Es ist $\boldsymbol{X}^6+\boldsymbol{X}^4+\boldsymbol{X}^2\longleftrightarrow 01010100=54$, also $81^{-1}=54$.

2.2. Matrizen

Die Menge $\mathcal{M}_n^{\mathsf{K}}$ aller (quadratischen) (n,n)-Matrizen über einem kommutativem Körper K bilden mit der Matrixaddition und Matrixmultiplikation einen allerdings nicht kommutativen Ring. Mit der (n,n)-Einheitsmatrix $\mathbf{I}_n$, die in der Hauptdiagonalen das Einselement 1 von K und sonst nur Nullen enthält, ist die Abbildung $a \mapsto a\mathbf{I}_n$ eine Einbettung $\mathsf{K} \longrightarrow \mathcal{M}_n^{\mathsf{K}}$. Das bedeutet, daß $\mathcal{M}_n^{\mathsf{K}}$ als ein Erweiterungsring von K angesehen werden kann. Dann können aber Matrizen aus $\mathcal{M}_n^{\mathsf{K}}$ in Polynome aus $\mathsf{K}[\boldsymbol{X}]$ eingesetzt werden:

$$\boldsymbol{f}^\star(\mathbf{M}) = \sum_{m=0}^{\partial(\boldsymbol{f})} \boldsymbol{f}(m)\mathbf{M}^m \tag{2.6}$$

Es sei nun die Matrix $\mathbf{M} \in \mathcal{M}_n^{\mathsf{K}}$ fest gewählt. Die Abbildung $\boldsymbol{\Lambda}_{\mathbf{M}} : \mathsf{K}[\boldsymbol{X}] \longrightarrow \mathcal{M}_n^{\mathsf{K}}$, definiert durch das Auswerten von Polynomen mit $\mathbf{M}$, also

$$\boldsymbol{\Lambda}_{\mathbf{M}}(\boldsymbol{f}) = \boldsymbol{f}^\star(\mathbf{M}) \tag{2.7}$$

ist ein Ringhomomorphismus (siehe dazu auch **S 6.7.1**). Denn die Multiplikation von Potenzen von $\mathbf{M}$ ist kommutativ, d.h. es gilt $\mathbf{M}^k\mathbf{M}^m = \mathbf{M}^m\mathbf{M}^k = \mathbf{M}^{l+k}$, $k=0$ oder $m=0$ nicht ausgenommen, also $\mathbf{I}_n\mathbf{M}^k = \mathbf{M}^k\mathbf{I}_n = \mathbf{M}^k$. Sind daher $\boldsymbol{f},\boldsymbol{g} \in \mathsf{K}[\boldsymbol{X}]$ mit $\partial(\boldsymbol{f}) = k$ und $\partial(\boldsymbol{g}) = m$, dann können nach dem Ausmultiplizieren von

$$\boldsymbol{f}^\star(\mathbf{M})\boldsymbol{g}^\star(\mathbf{M}) = \big(\boldsymbol{f}(k)\mathbf{M}^k + \cdots + \boldsymbol{f}(0)\big)\big(\boldsymbol{g}(m)\mathbf{M}^m + \cdots + \boldsymbol{g}(0)\big)$$

alle Terme mit derselben Potenz $\mathbf{M}^\nu$ zusammengefasst werden. Das ergibt

$$\begin{aligned}\boldsymbol{f}(k)\boldsymbol{g}(m)\mathbf{M}^{k+m} + \big(\boldsymbol{f}(k)\boldsymbol{g}(m-1) + \boldsymbol{f}(k-1)\boldsymbol{g}(m)\big)\mathbf{M}^{k+m-1} + \\ + \big(\boldsymbol{f}(k)\boldsymbol{g}(m-2) + \boldsymbol{f}(k-1)\boldsymbol{g}(m-1) + \boldsymbol{f}(k-2)\boldsymbol{g}(m)\big)\mathbf{M}^{k+m-2} + \cdots \\ \cdots + \big(\boldsymbol{f}(1)\boldsymbol{g}(0) + \boldsymbol{f}(0)\boldsymbol{g}(1)\big)\mathbf{M} + \boldsymbol{f}(0)\boldsymbol{g}(0)\end{aligned}$$

Dieser Ausdruck stimmt genau überein mit

$$(\boldsymbol{f}\boldsymbol{g})^\star(\mathbf{M}) = \sum_{\nu=0}^{k+m} (\boldsymbol{f}\boldsymbol{g})(\nu)\mathbf{M}^\nu = \sum_{\nu=0}^{k+m}\Bigg(\sum_{\substack{\kappa+\mu=\nu \\ 0\le\kappa,\mu\le\nu}} \boldsymbol{f}(\kappa)\boldsymbol{g}(\mu)\Bigg)\mathbf{M}^\nu$$

Die Abbildung $\boldsymbol{\Lambda}_{\mathbf{M}}$ ist also multiplikativ. Sie ist natürlich auch additiv und damit ein Ringhomomorphismus. Folglich ist die Menge

$$\mathsf{K}[\mathbf{M}] = \mathbf{Bild}(\boldsymbol{\Lambda}_{\mathbf{M}})$$

ein Unterring von $\mathcal{M}_n^{\mathsf{K}}$. Wegen $\boldsymbol{\Lambda}_{\mathbf{M}}(f)\boldsymbol{\Lambda}_{\mathbf{M}}(g) = \boldsymbol{\Lambda}_{\mathbf{M}}(fg) = \boldsymbol{\Lambda}_{\mathbf{M}}(gf) = \boldsymbol{\Lambda}_{\mathbf{M}}(g)\boldsymbol{\Lambda}_{\mathbf{M}}(f)$ ist dieser Unterring allerdings kommutativ. Seine Elemente sind durch (2.6) gegeben, d.h. in Polynomen über K wird die Unbestimmte $\boldsymbol{X}$ durch die Matrix $\mathbf{M}$ ersetzt. Weil natürlich nicht jedes Element aus $\mathcal{M}_n^{\mathsf{K}}$ auf diese Weise erzeugt werden kann, es genügt, ein $\mathbf{N} \in \mathcal{M}_n^{\mathsf{K}}$ zu finden mit $\mathbf{MN} \neq \mathbf{NM}$, ist $\boldsymbol{\Lambda}_{\mathbf{M}}$ nicht surjektiv. Die Abbildung ist auch nicht injektiv. Um das zu zeigen muß ein $\boldsymbol{f} \in \mathsf{K}[\boldsymbol{X}]$

gefunden werden mit $\boldsymbol{\Lambda}_{\mathbf{M}}(\boldsymbol{f}) = 0$. Macht man zur Bestimmung eines solchen $\boldsymbol{f}$ den Ansatz

$$f_m\mathbf{M}^m + f_{m-1}\mathbf{M}^{m-1} + \cdots + f_1\mathbf{M} + f_0 = \mathbf{0}$$

mit der Nullmatrix $\mathbf{0}$, so erhält man ein homogenes lineares Gleichungssystem mit n^2 Gleichungen für die $m+1$ unbekannten Polynomkoeffizienten f_0 bis f_m, das für die Wahl $m+1 \geq n^2$ eine von $f_0 = \cdots = f_m = 0$ verschiedene Lösung besitzt. Es ist also $\mathbf{Kern}(\boldsymbol{\Lambda}_{\mathbf{M}}) \neq \{\mathbf{0}\}$. Die Menge

$$M_{\mathbf{M}} = \{\, \partial(\boldsymbol{f}) \mid \boldsymbol{f} \in \mathbf{Kern}(\boldsymbol{\Lambda}_{\mathbf{M}}) \setminus \{\mathbf{0}\} \,\} \subset \mathbb{N}$$

ist deshalb nicht leer und enthält ein kleinstes Element, d.h. es gibt ein $\boldsymbol{h} \in \mathbf{Kern}(\boldsymbol{\Lambda}_{\mathbf{M}}) \setminus \{\mathbf{0}\}$ mit der Eigenschaft

$$\boldsymbol{f} \in \mathbf{Kern}(\boldsymbol{\Lambda}_{\mathbf{M}}) \setminus \{\mathbf{0}\} \implies \partial(\boldsymbol{h}) \leq \partial(\boldsymbol{f}) \tag{2.8}$$

Unter allen Polynomen $\boldsymbol{h} \in \mathbf{Kern}(\boldsymbol{\Lambda}_{\mathbf{M}}) \setminus \{\mathbf{0}\}$, die (2.8) erfüllen, gibt es genau ein normiertes. Es ist klar, daß es mindestens ein solches gibt. Zur Eindeutigkeit seien $\boldsymbol{g}, \boldsymbol{h} \in \mathbf{Kern}(\boldsymbol{\Lambda}_{\mathbf{M}}) \setminus \{\mathbf{0}\}$ mit (2.8). Dann ist sowohl $\partial(\boldsymbol{g}) \leq \partial(\boldsymbol{h})$ als auch $\partial(\boldsymbol{h}) \leq \partial(\boldsymbol{g})$, folglich $\partial(\boldsymbol{g}) = \partial(\boldsymbol{h})$. Es ist weiter $(\boldsymbol{g}-\boldsymbol{h})^\star(\mathbf{M}) = \boldsymbol{g}^\star(\mathbf{M}) - \boldsymbol{h}^\star(\mathbf{M}) = \mathbf{0}$, aber $\partial(\boldsymbol{g}-\boldsymbol{h}) < \partial(\boldsymbol{g})$, denn der normierte höchste Koeffizient hebt sich bei der Subtraktion heraus. Das Widerspricht aber der Annahme, daß $\boldsymbol{g}$ von kleinstem Grad ist unter allen Polynomen, die $\mathbf{M}$ als Nullstelle haben.

D 2.2.1 (Minimalpolynom von M)
Sei $\mathbf{M} \in \mathcal{M}_n^{\mathsf{K}}$. Das eindeutig bestimmte normierte Polynom von kleinstem Grad in $\mathbf{Kern}(\boldsymbol{\Lambda}_{\mathbf{M}}) \setminus \{\mathbf{0}\}$ heißt das Minimalpolynom $\boldsymbol{m}_{\mathbf{M}}$ von $\mathbf{M}$.

Das Minimalpolynom einer Matrix darf nicht verwechselt werden mit dem bei Körpererweiterungen eingeführten Minimalpolynom.

S 2.2.1 Das Minimalpolynom von $\mathbf{M} \in \mathcal{M}_n^{\mathsf{K}}$ hat die Eigenschaft

$$\mathbf{Kern}(\boldsymbol{\Lambda}_{\mathbf{M}}) = \langle \boldsymbol{m}_{\mathbf{M}} \rangle = \{\, \boldsymbol{f}\boldsymbol{m}_{\mathbf{M}} \mid \boldsymbol{f} \in \mathsf{K}[X] \,\} \tag{2.9}$$

Der Kern von $\boldsymbol{\Lambda}_{\mathbf{M}}$ ist das vom Minimalpolynom erzeugte Hauptideal in $\mathsf{K}[X]$.

Für $\boldsymbol{f} \in \mathsf{K}[X]$ gilt natürlich $\boldsymbol{\Lambda}_{\mathbf{M}}(\boldsymbol{f}\boldsymbol{m}_{\mathbf{M}}) = \boldsymbol{\Lambda}_{\mathbf{M}}(\boldsymbol{f})\boldsymbol{\Lambda}_{\mathbf{M}}(\boldsymbol{m}_{\mathbf{M}}) = \mathbf{0}$, also $\langle \boldsymbol{m}_{\mathbf{M}} \rangle \subset \mathbf{Kern}(\boldsymbol{\Lambda}_{\mathbf{M}})$. Sei umgekehrt $\boldsymbol{f} \in \mathbf{Kern}(\boldsymbol{\Lambda}_{\mathbf{M}})$. Es gibt $\boldsymbol{q}, \boldsymbol{r} \in \mathsf{K}[X]$ mit $\partial(\boldsymbol{r}) < \partial(\boldsymbol{m}_{\mathbf{M}})$ und $\boldsymbol{f} = \boldsymbol{q}\boldsymbol{m}_{\mathbf{M}} + \boldsymbol{r}$. Daraus

$$\mathbf{0} = \boldsymbol{\Lambda}_{\mathbf{M}}(\boldsymbol{f}) = \boldsymbol{\Lambda}_{\mathbf{M}}(\boldsymbol{q}\boldsymbol{m}_{\mathbf{M}}) + \boldsymbol{\Lambda}_{\mathbf{M}}(\boldsymbol{r}) = \boldsymbol{\Lambda}_{\mathbf{M}}(\boldsymbol{r})$$

Wäre $\boldsymbol{r} \neq \mathbf{0}$ so wäre $\boldsymbol{\Lambda}_{\mathbf{M}}(\boldsymbol{r}) = \mathbf{0}$ mit $\partial(\boldsymbol{r}) < \partial(\boldsymbol{m}_{\mathbf{M}})$, ein Widerspruch. Es ist daher $\boldsymbol{f} = \boldsymbol{q}\boldsymbol{m}_{\mathbf{M}}$ oder $\mathbf{Kern}(\boldsymbol{\Lambda}_{\mathbf{M}}) \subset \langle \boldsymbol{m}_{\mathbf{M}} \rangle$.

Als Beispiel werden die Minimalpolynome von Diagonalmatrizen aus $\mathcal{M}_n^{\mathsf{k}}$ bestimmt. und zwar hat die Diagonalmatrix $\mathbf{Diag}(u_1, \ldots, u_n)$ die Körperelemente u_ν in der Hauptdiagonalen und ist an den übrigen Stellen mit Nullen besetzt.

$$\mathbf{Diag}(u_1, u_2, u_3) = \begin{pmatrix} u_1 & 0 & 0 \\ 0 & u_2 & 0 \\ 0 & 0 & u_3 \end{pmatrix}$$

Es drängt sich die Vermutung auf, daß sich Diagonalmatrizen bezüglich der Matrixmultiplikation wohlverhalten, und einige schnelle Beispielrechnungen bestätigen die Vermutung. Allgemein gilt für die Multiplikation von Diagonalmatrizen die folgende Gesetzmäßigkeit:

$$\prod_{\kappa=1}^{k} \mathbf{Diag}(u_{\kappa 1},\dots,u_{\kappa n}) = \mathbf{Diag}\Bigl(\prod_{\kappa=1}^{k} u_{\kappa 1},\dots,\prod_{\kappa=1}^{k} u_{\kappa n}\Bigr) \tag{2.10}$$

Dieser Zusammenhang zwischen dem Produkt von Diagonalmatrizen und der Diagonalmatrix von Produkten ist sehr einfach mit vollständiger Induktion zu beweisen. Als Spezialfall hat man

$$\mathbf{Diag}(\underbrace{u,\dots,u}_{n})^k = \mathbf{Diag}(\underbrace{u^k,\dots,u^k}_{n}) \tag{2.11}$$

Das Minimalpolynom von $\mathbf{Diag}(u,\dots,u) = u\mathbf{I}_n$, $u \neq 0$, ist leicht zu erraten. Es ist nämlich

$$\begin{aligned}(\boldsymbol{X} - u)^\star\bigl(\mathbf{Diag}(u,\dots,u)\bigr) &= \mathbf{Diag}(u,\dots,u) - u = \\ &= \mathbf{Diag}(u,\dots,u) - u\mathbf{I}_n = \mathbf{Diag}(u,\dots,u) - \mathbf{Diag}(u,\dots,u) = \mathbf{0}\end{aligned}$$

Also ist $\boldsymbol{X} - u \in \mathbf{Kern}(\boldsymbol{\Lambda}_{\mathbf{Diag}(u,\dots,u)})$, und offensichtlich kann es kein Polynom von kleinerem Grad als $\boldsymbol{X} - u$ geben, das $\mathbf{Diag}(u,\dots,u)$ als Nullstelle besitzt. Das Polynom ist auch normiert, folglich ist es das Minimalpolynom von $\mathbf{Diag}(u,\dots,u)$. Zum anderen Ende des Spektrums der Diagonalmatrizen gehören die $\mathbf{Diag}(u_1,\dots,u_n)$ mit verschiedenen u_ν, was präzise mit $\#\bigl(\{u_1,\dots,u_n\}\bigr) = n$ ausgedrückt werden kann. Mit (2.10) erhält man zunächst für $\boldsymbol{f} \in \mathsf{K}[\boldsymbol{X}]$

$$\begin{aligned}\boldsymbol{f}^\star\bigl(\mathbf{Diag}(u_1,\dots,u_n)\bigr) &= \sum_{k=0}^{\partial(\boldsymbol{f})} \boldsymbol{f}(k)\mathbf{Diag}(u_1,\dots,u_n)^k = \sum_{k=0}^{\partial(\boldsymbol{f})} \boldsymbol{f}(k)\mathbf{Diag}(u_1^k,\dots,u_n^k) = \\ &= \mathbf{Diag}\Bigl(\sum_{k=0}^{\partial(\boldsymbol{f})} \boldsymbol{f}(k)u_1^k,\dots,\sum_{k=0}^{\partial(\boldsymbol{f})} \boldsymbol{f}(k)u_n^k\Bigr) = \mathbf{Diag}\bigl(\boldsymbol{f}^\star(u_1),\dots,\boldsymbol{f}^\star(u_n)\bigr)\end{aligned}$$

Nun kann man hier vermuten, daß das Polynom $\boldsymbol{h} = (\boldsymbol{X} - u_1)\cdots(\boldsymbol{X} - u_n)$ das Minimalpolynom von $\mathbf{Diag}(u_1,\dots,u_n)$ ist. Dazu muß notwendig $\mathbf{Diag}(u_1,\dots,u_n)$ Nullstelle von $\boldsymbol{h}$ sein.

$$\begin{aligned}\boldsymbol{h}^\star\bigl(\mathbf{Diag}(u_1,\dots,u_n)\bigr) &= \prod_{\nu=1}^{n}\bigl(\mathbf{Diag}(u_1,\dots,u_n) - u_\nu\mathbf{I}_n\bigr) \\ &= \prod_{\nu=1}^{n}\bigl(\mathbf{Diag}(u_1,\dots,u_n) - \mathbf{Diag}(u_\nu,\dots,u_\nu)\bigr) \\ &= \prod_{\nu=1}^{n}\mathbf{Diag}(u_1 - u_\nu,\dots,u_n - u_\nu) \\ &= \mathbf{Diag}\Bigl(\prod_{\nu=1}^{n}(u_1 - u_\nu),\dots,\prod_{\nu=1}^{n}(u_n - u_\nu)\Bigr) = \mathbf{0}\end{aligned}$$

Das Polynom $(\boldsymbol{X} - u_1)\cdots(\boldsymbol{X} - u_n)$ verschwindet also tatsächlich in $\mathbf{Diag}(u_1,\dots,u_n)$. Ob es aber auch das Minimalpolynom von $\mathbf{Diag}(u_1,\dots,u_n)$ ist hängt davon ab, ob es ein $\boldsymbol{f} \in \mathsf{K}[\boldsymbol{X}]$

mit $\partial(\boldsymbol{f}) < n$ gibt, das $\mathbf{Diag}(u_1, \dots, u_n)$ als Nullstelle besitzt. Ist das nicht der Fall, dann ist $\boldsymbol{h}$ natürlich das Minimalpolynom. Sei also $\boldsymbol{f} \in \mathsf{K}[\boldsymbol{X}]$ mit $\partial(\boldsymbol{f}) < n$. Dann ist

$$\boldsymbol{f}^\star\big(\mathbf{Diag}(u_1, \dots, u_n)\big) = \mathbf{Diag}\big(\boldsymbol{f}^\star(u_1), \dots, \boldsymbol{f}^\star(u_n)\big) \neq \mathbf{0}$$

denn das Polynom $\boldsymbol{f}$ hat höchsten $n-1$ Nullstellen, d.h. es können nicht alle $\boldsymbol{f}^\star(u_1)$ bis $\boldsymbol{f}^\star(u_n)$ verschwinden.

Es bleibt noch der Fall, daß k der u_1 bis u_n verschieden sind, das seien o.B.d.A. u_1 bis u_k. Dann kommt u_κ unter den u_1 bis u_n e_κ-mal vor, mit $e_1 + \cdots + e_k = 1$. Das Minimalpolynom ist hier $(\boldsymbol{X} - u_1) \cdots (\boldsymbol{X} - u_k)$. Der Beweis sei dem Leser als Übungsaufgabe überlassen.

Es seien nun $p \in \mathbb{P}$ und $n \in \mathbb{N}_+$, und es sei $q = p^n$. Zu einer Matrixdarstellung der Elemente von $\mathbb{K}_q$ gelangt man wie folgt. Es sei $\boldsymbol{p} \in \mathbb{Z}_p[\boldsymbol{X}]$ ein irreduzibles Polynom mit $\partial(\boldsymbol{p}) = n$. Dann ist

$$\mathbb{K}_q = \mathbb{Z}_p[\boldsymbol{X}]_{\boldsymbol{p}}$$

Weiter sei $\mathbf{P} \in \mathcal{M}_n^{\mathbb{Z}_p}$ so gewählt, daß $\boldsymbol{p}$ das Minimalpolynom von $\mathbf{P}$ ist: $\boldsymbol{p} = \boldsymbol{m}_{\mathbf{P}}$. Dann gibt es nach **S 6.8.12** einen Ringhomomorphismus $\boldsymbol{\Phi}\colon \mathbb{Z}_p[\boldsymbol{X}]_{\boldsymbol{p}} \longrightarrow \mathbb{Z}_p[\mathbf{P}]$, der das folgende Diagramm kommutativ macht:

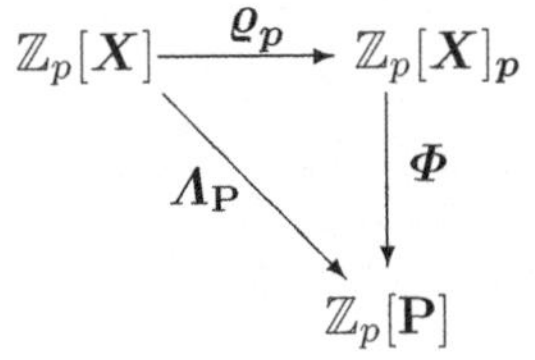

Wegen $\mathbf{Bild}(\boldsymbol{\Lambda}_{\mathbf{P}}) = \mathbb{Z}_p[\mathbf{P}]$ ist $\boldsymbol{\Phi}$ nach **S 6.8.12** surjektiv, und wegen **S 2.2.1** ist $\boldsymbol{\Phi}$ wieder nach **S 6.8.12** sogar injektiv. Damit ist eine Matrixdarstellung der Elemente von $\mathbb{K}_q$ gefunden:

$$\mathbb{K}_q \cong \mathbb{Z}_p[\mathbf{P}] \tag{2.12}$$

Eine Matrix $\mathbf{P}$ mit $\boldsymbol{p} = \boldsymbol{m}_{\mathbf{P}}$ kann als die **Begleitmatrix** eines normierten Polynoms $\boldsymbol{f}$ gewählt werden. Diese ist beispielsweise für $\partial(\boldsymbol{f}) = 4$ gegeben durch

$$\mathbf{B}_{\boldsymbol{f}} = \begin{pmatrix} 0 & 1 & 0 & 0 \\ 0 & 0 & 1 & 0 \\ 0 & 0 & 0 & 1 \\ -\boldsymbol{f}(0) & -\boldsymbol{f}(1) & -\boldsymbol{f}(2) & -\boldsymbol{f}(3) \end{pmatrix}$$

Man kann sich für Polynome kleineren Grades durch direktes Einsetzen davon überzeugen, daß für die Begleitmatrix

$$\boldsymbol{f}^\star(\mathbf{B}_{\boldsymbol{f}}) = \mathbf{0} \tag{2.13}$$

gilt. Daß $\boldsymbol{f}$ tatsächlich das Minimalpolynom von $\mathbf{B}_{\boldsymbol{f}}$ ist, daß also

$$\boldsymbol{m}_{\mathbf{B}_{\boldsymbol{f}}} = \boldsymbol{f} \tag{2.14}$$

gilt, folgt daraus, daß für die Begleitmatrix das charakteristische Polynom mit dem Minimalpolynom übereinstimmt. Die Aussage (2.13) folgt dann aus dem Satz von HAMILTON und CAYLEY (Näheres siehe z.B. [Groe]).

Als Beispiel wird die Matrixdarstellung des Körpers $\mathbb{K}_9 = \mathbb{K}_{3^2}$ berechnet. Für jedes irreduzible Polynom $\boldsymbol{p}$ mit $\partial(\boldsymbol{p}) = 2$ gilt

$$\mathbb{K}_9 = \mathbb{Z}_3[\boldsymbol{X}]_{\boldsymbol{p}}$$

Speziell für das normierte Polynom $\boldsymbol{p} = \boldsymbol{X}^2 + 1$ erhält man $\mathbb{K}_9$ als

$$\{0, 1, 2, \boldsymbol{X}, \boldsymbol{X}+1, \boldsymbol{X}+2, 2\boldsymbol{X}, 2\boldsymbol{X}+1, 2\boldsymbol{X}+2\}$$

Das irreduzible normierte Polynom $\boldsymbol{p} = \boldsymbol{X}^2 + 1$ besitzt die Begleitmatrix

$$\mathbf{B}_{\boldsymbol{p}} = \begin{pmatrix} 0 & 1 \\ -\boldsymbol{p}(0) & -\boldsymbol{p}(1) \end{pmatrix} = \begin{pmatrix} 0 & 1 \\ -1 & 0 \end{pmatrix} = \begin{pmatrix} 0 & 1 \\ 2 & 0 \end{pmatrix}$$

Die Repräsentation von $\boldsymbol{q} = \boldsymbol{X} + 1$ erhält man (sehr ausführlich) wie folgt:

$$\boldsymbol{\Phi}(\boldsymbol{X}+1) = \boldsymbol{\Phi}\big(\varrho_{\boldsymbol{p}}(\boldsymbol{X}+1)\big) = \boldsymbol{\Lambda}_{\mathbf{B}_{\boldsymbol{p}}}(\boldsymbol{q}) = \boldsymbol{q}^\star(\mathbf{B}_{\boldsymbol{p}}) = \mathbf{B}_{\boldsymbol{p}} + \mathbf{I}_2 = \begin{pmatrix} 0 & 1 \\ 2 & 0 \end{pmatrix} + \begin{pmatrix} 1 & 0 \\ 0 & 1 \end{pmatrix} = \begin{pmatrix} 1 & 1 \\ 2 & 1 \end{pmatrix}$$

Man erhält auf diese Weise die Matrixdarstellung von $\mathbb{K}_9$ als (in derselben Reihenfolge wie oben)

$$\left\{\begin{pmatrix} 0 & 0 \\ 0 & 0 \end{pmatrix}, \begin{pmatrix} 1 & 0 \\ 0 & 1 \end{pmatrix}, \begin{pmatrix} 2 & 0 \\ 0 & 2 \end{pmatrix}, \begin{pmatrix} 0 & 1 \\ 2 & 0 \end{pmatrix}, \begin{pmatrix} 1 & 1 \\ 2 & 1 \end{pmatrix}, \begin{pmatrix} 2 & 1 \\ 2 & 2 \end{pmatrix}, \begin{pmatrix} 0 & 2 \\ 1 & 0 \end{pmatrix}, \begin{pmatrix} 1 & 2 \\ 1 & 1 \end{pmatrix}, \begin{pmatrix} 2 & 2 \\ 1 & 2 \end{pmatrix}\right\}$$

Arithmetik in $\mathbb{K}_9$ ist nun Arithmetik mit $(2,2)$-Matrizen über $\mathbb{Z}_3$. Ein Beispiel:

$$\begin{aligned}(2\boldsymbol{X}+1)(\boldsymbol{X}+1) &= \begin{pmatrix} 1 & 2 \\ 1 & 1 \end{pmatrix}\begin{pmatrix} 1 & 1 \\ 2 & 1 \end{pmatrix} = \begin{pmatrix} 2 & 0 \\ 0 & 2 \end{pmatrix} \\ &= 2\boldsymbol{X}^2 + \boldsymbol{X} + 2\boldsymbol{X} + 1 = 2\boldsymbol{X}^2 + 1 = \boldsymbol{X}^2 + \boldsymbol{X}^2 + 1 = \boldsymbol{X}^2 = -1 = 2\end{aligned}$$

Eine Realisierung dieser Methode für nicht sehr kleine n ist speicher- und rechenintensiv. So sind, jedenfalls auf den ersten Blick, für die Körpermultiplikation zwei (n,n)-Matrizen mit Koeffizienten in $\mathbb{K}_p$ zu multiplizieren und zur Bestimmung eines inversen Elementes ein Gleichungssystem über $\mathbb{K}_p$ mit n^2 Gleichungen zu lösen, auch ist für jedes Körperelement Platz für n^2 Elemente aus $\mathbb{K}_p$ bereitzustellen. Im Fall 2^n kann zwar jede Matrixzeile als Bitvektor realisiert werden, doch auch so besteht beispielsweise für 2^8 jedes Körperelement aus acht Bytes.

Tatsächlich ist jedoch $\mathbb{K}_{p^n}$ ein Vektorraum über $\mathbb{K}_p$ mit $\mathbf{Dim}_{\mathbb{K}_p}(\mathbb{K}_{p^n}) = n$, es gibt folglich nur n Elemente aus $\mathbb{K}_p$ als unabhängige Parameter. Bei 2^8 sollte daher, zumindest theoretisch, *ein* Byte zur Darstellung genügen (und nicht wie eben angenommen acht). Daß man wirklich mit n Parametern auszukommen vermag wird in Abschnitt 2.3 vorgeführt.

Wenn jedoch höhere Anforderungen an Speicherplatz und Rechenzeit toleriert werden können, etwa wenn einmalige Rechnungen durchgeführt werden sollen, dann ist die Matrizendarstellung eine sehr bequeme Methode, Arithmetik in $\mathbb{K}_{p^n}$ zu betreiben, geht es doch nur um die Anwendung allereinfachster linearer Algebra.

2.3. Implementierung der Arithmetik von $\mathbb{K}_{13^2}$ für den Prozessor dsPIC33

Zur Realisierung der Arithmetik von $\mathbb{K}_{169} = \mathbb{K}_{13^2}$ mit $(2,2)$-Matrizen über $\mathbb{K}_{13}$ ist ein über $\mathbb{K}_{13}$ irreduzibles Polynom $\boldsymbol{p}$ mit $\partial(\boldsymbol{p}) = 2$ zu finden. Das rechentechnisch am einfachsten zu benutzende Polynom aus $\mathbb{K}_{13}[\boldsymbol{X}]$, nämlich $\boldsymbol{X}^2 + 1$, ist leider reduzibel, denn es hat die Nullstellen 5 und 8, d.h. $\boldsymbol{X}^2 + 1 = (\boldsymbol{X} - 5)(\boldsymbol{X} - 8)$. Dagegen hat $\boldsymbol{X}^2 + 5$ keine Nullstellen in $\mathbb{K}_{13}$:

u	0	1	2	3	4	5	6	7	8	9	10	11	12
$(\boldsymbol{X}^2+5)^\star(u)$	5	6	9	1	8	4	2	2	4	5	1	9	1

Es ist daher $\mathbb{K}_{2^{13}} \cong \mathbb{Z}_{13}[\mathbf{B}_{\boldsymbol{p}}]$, wobei die Begleitmatrix $\mathbf{B}_{\boldsymbol{p}}$ gegeben ist als

$$\mathbf{B}_{\boldsymbol{p}} = \begin{pmatrix} 0 & 1 \\ -\boldsymbol{p}(0) & -\boldsymbol{p}(1) \end{pmatrix} = \begin{pmatrix} 0 & 1 \\ -5 & 0 \end{pmatrix} = \begin{pmatrix} 0 & 1 \\ 8 & 0 \end{pmatrix}$$

Die Elemente von $\mathbb{K}_{13}$ sind gerade die Diagonalmatrizen $\mathbf{Diag}(u,u) \in \mathcal{M}_2^{\mathbb{K}_{13}}$. Denn ist $\mathbf{1}$ das Polynom mit $\mathbf{1}(0) = 1$ und $\mathbf{1}(k) = 0$ für $k \in \mathbb{N}_+$, dann hat man für $u \in \mathbb{K}_{13}$

$$(u\mathbf{1})^\star(\mathbf{B}_{\boldsymbol{p}}) = u\mathbf{1}^\star(\mathbf{B}_{\boldsymbol{p}}) = u\mathbf{I}_2 = \begin{pmatrix} u & 0 \\ 0 & u \end{pmatrix}$$

Die Aussage ist natürlich für jeden endlichen Körper K statt $\mathbb{K}_{13}$ wahr. Es ist daher nach einer Rechnung mit Elementen aus $\mathbb{K}_{13^2}$ darstellenden Matrizen sehr leicht zu erkennen, ob das Ergebnis der Rechnung zum Körper $\mathbb{K}_{13}$ gehört.

Die Körperoperationen sind also die Addition und Multiplikation im Matrizenring $\mathcal{M}_2^{\mathbb{K}_{13}}$. Diese sind bekannterweise wie folgt gegeben, mit $u_{\nu\mu}, v_{\nu\mu} \in \{0,\ldots,12\}$:

$$\begin{pmatrix} u_{11} & u_{12} \\ u_{21} & u_{22} \end{pmatrix} + \begin{pmatrix} v_{11} & v_{12} \\ v_{21} & v_{22} \end{pmatrix} = \begin{pmatrix} \varrho_{13}(u_{11}+v_{11}) & \varrho_{13}(u_{12}+v_{12}) \\ \varrho_{13}(u_{21}+v_{21}) & \varrho_{13}(u_{22}+v_{22}) \end{pmatrix} \tag{2.15}$$

$$\begin{pmatrix} u_{11} & u_{12} \\ u_{21} & u_{22} \end{pmatrix} \begin{pmatrix} v_{11} & v_{12} \\ v_{21} & v_{22} \end{pmatrix} = \begin{pmatrix} \varrho_{13}(u_{11}v_{11}+u_{12}v_{21}) & \varrho_{13}(u_{11}v_{12}+u_{12}v_{22}) \\ \varrho_{13}(u_{21}v_{11}+u_{22}v_{21}) & \varrho_{13}(u_{21}v_{12}+u_{22}v_{22}) \end{pmatrix} \tag{2.16}$$

Die Berechnung der Matrizensumme ist unproblematisch. Ist z.B. $u_{11} + v_{11} < 13$, dann ist $\varrho_{13}(u_{11} + v_{11}) = u_{11} + v_{11}$. Im Falle $u_{11} + v_{11} \geq 13$ erhält man $\varrho_{13}(u_{11} + v_{11}) = u_{11} + v_{11} - 13$. Eine aufwendige und zeitraubende Division ist also leicht zu vermeiden.

Die Multiplikation erfordert jedoch mehr Aufwand. Wie kann beispielsweise $\varrho_{13}(x)$, und zwar mit $x = u_{11}v_{11} + u_{12}v_{21}$, berechnet werden? Der Divisionsbefehl des **dsPIC33** benötigt zur Berechnung des Teilerrestes 19 Takte. Man kann natürlich auch so oft 13 subtrahieren, bis das Ergebnis im Bereich $\{0,\ldots,12\}$ liegt. Der größte Aufwand ergibt sich dabei für $u_{11} = v_{11} = u_{12} = v_{21} = 12$, hier ist 22-mal zu subtrahieren. Die Subtraktion wird in einer Schleife ausgeführt, d.h. es müssen neben den m Subtraktionen $m-1$ Sprünge ausgeführt werden. Das bedeutet $m+2(m-1) = 3m-2$ Takte, also maximal 64 Takte oder im Mittel 29 Takte für $m = 11$. Die Subtraktionsmethode ist viel schlechter als die Division.

Es gibt aber noch andere Möglichkeiten. Beispielsweise lassen sich der Quotient $d = \lfloor x/13 \rfloor$ und der Teilerrest wie folgt gewinnen (siehe dazu [Mss2] Abschnitt **A.2.**):

$$\left\lfloor \frac{x}{13} \right\rfloor = d = \left\lfloor \frac{x \cdot 40330}{2^{19}} \right\rfloor \qquad \varrho_{13}(x) = x - 13 \cdot d \tag{2.17}$$

Es wird also x mit 40330 multipliziert und das Produkt anschließend 19-mal rechts geshiftet, der ganzzahlige Anteil des Ergebnisses ist die Zahl d mit $x = 13 \cdot d + \varrho_{13}(x)$. Nun kann das Produkt $y = x \cdot 40330$ wie folgt als eine vier Byte umfassende 32-Bit-Zahl dargestellt werden:

31 … 24	23 … 16	15 … 8	7 … 0	
y_3	y_2	y_1	y_0	$y = x \cdot 40330$

Betrachtet man nun (2.17) und die Skizze genauer, dann wird ersichtlich, daß man den Quotienten d erhält, wenn die oberen beiden Bytes (also y_3 und y_2) zusammen um drei Bitpositionen nach rechts geshiftet werden ($19 = 16 + 3$). Die beiden Multiplikationen verbrauchen jeweils einen Prozessortakt, der Rechtsshift und die Subtraktion ebenfalls. Selbst wenn bei der Implementierung noch ein oder zwei der Programmorganisation geschuldete Takte hinzukommen sollten ist diese Methode der Restberechnung den beiden vorigen Methoden weit überlegen.

Es gibt allerdings noch eine schnellere Methode, nämlich der Einsatz einer einmalig berechneten Restetabelle mit x als Tabellenindex. Hier ist nur noch ein Prozessortakt zur Bestimmung eines Restes nötig, wenn man von den schon erwähnten möglicherweise zur Programmorganisation erforderlichen Takten absieht (die auch bei den anderen Methoden nötig werden können).

Das Rechnen mit Matrizen in $\mathbb{Z}_{13}[\mathbf{B}_{\boldsymbol{p}}]$ kann aber beträchlich vereinfacht werden, wenn die spezielle Natur der Matrizen in $\mathbb{Z}_{13}[\mathbf{B}_{\boldsymbol{p}}]$ berücksichtigt wird. Denn $\mathbb{Z}_{13}[\mathbf{B}_{\boldsymbol{p}}]$ hat, weil zu $\mathbb{K}_{13^2}$ isomorph, 13^2 Elemente, $\boldsymbol{\mathcal{M}}_2^{\mathbb{K}_{13}}$ mit der Basis

$$\left\{ \begin{pmatrix} 1 & 0 \\ 0 & 0 \end{pmatrix}, \begin{pmatrix} 0 & 1 \\ 0 & 0 \end{pmatrix}, \begin{pmatrix} 0 & 0 \\ 1 & 0 \end{pmatrix}, \begin{pmatrix} 0 & 0 \\ 0 & 1 \end{pmatrix} \right\}$$

hat jedoch 13^4 Elemente, d.h es ist $\mathbb{K}_{13}[\mathbf{B}_{\boldsymbol{p}}] \subsetneqq \boldsymbol{\mathcal{M}}_2^{\mathbb{K}_{13}}$. Man hat nämlich

$$\begin{aligned} \mathbb{Z}_{13}[\mathbf{B}_{\boldsymbol{p}}] &= \left\{ (a\boldsymbol{X} + b)^\star(\mathbf{B}_{\boldsymbol{p}}) \;\middle|\; (a,b) \in \mathbb{K}_{13}^2 \right\} \\ &= \left\{ a\mathbf{B}_{\boldsymbol{p}} + b\mathbf{I}_2 \;\middle|\; (a,b) \in \mathbb{K}_{13}^2 \right\} \\ &= \left\{ \begin{pmatrix} 0 & a \\ 8a & 0 \end{pmatrix} + \begin{pmatrix} b & 0 \\ 0 & b \end{pmatrix} \;\middle|\; (a,b) \in \mathbb{K}_{13}^2 \right\} \\ &= \left\{ \begin{pmatrix} b & a \\ 8a & b \end{pmatrix} \;\middle|\; (a,b) \in \mathbb{K}_{13}^2 \right\} \end{aligned}$$

Die Summe und das Produkt von Elementen aus $\mathbb{Z}_{13}[\mathbf{B}_{\boldsymbol{p}}]$ lassen sich damit genauer beschreiben, für alle $a, b, \tilde{a}, \tilde{b} \in \mathbb{K}_{13}$ gilt (Additionen und Multiplikationen in $\mathbb{K}_{13}$)

$$\begin{pmatrix} b & a \\ 8a & b \end{pmatrix} + \begin{pmatrix} \tilde{b} & \tilde{a} \\ 8\tilde{a} & \tilde{b} \end{pmatrix} = \begin{pmatrix} b + \tilde{b} & a + \tilde{a} \\ 8(a + \tilde{a}) & b + \tilde{b} \end{pmatrix} \tag{2.18}$$

$$\begin{pmatrix} b & a \\ 8a & b \end{pmatrix} \begin{pmatrix} \tilde{b} & \tilde{a} \\ 8\tilde{a} & \tilde{b} \end{pmatrix} = \begin{pmatrix} 8a\tilde{a} + b\tilde{b} & a\tilde{b} + \tilde{a}b \\ 8(a\tilde{b} + \tilde{a}b) & 8a\tilde{a} + b\tilde{b} \end{pmatrix} \tag{2.19}$$

Die von $\left(\begin{smallmatrix} 0 & 0 \\ 0 & 0 \end{smallmatrix}\right)$ verschiedenen Matrizen $\left(\begin{smallmatrix} b & a \\ 8a & b \end{smallmatrix}\right)$ sind regulär, weil sie als von Null verschiedene Körperelemente ein multiplikatives Inverses, d.h. eine inverse Matrix, besitzen. Die beiden Spalten der Matrizen sind daher frei und es folgt, daß $\mathbb{Z}_{13}[\mathbf{B}_{\boldsymbol{p}}]$ 13^2 Elemente besitzt, wie es auch sein muß, wenn $\mathbb{Z}_{13}[\mathbf{B}_{\boldsymbol{p}}]$ ein zu $\mathbb{K}_{13^2}$ isomorpher Körper ist.

Es bleibt nun noch, zu einem $\mathbf{u} \in \mathbb{K}_{13^2}^\star$ das Inverse Element $\mathbf{u}^{-1}$ zu finden. Zu einer **regulären** Matrix aus $\boldsymbol{\mathcal{M}}_2^{\mathbb{K}_{13}}$

$$\mathbf{u} = \begin{pmatrix} u_{11} & u_{12} \\ u_{21} & u_{22} \end{pmatrix}$$

d.h. zu einer Matrix $\mathbf{u}$, die eine inverse Matrix besitzt, ist eine Matrix

$$\mathbf{x} = \begin{pmatrix} x_{11} & x_{12} \\ x_{21} & x_{22} \end{pmatrix}$$

aus $\boldsymbol{\mathcal{M}}_2^{\mathbb{K}_{13}}$ zu berechnen mit der Eigenschaft

$$\begin{pmatrix} u_{11} & u_{12} \\ u_{21} & u_{22} \end{pmatrix} \begin{pmatrix} x_{11} & x_{12} \\ x_{21} & x_{22} \end{pmatrix} = \begin{pmatrix} 1 & 0 \\ 0 & 1 \end{pmatrix} = \mathbf{1} \tag{2.20}$$

Diese Forderung führt direkt auf ein System von vier linearen Gleichungen für die vier Unbekannten $x_{\nu\mu}$, mit den Verknüpfungen $\oplus$ und $\otimes$ aus $\mathbb{K}_{13}$ zur Verdeutlichung ausgeschrieben:

$$\begin{aligned} u_{11} \otimes x_{11} \oplus u_{12} \otimes x_{21} &= 1 \\ u_{21} \otimes x_{11} \oplus u_{22} \otimes x_{21} &= 0 \\ u_{11} \otimes x_{12} \oplus u_{12} \otimes x_{22} &= 1 \\ u_{21} \otimes x_{12} \oplus u_{22} \otimes x_{22} &= 0 \end{aligned}$$

Im Rest des Abschnittes werden die Verknüpfungen von $\mathbb{K}_{13}$ nicht eigens bezeichnet, das Gleichungssystem ist beispielsweise einfach

$$\begin{aligned} u_{11}x_{11} + u_{12}x_{21} &= 1 \\ u_{21}x_{11} + u_{22}x_{21} &= 0 \\ u_{11}x_{12} + u_{12}x_{22} &= 1 \\ u_{21}x_{12} + u_{22}x_{22} &= 0 \end{aligned}$$

Multipliziert man die erste Gleichung mit u_{21} und die zweite Gleichung mit u_{11}, erhält man

$$\begin{aligned} u_{11}u_{21}x_{11} + u_{12}u_{21}x_{21} &= u_{21} \\ u_{11}u_{21}x_{11} + u_{11}u_{22}x_{21} &= 0 \end{aligned}$$

und daraus durch Subtraktion der zweiten Gleichung von der ersten

$$(u_{12}u_{21} - u_{11}u_{22})x_{21} = u_{21}$$

und nach Auflösung der Gleichung nach x_{21}

$$x_{21} = u_{21}(u_{12}u_{21} - u_{11}u_{22})^{-1} \tag{2.21}$$

Setzt man dieses Ergebnis in die zweite der ursprünglichen Gleichungen ein, ergibt sich

$$x_{11} = -u_{22}(u_{12}u_{21} - u_{11}u_{22})^{-1} \tag{2.22}$$

Die Mehrzahl der Leser wird in $u_{11}u_{22} - u_{12}u_{21}$ wohl die Determinante $\mathbf{det}(\mathbf{u})$ erkennen. Die letzten beiden Gleichungen des ursprünglichen Systems werden analog behandelt und liefern die noch fehlenden Lösungen

$$x_{12} = -u_{12}(u_{11}u_{22} - u_{12}u_{21})^{-1} \tag{2.23}$$

$$x_{22} = u_{11}(u_{11}u_{22} - u_{12}u_{21})^{-1} \tag{2.24}$$

Man kann die Lösungen natürlich in einer Matrizengleichung zusammenfassen, das ergibt

$$\begin{pmatrix} x_{11} & x_{12} \\ x_{21} & x_{22} \end{pmatrix} = (u_{12}u_{21} - u_{11}u_{22})^{-1} \begin{pmatrix} -u_{22} & u_{12} \\ u_{21} & -u_{11} \end{pmatrix} \tag{2.25}$$

Um numerische Beispiele bequem durchrechnen zu können wird an dieser Stelle die wesentliche Multiplikationstabelle des Körpers $\mathbb{K}_{13}$ präsentiert. Sie kann natürlich auch dazu benutzt werden, die inversen Elemente zu bestimmen.

	2	3	4	5	6	7	8	9	10	11	12
2	4	6	8	10	12	1	3	5	7	9	11
3	6	9	12	2	5	8	11	1	4	7	10
4	8	12	3	7	11	2	6	10	1	5	9
5	10	2	7	12	4	9	1	6	11	3	8
6	12	5	11	4	10	3	9	2	8	1	7
7	1	8	2	9	3	10	4	11	5	12	6
8	3	11	6	1	9	4	12	7	2	10	5
9	5	1	10	6	2	11	7	3	12	8	4
10	7	4	1	11	8	5	2	12	9	6	3
11	9	7	5	3	1	12	10	8	6	4	2
12	11	10	9	8	7	6	5	4	3	2	1

Mit Hilfe dieser Tabelle ist es nun nicht schwer, das inverse Element von $\left(\begin{smallmatrix} 0 & 1 \\ 8 & 0 \end{smallmatrix}\right)$ zu berechnen. Man erhält zunächst $(u_{12}u_{21} - u_{11}u_{22})^{-1} = (1 \cdot 8 - 0 \cdot 0)^{-1} = 8^{-1} = 5$ und damit

$$\begin{pmatrix} 0 & 1 \\ 8 & 0 \end{pmatrix}^{-1} = 5 \begin{pmatrix} 0 & 1 \\ 8 & 0 \end{pmatrix} = \begin{pmatrix} 0 & 5 \\ 1 & 0 \end{pmatrix}$$

Es empfiehlt sich allerdings, die Lösung auf die zweiparametrige Gestalt umzurechnen. Dazu seien für beliebige $a, b \in \mathbb{K}_{13}$

$$\mathbf{m}_{a,b} = \begin{pmatrix} b & a \\ 8a & b \end{pmatrix} \qquad \Delta_{a,b} = 8a^2 - b^2 \tag{2.26}$$

Es ist also $\mathbb{K}_{13}[\mathbf{B}_{\boldsymbol{p}}] = \{\, \mathbf{m}_{a,b} \mid (a, b) \in \mathbb{K}_{13} \times \mathbb{K}_{13} \,\}$. Wird dieses in (2.25) eingesetzt, so ergibt sich unter Verwendung von (6.127) als multiplikatives Inverses von $\mathbf{m}_{a,b}$

$$\mathbf{m}_{a,b}^{-1} = \Delta_{a,b}^{-1} \begin{pmatrix} -b & a \\ 8a & -b \end{pmatrix} = \Delta_{a,b}^{-1} \mathbf{m}_{a,-b} \tag{2.27}$$

Die Berechnung der Inversen des Beispiels ist damit schnell erledigt:

$$\mathbf{m}_{1,0}^{-1} = \Delta_{1,0}^{-1} \mathbf{m}_{1,0} = 8^{-1} \mathbf{m}_{1,0} = 5\mathbf{m}_{1,0} = \mathbf{m}_{5,0}$$

Die Darstellung (2.26) der Elemente von $\mathbb{K}_{13}[\mathbf{B}_{\boldsymbol{p}}]$ ist natürlich auch für die Implementierung vorteilhaft, es müssen nicht mehr die vier Koeffizienten der darstellenden Matrix in eine Datenstruktur für die Elemente von $\mathbb{K}_{13}[\mathbf{B}_{\boldsymbol{p}}]$ integriert werden, sondern nur noch die beiden Parameter a und b. Die Gleichungen (2.18) und (2.19) werden in der neuen Schreibweise zu

$$\mathbf{m}_{a,b} + \mathbf{m}_{\tilde{a},\tilde{b}} = \mathbf{m}_{a+\tilde{a},b+\tilde{b}} \tag{2.28}$$

$$\mathbf{m}_{a,b}\mathbf{m}_{\tilde{a},\tilde{b}} = \mathbf{m}_{a\tilde{b}+\tilde{a}b,8a\tilde{a}+b\tilde{b}} \tag{2.29}$$

Die zweiparametrige Gestalt der Elemente von $\mathbb{K}_{13}[\mathbf{B}_{\boldsymbol{p}}]$ ist sehr leicht in eine Datenstruktur für den Prozessor **dsPIC** umzusetzen. Gewählt wurde das 16-Bit-Standardwort w des Prozessors, mit a im oberen Byte $\mathsf{w}^{\top}$ und b im unteren Byte $\mathsf{w}^{\perp}$:

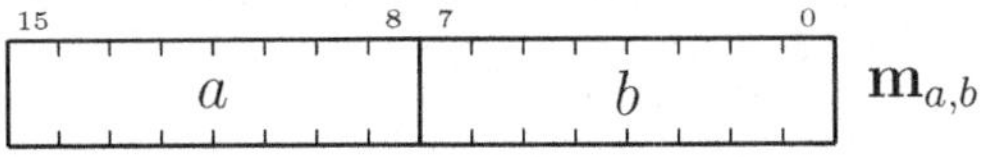

Diese Umsetzung stellt sicher, daß auf die Elemente $\mathbf{m}_{0,b}$ von $\mathbb{K}_{13}$ die arithmetischen Befehle des Prozessores direkt angewandt werden können. Bei vertauschten a und b ist das nicht mehr der Fall. Es wäre natürlich auch eine dichtere Packung möglich, denn zur Darstellung von a und b werden jeweils nur vier Bits benötigt (ein Byte wäre demnach ausreichend), doch müßten die Parameter in diesem Fall zur Verarbeitung umständlich gepackt und entpackt werden.

Das Unterprogrammpaket besteht aus drei Modulen, die jeweils für die Initialisierung des Paketes, für die additiven und für die multiplikativen Verknüpfungen von $\mathbb{K}_{13}[\mathbf{B}_{\boldsymbol{p}}]$ zuständig sind. Zunächst die Initialisierung:

```
              .equ      __33FJ256GP710, 1
              .include  "p33FJ256GP710k169.inc"
              .section  .nearbss,bss
              .global   vbK169Mod13
vbK169Mod13:  .space    290                     Die Tabelle M13, M13[k] = ϱ13(k)
              .text
              .global   M_K169Init
```

Das parameterlose Unterprogramm `M_K169Init` zur Initialisierung des Moduls

```
M_K169Init:   mov       #vbK169Mod13,w0     1   w0 ← A(M13)
              clr       [w0]                1   M13[0] ← 0
              do        #21,M_od            1   l ∈ {0, 13, 2·13, ..., 21·13}
              repeat    #11                 1   k ∈ {0, 1, ..., 11}
              inc.b     [w0],[++w0]         1   M13[l + k + 1] ← 1 + M13[l + k]
M_od:         clr.b     [++w0]              1   M13[l + 13] ← 0
              inc.b     [w0],[++w0]         1   M13[287] ← 1
              inc.b     [w0],[++w0]         1   M13[288] ← 2
              return                        1
              .end
```

Die Verknüpfungen von $\mathbb{K}_{13}[\mathbf{B}_{\boldsymbol{p}}]$ werden auf die von $\mathbb{K}_{13}$ zurückgeführt, weshalb die Addition, Multiplikation und Division von $\mathbb{K}_{13}$ möglichst effizient realisiert werden sollten. Problematisch ist dabei nur die Berechnung von ϱ_{13}. Weiter oben wurden schon die Möglichkeiten aufgezählt, die Wahl ist auf die Implementierung von ϱ_{13} mit einer Tabelle gefallen. Mit dieser Tabelle M_{13} muß $\varrho_{13}(8a\tilde{a}+b\tilde{b})$ aus (2.29) bestimmt werden können, wobei die vier Parameter alle Elemente von $\mathbb{K}_{13}$ durchlaufen, d.h. die Tabelle muß maximal $\varrho_{13}(1296)$ enthalten. Die Tabellengröße kann allerdings beträchtlich reduziert werden, wenn eine Addition in Kauf genommen wird und $\varrho_{13}(8a\tilde{a}+b\tilde{b})$ als $\varrho_{13}\big(\varrho_{13}(8a\tilde{a})+\varrho_{13}(b\tilde{b})\big)$ berechnet wird. Die Tabellengröße wird dann von $\varrho_{13}(a\tilde{b}+\tilde{a}b)$ bestimmt, d.h. sie muß maximal $\varrho_{13}(288)$ enthalten.

Der nötige Platz für die Tabelle wird in Zeile *5* bereitgestellt, besetzt wird die Tabelle vom einzigen Unterprogramm des Moduls. Natürlich muß zur Berechnung der Tabelleneinträge nicht dividiert werden, Addieren genügt. Man setzt $\mathsf{M}_{13}[0]=0$ und dann $\mathsf{M}_{13}[k+1]=1+\mathsf{M}_{13}[k]$ für $k=0,\ldots,11$, anschließend $\mathsf{M}_{13}[13]=0$ und dann $\mathsf{M}_{13}[k+1]=1+\mathsf{M}_{13}[k]$ für $k=13,\ldots,24$, etc. Am Ende muß allerdings noch mit $\mathsf{M}_{13}[287]=1$ und $\mathsf{M}_{13}[288]=2$ ergänzt werden. Dieses einfache Verfahren wird jedoch bei der Implementierung durch den Einsatz der beiden Schleifenbefehle des Prozessors etwas undurchsichtig.

Der nächste Modul enthält Unterprogramme zur Addition und Subtraktion. Die Addition wird nach (2.28) ausgeführt, die Subtraktion wird mit $\varrho_{13}\big(a+(13-\tilde{a})\big)$ und $\varrho_{13}\big(b+(13-\tilde{b})\big)$ umgesetzt.

```
1             .equ      IN_K169,1
2             .equ      __33FJ256GP710, 1
3             .include  "p33FJ256GP710k169.inc"
4             .section  .nearbss,bss
5             .extern   vbK169Mod13                      Die Tabelle M13
6             .text
7             .global   M_K169Add
8             .global   M_K169Sub
```

Das Unterprogramm `M_K169Add` zur Berechnung von $\mathbf{m}_{a,b}+\mathbf{m}_{\tilde{a},\tilde{b}}=\mathbf{m}_{a+\tilde{a},b+\tilde{b}}$

$\mathbf{w_{11}}$ $\mathbf{m}_{a,b}$

$\mathbf{w_{12}}$ $\mathbf{m}_{\tilde{a},\tilde{b}}$

$\mathbf{w_{13}}$ $\leftarrow \mathbf{m}_{a+\tilde{a},b+\tilde{b}}$

```
9  M_K169Add: push     w0
10            push      w1
11            mov       #vbK169Mod13,w1         1   w1 ← A(M13)
12            clr       w0                      1   w0 ← 0000
13            add.b     w11,w12,w0              1   w0⊥ ← b + b̃
14            mov.b     [w0+w1],w13             1   w13⊥ ← ϱ13(b + b̃) = M13[b + b̃]
15            mov.b     WREG11H,WREG            1   w0⊥ ← a
16            add.b     WREG12H,WREG            1   w0⊥ ← a + ã
17            mov.b     [w0+w1],w0              1   w0⊥ ← ϱ13(a + ã) = M13[a + ã]
18            mov.b     WREG,WREG13H            1   w13⊤ ← ϱ13(a + ã)
19            pop       w1                      2
20            pop       w0                      2
21            return                            4
```

Das Unterprogramm `M_K169Sub` zur Berechnung von $\mathbf{m}_{a,b}-\mathbf{m}_{\tilde{a},\tilde{b}}=\mathbf{m}_{a+(13-\tilde{a}),b+(13-\tilde{b})}$

$\mathbf{w_{11}}$ $\mathbf{m}_{a,b}$

$\mathbf{w_{12}}$ $\mathbf{m}_{\tilde{a},\tilde{b}}$

$\mathbf{w_{13}}$ $\leftarrow \mathbf{m}_{a,b}-\mathbf{m}_{\tilde{a},\tilde{b}}$

```
22 M_K169Sub: push     w0                       1
23            push      w1                      1
24            mov       #vbK169Mod13,w1         1   w1 ← A(M13)
25            clr       w0                      1   w0 ← 0000
26            subr.b    w12,#13,w0              1   w0⊥ ← 13 − b̃
```

27	add.b	w11,w0,w0	1	$\mathbf{w_0}^\perp \leftarrow b + (13 - \tilde{b})$
28	mov.b	[w0+w1],w13	1	$\mathbf{w_{13}}^\perp \leftarrow \varrho_{13}(b + (13 - \tilde{b})) = \mathsf{M}_{13}[b + (13 - \tilde{b})]$
29	mov.b	WREG12H,WREG	1	$\mathbf{w_0}^\perp \leftarrow \tilde{a}$
30	subr.b	w0,#13,w0	1	$\mathbf{w_0}^\perp \leftarrow 13 - \tilde{a}$
31	add.b	WREG11H,WREG	1	$\mathbf{w_0}^\perp \leftarrow a + (13 - \tilde{a})$
32	mov.b	[w0+w1],w0	1	$\mathbf{w_0}^\perp \leftarrow \varrho_{13}(a + (13 - \tilde{a})) = \mathsf{M}_{13}[a + (13 - \tilde{a})]$
33	mov.b	WREG,WREG13H	1	$\mathbf{w_{13}}^\top \leftarrow \varrho_{13}(a + (13 - \tilde{a}))$
34	pop	w1	1	
35	pop	w0	1	
36	return		1	
37	.end			

Es gibt keinen Prozessorbefehl, mit dem direkt auf das obere Byte der Register $\mathbf{w_0}$ bis $\mathbf{w_{15}}$ zugegriffen werden könnte. Um das zu erreichen, kann ausgenutzt werden, daß die Register in den Adressbereich des Datenspeichers eingeblendet werden. Beispielsweise hat $\mathbf{w_0}^\top$ die Adresse 0001, WREG0H als Symbol, $\mathbf{w_1}^\top$ die Adresse 0003, WREG1H als Symbol, usw.

Der dritte Modul des Unterprogrammpaketes stellt Unterprogramme zur Multiplikation, Berechnung der multiplikativen Inversen und Division bereit.

1	.equ	IN_K169,1	
2	.equ	__33FJ256GP710, 1	
3	.include	"p33FJ256GP710k169.inc"	
4	.include	"k169.inc"	
5	.text		
6	.global	M_K169Mul	
7	.global	M_K169Inv	
8	.global	M_K169Div	

Das Unterprogramm M_K169Mul zur Berechnung von $\mathbf{m}_{a,b}\mathbf{m}_{\tilde{a},\tilde{b}} = \mathbf{m}_{a\tilde{b}+\tilde{a}b,8a\tilde{a}+b\tilde{b}}$

$\mathbf{w_{11}}$ $\mathbf{m}_{a,b}$
$\mathbf{w_{12}}$ $\mathbf{m}_{\tilde{a},\tilde{b}}$
$\mathbf{w_{13}}$ $\leftarrow \mathbf{m}_{a,b}\mathbf{m}_{\tilde{a},\tilde{b}}$

9	M_K169Mul: push	w0	1	
10	push	w1	1	
11	push	w2	1	
12	push	w3	1	
13	mov	#vbK169Mod13,w1	1	$\mathbf{w_1} \leftarrow \mathcal{A}(\mathsf{M}_{13})$
14	mov.b	WREG11H,WREG	1	$\mathbf{w_0}^\perp \leftarrow a$
15	mul.b	WREG12H	1	$\mathbf{w_2} \leftarrow a\tilde{a}$
16	mov.b	[w1+w2],w2	1	$\mathbf{w_2}^\perp \leftarrow \varrho_{13}(a\tilde{a}) = \mathsf{M}_{13}[a\tilde{a}]$
17	sl	w2,#3,w2	1	$\mathbf{w_2}^\perp \leftarrow 8\varrho_{13}(a\tilde{a})$
18	mov.b	[w1+w2],w3	1	$\mathbf{w_3}^\perp \leftarrow \varrho_{13}(8\varrho_{13}(a\tilde{a})) = \mathsf{M}_{13}[8\varrho_{13}(a\tilde{a})]$
19	mov.b	WREG11L,WREG	1	$\mathbf{w_0}^\perp \leftarrow b$
20	mul.b	WREG12L	1	$\mathbf{w_2} \leftarrow b\tilde{b}$
21	mov.b	[w1+w2],w2	1	$\mathbf{w_2}^\perp \leftarrow \varrho_{13}(b\tilde{b}) = \mathsf{M}_{13}[b\tilde{b}]$
22	add.b	w3,w2,w2	1	$\mathbf{w_2}^\perp \leftarrow \varrho_{13}(8a\tilde{a}) + \varrho_{13}(b\tilde{b})$
23	mov.b	[w1+w2],w13	1	$\mathbf{w_{13}}^\perp \leftarrow \varrho_{13}(\varrho_{13}(8a\tilde{a}) + \varrho_{13}(b\tilde{b})) = \mathsf{M}_{13}[\ldots]$
24	mov.b	WREG11H,WREG	1	$\mathbf{w_0}^\perp \leftarrow a$

2. Darstellung und Arithmetik endlicher Körper

25		mul.b	WREG12L	1	$\mathbf{w_2} \leftarrow a\tilde{b}$
26		mov	w2,w3	1	$\mathbf{w_3} \leftarrow a\tilde{b}$
27		mov.b	WREG11L,WREG	1	$\mathbf{w_0}^\perp \leftarrow b$
28		mul.b	WREG12H	1	$\mathbf{w_2} \leftarrow \tilde{a}b$
29		add	w3,w2,w2	1	$\mathbf{w_2} \leftarrow a\tilde{b} + \tilde{a}b$
30		mov.b	[w1+w2],w0	1	$\mathbf{w_0}^\perp \leftarrow \varrho_{13}(a\tilde{b} + \tilde{a}b) = \mathsf{M}_{13}[a\tilde{b} + \tilde{a}b]$
31		mov.b	WREG,WREG13H	1	$\mathbf{w_{13}}^\top \leftarrow \varrho_{13}(a\tilde{b} + \tilde{a}b)$
32		pop	w3	1	
33		pop	w2	1	
34		pop	w1	1	
35		pop	w0	1	
36		return		1	
37		.section	.konst,psv		
38	vbDInv:	.byte	0,12, 3,10, 4, 1, 9, 9, 1, 4,10, 3		Die Tabelle D
39		.byte	12, 5, 2,10,12, 8, 3, 6, 6, 3, 8,12		
40		.byte	10, 2,11, 8, 7, 4, 9, 2, 3, 3, 2, 9		
41		.byte	4, 7, 8, 2,11, 9, 6,10, 5, 4, 4, 5		
42		.byte	10, 6, 9,11, 6, 4, 2, 7, 5,12, 1, 1		
43		.byte	12, 5, 7, 2, 4, 8,10, 1, 3, 7,11, 5		
44		.byte	5,11, 7, 3, 1,10, 7, 1, 6,11,12, 9		
45		.byte	8, 8, 9,12,11, 6, 1, 7, 1, 6,11,12		
46		.byte	9, 8, 8, 9,12,11, 6, 1, 8,10, 1, 3		
47		.byte	7,11, 5, 5,11, 7, 3, 1,10, 6, 4, 2		
48		.byte	7, 5,12, 1, 1,12, 5, 7, 2, 4, 2,11		
49		.byte	9, 6,10, 5, 4, 4, 5,10, 6, 9,11,11		
50		.byte	8, 7, 4, 9, 2, 3, 3, 2, 9, 4, 7, 8		
51		.byte	5, 2,10,12, 8, 3, 6, 6, 3, 8,12,10		
52		.byte	2, 0		
53		.text			

Das Unterprogramm M_K169Inv zur Berechnung von $\mathbf{m}_{a,b}^{-1} = \Delta_{a,b}^{-1}\mathbf{m}_{a,-b}$
$\mathbf{w_{11}} \quad \mathbf{m}_{a,b}$
$\mathbf{w_{13}} \leftarrow \mathbf{m}_{a,b}^{-1}$
Bei $a = b = 0$ wird mit $\mathbf{SR}{<}Z{>} = 1$ abgebrochen, andernfalls ist $\mathbf{SR}{<}Z{>} = 0$

54	M_K169Inv:	cp0	w11	1	$a = b = 0$?
55		bra	z,M_InvExit	1	Bei $a = b = 0$ mit $\mathbf{SR}{<}Z{>} = 1$ zurück
56		push	w0	1	
57		push	w1	1	
58		push	w2	1	
59		mov	#psvoffset(vbDInv),w1	1	$\mathbf{w_1} \leftarrow \mathcal{A}(D)$
60		mov	#13,w0	1	$\mathbf{w_0} \leftarrow 13$, insbesondere $\mathbf{w_0}^\top \leftarrow 00$
61		mul.b	WREG11H	1	$\mathbf{w_2} \leftarrow 13a$
62		mov.b	w11,w0	1	$\mathbf{w_0}^\perp \leftarrow b$
63		add	w0,w2,w2	1	$\mathbf{w_2} \leftarrow 13a + b$
64		mov.b	[w1+w2],w0	1	$\mathbf{w_0}^\perp \leftarrow \Delta_{a,b}^{-1} = D[13a + b]$
65		mov	#vbK169Mod13,w1	1	$\mathbf{w_1} \leftarrow \mathcal{A}(M_{13})$
66		mul.b	WREG11H	1	$\mathbf{w_2} \leftarrow a\Delta_{a,b}^{-1}$

	mov.b	[w1+w2],w1	1	$\mathbf{w_1}^{\perp} \leftarrow \varrho_{13}(a\Delta_{a,b}^{-1}) = \mathsf{M}_{13}[a\Delta_{a,b}^{-1}]$
	mul.b	WREG11L	1	$\mathbf{w_2} \leftarrow b\Delta_{a,b}^{-1}$
	mov.b	w1,w0	1	$\mathbf{w_0}^{\perp} \leftarrow \varrho_{13}(a\Delta_{a,b}^{-1})$
	mov.b	WREG,WREG13H	1	$\mathbf{w_{13}}^{\top} \leftarrow \varrho_{13}(a\Delta_{a,b}^{-1})$
	mov	#vbK169Mod13,w1	1	$\mathbf{w_1} \leftarrow \mathcal{A}(\mathsf{M}_{13})$
	mov.b	[w1+w2],w13	1	$\mathbf{w_{13}}^{\perp} \leftarrow \varrho_{13}(b\Delta_{a,b}^{-1}) = \mathsf{M}_{13}[b\Delta_{a,b}^{-1}]$
	subr.b	w13,#13,w13	1	$\mathbf{w_{13}}^{\perp} \leftarrow 13 - \varrho_{13}(b\Delta_{a,b}^{-1}) = -\varrho_{13}(b\Delta_{a,b}^{-1})$
	bclr.b	SRL,#Z	1	$\mathbf{SR}{<}\mathrm{Z}{>} \leftarrow 0$
	pop	w2	1	
	pop	w1	1	
	pop	w0	1	
M_InvExit:	return		1	

Das Unterprogramm M_K169Div zur Berechnung von $\mathbf{m}_{a,b}\mathbf{m}_{\tilde{a},\tilde{b}}^{-1}$

$\mathbf{w_{11}}$ $\mathbf{m}_{a,b}$

$\mathbf{w_{12}}$ $\mathbf{m}_{\tilde{a},\tilde{b}}$

$\mathbf{w_{13}}$ $\leftarrow \mathbf{m}_{a,b}\mathbf{m}_{\tilde{a},\tilde{b}}^{-1}$

Bei $\tilde{a} = \tilde{b} = 0$ *wird mit* $\mathbf{SR}{<}Z{>} = 1$ *abgebrochen, andernfalls ist* $\mathbf{SR}{<}Z{>} = 0$

M_K169Div:	push	w12	1	$\mathbf{m}_{\tilde{a},\tilde{b}}\overline{\uparrow}$
	push	w11	1	$\mathbf{m}_{a,b}\overline{\uparrow}$
	mov	w12,w11	1	$\mathbf{w_{11}} \leftarrow \mathbf{m}_{\tilde{a},\tilde{b}}$
	rcall	M_K169Inv	1	$\mathbf{w_{13}} \leftarrow \mathbf{m}_{\tilde{a},\tilde{b}}^{-1}$
	bra	z,M_DivExit	1	Bei $a = b = 0$ mit $\mathbf{SR}{<}\mathrm{Z}{>} = 1$ zurück
	pop	w11	1	$\mathbf{w_{11}} \leftarrow \underline{\downarrow}\,\mathbf{m}_{a,b}$
	mov	w13,w12	1	$\mathbf{w_{12}} \leftarrow \mathbf{m}_{\tilde{a},\tilde{b}}^{-1}$
	rcall	M_K169Mul	1	$\mathbf{w_{13}} \leftarrow \mathbf{m}_{a,b}\mathbf{m}_{\tilde{a},\tilde{b}}^{-1}$
	pop	w12	1	$\mathbf{w_{12}} \leftarrow \underline{\downarrow}\,\mathbf{m}_{\tilde{a},\tilde{b}}$
M_DivExit:	return		1	
	.end			

2.4. Primitive Elemente

Es sei K ein Körper mit $q = p^n$ Elementen, und es sei a ein primitives Element von K (siehe dazu Abschnitt 6.13). Es gibt also zu jedem $u \in \mathsf{K}^\star$ ein $\nu \in \tilde{\mathbf{q}} = \{0, \ldots, q-2\}$ mit $u = a^\nu$. Nach **L 6.13.1** ist dieser Exponent ν eindeutig bestimmt und es wird durch die Zuordnung $u \mapsto \nu$ eine bijektive Abbildung definiert:

$$\Lambda_a : \mathsf{K}^\star \longrightarrow \tilde{\mathbf{q}} \qquad \Lambda_a(u) = \nu \text{ für } u = a^\nu \tag{2.30}$$

Jedem von Null verschiedenen Element aus K wird sein Exponent bezüglich des primitiven Elementes zugeordnet. Bei nicht variierendem a wird auch einfach Λ statt Λ_a geschrieben. Diese Definition ist analog zur Definition des Logarithmus in der reellen Analysis oder in der Funktionentheorie, und tatsächlich besitzt die Abbildung Λ_a eine $\log(xy) = \log(x) + \log(y)$ ähnliche Eigenschaft:

S 2.4.1 (Eigenschaften der Abbildung Λ_a)
Es seien K ein Körper mit q Elementen und a ein primitives Element von K. Dann gilt für alle $u, v \in \mathsf{K}^\star$

$$\Lambda_a(uv) = \varrho_{q-1}\big(\Lambda_a(u) + \Lambda_a(v)\big) \tag{2.31a}$$
$$\Lambda_a(uv^{-1}) = \varrho_{q-1}\big(\Lambda_a(u) - \Lambda_a(v)\big) \tag{2.31b}$$

Nach der Addition bzw. Subtraktion erfolgt also noch eine Korrektur modulo $q-1$.

Mit $u = a^\nu$ und $v = a^\mu$, wobei $\nu, \mu \in \{0, \ldots, q-2\}$, erhält man $uv = a^\nu a^\mu = a^{\nu+\mu}$. Es gibt $\varkappa, \rho \in \mathbb{N}$ mit $\nu + \mu = \varkappa(q-1) + \rho$ und $0 \le \rho < q-1$. Damit gilt $uv = a^{\varkappa(q-1)+\rho} = (a^{q-1})^\varkappa a^\rho = a^\rho$ woraus (2.31a) wegen $\rho = \varrho_{q-1}(\nu + \mu)$ unmittelbar folgt.
Es sei $v^{-1} = a^\kappa$, mit $\kappa \in \{0, \ldots, q-2\}$. Aus $1 = vv^{-1} = a^\mu a^\kappa = a^{\mu+\kappa}$ folgt $\varrho_{q-1}(\mu + \kappa) = 0$. Nun ist aber $0 \le \mu + \kappa < 2(q-1)$, folglich ist entweder $\mu = \kappa = 0$ oder aber $\mu > 0$ und $\kappa > 0$ und $\mu + \kappa = q - 1$. Es ist einerseits nach (2.31a)

$$\Lambda_a(uv^{-1}) = \varrho_{q-1}\big(\Lambda_a(u) + \Lambda_a(v^{-1})\big) = \varrho_{q-1}(\nu + \kappa)$$

und andererseits

$$\varrho_{q-1}\big(\Lambda_a(u) - \Lambda_a(v)\big) = \varrho_{q-1}(\nu - \mu)$$

folglich ist (2.31b) bewiesen wenn $\varrho_{q-1}(\nu + \kappa) = \varrho_{q-1}(\nu - \mu)$ gezeigt werden kann. Das ist für $\mu = 0$ und damit auch $\kappa = 0$ natürlich trivial und für $\mu > 0$ und damit $\mu + \kappa = q - 1$ erhält man mit den Eigenschaften der Teilerrestabbildung, nämlich nach (6.3a),

$$\varrho_{q-1}(\nu + \kappa) = \varrho_{q-1}\big(\nu - \mu + (q-1)\big) = \varrho_{q-1}(\nu - \mu)$$

Die Analogie zur Logarithmusfunktion kann visuell noch verstärkt werden, indem in $\tilde{\mathbf{q}}$ die Addition modulo $q-1$ definiert wird: $\nu \oplus \mu = \varrho_{q-1}(\nu + \mu)$, $\nu \ominus \mu = \varrho_{q-1}(\nu - \mu)$. Das ergibt

$$\Lambda_a(uv) = \Lambda_a(u) \oplus \Lambda_a(v)$$
$$\Lambda_a(uv^{-1}) = \Lambda_a(u) \ominus \Lambda_a(v)$$

Der Bezeichner Λ (Lambda) der Abbildung soll daran erinnern.

Beispiele für (2.31b) sind nicht schwer zu finden. So ist etwa 2 ein primitives Element von $\mathbb{K}_5$, denn es gilt $2^2 = 4$, $2^3 = 3$ und $2^4 = 1$. Es ist $4^2 = 1$, also $4 = 4^{-1}$. Man hat einerseits

$$\Lambda_a(2 \cdot 4^{-1}) = \Lambda_a(2 \cdot 4) = \Lambda_a(2) + \Lambda_a(4) = 3 \equiv_4 3$$

und andererseits

$$\Lambda_a(2 \cdot 4^{-1}) = \Lambda_a(2) - \Lambda_a(4) = -1 = (-1)4 + 3 \equiv_4 3$$

Die Abbildung Λ_a ist bijektiv und hat daher eine inverse Abbildung, die gegeben ist durch

$$\Upsilon_a : \tilde{\mathbf{q}} \longrightarrow \mathbf{K}^\star \qquad \Upsilon_a(\nu) = u \text{ für } u = a^\nu \tag{2.32}$$

Es ist natürlich $\Upsilon_a\bigl(\Lambda_a(u)\bigr) = u$ und $\Lambda_a\bigl(\Upsilon_a(\nu)\bigr) = \nu$, und aus **S 2.4.1** folgt

$$\Upsilon_a\bigl(\varrho_{q-1}(\nu + \mu)\bigr) = a^\nu a^\mu \tag{2.33a}$$

$$\Upsilon_a\bigl(\varrho_{q-1}(\nu - \mu)\bigr) = a^\nu a^{-\mu} \tag{2.33b}$$

Die Abbildung Υ_a besitzt also ähnliche Eigenschaften wie die reelle Exponentialfunktion.

Es gibt nun verschiedene Möglichkeiten, die Arithmetik von $\mathbf{K} = \mathbb{K}_{p^n}$ zu realisieren. Für die Addition und Subtraktion kann ausgenutzt werden, daß $\mathbb{K}_{p^n}$ ein Vektorraum über $\mathbb{K}_p$ der Dimension n ist, d.h. $\mathbb{K}_{p^n}$ wird als der Vektorraum $\mathbb{K}_p^n$ aufgefasst. Die Addition ist daher

$$\begin{pmatrix} u_1 \\ u_2 \\ \vdots \\ u_n \end{pmatrix} + \begin{pmatrix} v_1 \\ v_2 \\ \vdots \\ v_n \end{pmatrix} = \begin{pmatrix} u_1 + v_1 \\ u_2 + v_2 \\ \vdots \\ u_n + v_n \end{pmatrix} \tag{2.34}$$

Zur Multiplikation und Division verwendet man die beiden Abbildungen Λ_a und Υ_a. Die Multiplikation von $\mathfrak{u}, \mathfrak{v} \in \mathbb{K}_p^n \setminus \{\mathfrak{o}\}$ ist damit

$$\mathfrak{u}\mathfrak{v} = \Upsilon_a\Bigl(\varrho_{q-1}\bigl(\Lambda_a(\mathfrak{u}) + \Lambda_a(\mathfrak{v})\bigr)\Bigr) \tag{2.35}$$

Diese Methode setzt also die Elemente von $\mathbb{K}_p^n$ selbst in Programmobjekte um und schaltet nur dann mit den beiden Abbildungen zur Ebene der Exponenten um, wenn zu multiplizieren oder zu dividieren ist. Dieses Vorgehen ist obligatorisch, wenn die Koeffizienten der n-Tupel von $\mathbb{K}_p^n$ wichtig sind und häufig mit ihnen umgegangen werden muß. Das ist der Fall im Bereich der Kryptographie, etwa bei dem Verschlüsselungsverfahren *AES* (*Advanced Encryption Standard*), das auf dem Körper $\mathbb{K}_{2^8}$ aufbaut und dessen Algorithmen mit den Koeffizientenbits der Elemente von $\mathbb{K}_2^8$ arbeitet. Es ist auch der Fall bei Verfahren der Codierungstheorie, die aus praktischen Gründen meist mit Bits arbeiten und daher einen Körper $\mathbb{K}_{2^n}$ als Grundlage haben (siehe Kapitel 4).

Natürlich müssen ausreichend effiziente Realisierungen von Λ_a und Υ_a zur Verfügung stehen, etwa Tabellen oder, falls n zu groß ist, Baumstrukturen. Um die beiden Abbildungen jedoch implementieren zu können muß schon irgendeine Realisierung der Körperarithmetik zur Verfügung stehen. Weil die Exponenten nur einmal berechnet werden müssen, spielt die Effizient der Realisierung keine große Rolle. Es ist daher möglich, die Polynomdarstellung der Elemente von $\mathbb{K}_{p^n}$ zu nutzen. Man geht dazu vor wie in Abschnitt 2.1. Man wählt ein irreduzibles Polynom $\boldsymbol{p} \in \mathbb{K}_p[\boldsymbol{X}]$

mit $\partial(\boldsymbol{p}) = n$. Dann ist die Arithmetik im Körper $\mathbb{K}_p[\boldsymbol{X}]_{\boldsymbol{p}}$ eine Realisierung der Arithmetik von $\mathbb{K}_{p^n}$. Die Elemente von $\mathbb{K}_p^n$ und $\mathbb{K}_p[\boldsymbol{X}]_{\boldsymbol{p}}$ entsprechen sich folgendermaßen:

$$\begin{pmatrix} u_1 \\ u_2 \\ \vdots \\ u_n \end{pmatrix} \longleftrightarrow u_n\boldsymbol{X}^{n-1} + \cdots + u_2\boldsymbol{X} + u_1 \tag{2.36}$$

Die Addition wird wie in (2.34) komponentenweise durchgeführt. Das Produkt von $\boldsymbol{f}, \boldsymbol{g} \in \mathbb{K}_p[\boldsymbol{X}]_{\boldsymbol{p}}$ ist gegeben durch

$$\varrho_{\boldsymbol{p}}(\boldsymbol{fg}) = w_{n-1}\boldsymbol{X}^{n-1} + w_{n-2}\boldsymbol{X}^{n-2} + \cdots + w_1\boldsymbol{X} + w_0 \longleftrightarrow \mathbf{w} = \begin{pmatrix} w_0 \\ w_1 \\ \vdots \\ w_{n-1} \end{pmatrix} \tag{2.37}$$

Nun kann im Prinzip jedes Element $a \in \mathbb{K}_q \setminus \{0,1\}$ auf $\mho(a) = q-1$ getestet werden. Jedes solche Element ist nach **S 6.13.8** ein primitives Element von $\mathbb{K}_q$. Im Zeitalter der Computer mit Gigahertz und Terabytes ist dieses primitive Verfahren zur Bestimmung eines primitiven Elementes selbst noch für recht große q geeignet. Eine Suche nach $\mho(a) = q-1$ ist jedoch nicht notwendig, wenn $q-1$ in paarweise relativ prime Faktoren zerlegt werden kann: $q-1 = c_1 \cdots c_k$. Nach **S 6.13.7** genügt es dann, Elemente a_κ mit $\mho(a_\kappa) = c_\kappa$ zu finden, denn mit diesen hat man $\mho(c_1 \cdots c_\kappa) = q-1$.

Alternativ kann auch ganz zur Menge $\tilde{\mathbf{q}} = \{0,\dots,q-2\}$ der Exponenten übergegangen werden. Allerdings repräsentieren diese nur $\mathbb{K}_q^\star$, es muß noch die Null hinzugenommen werden. Es sei daher

$$Q = \{0,\dots,q-2\} \cup \{\varnothing\} \tag{2.38}$$

wobei das die Null repräsentierende Element $\varnothing$ nicht zu $\tilde{\mathbf{q}}$ gehört (etwa $\varnothing = q$). Damit ist $\varnothing\nu = \varnothing$ für alle $\nu \in Q$ und $\nu\mu = \varrho_{q-1}(\nu+\mu)$ für alle $\nu, \mu \in \tilde{\mathbf{q}}$. Man erhält so eine sehr schnelle Multiplikation, denn ϱ_{q-1} kann für $q = 2^n$ sehr schnell berechnet werden.

Zu $\nu, \mu \in \tilde{\mathbf{q}}$ einen Summenexponenten $\varkappa \in \tilde{\mathbf{q}}$ zu finden mit $a^\nu + a^\mu = a^\varkappa$ ist jedoch nicht ganz so leicht. Vor noch gar nicht langer Zeit war die einfachste Methode zur Bestimmung von $\varkappa$ aus ν und μ, der Einsatz einer Tabelle, nur für kleine Werte von q möglich, denn eine solche Tabelle hat die Länge $(q-1)^2$. Heute stellt jedoch in vielen Fällen eine Tabelle der Größe $2^8 \times 2^8$ auch bei Mikroprozessoren in vielen Fällen kein Problem mehr dar.

Sollte es nicht möglich sein, eine solche Tabelle zur Verfügung zu stellen, kann man Jacobi-Logarithmen verwenden, deren Einsatz nur noch eine Tabelle der Länge q verlangt. Es sei also $\nu, \mu \in \tilde{\mathbf{q}}$, zunächst mit $\nu > \mu$. Falls $a^\nu = -a^\mu$ ist $a^\nu + a^\mu = \varnothing$, andernfalls erhält man

$$a^\nu + a^\mu = a^\mu(a^{\nu-\mu}+1) \quad \text{mit} \quad a^{\nu-\mu}+1 \neq 0 \tag{2.39}$$

Es gibt daher ein $\varkappa \in \tilde{\mathbf{q}}$ mit $a^{\nu-\mu}+1 = a^\varkappa$, und dieses ist der Jakobische Logarithmus von $\nu - \mu$. Ist $\nu < \mu$ werden die Rollen von ν und μ vertauscht. Bei $\nu = \mu$ erhält man $a^\nu + a^\nu = a^\nu(1+1)$. Ist nun $p = 2$, also $1+1 = 0$, dann gibt es kein $\varkappa$ mit $a^\varkappa = 0$, hier ist also $a^\nu + a^\nu = \varnothing$ zu setzen. Ist dagegen $p > 2$, dann gibt es wegen $1+1 = 2 \neq 0$ ein $\varkappa$ mit $a^\varkappa = 2$, d.h. es ist $2a^\nu = a^\nu a^\varkappa$.

Allgemein ist der Jakobische Logarithmus Ξ_a definiert durch die Gleichung

$$a^{\Xi_a(\lambda)} = a^\lambda + 1 \tag{2.40}$$

die allerdings nicht für alle $\lambda \in \tilde{\mathbf{q}}$ definitorisch ist. Denn ist $a^\lambda = -1 = p-1$, dann kann es kein $\varkappa$ mit $a^\varkappa = a^\lambda + 1 = -1 + 1 = 0$ geben. Deshalb ist auch $\Xi_a(0)$ bei $p = 2$ nicht definiert, man hat hier $a^0 + 1 = 1 + 1 = 0$. Von den eben dargelegten Ausnahmen abgesehen hat man also für $\nu \geq \mu$

$$\begin{aligned} a^\nu + a^\mu = a^\mu(a^{\nu-\mu} + 1) = a^\mu a^{\Xi_a(\nu-\mu)} = a^{\mu+\Xi_a(\nu-\mu)} = a^{\varrho_{q-1}\left(\mu+\Xi_a(\nu-\mu)\right)} \\ \nu + \mu = \varrho_{q-1}\big(\mu + \Xi_a(\nu - \mu)\big) \end{aligned}$$

2.5. Implementierung der Arithmetik von $\mathbb{K}_{2^8}$ für AVR

Die erste Aufgabe besteht darin, ein primitives Element für $\mathbb{K}_{2^8}$ zu finden. Die dazu notwendigen Berechnungen können im Körper $\mathbb{K}_2[\boldsymbol{X}]_{\boldsymbol{p}}$ stattfinden, beispielsweise mit dem irreduziblen Polynom $\boldsymbol{p} = \boldsymbol{X}^8 + \boldsymbol{X}^4 + \boldsymbol{X}^3 + \boldsymbol{X}^2 + 1 \in \mathbb{K}_2[\boldsymbol{X}]$ (dem Tabellenanhang von [LiNi] entnommen). Statt mit den Polynomen

$$\boldsymbol{u} = u_7\boldsymbol{X}^7 + \cdots + u_2\boldsymbol{X}^2 + u_1\boldsymbol{X} + u_0 \in \mathbb{K}_2[\boldsymbol{X}]_{\boldsymbol{p}}$$

selbst wird mit ihren Koeffizientenvektoren

$$\mathfrak{u} = \begin{pmatrix} u_0 \\ u_1 \\ \vdots \\ u_7 \end{pmatrix}$$

gearbeitet. Diese werden zu einer Bitfolge $u_7 \cdots u_0$ zusammengefasst und in Hexadezimalschreibweise notiert. Die oberen (oder linken) und die unteren (oder rechten) vier Bit werden also mit einer Hexadezimalziffer abgekürzt. So wird beispielsweise $\boldsymbol{X}^6 + \boldsymbol{X}^3 + \boldsymbol{X}^2 + 1$ zur Bitfolge `01001101` und damit zu `4D`.

Es ist $q - 1 = 255 = 3 \cdot 5 \cdot 17$, die Primzahlmenge $\{3, 5, 17\}$ ist natürlich paarweise relativ prim. Die Suche nach einem $\mathfrak{c}_1$ mit $\mho(\mathfrak{c}_1) = 3$ führt auf $\mathfrak{c}_1 = \texttt{D6}$, ein $\mathfrak{c}_2$ mit $\mho(\mathfrak{c}_1) = 5$ wird als $\mathfrak{c}_2 = \texttt{0A}$ gefunden, und die Suche nach einem $\mathfrak{c}_3$ mit $\mho(\mathfrak{c}_3) = 17$ ergibt $\mathfrak{c}_3 = \texttt{0F}$. Nach **S 6.13.7** ist daher

$$\mathfrak{a} = \mathfrak{c}_1\mathfrak{c}_2\mathfrak{c}_3 = \texttt{D6} \cdot \texttt{0A} \cdot \texttt{0F} = \texttt{B2} \longleftrightarrow \boldsymbol{X}^7 + \boldsymbol{X}^5 + \boldsymbol{X}^4 + \boldsymbol{X}$$

ein primitives Element von $\mathbb{K}_{2^8}$.

Die Tabellierung der Abbildung $\Lambda_{\mathfrak{a}}$ bereitet keine Schwierigkeiten, das Umordnen der Tabelle von $\Lambda_{\mathfrak{a}}$ ergibt eine Tabelle für $\Upsilon_{\mathfrak{a}}$. Zusätzlich wird noch eine Tabelle der multiplikativen Inversen von $\mathbb{K}^{\star}_{2^8}$ benötigt.

Die Implementierung beginnt mit der Multiplikation. Das Produkt wird wie beschrieben gemäß (2.35) auf der Exponentenebene des primitiven Elementes $\mathfrak{a} = \texttt{B2}$ berechnet.

Unterprogramm K28Mul

Es wird das Produkt $\mathfrak{u}\mathfrak{v}$ zweier Elemente $\mathfrak{u}, \mathfrak{v} \in \mathbb{K}_{2^8}$ berechnet.

Input

$\mathtt{r}_{16}$ $\mathfrak{u}$

$\mathtt{r}_{17}$ $\mathfrak{v}$

Output

$\mathtt{r}_{18}$ $\mathfrak{u}\mathfrak{v}$

Ist das Ergebnis der Multiplikation `00` so wird das Nullbit $\mathsf{S}.\mathfrak{z}$ gesetzt.
Das Unterprogramm kann keine Fehler erzeugen.

```
vbK28Lam: .db      0,  0,226, 40,197, 80, 11,123   Die Abbildung Λ_a
          .db    168,163, 51,238,237, 44, 94,120
          .db    139,160,134,104, 22,246,209, 84
          .db    208, 13, 15,203, 65, 23, 91, 38
          .db    110, 78,131,167,105,231, 75, 63
          .db    248, 72,217, 53,180,243, 55, 39
          .db    179,106,239,200,241,144,174,245
```

```
                .db     36,124,249, 90, 62, 18,  9, 31
                .db     81, 71, 49,218,102,221,138, 58
                .db     76,182,202,164, 46,130, 34,136
                .db    219, 88, 43,146,188,240, 24,129
                .db    151, 30,214,137, 26,161, 10,184
                .db    150,126, 77,118,210,207,171,125
                .db    212,103,115,114,145,223,216, 16
                .db      7, 79, 95,234,220,156, 61, 28
                .db     33,227,244,112,235, 93,  2, 27
                .db     52, 67, 42,232, 20,113,189,133
                .db     73,149,192, 12,109,152, 29, 69
                .db     47, 60,153,119,173, 19,135,229
                .db     17, 68,101, 82,  5, 92,107,196
                .db    190,213, 59,166, 14,158,117,175
                .db    159,165,211,193,250, 87,100,247
                .db    122, 56,  1,141,185, 57,108,  8
                .db    252, 45,132,143,236,154,155,147
                .db    121,225, 97,111, 48,  3, 89,148
                .db    181, 98,178, 41,142,162, 96,  6
                .db    183,176, 74,172, 86, 37, 85,170
                .db    116, 21,194,222,187,204,242,195
                .db    233,224, 50,251, 66,199,205,201
                .db    191, 35,127, 70, 32,177,254,140
                .db      4, 54,198,128,215,186, 83,157
                .db    206,169, 64, 99,228,230,253, 25
vbK28Yps:       .db    0x01,0xB2,0x7E,0xC5,0xF0,0x9C,0xCF,0x70 Die Abbildung Υ_a
                .db    0xB7,0x3E,0x5E,0x06,0x8B,0x19,0xA4,0x1A
                .db    0x6F,0x98,0x3D,0x95,0x84,0xD9,0x14,0x1D
                .db    0x56,0x00,0x5C,0x7F,0x77,0x8E,0x59,0x3F
                .db    0xEC,0x78,0x4E,0xE9,0x38,0xD5,0x1F,0x2F
                .db    0x03,0xCB,0x82,0x52,0x0D,0xB9,0x4C,0x90
                .db    0xC4,0x42,0xE2,0x0A,0x80,0x2B,0xF1,0x2E
                .db    0xB1,0xB5,0x47,0xA2,0x91,0x76,0x3C,0x27
                .db    0xFA,0x1C,0xE4,0x81,0x99,0x8F,0xEB,0x41
                .db    0x29,0x88,0xD2,0x26,0x48,0x62,0x21,0x71
                .db    0x05,0x40,0x9B,0xF6,0x17,0xD6,0xD4,0xAD
                .db    0x51,0xC6,0x3B,0x1E,0x9D,0x7D,0x0E,0x72
                .db    0xCE,0xC2,0xC9,0xFB,0xAE,0x9A,0x44,0x69
                .db    0x13,0x24,0x31,0x9E,0xB6,0x8C,0x20,0xC3
                .db    0x7B,0x85,0x6B,0x6A,0xD8,0xA6,0x63,0x93
                .db    0x0F,0xC0,0xB0,0x07,0x39,0x67,0x61,0xEA
                .db    0xF3,0x57,0x4D,0x22,0xBA,0x87,0x12,0x96
                .db    0x4F,0x5B,0x46,0x10,0xEF,0xB3,0xCC,0xBB
                .db    0x35,0x6C,0x53,0xBF,0xC7,0x89,0x60,0x58
                .db    0x8D,0x92,0xBD,0xBE,0x75,0xF7,0xA5,0xA8
                .db    0x11,0x5D,0xCD,0x09,0x4B,0xA9,0xA3,0x23
```

```
54              .db     0x08,0xF9,0xD7,0x66,0xD3,0x94,0x36,0xA7
55              .db     0xD1,0xED,0xCA,0x30,0x2C,0xC8,0x49,0xD0
56              .db     0x5F,0xB4,0xF5,0xDC,0x54,0x86,0xA0,0xE8
57              .db     0x8A,0xAB,0xDA,0xDF,0x9F,0x04,0xF2,0xE5
58              .db     0x33,0xE7,0x4A,0x1B,0xDD,0xE6,0xF8,0x65
59              .db     0x18,0x16,0x64,0xAA,0x68,0xA1,0x5A,0xF4
60              .db     0x6E,0x2A,0x43,0x50,0x74,0x45,0xDB,0x6D
61              .db     0xE1,0xC1,0x02,0x79,0xFC,0x97,0xFD,0x25
62              .db     0x83,0xE0,0x73,0x7C,0xBC,0x0C,0x0B,0x32
63              .db     0x55,0x34,0xDE,0x2D,0x7A,0x37,0x15,0xAF
64              .db     0x28,0x3A,0xAC,0xE3,0xB8,0xFE,0xEE,0x00
```

65	K28Mul:	clr	r18	1	$r_{18} \leftarrow 00$, für die 16-Bit-Addition
66		tst	r16	1	$\mathfrak{u} = \mathfrak{o}$?
67		breq	K28MulEx	1/2	Falls $\mathfrak{u} = \mathfrak{o}$ mit S.3 = 1 zurück
68		tst	r17	1	$\mathfrak{v} = \mathfrak{o}$?
69		breq	K28MulEx	1/2	Falls $\mathfrak{v} = \mathfrak{o}$ mit S.3 = 1 zurück
70		push4	r19,r20,r30,r31	4×2	
71		ldi	r30,LOW(2*vbK28Lam)	1	$Z \leftarrow 2\mathcal{A}(\Lambda_\mathfrak{a})$, für lpm
72		ldi	r31,HIGH(2*vbK28Lam)	1	
73		add	r30,r16	1	$Z \leftarrow 2\mathcal{A}(\Lambda_\mathfrak{a}) + \mathfrak{u}$
74		adc	r31,r18	1	
75		lpm	r20,Z	3	$r_{20} \leftarrow r = \Lambda_\mathfrak{a}(\mathfrak{u})$
76		ldi	r30,LOW(2*vbK28Lam)	1	$Z \leftarrow 2\mathcal{A}(\Lambda_\mathfrak{a})$, für lpm
77		ldi	r31,HIGH(2*vbK28Lam)	1	
78		add	r30,r17	1	$Z \leftarrow 2\mathcal{A}(\Lambda_\mathfrak{a}) + \mathfrak{v}$
79		adc	r31,r18	1	
80		lpm	r19,Z	3	$r_{19} \leftarrow s = \Lambda_\mathfrak{a}(\mathfrak{v})$
81		add	r19,r20	1	$r_{19} \leftarrow c = (r+s)^\perp$
82		adc	r18,r18	1	$r_{18} \leftarrow d = (r+s)^\top$
83		add	r19,r18	1	$r_{19} \leftarrow t = c + d$
84		cpi	r19,255	1	$t = 255$?
85		sklo		1/2	Falls $t = 255$:
86		clr	r19	1	$\varrho_{255}(r+s) = 0$
87		clr	r18	1	$r_{18} \leftarrow 00$, für die 16-Bit-Addition
88		ldi	r30,LOW(2*vbK28Yps)	1	$Z \leftarrow 2\mathcal{A}(\Upsilon_\mathfrak{a})$, für lpm
89		ldi	r31,HIGH(2*vbK28Yps)	1	
90		add	r30,r19	1	$Z \leftarrow 2\mathcal{A}(\Upsilon_\mathfrak{a}) + \varrho_{255}(r+s)$
91		adc	r31,r18	1	$r_{31} \neq 00$, d.h. S.3 $\leftarrow 0$
92		lpm	r18,Z	3	$r_{18} \leftarrow \mathfrak{uv} = \Upsilon_\mathfrak{a}(\varrho_{255}(r+s))$
93		pop4	r31,r30,r20,r19	4×2	
94	K28MulEx:	ret		4	

Das Unterprogramm ist eine direkte Umsetzung von (2.35) in AVR-Assemblercode. Die beiden Abbildungen sind als Tabellen im ROM realisiert, $\mathfrak{u}$, $\mathfrak{v}$ und $t = \varrho_{255}\big(\Lambda_\mathfrak{a}(\mathfrak{u}) + \Lambda_\mathfrak{a}(\mathfrak{v})\big)$ werden als Tabellenindizes eingesetzt. Die Tabellenadressen sind für den Befehl lpm um eine Bitposition nach links zu shiften. Warum das für den dann zu addierenden Index nicht gilt wird ausführlich in [Mss1] Kapitel 12 erläutert.

Einzig die Ausführung der Addition modulo 255 ist erklärungsbedürftig. Seien dazu $r, s \in \{0, 1, \ldots, 254\}$

und $r + s = d2^8 + c = 255d + c + d$, mit $c, d \in \{0, 1, \ldots, 255\}$. Es sei $t = c + d$.
Falls $t < 255$ ist offensichtlich $t = \varrho_{255}(r + s)$.
Falls $t = 255$ ist $r + s = 255(d + 1)$, also $\varrho_{255}(r + s) = 0$.
Die dritte Alternative, also $t > 255$, ist nicht möglich. Denn aus $r + s \leq 254 + 254 = 256 + 252$ folgt $d \in \{0, 1\}$ und daraus $t = c + d \leq 254 + 1 = 255$.

Das nächste Unterprogramm berechnet zu jedem $\mathfrak{u} \in \mathbb{K}^{\star}_{2^8}$ sein multiplikatives inverses Element $\mathfrak{u}^1$. Die Abbildung $\mathfrak{u} \mapsto \mathfrak{u}^{-1}$ ist als Tabelle I realisiert, und zwar ist $\mathfrak{u}^{-1} = I[\mathfrak{u}]$. Die Bedingung $\mathfrak{u} \neq \mathfrak{o}$ wird vom Unterprogramm nicht geprüft, weil in einer großen Mehrzahl der Aufrufe bekannt sein dürfte, daß sie erfüllt ist.

Unterprogramm K28Inv

Es wird das multiplikative Inverse $\mathfrak{u}^{-1}$ eines Elementes $\mathfrak{u} \in \mathbb{K}^{\star}_{2^8}$ berechnet.

Input

$\mathtt{r}_{17}$ $\mathfrak{u}$, $\mathfrak{u} \neq \mathfrak{o}$

Output

$\mathtt{r}_{18}$ $\mathfrak{u}^{-1}$

Die Bedingung $\mathfrak{u} \neq \mathfrak{o}$ wird **nicht** geprüft, es werden keine Statusbits zurückgegeben.

```
vbK28Inv: .db    0x00,0x01,0x8E,0xF4,0x47,0xA7,0x7A,0xBA  Die Tabelle I
          .db    0xAD,0x9D,0xDD,0x98,0x3D,0xAA,0x5D,0x96
          .db    0xD8,0x72,0xC0,0x58,0xE0,0x3E,0x4C,0x66
          .db    0x90,0xDE,0x55,0x80,0xA0,0x83,0x4B,0x2A
          .db    0x6C,0xED,0x39,0x51,0x60,0x56,0x2C,0x8A
          .db    0x70,0xD0,0x1F,0x4A,0x26,0x8B,0x33,0x6E
          .db    0x48,0x89,0x6F,0x2E,0xA4,0xC3,0x40,0x5E
          .db    0x50,0x22,0xCF,0xA9,0xAB,0x0C,0x15,0xE1
          .db    0x36,0x5F,0xF8,0xD5,0x92,0x4E,0xA6,0x04
          .db    0x30,0x88,0x2B,0x1E,0x16,0x67,0x45,0x93
          .db    0x38,0x23,0x68,0x8C,0x81,0x1A,0x25,0x61
          .db    0x13,0xC1,0xCB,0x63,0x97,0x0E,0x37,0x41
          .db    0x24,0x57,0xCA,0x5B,0xB9,0xC4,0x17,0x4D
          .db    0x52,0x8D,0xEF,0xB3,0x20,0xEC,0x2F,0x32
          .db    0x28,0xD1,0x11,0xD9,0xE9,0xFB,0xDA,0x79
          .db    0xDB,0x77,0x06,0xBB,0x84,0xCD,0xFE,0xFC
          .db    0x1B,0x54,0xA1,0x1D,0x7C,0xCC,0xE4,0xB0
          .db    0x49,0x31,0x27,0x2D,0x53,0x69,0x02,0xF5
          .db    0x18,0xDF,0x44,0x4F,0x9B,0xBC,0x0F,0x5C
          .db    0x0B,0xDC,0xBD,0x94,0xAC,0x09,0xC7,0xA2
          .db    0x1C,0x82,0x9F,0xC6,0x34,0xC2,0x46,0x05
          .db    0xCE,0x3B,0x0D,0x3C,0x9C,0x08,0xBE,0xB7
          .db    0x87,0xE5,0xEE,0x6B,0xEB,0xF2,0xBF,0xAF
          .db    0xC5,0x64,0x07,0x7B,0x95,0x9A,0xAE,0xB6
          .db    0x12,0x59,0xA5,0x35,0x65,0xB8,0xA3,0x9E
          .db    0xD2,0xF7,0x62,0x5A,0x85,0x7D,0xA8,0x3A
          .db    0x29,0x71,0xC8,0xF6,0xF9,0x43,0xD7,0xD6
          .db    0x10,0x73,0x76,0x78,0x99,0x0A,0x19,0x91
          .db    0x14,0x3F,0xE6,0xF0,0x86,0xB1,0xE2,0xF1
          .db    0xFA,0x74,0xF3,0xB4,0x6D,0x21,0xB2,0x6A
```

```
         .db     0xE3,0xE7,0xB5,0xEA,0x03,0x8F,0xD3,0xC9
         .db     0x42,0xD4,0xE8,0x75,0x7F,0xFF,0x7E,0xFD
K28Inv:  push2   r30,r31                 2×2
         clr     r18                     1    r18 ← 00, für die 16-Bit-Addition
         ldi     r30,LOW(2*vbK28Inv)     1    Z ← 2A(I), für lpm
         ldi     r31,HIGH(2*vbK28Inv)    1
         add     r30,r17                 1    Z ← 2A(I) + u
         adc     r31,r18                 1
         lpm     r18,Z                   3    r18 ← u^-1
         pop2    r31,r30                 2×2
         ret                             4
```

Die Division ist die Multiplikation eines Körperelementes $\mathfrak{u}$ mit dem Inversen eines Körperelementes $\mathfrak{v}$, also $\mathfrak{u}\mathfrak{v}^{-1}$. Sie kann daher durch Aufrufe der beiden vorangehenden Unterprogramme realisiert werden. Weil `K28Inv` jedoch so kurz ist, wurde sein Code direkt in das folgende Unterprogramm übernommen, um den relativ kostspieligen Unterprogrammaufruf zu vermeiden.

Unterprogramm K28Div

Es wird das Produkt $\mathfrak{u}\mathfrak{v}^{-1}$ zweier Elemente $\mathfrak{u}, \mathfrak{v} \in \mathbb{K}_{2^8}$ berechnet.

Input

$\mathbf{r}_{16}$ $\mathfrak{u}$

$\mathbf{r}_{17}$ $\mathfrak{v}$

Output

$\mathbf{r}_{18}$ $\mathfrak{u}\mathfrak{v}^{-1}$

Ist $\mathfrak{v} = \mathfrak{o}$ so wird das Überlaufbit $\mathbf{S}.\mathfrak{v}$ gesetzt.
Ist das Ergebnis der Multiplikation 00 so wird das Nullbit $\mathbf{S}.\mathfrak{z}$ gesetzt.

```
K28Div:   tst     r17                     1    v = o?
          breq    K28DivOf                1/2  Falls v = o mit S.v = 1 zurück
          push3   r17,r30,r31             3×2
          clr     r18                     1    r18 ← 00, für die 16-Bit-Addition
          ldi     r30,LOW(2*vbK28Inv)     1    Z ← 2A(I), für lpm
          ldi     r31,HIGH(2*vbK28Inv)    1
          add     r30,r17                 1    Z ← 2A(I) + u
          adc     r31,r18                 1
          lpm     r17,Z                   3    r17 ← u^-1
          pop2    r31,r30                 2×2
          rcall   K28Mul                  3+   r18 ← uv^-1
          pop     r17                     2
          ret                             4
K28DivOf: sev                             1    S.v ← 1
          ret                             4
```

Unterprogramme zur Addition und Subtraktion von Elementen $\mathfrak{u}$ und $\mathfrak{v}$ werden nicht zur Verfügung gestellt, denn die Addition besteht nur aus der Addition modulo 2 der Bits von $\mathfrak{u}$ und $\mathfrak{v}$, die mit dem Prozessorbefehl `eor` in einem Takt erledigt werden kann, und die Addition und Subtraktion sind identisch.

3. Bestimmung irreduzibler Faktoren von Polynomen über endlichen Körpern

3.1. Die einfachste Methode: Division mit allen möglichen Teilern

Es sei $\boldsymbol{f} \in \mathbb{K}_q[\boldsymbol{X}]$ mit $\partial(\boldsymbol{f}) = m$. Jedes Polynom $\boldsymbol{g} \in \mathbb{K}_q[\boldsymbol{X}]$, das $1 \leq \partial(\boldsymbol{g}) \leq m - 1$ erfüllt, ist ein Kandidat für einen echten Teiler von $\boldsymbol{f}$. Die Irreduzibilität von $\boldsymbol{f}$ kann daher so bestimmt werden, daß für jedes solche $\boldsymbol{g}$ ein Quotient $\boldsymbol{q}$ und ein Rest $\boldsymbol{r}$ aus $\mathbb{K}_q[\boldsymbol{X}]$ berechnet werden mit $\boldsymbol{f} = \boldsymbol{q}\boldsymbol{f} + \boldsymbol{r}$. Findet man dabei ein $\boldsymbol{g}$ mit $\boldsymbol{r} = \boldsymbol{0}$, dann ist $\boldsymbol{g}$ ein echter Teiler von $\boldsymbol{f}$ und $\boldsymbol{f}$ ist reduzibel. Sollte nur die Irreduzibilität getestet werden, kann die Suche abgebrochen werden. Sind jedoch die irreduziblen Faktoren von $\boldsymbol{f}$ zu bestimmen, dann müssen die irreduziblen Faktoren von $\boldsymbol{g}$ berechnet werden, bevor die Suche nach Faktoren von $\boldsymbol{f}$ mit dem Quotienten $\boldsymbol{q}$ fortgesetzt wird.

Nun ist das Verfahren zwar einfach, aber auch nur für kleine Polynomgrade brauchbar, denn die Anzahl der möglichen Teiler von $\boldsymbol{f}$ steigt exponentiell mit $\partial(\boldsymbol{f}) = n$ an, weil es q^n Polynome $\boldsymbol{g} \in \mathbb{K}_q[\boldsymbol{X}]$ gibt mit $\partial(\boldsymbol{g}) < n$. Allerdings müssen nicht alle diese Polynome ausprobiert werden.

- Es genügt, durch normierte Polynomteiler zu dividieren.
- Hat man einen Faktor $\boldsymbol{g}$ mit $\partial(\boldsymbol{g}) = k$ gefunden, dann existiert auch ein echter Teiler $\boldsymbol{h}$ mit $\partial(\boldsymbol{g}) = \partial(\boldsymbol{f}) - k$, nämlich $\boldsymbol{q}$. Hat man daher keinen Teiler $\boldsymbol{g}$ mit $\partial(\boldsymbol{g}) \leq \lfloor \partial(\boldsymbol{f})/2 \rfloor$ gefunden, so kann es auch keinen Teiler $\boldsymbol{h}$ mit $\partial(\boldsymbol{h}) > \lfloor \partial(\boldsymbol{f})/2 \rfloor$ geben, d.h. $\boldsymbol{f}$ ist irreduzibel. Sind alle Faktoren zu bestimmen, kann natürlich auch bei $\partial(\boldsymbol{g}) = \lfloor \partial(\boldsymbol{f})/2 \rfloor$ abgebrochen werden, denn mit jedem Polynom vom Grad k wird auch das den Grad zu n ergänzende Polynom entdeckt.
- Polynome, die $\boldsymbol{X}$ als Teiler enthalten, also Polynome $\boldsymbol{g}$ mit $\boldsymbol{g}(0) = 0$, können ignoriert werden, weil ihre Faktoren im Suchprozess schon ausprobiert wurden. Etwas allgemeiner können Polynome, die durch $\boldsymbol{X}^d$ teilbar sind, von der Probedivision ausgenommen werden, also Polynome $\boldsymbol{g}$ mit $\boldsymbol{g}(\delta) = 0$ für $0 \leq \delta < d$.

Die so vorenommene Verkleinerung der Probiermenge ändert jedoch nichts daran, daß diese Menge mit dem Grad von $\boldsymbol{f}$ exponentiell ansteigt. Bis zu welchem Polynomgrad das simple Verfahren ein Ergebnis liefern kann hängt von vielerlei Umständen ab: Von der Güte des eingesetzen Programms, der Schnelligkeit des verwendeten Computers, aber auch von der Geduld, die man aufzubringen bereit ist. Jedenfalls liegt $\partial(\boldsymbol{f}) = 100$ außerhalb der Möglichkeiten des Verfahrens.

3.2. Ein Verfahren basierend auf den Teilern von $X^{q^n} - X$

Es seien $p \in \mathbb{P}$, $n \in \mathbb{N}_+$ und $q = p^n$. In Abschnitt 6.15 wird gezeigt, daß das Polynom $\boldsymbol{t}_{q,n} \in \mathbb{K}_q[\boldsymbol{X}]$ das Produkt aller normierten irreduziblen Polynome aus $\mathbb{K}_q[\boldsymbol{X}]$ ist, deren Grad n teilt. Weil n zweifellos ein Teiler von sich selbst ist, können *alle* normierten irreduziblen Polynome vom Grad n aus $\mathbb{K}_q[\boldsymbol{X}]$ als Teiler von $\boldsymbol{t}_{q,n}$ gefunden werden.

Es sei $\boldsymbol{f} \in \mathbb{K}_q[\boldsymbol{X}]$ mit $\partial(\boldsymbol{f}) = m \geq 2$. Um festzustellen, ob $\boldsymbol{f}$ einen irreduziblen Teiler $\boldsymbol{p} \in \mathbb{K}_q[\boldsymbol{X}]$ besitzt, ist es allerdings nicht nötig, alle Teiler von $\boldsymbol{t}_{q,n}$ als Divisoren von $\boldsymbol{f}$ durchzuprobieren, ganz abgesehen davon, daß diese Teiler erst einmal berechnet werden müssten ($\boldsymbol{t}_{q,n}$ ist ein Polynom von hohem Grad!). Es genügt doch, einen gemeinsamen Teiler von $\boldsymbol{f}$ und $\boldsymbol{t}_{q,n}$ zu bestimmen, und zur Berechnung eines ausgezeichneten gemeinsamen Teilers gibt es auch einen bekannten Algorithmus: Es ist natürlich der größte gemeinsame Teiler gemeint.

Es wird also mit dem Euklidischen Algorithmus das normierte Polynom

$$\boldsymbol{g} \in \mathsf{G}^{\mathbb{K}_q[\boldsymbol{X}]}_{\boldsymbol{f},\boldsymbol{t}_{q,n}}$$

berechnet. Ist $\partial(\boldsymbol{g}) > 0$, dann ist $\boldsymbol{f}$ reduzibel und $\boldsymbol{g}$ ist ein irreduzibler Faktor von $\boldsymbol{f}$. Mit einer Ausnahme allerdings: Es ist auch $\boldsymbol{f} \sim \boldsymbol{g}$ möglich, nämlich dann, wenn $\boldsymbol{f}$ ein Produkt nur aus Teilern von $\boldsymbol{t}_{q,n}$, d.h. ein Produkt von normierten irreduziblen Polynomen aus $\mathbb{K}_q[\boldsymbol{X}]$ vom Grad n ist. Ist andererseits $\boldsymbol{g} = 1$, dann hat $\boldsymbol{f}$ keinen irreduziblen Faktor vom Grad n.

Man beginnt mit $n = 1$. Hat $\boldsymbol{f}$ bei laufendem n keinen irreduziblen Faktor vom Grad n wird zu $n + 1$ übergegangen. Hat $\boldsymbol{f}$ schließlich bei $n = \left\lfloor \frac{m}{2} \right\rfloor$ keinen irreduziblen Faktor, dann hat es überhaupt keinen echten irreduziblen Faktor und ist selbst irreduzibel.

Allerdings ist bei Ausführung des Verfahrens mit dem sehr hohen Polynomgrad q^n umzugehen. Arbeitet man beispielsweise im Körper $\mathbb{K}_q = \mathbb{K}_{3^2}$, dann hat man schon $q^5 = 59049$. Man hat jedoch nur eine Division mit einem Polynom eines so hohen Grades durchzuführen. Sind nämlich $\boldsymbol{q}, \boldsymbol{r} \in \mathbb{K}_q[\boldsymbol{X}]$ mit $\boldsymbol{t}_{q,n} = \boldsymbol{f}\boldsymbol{q} + \boldsymbol{r}$ und $\partial(\boldsymbol{r}) < \partial(\boldsymbol{f})$, so gilt (es ist die Teilbarkeit in $\mathbb{K}_q[\boldsymbol{X}]$ gemeint)

$$\mathsf{G}_{\boldsymbol{f},\boldsymbol{t}_{q,n}} = \mathsf{G}_{\boldsymbol{f},\boldsymbol{r}}$$

Man hat zunächst $\mathsf{T}_{\boldsymbol{f},\boldsymbol{t}_{q,n}} \subset \mathsf{T}_{\boldsymbol{f},\boldsymbol{r}}$. Denn für $\boldsymbol{h} \in \mathsf{T}_{\boldsymbol{f},\boldsymbol{t}_{q,n}}$ gibt es $\boldsymbol{a}, \boldsymbol{b} \in \mathbb{K}_q[\boldsymbol{X}]$ mit $\boldsymbol{t}_{q,n} = \boldsymbol{a}\boldsymbol{h}$ und $\boldsymbol{f} = \boldsymbol{b}\boldsymbol{h}$. Das ergibt $\boldsymbol{r} = \boldsymbol{h}(\boldsymbol{a}-\boldsymbol{b}\boldsymbol{q})$, also $\boldsymbol{h} \in \mathsf{T}_{\boldsymbol{f},\boldsymbol{r}}$. Nun sei $\boldsymbol{g} \in \mathsf{G}_{\boldsymbol{f},\boldsymbol{t}_{q,n}}$. Wie eben gezeigt folgt daraus $\boldsymbol{g} \in \mathsf{T}_{\boldsymbol{f},\boldsymbol{r}}$. Weiter sei $\boldsymbol{s} \in \mathsf{T}_{\boldsymbol{f},\boldsymbol{r}}$, etwa $\boldsymbol{f} = \boldsymbol{u}\boldsymbol{s}$ und $\boldsymbol{r} = \boldsymbol{v}\boldsymbol{s}$. Wegen $\boldsymbol{t}_{q,n} = \boldsymbol{q}\boldsymbol{u}\boldsymbol{s} + \boldsymbol{v}\boldsymbol{s} = \boldsymbol{s}(\boldsymbol{q}\boldsymbol{u} + \boldsymbol{v})$ folgt daraus $\boldsymbol{s} \in \mathsf{T}_{\boldsymbol{f},\boldsymbol{t}_{q,n}}$, also $\boldsymbol{s} \in \mathsf{T}_{\boldsymbol{g}}$ wegen $\boldsymbol{g} \in \mathsf{G}_{\boldsymbol{f},\boldsymbol{t}_{q,n}}$. Das zeigt $\boldsymbol{g} \in \mathsf{G}_{\boldsymbol{f},\boldsymbol{r}}$, d.h. es ist $\mathsf{G}_{\boldsymbol{f},\boldsymbol{t}_{q,n}} \subset \mathsf{G}_{\boldsymbol{f},\boldsymbol{r}}$. Sei umgekehrt $\boldsymbol{g} \in \mathsf{G}_{\boldsymbol{f},\boldsymbol{r}}$. Dann ist $\boldsymbol{g} \in \mathsf{T}_{\boldsymbol{f},\boldsymbol{t}_{q,n}}$ wegen $\boldsymbol{t}_{q,n} = \boldsymbol{f}\boldsymbol{q} + \boldsymbol{r}$. Weiter sei $\boldsymbol{s} \in \mathsf{T}_{\boldsymbol{f},\boldsymbol{t}_{q,n}}$, etwa $\boldsymbol{f} = \boldsymbol{x}\boldsymbol{s}$ und $\boldsymbol{t}_{q,n} = \boldsymbol{y}\boldsymbol{s}$. Aus $\boldsymbol{r} = \boldsymbol{t}_{q,n} - \boldsymbol{q}\boldsymbol{f} = \boldsymbol{s}(\boldsymbol{y} - \boldsymbol{q}\boldsymbol{x})$ folgt $\boldsymbol{s} \in \mathsf{T}_{\boldsymbol{f},\boldsymbol{r}}$, also $\boldsymbol{s} \in \mathsf{T}_{\boldsymbol{g}}$ wegen $\boldsymbol{g} \in \mathsf{G}_{\boldsymbol{f},\boldsymbol{r}}$. Das zeigt $\boldsymbol{g} \in \mathsf{G}_{\boldsymbol{f},\boldsymbol{t}_{q,n}}$, d.h. es ist $\mathsf{G}_{\boldsymbol{f},\boldsymbol{r}} \subset \mathsf{G}_{\boldsymbol{f},\boldsymbol{t}_{q,n}}$.

Es wird folglich mit dem Euklidischen Algorithmus das normierte Polynom

$$\boldsymbol{g} \in \mathsf{G}^{\mathbb{K}_q[\boldsymbol{X}]}_{\boldsymbol{f},\varrho_{\boldsymbol{f}}(\boldsymbol{t}_{q,n})}$$

berechnet, also der normierte größte gemeinsame Teiler von $\boldsymbol{f}$ und $\varrho_{\boldsymbol{f}}(\boldsymbol{t}_{q,n})$ in $\mathbb{K}_q[\boldsymbol{X}]$. Es ist aber zu beachten, daß die Division $\varrho_{\boldsymbol{f}}(\boldsymbol{t}_{q,n}) = \boldsymbol{0}$ als Ergebnis haben kann, d.h. $\boldsymbol{f} \in \mathsf{T}_{\boldsymbol{t}_{q,n}}$. Ist das der Fall, dann ist $\boldsymbol{f}$ reduzibel. Es sei nämlich $\boldsymbol{t}_{q,n} = \boldsymbol{q}\boldsymbol{f}$. Nun ist $\boldsymbol{t}_{q,n}$ das Produkt von normierten irreduziblen Polynomen vom Grad $d \in \mathsf{T}_n$, mit $d \leq n \leq \left\lfloor \frac{\partial(\boldsymbol{f})}{2} \right\rfloor < \partial(\boldsymbol{f})$. Wäre daher $\boldsymbol{f}$ irreduzibel, könnte es, weil $\boldsymbol{t}_{q,n}$ nur irreduzible Teiler $\boldsymbol{h}$ mit $\partial(\boldsymbol{h}) \leq n$ besitzt, wegen $\partial(\boldsymbol{f}) > n$ kein Teiler von

$\boldsymbol{t}_{q,n}$ sein. Das Verfahren wird in diesem Sonderfall abgebrochen mit der Meldung, daß $\boldsymbol{f}$ reduzibel sei, jedoch ohne einen echten Faktor des Polynoms angeben zu können. Wird ein solcher bei einer Anwendung des Verfahrens verlangt, müßte er auf einem anderem Wege bestimmt werden, beispielsweise mit dem Verfahren von Berlekamp aus Abschnitt 3.3, das nicht mit Polynomen der Grade q^n sondern „nur" mit solchen der Grade nq arbeitet.

Es folgt nun ein Beispiel des Verfahrens, und zwar wird das folgende Polynom aus $\mathbb{K}_5[\boldsymbol{X}]$ daraufhin untersucht, ob es irreduzibel ist. Sollte das nicht der Fall sein, ist ein irreduzibler Faktor anzugeben:

$$\boldsymbol{f} = \boldsymbol{X}^{13} + 3\boldsymbol{X}^{12} + 3\boldsymbol{X}^{11} + 4\boldsymbol{X}^{10} + 2\boldsymbol{X}^{9} + 4\boldsymbol{X}^{8} + 2\boldsymbol{X}^{7} + 3\boldsymbol{X}^{6} + 3\boldsymbol{X}^{5} + \boldsymbol{X}^{4} + \boldsymbol{X}^{3} + 2\boldsymbol{X}^{2} + 4\boldsymbol{X} + 1$$

Es ist also $q = 5$ und $m = \partial(\boldsymbol{f}) = 13$. Im ersten Schritt mit $n = 1$ erhält man unter Beachtung von $-1 = 4$ in $\mathbb{K}_5$

$$\operatorname{ggT}(\boldsymbol{f}, \boldsymbol{t}_{5,1}) = \operatorname{ggT}(\boldsymbol{f}, \boldsymbol{X}^5 + 4\boldsymbol{X}) = 1$$

Das bedeutet, daß $\boldsymbol{f}$ keine Linearfaktoren enthält. Beim nächsten Schritt mit $n = 2$ ergibt sich

$$\begin{aligned}\varrho_{\boldsymbol{f}}(\boldsymbol{t}_{5,2}) = \boldsymbol{X}^{12} + 3\boldsymbol{X}^{11} + 4\boldsymbol{X}^{10} + 2\boldsymbol{X}^{9} + 2\boldsymbol{X}^{8} + \boldsymbol{X}^{7} + 2\boldsymbol{X}^{6} + 2\boldsymbol{X}^{5} + \\ + \boldsymbol{X}^{4} + 4\boldsymbol{X}^{3} + 4\boldsymbol{X}^{2} + 4\boldsymbol{X} + 3\end{aligned}$$

Damit berechnet man den größten gemeinsamen Teiler

$$\operatorname{ggT}\bigl(\boldsymbol{f}, \varrho_{\boldsymbol{f}}(\boldsymbol{t}_{5,2})\bigr) = 1$$

Damit enthält $\boldsymbol{f}$ auch keine quadratischen irreduziblen Faktoren. Der Übergang im Verfahren zu $n = 3$ bringt

$$\begin{aligned}\varrho_{\boldsymbol{f}}(\boldsymbol{t}_{5,3}) &= 4\boldsymbol{X}^{12} + 2\boldsymbol{X}^{11} + 2\boldsymbol{X}^{10} + 2\boldsymbol{X}^{9} + 4\boldsymbol{X}^{8} + 5\boldsymbol{X}^{5} + \boldsymbol{X}^{4} + 2\boldsymbol{X}^{3} + 4\boldsymbol{X} + 3 \\ \operatorname{ggT}\bigl(\boldsymbol{f}, \varrho_{\boldsymbol{f}}(\boldsymbol{t}_{5,3})\bigr) &= \boldsymbol{X}^{3} + 4\boldsymbol{X}^{2} + 4\boldsymbol{X} + 4\end{aligned}$$

also die Reduzibilität von $\boldsymbol{f}$ und den normierten irreduziblen Faktor $\boldsymbol{p}_1 = \boldsymbol{X}^3 + 4\boldsymbol{X}^2 + 4\boldsymbol{X} + 4$. Man kann das Verfahren noch einmal anwenden, um weitere Faktoren von $\boldsymbol{f}$ zu bekommen. Dazu wird $\boldsymbol{p}_1$ herausdividiert, etwa als $\boldsymbol{f} = \boldsymbol{p}_1\boldsymbol{f}_1$, und zwar ist

$$\boldsymbol{f}_1 = \boldsymbol{X}^{10} + 4\boldsymbol{X}^{9} + 3\boldsymbol{X}^{8} + 2\boldsymbol{X}^{7} + 1\boldsymbol{X}^{6} + 4\boldsymbol{X}^{3} + 2\boldsymbol{X}^{2} + 2\boldsymbol{X} + 4$$

Der erste Schritt des Verfahrens, $n = 1$, ergibt $\operatorname{ggT}(\boldsymbol{f}_1, \boldsymbol{t}_{5,1}) = 1$. Die nächsten drei Schritte sind wie folgt, mit $\boldsymbol{r}_n = \varrho_{\boldsymbol{f}_1}(\boldsymbol{t}_{5,n})$:

$$\begin{aligned}\boldsymbol{r}_2 &= 3\boldsymbol{X}^{9} + 3\boldsymbol{X}^{8} + 2\boldsymbol{X}^{7} + 2\boldsymbol{X}^{6} + 3\boldsymbol{X}^{5} + 3\boldsymbol{X}^{4} + 4\boldsymbol{X}^{3} + 2\boldsymbol{X}^{2} + 3\boldsymbol{X} + 3 && \operatorname{ggT}(\boldsymbol{f}_1, \boldsymbol{r}_2) = 1 \\ \boldsymbol{r}_3 &= 2\boldsymbol{X}^{9} + 2\boldsymbol{X}^{7} + 4\boldsymbol{X}^{6} + 3\boldsymbol{X}^{5} + 4\boldsymbol{X}^{4} + 3\boldsymbol{X}^{3} + 3\boldsymbol{X} + 4 && \operatorname{ggT}(\boldsymbol{f}_1, \boldsymbol{r}_3) = 1 \\ \boldsymbol{r}_4 &= \boldsymbol{X}^{9} + 4\boldsymbol{X}^{7} + 4\boldsymbol{X}^{6} + 4\boldsymbol{X}^{5} + 2\boldsymbol{X}^{4} + \boldsymbol{X}^{3} + 4\boldsymbol{X}^{2} + 3\boldsymbol{X} + 2 && \operatorname{ggT}(\boldsymbol{f}_1, \boldsymbol{r}_4) = 1\end{aligned}$$

Es gibt also keine irreduziblen Faktoren der Grade 1 bis 4, woraus unmittelbar folgt, daß es auch keine irreduziblen Faktoren der Grade 9 bis 6 gibt. Denn es sei beispielsweise angenommen, daß $\boldsymbol{f}_1 = \boldsymbol{g}\boldsymbol{h}$ mit irreduziblem $\boldsymbol{h}$ und $\partial(\boldsymbol{h}) = 6$. Aber dann ist $\partial(\boldsymbol{g}) = 4$ und $\boldsymbol{g}$ ist entweder selbst irreduzibel oder enthält einen irreduziblen Faktor $\boldsymbol{p}$ mit $\partial(\boldsymbol{p}) < 4$, im Widerspruch zu den eben ausgeführten Rechnungen.

Im nächsten Schritt erhält man $\boldsymbol{r}_5 = \boldsymbol{0}$. Das ist der oben beschriebene Sonderfall, daß das Polynom selbst ein Teiler von $\boldsymbol{t}_{q,n}$ ist,

$$\boldsymbol{f}_1 \mid (\boldsymbol{X}^{3125} - \boldsymbol{X})$$

in dem zwar erkannt wird, das $\boldsymbol{f}_1$ reduzibel ist, aber kein Faktor angegeben werden kann. Hier bricht das Verfahren ab, denn $\boldsymbol{f}_1$ ist ein Produkt von irreduziblen Polynomen vom Grad 5 und hat keinen Faktor vom Grad 6 oder höher. Man kann noch erkennen, daß $\boldsymbol{f}_1$ das Produkt von genau zwei Polynomen vom Grad 5 ist, die allerdings mit einem anderen Verfahren bestimmt werden müssen, etwa mit dem Verfahren aus Abschnitt 3.3. Die beiden Faktoren ergeben sich als

$$\boldsymbol{p}_2 = \boldsymbol{X}^5 + 4\boldsymbol{X}^4 + 3\boldsymbol{X}^3 + 2\boldsymbol{X}^2 + 2\boldsymbol{X} + 2 \qquad \boldsymbol{p}_3 = \boldsymbol{X}^5 + 4\boldsymbol{X} + 2$$

Das Verfahren läßt sich leicht in Pseudocode umsetzen. Hier wird ein Unterprogramm vorgestellt. Gibt es das Nullpolynom $\boldsymbol{0}$ oder ein Polynom $\boldsymbol{g}$ von positiven Grad zurück, dann ist $\boldsymbol{f}$ reduzibel. Im Falle des Nullpolynoms konnte kein Faktor bestimmt werden, andernfalls ist $\boldsymbol{g}$ der (irreduzible) Faktor. Wird das konstante Polynom 1 zurückgegeben, dann ist $\boldsymbol{f}$ irreduzibel.

```
t ← X
for n = 1 to n = ⌊∂(f)/2⌋ do
    begin
    t ← t^q
    h ← ϱ_f(t − X)
    if h = 0 return 0
    g ← ggT(f, h)
    if ∂(g) > 0 return g
    end
return 1
```

Wie schon erwähnt gelangt man mit diesem Verfahren schnell zu hohen Polynomgraden. Es sei beispielsweise $q = 2^8$ und es sei das Polynom

$$\boldsymbol{f} = \boldsymbol{X}^6 + \boldsymbol{X}^4 + \boldsymbol{X}^2 + 1 \in \mathbb{K}_{2^8}[\boldsymbol{X}]$$

zu untersuchen. Um festzustellen, ob es einen irreduziblen Faktor $\boldsymbol{p}$ mit $\partial(\boldsymbol{p}) \in \{1, 3\}$ besitzt, ist zunächst das Restpolynom

$$\boldsymbol{r} = \varrho_{\boldsymbol{f}}(\boldsymbol{t}_{2^8,3}) = \varrho_{\boldsymbol{f}}(\boldsymbol{X}^{16777216} + \boldsymbol{X})$$

aus $\boldsymbol{t}_{2^8,3} = \boldsymbol{q}\boldsymbol{f} + \boldsymbol{r}$ zu berechnen. Zwar ist $\boldsymbol{t}_{2^8,3}$ ein schwach besetztes Polynom, das Quotientenpolynom $\boldsymbol{q}$ jedoch nicht mehr, wie ein Blick auf den Divisionsalgorithmus lehrt. Allerdings wird $\boldsymbol{q}$ nicht benötigt, und zur Berechnung von $\boldsymbol{r}$ muß nicht mit Polynomen vom Grad $16777216 = 2^{24}$ gearbeitet werden . Die Berechnung wird mit einem normalen PC mit 32-Bit-CPU in wenigen Sekunden durchgeführt, man erhält $\boldsymbol{r} = \boldsymbol{X} + 1$.

Die Berechnung besteht im Wesentlichen aus 16777210 Körpermultiplikationen und $6 \cdot 16777210$ Körperadditionen, bei höheren Polynomgraden empfiehlt sich daher der Übergang zu einem Prozessor mit 64-Bit-CPU.

3.3. Das Verfahren von Berlekamp

Es seien $p \in \mathbb{P}$, $n \in \mathbb{N}_+$ und $q = p^n$. Weiter sei ein *normiertes* Polynom $\boldsymbol{b} \in \mathbb{K}_q[\boldsymbol{X}]$ gegeben mit $\partial(\boldsymbol{b}) = k > 1$. Der führende Koeffizient von $\boldsymbol{b}$ ist also das Einselement von $\mathbb{K}_q$.

Es ist zu bestimmen, ob das Polynom irreduzibel ist. Ist das nicht der Fall, dann ist die Anzahl m der verschiedenen irreduziblen Faktoren von $\boldsymbol{b}$ zu ermitteln und, mit der Kenntnis von $m > 1$, die irreduziblen Faktoren $\boldsymbol{p}_1, \ldots, \boldsymbol{p}_m \in \mathbb{I}_{\mathbb{K}_q[\boldsymbol{X}]}$ selbst.

Der vorgegebene Körper $\mathbb{K}_q$ hat die Eigenschaft, daß jedes seiner Elemente eine Nullstelle des Polynoms $\boldsymbol{X}^q - \boldsymbol{X} \in \mathbb{K}_q[\boldsymbol{X}]$ ist, d.h. für jedes $u \in \mathbb{K}_q$ gilt $u^q = u$ (siehe Abschnitt 6.14). Man kann daher vermuten, daß das Polynom $\boldsymbol{X}^q - \boldsymbol{X}$ eine bedeutende Rolle in dem zu beschreibenden Verfahren einnimmt. Das ist auch tatsächlich der Fall.

S 3.3.1 Für jedes Polynom $\boldsymbol{f} \in \mathbb{K}_q[\boldsymbol{X}]$ mit $1 < \partial(\boldsymbol{f}) < \partial(\boldsymbol{b})$ gilt

$$\boldsymbol{b} \in \mathsf{T}^{\mathbb{K}_q[\boldsymbol{X}]}_{\boldsymbol{f}^q - \boldsymbol{f}} \implies \boldsymbol{b} = \prod_{u \in \mathbb{K}_q} \mathrm{ggT}(\boldsymbol{b}, \boldsymbol{f} - u) \tag{3.1}$$

Die Produktzerlegung ist nicht trivial, d.h. enthält mindestens zwei Faktoren von positivem Grad.

Das Polynom $\boldsymbol{f}^q - \boldsymbol{f} \in \mathbb{K}_q[\boldsymbol{X}]$ besitzt $\boldsymbol{b}$ als Teiler. Nun zerfällt das Polynom $\boldsymbol{X}^q - \boldsymbol{X}$ vollständig über $\mathbb{K}_q$, d.h. es gilt

$$\boldsymbol{X}^q - \boldsymbol{X} = \prod_{u \in \mathbb{K}_q} (\boldsymbol{X} - u)$$

Daraus folgt durch Einsetzen von $\boldsymbol{f}$ (siehe dazu **S 6.7.6**)

$$\boldsymbol{f}^q - \boldsymbol{f} = \prod_{u \in \mathbb{K}_q} (\boldsymbol{f} - u)$$

Das Polynom $\boldsymbol{b}$ ist als Teiler von $\boldsymbol{X}^q - \boldsymbol{X}$ notwendigerweise ein größter gemeinsamer Teiler von $\boldsymbol{b}$ und $\boldsymbol{X}^q - \boldsymbol{X}$. Ebenso wie $\boldsymbol{b}$ sind auch die $\boldsymbol{f} - u$ normiert, man kann daher die Assoziierung hier in Gleichheit übergehen lassen, d.h. man kann den eindeutig bestimmten normierten größten gemeinsamen Teiler verwenden (siehe **S 6.9.2**):

$$\boldsymbol{b} = \mathrm{ggT}(\boldsymbol{b}, \boldsymbol{f}^q - \boldsymbol{f}) = \mathrm{ggT}\Big(\boldsymbol{b}, \prod_{u \in \mathbb{K}_q} (\boldsymbol{f} - u)\Big)$$

Nach **S 6.9.13** gilt $\boldsymbol{f} - u \perp \boldsymbol{f} - v$ für $u, v \in \mathbb{K}_q$ mit $u \neq v$ und das ergibt (siehe **S 6.6.8**, und zwar Gleichung (6.137))

$$\boldsymbol{b} = \mathrm{ggT}\Big(\boldsymbol{b}, \prod_{u \in \mathbb{K}_q} (\boldsymbol{f} - u)\Big) = \prod_{u \in \mathbb{K}_q} \mathrm{ggT}(\boldsymbol{b}, \boldsymbol{f} - u) \tag{3.2}$$

Auch hier wurde beim größten gemeinsamen Teiler von der Assoziierung zur Gleicheit übergegangen. Die gefundene Zerlegung von $\boldsymbol{b}$ ist nicht trivial, etwa als $\boldsymbol{b} = uu^{-1}\boldsymbol{b}$ mit $u \in \mathbb{K}_q^\star$, denn weil $\mathrm{ggT}(\boldsymbol{b}, \boldsymbol{f} - u)$ ein Teiler von $\boldsymbol{f} - u$ ist erhält man

$$\partial\big(\mathrm{ggT}(\boldsymbol{b}, \boldsymbol{f} - u)\big) \le \partial(\boldsymbol{f} - u) = \partial(\boldsymbol{f}) < \partial(\boldsymbol{b})$$

Damit also das Zerlegungsprodukt auf der rechten Seite von (3.2) den Grad $\partial(\boldsymbol{b})$ erreicht muß es mindestens zwei Faktoren vom Grad ≥ 1 enthalten, ein nicht-trivialer Faktor genügt nicht.

Hat man also ein Polynom $\boldsymbol{f}$ gefunden, das die Voraussetzungen des Satzes erfüllt, dann lassen sich mit Hilfe des Euklidischen Algorithmus zur Berechnung von größten gemeinsamen Teilern irreduzible Faktoren von $\boldsymbol{b}$ bestimmen. Enthält die Zerlegung (3.2) noch einen reduzierbaren Anteil, kann das Verfahren noch einmal auf diesen Anteil angewandt werden. Darauf wird weiter unten noch genauer eingegangen. Zunächst ist jedoch zu ermitteln, ob ein solches Polynom überhaupt existiert, und falls das der Fall ist, wie es berechnet werden kann. Dazu müssen einige Vorbereitungen getroffen werden.

Die Bestimmung des Polynoms $\boldsymbol{f}$ läuft darauf hinaus, ein System linearer Gleichungen zu lösen. Ein erster Schritt zu solch einem System besteht darin, zu erkennen, daß der in Abschnitt 6.12 konstruierte Ring $\mathbb{K}_q[\boldsymbol{X}]_{\boldsymbol{b}}$ auch ein Vektorraum über dem Körper $\mathbb{K}_q$ ist. In dieser Rolle soll $\mathbb{K}_q[\boldsymbol{X}]_{\boldsymbol{b}}$ hier mit $\mathfrak{V}$ bezeichnet werden. Die Vektoraddition ist natürlich die Ringaddition, d.h. für $\mathfrak{u}, \mathfrak{v} \in \mathfrak{V}$ gibt es Polynome $\boldsymbol{u}, \boldsymbol{v} \in \mathbb{K}_q[\boldsymbol{X}]$ mit $\mathfrak{u} = \varrho_{\boldsymbol{b}}(\boldsymbol{u})$ und $\mathfrak{v} = \varrho_{\boldsymbol{b}}(\boldsymbol{v})$, und damit wird

$$\mathfrak{u} + \mathfrak{v} = \varrho_{\boldsymbol{b}}(\boldsymbol{u} + \boldsymbol{v})$$

Die Skalarmultiplikation von $\mathfrak{V}$, also die Multiplikation von $\mathfrak{u} \in \mathfrak{V}$ und $a \in \mathbb{K}_q$, wird als Ringmultiplikation ausgeführt, nämlich als

$$a\mathfrak{v} = \varrho_{\boldsymbol{b}}(a\boldsymbol{u})$$

Es ist sehr leicht, zu bestätigen, daß mit diesen beiden Operationen auf $\mathfrak{V}$ die Axiome des Vektorraums gültig sind.

Natürlich bleibt ein $\mathfrak{v} \in \mathfrak{V}$ ein Ringelement, es kann deshalb als solches potenziert werden, um wieder einen Vektor zu bekommen. Man erhält für $d \in \mathbb{N}$ als Potenz $\mathfrak{v}^d = \varrho_{\boldsymbol{b}}(\boldsymbol{v}^d)$. Allerdings ist die Potenzierung keine lineare Operation.

Das spezielle Element $\boldsymbol{X} \in \mathbb{K}_q[\boldsymbol{X}]_{\boldsymbol{b}}$, die für das Polynom $\boldsymbol{b}$ konstruierte Nullstelle, wird als Vektor in $\mathfrak{V}$ mit $\mathfrak{x}$ bezeichnet. Es ist auch als Vektor speziell, denn seine Potenzen bilden eine Basis des $\mathbb{K}_q$-Vektorraumes $\mathfrak{V}$, genauer: Die Komponenten des k-Tupels

$$\mathfrak{x} = \begin{pmatrix} 1 \\ \mathfrak{x} \\ \mathfrak{x}^2 \\ \vdots \\ \mathfrak{x}^{k-1} \end{pmatrix} \in \mathfrak{V}^k$$

bilden eine Basis von $\mathfrak{V}$. Jeder Vektor aus $\mathfrak{V}$ kann also auf genau eine Weise als Linearkombination der $\mathfrak{x}^\kappa$ dargestellt werden, d.h. zu jedem $\mathfrak{v} \in \mathfrak{V}$ gibt es ein eindeutig bestimmtes k-Tupel $(v_0, \ldots, v_{k-1}) \in \mathbb{K}_q^k$ mit

$$\mathfrak{v} = \sum_{\kappa=0}^{k-1} v_\kappa \mathfrak{x}^\kappa \tag{3.3}$$

Nach Konstruktion von $\mathbb{K}_q[\boldsymbol{X}]_{\boldsymbol{b}}$ gibt es ein $\boldsymbol{v} \in \mathbb{K}_q[\boldsymbol{X}]$ mit $\mathfrak{v} = \varrho_{\boldsymbol{b}}(\boldsymbol{v})$, d.h. es gibt (eindeutig bestimmte) $\boldsymbol{h}, \boldsymbol{r} \in \mathbb{K}_q[\boldsymbol{X}]$ mit $\boldsymbol{v} = \boldsymbol{h}\boldsymbol{b} + \boldsymbol{r}$ und $\partial(\boldsymbol{r}) < \partial(\boldsymbol{b})$ (und natürlich $\boldsymbol{r} = \varrho_{\boldsymbol{b}}(\boldsymbol{v})$). Es ist klar, daß das Polynom $\boldsymbol{r}$ nicht von der Wahl von $\boldsymbol{v}$, sondern nur von $\mathfrak{v}$ abhängt, denn ist etwa noch $\mathfrak{v} = \varrho_{\boldsymbol{b}}(\boldsymbol{u})$, dann ist doch $\varrho_{\boldsymbol{b}}(\boldsymbol{v}) = \boldsymbol{r} = \varrho_{\boldsymbol{b}}(\boldsymbol{u})$. Damit erhält man wegen $\varrho_{\boldsymbol{b}}(\boldsymbol{X}^\kappa) = \boldsymbol{X}^\kappa$ für $\kappa \in \{0, \ldots, k-1\}$

$$\mathfrak{v} = \varrho_{\boldsymbol{b}}(\boldsymbol{v}) = \varrho_{\boldsymbol{b}}(\boldsymbol{h}\boldsymbol{b} + \boldsymbol{r}) = \varrho_{\boldsymbol{b}}(\boldsymbol{r}) = \boldsymbol{r} = \sum_{\kappa=0}^{k-1} \boldsymbol{r}(\kappa)\boldsymbol{X}^\kappa = \sum_{\kappa=0}^{k-1} \boldsymbol{r}(\kappa)\mathfrak{x}^\kappa$$

womit $\mathfrak{v}$ als eine eindeutig bestimmte Linearkombination der $\mathfrak{x}^\kappa$ dargestellt ist. Die Koeffizienten der Linearkombination sind die Koeffizienten des Polynoms $\boldsymbol{r} = \varrho_{\boldsymbol{b}}(\boldsymbol{v})$, wobei $\mathfrak{v} = \varrho_{\boldsymbol{b}}(\boldsymbol{v})$.

Weil sich k Basiselemente mit q Körperelementen zu q^k Linearkombinationen zusammenfügen lassen, besitzt der Vektorraum $\mathfrak{V}$ genau q^k Elemente. Und es ist natürlich $\mathrm{Dim}(\mathfrak{V}) = \partial(\boldsymbol{b}) = k$. Die beiden $\mathbb{K}_q$-Vektorräume $\mathfrak{V}$ und $\mathbb{K}_q^k$ sind deshalb isomorph, denn für jedes $\mathfrak{v} \in \mathfrak{V}$ kann

$$\boldsymbol{\xi}(\mathfrak{v}) = \begin{pmatrix} v_0 \\ v_1 \\ \vdots \\ v_{k-2} \\ v_{k-1} \end{pmatrix} \in \mathbb{K}_q^k$$

als der durch (3.3) gegebene Koordinatenvektor von $\mathfrak{v}$ bezüglich der Basis $\mathfrak{x}$ definiert werden. Die Koordinatenabbildung $\boldsymbol{\xi}\colon \mathfrak{V} \longrightarrow \mathbb{K}_q^k$ ist ein Isomorphismus von Vektorräumen.

Als Nächstes werden die speziellen Vektoren $\mathfrak{x}^{\nu q} \in \mathfrak{V}$, $\nu \in \{0, \ldots, k-1\}$, als Linearkombinationen mit der Basis $\mathfrak{x}$ dargestellt. Die benötigten Darstellungskoeffizienten werden wieder mit Hilfe der Division mit Teilerrest des Ringes $\mathbb{K}_q[\boldsymbol{X}]$ bestimmt. Für jedes $\nu \in \{0, \ldots, k-1\}$ gibt es eindeutig bestimmte Polynome $\boldsymbol{h}_\nu, \boldsymbol{r}_\nu \in \mathbb{K}_q[\boldsymbol{X}]$ mit $\boldsymbol{X}^{\nu q} = \boldsymbol{h}_\nu \boldsymbol{b} + \boldsymbol{r}_\nu$ und $\partial(\boldsymbol{r}_\nu) < \partial(\boldsymbol{b})$. Das ergibt

$$\mathfrak{x}^{\nu q} = \varrho_{\boldsymbol{b}}(\boldsymbol{X}^{\nu q}) = \varrho_{\boldsymbol{b}}(\boldsymbol{h}_\nu \boldsymbol{b} + \boldsymbol{r}_\nu) = \boldsymbol{r}_\nu = \sum_{\kappa=0}^{k-1} \boldsymbol{r}_\nu(\kappa)\mathfrak{x}^\kappa$$

Mit den so berechneten Koeffizienten $\boldsymbol{r}_\nu(\kappa)$ wird nun die Matrix $\mathbf{R}$ gebildet, eine quadratische (k,k)-Matrix über dem Körper $\mathbb{K}_q$:

$$\mathbf{R} = \begin{pmatrix} \boldsymbol{r}_0(0) & \boldsymbol{r}_0(1) & \cdots & \boldsymbol{r}_0(k-1) \\ \boldsymbol{r}_1(0) & \boldsymbol{r}_1(1) & \cdots & \boldsymbol{r}_1(k-1) \\ \vdots & \vdots & & \vdots \\ \boldsymbol{r}_{k-2}(0) & \boldsymbol{r}_{k-2}(1) & \cdots & \boldsymbol{r}_{k-2}(k-1) \\ \boldsymbol{r}_{k-1}(0) & \boldsymbol{r}_{k-1}(1) & \cdots & \boldsymbol{r}_{k-1}(k-1) \end{pmatrix} \tag{3.4}$$

Der Ring $\mathbb{K}_q[\boldsymbol{X}]_{\boldsymbol{b}}$ enthält den Körper $\mathbb{K}_q$ als Unterring und hat deshalb die Charakeristik p. Also gilt (6.352) für jedes $\mathfrak{v} \in \mathfrak{V}$ mit $\boldsymbol{\xi}(\mathfrak{v}) = (v_0, \ldots, v_{k-1})$

$$\mathfrak{v}^q = \left(\sum_{\kappa=0}^{k-1} v_\kappa \mathfrak{x}^\kappa\right)^q = \sum_{\kappa=0}^{k-1} v_\kappa^q \mathfrak{x}^{\kappa q}$$

und wegen $v_\kappa \in \mathbb{K}_q$, also $v_\kappa^q = v_\kappa$, erhält man

$$\mathfrak{v}^q = \sum_{\nu=0}^{k-1} v_\nu \mathfrak{x}^{\nu q} = \sum_{\nu=0}^{k-1} v_\nu \sum_{\kappa=0}^{k-1} \boldsymbol{r}_\nu(\kappa)\mathfrak{x}^\kappa = \sum_{\nu=0}^{k-1}\sum_{\kappa=0}^{k-1} v_\nu \boldsymbol{r}_\nu(\kappa)\mathfrak{x}^\kappa = \boldsymbol{\xi}(\mathfrak{v})^{\mathrm{t}}\mathbf{R}\boldsymbol{\mathfrak{x}}$$

oder in ausgeschriebenen Koordinaten

$$\mathfrak{v}^q = \begin{pmatrix} v_0 & \cdots & v_{k-1} \end{pmatrix} \begin{pmatrix} \boldsymbol{r}_0(0) & \boldsymbol{r}_0(1) & \cdots & \boldsymbol{r}_0(k-1) \\ \boldsymbol{r}_1(0) & \boldsymbol{r}_1(1) & \cdots & \boldsymbol{r}_1(k-1) \\ \vdots & \vdots & & \vdots \\ \boldsymbol{r}_{k-2}(0) & \boldsymbol{r}_{k-2}(1) & \cdots & \boldsymbol{r}_{k-2}(k-1) \\ \boldsymbol{r}_{k-1}(0) & \boldsymbol{r}_{k-1}(1) & \cdots & \boldsymbol{r}_{k-1}(k-1) \end{pmatrix} \begin{pmatrix} 1 \\ \mathfrak{x} \\ \mathfrak{x}^2 \\ \vdots \\ \mathfrak{x}^{k-1} \end{pmatrix}$$

Wie sich sogleich zeigen wird ist jedoch ein Ausdruck wie eben hergeleitet für $\mathfrak{v}^q - \mathfrak{v}$ gefragt. Dazu kommt man leicht mit Hilfe der (k,k)-Einheitsmatrix $\mathbf{I}_k$, die auf der Hauptdiagonalen mit Einsen und sonst mit Nullen besetzt ist, beispielsweise $\mathbf{I}_4$:

$$\mathbf{I}_4 = \begin{pmatrix} 1 & 0 & 0 & 0 \\ 0 & 1 & 0 & 0 \\ 0 & 0 & 1 & 0 \\ 0 & 0 & 0 & 1 \end{pmatrix}$$

Für jedes $\boldsymbol{\mathfrak{v}} \in \mathfrak{V}^k$ gilt offensichtlich $\mathbf{I}_k\boldsymbol{\mathfrak{v}} = \boldsymbol{\mathfrak{v}}$, insbesondere also $\mathbf{I}_k\boldsymbol{\mathfrak{x}} = \boldsymbol{\mathfrak{x}}$. Für jedes $\mathfrak{v} \in \mathfrak{V}$ mit $\boldsymbol{\xi}(\mathfrak{v}) = (v_0, \ldots, v_{k-1})$ erhält man daher

$$\boldsymbol{\xi}(\mathfrak{v})^{\mathrm{t}}\mathbf{I}_k\boldsymbol{\mathfrak{x}} = \boldsymbol{\xi}(\mathfrak{v})^{\mathrm{t}}\boldsymbol{\mathfrak{x}} = \sum_{\kappa=0}^{k-1} v_\kappa \mathfrak{x}^\kappa = \mathfrak{v}$$

Die gewünschte Darstellung von $\mathfrak{v}^q - \mathfrak{v}$ kann nun wie folgt zusammengesetzt werden:

$$\mathfrak{v}^q - \mathfrak{v} = \boldsymbol{\xi}(\mathfrak{v})^{\mathrm{t}}\mathbf{R}\boldsymbol{\mathfrak{x}} - \boldsymbol{\xi}(\mathfrak{v})^{\mathrm{t}}\mathbf{I}_k\boldsymbol{\mathfrak{x}} = \boldsymbol{\xi}(\mathfrak{v})^{\mathrm{t}}(\mathbf{R} - \mathbf{I}_k)\boldsymbol{\mathfrak{x}} \tag{3.5}$$

Nach all diesen Vorbereitungen ist es jetzt möglich, sich wieder dem Hauptproblem zuzuwenden: Es soll ein Polynom $\boldsymbol{f} \in \mathbb{K}_q[\boldsymbol{X}]$ mit $1 < \partial(\boldsymbol{f}) < k$ und $\boldsymbol{b} \in \mathsf{T}_{\boldsymbol{f}^q - \boldsymbol{f}}^{\mathbb{K}_q[\boldsymbol{X}]}$ gefunden werden. Nun gilt

$$\boldsymbol{b} \in \mathsf{T}_{\boldsymbol{f}^q - \boldsymbol{f}}^{\mathbb{K}_q[\boldsymbol{X}]} \iff \varrho_{\boldsymbol{b}}(\boldsymbol{f}^q - \boldsymbol{f}) = 0$$

wodurch ein Zusammenhang mit (3.5) hergestellt ist, nämlich

$$0 = \varrho_{\boldsymbol{b}}(\boldsymbol{f}^q - \boldsymbol{f}) = \mathfrak{f}^q - \mathfrak{f} = \boldsymbol{\xi}(\mathfrak{f})^{\mathrm{t}}(\mathbf{R} - \mathbf{I}_k)\boldsymbol{\mathfrak{x}} \tag{3.6}$$

Das ist ein lineares Gleichungssystem, mit dem die Unbekannte $\mathfrak{f}$ berechnet werden kann, mit der direkt auf ein Polynom $\boldsymbol{f}$ mit den gewünschten Eigenschaften geschlossen werden kann. Dieses $\boldsymbol{f}$ ist natürlich $\mathfrak{f}$ selbst, denn jedes Element $\mathfrak{v}$ von $\mathfrak{V} = \mathbb{K}_q[\boldsymbol{X}]_{\boldsymbol{b}}$ ist nach Konstruktion ein Polynom $\boldsymbol{v} \in \mathbb{K}_q[\boldsymbol{X}]$ mit $\partial(\boldsymbol{v}) < \partial(\boldsymbol{b})$. Störend ist allerdings noch das Vorkommen der Basis $\boldsymbol{\mathfrak{x}}$ im Gleichungssystem. Davon kann man sich jedoch leicht befreien. Wie das geschehen kann ist sofort zu erkennen, wenn das Gleichungssystem mit Hilfe von linearen Abbildungen beschrieben wird. Seien dazu die beiden Abbildungen $\boldsymbol{\varphi}\colon \mathbb{K}_q^k \longrightarrow \mathbb{K}_q^k$ und $\boldsymbol{\psi}\colon \mathbb{K}_q^k \longrightarrow \mathfrak{V}$ für $\mathbf{u} = (u_0, \ldots, u_{k-1})^{\mathrm{t}} \in \mathbb{K}_q^k$ definiert durch

$$\boldsymbol{\varphi}(\mathbf{u}) = \mathbf{u}^{\mathbf{t}}(\mathbf{R} - \mathbf{I}_k) \qquad \boldsymbol{\psi}(\mathbf{u}) = \mathbf{u}^{\mathbf{t}}\mathfrak{x} = \sum_{\kappa=0}^{k-1} u_\kappa \mathfrak{x}^\kappa \tag{3.7}$$

Beide Abbildungen sind offenbar linear (d.h. Vektorraumhomomorphismen). Die Abbildung $\boldsymbol{\psi}$ ist injektiv, denn der Nullvektor $\mathfrak{o} \in \mathfrak{V}$ kann mit der Basis $\mathfrak{x}$ als Linearkombination nur mit $\mathbf{u} = (0, \ldots, 0)$ dargestellt werden, d.h. es ist $\mathbf{Kern}(\boldsymbol{\psi}) = \{(0, \ldots, 0)\}$. Das bedeutet natürlich $\boldsymbol{\psi} \circ \boldsymbol{\varphi}(\mathbf{u}) = 0 \iff \boldsymbol{\varphi}(\mathbf{u}) = 0$ und man erhält

$$0 = \mathfrak{f}^q - \mathfrak{f} = \boldsymbol{\psi} \circ \boldsymbol{\varphi} \circ \boldsymbol{\xi}(\mathfrak{f}) = \boldsymbol{\varphi} \circ \boldsymbol{\xi}(\mathfrak{f}) = \boldsymbol{\xi}(\mathfrak{f})^{\mathbf{t}}(\mathbf{R} - \mathbf{I}_k)$$

Das ist ein homogenes lineares Gleichungssystem für die Unbekannte $\mathfrak{f}$, genauer gesagt für ihre Koordinaten f_0 bis f_{k-1}:

$$(0, \ldots, 0)^{\mathbf{t}} = (\mathbf{R} - \mathbf{I}_k)^{\mathbf{t}}\boldsymbol{\xi}(\mathfrak{f}) \tag{3.8}$$

Die Lösungsmenge dieses homogenen linearen Gleichungssystems ist ein Vektorunterraum von $\mathbb{K}_q^k$, und zwar der Unterraum $\mathbf{Kern}(\boldsymbol{\varphi})$. Das Gleichungssystem besitzt eine nichttriviale Lösung $(f_0, \ldots, f_{k-1}) \neq (0, \ldots, 0)$, es gilt nämlich

$$\mathbb{K}_q \times \{0\} \times \cdots \times \{0\} \subset \mathbf{Kern}(\boldsymbol{\varphi})$$

Denn sei $u \in \mathbb{K}_q^\star$ und $\boldsymbol{u}$ das (konstante) durch $\boldsymbol{u}(0) = u$ und $\boldsymbol{u}(\nu) = 0$ für $\nu > 0$ definierte Polynom. Wegen $u^q = u$ gilt damit

$$\boldsymbol{\varrho_b}(\boldsymbol{u}^q - \boldsymbol{u}) = \mathfrak{u}^q - \mathfrak{u} = 0$$

also $\boldsymbol{\xi}(\mathfrak{u}) = (u, 0, \ldots, 0) \in \mathbf{Kern}(\boldsymbol{\varphi})$. Das Polynom $\boldsymbol{u}$ erfüllt wegen $\partial(\boldsymbol{u}) = 0$ jedoch nicht die Voraussetzungen von **S 3.3.1**. Man sieht auch direkt, daß es keine echte Zerlegung von $\boldsymbol{b}$ liefert, denn es ist $\mathrm{ggT}(\boldsymbol{b}, \boldsymbol{u} - u) = \boldsymbol{b}$ und $\mathrm{ggT}(\boldsymbol{b}, \boldsymbol{u} - v) = 1$ für $v \neq u$.

An der Matrix $\mathbf{R} - \mathbf{I}_k$ kann auch die Anzahl der verschiedenen irreduziblen Faktoren von $\boldsymbol{b}$ abgelesen werden. Ausgangspunkt sind m irreduzible Polynome $\boldsymbol{p}_\mu \in \mathbb{K}_q[\boldsymbol{X}]$ und Exponenten $e_\mu \in \mathbb{N}_+$, $\mu \in \{0, \ldots, m-1\}$, mit

$$\boldsymbol{b} = \prod_{\mu=0}^{m-1} \boldsymbol{p}_\mu^{e_\mu} \tag{3.9}$$

Es sei $\boldsymbol{q}_\mu = \boldsymbol{p}_\mu^{e_\mu}$. Weil die $\boldsymbol{p}_\mu$ verschiedene irreduzible Polynome sind, besitzen die $\boldsymbol{q}_\mu$ keine gemeinsamen Teiler, d.h. es gilt $\boldsymbol{q}_\mu \perp \boldsymbol{q}_\nu$ für $\mu \neq \nu$.

Falls gezeigt werden kann, daß $\mathbb{K}_q^m$ und $\mathbf{Kern}(\boldsymbol{\varphi})$ isomorphe $\mathbb{K}_q$-Vektorräume sind, dann ist wegen $\mathrm{Dim}\big(\mathbf{Kern}(\boldsymbol{\varphi})\big) + \mathrm{Dim}\big(\mathbf{Bild}(\boldsymbol{\varphi})\big) = k$

$$m = k - \mathrm{Dim}\big(\mathbf{Bild}(\boldsymbol{\varphi}) = k - \mathrm{Rang}(\mathbf{R} - \mathbf{I}_k)$$

Die Anzahl der verschiedenen irreduziblen Faktoren von $\boldsymbol{b}$ kann daher mit der relativ einfach durchzuführenden Rangbestimmung einer Matrix mit Elementen in $\mathbb{K}_q$ ermittelt werden. Es ist natürlich auch möglich, eine Basis von $\mathbf{Kern}(\boldsymbol{\varphi})$ zu berechnen. Ein erster Schritt zum Nachweis dieser Isomorphie ist die Konstruktion einer injektiven linearen Abbildung (eines Vektorraummonomorphismus) $\boldsymbol{\chi}\colon \mathbb{K}_q^m \longrightarrow \mathfrak{V}$. Es sei dazu

$$\mathbf{u} = (u_0, \ldots, u_{m-1})^{\mathbf{t}} \in \mathbb{K}_q^m$$

Bei der Konstruktion von $\boldsymbol{\chi}(\mathbf{u})$ wird der Chinesische Restsatz **S 6.8.13** eingesetzt, und zwar durch Verwendung des dort konstruierten (kanonischen) Ringhomomorphismus

$$\boldsymbol{\Phi}\colon \mathbb{K}_q[\boldsymbol{X}]_{\boldsymbol{b}} \longrightarrow \bigotimes_{\mu=0}^{m-1} \mathbb{K}_q[\boldsymbol{X}]_{\boldsymbol{q}_\mu}$$

der für $\boldsymbol{f} \in \mathbb{K}_q[\boldsymbol{X}]$ gegeben ist durch

$$\boldsymbol{\Phi}\big(\boldsymbol{\varrho}_{\boldsymbol{b}}(\boldsymbol{f})\big) = \big(\boldsymbol{\varrho}_{\boldsymbol{q}_0}(\boldsymbol{f}), \ldots, \boldsymbol{\varrho}_{\boldsymbol{q}_{m-1}}(\boldsymbol{f})\big) \tag{3.10}$$

Es ist nämlich $\mathbb{K}_q \subset \mathbb{K}_q[\boldsymbol{X}]_{\boldsymbol{q}_\mu}$, also auch

$$\mathbb{K}_q^m \subset \bigotimes_{\mu=0}^{m-1} \mathbb{K}_q[\boldsymbol{X}]_{\boldsymbol{q}_\mu} \quad \text{und damit} \quad \mathbf{u} \in \bigotimes_{\mu=0}^{m-1} \mathbb{K}_q[\boldsymbol{X}]_{\boldsymbol{q}_\mu}$$

weshalb die folgende Definition der Abbildung $\boldsymbol{\chi}$ möglich ist:

$$\boldsymbol{\chi}(\mathbf{u}) = \boldsymbol{\Phi}^{-1}(\mathbf{u}) \tag{3.11}$$

Zu zeigen ist, daß $\boldsymbol{\chi}$ tatsächlich eine lineare Abbildung von $\mathbb{K}_q$-Vektorräumen ist. Nun ist $\boldsymbol{\Phi}^{-1}$ als Ringhomomorphismus additiv, weshalb $\boldsymbol{\chi}$ natürlich ebenfalls additiv ist. Für die Skalarmultiplikation ist für $a \in \mathbb{K}_q$ folgendes zu zeigen:

$$a\boldsymbol{\chi}(\mathbf{u}) = \boldsymbol{\chi}(a\mathbf{u}) = \boldsymbol{\chi}(au_0, \ldots, au_{m-1})$$

Durch Anwendung der Multiplikativität von $\boldsymbol{\Phi}^{-1}$ erhält man zunächst

$$\begin{aligned}
\boldsymbol{\chi}(au_0, \ldots, au_{m-1}) &= \boldsymbol{\Phi}^{-1}(au_0, \ldots, au_{m-1}) \\
&= \boldsymbol{\Phi}^{-1}\big((a, \ldots, a) \otimes (u_0, \ldots, u_{m-1})\big) \\
&= \boldsymbol{\Phi}^{-1}(a, \ldots, a)\boldsymbol{\Phi}^{-1}(u_0, \ldots, u_{m-1}) \\
&= \boldsymbol{\Phi}^{-1}(a, \ldots, a)\boldsymbol{\chi}(u_0, \ldots, u_{m-1})
\end{aligned}$$

darin steht $\otimes$ für die Multiplikation des Produktringes (siehe (6.83b)). Mit $\boldsymbol{g} = \boldsymbol{b} + a$ erhält man

$$\begin{aligned}
&\boldsymbol{\varrho}_{\boldsymbol{b}}(\boldsymbol{g}) = \boldsymbol{\varrho}_{\boldsymbol{b}}(\boldsymbol{b} + a) = \boldsymbol{\varrho}_{\boldsymbol{b}}(a) = a \\
&\boldsymbol{\varrho}_{\boldsymbol{q}_\nu}(\boldsymbol{g}) = \boldsymbol{\varrho}_{\boldsymbol{q}_\nu}\Bigg(\boldsymbol{q}_\nu \prod_{\substack{\mu=0 \\ \mu\neq\nu}}^{m-1} \boldsymbol{q}_\mu + a\Bigg) = \boldsymbol{\varrho}_{\boldsymbol{q}_\nu}(\boldsymbol{q}_\nu)\boldsymbol{\varrho}_{\boldsymbol{q}_\nu}\Bigg(\prod_{\substack{\mu=0 \\ \mu\neq\nu}}^{m-1} \boldsymbol{q}_\mu\Bigg) + \boldsymbol{\varrho}_{\boldsymbol{q}_\nu}(a) = a
\end{aligned}$$

woraus mit (3.10) folgt

$$\boldsymbol{\Phi}(a) = \boldsymbol{\Phi}\big(\varrho_{\boldsymbol{b}}(\boldsymbol{g})\big) = \big(\varrho_{\boldsymbol{q}_0}(\boldsymbol{g}), \ldots, \varrho_{\boldsymbol{q}_{m-1}}(\boldsymbol{g})\big) = (a, \ldots, a)$$

was natürlich $\boldsymbol{\Phi}^{-1}(a, \ldots, a) = a$ und damit $a\boldsymbol{\chi}(\mathbf{u}) = \boldsymbol{\chi}(a\mathbf{u})$ bedeutet. Damit ist $\boldsymbol{\chi}$ tatsächlich eine lineare Abbildung zwischen $\mathbb{K}_q$-Vektorräumen. Es ist sogar eine injektive lineare Abbildung. Ist nämlich $\boldsymbol{\chi}(u_0, \ldots, u_{m-1}) = 0 = \boldsymbol{\Phi}^{-1}(u_0, \ldots, u_{m-1})$, dann folgt daraus, daß $\boldsymbol{\Phi}$ ein Ringisomorphismus ist, sofort

$$(0, \ldots, 0) = \boldsymbol{\Phi}(0) = \boldsymbol{\Phi}\big(\boldsymbol{\Phi}^{-1}(u_0, \ldots, u_{m-1})\big) = (u_0, \ldots, u_{m-1})$$

Also ist $\mathbf{Kern}(\boldsymbol{\chi}) = \{(0, \ldots, 0)\}$ und daher $\boldsymbol{\chi}$ injektiv. Die Teilmenge $\mathbf{Bild}(\boldsymbol{\chi})$ von $\mathfrak{V}$ ist ein Vektorunterraum, denn $\boldsymbol{\chi}$ ist lineare Abbildung, folglich ist $\boldsymbol{\chi}\colon \mathbb{K}_q^m \longrightarrow \mathbf{Bild}(\boldsymbol{\chi})$ ein Isomorphismus von Vektorräumen. Die nächste Aufgabe ist mithin, $\mathbf{Bild}(\boldsymbol{\chi})$ zu bestimmen. Es drängt sich die folgende Vermutung auf:

$$\mathbf{Bild}(\boldsymbol{\chi}) = \big\{\mathfrak{v} \in \mathfrak{V} \;\big|\; \mathfrak{v}^q - \mathfrak{v} = \mathfrak{o}\big\} = \mathfrak{U} \tag{3.12}$$

Es sei $\mathfrak{f} \in \mathbf{Bild}(\boldsymbol{\chi})$, also $\mathfrak{f} = \boldsymbol{\chi}(u_0, \ldots, u_{m-1})$ für ein $(u_0, \ldots, u_{m-1}) \in \mathbb{K}_q^m$, und $\mathfrak{f} \in \mathfrak{V}$ bedeutet, daß es ein $\boldsymbol{f} \in \mathbb{K}_q[\boldsymbol{X}]$ gibt mit $\mathfrak{f} = \varrho_{\boldsymbol{b}}(\boldsymbol{f})$. Daraus folgt

$$(u_0, \ldots, u_{m-1}) = \boldsymbol{\Phi}\big(\boldsymbol{\Phi}^{-1}(u_0, \ldots, u_{m-1})\big) = \boldsymbol{\Phi}(\mathfrak{f}) = \boldsymbol{\Phi}\big(\varrho_{\boldsymbol{b}}(\boldsymbol{f})\big) = \big(\varrho_{\boldsymbol{q}_0}(\boldsymbol{f}), \ldots, \varrho_{\boldsymbol{q}_{m-1}}(\boldsymbol{f})\big)$$

also $u_\mu = \varrho_{\boldsymbol{q}_\mu}(\boldsymbol{f})$ für $\mu \in \{0, \ldots, m-1\}$, was $\boldsymbol{q}_\mu \in \mathsf{T}_{\boldsymbol{f}-u_\mu}^{\mathbb{K}_q[\boldsymbol{X}]}$ bedeutet oder $\boldsymbol{f} - u_\mu = \boldsymbol{q}_\mu \boldsymbol{h}_\mu$ für gewisse $\boldsymbol{h}_\mu \in \mathbb{K}_q[\boldsymbol{X}]$. Das ergibt

$$\boldsymbol{f}^q - \boldsymbol{f} = \prod_{\mu=0}^{m-1} (\boldsymbol{f} - u_\mu) = \prod_{\mu=0}^{m-1} \boldsymbol{q}_\mu \boldsymbol{h}_\mu = \prod_{\mu=0}^{m-1} \boldsymbol{q}_\mu \prod_{\mu=0}^{m-1} \boldsymbol{h}_\mu = \boldsymbol{b} \prod_{\mu=0}^{m-1} \boldsymbol{h}_\mu$$

wobei die erste Gleichung wie schon weiter oben daraus folgt, daß das Polynom $\boldsymbol{X}^q - \boldsymbol{X}$ über $\mathbb{K}_q$ vollständig zerfällt. Es gilt daher $\boldsymbol{b} \in \mathsf{T}_{\boldsymbol{f}^q-\boldsymbol{f}}^{\mathbb{K}_q[\boldsymbol{X}]}$, folglich

$$0 = \varrho_{\boldsymbol{b}}(\boldsymbol{f}^q - \boldsymbol{f}) = \mathfrak{f}^q - \mathfrak{f}$$

und damit $\mathfrak{f} \in \mathfrak{U}$. Es ist also $\mathbf{Bild}(\boldsymbol{\chi}) \subset \mathfrak{U}$ gezeigt worden.
Es sei umgekehrt $\mathfrak{f} \in \mathfrak{U}$, also ist $\mathfrak{f}^q - \mathfrak{f} = 0$ und $\mathfrak{f} = \varrho_b(\boldsymbol{f})$ für ein $\boldsymbol{f} \in \mathbb{K}_q[\boldsymbol{X}]$. Gesucht ist ein $(u_0, \ldots, u_{m-1}) \in \mathbb{K}_q^m$ mit $\boldsymbol{\chi}(u_0, \ldots, u_{m-1}) = \mathfrak{f}$. Nun folgt aus $0 = \mathfrak{f}^q - \mathfrak{f} = \varrho_{\boldsymbol{b}}(\boldsymbol{f}^q - \boldsymbol{f})$ daß es ein $\boldsymbol{h} \in \mathbb{K}_q[\boldsymbol{X}]$ gibt mit

$$\prod_{u \in \mathbb{K}_q} (\boldsymbol{f} - u) = \boldsymbol{f}^q - \boldsymbol{f} = \boldsymbol{h}\boldsymbol{b}$$

und das bedeutet, daß es zu jedem $\mu \in \{0, \ldots, m-1\}$ ein $u_\mu \in \mathbb{K}_q$ gibt mit $\boldsymbol{q}_\mu \in \mathsf{T}_{\boldsymbol{f}-u_\mu}^{\mathbb{K}_q[\boldsymbol{X}]}$. Denn angenommen, das ist nicht der Fall und $\boldsymbol{q}_\nu$ teilt keines der $\boldsymbol{f} - u$. Dann ist jedenfalls $e_\nu > 1$, denn $\boldsymbol{q}_\nu = \boldsymbol{p}_\nu$ wäre ein irreduzibles Polynom, welches das Produkt der $\boldsymbol{f} - u$ teilt und daher eines der $\boldsymbol{f} - u$ teilen muß. Jeder der e^ν irreduziblen Faktoren $\boldsymbol{p}_\nu$ von $\boldsymbol{q}_\nu$ teilt das Produkt der $\boldsymbol{f} - u$ und muß daher eines der $\boldsymbol{f} - u$ teilen. Weil nicht alle e_ν Faktoren $\boldsymbol{p}_\nu$ *ein* $\boldsymbol{f} - u$ teilen dürfen, muß ein Faktor $\boldsymbol{p}_\nu$ ein $\boldsymbol{f} - u$ und ein zweiter Faktor $\boldsymbol{p}_\nu$ ein $\boldsymbol{f} - v$ teilen, wobei $u \neq v$. Aber dann hätten die beiden teilerfremden Polynome $\boldsymbol{f} - u$ und $\boldsymbol{f} - v$ (siehe **S 6.9.13**) den echten Teiler $\boldsymbol{p}_\nu$ gemeinsam! Es gibt also zu jedem $\mu \in \{0, \ldots, m-1\}$ ein $u_\mu \in \mathbb{K}_q$ und ein $\boldsymbol{h}_\mu \in \mathbb{K}_q[\boldsymbol{X}]$ mit $\boldsymbol{f} - u_\mu = \boldsymbol{h}_\mu \boldsymbol{q}_\mu$ oder $\boldsymbol{f} = \boldsymbol{h}_\mu \boldsymbol{q}_\mu + u_\mu$, folglich $u_\mu = \varrho_{\boldsymbol{q}_\mu}(\boldsymbol{f})$. Zusammen mit $\mathfrak{f} = \varrho_{\boldsymbol{b}}(\boldsymbol{f})$ erhält man daraus das geforderte Element von $\mathbb{K}_q^m$:

$$\begin{aligned}\boldsymbol{\Phi}(\mathfrak{f}) &= \boldsymbol{\Phi}\big(\varrho_{\boldsymbol{b}}(\boldsymbol{f})\big)\\ &= \big(\varrho_{\boldsymbol{q}_0}(\boldsymbol{f}), \ldots, \varrho_{\boldsymbol{q}_{m-1}}(\boldsymbol{f})\big)\\ &= (u_0, \ldots, u_{m-1})\end{aligned}$$

oder umgeschrieben auf $\boldsymbol{\chi}$

$$\mathfrak{f} = \boldsymbol{\Phi}^{-1}(u_0, \ldots, u_{m-1}) = \boldsymbol{\chi}(u_0, \ldots, u_{m-1})$$

Damit ist der Beweis von $\mathfrak{U} \subset \mathbf{Bild}(\boldsymbol{\chi})$ und also auch von (3.12) erbracht.
Es ist noch die Verbindung zu $\mathbf{Kern}(\varphi)$ herzustellen. Das kann mit der Koordinatenfunktion $\boldsymbol{\xi}$ zur Basis $\mathfrak{x}$ geschehen, genauer gesagt mit der Einschränkung

$$\boldsymbol{\xi}_{/\mathfrak{U}} : \mathfrak{U} \longrightarrow \mathbb{K}_q^k$$

Es ist eine injektive lineare Abbildung, folglich gilt $\mathfrak{U} \cong \mathbf{Bild}(\boldsymbol{\xi}_{/\mathfrak{U}})$ und es ist $\mathbf{Bild}(\boldsymbol{\xi}_{/\mathfrak{U}})$ zu ermitteln. Nun gilt nach Konstruktion von φ

$$\mathfrak{u} \in \mathfrak{U} \iff \mathfrak{u}^q - \mathfrak{u} = 0 \iff \boldsymbol{\xi}(\mathfrak{u}) \in \mathbf{Kern}(\varphi)$$

womit $\mathbf{Bild}(\boldsymbol{\xi}_{/\mathfrak{U}})$ auch schon bestimmt ist:

$$\mathbf{Bild}(\boldsymbol{\xi}_{/\mathfrak{U}}) = \mathbf{Kern}(\varphi)$$

An dieser Stelle steht die folgende Sequenz linearer Abbildungen zur Verfügung

$$\mathbb{K}_q^m \xrightarrow{\ \boldsymbol{\chi}\ } \mathfrak{U} \xrightarrow{\ \boldsymbol{\xi}\ } \mathbb{K}_q^k \xrightarrow{\ \varphi\ } \mathbb{K}_q^k$$

aus welcher direkt eine Dimensionsgleichungskette abgeleitet werden kann:

$$m = \mathrm{Dim}(\mathbb{K}_q^m) = \mathrm{Dim}(\mathfrak{U}) = \mathrm{Dim}\big(\mathbf{Bild}(\boldsymbol{\xi}_{/\mathfrak{U}})\big) = \mathrm{Dim}\big(\mathbf{Kern}(\varphi)\big)$$

Die Anzahl m der verschiedenen irreduziblen Faktoren von $\boldsymbol{b}$ kann also als die Dimension von $\mathbf{Kern}(\varphi)$ bestimmt werden, oder, nach Konstruktion von φ, als

$$m = k - \mathrm{Rang}(\mathbf{R} - \mathbf{I}_k) \tag{3.13}$$

Im Spezialfall $m = 1$ hat $\boldsymbol{b}$ die Gestalt $\boldsymbol{b} = \boldsymbol{p}^e$ mit einem irreduziblen Polynom $\boldsymbol{p}$. Im Fall $e = 1$ ist also $\boldsymbol{b}$ selbst irreduzibel. Ob $e = 1$ gilt kann mit **S 6.9.8** getestet werden: Ist die Bedingung $\boldsymbol{b} \perp \mathcal{D}(\boldsymbol{b})$ erfüllt, dann besitzt $\boldsymbol{b}$ keine mehrfachen Faktoren, d.h. dann ist $e = 1$. Die Gültigkeit der Bedingung kann mit der Berechnung eines größten gemeinsamen Teilers der Polynome $\boldsymbol{b}$ und $\mathcal{D}(\boldsymbol{b})$ geprüft werden.

Das Verfahren wird nun mit einem einfachen Beispiel konkretisiert, das noch mit Papier und Bleistift nachvollzogen werden kann (ein komplexeres Beispiel wird später präsentiert). Es ist so gewählt, daß sich schon beim ersten Schritt eine Zerlegung in Potenzen irreduzibler Polynome ergibt. Der Körper $\mathbb{K}_q$ ist $\mathbb{K}_2 = \mathbb{Z}_2$, das Polynom ist $\boldsymbol{b} = \boldsymbol{X}^4 + \boldsymbol{X}^2 \in \mathbb{Z}_2[\boldsymbol{X}]$. Es ist also $p = 2$, $n = 1$, $q = 2$ und $k = 4$. Alle Berechnungen werden in $\mathbb{Z}_2[\boldsymbol{X}]$ durchgeführt und die Ergebnisse modulo $\boldsymbol{b}$ genommen.

Es beginnt damit, die Matrix $\mathbf{R}$ zu berechnen. Ihre Koeffizienten bestehen aus den Koeffizienten der Polynome $\boldsymbol{r}_\kappa$, $\kappa \in \{0, 1, 2, 3\}$, welche

$$\boldsymbol{X}^{2\kappa} = \boldsymbol{h}_\kappa \boldsymbol{b} + \boldsymbol{r}_\kappa$$

erfüllen, mit gewissen hier nicht interessierenden $\boldsymbol{h}_\kappa \in \mathbb{Z}_2[\boldsymbol{X}]$. Natürlich ist $\boldsymbol{r}_0 = \boldsymbol{X}^0 = 1$ und $\boldsymbol{r}_1 = \boldsymbol{X}^2$ und eine einfache Rechnung ergibt $\boldsymbol{r}_2 = \boldsymbol{r}_3 = \boldsymbol{X}^2$. Damit ist

$$\mathbf{R} = \begin{pmatrix} 1 & 0 & 0 & 0 \\ 0 & 0 & 1 & 0 \\ 0 & 0 & 1 & 0 \\ 0 & 0 & 1 & 0 \end{pmatrix}$$

$$\mathbf{R} - \mathbf{I}_4 = \mathbf{R} + \mathbf{I}_4 = \begin{pmatrix} 0 & 0 & 0 & 0 \\ 0 & 1 & 1 & 0 \\ 0 & 0 & 0 & 0 \\ 0 & 0 & 1 & 1 \end{pmatrix}$$

Die nächste Aufgabe ist, die Dimension m von $\mathbf{Kern}(\varphi)$ zu bestimmen. Hier ist der Kern selbst einfach mit dem folgenden Gleichungssystem zu berechnen:

$$\begin{pmatrix} u_0 & u_1 & u_2 & u_3 \end{pmatrix} \begin{pmatrix} 0 & 0 & 0 & 0 \\ 0 & 1 & 1 & 0 \\ 0 & 0 & 0 & 0 \\ 0 & 0 & 1 & 1 \end{pmatrix} = \begin{pmatrix} 0 & 0 & 0 & 0 \end{pmatrix} \tag{3.14}$$

Man erhält die drei Gleichungen $u_1 = 0$, $u_1 + u_3 = 0$ und $u_3 = 0$, es ist daher

$$\mathbf{Kern}(\varphi) = \left\{ \begin{pmatrix} u \\ 0 \\ v \\ 0 \end{pmatrix} \;\middle|\; u, v \in \mathbb{Z}_2 \right\}$$

Dieser Unterraum von $\mathbb{Z}_2^4$ hat offensichtlich die Dimension $m = 2$, das Polynom $\boldsymbol{b} = \boldsymbol{X}^4 + \boldsymbol{X}^2$ besitzt deshalb zwei verschiedene irreduzible Faktoren $\boldsymbol{p}_0$ und $\boldsymbol{p}_1$.
Zur Bestimmung eines Polynoms $\boldsymbol{f}$ ist das Gleichungssystem (3.14) zu lösen, und zwar für f_0 bis f_3. Die Lösung kann natürlich übernommen werden: Es ist $f_1 = f_3 = 0$, f_0 und f_2 können beliebig in $\mathbb{Z}_2$ gewählt werden. Wie oben schon gezeigt wurde führt die Lösung $f_0 = 1$ und $f_2 = 0$ allerdings nur auf eine triviale Zerlegung von $\boldsymbol{b}$. Es ist gleichgültig welche der beiden übrigen Lösungen gewählt wird, etwa $\boldsymbol{f} = \boldsymbol{X}^2 + 1$. Das ergibt eine Zerlegung

$$\boldsymbol{X}^4 + \boldsymbol{X}^2 = \mathrm{ggT}(\boldsymbol{X}^4 + \boldsymbol{X}^2, \boldsymbol{X}^2 + 1)\mathrm{ggT}(\boldsymbol{X}^4 + \boldsymbol{X}^2, \boldsymbol{X}^2)$$

Die beiden größten gemeinsamen Teiler ergeben sich mit dem Euklidischen Algorithmus als

$$\begin{aligned} \mathrm{ggT}(\boldsymbol{X}^4 + \boldsymbol{X}^2, \boldsymbol{X}^2 + 1) &= \boldsymbol{X}^2 \\ \mathrm{ggT}(\boldsymbol{X}^4 + \boldsymbol{X}^2, \boldsymbol{X}^2) &= \boldsymbol{X}^2 + 1 = (\boldsymbol{X} + 1)^2 \end{aligned}$$

die vom Algorithmus gelieferte Zerlegung ist daher

$$\boldsymbol{X}^4 + \boldsymbol{X}^2 = \boldsymbol{X}^2(\boldsymbol{X} + 1)^2$$

mit den irreduziblen Faktoren $\boldsymbol{p}_0 = \boldsymbol{X}$ und $\boldsymbol{p}_1 = \boldsymbol{X} + 1$.

4. Lineare Codes

Wird eine reale Nachricht, beispielsweise eine Folge von Messwerten, einer realen Nachrichtenübertragungsstrecke anvertraut, dann muß in vielen Fällen damit gerechnet werden, daß die Nachricht den Empfänger nicht fehlerfrei erreicht. Es ist oft möglich, durch den Einsatz einer verbesserten Technik eine Verbesserung der Übertragungsqualität zu erreichen, etwa indem man Kupferkabel durch Lichtwellenleiter ersetzt. Man hat natürlich nicht immer eine solche Option. Die Funkwellen eines Satelliten, der von der äußersten Sphäre des Planetensystems Messwerte zur Erde sendet, sind den elektrischen und magnetischen Feldern des Weltraumes schutzlos ausgesetzt und erreichen die Empfangsantenne mit absoluter Sicherheit nicht fehlerfrei.

Hier kommt die Kodierungstheorie ins Spiel. Sie stellt (mathematische) Methoden zur Verfügung, die es gestatten, Übertragungsfehler zu erkennen und bei einigen Verfahren auch zu korrigieren. Den Verfahren zur Fehlererkennung und Fehlerkorrektur ist gemeinsam, daß sie der eigentlichen Nachricht noch Informationen beigeben, die also ebenfalls gesendet werden. Dieser redundante Übertragungsanteil kann recht groß sein. Beispielsweise bestanden die Nachrichtenpakete, die der Satellit MARINER sendete, aus 6 Nutzenbits, aber 26 Bits zur Fehlerkorrektur.

Verfahren, die auch extreme Störungen noch eleminieren können, können allerdings nicht mehr mit Elementarmathematik gewonnen werden. Die zum Verständnis der in diesem Kapitel vorgestellten Methoden notwendigen mathematischen Kenntnisse, insbesondere die Theorie endlicher Körper und ihrer Polynomringe, werden in Kapitel 6 bereitgestellt.

Sofern nicht anders angegeben ist stets $q = p^\ell$, mit $p \in \mathbb{P}$ und $\ell \in \mathbb{N}_+$

4.1. Lineare Codes als Exakte Sequenzen

Ein linearer Code und die zugehörigen mathematischen Objekte lassen sich zu einem kompakten Kodierungsschema zusammenfassen. Die dazu verwendeten exakten Sequenzen der linearen Algebra werden in Abschnitt 6.10.6 vorgestellt.

D 4.1.1 (Linearer Code)
Es seien K ein Körper und $\mathsf{L} \supset \mathsf{K}$ ein Erweiterungskörper. Es seien $\mathfrak{U}$ und $\mathfrak{V}$ endlich erzeugte Vektorräume über K und $\mathfrak{W}$ ein endlich erzeugter Vektorraum über dem Erweiterungskörper L, es gelte $\mathrm{Dim}(\mathfrak{U}) = m \in \mathbb{N}_+$, $\mathrm{Dim}(\mathfrak{V}) = n \in \mathbb{N}_+$ und $\mathrm{Dim}({}_{\mathsf{K}}\mathfrak{W}) = d \in \mathbb{N}_+$. Ein Kodierungsschema $\mathcal{C}_{m,n}$ eines linearen Codes der Länge n und der Dimension m ist eine kurze exakte Sequenz

$$\{0\} \xrightarrow{\mathbf{0}} \underset{\star}{\mathfrak{U}} \xrightarrow{\boldsymbol{\Gamma}} \underset{\star}{\mathfrak{V}} \xrightarrow{\boldsymbol{\Sigma}} \underset{\star}{\mathfrak{W}} \xrightarrow{\mathbf{0}} \{0\} \tag{4.1}$$

Der Vektorraumhomomorphismus $\boldsymbol{\Gamma}$ ist der **Generator** des Codes, der Homomorphismus $\boldsymbol{\Sigma}$ ist sein **Syndrom**.
$\mathfrak{C} = \mathbf{Bild}(\boldsymbol{\Gamma}) = \mathbf{Kern}(\boldsymbol{\Sigma})$ ist der Vektorunterraum der **Codewörter**, er wird oft einfach als der Code des Kodierungsschemas bezeichnet.
Es sei $\mathbf{M}_{\boldsymbol{\Gamma}} \in \mathcal{M}^{\mathsf{K}}_{m,n}$ die Matrix von $\boldsymbol{\Gamma}$ bezüglich einer Basis von $\mathfrak{U}$ und einer Basis von $\mathfrak{V}$. Die Matrix $\mathbf{G} = \mathbf{M}^{\mathsf{t}}_{\boldsymbol{\Gamma}}$ heißt (eine) **Generatormatrix** des Codes.
Es sei $\mathbf{M}_{\boldsymbol{\Sigma}} \in \mathcal{M}^{\mathsf{K}}_{n,d}$ die Matrix von $\boldsymbol{\Sigma}$ bezüglich einer Basis von $\mathfrak{V}$ und einer Basis des K-Vektorraumes ${}_{\mathsf{K}}\mathfrak{W}$. Die Matrix $\mathbf{P} = \mathbf{M}^{\mathsf{t}}_{\boldsymbol{\Sigma}}$ heißt (eine) **Paritätsprüfungsmatrix** des Codes.

Man beachte, daß die beiden Matrizen $\mathbf{G}$ und $\mathbf{P}$ nicht eindeutig bestimmt sind, sondern von ausgewählten Basen der Vektorräume abhängig sind.

Mit Hilfe von Abschnitt 6.10.6 lassen sich einige Eigenschaften eines Kodierungsschemas unmittelbar angeben. Beispielsweise bedeutet $\mathbf{Bild}(\boldsymbol{\Gamma}) = \mathbf{Kern}(\boldsymbol{\Sigma})$ offenbar $\boldsymbol{\Sigma} \circ \boldsymbol{\Gamma} = \mathbf{0}$, wobei $\mathbf{0}$ die Nullabbildung $\mathfrak{U} \longrightarrow \mathfrak{W}$ ist. Also gilt auch $\mathbf{M}_{\boldsymbol{\Gamma}}\mathbf{M}_{\boldsymbol{\Sigma}} = \mathbf{0}$ und es folgt

$$\mathbf{0} = (\mathbf{M}_{\boldsymbol{\Gamma}}\mathbf{M}_{\boldsymbol{\Sigma}})^{\mathsf{t}} = \mathbf{M}^{\mathsf{t}}_{\boldsymbol{\Sigma}}\mathbf{M}^{\mathsf{t}}_{\boldsymbol{\Gamma}} = \mathbf{PG}$$

Die Zeilen von $\mathbf{P}$ und die Spalten von $\mathbf{G}$ sind orthogonal zu einander.

Der Homomorphismus $\boldsymbol{\Gamma}$ ist injektiv, damit sind die Dimension des Codes und der Rang der Generatormatrix gegeben:

$$\mathrm{Rang}(\mathbf{G}) = \mathrm{Rang}(\boldsymbol{\Gamma}) = \mathrm{Dim}\big(\mathbf{Bild}(\boldsymbol{\Gamma})\big) = \mathrm{Dim}(\mathfrak{C}) = m \tag{4.2}$$

Die Dimension des Codierungsschemas ist daher die Dimension seines Codes. Die Dimensionsformel 6.239 gibt $n = \mathrm{Dim}\big(\mathbf{Kern}(\boldsymbol{\Sigma})\big) + \mathrm{Dim}\big(\mathbf{Bild}(\boldsymbol{\Sigma})\big)$, daraus folgt

$$\mathrm{Rang}(\mathbf{P}) = \mathrm{Rang}(\boldsymbol{\Sigma}) = \mathrm{Dim}\big(\mathbf{Bild}(\boldsymbol{\Sigma})\big) = n - \mathrm{Dim}\big(\mathbf{Kern}(\boldsymbol{\Sigma})\big) = n - m \tag{4.3}$$

Wegen der Surjektivität von $\boldsymbol{\Sigma}$ folgt daraus $d = n - m$.

4.2. Einfache lineare Codes

Es seien $m, n \in \mathbb{N}_+$ mit $m < n$. Dann ist jede exakte Sequenz

$$\{0\} \xrightarrow{\mathbf{0}} \underset{\star}{\mathbb{K}_q^m} \xrightarrow{\boldsymbol{\Gamma}} \underset{\star}{\mathbb{K}_q^n} \xrightarrow{\boldsymbol{\Sigma}} \underset{\star}{\mathbb{K}_q^{n-m}} \xrightarrow{\mathbf{0}} \{0\} \tag{4.4}$$

ein Kodierungsschema $\mathcal{C}_{m,n}$ eines linearen Codes der Länge n und der Dimension m. Solche Schemata sind relativ einfach zu handhaben, weil direkt mit Koordinaten gerechnet werden kann.

Der Name der Matrix $\mathbf{P}$ des Kodierungsschemas, also Paritätsprüfungsmatrix, leitet sich von dem folgenden einfachen Beispiel eines linearen Codes ab. Es sei $n = m + 1$ und $q = 2$. Der Erzeuger $\boldsymbol{\Gamma}$ von $\mathcal{C}_{m,n}$ ist gegeben durch

$$\boldsymbol{\Gamma}\left(\begin{pmatrix} u_1 \\ u_2 \\ \vdots \\ u_m \end{pmatrix}\right) = \begin{pmatrix} u_1 \\ u_2 \\ \vdots \\ u_m \\ \sum_{\mu \in \mathbf{m}} u_\mu \end{pmatrix} \tag{4.5}$$

Ein Codewort entsteht also aus den m Informationsbits indem diesen Bits ihre Summe (in $\mathbb{K}_2$ natürlich) als $(m+1)$-tes Bit hinzugefügt wird. Ein Bitvektor hat **gerade Parität** wenn er aus einer geraden Zahl von Einerbits besteht, und **ungerade Parität**, wenn die Anzahl seiner Einerbits ungerade ist. Die Summe misst daher die Parität der Informationsbits: Hat die Summe den Wert 0, dann besitzen die Prüfbits gerade Parität, hat die Summe den Wert 1, dann ungerade Parität. Für ein empfangenes Codewort $(c_1, \ldots, c_m, c_{m+1})^{\mathsf{t}} \in \mathbb{K}_2^n$ gilt also

$$\sum_{\mu \in \mathbf{m}} c_\mu + c_{m+1} = 0 \tag{4.6}$$

Andernfalls ist bei der Übertragung ein Fehler aufgetreten. Das Verfahren ist nicht sehr effektiv, denn man kann nicht erkennen, welches der u_μ beeinflusst wurde und falls mehr als ein Fehler aufgetreten ist können sich ihre Wirkungen auf die Prüfsumme aufheben. Beispielsweise haben das Codewort $(1, 0, c_3, \ldots, c_n)^{\mathsf{t}}$ und das gestörte Codewort $(0, 1, c_3, \ldots, c_n)^{\mathsf{t}}$ dieselbe Prüfsumme.

Wie man leicht nachprüft ist durch (4.5) eine lineare Abbildung gegeben. Sie ist injektiv, denn aus $\boldsymbol{\Gamma}(\mathfrak{u}) = \mathfrak{o}$ folgt natürlich $\mathfrak{u} = \mathfrak{o}$. Um die Matrix $\mathbf{M}_{\boldsymbol{\Gamma}}$ von $\boldsymbol{\Gamma}$ zu bestimmen sei $(\mathfrak{e}_\kappa)_{\kappa \in \mathbf{k}}$ die Standardbasis von $\mathbb{K}_q^k$. Die erste Zeile von $\mathbf{M}_{\boldsymbol{\Gamma}}$ bestimmt man wie folgt. Es ist

$$\boldsymbol{\Gamma}(\mathfrak{e}_1) = \begin{pmatrix} 1 \\ 0 \\ \vdots \\ 0 \\ 1 \end{pmatrix} = \mathfrak{e}_1 + \mathfrak{e}_{m+1}$$

also nach Definition der Matrix einer linearen Abbildung (siehe **D 6.10.12**)

$$\mathbf{M}_{\boldsymbol{\Gamma}}(1,1) = 1 \quad \mathbf{M}_{\boldsymbol{\Gamma}}(1,2) = 0 \quad \cdots \quad \mathbf{M}_{\boldsymbol{\Gamma}}(1,m) = 0 \quad \mathbf{M}_{\boldsymbol{\Gamma}}(1,m+1) = 1$$

Die übrigen Zeilen bestimmt man genauso. Im Spezialfall $m = 4$ erhält man so die Matrix des erzeugenden Homomorphismus $\boldsymbol{\Gamma}$ und die Erzeugermatrix $\mathbf{G}$ als

$$\mathbf{M}_{\boldsymbol{\Gamma}} = \begin{pmatrix} 1 & 0 & 0 & 0 & 1 \\ 0 & 1 & 0 & 0 & 1 \\ 0 & 0 & 1 & 0 & 1 \\ 0 & 0 & 0 & 1 & 1 \end{pmatrix} \qquad \mathbf{G} = \mathbf{M}_{\boldsymbol{\Gamma}}^{\mathbf{t}} = \begin{pmatrix} 1 & 0 & 0 & 0 \\ 0 & 1 & 0 & 0 \\ 0 & 0 & 1 & 0 \\ 0 & 0 & 0 & 1 \\ 1 & 1 & 1 & 1 \end{pmatrix}$$

Um ein vollständiges Codeschema zu bekommen ist noch das Syndrom $\boldsymbol{\Sigma}$ zu bestimmen. Es ist wegen $n - m = 1$ ein lineares Funktional $\boldsymbol{\Sigma}\colon \mathbb{K}_2^n \longrightarrow \mathbb{K}_2$, d.h. es ist $\mathbf{M}_{\boldsymbol{\Sigma}} \in \mathcal{M}_{n,1}^{\mathbb{K}_2}$ und daher $\mathbf{P} \in \mathcal{M}_{1,n}^{\mathbb{K}_2}$. Man kann so vorgehen, daß man eine Matrix $\mathbf{P}$ mit $\mathbf{PG} = \mathbf{0}$ berechnet und als $\boldsymbol{\Sigma}$ die lineare Abbildung nimmt, die bezüglich der Standardbasen die Matrix $\mathbf{P}^{\mathbf{t}}$ hat. Es wird also $\mathbf{P}$ (für $m = 4$) aus

$$\mathbf{PG} = \begin{pmatrix} p_1 & p_2 & p_3 & p_4 & p_5 \end{pmatrix} \begin{pmatrix} 1 & 0 & 0 & 0 \\ 0 & 1 & 0 & 0 \\ 0 & 0 & 1 & 0 \\ 0 & 0 & 0 & 1 \\ 1 & 1 & 1 & 1 \end{pmatrix} = \begin{pmatrix} 0 & 0 & 0 & 0 \end{pmatrix}$$

berechnet. Man erhält die vier Gleichungen $p_1 + p_5 = 0$, $p_2 + p_5 = 0$, $p_3 + p_5 = 0$ und $p_4 + p_5 = 0$, mit einer nicht trivialen Lösung $p_1 = p_2 = p_3 = p_4 = p_5 = 1$. Das ergibt (wieder für allgemeines m) die beiden Matrizen und das Syndrom als

$$\mathbf{P} = \begin{pmatrix} 1 & \cdots & 1 \end{pmatrix} \qquad \mathbf{M}_{\boldsymbol{\Sigma}} = \mathbf{P}^{\mathbf{t}} = \begin{pmatrix} 1 \\ \vdots \\ 1 \end{pmatrix} \qquad \boldsymbol{\Sigma}\left(\begin{pmatrix} v_1 \\ \vdots \\ v_n \end{pmatrix}\right) = \sum_{\nu=1}^{n} v_\nu = \sum_{\nu=1}^{m} v_\nu + v_{m+1}$$

Das Syndrom führt also die Paritätsprüfung (4.6) durch, die Matrix $\mathbf{P}$ trägt ihren Namen in diesem Beispiel daher mit vollem Recht. Es ist offensichtlich $\operatorname{Rang}(\mathbf{M}_{\boldsymbol{\Gamma}}) = m$ und $\operatorname{Rang}(\mathbf{M}_{\boldsymbol{\Sigma}}) = 1$. Das Paar $(\boldsymbol{\Gamma}, \boldsymbol{\Sigma})$ bildet alles zusammengenommen eine kurze exakte Sequenz, d.h. ein Kodierungsschema $\mathcal{C}_{m,m+1}$.

Es fehlt nur noch die Bestimmung des Codes $\mathfrak{C}$ selbst. Das gelingt ganz ohne Matrizenrechnung, wenn man sich der Paritätsprüfungsmatrix bedient, denn es ist $\mathfrak{v} \in \mathfrak{C}$ genau dann der Fall, wenn $\mathbf{S}\mathfrak{v} = \mathfrak{o}$ gilt, also genau dann wenn $v_1 + \cdots + v_n = 0$. Ein $\mathfrak{v} \in \mathbb{K}_2^n$ ist also genau dann ein Codewort, wenn es kein, genau zwei oder allgemein eine gerade Zahl von Einerbits enthält. Für $m = 4$ erhält man die folgenden 16 Vektoren von $\mathfrak{C}$:

0	1	0	0	0	1	0	0	1	0	1	0	1	1	1	1
0	1	1	0	0	0	1	0	0	1	0	1	0	1	1	1
0	0	1	1	0	1	0	1	0	0	0	1	1	0	1	1
0	0	0	1	1	0	1	0	1	0	0	1	1	1	0	1
0	0	0	0	1	0	0	1	0	1	1	1	1	1	1	0

Die Verallgemeinerung des vorangehenden Beispiels ist naheliegend, man wählt dazu eine Matrix $\mathbf{R} \in \mathcal{M}^{\mathbb{K}_q}_{n-m,m}$ und definiert die Abbildung $\boldsymbol{\Gamma}\colon \mathbb{K}_q^m \longrightarrow \mathbb{K}_q^n$ als

$$\boldsymbol{\Gamma}\left(\begin{pmatrix} u_1 \\ \vdots \\ u_m \end{pmatrix}\right) = \begin{pmatrix} u_1 \\ \vdots \\ u_m \\ r_1 \\ \vdots \\ r_{n-m} \end{pmatrix} = \begin{pmatrix} \mathfrak{u} \\ \mathfrak{r} \end{pmatrix} = \begin{pmatrix} \mathfrak{u} \\ \mathbf{R}\mathfrak{u} \end{pmatrix} = \begin{pmatrix} \mathbf{I}_m \\ \mathbf{R} \end{pmatrix} \mathfrak{u} = \mathbf{G}\mathfrak{u} = \mathbf{M}^{\mathbf{t}}_{\boldsymbol{\Gamma}}\mathfrak{u} \tag{4.7}$$

mit dem Informationsvektor $\mathfrak{u} \in \mathbb{K}_q^m$ und dem Kontrollvektor $\mathfrak{r} \in \mathbb{K}_q^{n-m}$ (Blockmatrizen werden in Abschnitt 6.11 eingeführt). Hat der Erzeuger $\boldsymbol{\Gamma}$ diese Gestalt, heißt das Codierschema (oder auch der Code) aus offensichtlichen Gründen **systematisch**.

Es ist also $\mathbf{M}_{\boldsymbol{\Gamma}} = (\mathbf{I}_m \ \mathbf{R}^{\mathbf{t}})$. Die Matrix hat offenbar m freie Spalten, also gilt $\text{Rang}(\mathbf{M}_{\boldsymbol{\Gamma}}) = m$. Daraus folgt die Injektivität von $\boldsymbol{\Gamma}$, denn nach der Dimensionsformel gilt

$$\text{Dim}\big(\mathbf{Kern}(\boldsymbol{\Gamma}) = m - \text{Dim}\big(\mathbf{Bild}(\boldsymbol{\Gamma})\big) = m - m = 0$$

also ist $\mathbf{Kern}(\boldsymbol{\Gamma}) = \{0\}$ und $\boldsymbol{\Gamma}$ damit injektiv.

Eine Paritätsprüfungsmatrix $\mathbf{P}$ erhält man aus $\mathbf{0} = \mathbf{PG}$. Betrachtet man das Matrizenprodukt $\mathbf{PG}$ gewöhnlicher Matrizen als ein Produkt von Blockmatrizen, so kann $\mathbf{P}$ sehr leicht als die folgende Matrix

$$\mathbf{P} = \big(-\mathbf{R} \quad \mathbf{I}_{n-m}\big) \tag{4.8}$$

erraten werden, denn das Ausmultiplizieren ergibt damit

$$\begin{aligned} \big(-\mathbf{R} \quad \mathbf{I}_{n-m}\big)\begin{pmatrix} \mathbf{I}_m \\ \mathbf{R} \end{pmatrix} &= -\mathbf{R}\mathbf{I}_m + \mathbf{I}_{n-m}\mathbf{R} \\ &= -\mathbf{R} + \mathbf{R} \\ &= \mathbf{0} \end{aligned}$$

Das Syndrom $\boldsymbol{\Sigma}\colon \mathbb{K}_q^n \longrightarrow \mathbb{K}_q^{n-m}$ ist daher definiert durch $\boldsymbol{\Sigma}(\mathfrak{v}) = \mathbf{P}\mathfrak{v}$. Die Matrix $\mathbf{P}$ besitzt mindestens $n - m$ freie Spalten, folglich ist $\boldsymbol{\Sigma}$ surjektiv. Die Bestimmung von $\mathbf{P}$ aus $\mathbf{PG} = \mathbf{0}$ garantiert nun die Erfüllung der Hauptbedingung an eine kurze exakte Sequenz. Ist nämlich $\mathfrak{v} \in \mathbf{Bild}(\boldsymbol{\Gamma})$, so gibt es ein $\mathfrak{u} \in \mathbb{K}_q^m$ mit $\mathfrak{v} = \mathbf{G}\mathfrak{u}$, woraus $\mathbf{P}\mathfrak{v} = \mathbf{PG}\mathfrak{u} = \mathfrak{o}$, d.h. $\mathfrak{v} \in \mathbf{Kern}(\boldsymbol{\Sigma})$, folgt. Es ist also $\mathbf{Bild}(\boldsymbol{\Gamma}) \subset \mathbf{Kern}(\boldsymbol{\Sigma})$. Aus der Surjektivität von $\boldsymbol{\Sigma}$ folgt

$$\text{Dim}\big(\mathbf{Kern}(\boldsymbol{\Sigma})\big) = n - \text{Dim}\big(\mathbf{Bild}(\boldsymbol{\Sigma})\big) = n - (n - m) = m$$

daher

$$\text{Dim}\big(\mathbf{Bild}(\boldsymbol{\Gamma})\big) = m = \text{Dim}\big(\mathbf{Kern}(\boldsymbol{\Sigma})\big)$$

Folglich kann $\mathbf{Bild}(\boldsymbol{\Gamma})$ kein echter Teilvektorraum von $\mathbf{Kern}(\boldsymbol{\Sigma})$ sein, es ist daher tatsächlich $\mathbf{Bild}(\boldsymbol{\Gamma}) = \mathbf{Kern}(\boldsymbol{\Sigma})$, und das Homomorphismenpaar $(\boldsymbol{\Gamma}, \boldsymbol{\Sigma})$ bildet alles zusammengenommen eine kurze exakte Sequenz.

Mit Hilfe des Syndroms läßt sich nicht nur bestimmen, ob ein Element von $\mathbb{K}_q^n$ ein Codewort ist, es kann auch zu einem einfachen Verfahren zur Dekodierung eingesetzt werden. Dazu bedient man sich des Faktorraumes von $\mathbb{K}_q^n$ bezüglich $\mathfrak{C}$. Der nachfolgende Satz bietet dazu die Grundlage.

S 4.2.1 (Fortsetzung des Syndroms auf $\mathbb{K}_q^n{}_{/\mathfrak{C}}$)
Für jedes lineare Kodierungsschema $\boldsymbol{C}_{m,n}$ gilt

$$\bigwedge_{\mathfrak{v},\tilde{\mathfrak{v}}\in\mathbb{K}_q^n} \big(\boldsymbol{\Sigma}(\mathfrak{v}) = \boldsymbol{\Sigma}(\tilde{\mathfrak{v}}) \iff \mathfrak{v}+\mathfrak{C} = \tilde{\mathfrak{v}}+\mathfrak{C}\big) \tag{4.9}$$

Durch $\widehat{\boldsymbol{\Sigma}}(\mathfrak{v}+\mathfrak{C}) = \boldsymbol{\Sigma}(\mathfrak{v})$ wird ein Vektorraumisomorphismus $\widehat{\boldsymbol{\Sigma}}\colon \mathbb{K}_q^n{}_{/\mathfrak{C}} \longrightarrow \mathbb{K}_q^{n-m}$ definiert.

Der Beweis ergibt sich aus der folgenden Äquivalenzkette:

$$\boldsymbol{\Sigma}(\mathfrak{v}) = \boldsymbol{\Sigma}(\tilde{\mathfrak{v}}) \iff \boldsymbol{\Sigma}(\mathfrak{v}-\tilde{\mathfrak{v}}) = \mathfrak{o} \iff \mathfrak{v}-\tilde{\mathfrak{v}} \in \mathfrak{C} \iff \mathfrak{v}+\mathfrak{C} = \tilde{\mathfrak{v}}+\mathfrak{C}$$

Siehe dazu auch den Anfang des Beweises von **S 6.10.15**. Natürlich ist $\widehat{\boldsymbol{\Sigma}}$ eine lineare Abbildung. Weil $\boldsymbol{\Sigma}$ surjektiv ist, gilt das offensichtlich auch für $\widehat{\boldsymbol{\Sigma}}$. Und die Aussage des Satzes, von links nach rechts gelesen, bedeutet gerade, daß $\widehat{\boldsymbol{\Sigma}}$ injektiv ist. Folglich ist $\widehat{\boldsymbol{\Sigma}}$ sogar ein Isomorphismus.

Nach Abschnitt 6.10.15 bildet der Faktorraum $\mathbb{K}_q^n{}_{/\mathfrak{C}}$ eine Zerlegung von $\mathbb{K}_q^n$. Nach (6.250) sind die Zerlegungsmengen gleichmächtig, was hier bedeutet, daß sie dieselbe Anzahl von Elementen haben. Nach dem vorigen Satz gibt es q^{n-m} Elemente des Faktorraumes, d.h. q^{n-m} Zerlegungsmengen von $\mathbb{K}_q^n$, die deshalb q^m Elemente besitzen müssen.

Es sei $\mathfrak{u} \in \mathbb{K}_q^m$ ein Informationsvektor, dessen Codewort $\mathfrak{c} = \boldsymbol{\Gamma}(\mathfrak{u})$ über einen nicht sicheren Kanal gesendet wird. Das soll heißen, daß es möglich ist, daß nicht das Codewort $\mathfrak{c}$ sondern irgendein Vektor $\mathfrak{v} \in \mathbb{K}_q^n$ empfangen wird. Ob $\mathfrak{c}$ und $\mathfrak{v}$ übereinstimmen kann mit dem Fehlervektor $\mathfrak{e} = \mathfrak{c} - \mathfrak{v}$ festgestellt werden. Es gilt nun

$$\boldsymbol{\Sigma}(\mathfrak{v}) = \boldsymbol{\Sigma}(\mathfrak{e}+\mathfrak{c}) = \boldsymbol{\Sigma}(\mathfrak{e}) + \boldsymbol{\Sigma}(\mathfrak{c}) = \boldsymbol{\Sigma}(\mathfrak{e})$$

Nach dem vorigen Satz bedeutet das $\mathfrak{v}+\mathfrak{C} = \mathfrak{e}+\mathfrak{C}$, d.h. alle möglichen Fehlervektoren von $\mathfrak{v}$ liegen in $\mathfrak{v}+\mathfrak{C}$. Man wählt daher nach bestimmten Kriterien ein Element $\mathfrak{e} \in \mathfrak{v}+\mathfrak{C}$ und wählt als „wahres" Codewort $\tilde{\mathfrak{c}} = \mathfrak{v} - \mathfrak{e}$. Eine Möglichkeit der Wahl für $\mathfrak{e}$ besteht darin, einen Vektor von $\mathfrak{v}+\mathfrak{C}$ mit Minimalgewicht als wahres Codewort zu akzeptieren, und das leitet direkt zum nächsten Abschnitt über.

4.3. Die Fehlermetrik

Die Anzahl der Fehler, die bei der Übertragung eines Codewortes $\mathfrak{c}$ auftreten, können so bestimmt werden, daß gezählt wird, in wieviel Komponenten sich das gesendete Codewort $\mathfrak{c}$ vom empfangenen Wort unterscheidet. Der nächste Satz formalisiert diesen Aspekt.

S 4.3.1 (Fehlermetrik)
Es sei $k \in \mathbb{N}_+$. Die Abbildung $\delta\colon \mathbb{K}_q^k \times \mathbb{K}_q^k \longrightarrow \mathbb{R}$ sei definiert durch

$$\bigwedge_{\mathfrak{u},\mathfrak{v}\in\mathbb{K}_q^k} \delta(\mathfrak{u},\mathfrak{v}) = \#(\{\,\kappa \in \mathbf{k} \mid u_\kappa \neq v_\kappa\,\}) \tag{4.10}$$

Die Abbildung ist eine Metrik über $\mathbb{K}_q^k$, d.h. es gilt für alle $\mathfrak{u},\mathfrak{v},\mathfrak{w} \in \mathbb{K}_q^k$

(i) $\delta(\mathfrak{u},\mathfrak{v}) = \delta(\mathfrak{v},\mathfrak{u})$

(ii) $\delta(\mathfrak{u},\mathfrak{v}) = 0 \iff \mathfrak{u} = \mathfrak{v}$

(iii) $\delta(\mathfrak{u},\mathfrak{w}) \leq \delta(\mathfrak{u},\mathfrak{v}) + \delta(\mathfrak{v},\mathfrak{w})$

Die Funktion δ gibt also an, in wievielen Koeffizienten sich zwei Vektoren $\mathfrak{u}$ und $\mathfrak{v}$ unterscheiden.
Die dritte Eigenschaft von δ ist die bekannte Dreiecksungleichung.

Die beiden ersten Eigenschaften sind ganz offensichtlich wahr. Zum Beweis von **(iii)** sei

$$\rho \in \{\,\kappa \in \mathbf{k} \mid u_\kappa \neq w_\kappa\,\}$$

Dann kann sicherlich nicht $u_\rho = v_\rho$ **und** $v_\rho = w_\rho$ wahr sein, denn sonst wäre $u_\rho = v_\rho = w_\rho$. Also ist $u_\rho \neq v_\rho$ **oder** $v_\rho \neq w_\rho$, d.h.

$$\rho \in \{\,\kappa \in \mathbf{k} \mid u_\kappa \neq v_\kappa\,\} \cup \{\,\kappa \in \mathbf{k} \mid v_\kappa \neq w_\kappa\,\}$$

Das bedeutet aber

$$\{\,\kappa \in \mathbf{k} \mid u_\kappa \neq w_\kappa\,\} \subset \{\,\kappa \in \mathbf{k} \mid u_\kappa \neq v_\kappa\,\} \cup \{\,\kappa \in \mathbf{k} \mid v_\kappa \neq w_\kappa\,\}$$

woraus die Behauptung

$$\#(\{\,\kappa \in \mathbf{k} \mid u_\kappa \neq w_\kappa\,\}) \leq \#(\{\,\kappa \in \mathbf{k} \mid u_\kappa \neq v_\kappa\,\}) + \#(\{\,\kappa \in \mathbf{k} \mid v_\kappa \neq w_\kappa\,\})$$

durch Anwendung elementarer Kardinalzahlarithmetik unmittelbar folgt.

Zwar ist nach dem vorigen Satz $(\mathbb{K}_q^k,\delta)$ ein metrischer Raum, es ist aber stets $\delta(\mathfrak{u},\mathfrak{v}) \in \mathbb{N}$. Statt mit ε-Umgebungen hat man es daher mit e-Umgebungen zu tun, wobei $e \in \mathbb{N}$:

D 4.3.1 (e-Umgebung)
Es seien $k \in \mathbb{N}_+$ und $e \in \mathbb{N}$. Eine e-Umgebung von $\mathfrak{v} \in \mathbb{K}_q^k$ ist gegeben durch

$$\mathbf{U}_e(\mathfrak{v}) = \{\,\mathfrak{u} \in \mathbb{K}_q^k \mid \delta(\mathfrak{v},\mathfrak{u}) \leq e\,\} \tag{4.11}$$

Zur e-Umgebung von $\mathfrak{v}$ gehören alle $\mathfrak{u}$, die sich in höchstens e Koeffizienten von $\mathfrak{v}$ unterscheiden.

Mit Hilfe der e-Umgebungen lassen sich Aussagen über die Anzahl von Fehlern machen, die ein linearer Code erkennen und korrigieren kann. Dazu zunächst eine Definition:

D 4.3.2 (e-fehlerkorrigierend)
Es sei $e \in \mathbb{N}_+$ und es sei $\mathcal{C}_{m,n}$ ein Codierungsschema. Sein Code $\mathfrak{C}$ heißt e-**fehlerkorrigierend**, wenn er folgende Bedingung erfüllt:

$$\bigwedge_{\mathfrak{u} \in \mathbb{K}_q^n} \#(\{\, \mathfrak{c} \in \mathfrak{C} \mid \mathfrak{u} \in \mathsf{U}_e(\mathfrak{c}) \,\}) \leq 1 \tag{4.12}$$

Zu jedem $\mathfrak{u}$ gibt es höchstens eine Codewort, dessen e-Umgebung $\mathfrak{u}$ enthält.

Das Ungleichheitszeichen in (4.12) kann nicht durch das Gleichheitszeichen ersetzt werden, denn wie ein nachfolgendes ausführliches Beispiel zeigen wird, gibt es Elemente von $\mathbb{K}_q^n$, die in keiner e-Umgebung eines Codewortes liegen.

Es sei $\mathfrak{C}$ e-fehlerkorrigierend. Das Codewort $\mathfrak{b} \in \mathfrak{C}$ werde als der Vektor $\mathfrak{v} \in \mathbb{K}_q^n$ empfangen und es sollen bei der Übertragung höchstens e Fehler aufgetreten sein. Der Fall $e = 0$ erfordert keinen Handlungsbedarf, es sei daher $e > 0$. Dann gilt nach Definition $\mathfrak{v} \in \mathsf{U}_e(\mathfrak{b})$, und weil $\mathfrak{C}$ e-fehlerkorrigierend ist, gibt es kein $\mathfrak{c} \in \mathfrak{C} \setminus \{\mathfrak{b}\}$, in dessen e-Umgebung $\mathfrak{v}$ enthalten sein könnte. Um das korrekte Codewort zu bekommen hat man also nur das $\mathfrak{c} \in \mathfrak{C}$ zu finden, dessen e-Umgebung $\mathfrak{v}$ enthält: Es ist dann $\mathfrak{b} = \mathfrak{c}$. Damit ist der folgende Satz bewiesen.

S 4.3.2 Mit einem e-fehlerkorrigierenden linearen Code $\mathfrak{C}$ können bis zu e Fehler eines empfangenen Codewortes korrigiert werden.

Wie kann aber einem linearen Code angesehen werden, ob er e-fehlerkorrigierend ist? Eine erste einfache Antwort gibt der nächste Satz.

S 4.3.3 Es sei $e \in \mathbb{N}_+$ und es sei $\mathcal{C}_{m,n}$ ein Codierungsschema mit Code $\mathfrak{C}$. Sind die e-Umgebungen der Codewörter paarweise disjunkt, gilt also

$$\bigwedge_{\mathfrak{b},\mathfrak{c} \in \mathfrak{C}} \big(\mathfrak{b} \neq \mathfrak{c} \implies \mathsf{U}_e(\mathfrak{b}) \cap \mathsf{U}_e(\mathfrak{c}) = \emptyset\big) \tag{4.13}$$

dann ist $\mathfrak{C}$ e-fehlerkorrigierend.

Sei $\mathfrak{u} \in \mathbb{K}_q^n$. Angenommen, es gibt $\mathfrak{b}, \mathfrak{c} \in \mathfrak{C}$, $\mathfrak{b} \neq \mathfrak{c}$, mit $\mathfrak{u} \in \mathsf{U}_e(\mathfrak{b})$ und $\mathfrak{u} \in \mathsf{U}_e(\mathfrak{c})$. Aber das bedeutet $\mathfrak{u} \in \mathsf{U}_e(\mathfrak{b}) \cap \mathsf{U}_e(\mathfrak{c})$, was im Widerspruch zur Voraussetzung $\mathsf{U}_e(\mathfrak{b}) \cap \mathsf{U}_e(\mathfrak{c}) = \emptyset$ steht.

Es kann allerdings recht aufwendig sein, alle Paare von e-Umgebungen eines Codes daraufhin zu prüfen, ob ihr Durchschnitt leer ist. Es ist wegen der Endlichkeit aller Mengen allerdings im Prinzip möglich. Die folgenden Begriffsbildungen verschaffen einen anderen Zugang, festzustellen, ob ein linearer Code e-fehlerkorrigierend ist.

D 4.3.3 (Gewicht)
Die Abbildung $\gamma \colon \mathbb{K}_q^k \longrightarrow \mathbb{N}$, definiert durch

$$\gamma(\mathfrak{u}) = \#(\{\, \kappa \in \mathbf{k} \mid u_\kappa \neq 0 \,\}) \tag{4.14}$$

heißt die Gewichtsfunktion von $\mathbb{K}_q^k$ und $\gamma(\mathfrak{u})$ das **Gewicht** von $\mathfrak{u}$.

Das Gewicht von $\mathfrak{u}$ ist die Anzahl seiner von Null verschiedenen Koeffizienten, deshalb gilt natürlich $\gamma(\mathfrak{u}) \in \mathsf{k}$.

Die Gewichtsfunktion γ ist nahe mit der Metrik δ verwandt, aber einfacher anzuwenden. Der Zusammenhang ist wie folgt:

S 4.3.4 Für die Metrik $\delta\colon \mathbb{K}_q^k \times \mathbb{K}_q^k \longrightarrow \mathsf{k}$ und die Gewichtsfuntion $\gamma\colon \mathbb{K}_q^k \longrightarrow \mathsf{k}$ gilt

(i) $\gamma(\mathfrak{u}) = \delta(\mathfrak{u}, 0)$ für alle $\mathfrak{u} \in \mathbb{K}_q^k$

(ii) $\delta(\mathfrak{u}, \mathfrak{v}) = \gamma(\mathfrak{u} - \mathfrak{v})$ für alle $\mathfrak{u}, \mathfrak{v} \in \mathbb{K}_q^k$

Die erste Behauptung folgt direkt aus den Definitionen. Die zweite folgt daraus, daß für jedes $\kappa \in \mathsf{k}$ gilt

$$u_\kappa \neq v_\kappa \iff (u - v)_\kappa = u_\kappa - v_\kappa \neq 0$$

Der Begriff des Minimalabstandes eines Codes ist wichtig, da sich an ihm ablesen läßt, wieviel Fehler der Code höchstens korrigieren kann. Der Begriff des Minimalgewichtes fällt mit dem des Minimalabstandes bei linearen Codes zusammen, ist aber einfacher zu bestimmen.

S 4.3.5 (Minimalabstand und Minimalgewicht)
Es sei $\mathfrak{M} \subset \mathbb{K}_q^k$. Der Minimalabstand $\delta(\mathfrak{M})$ von $\mathfrak{M}$ ist definiert durch

$$\delta(\mathfrak{M}) = \min\bigl(\{\, \delta(\mathfrak{u}, \mathfrak{v}) \bigm| \mathfrak{u}, \mathfrak{v} \in \mathfrak{M} \wedge \mathfrak{u} \neq \mathfrak{v} \,\}\bigr) \tag{4.15}$$

das Minimalgewicht $\gamma(\mathfrak{M})$ durch

$$\gamma(\mathfrak{M}) = \min\bigl(\{\, \gamma(\mathfrak{u}) \bigm| \mathfrak{u} \in \mathfrak{M} \setminus \{\mathfrak{o}\} \,\}\bigr) \tag{4.16}$$

Für ein Codierungsschema $\mathcal{C}_{m,n}$ mit Code $\mathfrak{C}$. gilt

$$\delta(\mathfrak{C}) = \gamma(\mathfrak{C}) \tag{4.17}$$

Bei linearen Codes muß zwischen Minimalabstand und Minimalgewicht nicht unterschieden werden.

Wegen der Endlichkeit aller beteiligten Mengen werden die Minima natürlich angenommen, d.h. es gibt $\mathfrak{u}, \mathfrak{v} \in \mathfrak{M}$ mit $\delta(\mathfrak{M}) = \delta(\mathfrak{u}, \mathfrak{v})$ und $\gamma(\mathfrak{M}) = \gamma(\mathfrak{u})$.
Es sei $\mathfrak{c} \in \mathfrak{C}$ mit $\gamma(\mathfrak{c}) = \gamma(\mathfrak{C})$. Dann ist $\mathfrak{c} \neq \mathfrak{o}$ nach Definition von $\gamma(\mathfrak{C})$. Wegen $\mathfrak{o} \in \mathfrak{C}$ gilt $\gamma(\mathfrak{c}) = \delta(\mathfrak{c}, \mathfrak{o}) \geq \delta(\mathfrak{C})$, daher $\delta(\mathfrak{C}) \leq \gamma(\mathfrak{C})$. Seien andererseits $\mathfrak{b}, \mathfrak{c} \in \mathfrak{C}$ mit $\delta(\mathfrak{b}, \mathfrak{c}) = \delta(\mathfrak{C})$. Es ist $\delta(\mathfrak{b}, \mathfrak{c}) = \gamma(\mathfrak{b} - \mathfrak{c}) \geq \gamma(\mathfrak{C})$, also $\delta(\mathfrak{C}) \geq \gamma(\mathfrak{C})$.

S 4.3.6
Es sei $e \in \mathbb{N}_+$ und es sei $\mathcal{C}_{m,n}$ ein Codierungsschema mit Code $\mathfrak{C}$. Gilt $\delta(\mathfrak{C}) \geq 2e + 1$, dann ist $\mathfrak{C}$ e-korrigierend.

Aus der Voraussetzung $\delta(\mathfrak{C}) \geq 2e + 1$ folgt, daß die e-Umgebungen der $\mathfrak{c} \in \mathfrak{C}$ paarweise disjunkt sind, daß also (4.13) gilt. Gäbe es nämlich $\mathfrak{b}, \mathfrak{c} \in \mathfrak{C}$ und $\mathfrak{u} \in \mathbb{K}_q^n$ mit $\mathfrak{u} \in \mathsf{U}_e(\mathfrak{b}) \cap \mathsf{U}_e(\mathfrak{c})$, dann wäre $\delta(\mathfrak{b}, \mathfrak{u}) \leq e$ und $\delta(\mathfrak{c}, \mathfrak{u}) \leq e$, woraus

$$\delta(\mathfrak{b}, \mathfrak{c}) \leq \delta(\mathfrak{b}, \mathfrak{u}) + \delta(\mathfrak{c}, \mathfrak{u}) \leq 2e$$

d.h. es wäre $\delta(\mathfrak{C}) < 2e+1$, im Widerspruch zur Voraussetzung.
Die Behauptung folgt also aus **S 4.3.3**.

Man kann auch an den Spalten einer Paritätsprüfungsmatrix eines Codierungsschemas erkennen, wieviel Fehler der Code korrigieren kann.

S 4.3.7
Es seien $\mathcal{C}_{m,n}$ ein Codierungsschema mit Code $\mathfrak{C}$ und $d \in \mathsf{n}$. Dann sind äquivalent:

(i) $\gamma(\mathfrak{C}) \le d$

(ii) Es gibt eine d-elementige Teilmenge $A \subset \mathsf{n}$ so, daß die durch $\alpha(\nu) = \mathbf{P}_\nu$ definierte Familie $\alpha\colon A \longrightarrow \mathbb{K}_q^m$ von Spalten einer Paritätsprüfungsmatrix $\mathbf{P}$ nicht frei ist

Es gilt also $\gamma(\mathfrak{C}) > d$ oder $\gamma(\mathfrak{C}) \ge d+1$ genau dann, wenn für **jede** d-elementige Teilmenge $A \subset \mathsf{n}$ die durch $\alpha(\nu) = \mathbf{P}_\nu$ definierte Familie $\alpha\colon A \longrightarrow \mathbb{K}_q^m$ frei ist.

Die Behauptung des Satzes ergibt sich daraus, daß sich $\mathbf{P}\mathfrak{v}$ als eine Linearkombination der Spalten von $\mathbf{P}$ darstellen läßt:

$$\begin{pmatrix} \mathbf{P}(1,1) & \mathbf{P}(1,2) & \cdots & \mathbf{P}(1,n) \\ \mathbf{P}(2,1) & \mathbf{P}(2,2) & \cdots & \mathbf{P}(2,n) \\ \vdots & \vdots & & \vdots \\ \mathbf{P}(m,1) & \mathbf{P}(m,2) & \cdots & \mathbf{P}(m,n) \end{pmatrix} \begin{pmatrix} v_1 \\ v_2 \\ \vdots \\ v_n \end{pmatrix} = \begin{pmatrix} v_1\mathbf{P}(1,1) + v_2\mathbf{P}(1,2) + \cdots + v_n\mathbf{P}(1,n) \\ v_1\mathbf{P}(2,1) + v_2\mathbf{P}(2,2) + \cdots + v_n\mathbf{P}(2,n) \\ \vdots \\ v_1\mathbf{P}(m,1) + v_2\mathbf{P}(m,2) + \cdots + v_n\mathbf{P}(m,n) \end{pmatrix} =$$

$$= v_1 \begin{pmatrix} \mathbf{P}(1,1) \\ \mathbf{P}(2,1) \\ \vdots \\ \mathbf{P}(m,1) \end{pmatrix} + v_2 \begin{pmatrix} \mathbf{P}(1,2) \\ \mathbf{P}(2,2) \\ \vdots \\ \mathbf{P}(m,2) \end{pmatrix} + \cdots + v_n \begin{pmatrix} \mathbf{P}(1,n) \\ \mathbf{P}(2,n) \\ \vdots \\ \mathbf{P}(m,n) \end{pmatrix} = v_1\mathbf{P}_1 + v_2\mathbf{P}_2 + \cdots + v_n\mathbf{P}_n$$

„**(i)**$\Longrightarrow$**(ii)**“:
Das Minimalgewicht von $\mathfrak{C}$ werde in $\mathfrak{c} \in \mathfrak{C}$ angenommen. Es sei $A = \{\nu \in \mathsf{n} \mid c_\nu \ne 0\}$. Die Menge A hat nach Konstruktion höchstens d Elemente. Hat A weniger als d Elemente, so werden so viele weitere Elemente von n hinzugefügt, bis $\#(A) = d$ gilt. Es gibt jedenfalls ein $\nu \in A$ mit $c_\nu \ne 0$. Aus $\mathfrak{c} \in \mathfrak{C}$ folgt nun

$$\mathfrak{o} = \mathbf{P}\mathfrak{c} = \sum_{\nu \in A} c_\nu \mathbf{P}_\nu$$

die durch $\alpha(\nu) = \mathbf{P}_\nu$ definierte Familie $\alpha\colon A \longrightarrow \mathbb{K}_q^m$ von Spalten von $\mathbf{P}$ ist daher nicht frei.
„**(i)**$\Longleftarrow$**(ii)**“:
Weil die Familie α nicht frei ist, gibt es $v_\nu \in \mathbb{K}_q$, $\nu \in A$, mit $v_\nu \ne 0$ für mindestens ein $\nu \in A$, aber möglicherweise auch für alle $\nu \in A$, so, daß

$$\sum_{\nu \in A} v_\nu \mathbf{P}_\nu = \mathfrak{o}$$

gilt. Der Vektor $\mathfrak{c} \in \mathbb{K}_q^n$ sei nun definiert durch $c_\nu = v_\nu$ für $\nu \in A$ und $c_\nu = 0$ für $\nu \in \mathsf{n} \setminus A$. Damit ist

$$\mathbf{P}\mathfrak{c} = \sum_{\nu \in A} v_\nu \mathbf{P}_\nu = \mathfrak{o}$$

d.h. es ist $\mathfrak{c} \in \mathfrak{C}$. Nach Konstruktion ist $\gamma(\mathfrak{c}) \le d$, also auch $\gamma(\mathfrak{C}) \le d$.

4.4. Lineare Codes auf Polynombasis

Die Codes, die in diesem Abschnitt eingeführt werden, stützen sich auf ein **Basispolynom** $\boldsymbol{b}$, das einen geeigneten Vektorraum für ein Kodierungsschema liefert. Die Einzelheiten bringen der nachfolgende Satz und die anschließenden Bemerkungen.

S 4.4.1 (Vektorraum des Basispolynoms)
Es seien $n \in \mathbb{N}_+$ und $\boldsymbol{b} \in \mathbb{K}_q[\boldsymbol{X}]$ mit $\partial(\boldsymbol{b}) = n$. Dann ist der Ring $\mathbb{K}_q[\boldsymbol{X}]_{\boldsymbol{b}}$ ein Vektorraum über $\mathbb{K}_q$. Der Ring in seiner Eigenschaft als Vektorraum wird mit $\mathfrak{V}_{\boldsymbol{b}}$ bezeichnet. Die Familie $\xi\colon \mathsf{n} \longrightarrow \mathfrak{V}_{\boldsymbol{b}}$, definiert durch $\xi(i) = \boldsymbol{X}^{i-1}$, ist eine Basis von $\mathfrak{V}_{\boldsymbol{b}}$, genannt die **Standardbasis**.

Zum Ring $\mathbb{K}_q[\boldsymbol{X}]_{\boldsymbol{b}}$ siehe Abschnitt 6.12, er besteht aus allen Polynomen $\boldsymbol{f} \in \mathbb{K}_q[\boldsymbol{X}]$ mit der Eigenschaft $\partial(\boldsymbol{f}) < \partial(\boldsymbol{b}) = n$. Die Ringaddition ist die gewöhnliche Polynomaddition, die Ringmultiplikation von $\boldsymbol{f}, \boldsymbol{g} \in \mathbb{K}_q[\boldsymbol{X}]_{\boldsymbol{b}}$ ist durch $\boldsymbol{f}\boldsymbol{g} = \varrho_{\boldsymbol{b}}(\boldsymbol{f}\boldsymbol{g})$ gegeben, wobei in der Klammer selbstverständlich das gewöhnliche Polynomprodukt steht (die Abbildung $\varrho_{\boldsymbol{b}}$ ist auf ganz $\mathbb{K}_q[\boldsymbol{X}]$ definiert). Um es vorsichtshalber doch einmal zu erwähnen: Der Ring $\mathbb{K}_q[\boldsymbol{X}]_{\boldsymbol{b}}$ ist nur eine Teilmenge, kein Teilring von $\mathbb{K}_q[\boldsymbol{X}]$.

Die Vektorraumaddition in $\mathfrak{V}_{\boldsymbol{b}}$ ist natürlich die Ringaddition und die Multiplikation eines $\boldsymbol{f} \in \mathfrak{V}_{\boldsymbol{b}}$ mit einem Skalar $u \in \mathbb{K}_q$ ist einfach das durch $(u\boldsymbol{f})(k) = u\boldsymbol{f}(k)$ gegebene Produkt $u\boldsymbol{f}$. Und die Familie ξ ist offenkundig ein freies Erzeugendensystem. Die Existenz dieser Basis bedeutet $\mathrm{Dim}(\mathfrak{V}_{\boldsymbol{b}}) = n$.

Wegen $\mathrm{Dim}(\mathfrak{V}_{\boldsymbol{b}}) = n = \mathrm{Dim}(\mathbb{K}_q^n)$ sind $\mathfrak{V}_{\boldsymbol{b}}$ und $\mathbb{K}_q^n$ isomorph, allerdings nicht kanonisch, sondern von der Wahl einer Basis abhängig. Der im Folgenden implizit verwendete Standardisomorphismus $\boldsymbol{\eta}\colon \mathbb{K}_q^n \longrightarrow \mathfrak{V}_{\boldsymbol{b}}$ bildet die Standardbasis $\varkappa\colon \mathsf{n} \longrightarrow \mathbb{K}_q^n$, die durch $\varkappa(i)_j = \delta_{ij}$ definiert ist, auf die Standardbasis ξ ab: $\boldsymbol{\eta}(\varkappa)(i) = \xi(i)$. Es ist also

$$\boldsymbol{\eta}\Bigl(\begin{pmatrix} u_1 \\ \vdots \\ u_n \end{pmatrix}\Bigr) = \boldsymbol{\eta}\Bigl(\sum_{i=1}^n u_i \varkappa(i)\Bigr) = \boldsymbol{\eta}\Bigl(u_1 \begin{pmatrix} 1 \\ \cdot \\ \vdots \\ \vdots \\ 0 \end{pmatrix} + \cdots + u_n \begin{pmatrix} 0 \\ \vdots \\ \vdots \\ 0 \\ 1 \end{pmatrix}\Bigr) = \sum_{i=1}^n u_i \boldsymbol{X}^{i-1} \tag{4.18}$$

Die n-Tupel aus $\mathbb{K}_q^n$ und die Polynome aus $\mathfrak{V}_{\boldsymbol{b}}$ werden als identisch betrachtet. Beispielsweise wird ein Polynom $\boldsymbol{f} \in \mathfrak{V}_{\boldsymbol{b}}$ mit $\partial(\boldsymbol{f}) = k < n$ als Vektor

$$\begin{pmatrix} \boldsymbol{f}(0) \\ \vdots \\ \boldsymbol{f}(k) \\ 0 \\ \vdots \\ 0 \end{pmatrix} \in \mathbb{K}_q^n$$

interpretiert. Weil die Elemente von $\mathfrak{V}_{\boldsymbol{b}}$ ihre Eigenschaften als Ringelemente nicht verlieren, kann z.B. gefragt werden, ob eine Teilmenge $\mathfrak{M} \subset \mathbb{K}_q^n$ ein Ideal ist. Damit ist natürlich die Frage gemeint, ob die Teilmenge $\boldsymbol{\eta}[\mathfrak{M}] \subset \mathbb{K}_q[\boldsymbol{X}]_{\boldsymbol{b}}$ ein Ideal ist. Jedenfalls wird zukünftig zwanglos von beiden Darstellungen wechselseitig Gebrauch gemacht.

Nach **S 6.7.2** kann die Summenbildung von Polynomen höchstens gradverkleinernd wirken, nie jedoch gradvergrößernd. Und sieht man vom Nullelement des Körpers ab, dann hat die Multiplikation eines Polynoms mit einem Körperelement keine Auswirkung auf den Polynomgrad. Es gilt daher der Satz

S 4.4.2 Es sei $\boldsymbol{b} \in \mathbb{K}_q[\boldsymbol{X}]$ ein Basispolynom mit $\partial(\boldsymbol{b}) = n > 0$, und es sei $1 \leq m < n$. Die beiden Teilmengen

$$\mathfrak{U}_m = \{\, \boldsymbol{f} \in \mathbb{K}_q[\boldsymbol{X}]_{\boldsymbol{b}} \mid \partial(\boldsymbol{f}) < m \,\} \tag{4.19}$$

$$\widehat{\mathfrak{U}}_m = \{\, \boldsymbol{f} \in \mathbb{K}_q[\boldsymbol{X}]_{\boldsymbol{b}} \mid \partial(\boldsymbol{f}) \leq m \,\} \tag{4.20}$$

sind Untervektorräume von $\mathfrak{V}_{\boldsymbol{b}}$ mit den Dimensionen

$$\mathrm{Dim}(\mathfrak{U}_m) = m \qquad \mathrm{Dim}(\widehat{\mathfrak{U}}_m) = m + 1 \tag{4.21}$$

und es gilt $\widehat{\mathfrak{U}}_m = \mathfrak{U}_{m+1}$.

Die Zuordnung $i \mapsto \boldsymbol{X}^{i-1}$ ist offensichtlich eine Basis von $\mathfrak{U}_m$.

4.4.1. Lineare Codes mit Generator- und Paritätsprüfungspolynom

Der Vektorraum $\mathfrak{V}_b$ dient als zentraler Mittelpunkt einer kurzen exakten Sequenz zur Beschreibung eines linearen Kodierungsschemas.

S 4.4.3 (Codierungsschema mit Generator- und Paritätsprüfungspolynom) Es sei $\boldsymbol{b} \in \mathbb{K}_q[\boldsymbol{X}]$ ein Basispolynom mit $\partial(\boldsymbol{b}) = n > 1$. Es seien $\boldsymbol{g}, \boldsymbol{s} \in \mathbb{K}_q[\boldsymbol{X}]_{\boldsymbol{b}}$ mit $0 < \partial(\boldsymbol{g}), \boldsymbol{b} = \boldsymbol{gs}$ und $\partial(\boldsymbol{s}) = m = n - \partial(\boldsymbol{g})$. Werden zwei Abbildungen $\boldsymbol{\Gamma}\colon \mathfrak{U}_m \longrightarrow \mathfrak{V}_b$ und $\widehat{\boldsymbol{\Sigma}}\colon \mathfrak{V}_b \longrightarrow \mathfrak{V}_b$ durch

$$\boldsymbol{\Gamma}(\boldsymbol{f}) = \boldsymbol{gf} \qquad \widehat{\boldsymbol{\Sigma}}(\boldsymbol{f}) = \varrho_{\boldsymbol{b}}(\boldsymbol{fs}) \tag{4.22}$$

definiert, setzt man $\mathfrak{W} = \mathbf{Bild}(\widehat{\boldsymbol{\Sigma}})$ und definiert die Abbildung $\boldsymbol{\Sigma}\colon \mathfrak{V}_b \longrightarrow \mathfrak{W}$ als $\boldsymbol{\Sigma} = \boldsymbol{\iota} \circ \widehat{\boldsymbol{\Sigma}}$ (mit der identischen Abbildung $\boldsymbol{\iota}$ von $\mathfrak{W}$) dann bildet das Abbildungspaar $(\boldsymbol{\Gamma}, \boldsymbol{\Sigma})$ ein Codierungsschema der Länge n und der Dimension m. Es ist $\boldsymbol{g}$ das Generatorpolynom und $\boldsymbol{s}$ das Paritätsprüfungspolynom.

Praktisch gesehen bedeutet $\boldsymbol{\Sigma} = \boldsymbol{\iota} \circ \widehat{\boldsymbol{\Sigma}}$ natürlich einfach $\boldsymbol{\Sigma}(\boldsymbol{f}) = \widehat{\boldsymbol{\Sigma}}(\boldsymbol{f})$. Zum Beweis des Satzes ist zu zeigen, daß beide Abbildungen linear sind und daß die folgende kurze exakte Sequenz existiert:

$$\{\mathbf{0}\} \xrightarrow{\;\mathbf{0}\;} \underset{\star}{\mathfrak{U}_m} \xrightarrow{\;\boldsymbol{\Gamma}\;} \underset{\star}{\mathfrak{V}_b} \xrightarrow{\;\boldsymbol{\Sigma}\;} \underset{\star}{\mathfrak{W}} \xrightarrow{\;\mathbf{0}\;} \{\mathbf{0}\} \tag{4.23}$$

Für $\boldsymbol{f} \in \mathfrak{U}_m$ gilt $\partial(\boldsymbol{gf}) = \partial(\boldsymbol{g}) + \partial(\boldsymbol{f}) < \partial(\boldsymbol{g}) + m = \partial(\boldsymbol{g}) + n - \partial(\boldsymbol{g}) = n$, d.h. es ist $\boldsymbol{gf} \in \mathfrak{V}_b$. Die Linearität der Abbildung $\boldsymbol{\Gamma}$ ergibt sich aus der Distributivität und der Assoziativität der Polynommultiplikation.
Die Abbildung $\widehat{\boldsymbol{\Sigma}}$ ist linear. Denn die Addition in $\mathbb{K}_q[\boldsymbol{X}]_{\boldsymbol{b}}$ ist so definiert, daß die Restabbildung $\varrho_{\boldsymbol{b}}$ additiv ist. Man erhält daher für Polynome $\boldsymbol{f}, \tilde{\boldsymbol{f}} \in \mathfrak{V}_b$

$$\widehat{\boldsymbol{\Sigma}}(\boldsymbol{f} + \tilde{\boldsymbol{f}}) = \varrho_{\boldsymbol{b}}\big((\boldsymbol{f} + \tilde{\boldsymbol{f}})\boldsymbol{s}\big) = \varrho_{\boldsymbol{b}}(\boldsymbol{fs} + \tilde{\boldsymbol{f}}\boldsymbol{s}) = \varrho_{\boldsymbol{b}}(\boldsymbol{fs}) + \varrho_{\boldsymbol{b}}(\tilde{\boldsymbol{f}}\boldsymbol{s}) = \widehat{\boldsymbol{\Sigma}}(\boldsymbol{f}) + \widehat{\boldsymbol{\Sigma}}(\tilde{\boldsymbol{f}})$$

Für $u = 0 \in \mathbb{K}_q$ ist $\varrho_{\boldsymbol{b}}(u\boldsymbol{fs}) = u\varrho_{\boldsymbol{b}}(\boldsymbol{fs})$. Es sei also $u \in \mathbb{K}_q^\star$. Es gibt (eindeutig bestimmte) Polynome $\boldsymbol{q}, \boldsymbol{r} \in \mathbb{K}_q[\boldsymbol{X}]$ mit $u\boldsymbol{fs} = \boldsymbol{bq} + \boldsymbol{r}$ und $\partial(\boldsymbol{r}) < \partial(\boldsymbol{fs})$, d.h. es ist $\varrho_{\boldsymbol{b}}(u\boldsymbol{fs}) = \boldsymbol{r}$. Multiplikation mit u^{-1} ergibt $\boldsymbol{fs} = u^{-1}\boldsymbol{bq} + u^{-1}\boldsymbol{r}$. Wegen der Eindeutigkeit von Quotient und Rest hat man daher $\varrho_{\boldsymbol{b}}(\boldsymbol{fs}) = u^{-1}\boldsymbol{r}$ oder $u\varrho_{\boldsymbol{b}}(\boldsymbol{fs}) = \boldsymbol{r} = \varrho_{\boldsymbol{b}}(u\boldsymbol{fs})$. Folglich gilt

$$\widehat{\boldsymbol{\Sigma}}(u\boldsymbol{f}) = \varrho_{\boldsymbol{b}}(u\boldsymbol{fs}) = u\varrho_{\boldsymbol{b}}(\boldsymbol{fs}) = u\widehat{\boldsymbol{\Sigma}}(\boldsymbol{f})$$

Die beiden Abbildungen $\boldsymbol{\Gamma}$ und $\widehat{\boldsymbol{\Sigma}}$ sind also als lineare Abbildungen erkannt. Natürlich ist per Definition auch $\boldsymbol{\Sigma}$ eine lineare Abbildung.
Es ist nun zu zeigen, daß das Paar $(\mathbf{0}, \boldsymbol{\Gamma})$ eine exakte Sequenz ist, d.h. nach (6.254a) ist die Injektivität von $\boldsymbol{\Gamma}$ nachzuweisen. Diese folgt aus der Tatsache, daß $\mathbb{K}_q[\boldsymbol{X}]$ ein Integritätsbereich ist. Ist nämlich $\boldsymbol{f} \in \mathfrak{U}_m \subset \mathbb{K}_q[\boldsymbol{X}]$ mit $\boldsymbol{gf} = \mathbf{0}$, dann folgt $\boldsymbol{f} = \mathbf{0}$ wegen $\boldsymbol{g} \neq \mathbf{0}$, d.h. es gilt $\mathbf{Kern}(\boldsymbol{\Gamma}) \subset \{\mathbf{0}\}$.
Weil $\boldsymbol{\Sigma}$ *per definitionem* surjektiv ist, ist $(\boldsymbol{\Sigma}, \mathbf{0})$ eine exakte Sequenz (siehe (6.254b)).
Es bleibt noch, die Exaktheit von $(\boldsymbol{\Gamma}, \boldsymbol{\Sigma})$ zu beweisen. Sei dazu $\boldsymbol{f} \in \mathbf{Bild}(\boldsymbol{\Gamma})$. Das bedeutet, daß es ein $\boldsymbol{q} \in \mathfrak{U}_m$ gibt mit $\boldsymbol{f} = \boldsymbol{gq}$. Das ergibt

$$\boldsymbol{\Sigma}(\boldsymbol{f}) = \boldsymbol{\Sigma}(\boldsymbol{gq}) = \varrho_{\boldsymbol{b}}(\boldsymbol{gqs}) = \varrho_{\boldsymbol{b}}(\boldsymbol{gsq}) = \varrho_{\boldsymbol{b}}(\boldsymbol{bq}) = \mathbf{0}$$

Es ist daher $\mathbf{Bild}(\boldsymbol{\Gamma}) \subset \mathbf{Kern}(\boldsymbol{\Sigma})$.
Es sei umgekehrt $\boldsymbol{f} \in \mathbf{Kern}(\boldsymbol{\Sigma})$, also $\boldsymbol{f} \in \mathfrak{V}_b$ mit $\boldsymbol{\Sigma}(\boldsymbol{f}) = \varrho_b(\boldsymbol{fs}) = \mathbf{0}$. Es gibt ein (eindeutig bestimmtes) $\boldsymbol{q} \in \mathbb{K}_q[\boldsymbol{X}]$ mit

$$\boldsymbol{fs} = \boldsymbol{bq} + \varrho_b(\boldsymbol{fs}) = \boldsymbol{bq} = \boldsymbol{gsq}$$

Weil im Integritätsbereich $\mathbb{K}_q[\boldsymbol{X}]$ gekürzt werden darf folgt daraus $\boldsymbol{f} = \boldsymbol{gq}$, also $\boldsymbol{f} \in \mathbf{Bild}(\boldsymbol{\Gamma})$.
Es gilt daher $\mathbf{Kern}(\boldsymbol{\Sigma}) \subset \mathbf{Bild}(\boldsymbol{\Gamma})$.
Zusammengenommen hat sich $\mathbf{Kern}(\boldsymbol{\Sigma}) = \mathbf{Bild}(\boldsymbol{\Gamma})$ ergeben..

Weil der Homomorphismus $\boldsymbol{\Gamma}$ injektiv ist hat der Codevektorraum $\mathfrak{C}$ des Codierungsschemas des vorangehenden Satzes die Dimension m, er ist gegeben durch

$$\mathfrak{C} = \boldsymbol{\Gamma}[\mathfrak{U}_m] = \{\, \boldsymbol{fg} \mid \boldsymbol{f} \in \mathfrak{U}_m \,\} \tag{4.24}$$

Es werden mit diesem Codierschema also m Informationseinheiten codiert, nämlich die Koeffizienten eines Polynoms $\boldsymbol{f} \in \mathfrak{U}_m$, übertragen werden die n Koeffizienten des Polynoms $\boldsymbol{fg}$. Empfangen werden die n Koeffizienten eines Polynoms $\boldsymbol{v}$. Ist dieses fehlerfrei, wird die Information durch Division aus $\boldsymbol{v} = \boldsymbol{fg}$ zurückgewonnen (auf die Fehlererkennung wird weiter unten eingegangen).

Es folgt nun ein ausführliches Beispiel. Und zwar sollen vier Informationsbit a, b, c und d codiert und gesendet werden. Es ist ein Code anzugeben, der beim Empfang mindestens einen Fehler korrigieren kann, und weiter ist ein Code zu bestimmen, der bis zu zwei Fehler korrigieren kann. Es ist also $\mathbb{K}_q = \mathbb{K}_2$ und $m = 4$.

Zu finden ist nun ein Generatorpolynom $\boldsymbol{g} \in \mathbb{K}_2[\boldsymbol{X}]$, dessen Code $\mathfrak{C}$ ein Minimalgewicht von mindestens drei bzw. fünf hat: $\gamma(\mathfrak{C}) \geq 3$ bzw. $\gamma(\mathfrak{C}) \geq 5$. Nach **S 4.3.6** können mit solch einem Code mindestens ein bzw. zwei Fehler korrigiert werden. Es ist kein großes Problem, mit einem Computerprogramm zu einem gegebenen Generatorpolynom den zugehörigen Code und dann dessen Minimalgewicht zu berechnen. Das Ergebnis ist wie folgt.

$\partial(\boldsymbol{g}) \leq 2$
: Es gibt keine Generatorpolynome mit Fehler korrigierendem Code

$\partial(\boldsymbol{g}) = 3$
: Es gibt zwei Generatorpolynome mit $\gamma(\mathfrak{C}) = 3$, und zwar $\boldsymbol{X}^3 + \boldsymbol{X} + 1$ und $\boldsymbol{X}^3 + \boldsymbol{X}^2 + 1$.

$\partial(\boldsymbol{g}) \leq 6$
: Es gibt keine Generatorpolynome mit $\gamma(\mathfrak{C}) \geq 5$

$\partial(\boldsymbol{g}) = 7$
: Es gibt zwei Generatorpolynome mit $\gamma(\mathfrak{C}) = 5$, und zwar $\boldsymbol{X}^7 + \boldsymbol{X}^6 + \boldsymbol{X}^5 + \boldsymbol{X}^2 + 1$ und $\boldsymbol{X}^7 + \boldsymbol{X}^5 + \boldsymbol{X}^2 + \boldsymbol{X} + 1$.

$\partial(\boldsymbol{g}) \leq 9$
: Es gibt keine Generatorpolynome mit $\gamma(\mathfrak{C}) \geq 7$

$\partial(\boldsymbol{g}) = 10$
: Es gibt 16 Generatorpolynome mit $\gamma(\mathfrak{C}) = 7$, darunter sind
$\boldsymbol{X}^{10} + \boldsymbol{X}^9 + \boldsymbol{X}^7 + \boldsymbol{X}^5 + \boldsymbol{X}^4 + \boldsymbol{X}^3 + 1$
$\boldsymbol{X}^{10} + \boldsymbol{X}^9 + \boldsymbol{X}^8 + \boldsymbol{X}^6 + \boldsymbol{X}^4 + \boldsymbol{X}^3 + 1$
$\boldsymbol{X}^{10} + \boldsymbol{X}^8 + \boldsymbol{X}^5 + \boldsymbol{X}^4 + \boldsymbol{X}^2 + \boldsymbol{X} + 1$
$\boldsymbol{X}^{10} + \boldsymbol{X}^8 + \boldsymbol{X}^7 + \boldsymbol{X}^5 + \boldsymbol{X}^2 + \boldsymbol{X} + 1$

Danach kann ein Code für vier Informationsbit, der einen Fehler zu korrigieren vermag, mit dem Polynom $\boldsymbol{g} = \boldsymbol{X}^3 + \boldsymbol{X} + 1$ aufgebaut werden. Die Informationsbit a, b, c und d werden als die

Koeffizienten eines Polynoms $\boldsymbol{f} = \mathsf{d}\boldsymbol{X}^3 + \mathsf{c}\boldsymbol{X}^2 + \mathsf{b}\boldsymbol{X} + \mathsf{a} \in \mathbb{K}_2[\boldsymbol{X}]$ eingebracht. Man hat

$$\boldsymbol{c} = \boldsymbol{f}\boldsymbol{g} = \mathsf{d}\boldsymbol{X}^6 + \mathsf{c}\boldsymbol{X}^5 + (\mathsf{b}+\mathsf{d})\boldsymbol{X}^4 + (\mathsf{a}+\mathsf{c}+\mathsf{d})\boldsymbol{X}^3 + (\mathsf{b}+\mathsf{c})\boldsymbol{X}^2 + (\mathsf{a}+\mathsf{b})\boldsymbol{X} + \mathsf{a} \tag{4.25}$$

oder für die Berechnung zum Koeffizientenraum übergehend

$$\boldsymbol{\Gamma}\left(\begin{pmatrix}\mathsf{a}\\ \mathsf{b}\\ \mathsf{c}\\ \mathsf{d}\end{pmatrix}\right) = \begin{pmatrix}\mathsf{a}\\ \mathsf{a}+\mathsf{b}\\ \mathsf{b}+\mathsf{c}\\ \mathsf{a}+\mathsf{c}+\mathsf{d}\\ \mathsf{b}+\mathsf{d}\\ \mathsf{c}\\ \mathsf{d}\end{pmatrix} \tag{4.26}$$

Damit ist die Erzeugung der Codevektoren beschrieben. Zur Fehlererkennung muß die Abbildung $\boldsymbol{\Sigma}$ angegeben werden, wozu das Paritätsprüfungspolynom $\boldsymbol{s}$ festzulegen ist. Die einzige Bedingung für das Polynom ist $\partial(\boldsymbol{s}) = 4$, deshalb wird das einfachste solche Polynom gewählt, d.h. $\boldsymbol{s} = \boldsymbol{X}^4$. Damit ist das Basispolynom $\boldsymbol{b} = \boldsymbol{g}\boldsymbol{s} = \boldsymbol{X}^7 + \boldsymbol{X}^5 + \boldsymbol{X}^4$.

Bei der Übertragung wird das Polynom $\boldsymbol{v} \in \mathfrak{V}_{\boldsymbol{b}}$ empfangen. Nach Konstruktion ist $\boldsymbol{v}$ genau dann ein Codepolynom, d.h. $\boldsymbol{v} \in \boldsymbol{\Gamma}[\mathfrak{U}_m]$, wenn $\boldsymbol{\Sigma}(\boldsymbol{v}) = \boldsymbol{0}$ gilt. Das empfangene Polynom sei nun mit genau einem Fehler behaftet. Es gibt dann ein $\nu \in \{0, 1, \ldots, n\}$ mit $\boldsymbol{v}(\nu) \neq \boldsymbol{c}(\nu)$, was auch wie folgt ausgedrückt werden kann:

$$\boldsymbol{v} = \boldsymbol{c} + \boldsymbol{X}^\nu \tag{4.27}$$

Daraus folgt mit den Eigenschaften des Homomorphismus $\boldsymbol{\Sigma}$

$$\boldsymbol{\Sigma}(\boldsymbol{v}) = \boldsymbol{\Sigma}(\boldsymbol{c} + \boldsymbol{X}^\nu) = \boldsymbol{0} + \boldsymbol{\Sigma}(\boldsymbol{X}^\nu) = \boldsymbol{\Sigma}(\boldsymbol{X}^\nu) \tag{4.28}$$

Die Fehlerlokalisierungspolynome

$$\boldsymbol{l}_\nu = \boldsymbol{\Sigma}(\boldsymbol{X}^\nu) = \varrho_{\boldsymbol{b}}(\boldsymbol{X}^\nu \boldsymbol{s}) \quad \nu \in \{0, 1, \ldots, n\} \tag{4.29}$$

lassen also erkennen, welcher Koeffizient des Polynoms $\boldsymbol{v}$ während der Übertragung gestört wurde, *sofern sie untereinander verschieden sind.* Hier im Beispiel gilt aus Gradgründen

$$\boldsymbol{l}_\nu = \varrho_{\boldsymbol{b}}(\boldsymbol{X}^\nu \boldsymbol{X}^4) = \boldsymbol{X}^{4+\nu} \quad \nu \in \{0, 1, 2\}$$

Ferner liest man direkt ab $\boldsymbol{l}_3 = \boldsymbol{X}^5 + \boldsymbol{X}^4$, und mit elementaren Rechnungen erhält man die Polynome $\boldsymbol{l}_4 = \boldsymbol{X}^6 + \boldsymbol{X}^5$, $\boldsymbol{l}_5 = \boldsymbol{X}^6 + \boldsymbol{X}^5 + \boldsymbol{X}^4$ und $\boldsymbol{l}_6 = \boldsymbol{X}^6 + \boldsymbol{X}^4$. Die Fehlerlokalisierungspolynome sind also tatsächlich voneinander verschieden und zeigen den Fehlerort an. Tritt jedoch mehr als ein Fehler auf, dann muß das nicht mehr gelten. Sind etwa $\boldsymbol{v}(0)$ und $\boldsymbol{v}(1)$ fehlerhaft, dann ist $\boldsymbol{\Sigma}(\boldsymbol{v}) = \boldsymbol{l}_4 + \boldsymbol{l}_5 = \boldsymbol{l}_3$, einen Fehler des Koeffizienten $\boldsymbol{v}(3)$ vortäuschend. Ist $\boldsymbol{v}$ fehlerfrei, d.h. ist $\boldsymbol{\Sigma}(\boldsymbol{v}) = \boldsymbol{0}$, hat man direkt $\mathsf{a} = \boldsymbol{v}(0)$, $\mathsf{c} = \boldsymbol{v}(5)$, $\mathsf{d} = \boldsymbol{v}(6)$ und schließlich $\mathsf{b} = \boldsymbol{v}(0) + \boldsymbol{v}(1)$. Man beachte auch, daß nicht alle Fehler korrigiert werden müssen. Sind z.B. $\boldsymbol{v}(0)$, $\boldsymbol{v}(1)$, $\boldsymbol{v}(5)$ und $\boldsymbol{v}(6)$ fehlerfrei, können die Informationsbits ohne Korrektur entnommen werden.

Wenn garantiert werden kann, daß bei der Übertragung eines Codevektors tatsächlich nur ein Fehler auftreten kann, wenn also wirklich nur ein Bit des Codevektors bei der Übertragung verfälscht werden kann, dann reicht das vorgestellte Codeschema aus. Wenn jedoch zwei (oder mehr) Fehler möglich sind, dann muß zu einem Codeschema übergegangen werden, das mehr als einen Fehler zu korrigieren gestattet. Das gilt auch dann, wenn die Auftrittswahrscheinlichkeit eines Doppelfehlers sehr klein ist. Eine Wahrscheinlichkeit von etwa 10^{-6} scheint sehr klein zu sein, das Auftreten eines Doppelfehlers wird jedoch auch bei dieser geringen Wahrscheinlichkeit zur Gewissheit, wenn vom Übertragungskanal viele Millionen von Codevektoren übertragen werden, es ist dann keine Frage des Ob, sondern des Wann. Allerdings wird die Korrekturrechnung desto aufwendiger, je mehr Fehler zu behandeln sind, und dieser Aufwand wächst überlinear.

Um ein Codeschema zu bekommen, das zwei Fehler korrigieren kann, muß das Generatorpolynom, wie oben angegeben, mindestens den Grad sieben besitzen. Man wird natürlich den kleinsten möglichen Grad wählen. Es sind zwei Polynome vom Grad sieben verfügbar, gewählt wird hier $\boldsymbol{g} = \boldsymbol{X}^7 + \boldsymbol{X}^5 + \boldsymbol{X}^2 + \boldsymbol{X} + 1$. Mit diesem Generatorpolynom erhält man als Codepolynome

$$\begin{aligned} \boldsymbol{c} = \boldsymbol{\Gamma}(\boldsymbol{f}) = \boldsymbol{fg} = \mathsf{d}\boldsymbol{X}^{10} + \mathsf{c}\boldsymbol{X}^9 + (\mathsf{b}+\mathsf{d})\boldsymbol{X}^8 + (\mathsf{a}+\mathsf{c})\boldsymbol{X}^7 + \mathsf{b}\boldsymbol{X}^6 + \\ + (\mathsf{a}+\mathsf{d})\boldsymbol{X}^5 + (\mathsf{c}+\mathsf{d})\boldsymbol{X}^4 + (\mathsf{b}+\mathsf{c}+\mathsf{d})\boldsymbol{X}^3 + (\mathsf{a}+\mathsf{b}+\mathsf{c})\boldsymbol{X}^2 + (\mathsf{a}+\mathsf{b})\boldsymbol{X} + \mathsf{a} \end{aligned} \tag{4.30}$$

oder in den Koeffizientenraum übertragen

$$\boldsymbol{\Gamma}\left(\begin{pmatrix} \mathsf{a} \\ \mathsf{b} \\ \mathsf{c} \\ \mathsf{d} \end{pmatrix}\right) = \begin{pmatrix} \mathsf{a} \\ \mathsf{a}+\mathsf{b} \\ \mathsf{a}+\mathsf{b}+\mathsf{c} \\ \mathsf{b}+\mathsf{c}+\mathsf{d} \\ \mathsf{c}+\mathsf{d} \\ \mathsf{a}+\mathsf{d} \\ \mathsf{b} \\ \mathsf{a}+\mathsf{c} \\ \mathsf{b}+\mathsf{d} \\ \mathsf{c} \\ \mathsf{d} \end{pmatrix} \tag{4.31}$$

Auch hier wird $\boldsymbol{s} = \boldsymbol{X}^4$ als Paritätsprüfungspolynom gewählt, das Basispolynom des Codeschemas wird damit zu $\boldsymbol{b} = \boldsymbol{gs} = \boldsymbol{X}^{11} + \boldsymbol{X}^9 + \boldsymbol{X}^6 + \boldsymbol{X}^5 + \boldsymbol{X}^4$.

Bei der Übertragung wird wieder das Polynom $\boldsymbol{v} \in \mathfrak{V}_{\boldsymbol{b}}$ empfangen. Tritt genau ein Fehler auf, wird so wie eben verfahren. Die Fehlerlokalisierungspolynome für Einzelfehler sind

$$\boldsymbol{l}_\nu = \varrho_{\boldsymbol{b}}(\boldsymbol{X}^\nu \boldsymbol{X}^4) = \boldsymbol{X}^{4+\nu} \qquad \nu \in \{0,\dots,6\}$$

und weiter mit einfacher Rechnung

$$\begin{aligned} \boldsymbol{l}_7 &= \boldsymbol{X}^9 + \boldsymbol{X}^6 + \boldsymbol{X}^5 + \boldsymbol{X}^4 \\ \boldsymbol{l}_8 &= \boldsymbol{X}^{10} + \boldsymbol{X}^7 + \boldsymbol{X}^6 + \boldsymbol{X}^6 \\ \boldsymbol{l}_9 &= \boldsymbol{X}^9 + \boldsymbol{X}^8 + \boldsymbol{X}^7 + \boldsymbol{X}^5 + \boldsymbol{X}^4 \\ \boldsymbol{l}_{10} &= \boldsymbol{X}^{10} + \boldsymbol{X}^9 + \boldsymbol{X}^8 + \boldsymbol{X}^6 + \boldsymbol{X}^5 \end{aligned}$$

Diese Polynome sind untereinander verschieden, somit können Einzelfehler erkannt, lokalisiert und korrigiert werden.

Die Koeffizienten des empfangenen Polynoms seien nun mit genau zwei Fehlern behaftet. Es gibt dann $\mu, \nu \in \{0, 1, \dots, 11\}$ mit $\boldsymbol{v}(\mu) \neq \boldsymbol{c}(\mu)$ und $\boldsymbol{v}(\nu) \neq \boldsymbol{c}(\nu)$, was auch wie folgt ausgedrückt werden kann:

$$\boldsymbol{v} = \boldsymbol{c} + \boldsymbol{X}^\mu + \boldsymbol{X}^\nu \tag{4.32}$$

Daraus folgt mit den Eigenschaften des Homomorphismus $\boldsymbol{\Sigma}$

$$\boldsymbol{\Sigma}(\boldsymbol{v}) = \boldsymbol{\Sigma}(\boldsymbol{c} + \boldsymbol{X}^\mu + \boldsymbol{X}^\nu) = \boldsymbol{0} + \boldsymbol{\Sigma}(\boldsymbol{X}^\mu) + \boldsymbol{\Sigma}(\boldsymbol{X}^\nu) = \boldsymbol{\Sigma}(\boldsymbol{X}^\mu) + \boldsymbol{\Sigma}(\boldsymbol{X}^\nu) \tag{4.33}$$

Die Fehlerlokalisierungspolynome

$$\boldsymbol{l}_{\mu,\nu} = \boldsymbol{\Sigma}(\boldsymbol{X}^\mu) + \boldsymbol{\Sigma}(\boldsymbol{X}^\nu) = \boldsymbol{\varrho_b}(\boldsymbol{X}^\mu \boldsymbol{s}) + \boldsymbol{\varrho_b}(\boldsymbol{X}^\nu \boldsymbol{s}) \quad \mu, \nu \in \{0, 1, \dots, 11\} \tag{4.34}$$

lassen also erkennen, welche zwei Koeffizienten des Polynoms $\boldsymbol{v}$ während der Übertragung gestört wurden. Einige Beispiele:

$$\begin{aligned}
\boldsymbol{l}_{0,1} &= \boldsymbol{X}^5 + \boldsymbol{X}^4 \\
\boldsymbol{l}_{0,10} &= \boldsymbol{X}^{10} + \boldsymbol{X}^9 + \boldsymbol{X}^8 + \boldsymbol{X}^6 + \boldsymbol{X}^5 + \boldsymbol{X}^4 \\
\boldsymbol{l}_{1,10} &= \boldsymbol{X}^{10} + \boldsymbol{X}^9 + \boldsymbol{X}^8 + \boldsymbol{X}^6 \\
\boldsymbol{l}_{9,10} &= \boldsymbol{X}^{10} + \boldsymbol{X}^7 + \boldsymbol{X}^6 + \boldsymbol{X}^4
\end{aligned}$$

Es wäre nun sehr unbequem, wenn die Fehlerlokalisierungspolynome auf Verschiedenheit geprüft werden müssten, denn ihre Anzahl kann beträchtlich sein. Tatsächlich gibt es $\binom{n}{k}$ solche Polynome, wenn k die Anzahl der aufgetretenen Fehler ist. Wie der nächste Satz zeigt, ist solch eine Prüfung jedoch nicht notwendig.

S 4.4.4 (Verschiedenheit der Fehlerlokalisierungspolynome)
Es sollen die Voraussetzungen von **S 4.4.3** gelten.
Für eine Menge $\emptyset \neq I \subset \{0, \dots, n\}$ sei das Fehlerpolynom $\boldsymbol{f}_I$ definiert durch

$$\boldsymbol{f}_I = \sum_{i \in I} \epsilon(i) \boldsymbol{X}^i$$

Darin ist $\epsilon \colon I \longrightarrow \mathbb{K}_q$ eine Familie von Übertragungsfehlern. Damit gilt

$$\boldsymbol{\Sigma}(\boldsymbol{f}_I) = \boldsymbol{\Sigma}(\boldsymbol{f}_J) \implies \boldsymbol{f}_I = \boldsymbol{f}_J$$

Die Einschränkung des Syndroms auf die Menge der Fehlerpolynome ist also injektiv.

Nach Voraussetzung seien $\boldsymbol{f}_I$ und $\boldsymbol{f}_J$ Fehlerpolynome mit $\boldsymbol{\Sigma}(\boldsymbol{f}_I) = \boldsymbol{\Sigma}(\boldsymbol{f}_J)$. Nach Definition von $\boldsymbol{\Sigma}$ gibt es $\boldsymbol{q}_I, \boldsymbol{q}_J, \boldsymbol{r} \in \mathbb{K}_q[\boldsymbol{X}]$ mit

$$\boldsymbol{f}_I \boldsymbol{s} = \boldsymbol{q}_I \boldsymbol{b} + \boldsymbol{r} \quad \boldsymbol{f}_J \boldsymbol{s} = \boldsymbol{q}_J \boldsymbol{b} + \boldsymbol{r} \quad \text{mit} \quad \partial(\boldsymbol{r}) < \partial(\boldsymbol{b}) = n \quad \text{und} \quad \boldsymbol{\Sigma}(\boldsymbol{f}_I) = \boldsymbol{r} = \boldsymbol{\Sigma}(\boldsymbol{f}_J)$$

Mit der Gradformel für Polynomprodukte erhält man $\partial(\boldsymbol{q}_I) < \partial(\boldsymbol{s})$ und $\partial(\boldsymbol{q}_J) < \partial(\boldsymbol{s}) = m$. Also ist auch $\partial(\boldsymbol{q}_I) - \partial(\boldsymbol{q}_J) < m$, folglich $\boldsymbol{q}_I - \boldsymbol{q}_I \in \mathbb{K}_q[\boldsymbol{X}]_{\boldsymbol{b}}$. Daraus erhält man schließlich $(\boldsymbol{f}_I - \boldsymbol{f}_J) \otimes \boldsymbol{s} = \boldsymbol{\varrho_b}\big((\boldsymbol{f}_I - \boldsymbol{f}_J)\boldsymbol{s}\big) = \boldsymbol{\varrho_b}\big((\boldsymbol{q}_I - \boldsymbol{q}_J)\boldsymbol{b}\big) = \boldsymbol{0}$, wobei $\otimes$ natürlich die Multiplikation in $\mathbb{K}_q[\boldsymbol{X}]_{\boldsymbol{b}}$ bezeichnet. Dieser Ring ist ein Integritätsbereich, aus $\boldsymbol{s} \neq \boldsymbol{0}$ folgt daher $\boldsymbol{f}_I = \boldsymbol{f}_J$.

Zur Lokalisierung der Fehler berechnet man also mit dem Syndrom $\boldsymbol{\Sigma}$ ein Fehlerlokalisierungspolynom $\boldsymbol{l}_I$, dieses ist den fehlerhaften Monomen $\boldsymbol{X}^i$, mit $i \in I$, eindeutig zugeordnet. Diese Zuordnung ist noch einfach zu bestimmen, wenn genau ein Fehler auftreten kann. Wenn maximal k Fehler auftreten können, gibt es genau

$$\binom{n+1}{1} + \binom{n+1}{2} + \cdots + \binom{n+1}{k} = n + 1 + \frac{1}{2}n(n+1) + \binom{n+1}{3} + \cdots + \binom{n+1}{k}$$

mögliche Fehlerlokalisierungspolynome, unter welchen $\boldsymbol{\Sigma}(\boldsymbol{f})$ zu suchen ist.

Man beachte die Gestalt des Codevektors in (4.31). Es ist offenbar so, daß die Informationsbits allein aus $\boldsymbol{X}^0$, $\boldsymbol{X}^1$, $\boldsymbol{X}^9$ und $\boldsymbol{X}^{10}$ rekonstruiert werden können, eine eventuelle Fehlerkorrektur muß deshalb auch nur bei diesen Bits vorgenommen werden. Das bedeutet, daß lediglich nach den Fehlerlokalisierungspolynom $\boldsymbol{l}_I$ mit $I \subset \{0, 1, 9, 10\}$ gesucht werden muss. Das sind die

$$\binom{4}{1} + \binom{4}{2} = 4 + 6 = 10$$

Polynome $\boldsymbol{l}_{\{0\}}$, $\boldsymbol{l}_{\{1\}}$,$\boldsymbol{l}_{\{9\}}$, $\boldsymbol{l}_{\{10\}}$,$\boldsymbol{l}_{\{0,1\}}$, $\boldsymbol{l}_{\{0,9\}}$, $\boldsymbol{l}_{\{0,10\}}$, $\boldsymbol{l}_{\{1,9\}}$, $\boldsymbol{l}_{\{1,10\}}$ und $\boldsymbol{l}_{\{9,10\}}$.

Hier noch eine Bemerkung zum Paritätsprüfungspolynom $\boldsymbol{s}$ in **S 4.4.3**. Für $\boldsymbol{f} \in \mathbb{K}_q[\boldsymbol{X}]_{\boldsymbol{b}}$ gilt

$$\varrho_{\boldsymbol{b}}(\boldsymbol{f}\boldsymbol{s}) = \varrho_{\boldsymbol{g}}(\boldsymbol{f})\boldsymbol{s} \tag{4.35}$$

Es gibt $\boldsymbol{q}, \boldsymbol{r} \in \mathbb{K}_q[\boldsymbol{X}]$ mit $\boldsymbol{f} = \boldsymbol{q}\boldsymbol{g} + \boldsymbol{r}$ mit $\partial(\boldsymbol{r}) < \partial(\boldsymbol{g})$. Daraus folgt natürlich

$$\boldsymbol{f}\boldsymbol{s} = \boldsymbol{q}\boldsymbol{g}\boldsymbol{s} + \boldsymbol{r}\boldsymbol{s} = \boldsymbol{q}\boldsymbol{b} + \boldsymbol{r}\boldsymbol{s} \quad \text{mit} \quad \partial(\boldsymbol{r}\boldsymbol{s}) = \partial(\boldsymbol{r}) + \partial(\boldsymbol{s}) < \partial(\boldsymbol{g}) + \partial(\boldsymbol{s}) = \partial(\boldsymbol{b})$$

woraus wegen der Eindeutigkeit von Quotient und Rest die Behauptung folgt.

4.4.2. Implementierung eines binären Codes für AVR

In diesem Abschnitt wird ein Codierungsschema nach **S 4.4.3** implementiert. Vorgegeben sind acht Informationsbit und es sollen maximal zwei Fehler korrigiert werden können. Nach Abschnitt 4.7 ist ein Generatorpolynom $\boldsymbol{g}$ mit $\partial(\boldsymbol{g}) \geq 8$ zu wählen. Es stehen zwei Polynome vom Grad acht zur Verfügung, hier wird das Generatorpolynom

$$\boldsymbol{g} = \boldsymbol{X}^8 + \boldsymbol{X}^5 + \boldsymbol{X}^4 + \boldsymbol{X}^3 + 1 \in \mathbb{K}_2[\boldsymbol{X}]$$

eingesetzt. Es sind acht Informationsbit gefordert, also ist $m = 7$. Daraus folgt $n = 8 + 7 = 15$, d.h. die Codevektoren haben die Länge 16. Als Paritätsprüfungspolynom wird $\boldsymbol{s} = \boldsymbol{X}^7$ gewählt. Die Multiplikation mit $\boldsymbol{s}$ bedeutet einfach eine Verschiebung von Polynomkoeffizienten, es kann daher bei der Implementierung unberücksichtigt bleiben (siehe dazu (4.35)). Die Fehlerprüfung wird daher statt mit dem Syndrom $\boldsymbol{\Sigma}(\boldsymbol{f})$ mit $\boldsymbol{\varrho_g}(\boldsymbol{f})$ durchgeführt. Man erhält so die Fehlerlokalisierungspolynome $\boldsymbol{l}_I$ aus Tabelle A.1. Die Tabelle ist nach dem Hexadezimalwert der Polynomkoeffizienten (in der dritten Spalte) sortiert.

Der von dem Generatorpolynom $\boldsymbol{g}$ erzeugte Codeunterraum kann mit den Koordinatenräumen (zur Standardbasis) von $\mathfrak{U}_7$ und $\mathfrak{V}_b$ wie folgt beschrieben werden:

$$\boldsymbol{\Gamma}\left(\begin{pmatrix} u_1 \\ u_2 \\ u_3 \\ u_4 \\ u_5 \\ u_6 \\ u_7 \\ u_8 \end{pmatrix}\right) = \begin{pmatrix} u_1 \\ u_2 \\ u_3 \\ u_1 + u_4 \\ u_1 + u_2 + u_5 \\ u_1 + u_2 + u_3 + u_6 \\ u_2 + u_3 + u_4 + u_7 \\ u_3 + u_4 + u_5 + u_8 \\ u_1 + u_4 + u_5 + u_6 \\ u_2 + u_5 + u_6 + u_7 \\ u_3 + u_6 + u_7 + u_8 \\ u_4 + u_7 + u_8 \\ u_5 + u_8 \\ u_6 \\ u_7 \\ u_8 \end{pmatrix} \tag{4.36}$$

Die Bits u_1 bis u_3 und u_6 bis u_8 können bei der Decodierung direkt abgelesen werden, für u_4 und u_5 ist jeweils eine Addition in $\mathbb{K}_2$ durchzuführen.

Vor dem Übergang zur Implementierung noch ein Beispiel zur Codierung und Decodierung, und zwar ausgeführt mit Polynomen, um **S 4.4.3** unmittelbar zu illustrieren. Codiert werden soll das Informationspolynom

$$\boldsymbol{f} = \boldsymbol{X}^7 + \boldsymbol{X}^6 + \boldsymbol{X}^5 + \boldsymbol{X}^4 + \boldsymbol{X}^3 + \boldsymbol{X}^2 + \boldsymbol{X} + 1$$

Man erhält das Codepolynom

$$\boldsymbol{v} = \boldsymbol{\Gamma}(\boldsymbol{f}) = \boldsymbol{g}\boldsymbol{f} = \boldsymbol{X}^{15} + \boldsymbol{X}^{14} + \boldsymbol{X}^{13} + \boldsymbol{X}^{11} + \boldsymbol{X}^4 + \boldsymbol{X}^2 + \boldsymbol{X} + 1$$

Natürlich erhält man damit $\varrho_g(\boldsymbol{v}) = \mathbf{0}$. Es soll nun durch Addition von $\boldsymbol{X}$ zu $\boldsymbol{v}$ **ein** Fehler erzeugt werden. Das ergibt

$$\boldsymbol{v}_1 = \boldsymbol{v} + \boldsymbol{X} = \boldsymbol{X}^{15} + \boldsymbol{X}^{14} + \boldsymbol{X}^{13} + \boldsymbol{X}^{11} + \boldsymbol{X}^4 + \boldsymbol{X}^2 + 1 \quad \text{und} \quad \varrho_g(\boldsymbol{v}_1) = \boldsymbol{X}$$

Tatsächlich zeigt ein Blick in die Tabelle daß $\boldsymbol{X} = \boldsymbol{l}_{\{1\}}$. Um auch zwei Fehler zu erzeugen wird zusätzlich der Fehlerterm F $\boldsymbol{X}^{14}$ addiert. Man erhält damit

$$\boldsymbol{v}_2 = \boldsymbol{v} + \boldsymbol{X} + \boldsymbol{X}^{14} = \boldsymbol{X}^{15} + \boldsymbol{X}^{13} + \boldsymbol{X}^{11} + \boldsymbol{X}^4 + \boldsymbol{X}^2 + 1 \quad \text{und} \quad \varrho_g(\boldsymbol{v}_2) = \boldsymbol{X}^5 + \boldsymbol{X}^2 + 1$$

In der Tabelle A.1 findet man tatsächlich, daß $\varrho_g(\boldsymbol{v}_2)$ mit dem Fehlerlokalisierungspolynom für 1 und 14 übereinstimmt, d.h. es ist $\boldsymbol{X}^5 + \boldsymbol{X}^2 + 1 = \boldsymbol{l}_{\{1,14\}}$.

Es ist nun im Prinzip möglich, die Codierung und Decodierung mit Polynomarithmetik zu implementieren. Man kann dazu die Unterprogramme von Abschnitt 5.1 verwenden und kommt so recht schnell zu einer Implementierung. Aber schon ein oberflächliches Studium der Programme dieses Abschnittes zeigt, daß dieses Vorgehen nicht sehr effektiv sein kann. Die dort entwickelten Unterprogramme haben es mit allgemeinen Polynomen zu tun und müssen daher alle denkbaren Möglichkeiten berücksichtigen, in dem hier vorliegenden Spezialfall lassen sich manche Rechnungen abkürzen oder gar ganz vermeiden.

```
                .cseg
```

Die Tabelle G zur Realisierung der Generatorfunktion $\boldsymbol{\Gamma}$

```
vwCodEnc:       .dw   0x0000,0x0139,0x0272,0x034B,0x04E4,0x05DD,0x0696,0x07AF
                .dw   0x09C8,0x08F1,0x0BBA,0x0A83,0x0D2C,0x0C15,0x0F5E,0x0E67
                .dw   0x1390,0x12A9,0x11E2,0x10DB,0x1774,0x164D,0x1506,0x143F
                .dw   0x1A58,0x1B61,0x182A,0x1913,0x1EBC,0x1F85,0x1CCE,0x1DF7
                .dw   0x2720,0x2619,0x2552,0x246B,0x23C4,0x22FD,0x21B6,0x208F
                .dw   0x2EE8,0x2FD1,0x2C9A,0x2DA3,0x2A0C,0x2B35,0x287E,0x2947
                .dw   0x34B0,0x3589,0x36C2,0x37FB,0x3054,0x316D,0x3226,0x331F
                .dw   0x3D78,0x3C41,0x3F0A,0x3E33,0x399C,0x38A5,0x3BEE,0x3AD7
                .dw   0x4E40,0x4F79,0x4C32,0x4D0B,0x4AA4,0x4B9D,0x48D6,0x49EF
                .dw   0x4788,0x46B1,0x45FA,0x44C3,0x436C,0x4255,0x411E,0x4027
                .dw   0x5DD0,0x5CE9,0x5FA2,0x5E9B,0x5934,0x580D,0x5B46,0x5A7F
                .dw   0x5418,0x5521,0x566A,0x5753,0x50FC,0x51C5,0x528E,0x53B7
                .dw   0x6960,0x6859,0x6B12,0x6A2B,0x6D84,0x6CBD,0x6FF6,0x6ECF
                .dw   0x60A8,0x6191,0x62DA,0x63E3,0x644C,0x6575,0x663E,0x6707
                .dw   0x7AF0,0x7BC9,0x7882,0x79BB,0x7E14,0x7F2D,0x7C66,0x7D5F
                .dw   0x7338,0x7201,0x714A,0x7073,0x77DC,0x76E5,0x75AE,0x7497
                .dw   0x9C80,0x9DB9,0x9EF2,0x9FCB,0x9864,0x995D,0x9A16,0x9B2F
                .dw   0x9548,0x9471,0x973A,0x9603,0x91AC,0x9095,0x93DE,0x92E7
                .dw   0x8F10,0x8E29,0x8D62,0x8C5B,0x8BF4,0x8ACD,0x8986,0x88BF
                .dw   0x86D8,0x87E1,0x84AA,0x8593,0x823C,0x8305,0x804E,0x8177
                .dw   0xBBA0,0xBA99,0xB9D2,0xB8EB,0xBF44,0xBE7D,0xBD36,0xBC0F
                .dw   0xB268,0xB351,0xB01A,0xB123,0xB68C,0xB7B5,0xB4FE,0xB5C7
                .dw   0xA830,0xA909,0xAA42,0xAB7B,0xACD4,0xADED,0xAEA6,0xAF9F
                .dw   0xA1F8,0xA0C1,0xA38A,0xA2B3,0xA51C,0xA425,0xA76E,0xA657
                .dw   0xD2C0,0xD3F9,0xD0B2,0xD18B,0xD624,0xD71D,0xD456,0xD56F
```

```
               .dw    0xDB08,0xDA31,0xD97A,0xD843,0xDFEC,0xDED5,0xDD9E,0xDCA7
               .dw    0xC150,0xC069,0xC322,0xC21B,0xC5B4,0xC48D,0xC7C6,0xC6FF
               .dw    0xC898,0xC9A1,0xCAEA,0xCBD3,0xCC7C,0xCD45,0xCE0E,0xCF37
               .dw    0xF5E0,0xF4D9,0xF792,0xF6AB,0xF104,0xF03D,0xF376,0xF24F
               .dw    0xFC28,0xFD11,0xFE5A,0xFF63,0xF8CC,0xF9F5,0xFABE,0xFB87
               .dw    0xE670,0xE749,0xE402,0xE53B,0xE294,0xE3AD,0xE0E6,0xE1DF
               .dw    0xEFB8,0xEE81,0xEDCA,0xECF3,0xEB5C,0xEA65,0xE92E,0xE817
```

Die Tabellen F zur Fehleridentifikation und K zur Fehlerkorrektur im ROM

```
vbCodFeIdRom:  .db    0x01,0x02,0x03,0x04,0x05,0x06,0x07,0x08,0x09,0x0A
               .db    0x0C,0x0E,0x0F,0x11,0x12,0x14,0x18,0x1E,0x21,0x22
               .db    0x23,0x24,0x25,0x26,0x27,0x28,0x2A,0x2F,0x31,0x37
               .db    0x38,0x3B,0x3C,0x3D,0x3F,0x41,0x42,0x44,0x46,0x48
               .db    0x4A,0x4C,0x4E,0x4F,0x54,0x55,0x5B,0x5E,0x67,0x69
               .db    0x6B,0x6E,0x70,0x73,0x76,0x77,0x7A,0x7E,0x81,0x82
               .db    0x84,0x87,0x88,0x8B,0x8D,0x8E,0x8F,0x95,0x9B,0x9F
               .db    0xA7,0xA8,0xA9,0xAA,0xAF,0xB6,0xBF,0xC1,0xC3,0xCB
               .db    0xCE,0xCF,0xD3,0xD6,0xD9,0xDA,0xDB,0xDF,0xE0,0xE2
               .db    0xE5,0xE6,0xEC,0xF0,0xF3,0xF5,0xF9,0xFB,0xFC,0xFD
               .db    0b00000001,0b00000010,0b00000011,0b00000100
               .db    0b00000101,0b00000110,0b01000000,0b00001000
               .db    0b00001001,0b00001010,0b00001100,0b10000000
               .db    0b00100000,0b00000001,0b00000010,0b00000100
               .db    0b00001000,0b01000000,0b00000001,0b00000010
               .db    0b01000100,0b00000100,0b01000010,0b01000001
               .db    0b01000000,0b00001000,0b00010000,0b01001000
               .db    0b00001000,0b01000000,0b00000001,0b00000010
               .db    0b10000000,0b00000100,0b00010000,0b00000001
               .db    0b00000010,0b00000100,0b10001000,0b00001000
               .db    0b10000100,0b10000010,0b10000000,0b10000001
               .db    0b00110000,0b01000000,0b00010000,0b10000000
               .db    0b01000000,0b11000000,0b00100000,0b10000000
               .db    0b00000010,0b00000001,0b00000100,0b10000000
               .db    0b00001000,0b00100000,0b00000001,0b00000010
               .db    0b00000100,0b00101000,0b00001000,0b00100100
               .db    0b00100010,0b00100001,0b00100000,0b10010000
               .db    0b00010000,0b00100000,0b01000000,0b01100000
               .db    0b00010000,0b10000000,0b00100000,0b00100000
               .db    0b10000000,0b10100000,0b01000000,0b00010000
               .db    0b10000000,0b00100000,0b00011000,0b01000000
               .db    0b00010010,0b00010001,0b00010000,0b00010100
               .db    0b00000100,0b00010000,0b00000001,0b00000010
               .db    0b00001000,0b00000001,0b00000010,0b00000100
               .db    0b00001000,0b00010000,0b01010000,0b00100000
               .dseg
```

Die Tabellen F zur Fehleridentifikation und K zur Fehlerkorrektur im RAM

```
vbCodFeId:     .byte 2*36
```

71   .cseg

Das folgende Unterprogramm muß vor dem ersten Aufruf von CodDecodiere aufgerufen werden. Es kopiert die Tabellen F und K vom ROM in das RAM. Es benötigt keine Übergabeparameter.

72	CodStart:	push4	28,r29,r30,r31	4×2
73		push2	16,r17	2×2
74		ldi	28,LOW(vbCodFeId)	1
75		ldi	29,HIGH(vbCodFeId)	1
76		ldi	30,LOW(2*vbCodFeIdRom)	1
77		ldi	31,HIGH(2*vbCodFeIdRom)	1
78		ldi	17,2*36	1
79	CodStart10:	lpm	16,Z+	3
80		st	+,r16	2
81		dec	17	1
82		brne	odStart10	1/2
83		pop2	17,r16	2×2
84		pop4	31,r30,r29,r28	4×2
85		ret		4

Ein Aufruf des folgenden Programms erzeugt ein Codewort aus Informationsbits.
Input: r_{16} enthält die acht Informationsbits u_1 bis u_8.
Output: $r_{15:14}$ wird mit den Codebits v_1 bis v_{16} geladen.

86	CodCodiere:	push2	r30,r31	2×2	
87		ldi	r30,LOW(2*vwCodEnc)	1	$\mathbf{X} \leftarrow 2\mathcal{A}(G)$
88		ldi	r31,HIGH(2*vwCodEnc)	1	
89		clr	r15	1	$r_{15} \leftarrow$ 00 zur Übertragsaddition
90		add	r30,r16	1	$\mathbf{X} \leftarrow 2 * \mathcal{A}(G) + \mathfrak{u}$
91		adc	r31,r15	1	
92		add	r30,r16	1	$\mathbf{X} \leftarrow 2 * (\mathcal{A}(G) + \mathfrak{u})$
93		adc	r31,r15	1	
94		lpm	r14,Z+	3	$r_{14} \leftarrow G[u]^{\perp}$
95		lpm	r15,Z	3	$r_{15} \leftarrow G[u]^{\top}$
96		pop2	r31,r30	2×2	
97		ret		4	

Ein Aufruf des folgenden Programms rekonstruiert Informationsbits aus einem empfangenen Codewort.
Input: $r_{15:14}$ enthält die empfangenen Codebits v_1 bis v_{16}.
Output: r_{16} wird mit den acht Informationsbits u_1 bis u_8 geladen.

98	CodDecodiere:	mov	r16,r14	1	$\mathfrak{v} = \mathfrak{o}$?
99		or	r16,r15	1	
100		skne		1/2	Falls $\mathfrak{v} = \mathfrak{o}$:
101		ret		4	Mit $\mathfrak{u} = \mathfrak{o}$ in r_{16} zurück
102		push4	r14,r15,r17,r18	4×2	
103		push4	r19,r20,r30,r31	4×2	
104		mov	r16,r14	1	$r_{16} \leftarrow 0000v_3v_2v_1v_0$
105		andi	r16,0b00001111	1	
106		mov	r17,r15	1	$r_{17} \leftarrow v_{15}v_{14}v_{13}v_{12}0000$
107		andi	r17,0b11110000	1	
108		or	r16,r17	1	$r_{16} \leftarrow v_{15}v_{14}v_{13}v_{12}v_3v_2v_1v_0$
109		tst	r15	1	$\partial(\mathfrak{v}) < \partial(\mathfrak{g})$?

110		skne2		1/2	Falls $\partial(\boldsymbol{v}) < \partial(\boldsymbol{g})$:
111		mov	r15,r14	1	$\varrho_g(\boldsymbol{v}) = \boldsymbol{v}$ und $\boldsymbol{v} \neq \boldsymbol{0}$
112		rjmp	CodDecodiere15	2	Syndromwert $\mathfrak{v}$ in Tabelle F suchen
113		mov	r17,r15	1	$\partial(\boldsymbol{v}) = \partial(\boldsymbol{g})$?
114		cpi	r17,1	1	d.h. $v_8 = 1$?
115		skne5		1/2	Falls $\partial(\boldsymbol{v}) = \partial(\boldsymbol{g})$:
116		ldi	r17,0b00111001	1	$\varrho_g(\boldsymbol{v}) = \boldsymbol{g} - \boldsymbol{v}$
117		sub	r17,r14	1	
118		breq	CodDecodiere30	1/2	Falls $\varrho_g(\boldsymbol{v}) = \boldsymbol{0}$ kein Fehler
119		mov	r15,r17	1	Syndromwert $\varrho_g(\boldsymbol{v})$ in Tabelle F suchen
120		rjmp	CodDecodiere15	2	
121		ldi	r17,0b00111001	1	$\mathbf{r_{17}} \leftarrow g_7 g_6 \cdots g_0$
122		ldi	r18,15	1	$\mathbf{r_{18}} \leftarrow l = 15$
123	CodDecodiere05:	rol	r14	1	$\mathbf{S}.\mathfrak{c} \leftarrow \mathbf{r_{14}}.7 \leftarrow \mathbf{r_{14}}.6 \leftarrow \cdots \leftarrow \mathbf{r_{14}}.0 \leftarrow 0$
124		rol	r15	1	$\mathbf{S}.\mathfrak{c} \leftarrow \mathbf{r_{15}}.7 \leftarrow \mathbf{r_{15}}.6 \leftarrow \cdots \leftarrow \mathbf{r_{15}}.0 \leftarrow \mathbf{S}.\mathfrak{c}$
125		skcs2		1/2	Falls $\mathbf{S}.\mathfrak{c} = 0$:
126		dec	r18	1	$l \leftarrow l - 1$
127		rjmp	CodDecodiere05	2	ab Zeile *111* weiter shiften
128		eor	r15,r17	1	$\boldsymbol{g}$ subtrahieren (siehe Text)
129		subi	r18,8	1	$\mathbf{r_{18}} \leftarrow k = l - 8 = \partial(\boldsymbol{v}) - \partial(\boldsymbol{g})$
130	CodDecodiere10:	rol	r14	1	$\mathbf{S}.\mathfrak{c} \leftarrow \mathbf{r_{14}}.7 \leftarrow \mathbf{r_{14}}.6 \leftarrow \cdots \leftarrow \mathbf{r_{14}}.0 \leftarrow 0$
131		rol	r15	1	$\mathbf{S}.\mathfrak{c} \leftarrow \mathbf{r_{15}}.7 \leftarrow \mathbf{r_{15}}.6 \leftarrow \cdots \leftarrow \mathbf{r_{15}}.0 \leftarrow \mathbf{S}.\mathfrak{c}$
132		skcc		1/2	Falls $\mathbf{S}.\mathfrak{c} = 1$:
133		eor	r15,r17	1	$\boldsymbol{g}$ subtrahieren (siehe Text)
134		dec	r18	1	$k \leftarrow k - 1$
135		brne	CodDecodiere10	1/2	Falls $k > 0$: ab Zeile *119* weiter dividieren
136		tst	r15	1	$\boldsymbol{\Gamma}(\boldsymbol{v}) = \boldsymbol{0}$?
137		breq	CodDecodiere30	1/2	Falls $\boldsymbol{\Gamma}(\boldsymbol{v}) = \boldsymbol{0}$ kein Fehler
138	CodDecodiere15:	clr	r14	1	Zur Addierung des Übertrags in Zeile *138*
139		ldi	r17,1	1	$\lambda \leftarrow 1$
140		ldi	r18,100	1	$\varrho \leftarrow 100$
141	CodDecodiere20:	cp	r18,r17	1	$\varrho < \lambda$?
142		brlo	CodDecodiere30	1/2	Falls $\varrho < \lambda$: decodiere, keine Korrektur
143		mov	r19,r17	1	$\mu \leftarrow \lambda$
144		add	r19,r18	1	$\mu \leftarrow \lambda + \varrho$
145		lsr	r19	1	$\mu \leftarrow \lfloor \frac{1}{2}(\lambda + \varrho) \rfloor$
146		ldi	r30,LOW(vbCodFeId)	1	$\mathbf{Z} \leftarrow \mathcal{A}(F)$
147		ldi	r31,HIGH(vbCodFeId)	1	
148		add	r30,r19	1	$\mathbf{Z} \leftarrow \mathcal{A}(F) + \mu$
149		adc	r31,r14	1	
150		ld	r20,Z	2	$\mathbf{r_{20}} \leftarrow F[\mu]$
151		cp	r15,r20	1	Vergleiche $\boldsymbol{\Gamma}(\boldsymbol{v})$ mit $F[\mu]$
152		breq	CodDecodiere35	1/2	Falls $\boldsymbol{\Gamma}(\boldsymbol{v}) = F[\mu]$: korrigiere
153		brsh	CodDecodiere25	1/2	Falls $\boldsymbol{\Gamma}(\boldsymbol{v}) > F[\mu]$: Suche obere Hälfte
154		mov	r18,r19	1	$\varrho \leftarrow \mu - 1$
155		dec	r18	1	

156		`rjmp`	`CodDecodiere20`	2	Suche weiter in unterer Hälfte
157	`CodDecodiere25:`	`mov`	`r17,r19`	1	$\lambda \leftarrow \mu + 1$
158		`inc`	`r17`	1	
159		`rjmp`	`CodDecodiere15`	2	Suche weiter in oberer Hälfte
160	`CodDecodiere30:`	`mov`	`r17,r16`	1	$\mathbf{r_{17}} \leftarrow v_{15}v_{14}v_{13}v_{12}v_4v_3v_2v_1$
161		`andi`	`r17,0b00000001`	1	$\mathbf{r_{17}} \leftarrow 0000000v_1$
162		`lsl`	`r17`	1	$\mathbf{r_{17}} \leftarrow 000000v_10$
163		`lsl`	`r17`	1	$\mathbf{r_{17}} \leftarrow 00000v_100$
164		`lsl`	`r17`	1	$\mathbf{r_{17}} \leftarrow 0000v_1000$
165		`eor`	`r16,r17`	1	$u_4 \leftarrow v_4 \oplus v_1$
166		`mov`	`r17,r16`	1	$\mathbf{r_{17}} \leftarrow v_{15}v_{14}v_{13}v_{12} \star\star\star\star$
167		`andi`	`r17,0b10000000`	1	$\mathbf{r_{17}} \leftarrow v_{15}0000000$
168		`lsr`	`r17`	1	$\mathbf{r_{17}} \leftarrow 0v_{15}000000$
169		`lsr`	`r17`	1	$\mathbf{r_{17}} \leftarrow 00v_{15}00000$
170		`lsr`	`r17`	1	$\mathbf{r_{17}} \leftarrow 000v_{15}0000$
171		`eor`	`r16,r17`	1	$u_5 \leftarrow v_{12} \oplus v_{15}$
172		`pop4`	`r31,r30,r20,r19`	4×2	
173		`pop4`	`r18,r17,r15,r14`	4×2	
174		`ret`		4	
175	`CodDecodiere35:`	`ldi`	`r17,100`	1	$\mathbf{Z} \leftarrow \mathcal{A}(K[\mu]) = \mathcal{A}(F[\mu]) + 100$
176		`add`	`r30,r17`	1	
177		`adc`	`r31,r14`	1	
178		`ld`	`r17,Z`	2	$\mathbf{r_{17}} \leftarrow \mathfrak{k} = K[\mu]$
179		`eor`	`r16,r17`	1	$\mathfrak{v}_\star \leftarrow \mathfrak{v}_\star \oplus \mathfrak{k}_\star, \mathfrak{v}^\star \leftarrow \mathfrak{v}^\star \oplus \mathfrak{k}^\star$
180		`rjmp`	`CodDecodiere30`	2	Zur Decodierung von $\mathfrak{v}$

Statt das Generatorpolynom direkt zu benutzen kann mit der Rechenvorschrift (4.36) gearbeitet werden. Um eine effektive Implementierung zu erhalten ist jedoch zu berücksichtigen, daß der Befehlssatz der AVR-Prozessoren nur die allernötigste Ausstattung besitzt, was Bitmanipulationen angeht. Nun muß (4.36) offenbar gar nicht vom AVR-Prozessor selbst ausgeführt werden, man kann zu jedem Informationsbitvektor $\mathfrak{u} = (u_1, \ldots, u_8)$ den zugehörigen Codevektor $\boldsymbol{\Gamma}(\mathfrak{u}) = \mathfrak{v} = (v_1, \ldots, v_{16})$ im voraus berechnen und in einer Tabelle oder einem Vektor G ablegen. Der Bitvektor $\mathfrak{u}$, d.h. in der Implementierung das Byte $\mathfrak{u}$, wird als Index zum Zugriff auf den Vektor G verwendet. Es ist also $\mathfrak{v} = G[\mathfrak{u}]$. Der Vektor G wird als Worttabelle im ROM realsisiert.

Das Unterprogramm `CodCodiere` zur Codierung beginnt in Zeile *65*. Die acht Informationsbit $\mathfrak{u}$ sind in Register $\mathbf{r_{16}}$ zu übergeben, das bestimmte Codewort $\mathfrak{v}$ wird im Doppelregister $\mathbf{r_{15:14}}$ zurückgegeben. Zum Zugriff auf $G[\mathfrak{u}]$ ist die eine Bitposition nach links geshiftete Adresse von $G[\mathfrak{u}]$ in das Register $\mathbf{X}$ zu laden (siehe dazu [Mss1] **7.5.2**). Ist γ die Anfangsadresse der Tabelle, d.h. $\gamma = \mathcal{A}(\mathrm{G})$, dann ist folglich $2(\gamma + \mathfrak{u})$ in $\mathbf{X}$ zu laden. Das geschieht so, daß zunächst 2γ in das Register geladen wird, anschließend wird zweimal $\mathfrak{u}$ addiert. Zweimalige Anwendung des Befehls `lpm` liefert dann das verlangte Codewort.

Ein Aufruf dieses Unterprogrammes dauert (ohne den Rufbefehl) genau 29 Prozessortakte. Davon entfallen allerdings nur 13 Befehle, die zu seinem eigentlichen Zweck dienen. Was damit gesagt werden soll ist, daß es sich empfiehlt, die 13 wesentlichen Befehle direkt in das rufende Programmstück einzufügen, vorzugsweise als Makro. Es ist dann möglicherweise der Fall, daß die Rettung und Entrettung des Inhalts von Register $\mathbf{X}$ unterbleiben kann, daß also zur Codierung tatsächlich nur 13 Takte benötigt werden.

Zur Decodierung werden zwei Tabellen eingesetzt. Die erste Tabelle F enthält die Koeffizienten der Fehlerlokalisierungspolynome $\boldsymbol{l}_I$ aus der rechten Spalte der Tabelle A.1. Es ist natürlich eine Bytetabelle. Die zweite Tabelle K enthält die zu jedem $\boldsymbol{l}_I$ gehörigen Bitmuster zur Korrektur der von $\boldsymbol{l}_I$ vertretenen

Fehler. K ist ebenfalls eine Bytetabelle, weil nur die ersten vier und die letzten vier der 16 Bit des empfangenen Codewortes gegebenenfalls zu korrigieren sind. Beide Tabellen sind Bestandteil des Programms, werden jedoch vom Unterprogramm `CodStart` in das RAM kopiert. Das hat zwei Gründe: Einmal wird in der Tabelle F nach einem Eintrag gesucht, was möglicherweise eine solche Anzahl von Speicherzugriffen nötigt macht, daß es naheliet, den etwas schnelleren RAM-Zugriff dem ROM-Zugriff vorzuziehen. Zum anderen sind beide Tabellen Bytetabellen, die, falls im wortstrukturierten ROM, komplizierte Zugriffe wie bei dem eingesetzten Suchverfahren nur auf umständliche und daher langsame Weise möglich machen. Das Kopieren vom ROM in das RAM übernimmt das Unterprogramm `CodStart` ab Zeile *51*. Es ist so einfach aufgebaut, daß sich Kommentar und Erläuterung sicherlich erübrigen. Es sei noch angemerkt, daß dieses Unterprogramm für die Codierung nicht benötigt wird.

Zum Einsatz der beiden Tabellen nun ein Beispiel, in Koordinatenvektoren formuliert. Das Informationsbyte `01` führt mit (4.36) auf den Codevektor `0139`. Das ist ein Codevektor, dessen Codepolynom den kleinsten möglichen Grad acht besitzt. Wird während der Übertragung der Fehlervektor `0101` addiert, dann wird das Wort `0038` empfangen. Das zugehörige Polynom besitzt einen Grad kleiner als acht! In der Tabelle F findet man den Eintrag `38` als $F[30]$, das Korrekturbyte in Tabelle K ist deshalb $K[30] = $ `01`. Das obere und das untere Bitquartett von `0038` ergibt zusammengesetzt `00`, mit Korrektur folglich `00` $\oplus$ `01` $=$ `01`, also das gesendete Informationsbyte.

Das Unterprogramm zur Decodierung beginnt in Zeile *98*, ihm ist das empfangene Codewort im Doppelregister $\mathbf{r_{15:14}}$ zu übergeben. Die acht Informationsbit werden in Register $\mathbf{r_{16}}$ zurückgegeben.

Das Syndrom ist eine lineare Abbildung, wird daher $\mathfrak{v} = \mathfrak{o}$ empfangen, dann ist wegen $\boldsymbol{\Sigma}(\mathfrak{o}) = \mathfrak{o}$ kein Fehler aufgetreten und $\mathfrak{o}$ ist das gesendete und empfangene Codewort. Das Informationsbyte ist hier also $\mathfrak{u} = \mathfrak{o}$. Dieser Fall wird im Programm in den Zeilen *98–101* abgehandelt. Man beachte hier, daß $\mathfrak{o}$ **nicht** als Folge eines Übertragungsfehlers erscheinen kann, denn jeder Codevektor außer $\mathfrak{o}$ enthält nach Auswahl des Codes mindestens fünf gesetzte Bit, zwei fehlerhafte Bit können deshalb nicht zum Vektor $\mathfrak{o}$ führen.

In den Zeilen *104–108* wird das untere Bitquartett von $\mathbf{r_{15:14}}$, d.h. von $\mathfrak{v}$, in die unteren vier Bit von $\mathbf{r_{16}}$, geladen, entsprechend die obere Bitquartett. Siehe dazu auch (4.36).

Es ist nun das Syndorm $\boldsymbol{\varrho_g}(\boldsymbol{v})$ zu berechnen, d.h. es sind Polynome $\boldsymbol{q}$ und $\boldsymbol{r}$ zu bestimmen mit $\boldsymbol{v} = \boldsymbol{qq}+\boldsymbol{r}$ und $\partial(\boldsymbol{r}) < \partial(\boldsymbol{g})$. Der Quotient $\boldsymbol{q}$ wird hier allerdings nicht benötigt. Die Bestimmung von $\boldsymbol{r} = \boldsymbol{\varrho_g}(\boldsymbol{v})$ erfolgt mit Polynomdivision, die aber mit den Koeffizientenbitvektoren $\mathfrak{v}$ und $\mathfrak{g}$ durchgeführt wird. Der Divisor ist der konstante Bitvektor $\mathfrak{g} = $ `100111001`.

Falls $\partial(\boldsymbol{v}) < \partial(\boldsymbol{g})$ ist natürlich $\boldsymbol{\varrho_g}(\boldsymbol{v}) = \boldsymbol{v}$, und zwar enthält in diesem Fall Register $\mathbf{r_{15}}$ den Wert `00`. Das wird in Zeile *109* getestet. Enthält $\mathbf{r_{15}}$ tatsächlich `00`, dann ist der Syndromwert schon als der Wert von $\mathbf{r_{14}}$ gefunden. Nach diesem Syndromwert ist nun noch in der Tabelle F zu suchen, das wird in den Zeilen *111–112* eingeleitet.

Auch der Fall $\partial(\boldsymbol{v}) = \partial(\boldsymbol{g})$ wird gesondert behandelt, denn dann ist einfach $\boldsymbol{v} = \mathbf{1}\boldsymbol{v} + (\boldsymbol{g} - \boldsymbol{v})$, d.h. es ist $\boldsymbol{\varrho_g}(\boldsymbol{v}) = \boldsymbol{g} - \boldsymbol{v}$. Nun ist $\partial(\boldsymbol{v}) = \partial(\boldsymbol{g})$ genau dann wahr, wenn $\mathbf{r_{15}}$ den Wert `01` besitzt. Diese Bedingung wird in den Zeilen *113–114* getestet. Ist sie erfüllt, so werden in den Zeilen *116–117* in Register $\mathbf{r_{17}}$ die Koeffizientenbits von $\boldsymbol{g} - \boldsymbol{v}$ berechnet. Die Koeffizienten von $\boldsymbol{X}^8$ heben sich dabei auf. Nach Zeile *117* enthält Register $\mathbf{r_{17}}$ also das Syndrom. Enthält daher $\mathbf{r_{17}}$ den Wert `00`, dann ist kein Fehler aufgetreten und es wird zur Decodierung in die Zeile *160* gesprungen. Andernfalls muß nach dem Syndromwert in der Tabelle F gesucht werden, das wird in den Zeilen *119–120* eingeleitet.

Wenn in Zeile *121* angekommen dann gilt $\partial(\boldsymbol{v}) \geq 9$. Das Syndrom dieser $\boldsymbol{v}$ wird durch Polynomdivision bestimmt. Die Division verläuft nun so, daß alle Einerbit im oberen Byte von $\mathfrak{v}$ durch Subtraktion des entsprechend nach links geshifteten $\mathfrak{g}$ entfernt werden. Zurück bleibt im unterern Byte der gesuchte Teilerrest (eine präzise Beschreibung des Verfahrens findet der Leser in Abschnitt 5.1.3). Hier wird allerdings $\mathfrak{v}$ nach links verschoben, $\mathfrak{g}$ bleibt dagegen unbewegt.

Um die Division durchführen zu können, muß $l = \partial(\boldsymbol{v})$ bekannt sein, denn die beschriebene Subtraktion ist $(l-8)$-mal durchzuführen, mit $8 = \partial(\boldsymbol{g})$. Zu diesem Zweck wird das Doppelregister $\mathbf{r_{15:14}}$, das $\mathfrak{v}$ enthält, so oft linksgeshiftet, bis sein höchstes von Null verschiedenes Bit in das Übertragsbit des Statusregisters geschoben wird. Die nachfolgende Skizze verdeutlicht diese Situation, darin sind beliebige Bitwerte durch das Zeichen • markiert.

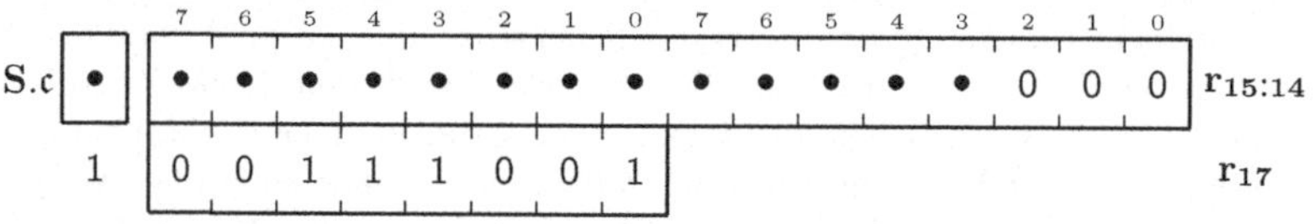

In Zeile *122* wird Register $\mathfrak{r}_{18}$ mit dem Anfangswert der Variablen l geladen, d.h. mit dem höchstmöglichen Grad 15 von $\boldsymbol{v}$. Es folgt dann ein Linksshift des Doppelregisters $\mathfrak{r}_{15:14}$ in das Übertragsbit hinein. Weil zuvor in Zeile *121* Register $\mathfrak{r}_{17}$ mit den unteren acht Bit von $\mathfrak{g}$ geladen wurde liegt jetzt die in der Skizze dargestellte Situation vor. Wurde bei dem Shift das Übertragsbit gesetzt, dann ist $\partial(\boldsymbol{v})$ schon bestimmt, d.h. es ist $l = \partial(\boldsymbol{v}) = 15$. Andernfalls wird die Variable l dekrementiert und ab Zeile *123* ein weiterer Shift durchgeführt. Die Schleife wird schließlich in Zeile *125* verlassen, denn es gilt hier $\partial(\boldsymbol{v}) \geq 9$. Maximal müssen daher sieben Linksshifts ausgeführt werden.

$\partial(\boldsymbol{v}) \geq 9 > \partial(\boldsymbol{g})$ bedeutet aber auch, daß mindestens *eine* Subtraktion durchzuführen ist. Diese wird in Zeile *128* ausgeführt. In der folgenden Zeile wird der Schleifenzähler k der Division mit seinem Anfangswert $l - 8$ in das Register $\mathfrak{r}_{18}$ geladen. Es ist offensichtlich $l - 8 \geq 1$.

Die eigentliche Divisionsschleife in Zeile *130* betreten. Es wird das Doppelregister $\mathfrak{r}_{15:14}$ nach links in das Übertragsbit hinein geshiftet. Ist das Übertragsbit danach gesetzt, wird in Zeile *133* $\mathfrak{g}$ subtrahiert, um das führende Bit des Dividenden zu entfernen. Genauer gesagt werden in dieser Zeile die unteren acht Bit von $\mathfrak{g}$ subtrahiert (in $\mathbb{K}_2$), das obere Bit von $\mathfrak{g}$ nimmt am Geschehen nur indirekt teil. Anschließend wird der Schleifenzähler k in $\mathfrak{r}_{18}$ heruntergezählt, ergibt das $k > 0$ wird an den Schleifenanfang zurückgesprungen.

Nach der Division enthält Register $\mathfrak{r}_{15}$ den Divisionsrest $\mathfrak{r}$, d.h. das Syndrom $\boldsymbol{\Gamma}(\boldsymbol{v})$. Falls $\boldsymbol{\Gamma}(\boldsymbol{v}) = \mathbf{0}$ ist kein Fehler aufgetreten. Ob dieser Fall eingetreten ist wird in Zeile *136* geprüft. Ist der Wert von Register $\mathfrak{r}_{15}$ tatsächlich 00, dann wird zur Decodierung direkt in die Zeile *160* gesprungen.

Ist der Inhalt von $\mathfrak{r}_{15}$ jedoch nicht 00, dann ist der Divisionsrest in $\mathfrak{r}_{15}$ der Koeffizientenvektor eines Fehlerlokalisierungspolynoms $\boldsymbol{l}_I$, d.h. eine der 100 Hexadezimalzahlen der rechten Spalte von Tabelle A.1. Nach Definition des Syndroms ist $\partial(\boldsymbol{l}_I) < \partial(\boldsymbol{g}) = 8$, die Koeffizientenvektoren sind daher tatsächlich 8-Bit-Vektoren, sie bilden im Programm die Tabelle F in den Zeilen *34–43*. Diese Fehlerlokalisierungstabelle F ist nun nach dem Syndromwert $\mathfrak{r}$ zu durchsuchen. Gilt etwa $\mathfrak{r} = F[i]$, dann enthält der Eintrag $K[i]$ der Fehlerkorrekturtabelle K den Bitvektor zu Korrektur der Übertragungsfehler. Und zwar enthalten die unteren vier Bit von $K[i]$ die Korrekturbit für die unteren vier Bit des Codevektors und die oberen vier Bit von $K[i]$ die Korrekturbit für die oberen vier Bit des Codevektors. Die Korrekturtabelle ist in den Zeilen *44–68* zu finden.

Zur Suche in der Fehlertabelle F wird das einfachste der binären Suchverfahren eingesetzt. Es verwendet ein Paar $(\lambda, \varrho) \in \{1, \ldots, 100\} \times \{1, \ldots, 100\}$ mit der Eigenschaft $F[\lambda] \leq \boldsymbol{\Gamma}(\boldsymbol{v}) \leq F[\varrho]$. Die Anfangswerte $\lambda = 1$ und $\varrho = 100$ werden in den Zeilen *139–140* zugewiesen.

Die Suchschleife wird in Zeile *141* betreten. Gilt an dieser Stelle $\varrho < \lambda$, dann ist die obige Bedingung an λ und ϱ verletzt, d.h. das berechnete Syndrom ist nicht in der Tabelle enthalten. Dann ist entweder $\boldsymbol{\Gamma}(\boldsymbol{v}) = \mathbf{0}$, d.h. es ist kein Fehler aufgetreten (oder es gab mehr als zwei Fehler, was hier aber ignoriert wird), oder es ist ein Fehlerpolynom $\boldsymbol{l}_I$ mit $I \subset \{4, \ldots, 11\}$ aufgetreten, der nicht korrigiert werden muß.

Gilt jedoch $\lambda \leq \varrho$, dann wird in den Zeilen *143–145* der (approximative) Mittelwert $\mu = \left\lfloor \frac{1}{2}(\lambda + \varrho) \right\rfloor$ berechnet und in Register $\mathfrak{r}_{19}$ geladen. In den folgenden Zeilen wird Register $\mathbf{Z}$ mit dem Tabellenwert $F[\mu]$ geladen. Und zwar wird zunächst Register $\mathbf{Z}$ mit der Adresse der Tabelle F geladen (Zeilen *146–147*), anschließend wird der Index μ addiert. Dabei wird in Zeile *149* nur der in der vorigen Zeile eventuell entstehende Übertrag addiert, denn Register $\mathfrak{r}_{14}$ wurde in Zeile *138* der Wert 00 zugewiesen. Nebenbei sei hier bemerkt, daß durch dieses Vorgehen ein Indexregister simuliert wird (der AVR-Befehlssatz kennt leider keine Indexregister).

In Zeile *150* wird dann Register $\mathbf{r_{20}}$ mit dem Tabellenwert $F[\mu]$ geladen und in der nächsten Zeile mit dem Syndrom verglichen. Gilt $\boldsymbol{\Gamma}(\boldsymbol{v}) = F[\mu]$, dann muß mit dem Tabellenwert $K[\mu]$ korrigiert werden, was ab Zeile *175* geschieht. Gilt dagegen $\boldsymbol{\Gamma}(\boldsymbol{v}) > F[\mu]$, dann ist natürlich $F[\mu] < \boldsymbol{\Gamma}(\boldsymbol{v}) \leq F[\varrho]$ und es wird in dem durch $(\mu + 1, \varrho)$ gegebenen Tabellenbereich weitergesucht (Zeilen *157–158*). Wird daher die Zeile *154* erreicht, dann gilt $\boldsymbol{\Gamma}(\boldsymbol{v}) < F[\mu]$ und es wird im Bereich $(\lambda, \mu - 1)$ mit der Suche fortgefahren.

Eine Fehlerkorrektur wird ab Zeile *175* durchgeführt. Falls bei der Suche in der Fehlertabelle $F[\mu]$ gefunden wird, dann enthält das Tabellenelement $\mathfrak{k} = K[\mu]$ das Bitmuster zur Korrektur. Und zwar enthält das untere Bitquartett $\mathfrak{k}_\star = (k_1, k_2, k_3, k_4)$ die Korrekturbits für das untere Bitquartett $\mathfrak{v}_\star = (v_1, v_2, v_3, v_4)$ des empfangenen Vektors $\mathfrak{v}$. Das obere Bitquartett $\mathfrak{k}^\star = (k_5, k_6, k_7, k_8)$ enthält die Korrekturbits für das obere Bitquartett $\mathfrak{v}^\star = (v_{12}, v_{13}, v_{14}, v_{15})$ von $\mathfrak{v}$.

Die Tabelle K liegt im RAM direkt hinter der Tabelle F. Der Zugriff auf $K[\mu]$ kann daher erreicht werden, indem die Tabellengröße 100 (beider Tabellen) zur Adresse von $F[\mu]$ in Register **Z** addiert wird. Das geschieht in den Zeilen *175–177* Die Korrekturbits werden in der folgenden Zeile in Register $\mathbf{r_{17}}$ geladen und damit die Korrektur durchgeführt: $\mathfrak{v}_\star \leftarrow \mathfrak{v}_\star \oplus \mathfrak{k}_\star$ und $\mathfrak{v}^\star \leftarrow \mathfrak{v}^\star \oplus \mathfrak{k}^\star$.

Endlich wird ab Zeile *160* die eigentliche Decodierung durchgeführt. Wegen (4.36) besteht diese natürlich nicht aus einer Polynomdivision. In den Zeilen *104–108* wurde die untere Hälfte von Register $\mathbf{r_{16}}$ mit dem unteren Bitquartett $\mathfrak{v}_\star$ und die obere Hälfte mit dem oberen Bitquartett $\mathfrak{v}^\star$ von $\mathfrak{v}$ geladen und gegebenenfalls korrigiert. Die unteren drei Bit von $\mathfrak{v}_\star$ können direkt in das Informationsbyte $\mathfrak{u}$ übernommen werden, das vierte Informationsbit wird durch $u_4 = v_4 \oplus v_1$ erhalten. Die entsprechenden Bitoperationen werden in den Zeilen *160–165* durchgeführt. Symmetrisch dazu können die oberen drei Bit von $\mathfrak{v}^\star$ direkt in die obere Hälfte von $\mathfrak{u}$ übernommen werden, das erste Bit wird mit $u_5 = v_{12} \oplus v_8$ erhalten (Zeilen *166–171)*

Taktzahlen der Decodierung abhängig vom Polynomgrad ohne Fehler

$\partial(\boldsymbol{v})$	$T(\partial(\boldsymbol{v}))$
8	73
9	123
10	124
11	125
12	126
13	127
14	128
15	129

Taktzahlen der Decodierung abhängig vom Polynomgrad mit einem oder zwei Fehlern

$\partial(\boldsymbol{v})$	$T(\partial(\boldsymbol{v}))$
8	263
9	263
10	245
11	263
12	263
13	263
14	260
15	264

4.4.3. Lineare Codes mit Nullstellen des Erzeugerpolynoms

Das Basispolynom $\boldsymbol{b}$ wird in diesem Abschnitt nicht benötigt, der Codevektorraum wird aber ebenso wie in Abschnitt 4.4.1 erzeugt, also mit einem Generatorpolynom. Es sei dazu für $j \in \mathbb{N}_+$

$$\mathfrak{V}_j = \{\, \boldsymbol{f} \in \mathbb{K}_q[\boldsymbol{X}] \mid \partial(\boldsymbol{f}) < j \,\} \tag{4.37}$$

$\mathfrak{V}_j$ ist ein $\mathbb{K}_q$-Vektorraum der Dimension j mit der Standardbasis $\mathbf{j} \longrightarrow \mathfrak{V}_j$, $\iota \mapsto \boldsymbol{X}^{\iota-1}$.

S 4.4.5 (Ein Kodierungsschema mit Nullstellen des Erzeugerpolynoms)
Es seien $d, k, l, m, n \in \mathbb{N}_+$. Es sei $\boldsymbol{g} \in \mathbb{K}_q[\boldsymbol{X}]$ mit $\partial(\boldsymbol{g}) = l$ und es gelte $n = l + m$. Es sei $\mathbb{K}_{q^d} \supset \mathbb{K}_q$ ein Erweiterungskörper mit dem primitiven Element a. Das Polynom $\boldsymbol{g}$ habe die Nullstellen $a, a^2, \ldots, a^k \in \mathbb{K}_{q^d}$. Werden die Abbildungen $\boldsymbol{\Gamma}\colon \mathfrak{V}_m \longrightarrow \mathfrak{V}_n$ und $\widehat{\boldsymbol{\Sigma}}\colon \mathfrak{V}_n \longrightarrow \mathbb{K}^k_{q^d}$ durch

$$\boldsymbol{\Gamma}(\boldsymbol{f}) = \boldsymbol{g}\boldsymbol{f} \qquad \widehat{\boldsymbol{\Sigma}}(\boldsymbol{f}) = \begin{pmatrix} \boldsymbol{f}^\star(a) \\ \boldsymbol{f}^\star(a^2) \\ \vdots \\ \boldsymbol{f}^\star(a^k) \end{pmatrix} \tag{4.38}$$

definiert, setzt man $\mathfrak{S} = \mathbf{Bild}(\widehat{\boldsymbol{\Sigma}})$ und definiert die Abbildung $\boldsymbol{\Sigma}\colon \mathfrak{V}_n \longrightarrow \mathfrak{S}$ als $\boldsymbol{\Sigma} = \boldsymbol{\iota} \circ \widehat{\boldsymbol{\Sigma}}$ (mit der identischen Abbildung $\boldsymbol{\iota}$ von $\mathfrak{S}$), dann bildet das Abbildungspaar $(\boldsymbol{\Gamma}, \boldsymbol{\Sigma})$ ein Kodierschema der Länge n und der Dimension m. $\boldsymbol{\Sigma}(\boldsymbol{f})$ wird also mit den Auswertungen von $\boldsymbol{f}$ an den Nullstellen von $\boldsymbol{g}$ gebildet.
Ist $n < q^d$, so gilt $\gamma\bigl(\mathbf{Bild}(\boldsymbol{\Gamma})\bigr) \geq k + 1$. Gibt es daher ein $e \in \mathbb{N}_+$ mit $2e + 1 \leq k + 1$ oder $2e \leq k$, dann kann der Code e Fehler korrigieren.

Zum Beweis des Satzes ist zu zeigen, daß beide Abbildungen linear sind und daß die folgende kurze exakte Sequenz existiert:

$$\{\mathbf{0}\} \xrightarrow{\ \mathbf{0}\ } \underset{\star}{\mathfrak{V}_m} \xrightarrow{\ \boldsymbol{\Gamma}\ } \underset{\star}{\mathfrak{V}_n} \xrightarrow{\ \boldsymbol{\Sigma}\ } \underset{\star}{\mathfrak{S}} \xrightarrow{\ \mathbf{0}\ } \{\mathbf{0}\}$$

Daß $\boldsymbol{\Gamma}$ ein Monomorphismus ist, d.h. ein injektiver Vektorraumhomomorphismus, kann dem Beweis von **S 4.4.3** entnommen werden. Schreibt man die κ-te Komponente von $\boldsymbol{\Sigma}(\boldsymbol{f})$ aus,

$$\boldsymbol{f}^\star(a^\kappa) = \sum_{i=0}^{\partial(\boldsymbol{f})} \boldsymbol{f}(i)(a^\kappa)^i$$

erkennt man sofort, daß $\boldsymbol{\Sigma}$ eine $\mathbb{K}_q$-lineare Abbildung ist. Weil $\boldsymbol{\Sigma}$ nach Konstruktion surjektiv ist, bleibt nur noch $\mathbf{Bild}(\boldsymbol{\Gamma}) = \mathbf{Kern}(\boldsymbol{\Sigma})$ zu zeigen.
Weil die a^κ als Nullstellen von $\boldsymbol{g}$ natürlich auch Nullstellen von $\boldsymbol{g}\boldsymbol{f}$ sind, gilt

$$\boldsymbol{\Sigma}\bigl(\boldsymbol{\Gamma}(\boldsymbol{f})\bigr) = \boldsymbol{\Sigma}(\boldsymbol{g}\boldsymbol{f}) = \begin{pmatrix} 0 \\ \vdots \\ 0 \end{pmatrix}$$

es ist also $\mathbf{Bild}(\boldsymbol{\Gamma}) \subset \mathbf{Kern}(\boldsymbol{\Sigma})$.
Es sei nun $\boldsymbol{f} \in \mathbf{Kern}(\boldsymbol{\Sigma})$. Das bedeutet $\boldsymbol{f}^\star(a) = \cdots = \boldsymbol{f}^\star(a^k) = 0$, d.h. die a^κ sind Nullstellen von $\boldsymbol{f}$. Daraus folgt, daß es ein $\boldsymbol{h} \in \mathbb{K}_q[\boldsymbol{X}]$ gibt mit $\partial(\boldsymbol{h}) = m$ und

$$\boldsymbol{f} = (\boldsymbol{X} - a)(\boldsymbol{X} - a^2)\cdots(\boldsymbol{X} - a^k)\boldsymbol{h} = \boldsymbol{g}\boldsymbol{h}$$

Aber dann ist $\boldsymbol{f} = \boldsymbol{\Gamma}(\boldsymbol{h})$, also $\boldsymbol{f} \in \mathbf{Bild}(\boldsymbol{\Gamma})$. Folglich gilt $\mathbf{Bild}(\boldsymbol{\Gamma}) \supset \mathbf{Kern}(\boldsymbol{\Sigma})$.
Damit $\boldsymbol{g}$ in $\mathbb{K}_{q^d}$ mindestens k Nullstellen besitzen kann muß natürlich $k \leq d$ gelten. Folglich sind die Potenzen a, a^2 usw. bis a^{k-1} voneinander verschieden, denn a ist primitives Element von $\mathbb{K}_{q^d}$.
Aus diesem Grunde ist auch $\alpha\colon \mathsf{d} \longrightarrow \mathbb{K}_{q^d}$, definiert durch $\alpha(i) = a^{i-1}$, eine Basis von $\mathbb{K}_{q^d}$.
Die Aussage über das Minimalgewicht wird mit **S 4.3.7** bewiesen, es ist daher eine Paritätsprüfungsmatrix des Codeschemas zu bestimmen. Eine solche wird als die Transponierte der Matrix von $\boldsymbol{\Sigma}$ bezüglich zweier festgewählter Basen erhalten. Als Basis von $\mathfrak{V}_n$ wird die Standardbasis $\xi\colon \mathsf{n} \longrightarrow \mathfrak{V}_n,\ i \mapsto \boldsymbol{X}^{i-1}$ gewählt. Nun muß beachtet werden, daß $\boldsymbol{\Sigma}$ ein Homomorphismus von $\mathbb{K}_q$-Vektorräumen ist, d.h. es muß für $\mathbb{K}_{q^d}^k$ eine Basis gefunden werden, die zur Erzeugung von Elementen aus $\mathbb{K}_{q^d}^k$ mit Elementen aus $\mathbb{K}_q$ kombiniert wird (vergleiche dazu **S 6.10.11** und die folgenden Bemerkungen). Man erhält zunachst mit der Standardbasis $\varkappa\colon \mathsf{k} \longrightarrow \mathbb{K}_{q^d}^k$ von $\mathbb{K}_{q^d}^k$, die durch $\varkappa(i)_j = \delta_{ij}$ definiert ist,

$$\boldsymbol{\Sigma}\big(\xi(i)\big) = \boldsymbol{\Sigma}(\boldsymbol{X}^i) = \begin{pmatrix} a^{i-1} \\ a^{2(i-1)} \\ \vdots \\ a^{k(i-1)} \end{pmatrix} = a^{i-1}\varkappa(1) + a^{2(i-1)}\varkappa(2) + \cdots + a^{k(i-1)}\varkappa(k)$$

und damit eine Matrix $\widehat{\mathbf{M}}_{\boldsymbol{\Sigma}}$ mit der Eigenschaft $\widehat{\mathbf{M}}_{\boldsymbol{\Sigma}}^{\mathsf{t}}\mathfrak{v} = \boldsymbol{\Sigma}(\mathfrak{v})$ für alle $\mathfrak{v} \in \mathfrak{V}_n$, nämlich

$$\widehat{\mathbf{M}}_{\boldsymbol{\Sigma}} = \begin{pmatrix} 1 & 1 & \cdots & 1 \\ a & a^2 & \cdots & a^k \\ \vdots & \vdots & & \vdots \\ a^{n-1} & a^{2(n-1)} & \cdots & a^{k(n-1)} \end{pmatrix}$$

Der Übergang zur transponierten (gespiegelten) Matrix, also zur Matrix

$$\widehat{\mathbf{P}} = \begin{pmatrix} 1 & a & \cdots & a^{n-1} \\ 1 & a^2 & \cdots & a^{2(n-1)} \\ \vdots & \vdots & & \vdots \\ 1 & a^k & \cdots & a^{k(n-1)} \end{pmatrix} \tag{4.39}$$

gibt noch keine Paritätsprüfungsmatrix, denn ihre Koeffizienten sind Elemente von $\mathbb{K}_{q^d}^k$. Man braucht jedoch nur diese Koeffizienten zur Basis α zu entwickeln, um eine echte Paritätsprüfungsmatrix $\mathbf{P}$ zu bekommen. Um zu zeigen, daß $\gamma\big(\mathbf{Bild}(\boldsymbol{\Gamma})\big) \geq k+1$ gilt, ist nach **S 4.3.7** zu beweisen, daß jede Familie von k verschiedenen Vektoren aus $\mathbb{K}_{q^d}^k$ (isomorph zu $\mathbb{K}_q^{dk}$), die aus den Spalten von $\mathbf{P}$ gebildet werden kann, frei ist. Hier ist unmittelbar ersichtlich, daß die Bedingung $n < q^d$ des Satzes notwendig ist, denn bei $n \geq q^d$ enthält die Matrix $\widehat{\mathbf{P}}$ wegen $a^{q^d} = 1$ neben der ersten

Spalte noch eine zweite, die nur mit Einsen besetzt ist, d.h. es gibt eine Familie von k verschiedenen Spalten von $\mathbf{P}$, die nicht frei ist.
Es gilt also nach Voraussetzung $n < q^d$. Die Berechnung von $\mathbf{P}$ ist nun allerdings nicht nötig, denn nach **S 6.10.10** ist eine im $\mathbb{K}_{q^d}$-Vektorraum $\mathbb{K}_{q^d}^k$ freie Familie von Vektoren auch noch im $\mathbb{K}_q$-Vektorraum $\mathbb{K}_{q^d}^k$ frei. Es genügt daher zu zeigen, daß jede Familie mit k verschiedenen Spalten von $\widehat{\mathbf{P}}$ frei ist. Es seien also $i_1, \ldots, i_k \in \{0, \ldots, n-1\}$, mit $s = t$ bei $i_s = i_t$. Sie ergeben die folgenden k Spalten von $\mathbf{P}$:

$$\mathfrak{p}_1 = \begin{pmatrix} a^{i_1} \\ a^{2i_1} \\ a^{3i_1} \\ \vdots \\ a^{ki_1} \end{pmatrix} \qquad \mathfrak{p}_2 = \begin{pmatrix} a^{i_2} \\ a^{2i_2} \\ a^{3i_2} \\ \vdots \\ a^{ki_2} \end{pmatrix} \qquad \cdots \qquad \mathfrak{p}_k = \begin{pmatrix} a^{i_k} \\ a^{2i_k} \\ a^{3i_k} \\ \vdots \\ a^{ki_k} \end{pmatrix}$$

Es sei $(b_j)_{j \in \mathsf{k}}$ eine Familie von Elementen aus $\mathbb{K}_{q^d}$ mit

$$\mathfrak{o} = \sum_{j \in \mathsf{k}} b_j \mathfrak{p}_j = b_1 a^{i_1} \begin{pmatrix} 1 \\ a^{i_1} \\ a^{2i_1} \\ \vdots \\ a^{(k-1)i_1} \end{pmatrix} + b_2 a^{i_2} \begin{pmatrix} 1 \\ a^{i_2} \\ a^{2i_2} \\ \vdots \\ a^{(k-1)i_2} \end{pmatrix} + \cdots + b_k a^{i_k} \begin{pmatrix} 1 \\ a^{i_k} \\ a^{2i_k} \\ \vdots \\ a^{(k-1)i_k} \end{pmatrix}$$

Auf der rechten Seite des Gleichheitszeichens steht eine Linearkombination der k Spalten der VANDERMONDEschen Matrix $\mathbf{V}\langle a^{i_1}, \ldots, a^{i_k}\rangle^{\mathsf{t}}$. Wegen $i_j < q^d$ sind die Potenzen a^{i_j} des primitiven Elementes a voneinander verschieden, diese Matrix ist daher nach **S 6.10.34** regulär, d.h. die Familie der Spalten der Linearkombination ist frei. Das bedeutet aber $0 = b_1 a^{i_1} = \cdots = b_k a^{i_k}$. Nun sind die a^{i_j} als Potenzen eines primitiven Elementes von Null verschieden, man erhält folglich $0 = b_1 = \cdots = b_k$. Die $\mathfrak{p}_j$ bilden daher eine freie Familie.

Im nachfolgenden Beispiel ist $q = 2$ und $d = 4$, der Erweiterungskörper ist also $\mathbb{K}_{2^4}$ (siehe dazu Abschnitt A.2) mit einem primitiven Element a als Nullstelle von $\boldsymbol{X}^4 + \boldsymbol{X} + 1$. Es soll ein Code konstruiert werden, der zwei Fehler korrigieren kann. Dazu sind nach dem vorangehenden Satz als Nullstellen a, a^2, a^3 und a^4 zu wählen. Die Minimalpolynome von a und a^3 ergeben das Generatorpolynom

$$\boldsymbol{g}_2 = \boldsymbol{m}_a \boldsymbol{m}_{a^3} = \boldsymbol{X}^8 + \boldsymbol{X}^7 + \boldsymbol{X}^6 + \boldsymbol{X}^4 + 1$$

Die größtmögliche Länge des Codes ist $n = 2^4 - 1 = 15$, daraus folgt $m = 6$, d.h. es werden sieben Informationsbits mit neun Kontrollbits zu 15 Codebits kombiniert.

Mit dem Körper $\mathbb{K}_{2^4}$ kann auch ein Code konstruiert werden, der bis zu drei Fehler korrigieren kann. Dazu sind die Nullstellen a bis a^6 zu verwenden, d.h. es muß zu $\boldsymbol{g}_2$ noch das Minimalpolynom von a^5 hinzugenommen werden. Man erhält so

$$\boldsymbol{g}_3 = \boldsymbol{m}_a \boldsymbol{m}_{a^3} \boldsymbol{m}_{a^5} = \boldsymbol{X}^{10} + \boldsymbol{X}^8 + \boldsymbol{X}^5 + \boldsymbol{X}^4 + \boldsymbol{X}^2 + \boldsymbol{X} + 1$$

Wegen $\partial(\boldsymbol{g}_3) = 10$ ist hier nur $m = 4$, d.h. es sind nur fünf Informationsbits möglich.

Sieben Informationsbits ergeben ein Polynom $\boldsymbol{f}$ mit $\partial(\boldsymbol{f}) = 6$, codiert wird durch Multiplikation mit $\boldsymbol{g}_2$, d.h. die Codebits sind die 15 Koeffizientenbits des Polynoms $\boldsymbol{g}_2\boldsymbol{f}$. Die fünf Informationsbits des zweiten Codes ergeben ein Polynom $\boldsymbol{f}$ mit $\partial(\boldsymbol{f}) = 4$, die Codebits sind die 15 Koeffizientenbits des Polynoms $\boldsymbol{g}_3\boldsymbol{f}$. Der Generator $\boldsymbol{\Gamma}_2$ des ersten Codeschemas berechnet sich zu

$$\boldsymbol{\Gamma}_2\left(\begin{pmatrix} u_1 \\ u_2 \\ u_3 \\ u_4 \\ u_5 \\ u_6 \\ u_7 \end{pmatrix}\right) = \begin{pmatrix} u_1 \\ u_2 \\ u_3 \\ u_4 \\ u_1 + u_5 \\ u_2 + u_6 \\ u_1 + u_3 + u_7 \\ u_1 + u_2 + u_4 \\ u_1 + u_2 + u_3 + u_5 \\ u_2 + u_3 + u_4 + u_6 \\ u_3 + u_4 + u_5 + u_7 \\ u_4 + u_5 + u_6 \\ u_5 + u_6 + u_7 \\ u_6 + u_7 \\ u_7 \end{pmatrix} \tag{4.40}$$

Es gibt insgesamt drei weitere Polynome $\boldsymbol{g}$ mit $\partial(\boldsymbol{g}) = 8$, deren Code für sieben Informationsbits ein Minimalgewicht von fünf besitzt, nämlich $\boldsymbol{X}^8 + \boldsymbol{X}^5 + \boldsymbol{X}^4 + \boldsymbol{X}^3 + 1$, $\boldsymbol{X}^8 + \boldsymbol{X}^4 + \boldsymbol{X}^2 + \boldsymbol{X} + 1$ und $\boldsymbol{X}^8 + \boldsymbol{X}^7 + \boldsymbol{X}^6 + \boldsymbol{X}^4 + \boldsymbol{X}^2 + \boldsymbol{X} + 1$.
Der Generator $\boldsymbol{\Gamma}_3$ des zweiten Codeschemas ergibt sich als

$$\boldsymbol{\Gamma}_3\left(\begin{pmatrix} u_1 \\ u_2 \\ u_3 \\ u_4 \\ u_5 \end{pmatrix}\right) = \begin{pmatrix} u_1 \\ u_1 + u_2 \\ u_1 + u_2 + u_3 \\ u_2 + u_3 + u_4 \\ u_1 + u_3 + u_4 + u_5 \\ u_1 + u_2 + u_4 + u_5 \\ u_2 + u_3 + u_5 \\ u_3 + u_4 \\ u_1 + u_4 + u_5 \\ u_2 + u_5 \\ u_1 + u_3 \\ u_2 + u_4 \\ u_3 + u_5 \\ u_4 \\ u_5 \end{pmatrix} \tag{4.41}$$

Hier gibt es nur noch ein weiteres Polynom vom Grad 10 mit fünf Informationsbits für einen Codevektorraum mit dem Minimalgewicht sieben, also mit der Möglichkeit, drei Fehler zu korrigieren, nämlich $\boldsymbol{X}^{10} + \boldsymbol{X}^9 + \boldsymbol{X}^8 + \boldsymbol{X}^6 + \boldsymbol{X}^5 + \boldsymbol{X}^4 + 1$.
Das Herauslösen der Informationsbits erfordert offenbar keine Polynomdivision, es genügen einige Additionen (natürlich im Körper $\mathbb{K}_2$). Das ist allerdings nur dann richtig, wenn bei der Übertragung kein Fehler aufgetreten ist. Es bleibt also noch die Aufgabe zu lösen, einen gemäß **S 4.4.5**

erzeugten Codevektor mit Fehlererkennung und gegebenenfalls Fehlerkorrektur zu decodieren. Der Lösungsweg ist recht aufwendig, und der dabei gefundene Prozess des Decodierens ist leider rechenintensiv: Es muß der Rang mindestens einer Matrix bestimmt werden, es muß ein lineares Gleichungssystem gelöst werden, und es sind die Nullstellen eines Polynoms zu finden. Ist $q \neq 2$, muß noch ein weiteres lineares Gleichungssystem gelöst werden..

Das Generatorpolynom $\boldsymbol{g}$ sei so gewählt, daß das Codeschema bis zu $s \in \mathbb{N}_+$ Fehler korrigieren kann. Ein Codepolynom $\boldsymbol{c} \in \mathfrak{C} = \mathbf{Bild}(\boldsymbol{\Gamma})$, das eine Datenübertragungsstrecke durchläuft, wird als das Polynom $\boldsymbol{v}$ empfangen. Durch die Übertragung werden r Koeffizienten von $\boldsymbol{c}$ verfälscht, $r \in \{1, \ldots, s\}$, d.h. es gibt $i_1, \ldots, i_r \in \{0, \ldots, n\}$ mit $\boldsymbol{v}(i_\varrho) \neq \boldsymbol{c}(i_\varrho)$. Die Übertragungsfehler $e_{i_\varrho} \in \mathbb{K}_q$ sind gegeben durch

$$e_{i_\varrho} = \boldsymbol{v}(i_\varrho) - \boldsymbol{c}(i_\varrho) \quad \varrho \in \{1, \ldots, r\}$$

Das kann im Polynomkalkül wie folgt ausgedrückt werden:

$$\boldsymbol{v} = \boldsymbol{c} + e_{i_1}\boldsymbol{X}^{i_1} + \cdots + e_{i_r}\boldsymbol{X}^{i_r} \tag{4.42}$$

Wegen $\boldsymbol{c} \in \mathbf{Kern}(\boldsymbol{\Sigma})$ folgt daraus durch Anwendung von $\boldsymbol{\Sigma}$

$$\begin{aligned}
\boldsymbol{\Sigma}(\boldsymbol{v}) &= \boldsymbol{\Sigma}(\boldsymbol{c}) + e_{i_1}\boldsymbol{\Sigma}(\boldsymbol{X}^{i_1}) + \cdots + e_{i_r}\boldsymbol{\Sigma}(\boldsymbol{X}^{i_r}) \\
&= e_{i_1}\begin{pmatrix} a^{i_1} \\ a^{2i_1} \\ \vdots \\ a^{ki_1} \end{pmatrix} + \cdots + e_{i_r}\begin{pmatrix} a^{i_r} \\ a^{2i_r} \\ \vdots \\ a^{ki_r} \end{pmatrix} = \begin{pmatrix} e_{i_1}a^{i_1} + \cdots + e_{i_r}a^{i_r} \\ e_{i_1}a^{2i_1} + \cdots + e_{i_r}a^{2i_r} \\ \vdots \\ e_{i_1}a^{ki_1} + \cdots + e_{i_r}a^{ki_r} \end{pmatrix} \\
&= \begin{pmatrix} e_{i_1}a^{i_1} + e_{i_2}a^{i_2} + \cdots + e_{i_r}a^{i_r} \\ e_{i_1}(a^{i_1})^2 + e_{i_2}(a^{i_2})^2 + \cdots + e_{i_r}(a^{i_r})^2 \\ \vdots \\ e_{i_1}(a^{i_1})^k + e_{i_2}(a^{i_2})^k + \cdots + e_{i_r}(a^{i_r})^k \end{pmatrix}
\end{aligned}$$

Die folgende Definition dient nicht nur zur Vereinfachung der Schreibweise und zum Erhalt einer besseren Übersicht:

$$\Omega_\varrho = \begin{cases} a^{i_\varrho} & \text{für } \varrho \in \{1, \ldots, r\} \\ 0 & \text{für } \varrho > r \end{cases} \qquad \epsilon_\varrho = e_{i_\varrho} \quad \varrho \in \{1, \ldots, r\}$$

Mit den Fehlerdeskriptoren Ω_ϱ erhält die obige Gleichung die folgende einfachere Gestalt, die auch zur Definition der Größen O_κ dient:

$$\boldsymbol{\Sigma}(\boldsymbol{v}) = \begin{pmatrix} \epsilon_1\Omega_1 + \epsilon_2\Omega_2 + \cdots + \epsilon_r\Omega_r \\ \epsilon_1\Omega_1^2 + \epsilon_2\Omega_2^2 + \cdots + \epsilon_r\Omega_r^2 \\ \vdots \\ \epsilon_1\Omega_1^k + \epsilon_2\Omega_2^k + \cdots + \epsilon_r\Omega_r^k \end{pmatrix} = \begin{pmatrix} O_1 \\ O_2 \\ \vdots \\ O_k \end{pmatrix} \tag{4.43}$$

Die O_1 bis O_k sind also bekannte Größen, und zwar ist $O_\kappa = \boldsymbol{v}^\star(a^\kappa)$. D.h. die O_κ sind die Werte des Syndroms des bei der Übertragung empfangenen Polynoms.

Das nachfolgend definierte Polynom, ein Polynom mit Koeffizienten aus dem Erweiterungskörper $\mathbb{K}_{q^d}$, besitzt offenbar die Inversen der oben definierten Fehlerdeskriptoren, also die Körperelemente Ω_ϱ^{-1}, als Nullstellen:

$$\boldsymbol{o} = 1 + o_1\boldsymbol{X} + o_2\boldsymbol{X}^2 + \cdots + o_r\boldsymbol{X}^r = (1 + \Omega_1\boldsymbol{X})(1 + \Omega_2\boldsymbol{X}) \cdots (1 + \Omega_r\boldsymbol{X}) \in \mathbb{K}_{q^d}[\boldsymbol{X}] \tag{4.44}$$

Es gilt also speziell an diesen Nullstellen

$$\boldsymbol{o}^\star(\Omega_\varrho^{-1}) = 0 = 1 + o_1\Omega_\varrho^{-1} + o_2\Omega_\varrho^{-2} + \cdots + o_r\Omega_\varrho^{-r} \qquad \varrho \in \{1, \ldots, r\}$$

Multiplikation der vorangehenden Gleichung mit $\epsilon_\varrho\Omega_\varrho^{r+j}$ für $\varrho \in \{1, \ldots, r\}$ ergibt

$$0 = \epsilon_\varrho\Omega_\varrho^{j+r} + o_1\epsilon_\varrho\Omega_\varrho^{j+r-1} + o_2\epsilon_\varrho\Omega_\varrho^{j+r-2} + \cdots + o_r\epsilon_\varrho\Omega_\varrho^j \qquad \varrho \in \{1, \ldots, r\}$$

Das Aufsummieren dieser r Gleichungen führt auf

$$0 = \sum_{\varrho=1}^r \epsilon_\varrho\Omega_\varrho^{j+r} + o_1\sum_{\varrho=1}^r \epsilon_\varrho\Omega_\varrho^{j+r-1} + \cdots + o_r\sum_{\varrho=1}^r \epsilon_\varrho\Omega_\varrho^j$$

Ein Vergleich mit der Gleichung (4.43) zeigt daß sich so ein lineares Gleichungssystem für die Unbekannten o_ϱ ergeben hat:

$$O_{j+r} + o_1 O_{j+r-1} + \cdots + o_r O_j = 0 \qquad j \in \{1, \ldots, r\}$$

oder etwas umgeschrieben

$$o_r O_j + \cdots + o_1 O_{j+r} = -O_{j+r} \qquad j \in \{1, \ldots, r\}$$

In Matrixschreibweise nimmt dieses lineare Gleichungssystem die folgende Gestalt an:

$$\begin{pmatrix} O_1 & O_2 & \cdots & O_r \\ O_2 & O_3 & \cdots & O_{r+1} \\ \vdots & \vdots & & \vdots \\ O_{r-1} & O_r & \cdots & O_{2r-2} \\ O_r & O_{r+1} & \cdots & O_{2r-1} \end{pmatrix} \begin{pmatrix} o_r \\ o_{r-1} \\ \vdots \\ o_2 \\ o_1 \end{pmatrix} = \begin{pmatrix} -O_{r+1} \\ -O_{r+2} \\ \vdots \\ -O_{2r-1} \\ -O_{2r} \end{pmatrix} \tag{4.45}$$

Man beachte hier, daß nach der Aussage des Satzes $2r \leq 2s \leq k$ gilt, die O_1 bis O_{2r} sind also tatsächlich definiert. Auch erscheinen die o_ϱ im Vektor der Unbekannten in umgekehrter Reihenfolge!

Die Koeffizienten o_ϱ des Polynoms $\boldsymbol{o}$ sind jetzt also bekannt und es können seine Nullstellen Ω_ϱ^{-1} bestimmt werden. Die Indizes i_ϱ der Fehlerdiskriptoren $\Omega_\varrho = a^{i_\varrho}$ geben die Indizes der Koeffizienten von $\boldsymbol{v}$, die geändert werden müssen. Allerdings sind die Fehler e_{i_ϱ} nur für den Fall bekannt, daß der Körper $\mathbb{K}_q$ die Charakteristik zwei besitzt, sie müssen andernfalls mit dem Gleichungssystem (4.43) bestimmt werden.

Die eben beschriebene Methode, die Fehlerdeskriptoren als Nullstellen eines geeigneten Polynoms zu bestimmen, lässt sich jedoch nur dann durchführen, wenn die Anzahl r der tatsächlich aufgetretenen Fehler bekannt ist. Natürlich muß auch $r \leq s$ gelten, $r > s$ muß hier in der Praxis einfach als unmöglich angesehen werden, d.h. s ist groß genug zu wählen. Wie kann aber bei $r \leq s$ die Zahl r bestimmt werden? Man betrachtet, für $1 \leq \sigma \leq s$, die Matrizen

$$\mathbf{O}_\sigma = \begin{pmatrix} O_1 & O_2 & \cdots & O_\sigma \\ O_2 & O_3 & \cdots & O_{\sigma+1} \\ \vdots & \vdots & & \vdots \\ O_{\sigma-1} & O_r & \cdots & O_{2\sigma-2} \\ O_\sigma & O_{\sigma+1} & \cdots & O_{2\sigma-1} \end{pmatrix}$$

Die Struktur der Koeffizienten dieser Matrizen läßt einen Zusammenhang mit den VANDERMONDEschen Matrizen vermuten. Ein Zusammenhang ist auch tatsächlich vorhanden, $\mathbf{O}_\sigma$ läßt sich in ein Produkt zweier VANDERMONDEscher Matrizen und einer Diagonalmatrix zerlegen:

$$\mathbf{O}_\sigma = \mathbf{V}\langle \Omega_1, \ldots, \Omega_\sigma \rangle^{\mathbf{t}} \mathbf{Diag}(\epsilon_1 \Omega_1, \ldots, \epsilon_\sigma \Omega_\sigma) \mathbf{V}\langle \Omega_1, \ldots, \Omega_\sigma \rangle$$

Mit ausgeschriebenen Matrizen lautet diese Beziehung wie folgt:

$$\mathbf{O}_\sigma = \begin{pmatrix} 1 & \cdots & 1 \\ \Omega_1 & \cdots & \Omega_\sigma \\ \vdots & & \vdots \\ \Omega_1^{\sigma-1} & \cdots & \Omega_\sigma^{\sigma-1} \end{pmatrix} \begin{pmatrix} \epsilon_1 \Omega_1 & & & \\ & \epsilon_2 \Omega_2 & & \\ & & \ddots & \\ & & & \epsilon_\sigma \Omega_\sigma \end{pmatrix} \begin{pmatrix} 1 & \Omega_1 & \cdots & \Omega_1^{\sigma-1} \\ 1 & \Omega_2 & \cdots & \Omega_2^{\sigma-1} \\ \vdots & \vdots & & \vdots \\ 1 & \Omega_\sigma & \cdots & \Omega_\sigma^{\sigma-1} \end{pmatrix} \tag{4.46}$$

An dieser Zerlegung können die beiden nächsten Aussagen direkt abgelesen werden.

$$r < \sigma \leq s \implies \mathrm{Rang}(\mathbf{O}_\sigma) < \sigma \tag{4.47}$$

Diese erste Aussage bedeutet also, daß die Matrizen $\mathbf{O}_\sigma$ für $r < \sigma$ singulär sind. Die zweite Aussage lautet

$$\mathrm{Rang}(\mathbf{O}_r) = r \tag{4.48}$$

D.h. die Matrix $\mathbf{O}_r$ ist regulär. Nimmt man die beiden Aussagen zusammen, so erhält man ein Kriterium, mit dem die Anzahl der aufgetretenen Fehler bestimmt werden kann:

> Das größte $\sigma \leq s$, für welches die Matrix $\mathbf{O}_\sigma$ regulär ist, ist die Anzahl r der bei der Übertragung aufgetretenen Fehler

Die Aussage (4.48) ist deshalb wahr, weil $\Omega_\sigma = 0$ gilt nach Definition der Fehlerdeskriptoren, die Diagonale der Diagonalmatrix daher mindestens eine Null enthält, und mit der Diagonalmatrix folglich das ganze Matrizenprodukt (4.46) singulär ist.
Die Gültigkeit von (4.48) erkennt man so: Die Ω_1 bis Ω_r sind als Potenzen eines primitiven Elementes mit verschiedenen Exponenten voneinander verschieden, nach **S 6.10.34** sind die VANDERMONDEschen Matrizen daher regulär. Und eben weil die Ω_1 bis Ω_r Potenzen eines primitiven Elementes sind, sind sie auch alle von Null verschieden, folglich ist die Diagonalmatrix regulär, denn die ϵ_ϱ sind *per definitionem* von Null verschieden. Folglich ist auch das ganze Matrizenprodukt (4.46) regulär.

Das Codeschema sei also dafür ausgelegt, maximal s Fehler zu korrigieren. Man prüft, ob $\mathbf{O}_s$ regulär ist. Ist das der Fall, dann sind $r = s$ Fehler aufgetreten. Ist dagegen $\mathbf{O}_s$ singulär, dann gehe man zu $\mathbf{O}_{s-1}$ über. Ist $\mathbf{O}_{s-1}$ regulär, dann sind $r = s-1$ Fehler aufgetreten. Ist das nicht der Fall, dann gehe man zu $\mathbf{O}_{s-2}$ über, usw. Sind alle Matrizen $\mathbf{O}_s$ bis $\mathbf{O}_1$ singulär, dann ist kein Fehler aufgetreten. Andernfalls gibt die erste reguläre Matrix, auf die man bei diesem Vorgehen stößt, etwa $\mathbf{O}_{s-\tau}$, die Zahl $r = s - \tau$ der aufgetretenen Fehler an. Man löst dann das Gleichungssystem (4.45) und bestimmt anschließend die Nullstellen des Polynoms (4.44). Die Fehlerstellen sind dann bekannt. Besitzt der Körper $\mathbb{K}_q$ die Charakteristik zwei, dann sind auch die Fehler selbst bekannt, denn es ist in diesem Fall natürlich $\epsilon_1 = \cdots = \epsilon_r = 1$. Ist die Charakteristik des Körpers jedoch eine ungerade Primzahl, dann ist noch das lineare Gleichungssystem, das aus den ersten r Zeilen von (4.43) besteht, nach den ϵ_ϱ aufzulösen:

$$\begin{pmatrix} \Omega_1 & \Omega_2 & \cdots & \Omega_r \\ \Omega_1^2 & \Omega_2^2 & \cdots & \Omega_r^2 \\ \vdots & \vdots & & \vdots \\ \Omega_1^{r-1} & \Omega_2^{r-1} & \cdots & \Omega_r^{r-1} \\ \Omega_1^r & \Omega_2^r & \cdots & \Omega_r^r \end{pmatrix} \begin{pmatrix} \epsilon_1 \\ \epsilon_2 \\ \vdots \\ \epsilon_{r-1} \\ \epsilon_r \end{pmatrix} = \begin{pmatrix} O_1 \\ O_2 \\ \vdots \\ O_{r-1} \\ O_r \end{pmatrix}$$

Das obige als erstes von zwei Beispielen gebrachte Codeschema mit dem Generatorpolynom $\boldsymbol{g}_2 = \boldsymbol{X}^8 + \boldsymbol{X}^7 + \boldsymbol{X}^6 + \boldsymbol{X}^4 + 1$ wird nun für eine Durchführung der eben beschriebenen Decodierung herangezogen. Das Schema ist für $s = 2$ konstruiert, also für zwei korrigierbare Fehler.

Als Beispiel werden sieben Einerbits nach dem Generatorbitschema (4.40) codiert wie folgt:

$$\boldsymbol{\Gamma}_2\left(\begin{pmatrix}1\\1\\1\\1\\1\\1\\1\end{pmatrix}\right) = \begin{pmatrix}1\\1\\1\\1\\0\\0\\1\\1\\0\\0\\0\\1\\1\\0\\1\end{pmatrix} \qquad \Longrightarrow \qquad \begin{pmatrix}1\\1\\0\\1\\0\\0\\1\\1\\0\\0\\0\\1\\0\\0\\1\end{pmatrix} \begin{matrix} \\ \\ \leftarrow \boldsymbol{X}^2 \\ \\ \\ \\ \\ \\ \\ \\ \\ \\ \leftarrow \boldsymbol{X}^{12} \\ \\ \\ \end{matrix}$$

Rechts ist die empfangene Bitfolge zu sehen. Es sind zwei Fehler aufgetreten, und zwar ein Fehler bei dritten und ein Fehler beim dreizehnten Bit. Das Polynom der empfangenen Bitfolge ist daher

$$\boldsymbol{v} = \boldsymbol{X}^{14} + \boldsymbol{X}^{11} + \boldsymbol{X}^7 + \boldsymbol{X}^3 + \boldsymbol{X} + 1$$

Zur Decodierung sind zuerst die O_1 bis O_4 zu berechnen. Man erhält mit leichter Rechnung mit Verwendung von Abschnitt A.2 beispielsweise

$$\boldsymbol{v}(a^4) = a^{56} + a^{44} + a^{28} + a^{24} + a^{12} + a^4 + 1 = a^{11} + a^{14} + a^{13} + a^9 + a^{12} + a^4 + 1 = a^{13}$$

Dabei wird Gebrauch gemacht von $a^{15} = a^{30} = a^{45} = 1$. Die vier zu berechnenden Faktoren ergeben sich durch ähnliche Rechnung als

$$O_1 = \boldsymbol{v}(a) = a^7 \quad O_2 = \boldsymbol{v}(a^2) = a^{14} \quad O_3 = \boldsymbol{v}(a^3) = 0 \quad O_4 = \boldsymbol{v}(a^4) = a^{13}$$

Die aus diesen Faktoren gebildete Matrix $\mathbf{O}_2$ ist nun zu untersuchen. Es ist allerdings offensichtlich, daß die Matrix

$$\mathbf{O}_2 = \begin{pmatrix} O_1 & O_2 \\ O_2 & O_3 \end{pmatrix} = \begin{pmatrix} a^7 & a^{14} \\ a^{14} & 0 \end{pmatrix}$$

regulär ist, denn sie besteht aus zwei freien Spaltenvektoren und hat daher den Rang zwei. Das Polynom $\boldsymbol{o}$, dessen Nullstellen zu bestimmen sind, hat also den Grad zwei, seine Koeffizienten lassen sich mit dem folgenden Gleichungssystem ermitteln:

$$\begin{pmatrix} a^7 & a^{14} \\ a^{14} & 0 \end{pmatrix} \begin{pmatrix} o_2 \\ o_1 \end{pmatrix} = \begin{pmatrix} 0 \\ a^{13} \end{pmatrix}$$

Die zweite Gleichung, also $a^{14}o_1 = a^{13}$, liefert sofort $o_1 = a^{14}$. Wird das in die erste Gleichung, also $a^7 o_1 + a^{14} o_2 = 0$, eingesetzt, erhält man $o_2 = a^7$. Das gesuchte Polynom mit diesen beiden Koeffizienten ist daher $\boldsymbol{o} = 1 + a^7\boldsymbol{X} + a^{14}\boldsymbol{X}^2$. Die Nullstellen des Polynoms, oder für leichtere Rechnung des Polynoms $a + a^8\boldsymbol{X} + \boldsymbol{X}^2$, findet man durch Einsetzen aller Elemente des Körpers $\mathbb{K}_{2^4}$, man findet so

$$\boldsymbol{o}(a^3) = 0 \Longrightarrow \Omega_1 = (a^3)^{-1} = a^{12} \qquad \boldsymbol{o}(a^{13}) = 0 \Longrightarrow \Omega_2 = (a^{13})^{-1} = a^2$$

Zu korrigieren sind also die Koeffizientenbits von $\boldsymbol{X}^2$ und $\boldsymbol{X}^{12}$ durch Invertieren, d.h. durch Addition von 1 modulo 2.

Das zweite Beispiel zur Decodierung verwendet das obige Codeschema, das auf dem Generatorpolynom $\boldsymbol{g}_3 = \boldsymbol{X}^{10} + \boldsymbol{X}^8 + \boldsymbol{X}^5 + \boldsymbol{X}^4 + \boldsymbol{X}^2 + \boldsymbol{X} + 1$ basiert. Hier werden fünf Einerbits nach dem Biterzeugungschema (4.40) codiert:

$$\boldsymbol{\Gamma}_3\left(\begin{pmatrix}1\\1\\1\\1\\1\end{pmatrix}\right) = \begin{pmatrix}1\\0\\1\\1\\0\\0\\1\\0\\1\\0\\0\\0\\0\\1\\1\end{pmatrix} \qquad \Longrightarrow \qquad \begin{pmatrix}1\\0\\0\\1\\0\\0\\1\\0\\1\\0\\0\\0\\1\\1\\1\end{pmatrix} \begin{matrix}\\ \\ \leftarrow \boldsymbol{X}^2\\ \\ \\ \\ \\ \\ \\ \\ \\ \\ \leftarrow \boldsymbol{X}^{12}\\ \\ \\ \end{matrix}$$

Der übertragene Bitvektor ist wieder auf der rechten Seite gezeigt.

Es werden also nur zwei statt der drei möglichen Fehler bei der Übertragung hervorgerufen. Die Matrix $\mathbf{O}_3$ muß sich daher als singulär, die Matrix $\mathbf{O}_2$ als regulär erweisen. Die Berechnung der O_ϱ erbringt

$$O_1 = \boldsymbol{v}(a) = a^7 \quad O_2 = \boldsymbol{v}(a^2) = a^{14} \quad O_3 = \boldsymbol{v}(a^3) = 0$$
$$O_4 = \boldsymbol{v}(a^4) = a^{13} \quad O_5 = \boldsymbol{v}(a^5) = a^5 \quad O_6 = \boldsymbol{v}(a^6) = 0$$

Das führt auf die folgende Matrix $\mathbf{O}_3$:

$$\mathbf{O}_3 = \begin{pmatrix} a^7 & a^{14} & 0 \\ a^{14} & 0 & a^{13} \\ 0 & a^{13} & a^5 \end{pmatrix}$$

Um ihren Rang festzustellen, wird die Matrix in eine obere Dreiecksmatrix überführt. Addition des a^7-fachen der ersten Zeile zur zweiten Zeile ergibt die Matrix

$$\begin{pmatrix} a^7 & a^{14} & 0 \\ 0 & a^6 & a^{13} \\ 0 & a^{13} & a^5 \end{pmatrix}$$

Die Addition des a^7-fachen der zweiten Zeile zur dritten führt auf die gewünschte Gestalt:

$$\begin{pmatrix} a^7 & a^{14} & 0 \\ 0 & a^6 & a^{13} \\ 0 & 0 & 0 \end{pmatrix}$$

Die Hauptdiagonale enthält zwei von Null verschiedene Elemente, der Rang der Matrix ist daher zwei, sie ist singulär.

Die nächste zu untersuchende Matrix $\mathbf{O}_2$ ist natürlich regulär:

$$\mathbf{O}_2 = \begin{pmatrix} a^7 & a^{14} \\ a^{14} & 0 \end{pmatrix}$$

Das Gleichungssystem für die Koeffizienten des Polynoms $\boldsymbol{o}$ ist daher

$$\begin{pmatrix} a^7 & a^{14} \\ a^{14} & 0 \end{pmatrix} \begin{pmatrix} o_2 \\ o_1 \end{pmatrix} = \begin{pmatrix} 0 \\ a^{13} \end{pmatrix}$$

Mit den schon oben bestimmten Lösungen $o_2 = a^{14}$ und $o_1 = a^7$ und den Nullstellen a^3 und a^{13} des Polynoms $\boldsymbol{o}$, die auf die Fehlerdeskriptoren a^{12} und a^2 führen.

4.5. Zyklische Codes

In diesem Abschnittes werden wieder Basispolynome verwendet, allerdings nicht beliebige, sondern die speziellen Polynome $\boldsymbol{t}_n = \boldsymbol{X}^n - 1 \in \mathbb{K}_q[\boldsymbol{X}]$. Der Parameter $n \in \mathbb{N}_+$ kann zwar im Prinzip beliebig gewählt werden, es wird jedoch $\mathrm{ggT}(q,n) = 1$ gefordert, d.h. q und n sollen relativ prim sein. Daraus folgt insbesondere $n \geq 2$. Den Sinn dieser Forderung erschließt der folgende Satz:

S 4.5.1
Gilt $\mathrm{ggT}(q,n) = 1$ dann hat $\boldsymbol{t}_n$ keine mehrfachen Faktoren.

Es gibt $s, r \in \mathbb{N}$ mit $n = sq + r$ und $0 \leq r < q$. Aus $\mathrm{ggT}(q,n) = 1$ folgt $r > 0$, denn andernfalls hätten q und n einen gemeinsamen echten Teiler, nämlich q. Bei $n < q$ ist natürlich $r = n$. Daraus folgt nun mit dem Einselement $1 \in \mathbb{K}_q$

$$n \cdot 1 = (sq + r) \cdot 1 = sq \cdot 1 + r \cdot 1 = r \cdot 1$$

Wegen $0 < r < q$ ist $r \cdot 1 \in \mathbb{K}_q^\star$, etwa $r \cdot 1 = a$. Nach **S 6.9.8** besitzt das Polynom $\boldsymbol{t}_n$ keine mehrfachen Faktoren, wenn $\boldsymbol{t}_n$ und seine Derivation $\mathcal{D}(\boldsymbol{t}_n)$ relativ prim sind. Nun ist wegen $a \in \mathbb{K}_q^\star$

$$\mathcal{D}(\boldsymbol{t}_n) = n\boldsymbol{X}^{n-1} = a\boldsymbol{X}^{n-1} \in \mathbb{K}_q[\boldsymbol{X}] \setminus \mathbb{K}_q$$

Die echten Teiler von $a\boldsymbol{X}^{n-1}$ sind die Monome $\boldsymbol{X}^\nu$, $1 \leq \nu < n-1$. Keines dieser Monome ist jedoch ein Teiler von $\boldsymbol{t}_n$, denn 0 ist eine Nullstelle von $\boldsymbol{X}^\nu$, folglich müßt 0 auch eine Nullstelle von $\boldsymbol{t}_n$ sein, es gilt jedoch $\boldsymbol{t}_n^\star(0) = 1 \neq 0$.

Wie das Beispiel $\boldsymbol{X}^4 + 1 = (\boldsymbol{X} + 1)^4$ über $\mathbb{K}_2$ zeigt, ist die Behauptung des Satzes nicht wahr, wenn q und n einen echten gemeinsamen Teiler besitzen.

Der Ring und $\mathbb{K}_q$-Vektorraum $\mathbb{K}_q[\boldsymbol{X}]_{\boldsymbol{t}_n}$ wird mit $\mathfrak{T}_n$ bezeichnet, statt mit $\mathfrak{V}_{\boldsymbol{t}_n}$ wie in Abschnitt 4.4. Dort wird auch die umgekehrte Koordinatenfunktion $\boldsymbol{\eta}\colon \mathbb{K}_q^n \longrightarrow \mathfrak{T}_n$ definiert.

Es sei $\theta\colon \mathbf{n} \longrightarrow \mathbf{n}$ eine Permutation, d.h. eine bijektive Abbildung. Diese Abbildung induziert eine Abbildung $\Theta\colon \mathbb{K}_q^n \longrightarrow \mathbb{K}_q^n$ definiert durch

$$\Theta\left(\begin{pmatrix} u_1 \\ u_2 \\ \vdots \\ u_{n-1} \\ u_n \end{pmatrix}\right) = \begin{pmatrix} u_{\theta(1)} \\ u_{\theta(2)} \\ \vdots \\ u_{\theta(n-1)} \\ u_{\theta(n)} \end{pmatrix} \tag{4.49}$$

Statt $\Theta(\mathfrak{u})$ wird auch $\mathfrak{u}^\theta$ geschrieben. Wegen $u_\nu = u_{\theta(\theta^{-1}(\nu))}$ ist Θ surjektiv. Die Abbildung ist auch injektiv. Seien nämlich $\mathfrak{u}, \mathfrak{v} \in \mathbb{K}_q^n$ mit $\Theta(\mathfrak{u}) = \Theta(\mathfrak{v})$. Es gilt also $u_{\theta(\nu)} = v_{\theta(\nu)}$ für alle $\nu \in \mathbf{n}$. Insbesondere gilt auch $u_\nu = u_{\theta(\theta^{-1}(\nu))} = v_{\theta((\theta^{-1}(\nu))} = v_\nu$ für alle $\nu \in \mathbf{n}$. Von Spezialfällen abgesehen ist Θ nicht linear. Die Abbildung wird auf die Potenzmenge von $\mathbb{K}_q^n$ übertragen, d.h. auch für Teilmengen von $\mathbb{K}_q^n$ definiert. Das geschieht auf die offensichtliche Weise durch

$$\bigwedge_{\mathfrak{M} \subset \mathbb{K}_q^n} \mathfrak{M}^\theta = \Theta[\mathfrak{M}] = \{\, \mathfrak{u}^\theta \mid \mathfrak{u} \in \mathfrak{M} \,\} \tag{4.50}$$

Die Abbildung Θ kann mit Hilfe der umgekehrten Koordinatenfunktion $\boldsymbol{\eta}$ auf $\mathfrak{T}_n$ übertragen werden. Das geschieht natürlich mit

$$\bigwedge_{\boldsymbol{f}\in\mathfrak{T}_n} \Theta(\boldsymbol{f}) = \boldsymbol{f}^\theta = \boldsymbol{\eta}\big(\boldsymbol{\xi}(\boldsymbol{f})^\theta\big) = \boldsymbol{\eta}\Big(\Theta\big(\boldsymbol{\xi}(\boldsymbol{f})\big)\Big) \tag{4.51}$$

Diese Definitionen werden nur für die spezielle Permuation λ benötigt, die eine Rotation der Indizes durchführt. Sie ist definiert durch $\lambda(1) = n$ und $\lambda(\nu) = \nu + 1$ für $\nu \in \mathbf{n} \smallsetminus \{n\}$. Sie induziert die Abbildung Λ auf $\mathbb{K}_q^n$. Es ist also

$$\Lambda\left(\begin{pmatrix} u_1 \\ u_2 \\ \vdots \\ u_n \end{pmatrix}\right) = \begin{pmatrix} u_n \\ u_1 \\ \vdots \\ u_{n-1} \end{pmatrix} \tag{4.52}$$

Der nachfolgende Satz zeigt, daß die Operation $\boldsymbol{f} \mapsto \boldsymbol{f}^\lambda$ und über die Isomorphie auch die Operation $\boldsymbol{u} \mapsto \boldsymbol{u}^\lambda$ von $\mathbb{K}_q^n$ in $\mathfrak{T}_n$ durch die Multiplikation ausgedrückt werden kann. Die etwas unbequeme Indexrotation wird so auf algebraischem Wege zugänglicher.

S 4.5.2 (Indexrotation als Multiplikation)

$$\bigwedge_{\boldsymbol{f}\in\mathfrak{T}_n} \boldsymbol{f}^\lambda = \boldsymbol{f} \otimes \boldsymbol{X} \tag{4.53}$$

Der Indexrotation in $\mathbb{K}_q^n$ entspricht in $\mathfrak{T}_n$ eine Multiplikation mit $\boldsymbol{X}$.

Es sei $\boldsymbol{f} \in \mathfrak{T}_n$. Es ist auch $\boldsymbol{f} \in \mathbb{K}_q[\boldsymbol{X}]$ und es läßt sich im Ring $\mathbb{K}_q[\boldsymbol{X}]$ die folgende Rechnung durchführen:

$$\begin{aligned}
\boldsymbol{f}\boldsymbol{X} &= \boldsymbol{f}(0)\boldsymbol{X} + \boldsymbol{f}(1)\boldsymbol{X}^2 + \cdots + \boldsymbol{f}(n-1)\boldsymbol{X}^n \\
&= \boldsymbol{f}(0)\boldsymbol{X} + \boldsymbol{f}(1)\boldsymbol{X}^2 + \cdots + \boldsymbol{f}(n-1)\boldsymbol{X}^n + \boldsymbol{f}(n-1) - \boldsymbol{f}(n-1) \\
&= \boldsymbol{f}(n-1)(\boldsymbol{X}^n - 1) + \boldsymbol{f}(n-1) + \boldsymbol{f}(0)\boldsymbol{X} + \boldsymbol{f}(1)\boldsymbol{X}^2 + \cdots + \boldsymbol{f}(n-2)\boldsymbol{X}^{n-1} \\
&= \boldsymbol{f}(n-1)\boldsymbol{t}_n + \boldsymbol{\eta}\big(\boldsymbol{\xi}(\boldsymbol{f})^\lambda\big) \\
&= \boldsymbol{f}(n-1)\boldsymbol{t}_n + \boldsymbol{f}^\lambda
\end{aligned}$$

Daraus ergibt sich das Produkt $\boldsymbol{f} \otimes \boldsymbol{X} \in \mathfrak{T}_n$ als $\boldsymbol{f} \otimes \boldsymbol{X} = \varrho_{\boldsymbol{t}_n}(\boldsymbol{f}\boldsymbol{X}) = \boldsymbol{\eta}\big(\boldsymbol{\xi}(\boldsymbol{f})^\lambda\big) = \boldsymbol{f}^\lambda$, denn wegen $\partial(\boldsymbol{f}^\lambda) < n$ ist $\boldsymbol{f}^\lambda$ der Teilerrest bei der Division von $\boldsymbol{f}\boldsymbol{X}$ mit $\boldsymbol{t}_n$, der Quotient ist $\boldsymbol{f}(n-1)$.

Der Ring $\mathbb{K}_q[\boldsymbol{X}]$ ist als Euklischer Ring ein Hauptidealring. Nach **S 6.17.9** gilt das auch für den Ring $\mathfrak{T}_n$. Zu jedem Ideal $\mathfrak{A} \subset \mathfrak{T}_n$ gibt es daher ein $\boldsymbol{a} \in \mathfrak{T}_n$ mit $\mathfrak{A} = \langle \boldsymbol{a} \rangle$. In dem speziellen Fall $\mathfrak{T}_n$ kann noch mehr über die Hauptideale gesagt werden, wie der nächste Satz zeigt.

S 4.5.3 (Eigenschaften der Hauptideale von $\mathfrak{T}_n$)
Zu jedem echten Ideal $\mathfrak{A}$ von $\mathfrak{T}_n$ gibt es ein eindeutig bestimmtes normiertes Polynom kleinsten Grades $\boldsymbol{a} \in \mathfrak{T}_n$ mit $\mathfrak{A} = \langle \boldsymbol{a} \rangle$ und $\boldsymbol{a} \in \mathsf{T}_{\boldsymbol{t}_n}^{\mathbb{K}_q[\boldsymbol{X}]}$.

Für den Verlauf des Beweises des Satzes werden die Operationen von $\mathfrak{T}_n$ mit $\oplus$, $\ominus$ und $\otimes$ bezeichnet, um Mißverständnisse zu vermeiden.

$\mathfrak{A}$ ist echtes Ideal, es ist daher $\mathfrak{A} \neq \{\mathbf{0}\}$ und $\mathfrak{A} \neq \mathfrak{T}_n$, d.h. $\mathfrak{A}$ enthält keine Einheiten, also keine Elemente aus $\mathbb{K}_q^\star$. Für die durch

$$A = \{\, \partial(\boldsymbol{f}) \mid \boldsymbol{f} \in \mathfrak{A} \setminus \{\mathbf{0}\} \,\}$$

definierte Menge gilt also $A \neq \emptyset$ und $A \subset \mathbb{N}_+$. Als nichtleere Teilmenge von $\mathbb{N}$ hat A ein kleinstes Element, d.h. es gibt ein $\boldsymbol{g} \in \mathfrak{A} \setminus \{\mathbf{0}\}$ mit $\partial(\boldsymbol{g}) \leq \partial(\boldsymbol{f})$ für alle $\boldsymbol{f} \in \mathfrak{A} \setminus \{\mathbf{0}\}$. Dieses $\boldsymbol{g}$ erzeugt $\mathfrak{A}$, d.h. es gilt $\mathfrak{A} = \langle \boldsymbol{g} \rangle$:
Wegen $\boldsymbol{g} \in \mathfrak{A}$ ist natürlich $\langle \boldsymbol{g} \rangle \subset \mathfrak{A}$.
Es sei $\boldsymbol{f} \in \mathfrak{A}$. Es gibt $\boldsymbol{s}, \boldsymbol{r} \in \mathbb{K}_q[\boldsymbol{X}]$ mit $\boldsymbol{f} = \boldsymbol{s}\boldsymbol{g} + \boldsymbol{r}$ und $\partial(\boldsymbol{r}) < \partial(\boldsymbol{g})$. Wegen $\partial(\boldsymbol{f}) < n$ ist nach der Gradformel für die Polynomaddition auch $\partial(\boldsymbol{s}) < n$, d.h. es ist $\boldsymbol{s} \in \mathfrak{T}_n$. Damit gilt $\boldsymbol{s} \otimes \boldsymbol{g} \in \mathfrak{A}$, denn es ist $\boldsymbol{g} \in \mathfrak{A}$. Angenommen, es ist $\boldsymbol{r} \neq \mathbf{0}$. Es gibt ein $\boldsymbol{q} \in \mathbb{K}_q[\boldsymbol{X}]$ mit $\boldsymbol{s}\boldsymbol{g} = \boldsymbol{q}\boldsymbol{t}_n + \varrho_{\boldsymbol{t}_n}(\boldsymbol{s}\boldsymbol{g}) = \boldsymbol{q}\boldsymbol{t}_n + \boldsymbol{s} \otimes \boldsymbol{g}$, also $\boldsymbol{f} - \boldsymbol{r} = \boldsymbol{q}\boldsymbol{t}_n + \boldsymbol{s} \otimes \boldsymbol{g}$. Wegen der Eindeutigkeit von Quotient und Rest bedeutet das $\boldsymbol{f} \ominus \boldsymbol{r} = \boldsymbol{s} \otimes \boldsymbol{g}$ oder $\boldsymbol{r} = \boldsymbol{f} \ominus \boldsymbol{s} \otimes \boldsymbol{g}$. Wegen $\boldsymbol{f} \in \mathfrak{A}$ und $\boldsymbol{s} \otimes \boldsymbol{g} \in \mathfrak{A}$ folgt daraus $\boldsymbol{r} \in \mathfrak{A}$. Das ist jedoch wegen $\partial(\boldsymbol{r}) < \partial(\boldsymbol{g})$ nicht möglich, die Annahme $\boldsymbol{r} \neq \mathbf{0}$ ist daher falsch. Aus $\boldsymbol{r} = \mathbf{0}$ und $\boldsymbol{f} \ominus \boldsymbol{r} = \boldsymbol{s} \otimes \boldsymbol{g}$ folgt aber $\boldsymbol{f} = \boldsymbol{s} \otimes \boldsymbol{g}$, d.h. $\boldsymbol{f} \in \langle \boldsymbol{g} \rangle$. Damit ist auch $\mathfrak{A} \subset \langle \boldsymbol{g} \rangle$ gezeigt, es gilt also $\mathfrak{A} = \langle \boldsymbol{g} \rangle$.
Weiter gilt: Sind $\boldsymbol{g}, \tilde{\boldsymbol{g}} \in \mathfrak{A} \setminus \{\mathbf{0}\}$ beide vom kleinsten Grad, dann sind beide Polynome assoziiert. Denn weil $\boldsymbol{g}$ das Ideal erzeugt gibt es ein $\mathfrak{T}_n$ mit $\tilde{\boldsymbol{g}} = \boldsymbol{h} \otimes \boldsymbol{g}$, und weil $\tilde{\boldsymbol{g}}$ das Ideal erzeugt gibt es ein $\tilde{\boldsymbol{h}} \in \mathbb{K}_q[\boldsymbol{X}]_{\boldsymbol{t}_n}$ mit $\boldsymbol{g} = \tilde{\boldsymbol{h}} \otimes \tilde{\boldsymbol{g}}$. Daraus folgt $\boldsymbol{g} = \tilde{\boldsymbol{h}} \otimes \boldsymbol{h} \otimes \boldsymbol{g}$. Im Integritätsbereich $\mathfrak{T}_n$ darf gekürzt werden, das ergibt $1 = \tilde{\boldsymbol{h}} \otimes \boldsymbol{h}$. Das bedeutet aber, daß $\tilde{\boldsymbol{h}}$ und $\boldsymbol{h}$ *Einheiten* des Ringes $\mathfrak{T}_n$ sind. Also sind $\boldsymbol{g}$ und $\tilde{\boldsymbol{g}}$ tatsächlich assoziiert.
Wenn aber alle Elemente kleinsten Grades aus $\in \mathfrak{A} \setminus \{\mathbf{0}\}$ assoziiert sind, dann gibt es unter ihnen genau ein normiertes Element $\boldsymbol{a}$.
Es gibt $\boldsymbol{s}, \boldsymbol{r} \in \mathbb{K}_q[\boldsymbol{X}]$ mit $\boldsymbol{t}_n = \boldsymbol{s}\boldsymbol{a} + \boldsymbol{r}$ und $\partial(\boldsymbol{r}) < \partial(\boldsymbol{a})$. Offensichtlich muß $\partial(\boldsymbol{s}) < n$ gelten. Umordnen ergibt $-\boldsymbol{s}\boldsymbol{a} = -\boldsymbol{t}_n + \boldsymbol{r}$ oder $(-\boldsymbol{s})\boldsymbol{a} = (-1)\boldsymbol{t}_n + \boldsymbol{r}$ mit $\partial(\boldsymbol{r}) < \partial(\boldsymbol{g}) < \partial(\boldsymbol{t}_n)$. Das bedeutet aber $\boldsymbol{r} = (-\boldsymbol{s}) \otimes \boldsymbol{a}$ oder $\boldsymbol{r} \in \mathfrak{A}$. Das ist wegen $\partial(\boldsymbol{r}) < \partial(\boldsymbol{a})$ nur für $\boldsymbol{r} = \mathbf{0}$ möglich, und das heißt $\boldsymbol{t}_n = \boldsymbol{s}\boldsymbol{a}$: $\boldsymbol{a}$ ist Teiler von $\boldsymbol{t}_n$.

Jedes echte Ideal in $\mathfrak{T}_n$ wird also von einem Teiler von $\boldsymbol{t}_n$ erzeugt. Zu dieser Aussage gibt es auch eine Ergänzung, und zwar eine Art von Umkehrung:

S 4.5.4 (Eigenschaften der Hauptideale von $\mathfrak{T}_n$ II)
Es seien $\mathfrak{A}$ ein echtes Ideal von $\mathfrak{T}_n$ und $\boldsymbol{a} \in \mathbb{K}_q[\boldsymbol{X}]$ mit $\mathfrak{A} = \langle \boldsymbol{a} \rangle$. Gilt $\boldsymbol{a} \in \mathsf{T}_{\boldsymbol{t}_n}^{\mathbb{K}_q[\boldsymbol{X}]}$, so ist $\boldsymbol{a}$ das normierte Polynom kleinsten Grades, das $\mathfrak{A}$ erzeugt.

Auch hier werden für den Verlauf des Beweises des Satzes die Operationen von $\mathfrak{T}_n$ mit $\oplus$, $\ominus$ und $\otimes$ bezeichnet.
Angenommen, es gibt ein $\boldsymbol{f} \in \langle \boldsymbol{a} \rangle$ mit $\partial(\boldsymbol{f}) < \partial(\boldsymbol{a})$. Es ist dann $\boldsymbol{f} = \boldsymbol{q} \otimes \boldsymbol{a} = \varrho_{\boldsymbol{t}_n}(\boldsymbol{q}\boldsymbol{a})$ für ein $\boldsymbol{q} \in \mathfrak{T}_n$, und es gibt ein $\boldsymbol{p} \in \mathbb{K}_q[\boldsymbol{X}]$ mit $\boldsymbol{q}\boldsymbol{a} = \boldsymbol{p}\boldsymbol{t}_n + \varrho_{\boldsymbol{t}_n}(\boldsymbol{q}\boldsymbol{a})$, also $\boldsymbol{q}\boldsymbol{a} = \boldsymbol{p}\boldsymbol{t}_n + f$. Wegen der Voraussetzung $\boldsymbol{a} \in \mathsf{T}_{\boldsymbol{t}_n}^{\mathbb{K}_q[\boldsymbol{X}]}$ gibt es ein $\boldsymbol{s} \in \mathbb{K}_q[\boldsymbol{X}]$ mit $\boldsymbol{t}_n = \boldsymbol{s}\boldsymbol{a}$, also $\boldsymbol{q}\boldsymbol{a} = \boldsymbol{p}\boldsymbol{s}\boldsymbol{a} + \boldsymbol{f}$ oder $(\boldsymbol{q} - \boldsymbol{p}\boldsymbol{s})\boldsymbol{a} = \boldsymbol{f}$. Aber $\boldsymbol{a} \in \mathsf{T}_{\boldsymbol{f}}^{\mathbb{K}_q[\boldsymbol{X}]}$ steht im Widerspruch zu $\partial(\boldsymbol{f}) < \partial(\boldsymbol{a})$, d.h. es gibt kein $\boldsymbol{f} \in \langle \boldsymbol{a} \rangle$ mit $\partial(\boldsymbol{f}) < \partial(\boldsymbol{a})$. Weil es also überhaupt kein Polynom in $\langle \boldsymbol{a} \rangle$ gibt von kleinerem Grad als $\boldsymbol{a}$ kann es auch kein solches Erzeugerpolynom geben, d.h. $\boldsymbol{a}$ ist ein Erzeugerpolynom von $\mathfrak{A}$ kleinsten Grades. Als Teiler des normierten Polynoms $\boldsymbol{t}_n$ ist $\boldsymbol{a}$ natürlich auch normiert. Folglich ist nach dem vorangehenden Satz $\boldsymbol{a}$ *das* normierte Polynom kleinsten Grades, das $\mathfrak{A}$ erzeugt.

Die echten Ideale von $\mathfrak{T}_n$ werden also mit den echten Teilern von $\boldsymbol{t}_n$ erzeugt. Ist daher eine Zerlegung von $\boldsymbol{t}_n$ in seine irreduziblen Teiler bekannt, dann können die echten Ideale von $\mathfrak{T}_n$ direkt angegeben werden. So ist beispielsweise in $\mathbb{K}_2[\boldsymbol{X}]$

$$\boldsymbol{t}_7 = (\boldsymbol{X}^3 + \boldsymbol{X}^2 + 1)(\boldsymbol{X}^3 + \boldsymbol{X} + 1)(\boldsymbol{X} + 1)$$

die echten Ideale von $\mathfrak{T}_7$ sind deshalb gegeben durch

$$\begin{gathered}
\langle \boldsymbol{X} + 1\rangle \\
\big\langle(\boldsymbol{X} + 1)(\boldsymbol{X}^3 + \boldsymbol{X} + 1)\big\rangle = \langle \boldsymbol{X}^4 + \boldsymbol{X}^3 + \boldsymbol{X}^2 + 1\rangle \\
\langle \boldsymbol{X}^3 + \boldsymbol{X} + 1\rangle \\
\langle \boldsymbol{X}^3 + \boldsymbol{X}^2 + 1\rangle \\
\big\langle(\boldsymbol{X} + 1)(\boldsymbol{X}^3 + \boldsymbol{X}^2 + 1)\big\rangle = \langle \boldsymbol{X}^4 + \boldsymbol{X}^2 + \boldsymbol{X} + 1\rangle \\
\big\langle(\boldsymbol{X}^3 + \boldsymbol{X} + 1)(\boldsymbol{X}^3 + \boldsymbol{X}^2 + 1)\big\rangle = \langle \boldsymbol{X}^6 + \boldsymbol{X}^5 + \boldsymbol{X}^4 + \boldsymbol{X}^3 + \boldsymbol{X}^2 + \boldsymbol{X} + 1\rangle
\end{gathered}$$

Der nächste Satz stellt einen Zusammenhang zwischen der Indexrotation λ und den Idealen im Ring $\mathfrak{T}_n$ her. Er dient zur Definition zyklischer Codes.

S 4.5.5 (Zyklische Vektorunterräume) Für jeden Untervektorraum $\mathfrak{U} \subset \mathfrak{T}_n$ gilt

$$\mathfrak{U}^\lambda \subset \mathfrak{U} \iff \mathfrak{U} \in \mathcal{I}_{\mathfrak{T}_n} \tag{4.54}$$

Ein Untervektorraum ist also genau dann invariant gegenüber Indexrotationen, wenn er ein Ideal des Ringes $\mathfrak{T}_n$ ist. Ein Vektorunterraum, der eine dieser Eigenschaften (und damit beide) besitzt, heißt **zyklisch**.

„$\Rightarrow$“: Zunächst wird gezeigt: Mit $\mathfrak{u} \in \mathfrak{U}$ ist auch $\mathfrak{u} \otimes \boldsymbol{X}^\nu \in \mathfrak{U}$ für $\nu \in \{0, \ldots, n-1\}$. Dabei bedeutet $\otimes$ die Multiplikation im Ring $\mathfrak{T}_n$.
Natürlich ist $\mathfrak{u} \otimes \boldsymbol{X}^0 = \mathfrak{u} \otimes 1 = \mathfrak{u} \in \mathfrak{U}$.
Nach **S 4.5.2** und der Voraussetzung an $\mathfrak{U}$ gilt auch $\mathfrak{u} \otimes \boldsymbol{X} = \mathfrak{u}^\lambda \in \mathfrak{U}$. Dann ist aber auch $\mathfrak{u} \otimes \boldsymbol{X}^2 = (\mathfrak{u} \otimes \boldsymbol{X}) \otimes \boldsymbol{X} \in \mathfrak{U}$, usw.
Es seien nun $\mathfrak{u} \in \mathfrak{U}$ und $\boldsymbol{f} \in \mathfrak{T}_n$. Für deren Produkt in $\mathfrak{T}_n$ erhält man

$$\boldsymbol{f} \otimes \mathfrak{u} = \sum_{\nu=0}^{\partial(\boldsymbol{f})} \boldsymbol{f}(\nu)(\mathfrak{u} \otimes \boldsymbol{X}^\nu)$$

Wie eben gesehen gehören die Produkte auf der rechten Seite zu $\mathfrak{U}$, also auch die Linearkombination der Produkte, denn $\mathfrak{U}$ ist ein Untervektorraum. Das zeigt $\boldsymbol{f} \otimes \mathfrak{u} \subset \mathfrak{U}$. Damit ist $\mathfrak{U}$ ein Ideal.
„$\Leftarrow$“: Gilt $\mathfrak{u} \in \mathfrak{U}$, dann nach Voraussetzung auch $\mathfrak{u}^\lambda = \boldsymbol{X} \otimes \mathfrak{u} \in \mathfrak{U}$.

D 4.5.1 (Zyklischer Code)
Ein Kodierschema $(\boldsymbol{\Gamma}, \boldsymbol{\Sigma})$ heißt **zyklisch**, wenn $\mathbf{Bild}(\boldsymbol{\Gamma}) = \mathbf{Kern}(\boldsymbol{\Sigma})$, sein Codeuntervektoraum, zyklisch ist.

Aus praktischer Sicht, d.h. für den, der zu kodieren und dekodieren hat, ist es irrelevant, ob ein Code zyklisch ist oder nicht. Beides, Kodierung und Dekodierung, kann so geschehen wie in den

Abschnitten 4.4.1 und 4.4.3. Daß nach einer Indexrotation ein Codevektor wieder ein Codevektor ist, wird dort nirgendwo benutzt. Dieser Abschnitt könnte also hier enden. Der Vollständigkeit wegen wird aber dennoch gezeigt, wie zyklische Codes konstruiert werden können.

Es sei $\mathfrak{A} = \langle \boldsymbol{a} \rangle$ ein echtes Ideal in $\mathfrak{T}_n$, wobei $\boldsymbol{a}$ ein echter Teiler von $\boldsymbol{t}_n$ ist. Es sei $\partial(\boldsymbol{a}) = n - m$, mit $m \in \{1, \ldots, n-1\}$. Es liegt nun nahe, die Erzeugerabbildung $\boldsymbol{\Gamma}\colon \mathfrak{T}_{n,m} \longrightarrow \mathfrak{T}_n$ durch $\boldsymbol{f} \mapsto \boldsymbol{fa}$ zu definieren. Dabei sei

$$\mathfrak{T}_{n,m} = \{\, \boldsymbol{f} \in \mathfrak{T}_n \mid \partial(\boldsymbol{f}) < m \,\} \tag{4.55}$$

Nun ist aber $\mathfrak{A} = \{\, \boldsymbol{fa} \mid \boldsymbol{f} \in \mathfrak{T}_n \,\}$ und nicht $\mathfrak{A} = \{\, \boldsymbol{fa} \mid \boldsymbol{f} \in \mathfrak{T}_{n,m} \,\}$, und auf den ersten Blick ist nicht klar, ob die beiden Mengen identisch sind. Das folgende Lemma behandelt diesen Fall.

L 4.5.1
Es sei $\mathfrak{A} = \langle \boldsymbol{a} \rangle$ ein echtes Ideal in $\mathfrak{T}_n$, also $\boldsymbol{a}$ ein echter Teiler von $\boldsymbol{t}_n$. Es sei weiter $\partial(\boldsymbol{a}) = n - m$, mit $m \in \{1, \ldots, n-1\}$. Die Abbildung $\boldsymbol{\Phi}\colon \mathfrak{T}_{n,m} \longrightarrow \mathfrak{T}_n$, definiert durch $\boldsymbol{\Phi}(\boldsymbol{f}) = \boldsymbol{fa}$, ist ein injektiver Vektorraumhomomorphismus mit $\mathbf{Bild}(\boldsymbol{\Phi}) = \mathfrak{A}$. Es gilt insbesondere $\mathrm{Dim}(\mathfrak{A}) = m$.

Daß $\boldsymbol{\Phi}$ ein Monomorphismus ist, d.h. ein injektiver Vektorraumhomomorphismus, kann dem Beweis von **S 4.4.3** entnommen werden.
Natürlich gilt $\mathbf{Bild}(\boldsymbol{\Phi}) \subset \mathfrak{A}$.
Es sei also $\boldsymbol{f} \in \mathfrak{A}$. Es gibt ein $\boldsymbol{g} \in \mathfrak{T}_n$ mit $\boldsymbol{f} = \boldsymbol{g} \otimes \boldsymbol{a}$. Und zwar gibt es $\boldsymbol{q}, \boldsymbol{r} \in \mathfrak{T}_n$ mit $\boldsymbol{ga} = \boldsymbol{qt}_n + \boldsymbol{r}$ und $\partial(\boldsymbol{r}) < n$, wobei $\boldsymbol{r} = \boldsymbol{g} \otimes \boldsymbol{a}$. Nun ist $\boldsymbol{a}$ ein Teiler von $\boldsymbol{t}_n$ (in $\mathbb{K}_q[\boldsymbol{X}]$), d.h. es gibt ein $\boldsymbol{p} \in \mathbb{K}_q[\boldsymbol{X}]$ mit $\boldsymbol{t}_n = \boldsymbol{pa}$. Das ergibt $\boldsymbol{ga} = \boldsymbol{qpa} + \boldsymbol{r}$ oder $\boldsymbol{ha} = \boldsymbol{r}$, mit $\boldsymbol{h} = \boldsymbol{g} - \boldsymbol{qp}$. Zu den Polynomgraden übergehend erhält man $\partial(\boldsymbol{h}) + \partial(\boldsymbol{a}) = \partial(\boldsymbol{h}) + n - m = \partial(\boldsymbol{r}) < n$ und daraus $\partial(\boldsymbol{h}) < n + m - n = m$. Aber das bedeutet $\boldsymbol{h} \in \mathfrak{T}_{n,m}$ und es ist $\boldsymbol{f} = \boldsymbol{\Phi}(\boldsymbol{h})$. Das zeigt $\mathbf{Bild}(\boldsymbol{\Phi}) \supset \mathfrak{A}$.
Die Dimensionsaussage folgt aus der Injektivität von $\boldsymbol{\Phi}$ und **S 4.4.2**.

Es ist jetzt leicht, eine Basis des $\mathbb{K}_q$-Vektorraumes $\mathfrak{A}$ anzugeben, denn $\boldsymbol{\Phi}$ überführt als injektive lineare Abbildung die Standardbasis von $\mathfrak{T}_{n,m}$ in eine Basis von $\mathfrak{A}$. Und zwar geht die Standardbasis $\mu \mapsto \boldsymbol{X}^{\mu-1}$ in die Basis $\mu \mapsto \boldsymbol{X}^{\mu-1}\boldsymbol{a}$ über, mit $\mu \in \{1, \ldots, m\}$. Bezüglich dieser Basen ist die Matrix von $\boldsymbol{\Phi}$ natürlich die Einheitsmatrix mit m Zeilen:

$$\mathbf{M}_{\boldsymbol{\Phi}} = \mathbf{Diag}(1, \ldots, 1)$$

Für Berechnungen wichtiger ist allerdings die Matrix von $\boldsymbol{\Phi}$ bezüglich der beiden Standardbasen, auch sie läßt sich direkt ablesen. Etwa für $n = 7$ und $m = 3$ erhält man die Matrix

$$\mathbf{M}_{\boldsymbol{\Phi}} = \begin{pmatrix} \boldsymbol{a}(0) & \boldsymbol{a}(1) & \boldsymbol{a}(2) & \boldsymbol{a}(3) & \boldsymbol{a}(4) & 0 & 0 & 0 \\ 0 & \boldsymbol{a}(0) & \boldsymbol{a}(1) & \boldsymbol{a}(2) & \boldsymbol{a}(3) & \boldsymbol{a}(4) & 0 & 0 \\ 0 & 0 & \boldsymbol{a}(0) & \boldsymbol{a}(1) & \boldsymbol{a}(2) & \boldsymbol{a}(3) & \boldsymbol{a}(4) & 0 \\ 0 & 0 & 0 & \boldsymbol{a}(0) & \boldsymbol{a}(1) & \boldsymbol{a}(2) & \boldsymbol{a}(3) & \boldsymbol{a}(4) \end{pmatrix} \tag{4.56}$$

Beispielsweise erhält man die erste und zweite Zeile der Matrix aus den Darstellungen

$$\boldsymbol{\Phi}(1) = \boldsymbol{a} = \boldsymbol{a}(0) + \boldsymbol{a}(1)\boldsymbol{X} + \cdots + \boldsymbol{a}(n-m)\boldsymbol{X}^{n-m}$$
$$\boldsymbol{\Phi}(\boldsymbol{X}) = \boldsymbol{Xa} = \boldsymbol{a}(0)\boldsymbol{X} + \boldsymbol{a}(1)\boldsymbol{X}^2 + \cdots + \boldsymbol{a}(n-m)\boldsymbol{X}^{n-m+1}$$

usw. bis zu $\boldsymbol{\Phi}(\boldsymbol{X}^{m-1})$. Natürlich entspricht $\mathbf{M}^{\mathbf{t}}_{\boldsymbol{\Phi}}$ der Generatormatrix eines zyklischen Kodierschemas: Es ist ein kleiner Vorteil der zyklischen Kodierschemata, daß die Generatormatrix stets dieselbe einfache Gestalt annimmt. Allerdings kann ein Rechenschema für Codebits wie etwa (4.40) für ein beliebiges Generatorpolynom sehr leicht von einem Programm berechnet werden.

Der Satz **S 4.4.3** aus Abschnitt 4.4.1, der ein Kodierschema mit Generator- und Paritätsprüfungspolynom vorstellt, lautet für zyklische Kodierschemata abgewandelt wie folgt:

S 4.5.6 (Kodierungsschema nach S 4.4.3 zyklisch)
Es sei $\mathfrak{A} = \langle \boldsymbol{a} \rangle$ ein echtes Ideal in $\mathfrak{T}_n$, also $\boldsymbol{a}$ ein echter Teiler von $\boldsymbol{t}_n$. Es sei weiter $\partial(\boldsymbol{a}) = n - m$, mit $m \in \{1, \ldots, n-1\}$. Es sei $\boldsymbol{p}$ das durch $\boldsymbol{t}_n = \boldsymbol{ap}$ gegebene Polynom. Werden zwei Abbildungen $\boldsymbol{\Gamma}\colon \mathfrak{T}_{n,m} \longrightarrow \mathfrak{T}_n$ und $\widehat{\boldsymbol{\Sigma}}\colon \mathfrak{T}_n \longrightarrow \mathfrak{T}_n$ durch

$$\boldsymbol{\Gamma}(\boldsymbol{f}) = \boldsymbol{fa} \qquad \widehat{\boldsymbol{\Sigma}}(\boldsymbol{f}) = \varrho_{\boldsymbol{t}_n}(\boldsymbol{fp}) \tag{4.57}$$

definiert, setzt man $\mathfrak{W} = \mathbf{Bild}(\widehat{\boldsymbol{\Sigma}})$ und definiert die Abbildung $\boldsymbol{\Sigma}\colon \mathfrak{T}_n \longrightarrow \mathfrak{W}$ als $\boldsymbol{\Sigma} = \boldsymbol{\iota} \circ \widehat{\boldsymbol{\Sigma}}$ (mit der identischen Abbildung $\boldsymbol{\iota}$ von $\mathfrak{W}$) dann bildet das Abbildungspaar $(\boldsymbol{\Gamma}, \boldsymbol{\Sigma})$ ein Codierungsschema der Länge n und der Dimension m. Es ist $\boldsymbol{a}$ das Generatorpolynom und $\boldsymbol{p}$ das Paritätsprüfungspolynom.

Daß $\mathfrak{A}$ der Codevektorunterraum des Kodierschemas ist folgt aus **L 4.5.1**. Ansonsten gilt der Beweis von **S 4.4.3** auch hier.

Das Kodierschema aus **S 4.4.5** kann natürlich auch so umgestaltet werden, daß ein zyklisches Kodierschema entsteht.

S 4.5.7 (Kodierungsschema nach S 4.4.5 zyklisch)
Es sei $\mathfrak{A} = \langle \boldsymbol{a} \rangle$ ein echtes Ideal in $\mathfrak{T}_n$, also $\boldsymbol{a}$ ein echter Teiler von $\boldsymbol{t}_n$. Es sei weiter $\partial(\boldsymbol{a}) = n - m$, mit $m \in \{1, \ldots, n-1\}$. Es sei $\mathbb{K}_{q^d} \supset \mathbb{K}_q$ ein Erweiterungskörper mit dem primitiven Element a. Das Polynom $\boldsymbol{a}$ habe die Nullstellen $a, a^2, \ldots, a^k \in \mathbb{K}_{q^d}$. Werden die Abbildungen $\boldsymbol{\Gamma}\colon \mathfrak{T}_{n,m} \longrightarrow \mathfrak{T}_n$ und $\widehat{\boldsymbol{\Sigma}}\colon \mathfrak{T}_n \longrightarrow \mathbb{K}_{q^d}^k$ durch

$$\boldsymbol{\Gamma}(\boldsymbol{f}) = \boldsymbol{fa} \qquad \widehat{\boldsymbol{\Sigma}}(\boldsymbol{f}) = \begin{pmatrix} \boldsymbol{f}^\star(a) \\ \boldsymbol{f}^\star(a^2) \\ \vdots \\ \boldsymbol{f}^\star(a^k) \end{pmatrix} \tag{4.58}$$

definiert, setzt man $\mathfrak{S} = \mathbf{Bild}(\widehat{\boldsymbol{\Sigma}})$ und definiert die Abbildung $\boldsymbol{\Sigma}\colon \mathfrak{T}_n \longrightarrow \mathfrak{S}$ als $\boldsymbol{\Sigma} = \boldsymbol{\iota} \circ \widehat{\boldsymbol{\Sigma}}$ (mit der identischen Abbildung $\boldsymbol{\iota}$ von $\mathfrak{S}$), dann bildet das Abbildungspaar $(\boldsymbol{\Gamma}, \boldsymbol{\Sigma})$ ein Kodierschema der Länge n und der Dimension m. $\boldsymbol{\Sigma}(\boldsymbol{f})$ wird also mit den Auswertungen von $\boldsymbol{f}$ an den Nullstellen von $\boldsymbol{a}$ gebildet.
Ist $n < q^d$, so gilt $\gamma\big(\mathbf{Bild}(\boldsymbol{\Gamma})\big) \geq k + 1$. Gibt es daher ein $e \in \mathbb{N}_+$ mit $2e + 1 \leq k + 1$ oder $2e \leq k$, dann kann der Code e Fehler korrigieren.

Das Lemma **L 4.5.1** ist auch hier wirksam, ansonsten kann der Beweis des Satzes wie bei **S 4.4.5** geführt werden.

Mit den Bezeichnungen von Abschnitt A.2 hat $\boldsymbol{a} = \boldsymbol{m}_a \boldsymbol{m}_{a^3}$ in $\mathbb{K}_{2^4}$ die Nullstellen a, a^2, a^3 und a^4. Einfache Rechnung zeigt, daß beide Minimalpolynome Teiler von $\boldsymbol{t}_{15}$ sind, folglich erzeugt $\boldsymbol{a}$ einen zyklischen Coderaum.

Es sei a ein primitives Element in einem Erweiterungskörper $\mathbb{K}_{q^d} \supset \mathbb{K}_q$, und es seien $\boldsymbol{m}_1$ bis $\boldsymbol{m}_i$ die Minimalpolynome von a, a^2 bis a^i, mit $i \leq k$. Es ist $i < k$ möglich, weil z.B. nach **S 6.15.4** auch $\boldsymbol{m}_a(a^q) = 0$ gilt, d.h. $\boldsymbol{m}_a$ ist auch Minimalpolynom von a^q. Mit $n = q^d - 1$ gilt $(a^\kappa)^n = 1$ nach **S 6.13.1**, d.h. es ist $(\boldsymbol{X}^n - 1)^*(a^\kappa) = \boldsymbol{t}_n^*(a^\kappa) = 0$. Nach **S 6.12.5** gilt nun aber, daß jedes Polynom, das a^κ zur Nullstelle hat, ein Vielfaches von $\boldsymbol{m}_{a^\kappa}$ ist. Folglich sind die $\boldsymbol{m}_1$ bis $\boldsymbol{m}_i$ Teiler von $\boldsymbol{t}_n$ und damit ist auch $\boldsymbol{a} = \boldsymbol{m}_1 \cdots \boldsymbol{m}_i$ ein Teiler von $\boldsymbol{t}_n$. Das bedeutet aber, daß $\boldsymbol{a}$ einen zyklischen Coderaum erzeugt.

Man kann daher für gegebene Nullstellen a bis a^k immer ein Kodierschema finden, das nach dem vorigen Satz aufgebaut ist.

4.6. Generatorpolynome für vier Informationsbit

Vier Informationsbit a, b, c und d sollen mit dem Kodierschema von **S 4.4.5** kodiert werden. Es ist also $q = 2$. Um zunächst einen Überblick über den Zusammenhang von Generatorpolynom und Minimalgewicht des erzeugten Coderaumes zu bekommen, sind in Tabelle 4.1 alle Generatorpolynome $\boldsymbol{g}$ mit $\partial(\boldsymbol{g}) = 7$ und das Minimalgewicht ihres Coderaumes dargestellt. Die Koeffizienten der

Tabelle 4.1.: $\partial(\boldsymbol{g}) = 7$

$\boldsymbol{g}$	γ	$\boldsymbol{g}$	γ	$\boldsymbol{g}$	γ	$\boldsymbol{g}$	γ	$\boldsymbol{g}$	γ	$\boldsymbol{g}$	γ	$\boldsymbol{g}$	γ	$\boldsymbol{g}$	γ
81	2	82	2	83	3	84	2	85	3	86	3	87	4	88	2
89	3	8A	3	8B	4	8C	3	8D	4	8E	4	8F	4	90	2
91	3	92	2	93	4	94	3	95	4	96	4	97	3	98	3
99	4	9A	4	9B	4	9C	4	9D	3	9E	4	9F	4	A0	2
A1	3	A2	3	A3	4	A4	3	A5	4	A6	4	A7	5	A8	2
A9	4	AA	2	AB	4	AC	4	AD	4	AE	3	AF	4	B0	3
B1	4	B2	4	B3	4	B4	4	B5	4	B6	3	B7	4	B8	2
B9	3	BA	4	BB	4	BC	3	BD	4	BE	4	BF	4	C0	2
C1	3	C2	3	C3	4	C4	3	C5	4	C6	4	C7	4	C8	3
C9	4	CA	4	CB	4	CC	2	CD	4	CE	4	CF	4	D0	3
D1	4	D2	4	D3	4	D4	4	D5	4	D6	3	D7	4	D8	2
D9	4	DA	3	DB	2	DC	3	DD	4	DE	4	DF	4	E0	2
E1	4	E2	4	E3	4	E4	4	E5	5	E6	4	E7	4	E8	2
E9	3	EA	3	EB	4	EC	3	ED	4	EE	4	EF	4	F0	2
F1	4	F2	4	F3	4	F4	3	F5	4	F6	4	F7	4	F8	2
F9	4	FA	4	FB	4	FC	2	FD	4	FE	2	FF	2		

Polynome sind hexadezimal verschlüsselt. Z.B. steht A1, also binär 10100001, für das Polynom $\boldsymbol{x}^7 + \boldsymbol{x}^5 + 1$. die hexadezimalzahlen werden in der tabelle zeilenweise fortgezählt. Damit ist A1 leicht in der fünften Zeile in Spalte 1 zu finden. Das Minimalgewicht seines Coderaumes ist mit 3 angegeben, der Code kann daher einen Fehler korrigieren.

Die Tabelle zeigt, daß es für $\partial(\boldsymbol{g}) = 7$ genau 21 Polynome mit Minimalgewicht 2, 31 mit Minimalgewicht 3, 73 mit Minimalgewicht 4 und schließlich nur zwei Polynome mit Minimalgewicht 5 gibt. Es gibt also 106 Polynome bei derem Gebrauch ein Fehler korrigiert werden kann und nur zwei, welche die Korrektur zweier Fehler möglich machen.

Man kann beim Studium der Tabelle vermuten, daß für $\partial(\boldsymbol{g}) < 7$ kein Kodierschema existiert, mit dem zwei Fehler korrigiert werden können. Das ist tatsächlich der Fall. Genaue Angaben folgen nun, und zwar werden für $e \in \{1, 2, 3\}$ alle Generatorpolynome kleinsten Grades angegeben, die auf Coderäume führen, mit welchen e Fehler korrigiert werden können. Zu jedem solchen Polynom wird das Rechenschema zur Bestimmung der Codebits angegeben, beispielsweise

$$\begin{array}{cccc} 1 & 0 & 0 & 0 \\ 0 & 1 & 0 & 0 \\ 1 & 0 & 1 & 0 \\ 1 & 1 & 0 & 1 \\ 0 & 1 & 1 & 0 \\ 0 & 0 & 1 & 1 \\ 0 & 0 & 0 & 1 \end{array}$$

Eine Eins in der ersten Spalte bedeutet, daß in der Zeile das Bit a vorkommt, eine Eins in der zweiten Spalte steht für das Bit b usw. Die Bit einer Zeile sind zu addieren (natürlich in $\mathbb{K}_2$), um zum Codevektor zu gelangen. Das obige Rechenschema steht daher für den Codevektor

$$\begin{pmatrix} a \\ b \\ a \oplus c \\ a \oplus b \oplus d \\ b \oplus c \\ c \oplus d \\ d \end{pmatrix}$$

Ein Fehler

Es gibt zwei Polynome vom Grad drei, die auf einen Code führen, mit dem ein Fehler korrigiert werden kann:

$$\boldsymbol{X}^3 + \boldsymbol{X} + 1 \quad \begin{matrix} 1 & 0 & 0 & 0 \\ 1 & 1 & 0 & 0 \\ 0 & 1 & 1 & 0 \\ 1 & 0 & 1 & 1 \\ 0 & 1 & 0 & 1 \\ 0 & 0 & 1 & 0 \\ 0 & 0 & 0 & 1 \end{matrix} \qquad \boldsymbol{X}^3 + \boldsymbol{X}^2 + 1 \quad \begin{matrix} 1 & 0 & 0 & 0 \\ 0 & 1 & 0 & 0 \\ 1 & 0 & 1 & 0 \\ 1 & 1 & 0 & 1 \\ 0 & 1 & 1 & 0 \\ 0 & 0 & 1 & 1 \\ 0 & 0 & 0 & 1 \end{matrix}$$

Zwei Fehler

Es gibt zwei Polynome vom Grad sieben, die auf einen Code führen, mit dem zwei Fehler korrigiert werden können:

$$\boldsymbol{X}^7 + \boldsymbol{X}^5 + \boldsymbol{X}^2 + \boldsymbol{X} + 1 \quad \begin{matrix} 1 & 0 & 0 & 0 \\ 1 & 1 & 0 & 0 \\ 1 & 1 & 1 & 0 \\ 0 & 1 & 1 & 1 \\ 0 & 0 & 1 & 1 \\ 1 & 0 & 0 & 1 \\ 0 & 1 & 0 & 0 \\ 1 & 0 & 1 & 0 \\ 0 & 1 & 0 & 1 \\ 0 & 0 & 1 & 0 \\ 0 & 0 & 0 & 1 \end{matrix} \qquad \boldsymbol{X}^7 + \boldsymbol{X}^6 + \boldsymbol{X}^5 + \boldsymbol{X}^2 + 1 \quad \begin{matrix} 1 & 0 & 0 & 0 \\ 0 & 1 & 0 & 0 \\ 1 & 0 & 1 & 0 \\ 0 & 1 & 0 & 1 \\ 0 & 0 & 1 & 0 \\ 1 & 0 & 0 & 1 \\ 1 & 1 & 0 & 0 \\ 1 & 1 & 1 & 0 \\ 0 & 1 & 1 & 1 \\ 0 & 0 & 1 & 1 \\ 0 & 0 & 0 & 1 \end{matrix}$$

Drei Fehler

Es gibt 16 Polynome vom Grad 10, die einen Code ergeben, mit dem drei Fehler korrigiert werden können:

$$X^{10} + X^7 + X^6 + X^4 + X^2 + X + 1$$

1	0	0	0
1	1	0	0
1	1	1	0
0	1	1	1
1	0	1	1
0	1	0	1
1	0	1	0
1	1	0	1
0	1	1	0
0	0	1	1
1	0	0	1
0	1	0	0
0	0	1	0
0	0	0	1

$$X^{10} + X^7 + X^6 + X^5 + X^3 + X + 1$$

1	0	0	0
1	1	0	0
0	1	1	0
1	0	1	1
0	1	0	1
1	0	1	0
1	1	0	1
1	1	1	0
0	1	1	1
0	0	1	1
1	0	0	1
0	1	0	0
0	0	1	0
0	0	0	1

$$X^{10} + X^8 + X^5 + X^4 + X^2 + X + 1$$

1	0	0	0
1	1	0	0
1	1	1	0
0	1	1	1
1	0	1	1
1	1	0	1
0	1	1	0
0	0	1	1
1	0	0	1
0	1	0	0
1	0	1	0
0	1	0	1
0	0	1	0
0	0	0	1

$$X^{10} + X^8 + X^5 + X^4 + X^3 + X + 1$$

1	0	0	0
1	1	0	0
0	1	1	0
1	0	1	1
1	1	0	1
1	1	1	0
0	1	1	1
0	0	1	1
1	0	0	1
0	1	0	0
1	0	1	0
0	1	0	1
0	0	1	0
0	0	0	1

$$X^{10} + X^8 + X^7 + X^4 + X^3 + X^2 + 1$$

1	0	0	0
0	1	0	0
1	0	1	0
1	1	0	1
1	1	1	0
0	1	1	1
0	0	1	1
1	0	0	1
1	1	0	0
0	1	1	0
1	0	1	1
0	1	0	1
0	0	1	0
0	0	0	1

$$X^{10} + X^8 + X^7 + X^5 + X^2 + X + 1$$

1	0	0	0
1	1	0	0
1	1	1	0
0	1	1	1
0	0	1	1
1	0	0	1
0	1	0	0
1	0	1	0
1	1	0	1
0	1	1	0
1	0	1	1
0	1	0	1
0	0	1	0
0	0	0	1

$$X^{10} + X^8 + X^7 + X^6 + X^3 + X^2 + 1$$

1	0	0	0
0	1	0	0
1	0	1	0
1	1	0	1
0	1	1	0
0	0	1	1
1	0	0	1
1	1	0	0
1	1	1	0
0	1	1	1
1	0	1	1
0	1	0	1
0	0	1	0
0	0	0	1

$$X^{10} + X^8 + X^7 + X^6 + X^4 + X + 1$$

1	0	0	0
1	1	0	0
0	1	1	0
0	0	1	1
1	0	0	1
0	1	0	0
1	0	1	0
1	1	0	1
1	1	1	0
0	1	1	1
1	0	1	1
0	1	0	1
0	0	1	0
0	0	0	1

$$\boldsymbol{X}^{10}+\boldsymbol{X}^{9}+\boldsymbol{X}^{7}+\boldsymbol{X}^{4}+\boldsymbol{X}^{3}+\boldsymbol{X}^{2}+1 \quad \begin{array}{cccc} 1&0&0&0\\ 0&1&0&0\\ 1&0&1&0\\ 1&1&0&1\\ 1&1&1&0\\ 0&1&1&1\\ 1&0&1&1\\ 0&1&0&1\\ 0&0&1&0\\ 1&0&0&1\\ 1&1&0&0\\ 0&1&1&0\\ 0&0&1&1\\ 0&0&0&1 \end{array} \qquad \boldsymbol{X}^{10}+\boldsymbol{X}^{9}+\boldsymbol{X}^{7}+\boldsymbol{X}^{4}+\boldsymbol{X}^{2}+\boldsymbol{X}+1 \quad \begin{array}{cccc} 1&0&0&0\\ 1&1&0&0\\ 1&1&1&0\\ 0&1&1&1\\ 1&0&1&1\\ 0&1&0&1\\ 0&0&1&0\\ 1&0&0&1\\ 0&1&0&0\\ 1&0&1&0\\ 1&1&0&1\\ 0&1&1&0\\ 0&0&1&1\\ 0&0&0&1 \end{array}$$

$$\boldsymbol{X}^{10}+\boldsymbol{X}^{9}+\boldsymbol{X}^{7}+\boldsymbol{X}^{5}+\boldsymbol{X}^{4}+\boldsymbol{X}^{3}+1 \quad \begin{array}{cccc} 1&0&0&0\\ 0&1&0&0\\ 0&0&1&0\\ 1&0&0&1\\ 1&1&0&0\\ 1&1&1&0\\ 0&1&1&1\\ 1&0&1&1\\ 0&1&0&1\\ 1&0&1&0\\ 1&1&0&1\\ 0&1&1&0\\ 0&0&1&1\\ 0&0&0&1 \end{array} \qquad \boldsymbol{X}^{10}+\boldsymbol{X}^{9}+\boldsymbol{X}^{7}+\boldsymbol{X}^{6}+\boldsymbol{X}^{5}+\boldsymbol{X}^{2}+1 \quad \begin{array}{cccc} 1&0&0&0\\ 0&1&0&0\\ 1&0&1&0\\ 0&1&0&1\\ 0&0&1&0\\ 1&0&0&1\\ 1&1&0&0\\ 1&1&1&0\\ 0&1&1&1\\ 1&0&1&1\\ 1&1&0&1\\ 0&1&1&0\\ 0&0&1&1\\ 0&0&0&1 \end{array}$$

$$\boldsymbol{X}^{10}+\boldsymbol{X}^{9}+\boldsymbol{X}^{8}+\boldsymbol{X}^{5}+\boldsymbol{X}^{3}+\boldsymbol{X}^{2}+1 \quad \begin{array}{cccc} 1&0&0&0\\ 0&1&0&0\\ 1&0&1&0\\ 1&1&0&1\\ 0&1&1&0\\ 1&0&1&1\\ 0&1&0&1\\ 0&0&1&0\\ 1&0&0&1\\ 1&1&0&0\\ 1&1&1&0\\ 0&1&1&1\\ 0&0&1&1\\ 0&0&0&1 \end{array} \qquad \boldsymbol{X}^{10}+\boldsymbol{X}^{9}+\boldsymbol{X}^{8}+\boldsymbol{X}^{6}+\boldsymbol{X}^{3}+\boldsymbol{X}+1 \quad \begin{array}{cccc} 1&0&0&0\\ 1&1&0&0\\ 0&1&1&0\\ 1&0&1&1\\ 0&1&0&1\\ 0&0&1&0\\ 1&0&0&1\\ 0&1&0&0\\ 1&0&1&0\\ 1&1&0&1\\ 1&1&1&0\\ 0&1&1&1\\ 0&0&1&1\\ 0&0&0&1 \end{array}$$

$$\boldsymbol{X}^{10}+\boldsymbol{X}^{9}+\boldsymbol{X}^{8}+\boldsymbol{X}^{6}+\boldsymbol{X}^{4}+\boldsymbol{X}^{3}+1 \quad \begin{array}{cccc} 1&0&0&0\\ 0&1&0&0\\ 0&0&1&0\\ 1&0&0&1\\ 1&1&0&0\\ 0&1&1&0\\ 1&0&1&1\\ 0&1&0&1\\ 1&0&1&0\\ 1&1&0&1\\ 1&1&1&0\\ 0&1&1&1\\ 0&0&1&1\\ 0&0&0&1 \end{array} \qquad \boldsymbol{X}^{10}+\boldsymbol{X}^{9}+\boldsymbol{X}^{8}+\boldsymbol{X}^{6}+\boldsymbol{X}^{5}+\boldsymbol{X}^{2}+1 \quad \begin{array}{cccc} 1&0&0&0\\ 0&1&0&0\\ 1&0&1&0\\ 0&1&0&1\\ 0&0&1&0\\ 1&0&0&1\\ 1&1&0&0\\ 0&1&1&0\\ 1&0&1&1\\ 1&1&0&1\\ 1&1&1&0\\ 0&1&1&1\\ 0&0&1&1\\ 0&0&0&1 \end{array}$$

4.7. Generatorpolynome für acht Informationsbit

Acht Informationsbit u_1 bis u_8 sollen mit dem Kodierschema von **S 4.4.5** kodiert werden. Das Bitmuster wird hier entsprechend interpretiert, also z.B.

$$1\,1\,0\,0\,1\,0\,0\,0 \longrightarrow u_1 \oplus u_2 \oplus u_5$$

Ein Fehler

Es gibt zwei Polynome vom Grad vier, die auf einen Code führen, mit dem ein Fehler korrigiert werden kann:

$$\boldsymbol{X}^4+\boldsymbol{X}+1 \quad \begin{array}{cccccccc}
1&0&0&0&0&0&0&0\\
1&1&0&0&0&0&0&0\\
0&1&1&0&0&0&0&0\\
0&0&1&1&0&0&0&0\\
1&0&0&1&1&0&0&0\\
0&1&0&0&1&1&0&0\\
0&0&1&0&0&1&1&0\\
0&0&0&1&0&0&1&1\\
0&0&0&0&1&0&0&1\\
0&0&0&0&0&1&0&0\\
0&0&0&0&0&0&1&0\\
0&0&0&0&0&0&0&1
\end{array}
\qquad
\boldsymbol{X}^4+\boldsymbol{X}^3+1 \quad \begin{array}{cccccccc}
1&0&0&0&0&0&0&0\\
0&1&0&0&0&0&0&0\\
0&0&1&0&0&0&0&0\\
1&0&0&1&0&0&0&0\\
1&1&0&0&1&0&0&0\\
0&1&1&0&0&1&0&0\\
0&0&1&1&0&0&1&0\\
0&0&0&1&1&0&0&1\\
0&0&0&0&1&1&0&0\\
0&0&0&0&0&1&1&0\\
0&0&0&0&0&0&1&1\\
0&0&0&0&0&0&0&1
\end{array}$$

Zwei Fehler

Es gibt zwei Polynome vom Grad acht, die einen Code ergeben, mit dem zwei Fehler korrigiert werden können:

$$\boldsymbol{X}^8+\boldsymbol{X}^5+\boldsymbol{X}^4+\boldsymbol{X}^3+1 \quad \begin{array}{cccccccc}
1&0&0&0&0&0&0&0\\
0&1&0&0&0&0&0&0\\
0&0&1&0&0&0&0&0\\
1&0&0&1&0&0&0&0\\
1&1&0&0&1&0&0&0\\
1&1&1&0&0&1&0&0\\
0&1&1&1&0&0&1&0\\
0&0&1&1&1&0&0&1\\
1&0&0&1&1&1&0&0\\
0&1&0&0&1&1&1&0\\
0&0&1&0&0&1&1&1\\
0&0&0&1&0&0&1&1\\
0&0&0&0&1&0&0&1\\
0&0&0&0&0&1&0&0\\
0&0&0&0&0&0&1&0\\
0&0&0&0&0&0&0&1
\end{array}$$

$$\boldsymbol{X}^8+\boldsymbol{X}^7+\boldsymbol{X}^6+\boldsymbol{X}^4+\boldsymbol{X}^2+\boldsymbol{X}+1 \quad \begin{array}{cccccccc}
1&0&0&0&0&0&0&0\\
1&1&0&0&0&0&0&0\\
1&1&1&0&0&0&0&0\\
0&1&1&1&0&0&0&0\\
1&0&1&1&1&0&0&0\\
0&1&0&1&1&1&0&0\\
1&0&1&0&1&1&1&0\\
1&1&0&1&0&1&1&1\\
1&1&1&0&1&0&1&1\\
0&1&1&1&0&1&0&1\\
0&0&1&1&1&0&1&0\\
0&0&0&1&1&1&0&1\\
0&0&0&0&1&1&1&0\\
0&0&0&0&0&1&1&1\\
0&0&0&0&0&0&1&1\\
0&0&0&0&0&0&0&1
\end{array}$$

Drei Fehler

Es gibt zwei Polynome vom Grad 11, die einen Code erzeugen, mit dem drei Fehler korrigiert werden können:

$$\boldsymbol{X}^{11}+\boldsymbol{X}^{9}+\boldsymbol{X}^{7}+\boldsymbol{X}^{6}+\boldsymbol{X}^{5}+\boldsymbol{X}+1 \quad \begin{matrix} 1&0&0&0&0&0&0&0\\ 1&1&0&0&0&0&0&0\\ 0&1&1&0&0&0&0&0\\ 0&0&1&1&0&0&0&0\\ 0&0&0&1&1&0&0&0\\ 1&0&0&0&1&1&0&0\\ 1&1&0&0&0&1&1&0\\ 1&1&1&0&0&0&1&1\\ 0&1&1&1&0&0&0&1\\ 1&0&1&1&1&0&0&0\\ 0&1&0&1&1&1&0&0\\ 1&0&1&0&1&1&1&0\\ 0&1&0&1&0&1&1&1\\ 0&0&1&0&1&0&1&1\\ 0&0&0&1&0&1&0&1\\ 0&0&0&0&1&0&1&0\\ 0&0&0&0&0&1&0&1\\ 0&0&0&0&0&0&1&0\\ 0&0&0&0&0&0&0&1 \end{matrix}$$

$$\boldsymbol{X}^{11}+\boldsymbol{X}^{10}+\boldsymbol{X}^{6}+\boldsymbol{X}^{5}+\boldsymbol{X}^{4}+\boldsymbol{X}^{2}+1 \quad \begin{matrix} 1&0&0&0&0&0&0&0\\ 0&1&0&0&0&0&0&0\\ 1&0&1&0&0&0&0&0\\ 0&1&0&1&0&0&0&0\\ 1&0&1&0&1&0&0&0\\ 1&1&0&1&0&1&0&0\\ 1&1&1&0&1&0&1&0\\ 0&1&1&1&0&1&0&1\\ 0&0&1&1&1&0&1&0\\ 0&0&0&1&1&1&0&1\\ 1&0&0&0&1&1&1&0\\ 1&1&0&0&0&1&1&1\\ 0&1&1&0&0&0&1&1\\ 0&0&1&1&0&0&0&1\\ 0&0&0&1&1&0&0&0\\ 0&0&0&0&1&1&0&0\\ 0&0&0&0&0&1&1&0\\ 0&0&0&0&0&0&1&1\\ 0&0&0&0&0&0&0&1 \end{matrix}$$

Vier Fehler

Es gibt 42 Polynome vom Grad 17, die zu einen Code führen, mit dem vier Fehler korrigiert werden können. Es werden allerdings nur vier angegeben:

$$\boldsymbol{X}^{17} + \boldsymbol{X}^{11} + \boldsymbol{X}^{9} + \boldsymbol{X}^{8} + \boldsymbol{X}^{7} + \boldsymbol{X}^{4} + \boldsymbol{X}^{3} + \boldsymbol{X}^{2} + 1 \quad \begin{matrix} 1&0&0&0&0&0&0&0\\ 0&1&0&0&0&0&0&0\\ 1&0&1&0&0&0&0&0\\ 1&1&0&1&0&0&0&0\\ 1&1&1&0&1&0&0&0\\ 0&1&1&1&0&1&0&0\\ 0&0&1&1&1&0&1&0\\ 1&0&0&1&1&1&0&1\\ 1&1&0&0&1&1&1&0\\ 1&1&1&0&0&1&1&1\\ 0&1&1&1&0&0&1&1\\ 1&0&1&1&1&0&0&1\\ 0&1&0&1&1&1&0&0\\ 0&0&1&0&1&1&1&0\\ 0&0&0&1&0&1&1&1\\ 0&0&0&0&1&0&1&1\\ 0&0&0&0&0&1&0&1\\ 1&0&0&0&0&0&1&0\\ 0&1&0&0&0&0&0&1\\ 0&0&1&0&0&0&0&0\\ 0&0&0&1&0&0&0&0\\ 0&0&0&0&1&0&0&0\\ 0&0&0&0&0&1&0&0\\ 0&0&0&0&0&0&1&0\\ 0&0&0&0&0&0&0&1 \end{matrix}$$

$$\boldsymbol{X}^{17} + \boldsymbol{X}^{16} + \boldsymbol{X}^{15} + \boldsymbol{X}^{14} + \boldsymbol{X}^{13} + \boldsymbol{X}^{12} + \boldsymbol{X}^{10} + \boldsymbol{X}^{9} + \boldsymbol{X}^{6} + \boldsymbol{X}^{2} + 1 \quad \begin{matrix} 1&0&0&0&0&0&0&0\\ 0&1&0&0&0&0&0&0\\ 1&0&1&0&0&0&0&0\\ 0&1&0&1&0&0&0&0\\ 0&0&1&0&1&0&0&0\\ 0&0&0&1&0&1&0&0\\ 1&0&0&0&1&0&1&0\\ 0&1&0&0&0&1&0&1\\ 0&0&1&0&0&0&1&0\\ 1&0&0&1&0&0&0&1\\ 1&1&0&0&1&0&0&0\\ 0&1&1&0&0&1&0&0\\ 1&0&1&1&0&0&1&0\\ 1&1&0&1&1&0&0&1\\ 1&1&1&0&1&1&0&0\\ 1&1&1&1&0&1&1&0\\ 1&1&1&1&1&0&1&1\\ 1&1&1&1&1&1&0&1\\ 0&1&1&1&1&1&1&0\\ 0&0&1&1&1&1&1&1\\ 0&0&0&1&1&1&1&1\\ 0&0&0&0&1&1&1&1\\ 0&0&0&0&0&1&1&1\\ 0&0&0&0&0&0&1&1\\ 0&0&0&0&0&0&0&1 \end{matrix}$$

$$\boldsymbol{X}^{17} + \boldsymbol{X}^{16} + \boldsymbol{X}^{13} + \boldsymbol{X}^{10} + \boldsymbol{X}^{9} + \boldsymbol{X}^{8} + \boldsymbol{X}^{5} + \boldsymbol{X} + 1$$

1	0	0	0	0	0	0	0
1	1	0	0	0	0	0	0
0	1	1	0	0	0	0	0
0	0	1	1	0	0	0	0
0	0	0	1	1	0	0	0
1	0	0	0	1	1	0	0
0	1	0	0	0	1	1	0
0	0	1	0	0	0	1	1
1	0	0	1	0	0	0	1
1	1	0	0	1	0	0	0
1	1	1	0	0	1	0	0
0	1	1	1	0	0	1	0
0	0	1	1	1	0	0	1
1	0	0	1	1	1	0	0
0	1	0	0	1	1	1	0
0	0	1	0	0	1	1	1
1	0	0	1	0	0	1	1
1	1	0	0	1	0	0	1
0	1	1	0	0	1	0	0
0	0	1	1	0	0	1	0
0	0	0	1	1	0	0	1
0	0	0	0	1	1	0	0
0	0	0	0	0	1	1	0
0	0	0	0	0	0	1	1
0	0	0	0	0	0	0	1

$$\boldsymbol{X}^{17} + \boldsymbol{X}^{15} + \boldsymbol{X}^{11} + \boldsymbol{X}^{10} + \boldsymbol{X}^{9} + \boldsymbol{X}^{7} + \boldsymbol{X}^{6} + \boldsymbol{X}^{5} + \boldsymbol{X}^{2} + \boldsymbol{X} + 1$$

1	0	0	0	0	0	0	0
1	1	0	0	0	0	0	0
1	1	1	0	0	0	0	0
0	1	1	1	0	0	0	0
0	0	1	1	1	0	0	0
1	0	0	1	1	1	0	0
1	1	0	0	1	1	1	0
1	1	1	0	0	1	1	1
0	1	1	1	0	0	1	1
1	0	1	1	1	0	0	1
1	1	0	1	1	1	0	0
1	1	1	0	1	1	1	0
0	1	1	1	0	1	1	1
0	0	1	1	1	0	1	1
0	0	0	1	1	1	0	1
1	0	0	0	1	1	1	0
0	1	0	0	0	1	1	1
1	0	1	0	0	0	1	1
0	1	0	1	0	0	0	1
0	0	1	0	1	0	0	0
0	0	0	1	0	1	0	0
0	0	0	0	1	0	1	0
0	0	0	0	0	1	0	1
0	0	0	0	0	0	1	0
0	0	0	0	0	0	0	1

5. Polynomarithmetik und lineare Gleichungssysteme mit AVR

Polynomarithmetik spielt in der Kodierungstheorie (und nicht nur dort) eine ganz bedeutende Rolle. Viele ihrer Verfahren und Algorithmen werden mit Polynomen ausgeführt. Und doch, wenn es an die Umsetzung in die Praxis geht, und das bedeutet heute ein Programm, dann werden Polynome eher gemieden. Das hat einen guten Grund: Geschwindigkeit. Besonders die Polynommultiplikation und Polynomdivision sind in der Durchführung relativ zeitaufwendig.

Man vergleiche nur die Formulierung einer Kodierung in **S 4.4.3** als Polynomprodukt mit der praktischen Durchführung mit dem Rechenschema (4.26). Das Rechenschema erfordert nur einige einfache Additionen in $\mathbb{K}_2$, die mit einem kurzen Prozessorbefehl (`eor`) ausgeführt werden können. Bei der Dekodierung ist es ähnlich, mit dem Schema können drei Bit direkt abgelesen werden, für das vierte ist nur eine Addition modulo 2 notwendig. Algorithmisch ist für die Dekodierung allerdings eine Polynomdivision vorgesehen.

Warum also dann Polynomarithmetik mit AVR? Weil es genug Verfahren gibt, bei welchen man um Polynomarithmetik nicht herumkommt. Zu nennen sind hier besonders die Algorithmen in Kapitel 3. Aber es gibt auch viele andere Bereiche mit Verfahren, die auf Polynomarithmetik beruhen, etwa im Bereich der Kryptographie.

Die Programme in Abschnitt 5.1 sind aber auch an sich interessant. Die eingesetzten Techniken zur Ablaufbeschleunigung sind auch auf andere Programme übertragbar.

Das Lösen linearer Gleichungssysteme mit Koeffizienten in einem endlichen Körper unterscheidet sich beträchtlich vom Lösen solcher Gleichungen im reellen oder komplexen Zahlenbereich. Bücher, die der praktischen Lösung linearer Gleichungen gewidmet sind, und es sind stets reelle oder komplexe Gleichungen, verwenden einen guten Teil ihres Umfanges zur Darstellung von Techniken, mit denen die bei den Rechnungen gemachten Fehler einigermaßen in Schach gehalten werden sollen. Ein sehr gutes Beispiel ist hier [Wilk].

Diese systemimmanente Ungenauigkeit hat Konsequenzen. Eine davon ist, daß sofort mit einem Lösungsversuch abgebrochen wird, wenn sich ein Anzeichen ergibt, daß die Matrix des linearen Systems singulär ist. Dieses Anzeichen ist gewöhnlich der Versuch, durch Null zu dividieren. Das ist zunächst einmal unverständlich, denn auch ein System mit singulärer Matrix kann eine Lösung haben. Das sieht man besser, wenn von Matrizen zu linearen Abbildungen übergegangen wird. Sind nämlich $\mathfrak{U}$ und $\mathfrak{V}$ Vektorräume endlicher und gleicher Dimension über irgendeinem Körper K, und ist $\varphi\colon \mathfrak{U} \longrightarrow \mathfrak{V}$ eine lineare Abbildung, dann ist bei festem gegebenem $\mathfrak{v} \in \mathfrak{V}$ durch

$$\varphi(\mathfrak{x}) = \mathfrak{v}$$

ein lineares Gleichungssystem mit der Unbekannten $\mathfrak{x}$ definiert. Hier gilt nun ganz elementar

$$\{\,\mathfrak{x} \mid \varphi(\mathfrak{x}) = \mathfrak{v}\,\} \neq \emptyset \iff \mathfrak{v} \in \mathbf{Bild}(\varphi)$$

ganz gleich, ob die Abbildung nun umkehrbar ist oder nicht. Warum also das abrupte Beenden der Rechnung? Warum wird nicht zumindest der Versuch gemacht, doch noch zu einer Lösung zu kommen? Man gehe einmal diesbezüglich die Programme in [Wilk] durch.

Die Antwort ist, daß eine doch noch gefundene Lösung mit sehr hoher Wahrscheinlichkeit in

Wirklichkeit keine Lösung sondern ein reines Zufallsprodukt wäre. Berechnungen mit (nahezu) singulären Matrizen erzeugen gewöhnlich Fehler in astronomischer Größe.

Weil es bei Rechnungen mit Elementen endlicher Körper keine Fehler geben kann (jedenfalls bei korrekter Durchführung dieser Rechnungen), sollte die Rechnung nicht gleich beendet werden, wenn sich die Matrix als singulär herausstellt. Was in diesem Fall noch getan werden kann wird in Abschnitt 6.10.9 beschrieben, es wird in dem Programm aus Abschnitt 5.2 auch tatsächlich umgesetzt. Natürlich wird der Aufbau des Programms damit komplizierter, doch das muß in Kauf genommen werden: Einige der im Buch vorgestellten Verfahren verlangen die Lösung eines linearen Gleichungssystem mit singulärer Koeffizientenmatrix. Die Lösungsmenge kann in so einem Fall ein ganzer Vektorunterraum sein, was in der Praxis heißt, daß einigen Unbekannten beliebige Werte zugewiesen werden können.

Der Koeffizientenkörper des Programms aus Abschnitt 5.2 ist $\mathbb{K}_{2^8}$. Das Programm kann daher auch für Gleichungen mit Koeffizienten aus $\mathbb{K}_2$, $\mathbb{K}_{2^2}$ und $\mathbb{K}_{2^4}$ benutzt werden, *nicht* jedoch für Koeffizienten aus $\mathbb{K}_{2^3}$, $\mathbb{K}_{2^5}$, $\mathbb{K}_{2^6}$ und $\mathbb{K}_{2^7}$ (siehe **S 6.14.4**).

5.1. Arithmetik in $\mathbb{K}_2[X]$

In diesem Abschnitt werden Operationen mit Polynomen aus $\mathbf{P}_{32} = \{\, \boldsymbol{f} \in \mathbb{K}_2[\boldsymbol{X}] \mid \partial(\boldsymbol{f}) < 32 \,\}$ als eine Reihe von Assemblerfunktionen und Assemblerunterprogrammen für AVR-Mikrocontroller realisiert. Ein Polynom $\boldsymbol{f} \in \mathbf{P}_{32}$ wird als ein Bytevektor $\mathfrak{f}$ der Länge 5 dargestellt:

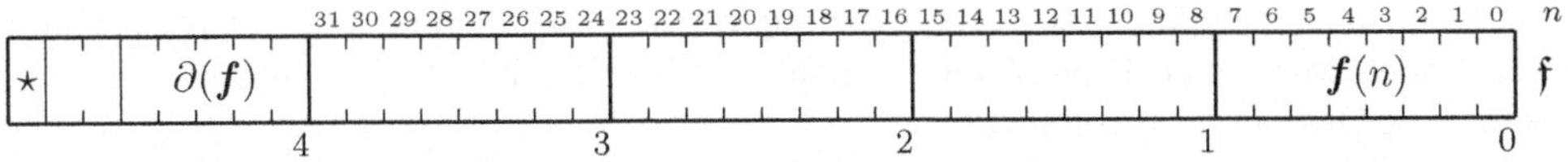

Die Bytes $\mathfrak{f}[0]$ bis $\mathfrak{f}[3]$ enthalten die Koeffizienten $\boldsymbol{f}(n)$, und zwar ist $\boldsymbol{f}(8\nu + \mu) = \mathfrak{f}[\nu].\mu$, mit $0 \le \nu \le 3$ und $0 \le \mu \le 7$. Beispielsweise ist $\boldsymbol{f}(11) = \boldsymbol{f}(8+3)$ das Bit 3 in $\mathfrak{f}[1]$. Für Polynome $\boldsymbol{f}$ mit $\partial(\boldsymbol{f}) \ge 0$ enthalten die Bits $\mathfrak{f}[4]$.0-4 den Polynomgrad. Beim Nullpolynom ist das Vorzeichenbit von $\mathfrak{f}$ gesetzt, also das Bit $\mathfrak{f}[4]$.7, **alle übrigen Bits sind nicht gesetzt**, d.h. das Nullpolynom wird dargestellt durch 8000000000.

Um das Produkt beliebiger Polynome $\boldsymbol{f}$ mit $\partial(\boldsymbol{f}) < 32$ bilden zu können werden auch Polynome $\boldsymbol{f}$ mit $\partial(\boldsymbol{f}) < 64$ dargestellt. Ein solches Polynom $\boldsymbol{f}$ ist ein Bytevektor $\mathfrak{F}$ der Länge 9:

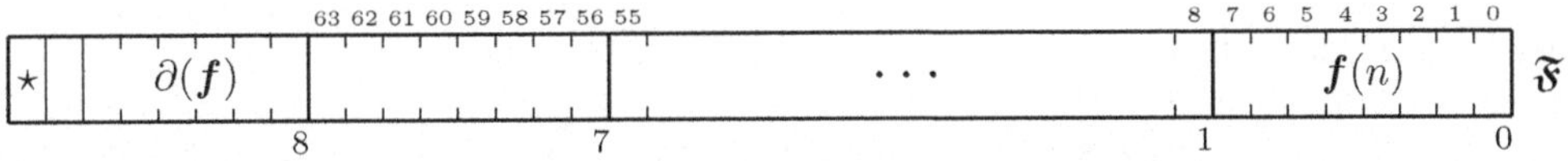

Die Unterprogramme verwenden das Vierfachregister $\mathbf{r}_{11:10:9:8}$ als Akkumulator, für die großen Bytevektoren $\mathfrak{F}$ auch das Achtfachregister $\mathbf{r}_{15:14:13:12:11:10:9:8}$. Der Inhalt dieser Register wird von den Unterprogrammen nicht in den Stapel gerettet, wenn daher die Inhalte einen Unterprogrammaufruf überleben sollen, muß das rufende Programm selbst dafür sorgen.

Jedes Polynom $\boldsymbol{f} \in \mathbb{K}_2[\boldsymbol{X}]$ mit $\partial(\boldsymbol{f}) = n$ kann eindeutig durch sein Koeffiziententupel repräsentiert werden:

$$\sum_{\nu=0}^{n} \boldsymbol{f}(\nu)\boldsymbol{X}^{\nu} \;\longleftrightarrow\; \big(\boldsymbol{f}(n), \boldsymbol{f}(n-1), \ldots, \boldsymbol{f}(1), \boldsymbol{f}(0)\big) \in \mathbb{K}_2^{n+1} \tag{5.1}$$

Das entspricht genau der obigen Darstellung als Bytevektor.

5.1.1. Addition

Die Addition zweier Polynome $\boldsymbol{f}$ und $\boldsymbol{g}$ aus $\mathbb{K}_2[\boldsymbol{X}]$ ist völlig problemlos, was die eigentliche Addition betrifft. Etwas mehr Mühe ist jedoch für die Bestimmung des Polynomgrades der Summe $\boldsymbol{h}$ aufzubringen. Denn gilt $\partial(\boldsymbol{f}) = \partial(\boldsymbol{g})$, so ist $\partial(\boldsymbol{h}) < \partial(\boldsymbol{f})$ wegen $\boldsymbol{f}\bigl(\partial(\boldsymbol{f})\bigr) + \boldsymbol{g}\bigl(\partial(\boldsymbol{g})\bigr) = 0$. Tatsächlich kann bei der Addition das Nullpolynom herauskommen (falls $\boldsymbol{f} = \boldsymbol{g}$). Man hat daher den höchsten nicht verschwindenden Koeffizienten von $\boldsymbol{h}$ zu ermitteln. Das folgende Unterprogramm verwendet dazu keine Programmschleifen, um die Koeffizienten zu testen, sondern setzt eine Tabelle im ROM des Controllers ein.

Unterprogramm PolAdd

Es wird die Summe $\mathfrak{h}$ zweier Polynome $\mathfrak{f}$ und $\mathfrak{g}$ berechnet.

Input

- **X** Die Adresse ξ eines Polynoms $\mathfrak{f}$
- **Y** Die Adresse η eines Polynoms $\mathfrak{g}$
- **Z** Die Adresse ζ eines Polynoms $\mathfrak{h}$

Das Polynom $\mathfrak{h}$ wird mit der Summe überschrieben.
Ist das Ergebnis der Addition das Nullpolynom wird das Nullbit $\mathbf{S}.\mathfrak{z}$ gesetzt.
Das Unterprogramm kann keine Fehler erzeugen.

```
vbPolGrad: .db   0,1                                  Die Gradtabelle G
           .db   1,2
           .db   2,2,2,3
           .db   3,3,3,3,3,3,3,4
           .db   4,4,4,4,4,4,4,4,4,4,4,4,4,4,4,5
           .db   5,5,5,5,5,5,5,5,5,5,5,5,5,5,5,5
           .db   5,5,5,5,5,5,5,5,5,5,5,5,5,5,5,6
           .db   6,6,6,6,6,6,6,6,6,6,6,6,6,6,6,6
           .db   6,6,6,6,6,6,6,6,6,6,6,6,6,6,6,6
           .db   6,6,6,6,6,6,6,6,6,6,6,6,6,6,6,6
           .db   6,6,6,6,6,6,6,6,6,6,6,6,6,6,6,7
           .db   7,7,7,7,7,7,7,7,7,7,7,7,7,7,7,7
           .db   7,7,7,7,7,7,7,7,7,7,7,7,7,7,7,7
           .db   7,7,7,7,7,7,7,7,7,7,7,7,7,7,7,7
           .db   7,7,7,7,7,7,7,7,7,7,7,7,7,7,7,7
           .db   7,7,7,7,7,7,7,7,7,7,7,7,7,7,7,7
           .db   7,7,7,7,7,7,7,7,7,7,7,7,7,7,7,7
           .db   7,7,7,7,7,7,7,7,7,7,7,7,7,7,7,7
           .db   7,7,7,7,7,7,7,7,7,7,7,7,7,7,7,0
PolAdd:
PolSub:    push3 r16,r30,r31          3×2
           ld    r16,X+               2    r16 ← f[0] = ξ*, ξ ← ξ + 1
           ld    r8,Y                 2    r8 ← g[0] = η*
           eor   r8,r16               1    r8 ← f[0] ⊕ g[0]
           st    Z,r8                 2    h[0] = ζ* ← f[0] ⊕ g[0]
           ld    r16,X+               2    r16 ← f[1] = ξ*, ξ ← ξ + 1
           ldd   r9,Y+1               2    r9 ← g[1] = (η + 1)*
           eor   r9,r16               1    r9 ← f[1] ⊕ g[1]
```

	std	Z+1,r9	2	$\mathfrak{h}[1] = (\zeta+1)^\star \leftarrow \mathfrak{f}[1] \oplus \mathfrak{g}[1]$
	ld	r16,X+	2	$\mathbf{r_{16}} \leftarrow \mathfrak{f}[2] = \xi^\star,\ \xi \leftarrow \xi + 1$
	ldd	r10,Y+2	2	$\mathbf{r_{10}} \leftarrow \mathfrak{g}[2] = (\eta+2)^\star$
	eor	r10,r16	1	$\mathbf{r_{10}} \leftarrow \mathfrak{f}[2] \oplus \mathfrak{g}[2]$
	std	Z+2,r10	2	$\mathfrak{h}[2] = (\zeta+2)^\star \leftarrow \mathfrak{f}[2] \oplus \mathfrak{g}[2]$
	ld	r16,X+	2	$\mathbf{r_{16}} \leftarrow \mathfrak{f}[3] = \xi^\star,\ \xi \leftarrow \xi + 1$
	ldd	r11,Y+3	2	$\mathbf{r_{11}} \leftarrow \mathfrak{g}[3] = (\eta+3)^\star$
	eor	r11,r16	1	$\mathbf{r_{11}} \leftarrow \mathfrak{f}[3] \oplus \mathfrak{g}[3]$
	std	Z+3,r11	2	$\mathfrak{h}[3] = (\zeta+3)^\star \leftarrow \mathfrak{f}[3] \oplus \mathfrak{g}[3]$
	ld	r16,X	2	$\mathbf{r_{16}} \leftarrow \mathfrak{f}[4] = \partial(\boldsymbol{f})$
	ldd	r30,Y+4	2	$\mathbf{r_{30}} \leftarrow \mathfrak{g}[4] = \partial(\boldsymbol{g})$
	sbiw	r27:r26,4	2	**X** mit übernommenem Wert $\mathcal{A}(\mathfrak{f}[0])$ laden
	tst	r16	1	$\partial(\boldsymbol{f}) = -\infty$?
	brmi	PolAddNf	1/2	Falls $\partial(\boldsymbol{f}) = -\infty$ mit $\boldsymbol{h} = \boldsymbol{g}$ zurück
	tst	r30	1	$\partial(\boldsymbol{g}) = -\infty$?
	brmi	PolAdd02	1/2	Falls $\partial(\boldsymbol{g}) = -\infty$ mit $\boldsymbol{h} = \boldsymbol{f}$ zurück
	cp	r16,r30	1	$\partial(\boldsymbol{f}) = \partial(\boldsymbol{g})$?
	breq	PolAdd04	1/2	Falls $\partial(\boldsymbol{f}) = \partial(\boldsymbol{g})$ zur Bitsuche
	sksh		1	Falls $\partial(\boldsymbol{f}) < \partial(\boldsymbol{g})$:
	mov	r16,r30	1	$\mathbf{r_{16}} \leftarrow \partial(\boldsymbol{g})$
PolAdd02:	pop2	r31,r30	2×1	
	std	Z+4,r16	2	$\mathfrak{h}[4] \leftarrow \partial(\boldsymbol{h})$
	pop	r16	2	
	ret		4	
PolAddNf:	mov	r16,r30	1	$\mathbf{r_{16}} \leftarrow \partial(\boldsymbol{g})$
	tst	r16	1	$\partial(\boldsymbol{g}) = -\infty$?
	brpl	PolAdd02	1/2	Falls $\partial(\boldsymbol{g}) > \infty$ mit $\boldsymbol{h} = \boldsymbol{g}$ zurück
	sez		1	$\mathbf{S}.\mathfrak{z} \leftarrow 1$ für $\boldsymbol{h} = \mathbf{0}$
	rjmp	PolAdd02	2	Mit $\boldsymbol{h} = \mathbf{0}$ zurück
PolAdd04:	ldi	r31,HIGH(vbPolGrad*2)	1	$\mathbf{Z} \leftarrow 2\gamma = 2\mathcal{A}(G)$, für `lpm`
	ldi	r30,LOW(vbPolGrad*2)	1	
	clr	r16	1	$\mathbf{r_{16}} \leftarrow$ 00
	tst	r11	1	$\mathfrak{h}[3] =$ 00?
	breq	PolAdd08	1/2	Falls ja, $\partial(\boldsymbol{h}) \le 23$
	dec	r11	1	$\mathbf{r_{11}} \leftarrow b = \mathfrak{h}[3] - 1$
	add	r30,r11	1	$\mathbf{Z} \leftarrow 2\gamma + b$
	adc	r31,r16	1	
	lpm	r16,Z	3	$\mathbf{r_{16}} \leftarrow G[b]$
	subi	r16,256-24	1	$\mathbf{r_{16}} \leftarrow G[b] + 24 = \partial(\boldsymbol{h})$
	rjmp	PolAdd02	2	Zum Rücksprung
PolAdd08:	tst	r10	1	$\mathfrak{h}[2] =$ 00?
	breq	PolAdd12	1/2	Falls ja, $\partial(\boldsymbol{h}) \le 15$
	dec	r10	1	$\mathbf{r_{10}} \leftarrow b = \mathfrak{h}[2] - 1$
	add	r30,r10	1	$\mathbf{Z} \leftarrow 2\gamma + b$
	adc	r31,r16	1	
	lpm	r16,Z	3	$\mathbf{r_{16}} \leftarrow G[b]$

```
75             subi  r16,256-16          1    r16 ← G[b] + 16 = ∂(h)
76             rjmp  PolAdd02            2    Zum Rücksprung
77  PolAdd12:  tst   r9                  1    𝔥[1] = 00?
78             breq  PolAdd16            1/2  Falls ja, ∂(h) ≤ 7
79             dec   r9                  1    r9 ← b = 𝔥[1] − 1
80             add   r30,r9              1    Z ← 2γ + b
81             adc   r31,r16             1
82             lpm   r16,Z               3    r16 ← G[b]
83             subi  r16,256-8           1    r16 ← G[b] + 8 = ∂(h)
84             rjmp  PolAdd02            2    Zum Rücksprung
85  PolAdd16:  tst   r8                  1    𝔥[0] = 00?
86             breq  PolAdd20            1/2  Falls ja, ∂(h) = −∞
87             dec   r8                  1    r8 ← b = 𝔥[0] − 1
88             add   r30,r8              1    Z ← 2γ + b
89             adc   r31,r16             1
90             lpm   r16,Z               3    r16 ← G[b] = ∂(h)
91             rjmp  PolAdd02            2    Zum Rücksprung
92  PolAdd20:  ldi   r16,0b10000000      1    r16 ← −∞ = ∂(h)
93             rjmp  PolAdd02            2    Zum Rücksprung
```

Die Addition der beiden Polynome verläuft in zwei Phasen. Die erste besteht in der eigentlichen Addition mod 2, in der zweiten Phase wird $\partial(\boldsymbol{h})$ bestimmt.

Die Addition wird unabhängig von den Graden der beiden Summanden für alle vier Bytes durchgeführt. Im Prinzip ist es zwar so, daß solche Bytes, die keine Bits enthalten, die Koeffizientenbits von $\boldsymbol{f}$ oder $\boldsymbol{g}$ sind, nicht addiert werden müssen. Die Bestimmung dieser Bytes aus den beiden Polynomgraden und die anschließende mit mehr Aufwand verbundene Addition der verbleibenden Bytes dauert jedoch länger als die schnörkellose Addition aller Bytes.

Weil die Adressen von $\mathfrak{g}$ und $\mathfrak{h}$ in den Registern **Y** und **Z** übergeben werden, kann auf die Bytes der beiden Polynome zugegriffen werden, ohne die Inhalte der Register zu verändern. Die Adresse von $\mathfrak{f}$ wird allerdings in **X** übergeben, für das nicht alle Adressierungsarten zur Verfügung stehen. Die Größe der Veränderung ist jedoch beim Rücksprung in das rufende Programm bekannt und kann arithmetisch korrigiert werden, der Stapel wird damit nicht belastet (Zeile *40*).

Die Summe mod 2 der Koeffizienten von $\mathfrak{f}$ und $\mathfrak{g}$ wird im Vierfachregister $\mathbf{r_{11:10:9:8}}$ erzeugt, jedes berechnete Byte wird aber auch sofort in das Polynom $\mathfrak{h}$ geschrieben. Für das Byte 0 der Polynome geschieht das in den Zeilen *22–25*. Die Addition in $\mathbb{K}_2$ wird natürlich mit dem Maschinenbefehl `eor` vorgenommen. Die Addition und das Schreiben aller Polynomkoeffizienten wird in Zeile *37* beendet. Das Register **X** zeigt in Zeile *38* auf das Gradbyte $\mathfrak{f}[4]$.

Es wird nun geprüft, ob die Sonderfälle $\boldsymbol{f} = \mathbf{0}$ oder $\boldsymbol{g} = \mathbf{0}$ vorliegen. Zu diesem Zweck wird in den Zeilen *38–39* Register $\mathbf{r_{16}}$ mit $\partial(\boldsymbol{f})$ und $\mathbf{r_{30}}$ mit $\partial(\boldsymbol{g})$ geladen. Register **Z** wird beim Rücksprung in das rufende Programm mit seinem ursprünglichen Wert geladen, es kann daher hier ohne weiteres eingesetzt werden. Das Register **X** wird nicht mehr gebraucht und sein ursprünglicher Wert daher in Zeile *40* restauriert. Das geschieht hier und nicht direkt vor dem Rücksprung, weil die Restauration mit einem arithmetischen Befehl durchgeführt wird, der die Statusbits verändert, das Nullbit aber ein Rückgabewert ist.

In Zeile *41* wird getestet, ob das Negativbit gesetzt ist, ob also $\partial(\boldsymbol{f}) = -\infty$ ist. Ist das der Fall, so ist natürlich $\boldsymbol{g}$ das Ergebnis. Allerdings kann nicht direkt zurückgesprungen werden, denn es könnte auch $\boldsymbol{g} = \mathbf{0}$ sein und das Nullbit hätte den falschen Wert. Es wird also in die Zeile *53* gesprungen, um das zu berücksichtigen. Dort wird $\mathbf{r_{16}}$ aus $\mathbf{r_{30}}$ mit $\partial(\boldsymbol{g})$ geladen und in der nächsten Zeile getestet, ob $\partial(\boldsymbol{g}) = -\infty$. Ist das nicht der Fall, dann kann direkt zurückgekehrt werden, andernfalls wird vor dem Rücksprung das Nullbit gesetzt.

Ergibt der Test in Zeile *41*, daß $\boldsymbol{f} \neq \boldsymbol{0}$, wird in Zeile *43* geprüft, ob $\partial(\boldsymbol{g}) = -\infty$. Ist das der Fall, kann hier direkt zurückgesprungen werden, denn das Ergebnis $\boldsymbol{h} = \boldsymbol{f}$ ist nicht das Nullpolynom und das Nullbit wurde in Zeile *43* gelöscht, es ist dort natürlich $\mathbf{r_{30}} \neq 00$.

Ab Zeile *45* gilt $\partial(\boldsymbol{f}) > -\infty$ und $\partial(\boldsymbol{g}) > -\infty$. Im Rest des Unterprogramms geht es darum, den Grad $\partial(\boldsymbol{h})$ des Summenpolynoms zu bestimmen. Falls $\partial(\boldsymbol{f}) \neq \partial(\boldsymbol{g})$ ist $\partial(\boldsymbol{h})$ bekannt, es ist dann natürlich $\partial(\boldsymbol{h}) = \max\{\partial(\boldsymbol{f}), \partial(\boldsymbol{g})\}$. Falls $\partial(\boldsymbol{f}) = \partial(\boldsymbol{g})$ hat eine Auslöschung führender Bits von $\mathfrak{h}$ stattgefunden und es muß das höchste nicht verschwindende Bit gefunden werden, sofern es existiert.

Der Vergleich zwischen den Graden wird in Zeile *41* durchgeführt. Falls die beiden Grade gleich sind, muß $\partial(\boldsymbol{h})$ durch eine Suche bestimmt werden, die in Zeile *58* ihren Anfang nimmt. Andernfalls wird $\mathbf{r_{16}}$ mit dem Maximum der beiden Grade geladen: Gilt $\partial(\boldsymbol{f}) \geq \partial(\boldsymbol{g})$, wird von dem Sprungbefehl `sksh` (in Wirklichkeit ein Makro) der Befehl in Zeile *48* übersprungen, das Maximum der Grade ist dann schon in $\mathbf{r_{16}}$. Ist dagegen $\partial(\boldsymbol{f}) < \partial(\boldsymbol{g})$, dann wird $\mathbf{r_{16}}$ in Zeile *48* mit dem größeren Grad $\partial(\boldsymbol{g})$ in $\mathbf{r_{30}}$ geladen. Hinzu kommt, daß das Nullbit in Zeile *45* gelöscht wird, wenn der Sprung in der nächsten Zeile nicht ausgeführt wird, d.h. bei Erreichen der Zeile *49* zeigt das Nullbit dem rufenden Programm korrekt an, daß $\boldsymbol{h}$ nicht das Nullpolynom ist.

Die Vorbereitungen zum Rücksprung ab Zeile *49* bestehen darin, den Inhalt von Register **Z** aus dem Stapel zu restaurieren, den Grad von $\boldsymbol{h}$ in $\mathbf{r_{16}}$ in das Gradbyte $\mathfrak{h}[4]$ zu schreiben und schließlich auch den ursprünglichen Wert von $\mathbf{r_{16}}$ aus dem Stapel wieder herzustellen.

Die Bestimmung von $\partial(\boldsymbol{h})$ wird nicht mit Shifts, sondern mit Hilfe der Gradtabelle G (ab Zeile *1*) vorgenommen. Die Tabelle interpretiert ein Byte b als die Koeffizienten eines Polynoms $\boldsymbol{q} \in \mathbb{K}_2[\boldsymbol{X}]$ mit $\partial(\boldsymbol{q}) \leq 7$. Allerdings steht $b = 00$ nicht für das Nullpolynom, sondern für das konstante Polynom vom Grad 0, dessen Koeffizientenbits durch das Byte 01 repräsentiert werden. Enthält also q die Koeffizientenbits des Polynoms $\boldsymbol{q}$, dann ist $G[q-1] = \partial(\boldsymbol{q})$.

Die Gradtabelle liegt im Programspeicher (ROM), der im Gegensatz zum Datenspeicher (RAM) mit 8-Bit-Bytes als Folge von 16-Bit-Worten organisiert ist. Der Zugriff erfolgt mit dem Befehl `lpm`, dem die Adresse eines Wortes im ROM übergeben wird und die Anzeige, welches Byte des Wortes auszulesen ist (dieser Befehl in allen seinen Varianten wird ausführlich in [Mss1] beschrieben). Die Vorbereitung für den Zugriff auf die Tabelle findet in den Zeilen *58–59* statt: Die oberen 15 Bit des Registers **Z** werden mit der Adresse der Tabelle G geladen.

Die eigentliche Suche nach $\partial(\boldsymbol{h})$ beginnt in Zeile *61*. Dort wird geprüft, ob $\mathfrak{h}[3] = 00$ gilt. Ist das der Fall, dann ist $\boldsymbol{h}(31) = \cdots = \boldsymbol{h}(24) = 0$, d.h. es ist $\partial(\boldsymbol{h}) \leq 23$, und die Suche wird in Zeile *69* mit $\mathfrak{h}[2]$ fortgesetzt. Ist jedoch $\mathfrak{h}[3] \neq 00$, dann ist $24 \leq \partial(\boldsymbol{h}) \leq 31$. Es wird nun $\mathfrak{h}[3]$ als ein Polynom $\boldsymbol{q}$ mit $0 \leq \partial(\boldsymbol{q}) \leq 7$ aufgefaßt und der Grad mit der Tabelle G bestimmt. Dazu wird in Zeile *63* für den Tabellenzugriff der **Byteindex** $b = \mathfrak{h}[3] - 1$ berechnet und in den folgenden beiden Zeilen zur Adresse in **Z** addiert. Tatsächlich wird $2\gamma + b$ gebildet und das Bit $\varrho_2(b)$ zeigt an, ob das untere oder obere Byte des adressierten Programmspeicherwortes ausgelesen werden soll (es sei noch einmal auf [Mss1] hingewiesen). Der Zugriff auf das Tabellenbyte erfolgt dann in Zeile *66* und der tatsächliche Grad wird in der folgenden Zeile durch Addition von 24 berechnet. Weil es keinen AVR-Befehl gibt, um eine Zahl zu einem Register zu addieren, wohl aber einen Befehl, eine Zahl von einem Register zu subtrahieren, wird dieser Befehl zur Addition von 24 mißbraucht.

Falls nötig, wird die Suche mit $\mathfrak{h}[2]$ bis $\mathfrak{h}[0]$ in der beschriebenen Weise fortgesetzt. Ist hier allerdings $\mathfrak{h}[0] = 00$, dann ist $\boldsymbol{h} = \boldsymbol{0}$ und Register $\mathbf{r_{16}}$ wird vor dem Rücksprung lediglich mit dem $-\infty$ repräsentierden Wert 80 geladen.

Die Laufzeiten gemessen in Prozessortakten sind:
61 bei $\boldsymbol{f} = \boldsymbol{0}$ und $\boldsymbol{g} = \boldsymbol{0}$, 61 bei $\boldsymbol{f} = \boldsymbol{0}$ und $\boldsymbol{g} \neq \boldsymbol{0}$, 57 bei $\boldsymbol{f} \neq \boldsymbol{0}$ und $\boldsymbol{g} = \boldsymbol{0}$.
Für $\boldsymbol{f} \neq \boldsymbol{0}$ und $\boldsymbol{g} \neq \boldsymbol{0}$: 60 bei $\partial(\boldsymbol{f}) \neq \partial(\boldsymbol{g})$.
Für $\partial(\boldsymbol{f}) = \partial(\boldsymbol{g})$ und $\boldsymbol{f} \neq \boldsymbol{g}$: 73 bei $0 \leq \partial(\boldsymbol{f}) \leq 7$, 79 bei $8 \leq \partial(\boldsymbol{f}) \leq 15$, 76 bei $16 \leq \partial(\boldsymbol{f}) \leq 23$ und 73 bei $24 \leq \partial(\boldsymbol{f}) \leq 31$.
77 bei $\partial(\boldsymbol{f}) = \partial(\boldsymbol{g})$ und $\boldsymbol{f} = \boldsymbol{g}$.
Im Mittel beträgt die Laufzeit 69 Takte.

5.1.2. Multiplikation

Das Produkt von Polynomen $\boldsymbol{f}, \boldsymbol{g} \in \mathbf{P}_{32}$ kann in eine Gestalt gebracht werden, die sich direkt in ein Programm umsetzen läßt:

$$\boldsymbol{f}\boldsymbol{g} = \boldsymbol{f}\sum_{\mu=0}^{m} \boldsymbol{g}(\mu)\boldsymbol{X}^{\mu} = \sum_{\mu=0}^{m} \boldsymbol{g}(\mu)\boldsymbol{f}\boldsymbol{X}^{\mu} \tag{5.2}$$

Geht man zur Darstellung mit Koeffiziententupeln über, erhält man

$$\boldsymbol{f}\boldsymbol{X}^{\mu} = \sum_{\nu=0}^{n} \boldsymbol{f}(\nu)\boldsymbol{X}^{\nu+\mu} \longleftrightarrow \big(\boldsymbol{f}(n), \ldots, \boldsymbol{f}(0), \underbrace{0, \ldots, 0}_{\mu}\big) \in \mathbb{K}_2^{n+1+\mu} \tag{5.3}$$

Für das Produkt von $\boldsymbol{f}$ und $\boldsymbol{g}$ bedeutet das

$$\boldsymbol{f}\boldsymbol{g} \longleftrightarrow \sum_{\mu=0}^{m} \boldsymbol{g}(\mu)\big(\boldsymbol{f}(n), \ldots, \boldsymbol{f}(0), \underbrace{0, \ldots, 0}_{\mu}\big) \tag{5.4}$$

Zur Produktbildung werden also die nach links geshifteten Koeffiziententupel von $\boldsymbol{f}$ addiert, dabei gibt $\boldsymbol{g}(\mu) \in \{0,1\}$ an, ob tatsächlich addiert ($\boldsymbol{g}(\mu) = 1$) oder nur linksgeshiftet wird ($\boldsymbol{g}(\mu) = 0$).

Unterprogramm PolMul

Es wird das Produkt $\mathfrak{H}$ zweier Polynome $\mathfrak{f}$ und $\mathfrak{g}$ berechnet.

Input

- **X** Die Adresse ξ eines Polynoms $\mathfrak{f}$
- **Y** Die Adresse η eines Polynoms $\mathfrak{g}$
- **Z** Die Adresse ζ eines Polynoms $\mathfrak{H}$

Das Polynom $\mathfrak{H}$ wird mit dem Produkt überschrieben.
Ist das Ergebnis der Multiplikation das Nullpolynom wird das Nullbit $\mathbf{S}.\mathfrak{z}$ gesetzt.
Das Unterprogramm kann keine Fehler erzeugen.

```
.macro   PolMulA      Für 0 ≤ ∂(f) ≤ 7, r9:8 als H
 lsr     r16               1    S.c ← g[0].μ
 skcc2                     1/2  Falls g[0].μ=1:
 eor     r8,r3             1      H ← H ⊕ F
 eor     r9,r4             1      H ist r9:8
 lsl     r3                1    F ← 2F
 rol     r4                1    , F ist r4:3
.endm
.macro   PolMul8A     Für g[0].0 bis g[0].7
PolMulA
PolMulA
PolMulA
PolMulA
PolMulA
PolMulA
PolMulA
```

```
17                PolMulA
18                .endm
19                .macro    PolMulB        Für $0 \leq \partial(f) \leq 7$, $r_{10:9}$ als H
20                lsr       r16                  1    S.c ← g[1].μ
21                skcc2                          1/2  Falls g[1].μ=1:
22                eor       r9,r4                1    H ← H ⊕ F
23                eor       r10,r3               1    H ist $r_{10:9}$
24                lsl       r4                   1    F ← 2F
25                rol       r3                   1    F ist $r_{3:4}$
26                .endm
27                .macro    PolMul8B       Für g[1].8 bis g[1].15
28                PolMulB
29                PolMulB
30                PolMulB
31                PolMulB
32                PolMulB
33                PolMulB
34                PolMulB
35                PolMulB
36                .endm
37                .macro    PolMulC        Für $0 \leq \partial(f) \leq 7$, $r_{11:10}$ als H
38                lsr       r16                  1    S.c ← g[2].μ
39                skcc2                          1/2  Falls g[2].μ=1:
40                eor       r10,r3               1    H ← H ⊕ F
41                eor       r11,r4               1    H ist $r_{11:10}$
42                lsl       r3                   1    F ← 2F
43                rol       r4                   1    F ist $r_{4:3}$
44                .endm
45                .macro    PolMul8C       Für g[2].16 bis g[2].23
46                PolMulC
47                PolMulC
48                PolMulC
49                PolMulC
50                PolMulC
51                PolMulC
52                PolMulC
53                PolMulC
54                .endm
55                .macro    PolMulD        Für $0 \leq \partial(f) \leq 15$, $r_{10:9:8}$ als H
56                lsr       r16                  1    S.c ← g[0].μ
57                skcc3                          1/2  Falls g[0].μ=1:
58                eor       r8,r3                1    H ← H ⊕ F
59                eor       r9,r4                1    H ist $r_{10:9:8}$
60                eor       r10,r5               1
61                lsl       r3                   1    F ← 2F
62                rol       r4                   1    F ist $r_{5:4:3}$
```

```
         rol     r5              1
        .endm
        .macro  PolMul8D        Für g[0].0 bis g[0].7
        PolMulD
        PolMulD
        PolMulD
        PolMulD
        PolMulD
        PolMulD
        PolMulD
        PolMulD
        .endm
        .macro  PolMulE         Für 0 ≤ ∂(f) ≤ 15, r11:10:9 als H
         lsr     r16             1    S.c ← g[1].μ
         skcc3                   1/2  Falls g[1].μ=1:
         eor     r9,r4           1      H ← H ⊕ F
         eor     r10,r5          1      H ist r11:10:9
         eor     r11,r3          1
         lsl     r4              1    F ← 2F
         rol     r5              1    F ist r3:5:4
         rol     r3              1
        .endm
        .macro  PolMul8E        Für g[1].8 bis g[1].15
        PolMulE
        PolMulE
        PolMulE
        PolMulE
        PolMulE
        PolMulE
        PolMulE
        PolMulE
        .endm
        .macro  PolMulF         Für 0 ≤ ∂(f) ≤ 15, r12:11:10 als H
         lsr     r16             1    S.c ← g[2].μ
         skcc3                   1    Falls g[2].μ=1:
         eor     r10,r5          1      H ← H ⊕ F
         eor     r11,r3          1      H ist r12:11:10
         eor     r12,r4          1
         lsl     r5              1    F ← 2F
         rol     r3              1    F ist r4:3:5
         rol     r4              1
        .endm
        .macro  PolMul8F        Für g[2].16 bis g[2].23
        PolMulF
        PolMulF
        PolMulF
```

109	PolMulF			
110	PolMulF			
111	PolMulF			
112	PolMulF			
113	PolMulF			
114	.endm			
115	.macro	PolMulG	Für $0 \leq \partial(f) \leq 23$, $r_{11:10:9:8}$ als **H**	
116	lsr	r16	1	S.c $\leftarrow \mathfrak{g}[0].\mu$
117	skcc4		1/2	Falls $\mathfrak{g}[0].\mu{=}1$:
118	eor	r8,r3	1	**H** $\leftarrow$ **H** $\oplus$ **F**
119	eor	r9,r4	1	**H** ist $r_{11:10:9:8}$
120	eor	r10,r5	1	
121	eor	r11,r6	1	
122	lsl	r3	1	**F** $\leftarrow$ 2**F**
123	rol	r4	1	**F** ist $r_{6:5:4:3}$
124	rol	r5	1	
125	rol	r6	1	
126	.endm			
127	.macro	PolMul8G	Für $\mathfrak{g}[0].0$ bis $\mathfrak{g}[0].7$	
128	PolMulG			
129	PolMulG			
130	PolMulG			
131	PolMulG			
132	PolMulG			
133	PolMulG			
134	PolMulG			
135	PolMulG			
136	.endm			
137	.macro	PolMulH	Für $0 \leq \partial(f) \leq 23$, $r_{12:11:10:9}$ als **H**	
138	lsr	r16	1	S.c $\leftarrow \mathfrak{g}[1].\mu$
139	skcc4		1/2	Falls $\mathfrak{g}[1].\mu{=}1$:
140	eor	r9,r4	1	**H** $\leftarrow$ **H** $\oplus$ **F**
141	eor	r10,r5	1	**H** ist $r_{12:11:10:9}$
142	eor	r11,r6	1	
143	eor	r12,r3	1	
144	lsl	r4	1	**F** $\leftarrow$ 2**F**
145	rol	r5	1	**F** ist $r_{3:6:5:4}$
146	rol	r6	1	
147	rol	r3	1	
148	.endm			
149	.macro	PolMul8H	Für $\mathfrak{g}[1].8$ bis $\mathfrak{g}[1].15$	
150	PolMulH			
151	PolMulH			
152	PolMulH			
153	PolMulH			
154	PolMulH			

155		PolMulH			
156		PolMulH			
157		PolMulH			
158		.endm			
159		.macro	PolMulI		Für $0 \leq \partial(f) \leq 23$, $r_{13:12:11:10}$ als **H**
160		lsr	r16	1	$S.c \leftarrow \mathfrak{g}[2].\mu$
161		skcc4		1/2	Falls $\mathfrak{g}[2].\mu{=}1$:
162		eor	r10,r5	1	$\mathbf{H} \leftarrow \mathbf{H} \oplus \mathbf{F}$
163		eor	r11,r6	1	**H** ist $r_{13:12:11:10}$
164		eor	r12,r3	1	
165		eor	r13,r4	1	
166		lsl	r5	1	$\mathbf{F} \leftarrow 2\mathbf{F}$
167		rol	r6	1	**F** ist $r_{4:3:6:5}$
168		rol	r3	1	
169		rol	r4	1	
170		.endm			
171		.macro	PolMul8I		Für $\mathfrak{g}[2].16$ bis $\mathfrak{g}[2].23$
172		PolMulI			
173		PolMulI			
174		PolMulI			
175		PolMulI			
176		PolMulI			
177		PolMulI			
178		PolMulI			
179		PolMulI			
180		.endm			
181		.macro	PolMulJ		Für $0 \leq \partial(f) \leq 31$, $r_{12:11:10:9:8}$ als **H**
182		lsr	r16	1	$S.c \leftarrow \mathfrak{g}[0].\mu$
183		skcc5		1/2	Falls $\mathfrak{g}[0].\mu{=}1$:
184		eor	r8,r3	1	$\mathbf{H} \leftarrow \mathbf{H} \oplus \mathbf{F}$
185		eor	r9,r4	1	**H** ist $r_{12:11:10:9:8}$
186		eor	r10,r5	1	
187		eor	r11,r6	1	
188		eor	r12,r7	1	
189		lsl	r3	1	$\mathbf{F} \leftarrow 2\mathbf{F}$
190		rol	r4	1	**F** ist $r_{7:6:5:4:3}$
191		rol	r5	1	
192		rol	r6	1	
193		rol	r7	1	
194		.endm			
195		.macro	PolMul8J		Für $\mathfrak{g}[0].0$ bis $\mathfrak{g}[0].7$
196		PolMulJ			
197		PolMulJ			
198		PolMulJ			
199		PolMulJ			
200		PolMulJ			

201		PolMulJ		
202		PolMulJ		
203		PolMulJ		
204		.endm		
205		.macro	PolMulK	Für $0 \leq \partial(f) \leq 31$, $r_{13:12:11:10:9}$ als **H**
206		lsr	r16	1 $S.c \leftarrow \mathfrak{g}[1].\mu$
207		skcc5		1/2 Falls $\mathfrak{g}[1].\mu$=1:
208		eor	r9,r4	1 $\mathbf{H} \leftarrow \mathbf{H} \oplus \mathbf{F}$
209		eor	r10,r5	1 **H** ist $r_{13:12:11:10:9}$
210		eor	r11,r6	1
211		eor	r12,r7	1
212		eor	r13,r3	1
213		lsl	r4	1 $\mathbf{F} \leftarrow 2\mathbf{F}$
214		rol	r5	1 **F** ist $r_{3:7:6:5:4}$
215		rol	r6	1
216		rol	r7	1
217		rol	r3	1
218		.endm		
219		.macro	PolMul8K	Für $\mathfrak{g}[1].8$ bis $\mathfrak{g}[1].15$
220		PolMulK		
221		PolMulK		
222		PolMulK		
223		PolMulK		
224		PolMulK		
225		PolMulK		
226		PolMulK		
227		PolMulK		
228		.endm		
229		.macro	PolMulL	Für $0 \leq \partial(f) \leq 31$, $r_{14:13:12:11:10}$ als **H**
230		lsr	r16	1 $S.c \leftarrow \mathfrak{g}[2].\mu$
231		skcc5		1/2 Falls $\mathfrak{g}[2].\mu$=1:
232		eor	r10,r5	1 $\mathbf{H} \leftarrow \mathbf{H} \oplus \mathbf{F}$
233		eor	r11,r6	1 **H** ist $r_{14:13:12:11:10}$
234		eor	r12,r7	1
235		eor	r13,r3	1
236		eor	r14,r4	1
237		lsl	r5	1 $\mathbf{F} \leftarrow 2\mathbf{F}$
238		rol	r6	1 **F** ist $r_{4:3:7:6:5}$
239		rol	r7	1
240		rol	r3	1
241		rol	r4	1
242		.endm		
243		.macro	PolMul8L	Für $\mathfrak{g}[2].16$ bis $\mathfrak{g}[2].23$
244		PolMulL		
245		PolMulL		
246		PolMulL		

```
247              PolMulL
248              PolMulL
249              PolMulL
250              PolMulL
251              PolMulL
252              .endm
253 PolMul:      push3   r16,r30,r31          3×2
254              ldd     r8,Y+4               2    r8 ← ∂(g)
255              tst     r8                   1    ∂(g) = 0?
256              brpl    PolMul10             1/2  Falls ≠ zur Zeile 265
257 PolMul02:    pop2    r31,r30              2×2  Register Z restaurieren
258              clr     r16                  1    r16 ← 00
259 PolMul04:    std8    Z,r16                16   𝔥[0...7] ← 0000000000000000
260              ldi     r16,0b10000000       1    Vorzeichenbit zeigt Nullpolynom an
261              std     Z+8,r16              2    𝔥 wird Nullpolynom
262              pop     r16                  2
263              sez                          1    Rückgabeparam. S.₃ ← 1: h ist Nullpolynom
264              ret                          4
265 PolMul10:    movw    r31:r30,r27:r26      1    Z ← ξ
266              ldd     r16,Z+4              2    r16 ← ∂(f)
267              tst     r16                  1    ∂(f) = 0?
268              brmi    PolMul02             1/2  Falls = 𝔥 als Nullpolynom erzeugen
269              clr4    r8,r9,r10,r11        4    H ← 0000000000000000
270              clr4    r12,r13,r14,r15      4
271              push2   r3,r4                2×2
272              ldi     r30,LOW(PolMulStF)   1    Z ← 𝒜(F)
273              ldi     r31,HIGH(PolMulStF)  1
274              lsr     r16                  1    r16 ← ⌊∂(f)/8⌋
275              lsr     r16                  1
276              lsr     r16                  1
277              add     r30,r16              1    Z ← 𝒜(F) + ⌊∂(f)/8⌋
278              adc     r31,r8               1    r8 = 00 nach Zeile 255
279              ijmp                         2    Den Sprungbefehl in F[⌊∂(f)/8⌋] ausführen
280 PolMulStF:   rjmp    PolMulF0b7           2    Die Sprungtabelle F
281              rjmp    PolMulF8b5           2
282              rjmp    PolMulF6b3           2
283              rjmp    PolMulF4b1           2
284 PolMulEx:    movw    r31:r30,r27:r26      1    Z ← 𝒜(𝔣)
285              ldd     r3,Z+4               2    r3 ← ∂(f)
286              ldd     r16,Y+4              2    r16 ← ∂(g)
287              add     r16,r3               1    r16 ← ∂(f) + ∂(g)
288              pop4    r4,r3,r31,r30        4×2
289              std     Z+0,r8               2    𝔥[0]
290              std     Z+1,r9               2    𝔥[1]
291              std     Z+2,r10              2    𝔥[2]
292              std     Z+3,r11              2    𝔥[3]
```

```
293              std     Z+4,r12               2    ℌ[4]
294              std     Z+5,r13               2    ℌ[5]
295              std     Z+6,r14               2    ℌ[6]
296              std     Z+7,r15               2    ℌ[7]
297              std     Z+8,r16               2    ℌ[8] = ∂(h)
298              pop     r16                   2
299              ret                           4
300 PolMulF0b7:  ldi     r30,LOW(PolMulStG1)   1    Z ← A(G1)
301              ldi     r31,HIGH(PolMulStG1)  1
302              ldd     r16,Y+4               2    r16 ← ∂(g)
303              lsr     r16                   1    r16 ← ⌊∂(g)/8⌋
304              lsr     r16                   1
305              lsr     r16                   1
306              add     r30,r16               1    Z ← A(G1) + ⌊∂(g)/8⌋
307              adc     r31,r8                1    r8 = 00 nach Zeile 255
308              ijmp                          2    Den Sprungbefehl in G1[⌊∂(g)/8⌋] ausführen
309 PolMulStG1:  rjmp    PolMulG107            2    Die Sprungtabelle G1
310              rjmp    PolMulG185            2
311              rjmp    PolMulG163            2
312              rjmp    PolMulG141            2
313 PolMulG107:  movw    r31:r30,r27:r26       1    Z ← A(𝔣)
314              ldd     r3,Z+0                2    f ← 𝔣[0]
315              clr     r4                    1
316              ldd     r30,Y+4               2    r30 ← d = ∂(g) + 1
317              inc     r30                   1
318              ldd     r16,Y+0               2    r16 ← 𝔤[0]
319 PolMulG107a: lsr     r16                   1    S.c ← 𝔤[0].μ
320              skcc2                         1/2  Falls 𝔤[0].μ=1:
321              eor     r8,r3                 1      H ← H ⊕ F
322              eor     r9,r4                 1      H ist r9:8
323              lsl     r3                    1    F ← 2F
324              rol     r4                    1    F ist r4:3
325              dec     r30                   1    d ← d − 1
326              brne    PolMulG107a           1/2  Falls d > 0 zum Schleifenanfang
327              rjmp    PolMulEx              2    Zur Rücksprungvorbereitung
328 PolMulG185:  movw    r31:r30,r27:r26       1    Z ← A(𝔣)
329              ldd     r3,Z+0                2    f ← 𝔣[0]
330              clr     r4                    1
331              ldd     r16,Y+0               2    r16 ← 𝔤[0]
332              tst     r16                   1    𝔤[0] = 00?
333              skne3                         1/2  Falls 𝔤[0] = 00:
334              mov     r4,r3                 1      r4 ← 𝔣[0]
335              clr     r3                    1      r3 ← 00
336              rjmp    PolMulG185a           2      Makro überspringen
337              PolMul8A                      +    Addieren und Shiften mit 𝔤[0]
338 PolMulG185a: ldd     r30,Y+4               2    r30 ← ∂(g)
```

```
              inc     r30                  1    r30 ← ∂(g) + 1
              subi    r30,8                1    r30 ← d = ∂(g) + 1 − 8
              ldd     r16,Y+1              2    r16 ← 𝔤[1]
PolMulG185b:  lsr     r16                  1    S.c ← 𝔤[1].μ
              skcc2                        1/2  Falls 𝔤[1].μ=1:
              eor     r9,r4                1      H ← H ⊕ F
              eor     r10,r3               1      H ist r10:9
              lsl     r4                   1    F ← 2F
              rol     r3                   1    F ist r3:4
              dec     r30                  1    d ← d − 1
              brne    PolMulG185b          1/2  Falls d > 0 zum Schleifenanfang
              rjmp    PolMulEx             2    Zur Rücksprungvorbereitung
PolMulG163:   movw    r31:r30,r27:r26      1    Z ← A(𝔣)
              ldd     r3,Z+0               2    f ← 𝔣[0]
              clr     r4                   1
              ldd     r16,Y+0              2    r16 ← 𝔤[0]
              tst     r16                  1    𝔤[0] = 00?
              skne3                        1/2  Falls 𝔤[0] = 00:
              mov     r4,r3                1      r4 ← 𝔣[0]
              clr     r3                   1      r3 ← 00
              rjmp    PolMulG163a          2      Makro überspringen
              PolMul8A                     +    Addieren und Shiften mit 𝔤[0]
PolMulG163a:  ldd     r16,Y+1              2    r16 ← 𝔤[1]
              tst     r16                  1    𝔤[1] = 00?
              skne3                        1/2  Falls 𝔤[1] = 00:
              mov     r3,r4                1      r3 ← 𝔣[0]
              clr     r4                   1      r4 ← 00
              rjmp    PolMulG163b          2      Makro überspringen
              PolMul8B                     +    Addieren und Shiften mit 𝔤[1]
PolMulG163b:  ldd     r30,Y+4              2    r30 ← ∂(g)
              inc     r30                  1    r30 ← ∂(g) + 1
              subi    r30,16               1    r30 ← d = ∂(g) + 1 − 16
              ldd     r16,Y+2              2    r16 ← 𝔤[2]
PolMulG163c:  lsr     r16                  1    S.c ← 𝔤[2].μ
              skcc2                        1/2  Falls 𝔤[2].μ=1:
              eor     r10,r3               1      H ← H ⊕ F
              eor     r11,r4               1      H ist r11:10
              lsl     r3                   1    F ← 2F
              rol     r4                   1    F ist r4:3
              dec     r30                  1    d ← d − 1
              brne    PolMulG163c          1/2  Falls d > 0 zum Schleifenanfang
              rjmp    PolMulEx             2    Zur Rücksprungvorbereitung
PolMulG141:   movw    r31:r30,r27:r26      1    Z ← A(𝔣)
              ldd     r3,Z+0               2    f ← 𝔣[0]
              clr     r4                   1
              ldd     r16,Y+0              2    r16 ← 𝔤[0]
```

```
385                tst     r16                       1    g[0] = 00?
386                skne3                             1/2  Falls g[0] = 00:
387                mov     r4,r3                     1      r4 ← f[0]
388                clr     r3                        1      r3 ← 00
389                rjmp    PolMulG141a               2      Makro überspringen
390                PolMul8A                          +    Addieren und Shiften mit g[0]
391 PolMulG141a:   ldd     r16,Y+1                   2    r16 ← g[1]
392                tst     r16                       1    g[1] = 00?
393                skne3                             1/2  Falls g[1] = 00:
394                mov     r3,r4                     1      r3 ← f[0]
395                clr     r4                        1      r4 ← 00
396                rjmp    PolMulG141b               2      Makro überspringen
397                PolMul8B                          +    Addieren und Shiften mit g[1]
398 PolMulG141b:   ldd     r16,Y+2                   2    r16 ← g[2]
399                tst     r16                       1    g[2] = 00?
400                skne3                             1/2  Falls g[2] = 00:
401                mov     r4,r3                     1      r4 ← f[0]
402                clr     r3                        1      r3 ← 00
403                rjmp    PolMulG141c               2      Makro überspringen
404                PolMul8C                          +    Addieren und Shiften mit g[2]
405 PolMulG141c:   ldd     r30,Y+4                   2    r30 ← ∂(g)
406                inc     r30                       1    r30 ← ∂(g) + 1
407                subi    r30,24                    1    r30 ← d = ∂(g) + 1 − 24
408                ldd     r16,Y+3                   2    r16 ← g[3]
409 PolMulG141d:   lsr     r16                       1    S.c ← g[3].μ
410                skcc2                             1/2  Falls g[3].μ=1:
411                eor     r11,r4                    1      H ← H ⊕ F
412                eor     r12,r3                    1      H ist r12:11
413                lsl     r4                        1    F ← 2F
414                rol     r3                        1    F ist r3:4
415                dec     r30                       1    d ← d − 1
416                brne    PolMulG141d               1/2  Falls d > 0 zum Schleifenanfang
417                rjmp    PolMulEx                  2    Zur Rücksprungvorbereitung
418 PolMulF8b5:    push    r5                        2
419                ldi     r30,LOW(PolMulStG2)       1    Z ← A(G2)
420                ldi     r31,HIGH(PolMulStG2)      1
421                ldd     r16,Y+4                   2    r16 ← ∂(g)
422                lsr     r16                       1    r16 ← ⌊∂(g)/8⌋
423                lsr     r16                       1
424                lsr     r16                       1
425                add     r30,r16                   1    Z ← A(G2) + ⌊∂(g)/8⌋
426                adc     r31,r8                    1    r8 = 00 nach Zeile 255
427                ijmp                              2    Den Sprungbefehl in G2[⌊∂(g)/8⌋] ausführen
428 PolMulStG2:    rjmp    PolMulG207                2    Die Sprungtabelle G2
429                rjmp    PolMulG285                2
430                rjmp    PolMulG263                2
```

431		rjmp	PolMulG241	2	
432	PolMulG207:	movw	r31:r30,r27:r26	1	$Z \leftarrow \mathcal{A}(\mathfrak{f})$
433		ldd	r3,Z+0	2	$\mathfrak{f} \leftarrow \mathfrak{f}[0\cdots 1]$
434		ldd	r4,Z+1	2	
435		clr	r5	1	
436		ldd	r30,Y+4	2	$r_{30} \leftarrow d = \partial(\mathfrak{g}) + 1$
437		inc	r30	1	
438		ldd	r16,Y+0	2	$r_{16} \leftarrow \mathfrak{g}[0]$
439	PolMulG207a:	lsr	r16	1	$S.c \leftarrow \mathfrak{g}[0].\mu$
440		skcc3		1/2	Falls $\mathfrak{g}[0].\mu{=}1$:
441		eor	r8,r3	1	$H \leftarrow H \oplus F$
442		eor	r9,r4	1	H ist $r_{10:9:8}$
443		eor	r10,r5	1	
444		lsl	r3	1	$F \leftarrow 2F$
445		rol	r4	1	F ist $r_{5:4:3}$
446		rol	r5	1	
447		dec	r30	1	$d \leftarrow d - 1$
448		brne	PolMulG207a	1/2	Falls $d > 0$ zum Schleifenanfang
449		pop	r5	2	
450		rjmp	PolMulEx	2	Zur Rücksprungvorbereitung
451	PolMulG285:	movw	r31:r30,r27:r26	1	$Z \leftarrow \mathcal{A}(\mathfrak{f})$
452		ldd	r3,Z+0	2	$\mathfrak{f} \leftarrow \mathfrak{f}[0\cdots 1]$
453		ldd	r4,Z+1	2	
454		clr	r5	1	
455		ldd	r16,Y+0	2	$r_{16} \leftarrow \mathfrak{g}[0]$
456		tst	r16	1	$\mathfrak{g}[0] = 00$?
457		skne4		1/2	Falls $\mathfrak{g}[0] = 00$:
458		mov	r5,r4	1	$r_5 \leftarrow \mathfrak{f}[1]$
459		mov	r4,r3	1	$r_4 \leftarrow \mathfrak{f}[0]$
460		clr	r3	1	$r_3 \leftarrow 00$
461		rjmp	PolMulG285a	2	Makro überspringen
462		PolMul8D		+	Addieren und Shiften mit $\mathfrak{g}[0]$
463	PolMulG285a:	ldd	r30,Y+4	2	$r_{30} \leftarrow \partial(\mathfrak{g})$
464		inc	r30	1	$r_{30} \leftarrow \partial(\mathfrak{g}) + 1$
465		subi	r30,8	1	$r_{30} \leftarrow d = \partial(\mathfrak{g}) + 1 - 8$
466		ldd	r16,Y+1	2	$r_{16} \leftarrow \mathfrak{g}[1]$
467	PolMulG285b:	lsr	r16	1	$S.c \leftarrow \mathfrak{g}[1].\mu$
468		skcc3		1/2	Falls $\mathfrak{g}[1].\mu{=}1$:
469		eor	r9,r4	1	$H \leftarrow H \oplus F$
470		eor	r10,r5	1	H ist $r_{11:10:9}$
471		eor	r11,r3	1	
472		lsl	r4	1	$F \leftarrow 2F$
473		rol	r5	1	F ist $r_{3:5:4}$
474		rol	r3	1	
475		dec	r30	1	$d \leftarrow d - 1$
476		brne	PolMulG285b	1/2	Falls $d > 0$ zum Schleifenanfang

477		pop	r5	2
478		rjmp	PolMulEx	2	Zur Rücksprungvorbereitung
479	PolMulG263:	movw	r31:r30,r27:r26	1	$Z \leftarrow \mathcal{A}(\mathfrak{f})$
480		ldd	r3,Z+0	2	$\mathfrak{f} \leftarrow \mathfrak{f}[0\cdots 1]$
481		ldd	r4,Z+1	2
482		clr	r5	1
483		ldd	r16,Y+0	2	$r_{16} \leftarrow \mathfrak{g}[0]$
484		tst	r16	1	$\mathfrak{g}[0] = 00$?
485		skne4		1/2	Falls $\mathfrak{g}[0] = 00$:
486		mov	r5,r4	1	$r_5 \leftarrow \mathfrak{f}[1]$
487		mov	r4,r3	1	$r_4 \leftarrow \mathfrak{f}[0]$
488		clr	r3	1	$r_3 \leftarrow 00$
489		rjmp	PolMulG263a	2	Makro überspringen
490		PolMul8D		+	Addieren und Shiften mit $\mathfrak{g}[0]$
491	PolMulG263a:	ldd	r16,Y+1	2	$r_{16} \leftarrow \mathfrak{g}[1]$
492		tst	r16	1	$\mathfrak{g}[1] = 00$?
493		skne4		1/2	Falls $\mathfrak{g}[1] = 00$:
494		mov	r3,r5	1	$r_3 \leftarrow \mathfrak{f}[1]$
495		mov	r5,r4	1	$r_5 \leftarrow \mathfrak{f}[0]$
496		clr	r4	1	$r_4 \leftarrow 00$
497		rjmp	PolMulG263b	2	Makro überspringen
498		PolMul8E		+	Addieren und Shiften mit $\mathfrak{g}[1]$
499	PolMulG263b:	ldd	r30,Y+4	2	$r_{30} \leftarrow \partial(\mathfrak{g})$
500		inc	r30	1	$r_{30} \leftarrow \partial(\mathfrak{g}) + 1$
501		subi	r30,16	1	$r_{30} \leftarrow d = \partial(\mathfrak{g}) + 1 - 16$
502		ldd	r16,Y+2	2	$r_{16} \leftarrow \mathfrak{g}[2]$
503	PolMulG263c:	lsr	r16	1	$S.c \leftarrow \mathfrak{g}[2].\mu$
504		skcc3		1/2	Falls $\mathfrak{g}[2].\mu{=}1$:
505		eor	r10,r5	1	$H \leftarrow H \oplus F$
506		eor	r11,r3	1	H ist $r_{12:11:10}$
507		eor	r12,r4	1
508		lsl	r5	1	$F \leftarrow 2F$
509		rol	r3	1	F ist $r_{4:3:5}$
510		rol	r4	1
511		dec	r30	1	$d \leftarrow d - 1$
512		brne	PolMulG263c	1/2	Falls $d > 0$ zum Schleifenanfang
513		pop	r5	2
514		rjmp	PolMulEx	2	Zur Rücksprungvorbereitung
515	PolMulG241:	movw	r31:r30,r27:r26	1	$Z \leftarrow \mathcal{A}(\mathfrak{f})$
516		ldd	r3,Z+0	2	$\mathfrak{f} \leftarrow \mathfrak{f}[0\cdots 1]$
517		ldd	r4,Z+1	2
518		clr	r5	1
519		ldd	r16,Y+0	2	$r_{16} \leftarrow \mathfrak{g}[0]$
520		tst	r16	1	$\mathfrak{g}[0] = 00$?
521		skne4		1/2	Falls $\mathfrak{g}[0] = 00$:
522		mov	r5,r4	1	$r_5 \leftarrow \mathfrak{f}[1]$

523		mov	r4,r3	1	$r_4 \leftarrow f[0]$
524		clr	r3	1	$r_3 \leftarrow 00$
525		rjmp	PolMulG241a	2	Makro überspringen
526		PolMul8D		+	Addieren und Shiften mit $g[0]$
527	PolMulG241a:	ldd	r16,Y+1	2	$r_{16} \leftarrow g[1]$
528		tst	r16	1	$g[1] = 00$?
529		skne4		1/2	Falls $g[1] = 00$:
530		mov	r3,r5	1	$r_3 \leftarrow f[1]$
531		mov	r5,r4	1	$r_5 \leftarrow f[0]$
532		clr	r4	1	$r_4 \leftarrow 00$
533		rjmp	PolMulG241b	2	Makro überspringen
534		PolMul8E		+	Addieren und Shiften mit $g[1]$
535	PolMulG241b:	ldd	r16,Y+2	2	$r_{16} \leftarrow g[2]$
536		tst	r16	1	$g[2] = 00$?
537		skne4		1/2	Falls $g[2] = 00$:
538		mov	r4,r3	1	$r_4 \leftarrow f[1]$
539		mov	r3,r5	1	$r_3 \leftarrow f[0]$
540		clr	r5	1	$r_5 \leftarrow 00$
541		rjmp	PolMulG241c	2	Makro überspringen
542		PolMul8F		+	Addieren und Shiften mit $g[2]$
543	PolMulG241c:	ldd	r30,Y+4	2	$r_{30} \leftarrow \partial(g)$
544		inc	r30	1	$r_{30} \leftarrow \partial(g)+1$
545		subi	r30,24	1	$r_{30} \leftarrow d = \partial(g)+1-24$
546		ldd	r16,Y+3	2	$r_{16} \leftarrow g[3]$
547	PolMulG241d:	lsr	r16	1	$S.c \leftarrow g[3].\mu$
548		skcc3		1/2	Falls $g[3].\mu=1$:
549		eor	r11,r3	1	$H \leftarrow H \oplus F$
550		eor	r12,r4	1	H ist $r_{13:12:11}$
551		eor	r13,r5	1	
552		lsl	r3	1	$F \leftarrow 2F$
553		rol	r4	1	F ist $r_{5:4:3}$
554		rol	r5	1	
555		dec	r30	1	$d \leftarrow d-1$
556		brne	PolMulG241d	1/2	Falls $d > 0$ zum Schleifenanfang
557		pop	r5	2	
558		rjmp	PolMulEx	2	Zur Rücksprungvorbereitung
559	PolMulF6b3:	push2	r5,r6	2×2	
560		ldi	r30,LOW(PolMulStG3)	1	$Z \leftarrow \mathcal{A}(G_3)$
561		ldi	r31,HIGH(PolMulStG3)	1	
562		ldd	r16,Y+4	2	$r_{16} \leftarrow \partial(g)$
563		lsr	r16	1	$r_{16} \leftarrow \lfloor \partial(g)/8 \rfloor$
564		lsr	r16	1	
565		lsr	r16	1	
566		add	r30,r16	1	$Z \leftarrow \mathcal{A}(G_3) + \lfloor \partial(g)/8 \rfloor$
567		adc	r31,r8	1	$r_8 = 00$ nach Zeile 255
568		ijmp		2	Den Sprungbefehl in $G_3[\lfloor \partial(g)/8 \rfloor]$ ausführen

`PolMulStG3:`	`rjmp`	`PolMulG307`	2	Die Sprungtabelle G_3
	`rjmp`	`PolMulG385`	2	
	`rjmp`	`PolMulG363`	2	
	`rjmp`	`PolMulG341`	2	
`PolMulG307:`	`movw`	`r31:r30,r27:r26`	1	$\mathbf{Z} \leftarrow \mathcal{A}(\mathfrak{f})$
	`ldd`	`r3,Z+0`	2	$\mathbf{f} \leftarrow \mathfrak{f}[0 \cdot\cdot 2]$
	`ldd`	`r4,Z+1`	2	
	`ldd`	`r5,Z+2`	2	
	`clr`	`r6`	1	
	`ldd`	`r30,Y+4`	2	$\mathbf{r}_{30} \leftarrow d = \partial(\boldsymbol{g}) + 1$
	`inc`	`r30`	1	
	`ldd`	`r16,Y+0`	2	$\mathbf{r}_{16} \leftarrow \mathfrak{g}[0]$
`PolMulG307a:`	`lsr`	`r16`	1	$\mathbf{S}.c \leftarrow \mathfrak{g}[0].\mu$
	`skcc4`		1/2	Falls $\mathfrak{g}[0].\mu{=}1$:
	`eor`	`r8,r3`	1	$\mathbf{H} \leftarrow \mathbf{H} \oplus \mathbf{F}$
	`eor`	`r9,r4`	1	$\mathbf{H}$ ist $\mathbf{r}_{11:10:9:8}$
	`eor`	`r10,r5`	1	
	`eor`	`r11,r6`	1	
	`lsl`	`r3`	1	$\mathbf{F} \leftarrow 2\mathbf{F}$
	`rol`	`r4`	1	$\mathbf{F}$ ist $\mathbf{r}_{6:5:4:3}$
	`rol`	`r5`	1	
	`rol`	`r6`	1	
	`dec`	`r30`	1	$d \leftarrow d - 1$
	`brne`	`PolMulG307a`	1/2	Falls $d > 0$ zum Schleifenanfang
	`pop2`	`r6,r5`	2×2	
	`rjmp`	`PolMulEx`	2	Zur Rücksprungvorbereitung
`PolMulG385:`	`movw`	`r31:r30,r27:r26`	1	$\mathbf{Z} \leftarrow \mathcal{A}(\mathfrak{f})$
	`ldd`	`r3,Z+0`	2	$\mathbf{f} \leftarrow \mathfrak{f}[0 \cdot\cdot 2]$
	`ldd`	`r4,Z+1`	2	
	`ldd`	`r5,Z+2`	2	
	`clr`	`r6`	1	
	`ldd`	`r16,Y+0`	2	$\mathbf{r}_{16} \leftarrow \mathfrak{g}[0]$
	`tst`	`r16`	1	$\mathfrak{g}[0] = 00$?
	`skne5`		1/2	Falls $\mathfrak{g}[0] = 00$:
	`mov`	`r6,r5`	1	$\mathbf{r}_6 \leftarrow \mathfrak{f}[2]$
	`mov`	`r5,r4`	1	$\mathbf{r}_5 \leftarrow \mathfrak{f}[1]$
	`mov`	`r4,r3`	1	$\mathbf{r}_4 \leftarrow \mathfrak{f}[0]$
	`clr`	`r3`	1	$\mathbf{r}_3 \leftarrow 00$
	`rjmp`	`PolMulG385a`	2	Makro überspringen
	`PolMul8G`		+	Addieren und Shiften mit $\mathfrak{g}[0]$
`PolMulG385a:`	`ldd`	`r30,Y+4`	2	$\mathbf{r}_{30} \leftarrow \partial(\boldsymbol{g})$
	`inc`	`r30`	1	$\mathbf{r}_{30} \leftarrow \partial(\boldsymbol{g}) + 1$
	`subi`	`r30,8`	1	$\mathbf{r}_{30} \leftarrow d = \partial(\boldsymbol{g}) + 1 - 8$
	`ldd`	`r16,Y+1`	2	$\mathbf{r}_{16} \leftarrow \mathfrak{g}[1]$
`PolMulG385b:`	`lsr`	`r16`	1	$\mathbf{S}.c \leftarrow \mathfrak{g}[1].\mu$
	`skcc4`		1/2	Falls $\mathfrak{g}[1].\mu{=}1$:

615		eor	r9,r4	1	$H \leftarrow H \oplus F$
616		eor	r10,r5	1	H ist $r_{12:11:10:9}$
617		eor	r11,r6	1	
618		eor	r12,r3	1	
619		lsl	r4	1	$F \leftarrow 2F$
620		rol	r5	1	F ist $r_{3:6:5:4}$
621		rol	r6	1	
622		rol	r3	1	
623		dec	r30	1	$d \leftarrow d - 1$
624		brne	PolMulG385b	1/2	Falls $d > 0$ zum Schleifenanfang
625		pop2	r6,r5	2×2	
626		rjmp	PolMulEx	2	Zur Rücksprungvorbereitung
627	PolMulG363:	movw	r31:r30,r27:r26	1	$Z \leftarrow \mathcal{A}(\mathfrak{f})$
628		ldd	r3,Z+0	2	$\mathfrak{f} \leftarrow \mathfrak{f}[0..2]$
629		ldd	r4,Z+1	2	
630		ldd	r5,Z+2	2	
631		clr	r6	1	
632		ldd	r16,Y+0	2	$r_{16} \leftarrow \mathfrak{g}[0]$
633		tst	r16	1	$\mathfrak{g}[0] = 00$?
634		skne5		1/2	Falls $\mathfrak{g}[0] = 00$:
635		mov	r6,r5	1	$r_6 \leftarrow \mathfrak{f}[2]$
636		mov	r5,r4	1	$r_5 \leftarrow \mathfrak{f}[1]$
637		mov	r4,r3	1	$r_4 \leftarrow \mathfrak{f}[0]$
638		clr	r3	1	$r_3 \leftarrow 00$
639		rjmp	PolMulG363a	2	Makro überspringen
640		PolMul8G		+	Addieren und Shiften mit $\mathfrak{g}[0]$
641	PolMulG363a:	ldd	r16,Y+1	2	$r_{16} \leftarrow \mathfrak{g}[1]$
642		tst	r16	1	$\mathfrak{g}[1] = 00$?
643		skne5		1/2	Falls $\mathfrak{g}[1] = 00$:
644		mov	r3,r6	1	$r_3 \leftarrow \mathfrak{f}[2]$
645		mov	r6,r5	1	$r_6 \leftarrow \mathfrak{f}[1]$
646		mov	r5,r4	1	$r_5 \leftarrow \mathfrak{f}[0]$
647		clr	r4	1	$r_4 \leftarrow 00$
648		rjmp	PolMulG363b	2	Makro überspringen
649		PolMul8H		+	Addieren und Shiften mit $\mathfrak{g}[1]$
650	PolMulG363b:	ldd	r30,Y+4	2	$r_{30} \leftarrow \partial(g)$
651		inc	r30	1	$r_{30} \leftarrow \partial(g) + 1$
652		subi	r30,16	1	$r_{30} \leftarrow d = \partial(g) + 1 - 16$
653		ldd	r16,Y+2	2	$r_{16} \leftarrow \mathfrak{g}[2]$
654	PolMulG363c:	lsr	r16	1	$S.c \leftarrow \mathfrak{g}[2].\mu$
655		skcc4		1/2	Falls $\mathfrak{g}[2].\mu=1$:
656		eor	r10,r5	1	$H \leftarrow H \oplus F$
657		eor	r11,r6	1	H ist $r_{13:12:11:10}$
658		eor	r12,r3	1	
659		eor	r13,r4	1	
660		lsl	r5	1	$F \leftarrow 2F$

661		rol	r6	1	F ist $r_{4:3:6:5}$
662		rol	r3	1	
663		rol	r4	1	
664		dec	r30	1	$d \leftarrow d-1$
665		brne	PolMulG363c	1/2	Falls $d > 0$ zum Schleifenanfang
666		pop2	r6,r5	2×2	
667		rjmp	PolMulEx	2	Zur Rücksprungvorbereitung
668	PolMulG341:	movw	r31:r30,r27:r26	1	$\mathbf{Z} \leftarrow \mathcal{A}(\mathfrak{f})$
669		ldd	r3,Z+0	2	$\mathfrak{f} \leftarrow \mathfrak{f}[0\cdots2]$
670		ldd	r4,Z+1	2	
671		ldd	r5,Z+2	2	
672		clr	r6	1	
673		ldd	r16,Y+0	2	$r_{16} \leftarrow \mathfrak{g}[0]$
674		tst	r16	1	$\mathfrak{g}[0] = 00$?
675		skne5		1/2	Falls $\mathfrak{g}[0] = 00$:
676		mov	r6,r5	1	$r_6 \leftarrow \mathfrak{f}[2]$
677		mov	r5,r4	1	$r_5 \leftarrow \mathfrak{f}[1]$
678		mov	r4,r3	1	$r_4 \leftarrow \mathfrak{f}[0]$
679		clr	r3	1	$r_3 \leftarrow 00$
680		rjmp	PolMulG341a	2	Makro überspringen
681		PolMul8G		+	Addieren und Shiften mit $\mathfrak{g}[0]$
682	PolMulG341a:	ldd	r16,Y+1	2	$r_{16} \leftarrow \mathfrak{g}[1]$
683		tst	r16	1	$\mathfrak{g}[1] = 00$?
684		skne5		1/2	Falls $\mathfrak{g}[1] = 00$:
685		mov	r3,r6	1	$r_3 \leftarrow \mathfrak{f}[2]$
686		mov	r6,r5	1	$r_6 \leftarrow \mathfrak{f}[1]$
687		mov	r5,r4	1	$r_5 \leftarrow \mathfrak{f}[0]$
688		clr	r4	1	$r_4 \leftarrow 00$
689		rjmp	PolMulG341b	2	Makro überspringen
690		PolMul8H		+	Addieren und Shiften mit $\mathfrak{g}[1]$
691	PolMulG341b:	ldd	r16,Y+2	2	$r_{16} \leftarrow \mathfrak{g}[2]$
692		tst	r16	1	$\mathfrak{g}[2] = 00$?
693		skne5		1/2	Falls $\mathfrak{g}[2] = 00$:
694		mov	r4,r3	1	$r_4 \leftarrow \mathfrak{f}[2]$
695		mov	r3,r6	1	$r_3 \leftarrow \mathfrak{f}[1]$
696		mov	r6,r5	1	$r_6 \leftarrow \mathfrak{f}[0]$
697		clr	r5	1	$r_5 \leftarrow 00$
698		rjmp	PolMulG341c	2	Makro überspringen
699		PolMul8I		+	Addieren und Shiften mit $\mathfrak{g}[2]$
700	PolMulG341c:	ldd	r30,Y+4	2	$r_{30} \leftarrow \partial(\mathfrak{g})$
701		inc	r30	1	$r_{30} \leftarrow \partial(\mathfrak{g})+1$
702		subi	r30,24	1	$r_{30} \leftarrow d = \partial(\mathfrak{g})+1-24$
703		ldd	r16,Y+3	2	$r_{16} \leftarrow \mathfrak{g}[3]$
704	PolMulG341d:	lsr	r16	1	$S.c \leftarrow \mathfrak{g}[3].\mu$
705		skcc4		1/2	Falls $\mathfrak{g}[3].\mu=1$:
706		eor	r11,r6	1	$\mathbf{H} \leftarrow \mathbf{H} \oplus \mathbf{F}$

```
707                eor    r12,r3                  1    H ist r14:13:12:11
708                eor    r13,r4                  1
709                eor    r14,r5                  1
710                lsl    r6                      1    F ← 2F
711                rol    r3                      1    F ist r5:4:3:6
712                rol    r4                      1
713                rol    r5                      1
714                dec    r30                     1    d ← d − 1
715                brne   PolMulG341d             1/2  Falls d > 0 zum Schleifenanfang
716                pop2   r6,r5                   2×2
717                rjmp   PolMulEx                2    Zur Rücksprungvorbereitung
718  PolMulF4b1:   push3  r5,r6,r7                3×2
719                ldi    r30,LOW(PolMulStG4)     1    Z ← A(G4)
720                ldi    r31,HIGH(PolMulStG4)    1
721                ldd    r16,Y+4                 2    r16 ← ∂(g)
722                lsr    r16                     1    r16 ← ⌊∂(g)/8⌋
723                lsr    r16                     1
724                lsr    r16                     1
725                add    r30,r16                 1    Z ← A(G4) + ⌊∂(g)/8⌋
726                adc    r31,r8                  1    r8 = 00 nach Zeile 255
727                ijmp                           2    Den Sprungbefehl in G4[⌊∂(g)/8⌋] ausführen
728  PolMulStG4:   rjmp   PolMulG407              2    Die Sprungtabelle G4
729                rjmp   PolMulG485              2
730                rjmp   PolMulG463              2
731                rjmp   PolMulG441              2
732  PolMulG407:   movw   r31:r30,r27:r26         1    Z ← A(f)
733                ldd    r3,Z+0                  2    f ← f[0··3]
734                ldd    r4,Z+1                  2
735                ldd    r5,Z+2                  2
736                ldd    r6,Z+3                  2
737                clr    r7                      1
738                ldd    r30,Y+4                 2    r30 ← d = ∂(g) + 1
739                inc    r30                     1
740                ldd    r16,Y+0                 2    r16 ← g[0]
741  PolMulG407a:  lsr    r16                     1    S.c ← g[0].μ
742                skcc5                          1/2  Falls g[0].μ=1:
743                eor    r8,r3                   1      H ← H ⊕ F
744                eor    r9,r4                   1      H ist r12:11:10:9:8
745                eor    r10,r5                  1
746                eor    r11,r6                  1
747                eor    r12,r7                  1
748                lsl    r3                      1    F ← 2F
749                rol    r4                      1    F ist r7:6:5:4:3
750                rol    r5                      1
751                rol    r6                      1
752                rol    r7                      1
```

```
             dec     r30                1    d ← d − 1
             brne    PolMulG407a        1/2  Falls d > 0 zum Schleifenanfang
             pop3    r7,r6,r5           3×2
             rjmp    PolMulEx           2    Zur Rücksprungvorbereitung
PolMulG485:  movw    r31:r30,r27:r26    1    Z ← A(f)
             ldd     r3,Z+0             2    f ← f[0··3]
             ldd     r4,Z+1             2
             ldd     r5,Z+2             2
             ldd     r6,Z+3             2
             clr     r7                 1
             ldd     r16,Y+0            2    r16 ← g[0]
             tst     r16                1    g[0] = 00?
             skne6                      1/2  Falls g[0] = 00:
             mov     r7,r6              1      r7 ← f[3]
             mov     r6,r5              1      r6 ← f[2]
             mov     r5,r4              1      r5 ← f[1]
             mov     r4,r3              1      r4 ← f[0]
             clr     r3                 1      r3 ← 00
             rjmp    PolMulG485a        2      Makro überspringen
             PolMul8J                   +    Addieren und Shiften mit g[0]
PolMulG485a: ldd     r30,Y+4            2    r30 ← ∂(g)
             inc     r30                1    r30 ← ∂(g) + 1
             subi    r30,8              1    r30 ← d = ∂(g) + 1 − 8
             ldd     r16,Y+1            2    r16 ← g[1]
PolMulG485b: lsr     r16                1    S.c ← g[1].μ
             skcc5                      1/2  Falls g[1].μ=1:
             eor     r9,r4              1      H ← H ⊕ F
             eor     r10,r5             1      H ist r13:12:11:10:9
             eor     r11,r6             1
             eor     r12,r7             1
             eor     r13,r3             1
             lsl     r4                 1    F ← 2F
             rol     r5                 1    F ist r3:7:6:5:4
             rol     r6                 1
             rol     r7                 1
             rol     r3                 1
             dec     r30                1    d ← d − 1
             brne    PolMulG485b        1/2  Falls d > 0 zum Schleifenanfang
             pop3    r7,r6,r5           3×2
             rjmp    PolMulEx           2    Zur Rücksprungvorbereitung
PolMulG463:  movw    r31:r30,r27:r26    1    Z ← A(f)
             ldd     r3,Z+0             2    f ← f[0··3]
             ldd     r4,Z+1             2
             ldd     r5,Z+2             2
             ldd     r6,Z+3             2
             clr     r7                 1
```

799		ldd	r16,Y+0	2	$r_{16} \leftarrow \mathfrak{g}[0]$
800		tst	r16	1	$\mathfrak{g}[0] = 00$?
801		skne6		1/2	Falls $\mathfrak{g}[0] = 00$:
802		mov	r7,r6	1	$r_7 \leftarrow \mathfrak{f}[3]$
803		mov	r6,r5	1	$r_6 \leftarrow \mathfrak{f}[2]$
804		mov	r5,r4	1	$r_5 \leftarrow \mathfrak{f}[1]$
805		mov	r4,r3	1	$r_4 \leftarrow \mathfrak{f}[0]$
806		clr	r3	1	$r_3 \leftarrow 00$
807		rjmp	PolMulG463a	2	Makro überspringen
808		PolMul8J		+	Addieren und Shiften mit $\mathfrak{g}[0]$
809	PolMulG463a:	ldd	r16,Y+1	2	$r_{16} \leftarrow \mathfrak{g}[1]$
810		tst	r16	1	$\mathfrak{g}[1] = 00$?
811		skne6		1/2	Falls $\mathfrak{g}[1] = 00$:
812		mov	r3,r7	1	$r_3 \leftarrow \mathfrak{f}[3]$
813		mov	r7,r6	1	$r_7 \leftarrow \mathfrak{f}[2]$
814		mov	r6,r5	1	$r_6 \leftarrow \mathfrak{f}[1]$
815		mov	r5,r4	1	$r_5 \leftarrow \mathfrak{f}[0]$
816		clr	r4	1	$r_4 \leftarrow 00$
817		rjmp	PolMulG463b	2	Makro überspringen
818		PolMul8K		+	Addieren und Shiften mit $\mathfrak{g}[1]$
819	PolMulG463b:	ldd	r30,Y+4	2	$r_{30} \leftarrow \partial(g)$
820		inc	r30	1	$r_{30} \leftarrow \partial(g) + 1$
821		subi	r30,16	1	$r_{30} \leftarrow d = \partial(g) + 1 - 16$
822		ldd	r16,Y+2	2	$r_{16} \leftarrow \mathfrak{g}[2]$
823	PolMulG463c:	lsr	r16	1	$S.c \leftarrow \mathfrak{g}[2].\mu$
824		skcc5		1/2	Falls $\mathfrak{g}[2].\mu=1$:
825		eor	r10,r5	1	$\mathbf{H} \leftarrow \mathbf{H} \oplus \mathbf{F}$
826		eor	r11,r6	1	$\mathbf{H}$ ist $r_{14:13:12:11:10}$
827		eor	r12,r7	1	
828		eor	r13,r3	1	
829		eor	r14,r4	1	
830		lsl	r5	1	$\mathbf{F} \leftarrow 2\mathbf{F}$
831		rol	r6	1	$\mathbf{F}$ ist $r_{4:3:7:6:5}$
832		rol	r7	1	
833		rol	r3	1	
834		rol	r4	1	
835		dec	r30	1	$d \leftarrow d - 1$
836		brne	PolMulG463c	1/2	Falls $d > 0$ zum Schleifenanfang
837		pop3	r7,r6,r5	3×2	
838		rjmp	PolMulEx	2	Zur Rücksprungvorbereitung
839	PolMulG441:	movw	r31:r30,r27:r26	1	$\mathbf{Z} \leftarrow \mathcal{A}(\mathfrak{f})$
840		ldd	r3,Z+0	2	$\mathfrak{f} \leftarrow \mathfrak{f}[0 \cdots 3]$
841		ldd	r4,Z+1	2	
842		ldd	r5,Z+2	2	
843		ldd	r6,Z+3	2	
844		clr	r7	1	

845		ldd	r16,Y+0	2	$r_{16} \leftarrow g[0]$
846		tst	r16	1	$g[0] = 00$?
847		skne6		1/2	Falls $g[0] = 00$:
848		mov	r7,r6	1	$r_7 \leftarrow f[3]$
849		mov	r6,r5	1	$r_6 \leftarrow f[2]$
850		mov	r5,r4	1	$r_5 \leftarrow f[1]$
851		mov	r4,r3	1	$r_4 \leftarrow f[0]$
852		clr	r3	1	$r_3 \leftarrow 00$
853		rjmp	PolMulG441a	2	Makro überspringen
854		PolMul8J		+	Addieren und Shiften mit $g[0]$
855	PolMulG441a:	ldd	r16,Y+1	2	$r_{16} \leftarrow g[1]$
856		tst	r16	1	$g[1] = 00$?
857		skne6		1/2	Falls $g[1] = 00$:
858		mov	r3,r7	1	$r_3 \leftarrow f[3]$
859		mov	r7,r6	1	$r_7 \leftarrow f[2]$
860		mov	r6,r5	1	$r_6 \leftarrow f[1]$
861		mov	r5,r4	1	$r_5 \leftarrow f[0]$
862		clr	r4	1	$r_4 \leftarrow 00$
863		rjmp	PolMulG441b	2	Makro überspringen
864		PolMul8K		+	Addieren und Shiften mit $g[1]$
865	PolMulG441b:	ldd	r16,Y+2	2	$r_{16} \leftarrow g[2]$
866		tst	r16	1	$g[2] = 00$?
867		skne6		1/2	Falls $g[2] = 00$:
868		mov	r4,r3	1	$r_4 \leftarrow f[3]$
869		mov	r3,r7	1	$r_3 \leftarrow f[2]$
870		mov	r7,r6	1	$r_7 \leftarrow f[1]$
871		mov	r6,r5	1	$r_6 \leftarrow f[0]$
872		clr	r5	1	$r_5 \leftarrow 00$
873		rjmp	PolMulG441c	2	Makro überspringen
874		PolMul8L		+	Addieren und Shiften mit $g[2]$
875	PolMulG441c:	ldd	r30,Y+4	2	$r_{30} \leftarrow \partial(g)$
876		inc	r30	1	$r_{30} \leftarrow \partial(g) + 1$
877		subi	r30,24	1	$r_{30} \leftarrow d = \partial(g) + 1 - 24$
878		ldd	r16,Y+3	2	$r_{16} \leftarrow g[3]$
879	PolMulG441d:	lsr	r16	1	S.c $\leftarrow g[3].\mu$
880		skcc5		1/2	Falls $g[3].\mu = 1$:
881		eor	r11,r6	1	$H \leftarrow H \oplus F$
882		eor	r12,r7	1	H ist $r_{15:14:13:12:11}$
883		eor	r13,r3	1	
884		eor	r14,r4	1	
885		eor	r15,r5	1	
886		lsl	r6	1	$F \leftarrow 2F$
887		rol	r7	1	F ist $r_{5:4:3:7:6}$
888		rol	r3	1	
889		rol	r4	1	
890		rol	r5	1	

```
        dec     r30             1     d ← d − 1
        brne    PolMulG441d     1/2   Falls d > 0 zum Schleifenanfang
        pop3    r7,r6,r5        3×2
        rjmp    PolMulEx        2     Zur Rücksprungvorbereitung
```

Das Umsetzen von (5.4) in Programmcode, sogar in Assemblercode, ist im Prinzip mit keinerlei Problemen verbunden. Die Bitvektoren des Polynoms $\mathfrak{f}$ werden in ein 64-Bit-Register $\mathbf{F}$, die des Polynoms $\mathfrak{g}$ in ein 32-Bit-Register $\mathbf{g}$ geladen, und es wird ein mit Nullbits gefülltes 64-Bit-Register $\mathbf{H}$ bereitgestellt. In einer Schleife werden dann die Bits von $\mathbf{g}$ durchlaufen. Ist im i-ten Durchlauf $\mathbf{g}_{.i} = 1$, dann wird $\mathbf{F}$ zu $\mathbf{H}$ modulo 2 addiert. In jedem Durchlauf wird $\mathbf{F}$ einmal linksgeshiftet, gegebenenfalls nach der Addition.

Wird (5.4) tatsächlich wie eben beschrieben umgesetzt, dann erfährt die Tatsache keine Berücksichtigung, daß der Grad der Polynome von $-\infty$ bis 31 variieren kann. Ist $\partial(\boldsymbol{f}) = n$ und $\partial(\boldsymbol{g}) = m$, dann genügt für $\mathbf{g}$ ein Register der Länge m und für $\mathbf{F}$ und $\mathbf{H}$ ein Register der Länge $n + m$. Die Rechenzeit $\mathrm{T}(n, m)$ des Verfahrens, ausgedrückt in Prozessortakten, ist dann annähernd zu nm proportional.

Hier fängt die Umsetzung in Programmcode jedoch schon an, problematisch zu werden. Die tatsächlich zur Verfügung stehenden Register sind aus mehreren Byteregistern zusammengesetzt, es gibt daher für n Bits $\lfloor n/8 \rfloor$ voll besetzte Byteregister und ein Byteregister mit $n \bmod 8$ verwendeten Bits. Das führt bei orthodoxer Codeerzeugung zu einer Vielzahl von Schleifen und deshalb zu einer großen Proportionalkonstanten von nm in $\mathrm{T}(n, m)$. Weil für die Programme dieses Abschnittes durchaus Praxistauglichkeit zur Codierung von Nachrichten angestrebt wird (siehe dazu Kapitel 4), muß die Programmierung deshalb andere Wege beschreiten.

Abbildung 5.1.: Laufzeit in Prozessortakten $\mathrm{T}(n)$ für $n = \partial(\boldsymbol{f}) = \partial(\boldsymbol{g})$

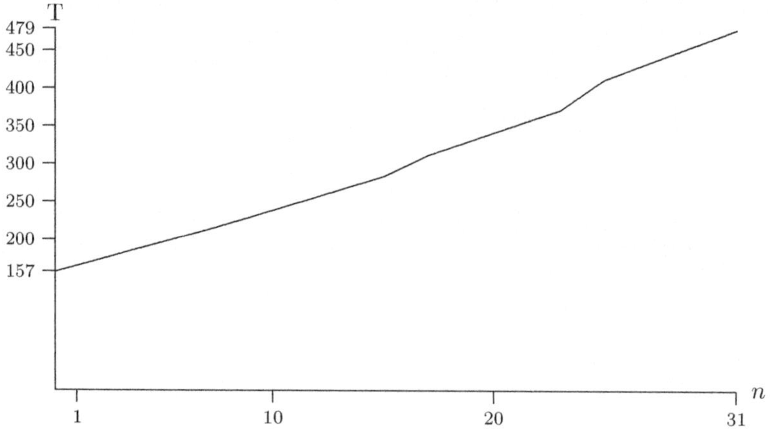

Hier kommt dem Programmierer zustatten, daß die AVR-Mikrocontroller am oberen Ende des Spektrums, die für die Codierung von Nachrichten geeignet sind, mit großen Programmspeichern ausgestattet sind. Es ist also hier möglich, den Königsweg zu gehen und längere Rechenzeiten gegen längere Programme einzutauschen. Dazu wird im Prinzip für jede Kombination von $\partial(\boldsymbol{f})$ und $\partial(\boldsymbol{g})$ ein Programmstück zur Berechnung von $\boldsymbol{fg}$ erzeugt, das nach der Inspektion von $\mathfrak{f}$ und $\mathfrak{g}$ am Programmanfang direkt angesprungen wird. So wird eine große Zahl von bedingten Sprüngen mit ihren Berechnungen eliminiert.

Die Schrumpfung der Zeit auf Kosten des Raumes kann jedoch fortgesetzt werden, und zwar durch Elimination nahezu aller Programmschleifen. Dazu wird zu jedem Durchlauf einer Schleife ein Programmstück erzeugt und diese Programmstücke werden dann beim „Abarbeiten“ der Schleife linear durchlaufen. Auf diese Weise werden die Manipulation eines Schleifenzählers und die Rücksprünge zum Schleifenanfang vermieden.

Das Ergebnis dieser Vorgehensweise ist erfreulich. Die erreichte Rechenzeit $\mathrm{T}(n) = \mathrm{T}(n,n)$, für den Spezialfall $\partial(\boldsymbol{f}) = \partial(\boldsymbol{g}) = n$, ist in Bild 5.1 skizziert. Es ist natürlich eine Parabel, und zwar approximativ die Parabel $\mathrm{T}(n) = 0{,}12n^2 + 6{,}67n + 157$, doch wird nur der noch nicht steil ansteigende Teil durchlaufen, der Anstieg der Rechenzeit mit dem Polynomgrad n ist nahezu linear.

Dieses schöne Verhalten wird allerdings durch ein recht langes Programm von nahezu 900 Assemblerzeilen erkauft. Es wäre noch länger, wenn sich wiederholende Programmstücke nicht in Makros zusammengefaßt wären. Die Rechenzeit spricht jedoch für sich. Bei einer Prozessortaktfrequenz von 20 MHZ werden zwei Polynome vom Grad 31 in 24 Mikrosekunden miteinander multipliziert, das entspricht 41753 Multiplikationen pro Sekunde.

Das Ergebnisregister $\mathbf{H}$ wird aus den acht Prozessorregistern $\mathbf{r}_8$ bis $\mathbf{r}_{15}$ zusammengesetzt, es ist also $\mathbf{H} = \mathbf{r}_{15:14:13:12:11:10:9:8}$. Bei $\partial(\boldsymbol{f}) < 24$ oder $\partial(\boldsymbol{g}) < 24$ wird natürlich nur ein Teil wirklich berechnet. Beim Linksshiften des Registers $\mathbf{F}$ werden recht Nullbits nachgezogen, die bei der Addition mit $\mathbf{H}$ keine Auswirkungen haben, es genügt für $\mathbf{F}$ daher ein Register aus fünf Prozessorregistern. Es wurde die Zusammenstellung $\mathbf{F} = \mathbf{r}_{7:6:5:4:3}$ gewählt. Den Gebrauch der Register $\mathbf{r}_3$ bis $\mathbf{r}_7$ bei den Linksshifts und Additionen für $8 \leq \partial(\boldsymbol{f}) \leq 15$ und $16 \leq \partial(\boldsymbol{g}) \leq 23$ erläutert die folgende Skizze:

$\mathbf{r}_{15}$	$\mathbf{r}_{14}$	$\mathbf{r}_{13}$	$\mathbf{r}_{12}$	$\mathbf{r}_{11}$	$\mathbf{r}_{10}$	$\mathbf{r}_{9}$	$\mathbf{r}_{8}$
					$\mathbf{r}_{5}$	$\mathbf{r}_{4}$	$\mathbf{r}_{3}$
				$\mathbf{r}_{3}$	$\mathbf{r}_{5}$	$\mathbf{r}_{4}$	
			$\mathbf{r}_{4}$	$\mathbf{r}_{3}$	$\mathbf{r}_{5}$		

Bei $24 \leq \partial(\boldsymbol{f}) \leq 31$ und $24 \leq \partial(\boldsymbol{g}) \leq 31$ ist der Einsatz der Register wie folgt:

$\mathbf{r}_{15}$	$\mathbf{r}_{14}$	$\mathbf{r}_{13}$	$\mathbf{r}_{12}$	$\mathbf{r}_{11}$	$\mathbf{r}_{10}$	$\mathbf{r}_{9}$	$\mathbf{r}_{8}$
			$\mathbf{r}_{7}$	$\mathbf{r}_{6}$	$\mathbf{r}_{5}$	$\mathbf{r}_{4}$	$\mathbf{r}_{3}$
		$\mathbf{r}_{3}$	$\mathbf{r}_{7}$	$\mathbf{r}_{6}$	$\mathbf{r}_{5}$	$\mathbf{r}_{4}$	
	$\mathbf{r}_{4}$	$\mathbf{r}_{3}$	$\mathbf{r}_{7}$	$\mathbf{r}_{6}$	$\mathbf{r}_{5}$		
$\mathbf{r}_{5}$	$\mathbf{r}_{4}$	$\mathbf{r}_{3}$	$\mathbf{r}_{7}$	$\mathbf{r}_{6}$			

Das nach jeweils acht Linksshifts rechts frei werdende Register wird nach links gebracht, um die nächsten nach links zu shiftenden Bits aufzunehmen. In der oberen Skizze ist anfangs $\mathbf{F}$ in $\mathbf{r}_{4:3}$ enthalten. Nach acht Linksshifts ist $\mathbf{F}$ in $\mathbf{r}_{5:4}$ enthalten und $\mathbf{r}_3$ enthält 00, es wird zum Register $\mathbf{r}_{3:5:4}$ übergegangen. Nach weiteren acht Linksshifts ist $\mathbf{F}$ in $\mathbf{r}_{3:5}$ enthalten und $\mathbf{r}_4$ enthält 00, es wird zu Register $\mathbf{r}_{4:3:5}$ übergegangen.

Das Unterprogramm beginnt in Zeile *253*. In den Zeilen *254–255* wird getestet, ob $\boldsymbol{g}$ das Nullpolynom ist, was genau dann der Fall ist, wenn $\mathfrak{g}[4]_{.7}$ gesetzt ist, wenn also der Befehl `test` in Zeile *255* das Minusbit im Statusregister setzt. Ist das der Fall, dann wird ab Zeile *258* $\mathfrak{H}$ als Nullpolynom erzeugt. Das geschieht, weil Schleifen eliminiert wurden, in Zeile *259* zuerst mit dem einfachen Makro

```
.macro std8
std    @0+0,@1          std Z+0,r16
std    @0+1,@1          std Z+1,r16
std    @0+2,@1          std Z+2,r16
std    @0+3,@1          std Z+3,r16
std    @0+4,@1          std Z+4,r16
std    @0+5,@1          std Z+5,r16
std    @0+6,@1          std Z+6,r16
std    @0+7,@1          std Z+7,r16
.endm
```

das den Bitvektor des Polynoms mit den Nullbits erzeugt. Neben dem Makro ist der von ihm in erzeugte Code aufgeführt. In den nächsten beiden Zeilen wird das Gradbyte von $\mathfrak{H}$ in Register $\mathbf{r_{16}}$ und dann in $\mathfrak{H}[8]$ geladen. Vor dem Rücksprung in das rufende Programm wird noch das Nullbit im Statusregister gesetzt, das als (wenn auch globaler) Rückgabeparameter agiert, um anzuzeigen, daß die Multiplikation das Nullpolynom erbracht hat.

In Zeile *265* angekommen ist $\boldsymbol{g}$ nicht das Nullpolynom, aber natürlich ist noch $\boldsymbol{f}$ als Nullpolynom möglich. Um das zu testen, wird Register **Z** mit der Adresse von $\mathfrak{f}$ geladen (**X** selbst kann nicht für das Folgende verwendet werden, weil es die indizierte Adressierung nicht beherrscht). Register $\mathbf{r_{16}}$ wird in der nächsten Zeile mit dem Gradbyte von $\mathfrak{f}$ geladen und dann wird geprüft, ob das Vorzeichenbit im Gradbyte gesetzt ist. Ist das der Fall, wird in die Zeile *257* gesprungen, um $\mathfrak{H}$ als Nullpolynom zu erzeugen.

In Zeile *269* angekommen ist weder $\boldsymbol{f}$ noch $\boldsymbol{g}$ das Nullpolynom, es werden daher die Vorbereitungen für die Multiplikation getroffen. Dazu gehört natürlich, das Register **H**, das die Produktbits aufzunehmen hat, mit Nullbits zu füllen (Zeilen *269–270*). Es gibt nun für $\partial(\boldsymbol{f}) \leq 7$, $8 \leq \partial(\boldsymbol{f}) \leq 15$, $16 \leq \partial(\boldsymbol{f}) \leq 23$ und $\partial(\boldsymbol{f}) \geq 24$. ein zugeordnetes Programmstück. Diese können identifiziert werden, indem $\lfloor \partial(\boldsymbol{f})/8 \rfloor$ bestimmt wird, also der Quotient bei Division durch 8. Die Verzweigung erfolgt über eine Sprungtabelle, die allerdings keine Sprungadressen enthält, sondern die Sprünge in die Programmstücke selbst. In den Zeilen *272–273* wird also Register **Z** mit der Adresse der Sprungtabelle F (Programmname `PolMulStF`) geladen. Register $\mathbf{r_{16}}$ enthält noch $\partial(\boldsymbol{f})$ (von Zeile *266* her), also wird in den Zeilen *274–276* in $\mathbf{r_{16}}$ durch drei Rechtsshifts $g_{\boldsymbol{f}} = \lfloor \partial(\boldsymbol{f})/8 \rfloor$ berechnet. In den folgenden beiden Zeilen wird $g_{\boldsymbol{f}}$ zur Adresse von F addiert, in Zeile *279* wird daher die Adresse $F[g_{\boldsymbol{f}}]$ angesprungen. Ist beispielsweise $g_{\boldsymbol{f}} = 0$ dann wird der relative Sprung in Zeile *280* in die Zeile *300* ausgeführt, und ist $g_{\boldsymbol{f}} = 3$ dann wird der relative Sprung in Zeile *283* in die Zeile *418* ausgeführt.

Bei Erreichen von Zeile *300* ist $0 \leq \partial(\boldsymbol{f}) \leq 7$. Die Multiplikation mit $\boldsymbol{g}$ wird nun in vier Programmstücken durchgeführt, und zwar jeweils eines für $0 \leq \partial(\boldsymbol{g}) \leq 7$, $8 \leq \partial(\boldsymbol{g}) \leq 15$, $16 \leq \partial(\boldsymbol{f}) \leq 23$ und $\partial(\boldsymbol{f}) \geq 24$. Die Programmstücke werden über die Sprungtabelle G_1 (Programmname `PolMulStG1`) erreicht. In den Zeilen *300–301* wird also Register **Z** mit der Adresse von G_1 geladen. Anschließend wird $\mathbf{r_{16}}$ mit $\partial(\boldsymbol{g})$ geladen und mit drei Rechtsshifts $g_{\boldsymbol{g}} = \lfloor \partial(\boldsymbol{g})/8 \rfloor$ bestimmt. In den Zeilen *306–307* wird $g_{\boldsymbol{g}}$ zur Adresse von G_1 addiert, in Zeile *308* wird daher die Adresse $G_1[g_{\boldsymbol{g}}]$ angesprungen.

In Zeile *313* beginnt die Multiplikation für $0 \leq \partial(\boldsymbol{f}) \leq 7$ und $0 \leq \partial(\boldsymbol{g}) \leq 7$. Das Register **F** wird hier repräsentiert durch $\mathbf{r_{4:3}}$. Nach den Zeilen *313–315* enthält **F** den Startwert $0 \cdot 2^8 + \mathfrak{f}[0]$. In den nächsten beiden Zeilen wird $\mathbf{r_{30}}$ mit $d = \partial(\boldsymbol{g}) + 1$ geladen. Die Additionen und Linksshifts werden von der Schleife in den Zeilen *319–326* ausgeführt, darin der Schleifenindex d heruntergezählt wird. Herunterzählen und bedingter Rücksprung arbeiten mit nicht-negativem Zähler, weshalb $\mathbf{r_{30}}$ mit $\partial(\boldsymbol{g}) + 1$ und nicht mit $d = \partial(\boldsymbol{g})$ initialisiert wird. Der Befehl in Zeile *317* kann gestrichen werden, wenn in den Zeilen *325–326* mit den Befehlen `subi` und `brpl` gearbeitet wird. Für das Ergebnisregister **H** sind zwei Bytes ausreichend, denn die Addition in $\mathbb{Z}_2$ erzeugt keine Überträge, die weiter nach vorne addiert werden müssen. **H** wird also von $\mathbf{r_{9:8}}$ repräsentiert. In Zeile *319* wird durch einen Rechtsshift $\mathfrak{g}[0]._{\mu}$ in das Übertragsbit geschoben, dabei ist $\mu = \partial(\boldsymbol{g}) + 1 - d$. Bei $\mathfrak{g}[0]._{\mu=1}$ wird **F** zu **H** addiert (in $\mathbb{Z}_2$), andernfalls werden die Zeilen *321–322* übersprungen. In den nächsten beiden Zeilen wird **F** linksgeshiftet. Ist nach dem Herunterzählen von d in Zeile *325* noch $d > 0$, wird an den Schleifenanfang zurückgesprungen, um die Multiplikation zu vervollständigen. Andernfalls wird in Zeile *327* in den Programmteil gesprungen, der die Rückkehr in das rufende Programm vorbereitet. Selbstverständlich könnte die Schleife durch einen berechneten Sprung in eine lineare Codesequenz ersetzt werden (eine einfache Übung für den Leser), doch lohnt sich der Aufwand an dieser Stelle nicht.

In Zeile *328* beginnt die Multiplikation für $0 \leq \partial(\boldsymbol{f}) \leq 7$ und $8 \leq \partial(\boldsymbol{g}) \leq 15$. Das Register **F** wird auch hier repräsentiert durch $\mathbf{r_{4:3}}$, doch für **H** muß jetzt $\mathbf{r_{10:9:8}}$ verwendet werden. Nach den Zeilen *328–330* enthält **F** den Startwert $0 \cdot 2^8 + \mathfrak{f}[0]$. Zur Bestimmung der Additionen sind wegen $8 \leq \partial(\boldsymbol{g})$ acht Bits von $\mathfrak{g}[0]$ zu shiften, dann noch $\partial(\boldsymbol{g}) - 8$ Bits aus $\mathfrak{g}[1]$. Das Shiften und Addieren bei $\mathfrak{g}[0]$ wird ohne Schleife durchgeführt. Um das Programm nicht noch länger werden zu lassen als es ohnehin schon ist, wird das Makro `PolMul8A` ab Zeile *9* eingesetzt, das seinerseits das Makro `PolMulA` achtmal für jedes

Bit in $\mathfrak{g}[0]$ aufruft. Dieses Makro enthält den Schleifenkörper der Schleife ab Zeile *319* vermindert um Zählerverringerung und bedingten Sprung in den Zeilen *326–327*. Das Makro `PolMulA` enthält daher acht Kopien der Zeilen *319–324*.

Die acht Bits von $\mathfrak{g}[0]$ werden also rechtsgeshiftet, **H** und **F** werden gegebenenfalls addiert (in $\mathbb{Z}_2$) und **F** wird linksgeshiftet. Dann ist aber $\mathbf{r_4} = \mathfrak{f}[0]$ und $\mathbf{r_3} = \mathtt{00}$, also können $\mathbf{r_3}$ und $\mathbf{r_4}$ ihre Rollen jetzt vertauschen, d.h. **F** wird bei den Bits von $\mathfrak{g}[1]$ von $\mathbf{r_{3:4}}$ repräsentiert. Nun ist natürlich $\mathfrak{g}[0] = \mathtt{00}$ möglich, in welchem Falle die Additionen und Shifts entfallen können. Nach dem Laden von $\mathbf{r_{16}}$ mit $\mathfrak{g}[0]$ wird daher in Zeile *332* getestet, ob tatsächlich $\mathfrak{g}[0] = \mathtt{00}$ gilt. Ist das der Fall, dann wird **F** in den Zeilen *334–335* von $\mathbf{r_{3:4}}$ repräsentiert, d.h. also $\mathbf{r_3} = \mathtt{00}$ und $\mathbf{r_4} = \mathfrak{g}[1]$. Die Ausführung des Makros wird dann in Zeile *336* übersprungen. Die Restbits von $\mathfrak{g}$ in $\mathfrak{g}[1]$ werden in der üblichen Schleife abgearbeitet, allerdings wird hier **H** durch $\mathbf{r_{10:9}}$ repräsentiert und der Schleifenzähler wird mit $\partial(\boldsymbol{g}) - 7$ geladen.

Die Multiplikation für $0 \leq \partial(\boldsymbol{f}) \leq 7$ und $8 \leq \partial(\boldsymbol{g}) \leq 23$ beginnt in Zeile *351*. $\mathbf{r_{4:3}}$ repräsentiert weiterhin **F**, doch für **H** muß jetzt $\mathbf{r_{11:10:9:8}}$ verwendet werden. Nach den Zeilen *352–353* enthält **F** den Startwert $0 \cdot 2^8 + \mathfrak{f}[0]$. Hier sind $\mathfrak{g}[0]$ und $\mathfrak{g}[1]$ voll besetzt, sie werden falls $\neq \mathtt{00}$ mit den Makros `PolMul8A` und `PolMul8B` abgearbeitet, die Restbits von $\mathfrak{g}[2]$ in der üblichen Schleife. Das (virtuelle) Register **H** wird der Reihe nach von $\mathbf{r_{9:8}}$, $\mathbf{r_{10:9}}$ und $\mathbf{r_{11:10}}$ repräsentiert, Register **F** von $\mathbf{r_{4:3}}$, $\mathbf{r_{3:4}}$ und $\mathbf{r_{4:3}}$.

Die Programmstücke der verbleibenden Kombinationen von $\partial(\boldsymbol{f})$ und $\partial(\boldsymbol{g})$ sind genau nach dem Muster der bereits vorgestellten aufgebaut, ihr Ablauf kann mit Hilfe der Kommentare leicht verfolgt werden. Lediglich die Vorbereitung des Rücksprunges ab Zeile *284* fällt aus diesem Rahmen. Nach der Berechnung von $\partial(\boldsymbol{h}) = \partial(\boldsymbol{f}) + \partial(\boldsymbol{g})$ wird der Inhalt des Registers $\mathbf{H} = \mathbf{r_{15:14:13:12:11:10:9:8}}$ in den Polynomvektor $\mathfrak{H}$ kopiert, gefolgt von $\partial(\boldsymbol{h})$.

5.1.3. Division

Die Polynomdivision bedeutet, zu gegebenen Polynomen $\boldsymbol{f}$ und $\boldsymbol{g}$ die Polynome $\boldsymbol{q}$ und $\boldsymbol{r}$ aus **S 6.7.3** (6.160) zu bestimmen, für die also

$$\boldsymbol{f} = \boldsymbol{q}\boldsymbol{g} + \boldsymbol{r} \quad \partial(\boldsymbol{r}) < \partial(\boldsymbol{g}) \tag{5.5}$$

gilt. Wegen $\partial(\boldsymbol{0}) = -\infty$ ist (5.5) mit $\boldsymbol{g} = \boldsymbol{0}$ nicht erfüllbar, es sei daher $\partial(\boldsymbol{g}) \geq 0$. Damit existiert für $\boldsymbol{f} = \boldsymbol{0}$ die Lösung $\boldsymbol{q} = \boldsymbol{r} = \boldsymbol{0}$. Ein weiterer Sonderfall ist noch $\partial(\boldsymbol{f}) < \partial(\boldsymbol{g})$, hier erhält man $\boldsymbol{q} = \boldsymbol{0}$ und $\boldsymbol{r} = \boldsymbol{f}$ als Lösung.

Es sei nun $\partial(\boldsymbol{f}) = n$ und $\partial(\boldsymbol{g}) = m$, mit $n \geq m$, und $k = n - m$. Zur Bestimmung von $\boldsymbol{r}$ und $\boldsymbol{q}$ berechnet man eine Folge von Polynomen $\boldsymbol{r}_n$ bis $\boldsymbol{r}_{m-1}$ mit der Eigenschaft $\partial(\boldsymbol{r}_l) \leq l$. Der Startwert ist $\boldsymbol{r}_n = \boldsymbol{f}$. Die erste Iteration erhält man als

$$\boldsymbol{r}_{n-1} = \boldsymbol{r}_n + q_k \boldsymbol{X}^k \boldsymbol{g} \qquad q_k = \boldsymbol{r}_n(n) \tag{5.6}$$

Hier am Anfang der Rechnung hat man $q_k = \boldsymbol{f}(n) = 1$, also

$$\big(q_k \boldsymbol{X}^k \boldsymbol{g}\big)(n) = \big(\boldsymbol{X}^n\big)(n) = 1$$

und daher $\boldsymbol{r}_{n-1}(n) = 1 + 1 = 0$. Daraus folgt aber $\partial(\boldsymbol{r}_{n-1}) \leq n - 1$. Der nächste Schritt ist nun

$$\boldsymbol{r}_{n-2} = \boldsymbol{r}_{n-1} + q_{k-1} \boldsymbol{X}^{k-1} \boldsymbol{g} \qquad q_{k-1} = \boldsymbol{r}_{n-1}(n-1) \tag{5.7}$$

Ist $q_{k-1} = \boldsymbol{r}_{n-1}(n-1) = 0$, dann ist $\boldsymbol{r}_{n-2} = \boldsymbol{r}_{n-1}$ und $\boldsymbol{r}_{n-2}(n-1) = 0$, d.h. $\partial(\boldsymbol{r}_{n-2}) \leq n - 2$. Falls $q_{k-1} = 1$ erhält man wie vorher

$$\big(q_{k-1} \boldsymbol{X}^{k-1} \boldsymbol{g}\big)(n-1) = \big(\boldsymbol{X}^{n-1}\big)(n-1) = 1$$

und es ist $\boldsymbol{r}_{n-2}(n-1) = 1 + 1 = 0$, also wieder $\partial(\boldsymbol{r}_{n-2}) \leq n - 2$. Im k-ten Schritt gelangt man zu

$$\boldsymbol{r}_{n-k} = \boldsymbol{r}_{n-(k-1)} + q_{k-(k-1)} \boldsymbol{X}^{k-(k-1)} \boldsymbol{g} \qquad q_{k-(k-1)} = \boldsymbol{r}_{n-(k-1)}\big(n - (k-1)\big) \tag{5.8}$$

oder mit zusammengefaßten Indizes und Exponenten

$$\boldsymbol{r}_m = \boldsymbol{r}_{m+1} + q_1 \boldsymbol{X}^1 \boldsymbol{g} \qquad q_1 = \boldsymbol{r}_{m+1}(m+1)$$

mit $\partial(\boldsymbol{r}_m) \leq m$. Der $(k+1)$-te und letzte Schritt führt auf

$$\boldsymbol{r}_{n-k-1} = \boldsymbol{r}_{n-k} + q_{k-k} \boldsymbol{X}^{k-k} \boldsymbol{g} \qquad q_{k-k} = \boldsymbol{r}_{n-k}(n-k) \tag{5.9}$$

und wieder mit zusammengefaßten Indizes und Exponenten

$$\boldsymbol{r}_{m-1} = \boldsymbol{r}_m + q_0 \boldsymbol{X}^0 \boldsymbol{g} \qquad q_0 = \boldsymbol{r}_m(m)$$

und jetzt $\partial(\boldsymbol{r}_{m-1}) \leq m - 1 < m$. Die Addition der Gleichungen (5.6), (5.7) usw. bis (5.8) und (5.9) ergibt nun

$$\boldsymbol{r}_{m-1} + \sum_{\kappa=1}^{k} \boldsymbol{r}_{n-\kappa} = \boldsymbol{r}_n + \sum_{\kappa=0}^{k} q_\kappa \boldsymbol{X}^\kappa \boldsymbol{g} + \sum_{\kappa=1}^{k} \boldsymbol{r}_{n-\kappa}$$

Die Summen der $\boldsymbol{r}_{n-1}$ bis $\boldsymbol{r}_{n-k}$ auf beiden Seiten der Gleichung können entfernt werden, man kommt nach etwas Umformung auf (5.5):

$$\boldsymbol{f} = \boldsymbol{q}\boldsymbol{g} + \boldsymbol{r}_{m-1} \quad \boldsymbol{q} = \sum_{\kappa=0}^{k} \boldsymbol{q}(\kappa)\boldsymbol{X}^{\kappa} \quad \boldsymbol{q}(\kappa) = q_{\kappa} \quad \partial(\boldsymbol{r}_{m-1}) < m = \partial(\boldsymbol{g}) \tag{5.10}$$

Nach Konstruktion ist $q_k = 1$, also $\partial(\boldsymbol{q}) = k = n - m$. Über das Restpolynom $\boldsymbol{r}_{m-1}$ kann lediglich $-\infty \leq \partial(\boldsymbol{r}_{m-1}) < \partial(\boldsymbol{g})$ ausgesagt werden, das Programm muß daher wie bei der Polynomaddition $\partial(\boldsymbol{r}_{m-1})$ berechnen.

Beim Übergang vom Divisionsverfahren für Polynome auf AVR-Assemblercode wird natürlich auch zur Darstellung der Polynome aus $\mathbf{P}_l = \{\, \boldsymbol{f} \in \mathbb{K}_2[\boldsymbol{X}] \mid \partial(\boldsymbol{f}) < l \,\}$, wobei $l \in \{32, 64\}$, als Bitvektoren übergegangen (siehe Abschnitt 5.1). Polynome aus $\mathbf{P}_{64}$ sind als Dividenden zugelassen, um auch mit von `PolMul` erzeugten Polynomen dividieren zu können. Es sind also gegeben ein 64-Bitvektor $\mathfrak{F}$ und ein 32-Bitvektor $\mathfrak{g}$, zu welchen ein 64-Bitvektor $\mathfrak{Q}$ und ein 32-Bitvektor $\mathfrak{r}$ berechnet werden mit $\mathfrak{F} = \mathfrak{Q}\mathfrak{g} + \mathfrak{r}$ und $\partial(\mathfrak{r}) < \partial(\mathfrak{g})$.

Im Programm werden die Bitvektoren mit Mehrfachregistern realisiert. So wird dem Bitvektor $\mathfrak{F}$ ein aus acht Byteregistern zusammengesetztes Mehrfachregister **F** zugeordnet, $\mathfrak{g}$ ein aus vier Byteregistern bestehendes Mehrfachregister **g** usw. Die Multiplikation von $\boldsymbol{g}$ mit einem $\boldsymbol{X}^{\nu}$ in (5.6), (5.7) etc. entspricht dann einem Linksshift von **g** über ν Bitpositionen.

Nun genügen aber bei $0 \leq m \leq 7$ und $8 \leq n \leq 15$ zur Durchführung der Rechnungen für **F** ein Doppel- und für **g** ein Einfachregister, die übrigen drei Register von **g** und die sieben restlichen Register von **F** enthalten nur Nullbits und sind daher für die Berechnungen nur unnützer Ballast. Wenn sich die Rechenzeit des Programms in Abhängigkeit von n und m im quasilinearen Bereich befinden soll, dann ist dieser Ballast abzuwerfen, d.h. die Rechnungen dürfen nur mit den unbedingt nötigen Byteregistern durchgeführt werden. Jeder möglichen Registerkombination ist also ein eigener Programmabschnitt zuzuordnen, und diese Programmabschnitte sind am Anfang des Programms aus den Polynomgraden n und m zu bestimmen.

Das kann mit ineinander verschachtelten Vergleichen geschehen, auf welche bedingte Sprünge folgen die zu weiteren Vergleichen und endlich zu den Progammabschnitten führen. Die Anzahl der möglichen Registerkombinationen ist jedoch so groß, daß auf diese Weise ein nur schwer nachzuvollziehendes Programm entstünde. Hinzu kommt, daß die Dauer der Entscheidungsfindung von der Reihenfolge abhinge, in der die Vergleiche und Sprünge ausgeführt würden. Die den Registerkombinationen zugeordneten Programmabschnitte werden im Programm deshalb mit Hilfe von Sprungtabellen und berechneten Sprüngen aufgesucht. Das entspricht dem Einsatz des in vielen Programmiersprachen in wechselnden Varianten vorhandenen Befehls **case**.

Unterprogramm PolDivX

Für zwei Polynome $\mathfrak{F}$ und $\mathfrak{g}$ werden Polynome $\mathfrak{Q}$ und $\mathfrak{r}$ mit $\mathfrak{F} = \mathfrak{Q}\mathfrak{g} + \mathfrak{r}$ und $\partial(\mathfrak{r}) < \partial(\mathfrak{g})$ berechnet.

Input

- **X** Die Adresse ξ eines Polynoms $\mathfrak{F}$
- **Y** Die Adresse η eines Polynoms $\mathfrak{g}$
- **Z** Die Adresse ζ eines Polynoms $\mathfrak{Q}$
- **U** Die Adresse ρ eines Polynoms $\mathfrak{r}$

Das Polynom $\mathfrak{Q}$ wird mit dem Quotienten und $\mathfrak{r}$ mit dem Rest der Division überschrieben.
Ist der Rest $\mathfrak{r}$ das Nullpolynom wird das Nullbit **S**.$\mathfrak{z}$ gesetzt, andernfalls ist das Nullbit gelöscht.
Falls für $\mathfrak{g}$ das Nullpolynom übergeben wird, wird das Übertragsbit **S**.$\mathfrak{c}$ gesetzt und ohne Rechnung in das rufende Programm zurückgekehrt, andernfalls ist das Übertragsbit gelöscht.

1		.macro	dvjmp		Parameter @0 ist eine ROM-Adresse λ
2		ldi	r30,LOW(@0)	1	$\mathbf{Z} \leftarrow \lambda$
3		ldi	r31,HIGH(@0)	1	
4		mov	r19,r16	1	$\mathbf{r_{19}} \leftarrow m$
5		lsr	r19	1	$\mathbf{r_{19}} \leftarrow \lfloor m/2 \rfloor$
6		lsr	r19	1	$\mathbf{r_{19}} \leftarrow \lfloor m/4 \rfloor$
7		lsr	r19	1	$\mathbf{r_{19}} \leftarrow \lfloor m/8 \rfloor$
8		add	r30,r19	1	$\mathbf{Z} \leftarrow \lambda + \lfloor m/8 \rfloor$
9		adc	r31,r18	1	HIER $\mathbf{r_{18}} = 00$ ANGENOMMEN
10		mov	r19,r17	1	$\mathbf{r_{19}} \leftarrow n$
11		sub	r19,r16	1	$\mathbf{r_{19}} \leftarrow n - m$
12		inc	r19	1	$\mathbf{r_{19}} \leftarrow \varkappa = k + 1 = n - m + 1$
13		ijmp		2	Verzweige zu $\lambda + \lfloor m/8 \rfloor$
14		.endm		13	
15	vwPolDivStG:	.dw	PolDivG00,PolDivG01,PolDivG02,PolDivG03		Die Adressentabelle G
16		.dw	PolDivG04,PolDivG05,PolDivG06,PolDivG07		
17		.dw	PolDivG08,PolDivG09,PolDivG10,PolDivG11		
18		.dw	PolDivG12,PolDivG13,PolDivG14,PolDivG15		
19		.dw	PolDivG16,PolDivG17,PolDivG18,PolDivG19		
20		.dw	PolDivG20,PolDivG21,PolDivG22,PolDivG23		
21		.dw	PolDivG24,PolDivG25,PolDivG26,PolDivG27		
22		.dw	PolDivG28,PolDivG29,PolDivG30,PolDivG31		

Der Beginn des Unterprogramms. Bei $\boldsymbol{g} = \mathbf{0}$ Rückkehr mit Fehleranzeige $\mathbf{S}.\mathfrak{c} = 1$

23	PolDivX:	ldd	r8,Y+4	2	$\mathbf{r_8} \leftarrow \mathfrak{g}[4]$, d.h. $\mathbf{r_8} \leftarrow m = \partial(\boldsymbol{g})$
24		tst	r8	1	$\mathfrak{g}[4] = 80$?, d.h. $\partial(\boldsymbol{g}) = -\infty$?
25		brpl	PolDiv10	1/2	Falls $\partial(\boldsymbol{g}) = -\infty$:
26		sec		1	$\mathbf{S}.\mathfrak{c} \leftarrow 1$
27		ret		4	Zurück in das rufende Programm
28	PolDiv10:	movw	r15:r14,r31:r30	1	$\mathbf{Z}$ in $\mathbf{r_{15:14}}$ aufbewahren
29		movw	r31:r30,r27:r26	1	$\mathbf{Z} \leftarrow \xi = \mathcal{A}(\mathfrak{F})$
30		ldd	r9,Z+8	2	$\mathbf{r_9} \leftarrow \mathfrak{F}[8]$, d.h. $\mathbf{r_9} \leftarrow n = \partial(\boldsymbol{f})$
31		tst	r9	1	$\mathfrak{F}[8] = 80$?, d.h. $\partial(\boldsymbol{f}) = -\infty$?
32		brpl	PolDiv20	1/2	Falls $\partial(\boldsymbol{f}) > -\infty$ weiter mit Zeile *41*

Hier ist $\boldsymbol{f} = \mathbf{0}$, mit dem Ergebnis $\boldsymbol{q} = \mathbf{0}$ und $\boldsymbol{r} = \mathbf{0}$

33		movw	r31:r30,r25:r24	1	$\mathbf{Z} \leftarrow \rho = \mathcal{A}(\mathfrak{r})$
34		clr	r10	1	$\mathbf{r_{10}} \leftarrow 00$ und $\mathbf{S}.\mathfrak{z} \leftarrow 1$
35		std4	Z,r10	4×2	$\mathfrak{r} \leftarrow 8000000000$
36		std	Z+4,r9	2	$\mathbf{r_9}$ enthält 80
37		movw	r31:r30,r15:r14	1	$\mathbf{Z} \leftarrow \zeta = \mathcal{A}(\mathfrak{Q})$
38		std8	Z,r10	8×2	$\mathfrak{Q} \leftarrow 800000000000000000$
39		std	Z+8,r9	2	$\mathbf{r_9}$ enthält 80
40		clc		1	$\mathbf{S}.\mathfrak{c} \leftarrow 0$
41		ret		4	Wegen Zeile *34* mit $\mathbf{S}.\mathfrak{z} = 1$ zurück
42	PolDiv20:	cp	r8,r9	1	$m < n$, $m = n$ oder $m > n$?
43		brlo	PolDiv40	1/2	Falls $m < n$ weiter mit Zeile *82*
44		breq	PolDiv30	1/2	Falls $m = n$ weiter mit Zeile *61*

Hier ist $n < m$ mit dem Ergebnis $\boldsymbol{q} = \boldsymbol{0}$ und $\boldsymbol{r} = \boldsymbol{f}$

```
45            ldd    r10,Z+0             2    r13:12:11:10 ← 𝔉[0··3]
46            ldd    r11,Z+1             2      denn es ist ξ = 𝒜(𝔉) in Z
47            ldd    r12,Z+2             2      und n < m ≤ 31
48            ldd    r13,Z+3             2
49            movw   r31:r30,r25:r24     1    Z ← ρ = 𝒜(𝔯)
50            std    Z+0,r10             2    𝔯 ← 𝔉: 𝔯[0] ← 𝔉[0]
51            std    Z+1,r11             2      𝔯[1] ← 𝔉[1]
52            std    Z+2,r12             2      𝔯[2] ← 𝔉[2]
53            std    Z+3,r13             2      𝔯[3] ← 𝔉[3]
54            std    Z+4,r9              2      𝔯[4] ← n, denn r9 = n nach Zeile 30
55            movw   r31:r30,r15:r14     1    Z ← ς = 𝒜(𝔔)
56            clr    r10                 1    r10 ← 00
57            std8   Z,r10               8×2  𝔔[0··7] ← 0000000000000000
58            sec                        1    S.𝔠 ← 1
59            ror    r10                 1    r10 ← 80, S.𝔷 ← 0 und S.𝔠 ← 0
60            std    Z+8,r10             2    𝔔[0] ← 80, also ∂(q) = −∞
61            ret                        4    Zurück mit S.𝔷 = 0 und S.𝔠 = 0
```

Hier ist $n = m$ mit dem Ergebnis $\boldsymbol{q} = \boldsymbol{1}$ und $\boldsymbol{r} = \boldsymbol{f} - \boldsymbol{g}$

```
62 PolDiv30:  ldd    r10,Z+0             2    r13:12:11:10 ← 𝔉[0··3]
63            ldd    r11,Z+1             2      denn es ist ξ = 𝒜(𝔉) in Z
64            ldd    r12,Z+2             2      und n = m ≤ 31
65            ldd    r13,Z+3             2
66            movw   r31:r30,r15:r14     1    Z ← ς = 𝒜(𝔣)
67            std    Z+0,r10             2    𝔣 ← 𝔉: 𝔣[0] ← 𝔉[0]
68            std    Z+1,r11             2      𝔣[1] ← 𝔉[1]
69            std    Z+2,r12             2      𝔣[2] ← 𝔉[2]
70            std    Z+3,r13             2      𝔣[3] ← 𝔉[3]
71            std    Z+4,r9              2      𝔣[4] ← n, denn r9 = n nach Zeile 30
72            push4  r26,r27,r30,r31     4×2
73            movw   r27:r26,r31:r30     1    X ← 𝒜(𝔮)
74            movw   r31:r30,r25:r24     1    Z ← 𝒜(𝔯)
75            call   PolAdd              4+   𝔯 ← 𝔣 − 𝔤, S.𝔷 = 1 bei 𝔯 = 𝔬
76            pop2   r31,r30             2×2
77            ldi    r26,0               1    r26 ← 00
78            std80  Z,r26,1             8×2  𝔔[1··8] ← 0000000000000000
79            ldi    r26,1               1    r26 ← 01
80            std    Z+0,r26             2    𝔔[0] ← 01, d.h. q = 1
81            pop2   r27,r26             2×2
82            clc                        1    S.𝔠 ← 0
83            ret                        4    Zurück mit S.𝔠 = 0 und S.𝔷 von PolAdd
84 PolDiv40:  push4  r4,r5,r6,r7         4×2
85            push4  r16,r17,r18,r19     4×2  *** Ab Zeile 92 Ausführung von „case m“
86            mov    r16,r8              1    r16 ← m (Konstante)
87            mov    r17,r9              1    r17 ← n (Konstante)
88            ldd    r4,Y+0              2    G = r7:6:5:4 ← 𝔤[0··3]: r4 ← 𝔤[0]
```

89		ldd	r5,Y+1	2	$\mathbf{r}_5 \leftarrow \mathfrak{g}[1]$
90		ldd	r6,Y+2	2	$\mathbf{r}_6 \leftarrow \mathfrak{g}[2]$
91		ldd	r7,Y+3	2	$\mathbf{r}_7 \leftarrow \mathfrak{g}[3]$

Die Aufbereitung des Bitvektors $\mathfrak{g}$ in Abhängigkeit von m

92		clr	r10	1	$\mathbf{r}_{10} \leftarrow 00$
93		ldi	r30,LOW(2*vwPolDivStG)	1	$\mathbf{Z} \leftarrow 2\mathcal{A}(G)$
94		ldi	r31,HIGH(2*vwPolDivStG)	1	
95		lsl	r8	1	$\mathbf{r}_8 \leftarrow 2m$
96		add	r30,r8	1	$\mathbf{Z} \leftarrow 2\mathcal{A}(G) + 2m = 2(\mathcal{A}(G) + m)$
97		adc	r31,r10	1	hier $\mathbf{S}.\mathfrak{c} \leftarrow 0$
98		lpm	r12,Z+	3	$\mathbf{r}_{12} \leftarrow G[m]^{\perp}$
99		lpm	r13,Z	3	$\mathbf{r}_{13} \leftarrow G[m]^{\top}$
100		movw	r31:r30,r13:r12	1	$\mathbf{Z} \leftarrow G[m]$
101		ijmp		2	Sprung zur Adresse $G[m]$

Das Sprungziel über Tabelle G für $m = 0$. Es ist $\boldsymbol{g} = \mathbf{1}$ mit dem Ergebnis $\boldsymbol{q} = \boldsymbol{f}$ und $\boldsymbol{r} = \mathbf{0}$

102	PolDivG00:	movw	r31:r30,r15:r14	1	$\mathbf{Z} \leftarrow \mathcal{A}(\mathfrak{Q})$ noch von Zeile *28*
103		movw	r13:r12,r27:r26	1	$\mathbf{X}$ aufbewahren
104		ldi	r16,9	1	$\mathbf{r}_{16} \leftarrow l = 9$, d.h. $i = 9 - l + 1 \leftarrow 1$
105	PolDivG00a:	ld	r11,X+	2	$\mathbf{r}_{11} \leftarrow \mathfrak{F}[i-1]$
106		st	Z+,r11	2	$\mathfrak{Q}[i] \leftarrow \mathfrak{F}[i-1]$
107		dec	r16	1	$l \leftarrow l - 1$, d.h. $i \leftarrow i + 1$
108		brne	PolDivG00a	1/2	Falls $l > 0$, d.h. $i \leq 9$, weiter kopieren
109		movw	r31:r30,r25:r24	1	$\mathbf{Z} \leftarrow \mathcal{A}(\mathfrak{r})$
110		std4	Z,r10	4×2	$\mathfrak{r}[0\cdots3] \leftarrow 00000000$
111		ldi	r16,0x80	1	$\mathfrak{r}[4] \leftarrow 80$
112		std	Z+4,r16	2	d.h. $\partial(\boldsymbol{r}) = -\infty$
113		movw	r31:r30,r15:r14	1	$\mathbf{Z}$ restaurieren
114		movw	r27:r26,r13:r12	1	$\mathbf{X}$ restaurieren
115		rjmp	PolDivExit	2	Zum Ausgang mit $\mathbf{S}.\mathfrak{z} = 1$ und $\mathbf{S}.\mathfrak{c} = 0$, Zeile *13*

Die Sprungziele über Tabelle G für $m \in \{1, \ldots, 7\}$, ergibt $\mathbf{G} = \mathbf{r}_7$

116	PolDivG01:	lsl	r4	1	7 Linksshifts
117	PolDivG02:	lsl	r4	1	6 Linksshifts
118	PolDivG03:	lsl	r4	1	5 Linksshifts
119	PolDivG04:	lsl	r4	1	4 Linksshifts
120	PolDivG05:	lsl	r4	1	3 Linksshifts
121	PolDivG06:	lsl	r4	1	2 Linksshifts
122	PolDivG07:	lsl	r4	1	1 Linksshift
123		mov	r7,r4	1	$\mathbf{G} = \mathbf{r}_7$ wird mit dem präparierten
124		clr3	r6,r5,r4	3×1	Divisor geladen
125		rjmp	PolDivF00	2	Weiter mit Zeile *183*

Die Sprungziele über Tabelle G für $m \in \{8, \ldots, 15\}$, ergibt $\mathbf{G} = \mathbf{r}_{7:6}$

126	PolDivG08:	lsl	r4	1	8 Linksshifts über 16 Bitpositionen
127		rol	r5	1	
128	PolDivG09:	lsl	r4	1	7 Linksshifts über 16 Bitpositionen
129		rol	r5	1	
130	PolDivG10:	lsl	r4	1	6 Linksshifts über 16 Bitpositionen

5.1. Arithmetik in $\mathbb{K}_2[X]$

```
131                 rol     r5                  1
132  PolDivG11:     lsl     r4                  1      5 Linksshifts über 16 Bitpositionen
133                 rol     r5                  1
134  PolDivG12:     lsl     r4                  1      4 Linksshifts über 16 Bitpositionen
135                 rol     r5                  1
136  PolDivG13:     lsl     r4                  1      3 Linksshifts über 16 Bitpositionen
137                 rol     r5                  1
138  PolDivG14:     lsl     r4                  1      2 Linksshifts über 16 Bitpositionen
139                 rol     r5                  1
140  PolDivG15:     lsl     r4                  1      1 Linksshift über 16 Bitpositionen
141                 rol     r5                  1
142                 mov     r7,r5               1      G = r_{7:6} wird mit dem präparierten
143                 mov     r6,r4               1           Divisor geladen
144                 clr2    r5,r4               2×1
145                 rjmp    PolDivF00           2
```

Die Sprungziele über Tabelle G für $m \in \{16, \ldots, 23\}$, ergibt $\mathbf{G} = \mathbf{r_{7:6:5}}$

```
146  PolDivG16:     lsl     r4                  1      8 Linksshifts über 24 Bitpositionen
147                 rol2    r5,r6               2×1
148  PolDivG17:     lsl     r4                  1      7 Linksshifts über 24 Bitpositionen
149                 rol2    r5,r6               2×1
150  PolDivG18:     lsl     r4                  1      6 Linksshifts über 24 Bitpositionen
151                 rol2    r5,r6               2×1
152  PolDivG19:     lsl     r4                  1      5 Linksshifts über 24 Bitpositionen
153                 rol2    r5,r6               2×1
154  PolDivG20:     lsl     r4                  1      4 Linksshifts über 24 Bitpositionen
155                 rol2    r5,r6               2×1
156  PolDivG21:     lsl     r4                  1      3 Linksshifts über 24 Bitpositionen
157                 rol2    r5,r6               2×1
158  PolDivG22:     lsl     r4                  1      2 Linksshifts über 24 Bitpositionen
159                 rol2    r5,r6               2×1
160  PolDivG23:     lsl     r4                  1      1 Linksshift über 24 Bitpositionen
161                 rol2    r5,r6               2×1
162                 mov     r7,r6               1      G = r_{7:6:5} wird mit dem präparierten
163                 mov     r6,r5               1           Divisor geladen
164                 mov     r5,r4               1
165                 clr     r4                  1
166                 rjmp    PolDivF00           2
```

Die Sprungziele über Tabelle G für $m \in \{24, \ldots, 31\}$, ergibt $\mathbf{G} = \mathbf{r_{7:6:5:4}}$

```
167  PolDivG24:     lsl     r4                  1      8 Linksshifts über 32 Bitpositionen
168                 rol3    r5,r6,r7            3×1
169  PolDivG25:     lsl     r4                  1      7 Linksshifts über 32 Bitpositionen
170                 rol3    r5,r6,r7            3×1
171  PolDivG26:     lsl     r4                  1      6 Linksshifts über 32 Bitpositionen
172                 rol3    r5,r6,r7            3×1
173  PolDivG27:     lsl     r4                  1      5 Linksshifts über 32 Bitpositionen
174                 rol3    r5,r6,r7            3×1
```

175	PolDivG28:	lsl	r4	1	4 Linksshifts über 32 Bitpositionen
176		rol3	r5,r6,r7	3×1	
177	PolDivG29:	lsl	r4	1	3 Linksshifts über 32 Bitpositionen
178		rol3	r5,r6,r7	3×1	
179	PolDivG30:	lsl	r4	1	2 Linksshifts über 32 Bitpositionen
180		rol3	r5,r6,r7	3×1	
181	PolDivG31:	lsl	r4	1	1 Linksshift über 32 Bitpositionen
182		rol3	r5,r6,r7	3×1	

$\mathfrak{F}$ wird geladen, dann Verzweigen mit einem Vektor von Sprungbefehlen in Abhängigkeit von n

183	PolDivF00:	push2	r14,r15	2×2	$\mathcal{A}(\mathfrak{Q})$ aufbewahren
184		movw	r31:r30,r27:r26	1	$\mathbf{Z} \leftarrow \mathcal{A}(\mathfrak{F})$
185		ldd	r8,Z+0	2	$\mathbf{r_8} \leftarrow \mathfrak{F}[0]$
186		ldd	r9,Z+1	2	$\mathbf{r_9} \leftarrow \mathfrak{F}[1]$
187		ldd	r10,Z+2	2	$\mathbf{r_{10}} \leftarrow \mathfrak{F}[2]$
188		ldd	r11,Z+3	2	$\mathbf{r_{11}} \leftarrow \mathfrak{F}[3]$
189		ldd	r12,Z+4	2	$\mathbf{r_{12}} \leftarrow \mathfrak{F}[4]$
190		ldd	r13,Z+5	2	$\mathbf{r_{13}} \leftarrow \mathfrak{F}[5]$
191		ldd	r14,Z+6	2	$\mathbf{r_{14}} \leftarrow \mathfrak{F}[6]$
192		ldd	r15,Z+7	2	$\mathbf{r_{15}} \leftarrow \mathfrak{F}[7]$
193		ldi	r18,0	1	$\mathbf{r_{18}} \leftarrow 00$
194		ldi	r30,LOW(PolDivStF)	1	$\mathbf{Z} \leftarrow \mathcal{A}(F)$
195		ldi	r31,HIGH(PolDivStF)	1	
196		mov	r19,r17	1	$\mathbf{r_{19}} \leftarrow n$
197		lsr	r19	1	$\mathbf{r_{19}} \leftarrow \lfloor n/2 \rfloor$
198		lsr	r19	1	$\mathbf{r_{19}} \leftarrow \lfloor n/4 \rfloor$
199		lsr	r19	1	$\mathbf{r_{19}} \leftarrow \lfloor n/8 \rfloor$
200		add	r30,r19	1	$\mathbf{Z} \leftarrow \mathcal{A}(F) + \lfloor n/8 \rfloor$
201		adc	r31,r18	1	wegen Zeile *193* ist hier $\mathbf{r_{18}} = 00$
202		ijmp		2	Sprung zur Adresse $\mathcal{A}(F) + \lfloor n/8 \rfloor$

Die Sprungbefehle $F[0]$ bis $F[7]$ des Sprungvektors F

203	PolDivStF:	rjmp	PolDivF0	2	$0 \leq n \leq 7$, zur Zeile *211*
204		rjmp	PolDivF1	2	$8 \leq n \leq 15$, zur Zeile *245*
205		rjmp	PolDivF2	2	$16 \leq n \leq 23$, zur Zeile *324*
206		rjmp	PolDivF3	2	$24 \leq n \leq 31$
207		rjmp	PolDivF4	2	$32 \leq n \leq 39$
208		rjmp	PolDivF5	2	$40 \leq n \leq 47$
209		rjmp	PolDivF6	2	$48 \leq n \leq 53$
210		rjmp	PolDivF7	2	$54 \leq n \leq 63$

$0 \leq n \leq 7$. $\mathfrak{F}$ linksbündig in Akkumulator $\mathbf{A} = \mathbf{r_8}$ laden, dividieren und $\boldsymbol{q}$ und $\boldsymbol{r}$ bestimmen

211	PolDivF0:	tst	r8	1	$\mathfrak{F}$ schon linksbündig?
212		skmi2		1/2	Falls $\mathbf{A}[0]._7 = 0$:
213	PolDivF0a:	lsl	r8	1	$\mathbf{A}[0] \leftarrow \mathbf{A}[0] \lll 1$
214		brpl	PolDivF0a	1/2	Falls $\mathbf{A}[0]._7 \neq 1$: mehr Shifts
215		mov	r19,r17	1	$\mathbf{r_{19}} \leftarrow n$
216		sub	r19,r16	1	$\mathbf{r_{19}} \leftarrow n - m$
217		inc	r19	1	$\mathbf{r_{19}} \leftarrow \varkappa = k + 1 = n - m + 1$

```
218 PolDivF0b:    lsl    r8               1     A[0] ← A[0] ⋘ 1
219               skcc2                   1/2   Falls S.c = 1:
220               eor    r8,r7            1       A[0] ← A[0] ⊕ G[3]
221               inc    r8               1       A ← A + 1
222               dec    r19              1     ϰ ← ϰ − 1
223               brne   PolDivF0b        1/2   Falls ϰ > 0 nächster Divisionsschritt
224               mov    r4,r8            1     𝔯[0] ← A[0]
225               ldi    r18,8            1     r18 ← 8
226               sub    r18,r16          1     r18 ← μ = 8 − m
227               skeq3                   1/2   Falls m < 8:
228 PolDivF0c:    lsr    r4               1       𝔯[0] ← 𝔯[0] ⋙ 1
229               dec    r18              1       μ ← μ − 1
230               brne   PolDivF0c        1/2     Falls μ > 0 weiter rechtsshiften
231               clr3   r5,r6,r7         3×1   𝔯[1··3] ← 000000
232               ldi    r19,0b11111111   1     Startwert für Bitmaske in r19
233               ldi    r18,7            1     r18 ← 7
234               sub    r18,r17          1     r18 ← 7 − m
235               add    r18,r16          1     r18 ← ϰ = 7 − m + n = 8 − (k + 1)
236               skeq4                   1/2   Falls k + 1 < 8:
237 PolDivF0d:    lsr    r19              1       z.B. 00111111 ← 00011111
238               dec    r18              1       ϰ ← ϰ − 1
239               brne   PolDivF0d        1/2     Falls ϰ > 0 weiter rechtsshiften
240               and    r8,r19           1       Bits von 𝔔[0] ausblenden
241               clr4   r9,r10,r11,r12   4×1   𝔔[1··7] ← 00000000000000
242               clr3   r13,r14,r15      3×1
243               rjmp   PolDivFex        2     Weiter in Zeile 1251
```

$8 \leq n \leq 15$. $\mathfrak{F}$ linksbündig in Akkumulator $\mathbf{A} = \mathbf{r_{9:8}}$ laden, zur Division abhängig von m verzweigen

```
244 PolDivF1:     tst    r9               1     𝔉 schon linksbündig?
245               skmi3                   1/2   Falls A[1].7 = 0:
246 PolDivF1a:    lsl    r8               1       A[0··1] ← A[0··1] ⋘ 1
247               rol    r9               1
248               brpl   PolDivF1a        1/2     Falls A[1].7 ≠ 1: mehr Shifts
249               dvjmp  PolDivF1MxT      13    Zur Division verzweigen (siehe Zeile 1)
```

Sprungvektor F_1, Einsprung mit $\mathcal{A}(F_1) + \lfloor m/8 \rfloor$

```
250 PolDivF1MxT:  rjmp   PolDivF1M0       2     1 ≤ m ≤ 7
251               rjmp   PolDivF1M1       2     8 ≤ m ≤ 15
```

Von Sprungvektor F_1, $1 \leq m \leq 7$, Division und Bestimmung von $\boldsymbol{r}$

```
252 PolDivF1M0:   lsl    r8               1     A[0··1] ← A[0··1] ⋘ 1
253               rol    r9               1
254               skcc2                   1/2   Falls S.c = 1:
255               eor    r9,r7            1       A[1] ← A[1] ⊕ G[3]
256               inc    r8               1       A ← A + 1
257               dec    r19              1     ϰ ← ϰ − 1
258               brne   PolDivF1M0       1/2   Falls ϰ > 0 nächster Divisionsschritt
259               mov    r4,r9            1     𝔯[0] ← A[1]
260               ldi    r18,8            1     r18 ← μ = 8 − m
```

261		`sub`	`r18,r16`	1	
262		`skeq3`		1/2	Falls $m < 8$:
263	`PolDivF1b:`	`lsr`	`r4`	1	$\mathfrak{r}[0] \leftarrow \mathfrak{r}[0] \ggg 1$
264		`dec`	`r18`	1	$\mu \leftarrow \mu - 1$
265		`brne`	`PolDivF1b`	1/2	Falls $\mu > 0$ weiter rechtsshiften
266		`clr3`	`r5,r6,r7`	3×1	$\mathfrak{r}[1 \cdot\cdot 3] \leftarrow 000000$
267		`rjmp`	`PolDivF1f`	2	Zur Berechnung von $\boldsymbol{q}$ ab Zeile *286*

Von Sprungvektor F_1, $8 \leq m \leq 15$, Division und Bestimmung von $\boldsymbol{r}$

268	`PolDivF1M1:`	`lsl`	`r8`	1	$\mathbf{A}[0 \cdot\cdot 1] \leftarrow \mathbf{A}[0 \cdot\cdot 1] \lll 1$
269		`rol`	`r9`	1	
270		`skcc3`		1/2	Falls $\mathbf{S}.\mathfrak{c} = 1$:
271		`eor`	`r9,r7`	1	$\mathbf{A}[1] \leftarrow \mathbf{A}[1] \oplus \mathbf{G}[3]$
272		`eor`	`r8,r6`	1	$\mathbf{A}[0] \leftarrow \mathbf{A}[0] \oplus \mathbf{G}[2]$
273		`inc`	`r8`	1	$\mathbf{A} \leftarrow \mathbf{A} + 1$
274		`dec`	`r19`	1	$\varkappa \leftarrow \varkappa - 1$
275		`brne`	`PolDivF1M1`	1/2	Falls $\varkappa > 0$ nächster Divisionsschritt
276		`mov`	`r4,r8`	1	$\mathfrak{r}[0] \leftarrow \mathbf{A}[0]$
277		`mov`	`r5,r9`	1	$\mathfrak{r}[1] \leftarrow \mathbf{A}[1]$
278		`ldi`	`r18,16`	1	$\mathbf{r_{18}} \leftarrow \mu = 16 - m$
279		`sub`	`r18,r16`	1	
280		`skeq4`		1/2	Falls $m < 16$:
281	`PolDivF1c:`	`lsr`	`r5`	1	$\mathfrak{r}[0 \cdot\cdot 1] \leftarrow \mathfrak{r}[0 \cdot\cdot 1] \ggg 1$
282		`ror`	`r4`	1	
283		`dec`	`r18`	1	$\mu \leftarrow \mu - 1$
284		`brne`	`PolDivF1c`	1/2	Falls $\mu > 0$ weiter rechstsshiften
285		`clr2`	`r6,r7`	2×1	$\mathfrak{r}[2 \cdot\cdot 3] \leftarrow 0000$

Die Berechnung der Koeffizientenbits des Quotientenpolynoms $\mathfrak{Q}[0 \cdot\cdot 1]$ für $8 \leq n \leq 15$

286	`PolDivF1f:`	`ldi`	`r30,LOW(PolDivF1KxT)`	1	$\mathbf{Z} \leftarrow \vartheta = \mathcal{A}(F_{1,k})$
287		`ldi`	`r31,HIGH(PolDivF1KxT)`	1	
288		`mov`	`r19,r17`	1	$\mathbf{r_{19}} \leftarrow k = n - m$
289		`sub`	`r19,r16`	1	
290		`lsr`	`r19`	1	$\mathbf{r_{19}} \leftarrow \lfloor k/2 \rfloor$
291		`lsr`	`r19`	1	$\mathbf{r_{19}} \leftarrow \lfloor k/4 \rfloor$
292		`lsr`	`r19`	1	$\mathbf{r_{19}} \leftarrow \kappa = \lfloor k/8 \rfloor$
293		`add`	`r30,r19`	1	$\mathbf{Z} \leftarrow \vartheta + \kappa$
294		`adc`	`r31,r18`	1	Hier $\mathbf{r_{18}} = 00$ von Zeilen *264* oder *283*
295		`ldi`	`r19,0b11111111`	1	Startwert für Bitmaske in $\mathbf{r_{19}}$
296		`ijmp`		2	Verzweige zu $\vartheta + \kappa$

Der Sprungvektor $F_{1,k}$ zur Berechnung von $\mathfrak{Q}$, Einsprung mit $\mathcal{A}(F_{1,k}) + \kappa$

297	`PolDivF1KxT:`	`rjmp`	`PolDivF1K0`	2	$1 \leq k \leq 7$
298		`rjmp`	`PolDivF1K1`	2	$8 \leq k \leq 15$

Die Bestimmung der Koeffizientenbits von $\mathfrak{Q}[0 \cdot\cdot 0]$ bei $2 \leq k + 1 \leq 8$

299	`PolDivF1K0:`	`ldi`	`r18,7`	1	$\mathbf{r_{18}} \leftarrow 7$
300		`sub`	`r18,r17`	1	$\mathbf{r_{18}} \leftarrow 7 - m$
301		`add`	`r18,r16`	1	$\mathbf{r_{18}} \leftarrow \varkappa = 7 - m + n = 8 - (k + 1)$
302		`skeq4`		1/2	Falls $k + 1 < 8$:

```
303 PolDivF1g:   lsr    r19             1     z.B. 00111111 ← 00011111
304              dec    r18             1     ϰ ← ϰ − 1
305              brne   PolDivF1g       1/2   Falls ϰ > 0 weiter rechtsshiften
306              and    r8,r19          1     Bits von 𝔔[0] ausblenden
307              clr    r9              1    𝔔[1] ← 00
308              rjmp   PolDivF1k       2    Zum Abschluß der Division ab Zeile 317
```

Die Bestimmung der Koeffizientenbits von $\mathfrak{Q}[0\cdot\cdot1]$ bei $9 \le k+1 \le 16$

```
309 PolDivF1K1:  ldi    r18,15          1    r18 ← 15
310              sub    r18,r17         1    r18 ← 15 − m
311              add    r18,r16         1    r18 ← ϰ = 15 − m + n = 16 − (k + 1)
312              skeq4                  1/2  Falls k + 1 < 16:
313 PolDivF1h:   lsr    r19             1     z.B. 00111111 ← 00011111
314              dec    r18             1     ϰ ← ϰ − 1
315              brne   PolDivF1h       1/2   Falls ϰ > 0 weiter rechtsshiften
316              and    r9,r19          1     Bits von 𝔔[1] ausblenden
317 PolDivF1k:   clr4   r10,r11,r12,r13 4×1  𝔔[2··7] ← 000000000000
318              clr2   r14,r15         2×1
319              rjmp   PolDivFex       2    Weiter in Zeile 1251
```

$16 \le n \le 23$. $\mathfrak{F}$ linksbündig in $\mathbf{A} = \mathbf{r}_{10:9:8}$ laden, zur Division abhängig von m verzweigen

```
320 PolDivF2:    tst    r10             1    𝔉 schon linksbündig?
321              skmi4                  1/2  Falls A[2].7 = 0:
322 PolDivF2a:   lsl    r8              1     A[0··2] ← A[0··2] ⋘ 1
323              rol2   r9,r10          2×1
324              brpl   PolDivF2a       1/2   Falls A[2].7 ≠ 1: mehr Shifts
325              dvjmp  PolDivF2MxT     13   Zur Division verzweigen (siehe Zeile 1)
```

Sprungvektor F_2, Einsprung mit $\mathcal{A}(F_2) + \lfloor m/8 \rfloor$

```
326 PolDivF2MxT: rjmp   PolDivF2M0      2    1 ≤ m ≤ 7
327              rjmp   PolDivF2M1      2    8 ≤ m ≤ 15
328              rjmp   PolDivF2M2      2    16 ≤ m ≤ 23
```

Von Sprungvektor F_2, $1 \le m \le 7$, Division und Bestimmung von $\boldsymbol{r}$

```
329 PolDivF2M0:  lsl    r8              1    A[0··2] ← A[0··2] ⋘ 1
330              rol2   r9,r10          2×1
331              skcc2                  1/2  Falls S.c = 1:
332              eor    r10,r7          1     A[2] ← A[2] ⊕ G[3]
333              inc    r8              1     A ← A + 1
334              dec    r19             1    ϰ ← ϰ − 1
335              brne   PolDivF2M0      1/2  Falls ϰ > 0 nächster Divisionsschritt
336              mov    r4,r10          1    𝔯[0] ← A[2]
337              ldi    r18,8           1    r18 ← μ = 8 − m
338              sub    r18,r16         1
339              skeq3                  1/2  Falls m < 8:
340 PolDivF2b:   lsr    r4              1     𝔯[0] ← 𝔯[0] ⋙ 1
341              dec    r18             1     μ ← μ − 1
342              brne   PolDivF2b       1/2   Falls μ > 0 weiter rechstsshiften
343              clr3   r5,r6,r7        3×1  𝔯[1··3] ← 000000
344              rjmp   PolDivF2f       2    Zur Berechnung von q ab Zeile 384
```

Von Sprungvektor F_2, $8 \leq m \leq 15$, Division und Bestimmung von $\boldsymbol{r}$

345	PolDivF2M1:	lsl	r8	1	$\mathbf{A}[0\cdot\cdot2] \leftarrow \mathbf{A}[0\cdot\cdot2] \lll 1$
346		rol2	r9,r10	2×1	
347		skcc3		1/2	Falls $\mathbf{S}.\mathfrak{c} = 1$:
348		eor	r10,r7	1	$\mathbf{A}[2] \leftarrow \mathbf{A}[2] \oplus \mathbf{G}[3]$
349		eor	r9,r6	1	$\mathbf{A}[1] \leftarrow \mathbf{A}[1] \oplus \mathbf{G}[2]$
350		inc	r8	1	$\mathbf{A} \leftarrow \mathbf{A} + 1$
351		dec	r19	1	$\varkappa \leftarrow \varkappa - 1$
352		brne	PolDivF2M1	1/2	Falls $\varkappa > 0$ nächster Divisionsschritt
353		mov	r4,r9	1	$\mathfrak{r}[0] \leftarrow \mathbf{A}[1]$
354		mov	r5,r10	1	$\mathfrak{r}[1] \leftarrow \mathbf{A}[2]$
355		ldi	r18,16	1	$\mathbf{r_{18}} \leftarrow \mu = 16 - m$
356		sub	r18,r16	1	
357		skeq4		1/2	Falls $m < 16$:
358	PolDivF2c:	lsr	r5	1	$\mathfrak{r}[0\cdot\cdot1] \leftarrow \mathfrak{r}[0\cdot\cdot1] \ggg 1$
359		ror	r4	1	
360		dec	r18	1	$\mu \leftarrow \mu - 1$
361		brne	PolDivF2c	1/2	Falls $\mu > 0$ weiter rechstsshiften
362		clr2	r6,r7	2×1	$\mathfrak{r}[2\cdot\cdot3] \leftarrow$ 0000
363		rjmp	PolDivF2f	2	Zur Berechnung von $\boldsymbol{q}$ ab Zeile 384

Von Sprungvektor F_2, $16 \leq m \leq 23$, Division und Bestimmung von $\boldsymbol{r}$

364	PolDivF2M2:	lsl	r8	1	$\mathbf{A}[0\cdot\cdot2] \leftarrow \mathbf{A}[0\cdot\cdot2] \lll 1$
365		rol2	r9,r10	2×1	
366		skcc4		1/2	Falls $\mathbf{S}.\mathfrak{c} = 1$:
367		eor	r10,r7	1	$\mathbf{A}[2] \leftarrow \mathbf{A}[2] \oplus \mathbf{G}[3]$
368		eor	r9,r6	1	$\mathbf{A}[1] \leftarrow \mathbf{A}[1] \oplus \mathbf{G}[2]$
369		eor	r8,r5	1	$\mathbf{A}[0] \leftarrow \mathbf{A}[0] \oplus \mathbf{G}[1]$
370		inc	r8	1	$\mathbf{A} \leftarrow \mathbf{A} + 1$
371		dec	r19	1	$\varkappa \leftarrow \varkappa - 1$
372		brne	PolDivF2M2	1/2	Falls $\varkappa > 0$ nächster Divisionsschritt
373		mov	r4,r8	1	$\mathfrak{r}[0] \leftarrow \mathbf{A}[0]$
374		mov	r5,r9	1	$\mathfrak{r}[1] \leftarrow \mathbf{A}[1]$
375		mov	r6,r10	1	$\mathfrak{r}[2] \leftarrow \mathbf{A}[2]$
376		ldi	r18,24	1	$\mathbf{r_{18}} \leftarrow \mu = 24 - m$
377		sub	r18,r16	1	
378		skeq5		1/2	Falls $m < 24$:
379	PolDivF2d:	lsr	r6	1	$\mathfrak{r}[0\cdot\cdot2] \leftarrow \mathfrak{r}[0\cdot\cdot2] \ggg 1$
380		ror2	r5,r4	2×1	
381		dec	r18	1	$\mu \leftarrow \mu - 1$
382		brne	PolDivF2d	1/2	Falls $\mu > 0$ weiter rechstsshiften
383		clr	r7	1	$\mathfrak{r}[3] \leftarrow$ 00

Die Berechnung der Koeffizientenbits des Quotientenpolynoms $\mathfrak{Q}[0\cdot\cdot2]$ für $16 \leq n \leq 23$

384	PolDivF2f:	ldi	r30,LOW(PolDivF2KxT)	1	$\mathbf{Z} \leftarrow \vartheta = \mathcal{A}(F_{2,k})$
385		ldi	r31,HIGH(PolDivF2KxT)	1	
386		mov	r19,r17	1	$\mathbf{r_{19}} \leftarrow k = n - m$
387		sub	r19,r16	1	

388		lsr	r19	1	$\mathbf{r_{19}} \leftarrow \lfloor k/2 \rfloor$
389		lsr	r19	1	$\mathbf{r_{19}} \leftarrow \lfloor k/4 \rfloor$
390		lsr	r19	1	$\mathbf{r_{19}} \leftarrow \kappa = \lfloor k/8 \rfloor$
391		add	r30,r19	1	$\mathbf{Z} \leftarrow \vartheta + \kappa$
392		adc	r31,r18	1	Hier $\mathbf{r_{18}} = 00$ von Zeilen *341*, *360* oder *381*
393		ldi	r19,0b11111111	1	Startwert für Bitmaske in $\mathbf{r_{19}}$
394		ijmp		2	Verzweige zu $\vartheta + \kappa$

Der Sprungvektor $F_{2,k}$ zur Berechnung von $\mathfrak{Q}$, Einsprung mit $\mathcal{A}(F_{2,k}) + \kappa$

395	PolDivF2KxT:	rjmp	PolDivF2K0	2	$1 \le k \le 7$
396		rjmp	PolDivF2K1	2	$8 \le k \le 15$
397		rjmp	PolDivF2K2	2	$16 \le k \le 23$

Die Bestimmung der Koeffizientenbits von $\mathfrak{Q}[0\cdot\cdot0]$ bei $2 \le k+1 \le 8$

398	PolDivF2K0:	ldi	r18,7	1	$\mathbf{r_{18}} \leftarrow 7$
399		sub	r18,r17	1	$\mathbf{r_{18}} \leftarrow 7 - m$
400		add	r18,r16	1	$\mathbf{r_{18}} \leftarrow \varkappa = 7 - m + n = 8 - (k+1)$
401		skeq4		1/2	Falls $k + 1 < 8$:
402	PolDivF2g:	lsr	r19	1	z.B. 00111111 ← 00011111
403		dec	r18	1	$\varkappa \leftarrow \varkappa - 1$
404		brne	PolDivF2g	1/2	Falls $\varkappa > 0$ weiter rechtsshiften
405		and	r8,r19	1	Bits von $\mathfrak{Q}[0]$ ausblenden
406		clr2	r9,r10	2×1	$\mathfrak{Q}[1\cdot\cdot2] \leftarrow 0000$
407		rjmp	PolDivF2k	2	Zum Abschluß der Division ab Zeile *426*

Die Bestimmung der Koeffizientenbits von $\mathfrak{Q}[0\cdot\cdot1]$ bei $9 \le k+1 \le 16$

408	PolDivF2K1:	ldi	r18,15	1	$\mathbf{r_{18}} \leftarrow 15$
409		sub	r18,r17	1	$\mathbf{r_{18}} \leftarrow 15 - m$
410		add	r18,r16	1	$\mathbf{r_{18}} \leftarrow \varkappa = 15 - m + n = 16 - (k+1)$
411		skeq4		1/2	Falls $k + 1 < 16$:
412	PolDivF2h:	lsr	r19	1	z.B. 00111111 ← 00011111
413		dec	r18	1	$\varkappa \leftarrow \varkappa - 1$
414		brne	PolDivF2h	1/2	Falls $\varkappa > 0$ weiter rechtsshiften
415		and	r9,r19	1	Bits von $\mathfrak{Q}[1]$ ausblenden
416		clr	r10	1	$\mathfrak{Q}[2] \leftarrow 00$
417		rjmp	PolDivF2k	2	Zum Abschluß der Division ab Zeile *426*

Die Bestimmung der Koeffizientenbits von $\mathfrak{Q}[0\cdot\cdot2]$ bei $17 \le k+1 \le 24$

418	PolDivF2K2:	ldi	r18,23	1	$\mathbf{r_{18}} \leftarrow 23$
419		sub	r18,r17	1	$\mathbf{r_{18}} \leftarrow 23 - m$
420		add	r18,r16	1	$\mathbf{r_{18}} \leftarrow \varkappa = 23 - m + n = 24 - (k+1)$
421		skeq4		1/2	Falls $k + 1 < 24$:
422	PolDivF2i:	lsr	r19	1	z.B. 00111111 ← 00011111
423		dec	r18	1	$\varkappa \leftarrow \varkappa - 1$
424		brne	PolDivF2i	1/2	Falls $\varkappa > 0$ weiter rechtsshiften
425		and	r10,r19	1	Bits von $\mathfrak{Q}[2]$ ausblenden
426	PolDivF2k:	clr5	r11,r12,r13,r14,r15	5×1	$\mathfrak{Q}[3\cdot\cdot7] \leftarrow 0000000000$
427		rjmp	PolDivFex	2	Weiter in Zeile *1251*

$24 \le n \le 31$. $\mathfrak{F}$ linksbündig in $\mathbf{A} = \mathbf{r_{11:10:9:8}}$ laden, zur Division abhängig von m verzweigen

428	PolDivF3:	tst	r11	1	$\mathfrak{F}$ schon linksbündig?

429		skmi5		1/2	Falls $\mathbf{A}[3].7 = 0$:
430	PolDivF3a:	lsl	r8	1	$\mathbf{A}[0\cdot\cdot3] \leftarrow \mathbf{A}[0\cdot\cdot3] \lll 1$
431		rol3	r9,r10,r11	3×1	
432		brpl	PolDivF3a	1/2	Falls $\mathbf{A}[3].7 \neq 1$: mehr Shifts
433		dvjmp	PolDivF3MxT	13	Zur Division verzweigen (siehe Zeile *1*)
	Sprungvektor F_3, Einsprung mit $\mathcal{A}(F_3) + \lfloor m/8 \rfloor$				
434	PolDivF3MxT:	rjmp	PolDivF3M0	2	$1 \leq m \leq 7$
435		rjmp	PolDivF3M1	2	$8 \leq m \leq 15$
436		rjmp	PolDivF3M2	2	$16 \leq m \leq 23$
437		rjmp	PolDivF3M3	2	$24 \leq m \leq 31$
	Von Sprungvektor F_3, $1 \leq m \leq 7$, Division und Bestimmung von $\boldsymbol{r}$				
438	PolDivF3M0:	lsl	r8	1	$\mathbf{A}[0\cdot\cdot3] \leftarrow \mathbf{A}[0\cdot\cdot3] \lll 1$
439		rol3	r9,r10,r11	3×1	
440		skcc2		1/2	Falls $\mathbf{S}.\mathfrak{c} = 1$:
441		eor	r11,r7	1	$\mathbf{A}[3] \leftarrow \mathbf{A}[3] \oplus \mathbf{G}[3]$
442		inc	r8	1	$\mathbf{A} \leftarrow \mathbf{A} + 1$
443		dec	r19	1	$\varkappa \leftarrow \varkappa - 1$
444		brne	PolDivF3M0	1/2	Falls $\varkappa > 0$ nächster Divisionsschritt
445		mov	r4,r11	1	$\mathfrak{r}[0] \leftarrow \mathbf{A}[3]$
446		ldi	r18,8	1	$\mathbf{r_{18}} \leftarrow \mu = 8 - m$
447		sub	r18,r16	1	
448		skeq3		1/2	Falls $m < 8$:
449	PolDivF3b:	lsr	r4	1	$\mathfrak{r}[0] \leftarrow \mathfrak{r}[0] \ggg 1$
450		dec	r18	1	$\mu \leftarrow \mu - 1$
451		brne	PolDivF3b	1/2	Falls $\mu > 0$ weiter rechstsshiften
452		clr3	r5,r6,r7	3×1	$\mathfrak{r}[1\cdot\cdot3] \leftarrow$ 000000
453		rjmp	PolDivF3f	2	Zur Berechnung von $\boldsymbol{q}$ ab Zeile *513*
	Von Sprungvektor F_3, $8 \leq m \leq 15$, Division und Bestimmung von $\boldsymbol{r}$				
454	PolDivF3M1:	lsl	r8	1	$\mathbf{A}[0\cdot\cdot3] \leftarrow \mathbf{A}[0\cdot\cdot3] \lll 1$
455		rol3	r9,r10,r11	3×1	
456		skcc3		1/2	Falls $\mathbf{S}.\mathfrak{c} = 1$:
457		eor	r11,r7	1	$\mathbf{A}[3] \leftarrow \mathbf{A}[3] \oplus \mathbf{G}[3]$
458		eor	r10,r6	1	$\mathbf{A}[2] \leftarrow \mathbf{A}[2] \oplus \mathbf{G}[2]$
459		inc	r8	1	$\mathbf{A} \leftarrow \mathbf{A} + 1$
460		dec	r19	1	$\varkappa \leftarrow \varkappa - 1$
461		brne	PolDivF3M1	1/2	Falls $\varkappa > 0$ nächster Divisionsschritt
462		mov	r4,r10	1	$\mathfrak{r}[0] \leftarrow \mathbf{A}[2]$
463		mov	r5,r11	1	$\mathfrak{r}[1] \leftarrow \mathbf{A}[3]$
464		ldi	r18,16	1	$\mathbf{r_{18}} \leftarrow \mu = 16 - m$
465		sub	r18,r16	1	
466		skeq4		1/2	Falls $m < 16$:
467	PolDivF3c:	lsr	r5	1	$\mathfrak{r}[0\cdot\cdot1] \leftarrow \mathfrak{r}[0\cdot\cdot1] \ggg 1$
468		ror	r4	1	
469		dec	r18	1	$\mu \leftarrow \mu - 1$
470		brne	PolDivF3c	1/2	Falls $\mu > 0$ weiter rechstsshiften
471		clr2	r6,r7	2×1	$\mathfrak{r}[2\cdot\cdot3] \leftarrow$ 0000

```
472               rjmp   PolDivF3f               2    Zur Berechnung von q ab Zeile 513
```

Von Sprungvektor F_3, $16 \leq m \leq 23$, Division und Bestimmung von $\boldsymbol{r}$

```
473  PolDivF3M2:  lsl    r8                      1    A[0··3] ← A[0··3] ⋘ 1
474               rol3   r9,r10,r11              3×1
475               skcc4                          1/2  Falls S.c = 1:
476               eor    r11,r7                  1      A[3] ← A[3] ⊕ G[3]
477               eor    r10,r6                  1      A[2] ← A[2] ⊕ G[2]
478               eor    r9,r5                   1      A[1] ← A[1] ⊕ G[1]
479               inc    r8                      1      A ← A + 1
480               dec    r19                     1    ϰ ← ϰ − 1
481               brne   PolDivF3M2              1/2  Falls ϰ > 0 nächster Divisionsschritt
482               mov    r4,r9                   1    r[0] ← A[1]
483               mov    r5,r10                  1    r[1] ← A[2]
484               mov    r6,r11                  1    r[2] ← A[3]
485               ldi    r18,24                  1    r18 ← μ = 24 − m
486               sub    r18,r16                 1
487               skeq5                          1/2  Falls m < 24:
488  PolDivF3d:   lsr    r6                      1      r[0··2] ← r[0··2] ⋙ 1
489               ror2   r5,r4                   2×1
490               dec    r18                     1      μ ← μ − 1
491               brne   PolDivF3d               1/2    Falls μ > 0 weiter rechstsshiften
492               clr    r7                      1    r[3] ← 00
493               rjmp   PolDivF3f               2    Zur Berechnung von q ab Zeile 513
```

Von Sprungvektor F_3, $24 \leq m \leq 31$, Division und Bestimmung von $\boldsymbol{r}$

```
494  PolDivF3M3:  lsl    r8                      1    A[0··3] ← A[0··3] ⋘ 1
495               rol3   r9,r10,r11              3×1
496               skcc5                          1/2  Falls S.c = 1:
497               eor    r11,r7                  1      A[3] ← A[3] ⊕ G[3]
498               eor    r10,r6                  1      A[2] ← A[2] ⊕ G[2]
499               eor    r9,r5                   1      A[1] ← A[1] ⊕ G[1]
500               eor    r8,r4                   1      A[0] ← A[0] ⊕ G[0]
501               inc    r8                      1      A ← A + 1
502               dec    r19                     1    ϰ ← ϰ − 1
503               brne   PolDivF3M3              1/2  Falls ϰ > 0 nächster Divisionsschritt
504               movw   r5:r4,r9:r8             1    r[0··1] ← A[0··1]
505               movw   r7:r6,r11:r10           1    r[2··3] ← A[2··3]
506               ldi    r18,32                  1    r18 ← μ = 32 − m
507               sub    r18,r16                 1
508               skeq6                          1/2  Falls m < 32:
509  PolDivF3e:   lsr    r7                      1      r[0··3] ← r[0··3] ⋙ 1
510               ror3   r6,r5,r4                3×1
511               dec    r18                     1      μ ← μ − 1
512               brne   PolDivF3e               1/2    Falls μ > 0 weiter rechstsshiften
```

Die Berechnung der Koeffizientenbits des Quotientenpolynoms $\mathfrak{Q}[0\cdot\cdot 3]$ für $24 \leq n \leq 31$

```
513  PolDivF3f:   ldi    r30,LOW(PolDivF3KxT)    1    Z ← ϑ = 𝒜(F3,k)
514               ldi    r31,HIGH(PolDivF3KxT)   1
```

515		mov	r19,r17	1	$\mathbf{r_{19}} \leftarrow k = n - m$
516		sub	r19,r16	1	
517		lsr	r19	1	$\mathbf{r_{19}} \leftarrow \lfloor k/2 \rfloor$
518		lsr	r19	1	$\mathbf{r_{19}} \leftarrow \lfloor k/4 \rfloor$
519		lsr	r19	1	$\mathbf{r_{19}} \leftarrow \kappa = \lfloor k/8 \rfloor$
520		add	r30,r19	1	$\mathbf{Z} \leftarrow \vartheta + \kappa$
521		adc	r31,r18	1	$\mathbf{r_{18}} = 00$ wegen Zeilen *450*, *469*, *490*, *511*
522		ldi	r19,0b11111111	1	Startwert für Bitmaske in $\mathbf{r_{19}}$
523		ijmp		2	Verzweige zu $\vartheta + \kappa$

Der Sprungvektor $F_{3,k}$ zur Berechnung von $\mathfrak{Q}$, Einsprung mit $\mathcal{A}(F_{3,k}) + \kappa$

524	PolDivF3KxT:	rjmp	PolDivF3K0	2	$1 \le k \le 7$
525		rjmp	PolDivF3K1	2	$8 \le k \le 15$
526		rjmp	PolDivF3K2	2	$16 \le k \le 23$
527		rjmp	PolDivF3K3	2	$24 \le k \le 31$

Die Bestimmung der Koeffizientenbits von $\mathfrak{Q}[0]$ bei $2 \le k + 1 \le 8$

528	PolDivF3K0:	ldi	r18,7	1	$\mathbf{r_{18}} \leftarrow 7$
529		sub	r18,r17	1	$\mathbf{r_{18}} \leftarrow 7 - m$
530		add	r18,r16	1	$\mathbf{r_{18}} \leftarrow \varkappa = 7 - m + n = 8 - (k+1)$
531		skeq4		1/2	Falls $k + 1 < 8$:
532	PolDivF3g:	lsr	r19	1	z.B. 00111111 $\leftarrow$ 00011111
533		dec	r18	1	$\varkappa \leftarrow \varkappa - 1$
534		brne	PolDivF3g	1/2	Falls $\varkappa > 0$ weiter rechtsshiften
535		and	r8,r19	1	Bits von $\mathfrak{Q}[0]$ ausblenden
536		clr3	r9,r10,r11	3×1	$\mathfrak{Q}[1 \cdot\cdot 3] \leftarrow$ 000000
537		rjmp	PolDivF3k	2	Zum Abschluß der Division ab Zeile *566*

Die Bestimmung der Koeffizientenbits von $\mathfrak{Q}[0 \cdot\cdot 1]$ bei $9 \le k + 1 \le 16$

538	PolDivF3K1:	ldi	r18,15	1	$\mathbf{r_{18}} \leftarrow 15$
539		sub	r18,r17	1	$\mathbf{r_{18}} \leftarrow 15 - m$
540		add	r18,r16	1	$\mathbf{r_{18}} \leftarrow \varkappa = 15 - m + n = 16 - (k+1)$
541		skeq4		1/2	Falls $k + 1 < 16$:
542	PolDivF3h:	lsr	r19	1	z.B. 00111111 $\leftarrow$ 00011111
543		dec	r18	1	$\varkappa \leftarrow \varkappa - 1$
544		brne	PolDivF3h	1/2	Falls $\varkappa > 0$ weiter rechtsshiften
545		and	r9,r19	1	Bits von $\mathfrak{Q}[1]$ ausblenden
546		clr2	r10,r11	2×1	$\mathfrak{Q}[2 \cdot\cdot 3] \leftarrow$ 0000
547		rjmp	PolDivF3k	2	Zum Abschluß der Division ab Zeile *566*

Die Bestimmung der Koeffizientenbits von $\mathfrak{Q}[0 \cdot\cdot 2]$ bei $17 \le k + 1 \le 24$

548	PolDivF3K2:	ldi	r18,23	1	$\mathbf{r_{18}} \leftarrow 23$
549		sub	r18,r17	1	$\mathbf{r_{18}} \leftarrow 23 - m$
550		add	r18,r16	1	$\mathbf{r_{18}} \leftarrow \varkappa = 23 - m + n = 24 - (k+1)$
551		skeq4		1/2	Falls $k + 1 < 24$:
552	PolDivF3i:	lsr	r19	1	z.B. 00111111 $\leftarrow$ 00011111
553		dec	r18	1	$\varkappa \leftarrow \varkappa - 1$
554		brne	PolDivF3i	1/2	Falls $\varkappa > 0$ weiter rechtsshiften
555		and	r10,r19	1	Bits von $\mathfrak{Q}[2]$ ausblenden
556		clr	r11	1	$\mathfrak{Q}[3] \leftarrow$ 00

```
557            rjmp   PolDivF3k            2     Zum Abschluß der Division ab Zeile 566
```

Die Bestimmung der Koeffizientenbits von $\mathfrak{Q}[0\cdot\cdot3]$ bei $24 \leq k+1 \leq 32$

```
558 PolDivF3K3: ldi    r18,31               1     r18 ← 31
559            sub    r18,r17              1     r18 ← 31 − m
560            add    r18,r16              1     r18 ← ϰ = 31 − m + n = 32 − (k + 1)
561            skeq4                       1/2   Falls k + 1 < 32:
562 PolDivF3j: lsr    r19                  1       z.B. 00111111 ← 00011111
563            dec    r18                  1       ϰ ← ϰ − 1
564            brne   PolDivF3j            1/2     Falls ϰ > 0 weiter rechtsshiften
565            and    r11,r19              1       Bits von 𝔔[3] ausblenden
566 PolDivF3k: clr4   r12,r13,r14,r15      4×1   𝔔[4··7] ← 00000000
567            rjmp   PolDivFex            2     Weiter in Zeile 1251
```

$32 \leq n \leq 39$. $\mathfrak{F}$ linksbündig in $\mathbf{A} = \mathbf{r}_{12:11:10:9:8}$ laden, zur Division abhängig von m verzweigen

```
568 PolDivF4:  tst    r12                  1     𝔉 schon linksbündig?
569            skmi6                       1/2   Falls A[4].7 = 0:
570 PolDivF4a: lsl    r8                   1       A[0··4] ← A[0··4] ⋘ 1
571            rol4   r9,r10,r11,r12       4×1
572            brpl   PolDivF4a            1/2     Falls A[4].7 ≠ 1: mehr Shifts
573            dvjmp  PolDivF4MxT          13    Zur Division verzweigen (siehe Zeile 1)
```

Sprungvektor F_4, Einsprung mit $\mathcal{A}(F_4) + \lfloor m/8 \rfloor$

```
574 PolDivF4MxT: rjmp PolDivF4M0           2     1 ≤ m ≤ 7
575            rjmp   PolDivF4M1           2     8 ≤ m ≤ 15
576            rjmp   PolDivF4M2           2     16 ≤ m ≤ 23
577            rjmp   PolDivF4M3           2     24 ≤ m ≤ 31
```

Von Sprungvektor F_4, $1 \leq m \leq 7$, Division und Bestimmung von $\boldsymbol{r}$

```
578 PolDivF4M0: lsl   r8                   1     A[0··4] ← A[0··4] ⋘ 1
579            rol4   r9,r10,r11,r12       4×1
580            skcc2                       1/2   Falls S.c = 1:
581            eor    r12,r7               1       A[4] ← A[4] ⊕ G[3]
582            inc    r8                   1       A ← A + 1
583            dec    r19                  1     ϰ ← ϰ − 1
584            brne   PolDivF4M0           1/2   Falls ϰ > 0 nächster Divisionsschritt
585            mov    r4,r12               1     𝔯[0] ← A[4]
586            ldi    r18,8                1     r18 ← μ = 8 − m
587            sub    r18,r16              1
588            skeq3                       1/2   Falls m < 8:
589 PolDivF4b: lsr    r4                   1       𝔯[0] ← 𝔯[0] ⋙ 1
590            dec    r18                  1       μ ← μ − 1
591            brne   PolDivF4b            1/2     Falls μ > 0 weiter rechtsshiften
592            clr3   r5,r6,r7             3×1   𝔯[1··3] ← 000000
593            rjmp   PolDivF4f            2     Zur Berechnung von q ab Zeile 654
```

Von Sprungvektor F_4, $8 \leq m \leq 15$, Division und Bestimmung von $\boldsymbol{r}$

```
594 PolDivF4M1: lsl   r8                   1     A[0··4] ← A[0··4] ⋘ 1
595            rol4   r9,r10,r11,r12       4×1
596            skcc3                       1/2   Falls S.c = 1:
597            eor    r12,r7               1       A[4] ← A[4] ⊕ G[3]
```

```
598              eor    r11,r6              1    A[3] ← A[3] ⊕ G[2]
599              inc    r8                  1    A ← A + 1
600              dec    r19                 1    ϰ ← ϰ − 1
601              brne   PolDivF4M1          1/2  Falls ϰ > 0 nächster Divisionsschritt
602              mov    r4,r11              1    r[0] ← A[3]
603              mov    r5,r12              1    r[1] ← A[4]
604              ldi    r18,16              1    r18 ← μ = 16 − m
605              sub    r18,r16             1
606              skeq4                      1/2  Falls m < 16:
607 PolDivF4c:   lsr    r5                  1      r[0··1] ← r[0··1] ⋙ 1
608              ror    r4                  1
609              dec    r18                 1      μ ← μ − 1
610              brne   PolDivF4c           1/2    Falls μ > 0 weiter rechstsshiften
611              clr2   r6,r7               2×1  r[2··3] ← 0000
612              rjmp   PolDivF4f           2    Zur Berechnung von q ab Zeile 654
    Von Sprungvektor F4, 16 ≤ m ≤ 23, Division und Bestimmung von r
613 PolDivF4M2:  lsl    r8                  1    A[0··4] ← A[0··4] ⋘ 1
614              rol4   r9,r10,r11,r12      4×1
615              skcc4                      1/2  Falls S.c = 1:
616              eor    r12,r7              1      A[4] ← A[4] ⊕ G[3]
617              eor    r11,r6              1      A[3] ← A[3] ⊕ G[2]
618              eor    r10,r5              1      A[2] ← A[2] ⊕ G[1]
619              inc    r8                  1      A ← A + 1
620              dec    r19                 1    ϰ ← ϰ − 1
621              brne   PolDivF4M2          1/2  Falls ϰ > 0 nächster Divisionsschritt
622              movw   r5:r4,r11:r10       1    r[0··1] ← A[2··3]
623              mov    r6,r12              1    r[2] ← A[4]
624              ldi    r18,24              1    r18 ← μ = 24 − m
625              sub    r18,r16             1
626              skeq5                      1/2  Falls m < 24:
627 PolDivF4d:   lsr    r6                  1      r[0··2] ← r[0··2] ⋙ 1
628              ror2   r5,r4               2×1
629              dec    r18                 1      μ ← μ − 1
630              brne   PolDivF4d           1/2    Falls μ > 0 weiter rechstsshiften
631              clr    r7                  1    r[3] ← 00
632              rjmp   PolDivF4f           2    Zur Berechnung von q ab Zeile 654
    Von Sprungvektor F4, 24 ≤ m ≤ 31, Division und Bestimmung von r
633 PolDivF4M3:  lsl    r8                  1    A[0··4] ← A[0··4] ⋘ 1
634              rol4   r9,r10,r11,r12      4×1
635              skcc5                      1/2  Falls S.c = 1:
636              eor    r12,r7              1      A[4] ← A[4] ⊕ G[3]
637              eor    r11,r6              1      A[3] ← A[3] ⊕ G[2]
638              eor    r10,r5              1      A[2] ← A[2] ⊕ G[1]
639              eor    r9,r4               1      A[1] ← A[1] ⊕ G[0]
640              inc    r8                  1      A ← A + 1
641              dec    r19                 1    ϰ ← ϰ − 1
```

642		brne	PolDivF4M3	1/2	Falls $\varkappa > 0$ nächster Divisionsschritt
643		mov	r7,r12	1	$\mathfrak{r}[3] \leftarrow \mathbf{A}[4]$
644		mov	r6,r11	1	$\mathfrak{r}[2] \leftarrow \mathbf{A}[3]$
645		mov	r5,r10	1	$\mathfrak{r}[1] \leftarrow \mathbf{A}[2]$
646		mov	r4,r9	1	$\mathfrak{r}[0] \leftarrow \mathbf{A}[1]$
647		ldi	r18,32	1	$\mathbf{r_{18}} \leftarrow \mu = 32 - m$
648		sub	r18,r16	1	
649		skeq6		1/2	Falls $m < 32$:
650	PolDivF4e:	lsr	r7	1	$\mathfrak{r}[0 \cdot\cdot 3] \leftarrow \mathfrak{r}[0 \cdot\cdot 3] \ggg 1$
651		ror3	r6,r5,r4	3×1	
652		dec	r18	1	$\mu \leftarrow \mu - 1$
653		brne	PolDivF4e	1/2	Falls $\mu > 0$ weiter rechstsshiften

Die Berechnung der Koeffizientenbits des Quotientenpolynoms $\mathfrak{Q}[0 \cdot\cdot 4]$ für $32 \le n \le 39$

654	PolDivF4f:	ldi	r30,LOW(PolDivF4KxT)	1	$\mathbf{Z} \leftarrow \vartheta = \mathcal{A}(F_{4,k})$
655		ldi	r31,HIGH(PolDivF4KxT)	1	
656		mov	r19,r17	1	$\mathbf{r_{19}} \leftarrow k = n - m$
657		sub	r19,r16	1	
658		lsr	r19	1	$\mathbf{r_{19}} \leftarrow \lfloor k/2 \rfloor$
659		lsr	r19	1	$\mathbf{r_{19}} \leftarrow \lfloor k/4 \rfloor$
660		lsr	r19	1	$\mathbf{r_{19}} \leftarrow \kappa = \lfloor k/8 \rfloor$
661		add	r30,r19	1	$\mathbf{Z} \leftarrow \vartheta + \kappa$
662		adc	r31,r18	1	$\mathbf{r_{18}} = 00$ wegen Zeilen *590*, *609*, *629*, *652*
663		ldi	r19,0b11111111	1	Startwert für Bitmaske in $\mathbf{r_{19}}$
664		ijmp		2	Verzweige zu $\vartheta + \kappa$

Der Sprungvektor $F_{4,k}$ zur Berechnung von $\mathfrak{Q}$, Einsprung mit $\mathcal{A}(F_{4,k}) + \kappa$

665	PolDivF4KxT:	rjmp	PolDivF4K0	2	$1 \le k \le 7$
666		rjmp	PolDivF4K1	2	$8 \le k \le 15$
667		rjmp	PolDivF4K2	2	$16 \le k \le 23$
668		rjmp	PolDivF4K3	2	$24 \le k \le 31$
669		rjmp	PolDivF4K4	2	$32 \le k \le 39$

Die Bestimmung der Koeffizientenbits von $\mathfrak{Q}[0]$ bei $2 \le k + 1 \le 8$

670	PolDivF4K0:	ldi	r18,7	1	$\mathbf{r_{18}} \leftarrow 7$
671		sub	r18,r17	1	$\mathbf{r_{18}} \leftarrow 7 - m$
672		add	r18,r16	1	$\mathbf{r_{18}} \leftarrow \varkappa = 7 - m + n = 8 - (k+1)$
673		skeq4		1/2	Falls $k + 1 < 8$:
674	PolDivF4g:	lsr	r19	1	z.B. 00111111 ← 00011111
675		dec	r18	1	$\varkappa \leftarrow \varkappa - 1$
676		brne	PolDivF4g	1/2	Falls $\varkappa > 0$ weiter rechtsshiften
677		and	r8,r19	1	Bits von $\mathfrak{Q}[0]$ ausblenden
678		clr4	r9,r10,r11,r12	4×1	$\mathfrak{Q}[1 \cdot\cdot 4] \leftarrow 00000000$
679		rjmp	PolDivF4l	2	Zum Abschluß der Division ab Zeile *719*

Die Bestimmung der Koeffizientenbits von $\mathfrak{Q}[0 \cdot\cdot 1]$ bei $9 \le k + 1 \le 16$

680	PolDivF4K1:	ldi	r18,15	1	$\mathbf{r_{18}} \leftarrow 15$
681		sub	r18,r17	1	$\mathbf{r_{18}} \leftarrow 15 - m$
682		add	r18,r16	1	$\mathbf{r_{18}} \leftarrow \varkappa = 15 - m + n = 16 - (k+1)$
683		skeq4		1/2	Falls $k + 1 < 16$:

```
684 PolDivF4h:  lsr    r19              1     z.B. 00111111 ← 00011111
685             dec    r18              1     ϰ ← ϰ − 1
686             brne   PolDivF4h        1/2   Falls ϰ > 0 weiter rechtsshiften
687             and    r9,r19           1     Bits von 𝔔[1] ausblenden
688             clr3   r10,r11,r12      3×1   𝔔[2··4] ← 000000
689             rjmp   PolDivF4l        2     Zum Abschluß der Division ab Zeile 719
    Die Bestimmung der Koeffizientenbits von 𝔔[0··2] bei 17 ≤ k + 1 ≤ 24
690 PolDivF4K2: ldi    r18,23           1     r18 ← 23
691             sub    r18,r17          1     r18 ← 23 − m
692             add    r18,r16          1     r18 ← ϰ = 23 − m + n = 24 − (k + 1)
693             skeq4                   1/2   Falls k + 1 < 24:
694 PolDivF4i:  lsr    r19              1     z.B. 00111111 ← 00011111
695             dec    r18              1     ϰ ← ϰ − 1
696             brne   PolDivF4i        1/2   Falls ϰ > 0 weiter rechtsshiften
697             and    r10,r19          1     Bits von 𝔔[2] ausblenden
698             clr2   r11,r12          2×1   𝔔[3··4] ← 0000
699             rjmp   PolDivF4l        2     Zum Abschluß der Division ab Zeile 719
    Die Bestimmung der Koeffizientenbits von 𝔔[0··3] bei 25 ≤ k + 1 ≤ 32
700 PolDivF4K3: ldi    r18,31           1     r18 ← 31
701             sub    r18,r17          1     r18 ← 31 − m
702             add    r18,r16          1     r18 ← ϰ = 31 − m + n = 32 − (k + 1)
703             skeq4                   1/2   Falls k + 1 < 32:
704 PolDivF4j:  lsr    r19              1     z.B. 00111111 ← 00011111
705             dec    r18              1     ϰ ← ϰ − 1
706             brne   PolDivF4j        1/2   Falls ϰ > 0 weiter rechtsshiften
707             and    r11,r19          1     Bits von 𝔔[3] ausblenden
708             clr    r11              1     𝔔[3··4] ← 0000
709             clr    r12              1
710             rjmp   PolDivF4l        2     Zum Abschluß der Division ab Zeile 719
    Die Bestimmung der Koeffizientenbits von 𝔔[0··4] bei 33 ≤ k + 1 ≤ 40
711 PolDivF4K4: ldi    r18,39           1     r18 ← 39
712             sub    r18,r17          1     r18 ← 39 − m
713             add    r18,r16          1     r18 ← ϰ = 39 − m + n = 40 − (k + 1)
714             skeq4                   1/2   Falls k + 1 < 40:
715 PolDivF4k:  lsr    r19              1     z.B. 00111111 ← 00011111
716             dec    r18              1     ϰ ← ϰ − 1
717             brne   PolDivF4k        1/2   Falls ϰ > 0 weiter rechtsshiften
718             and    r12,r19          1     Bits von 𝔔[4] ausblenden
719 PolDivF4l:  clr3   r13,r14,r15      3×1   𝔔[5··7] ← 000000
720             rjmp   PolDivFex        2     Weiter in Zeile 1251
    40 ≤ n ≤ 47. 𝔉 linksbündig in A = r13:12:11:10:9:8 laden, zur Division abhängig von m verzweigen
721 PolDivF5:   tst    r13              1     𝔉 schon linksbündig?
722             skmi7                   1/2   Falls A[5].7 = 0:
723 PolDivF5a:  lsl    r8               1       A[0··5] ← A[0··5] ⋘ 1
724             rol5   r9,r10,r11,r12,r13  5×1
725             brpl   PolDivF5a        1/2     Falls A[5].7 ≠ 1: mehr Shifts
```

```
726                dvjmp  PolDivF5MxT               13   Zur Division verzweigen (siehe Zeile 1)
    Sprungvektor F5, Einsprung mit A(F5) + ⌊m/8⌋
727 PolDivF5MxT:   rjmp   PolDivF5M0                2    1 ≤ m ≤ 7
728                rjmp   PolDivF5M1                2    8 ≤ m ≤ 15
729                rjmp   PolDivF5M2                2    16 ≤ m ≤ 23
730                rjmp   PolDivF5M3                2    24 ≤ m ≤ 31
    Von Sprungvektor F5, 1 ≤ m ≤ 7, Division und Bestimmung von r
731 PolDivF5M0:    lsl    r8                        1    A[0··5] ← A[0··5] ⋘ 1
732                rol5   r9,r10,r11,r12,r13        5×1
733                skcc2                            1/2  Falls S.c = 1:
734                eor    r13,r7                    1      A[5] ← A[5] ⊕ G[3]
735                inc    r8                        1      A ← A + 1
736                dec    r19                       1    ϰ ← ϰ − 1
737                brne   PolDivF5M0                1/2  Falls ϰ > 0 nächster Divisionsschritt
738                mov    r4,r13                    1    r[0] ← A[5]
739                ldi    r18,8                     1    r18 ← μ = 8 − m
740                sub    r18,r16                   1
741                skeq3                            1/2  Falls m < 8:
742 PolDivF5b:     lsr    r4                        1      r[0] ← r[0] ⋙ 1
743                dec    r18                       1      μ ← μ − 1
744                brne   PolDivF5b                 1/2    Falls μ > 0 weiter rechstsshiften
745                clr3   r5,r6,r7                  3×1  r[1··3] ← 000000
746                rjmp   PolDivF5f                 2    Zur Berechnung von q ab Zeile 806
    Von Sprungvektor F5, 8 ≤ m ≤ 15, Division und Bestimmung von r
747 PolDivF5M1:    lsl    r8                        1    A[0··5] ← A[0··5] ⋘ 1
748                rol5   r9,r10,r11,r12,r13        5×1
749                skcc3                            1/2  Falls S.c = 1:
750                eor    r13,r7                    1      A[5] ← A[5] ⊕ G[3]
751                eor    r12,r6                    1      A[4] ← A[4] ⊕ G[2]
752                inc    r8                        1      A ← A + 1
753                dec    r19                       1    ϰ ← ϰ − 1
754                brne   PolDivF5M1                1/2  Falls ϰ > 0 nächster Divisionsschritt
755                mov    r4,r12                    1    r[0] ← A[4]
756                mov    r5,r13                    1    r[1] ← A[5]
757                ldi    r18,16                    1    r18 ← μ = 16 − m
758                sub    r18,r16                   1
759                skeq4                            1/2  Falls m < 16:
760 PolDivF5c:     lsr    r5                        1      r[0··1] ← r[0··1] ⋙ 1
761                ror    r4                        1
762                dec    r18                       1      μ ← μ − 1
763                brne   PolDivF5c                 1/2    Falls μ > 0 weiter rechstsshiften
764                clr2   r6,r7                     2×1  r[2··3] ← 0000
765                rjmp   PolDivF5f                 2    Zur Berechnung von q ab Zeile 806
    Von Sprungvektor F5, 16 ≤ m ≤ 23, Division und Bestimmung von r
766 PolDivF5M2:    lsl    r8                        1    A[0··5] ← A[0··5] ⋘ 1
767                rol5   r9,r10,r11,r12,r13        5×1
```

```
768              skcc4                           1/2  Falls S.c = 1:
769              eor    r13,r7                   1      A[5] ← A[5] ⊕ G[3]
770              eor    r12,r6                   1      A[4] ← A[4] ⊕ G[2]
771              eor    r11,r5                   1      A[3] ← A[3] ⊕ G[1]
772              inc    r8                       1      A ← A + 1
773              dec    r19                      1    ϰ ← ϰ − 1
774              brne   PolDivF5M2               1/2  Falls ϰ > 0 nächster Divisionsschritt
775              mov    r4,r11                   1    r[0] ← A[3]
776              mov    r5,r12                   1    r[1] ← A[4]
777              mov    r6,r13                   1    r[2] ← A[5]
778              ldi    r18,24                   1    r18 ← μ = 24 − m
779              sub    r18,r16                  1
780              skeq5                           1/2  Falls m < 24:
781 PolDivF5d:   lsr    r6                       1      r[0··2] ← r[0··2] ⋙ 1
782              ror2   r5,r4                    2×1
783              dec    r18                      1      μ ← μ − 1
784              brne   PolDivF5d                1/2    Falls μ > 0 weiter rechstsshiften
785              clr    r7                       1    r[3] ← 00
786              rjmp   PolDivF5f                2    Zur Berechnung von q ab Zeile 806
```

Von Sprungvektor F_5, $24 \leq m \leq 31$, Division und Bestimmung von $\boldsymbol{r}$

```
787 PolDivF5M3: lsl    r8                       1    A[0··5] ← A[0··5] ⋘ 1
788              rol5   r9,r10,r11,r12,r13       5×1
789              skcc5                           1/2  Falls S.c = 1:
790              eor    r13,r7                   1      A[5] ← A[5] ⊕ G[3]
791              eor    r12,r6                   1      A[4] ← A[4] ⊕ G[2]
792              eor    r11,r5                   1      A[3] ← A[3] ⊕ G[1]
793              eor    r10,r4                   1      A[2] ← A[2] ⊕ G[0]
794              inc    r8                       1      A ← A + 1
795              dec    r19                      1    ϰ ← ϰ − 1
796              brne   PolDivF5M3               1/2  Falls ϰ > 0 nächster Divisionsschritt
797              movw   r7:r6,r13:r12            1    r[2··3] ← A[4··5]
798              movw   r5:r4,r11:r10            1    r[0··1] ← A[2··3]
799              ldi    r18,32                   1    r18 ← μ = 32 − m
800              sub    r18,r16                  1
801              skeq6                           1/2  Falls m < 32:
802 PolDivF5e:   lsr    r7                       1      r[0··3] ← r[0··3] ⋙ 1
803              ror3   r6,r5,r4                 3×1
804              dec    r18                      1      μ ← μ − 1
805              brne   PolDivF5e                1/2    Falls μ > 0 weiter rechstsshiften
```

Die Berechnung der Koeffizientenbits des Quotientenpolynoms $\mathfrak{Q}[0 \cdot\cdot 5]$ für $40 \leq n \leq 47$

```
806 PolDivF5f:   ldi    r30,LOW(PolDivF5KxT)     1    Z ← ϑ = A(F5,k)
807              ldi    r31,HIGH(PolDivF5KxT)    1
808              mov    r19,r17                  1    r19 ← k = n − m
809              sub    r19,r16                  1
810              lsr    r19                      1    r19 ← ⌊k/2⌋
811              lsr    r19                      1    r19 ← ⌊k/4⌋
```

812		`lsr`	`r19`	1	$\mathbf{r_{19}} \leftarrow \kappa = \lfloor k/8 \rfloor$
813		`add`	`r30,r19`	1	$\mathbf{Z} \leftarrow \vartheta + \kappa$
814		`adc`	`r31,r18`	1	$\mathbf{r_{18}} = 00$ wegen Zeilen *743*, *762*, *783*, *804*
815		`ldi`	`r19,0b11111111`	1	Startwert für Bitmaske in $\mathbf{r_{19}}$
816		`ijmp`		2	Verzweige zu $\vartheta + \kappa$

Der Sprungvektor $F_{5,k}$ zur Berechnung von $\mathfrak{Q}$, Einsprung mit $\mathcal{A}(F_{5,k}) + \kappa$

817	`PolDivF5KxT:`	`rjmp`	`PolDivF5K0`	2	$1 \leq k \leq 7$
818		`rjmp`	`PolDivF5K1`	2	$8 \leq k \leq 15$
819		`rjmp`	`PolDivF5K2`	2	$16 \leq k \leq 23$
820		`rjmp`	`PolDivF5K3`	2	$24 \leq k \leq 31$
821		`rjmp`	`PolDivF5K4`	2	$32 \leq k \leq 39$
822		`rjmp`	`PolDivF5K5`	2	$40 \leq k \leq 47$

Die Bestimmung der Koeffizientenbits von $\mathfrak{Q}[0]$ bei $2 \leq k + 1 \leq 8$

823	`PolDivF5K0:`	`ldi`	`r18,7`	1	$\mathbf{r_{18}} \leftarrow 7$
824		`sub`	`r18,r17`	1	$\mathbf{r_{18}} \leftarrow 7 - m$
825		`add`	`r18,r16`	1	$\mathbf{r_{18}} \leftarrow \varkappa = 7 - m + n = 8 - (k+1)$
826		`skeq4`		1/2	Falls $k + 1 < 8$:
827	`PolDivF5g:`	`lsr`	`r19`	1	z.B. 00111111 ← 00011111
828		`dec`	`r18`	1	$\varkappa \leftarrow \varkappa - 1$
829		`brne`	`PolDivF5g`	1/2	Falls $\varkappa > 0$ weiter rechtsshiften
830		`and`	`r8,r19`	1	Bits von $\mathfrak{Q}[0]$ ausblenden
831		`clr5`	`r9,r10,r11,r12,r13`	5×1	$\mathfrak{Q}[1\cdot\cdot5] \leftarrow$ 0000000000
832		`rjmp`	`PolDivF5m`	2	Zum Abschluß der Division ab Zeile *881*

Die Bestimmung der Koeffizientenbits von $\mathfrak{Q}[0\cdot\cdot1]$ bei $9 \leq k + 1 \leq 16$

833	`PolDivF5K1:`	`ldi`	`r18,15`	1	$\mathbf{r_{18}} \leftarrow 15$
834		`sub`	`r18,r17`	1	$\mathbf{r_{18}} \leftarrow 15 - m$
835		`add`	`r18,r16`	1	$\mathbf{r_{18}} \leftarrow \varkappa = 15 - m + n = 16 - (k+1)$
836		`skeq4`		1/2	Falls $k + 1 < 16$:
837	`PolDivF5h:`	`lsr`	`r19`	1	z.B. 00111111 ← 00011111
838		`dec`	`r18`	1	$\varkappa \leftarrow \varkappa - 1$
839		`brne`	`PolDivF5h`	1/2	Falls $\varkappa > 0$ weiter rechtsshiften
840		`and`	`r9,r19`	1	Bits von $\mathfrak{Q}[1]$ ausblenden
841		`clr4`	`r10,r11,r12,r13`	4×1	$\mathfrak{Q}[2\cdot\cdot5] \leftarrow$ 00000000
842		`rjmp`	`PolDivF5m`	2	Zum Abschluß der Division ab Zeile *881*

Die Bestimmung der Koeffizientenbits von $\mathfrak{Q}[0\cdot\cdot2]$ bei $17 \leq k + 1 \leq 24$

843	`PolDivF5K2:`	`ldi`	`r18,23`	1	$\mathbf{r_{18}} \leftarrow 23$
844		`sub`	`r18,r17`	1	$\mathbf{r_{18}} \leftarrow 23 - m$
845		`add`	`r18,r16`	1	$\mathbf{r_{18}} \leftarrow \varkappa = 23 - m + n = 24 - (k+1)$
846		`skeq4`		1/2	Falls $k + 1 < 24$:
847	`PolDivF5i:`	`lsr`	`r19`	1	z.B. 00111111 ← 00011111
848		`dec`	`r18`	1	$\varkappa \leftarrow \varkappa - 1$
849		`brne`	`PolDivF5i`	1/2	Falls $\varkappa > 0$ weiter rechtsshiften
850		`and`	`r10,r19`	1	Bits von $\mathfrak{Q}[2]$ ausblenden
851		`clr3`	`r11,r12,r13`	3×1	$\mathfrak{Q}[3\cdot\cdot5] \leftarrow$ 000000
852		`rjmp`	`PolDivF5m`	2	Zum Abschluß der Division ab Zeile *881*

Die Bestimmung der Koeffizientenbits von $\mathfrak{Q}[0\cdot\cdot3]$ bei $25 \leq k + 1 \leq 32$

853	PolDivF5K3:	ldi	r18,31	1	$\mathbf{r}_{18} \leftarrow 31$
854		sub	r18,r17	1	$\mathbf{r}_{18} \leftarrow 31 - m$
855		add	r18,r16	1	$\mathbf{r}_{18} \leftarrow \varkappa = 31 - m + n = 32 - (k+1)$
856		skeq4		1/2	Falls $k + 1 < 32$:
857	PolDivF5j:	lsr	r19	1	z.B. 00111111 ← 00011111
858		dec	r18	1	$\varkappa \leftarrow \varkappa - 1$
859		brne	PolDivF5j	1/2	Falls $\varkappa > 0$ weiter rechtsshiften
860		and	r11,r19	1	Bits von $\mathfrak{Q}[3]$ ausblenden
861		clr2	r12,r13	2×1	$\mathfrak{Q}[4 \cdot\cdot 5] \leftarrow$ 0000
862		rjmp	PolDivF5m	2	Zum Abschluß der Division ab Zeile *881*

Die Bestimmung der Koeffizientenbits von $\mathfrak{Q}[0 \cdot\cdot 4]$ bei $33 \le k+1 \le 40$

863	PolDivF5K4:	ldi	r18,39	1	$\mathbf{r}_{18} \leftarrow 39$
864		sub	r18,r17	1	$\mathbf{r}_{18} \leftarrow 39 - m$
865		add	r18,r16	1	$\mathbf{r}_{18} \leftarrow \varkappa = 39 - m + n = 40 - (k+1)$
866		skeq4		1/2	Falls $k + 1 < 40$:
867	PolDivF5k:	lsr	r19	1	z.B. 00111111 ← 00011111
868		dec	r18	1	$\varkappa \leftarrow \varkappa - 1$
869		brne	PolDivF5k	1/2	Falls $\varkappa > 0$ weiter rechtsshiften
870		and	r12,r19	1	Bits von $\mathfrak{Q}[4]$ ausblenden
871		clr	r13	1	$\mathfrak{Q}[5] \leftarrow$ 00
872		rjmp	PolDivF5m	2	Zum Abschluß der Division ab Zeile *881*

Die Bestimmung der Koeffizientenbits von $\mathfrak{Q}[0 \cdot\cdot 5]$ bei $41 \le k+1 \le 48$

873	PolDivF5K5:	ldi	r18,47	1	$\mathbf{r}_{18} \leftarrow 47$
874		sub	r18,r17	1	$\mathbf{r}_{18} \leftarrow 47 - m$
875		add	r18,r16	1	$\mathbf{r}_{18} \leftarrow \varkappa = 47 - m + n = 48 - (k+1)$
876		skeq4		1/2	Falls $k + 1 < 48$:
877	PolDivF5l:	lsr	r19	1	z.B. 00111111 ← 00011111
878		dec	r18	1	$\varkappa \leftarrow \varkappa - 1$
879		brne	PolDivF5l	1/2	Falls $\varkappa > 0$ weiter rechtsshiften
880		and	r13,r19	1	Bits von $\mathfrak{Q}[5]$ ausblenden
881	PolDivF5m:	clr2	r14,r15	2×1	$\mathfrak{Q}[6 \cdot\cdot 7] \leftarrow$ 0000
882		rjmp	PolDivFex	2	Weiter in Zeile *1251*

$48 \le n \le 55$. $\mathfrak{F}$ linksbündig in $\mathbf{A} = \mathbf{r}_{14:13:12:11:10:9:8}$ laden, zur Division abhängig von m verzweigen

883	PolDivF6:	tst	r14	1	$\mathfrak{F}$ schon linksbündig?
884		skmi8		1/2	Falls $\mathbf{A}[6]._7 = 0$:
885	PolDivF6a:	lsl	r8	1	$\mathbf{A}[0 \cdot\cdot 6] \leftarrow \mathbf{A}[0 \cdot\cdot 6] \lll 1$
886		rol4	r9,r10,r11,r12	4×1	
887		rol2	r13,r14	2×1	
888		brpl	PolDivF6a	1/2	Falls $\mathbf{A}[6]._7 \neq 1$: mehr Shifts
889		dvjmp	PolDivF6MxT	13	Zur Division verzweigen (siehe Zeile *1*)

Sprungvektor F_6, Einsprung mit $\mathcal{A}(F_6) + \lfloor m/8 \rfloor$

890	PolDivF6MxT:	rjmp	PolDivF6M0	2	$1 \le m \le 7$
891		rjmp	PolDivF6M1	2	$8 \le m \le 15$
892		rjmp	PolDivF6M2	2	$16 \le m \le 23$
893		rjmp	PolDivF6M3	2	$24 \le m \le 31$

Von Sprungvektor F_6, $1 \le m \le 7$, Division und Bestimmung von $\boldsymbol{r}$

```
894 PolDivF6M0: lsl    r8               1     A[0··6] ← A[0··6] ⋘ 1
895             rol4   r9,r10,r11,r12   4×1
896             rol2   r13,r14          2×1
897             skcc2                   1/2   Falls S.c = 1:
898             eor    r14,r7           1       A[6] ← A[6] ⊕ G[3]
899             inc    r8               1       A ← A + 1
900             dec    r19              1     ϰ ← ϰ − 1
901             brne   PolDivF6M0       1/2   Falls ϰ > 0 nächster Divisionsschritt
902             mov    r4,r14           1     r[0] ← A[6]
903             ldi    r18,8            1     r18 ← μ = 8 − m
904             sub    r18,r16          1
905             skeq3                   1/2   Falls m < 8:
906 PolDivF6b:  lsr    r4               1       r[0] ← r[0] ⋙ 1
907             dec    r18              1       μ ← μ − 1
908             brne   PolDivF6b        1/2     Falls μ > 0 weiter rechstsshiften
909             clr3   r5,r6,r7         3×1   r[1··3] ← 000000
910             rjmp   PolDivF6f        2     Zur Berechnung von q ab Zeile 974
```

Von Sprungvektor F_6, $8 \leq m \leq 15$, Division und Bestimmung von $\boldsymbol{r}$

```
911 PolDivF6M1: lsl    r8               1     A[0··6] ← A[0··6] ⋘ 1
912             rol4   r9,r10,r11,r12   4×1
913             rol2   r13,r14          2×1
914             skcc3                   1/2   Falls S.c = 1:
915             eor    r14,r7           1       A[6] ← A[6] ⊕ G[3]
916             eor    r13,r6           1       A[5] ← A[5] ⊕ G[2]
917             inc    r8               1       A ← A + 1
918             dec    r19              1     ϰ ← ϰ − 1
919             brne   PolDivF6M1       1/2   Falls ϰ > 0 nächster Divisionsschritt
920             mov    r4,r13           1     r[0] ← A[5]
921             mov    r5,r14           1     r[1] ← A[6]
922             ldi    r18,16           1     r18 ← μ = 16 − m
923             sub    r18,r16          1
924             skeq4                   1/2   Falls m < 16:
925 PolDivF6c:  lsr    r5               1       r[0··1] ← r[0··1] ⋙ 1
926             ror    r4               1
927             dec    r18              1       μ ← μ − 1
928             brne   PolDivF6c        1/2     Falls μ > 0 weiter rechstsshiften
929             clr2   r6,r7            2×1   r[2··3] ← 0000
930             rjmp   PolDivF6f        2     Zur Berechnung von q ab Zeile 974
```

Von Sprungvektor F_6, $16 \leq m \leq 23$, Division und Bestimmung von $\boldsymbol{r}$

```
931 PolDivF6M2: lsl    r8               1     A[0··6] ← A[0··6] ⋘ 1
932             rol4   r9,r10,r11,r12   4×1
933             rol2   r13,r14          2×1
934             skcc4                   1/2   Falls S.c = 1:
935             eor    r14,r7           1       A[6] ← A[6] ⊕ G[3]
936             eor    r13,r6           1       A[5] ← A[5] ⊕ G[2]
937             eor    r12,r5           1       A[4] ← A[4] ⊕ G[1]
```

```
938              inc    r8                      1    A ← A + 1
939              dec    r19                     1    ϰ ← ϰ − 1
940              brne   PolDivF6M2              1/2  Falls ϰ > 0 nächster Divisionsschritt
941              movw   r5:r4,r13:r12           1    𝔯[0··1] ← A[4··5]
942              mov    r6,r14                  1    𝔯[2] ← A[6]
943              ldi    r18,24                  1    r18 ← μ = 24 − m
944              sub    r18,r16                 1
945              skeq5                          1/2  Falls m < 24:
946 PolDivF6d:   lsr    r6                      1      𝔯[0··2] ← 𝔯[0··2] ⋙ 1
947              ror2   r5,r4                   2×1
948              dec    r18                     1      μ ← μ − 1
949              brne   PolDivF6d               1/2    Falls μ > 0 weiter rechstsshiften
950              clr    r7                      1    𝔯[3] ← 00
951              rjmp   PolDivF6f               2    Zur Berechnung von q ab Zeile 974
    Von Sprungvektor F6, 24 ≤ m ≤ 31, Division und Bestimmung von r
952 PolDivF6M3:  lsl    r8                      1    A[0··6] ← A[0··6] ⋘ 1
953              rol4   r9,r10,r11,r12          4×1
954              rol2   r13,r14                 2×1
955              skcc5                          1/2  Falls S.c = 1:
956              eor    r14,r7                  1      A[6] ← A[6] ⊕ G[3]
957              eor    r13,r6                  1      A[5] ← A[5] ⊕ G[2]
958              eor    r12,r5                  1      A[4] ← A[4] ⊕ G[1]
959              eor    r11,r4                  1      A[3] ← A[3] ⊕ G[0]
960              inc    r8                      1      A ← A + 1
961              dec    r19                     1    ϰ ← ϰ − 1
962              brne   PolDivF6M3              1/2  Falls ϰ > 0 nächster Divisionsschritt
963              mov    r4,r11                  1    𝔯[0] ← A[3]
964              mov    r5,r12                  1    𝔯[1] ← A[4]
965              mov    r6,r13                  1    𝔯[2] ← A[5]
966              mov    r7,r14                  1    𝔯[3] ← A[6]
967              ldi    r18,32                  1    r18 ← μ = 32 − m
968              sub    r18,r16                 1
969              skeq6                          1/2  Falls m < 32:
970 PolDivF6e:   lsr    r7                      1      𝔯[0··3] ← 𝔯[0··3] ⋙ 1
971              ror3   r6,r5,r4                3×1
972              dec    r18                     1      μ ← μ − 1
973              brne   PolDivF6e               1/2    Falls μ > 0 weiter rechstsshiften
    Die Berechnung der Koeffizientenbits des Quotientenpolynoms 𝔔[0··6] für 48 ≤ n ≤ 55
974 PolDivF6f:   ldi    r30,LOW(PolDivF6KxT)    1    Z ← ϑ = 𝒜(F6,k)
975              ldi    r31,HIGH(PolDivF6KxT)   1
976              mov    r19,r17                 1    r19 ← k = n − m
977              sub    r19,r16                 1
978              lsr    r19                     1    r19 ← ⌊k/2⌋
979              lsr    r19                     1    r19 ← ⌊k/4⌋
980              lsr    r19                     1    r19 ← κ = ⌊k/8⌋
981              add    r30,r19                 1    Z ← ϑ + κ
```

```
982              adc    r31,r18                1     r18 = 00 wegen Zeilen 907, 927, 948, 972
983              ldi    r19,0b11111111         1     Startwert für Bitmaske in r19
984              ijmp                          2     Verzweige zu ϑ + κ
```

Der Sprungvektor $F_{6,k}$ zur Berechnung von $\mathfrak{Q}$, Einsprung mit $\mathcal{A}(F_{6,k}) + \kappa$

```
985  PolDivF6KxT: rjmp   PolDivF6K0            2     1 ≤ k ≤ 7
986              rjmp   PolDivF6K1             2     8 ≤ k ≤ 15
987              rjmp   PolDivF6K2             1     16 ≤ k ≤ 23
988              rjmp   PolDivF6K3             2     24 ≤ k ≤ 31
989              rjmp   PolDivF6K4             2     32 ≤ k ≤ 39
990              rjmp   PolDivF6K5             2     40 ≤ k ≤ 47
991              rjmp   PolDivF6K6             2     48 ≤ k ≤ 55
```

Die Bestimmung der Koeffizientenbits von $\mathfrak{Q}[0]$ bei $2 \leq k+1 \leq 8$

```
992  PolDivF6K0:  ldi    r18,7                 1     r18 ← 7
993              sub    r18,r17                1     r18 ← 7 − m
994              add    r18,r16                1     r18 ← ϰ = 7 − m + n = 8 − (k + 1)
995              skeq4                         1/2   Falls k + 1 < 8:
996  PolDivF6g:   lsr    r19                   1       z.B. 00111111 ← 00011111
997              dec    r18                    1       ϰ ← ϰ − 1
998              brne   PolDivF6g              1/2     Falls ϰ > 0 weiter rechtsshiften
999              and    r8,r19                 1       Bits von 𝔔[0] ausblenden
1000             clr4   r9,r10,r11,r12         4×1   𝔔[1··6] ← 000000000000
1001             clr2   r13,r14                1
1002             rjmp   PolDivF6n              2     Zum Abschluß der Division ab Zeile 1061
```

Die Bestimmung der Koeffizientenbits von $\mathfrak{Q}[0\cdot\cdot1]$ bei $9 \leq k+1 \leq 16$

```
1003 PolDivF6K1:  ldi    r18,15                1     r18 ← 15
1004             sub    r18,r17                1     r18 ← 15 − m
1005             add    r18,r16                1     r18 ← ϰ = 15 − m + n = 16 − (k + 1)
1006             skeq4                         1/2   Falls k + 1 < 16:
1007 PolDivF6h:   lsr    r19                   1       z.B. 00111111 ← 00011111
1008             dec    r18                    1       ϰ ← ϰ − 1
1009             brne   PolDivF6h              1/2     Falls ϰ > 0 weiter rechtsshiften
1010             and    r9,r19                 1       Bits von 𝔔[1] ausblenden
1011             clr5   r10,r11,r12,r13,r14    5×1   𝔔[2··6] ← 0000000000
1012             rjmp   PolDivF6n              2     Zum Abschluß der Division ab Zeile 1061
```

Die Bestimmung der Koeffizientenbits von $\mathfrak{Q}[0\cdot\cdot2]$ bei $17 \leq k+1 \leq 24$

```
1013 PolDivF6K2:  ldi    r18,23                1     r18 ← 23
1014             sub    r18,r17                1     r18 ← 23 − m
1015             add    r18,r16                1     r18 ← ϰ = 23 − m + n = 24 − (k + 1)
1016             skeq4                         1/2   Falls k + 1 < 24:
1017 PolDivF6i:   lsr    r19                   1       z.B. 00111111 ← 00011111
1018             dec    r18                    1       ϰ ← ϰ − 1
1019             brne   PolDivF6i              1/2     Falls ϰ > 0 weiter rechtsshiften
1020             and    r10,r19                1       Bits von 𝔔[2] ausblenden
1021             clr4   r11,r12,r13,r14        4×1   𝔔[3··6] ← 00000000
1022             rjmp   PolDivF6n              2     Zum Abschluß der Division ab Zeile 1061
```

Die Bestimmung der Koeffizientenbits von $\mathfrak{Q}[0\cdot\cdot3]$ bei $25 \leq k+1 \leq 32$

1023	`PolDivF6K3:`	`ldi`	`r18,31`	1	$\mathbf{r_{18}} \leftarrow 31$
1024		`sub`	`r18,r17`	1	$\mathbf{r_{18}} \leftarrow 31 - m$
1025		`add`	`r18,r16`	1	$\mathbf{r_{18}} \leftarrow \varkappa = 31 - m + n = 32 - (k+1)$
1026		`skeq4`		1/2	Falls $k + 1 < 32$:
1027	`PolDivF6j:`	`lsr`	`r19`	1	z.B. 00111111 ← 00011111
1028		`dec`	`r18`	1	$\varkappa \leftarrow \varkappa - 1$
1029		`brne`	`PolDivF6j`	1/2	Falls $\varkappa > 0$ weiter rechtsshiften
1030		`and`	`r11,r19`	1	Bits von $\mathfrak{Q}[3]$ ausblenden
1031		`clr3`	`r12,r13,r14`	3×1	$\mathfrak{Q}[4\cdot\cdot 6] \leftarrow$ 000000
1032		`rjmp`	`PolDivF6n`	2	Zum Abschluß der Division ab Zeile *1061*

Die Bestimmung der Koeffizientenbits von $\mathfrak{Q}[0\cdot\cdot 4]$ bei $33 \leq k + 1 \leq 40$

1033	`PolDivF6K4:`	`ldi`	`r18,39`	1	$\mathbf{r_{18}} \leftarrow 39$
1034		`sub`	`r18,r17`	1	$\mathbf{r_{18}} \leftarrow 39 - m$
1035		`add`	`r18,r16`	1	$\mathbf{r_{18}} \leftarrow \varkappa = 39 - m + n = 40 - (k+1)$
1036		`skeq4`		1/2	Falls $k + 1 < 40$:
1037	`PolDivF6k:`	`lsr`	`r19`	1	z.B. 00111111 ← 00011111
1038		`dec`	`r18`	1	$\varkappa \leftarrow \varkappa - 1$
1039		`brne`	`PolDivF6k`	1/2	Falls $\varkappa > 0$ weiter rechtsshiften
1040		`and`	`r12,r19`	1	Bits von $\mathfrak{Q}[4]$ ausblenden
1041		`clr2`	`r13,r14`	2×1	$\mathfrak{Q}[5\cdot\cdot 6] \leftarrow$ 0000
1042		`rjmp`	`PolDivF6n`	2	Zum Abschluß der Division ab Zeile *1061*

Die Bestimmung der Koeffizientenbits von $\mathfrak{Q}[0\cdot\cdot 5]$ bei $41 \leq k + 1 \leq 48$

1043	`PolDivF6K5:`	`ldi`	`r18,47`	1	$\mathbf{r_{18}} \leftarrow 47$
1044		`sub`	`r18,r17`	1	$\mathbf{r_{18}} \leftarrow 47 - m$
1045		`add`	`r18,r16`	1	$\mathbf{r_{18}} \leftarrow \varkappa = 47 - m + n = 48 - (k+1)$
1046		`skeq4`		1/2	Falls $k + 1 < 48$:
1047	`PolDivF6l:`	`lsr`	`r19`	1	z.B. 00111111 ← 00011111
1048		`dec`	`r18`	1	$\varkappa \leftarrow \varkappa - 1$
1049		`brne`	`PolDivF6l`	1/2	Falls $\varkappa > 0$ weiter rechtsshiften
1050		`and`	`r13,r19`	1	Bits von $\mathfrak{Q}[5]$ ausblenden
1051		`clr`	`r14`	1	$\mathfrak{Q}[6] \leftarrow$ 00
1052		`rjmp`	`PolDivF6n`	2	Zum Abschluß der Division ab Zeile *1061*

Die Bestimmung der Koeffizientenbits von $\mathfrak{Q}[0\cdot\cdot 6]$ bei $49 \leq k + 1 \leq 55$

1053	`PolDivF6K6:`	`ldi`	`r18,55`	1	$\mathbf{r_{18}} \leftarrow 55$
1054		`sub`	`r18,r17`	1	$\mathbf{r_{18}} \leftarrow 55 - m$
1055		`add`	`r18,r16`	1	$\mathbf{r_{18}} \leftarrow \varkappa = 55 - m + n = 56 - (k+1)$
1056		`skeq4`		1/2	Falls $k + 1 < 56$:
1057	`PolDivF6m:`	`lsr`	`r19`	1	z.B. 00111111 ← 00011111
1058		`dec`	`r18`	1	$\varkappa \leftarrow \varkappa - 1$
1059		`brne`	`PolDivF6m`	1/2	Falls $\varkappa > 0$ weiter rechtsshiften
1060		`and`	`r14,r19`	1	Bits von $\mathfrak{Q}[6]$ ausblenden
1061	`PolDivF6n:`	`clr`	`r15`	1	$\mathfrak{Q}[7] \leftarrow$ 00
1062		`rjmp`	`PolDivFex`	2	Weiter in Zeile *1251*

$56 \leq n \leq 63$. $\mathfrak{F}$ linksbündig in $\mathbf{A} = \mathbf{r_{15:14:13:12:11:10:9:8}}$ laden, zur Division abhängig von m verzweigen

1063	`PolDivF7:`	`tst`	`r15`	1	$\mathfrak{F}$ schon linksbündig?
1064		`skmi9`		1/2	Falls $\mathbf{A}[7]_{.7} = 0$:

1065	`PolDivF7a:`	`lsl`	`r8`	1	$\mathbf{A}[0\cdot\cdot7] \leftarrow \mathbf{A}[0\cdot\cdot7] \lll 1$
1066		`rol4`	`r9,r10,r11,r12`	4×1	
1067		`rol3`	`r13,r14,r15`	3×1	
1068		`brpl`	`PolDivF7a`	1/2	Falls $\mathbf{A}[7].7 \neq 1$: mehr Shifts
1069		`dvjmp`	`PolDivF7MxT`	13	Zur Division verzweigen (siehe Zeile *1*)
	Sprungvektor F_7, Einsprung mit $\mathcal{A}(F_7) + \lfloor m/8 \rfloor$				
1070	`PolDivF7MxT:`	`rjmp`	`PolDivF7M0`	2	$1 \leq m \leq 7$
1071		`rjmp`	`PolDivF7M1`	2	$8 \leq m \leq 15$
1072		`rjmp`	`PolDivF7M2`	2	$16 \leq m \leq 23$
1073		`rjmp`	`PolDivF7M3`	2	$24 \leq m \leq 31$
	Von Sprungvektor F_7, $1 \leq m \leq 7$, Division und Bestimmung von $\boldsymbol{r}$				
1074	`PolDivF7M0:`	`lsl`	`r8`	1	$\mathbf{A}[0\cdot\cdot7] \leftarrow \mathbf{A}[0\cdot\cdot7] \lll 1$
1075		`rol4`	`r9,r10,r11,r12`	4×1	
1076		`rol3`	`r13,r14,r15`	3×1	
1077		`skcc2`		1/2	Falls $\mathbf{S}.\mathfrak{c} = 1$:
1078		`eor`	`r15,r7`	1	$\mathbf{A}[7] \leftarrow \mathbf{A}[7] \oplus \mathbf{G}[3]$
1079		`inc`	`r8`	1	$\mathbf{A} \leftarrow \mathbf{A} + 1$
1080		`dec`	`r19`	1	$\varkappa \leftarrow \varkappa - 1$
1081		`brne`	`PolDivF7M0`	1/2	Falls $\varkappa > 0$ nächster Divisionsschritt
1082		`mov`	`r4,r15`	1	$\mathfrak{r}[0] \leftarrow \mathbf{A}[7]$
1083		`ldi`	`r18,8`	1	$\mathbf{r_{18}} \leftarrow \mu = 8 - m$
1084		`sub`	`r18,r16`	1	
1085		`skeq3`		1/2	Falls $m < 8$:
1086	`PolDivF7b:`	`lsr`	`r4`	1	$\mathfrak{r}[0] \leftarrow \mathfrak{r}[0] \ggg 1$
1087		`dec`	`r18`	1	$\mu \leftarrow \mu - 1$
1088		`brne`	`PolDivF7b`	1/2	Falls $\mu > 0$ weiter rechstsshiften
1089		`clr3`	`r5,r6,r7`	3×1	$\mathfrak{r}[1\cdot\cdot3] \leftarrow$ 000000
1090		`rjmp`	`PolDivF7f`	2	Zur Berechnung von $\boldsymbol{q}$ ab Zeile *1152*
	Von Sprungvektor F_7, $8 \leq m \leq 15$, Division und Bestimmung von $\boldsymbol{r}$				
1091	`PolDivF7M1:`	`lsl`	`r8`	1	$\mathbf{A}[0\cdot\cdot7] \leftarrow \mathbf{A}[0\cdot\cdot7] \lll 1$
1092		`rol4`	`r9,r10,r11,r12`	4×1	
1093		`rol3`	`r13,r14,r15`	3×1	
1094		`skcc3`		1/2	Falls $\mathbf{S}.\mathfrak{c} = 1$:
1095		`eor`	`r15,r7`	1	$\mathbf{A}[7] \leftarrow \mathbf{A}[7] \oplus \mathbf{G}[3]$
1096		`eor`	`r14,r6`	1	$\mathbf{A}[6] \leftarrow \mathbf{A}[6] \oplus \mathbf{G}[2]$
1097		`inc`	`r8`	1	$\mathbf{A} \leftarrow \mathbf{A} + 1$
1098		`dec`	`r19`	1	$\varkappa \leftarrow \varkappa - 1$
1099		`brne`	`PolDivF7M1`	1/2	Falls $\varkappa > 0$ nächster Divisionsschritt
1100		`movw`	`r5:r4,r15:r14`	1	$\mathfrak{r}[0\cdot\cdot1] \leftarrow \mathbf{A}[6\cdot\cdot7]$
1101		`ldi`	`r18,16`	1	$\mathbf{r_{18}} \leftarrow \mu = 16 - m$
1102		`sub`	`r18,r16`	1	
1103		`skeq4`		1/2	Falls $m < 16$:
1104	`PolDivF7c:`	`lsr`	`r5`	1	$\mathfrak{r}[0\cdot\cdot1] \leftarrow \mathfrak{r}[0\cdot\cdot1] \ggg 1$
1105		`ror`	`r4`	1	
1106		`dec`	`r18`	1	$\mu \leftarrow \mu - 1$
1107		`brne`	`PolDivF7c`	1/2	Falls $\mu > 0$ weiter rechstsshiften

```
1108               clr2   r6,r7                 2×1  𝔯[2··3] ← 0000
1109               rjmp   PolDivF7f             2    Zur Berechnung von q ab Zeile 1152
     Von Sprungvektor F7, 16 ≤ m ≤ 23, Division und Bestimmung von r
1110 PolDivF7M2:   lsl    r8                    1    A[0··7] ← A[0··7] ⋘ 1
1111               rol4   r9,r10,r11,r12        4×1
1112               rol3   r13,r14,r15           3×1
1113               skcc4                        1/2  Falls S.c = 1:
1114               eor    r15,r7                1      A[7] ← A[7] ⊕ G[3]
1115               eor    r14,r6                1      A[6] ← A[6] ⊕ G[2]
1116               eor    r13,r5                1      A[5] ← A[5] ⊕ G[1]
1117               inc    r8                    1      A ← A + 1
1118               dec    r19                   1    ϰ ← ϰ − 1
1119               brne   PolDivF7M2            1/2  Falls ϰ > 0 nächster Divisionsschritt
1120               mov    r4,r13                1    𝔯[0] ← A[5]
1121               mov    r5,r14                1    𝔯[1] ← A[6]
1122               mov    r6,r15                1    𝔯[2] ← A[7]
1123               ldi    r18,24                1    r18 ← μ = 24 − m
1124               sub    r18,r16               1
1125               skeq5                        1/2  Falls m < 24:
1126 PolDivF7d:    lsr    r6                    1      𝔯[0··2] ← 𝔯[0··2] ⋙ 1
1127               ror2   r5,r4                 2×1
1128               dec    r18                   1      μ ← μ − 1
1129               brne   PolDivF7d             1/2    Falls μ > 0 weiter rechstsshiften
1130               clr    r7                    1    𝔯[3] ← 00
1131               rjmp   PolDivF7f             2    Zur Berechnung von q ab Zeile 1152
     Von Sprungvektor F7, 24 ≤ m ≤ 31, Division und Bestimmung von r
1132 PolDivF7M3:   lsl    r8                    1    A[0··7] ← A[0··7] ⋘ 1
1133               rol4   r9,r10,r11,r12        4×1
1134               rol3   r13,r14,r15           3×1
1135               skcc5                        1/2  Falls S.c = 1:
1136               eor    r15,r7                1      A[7] ← A[7] ⊕ G[3]
1137               eor    r14,r6                1      A[6] ← A[6] ⊕ G[2]
1138               eor    r13,r5                1      A[5] ← A[5] ⊕ G[1]
1139               eor    r12,r4                1      A[4] ← A[4] ⊕ G[0]
1140               inc    r8                    1      A ← A + 1
1141               dec    r19                   1    ϰ ← ϰ − 1
1142               brne   PolDivF7M3            1/2  Falls ϰ > 0 nächster Divisionsschritt
1143               movw   r5:r4,r13:r12         1    𝔯[0··1] ← A[4··5]
1144               movw   r7:r6,r15:r14         1    𝔯[2··3] ← A[6··7]
1145               ldi    r18,32                1    r18 ← μ = 32 − m
1146               sub    r18,r16               1
1147               skeq6                        1/2  Falls m < 32:
1148 PolDivF7e:    lsr    r7                    1      𝔯[0··3] ← 𝔯[0··3] ⋙ 1
1149               ror3   r6,r5,r4              3×1
1150               dec    r18                   1      μ ← μ − 1
1151               brne   PolDivF7e             1/2    Falls μ > 0 weiter rechstsshiften
```

Die Berechnung der Koeffizientenbits des Quotientenpolynoms $\mathfrak{Q}[0\cdots7]$ für $56 \leq n \leq 63$

```
1152 PolDivF7f:    ldi   r30,LOW(PolDivF7KxT)    1    Z ← ϑ = A(F7,k)
1153               ldi   r31,HIGH(PolDivF7KxT)   1
1154               mov   r19,r17                 1    r19 ← k = n − m
1155               sub   r19,r16                 1
1156               lsr   r19                     1    r19 ← ⌊k/2⌋
1157               lsr   r19                     1    r19 ← ⌊k/4⌋
1158               lsr   r19                     1    r19 ← κ = ⌊k/8⌋
1159               add   r30,r19                 1    Z ← ϑ + κ
1160               adc   r31,r18                 1    r18 = 00 wegen Zeilen 1087, 1106, 1128, 1150
1161               ldi   r19,0b11111111          1    Startwert für Bitmaske in r19
1162               ijmp                          2    Verzweige zu ϑ + κ
```

Der Sprungvektor $F_{7,k}$ zur Berechnung von $\mathfrak{Q}$, Einsprung mit $\mathcal{A}(F_{7,k}) + \kappa$

```
1163 PolDivF7KxT:  rjmp  PolDivF7K0              2    1 ≤ k ≤ 7
1164               rjmp  PolDivF7K1              2    8 ≤ k ≤ 15
1165               rjmp  PolDivF7K2              2    16 ≤ k ≤ 23
1166               rjmp  PolDivF7K3              2    24 ≤ k ≤ 31
1167               rjmp  PolDivF7K4              2    32 ≤ k ≤ 39
1168               rjmp  PolDivF7K5              2    40 ≤ k ≤ 47
1169               rjmp  PolDivF7K6              2    48 ≤ k ≤ 55
1170               rjmp  PolDivF7K7              2    56 ≤ k ≤ 63
```

Die Bestimmung der Koeffizientenbits von $\mathfrak{Q}[0]$ bei $2 \leq k+1 \leq 8$

```
1171 PolDivF7K0:   ldi   r18,7                   1    r18 ← 7
1172               sub   r18,r17                 1    r18 ← 7 − m
1173               add   r18,r16                 1    r18 ← ϰ = 7 − m + n = 8 − (k + 1)
1174               skeq4                         1/2  Falls k + 1 < 8:
1175 PolDivF7g:    lsr   r19                     1      z.B. 00111111 ← 00011111
1176               dec   r18                     1      ϰ ← ϰ − 1
1177               brne  PolDivF7g               1/2    Falls ϰ > 0 weiter rechtsshiften
1178               and   r8,r19                  1      Bits von Q[0] ausblenden
1179               clr4  r9,r10,r11,r12          4×1  Q[1··7] ← 00000000000000
1180               clr3  r13,r14,r15             3×1
1181               rjmp  PolDivFex               2    Zu den Nacharbeiten ab Zeile 1251
```

Die Bestimmung der Koeffizientenbits von $\mathfrak{Q}[0\cdots1]$ bei $9 \leq k+1 \leq 16$

```
1182 PolDivF7K1:   ldi   r18,15                  1    r18 ← 15
1183               sub   r18,r17                 1    r18 ← 15 − m
1184               add   r18,r16                 1    r18 ← ϰ = 15 − m + n = 16 − (k + 1)
1185               skeq4                         1/2  Falls k + 1 < 16:
1186 PolDivF7h:    lsr   r19                     1      z.B. 00111111 ← 00011111
1187               dec   r18                     1      ϰ ← ϰ − 1
1188               brne  PolDivF7h               1/2    Falls ϰ > 0 weiter rechtsshiften
1189               and   r9,r19                  1      Bits von Q[1] ausblenden
1190               clr4  r10,r11,r12,r13         4×1  Q[2··7] ← 000000000000
1191               clr2  r14,r15                 2×1
1192               rjmp  PolDivFex               2    Zu den Nacharbeiten ab Zeile 1251
```

Die Bestimmung der Koeffizientenbits von $\mathfrak{Q}[0\cdots2]$ bei $17 \leq k+1 \leq 24$

```
1193 PolDivF7K2: ldi   r18,23                 1    r18 ← 23
1194             sub   r18,r17                1    r18 ← 23 − m
1195             add   r18,r16                1    r18 ← ϰ = 23 − m + n = 24 − (k + 1)
1196             skeq4                        1/2  Falls k + 1 < 24:
1197 PolDivF7i:  lsr   r19                    1      z.B. 00111111 ← 00011111
1198             dec   r18                    1      ϰ ← ϰ − 1
1199             brne  PolDivF7i              1/2    Falls ϰ > 0 weiter rechtsshiften
1200             and   r10,r19                1      Bits von 𝔔[2] ausblenden
1201             clr5  r11,r12,r13,r14,r15    5×1  𝔔[3··7] ← 0000000000
1202             rjmp  PolDivFex              2    Zu den Nacharbeiten ab Zeile 1251
```

Die Bestimmung der Koeffizientenbits von $\mathfrak{Q}[0\cdots3]$ bei $25 \leq k+1 \leq 32$

```
1203 PolDivF7K3: ldi   r18,31                 1    r18 ← 31
1204             sub   r18,r17                1    r18 ← 31 − m
1205             add   r18,r16                1    r18 ← ϰ = 31 − m + n = 32 − (k + 1)
1206             skeq4                        1/2  Falls k + 1 < 32:
1207 PolDivF7j:  lsr   r19                    1      z.B. 00111111 ← 00011111
1208             dec   r18                    1      ϰ ← ϰ − 1
1209             brne  PolDivF7j              1/2    Falls ϰ > 0 weiter rechtsshiften
1210             and   r11,r19                1      Bits von 𝔔[3] ausblenden
1211             clr4  r12,r13,r14,r15        4×1  𝔔[4··7] ← 00000000
1212             rjmp  PolDivFex              2    Zu den Nacharbeiten ab Zeile 1251
```

Die Bestimmung der Koeffizientenbits von $\mathfrak{Q}[0\cdots4]$ bei $33 \leq k+1 \leq 40$

```
1213 PolDivF7K4: ldi   r18,39                 1    r18 ← 39
1214             sub   r18,r17                1    r18 ← 39 − m
1215             add   r18,r16                1    r18 ← ϰ = 39 − m + n = 40 − (k + 1)
1216             skeq4                        1/2  Falls k + 1 < 40:
1217 PolDivF7k:  lsr   r19                    1      z.B. 00111111 ← 00011111
1218             dec   r18                    1      ϰ ← ϰ − 1
1219             brne  PolDivF7k              1/2    Falls ϰ > 0 weiter rechtsshiften
1220             and   r12,r19                1      Bits von 𝔔[4] ausblenden
1221             clr3  r13,r14,r15            3×1  𝔔[5··7] ← 000000
1222             rjmp  PolDivFex              2    Zu den Nacharbeiten ab Zeile 1251
```

Die Bestimmung der Koeffizientenbits von $\mathfrak{Q}[0\cdots5]$ bei $41 \leq k+1 \leq 48$

```
1223 PolDivF7K5: ldi   r18,47                 1    r18 ← 47
1224             sub   r18,r17                1    r18 ← 47 − m
1225             add   r18,r16                1    r18 ← ϰ = 47 − m + n = 48 − (k + 1)
1226             skeq4                        1/2  Falls k + 1 < 48:
1227 PolDivF7l:  lsr   r19                    1      z.B. 00111111 ← 00011111
1228             dec   r18                    1      ϰ ← ϰ − 1
1229             brne  PolDivF7l              1/2    Falls ϰ > 0 weiter rechtsshiften
1230             and   r13,r19                1      Bits von 𝔔[5] ausblenden
1231             clr2  r14,r15                2×1  𝔔[6··7] ← 0000
1232             rjmp  PolDivFex              2    Zu den Nacharbeiten ab Zeile 1251
```

Die Bestimmung der Koeffizientenbits von $\mathfrak{Q}[0\cdots7]$ bei $49 \leq k+1 \leq 55$

```
1233 PolDivF7K6: ldi   r18,55                 1    r18 ← 55
1234             sub   r18,r17                1    r18 ← 55 − m
```

1235		add	r18,r16	1	$\mathbf{r}_{18} \leftarrow \varkappa = 55 - m + n = 56 - (k+1)$
1236		skeq4		1/2	Falls $k + 1 < 56$:
1237	PolDivF7m:	lsr	r19	1	z.B. 00111111 ← 00011111
1238		dec	r18	1	$\varkappa \leftarrow \varkappa - 1$
1239		brne	PolDivF7m	1/2	Falls $\varkappa > 0$ weiter rechtsshiften
1240		and	r14,r19	1	Bits von $\mathfrak{Q}[6]$ ausblenden
1241		clr	r15	1	$\mathfrak{Q}[7] \leftarrow 00$
1242		rjmp	PolDivFex	2	Zu den Nacharbeiten ab Zeile *1251*

Die Bestimmung der Koeffizientenbits von $\mathfrak{Q}[0 \cdot\cdot 6]$ bei $56 \le k + 1 \le 63$

1243	PolDivF7K7:	ldi	r18,63	1	$\mathbf{r}_{18} \leftarrow 63$
1244		sub	r18,r17	1	$\mathbf{r}_{18} \leftarrow 63 - m$
1245		add	r18,r16	1	$\mathbf{r}_{18} \leftarrow \varkappa = 63 - m + n = 64 - (k+1)$
1246		skeq4		1/2	Falls $k + 1 < 64$:
1247	PolDivF7n:	lsr	r19	1	z.B. 00111111 ← 00011111
1248		dec	r18	1	$\varkappa \leftarrow \varkappa - 1$
1249		brne	PolDivF7n	1/2	Falls $\varkappa > 0$ weiter rechtsshiften
1250		and	r15,r19	1	Bits von $\mathfrak{Q}[7]$ ausblenden

Kopieren des berechneten Quotienten in den als Parameter übergebenen Bitvektor $\mathfrak{Q}$

1251	PolDivFex:	pop2	r31,r30	2×2	$\mathbf{Z} \leftarrow \zeta = \mathcal{A}(\mathfrak{Q})$
1252		mov	r19,r17	1	$\mathbf{r}_{19} \leftarrow n$
1253		sub	r19,r16	1	$\mathbf{r}_{19} \leftarrow n - m = \partial(\boldsymbol{q})$
1254		std	Z+0,r8	2	$\mathfrak{Q}[0]$
1255		std	Z+1,r9	2	$\mathfrak{Q}[1]$
1256		std	Z+2,r10	2	$\mathfrak{Q}[2]$
1257		std	Z+3,r11	2	$\mathfrak{Q}[3]$
1258		std	Z+4,r12	2	$\mathfrak{Q}[4]$
1259		std	Z+5,r13	2	$\mathfrak{Q}[5]$
1260		std	Z+6,r14	2	$\mathfrak{Q}[6]$
1261		std	Z+7,r15	2	$\mathfrak{Q}[7]$
1262		std	Z+8,r19	2	$\mathfrak{Q}[8]$

Kopieren der Koeffizientenbits des berechneten Restpolynoms in den als Parameter übergebenen Bitvektor $\mathfrak{r}$

1263		movw	r15:r14,r31:r30	1	ζ in $\mathbf{r}_{15:14}$ aufbewahren
1264		movw	r31:r30,r25:r24	1	$\mathbf{Z} \leftarrow \rho = \mathcal{A}(\mathfrak{r})$
1265		std	Z+0,r4	2	$\mathfrak{r}[0]$
1266		std	Z+1,r5	2	$\mathfrak{r}[1]$
1267		std	Z+2,r6	2	$\mathfrak{r}[2]$
1268		std	Z+3,r7	2	$\mathfrak{r}[3]$

Berechnen und Kopieren des Polynomgrades des Restpolynoms, Bezeichnungen wie in Unterprogramm `PolAdd`

1269		ldi	r31,HIGH(vbPolGrad*2)	1	$\mathbf{Z} \leftarrow 2\gamma = 2\mathcal{A}(G)$, für `lpm`
1270		ldi	r30,LOW(vbPolGrad*2)	1	
1271		clr	r16	1	$\mathbf{r}_{16} \leftarrow 00$
1272		tst	r7	1	$\mathfrak{r}[3] = 00$?
1273		breq	PolDivGR0	1/2	Falls „=“ $\partial(\boldsymbol{r}) \le 23$, zur Zeile *1281*
1274		dec	r7	1	$\mathbf{r}_7 \leftarrow b = \mathfrak{r}[3] - 1$
1275		add	r30,r7	1	$\mathbf{Z} \leftarrow 2\gamma + b$
1276		adc	r31,r16	1	hier $\mathbf{r}_{16} = 00$, nur cbit addieren

1277		`lpm`	`r16,Z`	3	$\mathbf{r_{16}} \leftarrow G[b]$
1278		`ldi`	`r17,24`	1	$\mathbf{r_{17}} \leftarrow 24$
1279		`add`	`r16,r17`	1	$\mathbf{r_{16}} \leftarrow G[b] + 24 = \partial(\boldsymbol{r})$, $\mathbf{S}.\mathfrak{z} \leftarrow 0$, $\mathbf{S}.\mathfrak{c} \leftarrow 0$
1280		`rjmp`	`PolDivGR4`	2	Zur Gradkopie in Zeile *1309*
1281	`PolDivGR0:`	`tst`	`r6`	1	$\mathfrak{r}[2] = 00$?
1282		`breq`	`PolDivGR1`	1/2	Falls „=“ $\partial(\boldsymbol{r}) \leq 15$, zur Zeile *1290*
1283		`dec`	`r6`	1	$\mathbf{r_6} \leftarrow b = \mathfrak{r}[2] - 1$
1284		`add`	`r30,r6`	1	$\mathbf{Z} \leftarrow 2\gamma + b$
1285		`adc`	`r31,r16`	1	hier $\mathbf{r_{16}} = 00$, nur cbit addieren
1286		`lpm`	`r16,Z`	3	$\mathbf{r_{16}} \leftarrow G[b]$
1287		`ldi`	`r17,16`	1	$\mathbf{r_{17}} \leftarrow 16$
1288		`add`	`r16,r17`	1	$\mathbf{r_{16}} \leftarrow G[b] + 16 = \partial(\boldsymbol{r})$, $\mathbf{S}.\mathfrak{z} \leftarrow 0$, $\mathbf{S}.\mathfrak{c} \leftarrow 0$
1289		`rjmp`	`PolDivGR4`	2	Zur Gradkopie in Zeile *1309*
1290	`PolDivGR1:`	`tst`	`r5`	1	$\mathfrak{r}[1] = 00$?
1291		`breq`	`PolDivGR2`	1/2	Falls „=“ $\partial(\boldsymbol{r}) \leq 7$, zur Zeile *1299*
1292		`dec`	`r5`	1	$\mathbf{r_5} \leftarrow b = \mathfrak{r}[1] - 1$
1293		`add`	`r30,r5`	1	$\mathbf{Z} \leftarrow 2\gamma + b$
1294		`adc`	`r31,r16`	1	hier $\mathbf{r_{16}} = 00$, nur cbit addieren
1295		`lpm`	`r16,Z`	3	$\mathbf{r_{16}} \leftarrow G[b]$
1296		`ldi`	`r17,8`	1	$\mathbf{r_{17}} \leftarrow 8$
1297		`add`	`r16,r17`	1	$\mathbf{r_{16}} \leftarrow G[b] + 8 = \partial(\boldsymbol{r})$, $\mathbf{S}.\mathfrak{z} \leftarrow 0$, $\mathbf{S}.\mathfrak{c} \leftarrow 0$
1298		`rjmp`	`PolDivGR4`	2	Zur Gradkopie in Zeile *1309*
1299	`PolDivGR2:`	`tst`	`r4`	1	$\mathfrak{r}[0] = 00$?
1300		`breq`	`PolDivGR3`	1/2	Falls „=“ $\partial(\boldsymbol{r}) = -\infty$, zur Zeile *1307*
1301		`dec`	`r4`	1	$\mathbf{r_4} \leftarrow b = \mathfrak{r}[0] - 1$
1302		`add`	`r30,r4`	1	$\mathbf{Z} \leftarrow 2\gamma + b$
1303		`adc`	`r31,r16`	1	hier $\mathbf{S}.\mathfrak{c} \leftarrow 0$
1304		`clz`		1	$\mathbf{S}.\mathfrak{z} \leftarrow 0$
1305		`lpm`	`r16,Z`	3	$\mathbf{r_{16}} \leftarrow G[b]$
1306		`rjmp`	`PolDivGR4`	2	Zur Gradkopie in Zeile *1309*

Das Restpolynom ist das Nullpolynom! Von Zeile *1299* her ist $\mathbf{S}.\mathfrak{z} = 1$

1307	`PolDivGR3:`	`ldi`	`r16,0b10000000`	1	$\mathbf{r_{16}} \leftarrow -\infty$
1308		`clc`		1	$\mathbf{S}.\mathfrak{c} \leftarrow 0$

Kopieren des Polynomgrades des Restpolynoms

1309	`PolDivGr4:`	`movw`	`r31:r30,r25:r24`	1	$\mathbf{Z} \leftarrow \rho = \mathcal{A}(\mathfrak{r})$
1310		`std`	`Z+4,r16`	2	$\mathfrak{r}[4] \leftarrow \partial(\boldsymbol{r})$
1311		`movw`	`r31:r30,r15:r14`	1	$\mathbf{Z}$ mit ζ restaurieren
1312	`PolDivExit:`	`pop4`	`r19,r18,r17,r16`	4×2	
1313		`pop4`	`r7,r6,r5,r4`	4×2	
1314		`ret`		4	Zurück in das rufende Programm

Das Verfahren besteht aus einer Schleife, die $(k+1)$-mal, also $(n-m+1)$-mal durchlaufen wird. Bei jedem Durchlauf erfolgt ein Linksshift über m Bits und gegebenenfalls eine Addition mod 2 (ohne Übertrag) von m Bits. Die Laufzeit des Programms ist folglich proportional zu $(n-m+1)m$. Das gilt für $n > m$. Bei $n < m$ ist die Laufzeit konstant, denn die Lösung $\mathfrak{Q} = \mathfrak{o}$ und $\mathfrak{r} = \mathfrak{f}$ steht ohne Rechnung zur Verfügung, sie erfordert nur einen Kopiervorgang. Im Fall $n = m$ hat man als Lösung $\mathfrak{Q} = \mathfrak{1}$ und $\mathfrak{r} = \mathfrak{f} - \mathfrak{g}$, wegen der nach der Subtraktion nötigen Gradbestimmung ist die Laufzeit hier nur annähernd konstant. Bei $m = 0$

ist $\mathfrak{Q} = \mathfrak{F}$ und $\mathfrak{r} = \mathfrak{o}$ mit ebenfalls konstanter Laufzeit.

Gilt $n > m > 0$, dann erhält man die höchste Laufzeit für $m = 1$, weil die Schleife $(n - m)$-mal durchlaufen wird, und die niedrigste für $m = n - 1$, weil die Schleife nur zweimal durchlaufen wird. Natürlich hängt die Laufzeit nicht nur von n und m ab, sondern auch von $\mathfrak{F}$ und $\mathfrak{g}$ und von der Implementierung des Algorithmus. Eine genaue theoretische Analyse erübrigt sich hier allerdings, denn es liegt ein reales Programm vor, dessen Laufzeiten durch Messungen bestimmt werden können. Solche Messungen wurden auch durchgeführt, das Ergebnis ist in Bild 5.2 dargestellt. Bei diesen Messungen war stets

$$\boldsymbol{f} = \sum_{\nu=0}^{n} \boldsymbol{X}^{\nu} \qquad \boldsymbol{g} = \sum_{\mu=0}^{m} \boldsymbol{X}^{\mu}$$

Die Kurvenform bei festgehaltenem n bestätigt die obigen Überlegungen, die Laufzeit nimmt mit wachsendem m linear ab. Die Abweichungen von einer perfekten Geraden sind Artefakte der Implementierung und können im Programm ohne viel Mühe nachvollzogen werden. Daß bei festgehaltenem m die Laufzeit mit n etwas stärker als linear ansteigt, ist ebenfalls eine Folge der Realisierung. Denn die Laufzeit hängt nur indirekt von der Anzahl n (und m) der Bits ab, nämlich über die Anzahl der zur Speicherung der Bits nötigen Anzahl von Byteregistern, und der Aufwand für Organisation und Einsatz der Register nimmt überproportional mit ihrer Zahl zu.

Abbildung 5.2.: Laufzeit $\mathrm{T}(m, n)$ in Prozessortakten

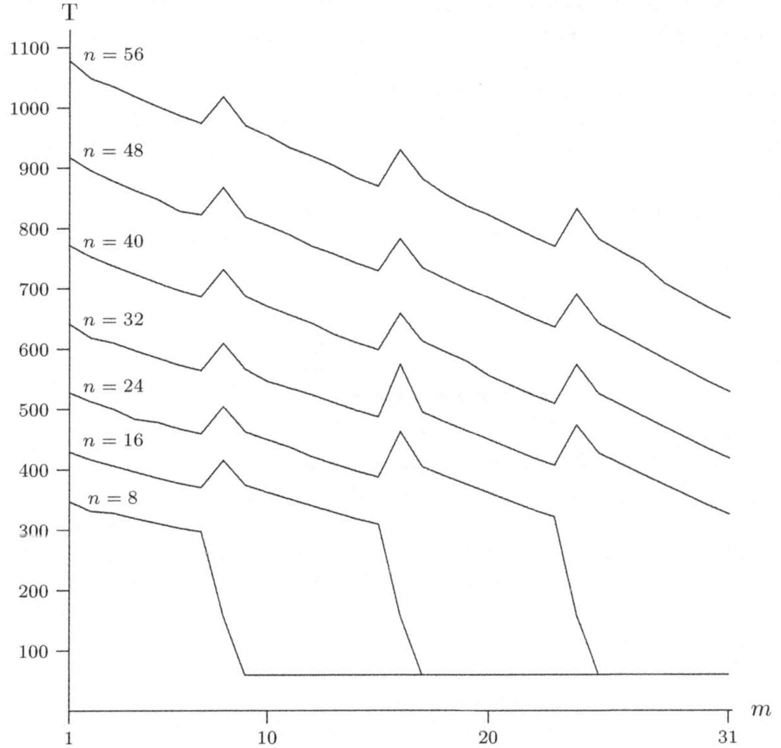

Im abstrakten Verfahren wird bei jedem Schleifendurchgang das Polynom $\boldsymbol{g}$ um eine Koeffizientenposition nach links verschoben. Im Programm empfiehlt es sich jedoch, nicht das Polynom $\boldsymbol{g}$, sondern $\boldsymbol{f}$ nach links zu verschieben, weil mit dieser Verschiebung gleichzeitig der laufenden Koeffizient von $\boldsymbol{f}$ bestimmt und das Quotientenpolynom q zusammengesetzt werden kann.

Das Programm verwendet einen Akkumulator **A**, realisiert als $\mathbf{A} = \mathbf{r}_{15:14:13:12:11:10:9:8}$ und ein Register **G** zur Aufnahme von $\mathfrak{g}$, realisiert als $\mathbf{G} = \mathbf{r}_{7:6:5:4}$. Der Akkumulator enthält nach dem Programmstart die Bits des Bitvektors $\mathfrak{F}$, und zwar **linksbündig**. Von rechts her werden in den Akkumulator die ermittelten Quotientenbits hineingeschoben. Der Bitvektor $\mathfrak{F}[0\cdot\cdot7]$

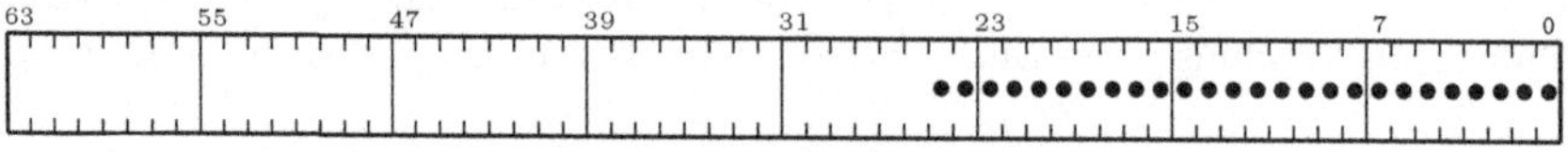

wird also im Programm wie folgt im Akkumulator **A** abgelegt:

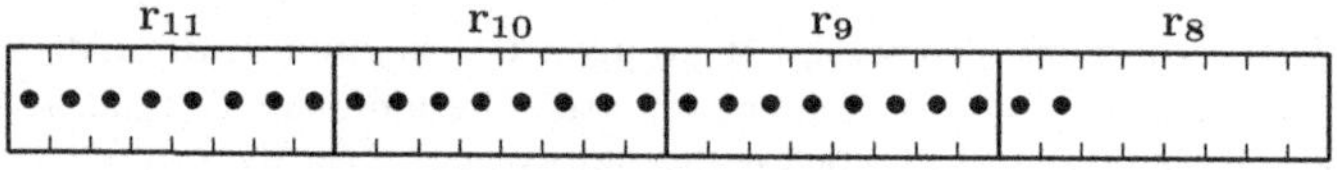

Die übrigen Register $\mathbf{r}_{12}$ bis $\mathbf{r}_{15}$ des Akkumulators werden bei diesem Wert von n ignoriert. In jedem Schleifendurchlauf wird der Inhalt des Mehrfachregisters $\mathbf{r}_{15:14:13:12}$ nach links geshiftet. Das links von $\mathbf{r}_{15}$ in das Übertragsbit des Statusregisters geschobene Bit ist das neue Quotientenbit q_κ, es wird in die beim Verschieben rechts in Register $\mathbf{r}_{12}$ frei gewordene Bitposition geladen. Beim Verlassen der Schleife enthält dann $\mathbf{r}_{15:14:13:12}$ linksbündig die n Bits des Restpolynoms $\mathfrak{r}$ und rechtsbündig die $k+1$ Bits des Quotientenpolynoms $\mathfrak{Q}$. Beide Polynome müssen also aus $\mathbf{r}_{15:14:13:12}$ noch herausgearbeitet werden.

Beim Bitvektor $\mathfrak{g}$ wird auf ähnliche Weise verfahren, er wird linksbündig in das Vierfachregister $\mathbf{r}_{7:6:5:4}$ geladen. Allerdings werden auch hier nur so viel Byteregister benutzt, wie nötig sind, die Koeffizientenbits von $\mathfrak{g}$ unterzubringen. Natürlich muß auch $\mathfrak{g}$ linksbündig in **G** geladen werden, um die Addition zum Akkumulator **A** zu ermöglichen. Nun ist aber der Akkumulator schon vor der Addition um eine Bitposition nach links verschoben worden, also muß auch $\mathfrak{g}$ einmal nach links verschoben werden. Dabei geht zwar das führende Bit von $\mathfrak{g}$ verloren, dieses Bit wird jedoch gar nicht benötigt. Der Bitvektor $\mathfrak{g}[0\cdot\cdot3]$

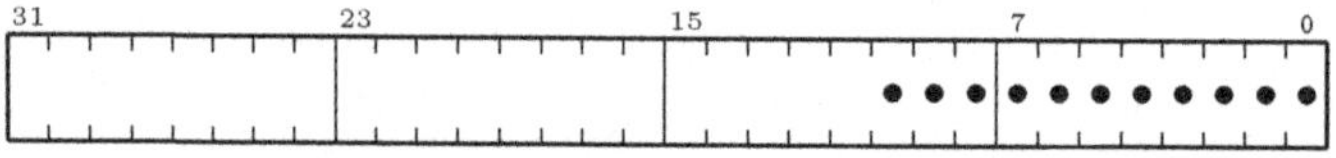

wird also wie folgt in Register **G** abgelegt:

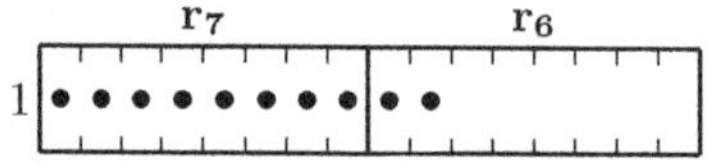

Links ist das hinausgeschobene führende Bit von $\mathfrak{g}$ angedeutet.

Der Einsprung in das Unterprogramm erfolgt in Zeile *23*. Ab dieser Zeile wird geprüft, ob in Register **Y** die Adresse eines Nullpolynoms übergeben wurde, und zwar wird Register $\mathbf{r}_8$ mit dem Gradbyte $\mathfrak{g}[4]$ des Bitvektors $\mathfrak{g}$ geladen. Der Befehl in Zeile *24* testet, ob das Vorzeichenbit von $\mathfrak{g}[4]$ gesetzt ist, was (bei einem korrekten Bitvektor) nur für das $-\infty$ bedeutende $\mathfrak{g}[4] = 80$ möglich ist. Ist das also der Fall, dann wird das Übertragsbit gesetzt und mit dieser Fehleranzeige in das rufende Programm zurückgekehrt. Ist dagegen $\mathfrak{g}$ kein das Nullpolynom darstellender Bitvektor wird in die Zeile *28* gesprungen.

Ab Zeile *28* wird geprüft, ob ξ als Adresse eines Nullpolynoms $\mathfrak{F}$ übergeben wurde. Um auf $\mathfrak{F}$ bequemer zugreifen zu können, wird der Inhalt von Register **Z** vorübergehend in $\mathbf{r}_{15:14}$ gespeichert und **Z** mit der Adresse von $\mathfrak{F}$ geladen (Zeilen *18–29*). In den nächsten beiden Zeilen wird das Gradbyte $\mathfrak{F}[8]$ in Register $\mathbf{r}_9$ kopiert. Enthält es nicht 80, das Symbol für $-\infty$, wird in Zeile *42* fortgefahren. Andernfalls ist das Ergebnis $\mathbf{0} = \mathbf{0}g + \mathbf{0}$ zu erzeugen. Zur Vorbereitung wird Register **Z** mit der Adresse von $\mathfrak{r}$ geladen, dann wird in $\mathbf{r}_{10}$ ein Nullbyte bereitgestellt und gleichzeitig das Nullbit $\mathbf{S}.\mathfrak{z}$ des Statusregisters gesetzt (Zeilen *33–34*). In den Zeilen *35–36* wird $\mathfrak{r}$ mit 8000000000 überschrieben, dann wird, nachdem **Z** seinen

Übergabewert ζ zurückerhalten hat, $\mathfrak{Q}$ mit 8000000000000000000 überschrieben. Die Rückkehr in Zeile *41* erfolgt mit $\mathbf{S}.\mathfrak{c} = 0$ und wegen Zeile *34* mit $\mathbf{S}.\mathfrak{z} = 1$, um $\boldsymbol{r} = \mathbf{0}$ anzuzeigen (zu den Makros `std4`, `std4` usw. siehe Abschnitt A.6).

Bei Erreichen der Zeile *42* gilt $\boldsymbol{f} \neq \mathbf{0}$ und $\boldsymbol{g} \neq \mathbf{0}$, d.h. $\partial(\boldsymbol{f}) \geq 0$ und $\partial(\boldsymbol{g}) \geq 0$. Es werden aber noch zwei weitere Spezialfälle gesondert behandelt, nämlich die Fälle $n < m$ und $n = m$. Bei $n < m$ hat man $\boldsymbol{q} = 0$ und $\boldsymbol{r} = \boldsymbol{f}$, bei $n = m$ ist $\boldsymbol{q} = \mathbf{1}$ und $\boldsymbol{r} = \boldsymbol{f} - \boldsymbol{g}$. Ob einer dieser beiden Fälle vorliegt wird in Zeile *42* durch Vergleich von n und m geprüft. Im Standardfall $n > m$ wird in Zeile *84* fortgefahren, der Spezialfall $n = m$ wird ab Zeile *62* behandelt, und der Code für den Spezialfall $n < m$ beginnt direkt anschließend in Zeile *45*

Bei $n < m$ wird $\mathfrak{F}$ in den 32-Bitvektor $\mathfrak{r}$ transformiert. Dazu wird in den Zeilen *45–48* das Vierfachregister $\mathtt{r}_{13:12:11:10}$ mit $\mathfrak{F}[0{\cdot\cdot}3]$ geladen, die Adresse von $\mathfrak{F}$ befindet sich noch von Zeile *29* her in Register $\mathbf{Z}$. Nachdem in der folgenden Zeile Register $\mathbf{Z}$ mit der Adresse ρ von $\mathfrak{r}$ geladen wurde, wird in den Zeilen *50–54* der Bitvektor $\mathfrak{F}$ als 32-Bitvektor in $\mathfrak{r}$ zusammengesetzt. Anschließend wird im Bitvektor $\mathfrak{Q}$ ein 64-Bit-Nullpolynom erzeugt. Die Zeilen *56–57* bewirken $\mathfrak{Q}[0{\cdot\cdot}7] \leftarrow$ 0000000000000000, die beiden folgenden Zeilen erzeugen $-\infty$ in $\mathtt{r}_{10}$ und löschen das Übertrags- und das Nullbit des Statusregisters. Nachdem in Zeile *60* der Bitvektor $\mathfrak{Q}$ mit dem für ein Nullpolynom vorgeschriebenen Gradbyte 80 versehen wurde, erfolgt die Rückkehr in das rufende Programm, und zwar mit $\mathbf{S}.\mathfrak{c} = 0$, weil fehlerfrei, und mit $\mathbf{S}.\mathfrak{z} = 0$, weil $\boldsymbol{r} = \mathbf{0}$.

Im zweiten Sonderfall $n = m$ ist das Ergebnis $\boldsymbol{q} = \mathbf{1}$ und $\boldsymbol{r} = \boldsymbol{f} - \boldsymbol{g}$ zu erzeugen. Zur Berechnung von $\mathfrak{r}$ wird das Unterprogramm `PolAdd` eingesetzt. Dazu wird in $\mathfrak{Q}$ eine 32-Bit-Kopie $\mathfrak{f}$ von $\mathfrak{F}$ aufgebaut. Dazu wird in den Zeilen *62–70* über das Vierfachregister $\mathtt{r}_{13:12:11:10}$ der Koeffiziententeil $\mathfrak{f}[0{\cdot\cdot}3]$ von $\mathfrak{f}$ mit $\mathfrak{F}[0{\cdot\cdot}3]$ geladen, dabei erhält $\mathbf{Z}$ wieder seine ursprüngliche Adresse $\zeta = \mathcal{A}(\mathfrak{Q})$, die in Zeile *71* aber auch $\mathcal{A}(\mathfrak{f})$ ist. Mit dem Abspeichern von n in $\mathfrak{f}[4]$ in Zeile *71* ist die 32-Bit-Kopie $\mathfrak{f}$ von $\mathfrak{F}$ im Speicherbereich von $\mathfrak{Q}$ fertiggestellt. Nach dem die Register $\mathbf{X}$ und $\mathbf{Z}$ mit den entsprechenden Adressen geladen wurden (Register $\mathbf{Y}$ enthält bereits die passende Adresse von $\mathfrak{g}$), kann das Unterprogramm `PolAdd` zur Bildung von $\mathfrak{f} - \mathfrak{g}$ in $\mathfrak{r}$ aufgerufen werden (Zeilen *73–75*). Anschließend wird als 64-Bit-Polynom $\boldsymbol{q} = \mathbf{1}$ aufgebaut, d.h. es wird in den Zeilen *77–80* der Bitvektor $\mathfrak{Q}$ mit 0000000000000000001 geladen. Vor dem Rücksprung wird noch das Übertragsbit $\mathbf{S}.\mathfrak{c}$ gelöscht, das Nullbit $\mathbf{S}.\mathfrak{z}$ wird vom Unterprogrammaufruf von `PolAdd` übernommen (die Zeilen *76–81* enthalten keinen Befehl, der das Nullbit verändern könnte).

Der Hauptteil des Unterprogramms beginnt in Zeile *84* damit, die Inhalte aller noch einzusetzenden Register in den Stapel zu retten. Die Register $\mathtt{r}_{16}$ und $\mathtt{r}_{17}$ dienen im weiteren Programmverlauf als Konstanten mit dem Wert m bzw. n. Anschließend werden die vier Koeffizientenbytes von $\mathfrak{g}$ in das Vierfachregister $\mathtt{r}_{7:6:5:4}$ geladen.

Ab Zeile *92* beginnen die Vorbereitungen zur Ausführung des indirekten Sprungbefehls in Zeile *101*. Die Sprungziele sind direkt von m abhängig: Die ROM-Adresse `PolDivG00` wird bei $m = 0$ angesprungen, `PolDivG01` bei $m = 1$ usw. bis `PolDivG31` bei $m = 31$. Diese Adressen sind in der Tabelle G (ab Zeile *15*) enthalten. Der Tabelleneintrag $G[m]$ wird mit dem Befehl `lpm` ausgelesen und mit dem Befehl `ijmp` angesprungen. Die Adresse des ROM-Wortes, das mit dem Befehl `lpm` angesprochen werden soll, muß um eine Bitstelle nach links verschoben in das Register $\mathbf{Z}$ geladen werden. Das frei werdende Bit dient zur Anzeige, ob das untere oder obere Byte des ROM-Wortes ausgelesen werden soll (Diese Zusammenhänge werden ausführlich in [Mss1] Abschnitt **7.5.2** vorgestellt). Die Adresse, auf die zugegriffen werden soll, ist $\mathcal{A}(G) + m$. Um also das untere Byte $G[m]^{\perp}$ des Wortes $G[m]$ auszulesen, ist $2(\mathcal{A}(G) + m)$ in das Register $\mathbf{Z}$ zu schreiben. Das geschieht in den Zeilen *92–97*: Zuerst wird $2\mathcal{A}(G)$ in $\mathbf{Z}$ geladen, dann wird $2m$ addiert. In Zeile *98* wird daher $G[m]^{\perp}$ aus dem ROM in das Register $\mathtt{r}_{10}$ geschrieben. Das `Z+` des Befehls veranlasst den Befehl `lpm`, 0001 zum Inhalt von $\mathbf{Z}$ zu addieren, der nächste `lpm`-Befehl in Zeile *99* kopiert also das obere Byte $G[m]^{\top}$ aus dem ROM in das Register $\mathtt{r}_{11}$. Die so ausgelesene Adresse $G[m]$ wird von $\mathtt{r}_{11:10}$ in das Register $\mathbf{Z}$ umkopiert, um in Zeile *101* mit dem Befehl `ijmp` angesprungen zu werden.

Der Codeabschnitt für $m = 0$ beginnt in Zeile *102* und endet in Zeile *114*. Nun bedeutet $m = 0$ natürlich $\boldsymbol{g} = \mathbf{1}$, das Ergebnis ist daher $\boldsymbol{q} = \boldsymbol{f}$ und $\boldsymbol{r} = \mathbf{0}$. Das Kopieren $\mathfrak{Q} \leftarrow \mathfrak{F}$ wird in einer Schleife vorgenommen. Vorbereitend werden Register $\mathbf{Z}$ mit der Adresse ζ von $\mathfrak{Q}$ und der Schleifenzähler $\mathbf{r_{16}}$ mit der Anzahl 9 der Schleifendurchläufe geladen. Beim i-ten Schleifendurchlauf, $i \in \{1,\ldots,9\}$, enthält $\mathbf{X}$ die Adresse $\rho + i - 1$ und $\mathbf{Z}$ die Adresse $\zeta + i - 1$, in den Zeilen *104–105* wird also $\mathfrak{Q}[i-1] \leftarrow \mathfrak{F}[i-1]$ ausgeführt. Gleichzeitig werden aber auch die Adressen in den Registern um 0001 erhöht, d.h. es findet implizit auch ein $i \leftarrow i + 1$ statt. Man kann es auch so deuten: Ist l der laufende Schleifenzähler, mit dem Anfangswert 9, dann ist $i = 9 - l + 1$. Nach dieser Kopie wird auf schon bekannte Weise $\boldsymbol{r} = \mathbf{0}$ erzeugt (Zeilen *108–111*). Anschließend werden die Register $\mathbf{X}$ und $\mathbf{Z}$ mit ihrem Übergabewert geladen. Schließlich wird zum Programmausgang verzweigt, und zwar mit $\mathbf{S}.\mathfrak{z} = 1$ von Zeile *107* her und mit $\mathbf{S}.\mathfrak{c} = 0$ von Zeile *97* her.

Der Codeabschnitt für $m \in \{1,\ldots,7\}$ beginnt in Zeile *115* und endet in Zeile *124*. Für diese Werte von m sind alle Koeffizienten von $\boldsymbol{g}$ in Register $\mathbf{r_4}$ enthalten. Für $m = 6$ z.B. ist deshalb die folgende Transformation vorzunehmen:

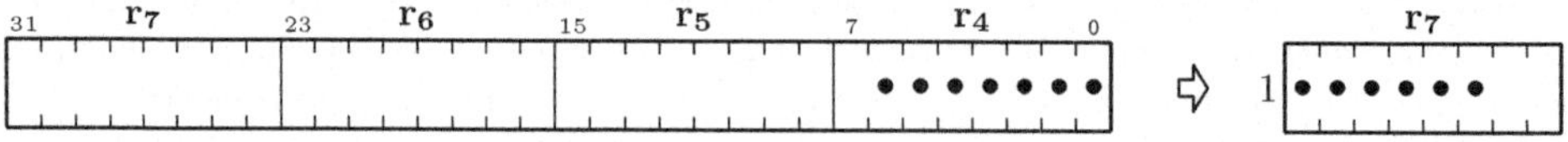

Es werden zunächst die Linksshifts in Register $\mathbf{r_4}$ durchgeführt. Dazu enthält der Codeabschnitt in den Zeilen *115–121* eine Folge von sieben Linksshiftbefehlen `lsl`. Bei $m = 1$ wird über die Sprungadressentabelle G der erste Shiftbefehl angesprungen, folglich wird siebenmal linksgeshiftet. Bei $m = 2$ wird der zweite Shiftbefehl erreicht und damit sechsmal geshiftet, bis bei $m = 7$ zum siebten Shiftbefehl verzweigt wird, was einen Linksshift bedeutet. Danach ist nur noch der Inhalt von $\mathbf{r_4}$ nach $\mathbf{G} = \mathbf{r_7}$ umzuspeichern, die Inhalte der verbleibenden Register $\mathbf{r_6}$, $\mathbf{r_5}$ und $\mathbf{r_4}$ werden gelöscht. Es geht dann mit Zeile *182* weiter.

Der Codeabschnitt für $m \in \{8,\ldots,15\}$ beginnt in Zeile *126* und endet in Zeile *145*. Für diese Werte von m sind alle Koeffizienten von $\boldsymbol{g}$ in Register $\mathbf{r_{5:4}}$ enthalten. Für $m = 13$ z.B. ist deshalb die folgende Transformation vorzunehmen:

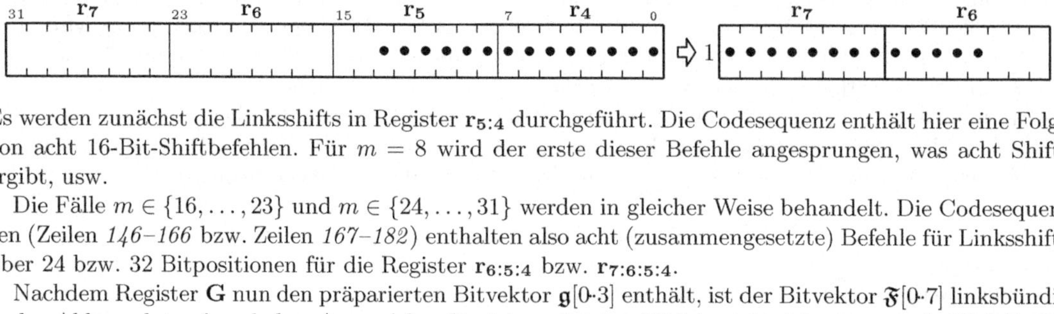

Es werden zunächst die Linksshifts in Register $\mathbf{r_{5:4}}$ durchgeführt. Die Codesequenz enthält hier eine Folge von acht 16-Bit-Shiftbefehlen. Für $m = 8$ wird der erste dieser Befehle angesprungen, was acht Shifts ergibt, usw.

Die Fälle $m \in \{16,\ldots,23\}$ und $m \in \{24,\ldots,31\}$ werden in gleicher Weise behandelt. Die Codesequenzen (Zeilen *146–166* bzw. Zeilen *167–182*) enthalten also acht (zusammengesetzte) Befehle für Linksshifts über 24 bzw. 32 Bitpositionen für die Register $\mathbf{r_{6:5:4}}$ bzw. $\mathbf{r_{7:6:5:4}}$.

Nachdem Register $\mathbf{G}$ nun den präparierten Bitvektor $\mathfrak{g}[0..3]$ enthält, ist der Bitvektor $\mathfrak{F}[0..7]$ linksbündig in den Akkumulator $\mathbf{A}$ zu laden. Aus welchen Registern $\mathbf{A}$ tatsächlich besteht, hängt von n ab. Weil die Division auf dieselbe Weise von n abhängig ist, werden das linksbündige Laden und die Division kombiniert. Zunächst aber wird in den Zeilen *184–192* der Bitvektor $\mathfrak{F}[0..7]$ (rechtsbündig) in das Achtfachregister $\mathbf{r_{15:14:13:12:11:10:9:8}}$ geladen.

Jeder möglichen Registerkombination von Akkumulator $\mathbf{A}$, von $\mathbf{r_{15}}$ bis $\mathbf{r_{15:14:13:12:11:10:9:8}}$, ist ein Codeabschnitt zugeordnet, der mit Hilfe eines Sprungvektors F im ROM angesprungen wird, der **Sprungbefehle**, nicht Adressen, enthält. Und zwar wird aus n eine Zahl $\nu \in \{0,1,\ldots,7\}$ berechnet, worauf die Adresse $F + \nu$ angesprungen wird, mit der Folge, daß der Sprungbefehl in $F[\nu]$ ausgeführt wird. Dieser Vorgang wird wie folgt realisiert: In den Zeilen *194–195* wird Register $\mathbf{Z}$ mit der Adresse des Sprungvektors F (in den Zeilen *203–210*) geladen. Anschließend wird Register $\mathbf{r_{19}}$ mit n geladen und dreimal linksgeshiftet, um $\nu = \lfloor n/8 \rfloor$ zu enthalten. Natürlich ist $0 \leq \lfloor n/8 \rfloor \leq 7$ bei $0 \leq n \leq 63$. Nach der Addition von $\lfloor n/8 \rfloor$ zu $\mathbf{Z}$ in den Zeilen *200–201* enthält $\mathbf{Z}$ die Adresse $F + \lfloor n/8 \rfloor$, die mit dem indirekten Sprungbefehl in Zeile *202* angesprungen wird. Es wird also, abhängig von n, einer der relativen Sprünge in den Zeilen *203–210* ausgeführt, dessen Ziel der $\nu = \lfloor n/8 \rfloor$ zugeordnete Codeabschnitt C_ν ist.

Die Codeabschnitte C_ν sind nach demselben Prinzip aufgebaut, es genügt daher, einen der Abschnitte näher zu erläutern. Dazu wird der allen n mit $16 \le n \le 23$ zugeordnete Codeabschnitt C_2 gewählt. Der Akkumulator ist hier als $\mathbf{A} = \mathbf{r_{10:9:8}}$ zusammengesetzt. Dieser Codeabschnitt beginnt in Zeile *320*. Der Bitvektor $\mathfrak{F}[0\cdot\cdot7]$, speziell für $n = 21$ gezeigt,

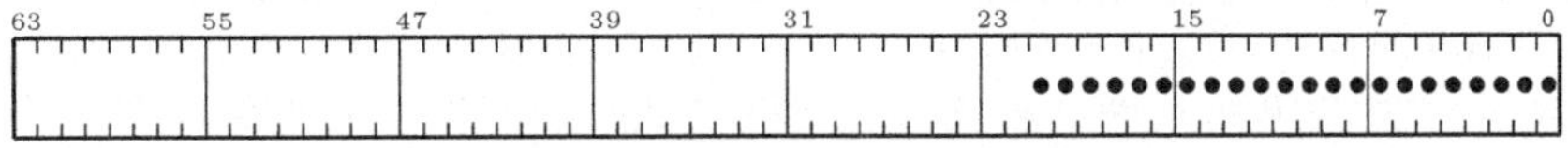

hat bei Eintritt in den Codeabschnitt den folgenden Aufbau:

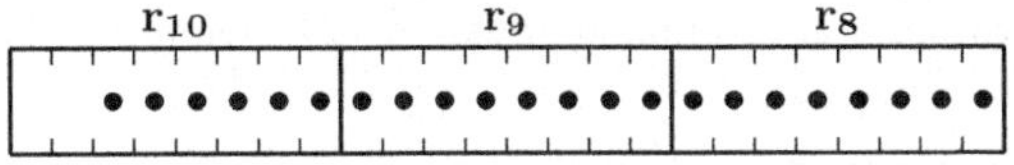

Bei $n = 23$ liegt bereits linksbündige Anordnung vor, es muß nicht linksgeshiftet werden. Ob das der Fall ist, wird in Zeile *320* getestet, und zwar über das Vorzeichenbit von $\mathbf{r_{10}}$. Ist dieses gesetzt, ist Linksbündigkeit bereits gegeben und die folgende Schleife in den Zeilen *322–324* wird übersprungen. Andernfalls wird in den Zeilen *322–323* das Dreifachregister $\mathbf{r_{10:9:8}}$ linksgeshiftet. In der folgenden Zeile wird geprüft, ob das Vorzeichenbit (das höchste Bit) von $\mathbf{r_{10}}$ gesetzt ist. Falls nicht, wird der Linksshift wiederholt. Der Abbruch dieser Schleife ist gesichert, denn $\boldsymbol{f} = \mathbf{0}$ ist am Anfang des Unterprogramms schon als Sonderfall behandelt worden, d.h. $\mathbf{r_{10:9:8}}$ enthält in Zeile *320* mindestens ein gesetztes Bit. In Zeile *325*, in der zur Division verzweigt wird, hat der Akkumulator $\mathbf{A}$ also die folgende Struktur:

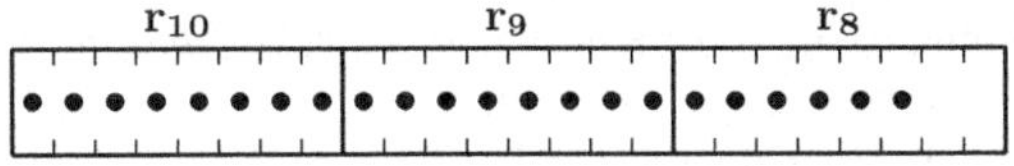

Die Ausführung der Division hängt nun auch davon ab, aus welchen Byteregistern das Register $\mathbf{G}$ besteht, d.h. die Realisierung der Division hängt von m ab, genauer gesagt, ob $1 \le m \le 7$, $8 \le m \le 15$ oder $16 \le m \le 23$ gilt. Deshalb ist jeder dieser drei Möglichkeiten, d.h. $\mu = \lfloor m/8 \rfloor$, ein Codeabschnitt $C_{2,m}$ zugeordnet, der über den Sprungvektor F_2 in den Zeilen *326–328* erreicht wird. Die Vorbereitung des Sprunges und der Sprung selbst sind als Makro `dvjmp` beginnend in Zeile *1* ausgeführt. Dem Makro wird zwar als einziger Parameter die Adresse des Sprungvektors übergeben, es macht jedoch davon Gebrauch, daß Register $\mathbf{r_{18}}$ den Inhalt 00 hat. Der Adressparameter wird in Register $\mathbf{Z}$ geladen. Anschließend wird $\lfloor m/8 \rfloor$ in $\mathbf{r_{19}}$ durch drei Rechtsshifts berechnet (Zeilen *4–7*) und zur Adresse in $\mathbf{Z}$ addiert. Vor dem indirekten Sprung zu dieser Adresse wird in $\mathbf{r_{19}}$ noch $k+1 = n-m+1$ berechnet, das ist der Anfangswert des Schleifenzählers $\varkappa$ der Divisionsschleife.

Der Codeabschnitt $C_{2,1}$ der Division für $16 \le n \le 23$ und $8 \le m \le 15$ beginnt in Zeile *345*. In dieser Zeile beginnt auch die Divisionsschleife, sie endet in Zeile *352*. In diesem Abschnitt realisiert $\mathbf{r_{10:9:8}}$ den Akkumulator $\mathbf{A}$ und $\mathbf{r_{7:6}}$ das Register $\mathbf{G}$. Die folgende Abbildung illustriert das Geschehen in der Schleife:

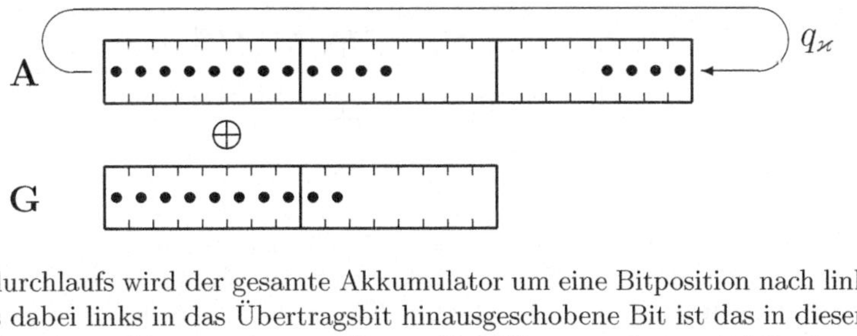

Am Anfang des Schleifendurchlaufs wird der gesamte Akkumulator um eine Bitposition nach links geshiftet (Zeilen *345–346*). Das dabei links in das Übertragsbit hinausgeschobene Bit ist das in diesem Schleifendurchgang ermittelte Quotientenbit $q_\varkappa$, mit $\varkappa \in \{0, \ldots, k\}$. Gilt $q_\varkappa = 1$, so wird Register $\mathbf{G}$ zum

Akkumulator **A** linksbündig modulo 2 addiert, d.h. mit dem Prozessorbefehl `eor` (Zeilen *348–349*). Das Doppelregister $\mathbf{r}_{7:6}$ wird also modulo 2 zum Doppelregister $\mathbf{r}_{10:9}$ addiert. Ist $q_\varkappa = 0$, dann wurde mit obigem Linkssshift schon das korrekte Quotientenbit von rechts in den Akkumulator hineingeschoben. Ist dagegen $q_\varkappa = 1$, dann muß diese Eins in die untere Bitposition von **A** geschrieben werden, was in Zeile *350* durch Addition einer 1 geschieht. Register $\mathbf{r}_{19}$ mit dem laufenden Inhalt $\varkappa$ wird als Schleifenzähler verwendet, es wurde im Makro `dvjmp` mit $k+1 = n-m+1$ initialisiert. Nach dem Verlassen der Schleife enthalten die m oberen Bitpositionen von **A** die Koeffizienten von $\boldsymbol{r}$ und die unteren $k+1$ Bitpositionen die Koeffizienten von $\boldsymbol{q}$.

Im Unterprogramm werden zuerst die Koeffizienten $\mathfrak{r}[0\cdot\cdot3]$ des Restpolynom $\boldsymbol{r}$ aus dem Akkumulator herausgelöst und im Vierfachregister $\mathbf{r}_{7:6:5:4}$ zusammengesetzt. Welche Teile von **A** in welche Teile von $\mathbf{r}_{7:6:5:4}$ kopiert werden müssen ist von m abhängig. Das nachfolgende Bild stellt die Möglichkeiten dar:

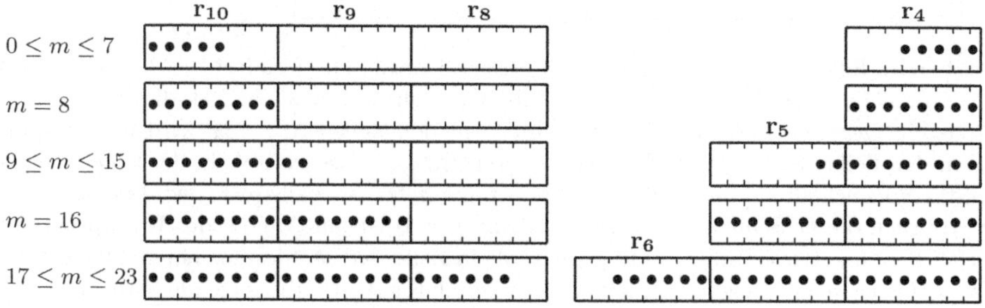

In dem hier beschriebenen Fall $8 \le m \le 15$ sind die m Koeffizientenbits von $\mathfrak{r}$ in $\mathbf{A}[1]$ und $\mathbf{A}[2]$, also in $\mathbf{r}_9$ und $\mathbf{r}_{10}$ enthalten. Weil $\mathfrak{r}$ in $\mathbf{r}_{7:6:5:4}$ zusammengesetzt werden soll, ist daher der Inhalt von $\mathbf{r}_9$ nach $\mathbf{r}_4$ und der von $\mathbf{r}_{10}$ nach $\mathbf{r}_5$ zu kopieren (Zeilen *353–354*). Die m Koeffizientenbits sind in $\mathbf{r}_{10:9}$ linksbündig angeordnet, sie müssen also in $\mathbf{r}_{5:4}$ um $16-m$ Bitpositionen nach rechts geshiftet werden, natürlich mit der Ausnahme $m = 16$ (Zeilen *355–361*). Bevor dann in die Zeile *384* gesprungen wird, um den Quotienten zu berechnen, werden noch die oberen 16 Koeffizientenbits von $\mathfrak{r}$ gelöscht.

Die Koeffizientenbits des Quotienten $\mathfrak{Q}$ sind im Akkumulator **A** zwar bereits rechtsbündig angeordnet, doch müssen aus dem höchsten Byte noch durch eine Maskenoperation Koeffizientenbits des Restpolynoms entfernt werden. Die Struktur der Bitmaske und der Ort ihrer Anwendung hängen von $k+1 = n-m+1$ ab, das folgende Bild zeigt die Möglichkeiten, wieder für $16 \le n \le 23$ und $8 \le m \le 15$:

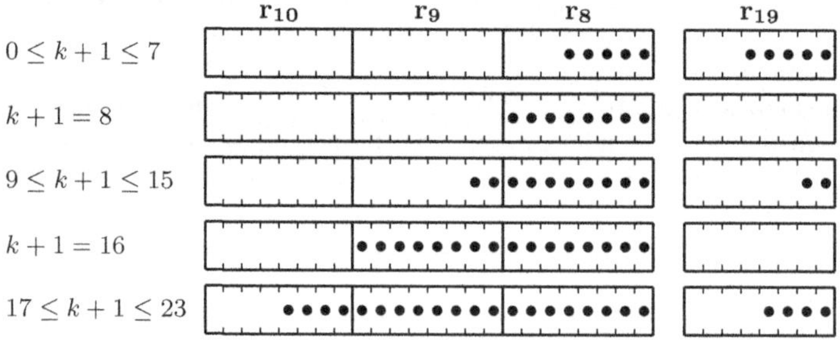

Ist beispielsweise $k+1 = 9$, dann ist eine geeignete Bitmaske für Register $\mathbf{r}_9$ zu konstruieren und der Inhalt von $\mathbf{r}_{10}$ zu löschen, ist dagegen $k+1 = 8$, dann wird keine Bitmaske benötigt, es sind lediglich die Inhalte von $\mathbf{r}_{10}$ und $\mathbf{r}_9$ zu löschen, usw. Auch hier wird jeder möglichen Kombination von Maskenanwendung und Löschen ein Codeabschnitt $C_{2,\kappa}$ zugeordnet, mit $\kappa = \lfloor k/8 \rfloor$, der über einen Sprungvektor erreicht wird. Mit $\kappa = 0$ erhält man $1 \le k \le 7$, also $2 \le k+1 \le 8$, $\kappa = 1$ bedeutet $8 \le k \le 15$, also $9 \le k+1 \le 16$, dann $17 \le k+1 \le 24$ bei $\kappa = 2$ usw.

Die Berechnung der Quotientenbits bei $16 \leq n \leq 23$ beginnt in Zeile *384* mit der Berechnung des Sprunges im Sprungvektor $F_{2,k}$, der zum Codeabschnitt $C_{2,\kappa}$ führt. Dazu wird die Adresse des Sprungvektors in Register **Z** geladen. Anschließend wird in $\mathbf{r_{19}}$ das *offset* $\kappa = \lfloor k/8 \rfloor$ berechnet (Zeilen *386–390*) und zur Adresse des Sprungvektors addiert. Vor der Verzweigung in den Sprungvektor wird noch Register $\mathbf{r_{19}}$ mit dem Startwert für die Bitmaske geladen.

Der Codeabschnitt für $9 \leq k+1 \leq 16$ (als Beispiel) beginnt in Zeile *408*. Im vorangehenden Bild gehören der dritte und der vierte Teil zu diesem Fall. Die Bitmaske wird mit einer Schleife berechnet (es geht im Mittel etwas schneller, wenn eine Tabelle mit Bitmasken verwendet wird, doch wäre das Programm damit noch umfangreicher geworden), folglich wird in den Zeilen *408–410* die Anzahl der benötigten Schleifendurchläufe berechnet. Es ist $\partial(\boldsymbol{q}) = k$, der Quotient hat daher $k+1$ Bits, was bei $9 \leq k+1 \leq 16$ bedeutet, daß die Startbitmaske 11111111 in $\mathbf{r_{19}}$ um $16-(k+1)$ Bitstellen nach rechts geschoben werden muß (Nullen nachziehend), um zur passenden Bitmaske zu gelangen. Daher wird $16-(k+1) = 15-m+n$ in Register $\mathbf{r_9}$ geladen. Natürlich ist bei $k+1 = 16$ keine Maskierung nötig, weil die Koeffizienten genau zwei Bytes belegen, in diesem Fall werden also die Schleife in den Zeilen *412–414* und die nachfolgende Anwendung der Bitmaske auf $\mathfrak{Q}[1]$ (d.h. $\mathbf{r_9}$) übersprungen. Andernfalls wird in dieser Schleife offensichtlich die erforderliche Bitmaske erzeugt. Es ist möglich, daß $\mathbf{r_{10}}$ (das entspricht $\mathfrak{Q}[2]$) noch Bits des Restpolynoms enthält, sein Inhalt ist daher zu löschen (Zeile *416*). Danach kann in die Zeile *426* gesprungen werden, ab welcher die Division zum Abschluss geführt wird.

Alle verschiedenen Versionen der Division bei $16 \leq n \leq 23$ enden in der Zeile *426*. Dort werden die noch nicht benutzten Bytes $\mathfrak{Q}[3]$ bis $\mathfrak{Q}[7]$ mit Nullbits geladen, wonach zur Zeile *1251* verzweigt wird, ab welcher die noch anfallenden Arbeiten ausgeführt werden (die Bestimmung von $\partial(\boldsymbol{r})$ usw.).

In Zeile *1251* angekommen ist der Quotient vollständig bekannt und kann in den Bitvektor kopiert werden, dessen Adresse dem Unterprogramm in Register **Z** übergeben wurde (Zeilen *1251–1262*). Vom Restpolynom sind nur die Koeffizientenbits bekannt, die in den Zeilen *1264–1268* in den Koeffiziententeil des Bitvektors kopiert werden, dessen Adresse in Register **U** als Parameter übergeben wurde. Der Grad des Restpolynoms wird in den Zeilen *1269–1306* berechnet, dieser Programmteil ist nahezu identisch mit dem Abschnitt des Unterprogramms `PolAdd`, der den Grad des Summenpolynoms bestimmt, in Abschnitt 5.1.1, die dort gegebene Beschreibung gilt auch hier.

Die beiden Statusbits $\mathbf{S}.\mathfrak{z}$ und $\mathbf{S}.\mathfrak{c}$ bekommen ihren Wert in den Zeilen *1279*, *1288*, *1297*, *1303* und *1304*, im Falle, daß das Restpolynom das Nullpolynom ist, in Zeile *1299* und Zeile *1308*.

Um es noch einmal zusammenzufassen: Die Programmstruktur ergibt sich daraus, daß bei bekannten Polynomgraden n und m alles das, was zur Implementierung benötigt wird, ebenfalls bekannt ist, also etwa welche Register tatsächlich zur Division verwendet werden, die Anzahl der Shifts usw. Das bedeutet, daß keine unnützen Prozessortakte verbraucht werden, d.h. solche Takte, die nichts zum Divisionsergebnis beitragen, sei es arithmetisch oder programmorganisatorisch. Dieses Prinzip wird umgesetzt mit dem in der Assemblerprogrammierung zur Verfügung stehenden Äquivalent zur **case**-Anweisung, nämlich mit dem berechneten Sprung (oder der berechneten Verzweigung). Selbstverständlich gilt auch hier das Prinzip, daß man höhere Schnelligkeit nicht umsonst bekommt, man bezahlt mit der Verlängerung oder Vergrößerung eines anderen Faktors, in diesem Fall durch eine erheblich Vergrößerung des Programmcodes. Wird nämlich der Divisionsalgorithmus auf orthodoxe Weise umgesetzt (was dem Leser zur Übung empfohlen wird), dann erhält man ein beträchtlich kürzeres Unterprogramm.

Übrigens ist noch nicht alles Durchführbare auch umgesetzt worden. Die eigentliche Divisionsschleife beispielsweise ist tatsächlich als Schleife implementiert, kann aber selbstverständlich auch durch einen berechneten Sprung ersetzt werden. Alle möglichen p Schleifendurchläufe werden separat nacheinander codiert. Ist die Schleife dann vom Kontext abängig q-mal zu Durchlaufen $(q \leq p)$, so werden die ersten $p-q$ Codeblöcke übersprungen. Etwas Vergleichbares geschieht beispielsweise in den Zeilen *92–101* in Verbindung mit den Zeilen *116–122*, dort wird eine Programmschleife, die eine Anzahl von Linksshifts ausführt, durch einen berechneten Sprung über die nicht auszuführenden Linkshifts der Shiftbefehle in den Zeilen *116–122* ersetzt.

In der Regel wird durch ein Polynom aus $\mathbf{P}_{32}$ zu dividieren sein. In diesem Fall ist der Einsatz von `PolDivX` jedoch recht unbequem. Der Dividend $\mathfrak{f}$ muß in einen Dividenden $\mathfrak{F}$ aus $\mathbf{P}_{32}$ umgewandelt werden und es muß ein Quotient $\mathfrak{Q}$ aus $\mathbf{P}_{64}$ bereitgestellt werden, welcher nach erfolgter Division in einen Quotienten $\mathfrak{q}$ aus $\mathbf{P}_{32}$ umzuwandeln ist. Es wird deshalb noch ein Unterprogramm `PolDiv` zur Verfügung gestellt, mit dem die Division gänzlich in dem Bereich $\mathbf{P}_{32}$ ausgeführt werden kann. Es berechnet das Ergebnis allerdings nicht selbst, sondern nimmt mit Hilfe einer Parametertransformation von `PolDivX` Gebrauch.

Unterprogramm PolDiv

Für zwei Polynome $\mathfrak{f}$ und $\mathfrak{g}$ werden Polynome $\mathfrak{q}$ und $\mathfrak{r}$ mit $\mathfrak{f} = \mathfrak{q}\mathfrak{g} + \mathfrak{r}$ und $\partial(\mathfrak{r}) < \partial(\mathfrak{g})$ berechnet.

Input

X Die Adresse ξ eines Polynoms $\mathfrak{f}$
Y Die Adresse η eines Polynoms $\mathfrak{g}$
Z Die Adresse ζ eines Polynoms $\mathfrak{q}$
U Die Adresse ρ eines Polynoms $\mathfrak{r}$

Das Polynom $\mathfrak{q}$ wird mit dem Quotienten und $\mathfrak{r}$ mit dem Rest der Division überschrieben.
Ist der Rest $\mathfrak{r}$ das Nullpolynom wird das Nullbit $\mathbf{S}.\mathfrak{z}$ gesetzt, andernfalls ist das Nullbit gelöscht.
Falls für $\mathfrak{g}$ das Nullpolynom übergeben wird, wird das Übertragsbit $\mathbf{S}.\mathfrak{c}$ gesetzt und ohne Rechnung in das rufende Programm zurückgekehrt, andernfalls ist das Übertragsbit gelöscht.

```
PolDiv: push5  r16,r26,r27,r6,r7  5×2
        movw   r7:r6,r31:r30      1    Die Adresse von 𝔮 aufbewahren
        movw   r31:r30,r27:r26    1    Z ← 𝒜(𝔣)
        ldd    r8,Z+4             2    𝒮 ← 𝔣[4]
        push   r8                 2
        clr    r8                 1    𝒮 ← 00,00,00,00
        push4  r8,r8,r8,r8        4×2
        ldd    r8,Z+3             2    𝒮 ← 𝔣[3]
        push   r8                 2
        ldd    r8,Z+2             2    𝒮 ← 𝔣[2]
        push   r8                 2
        ldd    r8,Z+1             2    𝒮 ← 𝔣[1]
        push   r8                 2
        in     r26,SPL            1    X ← 𝒜(𝔉)
        in     r27,SPH            1
        ldd    r8,Z+0             2    𝒮 ← 𝔣[0]
        push   r8                 2
        clr    r8                 1
        push4  r8,r8,r8,r8        4×2  𝒮 ← 00,00,00,00,00,00,00,00
        push4  r8,r8,r8,r8        4×2
        in     r30,SPL            1    Z ← 𝒜(𝔔)
        in     r31,SPH            1
        push   r8                 2    𝒮 ← 00
        call   PolDivX            4+   Division ausführen
        movw   r31:r30,r7:r6      1    Z ← 𝒜(𝔣)
        pop    r8                 2    𝔣[0] ← 𝒮
```

27	std	Z+0,r8	2	
28	pop	r8	2	$\mathfrak{f}[1] \leftarrow \mathcal{S}$
29	std	Z+1,r8	2	
30	pop	r8	2	$\mathfrak{f}[2] \leftarrow \mathcal{S}$
31	std	Z+2,r8	2	
32	pop	r8	2	$\mathfrak{f}[3] \leftarrow \mathcal{S}$
33	std	Z+3,r8	2	
34	pop4	r8,r8,r8,r8	4×2	00,00,00,00 $\leftarrow \mathcal{S}$
35	pop	r8	2	$\mathfrak{f}[4] \leftarrow \mathcal{S}$
36	std	Z+4,r8	2	
37	pop4	r8,r8,r8,r8	4×2	$\mathfrak{Q}$ aus $\mathcal{S}$ entfernen
38	pop5	r8,r8,r8,r8,r8	5×2	
39	mov	r30,r6	1	Z restaurieren
40	pop5	r7,r6,r27,r26,r16	5×2	
41	ret		4	

Um das Unterprogramm PolDivX aufrufen zu können, müssen statt der Paramter $\mathfrak{f}$ und $\mathfrak{q}$ die dieselben Polynome darstellenden Parameter $\mathfrak{F}$ und $\mathfrak{Q}$ bereitgestellt werden. Zu diesem Zweck zwei fixe Speicherblöcke einzusetzen ist aus verschiedenen Gründen nicht zu empfehlen, es ist besser, diese Parameter im Prozessorstapel aufzubauen. Die folgende Skizze zeige, wie vorgegangen wird.

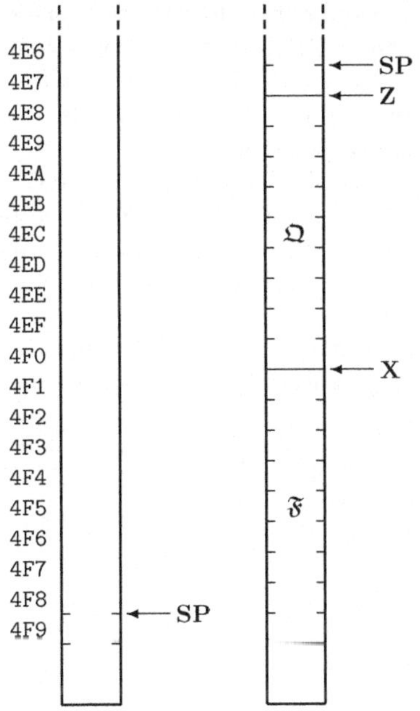

Hierbei wird natürlich vorausgesetzt, daß im Stapel genügend Platz vorhanden ist. Es ist allerdings nicht schwer, das Unterprogramm dahingehend zu ergänzen, daß am Anfang der verbleibende Stapelplatz abgeschätzt und der Ablauf bei ungenügender Größe mit einer Fehlermeldung abgebrochen wird (siehe dazu die ausführlichen Erläuterungen in [Mss1] Kapitel **13**).

Der Parameter $\mathfrak{F}$ wird erzeugt, indem die Bytes von $\mathfrak{f}$ in den Stapel gebracht werden, natürlich in umgekehrter Reihenfolge, weil der Stapel vom Ende des RAM bis zu seinem Anfang hin wächst. Zuerst kommt daher das Gradbyte von $\mathfrak{f}$ in den Stapel (Zeilen *4–5*), dann vier Nullbytes (Zeilen *6–7*, hier erfolgt die wirkliche Transformation $\mathfrak{F} \leftarrow \mathfrak{f}$), gefolgt von den vier Koeffizientenbyts in der Reihenfolge von $\mathfrak{f}[3]$ bis $\mathfrak{f}[0]$ (Zeilen *8–13* und Zeilen *16–17*). Wie die Skizze zeigt, enthält der Stapelzeiger **SP** nach acht `push`-Befehlen die Adresse von $\mathfrak{F}$, sie wird daher in den Zeilen *14–15* wie von `PolDivX` erfordert in das Register **X** geladen.

Der Aufbau von $\mathfrak{Q}$ gestaltet sich einfacher, weil $\mathfrak{Q}$ mit dem berechneten Quotienten überschrieben wird und so nicht mit einem bestimmten Anfangswert belegt werden muß. Es werden neun Nullbytes in den Stapel gebracht (Zeilen *18–20* und Zeile *23*), auch hier nach acht `push`-Befehlen durch das Auslesen der Adresse von $\mathfrak{Q}$ aus dem Stapelzeiger in das Register **X** unterbrochen.

Nun kann der Parameter $\mathfrak{Q}$ statt mit neun `push`-Befehlen auch durch direkte Manipulation des Stapelzeigers **SP** gewonnen werden. Man hat nur den Stapelzeiger auszulesen, vom erhaltenen Wert 9 zu subtrahieren und die Differenz in den Stapelzeiger zurückzuschreiben. Darin liegt allerdings das Problem, eine Änderung des Stapelzeigers ist nur dann mit zwei einfachen Ladebefehlen zu haben, wenn das Unterprogramm in einer Umgebung arbeitet, die völlig auf Interrupts verzichtet oder zumindest das Unterprogramm mit global unterdrückten Interrupts aufruft. Denn zum Laden des Stapelzeigers sind zwei Schreibbefehle notwendig, die von einem Interrupt unterbrochen werden können. Die dem Interrupt zugeordnete Codesequenz (*interrupt service routine* oder ähnlich genannt) findet dann einen inkorrekten Stapelzeiger vor, eine für das System unbedingt tödliche Situation. Es kann auch nicht einfach das Interruptbit vor dem Laden des Stapelzeigers gelöscht und danach gesetzt werden, denn wenn das Interruptbit vor dem Unterprogrammaufruf gelöscht war, dann hat das unbedingt so zu bleiben. Also ist das Interruptbit auszulesen und dann erst zu löschen. Allerdings kann zwischen dem Auslesebefehl und dem Löschbefehl ein Interrupt stattfinden, der den Wert des Interruptbits verändert. Das nach dem Laden des Stapelzeigers vorgenommene Zurückschreiben des Interruptbits erzeugt also einen für das System fehlerhaften globalen Interruptstatus! Diese Gefahr kann der AVR-Programmierer nicht beseitigen, es sei denn, er programmiert einen Prozessor, dessen Befehlssatz einen der Semaphorbefehle `las`, `lac`, `lat` oder `xch` enthält. Diese komplexe Situation wird durch den Einsatz der neun `push`-Befehle vermieden, die geringe Anzahl von Mehrtakten fällt nicht ins Gewicht.

Nach dem Aufruf von `PolDivX` in Zeile *24* ist der Quotient $\mathfrak{Q}$ in den Parameter `q` zu übertragen. Das geschieht auf die offensichtliche Weise in den Zeilen *26–36*, wobei die vier Nullen in $\mathfrak{Q}[4]$ bis $\mathfrak{Q}[7]$ in Zeile *34* ignoriert werden. Die Beseitigung von $\mathfrak{F}$ aus dem Stapel erfolgt aus den eben vorgetragenen Gründen auch hier nicht durch eine Manipulation des Stapelzeigers, sondern durch neun `pop`-Befehle (Zeilen *37–38*).

Weil nach dem Aufruf von `PolDivX` nur Prozessorbefehle ausgeführt werden, welche die Statusbits nicht verändern, sind beim Rücksprung in das rufende Programm noch die von `PolDivX` übergebenen Statusbits $\mathbf{S}.\mathfrak{c}$ und $\mathbf{S}.\mathfrak{z}$ vorhanden.

5.1.4. Der größte gemeinsame Teiler

Der Euklidische Algorithmus zur Berechnung des größten gemeinsamen Teilers $\boldsymbol{t} \in \mathsf{K}[\boldsymbol{X}]$ zweier Polynome $\boldsymbol{f}, \boldsymbol{g} \in \mathsf{K}[\boldsymbol{X}]$ des Polynomrings über einem Körper K wird in Abschnitt 6.8 vorgestellt. Hier ist der Spezialfall $\mathsf{K} = \mathbb{K}_2$ gegeben. Dieser Algorithmus kann mit Pseudocode wie folgt formuliert werden:

```
loop
    if g = 0 then
        t ← f
        break
        end
    r ← ϱ_g(f)
    f ← g
    g ← r
    end
```

Zur Implementierung als AVR-Assemblerprogramm, und zwar als Unterprogramm, sind allerdings noch einige Änderungen vorzunehmen. Im Pseudocode werden die Polynome $\boldsymbol{f}$ und $\boldsymbol{g}$ durch die Rechnungen verändert, ein Nebeneffekt, der natürlich durch die verwendung lokaler Kopien $\tilde{\boldsymbol{f}}$ und $\tilde{\boldsymbol{g}}$ verhindert werden muß. Auch werden die Kopien $\tilde{\boldsymbol{f}} \leftarrow \tilde{\boldsymbol{g}}$ und $\tilde{\boldsymbol{g}} \leftarrow \tilde{\boldsymbol{r}}$ nicht wirklich durchgeführt, sondern durch das Kopieren von Adressen ersetzt. Man kommt so auf das folgende Unterprogramm.

Unterprogramm PolGgt

Für zwei Polynome $\mathfrak{f}$ und $\mathfrak{g}$ wird der größte gemeinsame Teiler $\mathfrak{t}$ berechnet.

Input

- **X** Die Adresse ξ eines Polynoms $\mathfrak{f}$
- **Y** Die Adresse η eines Polynoms $\mathfrak{g}$
- **Z** Die Adresse τ eines Polynoms $\mathfrak{t}$

```
PolGgt:  push4  r24,r25,r26,r27  4×2
         push4  r28,r29,r6,r7    4×2
         push4  r16,r17,r18,r19  4×2
         movw   r7:r6,r31:r30    1   τ = A(t) aufbewahren
         ldd    r8,Y+4           2   g̃[4] ← g[4]
         push   r8               2
         ldd    r8,Y+3           2   g̃[3] ← g[3]
         push   r8               2
         ldd    r8,Y+2           2   g̃[2] ← g[2]
         push   r8               2
         ldd    r8,Y+1           2   g̃[1] ← g[1]
         push   r8               2
         in     r16,SPL          1   r17:16 ← A(g̃)
         in     r17,SPH          1
         ldd    r8,Y+0           2   g̃[0] ← g[0]
         push   r8               2
         movw   r29:r28,r27:r26  1   Y ← ξ = A(f)
         ldd    r8,Y+4           2   f̃[4] ← f[4]
```

19		push	r8	2	
20		ldd	r8,Y+3	2	$\tilde{\mathfrak{f}}[3] \leftarrow \mathfrak{f}[3]$
21		push	r8	2	
22		ldd	r8,Y+2	2	$\tilde{\mathfrak{f}}[2] \leftarrow \mathfrak{f}[2]$
23		push	r8	2	
24		ldd	r8,Y+1	2	$\tilde{\mathfrak{f}}[1] \leftarrow \mathfrak{f}[1]$
25		push	r8	2	
26		in	r18,SPL	1	$\mathbf{r}_{19:18} \leftarrow \mathcal{A}(\tilde{\mathfrak{f}})$
27		in	r19,SPH	1	
28		ldd	r8,Y+0	2	$\tilde{\mathfrak{f}}[0] \leftarrow \mathfrak{f}[0]$
29		push	r8	2	
30		clr	r8	1	$\mathbf{r}_8 \leftarrow$ 00
31		push4	r8,r8,r8,r8	4×2	$\mathfrak{q}[1 \cdots 4] \leftarrow$ 00000000
32		in	r30,SPL	1	$\mathbf{Z} \leftarrow \mathcal{A}(\mathfrak{q})$
33		in	r31,SPH	1	
34		push5	r8,r8,r8,r8,r8	5×2	$\mathfrak{q}[0] \leftarrow$ 00, $\mathfrak{r}[1 \cdots 4] \leftarrow$ 00000000
35		in	r24,SPL	1	$\mathbf{U} \leftarrow \mathcal{A}(\mathfrak{q})$
36		in	r25,SPH	1	
37		push	r8	2	$\mathfrak{r}[0] \leftarrow$ 00
38	PolGgt10:	movw	r29:r28,r17:r16	1	$\mathbf{Y} \leftarrow \mathcal{A}(\tilde{\mathfrak{g}})$
39		ldd	r8,Y+4	2	$\mathbf{r}_8 \leftarrow \tilde{\mathfrak{g}}[4] = \partial(\tilde{\boldsymbol{f}})$
40		tst	r8	1	$\partial(\tilde{\boldsymbol{f}}) = -\infty$? d.h. $\tilde{\mathfrak{f}} = \mathfrak{o}$?
41		brpl	PolGgt20	1/2	Falls $\tilde{\mathfrak{f}} = \mathfrak{o}$ abbrechen, sonst weiter in Zeile *62*
42		movw	r31:r30,r7:r6	1	$\mathbf{Z} \leftarrow \tau = \mathcal{A}(\mathfrak{t})$
43		movw	r29:r28,r19:r18	1	$\mathbf{Y} \leftarrow \mathcal{A}(\tilde{\mathfrak{f}})$
44		ldd	r8,Y+0	2	$\mathfrak{t}[0] \leftarrow \tilde{\mathfrak{f}}[0]$
45		std	Z+0,r8	2	
46		ldd	r8,Y+1	2	$\mathfrak{t}[1] \leftarrow \tilde{\mathfrak{f}}[1]$
47		std	Z+1,r8	2	
48		ldd	r8,Y+2	2	$\mathfrak{t}[2] \leftarrow \tilde{\mathfrak{f}}[2]$
49		std	Z+2,r8	2	
50		ldd	r8,Y+3	2	$\mathfrak{t}[3] \leftarrow \tilde{\mathfrak{f}}[3]$
51		std	Z+3,r8	2	
52		ldd	r8,Y+4	2	$\mathfrak{t}[4] \leftarrow \tilde{\mathfrak{f}}[4]$
53		std	Z+4,r8	2	
54		pop5	r8,r8,r8,r8,r8	5×2	$\mathfrak{r}$ aus dem Stapel entfernen
55		pop5	r8,r8,r8,r8,r8	5×2	$\mathfrak{q}$ aus dem Stapel entfernen
56		pop5	r8,r8,r8,r8,r8	5×2	$\tilde{\mathfrak{f}}$ aus dem Stapel entfernen
57		pop5	r8,r8,r8,r8,r8	5×2	$\tilde{\mathfrak{g}}$ aus dem Stapel entfernen
58		pop4	r19,r18,r17,r16	4×2	
59		pop4	r7,r6,r29,r28	4×2	
60		pop4	r27,r26,r25,r24	4×2	
61		ret		4	Zurück in das rufende Programm
62	PolGgt20:	movw	r27:r26,r19:r18	1	$\mathbf{X} \leftarrow \mathcal{A}(\tilde{\mathfrak{f}})$
63		movw	r29:r28,r17:r16	1	$\mathbf{Y} \leftarrow \mathcal{A}(\tilde{\mathfrak{g}})$
64		call	PolDiv	4+	Berechne $\mathfrak{q}$, $\mathfrak{r}$ mit $\tilde{\mathfrak{f}} = \mathfrak{q}\tilde{\mathfrak{g}} + \mathfrak{r}$ und $\partial(\mathfrak{r}) < \partial(\tilde{\mathfrak{g}})$

```
65    movw   r9:r8,r19:r18     1   r9:8 ← A(f̃)
66    movw   r19:r18,r17:r16   1   A(f̃) ← A(g̃)
67    movw   r17:r16,r25:r24   1   A(g̃) ← A(r)
68    movw   r25:r24,r9:r8     1   A(r) ← A(f̃)
69    rjmp   PolGgt10          2   Zum nächsten Iterationsschritt in Zeile 38
```

Das Unterprogramm belegt während seiner Laufzeit einen für AVR-Prozessoren erheblichen Systemstapelbereich, dessen Größe allerdings mit wenig Mühe präzise bestimmt werden kann (durch einfache Abzählung von `push`-Befehlen). Es ist daher möglich, vor dem Aufruf festzustellen, ob der zur Verfügung stehende Stapelbereich ausreicht.

Die Laufzeit in Prozessortakten $\mathrm{T}(n, m)$ ist natürlich abhängig von den Polynomgraden $n = \partial(\boldsymbol{f})$ und $m = \partial(\boldsymbol{g})$. Für $n = 8$ und $n = 31$ wurden die Laufzeiten wie folgt gemessen: Die Laufzeit variiert von

Abbildung 5.3.: Laufzeit $\mathrm{T}(n, m)$ in Prozessortakten

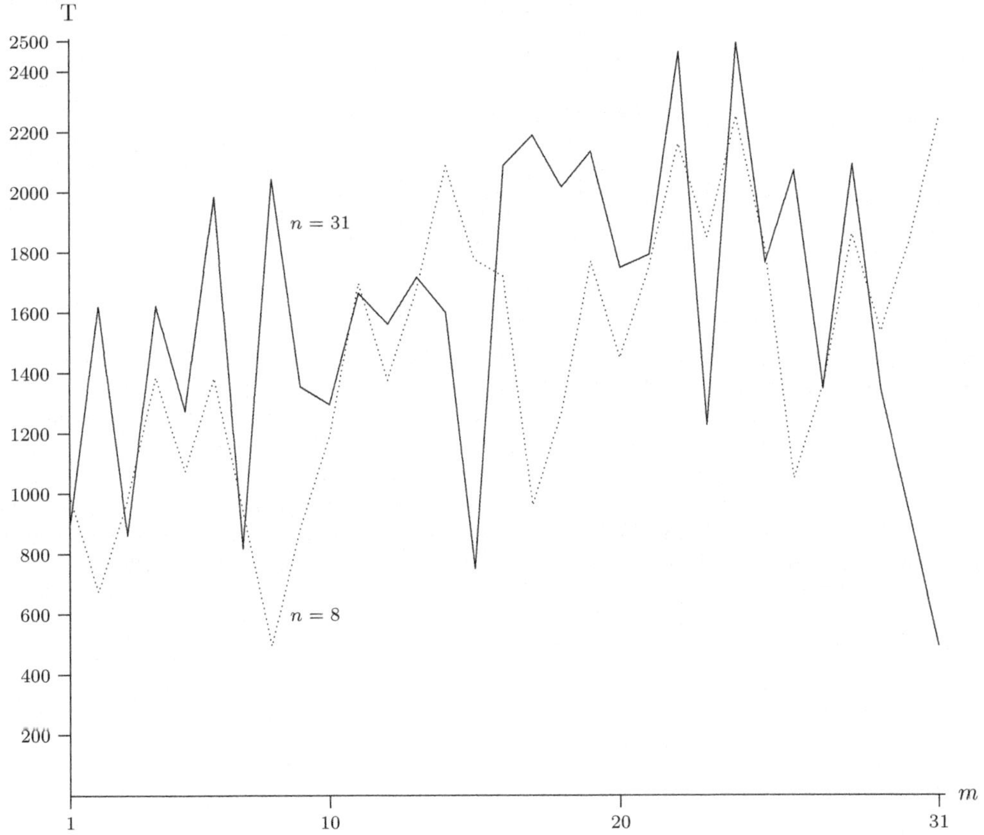

einigen hundert Takten bis zu etwa 2500 Takten. Das ist für einen 8-Bit-Prozessor durchaus akzeptabel. Die Laufzeit kann noch nennenswert verringert werden, wenn auf die Bequemlichkeit von lokalen Variablen in `PolGgt` und besonders in `PolDiv` verzichtet wird. Der Auf- und Abbau der lokalen Variablen von `PolDiv` wird in der Programmschleife von `PolGgt` durchgeführt und ist deshalb zur Laufzeitverkürzung gut geeignet.

Der Aufbau von lokalen Variablen geschieht in der schon bei `PolDiv` demonstrierten Art und Weise. Hier sind vier lokale Variablen erforderlich, nämlich Quotient $\mathfrak{q}$ und Teilerrest $\mathfrak{r}$ für `PolDiv` und Kopien $\tilde{\mathfrak{f}}$ von $\mathfrak{f}$ und $\tilde{\mathfrak{g}}$ von $\mathfrak{g}$. Der Stapel erhält dabei die folgende Struktur:

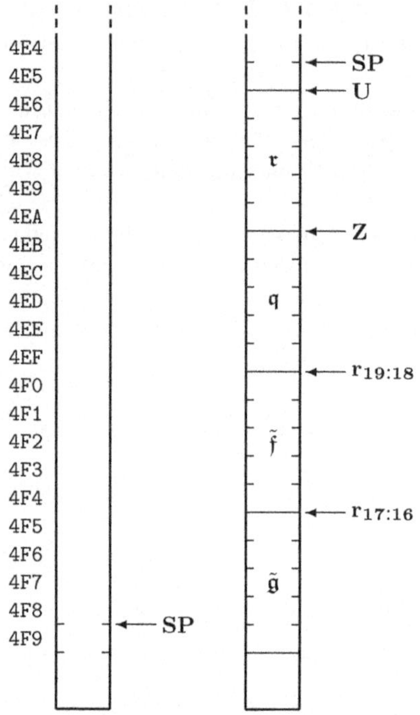

Mit dieser Skizze und den Kommentaren läßt sich der Aufbau der lokalen Variablen im Unterprogramm (Zeilen *5–37*) gut verfolgen, was auch für das Entfernen der Variablen gilt (Zeilen *54–57*).

Die Schleife zur Berechnung des größten gemeinsamen Teilers beginnt in Zeile *38* Dort und in den nächsten beiden Zeilen wird getestet, ob die laufende Variable $\tilde{\mathfrak{f}}$ das Nullpolynom enthält. Ist das nicht der Fall, wird in Zeile *62* mit dem Schleifendurchlauf fortgefahren. Und zwar wird in den Zeilen *62–64* das Teilerrestpolynom $\mathfrak{r}$ berechnet. Anschließend erfolgen die im Algorithmus angegebenen Umspeicherungen der lokalen Variablen (Zeilen *65–68*). Weil aber auf die Variablen über Adressen in Registern zugegriffen wird, genügt es, statt der Variablenwerte selbst die Adressen der Variablen umzuspeichern.

5.2. Lösung linearer Gleichungssysteme mit Koeffizienten in $\mathbb{K}_{2^8}$

Die in Abschnitt 6.10.9 ausführlich vorgestellte Lösungsmethode für Systeme linearer Gleichungen über einem beliebigen Körper wird hier für den Spezialfall des Körpers $\mathbb{K}_{2^8}$ als ein AVR-Programm realisiert, und zwar für Systeme mit quadratischen Matrizen. Gegeben sind eine beliebige Matrix $\mathbf{A} \in \boldsymbol{\mathcal{M}}_{n,n}^{\mathbb{K}_{2^8}}$ und ein Vektor $\mathfrak{v} \in \mathbb{K}_{2^8}^n$, gesucht ist ein Vektor $\mathfrak{x} \in \mathbb{K}_{2^8}^n$ mit $\mathbf{A}\mathfrak{x} = \mathfrak{v}$, oder mit Koordinaten aus $\mathbb{K}_{2^8}$ ausgeschrieben

$$\begin{pmatrix} a_{11} & a_{12} & \cdots & a_{1n} \\ a_{21} & a_{22} & \cdots & a_{2n} \\ \vdots & \vdots & & \vdots \\ a_{n1} & a_{n2} & \cdots & a_{nn} \end{pmatrix} \begin{pmatrix} x_1 \\ x_2 \\ \vdots \\ x_n \end{pmatrix} = \begin{pmatrix} v_1 \\ v_2 \\ \vdots \\ v_n \end{pmatrix} \tag{5.11}$$

Ist die Matrix regulär, besitzt sie also eine multiplikative Inverse $\mathbf{A}^{-1}$ und gilt $\mathrm{Rang}(\mathbf{A}) = n$, dann wird die eindeutige Lösung berechnet. Ist die Matrix jedoch singulär, wird eine partikuläre Lösung bestimmt, in welcher die Koordinaten von $\mathfrak{x}$, die beliebig gewählt werden können, mit der Eins `01` des Körpers $\mathbb{K}_{2^8}$ realisiert werden.

Bei Singularität von $\mathbf{A}$ sind Gleichungssysteme zu lösen, die mit quadratischen Untermatrizen gebildet werden. Zu diesem Zweck ist das Unterprogramm zur Gleichungslösung rekursiv ausgelegt, d.h. es ist in der Lage, sich selbst mit neuen Übergabeparametern aufzurufen.

Die übliche Methode, auf die Matrixkoeffizienten $a_{\nu\mu}$ über ihre Indizes zuzugreifen, kommt hier nicht zur Anwendung, weil sie zu viel Rechenarbeit erfordert. Es wird vielmehr ausschließlich mit den Adressen der Koeffizienten gearbeitet. Ein Problem ist jedoch die Tatsache, daß bei AVR-Prozessoren nur drei Adressregister zur Verfügung stehen, deren Einsatz bei den Berechnungen daher optimiert werden muß.

Das folgende Bild zeigt einen Zwischenstand nach dem zweiten Schritt des Verfahrens für eine singuläre 8×8-Matrix.

01	b_{12}	b_{13}	b_{14}	b_{15}	b_{16}	b_{17}	b_{18}		w_1
0	01	b_{23}	b_{24}	b_{25}	b_{26}	b_{27}	b_{28}		w_2
0	0	0	b_{34}	b_{35}	b_{36}	b_{37}	b_{38}		w_3
0	0	0	c_{11}	c_{12}	c_{13}	c_{14}	c_{15}		u_1
0	0	0	c_{21}	c_{22}	c_{23}	c_{24}	c_{25}		u_2
0	0	0	c_{31}	c_{32}	c_{33}	c_{34}	c_{35}		u_3
0	0	0	c_{41}	c_{42}	c_{43}	c_{44}	c_{45}		u_4
0	0	0	c_{51}	c_{52}	c_{53}	c_{54}	c_{55}		u_5

Es ist $b_{33} = 0$, aber es ist nicht möglich, durch einen Zeilentausch ein von Null verschiedenes Element in die Hauptdiagonale zu bekommen, da die dritte Spalte unterhalb der Hauptdiagonalen nur von Nullen besetzt ist. Hier wird nun versucht, das 5×5-Teilsystem $\mathbf{C}\mathfrak{y} = \mathfrak{u}$ zu lösen. Dabei wird wie im Bild angedeutet die Matrix $\mathbf{C}$ aus den Koeffizienten c_{ij} und der Konstantenvektor $\mathfrak{u}$

aus den u_j gebildet. Besitzt dieses System keine Lösung, dann gilt das auch für das ursprüngliche System. Kann jedoch eine Lösung $\mathfrak{y}$ von $\mathbf{C}\mathfrak{y} = \mathfrak{u}$ gefunden werden, dann muß noch geprüft werden, ob diese Lösung nicht im Widerspruch zum ursprünglichen System steht, d.h. es muß geprüft werden, ob

$$b_{34}y_1 + b_{35}y_2 + b_{36}y_3 + b_{37}y_4 + b_{38}y_5 = w_3$$

gilt. Stellt sich diese Gleichung als falsch heraus, dann hat das System $\mathbf{A}\mathfrak{x} = \mathfrak{v}$ entweder keine Lösung oder das Verfahren findet existierende Lösungen nicht. Andernfalls ist $x_4 = y_1$ usw. bis $x_8 = y_5$ und x_3 kann ein beliebiges Element aus $\mathbb{K}_{2^8}$ zugewiesen werden. Die Unbekannten x_1 und x_2 können durch Rückwärtseinsetzen ermittelt werden. Als konkretes Beispiel soll das Gleichungssystem

$$\mathbf{A}\mathfrak{x} = \begin{pmatrix} \mathtt{65} & \mathtt{3C} & \mathtt{59} & \mathtt{7B} \\ \mathtt{7D} & \mathtt{5E} & \mathtt{23} & \mathtt{FE} \\ \mathtt{59} & \mathtt{28} & \mathtt{71} & \mathtt{A0} \\ \mathtt{9B} & \mathtt{B2} & \mathtt{29} & \mathtt{DE} \end{pmatrix} \begin{pmatrix} x_1 \\ x_2 \\ x_3 \\ x_4 \end{pmatrix} = \begin{pmatrix} \mathtt{99} \\ \mathtt{77} \\ \mathtt{78} \\ \mathtt{6D} \end{pmatrix} = \mathfrak{v}$$

gelöst werden. Die Elimination der Koeffizienten der ersten Spalte unterhalb der Hauptdiagonalen führt auf das System

$$\begin{pmatrix} \mathtt{01} & \mathtt{20} & \mathtt{21} & \mathtt{11} \\ \mathtt{00} & \mathtt{45} & \mathtt{45} & \mathtt{00} \\ \mathtt{00} & \mathtt{C7} & \mathtt{C7} & \mathtt{00} \\ \mathtt{00} & \mathtt{38} & \mathtt{38} & \mathtt{00} \end{pmatrix} \begin{pmatrix} x_1 \\ x_2 \\ x_3 \\ x_4 \end{pmatrix} = \begin{pmatrix} \mathtt{D8} \\ \mathtt{61} \\ \mathtt{2B} \\ \mathtt{9F} \end{pmatrix}$$

Der nächste Schritt, die Beseitigung der Koeffizienten der zweiten Spalte unterhalb der Hauptdiagonalen, ergibt

$$\begin{pmatrix} \mathtt{01} & \mathtt{20} & \mathtt{21} & \mathtt{11} \\ \mathtt{00} & \mathtt{01} & \mathtt{01} & \mathtt{00} \\ \mathtt{00} & \mathtt{00} & \mathtt{00} & \mathtt{00} \\ \mathtt{00} & \mathtt{00} & \mathtt{00} & \mathtt{00} \end{pmatrix} \begin{pmatrix} x_1 \\ x_2 \\ x_3 \\ x_4 \end{pmatrix} = \begin{pmatrix} \mathtt{D8} \\ \mathtt{11} \\ \mathtt{00} \\ \mathtt{00} \end{pmatrix}$$

Hier steht schon der Rang der Matrix fest, es ist $\mathrm{Rang}(\mathbf{A}) = 2$, die Anzahl der nicht verschwindenden Koeffizienten in der Hauptdiagonalen. Wird das Verfahren hier weiter verfolgt, dann ist das überbestimmte lineare Gleichungssystem

$$\mathtt{00} \cdot x_4 = \mathtt{00}$$
$$\mathtt{00} \cdot x_4 = \mathtt{00}$$

zu lösen. Die beiden Gleichungen widersprechen sich offensichlich nicht. Es kann x_4 beliebig gewählt werden, etwa als $x_4 = \mathtt{01}$. Rückwärtsgehend kann auch x_3 beliebig gewählt werden, etwa auch hier $x_3 = \mathtt{01}$. Rückwärtseinsetzen liefert dann den Vektor

$$\begin{pmatrix} x_1 \\ x_2 \\ x_3 \\ x_4 \end{pmatrix} = \begin{pmatrix} \mathtt{D2} \\ \mathtt{10} \\ \mathtt{01} \\ \mathtt{01} \end{pmatrix}$$

der tatsächlich eine Lösung des Systems ist, wie durch Einsetzen bestätigt werden kann. Es ist allerdings nur eine partikuläre Lösung, der gesamte affine Lösungsraum kann beispielsweise durch

Bestimmen des Lösungsraumes des zugehörigen homogenen Systems und Addieren der gefundenen partikulären Lösung gewonnen werden.

Eine systematische Suche führt schnell auf ein System, welches das Verfahren (so wie dargestellt) nicht lösen kann. Dieses System ist gegeben als

$$\mathbf{A}\mathfrak{x} = \begin{pmatrix} \texttt{88} & \texttt{71} & \texttt{59} & \texttt{D1} \\ \texttt{0A} & \texttt{00} & \texttt{23} & \texttt{29} \\ \texttt{14} & \texttt{57} & \texttt{71} & \texttt{65} \\ \texttt{42} & \texttt{E8} & \texttt{29} & \texttt{6B} \end{pmatrix} \begin{pmatrix} x_1 \\ x_2 \\ x_3 \\ x_4 \end{pmatrix} = \begin{pmatrix} \texttt{96} \\ \texttt{8B} \\ \texttt{57} \\ \texttt{A2} \end{pmatrix} = \mathfrak{v}$$

Die Elimination der Koeffizienten der ersten Spalte unterhalb der Hauptdiagonalen führt hier auf das lineare System

$$\begin{pmatrix} \texttt{01} & \texttt{CF} & \texttt{68} & \texttt{69} \\ \texttt{00} & \texttt{B5} & \texttt{94} & \texttt{94} \\ \texttt{00} & \texttt{20} & \texttt{02} & \texttt{02} \\ \texttt{00} & \texttt{C6} & \texttt{E6} & \texttt{E6} \end{pmatrix} \begin{pmatrix} x_1 \\ x_2 \\ x_3 \\ x_4 \end{pmatrix} = \begin{pmatrix} \texttt{3C} \\ \texttt{0E} \\ \texttt{40} \\ \texttt{61} \end{pmatrix}$$

Der nächste Schritt des Verfahrens, die Beseitigung der Koeffizienten der zweiten Spalte unterhalb der Hauptdiagonalen, ergibt das System

$$\begin{pmatrix} \texttt{01} & \texttt{CF} & \texttt{68} & \texttt{69} \\ \texttt{00} & \texttt{01} & \texttt{D8} & \texttt{D8} \\ \texttt{00} & \texttt{00} & \texttt{00} & \texttt{00} \\ \texttt{00} & \texttt{00} & \texttt{00} & \texttt{00} \end{pmatrix} \begin{pmatrix} x_1 \\ x_2 \\ x_3 \\ x_4 \end{pmatrix} = \begin{pmatrix} \texttt{3C} \\ \texttt{D5} \\ \texttt{FF} \\ \texttt{00} \end{pmatrix}$$

Auch hier steht schon der Rang der Matrix bereits fest, es ist $\mathrm{Rang}(\mathbf{A}) = 2$, die Anzahl der nicht verschwindenden Koeffizienten in der Hauptdiagonalen. Wird jedoch hier das Verfahren weiter verfolgt, dann ist das überbestimmte lineare Gleichungssystem

$$\begin{aligned} \texttt{00} \cdot x_4 &= \texttt{FF} \\ \texttt{00} \cdot x_4 &= \texttt{00} \end{aligned}$$

zu lösen, das natürlich keine Lösung besitzt. Man kann nun die Gleichung $\texttt{00} \cdot x_4 = \texttt{FF}$ nicht einfach ignorieren und x_4 irgendeinen Wert zuweisen. Mit $x_4 = \texttt{01}$ erhält man so den „Lösungsvektor“

$$\mathfrak{x} = \begin{pmatrix} \texttt{6F} \\ \texttt{D5} \\ \texttt{01} \\ \texttt{01} \end{pmatrix}$$

der jedoch keine Lösung des Systems $\mathbf{A}\mathfrak{x} = \mathfrak{v}$ ist:

$$\begin{pmatrix} \texttt{88} & \texttt{71} & \texttt{59} & \texttt{D1} \\ \texttt{0A} & \texttt{00} & \texttt{23} & \texttt{29} \\ \texttt{14} & \texttt{57} & \texttt{71} & \texttt{65} \\ \texttt{42} & \texttt{E8} & \texttt{29} & \texttt{6B} \end{pmatrix} \begin{pmatrix} \texttt{6F} \\ \texttt{D5} \\ \texttt{01} \\ \texttt{01} \end{pmatrix} = \begin{pmatrix} \texttt{96} \\ \texttt{8B} \\ \texttt{A8} \\ \texttt{A2} \end{pmatrix} \neq \begin{pmatrix} \texttt{96} \\ \texttt{8B} \\ \texttt{57} \\ \texttt{A2} \end{pmatrix}$$

Das zugehörige homogene System $\mathbf{A}\mathfrak{x} = \mathfrak{o}$ kann allerdings vom Verfahren gelöst werden. Es werden natürlich dieselben Transformationen durchgeführt, die auf die rechte Seite $\mathfrak{v} = \mathfrak{o}$ jedoch keinen Einfluß haben. Man kommt so zu dem überbestimmten System

$$\begin{aligned} \texttt{00} \cdot x_4 &= \texttt{00} \\ \texttt{00} \cdot x_4 &= \texttt{00} \end{aligned}$$

und mit $x_4 = x_3 = \texttt{01}$ und Rückwärtseinsetzen auf einen Lösungsvektor

$$\mathfrak{x}^{\mathrm{t}} = \begin{pmatrix} \texttt{01} & \texttt{00} & \texttt{01} & \texttt{01} \end{pmatrix}$$

Es folgt nun die Implementierung des Verfahrens als AVR-Assemblerprogramm. Wie oben schon angekündigt wird durchweg mit Adressen statt mit Matrix- und Vektorindizes gearbeitet.

Unterprogramm K28LinSys

Es wird eine Lösung der linearen Gleichung $\mathbf{A}\mathfrak{x} = \mathfrak{v}$ berechnet, und zwar ist $\mathbf{A}$ eine (n,n)-Matrix mit Koeffizienten im Körper $\mathbb{K}_{2^8}$ und $\mathfrak{v}$ ist ein Element von $\mathbb{K}_{2^8}^n$. Die Regularität der Matrix ist **nicht** gefordert.

Input

- $\mathbf{r_2}$ Die Dimension n
- **Y** Die Adresse $\lambda = \mathcal{A}(\mathbf{A}) = \mathcal{A}(a_{11})$
- **Z** Die Adresse $\varrho = \mathcal{A}(\mathfrak{v}) = \mathcal{A}(v_1)$

Falls eine Lösung $\mathfrak{x}$ existiert, wird der Vektor $\mathfrak{v}$ mit ihr überschrieben.
Kann keine Lösung gefunden werden, ist bei der Rückkehr in das rufende Programm $\mathbf{S}.\mathfrak{z} = 1$, anderfalls ist $\mathbf{S}.\mathfrak{z} = 0$.
Die Matrix $\mathbf{A}$ wird mit dem wesentlichen Teil der erhaltenen Dreiecksmatrix überschrieben.

```
            .dseg
wK28LSStk:  .byte  2                          Variable S zur Aufbewahrung des Eingangsstapels
            .cseg
K28LinSys:  tst    r2                   1     n = 0?
            skne                        1/2   Falls n = 0:
            ret                         4       Zurück mit S.z = 1
            push4  r3,r4,r10,r11        4×2
            push4  r12,r13,r14,r15      4×2
            push4  r16,r17,r18,r19      4×2
            push3  r20,r21,r22          3×2
            push4  r24,r25,r26,r27      4×2
            push4  r28,r29,r30,r31      4×2
            in     r3,SPL               1     r3 ← SP⊥
            sts    wK28LSStk,r3         2     S⊥ ← SP⊥
            in     r3,SPH               1     r3 ← SP⊤
            sts    wK28LSStk+1,r3       2     S⊤ ← SP⊤
            clr    r4                   1     r4 ← 00, die Konstante 0
            mov    r3,r2                1     r3 ← n, beim ersten Aufruf von K28Lis ist n = m
            movw   r11:r10,r31:r30      1     r11:10 ← ϱ
            dec    r2                   1     r2 ← n − 1
            add    r10,r2               1     r11:10 ← ε = ϱ + n − 1
            adc    r11,r4               1
```

```
            inc    r2                 1    r2 ← n
            rcall  K28Lis             4+   Aufruf von K18Lis
            clz                       1    Falls hier zurück: mit S.3 = 0 zurück
K28LSExit:  pop4   r31,r30,r29,r28    4×2
            pop4   r27,r26,r25,r24    4×2
            pop3   r22,r21,r20        3×2
            pop4   r19,r18,r17,r16    4×2
            pop4   r15,r14,r13,r12    4×2
            pop4   r11,r10,r4,r3      4×2
            ret                       4    Exit K28LinSys
K28LSTrap:  lds    r28,wK28LSStk      2    Y ← A(S)
            lds    r29,wK28LSStk+1    2
            in     r3,SREG            1    Statusbits in r3 aufbewahren
            cli                       1    Globaler Interrupt aus
            out    SPL,r28            1    SP ← S
            out    SPH,r29            1
            out    SREG,r3            1    Statusbits restaurieren
            sez                       1    S.3 ← 1 weil nicht erfolgreich
            rjmp   K28LSExit          2    Zurück
```

Alle Adressen von Matrix- und Vektorkoeffizienten werden mit kleinen griechischen Buchstaben bezeichnet. Und zwar ist λ stets die Adresse der gerade behandelten Matrix, also $\lambda = \mathcal{A}(\mathbf{A}) = \mathcal{A}(a_{11})$ oder $\lambda = \mathcal{A}(\mathbf{B}) = \mathcal{A}(b_{11}) = \mathcal{A}(a_{k+1,k+1})$, mit $k = n - m$. Weiter ist ϱ stets die Adresse des Vektors der rechten Seite der Gleichung, also $\varrho = \mathcal{A}(\mathfrak{v}) = \mathcal{A}(v_1)$ oder $\varrho = \mathcal{A}(\mathbf{u}) = \mathcal{A}(u_1) = \mathcal{A}(v_{k+1})$.

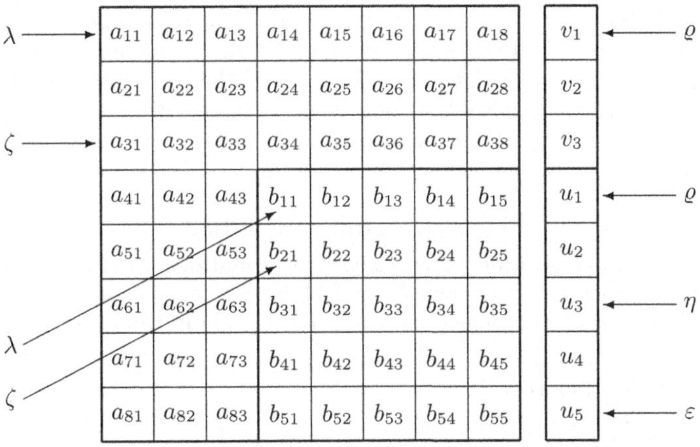

Die Koeffizientenbytes der Matrix $\mathbf{A}$ sind zeilenweise im Speicher angeordnet. Ist daher ζ die Adresse einer Matrixzeile, dann ist die Adresse $\tilde{\zeta}$ der nachfolgenden Zeile gegeben durch $\tilde{\zeta} = \zeta + n$. *Das gilt auch für die Teilmatrizen* $\mathbf{B}$. Ist dagegen σ die Adresse einer Matrixspalte, dann ist die Adresse $\tilde{\sigma}$ der nächsten Spalte gegeben durch $\tilde{\sigma} = \sigma + 1$, was offensichtlich auch für die Teilmatrizen gilt. Die Adresse der p-ten Zeile ist also $\lambda + (p-1)n$, und die Adresse der q-ten Spalte ist $\lambda + q - 1$.

Eine weitere jedoch fixe Adresse ist $\varepsilon = \mathcal{A}(v_n) = \mathcal{A}(u_m)$, die Adresse des letzten Bytes des Vektors $\mathfrak{v}$. Sie wird für das Rückwärtseinsetzen zur Berechnung der Unbekannten gebraucht.

Bei einer singulären Matrix ist das Verfahren rekursiv, das Unterprogramm `K28LinSys` zur Berechnung der Lösung muß sich daher selbst aufrufen können. Es ist jedoch praktischer, die eigentliche Berechnung von einem separaten Unterprogramm K28Lis vornehmen zu lassen, das besonders an die Rekursivität des Verfahrens angepasst werden kann.

Vollständigkeitshalber reagiert das Unterprogramm auch auf den Fall $n = 0$ der leeren Matrix, und zwar mit dem Setzen des Nullbits (Zeilen *4–6*) vor der Rückkehr in das rufende Programm.

Daß für die übergebenen Parameter keine Lösung gefunden werden kann wird bei einem verschachtelten Aufruf von K28Lis entdeckt, möglicherweise beim n-ten Aufruf, beispielsweise mit $\mathbf{A}$ als Nullmatrix und $\mathfrak{v} = (1, \ldots, 1)^{\mathbf{t}}$. Normalerweise (jedenfalls in AVR-Assembler) wird ein Fehlerindikator zurückgegeben, der bei verschachtelten Aufrufen weiter zurückgegeben werden muß. Hier wird jedoch ein einfaches *exception handling* realisiert. Und zwar wird vor dem ersten Aufruf von K28Lis der laufende Wert des Registers **SP** (des Stapelzeigers) in einer Variablen S aufgehoben. Wird die Ausnahmesituation in K28Lis entdeckt, dann wird eine Adresse in K28LinSys angesprungen, an welcher der Stapelzeiger mit dem Inhalt der Variablen **S** geladen und mit dem gesetzten Nullbit als Fehlerindikator in das rufende Program zurückgesprungen wird.

Das Aufbewahren des Stapelzeigers wird in den Zeilen *13–16* durchgeführt. An dieser Stelle führt die Tatsache, daß der Stapelzeiger ein 16-Bit-Register ist, zu keinem Problem.

Die beim Entdecken des Fehlers anzuspringende Adresse K28LSTrap steht in Zeile *33*. Hier muß allerdings berücksichtigt werden, daß der Stapelzeiger nur in zwei Schritten zurückgeladen werden kann. Nach der Restauration des unteren Bytes in Zeile *37* ist der Stapelzeiger als Ganzes in einem unvollständigen Zustand, wird daher zwischen Zeile *37* und Zeile *38* ein Interrupt erzeugt, so kommt es zu einem Systemabsturz. Es darf also zwischen diesen beiden Zeilen kein Interrupt zugelassen werden. Nun können die beiden Zeilen jedoch nicht einfach von den Befehlen cli und sei eingerahmt werden, denn falls beim Betreten von K28LinSys Interrupts zugelassen waren, sind sie es nach dem Befehl sei nicht mehr, was einen sehr unangenehmen Nebeneffekt des Unterprogramms K28LinSys ergäbe. Vor der Restauration des Stapelzeigers muß folglich das Interruptbit aus dem Statusregister ausgelesen (Zeile *35*) und nach der Restauration zurückgeschrieben werden (Zeile *39*). Vollkommene Sicherheit gibt diese Lösung allerdings nicht, denn nach Zeile *35* könnte ein Interrupt den Wert des Interruptbits noch ändern, d.h. in Zeile *39* würde ein falscher Bitwert zurückgeschrieben. Das kann so lange nicht geändert werden wie es keine Semaphorbefehle für AVR gibt (die Befehle las, lac und lat sind immerhin schon angekündigt).

Nach dem Aufbewahren des Stapelzeigers werden zwei Vorarbeiten erledigt. Und zwar wird Register $\mathbf{r}_4$, das im Unterprogramm K28Lis als Nullkonstante dient, zu diesem Zweck mit 00 geladen, und Register $\mathbf{r}_{11:10}$ wird mit der Adresse ε von v_n geladen (Zeilen *17–22*). Und schließlich wird nach erfolgreichem Aufruf von K28Lis in Zeile *24* mit dem gelöschten Nullbit in das rufende Programm zurückgekehrt.

Unterprogramm K28Lis

Es wird eine Lösung der linearen Gleichung $\mathbf{B}\mathfrak{y} = \mathfrak{u}$ berechnet, und zwar ist $\mathbf{B}$ eine (m, m)-Teilmatrix einer (n, n)-Matrix $\mathbf{A}$ mit Koeffizienten im Körper $\mathbb{K}_{2^8}$. Die Teilmatrix wird bestimmt durch $b_{11} = a_{k+1,k+1}$, mit $k = n - m$. Der Vektor $\mathfrak{u}$ ist ein Element von $\mathbb{K}_{2^8}^m$. Die Regularität der Matrix ist **nicht** gefordert.

Input

- $\mathbf{r}_2$ Die Dimension n der Hauptmatrix
- $\mathbf{r}_3$ Die Dimension m der Teilmatrix
- **Y** Die Adresse $\lambda = \mathcal{A}(\mathbf{B}) = \mathcal{A}(b_{11})$
- **Z** Die Adresse $\varrho = \mathcal{A}(\mathfrak{u}) = \mathcal{A}(u_1)$

Falls eine Lösung $\mathfrak{y}$ existiert, wird der Vektor $\mathfrak{u}$ mit ihr überschrieben.
Kann keine Lösung gefunden werden, wird die Adresse K28LSTrap im Unterprogramm K28LinSys angesprungen, der Stapel wird entsprechend justiert.
Die Matrix **B** wird mit dem wesentlichen Teil der erhaltenen Dreiecksmatrix überschrieben.

```
1  K28Lis:   mov    r19,r3        1    r19 ← m
2            cpi    r19,1         1    m = 1?
3            brne   K28Lis20      1/2  Falls m > 1 zur Zeile 17
```

Abhandlung des Spezialfalles $m = 1$

4		`ld`	`r17,Y`	2	$\mathbf{r_{17}} \leftarrow b_{11}$
5		`ld`	`r16,Z`	2	$\mathbf{r_{16}} \leftarrow u_1$
6		`tst`	`r17`	1	$b_{11} = 0?$
7		`brne`	`K28Lis10`	1/2	Falls $b_{11} = 0$:
8		`tst`	`r16`	1	$u_1 = 0?$
9		`skne2`		1/2	Falls $u_1 = 0$:
10		`st`	`Z,r19`	2	$y_1 = u_1 \leftarrow 1$
11		`ret`		4	Zurück ins rufende Programm

Hier ist $b_{11} = 0$, aber $u_1 \neq 0$, d.h. das System $b_{11}y_1 = u_1$ hat keine Lösung

12		`ldi`	`r16,1`	1	$\mathbf{r_{16}} \leftarrow$ Fehlercode 1
13		`rjmp`	`K28LSTrap`	2	Zur Fehleransprungadresse in `K28LinSys`
14	`K28Lis10:`	`rcall`	`K28Div`	3+	$\mathbf{r_{18}} \leftarrow u_1 b_{11}^{-1}$
15		`st`	`Z,r18`	2	$y_1 = u_1 \leftarrow u_1 b_{11}^{-1}$
16		`ret`		4	Zurück ins rufende Programm

Beim Ansprung der nächsten Zeile gilt $m \geq 2$

17	`K28Lis20:`	`movw`	`r15:r14,r29:r28`	1	$\mathbf{r_{15:14}} \leftarrow \lambda_1 = \lambda$
18		`movw`	`r13:r12,r31:r30`	1	$\mathbf{r_{13:12}} \leftarrow \varrho_1 = \varrho$
19		`mov`	`r19,r3`	1	$\mathbf{r_{19}} \leftarrow q = m$, entspricht $d \leftarrow 1$

Der Beginn der Transformationsschleife mit Schleifenzähler q in $\mathbf{r_{19}}$. **Y** enthält hier λ_d, **Z** enthält ϱ_d.

20	`K28Lis22:`	`ld`	`r16,Y`	2	$\mathbf{r_{16}} \leftarrow b_{dd}$
21		`tst`	`r16`	1	$b_{dd} = 0?$
22		`skeq`		1/2	Falls $b_{dd} \neq 0$:
23		`rjmp`	`K28Lis64`	2	Keine Suche, Sprung in die Zeile *139*

Hier ist $b_{dd} = 0$, es ist ein b_{kd} zu suchen mit $b_{kd} \neq 0$ und $k \in \{d+1, \ldots, m\}$

24		`add`	`r28,r2`	1	$\zeta \leftarrow \mathcal{A}(b_{d+1,d}) = \lambda_d + n$, ζ in **Y**
25		`adc`	`r29,r4`	1	
26		`adiw`	`r31:r30,1`	2	$\eta \leftarrow \mathcal{A}(u_{d+1}) = \varrho_d + 1$, η in **Z**
27		`mov`	`r16,r19`	1	$\mathbf{r_{16}} \leftarrow p = q$
28		`dec`	`r16`	1	$\mathbf{r_{16}} \leftarrow p = q - 1$, entspricht $k \leftarrow d + 1$

Beginn der Schleife zur Suche nach $k \in \{d+1, \ldots, m\}$ mit $b_{kd} \neq 0$, Schleifenzähler p in $\mathbf{r_{16}}$

29	`K28Lis24:`	`ld`	`r17,Y`	2	$\mathbf{r_{17}} \leftarrow \zeta^\star = b_{kd}$
30		`tst`	`r17`	1	$b_{kd} \neq 0?$
31		`skeq`		1/2	Falls $b_{kd} \neq 0$:
32		`rjmp`	`K28Lis5C`	2	Zum Zeilentausch ab Zeile *124*
33		`add`	`r28,r2`	1	$\zeta \leftarrow \zeta + n$, d.h. $\zeta \leftarrow \mathcal{A}(b_{k+1,d})$
34		`adc`	`r29,r4`	1	
35		`adiw`	`r31:r30,1`	2	$\eta \leftarrow \eta + 1$, d.h. $\eta \leftarrow \mathcal{A}(u_{k+1})$

Das Ende der Suchschleife von Zeile *29*

36		`dec`	`r16`	1	$p \leftarrow p - 1$, entspricht $k \leftarrow k + 1$
37		`brne`	`K28Lis24`	1/2	Falls $p > 0$ (d.h. $k \leq m - d$) weiter suchen

Es gibt kein $k \in \{d, \ldots, m\}$ mit $b_{kd} \neq 0$, es folgt ein rekursiver Aufruf des Unterprogramms

38		`push4`	`r12,r13,r14,r15`	4×2	ϱ_d und λ_d während des Aufrufs aufbewahren
39		`push2`	`r3,r19`	2×2	m und q während des Aufrufs aufbewahren
40		`mov`	`r3,r19`	1	$m \leftarrow q - 1$
41		`dec`	`r3`	1	

	`inc`	`r2`	1	Vorübergehend $n+1$ in $\mathbf{r_2}$
	`movw`	`r29:r28,r15:r14`	1	$\lambda \leftarrow \lambda_d + n + 1 = \mathcal{A}(b_{d+1,d+1})$
	`add`	`r28,r2`	1	
	`adc`	`r29,r4`	1	
	`dec`	`r2`	1	Wieder n in $\mathbf{r_2}$
	`movw`	`r31:r30,r13:r12`	1	$\varrho \leftarrow \varrho_d + 1 = \mathcal{A}(u_{d+1})$
	`adiw`	`r31:r30,1`	2	

Ein rekursiver Aufruf des Unterprogramms zur Berechnung einer Teillösung

	`rcall`	`K28Lis`	3+	**Selbstaufruf**
	`pop2`	`r19,r3`	2×2	Zurücksetzen von q und m
	`pop4`	`r15,r14,r13,r12`	4×2	Zurücksetzen von λ und ϱ

Es ist zu prüfen ob $s_d = b_{d,d+1}z_1 + \cdots b_{d,m}z_{m-d} = u_d$ gilt (siehe Text)

	`clr`	`r20`	1	$s_d \leftarrow 0$
	`movw`	`r29:r28,r15:r14`	1	$\mathbf{Y} \leftarrow \lambda_d$
	`adiw`	`r29:r28,1`	2	$\mathbf{Y} \leftarrow \zeta = \lambda_d + 1$
	`movw`	`r31:r30,r13:r12`	1	$\mathbf{Z} \leftarrow \varrho_d$
	`adiw`	`r31:r30,1`	2	$\mathbf{Z} \leftarrow \eta = \varrho_d + 1$
	`mov`	`r21,r19`	1	$\mathbf{r_{21}} \leftarrow q$
	`dec`	`r21`	1	$\mathbf{r_{21}} \leftarrow p = q - 1$, entspricht $l \leftarrow d + 1$

Die Schleife zur Berechnung von $s_d = b_{d,d+1}z_1 + \cdots b_{d,m}z_{m-d}$

`K28Lis28:`	`ld`	`r16,Y+`	2	$\mathbf{r_{16}} \leftarrow b_{d,d+l} = \zeta^\star$, $\zeta \leftarrow \zeta + 1$
	`ld`	`r17,Z+`	2	$\mathbf{r_{17}} \leftarrow z_l = \eta^\star$, $\eta \leftarrow \eta + 1$
	`rcall`	`K28Mul`	3+	$\mathbf{r_{18}} \leftarrow b_{d,d+l}z_l$
	`mov`	`r16,r18`	1	$\mathbf{r_{16}} \leftarrow b_{d,d+l}z_l$
	`mov`	`r17,r20`	1	$\mathbf{r_{17}} \leftarrow s$
	`rcall`	`K28Add`	3+	$\mathbf{r_{18}} \leftarrow s_d + b_{d,d+l}z_l$
	`mov`	`r20,r18`	1	$s_d \leftarrow s_d + b_{d,d+l}z_l$
	`dec`	`r21`	1	$p \leftarrow p - 1$, entspricht $l \leftarrow l + 1$
	`brne`	`K28Lis28`	1/2	Nächster Schleifendurchlauf falls $p > 0$ $(l \leq m - d)$
	`movw`	`r31:r30,r13:r12`	1	$\mathbf{Z} \leftarrow \varrho_d$

Falls $s_d \neq u_d$ kann keine Lösung gefunden werden, zur Fehleransprungadresse

	`ld`	`r16,Z`	2	$\mathbf{r_{16}} \leftarrow u_d = \varrho_d^\star$
	`cp`	`r16,r20`	1	$s_d = u_d$?
	`skeq2`		1/2	Falls $s_d \neq u_d$:
	`ldi`	`r16,2`	1	$\mathbf{r_{16}} \leftarrow$ Fehlercode 2
	`rjmp`	`K28LSTrap`	2	Zur Fehleransprungadresse in `K28LinSys`

Es ist $s_d = u_d$, die Unbekannte x_d ist beliebig wählbar:

	`ldi`	`r16,1`	1	$\mathbf{r_{16}} \leftarrow$ `01`
	`st`	`Z,r16`	2	$\varrho_d^\star \leftarrow$ `01`, d.h. $u_d \leftarrow$ `01`

Die Berechnung der verbleibenden Unbekannten x_1 bis x_{d-1} durch Rückwärtseinsetzen

	`dec`	`r19`	1	$\mathbf{r_{19}} \leftarrow q - 1$
	`add`	`r14,r19`	1	$\mathbf{r_{15:14}} \leftarrow \xi = \lambda_d + q - 1$
	`adc`	`r15,r4`	1	
	`inc`	`r19`	1	q in $\mathbf{r_{19}}$ zurück
	`mov`	`r20,r19`	1	$\mathbf{r_{20}} \leftarrow q$
	`inc`	`r20`	1	$\mathbf{r_{20}} \leftarrow p = q + 1$

Beginn der Hauptschleife des Rückwärtseinsetzens

82	K28Lis32:	sub	r14,r2	1	$\xi \leftarrow \xi - n$
83		sbc	r15,r4	1	
84		movw	r27:r26,r15:r14	1	$\mathbf{X} \leftarrow \xi$
85		dec	r20	1	$\mathbf{r_{20}} \leftarrow p - 1$
86		sub	r26,r20	1	$\mathbf{X} \leftarrow \xi - (p-1)$
87		sbc	r27,r4	1	
88		inc	r20	1	$\mathbf{r_{20}}$ enthält wieder p
89		ld	r16,X	2	$\mathbf{r_{16}} \leftarrow a_{ll} = \xi^\star$
90		tst	r16	1	$b_{ll} = \mathtt{00}$?
91		brne	K28Lis36	1/2	Falls $b_{ll} \neq \mathtt{00}$ zur Zeile *100*

Es ist $b_{ll} = \mathtt{00}$, die Unbekannte x_l kann beliebig gewählt werden.

92		movw	r27:r26,r11:r10	1	$\mathbf{X} \leftarrow \varepsilon = \varrho_1 + n - 1$
93		dec	r20	1	$\mathbf{r_{20}} \leftarrow p - 1$
94		sub	r26,r20	1	$\mathbf{X} \leftarrow \xi - (p-1) = \mathcal{A}(u_l)$
95		sbc	r27,r4	1	
96		inc	r20	1	$\mathbf{r_{20}}$ enthält wieder p
97		ldi	r16,1	1	$\mathbf{r_{16}} \leftarrow \mathtt{01}$
98		st	X,r16	2	$u_l \leftarrow \mathtt{01}$
99		rjmp	K28Lis44	2	Sprung zum Schleifenende (Zeile *120*)

Es ist $b_{ll} \neq \mathtt{00}$, d.h. $b_{ll} = \mathtt{01}$: Die Berechnung der Unbekannten x_l durch Rückwärtseinsetzen.

100	K28Lis36:	movw	r29:r28,r15:r14	1	$\mathbf{Y} \leftarrow \xi$
101		adiw	r29:r28,1	2	$\mathbf{Y} \leftarrow \sigma = \xi + 1$
102		movw	r31:r30,r11:r10	1	$\mathbf{Z} \leftarrow \varepsilon$
103		adiw	r31:r30,1	2	$\mathbf{Z} \leftarrow \tau = \varepsilon + 1$
104		clr	r21	1	$s_l \leftarrow \mathtt{00}$
105		mov	r22,r20	1	$\mathbf{r_{22}} \leftarrow p$
106		dec	r22	1	$\mathbf{r_{22}} \leftarrow k = p - 1$

Die Berechnung von $s_l = b_{lm}w_m + \cdots + b_{l,l+1}w_{l+1} = \sum_{i=0}^{p-2} b_{l,m-i}w_{m-i}$.

107	K28Lis40:	ld	r16,-Z	2	$\sigma \leftarrow \sigma - 1$, $\mathbf{r_{16}} \leftarrow \sigma^\star = w_{m-i}$
108		ld	r17,-Y	2	$\tau \leftarrow \tau - 1$, $\mathbf{r_{17}} \leftarrow \tau^\star = b_{l,m-i}$
109		rcall	K28Mul	3+	$\mathbf{r_{18}} \leftarrow b_{l,m-i}w_{m-i}$
110		mov	r16,r18	1	$\mathbf{r_{16}} \leftarrow b_{l,m-i}w_{m-i}$
111		mov	r17,r21	1	$\mathbf{r_{17}} \leftarrow s_l$
112		rcall	K28Add	3+	$\mathbf{r_{18}} \leftarrow s_l + b_{l,m-i}w_{m-i}$
113		mov	r21,r18	1	$s_l \leftarrow s_l + b_{l,m-i}w_{m-i}$
114		dec	r22	1	$k \leftarrow k - 1$
115		brne	K28Lis40	1/2	Falls $k > 0$ zum nächsten Schleifendurchlauf

Die Berechnung der Unbekannten: $w_l = u_l - s_l$

116		ld	r16,-Z	2	$\xi \leftarrow \xi - 1$, $\mathbf{r_{16}} \leftarrow \xi^\star = u_l$
117		mov	r17,r21	1	$\mathbf{r_{17}} \leftarrow s_l$
118		rcall	K28Add	3+	$\mathbf{r_{18}} \leftarrow u_l - s_l$
119		st	Z,r18	2	$w_l \leftarrow u_l - s_l$

Das Ende der Hauptschleife des Rückwärtseinsetzens (nach rekursiven Aufrufen)

120	K28Lis44:	inc	r20	1	$p \leftarrow p + 1$
121		cp	r3,r20	1	$m \geq p$?

122		`brsh`	`K28Lis32`	1/2	Bei $m \geq p$ zurück zum Schleifenanfang (Zeile *82*)

Die normale Rückkehr zu `K28LinSys` mit der Gesamtlösung (nach rekursiven Aufrufen)

123		`ret`		4	

Der Austausch der 1-ten Zeile mit der $(d-k)$-ten Zeile von $\mathbf{B}_d$, dabei $\zeta = \mathcal{A}(b_{kd})$ in **Y** von Zeile *32* her

124	`K28Lis5C:`	`movw`	`r27:r26,r15:r14`	1	$\mathbf{X} \leftarrow \xi = \lambda_d$
125		`mov`	`r16,r19`	1	$\mathbf{r_{16}} \leftarrow p = q$
126	`K28Lis60:`	`ld`	`r17,Y`	2	$\mathbf{r_{17}} \leftarrow \zeta^\star = b_{ki}$
127		`ld`	`r18,X`	2	$\mathbf{r_{18}} \leftarrow \xi^\star = b_{di}$
128		`st`	`Y+,r18`	2	$b_{ki} \leftarrow b_{di},\ \zeta \leftarrow \zeta + 1$
129		`st`	`X+,r17`	2	$b_{di} \leftarrow b_{ki},\ \xi \leftarrow \xi + 1$
130		`dec`	`r16`	1	$p \leftarrow p - 1$
131		`brne`	`K28Lis60`	1/2	Falls $p > 0$ weiter kopieren

Der Austausch von u_d mit u_k, dabei $\eta = \mathcal{A}(u_k)$ in **Z** von Zeile *32* her

132		`movw`	`r27:r26,r13:r12`	1	$\mathbf{X} \leftarrow \varrho_d$
133		`ld`	`r16,X`	2	$\mathbf{r_{16}} \leftarrow \varrho_d^\star = u_d$
134		`ld`	`r17,Z`	2	$\mathbf{r_{17}} \leftarrow \eta^\star = u_k$
135		`st`	`X,r17`	2	$u_d \leftarrow u_k$
136		`st`	`Z,r16`	2	$u_k \leftarrow u_d$

Falls $b_{dd} \neq$ `01` Multiplikation der ersten Zeile von $\mathbf{B}_d$ mit b_{dd}^{-1}

137		`movw`	`r29:r28,r15:r14`	1	$\mathbf{Y} \leftarrow \lambda_d$
138		`movw`	`r31:r30,r13:r12`	1	$\mathbf{Z} \leftarrow \varrho_d$
139	`K28Lis64:`	`ld`	`r17,Y`	2	$\mathbf{r_{17}} \leftarrow \lambda_d^\star = b_{dd}$
140		`cpi`	`r17,1`	1	$b_{dd} =$ `01`?
141		`breq`	`K28Lis72`	1/2	Falls $b_{dd} =$ `01` zu den Subtraktionen in Zeile *155*
142		`rcall`	`K28Inv`	3+	$\mathbf{r_{18}} \leftarrow b_{dd}^{-1}$
143		`mov`	`r17,r18`	1	$\mathbf{r_{17}} \leftarrow b_{dd}^{-1}$ für Aufruf von `K28Mul`
144		`adiw`	`r29:r28,1`	2	$\mathbf{Y} \leftarrow \zeta = \lambda_d + 1$
145		`mov`	`r20,r19`	1	$\mathbf{r_{20}} \leftarrow q$
146		`dec`	`r20`	1	$\mathbf{r_{20}} \leftarrow p = q - 1$

Die Schleife zur Multiplikation der ersten Zeile von $\mathbf{B}_d$ mit b_{dd}^{-1}

147	`K28Lis68:`	`ld`	`r16,Y`	2	$\mathbf{r_{16}} \leftarrow \zeta^\star = b_{di}$
148		`rcall`	`K28Mul`	3+	$\mathbf{r_{18}} \leftarrow b_{di} b_{dd}^{-1}$
149		`st`	`Y+,r18`	2	$b_{di} \leftarrow b_{di} b_{dd}^{-1},\ \zeta \leftarrow \zeta + 1$
150		`dec`	`r20`	1	$p \leftarrow p - 1$
151		`brne`	`K28Lis68`	1/2	Falls $p > 0$ weiter multiplizieren
152		`ld`	`r16,Z`	2	$\mathbf{r_{16}} \leftarrow u_d$
153		`rcall`	`K28Mul`	3+	$\mathbf{r_{18}} \leftarrow u_d b_{dd}^{-1}$
154		`st`	`Z,r18`	2	$u_d \leftarrow u_d b_{dd}^{-1}$

Subtraktion des b_{ld}-fachen der 1. Zeile von $\mathbf{B}_d$ von der l-ten Zeile von $\mathbf{B}_d$, $l \in \{2, \ldots, m-d+1\}$

155	`K28Lis72:`	`movw`	`r29:r28,r15:r14`	1	$\mathbf{Y} \leftarrow \lambda_d$
156		`add`	`r28,r2`	1	$\mathbf{Y} \leftarrow \xi = \lambda_d + n$
157		`adc`	`r29,r4`	1	
158		`movw`	`r25:r24,r13:r12`	1	$\mathbf{U} \leftarrow \varrho_d$
159		`adiw`	`r25:r24,1`	2	$\mathbf{U} \leftarrow \eta = \varrho_d + 1$
160		`mov`	`r20,r19`	1	$\mathbf{r_{20}} \leftarrow q$
161		`dec`	`r20`	1	$\mathbf{r_{20}} \leftarrow p = q - 1 = m - d$, entspricht $k \leftarrow 1$

Die Schleife zum Durchlaufen der 2-ten bis zur $(m-d+1)$-ten Zeile von $\mathbf{B}_d$

162	K28Lis76:	ld	r21,Y	2	$\mathbf{r_{21}} \leftarrow \xi^\star = b_{d+k,d}$
163		tst	r21	1	$b_{d+k,d} = 00$?
164		breq	K28Lis84	1/2	Falls $b_{d+k,d} = 00$ Subtraktion überspringen
165		movw	r27:r26,r29:r28	1	$\mathbf{X} \leftarrow \xi$
166		adiw	r27:r26,1	2	$\mathbf{X} \leftarrow \tau = \xi + 1$
167		movw	r31:r30,r15:r14	1	$\mathbf{Z} \leftarrow \lambda_d$
168		adiw	r31:r30,1	2	$\mathbf{Z} \leftarrow \sigma = \lambda_d + 1$, entspricht $j \leftarrow 1$
169		mov	r22,r19	1	$\mathbf{r_{22}} \leftarrow q$
170		dec	r22	1	$\mathbf{r_{22}} \leftarrow i = q - 1$

Die Schleife zur Subtraktion des b_{ld}-fachen der 1. Zeile von $\mathbf{B}_d$ von der l-ten Zeile von $\mathbf{B}_d$

171	K28Lis80:	mov	r16,r21	1	$\mathbf{r_{16}} \leftarrow b_{d+k,d}$
172		ld	r17,Z+	2	$\mathbf{r_{17}} \leftarrow \sigma^\star = b_{d,d+j}$, $\sigma \leftarrow \sigma + 1$
173		rcall	K28Mul	3+	$\mathbf{r_{18}} \leftarrow b_{d+k,d} b_{d+k,j}$
174		ld	r16,X	2	$\mathbf{r_{16}} \leftarrow \tau^\star = b_{d+k,d+j}$
175		mov	r17,r18	1	
176		rcall	K28Add	3+	
177		st	X+,r18	2	
178		dec	r22	1	
179		brne	K28Lis80	1/2	
180		mov	r16,r21	1	
181		movw	r27:r26,r13:r12	1	
182		ld	r17,X	2	
183		rcall	K28Mul	3+	
184		movw	r31:r30,r25:r24	1	
185		ld	r16,Z	2	
186		mov	r17,r18	1	
187		rcall	K28Add	3+	
188		st	Z,r18	2	
189	K28Lis84:	add	r28,r2	1	
190		adc	r29,r4	1	
191		adiw	r25:r24,1	2	
192		dec	r20	1	
193		brne	K28Lis76	1/2	

Am Ende der großen Transformationsschleife von Zeile *20*: $\lambda_{d+1} \leftarrow \lambda_d + n + 1$ und $\varrho_{d+1} \leftarrow \varrho_d + 1$

194		inc	r2	1	Vorübergehend $n+1$ in $\mathbf{r_2}$
195		add	r14,r2	1	$\lambda_{d+1} \leftarrow \lambda_d + n + 1 = \mathcal{A}(b_{d+1,d+1})$
196		adc	r15,r4	1	
197		dec	r2	1	Wieder n in $\mathbf{r_2}$
198		movw	r29:r28,r15:r14	1	$\mathbf{Y} \leftarrow \lambda_{d+1}$
199		movw	r31:r30,r13:r12	1	
200		adiw	r31:r30,1	2	$\mathbf{Z} \leftarrow \varrho_d + 1 = \mathcal{A}(u_{d+1})$
201		movw	r13:r12,r31:r30	1	$\varrho_{d+1} \leftarrow \varrho_d + 1$
202		dec	r19	1	$q \leftarrow q - 1$, d.h. $d \leftarrow d + 1$
203		cpi	r19,2	1	$q \geq 2$? d.h. $d \leq m - 1$?
204		sklo		1/2	Falls $q \geq 2$:

```
205             rjmp   K28Lis22           2    Zum nächsten Schleifendurchlauf zur Zeile 20
206             ld     r16,Z              2
207             ld     r17,Y              2
208             tst    r17                1
209             brne   K28Lis90           1/2
210             tst    r16                1
211             skne3                     1/2
212             ldi    r18,1              1
213             st     Z,r18              2
214             rjmp   K28Lis94           2
215             ldi    r16,2              1
216             rjmp   K28LSTrap          2
217  K28Lis90:  tst    r16                1
218             breq   K28Lis94           1/2
219             rcall  K28Inv             3+
220             mov    r17,r18            1
221             rcall  K28Mul             3+
222             st     Z,r18              2
223  K28Lis94:  ldi    r19,2              1
224             movw   r13:r12,r31:r30    1
225  K28Lis98:  sub    r28,r2             1
226             sbc    r29,r4             1
227             movw   r27:r26,r29:r28    1
228             mov    r20,r19            1
229             dec    r20                1
230             sub    r26,r20            1
231             sbc    r27,r4             1
232             ld     r16,X              2
233             tst    r16                1
234             brne   K28Lis9C           1/2
235             movw   r27:r26,r31:r30    1
236             sub    r26,r20            1
237             sbc    r27,r4             1
238             ldi    r18,1              1
239             st     X,r18              2
240             rjmp   K28LisA4           2
241  K28Lis9C:  movw   r27:r26,r29:r28    1
242             adiw   r27:r26,1          2
243             movw   r31:r30,r13:r12    1
244             adiw   r31:r30,1          2
245             clr    r21                1
246  K28LisA0:  ld     r16,-Z             2
247             ld     r17,-X             2
248             rcall  K28Mul             3+
249             mov    r16,r18            1
250             mov    r17,r21            1
```

```
251              rcall  K28Add      3+
252              mov    r21,r18     1
253              dec    r20         1
254              brne   K28LisA0    1/2
255              ld     r16,-Z      2
256              mov    r17,r21     1
257              rcall  K28Add      3+
258              st     Z,r18       2
259  K28LisA4:   inc    r19         1
260              cp     r3,r19      1
261              brsh   K28Lis98    1/2
262              ret                4
```

Das Unterprogramm `K28Lis` übernimmt die Hauptarbeit zur Lösung des linearen Gleichungssystems $\mathbf{A}\mathfrak{x} = \mathfrak{v}$, nämlich die Transformation der Matrix $\mathbf{A}$ in eine obere Dreiecksmatrix bei gleichzeitiger Transformation des Konstantenvektors $\mathfrak{v}$ und anschließender Lösung des Dreieckssystems. Um der rekursiven Natur des Verfahrens Rechnung zu tragen werden beide Vorgänge jedoch auf ein Teilsystem $\mathbf{B}\mathfrak{y} = \mathfrak{u}$ angewandt. Darin ist $\mathbf{B}$ eine quadratische (m, m)-Teilmatrix deren rechte untere Ecke mit der von $\mathbf{A}$ zusammenfällt, deren linke obere Ecke daher auf der Hauptdiagonalen von $\mathbf{A}$ liegt (vergleiche dazu die Skizze zum Unterprogramm `K28LinSys` weiter oben). Zur Lösung des Gesamtsystems wird `K28Lis` natürlich mit den Parametern $\mathbf{A}$, $\mathfrak{v}$ und $m = n$ aufgerufen.

Das Unterprogramm benötigt als Paramter nicht nur die Adressen λ von $\mathbf{B}$ und ϱ von $\mathfrak{u}$ nebst der Matrixgröße m von $\mathbf{B}$, sondern auch die Matrixgröße n von $\mathbf{A}$. Denn wie oben schon bemerkt, ist ζ die Adresse einer Matrixzeile von $\mathbf{B}$, dann ist die Adresse $\tilde{\zeta}$ der nachfolgenden Zeile gegeben durch $\tilde{\zeta} = \zeta + n$.

Es wird angenommen, daß die Unterprogramme zur Arithmetik in $\mathbb{K}_{2^8}$, also `K28Div` etc., mit einem relativen Unterprogrammaufruf `rcall` eingesetzt werden können. Sie müssen also im Gesamtprogramm nahe genug bei `K28Lis` liegen. Kann das nicht erreicht werden, sind die Befehle `rcall` durch absolute Befehle `call` zu ersetzen.

Es besteht die Möglichkeit des Aufrufs mit $m = 1$, beispielsweise durch eine Matrix $\mathbf{A}$, die sich von der Nullmatrix nur durch $a_{n,n} \neq 0$ unterscheidet. Um unbequeme (und zeitraubende) Fallunterscheidungen zu vermeiden, wird der Fall $n = 1$ als Sonderfall behandelt. Gleich in den ersten beiden Zeilen des Unterprogramms wird geprüft, ob $m = 1$ vorliegt. Das Gleichungssystem ist dann $b_{11}y_1 = u_1$. Zur Bestimmung der Lösung wird b_{11} in Register $\mathbf{r_{17}}$ und u_1 in Register $\mathbf{r_{16}}$ geladen. Dann wird getestet, ob $b_{11} = 0$ (eigentlich $b_{11} = \mathtt{00}$) gilt. Ist das der Fall, dann ist eine Lösung nur für $u_1 = 0$ möglich. Gilt tatsächlich $u_1 = 0$, dann ist y_1 beliebig wählbar: in Zeile *10* wird u_1 mit der speziellen Lösung $y_1 = 1$ (eigentlich $y_1 = \mathtt{01}$) überschrieben und dann in das rufende Programm zurückgekehrt. Ist dagegen $u_1 \neq 0$, dann wird die Fehleransprungadresse in Zeile *33* des Unterprogramms `K28LinSys` angesprungen (siehe dazu die dortige Diskussion). Wird in Zeile *6* allerdings festgestellt, daß $b_{11} \neq 0$ gilt, dann wird in Zeile *14* die Lösung $y_1 = u_1 b_{11}^{-1}$ berechnet, u_1 wird mit ihr überschrieben und anschließend auf nomalem Wege in das rufende Programm zurückgekehrt.

Wird in Zeile *2* festgestellt, daß $m \geq 2$ als Parameter übergeben wurde, wird in die Zeile *17* gesprungen, um mindestens eine echte Transformation durchzuführen. Dort werden die Adresse λ von $\mathbf{B}$ im Doppelregister $\mathbf{r_{15:14}}$ und die Adresse ϱ von $\mathfrak{u}$ im Register $\mathbf{r_{13:12}}$ abgelegt, um in der folgenden großen Transformationsschleife verfügbar zu sein.

Diese Schleife beginnt in Zeile *20*, endet in Zeile *205* und wird $(m-1)$-mal durchlaufen. Im ersten Durchlauf wird die quadratische Matrix $\mathbf{B}_1 = \mathbf{B}$ der Größe m bearbeitet, im letzten Durchlauf die Matrix $\mathbf{B}_{m-1}$ der Größe 2, deren linke obere Ecke von $b_{m-1,m-1}$ und deren rechte untere Ecke von b_{mm} gebildet wird. Allgemein wird im d-ten Durchlauf, $d \in \{1, \ldots, m-1\}$, die Matrix $\mathbf{B}_d$ der Größe $m - d + 1$ bearbeitet, deren linke obere Ecke von b_{dd} und deren rechte untere Ecke natürlich auch von b_{mm} gebildet wird. Dabei werden auch für $d > 1$ die Elemente von $\mathbf{B}_d$ mit b_{ij} bezeichnet, aber es sind natürlich Matrixelemente, die in den vorangehenden Schleifendurchläufen bereits transformiert wurden und nicht mehr die ursprünglichen Matrixelemente von $\mathbf{B}$. Diese Vereinfachung der Schreibweise ist insoweit gerechtfertigt, als die in einem Schleifendurchlauf vorgenommene Transformation formal und inhaltlich unabhängig von den in den vorangehenden Schleifen durchgeführten Transformationen ist. Für $m = 5$ erhält man so die folgenden Matrizen $\mathbf{B}_1$, $\mathbf{B}_2$, $\mathbf{B}_3$ und $\mathbf{B}_4$:

$$\begin{pmatrix} b_{11} & b_{12} & b_{13} & b_{14} & b_{15} \\ b_{21} & b_{22} & b_{23} & b_{24} & b_{25} \\ b_{31} & b_{32} & b_{33} & b_{34} & b_{35} \\ b_{41} & b_{42} & b_{43} & b_{44} & b_{45} \\ b_{51} & b_{52} & b_{53} & b_{54} & b_{55} \end{pmatrix} \quad \begin{pmatrix} b_{22} & b_{23} & b_{24} & b_{25} \\ b_{32} & b_{33} & b_{34} & b_{35} \\ b_{42} & b_{43} & b_{44} & b_{45} \\ b_{52} & b_{53} & b_{54} & b_{55} \end{pmatrix} \quad \begin{pmatrix} b_{33} & b_{34} & b_{35} \\ b_{43} & b_{44} & b_{45} \\ b_{53} & b_{54} & b_{55} \end{pmatrix} \quad \begin{pmatrix} b_{44} & b_{45} \\ b_{54} & b_{55} \end{pmatrix}$$

Aus praktischen Gründen wird jedoch als Schleifenindex $q = m - d + 1$ verwendet, von $q = m$ im ersten bis zu $q = 2$ im letzten Durchlauf. Der Index q wird in Register $\mathbf{r_{19}}$ gehalten, das Register wird folglich in Zeile *19* mit m vorbesetzt. Die Schleife ist so eingerichtet, daß am Beginn jedes Schleifendurchlaufs Register $\mathbf{Y}$ die Adresse $\lambda_d = \mathcal{A}(b_{dd})$ und $\mathbf{Z}$ die Adresse $\varrho_d = \mathcal{A}(u_d)$ enthält.

Am Beginn eines Schleifendurchlaufs (Zeile *20*) wird geprüft, ob ein Zeilentausch vorgenommen werden muß, ob also $b_{dd} = 0$ gilt. Ist das nicht der Fall, wird die Suche nach einer Matrixzeile mit $b_{kd} \neq 0$ übersprungen mit einem Verzweig in die Zeile *139*.

Es gelte aber $b_{dd} = 0$. Es ist in diesem Fall ein $k \in \{d+1, \ldots, m\}$ mit $b_{kd} \neq 0$ zu suchen. Die Suche wird natürlich in einer Schleife durchgeführt, deren Vorbereitungen ab Zeile *24* getroffen werden. Als Erstes wird in Register $\mathbf{Y}$ die Adresse ζ der zweiten Matrixzeile von $\mathbf{B}$ berechnet. Es ist $\zeta = \mathcal{A}(b_{d+1,d}) = \lambda + n$, die Berechnung erfolgt in den Zeilen *24–25* (zur Erinnerung: in $\mathbf{r_4}$ wird die Konstante $0 = \mathtt{00}$ gehalten, in Zeile *25* wird deshalb der Übertrag von der Addition der vorangehenden Zeile addiert). Weiter wird Register $\mathbf{Z}$ mit der Adresse $\eta = \mathcal{A}(u_{d+1}) = \varrho + 1$ geladen. Die Suchschleife wird von $k = d + 1$ bis maximal $k = m$ durchlaufen. Weil aber der Zeilenindex in der Schleife gar nicht benötigt wird, kann ein Schleifenzähler im Assemblerstil benutzt werden, der eine Variable p von $p = m - 1$ an auf $p = 0$ herunterzählt. Dieser Zähler wird in Register $\mathbf{r_{16}}$ gehalten, das folglich in den Zeilen *27–28* mit $m - 1$ initialisiert wird.

Am Anfang der Schleife in Zeile *29* wird das erste Element $b_{kd} = \zeta^\star$ der k-ten Zeile von $\mathbf{B}_d$ in Register $\mathbf{r_{17}}$ geladen und in der nächsten Zeile auf $b_{kd} = 0$ getestet. Ist das nicht der Fall, wird zum Tausch der k-ten Matrixzeile mit der ersten Matrixzeile von $\mathbf{B}_d$ in die Zeile *124* gesprungen. Register $\mathbf{Y}$ enthält bei diesem Sprung die Adresse ζ des ersten Elementes der k-ten Matrixzeile und Register $\mathbf{Z}$ die Adresse η des entsprechenden Elementes u_k der Konstantenspalte des Gleichungssystems. Ist dagegen $b_{kd} = 0$, dann wird in den Zeilen *33–34* Register $\mathbf{Y}$ mit der Adresse der $(k+1)$-ten Matrixzeile geladen, also mit $\zeta + n = \mathcal{A}(b_{k+1,d})$, und Register $\mathbf{Z}$ wird in der nächsten Zeile mit der Adresse $\eta + 1 = \mathcal{A}(u_{k+1})$ geladen. Es folgt das übliche Ende des Schleifendurchlaufs in den Zeilen *36–37*.

Wird die Suchschleife maximal durchlaufen, wird also die Zeile *38* erreicht, dann gibt es keinen Index $k \in \{d, \ldots, m\}$ mit $b_{kd} \neq 0$. Es wird hier aber nicht aufgegeben, sondern versucht, das Gleichungssystem $\mathbf{B}_{d+1}\mathfrak{y} = \mathfrak{u}_{d+1}$ zu lösen, dabei ist $\mathfrak{u}_{d+1}$ der Konstantenvektor mit den Koeffizienten u_{d+1} bis u_m. Dazu wird das Unterprogramm rekursiv mit den Adressen von $\mathbf{B}_{d+1}$ und $\mathfrak{u}_{d+1}$ als Parameter rekursiv aufgerufen.

Bei diesem Aufruf werden die Werte von $\mathbf{r_{13:12}}$, $\mathbf{r_{15:14}}$, $\mathbf{r_3}$ und $\mathbf{r_{19}}$ (mit den laufenden ϱ, λ, m und q) verändert und deshalb vor dem Aufruf in den Stapel gerettet. Der neu in $\mathbf{r_3}$ zu übergebende Parameter m der Matrixgröße ist offenbar gerade $q - 1$ (zur Erinnerung: q ist der Index der großen Transformationsschleife), Register $\mathbf{r_3}$ wird in den Zeilen *40–41* mit diesem Wert geladen. Der neue λ-Parameter ist $\lambda + n + 1 = \mathcal{A}(b_{d+1,d+1})$, er wird in den Zeilen *42–46* in das Register $\mathbf{Y}$ gebracht, und schließlich wird in $\mathbf{Z}$ der neue ϱ-Parameter $\varrho + 1 = \mathcal{A}(u_{d+1})$ berechnet (Zeilen *47–48*). In Zeile *49* erfolgt endlich der Selbstaufruf von `K28Lis`. Nach dem Aufruf werden die vor dem Aufruf geretteten Registerwerte restauriert.

Zur Illustration sei angenommen, der rekursive Aufruf sei bei $m = 5$ und $d = 2$ erfolgt. Das Gleichungssystem mit der Matrix $\mathbf{B}_2$ hat dann vor dem Aufruf die folgende Gestalt:

$$\mathbf{B}_2\mathfrak{y}_2 = \begin{pmatrix} 0 & b_{23} & b_{24} & b_{25} \\ 0 & b_{33} & b_{34} & b_{35} \\ 0 & b_{43} & b_{44} & b_{45} \\ 0 & b_{53} & b_{54} & b_{55} \end{pmatrix} \begin{pmatrix} y_2 \\ y_3 \\ y_4 \\ y_5 \end{pmatrix} = \begin{pmatrix} u_2 \\ u_3 \\ u_4 \\ u_5 \end{pmatrix} = \mathfrak{u}_2$$

Der rekursive Aufruf versucht, das verkleinerte lineare System

$$\mathbf{B}_3\mathfrak{y}_3 = \begin{pmatrix} b_{33} & b_{34} & b_{35} \\ b_{43} & b_{44} & b_{45} \\ b_{53} & b_{54} & b_{55} \end{pmatrix} \begin{pmatrix} y_3 \\ y_4 \\ y_5 \end{pmatrix} = \begin{pmatrix} u_3 \\ u_4 \\ u_5 \end{pmatrix} = \mathfrak{u}_3$$

zu lösen. Ist der Aufruf erfolgreich, so wird dabei die Matrix $\mathbf{B}_3$ in eine obere Dreiecksmatrix $\mathbf{C}$ und der Vektor $\mathfrak{u}_3$ in den Vektor $\mathfrak{w}$ transformiert, mit der Lösung $\mathfrak{z}$, d.h. das vor dem Aufruf gegebene System hat nach dem Aufruf die Gestalt

$$\begin{pmatrix} 0 & b_{23} & b_{24} & b_{25} \\ 0 & c_{11} & c_{12} & c_{13} \\ 0 & 0 & c_{22} & c_{23} \\ 0 & 0 & 0 & c_{33} \end{pmatrix} \begin{pmatrix} y_2 \\ z_1 \\ z_2 \\ z_3 \end{pmatrix} = \begin{pmatrix} u_2 \\ w_1 \\ w_2 \\ w_3 \end{pmatrix}$$

Dieses System hat aber offensichtlich nur dann eine Lösung, wenn die folgende Bedingung erfüllt ist:

$$0 \cdot y_2 + b_{23}z_1 + b_{24}z_2 + b_{25}z_3 = b_{23}z_1 + b_{24}z_2 + b_{25}z_3 = u_2$$

Im allgemeinen Fall für beliebiges m und $d \in \{1, \ldots, m-1\}$ ist als Bedingung für die Lösbarkeit des Systems die Gültigkeit der Gleichung

$$s_d = u_d \quad \text{mit} \quad s_d = b_{d,d+1}z_1 + b_{d,d+2}z_2 + \cdots + b_{d,m}z_{m-d} \tag{5.12}$$

zu prüfen. Dabei sind die z_j die Komponenten des Lösungsvektors $\mathfrak{z}$ von $\mathbf{B}_{d+1}\mathfrak{z} = \mathfrak{u}_2$. Die Berechnung von s_d beginnt in Zeile *52*, und zwar wird s_d in Register $\mathbf{r_{20}}$ aufaddiert, weshalb es in der Zeile $\mathbf{r_{20}}$ mit dem Startwert `00` geladen wird (immer Arithmetik in $\mathbb{K}_{2^8}$!). Zum Zugriff auf $b_{d,d+l}$ wird Register $\mathbf{Y}$ mit der Adresse $\zeta = \lambda_d + 1$, also mit der Adresse von $b_{d,d+1}$, geladen, entsprechend wird $\mathbf{Z}$ mit der Adresse $\eta = \varrho_d + 1$, also mit der Adresse von u_d, geladen (Zeilen *53–56*). Der Schleifenindex p, gehalten in Register $\mathbf{r_{21}}$, erhält seinen Anfangswert $q - 1$, er wird im Assemblerstil heruntergezählt und die Schleife wird durchlaufen so lange $p > 0$ gilt. Das entspricht wegen $q + d = m + 1$ einem Index l, der mit 1 initialisiert wird und heraufgezählt wird, bis er $m - d$ erreicht (m-d=q-1).

Ein Durchlauf der Additionsschleife beginnt in Zeile *59*. Es wird $\mathbf{r_{16}}$ mit $b_{d,d+l}$ über seine Adresse ζ geladen, die gleichzeitig zum Zugriff auf $b_{d,d+l+1}$ erhöht wird. Entsprechend wird z_l über seine Adresse η geladen (Zeilen *59–60*). Anschließend wird mit dem Unterprogramm `K28Mul` das Produkt $b_{d,d+l}z_l$ berechnet und vom Unterprogramm in Register $\mathbf{r_{18}}$ übergeben. Mit dem Unterprogramm `K28Add` werden dann s_d und das Produkt $b_{d,d+l}z_l$ addiert, das Ergebnis, ebenfalls in $\mathbf{r_{18}}$ übergeben, wird in Register

r20 kopiert, um der neue Wert der Variablen s_d zu werden (Zeilen *62–65*). Die Zeilen *66–67* bilden das übliche Ende einer Schleife mit herabgezähltem Schleifenzähler.

Nach dem Verlassen der Schleife wird Register **r16** mit u_d über seine Adresse ϱ_d in Doppelregister **r13:12** geladen und mit s_d in **r20** verglichen (Zeilen *68–70*). Bei $s_d \neq u_d$ wird mit dem Fehlercode 2 in Register **r16** zur Fehleransprungadresse in Unterprogramm `K28LinSys` verzweigt.

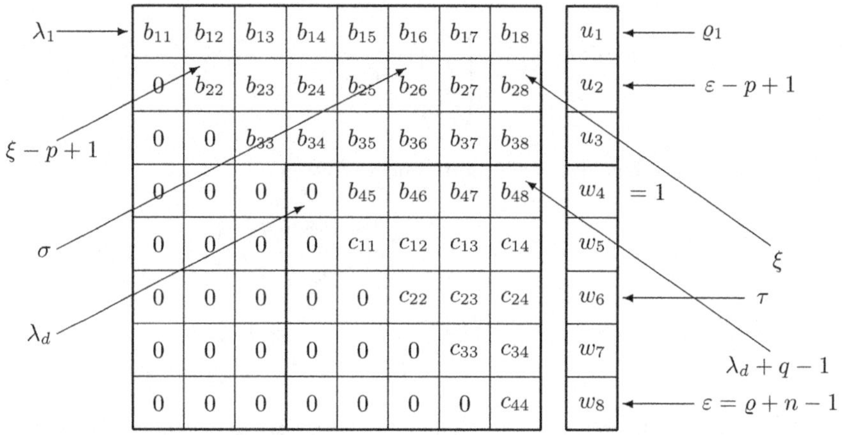

An dieser Stelle, d.h. in Zeile *74* angekommen, ist die Unbekannte x_d beliebig wählbar. Ihr wird der Wert `01` zugewiesen, d.h. die Konstante u_d, deren Adresse ϱ_d noch Inhalt von **Z** ist, wird mit `01` überschrieben.

In der Zeile *76* ist die Konstellation wie in der vorangehenden Skizze dargestellt (für m=8, d=4). Die Unbekannten x_d bis x_n sind bereits berechnet, die Konstanten u_d bis u_n wurden mit den Lösungen w_d bis w_n überschrieben (zur Erinnerung: Die b_{ij} und u_i sind Koeffizienten der transformierten Matrix bzw. des transformierten Konstanenvektors). Die verbleibenden Unbekannten x_1 bis x_{d-1} können durch Rückwärtseinsetzen berechnet werden. So ist beispielsweise

$$b_{33}x_3 + b_{34}w_4 + b_{35}w_5 + b_{36}w_6 + b_{37}w_7 + b_{38}w_8 = u_3$$

Zur Vorbereitung des Rückwärtseinsetzens wird Register **r15:14** mit $\lambda_d + q - 1$ initialisiert, das ist der Startwert der Adresse ξ, die in der Schleife des Rückwärtseinsetzens die Matrixzeilen von rechts nach links durchläuft. Der Schleifenindex p dieser Schleife wird in **r20** geführt, er wird nicht nach Null heruntergezählt, weil der Indexwert in der Schleife eingesetzt wird. Sein Anfangswert ist $q + 1$ und er wird bis zu m hochgezählt. So werden die oberen $d - 1$ Zeilen der Matrix durchlaufen denn es ist $m - (q + 1) + 1 = m - q = d - 1$ wegen $m - d = q - 1$. Das entspricht einem Index l, der bei $l = d - 1$ beginnt und bis zu $l = 1$ zurückgezählt wird, und zwar ist $l + p = m + 1$.

Am Anfang eines Durchlaufs der Hauptschleife des Rückwärtseinsetzens in Zeile *82* wird Register **r15:14** durch Subtraktion von n mit der Adresse ξ des letzten Koeffizienten b_{lm} der l-ten Matrixreihe geladen. Es soll also die Unbekannte x_l bestimmt werden. Nun ist allerdings $b_{ll} =$ `00` möglich, in welchem Fall x_l einen beliebigen Wert annehmen kann. Der Matrixkoeffizient b_{ll} hat offenbar die Adresse $\xi - p + 1$ (siehe die Skizze), daher wird in den Zeilen *84–88* Register **X** mit diesem Wert geladen. Anschließend wird b_{ll} in Register **r16** gelesen und getestet. Ist $b_{ll} \neq$ `00` muß x_l berechnet werden und es wird in die Zeile *100* gesprungen, von der ab diese Rechnung vorbereitet wird.

Ist dagegen $b_{ll} =$ `00`, dann kann x_l irgend ein Wert aus $\mathbb{K}_{2^8}$ zugewiesen werden. Das geschieht ab Zeile *92*. Die Adresse von u_l ist $\varepsilon - p + 1$ wegen $l + p = m + 1$ (siehe die Skizze). Zu ihrer Berechnung wird in Zeile *92* Register **X** zuerst mit der Adresse ε geladen, d.h. mit der Adresse des letzten Koeffizienten des Konstantenvektors (sie wird in den Zeilen *19–22* des Unterprogramms `K28LinSys` in Register **r11:10** vorberechnet). Anschließend wird $p-1$ subtrahiert und die Konstante u_l an der so erhaltenen Adresse mit 01 überschrieben. Schließlich erfolgt ein Sprung an das Schleifenende in die Zeile *120*.

Wird die Zeile *100* erreicht, so ist $b_{ll} \neq 00$. Der genaue Wert ist natürlich bekannt, nach Konstruktion ist $b_{ll} = 01$. Die Unbekannte x_l hat daher den Wert

$$w_l = u_l - b_{lm}w_m + \cdots + b_{l,l+1}w_{l+1} = u_l - \sum_{i=0}^{g} b_{l,m-i}w_{m-i} = u_l - s_l$$

Die obere Grenze der Summe erhält man wie folgt: Aus $m-g = l+1$ folgt $g = m-l-1 = p-1-1 = p-2$ wegen $l+p = m+1$. Man kann es auch inhaltlich klar machen: Die Teilmatrix, deren linke obere Ecke durch b_{ll} gegeben ist, ist eine quadratische $(p-1)$-Matrix.

Zur Berechnung von s_l wird die l-te Zeile der Matrix von b_{lm} nach $b_{l,l+1}$ durchlaufen, also von ganz rechts bis zum Koeffizienten direkt vor der Hauptdiagonalen. Startwert für die Adresse σ zum Durchlauf der Zeile ist $\xi = \mathcal{A}(b_{lm})$ (siehe die Skizze), σ wird dann heruntergezählt. Nun besitzen die AVR-Prozessoren zwar einen Speicherzugriffsbefehl, der gleichzeitig mit dem Zugriff die Zugriffsadresse herunterzählt, doch erfolgt das Herunterzählen in der CPU **vor** dem Speicherzugriff. Das Register $\mathbf{Y}$, das die Adresse σ enthalten soll, wird daher in den Zeilen *100–101* mit $\xi+1$ vorbesetzt! Analog dazu wird der Konstantenvektor von w_m bis w_{l+1}, also von unten nach oben, durchlaufen. Die Adresse τ, mit der durchlaufen wird, hat im Prinzip daher den Anfangswert ε, doch muß analog zur Matrixzeile Register $\mathbf{Z}$, das die Adresse τ enthalten soll, mit $\varepsilon+1$ vorbelegt werden (Zeilen *102–103*). In der folgenden Zeile wird Register $\mathbf{r_{21}}$, in dem s_l aufsummiert werden soll, mit dem Startwert 00 initialisiert. Die Schleife wird $(p-1)$-mal durchlaufen, weil aber nirgendwo auf den Schleifenindex i zugegriffen wird, kann ein assemblerfreundlicher Schleifenzähler k verwendet werden, der mit $p-1$ initialisiert und in der Schleife auf Null heruntergezählt wird.

Am Anfang des i-ten Schleifendurchlaufs ($i = 0,\ldots,p-2$) wird Register $\mathbf{r_{16}}$ mit w_{m-i} und Register $\mathbf{r_{17}}$ mit $b_{l,m-i}$ geladen. Diese beiden Körperelemente werden in Zeile *109* miteinander multipliziert, mit dem Produkt in $\mathbf{r_{18}}$. Das Produkt und der vorige Wert von s_l werden dann addiert (Zeilen *110–112*) und der neue Wert von s_l wird in sein Register $\mathbf{r_{21}}$ kopiert. Es folgt der übliche Schluß eines Schleifendurchlaufs.

Es bleibt jetzt nur noch, $w_l = u_l - s_l$ zu berechnen und u_l mit w_l zu überschreiben. Das erfolgt auf leicht nachvollziehbare Weise in den Zeilen *116–119*.

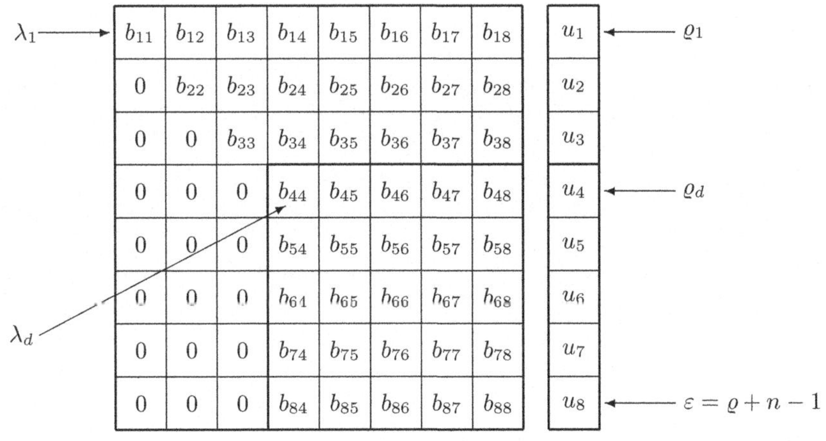

In Zeile *124* beginnt der Austausch der ersten Zeile von $\mathbf{B}_d$ mit der im Vergleich von Zeile *30* gefundenen $(d-k)$-ten Zeile von $\mathbf{B}_d$ (Teil der k-ten Zeile von $\mathbf{B}_1$). Die Situation wird in der vorangehenden Skizze dargestellt. Dazu wird in Zeile *124* Register $\mathbf{X}$ mit λ_d, der Adresse von b_{dd} geladen. Die Adresse ζ von

b_{kd} ist bereits in Register **Y**. In der Austauschschleife werden die b_{di} und b_{ki} durchlaufen, $i = d, \ldots, m$. Weil aber auf den Index i nicht zugegriffen wird, kann ein Schleifenzähler p in $\mathbf{r_{16}}$ benutzt werden, der mit q initialisiert und zu Null heruntergezählt wird. Wegen $q+d = m+1$ sind p und i durch $p+i = m+1$ verbunden. Der Aufbau der Schleife ist simpel: Es werden b_{ki} und b_{di} in Register geladen, dann wird b_{ki} mit b_{di} und b_{di} mit b_{ki} überschrieben.

Ab Zeile *132* werden u_d und u_k auf dieselbe Weise ausgetauscht. Dabei ist die Adresse η von u_k bereits in Register **Z**.

6. Algebraische Grundlagen

Ein erklärtes Ziel der Autoren bei der Abfassung des Buchtextes war es, diesen so weit wie eben möglich von äußeren Quellen unabhängig zu machen. Dieses Ziel auch nur annähernd zu erreichen wurde dadurch schwer gemacht, daß in die Kodierungstheorie recht viel Mathematik eingearbeitet ist. So ist die Theorie endlicher Körper ein sehr schönes Teilgebiet der Mathematik, aber sie steht am Ende einer langen Entwicklung, die unter anderem Polynome, Polynomringe und die Theorie der Körpererweiterungen entält.

Es wäre sicher sehr viel einfacher gewesen, eine Art Nachschlagewerk zu schaffen, das nur die benötigten Begriffe, Definitionen, Sätze usw. enthielt, jedoch keine Argumentketten, Beweise usw. Aber das wäre gleich auf mehrfache Weise unbefriedigend gewesen, insbesondere hätte von der Unabhängigkeit von äußeren Quellen keine Rede mehr sein können.

So haben die Autoren also die nicht unbeträchtliche Arbeit auf sich genommen, so viel wie möglich der im Buch verwendeten Mathematik als homogenes Ganzes darzustellen. Daraus folgt natürlich, daß nun in diesem mathematischen Anhang mehr mathematisches Material enthalten ist, als tatsächlich gebraucht wird. Daraus folgt aber auch, daß im Buch die Bezeichnungsweisen und die Nomenklatur durchgängig einheitlich verwendet werden. Das ist in Texten über ein doch recht anwendungsorientiertes Gebiet, wie es die Kodierungstheorie darstellt, durchaus nicht immer der Fall.

6.1. Kongruenzrelationen und Teilbarkeit

Die Menge $\mathbb{Z}$ der ganzen Zahlen weist den Mangel auf, daß nicht beliebig dividiert werden kann. Dieser Mangel wird jedoch durch einen Divisionsersatz etwas gemildert, nämlich durch die Division mit Teilerrest. Sie kann zunächst für natürliche Zahlen wie folgt formuliert werden:

S 6.1.1 (Division mit Teilerrest) Zu gegebenen $u \in \mathbb{N}_+$ und $v \in \mathbb{N}$ gibt es eindeutig bestimmte $q, r \in \mathbb{N}$ mit

$$v = qu + r \quad \text{und} \quad 0 \leq r \leq u - 1 \tag{6.1}$$

Darin ist q der Quotient der Division von v mit u und r ist der Teilerrest.

Zum Beweis kann man die Wohlordung von $\mathbb{N}$ nutzen. Daß $\mathbb{N}$ wohlgeordnet ist bedeutet, daß jede nicht leere Teilmenge von $\mathbb{N}$ ein kleinstes Element besitzt. Man konstruiert dazu die Menge R aller Kandidaten für ein r und zeigt, daß deren kleinstes Element die geforderten Eigenschaften hat. Diese Menge ist

$$R = \{v - pu \mid p \in \mathbb{N}\} \cap \mathbb{N}$$

Die Menge enthält mindestens ein Element, denn es gilt $v = v - 0 \cdot u \in R$. Sie hat als nicht leere Teilmenge von $\mathbb{N}$ ein kleinstes Element r, für ein gewisses $q \in \mathbb{N}$ ist also $r = v - qu$. Daß r das kleinste Element von R ist bedeutet, daß eine natürliche Zahl s mit $s < r$ nicht zu R gehört. Es ist jetzt $0 \leq r \leq u - 1$ zu zeigen. Es ist natürlich $0 \leq r$. Angenommen, es ist $r \geq u$. Daraus folgt $r - u \in R$ wegen $0 \leq r - u = v - qu - u = v - (1 + q)u$. Nun ist jedoch $r - u < r$, d.h. es ist auch $r - u \notin R$, ein Widerspruch. Also ist doch $r < u$ oder $r \leq u - 1$.

Um die Eindeutigkeit zu zeigen sei angenommen es gebe zwei Zahlenpaare q_1,r_1 und q_2, r_2 mit $q_1u + r_1 = v = q_2u + r_2$ und $0 \leq r_1, r_2 \leq u - 1$. O.B.d.A. kann $r_1 \geq r_2$ angenommen werden. Man erhält $(q_1 - q_2)u = r_1 - r_2 \geq 0$, also ist $(q_1 - q_2) \geq 0$ wegen $u > 0$. Aus $0 \leq r_1, r_2 < u$ folgt aber $r_1 - r_2 < u$, d.h. es gilt $(q_1 - q_2)u < u$. Das ist mit natürlichen Zahlen nur bei $(q_1 - q_2) = 0$ möglich. Aus $q_1 = q_2$ folgt dann unmittelbar $r_1 = r_2$.

Die Division mit Rest kann auf $v \in \mathbb{Z}$ ausgedehnt werden. Es sei also $v \in \mathbb{Z}$ und $v < 0$. Dann ist $-v > 0$, es gibt daher $p, s \in \mathbb{N}$ mit -v=pu+s und $0 \leq s \leq u - 1$. Falls $s = 0$ ist $v = (-p)u + 0$, d.h. $q = -p$ und $r = 0$. Es sei daher $s > 0$. Das bedeutet $1 \leq s \leq u - 1$, woraus $-1 \geq -s \geq 1 - u$ und dann durch Addition von u schließlich $u - 1 \geq u - s \geq 1$ folgt. Dann ist aber $v = (-p)u + (-s) = (-p - 1)u + (u - s)$ die gewünschte Zerlegung, mit dem Quotienten $q = -(p + 1)$ und dem Rest $r = u - s$.

Es ist jetzt möglich, auf ganz $\mathbb{Z}$ die Teilerrestfunktion bezüglich einer Zahl $m \in \mathbb{N}_+$ zu definieren.

D 6.1.1 (Teilerrestfunktion) Es sei $m \in \mathbb{N}_+$ eine positive natürliche Zahl. Die Abbildung $\varrho_m : \mathbb{Z} \longrightarrow \{0, 1, \ldots, m - 1\}$ ist definiert durch

$$\varrho_m(u) = r \tag{6.2}$$

Darin ist r der eindeutig bestimmte Teilerrest aus der Division mit Teilerrest (6.1), und zwar als $u = qm + r$.

Die klassische Bezeichnung dieser Funktion ist $\varrho_m(u) = u \bmod m$, sie wird im Buch auch benutzt, ist aber unbrauchbar, wenn der Teilerrest als eine für alle ganzen Zahlen gegebene Funktion eingesetzt werden soll.

Ein einfaches Beispiel für die Division mit Teilerrest: Für die beiden Zahlen $v = 987654321$ und $u = 123456789$ erhält man

$$987654321 = 8 \cdot 123456789 + 9 \qquad \varrho_{123456789}(987654321) = 987654321 \bmod 123456789 = 9$$

Einige der folgenden Eigenschaften der Teilerrestfunktion sind besonders nützlich, wenn der Teilerrest großer Zahlen berechnet werden soll.

S 6.1.2 (Eigenschaften der Teilerrestfunktion) Es seien $u, v \in \mathbb{Z}$ und $m \in \mathbb{N}_+$. Dann gilt

$$\varrho_m(u) = \varrho_m(u + vm) \tag{6.3a}$$
$$\varrho_m(u) = \varrho_m\big(\varrho_m(u)\big) \tag{6.3b}$$
$$\varrho_m(u + v) = \varrho_m\big(\varrho_m(u) + \varrho_m(v)\big) \tag{6.3c}$$
$$\varrho_m(uv) = \varrho_m\big(\varrho_m(u)\varrho_m(v)\big) \tag{6.3d}$$
$$\varrho_m(u^n) = \varrho_m\big(\varrho_m(u)^n\big) \tag{6.3e}$$

Gleichung (6.3c) gilt auch für beliebige endliche Summen und (6.3d) für beliebige endliche Produkte.

Zu (6.3a): Es sei $u = qm + r$, also $r = \varrho_m(u)$, und $u + vm = pm + s$, also $s = \varrho_m(u + vm)$. Umformen ergibt $u = (p - v)m + s$, und aus der Eindeutigkeit des Teilerrestes folgt $r = s$.

Zu (6.3b): Es sei $u = qm + r$, also $r = \varrho_m(u)$, und $\varrho_m(u) = pm + s$, also $s = \varrho_m\big(\varrho_m(u)\big)$. Aus beiden Gleichungen erhält man $u - qm = r = pm + s$ oder $u = (q+p)m + s$. Aus der Eindeutigkeit des Teilerrestes folgt wieder $r = s$.

Zu (6.3c): Es sei $u = qm + r$, also $r = \varrho_m(u)$, und $v = pm + s$, also $s = \varrho_m(v)$. Daraus erhält man mit (6.3a) $\varrho_m(u + v) = \varrho_m\big((q + p)m + r + s\big) = \varrho_m(r + s) = \varrho_m\big(\varrho_m(u) + \varrho_m(v)\big)$. Die Gleichung (6.3d) wird ebenso gezeigt wie Gleichung (6.3c), und (6.3e) folgt mit einfacher Induktion aus (6.3d).

Mit (6.3e) können die Teilerreste von Potenzen von ganzen Zahlen mit wenig Rechenaufwand bestimmt werden. Beispielsweise ist $\varrho_9(10) = \varrho_3(10) = 1$, folglich gilt $\varrho_9(10^n) = \varrho_3(10^n) = 1$. Ebenso ist $\varrho_{111}(1000^n) = 1$ wegen $\varrho_{111}(1000) = 1$.

Die Teilerrestfunktionen erzeugen auf natürliche Weise eine Klasseneinteilung von $\mathbb{Z}$ in Teilmengen $R_{\mu,m}$, $\mu \in \{0, 1, \ldots, m-1\}$, und zwar sind diese Teilmengen gegeben durch

$$R_{\mu,m} = \varrho_m^{-1}[\{\mu\}] \quad \mu \in \{0, 1, \ldots, m-1\} \tag{6.4}$$

Ein $u \in \mathbb{Z}$ ist also genau dann ein Element von $R_{\mu,m}$ wenn $\varrho_m(u) = \mu$ gilt. Daß die $R_{\mu,m}$ eine Klasseneinteilung von $\mathbb{Z}$ bilden bedeutet, daß ihre Vereinigungsmenge ganz $\mathbb{Z}$ ist und daß sie paarweise disjunkt sind:

$$\bigcup_{\mu \in \{0,1,\ldots,m-1\}} R_{\mu,m} = \mathbb{Z} \quad \text{und} \quad \mu, \nu \in \{0, 1, \ldots, m-1\} \land \mu \neq \nu \implies R_{\mu,m} \cap R_{\nu,m} = \emptyset \tag{6.5}$$

Diese beiden Eigenschaften sind ganz offensichtlich erfüllt. Denn ist $u \in \mathbb{Z}$, dann ist $u \in R_{\varrho_m(u),m}$. Ist weiter $u \in R_{\mu,m} \cap R_{\nu,m}$, dann gilt $\varrho_m(u) = \mu$ und $\varrho_m(u) = \nu$, woraus $\mu = \nu$ folgt, denn

ϱ_m ist eine Abbildung[1] (ein Element kann nur auf ein Element abgebildet werden). Wegen der Äquivalenzkette $u \in R_{\mu,m} \Leftrightarrow \varrho_m(u) = \mu \Leftrightarrow u = qm + \mu$ haben die $R_{\mu,m}$ die folgende Gestalt:

$$R_{\mu,m} = \{um + \mu \mid u \in \mathbb{Z}\} \tag{6.6}$$

Jede Klasseneinteilung einer Menge gibt Anlass zu einer Äquivalenzrelation auf dieser Menge. Im Falle der mit den $R_{\mu,m}$ gebildeten Klasseneinteilung von $\mathbb{Z}$ führt das zu

D 6.1.2 (Kongruenzrelation modulo m) Für $u, v \in \mathbb{Z}$ sei

$$u \equiv_m v :\Longleftrightarrow \varrho_m(u) = \varrho_m(v) \tag{6.7}$$

Zwei ganze Zahlen sind genau dann kongruent modulo m wenn sie bezüglich m denselben Teilerrest haben. Die Relation wird auch $u \equiv v \bmod m$ oder $u \equiv v(m)$ geschrieben.

Beispiele wurden schon gegeben, sie müssen nur noch in die Kongruenzschreibweise umgeformt werden. Aus $\varrho_9(10^n) = 1$ wird $10^n \equiv_9 1$, und aus $\varrho_{111}(1000^n) = 1$ wird $1000^n \equiv_{111} 1$.

Im folgenden Satz werden einige der äquivalenten Bedeutungen der Kongruenz modulo m zweier ganzer Zahlen zusammengestellt:

S 6.1.3 Für $u, v \in \mathbb{Z}$ sind die folgenden Aussagen äquivalent:

(i) $\varrho_m(u) = \varrho_m(v)$

(ii) Es gibt ein $\mu \in \{0, 1, \ldots, m-1\}$ mit $u \in R_{\mu,m}$ und $v \in R_{\mu,m}$

(iii) $\{nm + u \mid n \in \mathbb{Z}\} = \{nm + v \mid n \in \mathbb{Z}\}$

Jede der drei Aussagen ist also zu $u \equiv_m v$ äquivalent.

Der Beweis wird sehr ökonomisch im Ringschluss geführt. Aussage **(ii)** erhält man aus **(i)** mit $\varrho_m(u) = \mu = \varrho_m(v)$. Zu **(ii)** $\Rightarrow$ **(iii)**: Nach Voraussetzung ist $u = n_u m + \mu$ und $v = n_v m + \mu$. Aus $x \in \{nm + u \mid n \in \mathbb{Z}\}$ folgt $x = nm + u$ für ein $n \in \mathbb{Z}$ und daraus

$$x = nm + n_u m + \mu = nm + n_u m + v n_v m = v + (n + n_u - n_v)m \in \{nm + v \mid n \in \mathbb{Z}\}$$

Zu **(iii)** $\Rightarrow$ **(i)**: Nach Division mit Teilerrest ist $u = q_u m + r_u$ mit dem eindeutig bestimmtem Rest $0 \leq r_u \leq m-1$. Dann ist aber $r_u = u - q_u m \in \{nm + v \mid n \in \mathbb{Z}\}$ und deshalb $r_u = nm + v$ oder $v = -nm + r_v$ für ein $n \in \mathbb{Z}$. Das ist nun die Division mit Teilerrest bezüglich v und m, d.h. $v = q_v m + r_v$, mit $r_v = r_u$. Wegen der Eindeutigkeit des Teilerrestes ist $r_u = r_v$, d.h. **(i)**.

Für jedes $u \in R_{\mu,m}$ gilt $u \equiv_m \mu$ und daher $R_{\mu,m} = \{nm + u \mid n \in \mathbb{Z}\}$. Jedes Element einer Kongruenzklasse kann daher als Repräsentant der Klasse dienen, nicht nur das Element zwischen 0 und $m-1$ (hier immer μ genannt).

Es gilt stets $-1 \equiv_m m - 1$. Denn mit $x \in R_{\mu,m}$ ist natürlich auch $x + m, x - m \in R_{\mu,m}$. Aus $-1 \in R_{\mu,m}$ folgt daher $m-1 = -1+m \in R_{\mu,m}$, und aus $m-1 \in R_{\mu,m}$ folgt $-1 = m-1-m \in R_{\mu,m}$.

Mit Kongruenzen kann nahezu so gerechnet werden wie mit Gleichungen. Das ist nicht verwunderlich, denn die Kongruenz zweier Zahlen ist zur Gleichheit ihrer Kongruenzklassen äquivalent. Beispielsweise kann auf beiden Seiten einer Kongruenz ein Term addiert werden, ohne die Kongruenz zu ändern. Die einzige Ausnahme ist, daß nicht auf beiden Seiten einer Kongruenz ein

[1]Diese Möglichkeit der Klasseneinteilung einer Menge ist keine besondere Eigenschaft von ϱ_m, jede surjektive Abbildung $f\colon A \longrightarrow B$ ergibt mit (6.4) eine Klasseneinteilung von A.

Faktor herausgekürzt werden kann. Aus $2u \equiv_m 2v$ folgt also nicht unbedingt $u \equiv_m v$. So ist beispielsweise $6 \equiv_6 12$, aber nach dem Kürzen hat man $1 \not\equiv_6 2$. Hier sind nun die elementaren Eigenschaften von Kongruenzen:

S 6.1.4 (Eigenschaften von $\equiv_m$) Es sei $s, t, u, v \in \mathbb{Z}$.

(i) $s \equiv_m t \;\Rightarrow\; su \equiv_m tu$

(ii) $s \equiv_m t \;\wedge\; t \equiv_m u \;\Rightarrow\; s \equiv_m u$

(iii) $s \equiv_m t \;\wedge\; u \equiv_m v \;\Rightarrow\; s + u \equiv_m t + v$

(iv) $s \equiv_m t \;\wedge\; u \equiv_m v \;\Rightarrow\; su \equiv_m tv$

Die Beweise sind sehr leicht zu führen, als Beispiel wird **(iii)** vorgeführt. Aus den Voraussetzungen folgt $\varrho_m(s) = \varrho_m(t)$ und $\varrho_m(u) = \varrho_m(v)$. Das ergibt

$$\varrho_m(s+u) = \varrho_m\big(\varrho_m(s) + \varrho_m(u)\big) = \varrho_m\big(\varrho_m(t) + \varrho_m(v)\big) = \varrho_m(t+v)$$

Es ist jetzt an der Zeit, den Begriff der Teilbarkeit einzuführen. Es ist im Wesentlichen eine weitere Facette der Teilerrestfunktion. Die Definition ist wie folgt:

D 6.1.3 (Teiler und Teilbarkeit) Ein $u \in \mathbb{Z}$ teilt ein $v \in \mathbb{Z}$, wenn es ein $p \in \mathbb{Z}$ gibt mit $v = pu$. In Zeichen:

$$u \mid v \;:\Longleftrightarrow\; \bigvee_{p \in \mathbb{Z}} v = pu \tag{6.8}$$

Es ist dann u ein Teiler von v. T_v sei die Menge der **positiven** Teiler von v.

Aus der Definition folgt, daß 0 jede ganze Zahl als Teiler hat, also $\mathsf{T}_0 = \mathbb{N}_+$, und daß 0 nur Teiler von sich selbst ist, d.h. $0 \nmid v$ für $v \neq 0$. Die Teilbarkeit ist eine Relation auf $\mathbb{Z}$, einige einfache Eigenschaften sind:

S 6.1.5 (Eigenschaften der Teilbarkeitsrelation) Für $u, v, w \in \mathbb{Z} \setminus \{0\}$ gelten die folgenden Aussagen:

(i) $u \mid u$ (Reflexivität)

(ii) $u \mid v \wedge v \mid w \;\Rightarrow\; u \mid w$ (Transitivität)

(iii) $u \mid v \wedge v \mid u \;\Rightarrow\; u = v \vee u = -v$

(iv) Falls $u, v \in \mathbb{N}_+$: $u \mid v \wedge v \mid u \;\Rightarrow\; u = v$ (Antisymmetrie)

(v) $u \mid v \iff -u \mid v$

(vi) $u \mid v \iff \varrho_{|u|}(v) = 0$

(vii) $u \mid v \iff v \equiv_{|u|} 0$

(viii) $u \mid v - w \iff v \equiv_{|u|} w$

Die Beweise ergeben sich nahezu direkt durch das Ersetzen des Definierten (z.B. $u \mid v$) durch das Definierende. Z.B. erhält man bei **(iii)** $v = pu$ und $u = qv$, also $v = pqv$. Das ist in $\mathbb{Z}$ nur für $p, q \in \{-1, 1\}$ möglich und in $\mathbb{N}_+$ nur für $p = q = 1$ (daher **(iv)**). Zur Aussage **(vi)** sei $u \mid v$, also $v = pu$. Bei $u > 0$ bedeutet das $\varrho_u(v) = 0$. Bei $u < 0$ ist $-u > 0$ und $v = (-p)(-u)$, daher $\varrho_{-u}(v) = 0$. Das heißt insgesamt $\varrho_{|u|}(v) = 0$. Umgekehrt gelte $\varrho_{|u|}(v) = 0$ und damit $v = p\,|u|$.

Bei $u > 0$ gilt schon $u \mid v$. Bei $u < 0$ ist $|u| = -u$ und daher $v = p(-u) = (-p)u$, d.h. $u \mid v$.
(**vii**) folgt unmittelbar aus (**viii**) mit $w = 0$.
Zum Beweis von (**viii**):
Es sei zuerst $u \mid v - w$ vorausgesetzt, und zwar zunächst mit $u > 0$. Es gibt ein $q \in \mathbb{Z} \setminus \{0\}$ mit $v - w = qu$. Weiter gibt es $a, b, r, s \in \mathbb{Z}$ mit $v = au + r$, $w = bu + s$ und $0 \leq r < u$ und $0 \leq s < u$. Aus den beiden Ungleichungen folgt $|r - s| < u$. Einsetzen ergibt $v - w = au + r - bu - s = qu$, daraus $r - s = u(q + b - a) = ut$. Nun ist einerseits $|r - s| < u$ und andererseits $|ut| \geq |u|$ für $t \geq 1$, die Gleichung ist daher nur möglich für $t = 0$ und $r - s = 0$. Aber $r = s$ bedeutet gerade $\varrho_u(v) = \varrho_u(w)$. Falls $u < 0$ ist $-u > 0$ und $-u \mid w - v$, wie eben gezeigt folgt daraus $w \equiv_{-u} v$. Das ergibt insgesamt die Behauptung.
Umgekehrt gelte jetzt $v \equiv_{|u|} w$. Das bedeutet $r = \varrho_{|u|}(v) = \varrho_{|u|}(w) = s$. Es gibt $q, p \in \mathbb{Z}$ mit $v = q\,|u| + r$ und $w = p\,|u| + s$, daraus $v - q\,|u| = r = s = w - p\,|u|$ oder $v - w = |u|\,(q - p)$. Falls $u > 0$ gilt also $u \mid v - w$. Falls $u < 0$ gibt es wie gezeigt ein $t \in \mathbb{Z}$ mit $v - w = t(-u) = (-t)u$, daher ebenfalls $u \mid v - w$.

Es folgen einige Beispiele zur Teilbarkeitsrelation. Für jedes $n \in \mathbb{N}_+$ gilt $6 \mid n^3 - n$. Es ist nämlich $n^3 - n = (n-1)n(n+1)$. Die Behauptung folgt nun daraus, daß von drei aufeinander folgenden natürlichen Zahlen (genau) eine durch 3 teilbar und mindestens eine durch 2 teilbar ist. Es gibt nämlich $q, r \in \mathbb{N}$ mit $n = 3q + r$, mit $0 \leq r < 3$. Ist $r = 0$, gilt $3 \mid n$. Ist $r = 1$ hat man $n - 1 = 3(q + 1)$, d.h. $3 \mid n - 1$, und ist $r = 2$ dann ergibt sich $n + 1 = 3(q + 1)$, also $3 \mid n + 1$. Und natürlich enthalten drei aufeinander folgende natürliche Zahlen mindestens eine gerade Zahl.

Das zweite Beispiel ist die bekannte Teilbarkeitsregel, daß eine Dezimalzahl genau dann durch 9 teilbar ist, wenn das für ihre Quersumme gilt. Mit $c_\nu \in \{0, 1, \ldots, 9\}$ kann das wie folgt formuliert werden:

$$9 \,|\sum_{\nu=0}^{n} c_\nu 10^\nu \iff 9 \,|\sum_{\nu=0}^{n} c_\nu \tag{6.9}$$

Der Beweis wird am einfachsten mit der Kongruenzrelation geführt. Wegen $10 \equiv_9 1$ ist auch $10^\nu \equiv_9 1$ und $c_\nu 10^\nu \equiv_9 c_\nu$, daraus folgt für die Summen

$$\sum_{\nu=0}^{n} c_\nu 10^\nu \equiv_9 \sum_{\nu=0}^{n} c_\nu$$

woraus sich die Behauptung direkt ergibt:

$$\sum_{\nu=0}^{n} c_\nu 10^\nu \equiv_9 0 \iff \sum_{\nu=0}^{n} c_\nu \equiv_9 0$$

Eine ebenfalls bekannte Teilbarkeitsregel ist

$$11 \,|\sum_{\nu=0}^{n} c_\nu 10^\nu \iff 11 \,|\sum_{\nu=0}^{n} (-1)^\nu c_\nu \tag{6.10}$$

Es ist nämlich $10 \equiv_{11} -1$, also $10^\nu \equiv_{11} (-1)^\nu$ und $c_\nu 10^\nu \equiv_{11} (-1)^\nu c_\nu$, woraus sich durch Addition

$$\sum_{\nu=0}^{n} c_\nu 10^\nu \equiv_{11} \sum_{\nu=0}^{n} (-1)^\nu c_\nu$$

ergibt. Daran kann die Behauptung direkt abgelesen werden:

$$\sum_{\nu=0}^{n} c_\nu 10^\nu \equiv_{11} 0 \iff \sum_{\nu=0}^{n} (-1)^\nu c_\nu \equiv_{11} 0$$

Als weiteres Beispiel wird durch Rechnen mit Kongruenzen gezeigt, daß die folgende Kongruenz für alle $n \in \mathbb{N}$ wahr ist:

$$6 \cdot 4^n \equiv_9 6 \tag{6.11}$$

Der einfache Trick besteht darin, ein n zu finden mit $4^n \equiv_9 1$. Das ist leicht zu finden, denn wegen $64 = 7 \cdot 9 + 1$ ist $4^3 \equiv_9 1$. Es werden nun drei Fälle unterschieden: $n = 3m$, $n = 3m + 1$ und $n = 3m+2$, mit $m \in \mathbb{N}$. Im ersten Fall ist $4^n = 64^m \equiv_9 1$, woraus die Behauptung folgt. Im zweiten Fall ist $4^n = 4 \cdot 64^m \equiv_9 4$, das ergibt $6 \cdot 4^n \equiv_9 4 \cdot 6 \equiv_9 6$. Im letzen Fall ist $4^n = 16 \cdot 64^m \equiv_9 16 \equiv_9 7$ und damit $6 \cdot 4^n \equiv_9 7 \cdot 6 \equiv_9 6$.

Es gibt noch viele Zusammenhänge zwischen der Teilbarkeitsrelation und den Kongruenzrelationen. Einen solchen sehr nützlichen Zusammenhang beschreibt der nächste Satz:

S 6.1.6 Es seien $u, v \in \mathbb{Z}$ und $n, m \in \mathbb{N}_+$.

$$u \equiv_m v \land n \mid m \implies u \equiv_n v \tag{6.12}$$

Sind u und v kongruent modulo m und wird m von n geteilt, dann sind u und v auch kongruent modulo n.

Nach den Voraussetzungen gibt es ein $a \in \mathbb{Z}$ mit $u - v = am$ und ein $k \in \mathbb{N}_+$ mit $m = kn$. Daraus folgt $u - v = kn$.

Beispielsweise ist $25 \equiv_{12} 49$, woraus $25 \equiv_6 49$, $25 \equiv_4 49$, $25 \equiv_3 49$ und $25 \equiv_2 49$ folgt. Ein weiteres Beispiel gibt noch (6.11) mit der Folgerung $6 \cdot 4^n \equiv_3 6$.

Die nun fällige Einführung des größten gemeinsamen Teilers kann gut mit einem Abstecher in das Gebiet der Ordnungsrelationen motiviert werden. Denn nach **S 6.1.5** erfüllt die Teilbarkeitsrelation eingeschränkt auf $\mathbb{N}_+$ die für eine Halbordnung geforderten Eigenschaften der Reflexivität, Transitivität und Antisymmetrie:

D 6.1.4 (Halbordnung) Eine Relation $\preccurlyeq$ auf einer Menge M ist eine Halbordung, wenn sie für alle $x, y, z \in M$ die folgenden Eigenschaften besitzt:

Reflexivität	$x \preccurlyeq x$
Transitivität	$x \preccurlyeq y \land y \preccurlyeq z \implies x \preccurlyeq z$
Antisymmetrie	$x \preccurlyeq y \land y \preccurlyeq x \implies x = y$

Die gewöhnliche Ordnungsrelation $\leq$ von $\mathbb{Z}$ ist natürlich eine Halbordnung, die auf $\mathbb{N}_+$ eingeschränkte Teilbarkeitsrelation $\mid$ nach **S 6.1.5** ebenfalls. Ein weiteres Beispiel ist die Mengeninklusion $\subseteq$. Die Teilbarkeitsrelation auf ganz $\mathbb{Z}$ ist keine Halbordung, weil die Antisymmetrie nicht garantiert ist.

Was eine Halbordnung von einer totalen Ordnung (oder linearen Ordnung, auch einfach nur Ordnung) unterscheidet ist die fehlende Konnexität: In einer totalen Ordnung gilt für zwei Element x und y stets $x \preccurlyeq y$ oder $y \preccurlyeq x$. Bei einer Halbordnung kann es Elemente geben, die bezüglich der Ordnungsrelation nicht vergleichbar sind. Beispiele für Halbordnungen, die keine totale Ordnungen sind, liefern alle Potenzmengen von Mengen mit mindestens zwei Elementen, die mit der Mengeninklusion $\subseteq$ versehen werden. Z.B. ist für $x \neq y$ zwar $\{x\} \subseteq \{x,y\}$, aber nicht $\{x,y\} \subseteq \{x\}$. Ein hier mehr interessierendes Beispiel gibt natürlich die Teilbarkeitsrelation. Z.B. ist $2 \mid 6$, aber nicht $6 \mid 2$.

Es können jetzt größte, kleinste, maximale, minimale usw. Elemente von Teilmengen halbgeordneter Mengen definiert werden. Um den größten gemeinsamen Teiler zu motivieren genügt das größte Element:

D 6.1.5 (Größtes Element bei Halbordnungen) Es sei M eine Menge mit einer Halbordnung $\preccurlyeq$. Ein Element $g \in G \subset M$ heißt größtes Element der Teilmenge G von M, wenn es die folgende Eigenschaft besitzt:

$$\bigwedge_{x \in G} x \preccurlyeq g \tag{6.13}$$

Jedes Element x aus G kommt in der Halbordnung vor g.

Falls ein größtes Element existiert, ist es eindeutig. Denn für ein weiteres größtes Element h gälte $g \preccurlyeq h$ und $h \preccurlyeq g$, woraus wegen der Antisymmetrie der Halbordnung $g = h$ folgt. Allerdings muß kein größtes Element einer Teilmenge existieren. Beispielsweise besitzt bezüglich der gewöhnlichen Ordnung von $\mathbb{Z}$ die Teilmenge $\mathbb{N}$ kein größtes Element.

Der größte gemeinsame Teiler zweier positiver natürlicher Zahlen ist nun das größte Element bezüglich der Halbordnung $\mid$ der Menge der gemeinsamen Teiler von u und v:

S 6.1.7 (Größter gemeinsamer Teiler) Es seien $u, v \in \mathbb{N}_+$, und es sei

$$\mathsf{T}_{u,v} = \mathsf{T}_u \cap \mathsf{T}_v \tag{6.14}$$

die Menge der gemeinsamen positiven Teiler von u und v.

(i) $\mathsf{T}_{u,v}$ besitzt bezüglich der Halbordnung $\mid$ auf $\mathbb{N}_+$ ein größtes Element $\mathrm{ggT}(u,v)$
(ii) Es gibt $x, y \in \mathbb{Z}$ mit $\mathrm{ggT}(u,v) = xu + yv$

Die positive ganze Zahl $\mathrm{ggT}(u,v)$ heißt der größte gemeinsame Teiler von u und v.

Zunächst ist festzustellen, ob nicht Aussagen über die leere Menge gemacht werden, d.h. es ist festzustellen, ob $\mathsf{T}_{u,v} \neq \emptyset$ wahr ist. Es ist aber $1 \in \mathsf{T}_u$ und $1 \in \mathsf{T}_v$, also auch $1 \in \mathsf{T}_{u,v}$. Als Nächstes wird die folgende Menge betrachtet:

$$G_{u,v} = \{\, xu + yv \mid x, y \in \mathbb{Z} \,\}$$

Das größte Element von $\mathsf{T}_{u,v}$ soll in dieser Menge gefunden werden. Es ist $u \in G_{u,v}$ mit $x = 1$ und $y = 0$, und es ist $v \in G_{u,v}$ mit $x = 0$ und $y = 1$. Zwei Eigenschaften von $G_{u,v}$ sind ganz offensichtlich (die Menge ist ein Ideal):

$$a, b \in G_{u,v} \implies a + b \in G_{u,v} \qquad a \in G_{u,v} \wedge b \in \mathbb{Z} \implies ab \in G_{u,v}$$

Mit a und b ist natürlich auch $a - b$ Element von $G_{u,v}$. Die entscheidende Eigenschaft von $G_{u,v}$ ist jedoch, daß es ein $g \in \mathbb{N}_+$ gibt mit

$$G_{u,v} = \{\, zg \mid z \in \mathbb{Z} \,\}$$

($G_{u,v}$ ist tatsächlich ein Hauptideal, wie alle Ideale in $\mathbb{Z}$). Zur Abkürzung sei $G = \{ zg \mid z \in \mathbb{Z} \}$. Zu $G_{u,v} \subset G$: Wegen $u \in G_{u,v}$ ist $G_{u,v} \cap \mathbb{N}_+ \neq \emptyset$, d.h. $G_{u,v} \cap \mathbb{N}_+$ hat als nicht leere Teilmenge von $\mathbb{N}$ ein kleinstes Element g (denn $\mathbb{N}$ ist wohlgeordnet bezüglich der gewöhnlichen Ordnungsrelation). Sei nun $a \in G_{u,v}$. Nach Division mit Rest gilt $a = qg + r$ mit $0 \leq r < g$. Angenommen, es ist $r > 0$. Wegen $g \in G_{u,v}$ und $a \in G_{u,v}$ ist auch $r = a - qg \in G_{u,v}$. Das ist jedoch nicht möglich, denn g ist nach Wahl das kleinste positive Element von $G_{u,v}$. Folglich ist $r = 0$ und damit $a = qg \in G$. Zu $G \subset G_{u,v}$: Sei $a \in G$, etwa $a = pg$. Dann ist wegen $g \in G_{u,v}$ und $q \in \mathbb{Z}$ natürlich $a = pg \in G_{u,v}$. Es bleibt noch zu zeigen, daß g das bezüglich $\mid$ größte Element von $\mathsf{T}_{u,v}$ ist. Es sei also $a \in \mathsf{T}_{u,v}$. Zu zeigen ist $a \mid g$. Nun ist einerseits $u = qa$ wegen $a \in \mathsf{T}_u$ und $v = pa$ wegen $a \in \mathsf{T}_v$, andererseits gibt es $x, y \in \mathbb{Z}$ mit $g = xu + yv$. Das ergibt $g = xqa + ypa = (xq + yp)a$, d.h. $a \mid g$.

Der Euklidische Algorithmus

Zwar zeigt **S 6.1.7**, daß ein ggT zweier positiver natürlicher Zahlen existiert, es wird aber kein Hinweis darauf gegeben, wie dieser berechnet werden kann. Es wird deshalb noch ein konstruktiver Beweis der Existenz des ggT gegeben, der auf dem Euklischen Algorithmus beruht.

Gegeben sind zwei Zahlen $u, v \in \mathbb{N}_+$ mit $u \geq v$. Nach der Division mit Rest gilt dann $u = qv + r$ mit $0 \leq r < v$, q und r eindeutig bestimmt. Es werden zwei (endliche) Zahlenfolgen mit den Folgengliedern q_ν und a_ν konstruiert. Die Ausgangssituation ist $a_0 = u$, $a_1 = v$, $a_2 = r$ und $q_0 = q$. Es ist damit

$$a_0 = q_0 a_1 + a_2 \quad 0 \leq a_2 < a_1 \tag{6.15}$$

Falls $a_2 > 0$ werden q_1 und a_3 durch Division mit Rest bestimmt:

$$a_1 = q_1 a_2 + a_3 \quad 0 \leq a_3 < a_2$$

Allgemein seien die q_ν bis q_n und die a_ν bis a_{n+2} bestimmt und die Situation sei wie folgt:

$$a_n = q_n a_{n+1} + a_{n+2} \quad 0 \leq a_{n+2} < a_{n+1} \tag{6.16}$$

Ist $a_{n+2} > 0$, dann werden q_{n+1} und a_{n+3} durch Divison mit Rest bestimmt:

$$a_{n+1} = q_{n+1} a_{n+2} + a_{n+3} \quad 0 \leq a_{n+3} < a_{n+2} \tag{6.17}$$

Auf diese Weise, durch sukzessiven Einsatz der Division mit Teilerrest, wird eine echt absteigende Kette $a_0 \geq a_1 > a_2 > a_3 > \cdots$ nicht negativer ganzer Zahlen konstruiert. Diese Kette muß an einer Stelle abbrechen, d.h. es muß ein ν geben mit $a_\nu > 0$ und $a_{\nu+1} = 0$. Denn die Ketten haben eine größte Länge a_0, und eine Kette dieser Länge wird erreicht bei $a_1 = a_0 - 1$, $a_2 = a_1 - 1$ usw. Es wird nun angenommen, daß der Abbruch der Kette bei ihrem Glied a_n stattfindet:

$$a_{n-3} = q_{n-3} a_{n-2} + a_{n-1} \qquad 0 < a_{n-1} < a_{n-2} \tag{6.18}$$

$$a_{n-2} = q_{n-2} a_{n-1} \qquad a_n = 0 \tag{6.19}$$

Es sei jetzt h ein Teiler von a_{n-1}, $h \mid a_{n-1}$. Dann ist h wegen (6.19) natürlich auch ein Teiler von a_{n-2}. Weil h sowohl a_{n-1} als auch a_{n-2} teilt, ist h wegen (6.18) auch ein Teiler von a_{n-3}. Man geht so immer weiter zurück, bis h sowohl a_1 als auch a_0 teilt. Und weil a_{n-1} sich selbst teilt, ist a_{n-1} ein Teiler von a_1 und a_0. Das bedeutet also $a_{n-1} \in \mathsf{T}_{u,v}$. Wenn nun noch gezeigt werden kann, daß $w \mid a_{n-1}$ für jedes $w \in \mathsf{T}_{u,v}$ gilt, dann ist $a_{n-1} = \text{ggT}(u, v)$. Zu diesem Zweck werden die Gleichungen der Kette so umgeordnet, daß die folgende Gleichungkette ensteht:

$$\begin{aligned}
a_2 &= a_0 - q_0 a_1 \\
a_3 &= a_1 - q_1 a_2 \\
&\vdots \\
a_{n-1} &= a_{n-3} - q_{n-3} a_{n-2}
\end{aligned}$$

Es sei $w \in \mathsf{T}_{u,v}$. Dann gilt $w \mid a_0$ und $w \mid a_1$. An der ersten Zeile des Schemas liest man $w \mid a_2$ ab, an der zweiten Zeile dann, daß auch $w \mid a_3$ gilt, usw. Schließlich werden auch a_{n-3} und a_{n-2} von w geteilt, und die letzte Schemazeile liefert $w \mid a_{n-1}$.

Das umgeordnete Zahlenschema gestattet es auch, Zahlen x und y mit $\mathrm{ggT}(u,v) = xu + yv$ zu berechnen. Das Verfahren beginnt am Ende des Schemas:

$$\begin{aligned}
a_{n-2} &= a_{n-4} - q_{n-4} a_{n-3} \\
a_{n-1} &= a_{n-3} - q_{n-3} a_{n-2}
\end{aligned}$$

Die vorletzte Zeile wird dazu benutzt, um a_{n-2} aus der letzten Zeile zu eliminieren:

$$a_{n-1} = (1 + q_{n-3} q_{n-4}) a_{n-3} - q_{n-3} a_{n-4} = x a_{n-3} + y a_{n-4}$$

Mit der nächsthöheren Zeile

$$a_{n-3} = a_{n-5} - q_{n-5} a_{n-4}$$

wird dann a_{n-3} entfernt. Der allgemeine Verfahrensschritt geht von der Zeile

$$a_{n-1} = x a_{n-k} + y a_{n-k+1}$$

mit Hilfe der Zeile

$$a_{n-k+1} = a_{n-k-1} + q_{n-k+1} a_{n-k}$$

des Schemas über zu

$$a_{n-1} = (x - y q_{n-k-1}) a_{n-k} + y a_{n-k-1} = x' a_{n-k} + y' a_{n-k-1}$$

Man gelangt schließlich zu der gewünschten Darstellung des größten gemeinsamen Teilers:

$$a_{n-1} = x a_1 + y a_0$$

Der größte gemeinsame Teiler ist nur für natürliche Zahlen eingeführt worden. Für beliebige $u, v \in \mathbb{Z} \setminus \{0\}$ wird der ggT wie folgt definiert:

$$\mathrm{ggT}(u,v) = \mathrm{ggT}(|u|, |v|) \tag{6.20}$$

Der größte gemeinsame Teiler zweier ganzer Zahlen ist also stets nicht negativ und eindeutig bestimmt. **S 6.1.7(ii)** gilt auch für die allgemeinere Definition mit $u, v \in \mathbb{Z} \setminus \{0\}$. Es ist nämlich $g = \mathrm{ggT}(u.v) = x\,|u| + y\,|v|$ mit $x, y \in \mathbb{Z}$. Ist $u < 0$ und $v > 0$ erhält man $g = (-x)u + yz$, bei $u > 0$ und $v < 0$ verwendet man $g = xu + (-y)z$ und $g = (-x)u + (-y)z$ bei $u < 0$ und $v < 0$.

In der Darstellung $\mathrm{ggT}(u,v) = xu + yv$ des größten gemeinsamen Teilers sind die Faktoren x und y nicht eindeutig bestimmt. Beispielsweise ist $\mathrm{ggT}(12,15) = 3 = -1 \times 12 + 1 \times 15 = -6 \times 12 + 5 \times 15 = 9 \times 12 - 7 \times 15 = 49 \times 12 - 39 \times 15$ usw. Selbstverständlich haben die Faktoren Bedingungen zu erfüllen:

S 6.1.8 Es seien $u, v \in \mathbb{Z} \setminus \{0\}$ und $x, y \in \mathbb{Z}$.

$$\mathrm{ggT}(u,v) = xu + yv \implies \mathrm{ggT}(x,y) = 1 \tag{6.21}$$

Es sei $\mathrm{ggT}(u,v) = g$. Angenommen es ist $\mathrm{ggT}(x,y) = h > 1$. Es ist dann $x = ah$ und $y = bh$ für ein $h \in \mathbb{Z} \setminus \{0\}$, und es gilt

$$\bigwedge_{n \in \mathbb{N}} h^n \mid g \tag{6.22}$$

Das ist natürlich eine falsche Aussage, denn h^n kann wegen $h > 1$ beliebig groß werden. Die Annahme $h > 1$ führt also auf einen Widerspruch. Der Beweis von (6.22) mit vollständiger Induktion: Die Behauptung ist für $n = 0$ trivialerweise richtig. Sie gelte für irgendein $n \in \mathbb{N}$, d.h. $h^n \mid g$. Weil g ein gemeinsamer Teiler von u und v ist, ist auch h^n ein gemeinsamer Teiler von u und v. Es gibt daher $p, q \in \mathbb{Z}$ mit $u = h^n p$ und $v = h^n q$. Das ergibt $g = h^n px + h^n qy = h^n pah + h^n qbh = h^{n+1}(pa + qb)$, d.h. $h^{n+1} \mid g$.

Ein Spezialfall ist noch erwähnenswert, bei dem von einer Darstellung $xu + yv$ direkt auf den $\mathrm{ggT}(u,v)$ geschlossen werden kann.

S 6.1.9 Es seien $u, v \in \mathbb{Z} \setminus \{0\}$. Dann sind die folgenden Aussagen äquivalent:

(i) Es gibt $x, y \in \mathbb{Z}$ mit $xu + yv = 1$
(ii) $\mathrm{ggT}(u,v) = 1$

Es ist nur noch zu zeigen, daß **(ii)** aus **(i)** folgt. Es gebe also $x, y \in \mathbb{Z}$ mit $xu + yv = 1$. Es sei $g = \mathrm{ggT}(u,v)$. Es gibt dann $a, b \in \mathbb{Z}$ mit $u = ag$ und $v = bg$. Das ergibt $1 = xag + ybg = g(xa + yb)$. Das ist in $\mathbb{Z}$ für $g > 1$ jedoch unmöglich.

Der größte gemeinsame Teiler besitzt im Zusammenhang mit der Teilbarkeit einige Eigenschaften, die sich bei Berechnungen und Beweisen als nützlich erweisen.

S 6.1.10 (Eigenschaften des ggT) Es seien $u, v \in \mathbb{N}_+$.

(i) Sind $p, q, t \in \mathbb{N}_+$ mit $u = pt$ und $v = qt$ (d.h. $t \in \mathsf{T}_{u,v}$) dann gilt

$$\mathrm{ggT}(u,v) = t \iff \mathrm{ggT}(p,q) = 1 \tag{6.23}$$

(ii) Gemeinsame Teiler können aus den Argumenten der ggT-Funktion herausgezogen werden:

$$\bigwedge_{d \in \mathbb{N}_+} \mathrm{ggT}(du, dv) = d\,\mathrm{ggT}(u,v) \tag{6.24}$$

(iii) Die Argumente der ggT-Funktion können mit der Teilerrestfunktion reduziert werden:

$$\mathrm{ggT}\big(\varrho_v(u), v\big) = \mathrm{ggT}(u,v) \tag{6.25}$$

(i)„$\Longrightarrow$“: Diese Richtung folgt direkt aus **S 6.1.9**, denn $\mathrm{ggT}(u,v) = t$ bedeutet $au + bv = t$ für gewisse $a, b \in \mathbb{Z}$. Wegen $t \in \mathsf{T}_{u,v}$ kann gekürzt werden, das ergibt $ap + bq = 1$, d.h. $\mathrm{ggT}(p,q) = 1$.

(i)„$\Longleftarrow$“: Es sei $g = \mathrm{ggT}(u, v)$. Nach **S 6.1.5** genügt es $t \mid g$ und $g \mid t$ zu zeigen. Zunächst folgt aus $\mathrm{ggT}(p, q) = 1$, daß es $a, b \in \mathbb{Z}$ gibt mit $ap + bq = 1$. Das ergibt $t = apt + bqt = au + bv$. Nun folgt $t \mid g$ direkt aus $t \in \mathsf{T}_{u,v}$. Umgekehrt gibt es $r, s \in \mathbb{N}_+$ mit $u = rg$ und $v = sg$, also $t = arg + bsg$ und damit $g \mid t$.
(ii): Es sei $t = \mathrm{ggT}(u, v)$ und $s = \mathrm{ggT}(du, dv)$. Es gibt dann $e, f \in \mathbb{N}_+$ mit $du = es$ und $dv = fs$. Ähnlich wie eben wird $s \mid dt$ und $dt \mid s$ gezeigt. Es sei also $d \in \mathbb{N}_+$. Es gibt $a, b \in \mathbb{Z}$ mit $t = au+bv$, also $dt = dau + dbv = aes + bfs$, d.h. $s \mid dt$. Andererseits hat $t \in \mathsf{T}_{u,v}$ natürlich $dt \in \mathsf{T}_{du,dv}$ zur Folge, daher $dt \mid s$.
(iii):Es sei $s = \mathrm{ggT}(u, v)$. Es gibt $c, d \in \mathbb{N}_+$ mit $u = cs$ und $v = ds$. Es gibt weiter $q, r \in \mathbb{Z}$ mit $u = qv + r$ und $0 \le r < v$, darin ist natürlich $r = \varrho_v(u)$. Es sei $t = \mathrm{ggT}(r, v)$. Es gibt $e, f \in \mathbb{N}_+$ mit $r = et$ und $v = ft$. Es wird $t \mid s$ und $s \mid t$ gezeigt. Einerseits gibt es $a, b \in \mathbb{Z}$ mit

$$s = au + bv = aqv + bv + ar = ar + (aq + b)v = aet + (aq + b)ft$$

folglich ist $t \mid s$. Andererseits gibt es $x, y \in \mathbb{Z}$ mit

$$t = xr + yv = xr + yv + xqv - xqv = x(qv + r) + (y - xq)v = xu + (y - xq)v = xcs + (y - xq)ds$$

und das bedeutet $s \mid t$. Damit ist auch **(iii)** gezeigt.

Man kann zwar Kongruenzen in vielen Aspekten wie Gleichungen behandeln, doch Faktoren herauskürzen kann man nicht. Aus $qx \equiv_m qy$ folgt also nicht generell $x \equiv_m y$. Mit Hilfe des größten gemeinsamen Teilers kann jetzt eine Kürzungsregel für Kongruenzen angegeben werden:

S 6.1.11 (Kürzungsregel für $\equiv_m$) Es seien $u, v, q \in \mathbb{Z}$, mit $q \neq 0$, und $m \in \mathbb{N}_+$. Die Kürzungsregel lautet

$$qu \equiv_m qv \iff u \equiv v \bmod \frac{m}{\mathrm{ggt}(q, m)} \tag{6.26}$$

Im Spezialfall $\mathrm{ggT}(q, m) = 1$ kann also wie bei einer Gleichung gekürzt werden, aus $qu \equiv_m qv$ folgt $u \equiv_m v$.

Es sei $\mathrm{ggT}(q, m) = g$. Es gibt dann Zahlen $s, t \in \mathbb{Z}$ mit $m = tg$ und $q = sg$. Nach Voraussetzung gibt es ein $a \in \mathbb{Z}$ mit $qu - qv = am$, also $sgu - sgv = atg$ und $su - sv = s(u - v) = at$ nach Herauskürzen von g. Das bedeutet $t \mid s(u - v)$. Nach Wahl von s und t gilt aber $\mathrm{ggT}(s, t) = 1$, d.h. $t \mid u - v$. Es gibt daher ein $b \in \mathbb{Z}$ mit $u - v = bt$, also wie behauptet $u \equiv_t v$.
In der Umkehrung sei $u \equiv_t v$. Es gibt dann $c \in \mathbb{Z}$ mit $u - v = ct$. Das ergibt $qu - qv = cqt = csm$, d.h. $qu \equiv_m qv$.

Eine Verallgemeinerung der Aussage **S 6.1.4 (iv)** eignet sich gut dazu, hohe modulare Potenzen $u^n \bmod m$ zu berechnen. Solche Potenzen spielen in der Kryptographie eine bedeutende Rolle.

S 6.1.12 Es seien $u, v \in \mathbb{Z}$, $m \in \mathbb{N}_+$.

$$u \equiv_m v \implies \bigwedge_{n \in \mathbb{N}_+} u^n \equiv_m v^n \tag{6.27}$$

Als ein Beispiel soll die Einerziffer der Dezimaldarstellung von 99^n, $n \in \mathbb{N}_+$, bestimmt werden. Diese ist offensichtlich gegeben als die Lösung der Kongruenz $99^n \equiv_{10} x$. Nun ist $99 \equiv_{10} 9$, also nach dem Satz $99^n \equiv_{10} 9^n$. Weiter ist $9 \equiv_{10} -1$, folglich $9^n \equiv_{10} (-1)^n$. Das Ergebnis ist $99^n \equiv_{10} 1$ falls n eine gerade Zahl ist und $99^n \equiv_{10} -1 \equiv_{10} 9$ bei ungeradem n. Beispielsweise endet die Dezimaldarstellung von 99^{1000} mit 1 und die von 99^{1001} mit 9.

Das Konzept des größten gemeinsamen Teilers wird nun auf endliche Teilmengen von $\mathbb{N}_+$ erweitert. Es sei dazu U eine endliche Teilmenge von $\mathbb{N}_+$. Dann ist $\mathbb{Z}^U$ die Menge aller Abbildungen $x\colon U \longrightarrow \mathbb{Z}$, deren Werte hier u_x statt $x(u)$ geschrieben werden. Wichtige Vertreter dieser Abbildungen sind die charakteristischen Funktionen der Elemente $u \in U$, nämlich

$$\chi_u(v) = \begin{cases} 1 & \text{falls } u = v \\ 0 & \text{falls } u \neq v \end{cases} \tag{6.28}$$

Nach diesen Vorbereitungen kann der Satz über die Verallgemeinerung des größten gemeinsamen Teilers auf endliche Teilmengen von $\mathbb{N}_+$ formuliert werden:

S 6.1.13 (Größter gemeinsamer Teiler eines endlichen $U \subset \mathbb{N}_+$)
Es sei $U \subset \mathbb{N}_+$ eine endliche Teilmenge und es sei

$$\mathsf{T}_U = \bigcap_{u \in U} \mathsf{T}_u \tag{6.29}$$

die Menge der gemeinsamen Teiler von U.

(i) T_U besitzt bezüglich der Halbordnung $\mid$ auf $\mathbb{N}_+$ ein größtes Element g

(ii) Es gibt ein $x \in \mathbb{Z}^U$ mit $g = \sum_{u \in U} u_x u$

Die positive ganze Zahl g heißt der größte gemeinsame Teiler $\mathrm{ggT}(U)$ von U.

Es ist $\mathsf{T}_U \neq \emptyset$, denn es ist $1 \in \mathsf{T}_u$ für jedes $u \in U$ und damit $1 \in \mathsf{T}_U$. Das Zentrum des Beweises ist die Menge

$$G_U = \left\{ \sum_{u \in U} u_x u \;\middle|\; x \in \mathbb{Z}^U \right\}$$

Es ist $U \subset G_U$, denn für $v \in U$ ist $v = \sum_{u \in U} \chi_v(u) u \in G_U$. Trivialerweise ist $a - b \in G_U$ wenn $a, b \in G_U$, und $za \in G_U$ wenn $a \in G_U$ und $z \in \mathbb{Z}$ (d.h. G_U ist ein Ideal). Es gibt nun ein $g \in \mathbb{N}_+$ mit $G_U = \langle g \rangle$, wobei $\langle g \rangle = \{\, zg \mid z \in \mathbb{Z} \,\}$ (d.h. G_U ist ein Hauptideal[2]).
$G_U \subset \langle g \rangle$: Wegen $U \subset G_U$ ist $G_U \cap \mathbb{N}_+ \neq \emptyset$, weshalb $G_U \cap \mathbb{N}_+$ als Teilmenge der wohlgeordneten Menge $\mathbb{N}_+$ ein kleinstes Element g besitzt. Es sei nun $a \in G_U$. Zu zeigen ist $a \in \langle g \rangle$. Es gibt $q, r \in \mathbb{Z}$ mit $a = qg + r$ und $0 \leq r < g$. Angenommen, es ist $r > 0$. Dann ist mit $a, g \in G_U$ auch $r = a - qg \in G_U$, aber das ist nicht möglich, denn g ist das kleinste Element von G_U. Es ist daher $r = 0$ und damit $a = qg \in \langle g \rangle$.
$\langle g \rangle \subset G_U$: Es sei $a \in \langle g \rangle$, etwa $a = qg$. Dann ist wegen $g \in G_U$ natürlich auch $qg \in G_U$.
Es ist noch zu zeigen, daß g das größte Element von T_U bezüglich der Teilbarkeitsrelation $\mid$ ist. Wegen $U \subset \langle g \rangle$ gibt es zu jedem $u \in U$ ein $q \in \mathbb{Z}$ mit $u = qg$, d.h. es ist $g \in \mathsf{T}_U$. Sei umgekehrt $a \in \mathsf{T}_U$, es ist $a \in \mathsf{T}_g$ zu zeigen. Nach Definition ist $a \in \mathsf{T}_u$ für jedes $u \in U$, es gibt daher zu jedem $u \in U$ ein $y_u \in \mathbb{Z}$ mit $u = y_u a$. Wie eben gezeigt, gibt es ein $x \in \mathbb{Z}^U$ mit $g = \sum_{u \in U} x_u u$. Zusammengenommen erhält man daraus $g = \sum_{u \in U} x_u y_u a = a \sum_{u \in U} x_u y_u$, d.h. $a \in \mathsf{T}_g$.

[2]Das bedarf eigentlich keines Beweises, denn $\mathbb{Z}$ ist ein Hauptidealring, Ideale werden in dieser Einführung jedoch nicht verwendet.

Es bleibt noch die Frage zu klären, wie $\mathrm{ggT}(U)$ berechnet werden kann. Bei $U = \{u\}$ ist natürlich $\mathrm{ggT}(\{u\}) = u$. Bei $U = \{u, v\}$ ist $\mathrm{ggT}(\{u, v\}) = \mathrm{ggT}(u, v)$, denn in diesem Fall sind die Sätze **S 6.1.7** und **S 6.1.13** identisch. Wie der nächste Satz zeigt, kann die Berechnung von $\mathrm{ggT}(U)$ mit $\#(U) \geq 3$ auf rekursive Weise geschehen:

> **S 6.1.14 (Berechnung von $\mathrm{ggT}(U)$ bei $\#(U) \geq 3$)**
> Es sei $U = \{u_1, \ldots, u_n\} \subset \mathbb{N}_+$ mit $n \geq 3$. Es sei $\Gamma(u_1, u_2) = \mathrm{ggT}(u_1, u_2)$ und für $3 \leq \nu \leq n$ sei $\Gamma(u_1, \ldots, u_\nu) = \mathrm{ggT}(\Gamma(u_1, \ldots, u_{\nu-1}), u_\nu)$. Damit gilt
> $$\Gamma(u_1, \ldots, u_n) = \mathrm{ggT}(U) \tag{6.30}$$

Es sei $h = \Gamma(u_1, \ldots, u_n)$. Ist $h \in \mathsf{T}_U$ und $v \in \mathsf{T}_h$ für jedes $v \in \mathsf{T}_U$, dann ist $h = \mathrm{ggT}(U)$. Nun ist $h = \mathrm{ggT}(\Gamma(u_1, \ldots, u_{n-1}), u_n)$, folglich ist $h \in \mathsf{T}_{u_n}$ und $h \in \mathsf{T}_{\Gamma(u_1,\ldots,u_{n-1})}$. Wegen $\Gamma(u_1, \ldots, u_{n-1}) = \mathrm{ggT}(\Gamma(u_1, \ldots, u_{n-2}), u_{n-1})$ und $h \in \mathsf{T}_{\Gamma(u_1,\ldots,u_{n-1})}$ ist sowohl $h \in \mathsf{T}_{u_{n-1}}$ als auch $h \in \mathsf{T}_{\Gamma(u_1,\ldots,u_{n-2})}$. Auf diese Weise wird fortgefahren bis zu $h \in \mathsf{T}_{u_3}$ und $h \in \mathsf{T}_{\mathrm{ggT}(u_1,u_2)}$, woraus schließlich $h \in \mathsf{T}_{u_2}$ und $h \in \mathsf{T}_{u_1}$ folgt.
Es sei $v \in \mathsf{T}_U$, also $v \in \mathsf{T}_u$ für jedes $u \in U$. Aus $v \in \mathsf{T}_{u_1} \cap \mathsf{T}_{u_2}$ folgt $v \in \mathsf{T}_{\mathrm{ggT}(u_1,u_2)} = \mathsf{T}_{\Gamma(u_1,u_2)}$. Zusammen mit $v \in \mathsf{T}_{u_3}$ ergibt das $v \in \mathsf{T}_{\Gamma(u_1,u_2,u_3)} = \mathsf{T}_{\mathrm{ggT}(\Gamma(u_1,u_2),u_3)}$. So geht es weiter bis hin zu $v \in \mathsf{T}_{\mathrm{ggT}(\Gamma(u_1,\ldots,u_{n-1}),u_n)} = \mathsf{T}_h$.

Die Koeffizienten u_x einer Darstellung $\mathrm{ggT}(U) = \sum_{u \in U} u_x u$ können ebenfalls rekursiv berechnet werden. Sei dazu $U = \{u_1, \ldots, u_n\} \subset \mathbb{N}_+$ mit $n \geq 3$. Es gibt $x_1, x_2 \in \mathbb{Z}$ mit

$$\Gamma(u_1, u_2) = \mathrm{ggT}(u_1, u_2) = x_1 u_1 + x_2 u_2$$

Weiter gibt es $y_2, x_3 \in \mathbb{Z}$ mit

$$\Gamma(u_1, u_2, u_3) = \mathrm{ggT}(\Gamma(u_1, u_2), u_3) = y_2 \Gamma(u_1, u_2) + x_3 u_3 = y_2 x_1 u_1 + y_2 x_2 u_2 + x_3 u_3$$

Im nächsten Schritt gibt es $y_3, x_4 \in \mathbb{Z}$ mit

$$\Gamma(u_1, u_2, u_3, u_4) = \mathrm{ggT}(\Gamma(u_1, u_2, u_3), u_4) =$$
$$y_3 \Gamma(u_1, u_2, u_3) + x_4 u_4 = y_3 y_2 x_1 u_1 + y_3 y_2 x_2 u_2 + y_3 x_3 u_3 + x_4 u_4$$

Schließlich gelangt man so zu einer Darstellung von $\Gamma(u_1, \ldots, u_n)$.

Als Beispiel werden für $U = \{u_1, \ldots, u_6\} = \{29700, 19008, 13860, 9240, 3520, 17325\}$ sowohl $\mathrm{ggT}(U)$ als auch die Darstellung von $\mathrm{ggT}(U)$ als mit Elementen aus $\mathbb{Z}$ gewichtete Summe der Elemente von U berechnet. Zuerst das Tableau zur rekursiven Berechnung des größten gemeinsamen Teilers von U:

ν	$\Gamma(u_1, \ldots, u_{\nu-1})$	u_ν	$\Gamma(u_1, \ldots, u_\nu)$
2	29700	19008	1188
3	1188	13860	396
4	396	9240	132
5	132	3520	44
6	44	17325	11

Darin ist natürlich $\Gamma(u_1) = u_1$. Das Ergebnis ist $\mathrm{ggT}(U) = 11$. Tatsächlich wurden die Zahlen so präpariert, daß $\mathrm{ggT}(U) \neq 1$, denn werden die Elemente von U beliebig ausgewählt, z.B. als

Zufallszahlen oder aus Funktionstabellen, dann ist die Wahrscheinlichkeit sehr hoch, daß sich $\mathrm{ggT}(U) = 1$ ergibt. Die Bestimmung des größten gemeinsamen Teilers als gewichtete Summe ist in der folgenden Tabelle dargestellt:

ν	u_1	u_2	u_3	u_4	u_5	u_6	gew. S.
2	−7	11					1188
3	−84	132	−1				396
4	1932	−3036	23	1			132
5	52164	−81972	621	27	−1		44
6	20552616	−32296968	244674	10638	−394	−1	11

Zum Schluss des Abschnittes werden noch die beiden Hauptsätze der Teilbarkeit vorgestellt. Eine wesentliche Rolle spielt darin die Eigenschaft von Mengen positiver natürlicher Zahlen, keine gemeinsame Teiler zu haben.

D 6.1.6 (Relativ prim) Es sei $U \subset \mathbb{N}_+$. Die Teilmenge und auch ihre Elemente heißen relativ prim, in Zeichen $\perp U$, wenn die folgende Aussage wahr ist:

$$\bigcap_{u \in U} \mathsf{T}_u = \{1\} \tag{6.31}$$

Die Elemente von U sollen also keine gemeinsamen nichttrivialen Teiler besitzen. Daß die Zahlen $u, v \in \mathbb{N}_+$ relativ prim sind (d.h. daß $\{u, v\}$ relativ prim ist), wird mit $u \perp v$ bezeichnet.
Die Teilmenge U und auch ihre Elemente heißen **paarweise** relativ prim, in Zeichen $\models U$, wenn folgendes gilt:

$$\bigwedge_{x,y \in U} (x \neq y \implies x \perp y) \tag{6.32}$$

Paare von verschiedenen Elementen von U sollen also relativ prim sein.
Zwei Teilmengen $U \subset \mathbb{N}_+$ und $V \subset \mathbb{N}_+$ heißen relativ prim, in Zeichen $U \perp V$, wenn alle möglichen Paare $u \in U$, $v \in V$ relativ prim sind:

$$\bigwedge_{u \in U} \bigwedge_{v \in V} u \perp v \tag{6.33}$$

Im Spezialfall $U = \{u\}$ wird einfach $u \perp V$ geschrieben.

In den Definitionen ist nicht gefordert, daß die Teilmengen U und V endlich sein sollen. Ein offensichtliches Beispiel für eine unendliche relativ prime Menge ist die Menge $\mathbb{P}$ der Primzahlen.

Eine endliche Menge U ist genau dann relativ prim, wenn die Elemente von U den größten gemeinsamen Teiler 1 besitzen, $\mathrm{ggT}(U) = 1$, speziell $u \perp v$ genau dann wenn $\mathrm{ggT}(u, v) = 1$.

Für $U = \{6, 7, 10\}$ hat man als Teilermengen $\mathsf{T}_6 = \{1, 2, 3\}$, $\mathsf{T}_7 = \{1, 7\}$ und $\mathsf{T}_{10} = \{1, 2, 5\}$. Wegen $\mathsf{T}_6 \cap \mathsf{T}_7 \cap \mathsf{T}_{10} = \{1\}$ gilt $\perp U$. Das Beispiel zeigt, daß nicht jede Teilmenge einer relativ primen Menge relativ prim ist, denn es ist $\mathsf{T}_6 \cap \mathsf{T}_{10} = \{1, 2\}$. Das Beispiel zeigt aber auch, daß nicht jede relativ prime Menge paarweise relativ prim ist, denn wegen $\mathsf{T}_6 \cap \mathsf{T}_{10} = \{1, 2\}$ ist $6 \not\perp 10$, d.h. es ist $\not\models U$.

Die einzige relativ prime einelementige Teilmenge von $\mathbb{N}_+$ ist offenbar $\{1\}$. Dagegen ist jede einelementige Teilmenge $\{u\}$ von $\mathbb{N}_+$ paarweise relativ prim, weil die Voraussetzung von (6.32), also hier $u \neq u$, stets falsch ist, die Implikation daher wahr. Zweielementige Teilmengen von $\mathbb{N}_+$ sind natürlich genau dann relativ prim, wenn sie paarweise relativ prim sind. Einige einfache Eigenschaften paarweise relativ primer Teilmengen von $\mathbb{N}_+$ werden im folgenden Satz zusammengefasst:

S 6.1.15 (Eigenschaften von $\models$) Für $U \subset \mathbb{N}_+$ und $V \subset \mathbb{N}_+$ gilt

$$\big(\#(U) > 1 \wedge \models U\big) \implies \perp U \tag{6.34}$$

$$\big(\models U \wedge V \subset U\big) \implies \models V \tag{6.35}$$

$$\models U \implies \bigwedge_{u \in U} u \perp U \setminus \{u\} \tag{6.36}$$

Jede paarweise relativ prime Menge ist relativ prim, Teilmengen paarweise relativ primer Mengen sind paarweise relativ prim und jedes Element einer paarweise relativ primen Menge ist relativ prim zu seiner Restmenge.

Zum Beweis von (6.34) kann $\#(U) > 2$ angenommen werden. Es sei

$$t \in \bigcap_{u \in U} \mathsf{T}_u$$

Wegen $\#(U) > 2$ gibt es $u, v \in U$ mit $u \neq v$. Nach Voraussetzung ist $u \perp v$, d.h $\mathsf{T}_u \cap \mathsf{T}_v = \{1\}$. Nun ist aber $t \in \mathsf{T}_u \cap \mathsf{T}_v$, folglich $t = 1$.
Die Aussagen (6.35) und (6.36) folgen unmittelbar aus den Definitionen.

Mit den Bezeichnungen der eben gegebenen Definition kann der erste Hauptsatz der Teilbarkeit nun folgendermaßen formuliert werden:

S 6.1.16 (1. Hauptsatz der Teilbarkeit) Für $q, u, v \in \mathbb{N}_+$ gilt

$$q \in \mathsf{T}_{uv} \ \wedge \ q \perp u \implies q \in \mathsf{T}_v \tag{6.37}$$

In traditioneller Schreibweise lautet die Aussage des Satzes

$$q \mid uv \ \wedge \ \mathrm{ggT}(q, u) = 1 \implies q \mid v \tag{6.38}$$

Teilt q das Produkt uv und sind q und u relativ prim, dann ist q Teiler von v.

Wegen $q \perp u$, d.h. $\mathrm{ggT}(q, u) = 1$, gibt es $x, y \in \mathbb{Z}$ mit $xq + yv = 1$. Multiplikation mit v ergibt $v = vxq + yuv$. Wegen $q \in \mathsf{T}_{uv}$ gibt es ein $a \in \mathbb{N}_+$ mit $uv = qa$. Ersetzen von uv durch qa führt auf $v = vxq + yaq = q(vx + ay)$, d.h. es gilt $q \in \mathsf{T}_v$.

Der zweite Hauptsatz der Teilbarkeit wird zunächst in seiner einfachsten Gestalt formuliert, die für Induktionsbeweise benötigt wird. Er lautet wie folgt:

S 6.1.17 (2. Hauptsatz der Teilbarkeit I) Für $q, u, v \in \mathbb{N}_+$ gilt

$$q \perp u \ \wedge \ q \perp v \iff q \perp uv \tag{6.39}$$

q ist genau dann sowohl relativ prim zu u als auch relativ prim zu v wenn es relativ prim zum Produkt uv ist.

„$\Longrightarrow$“: Nach Voraussetzung gibt es $s, t, x, y \in \mathbb{Z}$ mit $sq+tu = 1$ und $xq+yv = 1$. Ausmultiplizieren der beiden Gleichungen liefert

$$1 = (sq + tu)(xq + yv) = sqxq + tuxq + sqyv + tuyv = q(sxq + tux + syv) + uv(ty)$$

Nach **S 6.1.9** bedeutet das $\mathrm{ggT}(q, uv) = 1$ und damit $q \perp uv$.
„$\Longleftarrow$“: Nach Voraussetzung gibt es $x, y \in \mathbb{Z}$ mit $xq+yuv = 1$. Mit der Schreibweise $xq+(yv)u = 1$ folgt daraus wieder nach **S 6.1.9** $q \perp u$, mit $xq + (yu)v$ erhält man ebenso $q \perp v$.

Andere Schreibweisen für den zweiten Hauptsatz der Teilbarkeit erhält man über den größten gemeinsamen Teiler

$$\mathrm{ggT}(q, u) = 1 \ \wedge \ \mathrm{ggT}(q, v) = 1 \iff \mathrm{ggT}(q, uv) = 1 \tag{6.40}$$

oder über die Menge der positiven Teiler einer Zahl

$$\mathsf{T}_q \cap \mathsf{T}_u = \{1\} \ \wedge \ \mathsf{T}_q \cap \mathsf{T}_v = \{1\} \iff \mathsf{T}_q \cap \mathsf{T}_{uv} = \{1\} \tag{6.41}$$

In der ersten Erweiterung des zweiten Hauptsatzes ist die Menge $\{u, v\}$ durch eine beliebige aber endliche Teilmenge von $\mathbb{N}_+$ ersetzt:

> **S 6.1.18 (2. Hauptsatz der Teilbarkeit II)**
> Es seien $q \in \mathbb{N}_+$ und $U \subset \mathbb{N}_+$ mit $\#(U) < \aleph_0$. Dann gilt
>
> $$q \perp U \iff q \perp \prod_{u \in U} u \tag{6.42}$$
>
> q ist genau dann zur endlichen Teilmenge U relativ prim, wenn es zum Produkt der Elemente von U relativ prim ist.

„$\Longrightarrow$“: Beweis durch Induktion über die Anzahl $\#(U)$ der Elemente von U. Die Behauptung ist für $\#(U) = 1$ trivialerweise wahr, denn dann ist $U = \{u\}$ und $\prod\{u\} = u$. Die Behauptung sei für alle endlichen Teilmengen von $\mathbb{N}_+$ mit $n \geq 1$ Elementen richtig. Es sei $\#(U) = n + 1$. Es sei $u \in U$ und $V = U \smallsetminus \{u\}$. Dann ist $\#(V) = n$. Es sei $q \perp U$. Dann ist natürlich erst recht $q \perp V$, also nach Induktionsvoraussetzung $q \perp \prod V$. Andererseits folgt aus $q \perp U$ aber auch $q \perp u$, was nach **S 6.1.17**

$$q \perp u \prod_{v \in V} v = \prod_{w \in U} w$$

bedeutet. Die Behauptung gilt daher auch für alle endlichen Teilmengen von $\mathbb{N}_+$ mit $n + 1$ Elementen.
„$\Longleftarrow$“: Angenommen, es gibt ein $v \subset U$ mit $q \not\perp v$. Dann haben q und v einen nicht-trivialen Teiler, d.h. es gibt $x, y, z \in \mathbb{N}_+$ mit $1 < z$, $q = xz$ und $v = yz$. Also ist $z \in \mathsf{T}_q$. Weiter gilt

$$\prod_{u \in U} u = v \prod_{u \in U \smallsetminus \{v\}} u = zy \prod_{u \in U \smallsetminus \{v\}} u \implies z \in \mathsf{T}_{\prod U}$$

Damit haben q und $\prod U$ den echten Teiler z gemeinsam: Widersprung zur Voraussetzung.

In einer letzten Verallgemeinerung des zweiten Hauptsatzes der Teilbarkeit wird die Zahl q durch eine beliebige aber endliche Teilmenge von $\mathbb{N}_+$ ersetzt:

S 6.1.19 (2. Hauptsatz der Teilbarkeit III)
Es seien $U \subset \mathbb{N}_+$ und $V \subset \mathbb{N}_+$ mit $\#(U) < \aleph_0$ und $\#(V) < \aleph_0$. Dann gilt

$$U \perp V \iff \prod_{u \in U} u \perp \prod_{v \in V} v \tag{6.43}$$

Zwei endliche Teilmengen von $\mathbb{N}_+$ sind also genau dann relativ prim, wenn die Produkte ihrer Elemente relativ prim sind.

„$\Longrightarrow$": Beweis durch Induktion über die Kardinalzahl $\#(U)$ von U. Für $\#(U) = 1$ ist $U = \{u\}$ und die Behauptung folgt aus **S 6.1.18**, mit u statt q und U statt V. Die Behauptung sei für alle endlichen Teilmengen U von $\mathbb{N}_+$ mit Kardinalzahl n wahr. Es sei $U \subset \mathbb{N}_+$ mit $\#(U) = n + 1$. Es sei $u \in U$ und $Q = U \setminus \{u\}$. Nach Voraussetzung ist $U \perp V$, daher erst recht $Q \perp V$. Wegen $\#(U) = n$ folgt daraus nach der Induktionsvoraussetzung $\prod Q \perp \prod V$. Andererseits ist aber auch $u \perp V$, was nach **S 6.1.18** $u \perp \prod V$ zur Folge hat. Das ergibt schließlich nach **S 6.1.17** (mit $\prod V$ statt q usw.) $\prod V \perp u \prod Q = \prod U$.
„$\Longleftarrow$": Angenommen, es gibt $a \in U$ und $b \in V$ mit $a \not\perp b$. Es gibt dann $x, y, z \in \mathbb{N}_+$ mit $1 < z$, $a = xz$ und $b = yz$. Das ergibt

$$\prod_{u \in U} u = a \prod_{u \in U \setminus \{a\}} u = zx \prod_{u \in U \setminus \{a\}} u \implies z \in \mathsf{T}_{\prod U}$$
$$\prod_{v \in V} v = b \prod_{v \in V \setminus \{b\}} v = zy \prod_{v \in V \setminus \{b\}} v \implies z \in \mathsf{T}_{\prod V}$$

Das steht aber im Widerspruch zur Voraussetzung, daß $\prod U$ und $\prod V$ keine echten gemeinsamen Teiler besitzen.

Die vorangehenden Sätze sind für endliche Teilmengen von $\mathbb{N}_+$ formuliert, sie gelten aber auch für endliche Familien von Elementen von $\mathbb{N}_+$. Die Beweise können praktisch übernommen werden. Der Unterschied zwischen endlichen Mengen und endlichen Familien liegt natürlich darin, daß bei letzteren Elemente mehrfach vorkommen können. Dazu ein Beispiel: Es sei A eine endliche Indexmenge und $\mathbf{a}\colon A \longrightarrow \mathbb{N}_+$, $\alpha \mapsto \mathbf{a}_\alpha$ eine endliche Familie von Elementen von $\mathbb{N}_+$. Die Familie heißt paarweise relativ prim, in Zeichen $\models\mathbf{a}$, wenn die folgende Aussage wahr ist:

$$\bigwedge_{\alpha, \tilde{\alpha} \in A} \left(\mathbf{a}_\alpha \neq \mathbf{a}_{\tilde{\alpha}} \implies \mathbf{a}_\alpha \perp \mathbf{a}_{\tilde{\alpha}}\right) \tag{6.44}$$

Für die spezielle Indexmenge n erhält man Folgen $\mathbf{u}\colon \mathsf{n} \longrightarrow \mathbb{N}_+$, $\nu \mapsto \mathbf{u}_\nu$, die auch als n-Tupel $(u_1, \ldots, u_n)$ aufgefasst werden können. Ein Spezialfall wird durch eine konstante Folge $(u, u, \ldots, u)$ gegeben, der Satz **S 6.1.18** wird damit zu

S 6.1.20 (2. Hauptsatz der Teilbarkeit IIf) Für $u, v \in \mathbb{N}_+$, $n \in \mathbb{N} \setminus \{0, 1\}$ gilt

$$u \perp v \iff u \perp v^n \tag{6.45}$$

Es sei $u \perp v^n$, d.h. $\operatorname{ggT}(u, v^n) = 1$. Es gibt deshalb $x, y \in \mathbb{Z}$ mit $xu + yv^n = 1$. Das kann auch als $xu + (yv^{n-1})v = 1$ gelesen werden, also ist $\operatorname{ggT}(u, v) = 1$ und damit $u \perp v$.
Es sei umgekehrt $u \perp v$. Das bedeutet wieder $\operatorname{ggT}(u, v) = 1$, d.h. es gibt $x, y \in \mathbb{Z}$ mit $xu + yv = 1$.

Die n-fache Multiplikation der Gleichung mit sich selbst und der Einsatz des Binomialsatzes ergibt

$$\begin{aligned} 1 &= (xu+yv)^n \\ &= \sum_{\nu=0}^{n} \binom{n}{\nu} (xu)^{n-\nu}(yv)^\nu \\ &= \sum_{\nu=0}^{n-1} \binom{n}{\nu} (xu)^{n-\nu}(yv)^\nu + y^n v^n \\ &= u\Bigg(\sum_{\nu=0}^{n} \binom{n-1}{\nu} (x)^{n-\nu} u^{n-\nu-1} (yv)^\nu \Bigg) + y^n v^n \end{aligned}$$

Daraus folgt wie behauptet $\operatorname{ggT}(u, v^n) = 1$.

Gelegentlich wird auch das Gegenstück zum größten gemeinsamen Teiler, das kleinste gemeinsame Vielfache, benötigt. Dazu wird das Gegenstück zur Menge der (positiven) Teiler eingeführt, nämlich die Menge der (positiven) Vielfachen:

D 6.1.7 (Vielfache und gemeinsame Vielfache)
Für $u \in \mathbb{N}_+$ ist die Menge der positiven Vielfachen definiert als

$$\mathsf{V}_u = \{\, qu \mid q \in \mathbb{N}_+ \,\} \tag{6.46}$$

Für $\boldsymbol{u} = (u_1, \ldots, u_n) \in \mathbb{N}_+^n$ ist die Menge der gemeinsamen Vielfachen definiert als

$$\mathsf{V}_{\boldsymbol{u}} = \bigcap_{\nu=1}^{n} \mathsf{V}_{u_\nu} \tag{6.47}$$

Das *klein* in *kleinstes gemeinsames Vielfache* bezieht sich nicht auf die gewöhnliche Ordnungsrelation von $\mathbb{N}_+$, sondern wie beim größten gemeinsamen Teiler auf die von der Teilbarkeitsrelation induzierte Halbordnung auf $\mathbb{N}_+$.

D 6.1.8 (Kleinstes Element bei Halbordnungen) Es sei M eine Menge mit einer Halbordnung $\preccurlyeq$. Ein Element $k \in K \subset M$ heißt kleinstes Element der Teilmenge K von M, wenn es die folgende Eigenschaft besitzt:

$$\bigwedge_{x \in K} k \preccurlyeq x \tag{6.48}$$

Jedes Element x aus K kommt in der Halbordnung nach k.

Falls ein kleinestes Element existiert, ist es eindeutig. Denn für ein weiteres kleinstes Element h gälte $h \preccurlyeq k$ und $k \preccurlyeq h$, woraus wegen der Antisymmetrie der Halbordnung $k = h$ folgt. Allerdings muß kein kleinstes Element einer Teilmenge existieren. Beispielsweise besitzt bezüglich der gewöhnlichen Ordnung von $\mathbb{Z}$ die Teilmenge $\{\, -n \mid n \in \mathbb{N} \,\}$ kein kleinstes Element.

Es ist erlaubt, statt *kleinstes Element* auch *Minimum* zu sagen, jedoch nicht *minimales Element*. Denn ein minimales Element der Teilmenge K ist ein Element $m \in M$ mit folgender Eigenschaft: Es gibt kein $x \in K$ mit $x \prec m$. Dabei meint $u \prec v$ natürlich $u \preccurlyeq v \wedge u \neq v$. Diese Unterscheidung ist hier allerdings ganz unwesentlich, da minimale Elemente nicht vorkommen.

D 6.1.9 (Kleinstes gemeinsames Vielfache)
Es sei $\boldsymbol{u} = (u_1, \ldots, u_n) \in \mathbb{N}_+^n$. Das kleinste gemeinsame Vielfache von $\boldsymbol{u}$, in Zeichen $\mathrm{kgV}(\boldsymbol{u})$, ist das bezüglich der von der Teilbarkeitsrelation | induzierten Halbordnung kleinste Element der Menge $\mathsf{V}_{\boldsymbol{u}}$ der gemeinsamen Teiler von $\boldsymbol{u}$.

Ein $v \in \mathbb{N}_+$ ist also kleinstes gemeinsames Vielfaches von $\boldsymbol{u}$, wenn v ein gemeinsames Vielfaches von $\boldsymbol{u}$ ist und wenn jedes gemeinsame Vielfache von $\boldsymbol{u}$ ein Vielfaches von v ist.

Der folgende Satz charakterisiert das kleinste gemeinsame Vielfache auf eine Weise, die es unter Anderem gestattet, seinen Wert über die Berechnung eines größten gemeinsamen Teilers zu bestimmen.

S 6.1.21 (Charakterisierung des kleinsten gemeinsamen Vielfachen)
Es sei $\boldsymbol{u} = (u_1, \ldots, u_n) \in \mathbb{N}_+^n$ und $v \in \mathsf{V}_{\boldsymbol{u}}$. Dann sind äquivalent:

(i) $v = \mathrm{gkV}(\boldsymbol{u})$

(ii) Es gibt ein $\boldsymbol{x} = (x_1, \ldots, x_n) \in \mathbb{Z}^n$ mit $1 = \sum_{\nu=1}^{n} x_\nu \frac{v}{u_\nu}$

„**(i)⇒(ii)**“
Die $v_\nu = v/u_\nu$, $\nu \in \{1, \ldots, n\}$, haben keinen echten gemeinsamen Teiler. Denn angenommen, $c \in \mathbb{N} \setminus \{0,1\}$ ist solch ein gemeinsamer Teiler. Dann gibt es $x_\nu \in \mathbb{N} \setminus \{0,1\}$, $\nu \in \{1, \ldots, n\}$, mit $v/u_\nu = cx_\nu$ oder $v/c = x_\nu u_\nu$. Also ist v/c ein gemeinsamer Teiler von $\boldsymbol{u}$, und zwar, weil v/c ein echter Teiler von v ist, ein in der von der Teilbarkeitsrelation induzierten Halbordnung vor v liegender gemeinsamer Teiler (d.h. $v/c \prec v$). Das ist natürlich nicht möglich, weil v das kleinste Element ist. Folglich sind die v_ν relativ prim und es gilt $\mathrm{ggT}(v_1, \ldots, v_n) = 1$. Daraus folgt nun wieder nach **S 6.1.13** daß es ein $\boldsymbol{x} = (x_1, \ldots, x_n) \in \mathbb{Z}^n$ gibt mit $1 = \sum_{\nu=1}^{n} x_\nu \frac{v}{u_\nu}$.
„**(i)⇐(ii)**“
Es sei $w \in \mathsf{V}_{\boldsymbol{u}}$. Zu zeigen ist $w \in \mathsf{V}_v$. Wegen $w \in \mathsf{V}_{\boldsymbol{u}}$ gibt es für $\nu \in \{1, \ldots, n\}$ Zahlen $y_\nu \in \mathbb{N}_+$ mit $w = y_\nu u_\nu$. Das ergibt

$$x_\nu y_\nu v = x_\nu y_\nu u_\nu \frac{v}{u_\nu} = w x_\nu \frac{v}{u_\nu}$$

Summieren über ν liefert

$$v \sum_{\nu=1}^{n} x_\nu y_\nu = w \sum_{\nu=1}^{n} x_\nu \frac{v}{u_\nu} = w$$

es ist deshalb wie gefordert $w \in \mathsf{V}_v$.

Es bleibt noch, die Existenz eines kleinsten gemeinsamen Vielfachen sicherzustellen. Sie beruht wie auch die Existenz des größten gemeinsamen Teilers darauf, daß die Menge der natürlichen Zahlen wohlgeordnet ist (oder auf einer dazu äquivalenten Aussage).

S 6.1.22 (Existenz des kleinsten gemeinsamen Vielfachen)
Zu jedem $\boldsymbol{u} = (u_1, \ldots, u_n) \in \mathbb{N}_+^n$ existiert ein kleinstes gemeinsames Vielfaches.

Die Menge der gemeinsamen Vielfachen von $\boldsymbol{u}$ ist wegen $\prod \boldsymbol{u} \in \mathsf{V}_{\boldsymbol{u}}$ nicht leer. Es ist nämlich

$$\prod \boldsymbol{u} = u_\mu \prod_{\nu \in \{1,\ldots,n\} \setminus \{\mu\}} u_\nu \in \mathsf{V}_{u_\mu}$$

Die Menge $\mathsf{V}_{\boldsymbol{u}} \subset \mathbb{N}_+$ hat ein kleinstes Element v. Dieses Element ist das kleinste gemeinsame Vielfache von $\boldsymbol{u}$. Dazu ist zu zeigen: Aus $w \in \mathsf{V}_{\boldsymbol{u}}$ folgt $w \in \mathsf{V}_v$. Sei also $w \in \mathsf{V}_{\boldsymbol{u}}$. Dann gibt es

$(t_1,\ldots,t_n) \in \mathbb{N}_+^n$ mit $w = t_\nu u_\nu$, $\nu \in \{1,\ldots,n\}$. Und aus $v \in \mathsf{V}_{\boldsymbol{u}}$ folgt, daß es ein $(s_1,\ldots,s_n) \in \mathbb{N}_+^n$ gibt mit $v = s_\nu u_\nu$, $\nu \in \{1,\ldots,n\}$. Angenommen nun $w \notin \mathsf{V}_v$. Es gibt $q, r \in \mathbb{N}$ mit $w = qv + r$ und $0 \leq r < v$. Wegen $w \notin \mathsf{V}_v$ ist $r > 0$ und man erhält

$$r = w - qv = t_\nu u_\nu - q s_\nu u_\nu = (t_\nu - q s_\nu) u_\nu$$

Das bedeutet $r \in \mathsf{V}_{\boldsymbol{u}}$, aber $r < v$. Das ist jedoch eine unmögliche Situation, denn v ist das kleinste Element von $\mathsf{V}_{\boldsymbol{u}}$.

Die komplementäre Definition von ggT und kgV als größtes und kleinstes Element einer halbgeordneten Menge läßt einen starken Zusammenhang zwischen ihnen vermuten. Diesen gibt es zwar, doch ist er nur im Sonderfall zweier Zahlen von einfacher Art. Jedenfalls bietet er die Möglichkeit, das kleinste gemeinsame Vielfache über den größten gemeinsamen Teiler mit dem effizenten Euklidischen Algorithmus zu berechnen. Der Zusammenhang ist wie folgt:

S 6.1.23 (Zusammenhang zwischen ggT und kgV)
Es sei $\boldsymbol{u} = (u_1,\ldots,u_n) \in \mathbb{N}_+^n$. Es sei $\boldsymbol{w} = (w_1,\ldots,w_n) \in \mathbb{N}_+^n$ definiert durch

$$w_\nu = \prod_{\mu \in \{1,\ldots,n\} \setminus \{\nu\}} u_\mu \tag{6.49}$$

Der größte gemeinsame Teiler und das kleinste gemeinsame Vielfache sind wie folgt miteinander verbunden:

$$\mathrm{ggT}(\boldsymbol{w}) \cdot \mathrm{kgV}(\boldsymbol{u}) = \prod \boldsymbol{u} \tag{6.50}$$

Es sei $v = \mathrm{kgV}(\boldsymbol{u})$. Wegen $v \in \mathsf{V}_{\boldsymbol{u}}$ gibt es ein $(y_1,\ldots,y_n) \in \mathbb{N}_+^n$ mit $v = y_\nu u_\nu$ für $\nu \in \{1,\ldots,n\}$. Es sei $u = \prod \boldsymbol{u}$. Nach Definition von $\boldsymbol{w}$ gilt $u = w_\nu u_\nu$ für $\nu \in \{1,\ldots,n\}$. Nach **S 6.1.21 (ii)** gibt es ein $\boldsymbol{x} = (x_1,\ldots,x_n) \in \mathbb{Z}^n$ mit

$$1 = \sum_{\nu=1}^{n} x_\nu \frac{v}{u_\nu}$$

Wird diese Gleichung mit u multipliziert, erhält man

$$u = v \sum_{\nu=1}^{n} x_\nu w_\nu = vc \quad \text{mit } c = \sum_{\nu=1}^{n} x_\nu w_\nu$$

Das ergibt $w_\nu u_\nu = u = vc = c y_\nu u_\nu$ und nach Kürzen $w_\nu = c y_\nu$. Damit ist c ein gemeinsamer Teiler von $\boldsymbol{w}$. Wenn nun noch gezeigt werden kann, daß sogar $c = \mathrm{ggT}(\boldsymbol{w})$ gilt, dann ist die eben abgeleitete Gleichung $u = cv$ gerade die Behauptung. Zu zeigen ist also, daß c von jedem gemeinsamen Teiler von $\boldsymbol{w}$ geteilt wird. Es sei d solch ein gemeinsamer Teiler von $\boldsymbol{w}$. Es gibt daher ein $(s_1,\ldots,s_n) \in \mathbb{N}_+^n$ mit $w_\nu = d s_\nu$ für $\nu \in \{1,\ldots,n\}$. Damit gilt

$$c = \sum_{\nu=1}^{n} x_\nu w_\nu = \sum_{\nu=1}^{n} x_\nu d s_\nu = d \sum_{\nu=1}^{n} x_\nu s_\nu$$

woraus wie verlangt $d \in \mathsf{T}_c$ folgt.

Zur Bestimmung von $\mathrm{kgV}(\boldsymbol{u})$ sind also $\prod \boldsymbol{u}$ und $\mathrm{ggT}(\boldsymbol{w})$ zu berechnen. Das ist bei großen Zahlen sehr viel effektiver als die Berechnung des kgV aus den Zerlegungen in Primzahlpotenzen.

Ein Spezialfall verdient noch besondere Erwähnung, nämlich der Fall $n = 2$. Hier ist $w_1 = u_2$ und $w_2 = u_1$, das führt mit etwas geänderten Bezeichnungen zu

K 6.1.1 (Zusammenhang zwischen ggT und kgV)

$$\bigwedge_{u,v \in \mathbb{N}_+} \mathrm{ggT}(u,v) \cdot \mathrm{kgV}(u,v) = uv \tag{6.51}$$

Der folgende Satz bringt zwei Eigenschaften des kleinsten gemeinsamen Vielfachen, die in einem späteren Abschnitt benötigt werden.

S 6.1.24 (Eigenschaften des kgV) Es sei $\boldsymbol{u} = (u_1, \ldots, u_n) \in \mathbb{N}_+^n$.

$$\bigwedge_{w \in \mathbb{N}_+} \bigl(\boldsymbol{u} \in \mathsf{T}_w \implies \mathrm{kgV}(\boldsymbol{u}) \in \mathsf{T}_w\bigr) \tag{6.52a}$$

$$\bigcap_{\nu=1}^{n} \mathsf{T}_{u_\nu} = \{1\} \implies \mathrm{kgV}(\boldsymbol{u}) = \prod \boldsymbol{u} \tag{6.52b}$$

Wird w von $\boldsymbol{u}$ geteilt, dann auch vom kleinsten gemeinsamen Vielfachen von $\boldsymbol{u}$. Und ist $\boldsymbol{u}$ paarweise relativ prim, dann besteht das kleinste gemeinsame Vielfache von $\boldsymbol{u}$ aus dem Produkt $\prod \boldsymbol{u}$.

Es sei $v = \mathrm{kgV}(\boldsymbol{u})$. $\boldsymbol{u} \in \mathsf{T}_w$ bedeutet $w \in \mathsf{V}_{\boldsymbol{u}}$, woraus $w \in \mathsf{V}_v$ oder $v \in \mathsf{T}_w$ folgt.
Der Beweis des zweiten Teils erfordert etwas mehr Aufwand, er wird mit Induktion über n geführt.
Für $n = 1$ ist natürlich ohne jede Voraussetzung $\mathrm{kgV}(u_1) = u_1$.
Die Behauptung sei für $n \geq 1$ wahr. Zur Abkürzung sei

$$q_n = \prod_{\nu=1}^{n} a_\nu \qquad q_{n+1} = \prod_{\nu=1}^{n+1} a_\nu \qquad \boldsymbol{u}_n = (u_1, \ldots, u_n) \qquad \boldsymbol{u}_{n+1} = (u_1, \ldots, u_{n+1})$$

Zu zeigen ist: Aus der Voraussetzung, daß $\boldsymbol{u}_{n+1}$ relativ prim ist, d.h. daß die Komponenten von $\boldsymbol{u}_{n+1}$ paarweise relativ prim sind, folgt $\mathrm{kgV}(\boldsymbol{u}_{n+1}) = q_{n+1}$. Nun ist aber q_{n+1} natürlich ein gemeinsames Vielfaches von $\boldsymbol{u}_{n+1}$, es ist daher nur noch nachzuweisen, daß jedes gemeinsame Vielfache w von $\boldsymbol{u}_{n+1}$ ein Vielfaches von q_{n+1} ist.
Sei also $\boldsymbol{u}_{n+1}$ relativ prim, d.h. es gilt $u_\nu \perp u_\mu$ für alle $\nu, \mu \in \{1, \ldots, n+1\}$. Dann gilt natürlich auch $u_\nu \perp u_\mu$ für alle $\nu, \mu \in \{1, \ldots, n\}$, folglich ist auch $\boldsymbol{u}_n$ relativ prim. Außerdem kann man noch $u_{n+1} \perp \boldsymbol{u}_n$ folgern, woraus nach **S 6.1.18** (die Menge U kann durch den Vektor $\boldsymbol{u}$ ersetzt werden) $u_{n+1} \perp q_n$ folgt.
Es sei jetzt w ein gemeinsames Vielfaches von $\boldsymbol{u}_{n+1}$. Zu zeigen: $w \in \mathsf{V}_{q_{n+1}}$. Ist w ein gemeinsames Vielfaches von $\boldsymbol{u}_{n+1}$, dann ist es erst recht ein gemeinsames Vielfaches von $\boldsymbol{u}_n$. Nach Induktionsvorausetzung ist $\mathrm{kgV}(\boldsymbol{u}_n) = q_n$, folglich gilt $w \in \mathsf{V}_{q_n}$, d.h. es gibt ein $a \in \mathbb{N}_+$ mit $w = aq_n$. Nun ist w als gemeinsames Vielfaches von $\boldsymbol{u}_{n+1}$ ein Vielfaches von u_{n+1} oder $u_{n+1} \in \mathsf{T}_w = \mathsf{T}_{aq_n}$. Nach **S 6.1.16** (6.37) folgt daraus $u_{n+1} \in \mathsf{T}_a$ wegen $u_{n+1} \perp q_n$. Es gibt folglich ein $b \in \mathbb{N}_+$ mit $a = bu_{n+1}$. Aber dann ist $w = bu_{n+1}q_n = bq_{n+1}$, d.h. $w \in \mathsf{V}_{q_{n+1}}$, was zu zeigen war. Es gilt also $\mathrm{kgV}(\boldsymbol{u}_{n+1}) = \prod \boldsymbol{u}_{n+1}$. Der Schluss von n auf $n+1$ ist damit abgeschlossen.

Das kleinste gemeinsame Vielfache von Zahlen kann leicht berechnet werden, wenn die Zerlegung der Zahlen in Primzahlpotenzen bekannt ist. Das ist allerdings nur von theoretischem

Interesse, denn die Zerlegung einer ganzen Zahl in ihre Primfaktoren ist nur für recht kleine Zahlen rechentechnisch überhaupt möglich. Sind nun die Zerlegungen in Primzahlpotenzen zweier Zahlen $u, v \in \mathbb{N}_+$ gegeben,

$$u = q_1^{a_1} \cdots q_l^{a_l} \qquad v = \tilde{q}_1^{a_1} \cdots \tilde{q}_k^{b_k}$$

mit $a_\lambda, b_\kappa \in \mathbb{N}$, dann kann man ohne Beschränkung der Allgemeinheit annehmen, daß $l = k$ gilt und beide Zerlegungen dieselben Primzahlen enthalten, wenn auch mit verschiedenen Exponenten. Denn kommt q_λ in v nicht vor, dann wird die Zerlegung von v durch q_λ^0 ergänzt, und kommt $\tilde{q}_\kappa$ in u nicht vor, dann wird u durch $\tilde{q}_\kappa^0$ ergänzt. Das wird so lange fortgesetzt, bis beide Zerlegungen dieselben Primzahlen enthalten. Anschließend kann man die Zerlegungen nach den Primzahlen sortieren. Ist z.B. $u = 2^2 3^1$ und $v = 3^2 5^2$, dann erhält man $u = 2^2 3^1 5^0$ und $v = 2^0 3^2 5^2$.

S 6.1.25 (kgV aus Primzahlpotenzenzerlegungen)
Es seien $p_1, \ldots, p_n \in \mathbb{P}$, $a_1, \ldots, a_n \in \mathbb{N}$ und $b_1, \ldots, b_n \in \mathbb{N}$.

$$\mathrm{kgV}\Big(\prod_{\nu=1}^{n} p_\nu^{a_\nu}, \prod_{\nu=1}^{n} p_\nu^{b_\nu}\Big) = \prod_{\nu=1}^{n} p_\nu^{\max(a_\nu, b_\nu)} \tag{6.53}$$

Das kleinste gemeinsame Vielfache wird also aus den höheren Primzahlpotenzen zusammengesetzt.

Es sei u das Produkt der $p_\nu^{a_\nu}$, v das Produkt der $p_\nu^{b_\nu}$ und w ein gemeinsames Vielfaches von u und v. Es sei $a_1 \leq b_1$. Damit u und v beide Teiler von w sein können, muß mindestens $p_1^{b_1}$ in der Primzahlpotenzzerlegung von w enthalten sein. Jedes gemeinsame Vielfache von u und v hat also $p_1^{\max(a_1,b_1)}$ zu enthalten. Das gilt auch für die anderern Primzahlpotenzen. Nun ist aber das Produkt q der $p_\nu^{\max(a_\nu,b_\nu)}$ bereits ein gemeinsames Vielfaches von u und v, denn es enthält alle diejenigen Primzahlpotenzen der Primzerlegungen von u und v, die zur Bildung von u und v benötigt werden. Folglich sind u und v Teiler von q. Damit ist q das kleinste gemeinsame Vielfache von u und v.

6.2. Primzahlen I

Primzahlen spielen in der Kryptographie eine bedeutende Rolle. So sind beispielsweise die Elementezahlen aller endlichen Körper Primzahlpotenzen, und (große) Primzahlen sind ein wesentlicher Bestandteil einiger Verschlüsselungsverfahren. Es ist daher ratsam, sich eingehender mit ihnen zu beschäftigen.

S 6.2.1 (Primzahl) Es seien $p \in \mathbb{N} \setminus \{0,1\}$ und $u, v \in \mathbb{N}_+$. Dann sind äquivalent:

(i) $\mathsf{T}_p = \{1, p\}$

(ii) $p \in \mathsf{T}_{uv} \iff p \in \mathsf{T}_u \cup \mathsf{T}_v$

Eine Primzahl ist eine Zahl $p \in \mathbb{N} \setminus \{0,1\}$, die eine (und damit beide) dieser Eigenschaften besitzt. $\mathbb{P}$ sei die Menge aller Primzahlen.

„**(i)**⇒**(ii)**“: Es sei $g = \text{ggT}(p, u)$. Dann ist $g \in \mathsf{T}_p = \{1, p\}$. Falls $g = p$ ist offensichtlich $p \in \mathsf{T}_u$. Falls $g = 1$ gibt es $x, y \in \mathbb{Z}$ mit $1 = xu + yp$, daraus $v = xuv + yvp$. Wegen $p \in \mathsf{T}_{uv}$ gibt es $c \in \mathbb{N}_+$ mit $uv = cp$, folglich ist $v = xcp + yvp = p(xc + yv)$, d.h. $p \in \mathsf{T}_v$. Die Umkehrung ist natürlich immer richtig, unabhängig von **(i)**.
„**(ii)**⇒**(i)**“: Angenommen, p hat echte Teiler. Es gibt dann $u, v \in \mathbb{N}$ mit $1 < u < p$, $1 < v < p$ und $p = uv$. Letzteres bedeutet $p \in \mathsf{T}_{uv}$, daher $p \in \mathsf{T}_u \cup \mathsf{T}_v$. Es ist weder $p \in \mathsf{T}_u$, weil $u < p$, noch $p \in \mathsf{T}_v$, weil $v < p$.

Eine Primzahl hat also nur sich selbst und die Eins als Teiler. Äquivalent dazu ist eine natürliche Zahl, die, wenn sie ein Produkt zweier natürlicher Zahlen teilt, wenigstens einen der Faktoren des Produktes teilt, eine Primzahl. **(ii)** kann (mit vollständiger Induktion) auf beliebig lange Produkte verallgemeinert werden:

K 6.2.1 Sei $U \subset \mathbb{N}_+$ endlich und $v = \prod_{u \in U} u$. Für jede Primzahl p gilt dann

$$p \in \mathsf{T}_v \iff p \in \bigcup_{u \in U} \mathsf{T}_u \tag{6.54}$$

Teilt eine Primzahl ein Produkt natürlicher Zahlen, dann auch mindestens einen der Produktfaktoren.

Die Zahl 2 ist offensichtlich eine Primzahl. Die Zahl 1 wird nicht zu den Primzahlen gerechnet, obwohl sie die Bedingung erfüllt, außer 1 und sich selbst keine weiteren Teiler zu besitzen. Alle übrigen Primzahlen sind ungerade, denn andernfalls hätten sie 2 als Teiler. Die ersten ungeraden Primzahlen sind natürlich jedem bekannt: 3, 5, 7, 11, 13, 17, 19, 23, 29, 31, 37, 41, 43, 47, 53 usw.

Primzahlen stellen so etwas wie atomare Objkekte der Menge der natürlichen Zahlen dar, und das nicht nur, weil sie unteilbar sind, sondern auch, weil die natürlichen Zahlen aus Primzahlen zusammengesetzt sind:

S 6.2.2 (Faktorisierung mit Primzahlen) Jedes $u \in \mathbb{N} \setminus \{0,1\}$ besitzt eine Darstellung als Produkt von Primzahlen.

Beweis mit vollständiger Induktion. Die Behauptung ist für $u = 2$ natürlich wahr. Sie sei für alle $v \in \mathbb{N}$ mit $2 \leq v < u$ wahr. Zu zeigen: Sie ist auch für u wahr. Falls $u \in \mathbb{P}$ ist schon eine (triviale) Darstellung als Primzahlprodukt gefunden. Ist andererseits $u \notin \mathbb{P}$, dann hat u echte Teiler, d.h.

es gibt $n, m \in \mathbb{N}$ mit $1 < n, m < u$ und $u = nm$. Nach Induktionsvoraussetzung haben aber n und m Darstellungen als Primzahlprodukt, also auch $u = nm$.

Diese Faktorisierung ist allerdings nicht eindeutig, z.B. ist $60 = 2 \cdot 3 \cdot 5 \cdot 2 = 5 \cdot 3 \cdot 2 \cdot 2$ usw. Sie ist aber bis auf die Reihenfolge der Primzahlen eindeutig. Das ist die Aussage des folgenden Satzes.

S 6.2.3 (Eindeutigkeit der Primzahlfaktorisierung) Jedes $u \in \mathbb{N} \setminus \{0,1\}$ besitzt eine eindeutige Darstellung als Produkt von Primzahlen. Sind $p_1 \cdots p_n$ und $q_1 \cdots q_m$ zwei solche Darstellungen, d.h. gilt $p_1 \cdots p_n = u = q_1 \cdots q_m$, dann ist $n = m$ und beide Produkte enthalten dieselben Primzahlen mit denselben Multiplizitäten.

Beweis durch vollständige Induktion über u. Die Behauptung sei also richtig für alle $v < u$ $(v \geq 2)$. Es seien $p_1 \cdots p_n = u = q_1 \cdots q_m$ zwei Zerlegungen von u in Primfaktoren. Dann ist $p_1 \in \mathsf{T}_u$. Für p_1 als Primzahl folgt daraus $p_1 \in \mathsf{T}_{q_1} \cup \mathsf{T}_{q_2} \cup \cdots \cup \mathsf{T}_{q_m}$. Es gibt daher ein $\mu \in \{1, \ldots, m\}$ mit $p_1 \in \mathsf{T}_{q_\mu}$. Weil es auf die Reihenfolge der Primzahlen nicht ankommt, kann $\mu = 1$ angenommen werden, also $p_1 \in \mathsf{T}_{q_1} = \{1, q_1\}$. Aus $p_1 \neq 1$ folgt daher $p_1 = q_1$. Nun hat die Zahl

$$v = \frac{u}{p_1} = p_2 \cdots p_n = q_2 \cdots q_m$$

wegen $v < u$ nach Induktionsvoraussetzung eine eindeutige Zerlegung in Primfaktoren: Es ist $n = m$ und in den beiden Produkten $p_2 \cdots p_n$ und $q_2 \cdots q_m$ kommen dieselben Primzahlen mit denselben Vielfachheiten vor. Dann ist das aber wegen $p_1 = q_1$ auch für die Produkte $p_1 p_2 \cdots p_n$ und $q_1 q_2 \cdots q_n$ wahr.

Geht man zu $\mathbb{Z}$ über, verliert man die Eindeutigkeit. So ist etwa $-60 = (-2) \cdot 2 \cdot 3 \cdot 5 = 2 \cdot 2 \cdot (-3) \cdot 5$. Man kann es so formulieren, daß die Primzahlzerlegung in $\mathbb{Z} \setminus \{-1, 0, 1\}$ bis auf Einheiten eindeutig ist (1 und -1 sind die Einheiten des Ringes $\mathbb{Z}$).

Normalerweise werden in einer Primfaktorzerlegung mehrfach vorkommende Primzahlen unter einem Exponenten zusammengefasst. Z.B. erhält man so $2 \cdot 3 \cdot 2 \cdot 5 \cdot 3 \cdot 5 = 2^2 3^2 5^2$. Damit erhält man

S 6.2.4 (Primzahlfaktorisierung) Zu jedem $u \in \mathbb{N} \setminus \{0,1\}$ gibt es eindeutig bestimmte $p_1, \ldots, p_n \in \mathbb{P}$, $p_1 < p_2 < \cdots < p_n$, und eindeutig bestimmte $\epsilon_1, \ldots, \epsilon_n \in \mathbb{N}_+$ mit

$$u = p_1^{\epsilon_1} p_2^{\epsilon_2} \cdots p_n^{\epsilon_n} \tag{6.55}$$

Bekanntermaßen ist $\mathbb{P}$ keine endliche Menge, wie schon vor einigen Jahrtausenden Euklid herausfand. Mit nicht viel mehr Aufwand als Euklid beim Beweis seiner Aussage betrieb kann man eine (einfache) Aussage über die Lage von Primzahlen machen, aus der die Unendlichkeit von $\mathbb{P}$ direkt folgt.

S 6.2.5 Für jedes $n \in \mathbb{N}_+$ sei $P_n = \{ m \in \mathbb{N}_+ \mid n < m < n! + 1 \}$. Damit gilt

$$P_n \cap \mathbb{P} \neq \emptyset \tag{6.56}$$

Es gibt mindestens eine Primzahl zwischen n (ausgeschlossen) und $n! + 1$.

Falls $n! + 1 \in \mathbb{P}$ ist nichts mehr zu beweisen. Es sei also $n! + 1 \notin \mathbb{P}$. Weil $n! + 1$ eine Darstellung als Primzahlprodukt besitzt, hat es eine Primzahl als Teiler, d.h. es gibt ein $p \in \mathbb{P}$ mit $p < n! + 1$

und ein $q \in \mathbb{N}_+$ mit $n! + 1 = qp$. Angenommen, es ist $p \leq n$. Dann ist p ein Faktor in $n!$, d.h. es gibt ein $u \in \mathbb{N}_+$ mit $n! = up$. Das führt zu $1 = qp - up = p(q-u)$. Das ist jedoch in $\mathbb{Z}$ unmöglich. Denn für $q - u = 0$ gälte $1 = 0$, bei $q - u = 1$ wäre $1 = p$ statt $1 < p$ und bei $|q - u| > 1$ ist sicherlich $1 \neq p(q-u)$. Damit ist $n < p$ und $p \in P_n$.

Der Satz besagt insbesondere, daß es zu jedem $n \in \mathbb{N}_+$ eine Primzahl p gibt mit $n < p$. $\mathbb{P}$ ist also eine unendliche Menge. Sonst ist der Satz nicht sehr aussagekräftig, der Abstand zwischen n und $n! + 1$ wird zu schnell sehr groß, siehe Tabelle 6.1.

Tabelle 6.1.: Die Anzahl A_n der Elemente in $P_n \cap \mathbb{P}$

n	$n!+1$	A_n
1	2	1
2	3	1
3	7	2
4	25	7
5	121	27
6	721	125
7	5041	671
8	40321	4227

Im Zusammenhang mit Primzahlen spielt der ganzzahlige Anteil einer reellen Zahl eine gewisse Rolle, weil z.B. mit ihm angegeben werden kann, wieviel natürliche Zahlen unterhalb einer vorgegebenen Schranke von einer Primzahl geteilt werden.

D 6.2.1 (Ganzzahliger Anteil einer reellen Zahl) Die Funktionen $\lfloor\ \rfloor : \mathbb{R} \longrightarrow \mathbb{Z}$ und $\langle\ \rangle : \mathbb{R} \longrightarrow \{\, x \in \mathbb{R} \mid 0 \leq x < 1 \,\}$ sind definiert durch

$$\lfloor x \rfloor = \max\{\, n \in \mathbb{Z} \mid n \leq x \,\} \tag{6.57a}$$

$$\langle x \rangle = x - \lfloor x \rfloor \tag{6.57b}$$

Es gilt natürlich $\lfloor \pi \rfloor = 3$, aber nach der Definition ist $\lfloor -\pi \rfloor = -4$. Offensichtlich ist $\langle x \rangle$ der Rest, der entsteht, wenn man den ganzzahligen Anteil von x entfernt (subtrahiert). So wie $\lfloor x \rfloor$ definiert wird, ist dieser Rest nicht negativ und naürlich nicht ≥ 1 (andernfalls man den ganzzahligen Teil noch vergrößern könnte). Folgendes Argument wird oft benutzt werden: Hat man zu $x \in \mathbb{R}$ ein $q \in \mathbb{Z}$ und ein $\lambda \in \mathbb{R}$ gefunden mit $x = q + \lambda$ und $0 \leq \lambda < 1$, dann ist $\lfloor x \rfloor = q$ und $\langle x \rangle = \lambda$. Einig wichtige Eigenschaften der Funktionen werden im folgenden Satz zusammengefasst.

S 6.2.6 (Eigenschaften von $\lfloor\ \rfloor$ und $\langle\ \rangle$) Es seien $n \in \mathbb{N}_+$, $m \in \mathbb{Z}$ und $x, y \in \mathbb{R}$. Dann gilt

(i) $\lfloor x + m \rfloor = \lfloor x \rfloor + m$

(ii) $\lfloor m - x \rfloor = m - 1 - \lfloor x \rfloor$

(iii) $\lfloor x + y \rfloor = \lfloor x \rfloor + \lfloor y \rfloor + \lfloor \langle x \rangle + \langle y \rangle \rfloor$ mit $\lfloor \langle x \rangle + \langle y \rangle \rfloor \in \{0, 1\}$

(iv) $\left\lfloor \dfrac{x+y}{n} \right\rfloor = \left\lfloor \dfrac{x}{n} \right\rfloor + \left\lfloor \dfrac{y}{n} \right\rfloor + \left\lfloor \left\langle \dfrac{x}{n} \right\rangle + \left\langle \dfrac{y}{n} \right\rangle \right\rfloor$ mit $\left\lfloor \left\langle \dfrac{x}{n} \right\rangle + \left\langle \dfrac{y}{n} \right\rangle \right\rfloor \in \{0, 1\}$

(v) $\left\lfloor \dfrac{x}{n} \right\rfloor = \left\lfloor \dfrac{\lfloor x \rfloor}{n} \right\rfloor$

(**i**): Es ist $x + m = \lfloor x \rfloor + \langle x \rangle + m = q + \lambda$, mit $q = \lfloor x \rfloor + m \in \mathbb{Z}$ und $\lambda = \langle x \rangle$, d.h. $0 \leq \lambda < 1$. Das bedeutet $\lfloor x + m \rfloor = q = \lfloor x \rfloor + m$ (und auch $\langle x + m \rangle = \lambda = \langle x \rangle$.
(**ii**): Hier ist $m - x = m - \lfloor x \rfloor - \langle x \rangle = m - \lfloor x \rfloor - 1 + 1 - \langle x \rangle$. Wegen $m - \lfloor x \rfloor - 1 \in \mathbb{Z}$ und $0 < 1 - \langle x \rangle < 1$ folgt daraus $\lfloor m - x \rfloor = m - \lfloor x \rfloor - 1$ (und $\langle m - x \rangle = 1 - \langle x \rangle$).
(**iii**): Aus $x = \lfloor x \rfloor + \langle x \rangle$ und $y = \lfloor y \rfloor + \langle y \rangle$ folgt natürlich $x + y = \lfloor x \rfloor + \lfloor y \rfloor + \langle x \rangle + \langle y \rangle$. Wegen $0 \leq \langle x \rangle < 1$ und $0 \leq \langle y \rangle < 1$ ist $\lfloor \langle x \rangle + \langle y \rangle \rfloor \in \{0, 1\}$.
(**iv**): Diese Aussage ist ein Sonderfalls von (**iii**).
(**v**): Es gibt $q, r \in \mathbb{Z}$ mit $0 \leq r \leq n - 1$ und $\lfloor x \rfloor = qn + r$. Mit $\lfloor x \rfloor = x - \langle x \rangle$ ergibt das $x - \langle x \rangle = qn + r$ oder $x = \langle x \rangle + qb + r$ und mit Division

$$\frac{x}{n} = q + \frac{\langle x \rangle + r}{n}$$

Nun ist offensichtlich $0 \leq \langle x \rangle + r < n$, also $0 \leq \frac{\langle x \rangle + r}{n} < 1$. Das bedeutet $q = \left\lfloor \frac{x}{n} \right\rfloor$. Andererseits folgt aber aus $\lfloor x \rfloor = qn + r$ durch Division $\frac{\lfloor x \rfloor}{n} = q + \frac{r}{n}$ mit $q \in \mathbb{Z}$ und $0 \leq \frac{r}{n} < 1$, also $q = \left\lfloor \frac{\lfloor x \rfloor}{n} \right\rfloor$, woraus die Behauptung (**v**) folgt.

Das nachfolgende Korollar von **S 6.2.6** stellt den Zusammenhang der Abbildung $\lfloor\ \rfloor$ mit der Teilbarkeitsrelation her.

K 6.2.2 (Zählung von ganzzahligen Vielfachen) Für $x \in \mathbb{R}$, mit $x \geq 0$, und $n \in \mathbb{N}_+$ gilt

$$\left\lfloor \frac{x}{n} \right\rfloor = \#\{\, mn \mid m \in \mathbb{N}_+ \wedge mn \leq x \,\} \tag{6.58}$$

$\left\lfloor \frac{x}{n} \right\rfloor$ gibt die Anzahl der (ganzzahligen) Vielfachen von n, die nicht größer sind als x.

Es gibt $q, r \in \mathbb{Z}$ mit $0 \leq r \leq n - 1$ und $\lfloor x \rfloor = qn + r$. Daraus folgt direkt, daß es genau q ganze Zahlen m gibt die $mn \leq x$ erfüllen, nämlich die m mit $1 \leq m \leq q$. Aus

$$\frac{\lfloor x \rfloor}{n} = q + \frac{r}{n} \quad \text{mit} \quad 0 \leq \frac{r}{n} \leq \frac{n-1}{n} < 1$$

ist zu ersehen, daß q der ganzzahlige Anteil von $\frac{\lfloor x \rfloor}{n}$ ist, nach (**v**) ist das aber $q = \left\lfloor \frac{x}{n} \right\rfloor$.

Ein weiteres Korollar zeigt, wie die Abbildung $\lfloor\ \rfloor$ eingesetzt werden kann, um natürliche Zahlen mit vorgegebenen Primzahlteilern zu zählen:

K 6.2.3 Es seien $p \in \mathbb{P}$ und $n, q \in \mathbb{N} \setminus \{0, 1\}$.

(**i**) $\left\lfloor \frac{q}{p^n} \right\rfloor = \#\{\, m \in \mathbb{N}_+ \mid m \leq q \ \wedge\ p^n \in \mathsf{T}_m \,\}$

(**ii**) $\left\lfloor \frac{q}{p^n} \right\rfloor - \left\lfloor \frac{q}{p^{n+1}} \right\rfloor = \#\{\, m \in \mathbb{N}_+ \mid m \leq q \ \wedge\ p^n \in \mathsf{T}_m \ \wedge \bigwedge_{\nu \in \mathbb{N}_+} p^{n+\nu} \notin \mathsf{T}_m \,\}$

In (**i**) wird angegeben, wieviel natürliche Zahlen nicht oberhalb von q den Teiler p^n enthalten. Das folgt direkt aus dem vorigen Korollar (a Vielfaches von b genau dann, wenn b Teiler von a ist). Allerdings sind in der Anzahl $\lfloor q/p^n \rfloor$ auch diejenigen $m \leq q$ enthalten, die p^{n+1}, p^{n+2} usw. als Teiler enthalten, denn aus $p^{n+\nu} \in \mathsf{T}_m$ folgt natürlich erst recht $p^n \in \mathsf{T}_m$. Dann ist aber $\lfloor q/p^{n+1} \rfloor$ die Anzahl der $m \leq q$, die p^{n+1} als Teiler haben, jedoch werden auch solche m mitgezählt, die höhere Potenzen $p^{n+\nu}$ als Teiler haben. Daraus folgt offenbar, daß $\lfloor q/p^n \rfloor - \lfloor q/p^{n+1} \rfloor$ die Anzahl der $m \leq q$ ist, die nur von p^n aber von keiner höheren Potenz von p geteilt werden. Das ist genau die Aussage von (**ii**).

Das Korollar sagt beispielsweise aus, daß es $\lfloor 100000/5^5 \rfloor - \lfloor 100000/5^6 \rfloor = 26$ natürliche Zahlen nicht oberhalb von 100000 gibt, die 5^5 aber keine höhere Potenz von 5 als Teiler haben.

Das nächste Ziel ist es nun, die Primzahlfaktorzerlegung von $q!$ zu bestimmen, ohne durch alle möglichen Primfaktoren zu dividieren, also z.B. die Zerlegung von 123!,

3041409320171337804361260816606476884437764156896051200000000000000121
46304367025329675766243241881295855454217088483382315328918161829235
89236216766883115696061264020217073583522129404778259109157041165147
21860295199062616467307339074198149529600000000000000000000000000000

deren Zerlegung durch Division mit Primteilern als einer Zahl mit 91 Dezimalziffern nur mit erheblichem Rechenaufwand zu bestimmen ist. Das folgende Lemma dient zur Vorbereitung der Bestimmung der Zerlegung:

L 6.2.1 Es seien $p \in \mathbb{P}$ und $q \in \mathbb{N} \setminus \{0,1\}$. Es gibt ein $n_{q,p} \in \mathbb{N}$ mit

$$m \in \mathbb{N} \wedge m > n_{q,p} \implies \left\lfloor \frac{q}{p^m} \right\rfloor = 0 \tag{6.59a}$$

$$\sum_{n=1}^{n_{q,p}} n \left(\left\lfloor \frac{q}{p^n} \right\rfloor - \left\lfloor \frac{q}{p^{n+1}} \right\rfloor \right) = \sum_{n=1}^{n_{q,p}} \left\lfloor \frac{q}{p^n} \right\rfloor \tag{6.59b}$$

Wegen $p > 2$ gilt $\lim_{n \to \infty} p^n = \infty$, d.h. es gibt ein $k \in \mathbb{N}$ mit $q < p^{k+1}$. Es sei $n_{q,p}$ die kleinste dieser Zahlen. Dann ist also $q \geq p^{n_{q,p}}$, aber $q < p^n$ für $n > n_{q,p}$. Daraus folgt die erste Behauptung. Die zweite Aussage ergibt sich daraus, daß die vorliegende Summe eine Art von Teleskopeigenschaft besitzt:

$$\begin{aligned} \sum_{n=1}^{n_{q,p}} n \left(\left\lfloor \frac{q}{p^n} \right\rfloor - \left\lfloor \frac{q}{p^{n+1}} \right\rfloor \right) &= \left\lfloor \frac{q}{p} \right\rfloor - \left\lfloor \frac{q}{p^2} \right\rfloor + 2 \left\lfloor \frac{q}{p^2} \right\rfloor - 2 \left\lfloor \frac{q}{p^3} \right\rfloor + 3 \left\lfloor \frac{q}{p^3} \right\rfloor - + \cdots + n_{q,p} \left\lfloor \frac{q}{p^{n_{q,p}}} \right\rfloor - 0 \\ &= \sum_{n=1}^{n_{q,p}} \left\lfloor \frac{q}{p^n} \right\rfloor \end{aligned}$$

In der Summe gilt für nebeneinander stehende Summanden $-(n-1) \lfloor q/p^k \rfloor + n \lfloor q/p^k \rfloor = \lfloor q/p^k \rfloor$.

Der folgende Satz liefert die angekündigte Primfaktorzerlegung von $q!$, indem er eine Formel zur Berechnung der Exponenten der Primzahlfaktoren bereit stellt:

S 6.2.7 (Primfaktorzerlegung von $q!$) Es sei $q \in \mathbb{N} \setminus \{0,1\}$.

$$q! = \prod_{p \in \mathbb{P} \wedge p \leq q} p^{\epsilon_p} \quad \text{mit} \quad \epsilon_p = \sum_{n=1}^{n_{q,p}} \left\lfloor \frac{q}{p^n} \right\rfloor \tag{6.60}$$

Darin ist $n_{q,p}$ die in **L 6.2.1** bestimmte natürliche Zahl.

Die Anwendung des Satzes wird nach dem Beweis an einem Beispiel demonstriert. Zum Beweis ist zuerst zu bemerken, daß $q!$ nur Primzahlen $p \leq q$ als Faktoren enthalten kann, denn die Primzahlfaktoren sind die Teiler der Bestandteile 2 bis q von $q!$. Fasst man daher gleiche Primzahlfaktoren zu einer Primzahlpotenz zusammen, dann gelangt man zu der folgenden der Darstellung von $q!$, für die nur noch die Exponenten zu bestimmen sind:

$$q! = \prod_{\substack{p\in\mathbb{P}\\ p\leq q}} p^{\epsilon_p} \qquad \epsilon_p \in \mathbb{N}$$

Es sei $p \in \mathbb{P}$ und p^n komme in $q!$ genau in k_n der Bestandteile 2 bis q vor. Dann enthält $q!$ offensichtlich den Faktor

$$\underbrace{p^n \cdots p^n}_{k_n-\text{mal}} = p^{nk_n}$$

Die Zahl k_n ist die Anzahl der natürlichen Zahlen $\leq q$, die den Faktor p^n enthalten. Nach dem Korollar **K 6.2.3** ist diese Zahl gegeben durch

$$k_n = \left\lfloor \frac{q}{p^n} \right\rfloor - \left\lfloor \frac{q}{p^{n+1}} \right\rfloor$$

Nun ist ϵ_p gerade die Summe aller nk_n, für die p^n ein Teiler einer der Faktoren 2 bis q von $q!$ ist, und das größte solche n ist offenbar gegeben durch $n_{q,p}$. Daraus folgt die Behauptung:

$$\epsilon_p = \sum_{n=1}^{n_{q,p}} n\left(\left\lfloor \frac{q}{p^n} \right\rfloor - \left\lfloor \frac{q}{p^{n+1}} \right\rfloor\right) = \sum_{n=1}^{n_{q,p}} \left\lfloor \frac{q}{p^n} \right\rfloor$$

Als Beispiel wird die Primfaktorzerlegung von $30! = 265252859812191058636308480000000$ bestimmt. Die Primzahlen unter 30 sind 2, 3, 5, 7, 11, 13, 17, 19, 23 und 29. Es ist $2^4 \leq 30$, aber $2^5 > 30$, also $n_{30,2} = 4$, daher

$$\epsilon_2 = \left\lfloor \frac{30}{2} \right\rfloor + \left\lfloor \frac{30}{4} \right\rfloor + \left\lfloor \frac{30}{8} \right\rfloor + \left\lfloor \frac{30}{16} \right\rfloor = 15 + 7 + 3 + 1 = 26$$

Wegen $3^3 \leq 30$ aber $3^4 > 30$ ist $n_{30,3} = 3$ und damit

$$\epsilon_3 = \left\lfloor \frac{30}{3} \right\rfloor + \left\lfloor \frac{30}{9} \right\rfloor + \left\lfloor \frac{30}{27} \right\rfloor = 10 + 3 + 1 = 14$$

Für $p = 5$ bekommt man $\epsilon_5 = \lfloor 30/5 \rfloor + \lfloor 30/25 \rfloor = 6 + 1 = 7$. Ab $p = 7$ ist schon $p^2 > 30$. Damit wird $\epsilon_7 = \lfloor 30/7 \rfloor = 4$, $\epsilon_{11} = \lfloor 30/11 \rfloor = 2$ und $\epsilon_{13} = \lfloor 30/13 \rfloor = 2$. Die restlichen Exponenten sind $\epsilon_{17} = \epsilon_{19} = \epsilon_{23} = \epsilon_{29} = 1$. Die Primfaktorzerlegung von 30! ist daher

$$30! = 2^{26}3^{14}5^{7}11^{2}13^{2}17^{1}19^{1}23^{1}29^{1}$$

Diese Methode lässt sich sehr einfach in ein Programm umsetzen. Mit solch einem Programm erhält man die oben versprochene Primfaktorzerlegung von 123! als

$$2^{117}3^{59}5^{28}7^{19}11^{12}13^{9}17^{7}19^{6}23^{5}29^{4}31^{3}37^{3}41^{3}43^{2}47^{2}53^{2}59^{2}61^{2}67^{1}71^{1}73^{1}79^{1}83^{1}89^{1}97^{1}101^{1}103^{1}107^{1}109^{1}113^{1}$$

Potenzen 2^n sind für $n > 1$ natürlich keine Primzahlen, jedoch ist $2^n - 1$ eine ungerade Zahl und könnte daher eine Primzahl sein. Primzahlen der Gestalt 2^{n-1} werden nach *Mersenne* benannt, der sie zuerst untersuchte. Nicht alle Mersenneschen Zahlen sind Primzahlen, so ist beispielsweise $2^{11} - 1 = 2047 = 23 \cdot 89$. Einige dieser Zahlen sind tatsächlich Primzahlen, es sind jedoch nur wenige bekannt. Auch ist die Frage noch nicht beantwortet, ob es unendlich viele Mersennesche Primzahlen gibt. Mersennesche Primzahlen sind die einzigen wirklich großen bekannten Primzahlen. Stand Anfang 2014: $2^{57885161} - 1$ ist die 48-te Mersennesche Primzahl. Der nächste Satz gibt eine notwendige Bedingung für eine Mersennesche Zahl an, eine Primzahl zu sein:

S 6.2.8 (Notwendige Bedingung für Mersennesche Primzahl)

$$n \in \mathbb{N} \setminus \{0,1\} \,\wedge\, 2^n - 1 \in \mathbb{P} \implies n \in \mathbb{P} \tag{6.61}$$

Mersennesche Primzahlen $2^n - 1$ kann es also nur für Primzahlen n geben.

Der einfache Beweis beruht auf einer Formel, die leicht durch Ausrechnen verifiziert werden kann, für $k \in \mathbb{N}_+$ und $z \in \mathbb{C}$ ist nämlich

$$z^k - 1 = (z-1)(1 + z + z^2 + \cdots + z^{k-1}) \tag{6.62}$$

Besitzt speziell k die Zerlegung $k = uv$, mit $u, v \in \mathbb{N}_+$, dann erhält man

$$z^{uv} - 1 = (z^u)^v - 1 = (z^u - 1)(1 + z^u + z^{2u} + \cdots + z^{(v-1)u}) \tag{6.63}$$

Es sei nun $n \in \mathbb{N} \setminus \{0,1\}$ und $2^n - 1 \in \mathbb{P}$. Angenommen, es ist $n \notin \mathbb{P}$. Es gibt dann $u, v \in \mathbb{N}$ mit $1 < u, v < n$ und $n = uv$. Daraus folgt mit (6.63), daß $2^u - 1$ ein echter Teiler der Primzahl $2^n - 1$ ist (aus $u > 1$ folgt $2^u - 1 > 1$), Widerspruch.

Die beiden Hauptsätze für Teilbarkeit aus Abschnitt 6.1 (ab Seite 206) können auf eine für Primzahlen spezifische Weise formuliert werden.

S 6.2.9 (Hauptsätze der Teilbarkeit für Primzahlen)
Für $p \in \mathbb{P}$ und $u, v \in \mathbb{N}_+$ gelten die folgenden Aussagen:

$$p \in \mathsf{T}_{uv} \,\wedge\, p \notin \mathsf{T}_u \implies p \in \mathsf{T}_v \tag{6.64a}$$

$$p \notin \mathsf{T}_{uv} \iff p \notin \mathsf{T}_u \,\wedge\, p \notin \mathsf{T}_v \tag{6.64b}$$

$$p \in \mathsf{T}_{uv} \iff p \in \mathsf{T}_u \,\vee\, p \in \mathsf{T}_v \iff p \in \mathsf{T}_u \cup \mathsf{T}_v \tag{6.64c}$$

Die zweite und dritte Aussage sind nur äquivalente Umformungen voneinander.

Es seien $p \in \mathbb{P}$ und $n \in \mathbb{N}_+$. Es ist $\mathrm{ggT}(p,n) \in \mathsf{T}_p = \{1, p\}$. Gilt einerseits $\mathrm{ggT}(p,n) = 1$, dann ist $p \notin \mathsf{T}_n$. Ist andererseits $\mathrm{ggT}(p,n) = p$, dann ist $p \in \mathsf{T}_n$. Es ist daher $p \perp n$ äquivalent mit $p \notin \mathsf{T}_n$ und $p \not\perp n$ ist äquivalent zu $p \in \mathsf{T}_n$.

Die erste Verallgemeinerung des zweiten Hauptsatzes der Teilbarkeit lautet für Primzahlen umgesetzt folgendermaßen:

S 6.2.10 (2. Hauptsatz der Teilbarkeit für Primzahlen II)
Es seien $p \in \mathbb{P}$ und $U \subset \mathbb{N}_+$ mit $\#(U) < \aleph_0$. Dann gilt

$$p \in \bigcup_{u \in U} \mathsf{T}_u \iff p \in \mathsf{T}_{\prod U} \tag{6.65}$$

Eine Primzahl teilt ein Produkt genau dann, wenn sie mindestens einen der Produktfaktoren teilt.

Zum Abschluss des Abschnittes noch etwas über die Häufigkeit von Primzahlen. Zunächst die Definition der Funktion, mit der die Häufigkeit von Primzahlen gemessen wird:

D 6.2.2 (Die π-Funktion) Die Funktion $\pi\colon \mathbb{R}_+ \longrightarrow \mathbb{N}$ ist definiert durch

$$\pi(x) = \sum_{p\in\mathbb{P}\,\wedge\, p\leq x} 1 \tag{6.66}$$

$\pi(x)$ ist die Anzahl der Primzahlen nicht oberhalb von x.

Das klassische Resultat über die Verteilung der Primzahlen stammt von Gauß. Es ist natürlich im Laufe der Zeit verbessert worden, Näheres kann in jedem Lehrbuch über Zahlentheorie gefunden werden.

S 6.2.11 (Primzahlsatz von Gauß)

$$\lim_{x\to\infty} \frac{\pi(x)\ln(x)}{x} = 1 \tag{6.67}$$

Es sei $A(x) = x/\ln(x)$. Der Grenzwert bedeutet, daß es zu jedem $\varepsilon \in \mathbb{R}_+$ ein $M \in \mathbb{R}_+$ gibt mit

$$\left|\frac{\pi(x) - A(x)}{A(x)}\right| < \varepsilon \tag{6.68}$$

für alle $x \in \mathbb{R}_+$ mit $x > M$. Damit ist ε eine Abschätzung für die relative Genauigkeit, mit der die Funktion π von der Funktion A approximiert wird.

Die relative Präsision ist allerdings nicht sehr groß, man muss zu sehr großen Werten von x gehen, um brauchbare Werte zu erhalten. So ist etwa $\pi(70000) = 6935$, aber $A(70000) \approx 6275$, was eine relative Genauigkeit von $\varepsilon = 0,095$ ergibt. Das entspricht wie zu erwarten war einer korrekten Dezimalziffer.

Mit dem Primzahlsatz lassen sich Fragen beantworten wie die folgende: Wie viele Primzahlen gibt es, die hundert dezimale Ziffern besitzen? Nach dem Primzahlsatz ist diese Anzahl gegeben durch

$$\pi(10^{100}) - \pi(10^{99}) \approx \frac{10^{100}}{\ln(10^{100})} - \frac{10^{99}}{\ln(10^{99})} \approx \frac{10^{98} - 10^{97}}{\ln(10)} = 10^{97}\frac{9}{\ln(10)} \approx 4,9 \cdot 10^{97}$$

Eine neuere Abschätzung der π-Funktion ist (siehe [NiZu])

$$\frac{\ln(2)}{4}\frac{x}{\ln(x)} \leq \pi(x) \leq 9\ln(2)\frac{x}{\ln(x)} \tag{6.69}$$

Das ist keine asymptotische Entwicklung, es sind echte Schranken für die π-Funktion. Allerdings sind diese Schranken recht grob. Man erhält damit beispielsweise $1087 < \pi(70000) < 39143$.

Alle Primzahlen ausser 2 sind ungerade natürliche Zahlen, folglich gilt $\varrho_4(p) \in \{1,3\}$ für jedes $p \in \mathbb{P} \setminus \{2\}$. Mit den Definitionen

$$\mathbb{P}_1 = \{\, p \in \mathbb{P} \mid \varrho_4(p) = 1 \,\} \qquad \mathbb{P}_3 = \{\, p \in \mathbb{P} \mid \varrho_4(p) = 3 \,\} \tag{6.70}$$

erhält man die Zerlegung $\mathbb{P} = \{2\} \cup \mathbb{P}_1 \cup \mathbb{P}_3$, die beiden Vereinigungen sind also disjunkt. Wie sich später noch zeigen wird, stimmen die beiden Primzahlmengen nicht in allen Eigenschaften ihrer Elemente überein. Sie haben jedenfalls die gemeinsame Eigenschaft, unendlich zu sein:

$$\#(\mathbb{P}_1) = \#(\mathbb{P}_3) = \aleph_0 \tag{6.71}$$

Zur Unendlichkeit von $\mathbb{P}_3$ gibt es einen elementaren Beweis, die Unendlichkeit von $\mathbb{P}_1$ wird in Abschnitt 6.13 mit Hilfe von primitiven Elementen in endlichen Körpern bewiesen. Es sei zunächst

$$V = \{\, 4n + 1 \mid n \in \mathbb{N} \,\}$$

Diese Menge hat die folgende Eigenschaft:

$$\bigl(M \subset V \wedge \#(M) < \aleph_0 \bigr) \implies \prod M \in V \tag{6.72}$$

Beweis durch Induktion über $m = \#(M)$. Für $M = \emptyset$ ist die Behauptung trivialerweise wahr. Die Behauptung gelte für ein $m \in \mathbb{N}$. Sei $M \subset V$ mit $\#(M) = m + 1$, und es sei $v = 4n + 1 \in M$. Nach Induktionsvoraussetzung ist $\prod M \smallsetminus \{v\} \in V$, etwa $\prod M \smallsetminus \{v\} = 4k + 1$. Das ergibt

$$\prod M = v \prod M \smallsetminus \{v\} = (4n + 1)(4k + 1) = 4(4nk) + 4k + 4n + 1 = 4(nk + n + k) + 1 \in V$$

Es folgt nun der Beweis von $\#(\mathbb{P}_3) = \aleph_0$. Angenommen, es ist $\#(\mathbb{P}_3) < \aleph_0$. Es seien $u, v \in \mathbb{N}$ definiert als

$$u = \prod \mathbb{P}_3 \qquad v = 4u + 3$$

Die Zahl v ist keine Primzahl, denn wegen $\varrho_4(v) = 3$ müßte $v \in \mathbb{P}_3$ gelten, es ist jedoch $v > u$ und damit $v > p$ für jedes $p \in \mathbb{P}_3$, d.h. $v \notin \mathbb{P}_3$. Deshalb besitzt v eine nicht triviale Primzahlzerlegung, d.h. es gibt ein $P \subset \mathbb{P}$ mit $1 < \#(P) < \aleph_0$ und $v = \prod P$. Wegen $\varrho_2(v) = 1$ ist $2 \notin P$. Weiter ist $P \not\subset V$, denn dann wäre $v = \prod P \in V$ und damit $\varrho_4(v) = 1$, im Widerspruch zu $\varrho_4(v) = 3$. Es gibt daher ein $p \in P$ mit $p \neq 2$ und $p \notin \mathbb{P}_1$, was natürlich $p \in \mathbb{P}_3$ bedeutet. Es hat sich also ergeben, daß es ein $p \in \mathbb{P}_3$ gibt mit $p \mid v$ oder $\varrho_4(p) = 0$. Das ist jedoch ein Widerspruch, denn solch ein p gibt es nicht. Für jedes $q \in \mathbb{P}_3$ erhält man nämlich

$$v = q \cdot 4 \prod \mathbb{P}_3 \smallsetminus \{q\} + 3$$

und das bedeutet $\varrho_4(q) = 3$. Die Annahme $\#(\mathbb{P}_3) < \aleph_0$ hat also auf einen Widerspruch geführt. Wegen $\mathbb{P}_3 \subset \mathbb{P}$ folgt daraus $\#(\mathbb{P}_3) = \aleph_0$.

6.3. Ringe

6.3.1. Die Ringaxiome

Die Menge $\mathbb{Z}$ der ganzen Zahlen ist ein Ring und kann daher als Vorbild für eine allgemeine Ringstruktur dienen. Dieser Ring besitzt zwei binäre Operatoren oder Verknüpfungen, und zwar eine additiv geschriebene $+\colon \mathbb{Z} \times \mathbb{Z} \longrightarrow \mathbb{Z}$ und eine weitere $\cdot\colon \mathbb{Z} \times \mathbb{Z} \longrightarrow \mathbb{Z}$ in multiplikativer Notation. Statt $x \cdot y$ wird allerdings einfach nur xy geschrieben.

Die additive Verknüpfung ist assoziativ, d.h. es ist $x+(y+z) = (x+y)+z$, man braucht daher bei mehrfachen Additionen keine Klammern zu setzen oder zu berücksichtigen. Die Addition ist auch kommutativ, d.h. es ist $x+y = y+x$. Es existiert ein Ringelement 0, das bei der Addition wirkungslos ist, das also die Eigenschaft $x+0 = x$ besitzt. Schließlich gibt es zu jedem Ringelement x ein Element y, das zu x addiert 0 ergibt und das mit $-x$ bezeichnet wird. Statt $y+(-x)$ wird einfach $y-x$ geschrieben.

Die multiplikative Verknüpfung ist ebenfalls assoziativ, auch hier sind keine Klammern zu setzen. Die Multiplikation in $\mathbb{Z}$ ist zwar kommutativ, d.h. $xy = yx$, doch ist das keine allgemeine Forderung, bei Ringen ist auch eine nicht kommutative Multiplikation erlaubt. Der Ring $\mathbb{Z}$ besitzt auch ein neutrales Element für die Multiplikation, 1 genannt, mit $1 \cdot x = x \cdot 1 = x$, doch ist auch das keine allgemeine Forderung.

Die beiden Verknüpfungen sind miteinander in dem Sinne verträglich, daß die Distributivgesetze $x(y+z) = xy+xz$ und $(x+y)z = xz+yz$ gelten. Diese müßten eigentlich als $x(y+z) = (xy)+(xz)$ und $(x+y)z = (xz)+(yz)$ geschrieben werden, um anzuzeigen, wie die Elemente verknüpft werden sollen, doch wird solche Klammerung durch die (eiserne) Regel *Punktrechnung geht vor Strichrechnung* unnötig gemacht. Die Regel besagt, daß die Multiplikation stets Vorrang vor der Addition hat.

D 6.3.1 (Ringaxiome) Ein Ring $\big(\mathbf{R}, +, \cdot\big)$ ist eine algebraische Struktur bestehend aus einer nicht leeren Menge $\mathbf{R}$ und zwei binären Operatoren $+\colon \mathbf{R} \times \mathbf{R} \longrightarrow \mathbf{R}$ und $\cdot\colon \mathbf{R} \times \mathbf{R} \longrightarrow \mathbf{R}$ mit den nachfolgenden Eigenschaften. x, y und z seien beliebige Elemente aus $\mathbf{R}$.

(**R1**) $+$ ist assoziativ: $x+(y+z) = (x+y)+z$

(**R2**) $+$ ist kommutativ: $x+y = y+x$

(**R3**) Es gibt ein Element $0 \in \mathbf{R}$ mit $x+0 = 0$

(**R4**) Zu jedem $x \in \mathbf{R}$ gibt es ein Element $-x \in \mathbf{R}$ mit $x+(-x) = 0$

(**R5**) $\cdot$ ist assoziativ: $x \cdot (y \cdot z) = (x \cdot y) \cdot z$

(**R6**) $+$ und $\cdot$ sind distributiv: $x \cdot (y+z) = x \cdot y + x \cdot z$ und $(x+y) \cdot z = x \cdot z + y \cdot z$

Ein Ring heißt Ring mit Einselement, wenn es ein Element $1 \in \mathbf{R}$ gibt mit

(**R7**) $1 \cdot x = x \cdot 1 = x$

Ein Ring heißt kommutativ, wenn die multiplikative Verknüpfung kommutativ ist:

(**R8**) $\cdot$ ist kommutativ: $x \cdot y = y \cdot x$

Die Multiplikation wird nicht als $x \cdot y$ sondern ohne Operatorzeichen als xy geschrieben. Auch geht Punktrechnung vor Strichrechnung. Beispielsweise ist $x+yz$ als $x+(yz)$ zu verstehen. Wenn kein Zweifel daran bestehen kann, welche Operationen ein Ring $\big(\mathbf{R}, +, \cdot\big)$ besitzt wird einfach von dem Ring $\mathbf{R}$ gesprochen.

Es ist erstaunlich, daß alle Ringaxiome bereits von jeder einelementigen Menge $\{x\}$ erfüllt werden, wenn man x zum Nullelement und zum Einselement erklärt. In diesem (trivial genannten) Ring ist $x + x = x$ und $x \cdot x = x$. Dieser triviale Ring soll aber hier ausgeschlossen werden: **Alle Ringe seien nicht trivial**, müssen also mehr als ein Element enthalten.

S 6.3.1 (Einfache Ringeigenschaften) Es seien $\mathbf{R}$ ein Ring und $x, y, z \in \mathbf{R}$.

(i) Es gibt genau ein Nullelement 0

(ii) Es gibt genau ein Inverse $-x$ zu x

(iii) $-(-x) = x$, $-(x + y) = (-x) + (-y)$ und $-0 = 0$

(iv) $0x = x0 = 0$

(v) $-(xy) = (-x)y = x(-y)$

(vi) Für einen Ring mit Eins gilt $0 \neq 1$

Diese Eigenschaften sind leicht zu beweisen, man hat nur die Ringaxiome konsequent anzuwenden. Eigenschaft (**vi**) folgt daraus, daß triviale Ringe ausgeschlossen sind, aus $0 = 1$ folgt nämlich $x = 1x = 0x = 0$ für alle $x \in \mathbf{R}$, d.h. es ist $\mathbf{R} = \{0\}$.

Offensichtliche Beispiele für Ringe sind $\mathbb{Z}$, $\mathbb{Q}$, $\mathbb{R}$ und $\mathbb{C}$. Dagegen ist $\mathbb{N}$ kein Ring, weil es beispielsweise kein $x \in \mathbb{N}$ gibt mit $x + 2 = 0$, d.h. 2 hat kein additives Inverses.

Wie sieht der kleinste Ring mit Einselement aus? Kann $\mathbf{Z}_2 = \{0, 1\}$ zu einem Ring gemacht werden? Bezüglich der Addition muß natürlich $0+0 = 0$ und $0+1 = 1$ gelten. Aber auch für $1+1$ bleibt keine Wahl, denn 1 muß ein additives Inverses besitzen, und 1 ist die einzige mögliche Wahl, also $1 + 1 = 0$. Das bedeutet $1 = -1$! Bezüglich der Multiplikation bleibt überhaupt keine Wahl, wenn 0 die Null und 1 das Einselement des Ringes sein sollen. Die so erhaltene Ringstruktur ist in Tabelle 6.2 dargestellt (der Ring $\mathbf{Z}_2$ wird sich später als $\mathbb{Z}_2$ herausstellen).

Tabelle 6.2.: Additions- und Multiplikationstabelle für $\mathbf{Z}_2 = \{0, 1\}$

$\oplus$	0	1
0	0	1
1	1	0

$\odot$	0	1
0	0	0
1	0	**1**

Der Ring $\mathbf{Z}_2$ kann als Grundbaustein für viele weitere Ringe dienen. Beispielsweise kann $\mathbf{Z}_2 \times \mathbf{Z}_2$, die Menge aller Paare (x, y) von Elementen aus $\mathbf{Z}_2$, wie folgt zu einem Ring gemacht werden:

$$(u, v) + (x, y) = (u + x, v + y) \tag{6.73a}$$

$$(u, v)(x, y) = (ux + vy, uy + vx) \tag{6.73b}$$

Man erhält so einen kommutativen Ring mit Nullelement $(0, 0)$ und Einselement $(1, 0)$. Das Nachprüfen der Ringaxiome erfordert nur einfache Arithmetik. Als Beispiel wird die Gültigkeit des Distributivgesetzes gezeigt. Es ist einerseits

$$(s, t)\big((u, v) + (x, y)\big) = (s, t)(u + x, v + y) = \big(s(u + x) + t(v + y), s(v + y) + t(u + x)\big)$$

und andererseits

$$(s, t)(u, v)+(s, t)(x, y) = (su+tv, sv+tu)+(sx+ty, sy+tx) = \big(s(u+x)+t(v+y), s(v+y)+t(u+x)\big)$$

Die anderen Ringaxiome werden auf ähnliche Weise bestätigt. Die Ringstruktur gibt Tabelle 6.3 wieder. Wird das Einselement $(1,0)$ einfach mit 1 bezeichnet, dann gilt auch in diesem Ring $1 = -1$. Und wird $(0,1)$ mit $\boldsymbol{i}$ bezeichnet, dann erhält man $\boldsymbol{i}^2 = -1$, d.h. $(0,1)$ spielt hier eine ähnliche Rolle wie die imaginäre Größe $\boldsymbol{i}$ in $\mathbb{C}$. Der Ring wird deshalb auch als $\mathbf{Z}_2[\boldsymbol{i}]$ geschrieben.

Tabelle 6.3.: Additions- und Multiplikationstabelle für $\mathbf{Z}_2 \times \mathbf{Z}_2 = \mathbf{Z}_2[\boldsymbol{i}]$

$\oplus$	(0,0)	(0,1)	(1,0)	(1,1)
(0,0)	(0,0)	(0,1)	(1,0)	(1,1)
(0,1)	(0,1)	(0,0)	(1,1)	(1,0)
(1,0)	(1,0)	(1,1)	(0,0)	(0,1)
(1,1)	(1,1)	(1,0)	(0,1)	(0,0)

$\odot$	(0,0)	(0,1)	(1,0)	(1,1)
(0,0)	(0,0)	(0,0)	(0,0)	(0,0)
(0,1)	(0,0)	**(1,0)**	**(0,1)**	**(1,1)**
(1,0)	(0,0)	**(0,1)**	**(1,0)**	**(1,1)**
(1,1)	(0,0)	**(1,1)**	**(1,1)**	**(0,0)**

Es sei $\mathbf{A}_{\mathbb{Z}}$ die Menge der additiven Abbildungen $f\colon \mathbb{Z} \longrightarrow \mathbb{Z}$, d.h. es ist $f(n+m) = f(n) + f(m)$ für alle $n, m \in \mathbb{Z}$. Eine Addition wird in $\mathbf{A}_{\mathbb{Z}}$ durch $\big(f + g\big)(n) = f(n) + g(n)$ erklärt, eine Multiplikation durch die gewöhnliche Hintereinanderschaltung von Abbildungen, nämlich durch $\big(f \circ g\big)(n) = f\big(g(n)\big)$. Man erhält so einen kommutativen Ring mit Einselement $(\mathbf{A}_{\mathbb{Z}}, +, \circ)$.

Zunächst einige Eigenschaften additiver Abbildungen. Es ist $f(0) = f(0+0) = f(0) + f(0)$, also $f(0) = 0$. Weiter ist $0 = f(0) = f\big(n + (-n)\big) = f(n) + f(-n)$, woraus $f(-n) = -f(n)$ folgt. Eine additive Abbildung ist vollständig durch ihren speziellen Funktionswert $f(1)$ bestimmt, denn es ist $f(2) = f(1+1) = f(1) + f(1) = 2f(1)$, $f(3) = f(2+1) = f(2) + f(1) = 3f(1)$ usw. Allgemein ist für $n \in \mathbb{N}$ $f(n) = nf(1)$. Das ist für $n = 0$ natürlich richtig, und wenn es für $n \in \mathbb{N}$ richtig ist, dann wegen

$$f(n+1) = f(n) + f(1) = nf(1) + f(1) = (n+1)f(1)$$

auch für $n + 1$.

Die Summe zweier additiver Abbildungen ist offenbar additiv und bei der Hintereinanderschaltung von additiven Abbildungen bleibt die Additivität erhalten, d.h. $+$ und $\circ$ sind tatsächlich binäre Operationen auf $\mathbf{A}_{\mathbb{Z}}$. Das Nullelement ist natürlich die Nullfunktion $n \mapsto 0$, das additive Inverse ist gegeben durch $\big(-f\big)(n) = -f(n)$. Das Einselement der Multiplikation ist die identische Abbildung $\mathbf{id}\colon n \mapsto n$. Die Assoziativität und Kommutativität der Addition leiten sich direkt von der Addition in $\mathbb{Z}$ ab, und die Hintereinanderschaltung von Abbildungen ist allgemein assoziativ. Die Gültigkeit des Distributivgesetzes erkennt man wie folgt:

$$\big(h \circ (f+g)\big)(n) = h\Big(\big(f+g\big)(n)\Big) = h\big(f(n) + g(n)\big) = h\big(f(n)\big) + h\big(g(n)\big) = \big(h \circ f\big)(n) + \big(h \circ g\big)(n)$$

Das zweite Distributivgesetzt muß nicht gesondert gezeigt werden, denn die Multiplikation ist kommutativ:

$$\begin{aligned}\big(f \circ g\big)(n) &= f\big(g(n)\big) = f\big(ng(1)\big) = ng(1)f(1)\\ \big(g \circ f\big)(n) &= g\big(f(n)\big) = g\big(nf(1)\big) = nf(1)g(1)\end{aligned}$$

Weiter unten wird sich ergeben, daß die beiden Ringe $\mathbf{A}_{\mathbb{Z}}$ und $\mathbb{Z}$ strukturell nicht zu unterscheiden sind (d.h. sie sind isomorph).

Was soeben mit $\mathbb{Z}$ vorgestellt wurde kann auch mit $\mathbb{Z} \times \mathbb{Z}$ durchgeführt werden. Eine Abbildung $f\colon \mathbb{Z} \times \mathbb{Z} \longrightarrow \mathbb{Z} \times \mathbb{Z}$ heißt natürlich additiv, wenn sie $f(u,v) + f(x,y) = f(u+x, v+y)$ für alle $(u,v), (x,y) \in \mathbb{Z} \times \mathbb{Z}$ erfüllt. Man erhält so einen Ring $(\mathbf{A}_{\mathbb{Z}\times\mathbb{Z}}, +, \circ)$ mit Einselement, der jedoch nicht kommutativ ist. Durch $f(x,y) = (y,x)$ und $g(x,y) = (x,0)$ werden nämlich additive Funktionen auf $\mathbb{Z} \times \mathbb{Z}$ definiert, die nicht kommutieren:

$$\begin{aligned}(f \circ g)(x,y) &= f\big(g(x,y)\big) = f(x,0) = (0,x)\\ (g \circ f)(x,y) &= g\big(f(x,y)\big) = g(y,x) = (y,0)\end{aligned}$$

Man kann Konstruktionen der eben ausgeführten Art auch mit $\mathbf{Z}_2 \times \mathbf{Z}_2 \times \mathbf{Z}_2$ oder allgemein mit $\mathbf{Z}_2 \times \cdots \times \mathbf{Z}_2$ durchführen.

Weitere Beispiele für nicht-kommutative Ringe sind die Matrizenringe aus Matrizen mit Matrixelementen aus einem Ring $\mathbf{R}$. Eine (m,n)-Matrix mit Elementen aus $\mathbf{R}$ ist eine Abbildung $\boldsymbol{A}\colon \{1,\ldots,m\} \times \{1,\ldots,n\} \longrightarrow \mathbf{R}$. Man schreibt gewöhnlich $a_{\mu,\nu}$ statt $\boldsymbol{A}(\mu,\nu)$ und spezifiziert die Abbildung durch ein rechteckiges Schema, Matrix genannt, mit m Zeilen und n Spalten:

$$\boldsymbol{A} = \begin{pmatrix} a_{1,1} & a_{1,2} & \cdots & a_{1,n}\\ a_{2,1} & a_{2,2} & \cdots & a_{2,n}\\ \vdots & \vdots & & \vdots\\ a_{m,1} & a_{m,2} & \cdots & a_{m,n}\end{pmatrix} \tag{6.74}$$

Ein Beispiel einer Matrix mit Elementen im Ring $\mathbf{Z}_2[\boldsymbol{i}]$ ist

$$\begin{pmatrix} (0,1) & (1,0) & (1,1)\\ (1,1) & (0,0) & (0,0)\\ (0,0) & (0,1) & (0,0)\\ (1,0) & (1,1) & (1,0)\end{pmatrix}$$

Bei $n = 1$ wird der zweite Index nicht geschrieben, man erhält einen Spaltenvektor $\boldsymbol{u}$, entsprechend wird bei $m = 1$ der erste Index nicht geschrieben und man erhält einen Zeilenvektor $\boldsymbol{v}$. Spalten- und Zeilenvektoren werden mit fetten Kleinbuchstaben bezeichnet, um sie von den echten Matrizen, d.h. Matrizen mit mehr als einer Zeile oder Spalte ($m > 1$ oder $n > 1$), die stets mit fetten Großbuchstaben geschrieben werden, zu unterscheiden.

$$\boldsymbol{u} = \begin{pmatrix} u_1\\ u_2\\ \vdots\\ u_m\end{pmatrix} \qquad \boldsymbol{v} = \begin{pmatrix} v_1 & v_2 & \cdots & v_n\end{pmatrix} \tag{6.75}$$

Die andere Schreibweise für einzeilige und einspaltige Matrizen ändert jedoch nicht die Tatsache, daß $\boldsymbol{u}$ eine $(m,1)$-Matrix und $\boldsymbol{v}$ eine $(1,n)$-Matrix ist.

Eine Addition für (m,n)-Matrizen $\boldsymbol{A}$ und $\boldsymbol{B}$ wird über die Ringaddition eingeführt, und zwar als $\big(\boldsymbol{A}+\boldsymbol{B}\big)(\mu,\nu) = \boldsymbol{A}(\mu,\nu) + \boldsymbol{B}(\mu,\nu)$. In Matrixschreibweise erhält man

$$\begin{pmatrix} a_{1,1} & \cdots & a_{1,n}\\ a_{2,1} & \cdots & a_{2,n}\\ \vdots & & \vdots\\ a_{m,1} & \cdots & a_{m,n}\end{pmatrix} + \begin{pmatrix} b_{1,1} & \cdots & b_{1,n}\\ b_{2,1} & \cdots & b_{2,n}\\ \vdots & & \vdots\\ b_{m,1} & \cdots & b_{m,n}\end{pmatrix} = \begin{pmatrix} a_{1,1}+b_{1,1} & \cdots & a_{1,n}+b_{1,n}\\ a_{2,1}+b_{2,1} & \cdots & a_{2,n}+b_{2,n}\\ \vdots & & \vdots\\ a_{m,1}+b_{m,1} & \cdots & a_{m,n}+b_{m,n}\end{pmatrix} \tag{6.76}$$

Eine Multiplikation wird zunächst für Zeilen- und Spaltenvektoren gleicher Länge k erklärt, das Produkt ist ein Ringelement:

$$\boldsymbol{vu} = \begin{pmatrix} v_1 & v_2 & \cdots & v_k \end{pmatrix} \begin{pmatrix} u_1 \\ u_2 \\ \vdots \\ u_k \end{pmatrix} = \sum_{\kappa=1}^{k} v_\kappa u_\kappa \tag{6.77}$$

Damit kann das Produkt einer (m, n)-Matrix $\boldsymbol{A}$ mit einer (n, k)-Matrix $\boldsymbol{B}$ erklärt werden. Die Länge der Zeilen von $\boldsymbol{A}$ stimmt also mit der Länge der Spalten von $\boldsymbol{B}$ überein. Das Ergebnis ist eine (m, k)-Matrix $\boldsymbol{C}$ mit den Matrixelementen

$$c_{\mu,\kappa} = \boldsymbol{a}_\mu \boldsymbol{b}_\kappa = \sum_{\nu=1}^{n} a_{\mu,\nu} b_{\nu,\kappa} \quad \mu \in \{1, \ldots, m\} \; \kappa \in \{1, \ldots, k\} \tag{6.78}$$

Darin ist $\boldsymbol{a}_\mu$ die μ-te Zeile der Matrix $\boldsymbol{A}$ (als Zeilenvektor) und $\boldsymbol{b}_\kappa$ die κ-te Spalte der Matrix $\boldsymbol{B}$ (als Spaltenvektor):

$$\boldsymbol{a}_\mu = \begin{pmatrix} a_{\mu,1} & a_{\mu,2} & \cdots & a_{\mu,n} \end{pmatrix} \qquad \boldsymbol{b}_\kappa = \begin{pmatrix} b_{1,\kappa} \\ b_{2,\kappa} \\ \vdots \\ b_{n,\kappa} \end{pmatrix} \tag{6.79}$$

Mit ausgeschriebenen Matrizen stellt sich das Matrizenprodukt mit den Produktmatrixelementen $c_{\mu,\kappa}$ aus (6.78) wie folgt dar:

$$\begin{pmatrix} a_{1,1} & \cdots & a_{1,n} \\ a_{2,1} & \cdots & a_{2,n} \\ \vdots & & \vdots \\ a_{m,1} & \cdots & a_{m,n} \end{pmatrix} \begin{pmatrix} b_{1,1} & \cdots & b_{1,k} \\ b_{2,1} & \cdots & b_{2,k} \\ \vdots & & \vdots \\ b_{n,1} & \cdots & b_{m,k} \end{pmatrix} = \begin{pmatrix} c_{1,1} & \cdots & c_{1,k} \\ c_{2,1} & \cdots & c_{2,k} \\ \vdots & & \vdots \\ c_{m,1} & \cdots & c_{m,k} \end{pmatrix} \tag{6.80}$$

Insbesondere kann eine Matrix mit m Zeilen und n Spalten mit einem Spaltenvektor der Länge n multipliziert werden, das Ergebnis ist ein Spaltenvektor der Länge m.

$$\begin{pmatrix} a_{1,1} & \cdots & a_{1,n} \\ a_{2,1} & \cdots & a_{2,n} \\ \vdots & & \vdots \\ a_{m,1} & \cdots & a_{m,n} \end{pmatrix} \begin{pmatrix} b_1 \\ b_2 \\ \vdots \\ b_n \end{pmatrix} = \begin{pmatrix} c_1 \\ c_2 \\ \vdots \\ c_m \end{pmatrix} \tag{6.81}$$

Ein Zeilenvektor der Länge m kann mit einer (m, n)-Matrix multipliziert werden, das Ergebnis ist in diesem Fall ein Zeilenvektor der Länge n.

$$\begin{pmatrix} a_1 & \cdots & a_m \end{pmatrix} \begin{pmatrix} b_{1,1} & \cdots & b_{1,n} \\ b_{2,1} & \cdots & b_{2,n} \\ \vdots & & \vdots \\ b_{m,1} & \cdots & b_{m,n} \end{pmatrix} = \begin{pmatrix} c_1 & \cdots & c_n \end{pmatrix} \tag{6.82}$$

Die Matrixmultiplikation ist als Ringmultiplikation nur für den Fall quadratischer (n,n)-Matrizen geeignet. Quadratische (n,n)−Matrizen mit Elementen aus einem Ring bilden nun tatsächlich die Grundlage für einen Ring:

S 6.3.2 (Matrizenringe) Es sei R ein Ring mit Einselement 1. Die Menge $\mathsf{M}_{\mathsf{R},n}$ aller quadratischen (n,n)-Matrizen mit Elementen aus dem Ring R ist mit der eben eingeführten Matrixaddition als Addition und der Matrizenmultiplikation als Multiplikation ein nicht kommutativer Ring mit Einselement.

Das Verifizieren der Ringaxiome erfordert nur einfaches, wenn auch längeres, Rechnen und bleibe dem Leser als einfache Übungsaufgabe überlassen. Die Null der Ringaddition ist natürlich die (n,n)-Nullmatrix $\mathbf{0}$. Das additive Inverse der Matrix $\boldsymbol{A}$ mit den Matrixelementen $a_{\mu,\nu}$ ist die Matrix $-\boldsymbol{A}$ mit den Elementen $-a_{\mu,\nu}$. Das Einselement der Multiplikation ist die Einheitsmatrix $\boldsymbol{E}_n$ (oder auch nur $\boldsymbol{E}$, wenn keine Verwechslung zu befürchten ist), deren Hauptdiagonale mit dem Einselement von R besetzt ist und die an allen übrigen Stellen die Null des Ringes R enthält:

$$\boldsymbol{E}_4 = \begin{pmatrix} 1 & 0 & 0 & 0 \\ 0 & 1 & 0 & 0 \\ 0 & 0 & 1 & 0 \\ 0 & 0 & 0 & 1 \end{pmatrix}$$

Ein Beispiel dafür, daß die Matrixmultiplikation nicht kommutativ ist, kann schon in $\mathsf{M}_{\mathbb{Z},2}$ gefunden werden:

$$\begin{pmatrix} 1 & 1 \\ 0 & 1 \end{pmatrix}\begin{pmatrix} 1 & 0 \\ 1 & 1 \end{pmatrix} = \begin{pmatrix} 2 & 1 \\ 1 & 1 \end{pmatrix} \qquad \begin{pmatrix} 1 & 0 \\ 1 & 1 \end{pmatrix}\begin{pmatrix} 1 & 1 \\ 0 & 1 \end{pmatrix} = \begin{pmatrix} 1 & 1 \\ 1 & 2 \end{pmatrix}$$

Die Matrixmultiplikation ist also auch dann nicht kommutativ, wenn der zugrunde liegende Ring R kommutativ ist.

S 6.3.3 (Ringprodukt) Es seien R und S Ringe. Die Menge $\mathsf{R} \times \mathsf{S}$ der geordneten Paare (x,y) mit $x \in \mathsf{R}$ und $y \in \mathsf{S}$ wird mit den folgenden Operationen zu einem Ring $\mathsf{R} \otimes \mathsf{S}$, dem Produkt von R und S. Für $u,v \in \mathsf{R}$ und $x,y \in \mathsf{S}$ wird definiert:

$$(u,x) + (v,y) = (u+v, x+y) \tag{6.83a}$$

$$(u,x)(v,y) = (uv, xy) \tag{6.83b}$$

Mit R und S ist auch $\mathsf{R} \otimes \mathsf{S}$ kommutativ, und besitzt R das Einselement 1_{R} und S das Einselement 1_{S}, dann ist $(1_{\mathsf{R}}, 1_{\mathsf{S}})$ das Einselement von $\mathsf{R} \otimes \mathsf{S}$.

Die Ringaxiome lassen sich ohne Schwierigkeiten nachprüfen. Mit dem Ringprodukt ist eine weitere Möglichkeit gegeben, aus gegebenen Ringen neue zu konstruieren, beispielsweise das Ringprodukt $\mathsf{Z}_2 \otimes \mathsf{M}_{\mathsf{Z}_2,n}$.

6.3.2. Teilringe

Teilmengen von Ringen können selbstverständlich eine Ringstruktur tragen. Beispielsweise ist die Teilmenge $\{\, 2n \mid n \in \mathbb{Z} \,\}$ von $\mathbb{Z}$ ein Ring, wenn sie mit der gewöhnlichen Addition von $\mathbb{Z}$ und der durch $(x, y) \mapsto 0$ definierten Ringmultiplikation versehen wird. Von besonderer Bedeutung sind solche Ringe auf Teilmengen eines Ringes R, die ihre Ringstruktur von R ableiten:

> **D 6.3.2 (Teilring)** Es sei R ein Ring. Eine Teilmenge $\mathsf{Q} \subset \mathsf{R}$ heißt ein Teilring oder Unterring $(\mathsf{Q}, \oplus, \odot)$ von R, wenn die folgenden Bedingungen erfüllt sind:
>
> **(i)** $\oplus$ ist die Einschränkung der Addition von R auf Q
> **(ii)** $\odot$ ist die Einschränkung der Multiplikation von R auf Q
> **(iii)** Ist R ein Ring mit Einselement dann muß dieses Einselement auch das Einselement von Q sein
>
> Die Addition und Multiplikation müssen also bei der Einschränkung auf Q binäre Operationen $\mathsf{Q} \times \mathsf{Q} \longrightarrow \mathsf{Q}$ ergeben, für die alle Ringaxiome erfüllt sind. Daß $\mathsf{Q} \subset \mathsf{R}$ ein Teilring von R ist wird mit $\mathsf{Q} \lhd \mathsf{R}$ bezeichnet.

Ein Ring und seine Teilringe teilen sich ein (einziges) Nullelement. Sei dazu R ein Ring und Q ein Teilring mit den Nullelementen 0_R und 0_Q. Dann ist $0_\mathsf{Q} \oplus 0_\mathsf{Q} = 0_\mathsf{Q}$ und $0_\mathsf{Q} + 0_\mathsf{R} = 0_\mathsf{Q}$. Das ergibt $0_\mathsf{Q} \oplus 0_\mathsf{Q} = 0_\mathsf{Q} = 0_\mathsf{Q} \oplus 0_\mathsf{R}$, nach Subtraktion von 0_Q in R daher $0_\mathsf{Q} = 0_\mathsf{R}$.

Ob eine Teilmenge eines Ringes ein Teilring ist, ob also die Ringstruktur auf der Teilmenge von der Ringstruktur der Menge selbst abgeleitet ist, kann mit Hilfe eines einfachen Kriteriums festgestellt werden:

> **S 6.3.4 (Teilringkriterium)** Es sei R ein Ring und $\mathsf{Q} \subset \mathsf{R}$ eine Teilmenge. Dann sind äquivalent:
>
> **(i)** $(\mathsf{Q}, \oplus, \odot)$ ist ein Teilring von R
> **(ii)** $\mathsf{Q} \neq \emptyset \;\wedge\; \big(x, y \in \mathsf{Q} \implies x - y \in \mathsf{Q} \;\wedge\; xy \in \mathsf{Q}\big)$
>
> Ist R ein Ring mit Einselement 1 dann sind äquivalent:
>
> **(iii)** $(\mathsf{Q}, \oplus, \odot)$ ist ein Teilring von R mit Einselement 1
> **(iv)** $1 \in \mathsf{Q} \;\wedge\; \big(x, y \in \mathsf{Q} \implies x - y \in \mathsf{Q} \;\wedge\; xy \in \mathsf{Q}\big)$

Aus **(i)** folgt selbstverständlich **(ii)**. Es sei daher **(ii)** erfüllt. Daß die Multiplikation nicht aus Q hinausführt ist direkt in **(ii)** enthalten. Für die Addition folgt das aus $x + y = x - (-y) \in \mathsf{Q}$. Es sind nun die Ringaxiome zu verifizieren. Die Axiome (**R1**), (**R2**), (**R5**) und (**R6**) sind sicherlich wahr, weil sie schon in R wahr sind. Wegen $\mathsf{Q} \neq \emptyset$ gibt es ein $q \in \mathsf{Q}$, daher ist $0 = q - q \in \mathsf{Q}$ und (**R3**) ist wahr, denn $0 + x = x$ gilt in R und damit erst recht in Q. Aus **(ii)** folgt noch $-x = 0 - x \in \mathsf{Q}$ für jedes $x \in \mathsf{Q}$, folglich ist auch Axiom (**R4**) in Q wahr. Ist R ein Ring mit Einselement 1, dann ist nur zu zeigen, daß aus $1 \in \mathsf{Q}$ folgt, daß Q ein Ring mit dem Einselement 1 ist. Das ist aber ganz selbstverständlich, denn wenn $1x = x = x1$ für alle $x \in \mathsf{R}$ gilt, dann erst recht für alle $q \in \mathsf{Q}$. D.h. wenn $1 \in \mathsf{Q}$ dann ist 1 das Einselement von Q.

Der auf Seite 225 vorgestellte Ring $\mathsf{A}_{\mathbb{Z}\times\mathbb{Z}}$ enthält den folgenden Teilring Q:

$$\mathsf{Q} = \{\, f \mid f \in \mathsf{A}_{\mathbb{Z}\times\mathbb{Z}} \;\wedge\; p_2 \circ f = \tilde{0} \,\}$$

Darin ist p_2 die durch $p_2(x, y) = y$ definierte additive Projektion $p_2\colon \mathbb{Z} \times \mathbb{Z} \longrightarrow \mathbb{Z}$, und $\tilde{0}$ ist die Nullfunktion von $\mathbb{Z}$. Die Teilmenge Q ist nicht leer, denn sie enthält als Element die durch

$(x, y) \mapsto (x, 0)$ definierte additive Abbildung. Es seien $f, g \in \mathbf{Q}$. Dann ist auch $f - g \in \mathbf{Q}$:

$$\big(p_2 \circ (f-g)\big)(x,y) = p_2\Big(\big(f-g\big)(x,y)\Big) = p_2\big(f(x,y) - g(x,y)\big) = p_2\big(f(x,y)\big) - p_2\big(g(x,y)\big) = 0 - 0 = 0$$

Es bleibt noch zu zeigen, daß auch $f \circ g$ zu $\mathbf{Q}$ gehört:

$$p_2 \circ (f \circ g) = (p_2 \circ f) \circ g = \tilde{0} \circ g = \tilde{0}$$

Die Menge $\mathbb{C}$ der komplexen Zahlen bildet mit der gewöhnlichen Addition und Multiplikation einen Ring mit dem Einselement $1 = 1 + 0\boldsymbol{i}$. Die Teilmenge $\mathbb{G}$ der Gaußschen Zahlen

$$\mathbb{G} = \{\, x + y\boldsymbol{i} \mid x, y \in \mathbb{Z} \,\} \tag{6.84}$$

ist ein Teilring von $\mathbb{C}$. Natürlich ist $1 \in \mathbb{G}$ für $x = 1$ und $y = 0$ und man bekommt für $u, v, x, y \in \mathbb{Z}$

$$(u + v\boldsymbol{i}) - (x + y\boldsymbol{i}) = (u - x) + (v - y)\boldsymbol{i} \in \mathbb{G}$$
$$(u + v\boldsymbol{i})(x + y\boldsymbol{i}) = (ux - vy) + (uy - vx)\boldsymbol{i} \in \mathbb{G}$$

Das Kriterium (**iv**) ist also erfüllt und $\mathbb{G}$ ein Teilring von $\mathbb{C}$.

Der Ring $\mathbb{Z}$ als Ring mit Einselement 1 hat keinen echten Teilring. Denn angenommen, $\mathbf{Q}$ ist ein Teilring von $\mathbb{Z}$ mit $1 \in \mathbf{Q}$. Weil die Addition nicht aus $\mathbf{Q}$ hinausführt ist auch $2 = 1 + 1 \in \mathbf{Q}$, $3 = 2 + 1 \in \mathbf{Q}$ usw. Die negativen ganzen Zahlen sind dann selbstverständlich auch Elemente von $\mathbf{Q}$. Es gilt daher $\mathbb{Z} \subset \mathbf{Q}$.

Der Ring $\mathbb{Z}$ als Ring ohne Einselement betrachtet hat viele Teilringe. Beispielsweise ist die Teilmenge $\{\, qn \mid n \in \mathbb{Z} \,\}$ von $\mathbb{Z}$ für $q \in \mathbb{N}$ ein Teilring. Denn es ist $qn - qm = q(n - m)$ und $qnqm = q(qnm)$.

Es seien $\mathbf{R}$ und $\mathbf{S}$ Ringe. Dann ist die Teilmenge $\mathbf{Q} = \{\, (u, 0_{\mathbf{S}}) \mid u \in \mathbf{R} \,\}$ von $\mathbf{R} \otimes \mathbf{S}$ ein Teilring von $\mathbf{R} \otimes \mathbf{S}$, denn das Teilringkriterium ist offensichtlich erfüllt. Besitzen aber die Ringe $\mathbf{R}$ und $\mathbf{S}$ jeweils ein Einselement, dann ist die Teilmenge $\mathbf{Q}$ kein Teilring, weil sie das Einselement von $\mathbf{R} \otimes \mathbf{S}$ nicht enthält (siehe **S 6.83**). Entsprechendes gilt auch für die Teilmenge $\mathbf{P} = \{\, (0_{\mathbf{R}}, x) \mid x \in \mathbf{S} \,\}$.

6.3.3. Ringhomomorphismen

In der Algebra sind Abbildungen zwischen ihren Objekten mindestens ebenso wichtig wie die Objekte selbst. Das gilt natürlich nicht für beliebige Abbildungen, sondern für solche, die mit bestimmten Eigenschaften der Objekte verträglich sind. Bei Ringen als Objekten der Algebra sind das die Ringhomomorphismen:

> **D 6.3.3 (Ringhomomorphismus)** Eine Abbildung $\varphi\colon \mathsf{R} \longrightarrow \mathsf{S}$ eines Ringes R in einen Ring S ist ein Ringhomomorphismus, wenn für alle $x, y \in \mathsf{R}$ die beiden folgenden Eigenschaften erfüllt sind:
>
> **(i)** $\varphi(x + y) = \varphi(x) + \varphi(y)$
> **(ii)** $\varphi(xy) = \varphi(x)\varphi(y)$
>
> Die Abbildung soll also mit den Ringoperationen verträglich sein. Besitzen beide Ringe ein Einselement, dann muß
>
> **(iii)** $\varphi(1) = 1$
>
> erfüllt sein. Einselemente sollen also aufeinander abgebildet werden.
> Ein Epimorphismus ist ein surjektiver, ein Monomorphismus ein injektiver und ein Isomorphismus ein zugleich surjektiver und injektiver Ringhomomorphismus. Gibt es einen Isomorphismus $\mathsf{R} \longrightarrow \mathsf{S}$, dann heißen die beiden Ringe isomorph, in Zeichen $\mathsf{R} \cong \mathsf{S}$. Isomorphe Ringe sind strukturell, also von ihrer Ringstruktur, her nicht voneinander zu unterscheiden.

Auf der linken Seite von **(i)** steht die Addition von R, auf der rechten die Addition von S, analog bei **(ii)**. In **(iii)** steht auf der linken Seite der Gleichung das Einselement von R und auf der rechten das Einselement von S.

(iii) ist sicherlich eine sehr erwünschte Eigenschaft bei Ringen mit Einselement. Sie kann aber nicht aus Ring- und Homomorphismuseigenschaften abgeleitet werden, sondern ist extra zu fordern, wie das nachfolgende Beispiel zeigt. Seien R und S Ringe. Zum Produktring $\mathsf{R} \otimes \mathsf{S}$ gehören die Einbettungsabbildungen $\epsilon_{\mathsf{R}} : \mathsf{R} \longrightarrow \mathsf{R} \otimes \mathsf{S}$ und $\epsilon_{\mathsf{S}} : \mathsf{R} \longrightarrow \mathsf{R} \otimes \mathsf{S}$, die durch $\epsilon_{\mathsf{R}}(r) = (r, 0_{\mathsf{S}})$ und $\epsilon_{\mathsf{S}}(s) = (0_{\mathsf{R}}, s)$ definiert sind. Beide erfüllen offensichtlich **(i)** und **(ii)**, aber wenn R und S Einselemente besitzen sind es keine Ringhomomorphismen. Denn weder $\epsilon_{\mathsf{R}}(1_{\mathsf{R}}) = (1_{\mathsf{R}}, 0_{\mathsf{S}})$ noch $\epsilon_{\mathsf{S}}(1_{\mathsf{S}}) = (0_{\mathsf{R}}, 1_{\mathsf{S}})$ ist das Einselement von $\mathsf{R} \otimes \mathsf{S}$.

Andererseits sind die zu den Einbettungen komplementären durch

$$\pi_{\mathsf{R}}\big((r, s)\big) = r \qquad \pi_{\mathsf{S}}\big((r, s)\big) = s \tag{6.85}$$

definierten Projektionsabbildungen $\pi_{\mathsf{R}} : \mathsf{R} \otimes \mathsf{S} \longrightarrow \mathsf{R}$ und $\pi_{\mathsf{S}} : \mathsf{R} \otimes \mathsf{S} \longrightarrow \mathsf{S}$ Beispiele für Ringhomomorphismen. Auch sie erfüllen offensichtlich **(i)** und **(ii)**, bilden jedoch das Einselement des Produktringes auf die Einselemente der Faktoren ab: $\pi_{\mathsf{R}}(1_{\mathsf{R}}, 1_{\mathsf{S}}) = 1_{\mathsf{R}}$ und $\pi_{\mathsf{S}}(1_{\mathsf{R}}, 1_{\mathsf{S}}) = 1_{\mathsf{S}}$. In der Praxis wird ein Klammerpaar in (6.85) ausgelassen, es wird also z.B. $\pi_{\mathsf{S}}(r, s) = s$ statt $\pi_{\mathsf{S}}\big((r, s)\big) = s$ geschrieben.

Zu jedem Ring R gehört die durch $\iota_{\mathsf{R}}(r) = r$ definierte identische Abbildung $\iota_{\mathsf{R}} : \mathsf{R} \longrightarrow \mathsf{R}$. Falls R ein Ring mit Einselement 1 ist gilt natürlich $\iota_{\mathsf{R}}(1) = 1$, d.h. ι_{R} ist immer ein Ringhomomorphismus, unabhängig davon, ob der Ring ein Einselement besitzt oder nicht.

Als erstes Beispiel wird ein Ringhomomorphismus vorgestellt, der die Grundlage für Algorithmen zur schnellen Multiplikation großer Matrizen ist. Es seien R ein Ring mit Einselement 1 und

$n = 2m$ mit $m \in \mathbb{N}_+$. Sei $\boldsymbol{A} \in \mathbf{M}_{\mathbf{R},n}$ eine quadratische (n,n)-Matrix mit Elementen aus dem Ring $\mathbf{R}$ (siehe **D 6.3.2**). Weil n eine gerade Zahl ist, kann $\boldsymbol{A}$ in vier gleich große Untermatrizen $\boldsymbol{A}_{i,j} \in \mathbf{M}_{\mathbf{R},m}$ mit $i,j \in \{1,2\}$ aufgeteilt werden:

$$\begin{pmatrix} a_{1,1} & \cdots & a_{1,m} & a_{1,m+1} & \cdots & a_{1,n} \\ \vdots & & \vdots & \vdots & & \vdots \\ a_{m,1} & \cdots & a_{m,m} & a_{m,m+1} & \cdots & a_{m,n} \\ & & & & & \\ a_{m+1,1} & \cdots & a_{m+1,m} & a_{m+1,m+1} & \cdots & a_{m+1,n} \\ \vdots & & \vdots & \vdots & & \vdots \\ a_{n,1} & \cdots & a_{n,m} & a_{n,m+1} & \cdots & a_{n,n} \end{pmatrix}$$

Die Matrizen $\boldsymbol{A}_{i,j}\colon \{1,\dots,m\} \times \{1,\dots,m\} \longrightarrow \mathbf{R}$ sind wie folgt gegeben, mit $\mu,\nu \in \{1,\dots,m\}$:

$$\begin{aligned} \boldsymbol{A}_{1,1}(\mu,\nu) &= a_{\mu,\nu} \\ \boldsymbol{A}_{1,2}(\mu,\nu) &= a_{\mu,\nu+m} \\ \boldsymbol{A}_{2,1}(\mu,\nu) &= a_{\mu+m,\nu} \\ \boldsymbol{A}_{2,2}(\mu,\nu) &= a_{\mu+m,\nu+m} \end{aligned}$$

Nach diesen Vorbereitungen kann eine Abbildung $\boldsymbol{\phi}\colon \mathbf{M}_{\mathbf{R},n} \longrightarrow \mathbf{M}_{\mathbf{M}_{\mathbf{R},m},2}$ definiert werden, und zwar sei für $\boldsymbol{A} \in \mathbf{M}_{\mathbf{R},n}$

$$\boldsymbol{\phi}(\boldsymbol{A})(i,j) = \boldsymbol{A}_{i,j} \quad i,j \in \{1,2\}$$

Die Abbildung $\boldsymbol{\phi}$ ordnet einer (n,n)-Matrix mit Elementen aus dem Ring $\mathbf{R}$ eine $(2,2)$-Matrix mit Elementen aus dem Ring $\mathbf{M}_{\mathbf{R},m}$ zu, und zwar ist $\boldsymbol{\phi}(\boldsymbol{A})$ die Matrix

$$\begin{pmatrix} \boldsymbol{A}_{1,1} & \boldsymbol{A}_{1,2} \\ \boldsymbol{A}_{2,1} & \boldsymbol{A}_{2,2} \end{pmatrix}$$

Die auf diese Weise konstruierte Abbildung von $\mathbf{M}_{\mathbf{R},n}$ in $\mathbf{M}_{\mathbf{M}_{\mathbf{R},m},2}$ ist ein Ringhomomorphism, d.h. für $\boldsymbol{A},\boldsymbol{B} \in \mathbf{M}_{\mathbf{R},n}$ gilt

$$\boldsymbol{\phi}(\boldsymbol{A}+\boldsymbol{B}) = \boldsymbol{\phi}(\boldsymbol{A}) + \boldsymbol{\phi}(\boldsymbol{B}) \qquad \boldsymbol{\phi}(\boldsymbol{A}\boldsymbol{B}) = \boldsymbol{\phi}(\boldsymbol{A})\boldsymbol{\phi}(\boldsymbol{B}) \qquad \boldsymbol{\phi}(\boldsymbol{E}_n) = 1_{\mathbf{M}_{\mathbf{M}_{\mathbf{R},m},2}} \tag{6.86}$$

Das Einselement des Ringes $\mathbf{M}_{\mathbf{M}_{\mathbf{R},m},2}$ ist leicht zu finden, es ist die $(2,2)$-Matrix mit dem Einselement von $\mathbf{M}_{\mathbf{R},m}$ in der Hauptdiagonalen und der Nullmatrix $\mathbf{0}_m$ als die restlichen Elemente:

$$1_{\mathbf{M}_{\mathbf{M}_{\mathbf{R},m},2}} = \begin{pmatrix} \boldsymbol{E}_m & \mathbf{0}_m \\ \mathbf{0}_m & \boldsymbol{E}_m \end{pmatrix} \tag{6.87}$$

Daß $\boldsymbol{\phi}$ das Einselement von $\mathbf{M}_{\mathbf{R},n}$ auf das Einselement von $\mathbf{M}_{\mathbf{M}_{\mathbf{R},m},2}$ abbildet kann an (6.87) unmittelbar abgelesen werden. Die erste Gleichung in (6.86) ergibt sich wie folgt:

$$\boldsymbol{\phi}\big(\boldsymbol{A}+\boldsymbol{B}\big)(i,j) = \big(\boldsymbol{A}+\boldsymbol{B}\big)(i,j) = \boldsymbol{A}(i,j) + \boldsymbol{B}(i,j) = \boldsymbol{\phi}\big(\boldsymbol{A}\big)(i,j) + \boldsymbol{\phi}\big(\boldsymbol{B}\big)(i,j)$$

Man kann eine Matrixsumme so vierteilen, daß man die einzelnen Summanden vierteilt und dann die Viertel addiert. Das gilt entsprechend auch für die Matrizenmultiplikation, die genaue

Formulierung sei dem Leser als Übung empfohlen.

Als nächstes Beispiel wird gezeigt, daß die Ringe $\mathsf{A}_\mathbb{Z}$ und $\mathbb{Z}$ (siehe Seite 225) isomorph sind. Dazu muß ein Isomorphismus $\psi\colon \mathsf{A}_\mathbb{Z} \longrightarrow \mathbb{Z}$ angegeben werden, der allerdings leicht zu finden ist. Er ist gegeben durch $\psi(f) = f(1)$. Diese Abbildung ist ein Ringhomomorphismus:

$$\begin{aligned}\psi(f+g) &= \bigl(f+g\bigr)(1) = f(1)+g(1) = \psi(f)+\psi(g)\\ \psi(f\circ g) &= \bigl(f\circ g\bigr)(1) = f\bigl(g(1)\bigr) = f(1)g(1) = \psi(f)\psi(g)\\ \psi(\iota) &= \iota(1) = 1\end{aligned}$$

Die identische Abbildung ι von $\mathbb{Z}$ ist offenbar das Einselement von $\mathsf{A}_\mathbb{Z}$. ψ ist ein Epimorphismus, denn für $q \in \mathbb{Z}$ sei f die additive Funktion mit $f(1) = q$, dann ist $\psi(f) = q$. Die Abbildung ist auch ein Monomorphismus, denn aus $\psi(f) = \psi(g)$ folgt $f(1) = g(1)$ und daraus $f = g$, denn die additiven Funktionen sind durch ihren Wert auf 1 eindeutig bestimmt. Also sind die beiden Ringe tatsächlich isomorph: $\mathsf{A}_\mathbb{Z} \cong \mathbb{Z}$.

Es werden nun die Zusammenhänge zwischen Teilringen und Ringhomomorphismen untersucht. Dazu zunächst eine Definition.

D 6.3.4 (Kern) Seien R und S Ringe und $\varphi\colon \mathsf{R} \longrightarrow \mathsf{S}$ ein Ringhomomorphismus. Der Kern von φ ist die folgende Teilmenge von R:

$$\mathbf{Kern}(\varphi) = \bigl\{\, x \in \mathsf{R} \bigm| \varphi(x) = 0 \,\bigr\} \tag{6.88}$$

Er besteht aus allen Elementen von R, die von φ auf das Nullelement von S abgebildet werden.

Mit einem Ringhomomorphismus $\varphi\colon \mathsf{R} \longrightarrow \mathsf{S}$ sind sein Kern, die Bilder von Teilringen von R und die Urbilder von Teilringen von S assoziert. Alle diese Objekte sind Teilringe:

S 6.3.5 (Bild, Urbild, Kern) Seien R und S Ringe, A ein Teilring von R, B ein Teilring von S und $\varphi\colon \mathsf{R} \longrightarrow \mathsf{S}$ ein Ringhomomorphismus.

(i) Das Bild $\varphi[\mathsf{A}]$ von A unter φ ist ein Teilring von S
(ii) Das Urbild $\varphi^{-1}[\mathsf{B}]$ von B unter φ ist ein Teilring von R
(iii) $\mathbf{Kern}(\varphi)$ ist ein Teilring von R

Ist A ein Ring mit dem Einselement 1, dann hat $\varphi[\mathsf{A}]$ das Einselement $\varphi(1)$.

Zu (**i**): Aus $x, y \in \varphi[\mathsf{A}]$ folgt, daß es $u, v \in \mathsf{A}$ gibt mit $x = \varphi(u)$ und $y = \varphi(v)$. Das ergibt $x + y = \varphi(u) + \varphi(v) = \varphi(u + v) \in \varphi[\mathsf{A}]$ und $xy = \varphi(u)\varphi(v) = \varphi(uv) \in \varphi[\mathsf{A}]$. Die Aussage über das Einselement von $\varphi[\mathsf{A}]$ folgt aus $x\varphi(1) = \varphi(u)\varphi(1) = \varphi(u1) = \varphi(u) = x$.
Zu (**ii**): Aus $x, y \in \varphi^{-1}[\mathsf{B}]$ folgt $\varphi(x) \subset \varphi[\mathsf{B}]$ und $\varphi(y) \in \varphi[\mathsf{B}]$, also $\varphi(x+y) = \varphi(x)+\varphi(y) \in \varphi[\mathsf{B}]$, und damit $x + y \in \varphi^{-1}[\mathsf{B}]$. Entsprechendes gilt für die Multiplikation.
Zu (**iii**): Aus $x, y \in \mathbf{Kern}(\varphi)$ folgt $\varphi(x) = 0$ und $\varphi(y) = 0$, also $\varphi(x + y) = \varphi(x) + \varphi(y) = 0$, d.h. $x + y \in \mathbf{Kern}(\varphi)$. Entsprechendes gilt für die Multiplikation.
Es ist zwar $\mathbf{Kern}(\varphi) = \varphi^{-1}[\{0\}]$, doch kann daraus nicht mit (**ii**) gefolgert werden, daß der Kern ein Teilring ist, denn $\{0\}$ wurde als Ring, und damit natürlich auch als Teilring, definitiv ausgeschlossen.

Im vorangehenden Satz werden eventuelle Einselemente nicht beachtet, bis auf den Zusatz. Aus diesem Zusatz von **S 6.3.5** folgt nun direkt, daß surjektive Abbildungen von Ringen mit Einselement, die additiv und multiplikativ sind, tatsächlich Ringhomomorphismen sind, also Einselemente auf Einselemente abbilden:

K 6.3.1 Es sei $\varphi\colon \mathsf{R} \longrightarrow \mathsf{S}$ ein Homomorphismus eines Ringes R in einen Ring S. Ist R ein Ring mit Einselement 1 und ist φ ein Epimorphismus, d.h. eine surjektive Abbildung, dann ist auch S ein Ring mit Einselement, das durch $\varphi(1)$ gegeben ist.

Aus (**i**) und (**ii**) von **D 6.3.3** folgt jedoch in jedem Ring $\varphi(0) = 0$. Denn sei $x \in \mathsf{R}$ und $y = \varphi(x)$. Es ist dann $\varphi(0) + y = \varphi(0) + \varphi(x) = \varphi(0 + x) = \varphi(x) = y$, also $\varphi(0) = y - y = 0$. Daraus folgt direkt $\varphi(-x) = -\varphi(x)$. Denn es ist $\varphi(-x) + \varphi(x) = \varphi(-x + x) = \varphi(0) = 0$.

Die Wichtigkeit des Kerns eines Ringhomomorphismus wird durch den folgenden Satz herausgestellt, mit dessen Hilfe die Injektivität eines Homomorphismus auf rein algebraischem Wege festgestellt werden kann:

S 6.3.6 Seien R und S Ringe und $\varphi\colon \mathsf{R} \longrightarrow \mathsf{S}$ ein Ringhomomorphismus.

$$\varphi \text{ ist injektiv} \iff \mathbf{Kern}(\varphi) = \{0\} \tag{6.89}$$

Sei φ injektiv. Zu zeigen ist $\mathbf{Kern}(\varphi) \subset \{0\}$. Aber aus $x \in \mathbf{Kern}(\varphi)$ folgt $\varphi(x) = 0 = \varphi(0)$, also $x = 0 \in \{0\}$. In der Umkehrung gelte $\mathbf{Kern}(\varphi) = \{0\}$. Es seien $x, y \in \mathsf{R}$ mit $\varphi(x) = \varphi(y)$. Zu zeigen ist $x = y$. Aus $\varphi(x) = \varphi(y)$ folgt aber $\varphi(x - y) = 0$ und damit $x - y \in \mathbf{Kern}(\varphi)$, also $x - y = 0$ oder $x = y$.

Der Kern ist nicht nur ein Unterring, sondern sogar ein Ideal. Das bedeutet, daß er multiplikativ Ringelemente absorbiert, d.h aus $x \in \mathbf{Kern}(\varphi)$ und $y \in \mathsf{R}$ folgt $xy \in \mathbf{Kern}(\varphi)$, denn man hat $\varphi(xy) = \varphi(x)\varphi(y) = 0\varphi(y) = 0$.

Ein Beispiel zur Anwendung des vorigen Satzes ist der Beweis der folgenden Behauptung: Es sei K ein Körper, S ein Ring mit Einselement und $\varphi\colon \mathsf{K} \longrightarrow \mathsf{R}$ ein Homomorphismus von Ringen mit Einselement. Dann ist φ injektiv. Es sei nämlich $x \in \mathbf{Kern}(\varphi)$, aber $x \neq 0$. Dann gibt es im Körper K das multiplikative Inverse x^{-1} von x, mit der Gleichung $1 = xx^{-1}$. Daraus folgt $1 = \varphi(1) = \varphi(xx^{-1}) = \varphi(x)\varphi(x^{-1}) = 0$ wegen $\varphi(x) = 0$. Die Gleichung $1 = 0$ ist aber ausgeschlossen, da alle Ringe nichttrivial sein sollen.

Der nächste Satz illustriert den dualen Charakter von Kern und Bild eines Ringhomomorphismus $\psi\colon \mathsf{R} \longrightarrow \mathsf{S}$. Jedem Teilring von R, der den Kern von ψ enthält, entspricht genau ein Teilring von S, der im Bild von ψ enthalten ist.

S 6.3.7 Es seien R und S Ringe und $\psi\colon \mathsf{R} \longrightarrow \mathsf{S}$ ein Ringhomomorphismus. Mit den folgenden Definitionen werden alle Teilringe von R, die den Kern von ψ enthalten, und alle Teilringen von S, die im Bild von ψ enthalten sind, zusammengefaßt:

$$\mathcal{R}_\psi = \big\{\, \mathsf{A} \subset \mathsf{R} \;\big|\; \mathsf{A} \triangleleft \mathsf{R} \;\wedge\; \mathbf{Kern}(\psi) \subset \mathsf{A} \,\big\} \tag{6.90a}$$

$$\mathcal{S}_\psi = \big\{\, \mathsf{Q} \subset \mathsf{S} \;\big|\; \mathsf{Q} \triangleleft \mathsf{S} \;\wedge\; \mathsf{Q} \subset \psi[\mathsf{R}] \,\big\} \tag{6.90b}$$

Die durch $\boldsymbol{\Psi}(\mathsf{A}) = \psi[\mathsf{A}]$ definierte Abbildung $\boldsymbol{\Psi}\colon \mathcal{R}_\psi \longrightarrow \mathcal{S}_\psi$ ist bijekttiv.

Es sei $\mathsf{Q} \in \mathcal{S}_\psi$. Die Surjektivität von $\boldsymbol{\Psi}$ ist gezeigt, wenn ein $\mathsf{A} \in \mathcal{R}_\psi$ angegeben werden kann mit $\mathsf{Q} = \boldsymbol{\Psi}(\mathsf{A}) = \psi[\mathsf{A}]$. Ein Kandidat für A ist leicht gefunden, nämlich $\mathsf{A} = \psi^{-1}[\mathsf{Q}]$. Die Theorie der Mengen liefert allerdings nur[3] $\psi\big[\psi^{-1}[\mathsf{Q}]\big] \subset \mathsf{Q}$, d.h. es ist noch $\mathsf{Q} \subset \psi\big[\psi^{-1}[\mathsf{Q}]\big]$ für die spezielle

[3] Siehe z.B. [Bour] § 3.7.

Abbildung ψ zu zeigen. Es sei daher $q \in \mathbf{Q}$. Wegen $\mathbf{Q} \subset \psi[\mathbf{R}]$ gibt es ein $r \in \mathbf{R}$ mit $\psi(r) = q$. Aber dann ist natürlich $r \in \psi^{-1}[\mathbf{Q}]$ und folglich $q = \psi(r) \in \psi\big[\psi^{-1}[\mathbf{Q}]\big]$.
Es seien $\mathbf{A}, \mathbf{B} \in \mathcal{R}_\psi$. Zur Injektivität ist zu zeigen, daß $\mathbf{A} = \mathbf{B}$ aus $\psi[\mathbf{A}] = \psi[\mathbf{B}]$ folgt. Es gelte also $\psi[\mathbf{A}] = \psi[\mathbf{B}]$. Es sei $a \in \mathbf{A}$. Dann ist natürlich $\psi(a) \in \psi[\mathbf{A}]$, nach Voraussetzung dann auch $\psi(a) \in \psi[\mathbf{B}]$, d.h. es gibt ein $b \in \mathbf{B}$ mit $\psi(a) = \psi(b)$. Daraus folgt $\psi(a - b) = 0$ oder $a - b \in \mathbf{Kern}(\psi)$. Es gibt daher ein $c \in \mathbf{Kern}(\psi) \subset \mathbf{B}$ mit $a - b = c$ oder $a = b + c \in \mathbf{B}$. Das zeigt $\mathbf{A} \subset \mathbf{B}$. Durch Vertausch von $\mathbf{A}$ und $\mathbf{B}$ erhält man schließlich $\mathbf{A} \subset \mathbf{B}$ und damit insgesamt das gewünschte Resultat $\mathbf{A} = \mathbf{B}$.

Die Menge strukturerhaltender Abbildungen zwischen zwei Objekten A und B, die mit dieser Struktur versehen sind, wird oft mit $\mathbf{Hom}(A, B)$ (oder ähnlich) bezeichnet. Allerdings verhalten sich die Mengen der Homomorphismen zwischen zwei Ringen längst nicht so gutartig wie beispielsweise die Mengen von Vektorraumhomomorphismen, die selbst wieder Vektorräume sind.

D 6.3.5 (Menge der Ringhomomorphismen)
Seien $\mathbf{R}$ und $\mathbf{S}$ Ringe. Die Menge aller Ringhomomorphismen $\mathbf{R} \longrightarrow \mathbf{S}$ wird mit $\mathbf{Hom}(\mathbf{R}, \mathbf{S})$ bezeichnet.

Hier kommt es wieder darauf an, ob die Ringe unitär sind, d.h. ein Einselement besitzen. Besitzt der Ring $\mathbf{R}$ ein Einselement, dann ist die Nullabbildung $\mathbf{0}$ kein Element von $\mathbf{Hom}(\mathbf{R}, \mathbf{R})$, denn sie erfüllt nicht $\mathbf{0}(1) = 1$. Insbesondere ist $\mathbf{Hom}(\mathbf{R}, \mathbf{R})$, versehen mit der von der Ringaddition abgeleiteten Addition, keine Gruppe und trägt deshalb erst recht keine kanonische Ringstruktur.

Als ein Beispiel für den Aufbau von Mengen von Ringhomomorphismen werden die Mengen $\mathbf{Hom}(\mathbb{Z}_n, \mathbb{Z}_m)$ mit $n, m \in \mathbb{N} \setminus \{0, 1\}$ bestimmt (diese Ringe werden in Abschnitt 6.3.4 definiert). Dazu werden die drei Fälle $n < m$, $n = m$ und $n > m$ unterschieden.

$$n < m \Longrightarrow \mathbf{Hom}(\mathbb{Z}_n, \mathbb{Z}_m) = \emptyset \tag{6.91}$$

Gäbe es nämlich ein $\varphi \in \mathbf{Hom}(\mathbb{Z}_n, \mathbb{Z}_m)$, dann erhielte man aus den Homomorphismuseigenschaften der Abbildung

$$n = \bigoplus_{\nu=1}^{n} 1_m = \bigoplus_{\nu=1}^{n} \varphi(1_n) = \varphi\Big(\bigoplus_{\nu=1}^{n} 1_n\Big) = \varphi(0) = 0$$

Im zweiten Fall $n = m$ erhält man das folgende Ergebnis:

$$\mathbf{Hom}(\mathbb{Z}_n, \mathbb{Z}_n) = \{\iota_{\mathbb{Z}_n}\} \tag{6.92}$$

Denn für jedes $\varphi \in \mathbf{Hom}(\mathbb{Z}_n) = \mathbf{Hom}(\mathbb{Z}_n, \mathbb{Z}_n)$ und $k \in \{1, \ldots, n-1\}$ muß gelten

$$\varphi(k) = \varphi\Big(\bigoplus_{\kappa=1}^{k} 1\Big) = \bigoplus_{\kappa=1}^{k} \varphi(1) = \bigoplus_{\kappa=1}^{k} 1 = k$$

d.h. φ ist die identische Abbildung $\iota_{\mathbb{Z}_n}$ von $\mathbb{Z}_n$, die natürlich ein Ringhomomorphismus von $\mathbb{Z}_n$ in sich selbst ist. Hier bildet zwar $\mathbf{Hom}(\mathbb{Z}_n)$ keine Gruppe bezüglich der Addition, wohl aber auf natürliche Weise mit der Hintereinanderschaltung von Abbildungen als Gruppenverknüpfung, wenn auch in diesem Spezialfall nur die triviale Gruppe, die nur aus dem Einselement besteht. Allgemein besteht für einen endlichen Körper $\mathbf{K}$ die Menge $\mathbf{Hom}(\mathbf{K})$ aus Automorphismen, d.h.

aus bijektiven Homomorphismen. Für jedes $\varphi \in \mathbf{Hom}(\mathsf{K})$ gilt nämlich $\mathbf{Kern}(\varphi) = \{0\}$, denn aus $\varphi(u) = 0$ und $u \neq 0$ folgte $1 = \varphi(1) = \varphi(uu^{-1}) = \varphi(u)\varphi(u^{-1}) = 0$. Folglich ist φ injektiv und damit als injektive Abbildung einer endlichen Menge in sich auch surjektiv. Die Automorphismen eines Körpers bilden natürlich mit der Hintereinanderschaltung von Abbildungen als Operation eine Gruppe.
Im letzten Fall, $n > m$, wird noch einmal zwischen $m \in \mathsf{T}_n$ und $m \notin \mathsf{T}_n$ unterschieden, ob also n ein Vielfaches von m ist oder nicht.
Ist $m \notin \mathsf{T}_n$, dann gibt es $k, r \in \mathbb{N}$ mit $n = km + r$ und $0 < r < m$ und man erhält für jeden Homomorphismus φ

$$0 = \varphi(0) = \varphi\left(\bigoplus_{\nu=1}^{n} 1_n\right) = \bigoplus_{\nu=1}^{n} \varphi(1_n) = \bigoplus_{\nu=1}^{n} 1_m = \bigoplus_{\kappa=1}^{k} \bigoplus_{\mu=1}^{m} 1_m \oplus \bigoplus_{\rho=1}^{r} 1_m = \bigoplus_{\rho=1}^{r} 1_m = r \tag{6.93}$$

im Widerspruch zu $r > 0$. Es gilt daher

$$(n > m \wedge m \notin \mathsf{T}_n) \implies \mathbf{Hom}(\mathbb{Z}_n, \mathbb{Z}_m) = \emptyset \tag{6.94}$$

Schließlich sei $m \in \mathsf{T}_n$, etwa $n = am$ mit $a \in \mathbb{N}_+$. Für jedes $k \in \mathbb{Z}_n$ gibt es $b, r \in \mathbb{N}$ mit $k = bm + r$ und $0 \leq r < m$. Für jedes $\varphi \in \mathbf{Hom}(\mathbb{Z}_n, \mathbb{Z}_m)$ gilt damit

$$\varphi(k) = \varphi\left(\bigoplus_{\kappa=1}^{k} 1_n\right) = \bigoplus_{\kappa=1}^{k} \varphi(1_n) = \bigoplus_{\kappa=1}^{k} 1_m = \bigoplus_{\beta=1}^{b} \bigoplus_{\mu=1}^{m} 1_m \oplus \bigoplus_{\rho=1}^{r} 1_m = \bigoplus_{\rho=1}^{r} 1_m = r = \varrho_m(k)$$

Das Ergebnis für diesen letzten Fall ist deshalb

$$(n > m \wedge m \in \mathsf{T}_n) \implies \mathbf{Hom}(\mathbb{Z}_n, \mathbb{Z}_m) = \{\varrho_{m/\mathbb{Z}_n}\} \tag{6.95}$$

denn die Einschränkung von ϱ_m auf $\mathbb{Z}_n$ ist sicherlich ein Ringhomomorphismus $\mathbb{Z}_n \longrightarrow \mathbb{Z}_m$, weil die Ringoperationen von $\mathbb{Z}_m$ mit ϱ_m gebildet werden. Auch ergibt (6.93) keinen Widerspruch, denn hier ist $n = am$, also $r = 0$.

Es seien S_1 und S_2 Ringe. Die kanonischen Projektionen $\pi_\nu : \mathsf{S}_1 \otimes \mathsf{S}_2 \longrightarrow \mathsf{S}_\nu$ des Ringproduktes $\mathsf{S}_1 \otimes \mathsf{S}_2$ in seine Komponenten sind universell:

S 6.3.8 (Universelle Eigenschaft von (π_1, π_1))
Es seien R, S_1 und S_2 Ringe. Es seien $\psi_1 : \mathsf{R} \longrightarrow \mathsf{S}_1$ und $\psi_2 : \mathsf{R} \longrightarrow \mathsf{S}_2$ Ringhomomorphismen. Dann gibt es genau einen Ringhomomorphismus Ψ: $\mathsf{R} \longrightarrow \mathsf{S}_1 \otimes \mathsf{S}_2$ in den Produktring, der das folgende Diagramm kommutativ macht:

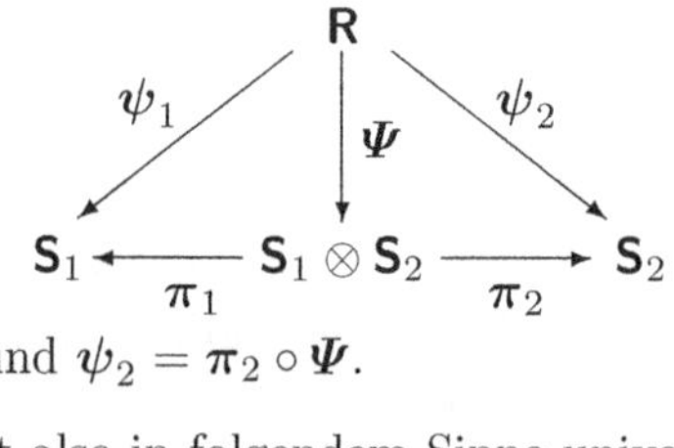

Es gilt also $\psi_1 = \pi_1 \circ \Psi$ und $\psi_2 = \pi_2 \circ \Psi$.

Das Projektionspaar (π_1, π_1) ist also in folgendem Sinne universell: Die Komponenten ψ_ν jedes Homomorphismenpaares (ψ_1, ψ_2) in Ringe S_ν können in zwei Teilhomomorphismen zerlegt wer-

den, und zwar so, daß der erste Teil in das Ringprodukt abbildet und der zweite Teil aus der kanonische Projektion besteht.
Es sei $x \in \mathbf{R}$. Falls $\boldsymbol{\Psi}$ existiert, gibt es $u_x \in \mathbf{S}_1$ und $v_x \in \mathbf{S}_2$ mit $\boldsymbol{\Psi}(x) = (u_x, v_x)$. Die geforderte Kommutativität des Diagramms ergibt $\boldsymbol{\pi}_1\big(\boldsymbol{\Psi}(x)\big) = u_x = \psi_1(x)$ und $\boldsymbol{\pi}_2\big(\boldsymbol{\Psi}(x)\big) = v_x = \psi_2(x)$, also $\boldsymbol{\Psi}(x) = \big(\psi_1(x), \psi_2(x)\big)$. Damit ist $\boldsymbol{\Psi}$ eindeutig bestimmt, falls es existiert. Wie sehr leicht bestätigt werden kann wird so tatsächlich ein Ringhomomorphismus mit den geforderten Eigenschaften definiert.

Der Satz gilt natürlich auch für Ringprodukte mit mehr als zwei Komponenten. Das zugehörige Diagramm kann allerdings nicht mehr in übersichtlicher Weise gezeichnet werden.

S 6.3.9 (Universelle Eigenschaft von $(\boldsymbol{\pi}_i)_{i \in I}$)
Es sei $\mathbf{R}$ ein Ring, I eine endliche Indexmenge und $\mathbf{S}_i$ Ringe, $i \in I$. Weiter seien $\psi_i \colon \mathbf{R} \longrightarrow \mathbf{S}_i$ Ringhomomorphismen, $i \in I$. Dann gibt es genau einen Ringhomomorphismus

$$\boldsymbol{\Psi} \colon \mathbf{R} \longrightarrow \bigotimes_{i \in I} \mathbf{S}_i \tag{6.96}$$

mit $\psi_i = \boldsymbol{\pi}_i \circ \boldsymbol{\Psi}$ für alle Indizes $i \in I$.

Der Homomorphismus $\boldsymbol{\Psi}$ ist natürlich gegeben durch $\boldsymbol{\Psi}(x) = \big(\psi_i(x)\big)_{i \in I}$.

6.3.4. Konstruktion von Ringen mit der Teilerrestfunktion

Mit Hilfe der Teilerrestfunktion ϱ_m kann man sich eine unendliche Menge von endlichen kommutativen Ringen mit Einselement verschaffen.

> **D 6.3.6 (Die Ringe $\mathbb{Z}_m$)** Für $m \in \mathbb{N} \setminus \{0,1\}$ sei $\mathbb{Z}_m = \{0, 1, \ldots, m-1\}$. Es gibt genau eine Addition $\oplus$ und genau eine Multiplikation $\odot$ auf $\mathbb{Z}_m$, die $(\mathbb{Z}_m, \oplus, \odot)$ zu einem kommutativen Ring mit Einselement machen, und zwar so, daß die Teilerrestfunktion $\varrho_m : \mathbb{Z} \longrightarrow \mathbb{Z}_m$ zu einem Ringhomomorphismus wird.

Es seien $x, y \in \mathbb{Z}_m$. Weil die Abbildung ϱ_m surjektiv ist, gibt es $u, v \in \mathbb{Z}$ mit $x = \varrho_m(u)$ und $y = \varrho_m(v)$. Es muß dann folgendes gelten:

$$x \oplus y = \varrho_m(u) \oplus \varrho_m(v) = \varrho_m(u+v) \tag{6.97a}$$

$$x \odot y = \varrho_m(u) \odot \varrho_m(v) = \varrho_m(uv) \tag{6.97b}$$

Wenn es also ein Ringstruktur gibt, die ϱ_m zu einem Homomorphismus macht, dann muß sie durch (6.97) gegeben sein. Aus der Surjektivität von ϱ_m ergibt sich aber unmittelbar, daß so tatsächlich eine Ringstruktur gegeben ist. Z.B. sieht man die Assoziativität von $\oplus$ wie folgt. Es seien $x, y, z \in \mathbb{Z}_m$, es gibt dann $u, v, w \in \mathbb{Z}$ mit $x = \varrho_m(u)$, $y = \varrho_m(v)$ und $z = \varrho_m(w)$. Damit erhält man

$$x \oplus (y \oplus z) = \varrho_m(u) \oplus \big(\varrho_m(v) \oplus \varrho_m(w)\big) = \varrho_m(u) \oplus \varrho_m(v+w) = \varrho_m(u+v+w)$$
$$(x \oplus y) \oplus z = \big(\varrho_m(u) \oplus \varrho_m(v)\big) \oplus \varrho_m(w) = \varrho_m(u+v) \oplus \varrho_m(w) = \varrho_m(u+v+w)$$

Das Einselement von $\mathbb{Z}_m$ ist $\varrho_m(1) = 1$, denn ϱ_m ist eine surjektive Abbildung. Das kann auch direkt gezeigt werden, es ist doch $1 \odot x = \varrho_m(1) \odot \varrho_m(u) = \varrho_m(1u) = \varrho_m(u) = x$.

Tabelle 6.4.: Additions- und Multiplikationstabelle für $\mathbb{Z}_3$

$\oplus$	0	1	2
0	0	1	2
1	1	2	0
2	2	0	1

$\odot$	0	1	2
0	0	0	0
1	0	**1**	**2**
2	0	**2**	**1**

Die beiden Verknüpfungen von $\mathbb{Z}_3$ werden in Tabelle 6.4 vorgestellt, die von $\mathbb{Z}_4$. in Tabelle 6.5. Ein wesentlicher Unterschied zeigt sich in den Multiplikationstabellen. Die auf $\mathbb{Z}_4 \setminus \{0\}$ einge-

Tabelle 6.5.: Additions- und Multiplikationstabelle für $\mathbb{Z}_4$

$\oplus$	0	1	2	3
0	0	1	2	3
1	1	2	3	0
2	2	3	0	1
3	3	0	1	2

$\odot$	0	1	2	3
0	0	0	0	0
1	0	**1**	**2**	**3**
2	0	**2**	**0**	**2**
3	0	**3**	**2**	**1**

schränkte Multiplikation führt aus $\mathbb{Z}_4 \setminus \{0\}$ hinaus, denn es ist $2 \odot 2 = 0$ (d.h. 2 ist ein Nullteiler, siehe Abschnitt 6.5). Dagegen ist das Produkt zweier von Null verschiedener Elemente von $\mathbb{Z}_3$ offenbar wieder ein von Null verschiedenes Element des Ringes $\mathbb{Z}_3$.

Die soeben konstruierten endlichen Ringe besitzen alle ein Einselement. Tatsächlich können bisher nur unendliche Ringe ohne Einselement angegeben werden, etwa $\{\, nq \mid n \in \mathbb{Z} \,\}$ für $q \neq 1$. Endliche Ringe ohne Einselement können durch eine Erweiterung des Konstruktionsprozesses für die $\mathbb{Z}_m$ gewonnen werden.

Es seien $a, b \in \mathbb{N} \setminus \{0,1\}$. Dann ist $\langle a \rangle = \{\, na \mid n \in \mathbb{Z} \,\}$ ein Teilring von $\mathbb{Z}$, und zwar wegen $a \neq 1$ ein Teilring ohne Einselement. Die Abbildung $\varrho_{a,b}$ sei die Einschränkung der Teilerrestfunktion ϱ_b auf den Ring $\langle a \rangle$:

$$\varrho_{a,b} \colon \langle a \rangle \longrightarrow \{0, 1, \ldots, b-1\} \qquad \varrho_{a,b} = \varrho_{b/\langle a \rangle} \tag{6.98}$$

Für jedes $na \in \langle a \rangle$ ist also $\varrho_{a,b}(na) = \varrho_b(na)$. Diese Abbildung wird in analoger Weise benutzt wie ϱ_m zur Konstruktion des Ringes $\mathbb{Z}_m$. verschaffen.

D 6.3.7 (Die Ringe $\mathbb{Z}_{a,b}$) Es seien $a, b \in \mathbb{N} \setminus \{0,1\}$. Es gibt genau eine Addition $\oplus$ und genau eine Multiplikation $\odot$ auf $\mathbb{Z}_{a,b} = \varrho_{a,b}[\langle a \rangle]$, die $(\mathbb{Z}_{a,b}, \oplus, \odot)$ zu einem kommutativen Ring machen, und zwar so, daß die Teilerrestfunktion $\varrho_{a,b}$ zu einem Ringhomomorphismus wird.
Der Ring wird also auf dem Bild von $\varrho_{a,b}$ erzeugt, das nicht mit {0,1,...,b-1} zusammenfallen muß.

Es seien $x, y \in \varrho_{a,b}[\langle a \rangle]$. Es gibt dann $n, m \in \mathbb{Z}$ mit $x = \varrho_{a,b}(na)$ und $y = \varrho_{a,b}(ma)$. Für die Ringoperationen gelten dann notwendigerweise die folgenden Gleichungen:

$$x \oplus y = \varrho_{a,b}(na) + \varrho_{a,b}(ma) = \varrho_{a,b}(na + ma) \tag{6.99a}$$

$$x \odot y = \varrho_{a,b}(na)\varrho_{a,b}(ma) = \varrho_{a,b}(nama) \tag{6.99b}$$

Tatsächlich werden durch diese Gleichungen Ringoperatinoen definiert. Weil alle Elemente von $\mathbb{Z}_{a,b}$ Bilder von Elementen aus $\langle a \rangle$ unter $\varrho_{a,b}$ sind, kann die Gültigkeit der Ringaxiome für $\mathbb{Z}_{a,b}$ direkt auf die Gültigkeit der Ringaxiome für $\langle a \rangle$ zurückgeführt werden.

S 6.3.10 (Größe und Aufbau der Ringe $\mathbb{Z}_{a,b}$) Es seien $a, b \in \mathbb{N} \setminus \{0,1\}$, und es sei $g = \mathrm{ggT}(a,b)$. Es gibt dann natürliche Zahlen r und s mit $0 < r < a$, $0 < s < b$ und $a = rg$, $b = sg$. Der Ring $\mathbb{Z}_{a,b}$ besitzt s Elemente, und zwar ist

$$\mathbb{Z}_{a,b} = \{\, \varrho_{a,b}(na) \mid n \in \{0, 1, \ldots, s-1\} \,\} = \{\, n\varrho_{a,b}(a) \mid n \in \{0, 1, \ldots, s-1\} \,\} \tag{6.100}$$

Es ist $\varrho_{a,b}(a) = qg$, mit $0 < q < s$.

Die Behauptung über die Anzahl der Elemente von $\mathbb{Z}_{a,b}$ folgt direkt aus der Bijektivität der durch $R(n) = \varrho_{a,b}(na)$ definierten Abbildung $R \colon \{0, 1, \ldots, s-1\} \longrightarrow \mathbb{Z}_{a,b}$.
Zur Surjektivität: Es sei $x \in \mathbb{Z}_{a,b}$, d.h. es gibt ein $m \in \mathbb{Z}$ mit $x = \varrho_{a,b}(ma)$. Division mit Teilerrest liefert $q, n \in \mathbb{Z}$ mit $m = qs + n$ und $n \in \{0, 1, \ldots, s-1\}$. Das ergibt

$$x = \varrho_{a,b}(am) = \varrho_{a,b}\big((qs+n)a\big) = \varrho_{a,b}(qsa) + \varrho_{a,b}(na) = \varrho_{a,b}(qsa) + R(n)$$

Nun ist aber $\varrho_{a,b}(qsa) = \varrho_{a,b}(qsrg) = \varrho_{a,b}(qrb) = 0$, daher $x = R(n)$.
Zur Injektivität: Für $n, m \in \{0, 1, \ldots, s-1\}$ gelte $R(n) = R(m)$, also $\varrho_{a,b}(na) = \varrho_{a,b}(ma)$. Das ist äquivalent mit $na - ma = qb$ für ein $q \in \mathbb{Z}$, oder $(n-m)rg = qsg$ und gekürzt $(n-m)r = qs$. Das bedeutet $s \mid (n-m)r$. Weil r und s keinen gemeinsamen Teiler haben, andernfalls g nicht der

größte gemeinsame Teiler von a und b wäre, gilt $s \mid n-m$, was mit $n \equiv_s m$ gleichbedeutend ist. Es gibt daher ein $q \in \mathbb{Z}$ mit $n - m = qs$. Nun gehören aber n und m zu derselben Äquivalenzklasse {0,1,...,s-1} bezüglich $\equiv_s$, es ist folglich $|n - m| < s$ und damit $q = 0$ oder $n = m$. Weiter ist

$$\varrho_{a,b}(na) = \varrho_{a,b}(\underbrace{a + \cdots + a}_{n\text{-mal}}) = \underbrace{\varrho_{a,b}(a) + \cdots + \varrho_{a,b}(a)}_{n\text{-mal}} = n\varrho_{a,b}(a)$$

für jedes $n \in \{0, 1, \ldots, s-1\}$. Ist daher $x \in \mathbb{Z}_{a,b}$ dann gibt es genau ein ein $n \in \{0, 1, \ldots, s-1\}$ mit $x = \varrho_{a,b}(na) = n\varrho_{a,b}(a)$. Schließlich erhält man mit **S 6.1.10 (iii)** noch

$$\mathrm{ggT}\big(\varrho_b(a), b\big) = \mathrm{ggT}\big(\varrho_{a,b}(a), b\big) = \mathrm{ggT}(a, b) = g$$

d.h. $g \mid \varrho_{a,b}(a)$ und es gibt ein $q \in \mathbb{N}_+$ mit $\varrho_{a,b}(a) = qg$. Wegen $\varrho_b(a) < b = sg$ ist $q < s$.

Als erstes Beispiel werden die Verknüpfungstabellen von $\mathbb{Z}_{24,30}$ in Tabelle 6.6 vorgestellt. Hier ist $g = \mathrm{ggT}(24, 30) = 6$ und $s = 5$. Erzeugt wird der Ring von $\varrho_{24,30}(24) = 24 = 4g$. Der Ring besitzt das Einselement $e = 6$. Der Ringhomomorphismus $\varrho_{24,30}\colon \langle 24\rangle \longrightarrow \mathbb{Z}_{24,30}$ ist daher ein Beispiel für einen Ringhomomorphismus $\varphi\colon \mathbf{R} \longrightarrow \mathbf{S}$, bei dem zwar $\mathbf{S}$ ein Einselement besitzt, $\mathbf{R}$ jedoch nicht.

Tabelle 6.6.: Additions- und Multiplikationstabelle für $\mathbb{Z}_{24,30}$

$\oplus$	0	24	18	12	6
0	0	24	18	12	6
24	24	18	12	6	0
18	18	12	6	0	24
12	12	6	0	24	18
6	6	0	24	18	12

$\odot$	0	24	18	12	6
0	0	0	0	0	0
24	0	**6**	**12**	**18**	**24**
18	0	**12**	**24**	**6**	**18**
13	0	**18**	**6**	**24**	**12**
6	0	**24**	**18**	**12**	**6**

Das nächste Beispiel ist $\mathbb{Z}_{30,24}$ mit den Verknüpfungstabellen in Tabelle 6.7. Es ist natürlich wieder $g = 6$, jedoch $s = 4$. Der Ring wird von $\varrho_{30,24}(30) = 6 = g$ erzeugt. Der Ring besitzt nicht nur kein Einselement, die Multiplikation führt auch aus $\mathbb{Z}_{30,24} \setminus \{0\}$ hinaus (dazu mehr im Abschnitt 6.5).

Tabelle 6.7.: Additions- und Multiplikationstabelle für $\mathbb{Z}_{30,24}$

$\oplus$	0	6	12	18
0	0	6	12	18
6	6	12	18	0
12	12	18	0	6
18	18	0	6	12

$\odot$	0	6	12	18
0	0	0	0	0
6	0	**12**	**0**	**12**
12	0	**0**	**0**	**0**
18	0	**12**	**0**	**12**

Wie die Beispiele zeigen, gibt es Ringe $\mathbb{Z}_{a,b}$ mit und ohne Einselement. Über die Bedingungen, welche die Existenz von Einselementen bestimmen, gibt der nächste Satz Auskunft:

S 6.3.11 (Existenz von Einselementen in $\mathbb{Z}_{a,b}$) Bezeichnungen wie bei **S 6.3.10**.

(i) Notwendig für die Existenz eines Einselementes $\varrho_{a,b}(ea)$ in $\mathbb{Z}_{a,b}$ ist die Gültigkeit der Kongruenz $a \equiv_s ea^2$

(ii) Gilt $\text{ggT}(a, s) = 1$, dann existiert ein Einselement $\varrho_{a,b}(ea)$ und e kann über die Entwicklung $1 = \text{ggT}(a, s) = ea + fs$ berechnet werden.

Falls ein Einselement $\varrho_{a,b}(ea)$, mit $e \in \{1, \ldots, s-1\}$, existiert, muß für jedes $n \in \{1, \ldots, s-1\}$ folgendes gelten:

$$\varrho_b(na) = \varrho_{a,b}(na) = \varrho_{a,b}(na)\varrho_{a,b}(ea) = \varrho_{a,b}(nea^2) = \varrho_b(nea^2)$$

Das ist gleichbedeutend mit $na \equiv_b nea^2$. Wegen $s \mid b$ folgt daraus $na \equiv_s nea^2$. Nun ist $0 < n < s$, also $\text{ggT}(n, s) = 1$, und n kann herausgekürzt werden zu $a \equiv_s ea^2$.
Es gelte nun $\text{ggT}(a, s) = 1$. Dann gibt es $e, f \in \mathbb{Z}$ mit $1 = \text{ggT}(a, s) = ea + fs$. Im Falle $e \notin \{1, \ldots, s-1\}$ gibt es $q, e' \in \mathbb{Z}$ mit $e = qs + e'$ und $0 < e' < s$, also $1 = e'a + (qa + f)s$, und e wird durch e' und f durch $qa + f$ ersetzt. Es kann also $1 = ea + fs$ oder $ea = 1 - fs$ mit $e \in \{1, \ldots, s-1\}$ angenommen werden. Damit erhält man für $n \in \{1, \ldots, s-1\}$

$$\varrho_{a,b}(na)\varrho_{a,b}(ea) = \varrho_{a,b}(naea) = \varrho_{a,b}\big(na(1 - fs)\big)\varrho_{a,b}(na - nafs) = \varrho_{a,b}(na) - \varrho_{a,b}(nafs)$$

Nun ist aber $\varrho_{a,b}(nafs) = \varrho_{a,b}(nrgfs) = \varrho_{a,b}(nfrb) = 0$, also gilt wie verlangt

$$\varrho_{a,b}(na)\varrho_{a,b}(ea) = \varrho_{a,b}(na)$$

und $\varrho_{a,b}(ea)$ ist tatsächlich das Einselement von $\mathbb{Z}_{a,b}$.

Im Beispiel $\mathbb{Z}_{24,30}$ ist $\text{ggT}(a, s) = \text{ggT}(24, 5) = 1$, es gibt also ein Einselement, das sich aus $1 = (-1) \cdot 24 + 5 \cdot 5$ als $e = -1$ ergibt. Die nötige Reduktion führt zu $e' = -1 + 5 = 4$. Wie Tabelle 6.6 zeigt ist $\varrho_{24,30}(4 \cdot 24) = \varrho_{30}(96) = 6$ tatsächlich das Einselement von $\mathbb{Z}_{24,30}$.

Bei dem Ring $\mathbb{Z}_{30,24}$ ist die notwendige Bedingung nicht erfüllt. Denn angenommen, es gibt ein $e \in \mathbb{Z}$ mit $30 \equiv_4 e \cdot 30^2$. Daraus folgt $1 \equiv_2 e \cdot 30$, d.h. es gibt ein $q \in \mathbb{Z}$ mit $1 - 30e = 2q$ oder $1 = 30e + 2q$. Das ist allerdings nicht möglich, denn rechts des Gleichheitszeichens steht eine gerade und links eine ungerade Zahl. Tabelle 6.7 bestätigt, daß wirklich kein Einselement existiert.

Die Vermutung liegt nahe, daß die Ringe $\mathbb{Z}_{a,b}$ eine Verallgemeinerung der Ringe $\mathbb{Z}_m$ sind. Wie der nächste Satz zeigt, ist das tatsächlich der Fall.

S 6.3.12 Bezeichnungen wie bei **S 6.3.10**.

$$\text{ggT}(a, s) = 1 \implies \mathbb{Z}_{a,b} \cong \mathbb{Z}_s \tag{6.101}$$

Besitzt ein Ring $\mathbb{Z}_{a,b}$ ein Einselement, so ist er zu $\mathbb{Z}_s$ isomorph, d.h. als Ringstruktur nicht von $\mathbb{Z}_s$. zu unterscheiden.

Es sei $\text{ggT}(a, s) = 1$ und $\varrho_{a,b}(ea)$, mit $e \in \{1, \ldots, s-1\}$, das Einselement von $\mathbb{Z}_{a,b}$. Die durch $\phi(n) = \varrho_{a,b}(nea)$ definierte Abbildung $\phi\colon \mathbb{Z}_s \longrightarrow \mathbb{Z}_{a,b}$ ist ein Ringhomomorphismus von Ringen mit Einselement. Um Konfusion zu vermeiden, werden die Ringverknüpfungen von $\mathbb{Z}_s$ während des Beweises präzise spezifiziert, und zwar durch $(\mathbb{Z}_s, \oplus, \odot)$. Die Verknüpfungen von $\mathbb{Z}_{a,b}$ werden wie gewöhnlich bezeichnet. Es sei $n, m \in \{0, \ldots, s-1\}$. Zunächst zur Addition. Es ist einerseits

$$\phi(n \oplus m) = \varrho_{a,b}\big((n \oplus m)ea\big) = \varrho_{a,b}\big(\varrho_s(n + m)ea\big) \tag{6.102}$$

und andererseits

$$\phi(n) + \phi(m) = \varrho_{a,b}(nea) + \varrho_{a,b}(mea) = \varrho_{a,b}(nea + mea) = \varrho_{a,b}\big((n+m)ea\big)$$

Mit $n + m = qs + p$, $q \in \mathbb{Z}$ und $p \in \{0, \ldots, s-1\}$, also $p = \varrho_s(n+m)$, und, gültig für beliebiges $c \in \mathbb{Z}$, $\varrho_{a,b}(csa) = \varrho_{a,b}(csrg) = \varrho_{a,b}(crb) = 0$, erhält man fortsetzend

$$\begin{aligned}\varrho_{a,b}\big((n+m)ea\big) &= \varrho_{a,b}\big((qs+p)ea\big) = \varrho_{a,b}(qsea + pea)\\ &= \varrho_{a,b}(qsea) + \varrho_{a,b}(pea) = \varrho_{a,b}(pea) = \varrho_{a,b}\big(\varrho_s(n+m)ea\big)\end{aligned}$$

dasselbe Ergebnis wie in (6.102). Die Abbildung ist daher additiv. Zur Multiplikation erhält man wieder einerseits

$$\phi(n \odot m) = \varrho_{a,b}\big((n \odot m)ea\big) = \varrho_{a,b}\big(\varrho_s(nm)ea\big) \tag{6.103}$$

und andererseits

$$\phi(n)\phi(m) = \varrho_{a,b}(nea)\varrho_{a,b}(mea) = \varrho_{a,b}(neamea) = \varrho_{a,b}(nmeaea)$$

Es ist $nm = qs + p$, $q \in \mathbb{Z}$ und $p \in \{0, \ldots, s-1\}$, also $p = \varrho_s(nm)$, das ergibt fortgesetzt

$$\begin{aligned}\varrho_{a,b}(nmeaea) &= \varrho_{a,b}\big((qs+p)eaea\big)\\ &= \varrho_{a,b}(qseaea + peaea) = \varrho_{a,b}(qreaeb + peaea) = \varrho_{a,b}(qreaeb) + \varrho_{a,b}(peaea)\\ &= \varrho_{a,b}(peaea) = \varrho_{a,b}(pea)\varrho_{a,b}(ea) = \varrho_{a,b}(pea) = \varrho_{a,b}\big(\varrho_s(nm)ea\big)\end{aligned}$$

dasselbe Ergebnis wie in (6.103). Die Abbildung ist daher multiplikativ. Die Einselemente der beiden Ringe werden trivialerweise aufeinander abgebildet. Die Abbildung ist auch surjektiv. Es sei dazu $\varrho_{a,b}(na) \in \mathbb{Z}_{a,b}$. Gesucht ist ein $m \in \mathbb{Z}_s$ mit $\varrho_{a,b}(na) = \varrho_{a,b}(mea)$. Nun gibt es $q \in \mathbb{Z}$ und $m \in \{0, \ldots, s-1\}$ mit $na = qs + m$. Einsetzen liefert

$$\phi(m) = \varrho_{a,b}(mea) = \varrho_{a,b}(naea - qsea) = \varrho_{a,b}(na)\varrho_{a,b}(ea) - \varrho_{a,b}(qsea) = \varrho_{a,b}(na)$$

Als surjektive Abbildung von endlichen Mengen gleicher Elementeanzahl ist ϕ auch injektiv, also tatsächlich ein Isomorphismus.

Der spezielle Fall, daß a ein echter Teiler von b ist, verdient besonderes Interesse, weil leicht Teilringe gefunden werden können, deren Eigenschaften von denjenigen ihrer Oberringe abweichen. Beispielsweise kann ein Teilring ein Einselement besitzen, ein Oberring jedoch nicht, und das umgekehrte Verhältnis ist ebenfalls möglich.

S 6.3.13 (Teilringe von $\mathbb{Z}_{a,b}$ bei $a \mid b$) Bezeichnungen wie bei **S 6.3.10**. Es gebe ein $c \in \mathbb{N} \setminus \{0,1\}$ mit $b = ca$ und $u, v \in \mathbb{N} \setminus \{0,1\}$ mit $c = uv$. Dann ist $\mathbb{Z}_{ua,b} \triangleleft \mathbb{Z}_{a,b}$, und zwar ist $\mathbb{Z}_{ua,b}$ ein Teilring mit v Elementen.

Es ist $\mathrm{ggT}(a,b) = a$, daher gilt $r = 1$ und $s = c$ bezüglich $\mathbb{Z}_{a,b}$. Weiter ist $b = uva$ und $\mathrm{ggT}(ua, b) = ua$, folglich $r = 1$ und $s = v$ bezüglich $\mathbb{Z}_{ua,b}$. Damit steht schon fest, daß $\mathbb{Z}_{ua,b}$ ein Ring mit v Elementen ist. Weil v ein Teiler von c ist gilt $\{0, \ldots, v-1\} \subset \{0, \ldots, c-1\}$. Es sei $x \in \mathbb{Z}_{ua,b}$, d.h. es gibt ein $n \in \mathbb{Z}$ mit $x = \varrho_b(nua)$. Dann gibt es ein $m \in \mathbb{Z}$, nämlich $m = nu$, mit $x = \varrho_b(ma)$, d.h. $x \in \mathbb{Z}_{a,b}$. Das bedeutet $\mathbb{Z}_{ua,b} \subset \mathbb{Z}_{a,b}$.

Es seien $x, y \in \mathbb{Z}_{ua,b}$. Zu zeigen ist $x - y \in \mathbb{Z}_{ua,b}$ und $xy \in \mathbb{Z}_{ua,b}$. Dazu sei $x = \varrho_b(nua)$ mit $n \in \{0, \ldots, v-1\}$ und $y = \varrho_b(mua)$ mit $m \in \{0, \ldots, v-1\}$.
Es ist $x - y = \varrho_b(nua) - \varrho_b(mua) = \varrho_b\big((n-m)ua\big)$. Falls $0 \leq n - m < v$ ist schon $x - y \in \mathbb{Z}_{ua,b}$. Es sei also $-v < n - m < 0$. Dann ist $0 < v + n - m < v$. Weiter ist $0 = \varrho_b(b) = \varrho_b(vua)$. Damit erhält man

$$\varrho_b((n-m)ua) = \varrho_b\big((n-m)ua\big) + \varrho_b(vua) = \varrho_b\big((n-m)ua + vua\big) = \varrho_b\big((v+n-m)ua\big) \in \mathbb{Z}_{ua,b}$$

Es gibt $q, t \in \mathbb{Z}$ mit $nmua = qv + t$ und $0 \leq t < v$. Das liefert unter Beachtung der (wohlbekannten) Beziehung $\varrho_b(qvua) = \varrho_b(qb) = 0$

$$\varrho_b(nua)\varrho_b(mua) = \varrho_b(nmua) = \varrho_b\big((qv+t)ua\big) = \varrho_b(qvua) + \varrho_b(tua) = \varrho_b(tua) \in \mathbb{Z}_{ua,b}$$

Als ein Beispiel werden die Verknüpfungstabellen für den Ring $\mathbb{Z}_{2,30}$ und seinen Teilring $\mathbb{Z}_{6,30}$ angegeben. Bei $\mathbb{Z}_{2,30}$ ist $a = 2$, $b = 30$, $c = 15$, $u = 3$ und $v = 5$. Die Addition zeigt das übliche

Tabelle 6.8.: Additionstabelle für $\mathbb{Z}_{2,30}$

$\oplus$	0	2	4	6	8	10	12	14	16	18	20	22	24	26	28
0	0	2	4	6	8	10	12	14	16	18	20	22	24	26	28
2	2	4	6	8	10	12	14	16	18	20	22	24	26	28	0
4	4	6	8	10	12	14	16	18	20	22	24	26	28	0	2
6	6	8	10	12	14	16	18	20	22	24	26	28	0	2	4
8	8	10	12	14	16	18	20	22	24	26	28	0	2	4	6
10	10	12	14	16	18	20	22	24	26	28	0	2	4	6	8
12	12	14	16	18	20	22	24	26	28	0	2	4	6	8	10
14	14	16	18	20	22	24	26	28	0	2	4	6	8	10	12
16	16	18	20	22	24	26	28	0	2	4	6	8	10	12	14
18	18	20	22	24	26	28	0	2	4	6	8	10	12	14	16
20	20	22	24	26	28	0	2	4	6	8	10	12	14	16	18
22	22	24	26	28	0	2	4	6	8	10	12	14	16	18	20
24	24	26	28	0	2	4	6	8	10	12	14	16	18	20	22
26	26	28	0	2	4	6	8	10	12	14	16	18	20	22	24
28	28	0	2	4	6	8	10	12	14	16	18	20	22	24	26

zyklische Verhalten: In Tabelle 6.8 kommt in jeder Spalte jedes Ringelement genau einmal vor, was bedeutet, daß, für ein $x \in \mathbb{Z}_{2,30} \setminus \{0\}$, jedes Ringelement als nx dargestellt werden kann,

Tabelle 6.9.: Multiplikationstabelle für $\mathbb{Z}_{2,30}$

$\odot$	2	4	6	8	10	12	14	16	18	20	22	24	26	28
2	4	8	12	16	20	24	28	2	6	10	14	18	22	26
4	8	16	24	2	10	18	26	4	12	20	28	6	14	22
6	12	24	6	18	0	12	24	6	18	0	12	24	6	18
8	16	2	18	4	20	6	22	8	24	10	26	12	28	14
10	20	10	0	20	10	0	20	10	0	20	10	0	20	10
12	24	18	12	6	0	24	18	12	6	0	24	18	12	6
14	28	26	24	22	20	18	16	14	12	10	8	6	4	2
16	2	4	6	8	10	12	14	16	18	20	22	24	26	28
18	6	12	18	24	0	6	12	18	24	0	6	12	18	24
20	10	20	0	10	20	0	10	20	0	10	20	0	10	20
22	14	28	12	26	10	24	8	22	6	20	4	18	2	16
24	18	6	24	12	0	18	6	24	12	0	18	6	24	12
26	22	14	6	28	20	12	4	26	18	10	2	24	16	8
28	26	22	18	14	10	6	2	28	24	20	16	12	8	4

wobei $n \in \{0, \ldots, 14\}$. Die multiplikative Verknüpfung ist dagegen viel komplizierter aufgebaut. Wegen $\mathrm{ggT}(a, c) = \mathrm{ggT}(2, 15) = 1$ besitzt der Ring ein Einselement. Nach **S 6.3.12** ist $\mathbb{Z}_{2,30}$ daher zu $\mathbb{Z}_{15}$ isomorph. Das Einselement ist in Tabelle 6.9 leicht zu finden, nämlich als $16 = \varrho_{30}(2 \cdot 8)$. Es ist auch einfach zu berechnen. Nach **S 6.3.11** berechnet man $1 = (-7) \cdot 2 + 1 \cdot 15$, was durch Reduktion in den Bereich $\{1, \ldots, 15\}$ zu $e = -7 + 15 = 8$ führt.

Tabelle 6.10.: Additions- und Multiplikationstabelle für $\mathbb{Z}_{6,30}$

$\oplus$	0	6	12	18	24
0	0	6	12	18	24
6	6	12	18	24	0
12	12	18	24	0	6
18	18	24	0	6	12
24	24	0	6	12	18

$\odot$	0	6	12	18	24
0	0	0	0	0	0
6	0	6	12	18	24
12	0	12	24	6	18
18	0	18	6	24	12
24	0	24	18	12	6

Nun zum Teilring $\mathbb{Z}_{6,30}$, dessen Verknüpfungen in Tabelle 6.10 dargestellt werden. Hier ist $a = 6$, $b = 30$ und $c = 5$. Wegen $\mathrm{ggT}(6,5) = 1$ hat auch dieser Ring ein Einselement, es bestimmt sich aus $1 = 1 \cdot 6 + (-1) \cdot 5$ zu $6 = \varrho_{30}(1 \cdot 6)$. Der Ring ist isomorp zu $\mathbb{Z}_5$.

Aus der Vereinbarung, daß jeder Ring mindestens zwei Elemente zu besitzen hat, folgt, daß $\mathbb{Z}_1$ kein Ring ist, denn es ist natürlich $\mathbb{Z}_1 = \{0\}$.

6.4. Primzahlen II

Bei einigen Verfahren der Kryptologie spielt die EULERsche ϕ-Funktion eine wichtige Rolle. Sie kann wie folgt definiert werden:

D 6.4.1 (EULERsche ϕ-Funktion) Es sei $m \in \mathbb{N} \setminus \{0,1\}$.

$$\mathbb{Z}_m^\perp = \{\, x \in \mathbb{Z}_m^\star \mid x \perp m \,\} \tag{6.104}$$

$\mathbb{Z}_m^\perp$ ist also als die Menge der zu m relativ primen Elemente von $\mathbb{Z}_m$ definiert.

$$\phi(m) = \#(\mathbb{Z}_m^\perp) \tag{6.105}$$

Die Funktion $\phi(m)$ ist also als die Anzahl der Menge der zu m relativ primen Elemente von $\mathbb{Z}_m$ definiert.

Die Menge $\mathbb{Z}_m^\perp$ ist wegen $\{1\} \subset \mathbb{Z}_m^\perp$ nicht leer. An dieser Stelle kann noch kein plausibler Wert für $\phi(1)$ angegeben werden, das geschieht jedoch später, aus pragmatischen Gründen wird $\phi(1) = 1$. In einem Spezialfall ist der Wert von ϕ sehr leicht zu bestimmen, es ist offenbar

$$p \in \mathbb{P} \implies \phi(p) = p - 1 \tag{6.106}$$

Der Wert, den ϕ auf einer Primzahlpotenz einnimmt, ist nicht mehr so leicht zu bestimmen. Es gilt der folgende Satz:

S 6.4.1 (Die EULERsche ϕ-Funktion und Primzahlpotenzen)

$$p \in \mathbb{P} \wedge n \in \mathbb{N}_+ \implies \phi(p^n) = p^n - p^{n-1} = p^{n-1}(p-1) \tag{6.107}$$

Mit **S 6.1.20** kann man sich von der Primzahlpotenz zunächst einmal befreien:

$$\{\, x \in \mathbb{Z}_{p^n}^\star \mid x \perp p^n \,\} = \{\, x \in \mathbb{Z}_{p^n}^\star \mid x \perp p \,\}$$

Das Ergebnis ergibt sich dann etwas indirekt als

$$\phi(m) = \#(\mathbb{Z}_m^\perp) = \#\big(\mathbb{Z}_m^\star \setminus \{\, x \in \mathbb{Z}_m^\star \mid x \not\perp p \,\}\big) = p^n - 1 - \#\big(\{\, x \in \mathbb{Z}_m^\star \mid x \not\perp p \,\}\big)$$

d.h. es wird effektiv die Anzahl der $x \in \mathbb{Z}_{p^n}^\star$ berechnet, die nicht relativ prim zu p^n sind. Nun ist die Aussage $x \not\perp p$ äquivalent mit $\mathsf{T}_x \cap \mathsf{T}_p \neq \{1\}$, was wegen $\mathsf{T}_p = \{1, p\}$ äquivalent ist mit $p \in \mathsf{T}_x$. Das ergibt

$$\{\, x \in \mathbb{Z}_m^\star \mid x \not\perp p \,\} = \{\, x \in \mathbb{Z}_m^\star \mid p \in \mathsf{T}_x \,\} = \{\, x \in \mathbb{N}_+ \mid x < p^n \wedge p \in \mathsf{T}_x \,\}$$

Nach **S 6.2.3 (i)** gilt nun

$$\{\, x \in \mathbb{N}_+ \mid x \leq p^n \wedge p \in \mathsf{T}_x \,\} = \left\lfloor \frac{p^n}{p} \right\rfloor = p^{n-1}$$

Man beachte, daß die letzte Menge mit $x \le p^n$ und nicht mit $x < p^n$ definiert ist. Weil aber die Aussage $p^n \le p^n \wedge p \in \mathsf{T}_{p^n}$ sicherlich wahr ist, gilt doch

$$\{\, x \in \mathbb{N}_+ \mid x \le p^n \wedge p \in \mathsf{T}_x \,\} = \{\, x \in \mathbb{N}_+ \mid x < p^n \wedge p \in \mathsf{T}_x \,\} \cup \{p^n\}$$

Weil natürlich eine disjunkte Vereinigung vorliegt, folgt daraus

$$\#(\{\, x \in \mathbb{N}_+ \mid x < p^n \wedge p \in \mathsf{T}_x \,\}) = \#(\{\, x \in \mathbb{N}_+ \mid x \le p^n \wedge p \in \mathsf{T}_x \,\}) - 1 = p^{n-1} - 1$$

und das Ergebnis ist wie behauptet

$$\phi(p^n) = \#(\mathbb{Z}_m^\star) - \Big(\#(\{\, x \in \mathbb{N}_+ \mid x \le p^n \wedge p \in \mathsf{T}_x \,\}) - 1\Big) = p^n - 1 - (p^{n-1} - 1) = p^n - p^{n-1}$$

Entscheidend für die Berechnung der ϕ-Funktion für beliebige natürliche Zahlen ≥ 2 ist nun, daß die Funktion multiplikativ ist. Ihre Multiplikativität ist die Aussage des folgenden Satzes:

S 6.4.2 (Multiplikativität von ϕ)

$$\bigwedge_{u,v \in \mathbb{N} \smallsetminus \{0,1\}} \big(u \perp v \implies \phi(uv) = \phi(u)\phi(v)\big) \tag{6.108}$$

Jede natürliche Zahl $b \ge 1$ kann als eine Basis zur Darstellung $x = x_n b^n + x_{n-1} b^{n-1} + \cdots + x_1 b + x_0$ der natürlichen Zahlen dienen, dabei sind die x_ν eindeutig bestimmt falls $x_\nu \in \{0, \ldots, b-1\}$. Insbesondere lassen sich die Elemente von $\mathbb{Z}_{uv}$ zur Basis u darstellen:

$$\mathbb{Z}_{uv} = \{\, uq + r \mid q \in \{0, \ldots, v-1\} \wedge r \in \{0, \ldots, u-1\} \,\} = \{\, uq + r \mid q \in \mathbb{Z}_v \wedge r \in \mathbb{Z}_u \,\}$$

Es wird nun eine Zerlegung von $\mathbb{Z}_{uv}$ gebildet, und zwar sei für $r \in \mathbb{Z}_u$ definiert

$$\Phi_r = \{\, uq + r \mid q \in \{0, \ldots, v-1\} \,\}$$

Wegen der Eindeutigkeit der Darstellung einer Zahl bezüglich einer Zahlenbasis ist durch diese Mengen tatsächlich eine Zerlegung von $\mathbb{Z}_{uv}$ gegeben:

$$\mathbb{Z}_{uv} = \bigcup_{r \in \mathbb{Z}_u} \Phi_r \quad \text{und} \quad r \ne s \implies \Phi_r \cap \Phi_s = \emptyset$$

Die Zerlegungsmengen haben die folgende Eigenschaft:

$$\Phi_r \perp u \iff r \perp u$$

Offenbar ist $\varrho_u(uq + r) = r$, also $\mathrm{ggT}(uq + r, u) = \mathrm{ggt}(\varrho_u(uq + r), u) = \mathrm{ggT}(r, u)$, und daher

$$\mathrm{ggT}(uq + r, u) = 1 \iff \mathrm{ggT}(r, u) = 1$$

Das ist aber die eben behauptete Aussage. Zusammengenommen hat sich das folgende Zwischenresultat ergeben:

$$\{\, x \in \mathbb{Z}_{uv} \mid x \perp u \,\} = \bigcup_{r \in \mathbb{Z}_u^\perp} \Phi_r \tag{6.109}$$

Es seien nun $r \in \mathbb{Z}_u^\perp$ und $q, \tilde{q} \in \mathbb{Z}_v$. Dann ist folgende Aussage wahr:

$$q \neq \tilde{q} \implies \varrho_v(uq + r) \neq \varrho_v(u\tilde{q} + r) \tag{6.110}$$

Es gelte $q \neq \tilde{q}$. Angenommen die Behauptung ist falsch, d.h. $\varrho_v(uq + r) = \varrho_v(u\tilde{q} + r)$. Das ergibt $\varrho_v(uq + r - u\tilde{q} - r) = \varrho_v\big(u(q - \tilde{q})\big) = 0$, daher gilt $u \in \mathsf{T}_v \vee q - \tilde{q} \in \mathsf{T}_v$ Nun ist aber nach Voraussetzung $u \notin \mathsf{T}_v$, folglich muss $|q - \tilde{q}| \in \mathsf{T}_v$ gelten. Das ist aber wegen $|q - \tilde{q}| < v$ nicht möglich und (6.110) ist wahr.
Nun besagt (6.110), daß die v Zahlen $uq + r$, mit $q \in \mathbb{Z}_v$, in verschiedenen Restklassen mod v liegen (oder in von ϱ_v erzeugten Äquivalenzklassen, siehe Seite 193). Weil es aber genau v solcher Restklassen gibt, muss es eine Permutation $\sigma\colon \mathbb{Z}_v \longrightarrow \mathbb{Z}_v$ geben mit $\varrho_v(uq + r) = \sigma(q)$. Daraus folgt $\operatorname{ggT}(uq + r, v) = \operatorname{ggT}\big(\varrho_v(uq + r), v\big) = \operatorname{ggT}(\sigma(q), v)$. Das bedeutet insbesondere

$$\operatorname{ggT}(uq + r, v) = 1 \iff \operatorname{ggT}(\sigma(q), v) = 1 \quad \text{oder} \quad uq + r \perp v \iff \sigma(q) \perp v$$

Durchläuft q daher $\mathbb{Z}_v$, dann gibt es genau so viel $uq + r$, die zu v relativ prim sind, wie es q gibt, die zu v relativ prim sind, und das bedeutet

$$\#\big(\{\, x \in \Phi_r \mid x \perp v \,\}\big) = \phi(v)$$

Weiter gilt

$$\{\, x \in \mathbb{Z}_{uv} \mid x \perp uv \,\} = \{\, x \in \mathbb{Z}_{uv} \mid x \perp u \wedge x \perp v \,\} = \bigcup_{r \in \mathbb{Z}_u^\perp} \{\, x \in \Phi_r \mid x \perp v \,\}$$

Die erste Gleichung folgt aus dem 2. Hauptsatz der Teilbarkeit (6.39) und die zweite Gleichung ergibt sich aus dem Zwischenresultat (6.109). Beachtet man, daß die vereinigten Mengen auf der rechten Seite disjunkt sind, erhält man das gewünschte Resultat:

$$\begin{aligned}\phi(uv) = \#\big(\{\, x \in \mathbb{Z}_{uv} \mid x \perp uv \,\}\big) &= \sum_{r \in \mathbb{Z}_u^\perp} \#\big(\{\, x \in \Phi_r \mid x \perp v \,\}\big) \\ &= \sum_{r \in \mathbb{Z}_u^\perp} \phi(v) = \phi(v) \sum_{r \in \mathbb{Z}_u^\perp} 1 = \phi(v)\phi(u)\end{aligned}$$

Dabei wurde im letzten Schritt natürlich benutzt, daß $\phi(u) = \#\big(\mathbb{Z}_u^\perp\big)$ gilt.
Die Multiplikativität der ϕ-Funktion läßt sich ohne viel Mühe auf endliche relativ prime Teilmengen von $\mathbb{N}_+$ erweitern.

K 6.4.1 (Multiple Multiplikativität von ϕ)

$$\bigwedge_{U \subset \mathbb{N}_+} \Big(\#(U) < \aleph_0 \wedge \operatorname{ggT}(U) = 1 \implies \phi\big(\prod U\big) = \prod_{u \in U} \phi(u) \Big) \tag{6.111}$$

Der einfache Beweis wird mit vollständiger Induktion über $\#(U)$ geführt. Die Behauptung ist für $\#(U) = 1$ trivialerweise wahr. Die Behauptung sei nun wahr für alle relativ primen Teilmengen $\mathbb{N}_+$ mit $\#(U) = n$. Es sei U eine relativ prime Teilmenge von $\mathbb{N}_+$ mit $\#(U) = n + 1$. Es sei $u \in U$ und $\tilde{U} = U \setminus \{v\}$. Wegen $\#\tilde{U} = n$ gilt die Induktionsvoraussetzung für $\tilde{U}$. Weil U relativ prim ist gilt $\tilde{U} \perp v$, aus dem vorigen Satz folgt daher

$$\phi(\prod U) = \phi(v\prod \tilde{U}) = \phi(v)\phi(\prod \tilde{U}) = \phi(v)\prod_{u\in\tilde{U}}\phi(u) = \prod_{u\in U}\phi(u)$$

Es ist nun möglich, $\phi(u)$ für beliebiges $u \in \mathbb{N} \setminus \{0,1\}$ zu berechnen, wenn nur die Primzahlzerlegung von u bekannt ist. In der Praxis bedeutet das allerdings, daß diese Berechnungsmethode auf kleine u beschränkt ist, genauer gesagt auf solche u, deren Primfaktorzerlegung mit den heutigen Mitteln bestimmt werden kann.

K 6.4.2 (ϕ und Primzahlprodukte) Es seien $p_1, \ldots, p_n \in \mathbb{P}$ verschiedene Primzahlen, d.h. $p_\nu \neq p_\mu$ für $\nu \neq \mu$. Es seien $\epsilon_1, \ldots, \epsilon_n \in \mathbb{N}_+$. Dann gilt

$$\phi\Big(\prod_{\nu=1}^{n} p_\nu^{\epsilon_\nu}\Big) = \prod_{\nu=1}^{n}(p_\nu - 1)p_\nu^{\epsilon_\nu - 1} \tag{6.112}$$

Das Korollar ist eine einfache Anwendung der Multiplikativität von ϕ und **S 6.4.1** und der offensichtlichen Tatsache, daß eine endliche Menge von Potenzen verschiedener Primzahlen natürlich relativ prim ist.

Als Beispiel für die Anwendung des Korollars soll $\phi(20!)$ bestimmmt werden. Die Primfaktorzerlegung von 20! kann so berechnet werden wie die Zerlegung von 30! auf Seite 219, man erhält das Primzahlpotenzenprodukt

$$20! = 2^{18}3^{8}5^{4}7^{2}11^{1}13^{1}17^{1}19^{1}$$

Daraus ergibt sich mit etwas Rechnen der gesuchte Funktionswert als

$$\phi(20!) = 416084687585280000$$

In einigen kryptographischen Verfahren spielt die ϕ-Funktion eine gewisse (theoretische) Rolle, was auf den folgenden Satz von Euler zurückgeht:

S 6.4.3 (Euler)

$$\bigwedge_{u\in\mathbb{N}_+} \bigwedge_{m\in\mathbb{N}\setminus\{0,1\}} \big(u \perp m \implies u^{\phi(m)} \equiv_m 1\big) \tag{6.113}$$

Durch $\lambda(x) = \varrho_m(ux)$ wird eine Abbildung $\lambda\colon \mathbb{Z}_m^\perp \longrightarrow \mathbb{Z}_m^\perp$ definiert. Dazu ist $\lambda(x) \in \mathbb{Z}_m^\perp$ für $x \in \mathbb{Z}_m^\perp$ zu zeigen, d.h. $\varrho_m(ux) \perp m$. Nun folgt aus $u \perp m$ und $x \perp m$ nach dem zweiten Hauptsatz der Teilbarkeit (siehe (6.39)) $ux \perp m$, also

$$1 = \mathrm{ggT}(ux, m) = \mathrm{ggT}(\varrho_m(ux), m)$$

woraus die Behauptung folgt.
Die Abbildung λ ist injektiv. Denn $\lambda(x) = \lambda(y)$ bedeutet $\varrho_m(ux) - \varrho_m(uy) = \varrho_m\big(u(x-y)\big) = 0$, d.h. es ist $m \in \mathsf{T}_{u|x-y|}$. Nach dem ersten Hauptsatz der Teilbarkeit (siehe (6.1.16)) folgt daraus $m \in \mathsf{T}_{|x-y|}$ denn wegen $u \perp m$, also $\mathsf{T}_u \cap \mathsf{T}_m = \{1\}$, ist insbesondere $m \notin \mathsf{T}_u$. Nun ist aber

$|x - y| = qm$ wegen $|x - y| < m$ nur für $x - y = 0$ und $q = 0$ möglich.
Als injektive Abbildung einer endlichen Menge in sich ist λ auch surjektiv, d.h. λ ist eine Permutation von $\mathbb{Z}_m^\perp$. Daraus folgt

$$\prod_{x\in\mathbb{Z}_m^\perp}^{m} x = \prod_{x\in\mathbb{Z}_m^\perp}^{m} \lambda(x) = \prod_{x\in\mathbb{Z}_m^\perp}^{m} \varrho_m(ux) = \varrho_m\left(\prod_{x\in\mathbb{Z}_m^\perp} ux\right) = \varrho_m\left(u^{\phi(m)}\prod_{x\in\mathbb{Z}_m^\perp} x\right)$$

Darin ist die Produktbildung in $\mathbb{Z}_m$ mit $\prod^m$ bezeichnet. Nun ist natürlich

$$\prod_{x\in\mathbb{Z}_m^\perp}^{m} x = \varrho_m\left(\prod_{x\in\mathbb{Z}_m^\perp} x\right)$$

und daher insgesamt

$$0 = \varrho_m\left(u^{\phi(m)}\prod \mathbb{Z}_m^\perp - \prod \mathbb{Z}_m^\perp\right) = \varrho_m\left((u^{\phi(m)} - 1)\prod \mathbb{Z}_m^\perp\right)$$

Daraus folgt

$$m \in \mathsf{T}_{(u^{\phi(m)}-1)\prod \mathbb{Z}_m^\perp}$$

Nun ist aber $m \notin \mathsf{T}_{\prod \mathbb{Z}_m^\perp}$, daher gilt $m \in \mathsf{T}_{u^{\phi(m)}-1}$, was mit $u^{\phi(m)} - 1 \equiv_m 0$ äquivalent ist.

Ist insbesondere $u \in \mathbb{Z}_m^\perp$, dann gilt $u^{\phi(m)} = 1$ in $\mathbb{Z}_m$, wodurch das multiplikative Inverse u^{-1} von u gefunden ist: $uu^{\phi(m)-1} = 1$. Der Satz von Euler kann auch zur Berechnung modularer Potenzen dienen. Was ist beispielsweise die Einerziffer d der Dezimalentwicklung von 11^{1111}? Sie ist natürlich gegeben durch $d \equiv_{10} 11^{1111}$. Hier ist $m = 10$ und $u = 11$, mit $10 \perp 11$. Wegen $\phi(10) = \phi(2 \cdot 5) = 4$ liefert der Satz von Euler $11^4 \equiv_{10} 1$. Mit $1111 = 4 \cdot 277 + 3$ ergibt das

$$11^{1111} = 11^{4\cdot 277+3} = \left(11^4\right)^{277} 11^3 \equiv_{10} 1 \cdot 11^3 \equiv_{10} 1331 \equiv_{10} 1$$

Es ist also $d = 1$. Will man Einer- und Zehnerziffern von 11^{1111} bestimmen, dann rechnet man mod 100. Es ist $\phi(100) = 40$ und $1111 = 40 \cdot 27 + 31$. Damit wird

$$11^{1111} = 11^{40\cdot 27+31} = \left(11^{40}\right)^{27} 11^{31} \equiv_{10} 1 \cdot 11^{31} \equiv_{10} 11$$

Das letzte Ergebnis, nämlich $11 = \varrho_{100}(11^{31})$ wird auf Seite 432 mit binärer modularer Potenzierung bestimmt.

Mit Hilfe des Satzes von Euler läßt sich mühelos der kleine Satz von Fermat beweisen. Dieser bekannte Satz lautet

S 6.4.4 (Kleiner FERMAT)

$$\bigwedge_{u\in\mathbb{N}_+} \bigwedge_{p\in\mathbb{P}} \left(p \notin \mathsf{T}_u \implies u^{p-1} \equiv_p 1\right) \tag{6.114}$$

Aus $p \notin \mathsf{T}_u$ folgt $\mathsf{T}_p \cap \mathsf{T}_u = \{1, p\} \cap \mathsf{T}_u = \{1\}$, also $p \perp u$. Die Behauptung folgt mit $\phi(p) = 1 - p$ aus dem Satz von Euler.

6.5. Integritätsbereiche und Körper

Alle Ringe dieses Abschnittes seien **kommutativ**

Die Menge der von Null verschiedenen Elemente eines Ringes R wird traditionellerweise mit $\mathsf{R}^\star$ bezeichnet, d.h. es ist $\mathsf{R}^\star = \mathsf{R} \setminus \{0\}$. Gemäß der Vereinbarung, daß alle Ringe nicht trivial sein sollen, gilt $\mathsf{R}^\star \neq \emptyset$.

Ist nun U eine endliche Teilmenge eines Ringes R, also $U \subset \mathsf{R}$ und $\#(U) < \aleph_0$, dann ist die folgende Aussage wahr:

$$0 \in U \implies \prod_{u \in U} u = 0 \tag{6.115}$$

Das ist natürlich eine direkte Folge der Ringaxiome, ein exakter Beweis kann, falls wirklich gewünscht, mit vollständiger Induktion über $\#(U)$ erfolgen. Die Umkehrung dieser Aussage gilt allerdings nicht. Ein Gegenbeispiel liefert beispielsweise $\mathbb{Z}_6$, dort ist $2 \cdot 3 = \varrho_6(6) = 0$.

D 6.5.1 (Nullteiler) Es sei R ein Ring. Ein Element $x \in \mathsf{R}^\star$ heißt **Nullteiler**, wenn es ein $y \in \mathsf{R}^\star$ gibt mit $xy = 0$. Die Menge der Nullteiler des Ringes sei R°.

Der Ring $\mathbb{Z}_4$ besizt also den Nullteiler 2. Wie Tabelle 6.5 zeigt ist es der einzige Nullteiler. Der Ring $\mathbb{Z}_2$ besitzt keine Nullteiler, was mit Tabelle 6.5 verifiziert werden kann. Allgemein gilt

S 6.5.1 (Welche $\mathbb{Z}_m$ besitzen Nullteiler?)

$$\mathbb{Z}_m^\circ \neq \emptyset \iff m \notin \mathbb{P} \tag{6.116}$$

Alle $\mathbb{Z}_m$ mit zerlegbarem m enthalten Nullteiler.

Es sei $u \in \mathbb{Z}_m^\circ$. Es gibt dann $v \in \mathbb{Z}_m^\star$ mit $0 = u \cdot v = \varrho_m(uv)$ und $q \in \mathbb{N}_+$ mit $uv = qm + \varrho_m(uv) = qm$, also $m \in \mathsf{T}_{uv}$ (hier ist uv das Produkt von u und v als natürliche Zahlen). Wäre nun $m \in \mathbb{P}$, dann folgte daraus $m \in \mathsf{T}_u$ oder $m \in \mathsf{T}_v$, was natürlich wegen $u, v < m$ nicht möglich ist.
In der umgekehrten Richtung sei $m = uv$ mit $1 < u, v < m$, also insbesondere $u, v \in \mathbb{Z}_m^\star$. Das ergibt $0 = \varrho_m(m)\varrho_m(uv) = \varrho_m(u)\varrho_m(v) = u \cdot v$ und damit $u, v \in \mathbb{Z}_m^\circ$.

Die Nullteiler der Ringe $\mathbb{Z}_m$ können wie folgt charakterisiert werden:

S 6.5.2 (Charakterisierung der Nullteiler von $\mathbb{Z}_m$) Es sei $u \in \mathbb{Z}_m^\star$.

$$u \in \mathbb{Z}_m^\circ \iff \bigvee_{v \in \mathbb{Z}_m^\star} m \in \mathsf{T}_{uv} \tag{6.117}$$

Nullteiler von $\mathbb{Z}_m$ sind also solche Elemente von $\mathbb{Z}_m^\star$, deren Produkt (als Elemente von $\mathbb{N}_+$) von m geteilt wird.

Ist u Nullteiler, dann gibt es ein $v \in \mathbb{Z}_m^\star$ mit $0 = u \odot v = \varrho_{uv}$. Weiterhin gibt ein $q \in \mathbb{N}_+$ mit $uv = qm + \varrho_{uv} = qm$, d.h. $m \in \mathsf{T}_{uv}$. In der Umkehrung gibt es ein $q \in \mathbb{N}_+$ und ein $v \in \mathbb{Z}_m^\star$ mit $qm = uv$, also $0 = u \odot v = \varrho_m(uv) = \varrho_m(qm) = 0$.

Danach ist beispielsweise $\mathbb{Z}_6^\circ = \{2, 3, 4\}$, denn man hat $2 \times 3 = 6$ und $4 \times 3 = 12$. Alle übrigen Produkte werden nicht von 6 geteilt.

Der Ring $\mathbb{Z}$ besitzt ebenfalls keine Nullteiler. Es genügt zu zeigen, daß $\mathbb{N}$ keine Nullteiler enthält. Das ist genau dann der Fall, wenn die Implikation $x > 0 \land y > 0 \implies xy > 0$ wahr ist. Das kann z.B. mit Induktion über x gezeigt werden. Für $x = 0$ ist die Implikation wahr, weil ihre Voraussetzung natürlich falsch ist. Die Behauptung gelte daher für x. Zu zeigen ist $x+1 > 0 \wedge y > 0 \implies (x+1)y > 0$. Falls $x = 0$ ist die Behauptung trivialerweise wahr, denn aus $y > 0$ folgt natürlich $1y > 0$. Falls $x > 0$ ist nach Induktionsvoraussetzung $xy > 0$, also auch $(x+1)y = xy + y > 0$.

Die Existenz von Nullteilern in einem Ring hat zur Folge, daß aus Gleichungen nicht beliebig herausgekürzt werden kann, d.h. aus $ux = uy$ und $u \neq 0$ folgt nicht immer $x = y$. Z.B. hätte in $\mathbb{Z}_4$ das Herauskürzen von 2 aus $2 \odot 2 = 2 \odot 0$ die „Gleichung“ $2 = 0$ zur Folge.

D 6.5.2 (Kürzungsregel) In einem Ring $\mathbf{R}$ gilt die Kürzungsregel, wenn für jedes $u \in \mathbf{R}^\star$ und alle $x, y \in \mathbf{R}$ die folgenden Bedingungen erfüllt sind:

$$ux = uy \implies x = y \tag{6.118}$$

Im Ring $\mathbb{Z}$ gilt die Kürzungsregel. Die Behauptung folgt daraus, daß die gewöhnliche Ordnungsrelation in $\mathbb{N}$ eine *totale* Ordnung ist, d.h. für $x, y \in \mathbb{N}$ gilt entweder $x < y$ oder $x > y$ oder $x = y$. Denn sei $u \in \mathbb{N} \setminus \{0\}$ und es gelte $ux = uy$. Der Fall $x < y$ kann nicht eintreten, denn daraus folgte $ux < uy$, ebenso ist $x > y$ nicht möglich. Also gilt $x = y$.

S 6.5.3 (Integritätsbereich) In einem Ring $\mathbf{R}$ sind die beiden folgenden Aussagen äquivalent:

(**i**) $\mathbf{R}^\circ = \emptyset$
(**ii**) In $\mathbf{R}$ gilt die Kürzungsregel

Ein Ring mit diesen Eigenschaften wird Integritätsbereich genannt.

Zum Beweis gelte zuerst $\mathbf{R}^\circ = \emptyset$. Es sei $ux = uy$ und $u \neq 0$. Dann ist $u(x-y) = 0$, also $x - y = 0$ wegen $u \neq 0$. In $\mathbf{R}$ gelte nun die Kürzungsregel. Es sei $xy = 0$ Zu zeigen ist $x = 0$ oder $y = 0$. Falls $x = 0$ ist die Behauptung schon bewiesen. Falls $x \neq 0$ folgt $y = 0$ nach der Kürzungsregel aus $xy = x0$.

Nach **S 6.5.1** sind für Primzahlen p (und nur für Primzahlen) die Ringe $\mathbb{Z}_p$ Integritätsbereiche. Oben wurde gezeigt, daß in $\mathbb{Z}$ die Kürzungsregel gilt, folglich ist $\mathbb{Z}$ ein Integritätsbereich.

Unter allen Ringelementen $u \in \mathbf{R}^\star$ eines Ringes $\mathbf{R}$ mit Einselement sind diejenigen ausgezeichnet, für die es ein $v \in \mathbf{R}^\star$ gibt, das die Gleichung $uv = 1$ löst.

D 6.5.3 (Inverses) Es sei $\mathbf{R}$ ein Ring mit Einselement. Ein $u \in \mathbf{R}^\star$ hat ein inverses Element $v \in \mathbf{R}^\star$, wenn die Gleichung $uv = 1$ erfüllt ist. Die Teilmenge der Elemente von $\mathbf{R}^\star$ die ein Inverses besitzen, sei mit $\mathbf{R}^\bullet$ bezeichnet.

Inverse sind eindeutig bestimmt, denn aus $uv = 1$ und $uw = 1$ folgt $w = w1 = wuv = v$. Wegen $1 = 1 \cdot 1$ ist $\{1\} \subset \mathbf{R}^\bullet$. Der eine Grenzfall ist $\{1\} = \mathbf{R}^\bullet$, der z.B. bei $\mathbb{Z}_2$ eintritt. Der andere Grenfall $\mathbf{R}^\bullet = \mathbf{R}^\star$ wird weiter unten behandelt. Bei den Ringen $\mathbb{Z}_m$ lassen sich die Elemente mit Inversen sehr leicht bestimmen, es gilt nämlich

$$u \in \mathbb{Z}_m^\bullet \iff u \perp m \tag{6.119}$$

Es gelte $u \in \mathbb{Z}_m^\bullet$. Es gibt dann ein $v \in \mathbb{Z}_m^\star$ mit $u \odot v = 1 = \varrho_m(uv)$. Es gibt daher ein $q \in \mathbb{Z}$ mit $uv = qm + \varrho_m(uv) = qm + 1$ oder $uv - qm = 1$, was $\mathrm{ggT}(um) = 1$ oder $u \perp m$ bedeutet.

Umgekehrt sei $u \perp m$. Es gibt dann $x, y \in \mathbb{Z}$ mit $xu + ym = 1$. Wegen $\varrho_m(ym) = 0$ folgt daraus $1 = \varrho_m(1) = \varrho_m(xu) + \varrho_m(ym) = \varrho_m(xu) = x \odot u$.

Damit ist beispielsweise $\mathbb{Z}_4^\bullet = \{1, 3\}$, $\mathbb{Z}_5^\bullet = \mathbb{Z}_5^\star$ und $\mathbb{Z}_{10}^\bullet = \{1, 3, 7, 9\}$. Als ein etwas umfangreicheres Beispiel sollen $\mathbb{G}^\circ$ und $\mathbb{G}^\bullet$ bestimmt werden (die Gaußschen Zahlen werden auf Seite 230 eingeführt). Zunächst die Nullteiler. Für $u + v\mathbf{i}, x + y\mathbf{i} \in \mathbb{G}^\star$, also $u \neq 0 \vee v \neq 0$ und $x \neq 0 \vee y \neq 0$, erhält man aus der Nullteilerbedingung $0 = (u + v\mathbf{i})(x + y\mathbf{i}) = (ux - vy) + (uy - vx)\mathbf{i}$ die notwendigen ganzzahligen Gleichungen $ux = vy$ und $uy = vx$. Diese Gleichungen werden für $u = v$ und $x = y$ erfüllt, und tatsächlich gilt $(u + u\mathbf{i})(x + x\mathbf{i}) = 0$. Das bedeutet

$$N = \{\, q(1 + \mathbf{i}) \mid q \in \mathbb{Z}^\star \,\} \subset \mathbb{G}^\circ$$

Es sei $u + v\mathbf{i} \in \mathbb{G}^\star$, etwa mit $u = v + p$, $p \in \mathbb{Z}^\star$. Die notwendigen Gleichungen sind dann $(v + p)x = vy$ und $(v + p)y = vx$. Mit kurzer Rechnung erhält man daraus $p(x + y) = 0$ oder $x = -y$ weil $p \neq 0$. Aber das ist für $x \neq 0 \vee y \neq 0$ nicht möglich. Aus $z \notin N$ folgt also $z \notin \mathbb{G}^\circ$ oder $\mathbb{G}^\circ \subset N$. Damit ist $N = \mathbb{G}^\circ$ gezeigt.
Nun zu $\mathbb{G}^\bullet$. Sei $u + v\mathbf{i} \in \mathbb{G}^\star$. Gesucht ist ein $x + y\mathbf{i} \in \mathbb{G}^\star$ mit

$$(u + u\mathbf{i})(x + x\mathbf{i}) = (ux - vy) + (uy - vx)\mathbf{i} = 1$$

Das führt auf die beiden Gleichungen $uy = vx$ und $ux - vy = 1$. Aus der zweiten Gleichung folgt $u \perp v$ und $x \perp y$. Aus der ersten Gleichung folgt $v \in \mathsf{T}_{uy}$, wegen $u \perp v$ daher $v \in \mathsf{T}_y$. Ebenso leitet man $y \in \mathsf{T}_v$, $u \in \mathsf{T}_x$ und $x \in \mathsf{T}_u$ ab. Notwendige Bedingungen sind daher $x = u \ \wedge\ y = v$, $x = -u \ \wedge\ y = -v$, $x = -u \ \wedge\ y = v$ und $x = u \ \wedge\ y = -v$.
Im Fall $x = u$ und $y = v$ erhält man $(u + v\mathbf{i})(u + v\mathbf{i}) = u^2 - v^2 + 2uv\mathbf{i} = 1$, d.h. $uv = 0$ und $u^2 - v^2 = 1$. Aus $uv = 0$ folgt **entweder** $u = 0$ **oder** $v = 0$, denn $u = v = 0$ ist wegen $u + v\mathbf{i} \in \mathbb{G}^\star$ ausgeschlossen. $u = 0$ führt jedoch zu der in $\mathbb{Z}$ unmöglichen Gleichung $v^2 = -1$, es ist demnach $v = 0$ und $u^2 = 1$ oder $u \in \{1, -1\}$.
Im Fall $x = -u$ und $y = -v$ erhält man $(u + v\mathbf{i})(-u - v\mathbf{i}) = -u^2 + v^2 - 2uv\mathbf{i} = 1$, d.h. $uv = 0$ und $-u^2 + v^2 = 1$. $v = 0$ führt hier zu $u^2 = -1$, es ist demnach $u = 0$ und $v^2 = 1$ oder $v \in \{1, -1\}$.
Der Fall $x = -u$ und $y = v$ führt auf die Gleichung $(u + v\mathbf{i})(-u + v\mathbf{i}) = -u^2 - v^2 = 1$. Dazu gibt es keine Lösung in $\mathbb{Z}^\star$.
Schließlich kommt man im Fall $x = u$ und $y = -v$ auf $(u + v\mathbf{i})(u - v\mathbf{i}) = u^2 + v^2 = 1$. Lösung dieser Gleichung sind alle Punkte auf dem Einheitskreis mit ganzzahligen Koordinaten, also 1, -1, $\mathbf{i}$ und $-\mathbf{i}$.
Das Ergebnis der Überlegungen ist $\mathbb{G}^\bullet = \{1, -1, \mathbf{i}, -\mathbf{i}\}$.

Für die untere Grenzbedingung von $\{1\} \subset \mathsf{R}^\bullet \subset \mathsf{R}^\star$ wurde $\mathsf{R} = \mathbb{Z}_2$ als ein Beispielring erwähnt. Die obere Grenzbedingung $\mathsf{R}^\bullet = \mathsf{R}^\star$ gibt Anlass zu einer neuen Klasse von Ringen:

D 6.5.4 (Körper)
Ein Körper ist ein Ring K mit Einselement mit der Eigenschaft $\mathsf{K}^\bullet = \mathsf{K}^\star$.

Jedes von 0 verschiedene Element x aus K besitzt ein multiplikatives inverses Element. Dieses ist eindeutig. Sind nämlich $x, u, v \in \mathsf{K}^\star$ mit $xu = 1$ und $xv = 1$, dann ist $v = v1 = vxu = xvu = 1u = u$. Das zu x eindeutig bestimmte Inverse wird mit x^{-1} bezeichnet.

Bekannte Beispiele für Körper sind die Menge $\mathbb{Q}$ der rationalen, die Menge $\mathbb{R}$ reellen und die Menge $\mathbb{C}$ der komplexen Zahlen. Der Ring $\mathbb{Z}_3$ ist ein (endlicher) Körper, denn wie man an Tabelle 6.4 erkennen kann ist $2^{-1} = 2$, und natürlich ist in jedem Körper $1^{-1} = 1$. Der Ring $\mathbb{Z}$ ist ein Beispiel für einen Integritätsbereich, der kein Körper ist, denn außer für $x = 1$ und $x = -1$ ist die Gleichung $xy = 1$ für kein weiteres $x \neq 0$ lösbar (weshalb der Quotientenkörper $\mathbb{Q}$ erfunden wurde). Der Ring $\mathbb{Z}_4$ ist ein endlicher Ring, der kein Körper ist, denn nach Tabelle 6.4 besitzt 2 kein inverses Element. Allgemein gilt für die Ringe $\mathbb{Z}_m$

S 6.5.4 ($\mathbb{Z}_m$ als Körper) Für $p \in \mathbb{N} \setminus \{0, 1\}$ gilt

$$p \in \mathbb{P} \iff \mathbb{Z}_p^\bullet = \mathbb{Z}_p^\star \tag{6.120}$$

Es sei p eine Primzahl, und es sei $x \in \mathbb{Z}_p^\star$, mit $x = \varrho_p(y)$ für ein $y \in \mathbb{Z}^\star$. Weil p eine Primzahl ist, haben y und p keinen gemeinsamen Teiler, d.h. es ist $\mathrm{ggT}(y, p) = 1$. Es gibt deshalb nach **L 6.1.7 (ii)** ganze Zahlen u und v mit $uy + vy = 1$. Daraus folgt $1 = \varrho_p(1) = \varrho_p(uy + vp) = \varrho_p(uy) + \varrho_p(vp) = \varrho_p(uy) = \varrho_p(u)\varrho_p(y) = \varrho_p(u)x$. Es ist also $\varrho_p(u)$ zu x invers.
Sei umgekehrt p *keine* Primzahl. Es gibt dann $u, v \in \mathbb{N}$ mit $m = uv$ und $1 < u, v < m$, also insbesondere $u, v \in \mathbb{Z}_p^\star$. Nach Voraussetzung ist dann auch $u, v \in \mathbb{Z}_p^\bullet$, d.h. es gibt u^{-1} und v^{-1} mit $uu^{-1} = 1$ und $vv^{-1} = 1$. Daraus folgt durch Multiplizieren der beiden Gleichungen $1 = uu^{-1}vv^{-1} = uvu^{-1}v^{-1} = mu^{-1}v^{-1}$. Das ist aber wegen $m > 1$, $u^{-1} \geq 1$ und $v^{-1} \geq 1$ nicht möglich. Also ist m eine Primzahl.

Den Zusammenhang zwischen Integritätsbereichen und Körpern stellt der folgende Satz her.

S 6.5.5

(i) Jeder Körper ist ein Integritätsbereich
(ii) Jeder endliche Integritätsbereich mit Einselement ist ein Körper

Es sei K ein Körper. Angenommen, es gibt in K einen Nullteiler, d.h. es gibt $x, y \in \mathsf{K}^\star$ mit $xy = 0$. Daraus folgt durch Multiplikation mit x^{-1} sofort ein Widerspruch: $0 = x^{-1}xy = y$.
Es sei R ein endlicher Integritätsbereich. Zu zeigen ist $\mathsf{K}^\star \subset \mathsf{K}^\bullet$. Es sei dazu $u \in \mathsf{R}^\star$. Die Abbildung $f\colon \mathsf{R}^\star \longrightarrow \mathsf{R}^\star$ sei definiert durch $f(x) = ux$. Weil R keine Nullteiler besitzt, ist tatsächlich $f(x) \in \mathsf{R}^\star$ für $x \in \mathsf{R}^\star$. Die Abbildung ist injektiv, denn aus $f(x) = ux = uy = f(y)$ folgt wegen der Kürzungsregel $x = y$. Als eine injektive Abbildung einer endlichen Menge in sich selbst ist f auch surjektiv, d.h. f ist eine Bijektion. Das bedeutet aber, daß es ein $v \in \mathsf{R}^\star$ gibt mit $1 = f(v) = uv$, also $u \in \mathsf{R}^\bullet$.

Man erhält so einen zweiten Beweis dafür, daß die $\mathbb{Z}_p$ für Primzahlen p Körper sind, denn nach **S 6.5.1** sind solche $\mathbb{Z}_p$ Integritätsbereiche.

D 6.5.5 (Teilkörper)
Ein Teilring J eines Körpers K, der selbst ein Körper ist, heißt Teilkörper von K

Weil ein Körper ein Ring mit Einselement ist, bedeutet $\mathsf{J} \lhd \mathsf{K}$, daß das Einselement von K auch das Einselement von J ist (siehe **D 6.3.2**).

S 6.5.6 (Teilkörperkriterium)
Es sei K ein Körper und $\mathsf{J} \subset \mathsf{K}$. Dann sind äquivalent:

(i) J ist Teilkörper von K
(ii) $\mathsf{J} \lhd \mathsf{K} \land \big(x \in \mathsf{J}^\star \implies x^{-1} \in \mathsf{J}^\star\big)$

Darin ist x^{-1} natürlich das Inverse von x in K. Dieser Satz entspricht dem Satz **S 6.3.4**. Aus **(i)** folgt natürlich **(ii)**. Es sei also **(ii)** wahr. Zu zeigen ist, daß J Körper ist, daß also $\mathsf{J}^\star \subset \mathsf{J}^\bullet$ gilt.

Sei dazu $x \in \mathsf{J}^\star$. Es ist dann erst recht $x \in \mathsf{K}^\star$, folglich existiert x^{-1} in K. Nach Voraussetzung ist aber $x^{-1} \in \mathsf{J}^\star$, d.h. x^{-1} ist das zu x multiplikative Inverse in J, folglich $x \in \mathsf{J}^\bullet$.

Ringe mit Einselelement 1 können danach unterschieden werden, ob bei sukzessiver Aufaddierung des Einselementes einmal der Fall $1 + 1 + \cdots + 1 + 1 = 0$ eintritt oder nicht.

S 6.5.7 (Charakteristik) Es sei R ein Ring mit Einselement 1. Die Abbildung $\kappa_{\mathsf{R}} : \mathbb{Z} \longrightarrow \mathsf{R}$ sei definiert durch

$$\boldsymbol{\kappa}_{\mathsf{R}}(n) = \begin{cases} 0 & n = 0 \\ \underbrace{1 + \cdots + 1}_{n\text{-mal}} \quad \text{falls} & n > 0 \\ -\boldsymbol{\kappa}_{\mathsf{R}}(-n) & n < 0 \end{cases} \tag{6.121}$$

Die Abbildung $\boldsymbol{\kappa}_{\mathsf{R}}$ ist ein Ringhomomorphismus. Die kleinste Zahl aus $\mathbf{Kern}(\boldsymbol{\kappa}_{\mathsf{R}}) \cap \mathbb{N}$ heißt die Charakteristik κ_{R} des Ringes. Sie hat die Eigenschaft

$$\mathbf{Kern}(\boldsymbol{\kappa}_{\mathsf{R}}) = \{\, n\kappa_{\mathsf{R}} \mid n \in \mathbb{Z} \,\} \tag{6.122}$$

Ist R ein Integritätsbereich und $\kappa_{\mathsf{R}} > 0$, dann ist κ_{R} eine Primzahl.

Manchmal wird für $\boldsymbol{\kappa}_{\mathsf{R}}(n)$ einfach $n \cdot 1$ geschrieben. Tatsächlich wird aber keine irgendwie geartete Multiplikation des Einselementes des Ringes mit ganzen Zahlen ausgeführt, es wird lediglich, für $n > 0$, beginnend mit der Summe von Ringelementen $s = 1$, $(n-1)$-mal das Einselement zur laufenden Summe s addiert.

Der Beweis der Behauptung ist nicht wirklich schwer, aber wegen der vielen zu unterscheidenden Fälle etwas mühsam durchzuführen. Es wird deshalb stellvertretend $\boldsymbol{\kappa}_{\mathsf{R}}(nm) = \boldsymbol{\kappa}_{\mathsf{R}}(n)\boldsymbol{\kappa}(n)$ für $n, m > 0$ gezeigt. Die direkte Auswertung der Definition liefert einerseits unter Ausnutzung der Assoziativität

$$\boldsymbol{\kappa}_{\mathsf{R}}(nm) = \underbrace{1 + \cdots + 1}_{nm\text{-mal}} = \underbrace{\underbrace{1 + \cdots + 1}_{n\text{-mal}} + \cdots + \underbrace{1 + \cdots + 1}_{n\text{-mal}}}_{m\text{-mal}}$$

andererseits ergibt sich mit Hilfe der Distributivität

$$\boldsymbol{\kappa}_{\mathsf{R}}(n)\boldsymbol{\kappa}_{\mathsf{R}}(m) = \Big(\underbrace{1 + \cdots + 1}_{n\text{-mal}}\Big)\Big(\underbrace{1 + \cdots + 1}_{m\text{-mal}}\Big) = \underbrace{\underbrace{1 + \cdots + 1}_{n\text{-mal}} + \cdots + \underbrace{1 + \cdots + 1}_{n\text{-mal}}}_{m\text{-mal}}$$

Für den Fall $\kappa_{\mathsf{R}} = 0$ ist die Aussage über den Aufbau des Kerns trivialerweise wahr. Es sei also $\kappa_{\mathsf{R}} = k > 0$. Alle ganzzahligen Vielfachen von κ_{R} sind natürlich im Kern von $\boldsymbol{\kappa}_{\mathsf{R}}$. Sei also umgekehrt $n \in \mathbf{Kern}(\boldsymbol{\kappa}_{\mathsf{R}})$. Es gibt $q \in \mathbb{Z}$ und $r \in \mathbb{N}$ mit $n = qk + r$ und $0 \le r < k$. Wegen $0 = \boldsymbol{\kappa}_{\mathsf{R}}(n) = \boldsymbol{\kappa}_{\mathsf{R}}(qk + r) = \boldsymbol{\kappa}_{\mathsf{R}}(q)\boldsymbol{\kappa}_{\mathsf{R}}(k) + \boldsymbol{\kappa}_{\mathsf{R}}(r) = \boldsymbol{\kappa}_{\mathsf{R}}(r)$ ist $r \in \mathbf{Kern}(\boldsymbol{\kappa}_{\mathsf{R}})$. Nun stünde $0 = \boldsymbol{\kappa}_{\mathsf{R}}(r)$ aber bei $0 < r < k$ im Widerspruch dazu, daß k die kleinste positive Zahl mit dieser Eigenschaft ist, folglich ist $r = 0$ und $n = qk$. Schließlich sei R ein Integritätsbereich. Angenommen, k ist zerlegbar, d.h. angenommen es gibt $n, m \in \mathbb{N}$ mit $1 < n < k$, $1 < m < k$ und $k = nm$. Es folgt $0 = \boldsymbol{\kappa}_{\mathsf{R}}(k) = \boldsymbol{\kappa}_{\mathsf{R}}(nm) = \boldsymbol{\kappa}_{\mathsf{R}}(n)\boldsymbol{\kappa}_{\mathsf{R}}(m)$ und daraus $\boldsymbol{\kappa}_{\mathsf{R}}(n) = 0$ oder $\boldsymbol{\kappa}_{\mathsf{R}}(m) = 0$, weil der Ring keine Nullteiler besitzt. Das steht aber wieder im Widerspruch dazu, daß k die kleinste positive Zahl q

ist mit $\boldsymbol{\kappa}_{\mathsf{R}}(q) = 0$.

Bezüglich der Charakteristik müssen zwei wesentlich verschiedene Fälle unterschieden werden. Der erste Fall ist $\{0\} = \mathbf{Kern}(\boldsymbol{\kappa}_{\mathsf{R}})$, d.h. der Ring hat die Charakteristik $\kappa_{\mathsf{R}} = 0$. Aber nach **S 6.3.6 (ii)** ist in diesem Fall der Homomorphismus $\boldsymbol{\kappa}_{\mathsf{R}}$ injektiv, und das bedeutet, daß der Ring R eine Kopie des Ringes $\mathbb{Z}$ in sich trägt. Insbesondere ist R kein endlicher Ring. Beispiele für Ringe der Charakteristik Null sind natürlich $\mathbb{Z}$ selbst, aber auch die Ringe $\mathbb{Q}$, $\mathbb{R}$ und $\mathbb{C}$. Dagegen haben die endlichen Ringe $\mathbb{Z}_m$ sicher nicht die Charakteristik Null.

Der zweite Fall ist natürlich $\{0\} \neq \mathbf{Kern}(\boldsymbol{\kappa}_{\mathsf{R}})$, d.h. es gibt ein $n \in \mathbf{Kern}(\boldsymbol{\kappa}_{\mathsf{R}}) \setminus \{0\}$. Weil aus $\boldsymbol{\kappa}_{\mathsf{R}}(n) = 0$ auch $\boldsymbol{\kappa}_{\mathsf{R}}(-n) = 0$ folgt, kann n als positiv angenommen werden. Dann hat aber $\mathbf{Kern}(\boldsymbol{\kappa}_{\mathsf{R}}) \cap \mathbb{N}_+$ als nicht leere Teilmenge der wohlgeordneten Menge $\mathbb{N}$ ein kleinstes Element κ_{R}. Das bedeutet

$$\boldsymbol{\kappa}_{\mathsf{R}}(\kappa_{\mathsf{R}}) = 0 \tag{6.123a}$$

$$\boldsymbol{\kappa}_{\mathsf{R}}(n) \neq 0 \quad \text{für } 0 < n < \kappa_{\mathsf{R}} \tag{6.123b}$$

Für jedes $n \in \mathbb{N}_+$ gibt es $q, r \in \mathbb{N}$ mit $n = q\kappa_{\mathsf{R}} + r$ und $0 \leq r < \kappa_{\mathsf{R}}$. Daraus folgt unmittelbar $\boldsymbol{\kappa}_{\mathsf{R}}(n) = \boldsymbol{\kappa}_{\mathsf{R}}(q\kappa_{\mathsf{R}}) + \boldsymbol{\kappa}_{\mathsf{R}}(r) = \boldsymbol{\kappa}_{\mathsf{R}}(r)$. Der Teilring $\boldsymbol{\kappa}_{\mathsf{R}}[\mathbb{Z}]$ von R ist deshalb endlich.

Es sei $k = \kappa_{\mathsf{R}}$ und es sei $\boldsymbol{\lambda}\colon \mathbb{Z}_k \longrightarrow \mathsf{R}$ die Einschränkung von $\boldsymbol{\kappa}_{\mathsf{R}}$ auf $\mathbb{Z}_k$, d.h. es ist $\boldsymbol{\lambda}(n) = \boldsymbol{\kappa}_{\mathsf{R}}(n)$ für $0 \leq n < k$. Die Abbildung $\boldsymbol{\lambda}$ ist ein Ringhomomorphismus. Beispielsweise ist für $0 \leq n, m < k$ $\boldsymbol{\lambda}(nm) = \boldsymbol{\kappa}_{\mathsf{R}}(nm) = \boldsymbol{\kappa}_{\mathsf{R}}(n)\boldsymbol{\kappa}_{\mathsf{R}}(m) = \boldsymbol{\lambda}(n)\boldsymbol{\lambda}(m)$. Um zu zeigen, daß dieser Homomorphismus injektiv ist, sei $n \in \mathbf{Kern}(\boldsymbol{\lambda})$. Dann ist $\boldsymbol{\lambda}(n) = \boldsymbol{\kappa}_{\mathsf{R}}(n) = 0$. Wäre $n > 0$, dann wäre k nicht das kleinste positive Element von $\mathbb{Z}$ mit $\boldsymbol{\kappa}_{\mathsf{R}}(k) = 0$. Es ist daher $n = 0$ und folglich $\mathbf{Kern}(\boldsymbol{\lambda}) = \{0\}$. Es gilt also

S 6.5.8
Jeder Ring R mit Einselement mit positiver Charakteristik $\kappa_{\mathsf{R}} = k$ enthält einen zu $\mathbb{Z}_k$ isomorphen Teilring, das Bild des durch $\boldsymbol{\lambda}(n) = \boldsymbol{\kappa}_{\mathsf{R}}(n)$ definierten injektiven Ringhomomorphismus $\boldsymbol{\lambda}\colon \mathbb{Z}_k \longrightarrow \mathsf{R}$.

Die Werte der Abbildung $\boldsymbol{\kappa}_{\mathsf{R}}$ entstehen durch Additionen des Einselementes von R. Selbstverständlich läßt sich jedes Element des Ringes R n-fach addieren. Weil das recht oft vorkommt, wird die entsprechende Definition einfach gehalten:

D 6.5.6 Es sei R ein Ring mit Einselement.

$$\bigwedge_{n \in \mathbb{Z}} \bigwedge_{u \in \mathsf{R}} nu = \boldsymbol{\kappa}_{\mathsf{R}}(n)u \tag{6.124}$$

Auf der rechten Seite der Definitionsgleichung steht das Produkt des Ringelementes $\boldsymbol{\kappa}_{\mathsf{R}}(n)$ mit dem Ringelement u. Für $n > 0$ erhält man das Produkt der n-fachen Summe $1 + \cdots + 1$ mit u, also die n-fache Summe $u + \ldots + u$.

S 6.5.9 In einem Ring R mit Einselement und mit der positiven Primzahlcharakteristik $\kappa_{\mathsf{R}} = p \in \mathbb{P}$ gilt

(i) $\bigwedge_{u \in \mathsf{R}} pu = 0$

(ii) $\bigwedge_{u,v \in \mathsf{R}} \big((u+v)^p = u^p + v^p \wedge (u-v)^p = u^p - v^p \big)$

Die erste Behauptung folgt direkt aus $\boldsymbol{\kappa}_{\mathbf{R}}(p) = 0$.
Die zweite Behauptung kann mit Hilfe des Binomialsatzes abgeleitet werden (siehe **S 6.6.9**):

$$(u+v)^p = \sum_{\pi=0}^{p} \binom{p}{\pi} u^{\pi} v^{p-\pi} \qquad \text{mit} \quad \binom{p}{\pi} = \frac{p(p-1)\cdots(p-\pi+1)}{\pi!}$$

Weil p eine Primzahl ist, wird p von keiner der Zahlen $\pi \in \{2,\ldots,p-1\}$ geteilt, d.h. $\binom{p}{\pi}$ ist für solche π ein Vielfaches von p. Daher verschwinden nach der ersten Behauptung alle Summenglieder bis auf das Erste und das Letzte. Für die Differenz $u - v$ statt der Summe erhält man auf diese Weise $(u-v)^p = u^p + (-1)^p v^p$. Falls $p > 2$ ist p ungerade und deshalb $(-1)^p = -1$. Bei $p = 2$ hat man zwar $(u-v)^2 = u^2 - 2uv + v^2 = u^2 + v^2$, es ist aber auch $0 = 2v^2 = v^2 + v^2$, also $v^2 = -v^2$ und $u^2 + v^2 = u^2 - v^2$.

Ist die Charakteristikfunktion eines Körpers surjektiv, dann ist der Körper zu einem $\mathbb{Z}_p$ mit $p \in \mathbb{P}$ isomorph.

S 6.5.10 Es sei K ein Körper und $\boldsymbol{\kappa}_{\mathsf{K}}$ sei surjektiv.

(i) $\boldsymbol{\kappa}_{\mathsf{K}}$ ist keine Einbettung, d.h. $\boldsymbol{\kappa}_{\mathsf{K}}$ ist nicht injektiv.

(ii) $\kappa_{\mathsf{K}} \in \mathbb{P}$ und $\mathsf{K} \cong \mathbb{Z}_{\kappa_{\mathsf{K}}}$

Angenommen, $\boldsymbol{\kappa}_{\mathsf{K}}$ ist injektiv. Es sei $m \in \mathbb{N} \setminus \{0,1\}$. Es ist $\boldsymbol{\kappa}_{\mathsf{K}}(0) = 0_{\mathsf{K}}$ und folglich, weil $\boldsymbol{\kappa}_{\mathsf{K}}$ injektiv ist, $\boldsymbol{\kappa}_{\mathsf{K}}(m) \neq 0_{\mathsf{K}}$. Ebenso folgt $\boldsymbol{\kappa}_{\mathsf{K}}(m) \neq 1_{\mathsf{K}}$ weil $\boldsymbol{\kappa}_{\mathsf{K}}(1) = 1_{\mathsf{K}}$. Wegen $\boldsymbol{\kappa}_{\mathsf{K}}(m) \neq 0_{\mathsf{K}}$ gibt es ein $u \in \mathsf{K}$ mit $\boldsymbol{\kappa}_{\mathsf{K}}(m)u = 1_{\mathsf{K}}$. Weil $\boldsymbol{\kappa}_{\mathsf{K}}$ surjektiv ist, gibt es ein $n \in \mathbb{Z}$ mit $u = \boldsymbol{\kappa}_{\mathsf{K}}(n)$, und daraus folgt

$$\boldsymbol{\kappa}_{\mathsf{K}}(nm) = \boldsymbol{\kappa}_{\mathsf{K}}(n)\boldsymbol{\kappa}_{\mathsf{K}}(m) = \boldsymbol{\kappa}_{\mathsf{K}}(m)u = 1_{\mathsf{K}} = \boldsymbol{\kappa}_{\mathsf{K}}(1)$$

Die Annahme, daß $\boldsymbol{\kappa}_{\mathsf{K}}$ injektiv ist, führt damit auf $nm = 1$. Das ist für $m \in \mathbb{N} \setminus \{0,1\}$ und $n \in \mathbb{Z}$ aber nicht möglich, die Annahme der Injektivität ergibt einen Widerspruch. Ist aber $\boldsymbol{\kappa}_{\mathsf{K}}$ nicht injektiv, so ist $\mathbf{Kern}(\boldsymbol{\kappa}_{\mathsf{K}}) \neq \{0\}$ und damit $\kappa_{\mathbf{R}} = p \in \mathbb{P}$.
Der injektive Ringhomomorphismus $\boldsymbol{\lambda}\colon \mathbb{Z}_p \longrightarrow \mathsf{K}$ aus **S 6.5.8** ist surjektiv. Sei nämlich $u \in \mathsf{K}$. Weil $\boldsymbol{\kappa}_{\mathsf{K}}$ surjektiv ist, gibt es ein $n \in \mathbb{Z}$ mit $\boldsymbol{\kappa}_{\mathsf{K}}(n) = u$. Weiter gibt es $q \in \mathbb{Z}$ und $r \in \mathbb{N}$ mit $n = qp + r$ und $0 \leq r < p$. Das ergibt

$$u = \boldsymbol{\kappa}_{\mathsf{K}}(n) = \boldsymbol{\kappa}_{\mathsf{K}}(qp+r) = \boldsymbol{\kappa}_{\mathsf{K}}(qp) + \boldsymbol{\kappa}_{\mathsf{K}}(r) = \boldsymbol{\lambda}(r)$$

Der Ringhomomorphismus $\boldsymbol{\lambda}$ ist also ein Isomorphismus, d.h. $\mathsf{K} \cong \mathbb{Z}_p$.

In einem Körper mit Primzahlcharakteristik p spielen die p-ten Potenzen der Körperelemente eine besondere Rolle. Im Extremfall, nämlich bei endlichen Körpern, gibt es überhaupt keine anderen Körperelemente.

S 6.5.11
In einem Körper K mit Primzahlcharakteristik $\kappa_{\mathbf{R}} = p \in \mathbb{P}$ ist die Menge der Potenzen

$$\mathsf{K}^p = \{\, u^p \mid u \in \mathsf{K} \,\}$$

ein Teilkörper von K und die durch $x \mapsto x^p$ definierte Abbildung $\varpi\colon \mathsf{K} \longrightarrow \mathsf{K}^p$ ist ein Körperisomorphismus. Ist K ein endlicher Körper, dann gilt sogar $\mathsf{K} = \mathsf{K}^p$.

Nach dem vorigen Satz ist K^p abgeschlossen bezüglich der Addition und Subtraktion. Auch die Multiplikation führt wegen $u^p v^p = (uv)^p$ nicht aus K^p hinaus. Schließlich ist mit u auch u^{-1}

in K^p, denn aus $1 = uu^{-1}$ folgt $1 = u^p(u^{-1})^p$. Damit ist auch schon gezeigt worden, daß ϖ ein Körperhomomorphismus ist. Er ist *per definitionem* surjektiv. Er ist auch injektiv. Denn aus $\varpi(u) = u^p = 0$ für $u \in \mathsf{K}^\star$ folgt $u = 0$, weil ein Körper keine Nullteiler enthält, d.h. es ist $\mathbf{Kern}(\varpi) = \{0\}$. Weil es bei einer endlichen Menge keine bijektive Abbildung in eine echte Teilmenge geben kann, ϖ aber bijektiv ist, muß für einen endlichen Körper $\mathsf{K} = \mathsf{K}^p$ gelten.

Für die Körper $\mathbb{Z}_p$ mit Primzahlcharakteristik $p \in \mathbb{P}$ gilt nach dem Satz von FERMAT **S 6.4.4** natürlich $x^p = x$ für alle $x \in \mathbb{Z}_p$.

Es gibt auch unendliche Körper mit Primzahlcharakteristik. Ein Beispiel ist die Menge $\mathbb{Z}_m^{\mathbb{N}}$ aller Folgen $\mathbf{u}\colon \mathbb{N} \longrightarrow \mathbb{Z}_m$ mit Elementen aus $\mathbb{Z}_m$. Die beiden Operationen

$$(\mathbf{u}+\mathbf{v})(n) = \mathbf{u}(n) + \mathbf{v}(n) \qquad (\mathbf{uv})(n) = \mathbf{u}(n)\mathbf{v}(n)$$

machen die Menge der Folgen zu einem Ring, wie man leicht nachprüft. Dieser Ring hat das Einselement $\mathbf{1}$, definiert durch $\mathbf{1}(n) = 1$ für alle $n \in \mathbb{N}$. Für eine Primzahl $m = p$ erhält man sogar einen Körper, wobei das Inverse $\mathbf{u}^{-1}$ von $\mathbf{u}$ durch $\mathbf{u}^{-1}(n) = \mathbf{u}(n)^{-1}$ gegeben ist. Dieser Körper hat die Charakteristik p, denn es ist

$$(p\mathbf{1})(n) = \underbrace{\mathbf{1}(n) + \cdots + \mathbf{1}(n)}_{p} = \underbrace{1 + \cdots + 1}_{p} = 0$$

Weiter oben wurde festgestellt, daß $\mathbb{Z}_m^{\mathbb{N}}$ einen zu $\mathbb{Z}_m$ isomorphen Teilring enthält. Eine Einbettung $\boldsymbol{\zeta}\colon \mathbb{Z}_m \longrightarrow \mathbb{Z}_m^{\mathbb{N}}$ ist leicht anzugeben: $\boldsymbol{\zeta}(u)(n) = u$ für alle $u \in \mathbb{Z}_m$ und $n \in \mathbb{N}$. Allerdings ist der Körper $\mathbb{Z}_p^{\mathbb{N}}$ kein Beispiel für einen Körper K mit echtem Teilkörper K^p, denn beide Körper fallen wie in $\mathbb{Z}_p$ zusammen. Denn für jedes $\mathbf{u} \in \mathbb{Z}_p^{\mathbb{N}}$ hat man

$$\mathbf{u}^p(n) = \mathbf{u}(n)^p = \mathbf{u}(n)$$

Die Abbildung ϖ ist hier also die identische Abbildung von $\mathbb{Z}_p^{\mathbb{N}}$, wie auch in $\mathbb{Z}_p$.

Es sei $M \subset \mathbb{R}$ eine offene Teilmenge, es sei R der Ring aller Funktionen $f\colon M \longrightarrow \mathbb{R}$ und Q sei der Ring der auf M differenzierbaren Funktionen $f\colon M \longrightarrow \mathbb{R}$. Durch $\Delta(f) = f'$ ist eine Abbildung $\Delta\colon \mathsf{Q} \longrightarrow \mathsf{R}$ mit den folgenden Eigenschaften gegeben:

$$\Delta(f+g) = \Delta(f) + \Delta(g) \qquad \Delta(fg) = f\Delta(g) + \Delta(f)g \qquad \text{für } f,g \in \mathsf{Q}$$

Es ist eigentlich nur eine andere Schreibweise für die gewöhnliche Ableitung von reellen Funktionen, sie kann aber als Motivation einer Verallgemeinerung der Ableitung auf abstrakte Ringe dienen.

D 6.5.7 (Derivation)

Es sei R ein Ring mit Einselement und Q ein Teilring von R mit demselben Einselement. Eine Abbildung $\Delta\colon \mathsf{Q} \longrightarrow \mathsf{R}$ heißt eine Derivation, wenn sie die folgenden Eigenschaften besitzt:

(i) $\bigwedge_{x,y \in \mathsf{Q}} \Delta(x+y) = \Delta(x) + \Delta(y)$

(ii) $\bigwedge_{x,y \in \mathsf{Q}} \Delta(xy) = x\Delta(y) + \Delta(x)y$

Mit vollständiger Induktion und (**ii**) beweist man leicht die Eigenschaft

$$\bigwedge_{x\in\mathbf{Q}}\bigwedge_{n\in\mathbb{N}_+} \Delta(x^n) = nx^{n-1}\Delta(x) = \underbrace{x^{n-1}+\cdots+x^{n-1}}_{n}\Delta(x) \tag{6.125}$$

Man hat hier aber auf Effekte zu achten, die bei der gewöhnlichen Ableitung von Funktionen nicht auftreten können. Ist beispielsweise $\kappa_{\mathbf{Q}} = 2$, dann ist $\Delta(x^2) = (x+x)\Delta(x) = 0$. Eine weitere Eigenschaft erhält man aus $\Delta(1) = \Delta(1^2) = \Delta(1) + \Delta(1)$, nämlich $\Delta(1) = 0$.
Ist $\mathbf{K}$ ein Körper, $\mathbf{L}$ ein Erweiterungskörper von $\mathbf{K}$ und $\Delta\colon \mathbf{K} \longrightarrow \mathbf{L}$ eine Derivation, dann gilt auch die **Quotientenregel**:

$$\bigwedge_{u\in\mathbf{K}}\bigwedge_{v\in\mathbf{K}^\star} \Delta(uv^{-1}) = \big(v\Delta(u) - u\Delta(v)\big)v^{-2} \tag{6.126}$$

Es ist nämlich mit (**ii**) $\Delta(u) = \Delta\big(v(uv^{-1})\big) = v\Delta(uv^{-1}) + uv^{-1}\Delta(v)$. Durch Multiplizieren der gesamten Gleichung mit v^{-1} und der linken Seite mit vv^{-1} erhält man

$$v^{-2}v\Delta(u) = \Delta(uv^{-1}) + v^{-2}u\Delta(v)$$

woraus durch Auflösen nach $\Delta(uv^{-1})$ die Behauptung folgt.

Es folgt noch ein Satz, der eine einfache aber gelegentlich nützliche Eigenschaft von auf Körpern definierten Ringhomomomorphismen beschreibt.

S 6.5.12
Jeder Ringhomomorphismus $\varphi\colon \mathbf{K} \longrightarrow \mathbf{R}$ eines Körpers $\mathbf{K}$ in einen Ring $\mathbf{R}$ ist injektiv.

Angenommen, es ist $\mathbf{Kern}(\varphi) \neq \{0\}$, etwa $u \in \mathbf{K}^\star$ mit $\varphi(u) = 0$. Dann ergibt

$$1 = \varphi(1) = \varphi(uu^{-1}) = \varphi(u)\varphi(u^{-1}) = 0$$

den Widerspruch $1 = 0$, weil triviale Körper nicht erlaubt sind.

Zum Schluss des Abschnittes noch eine Aussage über einen Zusammenhang der beiden Inversen, additiv und multiplikativ, eines kommutativen Körpers.

S 6.5.13 In einem kommutativen Körper gilt

$$\bigwedge_{u\in\mathbf{K}^\star} (-u)^{-1} = -u^{-1} \tag{6.127}$$

Die additive Inversenbildung ist mit der multiplikativen Inversenbildung vertauschbar.

Aus $(-x)(-x)^{-1} = 1$ folgt $x^{-1}(-x)(-x)^{-1} = x^{-1}$ durch Multiplikation mit x^{-1}. Wegen der Kommutativität gilt $x^{-1}(-x) = x^{-1}(-1\cdot x) = -1\cdot x^{-1}x = -1$, woraus die Behauptung direkt folgt.

6.6. Teilbarkeit in Ringen

In diesem Abschnitt sind alle Ringe kommutativ.

Der Begriff der Teilbarkeit in $\mathbb{Z}$ aus dem Abschnitt 6.1 läßt sich direkt auf beliebige Ringe übertragen. Die Eigenschaften der Teilbarkeit hängen natürlich vom Ringtypus ab.

D 6.6.1 (Teilbarkeit in einem Ring) Es sei R ein Ring. Ein $u \in \mathsf{R}$ teilt ein $v \in \mathsf{R}$, wenn es ein $w \in \mathsf{R}$ gibt mit $v = wu$. In Zeichen:

$$u \mid v \;:\Longleftrightarrow\; \bigvee_{w \in \mathsf{R}} v = wu \tag{6.128}$$

Es ist dann u ein Teiler von v. $\mathsf{T}_v^{\mathsf{R}}$ sei die Menge der Teiler von v.

Auch hier hat man die Extremwerte $\mathsf{T}_0^{\mathsf{R}} = \mathsf{R}$ und $0 \notin \mathsf{T}_u^{\mathsf{R}}$ für $u \in \mathsf{R}^\star$. Einfache Beispiele gibt der Ring $\mathbb{Z}_{30,24}$ (siehe die Tabelle 6.7 auf Seite 240), der kein Einselement besitzt. Es ist $6 \odot 6 = 12$, $6 \odot 18 = 12$ und $18 \odot 18 = 12$, daher $6 \mid 12$ und $18 \mid 12$. Die Teilermengen sind

$$\mathsf{T}_{12}^{\mathbb{Z}_{30,24}} = \{6, 18\} \qquad \mathsf{T}_{6}^{\mathbb{Z}_{30,24}} = \mathsf{T}_{18}^{\mathbb{Z}_{30,24}} = \emptyset$$

Weil kein Einselement vorhanden ist gilt hier $u \nmid u$ für $u \in \mathbb{Z}_{30,24}^\star$.

D 6.6.2 (Assoziierte Ringelemente) Zwei Elemente eines Ringes R heißen assoziiert, wenn sie sich gegenseitig teilen. In Zeichen:

$$\bigwedge_{u,v \in \mathsf{R}} u \sim v \;:\Longleftrightarrow\; u \mid v \wedge v \mid u \tag{6.129}$$

$\mathsf{A}_u^{\mathsf{R}} = \{\, v \in \mathsf{R} \mid u \sim v \,\}$ sei die Menge der assoziierten Elemente von u.

Im Ring $\mathbb{Z}_{30,24}$ hat nur das Element 12 Teiler, die Elemente 6 und 18 sind teilerlos. Folglich gibt es in diesem Ring keine assoziierten Elemente, abgesehen von $0 \sim 0$ wegen $0 = 0 \odot 0$. In jedem Ring ist natürlich $\mathsf{A}_0^{\mathsf{R}} = \{0\}$ wegen $0 \mid 0$ aber $0 \nmid u$ für jedes $u \in \mathsf{R}^\star$. Im Ring $\mathbb{Z}_4$ gelten die Beziehungen $2 \odot 3 = 2$, $3 \odot 3 = 1$ und natürlich $u \odot 1 = u$ für alle $u \in \mathbb{Z}_4^\star$. Das bedeutet $2 \mid 2$, $3 \mid 2$ und $3 \mid 1$ und natürlich $1 \mid u$ für alle $u \in \mathbb{Z}_4^\star$. Die Teilermengen sind daher

$$\mathsf{T}_2^{\mathbb{Z}_4} = \{1, 2, 3\} \qquad \mathsf{T}_1^{\mathbb{Z}_4} = \mathsf{T}_3^{\mathbb{Z}_4} = \{1, 3\}$$

Aus $1 \mid 3$ und $3 \mid 1$ folgt $1 \sim 3$, aus $2 \mid 2$ folgt $2 \sim 2$. Das ergibt

$$\mathsf{A}_2^{\mathbb{Z}_4} = \{2\} \qquad \mathsf{A}_1^{\mathbb{Z}_4} = \mathsf{A}_3^{\mathbb{Z}_4} = \{1, 3\}$$

Als letztes Beispiel werden die assoziierten Elemente des Integritätsbereiches $\langle 2 \rangle$ bestimmt, der kein Einselement besitzt. Es ist $u \mid v$ eine notwendige Bedingung für $2u \mid 2v$:

$$\bigwedge_{u,v \in \mathbb{Z}^\star} \bigl(2u \mid 2v \implies u \mid v\bigr) \tag{6.130}$$

Darin wird natürlich links in $\langle 2 \rangle$ und rechts in $\mathbb{Z}$ geteilt. Der Beweis ist simpel, denn aus der Existenz eines $2w \in \langle 2 \rangle$ mit $2v = 2w \odot 2u = 2w2u$ folgt $v = 2wu$. Die Umkehrung ist allerdings nicht richtig. Beispielsweise ist in $3 \mid 15$ in $\mathbb{Z}$, aber $2 \cdot 3 \nmid 2 \cdot 15$ in $\langle 2 \rangle$. Denn aus $2 \cdot 15 = 2 \cdot 3 \odot 2q$ folgt $5 = 2q$, eine Unmöglichkeit.

Bezüglich der Assoziierung ist $\mathsf{A}_u^{\langle 2 \rangle} = \emptyset$ für jedes $u \in \langle 2 \rangle^\star$. Denn angenommen, es gibt Elemente $u = 2a, v = 2b \in \langle 2 \rangle^\star$ mit $u \sim v$. Aus $u \sim v$ folgt $2a = 2c2b$ für ein $c \in \mathbb{Z}$ oder $a = 2cb$. Aus $v \sim u$ folgt $2b = 2d2a$ für ein $d \in \mathbb{Z}$ oder $b = 2da$. Das ergibt $a = 2c2da$ oder $1 = 4cd$, in $\mathbb{Z}$ eine Unmöglichkeit. Es gibt also keine $u, v \in \langle 2 \rangle^\star$ mit $u \sim v$. In einem Integritätsbereich mit Eins ist das jedoch nicht möglich:

S 6.6.1 (Assoziierung in Integritätsbereichen mit Eins)
In einem Integritätsbereich R mit Einselement gilt

$$\bigwedge_{u,v \in \mathsf{R}} \left(u \sim v \iff \bigvee_{w \in \mathsf{R}^\bullet} u = vw \right) \tag{6.131}$$

Es ist also $\mathsf{A}_u^{\mathsf{R}} = \{ uw \mid w \in \mathsf{R}^\bullet \}$ für $u \in \mathsf{R}$, insbesondere $\mathsf{A}_u^{\mathsf{R}} = \mathsf{R}^\bullet$ für $u \in \mathsf{R}^\bullet$.

Wegen $u \mid v$ und $v \mid u$ gibt es $x, y \in \mathsf{R}$ mit $u = xv$ und $v = yu$, also $u = xyu$. Im Falle $u \neq 0$ kann gekürzt werden, mit dem Resultat $xy = 1$, d.h. $x, y \in \mathsf{R}^\bullet$. Daher ist x wegen $u = xv$ eines der gesuchten $w \in \mathsf{R}^\bullet$. Falls $u = 0$ folgt $v = 0$ aus $0 \mid v$, folglich ist $0 = 1 \cdot 0$ eine verlangte Darstellung. Sei umgekehrt $u = wv$ mit $w \in \mathsf{R}^\bullet$. Das bedeutet direkt $v \mid u$. Multiplikation mit w^{-1} gibt $v = uw^{-1}$, d.h. $u \mid v$.
Für den Zusatz ist nur zu beachten, daß die Menge $\mathsf{R}^\bullet$ bezüglich der Ringmultiplikation abgeschlossen ist, d.h. es gilt $\{ uw \mid w \in \mathsf{R}^\bullet \} \subset \mathsf{R}^\bullet$. Natürlich ist auch $\mathsf{R}^\bullet \subset \{ uw \mid w \in \mathsf{R}^\bullet \}$ wegen $u = 1 \cdot u$ für jedes $u \in \mathsf{R}^\bullet$.

Die Teilbarkeitsrelation $\mid$ eines beliebigen Ringes hat ähnliche Eigenschaften wie die Teilbarkeitsrelation des Ringes $\mathbb{Z}$.

S 6.6.2 (Eigenschaften der Teilbarkeitsrelation)
Es seien R ein Ring und $u, v, w \in \mathsf{R}$. Dann gilt

(i) $u \mid v \wedge v \mid w \implies u \mid w$
(ii) $u \mid v \wedge v \mid u \implies u \sim v$

Ist R ein Ring mit Einselement, dann gilt auch

(iii) $u \mid u$

Auf die sehr einfachen Beweise kann hier sicherlich verzichtet werden. Das Einselement ist für die Reflexivität (d.h. **(iii)**) erforderlich, denn es ist beispielsweise $u \nmid u$ für jedes $u \in \mathbb{Z}_{30,24}^\star$ (siehe Tabelle 6.7 auf Seite 240).

Die Eigenschaften der Teilbarkeitsrelation übertragen sich direkt auf die Assoziierung und ergeben in Ringen mit Einselement eine Äquivalenzrelation:

S 6.6.3 (Assoziierung als Äquivalenzrelation)
In einem Ring R mit Einselement ist $\sim$ eine Äquivalenzrelation.

Es seien $u, v, w \in \mathsf{R}$. Wegen $u \mid u$ gilt $u \sim u$. Es gelte $u \sim v$ und $v \sim w$. Das bedeutet $u \mid v$, $v \mid u$, $v \mid w$ und $w \mid v$. Aus $u \mid v$ und $v \mid w$ folgt $u \mid w$, und aus $w \mid v$ und $v \mid u$ folgt $w \mid v$. Zusammengenommen ist $u \sim w$ herausgekommen, $\sim$ ist transitiv. Die Symmetrie ist natürlich auch gegeben, denn die Definition von $u \sim v$ ist symmetrisch in u und v.

Ein beliebiger Ring hat die Eigenschaft $\mathsf{A}_u^{\mathsf{R}} \subset \mathsf{T}_u^{\mathsf{R}}$, denn aus $u \sim v$ folgt insbesondere $v \mid u$. Bei einem Ring mit Einselement kommt $\mathbf{R}^\bullet \subset \mathsf{T}_u^{\mathsf{R}}$ hinzu, also $\mathsf{A}_u^{\mathsf{R}} \cup \mathbf{R}^\bullet \subset \mathsf{T}_u^{\mathsf{R}}$, und natürlich $u \in \mathsf{A}_u^{\mathsf{R}}$. Denn mit $v \in \mathbf{R}^\bullet$ erhält man $u = u \cdot 1 = (uv^{-1})v$. Das motiviert die folgenden Definitionen:

D 6.6.3 (Echte Teiler, Irreduzible und Primelemente)
Es sei $\mathbf{R}$ ein Ring mit Einselement.

(i) Die Elemente von $\mathsf{D}_u^{\mathsf{R}} = \mathsf{T}_u^{\mathsf{R}} \setminus (\mathbf{R}^\bullet \cup \mathsf{A}_u^{\mathsf{R}})$ heißen die **echten Teiler** von $u \in \mathbf{R}^\star$.

(ii) Gilt $\mathsf{D}_u^{\mathsf{R}} = \emptyset$, also $\mathsf{T}_u^{\mathsf{R}} = \mathbf{R}^\bullet \cup \mathsf{A}_u^{\mathsf{R}}$, dann heißt $u \in \mathbf{R}^\star$ **irreduzibles Element** (unzerlegbares Element) von $\mathbf{R}$. $\mathbb{I}_{\mathbf{R}}$ ist die Menge der irreduziblen Elemente des Ringes $\mathbf{R}$.

(iii) Ein Element $p \in \mathbf{R}^\star$ heißt **Primelement**, wenn es die folgende Eigenschaft besitzt:

$$\bigwedge_{u,v \in \mathbf{R}^\star} \left(p \in \mathsf{T}_{uv}^{\mathsf{R}} \implies p \in \mathsf{T}_u^{\mathsf{R}} \cup \mathsf{T}_v^{\mathsf{R}} \right) \tag{6.132}$$

Teilt p ein Produkt, dann auch mindestens einen der Faktoren des Produktes. $\mathbb{P}_{\mathbf{R}}$ ist die Menge der Primelemente von $\mathbf{R}$.

Im Ring $\mathbb{Z}$ ist die Eigenschaft, irreduzibel zu sein, äquivalent dazu, Primelement (Primzahl) zu sein. Das ist allerdings nicht in allen Ringen der Fall. In jedem Ring gilt jedoch

S 6.6.4
In jedem Ring $\mathbf{R}$ mit Einselement gilt $\mathbb{P}_{\mathbf{R}} \subset \mathbb{I}_{\mathbf{R}}$: Jedes Primelement ist irreduzibel.

Denn sei $p \in \mathbb{P}_{\mathbf{R}}$. Angenommen, $p \notin \mathbb{I}_{\mathbf{R}}$. Es gibt dann $u, v \in \mathsf{D}_p^{\mathsf{R}}$, also $p = uv$ mit echten Teilern u und v. Nun gilt natürlich $p \in \mathsf{T}_{uv}^{\mathsf{R}}$ wegen $p = 1p = 1uv$, es müßte daher $p \in \mathsf{T}_u^{\mathsf{R}} \cup \mathsf{T}_v^{\mathsf{R}}$ gelten, woraus $p \sim u$ oder $p \sim v$ folgte, im Gegensatz zur Annahme, daß u und v echte Teiler von p sind.

Neben dem Konzept des Primelementes gibt es auch in allgemeinen Ringen die Eigenschaft von Ringelementen, relativ prim zu sein. Allerdings müssen hier die Einheiten berücksichtigt werden:

D 6.6.4 (Relativ prim) Es sei $\mathbf{R}$ ein Ring mit Einselement.

$$\bigwedge_{u,v \in \mathbf{R}^\star} \left(u \perp v \;:\Longleftrightarrow\; \mathsf{T}_u^{\mathsf{R}} \cap \mathsf{T}_v^{\mathsf{R}} = \mathbf{R}^\bullet \right) \tag{6.133}$$

Ringelemente u und v sind also relativ prim, wenn sie nur Einheiten als gemeinsame Teiler haben.

Es ist sicher nicht verkehrt, nachzuprüfen, ob die Definition in allen möglichen Kombinationen von Ringelementearten sinnvoll ist. Der erste Fall ist $u, v \in \mathbf{R}^\bullet$, beide Elemente sind Einheiten. Sie sollten sich als relativ prim herausstellen, denn sie haben ohne Zweifel nur Einheiten als gemeinsame Teiler. Wegen $\mathsf{T}_u^{\mathsf{R}} = \mathbf{R}^\bullet$ und $\mathsf{T}_v^{\mathsf{R}} = \mathbf{R}^\bullet$ ergibt die Definition $\mathsf{T}_u^{\mathsf{R}} \cap \mathsf{T}_v^{\mathsf{R}} = \mathbf{R}^\bullet \cap \mathbf{R}^\bullet = \mathbf{R}^\bullet$, also wie gewünscht $u \perp v$. Die zweite Kombination ist $u \in \mathbf{R}^\bullet$ und $v \in \mathbf{R}^\star \setminus \mathbf{R}^\bullet$. Hier ist wieder $\mathsf{T}_u^{\mathsf{R}} = \mathbf{R}^\bullet$, aber dann $\mathsf{T}_v^{\mathsf{R}} = E_v \cup \mathsf{A}_v^{\mathsf{R}} \cup \mathbf{R}^\bullet$. Darin ist E_v die Menge der echten Teiler von v, mit der Möglichkeit $E_v = \emptyset$ falls v irreduzibel ist. Auch in dieser Kombination gibt es nur Einheiten als gemeinsame Teiler. Die Definition bringt wegen $E_v \cap \mathbf{R}^\bullet = \emptyset$ und $\mathsf{A}_v^{\mathsf{R}} \cap \mathbf{R}^\bullet = \emptyset$ das Ergebnis $\mathsf{T}_u^{\mathsf{R}} \cap \mathsf{T}_v^{\mathsf{R}} = \mathbf{R}^\bullet \cap (E_v \cup \mathsf{A}_v^{\mathsf{R}} \cup \mathbf{R}^\bullet) = \mathbf{R}^\bullet$, also $u \perp v$. Es bleibt noch den Fall $u \in \mathbf{R}^\star \setminus \mathbf{R}^\bullet$ und $v = u$ zu betrachten. Es ist $\mathsf{T}_u^{\mathsf{R}} \cap \mathsf{T}_u^{\mathsf{R}} = \mathsf{T}_u^{\mathsf{R}} = \mathsf{A}_v^{\mathsf{R}} \cup \mathbf{R}^\bullet$. Wegen $u \in \mathsf{A}_v^{\mathsf{R}}$ ist hier $\mathsf{T}_u^{\mathsf{R}} \cap \mathsf{T}_u^{\mathsf{R}} \neq \mathbf{R}^\bullet$, d.h. korrekterweise $u \not\perp u$.

Der Begriff kann auch hier auf Teilmengen und Folgen von Elementen ausgedehnt werden. Ist beispielsweise $\boldsymbol{v} = (v_1, \ldots, v_n)$ ein Vektor von Elementen aus $\mathsf{R}^\star$, dann heißt $u \in \mathsf{R}^\star$ natürlich relativ prim zu $\boldsymbol{v}$, in Zeichen $u \perp \boldsymbol{v}$, wenn $u \perp v_\nu$ gilt für jedes $\nu \in \{1, \ldots, n\}$. Für eine Teilmenge $V \subset \mathsf{R}^\star$ ist $u \perp V$ genau dann, wenn $u \perp v$ für jedes $v \in V$. Und für Teilmengen $U \subset \mathsf{R}^\star$ und $V \subset \mathsf{R}^\star$ gilt $U \perp V$ genau dann, wenn die Elemente der Mengen paarweise relativ prim sind, wenn also $u \perp v$ für alle $u \in U$ und $v \in V$ gilt.

Ein ausführliches Beispiel wird sogleich gegeben, zuvor wird aber noch der Zusammenhang zwischen *relativ prim* und *assoziiert* geklärt:

S 6.6.5 In einem Ring R mit Einselement gilt

(i) $u, v \in \mathsf{R}^\star \implies \big(u \sim v \implies u \not\perp v\big)$

(ii) $u, v \in \mathsf{R}^\star \setminus \mathsf{R}^\bullet \implies \big(u \perp v \implies u \not\sim v\big)$

Assoziierte Elemente sind nicht relativ prim und relativ prime Nichteinheiten sind nicht assoziiert.

Seien $u, v \in \mathsf{R}^\star$ assoziiert, d.h. $\mathsf{A}_u^\mathsf{R} \subset \mathsf{T}_u^\mathsf{R}$ und $\mathsf{A}_u^\mathsf{R} = \mathsf{A}_v^\mathsf{R} \subset \mathsf{T}_v^\mathsf{R}$. Damit gilt $\mathsf{A}_u^\mathsf{R} \subset \mathsf{T}_u^\mathsf{R} \cap \mathsf{T}_v^\mathsf{R}$, was $\mathsf{T}_u^\mathsf{R} \cap \mathsf{T}_v^\mathsf{R} \neq \mathsf{R}^\bullet$ bedeutet. Man kann auch direkt schließen: Aus $u \mid v$ folgt $\{u, v\} \subset \mathsf{T}_v^\mathsf{R}$, aus $v \mid u$ folgt $\{u, v\} \subset \mathsf{T}_u^\mathsf{R}$, daher ist auch $\{u, v\} \subset \mathsf{T}_v^\mathsf{R} \cap \mathsf{T}_v^\mathsf{R}$.
Seien $u, v \in \mathsf{R}^\star \setminus \mathsf{R}^\bullet$ relativ prim. Angenommen, u und v sind assoziiert. Dann sind u und v gegenseitige echte Teiler: $u \in \mathsf{T}_v^\mathsf{R}$ und $v \in \mathsf{T}_u^\mathsf{R}$. Weil der Ring ein Einselement besitzt gilt $u \in \mathsf{T}_u^\mathsf{R}$ und $v \in \mathsf{T}_v^\mathsf{R}$. Daher gilt z.B. $u \in \mathsf{T}_u^\mathsf{R} \cap \mathsf{T}_v^\mathsf{R}$, und u ist echter Teiler, im Widerspruch zur Voraussetzung, daß u und v relativ prim sind.
Der umgekehrte Schluss von (**ii**) ist falsch, daß nämlich Elemente, die nicht assoziiert sind, relativ prim sind. So ist beispielsweise im Ring $\mathbb{Z}$ zwar $6 \not\sim 8$, denn assoziiert sind immer x und $-x$, aber 6 und 8 sind nicht relativ prim.

Es folgt nun das angekündigte Beispiel, und zwar werden die Elemente des Ringes $\mathbb{Z}_6$ auf ihre Eigenschaften hin untersucht: Welche sind relativ prim, welche sind assoziiert, welche sind irreduzibel usw.

Tabelle 6.11.: Additions- und Multiplikationstabelle für $\mathbb{Z}_6$

$\oplus$	0	1	2	3	4	5
0	0	1	2	3	4	5
1	1	2	3	4	5	0
2	2	3	4	5	0	1
3	3	4	5	0	1	2
4	4	5	0	1	2	3
5	5	0	1	2	3	4

$\odot$	0	1	2	3	4	5
0	0	0	0	0	0	0
1	0	1	2	3	4	5
2	0	2	4	0	2	4
3	0	3	0	3	0	3
4	0	4	2	0	4	2
5	0	5	4	3	2	1

Wenn wie üblich zu gegebenem x das y mit $x + y = 0$ mit $-x$ bezeichnet wird, dann liest man an der Additionstabelle folgendes ab: $5 = -1$, $4 = -2$ und $3 = -3$. Alle weiteren Bestimmungen nutzen die Multiplikationstabelle. Da sind zunächst die Nullteiler $\mathbb{Z}_6^\circ = \{2, 3, 4\}$ und die Einheiten $\mathbb{Z}_6^\bullet = \{1, 5\} = \{1, -1\}$. Aus $2 \cdot 2 = 4$ und $2 \cdot 4 = 2$ folgt $2 \mid 4$, $4 \mid 2$ und $2 \mid 2$ d.h. $2 \sim 4$ und $2 \sim 2$. Wegen $3 \cdot 3 = 3$ ist $3 \mid 3$ und damit $3 \sim 3$. Genauso ist $4 \sim 4$ wegen $4 \cdot 4 = 4$. Natürlich sind die Einheiten 1 und 5 assoziiert und selbst-assoziiert, es kann aber auch an der Tabelle abgelesen werden, also $1 \sim 1$, $5 \sim 5$ und $1 \sim 5$. Wie oben schon gesehen ist 0 nur zu sich selbst assoziiert.

Damit können die Assoziationsklassen angegeben werden:

$$\mathsf{A}_0^{\mathbb{Z}_6} = \{0\} \quad \mathsf{A}_1^{\mathbb{Z}_6} = \mathsf{A}_5^{\mathbb{Z}_6} = \{1,5\} \quad \mathsf{A}_2^{\mathbb{Z}_6} = \mathsf{A}_4^{\mathbb{Z}_6} = \{2,4\} \quad \mathsf{A}_3^{\mathbb{Z}_6} = \{3\} \quad \mathbb{Z}_{6/\sim} = \{\{0\},\{1,5\},\{2,4\}\{3\}\}$$

Darin ist $\mathbb{Z}_{6/\sim}$ die Bezeichnung der von einer Äquivalenzrelation, hier $\sim$, erzeugten Klasseneinteilung einer Menge, hier $\mathbb{Z}_6$. Die echten Teilerrelationen werden mit den echten Teilern 2, 3 und 4 gebildet: $2 \mid 2$, $2 \mid 4$, $4 \mid 2$, $3 \mid 3$ und $4 \mid 4$. Die Einheiten 1 und 5 teilen natürlich jedes andere Ringelement. Die wesentlichen Teilermengen sind daher

$$\mathsf{T}_2^{\mathbb{Z}_6} = \mathsf{T}_4^{\mathbb{Z}_6} = \{1,2,4,5\} \quad \mathsf{T}_3^{\mathbb{Z}_6} = \{1,3,5\}$$

Die assoziierten 2 und 4 besitzen natürlich dieselbe Teilermenge. Nun zur Bestimmung der irreduziblen Elemente $\mathbb{I}_{\mathbb{Z}_6}$. Wegen

$$\mathsf{T}_3^{\mathbb{Z}_6} = \{1,3,5\} = \mathbb{Z}_6^{\bullet} \cup \mathsf{A}_3^{\mathbb{Z}_6}$$

gilt $3 \in \mathbb{I}_{\mathbb{Z}_6}$. Wegen

$$\mathsf{T}_2^{\mathbb{Z}_6} = \{1,2,4,5\} = \mathbb{Z}_6^{\bullet} \cup \mathsf{A}_2^{\mathbb{Z}_6} \qquad \mathsf{T}_4^{\mathbb{Z}_6} = \{1,2,4,5\} = \mathbb{Z}_6^{\bullet} \cup \mathsf{A}_4^{\mathbb{Z}_6}$$

sind auch 2 und 4 irreduzibel. Insgesamt ist $\mathbb{I}_{\mathbb{Z}_6} = \{2,3,4\}$ herausgekommen, damit ist in $\mathbb{Z}_6$ jede Nichteinheit irreduzibel. Es bleiben noch die relativ primen Elemente zu bestimmen.

$$\mathsf{T}_2^{\mathbb{Z}_6} \cap \mathsf{T}_3^{\mathbb{Z}_6} = \{1,2,4,5\} \cap \{1,3,5\} = \{1,5\} = \mathbb{Z}_6^{\bullet}$$

Das bedeutet also $2 \perp 3$, und wegen $\mathsf{T}_2^{\mathbb{Z}_6} = \mathsf{T}_4^{\mathbb{Z}_6}$ ist auch $4 \perp 3$. Weil assoziiert sind 2 und 4 nicht relativ prim.

Der größte gemeinsame Teiler kann wie bei natürlichen Zahlen eingeführt werden (ab Seite 197). Allerdings ist er dort eindeutig, d.h. es ist immer **der** größte gemeinsame Teiler. Das wurde dort im Wesentlichen so erreicht, daß seine Assoziierten ignoriert wurden. Ähnliches ist auch hier möglich. Man merkt kurz an, daß der größte gemeinsame Teiler nur bis auf Einheiten eindeutig ist und spricht dann weiter nur noch von dem größten gemeinsamen Teiler. Das kann aber zu unsauberen Formulierungen und Beweisen führen, weshalb hier davon abgesehen wird. Auch wird in der Definition auf eine Motivierung durch eine Halbordnung verzichtet.

D 6.6.5 (Größte gemeinsame Teiler)
Seien $\mathbf{R}$ ein Ring mit Einselement und $u, v \in \mathbf{R}$. Ein Element $g \in \mathbf{R}$ heißt größter gemeinsamer Teiler von u und v, wenn folgende Bedingungen erfüllt sind:

(i) $g \in \mathsf{T}_u^{\mathbf{R}} \cap \mathsf{T}_v^{\mathbf{R}}$
(ii) $w \in \mathsf{T}_u^{\mathbf{R}} \cap \mathsf{T}_v^{\mathbf{R}} \implies w \in \mathsf{T}_g^{\mathbf{R}}$

Die Menge der größten gemeinsamen Teiler von u und v wird mit $\mathsf{G}_{u,v}^{\mathbf{R}}$ bezeichnet.

Unzählige Beispiele lassen sich in $\mathbb{Z}$ finden, man hat nur $\mathbb{Z}$ nicht als zahlentheoretisches sondern als algebraisches Objekt zu betrachten, nämlich als Integritätsbereich mit Einselement. So ist beispielsweise $\mathsf{G}_{6,8}^{\mathbb{Z}} = \{2,-2\}$, denn $\mathbb{Z}^{\bullet} = \{1,-1\}$. Allgemeiner existieren größte gemeinsame Teiler in jedem Euklidischen Ring (siehe dazu Abschnitt 6.8).

Die Fälle $u = 0$ und $v = 0$ sind nicht ausgeschlossen. Bei $u = 0$ erhält man etwa $v \in \mathsf{G}_{0,v}^{\mathbf{R}}$. Denn wegen $0 = 0 \cdot x$ für alle $x \in \mathbf{R}$ ist $\mathsf{T}_0^{\mathbf{R}} = \mathbf{R}$, daher $\mathsf{T}_0^{\mathbf{R}} \cap \mathsf{T}_v^{\mathbf{R}} = \mathsf{T}_v^{\mathbf{R}}$. Folglich ist $v \in \mathsf{T}_0^{\mathbf{R}} \cap \mathsf{T}_v^{\mathbf{R}}$ und aus

$w \in \mathsf{T}_0^{\mathbf{R}} \cap \mathsf{T}_v^{\mathbf{R}}$ folgt trivialerweise $w \in \mathsf{T}_v^{\mathbf{R}}$. Wie der nächste Satz zeigt, genügt die Kenntnis eines speziellen größten gemeinsamen Teilers, um ganz $\mathsf{G}_{u,v}^{\mathbf{R}}$ zu kennen.

S 6.6.6 (Größte gemeinsame Teiler als assoziierte Elemente)
Seien $\mathbf{R}$ ein Ring mit Einselement und $u, v \in \mathbf{R}$.

$$\bigwedge_{g \in \mathsf{G}_{u,v}^{\mathbf{R}}} \mathsf{G}_{u,v}^{\mathbf{R}} = \{ x \in \mathbf{R} \mid x \sim g \} \tag{6.134}$$

Die größten gemeinsamen Teiler sind assoziiert.

Es sei $x \in \mathsf{G}_{u,v}^{\mathbf{R}}$. Dann sind g und x beide größte gemeinsame Teiler von u und v, folglich $x \mid g$ und $g \mid x$, d.h. $x \sim g$. Das zeigt $\mathsf{G}_{u,v}^{\mathbf{R}} \subset \{ x \in \mathbf{R} \mid x \sim g \}$. Es sei jetzt umgekehrt $x \in \mathbf{R}$ mit $x \sim g$, also $x \mid g$ und $g \mid x$. Nun folgt $x \mid u$ aus $x \mid g$ und $g \mid u$, ebenso $x \mid v$ aus $x \mid g$ und $g \mid v$, d.h. $x \in \mathsf{T}_u^{\mathbf{R}} \cap \mathsf{T}_v^{\mathbf{R}}$. Weiter sei $w \in \mathsf{T}_u^{\mathbf{R}} \cap \mathsf{T}_v^{\mathbf{R}}$. Weil g ein größter gemeinsamer Teiler von u und v ist gilt $w \mid g$, und daraus folgt, zusammen mit $g \mid x$, $w \mid x$. Zusammengenommen bedeutet das $x \in \mathsf{G}_{u,v}^{\mathbf{R}}$.

Die folgende einfache Aussage ist ganz offensichtlich wahr, weil sie aber sehr oft zur Anwendung kommt, wird sie hier doch als Satz formuliert:

S 6.6.7 Seien $\mathbf{R}$ ein Ring mit Einselement und $u, v \in \mathbf{R}$. Dann gilt

$$\mathsf{T}_u^{\mathbf{R}} \cap \mathsf{T}_v^{\mathbf{R}} = \mathbf{R}^{\bullet} \iff \mathsf{G}_{u,v}^{\mathbf{R}} = \mathbf{R}^{\bullet} \tag{6.135}$$

Denn wenn alle gemeinsamen Teiler von u und v Einheiten sind, dann gilt das auch für die speziellen gemeinsamen Teiler in $\mathsf{G}_{u,v}^{\mathbf{R}}$. Und wenn umgekehrt die größten gemeinsamen Teiler Einheiten sind, dann kann es keine echten gemeinsamen Teiler geben.

Die größten gemeinsamen Teiler besitzen natürlich noch weitere nützliche Eigenschaften. Zwei solche Eigenschaften sind Gegenstand des nächsten Satzes:

S 6.6.8 Seien $\mathbf{R}$ ein Ring mit Einselement, $u, v, w \in \mathbf{R}^{\star} \setminus \mathbf{R}^{\bullet}$, mit $u \perp v$. Weiter seien $r, s, t \in \mathbf{R}$ wie folgt gewählt: $r \in \mathsf{G}_{w,uv}^{\mathbf{R}}$, $s \in \mathsf{G}_{w,u}^{\mathbf{R}}$ und $t \in \mathsf{G}_{w,v}^{\mathbf{R}}$. Dann gelten

$$s \perp t \tag{6.136}$$

$$r \sim st \tag{6.137}$$

Bei $s, t \in \mathbf{R}^{\bullet}$ ist (6.136) natürlich erfüllt. Es sei also etwa $s \in \mathbf{R}^{\star} \setminus \mathbf{R}^{\bullet}$. Es sei x ein echter Teiler von s. Weil s ein gemeinsamer Teiler von w und u ist, gilt das auch für den Teiler x von s. Insbesondere ist x ein echter Teiler von u. Dann ist aber x kein echter Teiler von v (wegen $u \perp v$) und kann daher kein echter Teiler von t sein. Damit ist kein echter Teiler von s ein echter Teiler von t, und s und t können keinen echten gemeinsamen Teiler besitzen.

Mit $s, t \in \mathbf{R}^{\bullet}$ ist auch $r \in \mathbf{R}^{\bullet}$. Denn ein echter gemeinsamer Teiler von w und uv wäre insbesondere ein echter Teiler von uv und damit wegen $u \perp v$ ein echter gemeinsamer Teiler von w und u oder von w und v. In diesem Fall ist die Behauptung (6.137) daher wahr. O.B.d.A. sei $s \in \mathbf{R}^{\star} \setminus \mathbf{R}^{\bullet}$. Als echter gemeinsamer Teiler von w und u ist s natürlich auch echter gemeinsamer Teiler von w und uv und folglich ein echter Teiler von r, einem größten gemeinsamen Teiler von w und uv, d.h es gibt ein $x \in \mathbf{R}^{\star}$ mit $r = xs$. Als gemeinsamer Teiler von w und v ist t auch ein gemeinsamer Teiler von w und uv und damit ein Teiler von r, d.h. es gibt ein $y \in \mathbf{R}^{\star}$ mit $r = yt$. Es ist also

$xs = r = yt$ herausgekommen, folglich ist s ein echter Teiler von yt. Weil aber s und t nach (6.136) keine echten Teiler gemeinsam haben, muß s ein Teiler von y sein, etwa $y = as$ mit $a \in \mathsf{R}^\star$. Das ergibt $r = yt = ast$, d.h. $st \in \mathsf{T}_r^{\mathsf{R}}$. Aus $r \in \mathsf{T}_{uv}^{\mathsf{R}}$ folgt $r \in \mathsf{T}_u^{\mathsf{R}}$ oder $r \in \mathsf{T}_v^{\mathsf{R}}$ wegen $u \perp v$. Sei O.B.d.A. r ein gemeinsamer Teiler von w und u. Dann ist $r \in \mathsf{T}_s^{\mathsf{R}}$ und somit erst recht $r \in \mathsf{T}_{st}^{\mathsf{R}}$. Zusammengenommen ist die Behauptung $r \sim st$ herausgekommen.

Man kann versucht sein, sich durch Abstraktion von der Tatsache zu trennen, daß es mehr als einen größten gemeinsamen Teiler gibt. Abstraktion meint hier Klassenbildung, nämlich den Übergang von R zu $\mathsf{R}_{/\sim}$, denn dabei werden alle Einheiten zu einem Objekt zusammengefasst. Es gelingt jedoch leider nicht, $\mathsf{R}_{/\sim}$ mit einer mit R verträglichen Ringstruktur zu versehen. Man betrachte dazu

$$\mathbb{Z}_{6/\sim} = \big\{\{0\},\{1,5\},\{2,4\}\{3\}\big\}$$

Wie kann beispielsweise $\{1,5\} \oplus \{2,4\}$ definiert werden? Verträglichkeit mit der Ringstruktur von $\mathbb{Z}_6$ wäre gegeben, wenn für beliebiges $u \in \{1,5\}$ und beliebiges $v \in \{2,4\}$ als Summe die Äquivalenzklasse von $u + v$ gewählt werden könnte, weil für jede Wahl von u und v sich dieselbe Äquivalenzklasse ergäbe. Das ist allerdings nicht der Fall. So führt die Wahl $u = 1$ und $v = 2$ auf die Klasse $\{3\}$, bei $u = 5$ und $v = 2$ erhält man jedoch die Klasse $\{1,5\}$.

Nun ist das Ergebnis nicht verwunderlich, denn die Relation $\sim$ kommt nicht von der Addition her, sondern von der Multiplikation. Und tatsächlich kann $\mathsf{R}_{/\sim}$ mit einer multiplikativen Struktur versehen werden, welche mit der multiplikativen Struktur von R verträglich ist. Das wesentliche Hilfsmittel dazu ist die kanonische Projektion $\boldsymbol{\pi}$.

Es sei also R ein Ring mit Einselement. Für $x \in \mathsf{R}$ sei $\tilde{x} = \{\, y \in \mathsf{R} \mid y \sim x \,\}$ die Äquivalenzklasse von x. Dann ist die Abbildung $\boldsymbol{\pi}\colon \mathsf{R} \longrightarrow \mathsf{R}_{/\sim}$ durch $\boldsymbol{\pi}(x) = \tilde{x}$ definiert. Diese Abbildung ist natürlich surjektiv.

Bei der Einführung des *größten* gemeinsamen Teilers zweier natürlicher Zahlen in Abschnitt 6.1 wurde das *größte* wie folgt motiviert: Die Teilbarkeitsrelation $\mid$ ist für natürliche Zahlen tatsächlich eine Halbordnung (siehe **D 6.1.4** auf Seite 197) und der größte gemeinsame Teiler ist bezüglich dieser Halbordnung der größte unter allen gemeinsamen Teilern. In einem allgemeinen Ring R ist die Teilbarkeitsrelation jedoch keine Halbordnung, weil aus $u \mid v$ und $v \mid u$ nicht $u = v$, sondern nur $u \sim v$ folgt, d.h. die Antisymmetrie ist nicht erfüllt. Man kann nun vermuten, daß beim Übergang von den Ringelementen zu den Äquivalenzklassen aus dem $\sim$ ein $=$ wird. Das ist auch wirklich der Fall, auf $\mathsf{R}_{/\sim}$ kann eine von der Teilbarkeitsrelation in R herkommende Halbordnung erzeugt werden.

Dazu wird eine Relation $\preccurlyeq$ auf $\mathsf{R}_{/\sim}$ wie folgt definiert. Es seien $X, Y \in \mathsf{R}_{/\sim}$. Es gibt dann $x, y \in \mathsf{R}$ mit $\boldsymbol{\pi}(x) = X$ und $\boldsymbol{\pi}(y) = Y$ und es wird definiert

$$X \preccurlyeq Y \;:\Longleftrightarrow\; x \mid y$$

Zu zeigen ist jetzt, dass diese Definition sinnvoll ist, es also nicht davon abhängt, welche Repräsentanten x und y zur Bildung von $X \preccurlyeq Y$ gewählt werden. Daher ist zu zeigen: Aus $x, u \in \mathsf{R}$ mit $\boldsymbol{\pi}(x) = \boldsymbol{\pi}(u)$ und aus $y, v \in \mathsf{R}$ mit $\boldsymbol{\pi}(y) = \boldsymbol{\pi}(v)$ folgt $x \mid y \iff u \mid v$. Zunächst gilt
Aus $\boldsymbol{\pi}(x) = \boldsymbol{\pi}(u)$ folgt $x \sim u$ und daraus $x \mid u \wedge u \mid x$.
Aus $\boldsymbol{\pi}(y) = \boldsymbol{\pi}(v)$ folgt $y \sim v$ und daraus $y \mid v \wedge v \mid y$.
Es gelte $x \mid y$. Daraus und aus $y \mid v$ folgt $x \mid v$. Daraus und aus $u \mid x$ folgt $u \mid v$.
Es gelte $u \mid v$. Daraus und aus $v \mid y$ folgt $u \mid y$. Daraus und aus $x \mid u$ folgt $x \mid y$.
Die Definition der Halbordnung ist sinnvoll.

Allerdings ist $\preccurlyeq$ bis jetzt nur Halbordnung genannt worden, daß die Relation die definierenden Eigenschaften einer Halbordnung auch wirklich besitzt ist noch nachzuweisen. Es seien dazu $X, Y, Z \in \mathsf{R}_{/\sim}$ und $x, y, z \in \mathsf{R}$ mit $\pi(x) = X$, $\pi(y) = Y$ und $\pi(z) = Z$.

Reflexivität:

Aus $x \mid x$ folgt direkt $X \preccurlyeq X$.

Transitivität:

Wegen $x \mid y \wedge y \mid z \Longrightarrow x \mid z$ gilt natürlich auch $X \preccurlyeq Y \wedge Y \preccurlyeq Z \Longrightarrow X \preccurlyeq Z$.

Antisymmetrie:

Aus $X \preccurlyeq X$ und $Y \preccurlyeq Y$ folgt $x \mid y$ und $y \mid x$, also $x \sim y$ daraus $\pi(x) = \pi(y)$ oder $X = Y$.

Abbildung 6.1.: Die Halbordnung $\preccurlyeq$ auf $\mathsf{R}_{/\sim}$

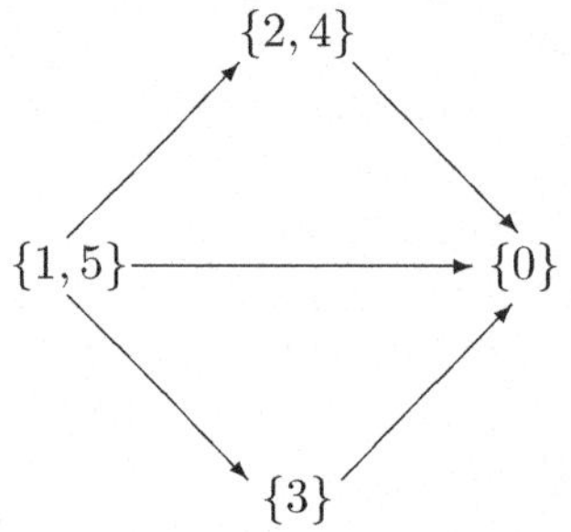

Im Beispiel $\mathbb{Z}_6$ erhält man die Halbordnung $\{1,5\} \preccurlyeq \{0\}$, $\{2,4\} \preccurlyeq \{0\}$, $\{3\} \preccurlyeq \{0\}$, $\{1,5\} \preccurlyeq \{2,4\}$ und $\{1,5\} \preccurlyeq \{3\}$. Die Struktur der Relation ist in Bild 6.1 dargestellt.

Wie oben angekündigt wird nun $\mathsf{R}_{/\sim}$ mit einer multiplikativen Struktur versehen, welche mit der multiplikativen Struktur von R verträglich ist. Und zwar gibt es auf $\mathsf{R}_{/\sim}$ genau eine assoziative Verknüpfung $\circledast \colon \mathsf{R}_{/\sim} \times \mathsf{R}_{/\sim} \longrightarrow \mathsf{R}_{/\sim}$ bei welcher die kanonische Projektion π multiplikativ ist:

$$\bigwedge_{x,y \in \mathsf{R}} \pi(xy) = \pi(x) \circledast \pi(y) \tag{6.138}$$

Wenn es ein solches $\circledast$ gibt, dann muss (6.138) gelten, d.h. es kann nur ein $\circledast$ geben. Es ist nun leicht zu zeigen, dass durch (6.138) eine Abbildung mit allen gewünschten Eigenschaften definiert wird. Die Multiplikativität ist *per definitionem* gegeben. Alle weiteren Eigenschaften leiten sich direkt aus der Surjektivität von π her: Sind $X, Y, Z \in \mathsf{R}_{/\sim}$ gegeben, dann gibt es $x, y, z \in \mathsf{R}$ mit $\pi(x) = X$, $\pi(y) = Y$ und $\pi(z) = Z$, und Eigenschaften der x, y, z können per π auf die X, Y, Z übertragen werden. Dass $\circledast$ assoziativ ist, sieht man z.B. so:

$$\begin{aligned}(X \circledast Y) \circledast Z = \big(\pi(x) \circledast \pi(y)\big) \circledast \pi(z) = \pi(xy) \circledast \pi(z) = \pi(xyz) = \\ \pi(x) \circledast \pi(yz) = \pi(x) \circledast \big(\pi(y) \circledast \pi(z)\big) = X \circledast (Y \circledast Z)\end{aligned}$$

Genauso wird gezeigt, dass die Verknüpfung $\circledast$ kommutativ ist. Auch gibt es bezüglich dieser Verknüpfung ein Einselement E, nämlich ganz selbtverständlich $E = \pi(1)$:

$$E \circledast X = \pi(1) \circledast \pi(x) = \pi(1 \cdot x) = \pi(x) = E$$

Im Beispiel $\mathbb{Z}_6$ ist $E = \boldsymbol{\pi}(1) = \{1,5\}$. Für die noch verbleibenden von $\{0\}$ verschiedenen Elemente $\{2,4\}$ und $\{3\}$ kann das Ergebnis vorausgesagt werden. $\boldsymbol{\pi}$ bildet natürlich Nullteiler in Nullteiler ab, wegen $2,3,4 \in \mathbb{Z}_6^\circ$ ist daher auch $\{2,4\},\{3\} \in \mathbf{R}^\circ_{/\sim}$. Es kann auch direkt nachgeprüft werden, und zwar ist $\{2,4\} \circledast \{3\} = \boldsymbol{\pi}(2 \cdot 3) = \boldsymbol{\pi}(0) = \{0\}$.

In Abschnitt 6.5 ist der Binomialsatz eingesetzt worden unter der stillschweigenden Voraussetzung, daß er in jedem kommutativen Ring mit Einselement gültig ist. Die genaue Formulierung wird im nächsten Satz nachgeholt.

S 6.6.9 (Binomialsatz)
Für $k,l \in \mathbb{N}$ ist der **Binomialkoeffizent**

$$\binom{k}{l} = \begin{cases} \dfrac{k!}{l!(k-l)!} = & \text{falls } 0 \leq l \leq k \\ 0 & \text{falls } k < l \end{cases} \tag{6.139}$$

eine natürliche Zahl. Ist $\mathbf{R}$ ein kommutativer Ring mit Einselement, dann gilt für $n \in \mathbb{N}$ und $u,v \in \mathbf{R}$

$$(u+v)^n = \sum_{\nu=0}^{n} \binom{n}{\nu} u^\nu v^{n-\nu} \tag{6.140}$$

Die Gültigkeit des ersten Teils des Satzes ist schon zu sehen, wenn die Fakultäten ausgeschrieben werden, und der zweite Teil ist leicht mit vollständiger Induktion zu beweisen.
Es sei daran erinnert, daß die $u^\nu v^{n-\nu}$ der Summe nicht wirklich mit den Binomialkoeffizienten multipliziert werden, sondern mit $\boldsymbol{\kappa}_{\mathbf{R}}\bigl(\binom{n}{\nu}\bigr)$ (siehe **D 6.5.6**).
Für $l \in \mathbb{N}_+$ läßt sich der Binomialkoeffizient auch wie folgt schreiben:

$$\binom{k}{l} = \frac{k(k-1)\cdots(k-l+1)}{l!} \tag{6.141}$$

Mit Hilfe des Binomischen Satzes läßt sich eine einfache Teilbarkeitsregel für Potenzen von Ringelementen ableiten:

S 6.6.10 (Teilbarkeitsregel für Potenzen)
In einem kommutativen Ring $\mathbf{R}$ mit Einselement gilt die folgende Teilbarkeitsregel:

$$\bigwedge_{m,n \in \mathbb{N}_+} \bigwedge_{u \in \mathbf{R}} \bigl(m \in \mathsf{T}_n \implies u^m - 1 \in \mathsf{T}_{u^n-1} \bigr) \tag{6.142}$$

Es sei $n = km$ mit $k \in \mathbb{N}_+$. Es ist dann

$$u^{km} - 1 = (u^m)^k - 1 = \bigl((u^m - 1) + 1\bigr)^k - 1 = -1 + \sum_{\kappa=0}^{k} \binom{k}{\kappa} (u^m - 1)^\kappa =$$

$$= -1 + 1 + \sum_{\kappa=1}^{k} \binom{k}{\kappa} (u^m - 1)^\kappa = (u^m - 1) \sum_{\kappa=1}^{k} \binom{k}{\kappa} (u^m - 1)^{\kappa-1}$$

6.7. Polynome I

In diesem Abschnitt ist R ein kommutativer Ring mit Einselement 1.

Der Träger $\mathbb{T}_{\boldsymbol{f}}$ einer Abbildung $\boldsymbol{f}: \mathbb{N} \longrightarrow \mathsf{R}$ ist die Menge aller Elemente von $\mathbb{N}$, auf welchen die Abbildung nicht verschwindet, d.h. aller Elemente, die nicht auf das Nullelement des Ringes abgebildet werden:

$$\mathbb{T}_{\boldsymbol{f}} = \{ n \in \mathbb{N} \mid \boldsymbol{f}(n) \neq 0 \} \tag{6.143}$$

Träger können endliche oder unendliche Teilmengen von $\mathbb{N}$ sein. So hat etwa die Abbildung $\mathbf{1}$, die jedes Element von $\mathbb{N}$ auf das Einselement von R abbildet, den unendlichen Träger $\mathbb{N}$. Hier interessieren jedoch nur die Abbildungen mit endlichem Träger:

D 6.7.1 Ein **Polynom** $\boldsymbol{f}$ ist eine Abbildung $\boldsymbol{f}: \mathbb{N} \longrightarrow \mathsf{R}$ mit endlichem Träger.

Das einfachste Beispiel eines Polynoms ist die Nullabbildung $\mathbf{0}$, die jedes $n \in \mathbb{N}$ auf das Nullelement von R abbildet, es hat den Träger $\mathbb{T}_{\mathbf{0}} = \emptyset$. Die nächsteinfacheren Polynome sind die **charakteristischen Funktionen** von Einerteilmengen von $\mathbb{N}$:

$$\chi_m(n) = \begin{cases} 1 & \text{falls } n = m \\ 0 & \text{falls } n \neq m \end{cases} \qquad \mathbb{T}_{\chi_m} = \{m\} \tag{6.144}$$

Natürlich ist in dieser Definition 1 das Einselement und 0 das Nullelement von R.

Aus bestimmten (noch zu erläuternden) Gründen wird die Menge aller Polynome über dem Ring R mit $\mathsf{R}[X]$ bezeichnet. Sie kann mit einer Ringstruktur versehen werden. Die Addition erfolgt einfach komponentenweise, also für $\boldsymbol{f}, \boldsymbol{g} \in \mathsf{R}[\boldsymbol{X}]$

$$(\boldsymbol{f} + \boldsymbol{g})(n) = \boldsymbol{f}(n) + \boldsymbol{g}(n) \tag{6.145}$$

Die Ringmultiplikation erfordert etwas mehr Aufwand:

$$(\boldsymbol{f}\boldsymbol{g})(n) = \sum_{m \in \mathbb{N}} \boldsymbol{f}(m)\boldsymbol{g}(m-n) = \sum_{\substack{i,j \in \mathbb{N} \\ i+j=n}} \boldsymbol{f}(i)\boldsymbol{g}(j) = \sum_{\substack{i \in \mathbb{T}_{\boldsymbol{f}}, j \in \mathbb{T}_{\boldsymbol{g}} \\ i+j=n}} \boldsymbol{f}(i)\boldsymbol{g}(j) \tag{6.146}$$

Wegen der endlichen Träger beider Polynome enthalten die beiden Summen über $\mathbb{N}$ nur endlich viele Summanden. Daß mit diesen beiden Verknüpfungen $\mathsf{R}[\boldsymbol{X}]$ tatsächlich zu einem Ring wird kann durch (streckenweise etwas mühsames) Nachrechnen bestätigt werden.

Die Multiplikation von Polynomen mit einem Ringelement ist ebenfalls möglich:

$$(a\boldsymbol{f})(n) = a\boldsymbol{f}(n) \tag{6.147}$$

Der Polynomring besitzt ein Einselement, nämlich χ_0:

$$(\boldsymbol{f}\chi_0)(n) = \sum_{\substack{i \in \mathbb{N} \\ i=n}} \boldsymbol{f}(i)\chi_0(0) = \boldsymbol{f}(n)$$

Eine Einbettung des Ringes R in den Ring $\mathsf{R}[\boldsymbol{X}]$, d.h. einen injektiven Ringhomomorphismus $\iota: \mathsf{R} \longrightarrow \mathsf{R}[X]$ erhält man durch die Zuordnung $\iota(a) = a\chi_0$ Z.B. erhält man für die Ringmultiplikation $\iota(ab) = ab\chi_0 = a\chi_0 b\chi_0 = \iota(a)\iota(b)$. Der Ring R wird daher mit dem Ring $\iota[\mathsf{R}]$ identifiziert. Mit $a + \boldsymbol{f}$ ist also $(a\chi_0) + \boldsymbol{f}$ gemeint, und die Multiplikation ergibt sich als (6.147).

Der Übergang zur klassischen Darstellung von Polynomen ist nun leicht möglich. Zunächst stellt man fest, daß sich jedes Polynom als eine Summe von gewichteten charakteristischen Funktionen schreiben läßt:

$$\boldsymbol{f} = \sum_{m\in\mathbb{T}_{\boldsymbol{f}}} \boldsymbol{f}(m)\chi_m \tag{6.148}$$

D 6.7.2 Der Träger eines Polynoms hat als endliche Teilmenge von $\mathbb{N}$ ein Maximum, das als der **Grad** des Polynoms bezeichnet wird:

$$\partial(\boldsymbol{f}) = \max(\mathbb{T}_{\boldsymbol{f}}) \tag{6.149}$$

Im Spezialfall $\mathbb{T}_{\boldsymbol{0}} = \emptyset$ soll $\partial(\boldsymbol{0}) = -\infty$ gelten.

Beachtet man nun, daß $\mathbb{T}_{\boldsymbol{f}} \subset \{0, 1, \ldots, \partial(\boldsymbol{f})\}$ gilt, schreibt man f_m statt $\boldsymbol{f}(m)$, und führt für das Polynom χ_m die alternative Bezeichnung $\boldsymbol{X}^m$ ein, dann bekommt man die gewohnte Darstellung eines Polynoms:

$$\boldsymbol{f} = \sum_{m=0}^{\partial(\boldsymbol{f})} f_m \boldsymbol{X}^m \tag{6.150}$$

Darin ist also $\boldsymbol{X}^m$ keine irgendwie geartete *Unbestimmte*, sondern ein echtes Polynom, ein Element des Polynomringes $\mathsf{R}[\boldsymbol{X}]$. In dieser Darstellung ist $f_m = 0$ für $m \in \{0, 1, \ldots, \partial(\boldsymbol{f})\} \setminus \mathbb{T}_{\boldsymbol{f}}$. Zwar ist das m in $\boldsymbol{X}^m$ zunächst einmal kein echter Exponent, es gilt aber doch

$$\boldsymbol{X}^k \boldsymbol{X}^m = \boldsymbol{X}^{k+m} \tag{6.151}$$

In dieser Gleichung steht links das normale Produkt zweier Polynome. Der Beweis geht wie folgt:

$$\begin{aligned}
(\chi_k\chi_m)(n) = \sum_{\substack{i,j\in\mathbb{N}\\ i+j=n}} \chi_k(i)\chi_m(j) &= \begin{cases} \chi_k(k)\chi_m(m) & \text{falls } n = k+m \\ 0 & \text{falls } n \neq k+m \end{cases} \\
&= \begin{cases} 1 & \text{falls } n = k+m \\ 0 & \text{falls } n \neq k+m \end{cases} \\
&= \chi_{k+m}(n)
\end{aligned}$$

$\boldsymbol{X}^m$ ist tatsächlich ein Polynomprodukt, und zwar das m-fache Produkt des Polynoms $\boldsymbol{X} = \boldsymbol{X}^1$ mit sich selbst:

$$\boldsymbol{X}^m = \underbrace{\boldsymbol{X}\boldsymbol{X}\cdots\boldsymbol{X}}_{m} \tag{6.152}$$

Natürlich ist $\boldsymbol{X}^0 = \chi_0$ das Einselement des Polynomringes $\mathsf{R}[\boldsymbol{X}]$, das der Einbettung wegen einfach mit 1 bezeichnet wird.

Die Polynommultiplikation zweier Polynome $\boldsymbol{f}$ und $\boldsymbol{g}$ läßt sich nun so beschreiben: Es wird jeder Term $f_m\boldsymbol{X}^m$ von $\boldsymbol{f}$ mit jedem Term $g_k\boldsymbol{X}^k$ multipliziert, anschließend werden die entstandenen

Produktterme nach ihren Exponenten zusammengefaßt. Ein Beispiel:

$$(\boldsymbol{X}^3 + \boldsymbol{X})(\boldsymbol{X}^2 + 1) = \boldsymbol{X}^5 + \boldsymbol{X}^3 + \boldsymbol{X}^3 + \boldsymbol{X} = \boldsymbol{X}^5 + (1+1)\boldsymbol{X}^3 + \boldsymbol{X}$$

Im Spezialfall $\mathsf{R} = \mathbb{Z}_2$ ist das Ergebnis $\boldsymbol{X}^5 + \boldsymbol{X}$ wegen $1 + 1 = 0$, es ist $\boldsymbol{X}^5 + 2\boldsymbol{X}^3 + \boldsymbol{X}$ falls R der Ring $\mathbb{Z}$ der ganzen Zahlen ist.

Die Bezeichnung $\mathsf{R}[\boldsymbol{X}]$ soll andeuten, daß der Polynomring über dem Ring R durch „Hinzufügen“ eines Objektes $\boldsymbol{X}$, das nicht zu R gehört, erhalten werden kann. Dieser Zugang ist z.B. in [Lang] beschrieben ([V, §2]).

Polynome dürfen nicht einfach mit Abbildungen gleichgesetzt werden. So ist etwa das Polynom $\boldsymbol{f} = \boldsymbol{X} + 1 \in \mathbb{Z}_2[\boldsymbol{X}]$ als eine Abbildung $\boldsymbol{f}\colon \mathbb{N} \longrightarrow \mathbb{Z}_2$ verschieden von der durch $f(x) = x + 1$ definierten Abbildung $f\colon \mathbb{Z}_2 \longrightarrow \mathbb{Z}_2$. Man kann aber jedes Polynom durch Substitution in eine Abbildung überführen.

S 6.7.1 (Substitutionshomomorphismus) Es sei S ein kommutativer Ring mit Einselement, der R als Unterring enthält. Dann gibt es zu jedem $s \in \mathsf{S}$ einen eindeutig bestimmten Ringhomomorphismus $\boldsymbol{\sigma}_s : \mathsf{R}[\boldsymbol{X}] \longrightarrow \mathsf{S}$ mit der Eigenschaft

$$\boldsymbol{\sigma}_s(\boldsymbol{X}) = s \quad \text{und} \quad \boldsymbol{\sigma}_s(r) = r \text{ für alle } r \in \mathsf{R} \tag{6.153}$$

Dieser Substitutionshomomorphismus läßt also die Elemente von R fest und bildet $\boldsymbol{X}$ auf s ab.

Falls ein solcher Ringhomomorphismus existiert, dann folgt aus den geforderten Eigenschaften

$$\boldsymbol{\sigma}_s\Bigl(\sum_{m\in\mathbb{T}_{\boldsymbol{f}}} \boldsymbol{f}(m)\boldsymbol{X}^m\Bigr) = \sum_{m\in\mathbb{T}_{\boldsymbol{f}}} \boldsymbol{f}(m)s^m \tag{6.154}$$

Daraus folgt schon die Eindeutigkeit. Mit etwas Rechnen kann man bestätigen, daß durch (6.154) tatsächlich ein Ringhomomorphismus gegeben ist. Das Bild $\boldsymbol{\sigma}_s[\mathsf{R}[\boldsymbol{X}]]$ von $\mathsf{R}[\boldsymbol{X}]$ unter $\boldsymbol{\sigma}_s$ ist ein Unterring von S, der R und s enthält. Er wird mit $\mathsf{R}[s]$ bezeichnet, weil er durch Beifügen des Elementes s zu R entsteht (Ringadjunktion). Ein Beispiel geben die Ringe $\mathbb{Z}_2$ und $\mathbb{Z}_3$ mit $s = 2$. Der Ring $\mathbb{Z}_2[2]$ ist ein Unterring von $\mathbb{Z}_3$, der $\mathbb{Z}_2$ und 2 enthält, und naürlich kann das nur $\mathbb{Z}_3$ selbst leisten, d.h. es ist $\mathbb{Z}_2[2] = \mathbb{Z}_3$.

Mit Hilfe von $\boldsymbol{\sigma}_s$ läßt sich nun jedem Polynom $\boldsymbol{f} \in \mathsf{R}[\boldsymbol{X}]$ eine Abbildung $\boldsymbol{f}^\star : \mathsf{R} \longrightarrow \mathsf{R}$ zuordnen. Diese ist gegeben durch

$$\boldsymbol{f}^\star(r) = \boldsymbol{\sigma}_r(\boldsymbol{f}) \tag{6.155}$$

Es sei beispielsweise $\boldsymbol{f} = 2\boldsymbol{X}^3 + \boldsymbol{X} + 2$ aus $\mathbb{Z}_3[\boldsymbol{X}]$. Die Abbildung $\boldsymbol{f}^\star : \mathbb{Z}_3 \longrightarrow \mathbb{Z}_3$ ist hier gegeben durch

$$(2\boldsymbol{X}^3 + \boldsymbol{X} + 2)^\star(r) = 2r^3 + r + 2 = \begin{cases} r & \text{falls } r \in \mathbb{Z}_3^\star \\ 2 & \text{falls } r = 0 \end{cases}$$

Daß Polynome aus $\mathsf{R}[\boldsymbol{X}]$ nicht mit Abbildungen $\mathsf{R} \longrightarrow \mathsf{R}$ identifiziert werden dürfen ergibt sich daraus, daß die Zuordnung $\boldsymbol{f} \mapsto \boldsymbol{f}^\star$ im Allgemeinen nicht injektiv ist. Es seien z.B. $\boldsymbol{f} = \boldsymbol{X} + 1$ und $\boldsymbol{g} = \boldsymbol{X}^2 + 1$ Polynome aus $\mathbb{Z}_2[\boldsymbol{X}]$. Hier ist $\boldsymbol{f}^\star(z) = z + 1$, aber auch $\boldsymbol{g}^\star(z) = z^2 + 1 = z + 1$, also ergibt sich bei der Substitution beider Polynome dieselbe Abbildung von $\mathbb{Z}_2$ in $\mathbb{Z}_2$: $\boldsymbol{f}^\star = \boldsymbol{g}^\star$.

Vor der Vorstellung der Polynomdivision mit Rest muß noch eine Aussage über die Polynomgrade von Summen und Produkten gemacht werden.

S 6.7.2 Es seien $\boldsymbol{f}$ und $\boldsymbol{g}$ Polynome über dem Ring R. Die Polynomgrade von Summe und Produkt ergeben sich dann wie folgt:

$$\partial(\boldsymbol{f}+\boldsymbol{g}) \leq \max\{\partial(\boldsymbol{f}), \partial(\boldsymbol{g})\} \tag{6.156}$$

$$\partial(\boldsymbol{fg}) \leq \partial(\boldsymbol{f}) + \partial(\boldsymbol{g}) \tag{6.157}$$

Sind die Grade verschieden, $\partial(\boldsymbol{f}) \neq \partial(\boldsymbol{g})$, dann steht bei der Summe das Gleichheitszeichen:

$$\partial(\boldsymbol{f}+\boldsymbol{g}) = \max\{\partial(\boldsymbol{f}), \partial(\boldsymbol{g})\} \tag{6.158}$$

Ist R sogar ein Integritätsbereich, dann addieren sich bei der Multiplikation die Grade:

$$\partial(\boldsymbol{fg}) = \partial(\boldsymbol{f}) + \partial(\boldsymbol{g}) \tag{6.159}$$

Die erste Aussage folgt aus der offensichtlichen Beziehung $\mathbb{T}_{\boldsymbol{f}+\boldsymbol{g}} \subset \mathbb{T}_{\boldsymbol{f}} \cup \mathbb{T}_{\boldsymbol{g}}$, die zweite Aussage aus $\boldsymbol{fg}\big(\partial(\boldsymbol{fg})\big) = \boldsymbol{f}\big(\partial(\boldsymbol{f})\big)\boldsymbol{g}\big(\partial(\boldsymbol{g})\big)$. Es gelte $\partial(\boldsymbol{f}) \neq \partial(\boldsymbol{g})$, und es sei $\max\{\partial(\boldsymbol{f}), \partial(\boldsymbol{g})\} = \partial(\boldsymbol{f})$. Dann ist $(\boldsymbol{f}+\boldsymbol{g})\big(\partial(\boldsymbol{f})\big) = \boldsymbol{f}\big(\partial(\boldsymbol{f})\big) \neq 0$, also $\partial(\boldsymbol{f}+\boldsymbol{g}) = \max\{\partial(\boldsymbol{f}), \partial(\boldsymbol{g})\}$.

Die Division mit Rest **S 6.1.1** läßt sich nicht nur mit ganzen Zahlen durchführen, sondern auch mit Polynomen, allerdings nur unter bestimmten Bedingungen.

S 6.7.3 (Division mit Rest für Polynome) Es seien R ein Integritätsbereich mit Einselement und $\boldsymbol{f}, \boldsymbol{g} \in \mathsf{R}[\boldsymbol{X}]$. Der führende Koeffizient $\boldsymbol{g}\big(\partial(\boldsymbol{g})\big)$ von $\boldsymbol{g}$ sei invertierbar. Dann gibt es zwei eindeutig bestimmte Polynome $\boldsymbol{q}$ und $\boldsymbol{r}$ mit

$$\boldsymbol{f} = \boldsymbol{qg} + \boldsymbol{r} \quad \text{und} \quad \partial(\boldsymbol{r}) < \partial(\boldsymbol{g}) \tag{6.160}$$

$\boldsymbol{q}$ ist der Quotient und $\boldsymbol{r}$ der Teilerrest der Division.

Im Falle $\partial(\boldsymbol{f}) < \partial(\boldsymbol{g})$ führt die Wahl von $\boldsymbol{q} = \boldsymbol{0}$ und $\boldsymbol{r} = \boldsymbol{f}$ zum Ziel. Falls $\partial(\boldsymbol{f}) \geq \partial(\boldsymbol{g})$ wird der Beweis mit Induktion über $\partial(\boldsymbol{f})$ geführt.
Die Induktionsvoraussetzung: Die Existenz von $\boldsymbol{q}$ und $\boldsymbol{r}$ ist für alle Polynome $\boldsymbol{p}$ mit $\partial(\boldsymbol{p}) < \partial(\boldsymbol{f})$ gegeben. Es sei

$$\boldsymbol{h} = \boldsymbol{f}\big(\partial(\boldsymbol{f})\big)\boldsymbol{g}\big(\partial(\boldsymbol{g})\big)^{-1}\boldsymbol{X}^{\partial(\boldsymbol{f})-\partial(\boldsymbol{g})}\boldsymbol{g}$$

Das Polynom $\boldsymbol{h}$ ist offensichtlich so konstruiert, daß $\boldsymbol{h}\big(\partial(\boldsymbol{h})\big) = \boldsymbol{f}\big(\partial(\boldsymbol{f})\big)$ und $\partial(\boldsymbol{h}) = \partial(\boldsymbol{f})$ gilt. Dann ist aber $\partial(\boldsymbol{f}-\boldsymbol{h}) < \partial(\boldsymbol{f})$, folglich gibt es Polynome $\tilde{\boldsymbol{q}}$ und $\tilde{\boldsymbol{r}}$ mit $\boldsymbol{f}-\boldsymbol{h} = \tilde{\boldsymbol{q}}\boldsymbol{g} + \tilde{\boldsymbol{r}}$ und $\partial(\boldsymbol{r}) < \partial(\boldsymbol{g})$. Auflösen nach $\boldsymbol{f}$ ergibt

$$\boldsymbol{f} = \boldsymbol{h} + \tilde{\boldsymbol{q}}g + \tilde{\boldsymbol{r}} = \Big(\boldsymbol{f}\big(\partial(\boldsymbol{f})\big)\boldsymbol{g}\big(\partial(\boldsymbol{g})\big)^{-1}\boldsymbol{X}^{\partial(\boldsymbol{f})-\partial(\boldsymbol{g})} + \tilde{\boldsymbol{q}}\Big)\boldsymbol{g} + \tilde{\boldsymbol{r}}$$

Damit sind auch für $\boldsymbol{f}$ die beiden Polynome $\boldsymbol{q}$ und $\boldsymbol{r}$ gefunden, nämlich

$$\boldsymbol{q} = \boldsymbol{f}\big(\partial(\boldsymbol{f})\big)\boldsymbol{g}\big(\partial(\boldsymbol{g})\big)^{-1}\boldsymbol{X}^{\partial(\boldsymbol{f})-\partial(\boldsymbol{g})} + \tilde{\boldsymbol{q}} \qquad \boldsymbol{r} = \tilde{\boldsymbol{r}}$$

Zum Beweis der Eindeutigkeit seien $\boldsymbol{q}$, $\tilde{\boldsymbol{q}}$, $\boldsymbol{r}$ und $\tilde{\boldsymbol{r}}$ Polynome mit $\boldsymbol{qg}+\boldsymbol{r} = \boldsymbol{f} = \tilde{\boldsymbol{q}}\boldsymbol{g}+\tilde{\boldsymbol{r}}$ und sowohl $\partial(\boldsymbol{r}) < \partial(\boldsymbol{g})$ als auch $\tilde{\boldsymbol{r}} < \partial(\boldsymbol{g})$. Das ergibt $(\boldsymbol{q}-\tilde{\boldsymbol{q}})\boldsymbol{g} = \tilde{\boldsymbol{r}} - \boldsymbol{r}$. Angenommen, es gilt $\boldsymbol{q} - \tilde{\boldsymbol{q}} \neq \boldsymbol{0}$.

Daraus folgt nach dem vorigen Satz über Polynomgrade die Ungleichung

$$\partial(\tilde{\boldsymbol{r}} - \boldsymbol{r}) = \partial\big((\boldsymbol{q} - \tilde{\boldsymbol{q}})\boldsymbol{g}\big) = \partial(\boldsymbol{q} - \tilde{\boldsymbol{q}}) + \partial(\boldsymbol{g}) \geq \partial(\boldsymbol{g})$$

Das widerspricht aber der Ungleichung

$$\partial(\tilde{\boldsymbol{r}} - \boldsymbol{r}) \leq \max\big\{\partial(\tilde{\boldsymbol{r}}), \partial(-\boldsymbol{r})\big\} < \partial(\boldsymbol{g})$$

Die Annahme $\boldsymbol{q} \neq \tilde{\boldsymbol{q}}$ ist daher falsch. Aus $\boldsymbol{q} = \tilde{\boldsymbol{q}}$ folgt natürlich sofort auch $\boldsymbol{r} = \tilde{\boldsymbol{r}}$.

Daß bei der Division mit Rest der Polynomkoeffizient $\boldsymbol{g}\big(\partial(\boldsymbol{g})\big)$ als Einheit (d.h. invertierbar) vorausgesetzt wird ist notwendig. Beispielsweise gibt es für die Polynome $\boldsymbol{f} = 7\boldsymbol{X}^3 + 2$ und $\boldsymbol{g} = 3\boldsymbol{X}^2 + 2$ aus $\mathbb{Z}[\boldsymbol{X}]$ keine Division mit Teilerrest. Denn angenommen, es gibt die Polynome $\boldsymbol{q}$ und $\boldsymbol{r}$. Aus $\partial(\boldsymbol{r}) < \partial(\boldsymbol{g}) = 2$ folgt dann $\boldsymbol{r} = a\boldsymbol{X} + b$. Wegen $\partial(\boldsymbol{q}\boldsymbol{g}) = \partial(\boldsymbol{f}) = 3$ ist $\partial(\boldsymbol{q}) = 1$, also $\boldsymbol{q} = c\boldsymbol{X} + d$. Der führende Koeffizient von $\boldsymbol{q}\boldsymbol{g}$, d.h. der Koeffizient von $\boldsymbol{X}^3$, ist offensichtlich $3c$, und weil er mit dem Koeffizienten von $\boldsymbol{X}^3$ in $\boldsymbol{f}$ übereinstimmen muß, erhält man die in $\mathbb{Z}$ unlösbare Gleichung $3c = 7$. Man beachte aber, daß die Division mit Rest für die Polynome $3\boldsymbol{f}$ und $\boldsymbol{g}$ sehr wohl existiert, es ist nämlich

$$3(7\boldsymbol{X}^3 + 2) = 7\boldsymbol{X}(3\boldsymbol{X}^2 + 2) - 14\boldsymbol{X} + 6$$

wie man durch Ausmultiplizieren leicht bestätigt.

Weil jeder Körper K ein Integritätsbereich ist, ist die Division mit Rest in Polynomringen über Körpern immer durchführbar. In diesem Fall ist die Voraussetzung, $\boldsymbol{g}\big(\partial(\boldsymbol{g})\big)$ sei invertierbar, natürlich unnötig.

Als erstes Beispiel zur Division mit Rest werden Polynome aus $\mathbb{Z}_2[\boldsymbol{X}]$ dividiert, und zwar sei $\boldsymbol{f} = \boldsymbol{X}^2 + \boldsymbol{X} + 1$ und $\boldsymbol{g} = \boldsymbol{X}$. Gesucht sind $\boldsymbol{q}$ und $\boldsymbol{r}$ mit $\boldsymbol{f} = \boldsymbol{q}\boldsymbol{g} + \boldsymbol{r}$ und $\partial(\boldsymbol{r}) < \partial(\boldsymbol{g}) = 1$. Aus der letzten Bedingung folgt $\partial(\boldsymbol{r}) = 0$, d.h. $\boldsymbol{r}$ ist ein Ringelement (eine Polynomkonstante) r. Weil die Polynome auf beiden Seiten von $\boldsymbol{f} = \boldsymbol{q}\boldsymbol{g} + \boldsymbol{r}$ denselben Grad haben, muß $\partial(\boldsymbol{q}\boldsymbol{g}) = \partial(\boldsymbol{f}) = 2$ gelten, also, weil $\partial(\boldsymbol{g}) = 1$, $\partial(\boldsymbol{q}) = 1$. Das bedeutet $\boldsymbol{q} = u\boldsymbol{X} + v$ mit $u, v \in \mathbb{Z}_2$. Das ergibt

$$\boldsymbol{X}^2 + \boldsymbol{X} + 1 = \boldsymbol{X}(u\boldsymbol{X} + v) + r = u\boldsymbol{X}^2 + v\boldsymbol{X} + r \tag{6.161}$$

Koeffizientenvergleich liefert sofort $u = 1$, $v = 1$ und $r = 1$, die Division mit Rest ist daher

$$\boldsymbol{X}^2 + \boldsymbol{X} + 1 = (\boldsymbol{X} + 1)\boldsymbol{X} + 1$$

Noch eine Bermerkung zum Koeffizientenvergleich: Tatsächlich werden in (6.161) Funktionswerte verglichen. Auf der linken Seite der Gleichung steht das Polynom $\boldsymbol{f}$, auf der rechten Seite stehe das Poynom $\boldsymbol{h}$. Dann bedeutet die Gleichung, auf die Definition des Polynoms zurückgehend, $1 = \boldsymbol{f}(2) = \boldsymbol{h}(2) = u$, $1 = \boldsymbol{f}(1) = \boldsymbol{h}(1) = v$ und $1 = \boldsymbol{f}(0) = \boldsymbol{h}(0) = r$.

Wieder allgemein sei $\partial(\boldsymbol{f}) = m$ und $\partial(\boldsymbol{g}) = n$. Im Falle $m < n$ ist wegen $\boldsymbol{f} = \boldsymbol{0}\boldsymbol{g} + \boldsymbol{f}$ nichts zu berechnen. Es sei daher $m \geq n$. Dann ist $\partial(\boldsymbol{r}) \leq n - 1$. Es ist $\partial(\boldsymbol{r}) < n \leq \partial(\boldsymbol{q}) + n = \partial(\boldsymbol{q}\boldsymbol{g})$, folglich $\partial(\boldsymbol{r}) \neq \partial(\boldsymbol{q}\boldsymbol{g})$ und daher $\partial(\boldsymbol{q}\boldsymbol{g} + \boldsymbol{r}) = \max\big\{\partial(\boldsymbol{q}\boldsymbol{g}), \partial(\boldsymbol{r})\big\} = \partial(\boldsymbol{q}) + n$. Das führt endlich auf $\partial(\boldsymbol{f}) = m = \partial(\boldsymbol{q}) + n$ oder $\partial(\boldsymbol{q}) = m - n$.

Die Bestimmung von Quotient und Teilerest zweier Polynome kann also auf das Lösen eines linearen Gleichungssystems zurückgeführt werden, allerdings eines Systems mit Gleichungskoeffizienten aus dem Ring R. Selbstverständlich kann auch der Algorithmus zur Polynomdivision verwendet werden, der in der Schule gelehrt wird. Beide Verfahren sind jedoch nur für Polynome von recht kleinem Grad praktikabel. Glücklicherweise läßt sich der Schulalgorithmus in ein sehr einfaches Computerprogramm umsetzen:

1 **for** $k = m - n$ **downto** 0 **do**
2 $\quad q_k \leftarrow \dfrac{\boldsymbol{f}_{n+k}}{\boldsymbol{g}_n}$
3 $\quad$ **for** $j = n + k - 1$ **downto** k **do**
4 $\quad\quad \boldsymbol{f}_j \leftarrow \boldsymbol{f}_j - q_k \boldsymbol{g}_{j-k}$
5 $\quad\quad$ **end**
6 $\quad$ **end**

Das Programm überschreibt $\boldsymbol{f}_0$ bis $\boldsymbol{f}_{n-1}$ mit $\boldsymbol{r}_0$ bis $\boldsymbol{r}_{n-1}$. Wegen der Division in der zweiten Zeile kann das Programm nur auf Polynome über einem Körper angewandt werden. Das ist jedoch nicht notwendig, wenn $\boldsymbol{g}_n = 1$ gilt. Manchmal genügt es schon, die Polynome $\boldsymbol{g}\big(\partial(\boldsymbol{g})\big)^n \boldsymbol{f}$ und $\boldsymbol{g}$ in Quotient und Rest zu zerlegen, wählt man n nur groß genug, kann die Division in der zweiten Programmzeile in R durchgeführt werden.

Das Programm berechnet für die beiden Polynome $\boldsymbol{f}$ und $\boldsymbol{g}$ aus $\mathbb{Z}_7[\boldsymbol{X}]$, gegeben durch

$$\boldsymbol{f} = 6\boldsymbol{X}^{10} + 6\boldsymbol{X}^5 + 5\boldsymbol{X}^4 + 4\boldsymbol{X}^3 + 3\boldsymbol{X}^2 + 2\boldsymbol{X}^1 + 1$$
$$\boldsymbol{g} = \boldsymbol{X}^3 + 2\boldsymbol{X}^2 + 3\boldsymbol{X}^1 + 4$$

das folgende Divisionsergebnis:

$$\boldsymbol{q} = 6\boldsymbol{X}^7 + 2\boldsymbol{X}^6 + 6\boldsymbol{X}^5 + 2\boldsymbol{X}^3 + 6\boldsymbol{X}^2 + \boldsymbol{X} + 4$$
$$\boldsymbol{r} = 3\boldsymbol{X}^2 + 6$$

Wie in $\mathbb{Z}$ kann auch in Polynomringen eine Teilerrestfunktion eingeführt werden, siehe **D 6.1.1** (in Abschnitt 6.8 wird eine beide Teilerrestfunktioen verallgemeinernde Teilerrestfunktion eingeführt). Der Polynomdivisor muss allerdings den Bedingungen von **S 6.7.3** genügen.

D 6.7.3 (Teilerrestfunktion für Polynome) Es sei R ein Integritätsbereich mit Einselement und $\boldsymbol{d} \in \mathsf{R}[\boldsymbol{X}]$. Der führende Koeffizient $\boldsymbol{d}\big(\partial(\boldsymbol{d})\big)$ von $\boldsymbol{d}$ sei eine Einheit (invertierbar). Die Abbildung $\varrho_{\boldsymbol{d}} \colon \mathsf{R}[\boldsymbol{X}] \longrightarrow \mathsf{R}[\boldsymbol{X}]$ sei definiert durch

$$\varrho_{\boldsymbol{d}}(\boldsymbol{f}) = \boldsymbol{r} \tag{6.162}$$

Darin ist $\boldsymbol{r}$ der Teilerrest aus der Entwicklung $\boldsymbol{f} = \boldsymbol{q}\boldsymbol{d} + \boldsymbol{r}$ aus **S 6.7.3**

Als Beispiel kann die soeben durchgeführte Division dienen. Das Polynom $\boldsymbol{g}$ erfüllt natürlich die Auflagen für den Divisor, daher ist $\varrho_{\boldsymbol{g}}(\boldsymbol{f}) = 3\boldsymbol{X}^2 + 6$.

Es wird nun kurz der Zusammenhang zwischen der Teilbarkeit von Polynomen und Polynomnullstellen untersucht. Zuerst die Definition der Nullstelle eines Polynoms:

D 6.7.4 (Polynomnullstelle)
Sei R ein Ring mit Einselement. Ein Element $u \in \mathsf{R}$ mit $\boldsymbol{f}^\star(u) = 0$ heißt eine Nullstelle (oder Wurzel) eines Polynoms $\boldsymbol{f}$.

Darin ist $\boldsymbol{f}^\star(u) = \boldsymbol{\sigma}_u(\boldsymbol{f})$ die Bewertung des Ringelementes u durch das Polynom $\boldsymbol{f}$ (siehe (6.153)), d.h. $\boldsymbol{f}^\star(u)$ ist das Ringelement, das erhalten wird, wenn im Polynom $\boldsymbol{f}$ überall $\boldsymbol{X}$ durch u ersetzt wird. So ist beispielsweise bei dem obigen Restpolynom $\boldsymbol{r}^\star(4) = 3 \odot 4 \odot 4 \oplus 6 = 5$.

Der Zusammenhang zwischen Teilbarkeit und Nullstelle wird im Wesentlichen durch das folgende Lemma hergestellt, das zwei wichtige Funktionen, nämlich den Teilerrest und die Substitution, zusammenführt:

L 6.7.1
Es sei R ein Integritätsbereich mit Einselement. Ist $u \in \mathsf{R}$ und $\boldsymbol{d} = \boldsymbol{X} - u \in \mathsf{R}[\boldsymbol{X}]$, dann gilt

$$\bigwedge_{\boldsymbol{f} \in \mathsf{R}[\boldsymbol{X}]} \varrho_{\boldsymbol{X}+u}(\boldsymbol{f}) = \boldsymbol{f}^\star(u) \tag{6.163}$$

Der Teilerrest bei einem linearen Divisorpolynom ist ein spezielles Ringelement, und zwar wird es durch Einsetzen des konstanten Gliedes des Divisorpolynoms in den Dividenden erhalten.

Zu $\boldsymbol{f} \in \mathsf{R}[\boldsymbol{X}]$ und $\boldsymbol{d}$ gibt es ein $\boldsymbol{q} \in \mathsf{R}[\boldsymbol{X}]$ mit $\boldsymbol{f} = \boldsymbol{q}\boldsymbol{d} + \varrho_{\boldsymbol{d}}(\boldsymbol{f})$ und $\partial\big(\varrho_{\boldsymbol{d}}(\boldsymbol{f})\big) < \partial(\boldsymbol{d}) = 1$. Das bedeutet $v = \varrho_{\boldsymbol{d}}(\boldsymbol{f}) \in \mathsf{R}$. Einsetzen von u in $\boldsymbol{f}$ ergibt

$$\boldsymbol{f}^\star(u) = \boldsymbol{\sigma}_u(\boldsymbol{f}) = \boldsymbol{\sigma}_u(\boldsymbol{q}\boldsymbol{d}+v) = \boldsymbol{\sigma}_u(\boldsymbol{q})\boldsymbol{\sigma}_u(\boldsymbol{X}-u)+v = \boldsymbol{\sigma}_u(\boldsymbol{q})\boldsymbol{\sigma}_u(\boldsymbol{X})-u+v = \boldsymbol{\sigma}_u(\boldsymbol{q})(u-u)+v = v$$

Dabei wurde von $\boldsymbol{\sigma}_u(\boldsymbol{X}) = u$ Gebrauch gemacht.

Es ist jetzt leicht zu sehen, daß eine Nullstelle eines Polynoms von einem linearen Teiler (oder Linearfaktor) des Polynoms erzeugt wird:

S 6.7.4 (Nullstelle und Linearfaktor) Es sei R ein Integritätsbereich mit Einselement. Ist $u \in \mathsf{R}$ und $\boldsymbol{d} = \boldsymbol{X} - u \in \mathsf{R}[\boldsymbol{X}]$, dann gilt

$$\bigwedge_{\boldsymbol{f} \in \mathsf{R}[\boldsymbol{X}]} \big(\boldsymbol{X} - u \in \mathsf{T}_R^{\boldsymbol{f}} \iff \boldsymbol{f}^\star(u) = 0\big) \tag{6.164}$$

Es ist also u genau dann Nullstelle von $\boldsymbol{f}$, wenn $\boldsymbol{X} - u$ Teiler von $\boldsymbol{f}$ ist.

Der Beweis besteht aus einer leicht zu verfolgenden Äquivalenzkette mit Verwendung des vorangehenden Lemmas:

$$\boldsymbol{d} \in \mathsf{T}_R^{\boldsymbol{f}} \iff \bigvee_{\boldsymbol{q} \in \mathsf{R}[\boldsymbol{X}]} \boldsymbol{f} = \boldsymbol{q}\boldsymbol{d} \iff 0 = \varrho_{\boldsymbol{d}}(\boldsymbol{f}) = \boldsymbol{f}^\star(u)$$

Eine unmittelbare Folge des Satzes ist eine Aussage über die mögliche Anzahl von Nullstellen eines Polynoms, und zwar durch Angabe einer oberen Schranke:

K 6.7.1 (Anzahl der Nullstellen eines Polynoms)
Ein Polynom $\boldsymbol{f} \in \mathsf{R}[\boldsymbol{X}]$ eines Polynomringes über einem Integritätsbereich mit Einselement hat höchstens $\partial(\boldsymbol{f})$ Nullstellen.

Der Beweis wird mit vollständiger Induktion über $\partial(\boldsymbol{f})$ geführt. Die Behauptung gelte daher für alle $\boldsymbol{g} \in \mathsf{R}[\boldsymbol{X}]$ mit $\partial(\boldsymbol{g}) < n$, und es sei $\boldsymbol{f} \in \mathsf{R}[\boldsymbol{X}]$ mit $\partial(\boldsymbol{g}) = n$. Sei u eine Nullstelle von $\boldsymbol{f}$. Nach dem vorigen Satz gibt es ein $\boldsymbol{q} \in \mathsf{R}[\boldsymbol{X}]$ mit $\boldsymbol{f} = \boldsymbol{q}(\boldsymbol{X} - u)$. Aus

$$n = \partial(\boldsymbol{f}) = \partial(\boldsymbol{q}) + \partial(\boldsymbol{X} - u)) = \partial(\boldsymbol{q}) + 1$$

folgt $\partial(\boldsymbol{q}) = n - 1 < n$. Daher hat das Polynom $\boldsymbol{q}$ höchstens $n-1$ Nullstellen. Es sei $v \in \mathsf{R}$ eine Nullstelle von $\boldsymbol{f}$. Daraus folgt

$$0 = \boldsymbol{f}^\star(v) = \boldsymbol{q}^\star(v)(\boldsymbol{X} - u)^\star(v)$$

Weil R keine Nullteiler enthält, ist $\boldsymbol{q}^\star(v) = 0$ oder $(\boldsymbol{X} - u)^\star(v) = 0$, d.h. v ist eine der höchstens $n-1$ Nullstellen von $\boldsymbol{q}$ oder es ist $v = u$. Also hat $\boldsymbol{f}$ höchstens $n - 1 + 1 = n$ Nullstellen.

Der Beweis setzt an entscheidender Stelle voraus, dass der Ring R ein Integritätsbereich ist. Tatsächlich ist der vorige Satz in Ringen mit Nullteilern nicht mehr gültig, wie das Beispiel $\boldsymbol{X}^2 - 1 \in \mathbb{Z}_{15}[\boldsymbol{X}]$ zeigt. Es ist zwar $\partial(\boldsymbol{X}^2 - 1) = 2$, dennoch hat das Polynom **vier** Nullstellen. Es ist nämlich in $\mathbb{Z}_{15}$ $1^2 = 1$, $(-1)^2 = 14^2 = 1$, $4^2 = 1$ und $(-4)^2 = 11^2 = 1$.

Es gibt sogar Polynome mit unendlich vielen Nullstellen. Man betrachte dazu den Ring $\mathbb{Z} \otimes \mathbb{Z}$ (siehe Seite 228) und das Polynom $\boldsymbol{f} = (1,0)\boldsymbol{X}$. Für jedes $v \in \mathbb{Z}$ ist $(0,v)$ eine Nullstelle von $\boldsymbol{f}$:

$$\boldsymbol{f}^\star\big((0,v)\big) = (1,0)(0,v) = (0,0)$$

Das Polynom hat tatsächlich unendlich viele Nullstellen.

Auf einem Polynomring $\mathsf{R}[\boldsymbol{X}]$ definierte Ringhomomorphismen sind eindeutig durch ihre Funktionswerte auf R und ihren Funktionswert von $\boldsymbol{X}$ bestimmt.

S 6.7.5
Es seien R und S Ringe, $\zeta\colon \mathsf{R} \longrightarrow \mathsf{S}$ eine Abbildung und $s \in \mathsf{S}$. Es gibt höchstens einen Ringhomomorphismus $\varphi\colon \mathsf{R}[\boldsymbol{X}] \longrightarrow \mathsf{S}$ mit $\varphi_{/\mathsf{R}} = \zeta$ und $\varphi(\boldsymbol{X}) = s$.

Es sei φ ein Ringhomomorphismus mit den angegebenen Eigenschaften. Es ist dann für $\boldsymbol{f} \in \mathsf{R}[\boldsymbol{X}]$

$$\varphi(\boldsymbol{f}) = \varphi\left(\sum_{n=0}^{\partial(\boldsymbol{f})} \boldsymbol{f}(n)\boldsymbol{X}^n\right) = \sum_{n=0}^{\partial(\boldsymbol{f})} \varphi\big(\boldsymbol{f}(n)\big)\varphi(\boldsymbol{X})^n = \sum_{n=0}^{\partial(\boldsymbol{f})} \zeta\big(\boldsymbol{f}(n)\big)s^n$$

womit φ eindeutig durch ζ und s bestimmt ist.

Das nachfolgende Korollar beschreibt einen wichtigen Spezialfall des Satzes, in welchem ein Ringhomomorphismus als Polynomauswertung gegeben ist.

K 6.7.2
Es sei R ein Ring und S ein Oberring von R. Dann ist ein Ringhomomorphismus $\varphi\colon \mathsf{R}[\boldsymbol{X}] \longrightarrow \mathsf{S}$ vollständig bestimmt durch $\varphi(\boldsymbol{X})$, und zwar ist für $\boldsymbol{f} \in \mathsf{R}[\boldsymbol{X}]$

$$\varphi(\boldsymbol{f}) = \sum_{n=0}^{\partial(\boldsymbol{f})} \varphi\big(\boldsymbol{f}(n)\big)\varphi(\boldsymbol{X})^n = \boldsymbol{f}^\star\big(\varphi(\boldsymbol{X})\big)$$

d.h. $\varphi(\boldsymbol{f})$ ist die Auswertung von $\boldsymbol{f}$ an der Stelle $\varphi(\boldsymbol{X}) \in \mathsf{S}$.

Es ist $\mathsf{R} \subset \mathsf{S}$ und man erhält die Aussage des Korollars für den Spezialfall $\zeta = \boldsymbol{\iota}_{\mathsf{R}}$, d.h. für $\varphi(x) = x$ für alle $x \in \mathsf{R}$.

Es gibt noch eine weitere Art von Polynomauswertung: Polynome können ineinander eingesetzt werden. Auf diese Weise lassen sich Polynome mit beliebig kompliziertem Aufbau erzeugen. Der folgende Satz besagt, daß eine bestimmte Ausführung des Ineinandereinsetzens mit den Polynomoperationen verträglich ist.

S 6.7.6 (Einsetzen von Polynomen ineinander)
Es seien R ein Ring mit Einselement und $\boldsymbol{q} \in \mathsf{R}[\boldsymbol{X}]$. Die Einsetzungsabbildung $\varsigma_{\boldsymbol{q}} : \mathsf{R}[\boldsymbol{X}] \longrightarrow \mathsf{R}[\boldsymbol{X}]$, definiert durch

$$\varsigma_{\boldsymbol{q}}(\boldsymbol{f}) = \boldsymbol{f}(\boldsymbol{q}) = \sum_{n=0}^{\partial(\boldsymbol{f})} \boldsymbol{f}(n)\boldsymbol{q}^n \tag{6.165}$$

mit welcher das feste Polynom $\boldsymbol{q}$ in variable Polynome $\boldsymbol{f}$ eingesetzt wird, ist ein Ringhomomorphismus.

Es seien $\boldsymbol{f}, \boldsymbol{g} \in \mathsf{R}[\boldsymbol{X}]$, mit $n = \partial(\boldsymbol{f})$ und $m = \partial(\boldsymbol{g})$. O.B.d.A. sei $m \leq n$. Man erhält einerseits

$$\varsigma_{\boldsymbol{q}}(\boldsymbol{f}+\boldsymbol{g}) = (\boldsymbol{f}+\boldsymbol{g})(\boldsymbol{q}) = \sum_{k=0}^{\partial(\boldsymbol{f}+\boldsymbol{g})} \big(\boldsymbol{f}(k)+\boldsymbol{g}(k)\big)\boldsymbol{q}^k = \sum_{\mu=0}^{m} \big(\boldsymbol{f}(\mu)+\boldsymbol{g}(\mu)\big)\boldsymbol{q}^\mu + \sum_{\nu=m+1}^{n} \boldsymbol{f}(\nu)\boldsymbol{q}^\nu$$

Andererseits ergibt sich

$$\begin{aligned}\varsigma_{\boldsymbol{q}}(\boldsymbol{f}) + \varsigma_{\boldsymbol{q}}(\boldsymbol{g}) &= \sum_{k=0}^{\partial(\boldsymbol{f})} \boldsymbol{f}(k)\boldsymbol{q}^k + \sum_{k=0}^{\partial(\boldsymbol{g})} \boldsymbol{g}(k)\boldsymbol{q}^k = \sum_{\mu=0}^{m} \boldsymbol{f}(\mu)\boldsymbol{q}^\mu + \sum_{\nu=m+1}^{n} \boldsymbol{f}(\nu)\boldsymbol{q}^\mu + \sum_{\mu=0}^{m} \boldsymbol{g}(\mu)\boldsymbol{q}^\mu \\ &= \sum_{\mu=0}^{m} \big(\boldsymbol{f}(\mu)+\boldsymbol{g}(\mu)\big)\boldsymbol{q}^\mu + \sum_{\nu=m+1}^{n} \boldsymbol{f}(\nu)\boldsymbol{q}^\nu\end{aligned}$$

Daraus folgt die Additivität $\varsigma_{\boldsymbol{q}}(\boldsymbol{f}+\boldsymbol{g}) = \varsigma_{\boldsymbol{q}}(\boldsymbol{f}) + \varsigma_{\boldsymbol{q}}(\boldsymbol{g})$. Die Multiplikativität kann auf ähnlich einfache Weise nachgeprüft werden. Hier ist einerseits

$$\varsigma_{\boldsymbol{q}}(\boldsymbol{f}\boldsymbol{g}) = \sum_{\kappa=0}^{n+m} \Bigg(\sum_{\substack{\nu+\mu=\kappa \\ 0\leq\nu\leq n \\ 0\leq\mu\leq m}} \boldsymbol{f}(\nu)\boldsymbol{g}(\mu) \Bigg) \boldsymbol{q}^\kappa = \boldsymbol{f}(0)\boldsymbol{g}(0)\boldsymbol{q}^0 + \big(\boldsymbol{f}(0)\boldsymbol{g}(1)+\boldsymbol{f}(1)\boldsymbol{g}(0)\big)\boldsymbol{q}^1 +$$

$$\big(\boldsymbol{f}(0)\boldsymbol{g}(2)+\boldsymbol{f}(1)\boldsymbol{g}(1)+\boldsymbol{f}(2)\boldsymbol{g}(0)\big)\boldsymbol{q}^2 + \cdots + \big(\boldsymbol{f}(n-1)\boldsymbol{g}(m)+\boldsymbol{f}(n)\boldsymbol{g}(m-1)\big)\boldsymbol{q}^{n+m-1} + \big(\boldsymbol{f}(n)\boldsymbol{g}(m)\boldsymbol{q}^{n+m}$$

Und andererseits

$$\begin{aligned}\varsigma_{\boldsymbol{q}}(\boldsymbol{f})\varsigma_{\boldsymbol{q}}(\boldsymbol{g}) &= \Bigg(\sum_{\nu=0}^{n} \boldsymbol{f}(\nu)\boldsymbol{q}^\nu\Bigg)\Bigg(\sum_{\mu=0}^{m} \boldsymbol{g}(\mu)\boldsymbol{q}^\mu\Bigg) = \sum_{\nu=0}^{n} \boldsymbol{f}(\nu)\boldsymbol{q}^\nu \sum_{\mu=0}^{m} \boldsymbol{g}(\mu)\boldsymbol{q}^\mu = \sum_{\nu=0}^{n}\sum_{\mu=0}^{m} \boldsymbol{f}(\nu)\boldsymbol{g}(\mu)\boldsymbol{q}^{(\nu+\mu)} = \\ &\boldsymbol{f}(0)\boldsymbol{g}(0)\boldsymbol{q}^0 + \boldsymbol{f}(0)\boldsymbol{g}(1)\boldsymbol{q}^1 + \boldsymbol{f}(0)\boldsymbol{g}(2)\boldsymbol{q}^2 + \cdots + \boldsymbol{f}(0)\boldsymbol{g}(m)\boldsymbol{q}^m + \\ &\boldsymbol{f}(1)\boldsymbol{g}(0)\boldsymbol{q}^1 + \boldsymbol{f}(1)\boldsymbol{g}(1)\boldsymbol{q}^2 + \boldsymbol{f}(1)\boldsymbol{g}(2)\boldsymbol{q}^3 + \cdots + \boldsymbol{f}(1)\boldsymbol{g}(m)\boldsymbol{q}^{m+1} + \cdots + \\ &\boldsymbol{f}(n-1)\boldsymbol{g}(0)\boldsymbol{q}^{n-1} + \boldsymbol{f}(n-1)\boldsymbol{g}(1)\boldsymbol{q}^n + \boldsymbol{f}(n-1)\boldsymbol{g}(2)\boldsymbol{q}^{n+1} + \cdots + \boldsymbol{f}(n-1)\boldsymbol{g}(m)\boldsymbol{q}^{m+n-1} + \\ &\boldsymbol{f}(n)\boldsymbol{g}(0)\boldsymbol{q}^n + \boldsymbol{f}(n)\boldsymbol{g}(1)\boldsymbol{q}^{n+1} + \boldsymbol{f}(n)\boldsymbol{g}(2)\boldsymbol{q}^{n+2} + \cdots + \boldsymbol{f}(n)\boldsymbol{g}(m)\boldsymbol{q}^{m+n}\end{aligned}$$

Fasst man hier die Terme mit gleichen Potenzen von $\boldsymbol{q}$ zusammen, erhält man denselben Ausdruck wie für $\varsigma_{\boldsymbol{q}}(\boldsymbol{f}\boldsymbol{g})$.

Man beachte aber, daß die Zuordnung $\boldsymbol{f} \mapsto \boldsymbol{q}(\boldsymbol{f})$ **kein** Ringhomomorphismus ist.

6.8. Euklidische Ringe

In diesem Abschnitt sind alle Ringe kommutativ.

Die Division mit Teilerrest **S 6.1.1** macht Gebrauch von der Ordnungsrelation auf $\mathbb{Z}$. Um diese Division auf einen allgemeinen Ring zu übertragen ist es nun nicht nötig, den Ring mit einer Ordnungrelation zu versehen. Es genügt, eine Art von Normierung bereitzustellen:

D 6.8.1 (EUKLIDischer Ring) Ein Integritätsbereich E mit Einselement heißt Euklidisch, wenn es eine Abbildung $\Theta\colon \mathsf{E} \longrightarrow \mathbb{Z}$ gibt mit folgenden Eigenschaften:

$$\bigwedge_{u,v\in\mathsf{E}^\star} \big(u \mid v \implies \Theta(u) \leq \Theta(v)\big) \tag{6.166a}$$

$$\bigwedge_{u\in\mathsf{E}} \bigwedge_{v\in\mathsf{E}^\star} \bigvee_{q,r\in\mathsf{E}} \big(u = qv + r \wedge \Theta(r) < \Theta(v)\big) \tag{6.166b}$$

Ein Euklidischer Ring ist also ein Integritätsbereich mit Einselement, in dem eine Division mit Teilerrest existiert.

Ein offensichtliches Beispiel ist der Integritätsbereich $\mathbb{Z}$ mit dem Absolutbetrag als Θ. Für die Kryptographie ebenfalls wichtige Euklidischen Ringe sind die Polynomringe $\mathsf{K}[X]$ über einem Körper K.

S 6.8.1 (Polynomringe über Körpern als Euklidische Ringe)
Der Polynomring $\mathsf{K}[X]$ über einem Körper K wird mit der Abbildung $\Theta : \mathsf{K}[X] \longrightarrow \mathbb{Z}$, definiert durch

$$\bigwedge_{f\in\mathsf{K}[X]} \Theta(\boldsymbol{f}) = \begin{cases} \partial(\boldsymbol{f}) & \text{falls } \boldsymbol{f} \neq \mathbf{0} \\ -1 & \text{falls } \boldsymbol{f} = \mathbf{0} \end{cases} \tag{6.167}$$

zu einem Euklidischen Ring.

Es seien $\boldsymbol{f}, \boldsymbol{g} \in \mathsf{K}[X]^\star$, und es gelte $\boldsymbol{f} \mid \boldsymbol{g}$. Folglich gibt es ein $\boldsymbol{q} \in \mathsf{K}[X]^\star$ mit $\boldsymbol{g} = \boldsymbol{qf}$, also $\Theta(\boldsymbol{g}) = \partial(\boldsymbol{g}) = \partial(\boldsymbol{q}) + \partial(\boldsymbol{f}) \geq \partial(\boldsymbol{f}) = \Theta(\boldsymbol{f})$. Damit ist die Gültigkeit von (6.166a) gezeigt. Die Aussage (6.166b) folgt aus **S 6.7.3**, denn die Division mit Rest ist in Polynomringen über Körpern immer durchführbar.

S 6.8.2 (Eigenschaften von Θ) Sei E ein Euklidischer Ring.

$$\bigwedge_{u\in\mathsf{E}^\star} \Theta(0) < \Theta(u) \tag{6.168a}$$

$$\bigwedge_{u,v\subset\mathsf{E}} \big(u \sim v \implies \Theta(u) = \Theta(v)\big) \tag{6.168b}$$

$$\bigwedge_{u,v\in\mathsf{E}^\star} \big(u \mid v \wedge \Theta(u) = \Theta(v) \implies u \sim v\big) \tag{6.168c}$$

$$\bigwedge_{u\in\mathsf{E}} \big(u \in \mathsf{E}^\bullet \iff \Theta(u) = \Theta(1)\big) \tag{6.168d}$$

Für $0 \in \mathsf{E}$ und $u \in \mathsf{E}^\star$ gibt es $q, r \in \mathsf{E}$ mit $0 = qu + r$ und $\Theta(r) < \Theta(u)$. Es ist also $r = -qu$. Angenommen, es ist $r \neq 0$. Aus $u \mid r$ folgt dann $\Theta(u) \leq \Theta(r)$: Widerspruch. Es ist daher $r = 0$,

d.h. es gilt $\Theta(0) < \Theta(u)$.
Es bedeutet $u \sim v$ einerseits $u \mid v$, also $\Theta(u) \le \Theta(v)$, und andererseits $v \mid u$, also $\Theta(v) \le \Theta(u)$. Daraus folgt natürlich die Behauptung.
Es seien $u, v \in \mathsf{E}^\star$ mit $u \mid v$ und $\Theta(u) = \Theta(v)$. Es gibt $q, r \in \mathsf{E}$ mit $u = qv + r$ und $\Theta(r) < \Theta(v)$. Wegen $\Theta(u) = \Theta(v)$ gilt auch $\Theta(r) < \Theta(u)$. Angenommen, es ist $r \neq 0$. Weil $u \mid v$ gibt es ein $x \in \mathsf{E}^\star$ mit $v = xu$. Damit erhält man $r = u - qv = u - qxu = u(1 - qx)$. Das bedeutet aber $u \mid r$, was $\Theta(u) \le \Theta(r)$ zur Folge hat, ein Widerspruch zu $\Theta(r) < \Theta(u)$. Es ist also $r = 0$. Das heißt aber $v \mid u$, woraus zusammen mit der Voraussetzung $u \sim v$ folgt.
$u \in \mathsf{E}^\bullet$ bedeutet $u \sim 1$, also nach (6.168b) $\Theta(u) = \Theta(1)$. Zur Umkehrung sei $u \in \mathsf{E}$. Aus $\Theta(u) = \Theta(1)$ folgt $u \in \mathsf{E}^\star$ wegen (6.168b). Dann gilt aber $u = 1 \cdot u$ oder $1 \mid u$, folglich $u \sim 1$ nach (6.168c), d.h. $u \in \mathsf{E}^\bullet$.

Es sei (E, Θ) ein Euklidischer Ring. Ist $k \in \mathbb{Z}$, dann ist trivialerweise auch $(\mathsf{E}, \tilde{\Theta})$ ein Euklidischer Ring, mit $\tilde{\Theta}(x) = \Theta(x) - k$, denn es ist z.B. $\Theta(x) \le \Theta(y)$ mit $\Theta(x) - k \le \Theta(y) - k$ äquivalent. Ist daher $\Theta(0) \neq -1$, dann hat $\Theta(x) - k$ diese Eigenschaft mit $k = \Theta(0) + 1$. Ohne Beschränkung der Allgemeinheit kann daher die folgende Vereinbarung getroffen werden:

$$\text{In jedem Euklidischen Ring gilt } \Theta(0) = -1$$

Wegen (6.168a) gilt dann $\Theta[\mathsf{E}^\star] \subset \mathbb{N}$. Daraus folgt insbesondere, daß $\Theta[\mathsf{E}^\star]$ ein kleinstes Element besitzt, was in Beweisen genutzt werden kann. Bei den Polynomringen über einem Körper ist diese Bedingung *per definitionem* erfüllt.

Der Euklidische Ring $\mathbb{Z}$ ist in mancher Hinsicht ein Modell eines Euklidischen Ringes. Das gilt sicherlich bezüglich der Existenz von größen gemeinsamen Teilern und deren Auswirkung auf die Teilbarkeitsrelation, wie der nächste Satz und die beiden folgenden Korollare zeigen.

S 6.8.3 (Existenz größter gemeinsamer Teiler)
Es sei E ein Euklidischer Ring.

$$\bigwedge_{u,v \in \mathsf{E}^\star} \mathsf{G}^{\mathsf{E}}_{u,v} \neq \emptyset \tag{6.169a}$$

$$\bigwedge_{u,v \in \mathsf{E}^\star} \bigwedge_{g \in \mathsf{G}^{\mathsf{E}}_{u,v}} \bigvee_{x,y \in \mathsf{E}} g = xu + yv \tag{6.169b}$$

Es existieren also größte gemeinsame Teiler zweier Ringelemente, und diese lassen sich als Linearkombination der Ringelemente darstellen.

Es seien $u, v \in \mathsf{E}^\star$. Wie im Beweis zur Existenz des ggT in $\mathbb{Z}$ ist der Schlüssel zum Erfolg die Menge $M = \{ xu + yv \mid x, y \in \mathsf{E} \}$. Nach (6.168a) gilt $\Theta[M \setminus \{0\}] \subset \mathbb{N}$, d.h. die Menge $\Theta[M \setminus \{0\}]$ hat ein kleinstes Element, etwa $\Theta(g)$ für ein $g \in M \setminus \{0\}$. Weil $g \in M$ gibt es $x, y \in \mathsf{E}$ mit $g = xu + yv$. Weil E Euklidisch ist, gibt es $q, r \in \mathsf{E}$ mit $u = gq + r$ und $\Theta(r) < \Theta(g)$. Wäre $r \neq 0$ dann wäre $\Theta(g)$ nicht das kleinste Element von $\Theta[M \setminus \{0\}]$, also $r = 0$. Aber das bedeutet gerade $g \in \mathsf{T}^{\mathsf{E}}_u$. Ersetzt man in dem eben durchgeführten Schluss u durch v, gelangt man zu $g \in \mathsf{T}^{\mathsf{E}}_v$. Es gilt daher $g \in \mathsf{T}^{\mathsf{E}}_u \cap \mathsf{T}^{\mathsf{E}}_v$. Es sei nun $w \in \mathsf{T}^{\mathsf{E}}_u \cap \mathsf{T}^{\mathsf{E}}_v$. Es gibt daher $a, b \in \mathsf{E}$ mit $u = aw$ und $v = bw$. Das ergibt $g = xu + yv = xaw + ybw = w(xa + yb)$, d.h. $w \in \mathsf{T}^{\mathsf{E}}_g$. Damit ist $g \in \mathsf{G}^{\mathsf{E}}_{u,v}$. Zusammengenommen ist (6.169a) ganz und (6.169b) für den Spezialfall g bewiesen. Sei daher $\tilde{g} \in \mathsf{G}^{\mathsf{E}}_{u,v}$. Nach (6.134) folgt daraus $g \sim \tilde{g}$ und mit (6.131) folgt weiter, daß es ein $e \in \mathsf{E}^\bullet$ gibt mit $\tilde{g} = eg$. Das ergibt $\tilde{g} = exu + eyv$. Damit ist auch (6.169b) ganz bewiesen.

In $\mathbb{Z}$ kann in dem Spezialfall $1 = xu + yv$ auf $\mathrm{ggT}(u, v) = 1$ geschlossen werden (siehe **S 6.1.9**). Das ist auch in einem Euklidischen Ring möglich.

S 6.8.4 Es seien E ein Euklidischer Ring und $u, v \in \mathsf{E}^\star$.

$$\Big(\bigvee_{e\in\mathsf{E}^\bullet}\ \bigvee_{x,y\in\mathsf{E}} e = xu + yv\Big) \implies \mathsf{G}^{\mathsf{E}}_{u,v} = \mathsf{E}^\bullet \tag{6.170}$$

Insbesondere gibt es dann auch $a, b \in \mathsf{E}$ mit $1 = au + bv$.

Es seien $e \in \mathsf{E}^\bullet$ und $x, y \in \mathsf{E}$. Sei $g \in \mathsf{G}^{\mathsf{E}}_{u,v}$. Zu zeigen ist $g \in \mathsf{E}^\bullet$. Wegen $g \in \mathsf{G}^{\mathsf{E}}_{u,v}$ gibt es $a, b \in \mathsf{E}^\star$ mit $u = ag$ und $v = bg$. Das ergibt $e = xag + ybg = g(xa + yb)$, d.h. $g \mid e$. Daraus folgt $\Theta(g) \leq \Theta(e) = \Theta(1)$. Andererseits ist wegen $g = 1 \cdot g$ auch $1 \mid g$, also $\Theta(1) \leq \Theta(g)$. Insgesamt ist $\Theta(g) = \Theta(1)$ herausgekommen, was nach (6.168d) $g \in \mathsf{E}^\bullet$ bedeutet.

Im folgenden Korollar zu **S 6.8.3** wird der erste Hauptsatz der Teilbarkeit **S 6.1.16** in $\mathbb{Z}$ auf Euklidische Ringe übertragen.

K 6.8.1 (1. Hauptsatz der Teilbarkeit) Es sei E ein Euklidischer Ring.

$$\bigwedge_{u,v,w\in\mathsf{E}^\star} \big(u \perp v \wedge u \in \mathsf{T}^{\mathsf{E}}_{vw} \implies u \in \mathsf{T}^{\mathsf{E}}_{w}\big) \tag{6.171}$$

Sind u und v relativ prim und teilt u das Produkt vw, dann ist u ein Teiler von w.

Die Voraussetzung $u \mid v$ bedeutet $\mathsf{G}^{\mathsf{E}}_{u,v} = \mathsf{E}^\bullet$, daher gibt es $x, y \in \mathsf{E}$ mit $1 = xu + yv$. Wegen $u \in \mathsf{T}^{\mathsf{E}}_{vw}$ gibt es $a \in \mathsf{E}^\star$ mit $vw = au$. Multiplizieren mit w und Einsetzen der zweiten Gleichung in die erste führt auf $w = wxu + wyv = wxu + yau = u(wx + ay)$, woraus die Behauptung folgt.

Auch der zweite Hauptsatz der Teilbarkeit **S 6.1.17** aus $\mathbb{Z}$ läßt sich auf Euklidische Ringe übertragen, wie der erste Hauptsatz als Korollar zu**S 6.8.3**:

K 6.8.2 (2. Hauptsatz der Teilbarkeit) Es sei E ein Euklidischer Ring.

$$\bigwedge_{u,v,w\in\mathsf{E}^\star} \big(w \perp u \wedge w \perp v \iff w \perp uv\big) \tag{6.172}$$

Das Ringelement w ist genau dann sowohl relativ prim zu u als auch relativ prim zu v wenn es relativ prim zum Produkt uv ist.

Der Beweis kann nahezu wortwörtlich von **S 6.1.17** übernommen werden. Die Verallgemeinerungen von **S 6.1.17** können natürlich auch in Euklidischen Ringen formuliert und ihre Beweise übernommen werden.

Auf den folgenden Seiten wird nun gezeigt, daß jede Nichteinheit eines Euklidischen Ringes eine von Einheiten und Anordnungen abgesehen eindeutige multiplikative Zerlegung in Primelemente besitzt, daß kurz gesagt jeder Euklidische Ring ein ZPE-Ring ist. Im nächsten Satz wird gezeigt, daß in einem Euklidischen Ring jede Nichteinheit überhaupt eine Zerlegung in Primelemente besitzt. Weil der Beweis des Satzes im Wesentlichen auf der Ordnungsinduktion beruht, wird diese zuvor in einem Lemma präzise formuliert, um das Verständnis des Beweises zu erleichtern. Ein Beweis des Lemmas wird allerdings nicht gebracht, dazu müßte zu weit ausgeholt werden. Man kann den Weg über die Ordinalzahlen gehen, wie in [Monk] **theorem 11.4**, es ist aber auch auf direkte Weise möglich wie in [Schm] (21.17) beim Aufbau der Ordnungsrelation der natürlichen Zahlen. Noch vor diesem Satz aber die Definition eines ZI-Ringes.

D 6.8.2 (ZI-Ring)
Ein Integrationsbereich mit Einselement ist ein ZI-Ring, wenn er die folgende Eigenschaft besitzt:

$$\bigwedge_{x \in \mathbf{R}^\star \setminus \mathbf{R}^\bullet} \bigvee_{n \in \mathbb{N}_+} \bigvee_{\boldsymbol{p} \in \mathbb{I}_{\mathbf{R}}^n} x = \prod \boldsymbol{p} \tag{6.173}$$

Jede Nichteinheit aus $\mathbf{R}^\star$ kann als Produkt irreduzibler Elemente dargestellt werden.

Das ZI steht für **Z**erlegung in **I**rreduzible Elemente. Es ist nicht gefordert, daß die Zerlegung (eine gewisse) Eindeutigkeit besitzt.

Das angekündigte Lemma zur Ordnungsinduktion wird in zwei Versionen dargeboten, und zwar einerseits formuliert für eine Teilmenge von $\mathbb{N}$ und andererseits für eine Aussage, die eine Teilmenge von $\mathbb{N}$ definiert.

L 6.8.1 (Ordnungsinduktion)
Für jedes $N \subset \mathbb{N}$ gilt

$$\bigwedge_{n \in \mathbb{N}} \Big(\bigwedge_{m \in \mathbb{N}} (m < n \Longrightarrow m \in N) \Longrightarrow n \in N \Big) \Longrightarrow N = \mathbb{N} \tag{6.174}$$

Ist $\mathcal{A}$ eine die Menge N definierende Aussage, d.h. $N = \{ n \in \mathbb{N} \mid \mathcal{A}(n) \}$, dann kann die Ordnungsinduktion wie folgt formuliert werden:

$$\bigwedge_{n \in \mathbb{N}} \Big(\bigwedge_{m \in \mathbb{N}} (m < n \Longrightarrow \mathcal{A}(m)) \Longrightarrow \mathcal{A}(n) \Big) \Longrightarrow \bigwedge_{k \in \mathbb{N}} \mathcal{A}(k) \tag{6.175}$$

Folgt für beliebiges $n \in \mathbb{N}$ die Wahrheit der Aussage $\mathcal{A}(n)$ daraus, daß $\mathcal{A}(m)$ für alle $m < n$ wahr ist, dann ist $\mathcal{A}$ für alle natürlichen Zahlen wahr.

Die Gültigkeit von $\mathcal{A}(0)$ (oder $0 \in N$) muss hierbei nicht vorausgesetzt werden. Denn die Aussage innerhalb der großen Klammern soll für alle $n \in \mathbb{N}$ wahr sein und ist deshalb auch für $n = 0$ wahr:

$$\bigwedge_{m \in \mathbb{N}} (m < 0 \Longrightarrow m \in N) \Longrightarrow 0 \in N \tag{6.176}$$

Nun ist aber $m < 0$ für kein $m \in \mathbb{N}$ eine wahre Aussage, folglich ist für alle $m \in \mathbb{N}$ die Implikation $m < 0 \Longrightarrow m \in N$ wahr, d.h. die Prämisse der Implikation (6.176), also

$$\bigwedge_{m \in \mathbb{N}} (m < 0 \Longrightarrow m \in N)$$

ist eine wahre Aussage. Also: Die Implikation (6.176) und ihre Prämisse sind wahr. Daraus folgt aber nach der logischen Abtrennungsregel, nämlich $\Phi \wedge \Phi \Rightarrow \Psi \vdash \Psi$, daß auch die Conclusio von (6.176), nämlich $0 \in N$, wahr ist (wenn Φ und die Implikation $\Phi \Rightarrow \Psi$ wahr sind, dann kann Ψ nicht falsch sein, andernfalls die Implikation falsch wäre).

Eine Bemerkung zum Wertevorrat der Abbildung Θ: Θ ist zwar mit dem Bildbereich $\mathbb{Z}$ definiert worden, tatsächlich gilt aber $\Theta[\mathbf{E}^\star] \subset \mathbb{N}$. Das folgt direkt aus $\Theta(x) > \Theta(0) = -1$ für alle $x \in \mathbf{E}^\star$.

Allerdings ist über $\Theta[\mathsf{E}^\star]$ weiter nichts bekannt, beispielsweise kann nicht $\Theta[\mathsf{E}^\star] = \mathbb{N}$ angenommen werden. Bei $|\cdot|$ in $\mathbb{Z}$ und ∂ in $\mathsf{R}[\boldsymbol{X}]$ ist das natürlich der Fall.

Einige Beweise können durch die folgenden Vereinbarungen übersichtlicher gestaltet werden. Es sei M eine nicht leere Menge, und es sei $\boldsymbol{a} = (a_1, \ldots, a_n) \in M^n$ und $\boldsymbol{b} = (b_1, \ldots, b_m) \in M^m$. Dann ist $\boldsymbol{c} = \boldsymbol{a} \times \boldsymbol{b} \in M^{n+m}$ definiert durch

$$\boldsymbol{c} = (c_1, \ldots, c_{n+m}) = (a_1, \ldots, a_n, b_1, \ldots, b_m)$$

Ist $\boldsymbol{a}_\kappa \in M^{k_\kappa}$, $\kappa \in \{1, \ldots, k\}$, $k > 2$, so wird definiert

$$\boldsymbol{a}_1 \times \cdots \times \boldsymbol{a}_k = (\boldsymbol{a}_1 \times \cdots \times \boldsymbol{a}_{k-1}) \times \boldsymbol{a}_k$$

Vektoren aus Elementen einer beliebigen nicht leeren Menge werden also durch Aneinanderreihung zu längeren Vektoren zusammengesetzt.

S 6.8.5 Jeder Euklidische Ring E ist ein ZI-Ring

Der Beweis des Satzes ist offensichtlich erbracht, wenn für die Menge

$$Z = \Big\{ x \in \mathsf{E}^\star \setminus \mathsf{E}^\bullet \mid \bigvee_{k \in \mathbb{N}_+} \bigvee_{\boldsymbol{p} \in \mathbb{I}_{\mathsf{E}}^k} x = \prod \boldsymbol{p} \Big\}$$

gezeigt werden kann, daß sie die Bedingung $\mathsf{E}^\star \setminus \mathsf{E}^\bullet \subset Z$ erfüllt. Das soll nun mit Ordnungsinduktion durchgeführt werden. Dazu sei die Abbildung $\Phi\colon \mathsf{E} \longrightarrow \mathbb{Z}$ definiert durch

$$\Phi(x) = \Theta(x) - \Theta(1) - 1$$

Wie weiter oben schon bemerkt ist (E, Φ) ein Euklidischer Ring. Es gilt allerdings $\Phi[\mathsf{E}^\star \setminus \mathsf{E}^\bullet] \subset \mathbb{N}$. Sei nämlich $x \in \mathsf{E}^\star \setminus \mathsf{E}^\bullet$. Wegen $1 \in \mathsf{T}_x^{\mathsf{E}}$ gilt $\Theta(1) \leq \Theta(x)$. Angenommen, es ist $\Theta(1) = \Theta(x)$. Nach (6.168c) folgt daraus $1 \sim x$, also $x \in \mathsf{E}^\bullet$, ein Widerspruch zu $x \notin \mathsf{E}^\bullet$. Es ist daher $\Theta(1) < \Theta(x)$, folglich $\Phi(x) > \Theta(1) - \Theta(1) - 1 = -1$ oder $\Phi(x) \geq 0$.
Zur Durchführung der Ordnungsinduktion sei die Menge N definiert durch

$$N = \big\{ n \in \mathbb{N} \mid \Phi^{-1}\big[\{n\}\big] \subset Z \big\}$$

Falls es kein $x \in \mathsf{E}^\star \setminus \mathsf{E}^\bullet$ mit $\Phi(x) = n$ gibt, d.h. bei $\Phi^{-1}\big[\{n\}\big] = \emptyset$, dann ist $n \in N$, denn es gilt natürlich $\emptyset \subset Z$. Es ist jedenfalls

$$\bigcup_{n \in N} \Phi^{-1}\big[\{n\}\big] \subset Z$$

Wenn nun sogar $N = \mathbb{N}$ gilt, dann ergibt sich daraus

$$\mathsf{E}^\star \setminus \mathsf{E}^\bullet = \Phi^{-1}[\mathbb{N}] = \Phi^{-1}\Big[\bigcup_{n \in \mathbb{N}} \{n\}\Big] = \bigcup_{n \in \mathbb{N}} \Phi^{-1}\big[\{n\}\big] \subset Z$$

Es bleibt daher noch $N = \mathbb{N}$ zu zeigen. Es sei dazu $n \in \mathbb{N}$, und für alle $m \in \mathbb{N}$ mit $m < n$ gelte $m \in N$. Zu zeigen ist $n \in N$, d.h. $\Phi^{-1}\big[\{n\}\big] \subset Z$. Falls es kein $x \in \mathsf{E}^\star \setminus \mathsf{E}^\bullet$ mit $\Phi(x) = n$ gibt ist $n \in N$. Es sei daher $x \in \Phi^{-1}\big[\{n\}\big]$. Zu zeigen ist $x \in Z$.
Falls $x \in \mathbb{I}_{\mathsf{E}}$ ist natürlich $x \in Z$. Es sei daher $x \notin \mathbb{I}_{\mathsf{E}}$. Es gibt dann echte Teiler von x, d.h.

$u, v \in \mathbf{E}^\star \setminus \mathbf{E}^\bullet$ mit $x = uv$, $u \not\sim x$ und $v \not\sim x$. Wegen $u \in \mathsf{T}_x^{\mathbf{E}}$ gilt $\Phi(u) \leq \Phi(x)$. Es ist sogar $\Phi(u) < \Phi(x)$, denn aus $\Phi(u) = \Phi(x)$ folgte $u \sim x$. Wird $\Phi(u) = m$ gesetzt, dann bedeutet $\Phi(u) < \Phi(x)$ gerade $m < n$, nach Induktionsvoraussetzung daher $m \in N$ und folglich $u \in Z$. Damit gibt es ein $k \in \mathbb{N}_+$ und ein $\boldsymbol{p} \in \mathbb{I}_{\mathbf{E}}^k$ mit $u = \prod \boldsymbol{p}$. Die eben durchgeführten Überlegungen gelten natürlich auch für v, d.h. es ist $v \in Z$ und es gibt ein $l \in \mathbb{N}_+$ und ein $\boldsymbol{q} \in \mathbb{I}_{\mathbf{E}}^l$ mit $v = \prod \boldsymbol{q}$. Das Ergebnis dieser Überlegungen ist nun

$$x = uv = \prod \boldsymbol{p} \cdot \prod \boldsymbol{q} = \prod \boldsymbol{p} \times \boldsymbol{q}$$

d.h. x ist ein Produkt von irreduziblen Elementen. Es ist daher $x \in Z$, und das war zu zeigen. Damit ist der Induktionsbeweis abgeschlossen.

Für die Produktzerlegung in irreduzible Elemente eines ZI-Ringes ist in der Definition keine Eindeutigkeit gefordert. Es ist ein Teil der Aussage des nächsten Satzes, daß jedoch eine gewisse Eindeutigkeit zur Bedingung gemacht werden muß, wenn die irreduziblen Elemente des ZI-Ringes Primelemente sein sollen.

S 6.8.6 (Eindeutigkeit der Zerlegung in irreduzible Elemente)
In einem ZI-Ring $\mathbf{Z}$ sind die folgenden beiden Aussagen äquivalent:

(**i**) Die Eindeutigkeit der Produktzerlegung in irreduzible Elemente.
Gibt es $n, m \in \mathbb{N}_+$, $\boldsymbol{p} \in \mathbb{I}_{\mathbf{Z}}^n$ und $\boldsymbol{q} \in \mathbb{I}_{\mathbf{Z}}^m$ mit

$$\prod \boldsymbol{p} = \prod \boldsymbol{q}$$

dann ist $n = m$ und es gibt eine Permutation $\sigma\colon \{1, \ldots, n\} \longrightarrow \{1, \ldots, n\}$ mit

$$\bigwedge_{\nu \in \{1,\ldots,n\}} p_\nu \sim q_{\sigma(\nu)}$$

Für die Eindeutigkeit kommt es also auf die Reihenfolge der Faktoren der Produkte nicht an und ein Faktor des einen Produktes darf mit einem Faktor des anderen Produktes assoziiert sein.

(**ii**) Irreduzible Elemente von $\mathbf{Z}$ sind Primelemente.

$$\bigwedge_{p \in \mathbb{I}_{\mathbf{Z}}} \bigwedge_{n \in \mathbb{N}_+} \bigwedge_{\boldsymbol{z} \in (\mathbf{Z}^\star)^n} \Big(p \in \mathsf{T}_{\prod \boldsymbol{z}}^{\mathbf{Z}} \Longrightarrow p \in \bigcup_{\nu=1}^{n} \mathsf{T}_{z_\nu}^{\mathbf{Z}} \Big) \tag{6.177}$$

Teilt ein irreduzibles Element ein Produkt, dann teilt es mindestens einen der Faktoren des Produktes. Das bedeutet also $\mathbb{I}_{\mathbf{Z}} \subset \mathbb{P}_{\mathbf{Z}}$.

Zunächst zum Beweis von „(**i**) $\Longrightarrow$ (**ii**)“. Es sei $p \in \mathbb{I}_{\mathbf{Z}}$ und $\boldsymbol{z} = (z_1, \ldots, z_n) \in (\mathbf{Z}^\star)^n$. Für p und $\boldsymbol{z}$ gelte $p \in \mathsf{T}_{\prod \boldsymbol{z}}^{\mathbf{Z}}$, d.h. es gibt ein $a \in \mathbf{Z}^\star$ mit $\prod \boldsymbol{z} = ap$. $\mathbf{Z}$ ist ZP-Ring, es gibt deshalb ein $m \in \mathbb{N}_+$ und ein $\boldsymbol{q} = (q_1, \ldots, q_m) \in \mathbb{I}_{\mathbf{Z}}^m$ mit $a = \prod q$. Weiter gibt es zu jedem $\nu \in \{1, \ldots, n\}$ ein $\ell_\nu \in \mathbb{N}_+$ und ein $\boldsymbol{b}_\nu = (b_{\nu 1}, \ldots, b_{\nu \ell_\nu}) \in \mathbb{I}_{\mathbf{Z}}^{\ell_\nu}$ mit $z_\nu = \prod \boldsymbol{b}_\nu$. Das ergibt

$$\prod_{\nu=1}^{n} \prod \boldsymbol{b}_\nu = p \prod \boldsymbol{q} \tag{6.178}$$

Es sei $\boldsymbol{c} = (c_1, \ldots, c_{m+1}) \in \mathbb{I}_{\mathsf{Z}}^{m+1}$ definiert durch $\boldsymbol{c} = (p, q_1, \ldots, q_m)$. Weiter sei $\ell = \sum_{\nu=1}^{n} \ell_\nu$ und $\boldsymbol{d} = (d_1, \ldots, d_\ell) \in \mathbb{I}_{\mathsf{Z}}^{\ell}$ definiert durch $\boldsymbol{d} = \boldsymbol{b}_1 \times \cdots \times \boldsymbol{b}_n$. Mit diesen Definitionen wird aus (6.178)

$$\prod \boldsymbol{d} = \prod \boldsymbol{e} \tag{6.179}$$

Nach Voraussetzung (aus der Gültigkeit von (**i**)) folgt daraus $\ell = m + 1$ und es gibt eine Permutation $\sigma\colon \{1, \ldots, \ell\} \longrightarrow \{1, \ldots, \ell\}$ mit

$$\bigwedge_{\lambda \in \{1,\ldots,\ell\}} c_\lambda \sim d_{\sigma(\lambda)}$$

Insbesondere gilt $c_1 \sim d_{\sigma(1)}$, d.h. $p \sim d_{\sigma(1)}$. Nun gibt es nach Konstruktion ein $\nu \in \{1, \ldots, n\}$ und ein $\lambda \in \{1, \ldots, \ell_\nu\}$ mit $d_{\sigma(1)} = b_{\nu\lambda}$, d.h. es ist $p \sim b_{\nu\lambda}$. Ebenfalls nach Konstruktion ist $b_{\nu\lambda} \in \mathsf{T}_{z_\nu}^{\mathsf{Z}}$, folglich, weil $p \in \mathsf{A}_{z_\nu}^{\mathsf{Z}} \subset \mathsf{T}_{z_\nu}^{\mathsf{Z}}$, auch $p \in \mathsf{T}_{z_\nu}^{\mathsf{Z}}$. Das war aber zu zeigen.
Nun zum Beweis von „(**ii**) $\Longrightarrow$ (**i**)“. Für beliebiges $n \in \mathbb{N}$ sei $\mathcal{A}(n)$ die folgende Aussage:

> Gibt es ein $\boldsymbol{p} \in \mathbb{I}_{\mathsf{Z}}^{n+1}$, ein $m \in \mathbb{N}_+$ und ein $\boldsymbol{q} \in \mathbb{I}_{\mathsf{Z}}^{m}$ mit
>
> $$\prod \boldsymbol{p} = \prod \boldsymbol{q}$$
>
> dann ist $n + 1 = m$ und es gibt eine Permutation $\sigma\colon \{1, \ldots, n+1\} \longrightarrow \{1, \ldots, n+1\}$ mit der Eigenschaft
>
> $$\bigwedge_{\nu \in \{1,\ldots,n+1\}} p_\nu \sim q_{\sigma(\nu)}$$

Zu zeigen ist daß $\mathcal{A}(n)$ für alle $n \in \mathbb{N}$ wahr ist, denn dann ist offensichtlich (**i**) erfüllt. Der Beweis erfolgt mit (gewöhnlicher) vollständiger Induktion.
$\mathcal{A}(0)$ ist wahr:
Seien nämlich $p \in \mathbb{I}_{\mathsf{Z}} = \mathbb{I}_{\mathsf{Z}}^{1}$, $m \in \mathbb{N}_+$ und $\boldsymbol{q} = (q_1, \ldots, q_m) \in \mathbb{I}_{\mathsf{Z}}^{m}$ mit $p = \prod \boldsymbol{q}$. Hier ist $m > 1$ nicht möglich, denn dann hätte das irreduzible Element p die echten Teiler q_μ. Also ist $m = 1$ und $p = q_1$. Die verlangte Permutation ist natürlich die identische Abbildung von $\{1\}$.
Die Aussage $\mathcal{A}(n)$ sei für $n \geq 0$ wahr. Zu zeigen ist, daß auch $\mathcal{A}(n+1)$ wahr ist.
Es seien $\boldsymbol{p} = (p_1, \ldots, p_{n+2}) \in \mathbb{I}_{\mathsf{Z}}^{n+2}$, $m \in \mathbb{N}_+$ und $\boldsymbol{q} = (q_1, \ldots, q_m) \in \mathbb{I}_{\mathsf{Z}}^{m}$ mit

$$\prod \boldsymbol{p} = \prod \boldsymbol{q} \tag{6.180}$$

Darin ist $m = 1$ nicht möglich, denn dann hätte das irreduzible Element q_1 die beiden echten Teiler p_1 und p_2. Folglich ist $m \geq 2$. Nun ist

$$p_{n+2} \prod_{\nu=1}^{n+1} p_\nu = \prod \boldsymbol{p} = \prod \boldsymbol{q} \tag{6.181}$$

d.h. es ist $p_{n+2} \in \mathsf{T}_{\prod \boldsymbol{q}}^{\mathsf{Z}}$. Daraus folgt nach (**ii**)

$$p_{n+2} \in \bigcup_{\mu=1}^{m} \mathsf{T}_{q_\mu}^{\mathsf{Z}}$$

Ohne Beschränkung der Allgemeinheit kann $p_{n+2} \in \mathsf{T}^{\mathbf{Z}}_{q_m}$ angenommen werden. Das bedeutet $p_{n+2} \in \mathsf{A}^{\mathbf{Z}}_{q_m}$, denn es ist $p_{n+2} \notin \mathbf{Z}^{\bullet}$. Es gibt daher ein $e \in \mathbf{Z}^{\bullet}$ mit $q_m = ep_{n+2}$. Das ergibt durch Einsetzen in die Gleichung (6.181)

$$p_{n+2}\prod_{\nu=1}^{n+1} p_\nu = ep_{n+2}\prod_{\mu=1}^{m-1} q_\mu$$

Im Integrationsbereich $\mathbf{Z}$ darf gekürzt werden, das liefert

$$\prod_{\nu=1}^{n+1} p_\nu = e\prod_{\mu=1}^{m-1} q_\mu$$

Sei $\tilde{\boldsymbol{q}} = (\tilde{q}_1, \ldots, \tilde{q}_{m-1}) \in \mathbb{I}^{m-1}_{\mathbf{Z}}$ definiert durch $\tilde{\boldsymbol{q}} = (eq_1, q_2, \ldots, q_{m-1})$. Es ist $\tilde{q}_1 \in \mathbb{I}_{\mathbf{Z}}$ wegen $eq_1 \sim q_1$. Mit dieser Definition erhält man die Gleichung

$$\prod_{\nu=1}^{n+1} p_\nu = \prod_{\mu=1}^{m-1} \tilde{q}_\mu$$

Wegen der Gültigkeit der Induktionsvoraussetzung $\mathcal{A}(n)$ folgt aus der Gleichung $n+1 = m-1$ und daß es eine Permutation $\tau\colon \{1, \ldots, n+1\} \longrightarrow \{1, \ldots, n+1\}$ gibt mit

$$\bigwedge_{\nu\in\{1,\ldots,n+1\}} p_\nu \sim \tilde{q}_{\tau(\nu)}$$

Falls $\tau(\nu) \neq 1$ ist $p_\nu = q_{\tau(\nu)}$ nach Definition von $\tilde{\boldsymbol{q}}$. Bei $\tau(\nu) = 1$ ist $\tilde{q}_1 = eq_1$, also $\tilde{q}_1 \sim q_1$ und $p_{\tau^{-1}(1)} \sim \tilde{q}_1 \sim q_1$. Es ist daher

$$\bigwedge_{\nu\in\{1,\ldots,n+1\}} p_\nu \sim q_{\tau(\nu)}$$

Wegen $n+1 = m-1$ gilt natürlich $n+2 = m$. Eine Permutation $\sigma : \{1, \ldots, n+2\} \longrightarrow \{1, \ldots, n+2\}$ wird wie folgt definiert:

$$\sigma(\nu) = \begin{cases} \tau(\nu) & \text{für } \nu \in \{1, \ldots, n+1\} \\ n+2 & \text{für } \nu = n+2 \end{cases}$$

Wegen $q_{n+2} = ep_{n+2}$ oder $p_{n+2} = e^{-1}q_{n+2}$ ist $p_{n+2} \sim q_{n+2} = q_{\sigma(n+2)}$, folglich

$$\bigwedge_{\nu\in\{1,\ldots,n+2\}} p_\nu \sim q_{\sigma(\nu)} \tag{6.182}$$

Insgesamt ist damit gezeigt worden, daß aus (6.180) die Gleichung $n+2 = m$ und die Aussage (6.182) folgen, mit anderen Worten, daß die Aussage $\mathcal{A}(n+1)$ wahr ist.

D 6.8.3 (ZPE-Ring)
Ein ZPE-Ring ist ein ZI-Ring in dem **S 6.8.6** (**i**) (und damit auch **S 6.8.6** (**ii**)) gilt.

Die Sätze **S 6.8.5** und **S 6.8.6** geben einen indirekten Beweis, daß $\mathbb{Z}$ ein ZPE-Ring ist. Denn $\mathbb{Z}$ ist als Euklidischer Ring ein ZI-Ring, und weil die Primelemente von $\mathbb{Z}$, eben die Primzahlen und ihre Negative, als Vorbild für allgemeine Primelemente natürlich **S 6.8.6** (**ii**) erfüllen, ist $\mathbb{Z}$ auch ein ZPE-Ring. Über Polynomringe über Körpern kann bisher nur gesagt werden, daß sie ZI-Ringe sind. Zwar läßt sich die Eigenschaft **S 6.8.6** (**ii**) irreduzibler Polynome direkt beweisen, doch ist das nicht nötig. Denn wie der nächste Satz zeigt, sind die irreduziblen Elemente jedes Euklidischen Ringes Primelemente.

S 6.8.7
In einem Euklidischen Ring E gilt $\mathbb{I}_{\mathsf{E}} \subset \mathbb{P}_{\mathsf{E}}$, jedes irreduzible Element von E ist also ein Primelement.
Folglich ist jeder Euklidische Ring ein ZPE-Ring.

Es seien $p \in \mathbb{I}_{\mathsf{E}}$ und $u, v \in \mathsf{E}^\star$ mit $p \in \mathsf{T}^{\mathsf{E}}_{uv}$. Zu zeigen ist $p \in \mathsf{T}^{\mathsf{E}}_u \cup \mathsf{T}^{\mathsf{E}}_v$. Falls $p \in \mathsf{T}^{\mathsf{E}}_u$ ist der Beweis bereits erbracht. Es sei daher $p \notin \mathsf{T}^{\mathsf{E}}_u$. Wegen $p \in \mathbb{I}_{\mathsf{E}}$ ist nun $\mathsf{T}^{\mathsf{E}}_p \cap \mathsf{T}^{\mathsf{E}}_v \subset \mathsf{E}^\bullet \cup \mathsf{A}^{\mathsf{E}}_p$, also $\mathsf{T}^{\mathsf{E}}_p \cap \mathsf{T}^{\mathsf{E}}_v = \mathsf{E}^\bullet$, denn $p \notin \mathsf{T}^{\mathsf{E}}_u$. Das bedeutet natürlich $\mathsf{G}^{\mathsf{E}}_{p,u} = \mathsf{E}^\bullet$. Folglich gibt es $x, y \in \mathsf{E}$ mit $1 = xp + yu$. Multiplikation mit v liefert $v = vxp + yuv$. Nun gibt es wegen $p \in \mathsf{T}^{\mathsf{E}}_{uv}$ ein $w \in \mathsf{E}^\star$ mit $uv = wp$. Einsetzen ergibt $v = p(ux + yw)$, also wie zu beweisen war $p \in \mathsf{T}^{\mathsf{E}}_v$.

Der Euklidische Algorithmus

Es bleibt noch nachzutragen, wie der größte gemeinsame Teiler zweier Ringelemente tatsächlich berechnet werden kann. Es ist gewiss nicht abwegig, zu vermuten, daß in einem Euklidischen Ring der Euklidische Algorithmus gültig ist. Der in $\mathbb{Z}$ gültige Algorithmus (ab Seite 199) läßt sich auch wirklich auf die allgemeinere Situation übertragen. Man hat allerdings statt des Betrages die Normfunktion Θ zu benutzen.

Es seien $u, v \in \mathsf{R}^\star$. Nach Division mit Rest gibt es $q, r \in \mathsf{R}$ mit $u = qv + r$ und $\Theta(r) < \Theta(v)$. Wie in $\mathbb{Z}$ werden zwei Folgen mit den Folgegliedern q_ν und a_ν konstruiert. Die Startwerte sind $a_0 = u$, $a_1 = v$, $a_2 = r$ und $q_0 = q$.

$$
\begin{array}{rcl}
a_0 = q_0 a_1 + a_2 & & \Theta(a_2) < \Theta(a_1) \\
a_1 = q_1 a_2 + a_3 & & \Theta(a_3) < \Theta(a_2) \\
a_2 = q_2 a_3 + a_4 & & \Theta(a_4) < \Theta(a_3) \\
\vdots & & \vdots \\
a_{n-4} = q_{n-4} a_{n-3} + a_{n-2} & & \Theta(a_{n-2}) < \Theta(a_{n-3}) \\
a_{n-3} = q_{n-3} a_{n-2} + a_{n-1} & & \Theta(a_{n-1}) < \Theta(a_{n-2}) \\
a_{n-2} = q_{n-2} a_{n-1} + a_n & & \Theta(a_n) < \Theta(a_{n-1}) \\
\vdots & & \vdots
\end{array}
$$

Hier ist nun genau zu beachten, was die Definition des Euklidischen Rings **D 6.8.1** (6.166b) sagt, angewandt auf die letzte gezeigte Zeile des Schemas: Falls $a_n \neq 0$ gibt es q_{n-1} und a_{n+1} mit $a_{n-1} = q_{n-1} a_n + a_{n+1}$ und $\Theta(a_{n+1}) < \Theta(a_n)$. Nun ist einerseits die Kette

$$
\Theta(a_1) > \Theta(a_2) > \cdots > \Theta(a_{n-1}) > \Theta(a_{n+1}) > \Theta(a_n) > \cdots
$$

streng monoton absteigend, andererseits gibt es aber nur endlich viele ganze Zahlen zwischen $\Theta(0)$ und $\Theta(v)$, die Θ als Wert annehmen könnte. D.h. es gibt ein n für das es kein $\Theta(a_{n+1})$ mit

$\Theta(a_{n+1}) < \Theta(a_n)$ gibt. Also hat die Annahme $a_n \neq 0$ zu einem Widerspruch geführt, und das Verfahren bricht mit $a_n = 0$ ab. Alle weiteren Berechnungen können *mutatis mutandis* von den Ausführungen zum Euklidischen Algorithmus in $\mathbb{Z}$ übernommen werden (siehe Seite 199).

★

In einem Euklidischen Ring müssen der Quotient q und der Rest r aus der Definition **D 6.8.1** des Euklidischen Ringes (Seite 277) nicht eindeutig sein, am Ende des Abschnittes wird dazu ein Beispiel gegeben. Für die weiteren Darstellungen wird jedoch die Eindeutigkeit von q und r verlangt. In den Euklidischen Ringen, die im Buch eine besondere Rolle spielen, also $\mathbb{Z}$ und die Polynomringe $\mathsf{K}[X]$ über einem Körper K, sind der Quotient und der Rest eindeutig bestimmt.

In allen ab hier betrachteten Euklidischen Ringen seien der Quotient q und der Rest r aus der Division mit Rest eindeutig bestimmt.

Die Eindeutigkeit des Restes r machen es möglich, die Teilerrestfunktion ϱ_m aus $\mathbb{Z}$ (siehe **D 6.1.1** auf Seite 192) auch in Euklidischen Ringen einzuführen.

S 6.8.8 (Teilerrestfunktion)
Es sei E ein Euklidischer Ring, $w \in \mathsf{E}^\star \setminus \mathsf{E}^\bullet$ und $\mathsf{E}_w = \{ u \in \mathsf{E} \mid \Theta(u) < \Theta(w) \}$. Zu $x \in \mathsf{E}$ seien q_x und r_x die eindeutig bestimmten Ringelemente mit $x = q_x w + r_x$ und $\Theta(r_x) < \Theta(w)$. Dann wird durch $\varrho_w(x) = r_x$ eine surjektive Abbildung $\varrho_w : \mathsf{E} \longrightarrow \mathsf{E}_w$ definiert.

Wegen $\Theta(r_x) < \Theta(w)$ ist $\varrho_w(x) \in \mathsf{E}_w$. Sei $y \in \mathsf{E}_w$. Dann ist $\Theta(y) < \Theta(w)$ und $y = 0 \cdot w + y$, also $\varrho_w(y) = y$, und ϱ_w ist surjektiv.

Für $w \in \mathsf{E}^\bullet$ kann das multiplikative Inverse von w eingesetzt werden, um $x = (xw^{-1})w + 0$ zu bekommen, also $\varrho_w(x) = 0$ für alle $x \in \mathsf{E}$. Man erhält daher den bei der Ringdefinition ausgeschlossenen trivialen Ring $\{0\}$. Das ist der Grund, weshalb in der Definition der Teilerrestfunktion Einheiten als w ausgeschlossen werden.

Wie in $\mathbb{Z}$ kann die Teilerrestfunktion dazu benutzt werden, ihre Bildmenge $\varrho_w[\mathsf{E}] = \mathsf{E}_w$ mit einer Ringstruktur zu versehen, die mit der Funktion verträglich ist. Wie dort hat man auch hier keine Wahl, die Ringstruktur ist vorgegeben.

S 6.8.9
Es sei E ein Euklidischer Ring und $w \in \mathsf{E}^\star \setminus \mathsf{E}^\bullet$. Es gibt genau eine Ringstruktur $(\mathsf{E}_w, \oplus, \odot, 1)$, bezüglich der die Teilerrestfunktion ϱ_w ein Homomorphismus von Ringen ist.

Damit ϱ_w ein Homomorphismus von Ringen ist, müssen die folgenden beiden Gleichungen für alle $x, y \in \mathsf{E}$ erfüllt sein:

$$\varrho_w(x+y) = \varrho_w(x) \oplus \varrho_w(y)$$
$$\varrho_w(xy) = \varrho_w(x) \odot \varrho_w(y)$$

Daraus folgt schon die Eindeutigkeit von $\oplus$ und $\odot$. Daß durch die beiden Gleichungen tatsächlich schon eine Ringstruktur definiert wird, folgt aus der Surjektivität der Abbildung ϱ_w. Als Beispiel wird die Gültigkeit des Distributivgesetzes gezeigt: Seien $a, b, c \in \mathsf{E}_w$. Es gibt $x, y, z \in \mathsf{E}$ mit $\varrho_w(x) = a$, $\varrho_w(y) = b$ und $\varrho_w(z) = c$. Die Herleitung verläuft dann wie folgt:

$$\begin{aligned}(a \oplus b) \odot c &= \big(\varrho_w(x) \oplus \varrho_w(y)\big) \odot \varrho_w(z) = \varrho_w(x+y) \odot \varrho_w(z) \\ &= \varrho_w\big((x+y)z\big) = \varrho_w(xz + yz) = \varrho_w(xz) \oplus \varrho_w(yz) \\ &= \big(\varrho_w(x) \odot \varrho_w(z)\big) \oplus \big(\varrho_w(y) \odot \varrho_w(z)\big) \\ &= a \odot c \oplus b \odot c\end{aligned}$$

Das Einselement von E_w ist $1_w = \varrho_w(1)$:

$$a \odot 1_w = \varrho_w(x) \odot \varrho_w(1) = \varrho_w(x \cdot 1) = \varrho_w(x) = a$$

Man beachte, es ist zwar $\mathsf{E}_w \subset \mathsf{E}$, aber E_w ist kein Unterring von E. Beispielsweise ist $\mathbb{Z}_4$ kein Unterring von $\mathbb{Z}$, denn $\mathbb{Z}_4$ besitzt Nullteiler, $\mathbb{Z}$ ist aber ein Integritätsbereich. Dieser Satz wird später auf Polynomringe $\mathsf{K}[\boldsymbol{X}]$ über einem endlichen Körper K angewandt, um endliche Körper mit bestimmten Eigenschaften zu konstruieren.

Die Eigenschaft eines Euklidischen Ringes, daß die Normabbildung Θ auf Assoziationsklassen konstant ist (siehe **S 6.8.2** (6.168b)), sorgt dafür, daß assoziierte Elemente dieselbe Ringstruktur erzeugen:

S 6.8.10 Es seien E ein Euklidischer Ring und $w, \tilde{w} \in \mathsf{E}^\star \smallsetminus \mathsf{E}^\bullet$.

$$w \sim \tilde{w} \implies \mathsf{E}_w = \mathsf{E}_{\tilde{w}} \tag{6.183}$$

Assoziierte Ringelemente erzeugen mit der Teilerrestfunktion denselben Ring.

Der Satz ist eine direkte Folge von $\Theta(w) = \Theta(\tilde{w})$. Der Satz besagt, daß man bei der Erzeugung von Ringen mit der Teilerrestfunktion eine gewisse Wahl hat, über die beispielsweise Vereinfachungen möglich sind. So kann man etwa bei Polynomringen stets ein Polynom wählen, dessen führender Koeffizient das Einselement ist.

Der nächste Satz ist eine Art von Körpererzeugungsmaschine. Er garantiert in Polynomringen $\mathsf{K}[\boldsymbol{X}]$ zu jedem irreduziblen Polynom $\boldsymbol{p}$ einen Körper $\mathsf{K}[\boldsymbol{X}]_{\boldsymbol{p}}$, und es wird sich später herausstellen, daß es irreduzible Polynome beliebigen Grades gibt.

S 6.8.11 Es seien E ein Euklidischer Ring und $p \in \mathbb{P}_{\mathsf{E}}$. Dann ist E_p ein Körper.

Sei $a \in \mathsf{E}_p^\star$. Es gibt ein $u \in \mathsf{E}$ mit $\varrho_p(u) = a$. Dieses hat die Eigenschaft $u \perp p$. Denn angenommen, es gibt ein $c \in (\mathsf{T}_u^{\mathsf{E}} \cap \mathsf{T}_p^{\mathsf{E}}) \smallsetminus \mathsf{E}^\bullet$, d.h. einen echten gemeinsamen Teiler von u und p. Es gibt dann $x, y \in \mathsf{E}^\star$ mit $u = cx$ und $p = cy$. Wegen $p \in \mathbb{P}_{\mathsf{E}}$ bedeutet das $c = p$ und $y \in \mathsf{E}^\bullet$. Daraus folgt jedoch $a = \varrho_p(u) = \varrho_p(cx) = \varrho_p(px) = 0$, im Widerspruch zu $a \in \mathsf{E}_p^\star$. Es ist daher $u \perp p$ und damit auch $\mathsf{G}_{u,p}^{\mathsf{E}} = \mathsf{E}^\bullet$. Folglich gibt es $x, y \in \mathsf{E}$ mit $xu + yp = 1$. Aber daraus folgt

$$1 = \varrho_p(xu + yp) = \varrho_p(xu) + \varrho_p(yp) = \varrho_p(xu) = \varrho_p(x)\varrho_p(u) = \varrho_p(x)a$$

Damit ist ein multiplikatives Inverses zu a gefunden, nämlich $a^{-1} = \varrho_p(x)$.

Wählt man $w \notin \mathbb{P}_{\mathsf{E}}$, dann bekommt man keinen Körper, denn der Ring E_w besitzt in diesem Fall Nullteiler. Denn ist $w = uv$, mit $u, v \in \mathsf{E}^\star \smallsetminus \mathsf{E}^\bullet$, so bekommt man $\varrho_w(uv) = \varrho_w(u)\varrho_w(v) = \varrho_w(w) = 0$.

Beschränkt man die Teilerrestfunktion ϱ_w in **S 6.8.9** auf einen Unterring D von E, dann erhält man einen Unterring $\mathsf{D}_w = \varrho_w[\mathsf{D}]$ von E_w. Denn sind beispielsweise $u, v \in \mathsf{D}_w$, dann gibt es $x, y \in \mathsf{D}$ mit $u = \varrho_w(x)$ und $v = \varrho_w(y)$ und man erhält $u - v = \varrho_w(x) - \varrho_w(y) = \varrho_w(x - y) \in \mathsf{D}_w$ wegen $x - y \in \mathsf{D}$.

Der Ring E_w und seine Projektionsabbildung $\varrho_w : \mathsf{E} \longrightarrow \mathsf{E}_w$ haben einen starken Einfluss auf jeden Ringhomomorphismus $\varphi : \mathsf{E} \longrightarrow \mathsf{R}$ mit $\varphi(w) = 0$. Jedes solche φ kann nämlich zerlegt werden in die Hintereinanderschaltung von ϱ_w und einem durch φ eindeutig bestimmten Ringhomomorphismus $\boldsymbol{\Phi} : \mathsf{E}_w \longrightarrow \mathsf{R}$.

S 6.8.12 (Universelle Eigenschaft von ϱ_w)
Es seien E ein Euklidischer Ring und und R ein Ring mit Einselement, $w \in \mathsf{E}^\star \smallsetminus \mathsf{E}^\bullet$ und $\varphi : \mathsf{E} \longrightarrow \mathsf{R}$ sei ein Ringhomomorphismus mit der Eigenschaft

$$\langle w \rangle = \{ aw \mid a \in \mathsf{E} \} \subset \mathbf{Kern}(\varphi) \tag{6.184}$$

Dann gibt es genau einen Ringhomomorphismus $\boldsymbol{\Phi} : \mathsf{E}_\mathsf{w} \longrightarrow \mathsf{R}$ der das folgende Diagramm kommutativ macht:

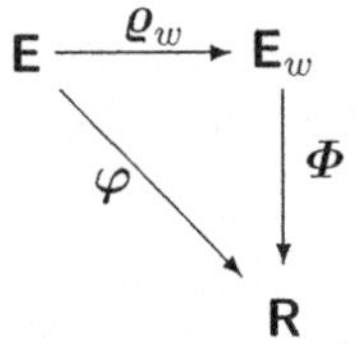

Die Kommutativität des Abbildungsdiagramms bedeutet, daß beide Wege, die von E nach R durchlaufen werden können, gleich sind, daß also $\varphi = \boldsymbol{\Phi} \circ \varrho_w$ gilt.
Die Homomorphismen φ und $\boldsymbol{\Phi}$ sind wie folgt miteinander verbunden:

$$\mathbf{Bild}(\boldsymbol{\Phi}) = \mathbf{Bild}(\varphi) \tag{6.185}$$

$$\mathbf{Kern}(\boldsymbol{\Phi}) = \mathbf{Kern}(\varphi)_w \tag{6.186}$$

Mit φ ist auch $\boldsymbol{\Phi}$ surjektiv.
Gilt statt (6.184) sogar $\langle w \rangle = \mathbf{Kern}(\varphi)$, dann ist $\boldsymbol{\Phi}$ injektiv.

Angenommen, es gibt einen Homomorphismus $\boldsymbol{\Phi}$, der das Diagramm kommutativ macht. Es sei $u \in \mathsf{E}_w$ und $x \in \mathsf{E}$ mit $u = \varrho_w(x)$. Es muß dann

$$\boldsymbol{\Phi}(u) = \boldsymbol{\Phi}\big(\varrho_w(x)\big) = \varphi(x) \tag{6.187}$$

gelten. Also ist $\boldsymbol{\Phi}(u)$, falls es existiert, durch φ eindeutig bestimmt.
Tatsächlich wird durch (6.187) bereits ein Homomorphismus festgelegt. Daß damit überhaupt eine Abbildung definiert wird folgt aus der φ auferlegten Bedingung (6.184). Denn gibt es noch ein $y \in \mathsf{E}$ mit $u = \varrho_w(y)$, dann erhält man $\varrho_w(x) = u = \varrho_w(y)$, also $\varrho_w(x - y) = 0$, weshalb es ein $a \in \mathsf{E}$ gibt mit $x - y = aw$ oder $x - y \in \langle w \rangle$. Nach (6.184) ist $x - y \in \mathbf{Kern}(\varphi)$, d.h. $\varphi(x - y) = 0$ und $\varphi(x) = \varphi(y)$. Durch (6.187) wird also wirklich eine Abbildung definiert.
Es seien $u, v \in \mathsf{E}_w$ und $x, y \in \mathsf{E}$ mit $\varrho_w(x) = u$ und $\varrho_w(y) = v$. Man erhält für die Additivität

$$\begin{aligned}\boldsymbol{\Phi}(u) + \boldsymbol{\Phi}(v) = \boldsymbol{\Phi}\big(\varrho_w(x)\big) + \boldsymbol{\Phi}\big(\varrho_w(y)\big) &= \varphi(x) + \varphi(y)\\ &= \varphi(x + y) = \boldsymbol{\Phi}\big(\varrho_w(x + y)\big) = \boldsymbol{\Phi}\big(\varrho_w(x) + \varrho_w(y)\big) = \boldsymbol{\Phi}(u + v)\end{aligned}$$

Die Multiplikativität ergibt sich analog:

$$\begin{aligned}\boldsymbol{\Phi}(u)\boldsymbol{\Phi}(v) &= \boldsymbol{\Phi}\big(\varrho_w(x)\big)\boldsymbol{\Phi}\big(\varrho_w(y)\big) = \varphi(x)\varphi(y)\\ &= \varphi(xy) = \boldsymbol{\Phi}\big(\varrho_w(xy)\big) = \boldsymbol{\Phi}\big(\varrho_w(x)\varrho_w(y)\big) = \boldsymbol{\Phi}(uv)\end{aligned}$$

Es ist $f \in \mathbf{Bild}(\varphi)$ genau dann, wenn es ein $x \in \mathsf{E}$ gibt mit $\varphi(x) = f$. Das ist wegen (6.187) natürlich äquivalent mit $\boldsymbol{\Phi}\big(\varrho_w(x)\big) = f$, was wiederum mit $f \in \mathbf{Bild}(\boldsymbol{\Phi})$ äquivalent ist. Damit ist (6.185) gezeigt.
Es sei $u \in \mathbf{Kern}(\boldsymbol{\Phi})$. Es gibt ein $x \in \mathsf{E}$ mit $0 = \boldsymbol{\Phi}\big(\varrho_w(x)\big) = \varphi(x)$, d.h. es ist $x \in \mathbf{Kern}(\varphi)$. Anders gesagt: Aus $u \in \mathbf{Kern}(\boldsymbol{\Phi})$ folgt $u = \varrho_w(x)$ für ein $x \in \mathbf{Kern}(\varphi)$, was gleichbedeutend ist mit $u \in \mathbf{Kern}(\varphi)_w$. Sei andererseits $u \in \mathbf{Kern}(\varphi)_w$. Es gibt ein $x \in \mathbf{Kern}(\varphi)$, also ein $x \in \mathsf{E}$ mit $\varphi(x) = 0$, mit $u = \varrho_w(x)$, was $\boldsymbol{\Phi}(u) = \varphi(x) = 0$ ergibt, d.h. $u \in \mathbf{Kern}(\boldsymbol{\Phi})$.
Daß $\boldsymbol{\Phi}$ mit φ surjektiv ist folgt unmittelbar aus (6.185).
Es gelte $\langle w\rangle = \mathbf{Kern}(\varphi)$. Sei $u \in \mathbf{Kern}(\boldsymbol{\Phi})$. Es gibt nach (6.185) ein $x \in \mathbf{Kern}(\varphi)$ mit $u = \varrho_w(x)$. Aber wegen $\langle w\rangle = \mathbf{Kern}(\varphi)$ ist $x = aw$ mit einem $a \in \mathsf{E}$, folglich $u = \varrho_w(x) = \varrho_w(aw) = 0$. Also gilt $\mathbf{Kern}(\boldsymbol{\Phi}) = \{0\}$.

Eine Anwendung von **S 6.8.12** ist durch den Chinesischen Restsatz gegeben. Er wird in der Gestalt für Polynomringe beim Verfahren von BERLEKAMP benötigt. Formuliert für Euklidische Ringe lautet der Chinesische Restsatz wie folgt:

S 6.8.13 (Chinesischer Restsatz)
Es seien E ein Euklidischer Ring und $U \subset \mathsf{E}$ mit $1 < \#(U) < \aleph_0$. Die Elemente von U seien paarweise teilerfremd, d.h. es sei die Bedingung

$$\bigwedge_{u\in U}\ \bigwedge_{v\in U\smallsetminus\{u\}} u \perp v \tag{6.188}$$

erfüllt. Dann sind $\mathsf{E}_{\prod U}$ und der Produktring der E_u für $u \in U$ isomorph:

$$\mathsf{E}_{\prod U} \cong \bigotimes_{u\in U} \mathsf{E}_u \tag{6.189}$$

Die Isomorphie wird durch die Abbildung $\varrho_{\prod U}(x) \mapsto \big(\varrho_u(x)\big)_{u\in U}$ realisiert.

Der Beweis wird für den Spezialfall $U = \{u, v\}$ geführt, im allgemeinen Fall verläuft der Beweis völlig analog. Zu beweisen ist also

$$\mathsf{E}_{uv} \cong \mathsf{E}_u \otimes \mathsf{E}_v \tag{6.190}$$

Nach dem Satz **S 6.3.8** (oder **S 6.3.9**) über das Ringprodukt gibt es einen Ringhomomorphismus $\boldsymbol{\Psi}\colon \mathsf{E} \longrightarrow \mathsf{E}_u \otimes \mathsf{E}_v$, der das folgende Diagramm kommutativ macht:

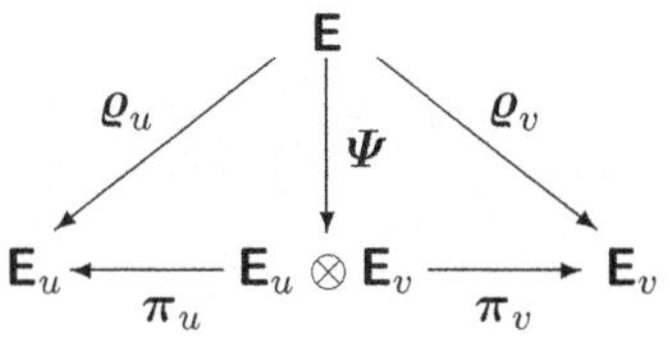

Darin ist $\boldsymbol{\pi}_u$ die Projektion von $\mathsf{E}_u \otimes \mathsf{E}_v$ auf seine erste Komponente, d.h. $\boldsymbol{\pi}_u : (s,t) \mapsto s$, entsprechend $\boldsymbol{\pi}_v$. Der Homomorphismus $\boldsymbol{\Psi}$ ist gegeben durch

$$\boldsymbol{\Psi}(x) = \big(\boldsymbol{\varrho}_u(x), \boldsymbol{\varrho}_v(x)\big) \quad x \in \mathsf{E}$$

Er hat die Eigenschaft

$$\mathbf{Kern}(\boldsymbol{\Psi}) = \langle uv \rangle = \big\{\, auv \;\big|\; a \in \mathsf{E} \,\big\} \tag{6.191}$$

Es sei $\boldsymbol{\Psi}(x) = \big(\boldsymbol{\varrho}_u(x), \boldsymbol{\varrho}_v(x)\big) = (0,0)$. Das bedeutet $\boldsymbol{\varrho}_u(x) = \boldsymbol{\varrho}_v(x) = 0$, also $u \mid x$ und $v \mid x$ oder $x = au$ und $x = bv$ für gewisse $a, b \in \mathsf{E}$. Daraus folgt $u \in \mathsf{T}^{\mathsf{E}}_{bv}$. Nun ist aber nach Voraussetzung $u \perp v$, nach **K 6.8.1** (oder (6.171)) also $u \in \mathsf{T}^{\mathsf{E}}_{b}$, weshalb es ein $c \in \mathsf{E}$ gibt mit $b = cu$. Das ergibt $x = au = cuv$, folglich $x \in \langle uv \rangle$. Sei umgekehrt $x \in \langle uv \rangle$, etwa $c = cuv$ mit $c \in \mathsf{E}$. Das ergibt

$$\boldsymbol{\Psi}(x) = \boldsymbol{\Psi}(cuv) = \big(\boldsymbol{\varrho}_u(x), \boldsymbol{\varrho}_v(x)\big) = (0,0)$$

was $x \in \mathbf{Kern}(\boldsymbol{\Psi})$ bedeutet.
Der Homomorphismus $\boldsymbol{\Psi}$ ist surjektiv, d.h. es gilt

$$\mathbf{Bild}(\boldsymbol{\Psi}) = \mathsf{E}_u \otimes \mathsf{E}_v$$

Es sei $(s,t) \in \mathsf{E}_u \otimes \mathsf{E}_v$. Es gibt $x, y \in \mathsf{E}$ mit $s = \boldsymbol{\varrho}_u(x)$ und $t = \boldsymbol{\varrho}_v(y)$. Wegen $u \perp v$ ist $\mathsf{G}^{\mathsf{E}}_{u,v} = \mathsf{E}^{\bullet}$, es gibt daher $a, b \in \mathsf{E}$ mit $1 = au + bv$. Damit erhält man $x - y = (x-y)au + (x-y)bv = cu + dv$. Umformen ergibt $x - cu = z = y + dv$ und daraus

$$\boldsymbol{\Psi}(z) = \big(\boldsymbol{\varrho}_u(z), \boldsymbol{\varrho}_v(z)\big) = \big(\boldsymbol{\varrho}_u(x - cu), \boldsymbol{\varrho}_v(y + dv)\big) = \big(\boldsymbol{\varrho}_u(x), \boldsymbol{\varrho}_v(y)\big) = (s,t)$$

Damit ist $\mathsf{E}_u \otimes \mathsf{E}_v \subset \mathbf{Bild}(\boldsymbol{\Psi})$.
Nun gibt es nach **S 6.8.12** einen Ringhomomorphismus $\boldsymbol{\Phi}$, der das folgende Diagramm kommutativ macht:

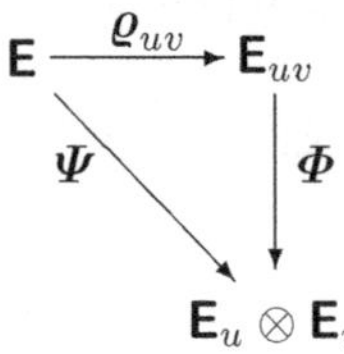

Wegen $\mathbf{Kern}(\boldsymbol{\Psi}) = \langle uv \rangle$ ist $\boldsymbol{\Phi}$ injektiv (wieder nach **S 6.8.12**), und wegen

$$\mathbf{Bild}(\boldsymbol{\Phi}) = \mathbf{Bild}(\boldsymbol{\Psi}) = \mathsf{E}_u \otimes \mathsf{E}_v$$

ist $\boldsymbol{\Phi}$ auch surjektiv. Folglich ist $\boldsymbol{\Phi}$ ein Isomorphismus. Die Kommutativität des Diagramms bedeutet, daß $\boldsymbol{\Phi}$ durch

$$\boldsymbol{\Phi}\big(\boldsymbol{\varrho}_{uv}(x)\big) = \big(\boldsymbol{\varrho}_u(x), \boldsymbol{\varrho}_v(x)\big) \quad x \in \mathsf{E} \tag{6.192}$$

gegeben ist.

Satz **S 6.8.13** ist eine Verallgemeinerung des klassischen Chinesischen Restsatzes. Geht man nämlich zum Euklidischen Ring $\mathbb{Z}$ über, dann erhält man die Isomorphie

$$\mathbb{Z}_{uv} \cong \mathbb{Z}_u \otimes \mathbb{Z}_v, \tag{6.193}$$

falls $u \perp v$. Für $s \in \mathbb{Z}_u$ und $t \in \mathbb{Z}_v$ gibt es daher genau ein $r \in \mathbb{Z}_{uv}$ mit $\boldsymbol{\Phi}(r) = (s,t)$, und zwar gibt es ein $x \in \mathbb{Z}$ mit $r = \boldsymbol{\varrho}_{uv}(x)$, $s = \boldsymbol{\varrho}_u(x)$ und $t = \boldsymbol{\varrho}_v(x)$. In der Sprache der Kongruenz wird daraus $x \equiv_{uv} r$, $x \equiv_u s$ und $x \equiv_v t$. Die beiden Kongruenzgleichungen $x \equiv_u s$ und $x \equiv_v t$ mit der Unbekannten x besitzen daher eine Lösung $x \equiv_{uv} r$.

Zur Einführung der Teilerrestfunktion wurde explizit vorausgesetzt, daß der Quotient und der Rest bei der Division mit Rest eindeutig ist. Es ist daher noch das Beispiel eines Euklidischen Ringes zu geben, in dem das nicht der Fall ist. Ein geeigneter Beispielring ist der Ring der $\mathbb{G}$ der Gaußschen Zahlen (zur Definition siehe Seite 230). Weil hier intensiver mit den Ringelementen von $\mathbb{G}$ gearbeitet wird, empfiehlt es sich, eine eigene Notation einzuführen: Elemente von $\mathbb{G}$ werden mit $\mathfrak{u} = u_x + u_y\boldsymbol{i}$, $\mathfrak{v} = v_x + v_y\boldsymbol{i}$ usw. bezeichnet.

S 6.8.14 (Gaußsche Zahlen als Euklidischer Ring)
Die Gaußschen Zahlen $\mathbb{G}$ bilden mit der Normfunktion $\Theta(\mathfrak{u}) = |\mathfrak{u}|^2 = u_x^2 + u_x^2$ einen Euklidischen Ring, in dem der Quotient und der Rest bei der Division mit Rest nicht eindeutig bestimmt sind.

Darin ist $|\cdot|$ der gewöhnliche Absolutbetrag komplexer Zahlen. Dieser ist multiplikativ (wie eine sehr einfache Rechnung zeigt), d.h. es ist $|zw| = |z|\,|w|$ für alle $z, w \in \mathbb{C}$. Daher ist auch Θ auf $\mathbb{G}$ multiplikativ: $\Theta(\mathfrak{u}\mathfrak{v}) = \Theta(\mathfrak{u})\Theta(\mathfrak{v})$. Für $\mathfrak{u} \in \mathbb{G}^\star$ gilt offenbar $\Theta(\mathfrak{u}) = u_x^2 + u_y^2 \geq 1$, denn $\mathfrak{u} = 0 \iff u_x = u_y = 0$ oder $\mathfrak{u} \neq 0 \iff \mathfrak{u} \neq 0 \vee \mathfrak{v} \neq 0$.
Zunächst wird (6.166a) aus der Definition **S 6.8.1** gezeigt. Es seien also $\mathfrak{u}, \mathfrak{v} \in \mathbb{G}^\star$ mit $\mathfrak{u} \in \mathsf{T}^{\mathbb{G}}_{\mathfrak{v}}$. Es gibt dann ein $\mathfrak{w} \in \mathbb{G}^\star$ mit $\mathfrak{v} = \mathfrak{w}\mathfrak{u}$. Wegen $\mathfrak{w} \neq 0$ folgt daraus nach der vorangehenden Bemerkung $\Theta(\mathfrak{v}) = \Theta(\mathfrak{w}\mathfrak{u}) = \Theta(\mathfrak{u})\Theta(\mathfrak{v}) \geq \Theta(\mathfrak{u})$.
Es ist nun (6.166b) aus der Definition **S 6.8.1** abzuleiten. Seien dazu $\mathfrak{u} \in \mathbb{G}$ und $\mathfrak{v} \in \mathbb{G}^\star$. Gesucht sind $\mathfrak{q}, \mathfrak{r} \in \mathbb{G}$ mit $\mathfrak{u} = \mathfrak{q}\mathfrak{v} + \mathfrak{r}$ und $\Theta(\mathfrak{r}) < \Theta(\mathfrak{v})$. Man kann hier von der Tatsache $\mathbb{G} \subset \mathbb{C}$ Gebrauch machen und in $\mathbb{C}$ statt in $\mathbb{G}$ rechnen:

$$\frac{\mathfrak{u}}{\mathfrak{v}} = q + \frac{\mathfrak{r}}{\mathfrak{v}} \approx q \quad \text{mit } q = a + b\boldsymbol{i} \text{ und } a, b \in \mathbb{Q}$$

Man berechnet der Quotienten von $\mathfrak{u}$ und $\mathfrak{v}$ in $\mathbb{C}$ und ignoriert den Quotienten von $\mathfrak{r}$ und $\mathfrak{v}$, d.h. man betrachtet q als eine Approximation von $\mathfrak{u}/\mathfrak{v}$. Diese Approximation q wird dann selbst so genau wie möglich durch ein $\mathfrak{q} \in \mathbb{G}$ approximiert, in der Hoffnung, dann $\Theta(\mathfrak{r}) = \Theta(\mathfrak{u} - \mathfrak{q}\mathfrak{v}) < \Theta(\mathfrak{v})$ zu erhalten. Diese einfache Strategie geht tatsächlich auf. Man erhält zunächst

$$\frac{\mathfrak{u}}{\mathfrak{v}} = \frac{u_x + u_y\boldsymbol{i}}{v_x + v_y\boldsymbol{i}} = \frac{u_x v_x + u_y v_y}{v_x^2 + v_y^2} + \frac{u_y v_x - u_x v_y}{v_x^2 + v_y^2}\boldsymbol{i} = a + b\boldsymbol{i}$$

Gesucht ist ein $\mathfrak{q} = q_x + q_y\boldsymbol{i} \in \mathbb{G}$ das $a + b\boldsymbol{i}$ gut approximiert. Nun ist $a = \lfloor a \rfloor + \langle a \rangle$, mit dem ganzen Teil $\lfloor a \rfloor$ und dem gebrochenen (hier rationalen) Teil $\langle a \rangle$ (siehe dazu Abbildung 6.2). Der

Abbildung 6.2.: Zur Approximation von a durch q_x

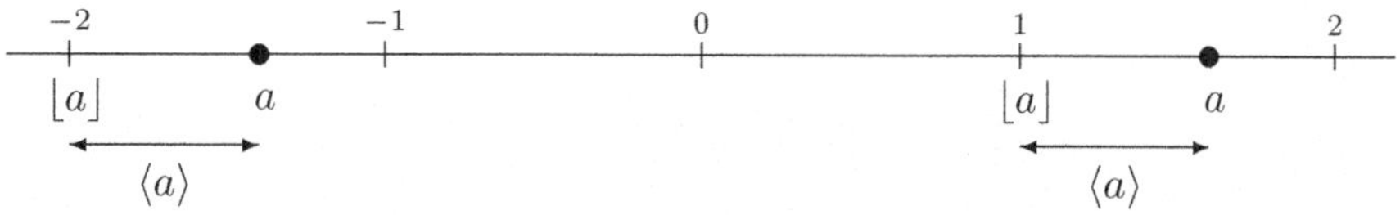

kleinste mögliche Fehler, der auftreten kann, wenn a durch eine ganze Zahl ersetzt wird, ist $\frac{1}{2}$.

Man hat nur $q_x = \lfloor a \rfloor$ zu wählen, falls $\langle a \rangle \leq \frac{1}{2}$, oder $q_x = \lfloor a \rfloor + 1$ falls $\langle a \rangle > \frac{1}{2}$. Das kann auch kürzer ausgedrückt werden, nämlich man setze $q_x = \lfloor a + \frac{1}{2} \rfloor$. Entsprechend wird q_y gewählt. Man hat dann

$$|a - q_x| \leq \tfrac{1}{2} \qquad |b - q_y| \leq \tfrac{1}{2}$$

Es ist jetzt $\mathfrak{r} = \mathfrak{u} - \mathfrak{q}\mathfrak{v}$ und $\mathfrak{u} = (a + b\boldsymbol{i})\mathfrak{v}$, also $\mathfrak{r} = (a + b\boldsymbol{i})\mathfrak{v} - \mathfrak{q}\mathfrak{v} = \big(a - q_x + (b - q_y\boldsymbol{i})\big)\mathfrak{v}$, woraus sich die gewünschte Abschätzung für $\Theta(\mathfrak{r})$ ergibt:

$$\begin{aligned}
\Theta(\mathfrak{r}) &= \big|\big(a - q_x + (b - q_y)\boldsymbol{i}\big)\mathfrak{v}\big|^2 \\
&= |a - q_x + (b - q_y)\boldsymbol{i}|^2\, \Theta(\mathfrak{v}) \\
&= \big((a - q_x)^2 + (b - q_y)^2\big)\Theta(\mathfrak{v}) \\
&\leq \big(\tfrac{1}{4} + \tfrac{1}{4}\big)\Theta(\mathfrak{v}) = \tfrac{1}{2}\Theta(\mathfrak{v}) \\
&< \Theta(\mathfrak{v})
\end{aligned}$$

Dem aufmerksamen Leser wird aufgefallen sein, daß Θ nicht die für alle Normfunktionen geforderte Eigenschaft $\Theta(0) = -1$ besitzt. Aber der Übergang zu $\Theta - 1$ mußte unterbleiben, weil die Multiplikativität von Θ benötigt wurde. Nachdem nun bewiesen ist, daß $\mathbb{G}$ Euklidisch ist, kann der Übergang zu $\Theta - 1$ aber jetzt problemlos erfolgen. Für alle allgemeinen Sätze, Überlegungen usw. dieses Abschnittes sind Θ und $\Theta - 1$ vollständig äquivalent.
Die Aussage des Satzes, daß $\mathfrak{q}$ und $\mathfrak{r}$ nicht eindeutig sind, wir an einem Beispiel demonstriert, das auch zeigt, daß die Methode des Beweises zur Berechnung von $\mathfrak{q}$ und $\mathfrak{r}$ praktikabel ist. Und zwar seien $\mathfrak{u}$ und $\mathfrak{v}$ gegeben durch $\mathfrak{u} = 4 + 3\boldsymbol{i}$ und $\mathfrak{v} = 1 + \boldsymbol{i}$. Division liefert

$$\frac{\mathfrak{u}}{\mathfrak{v}} = \frac{4 + 3}{2} + \frac{3 - 4}{2}\boldsymbol{i} = \frac{7}{2} - \frac{1}{2}\boldsymbol{i}$$

und die Approximation mit einem $\mathfrak{q}$ ergibt sich wie folgt:

$$\begin{aligned}
a &= \frac{7}{2} = 3 + \frac{1}{2} \Rightarrow q_x = 3 \\
b &= -\frac{1}{2} = -1 + \frac{1}{2} \Rightarrow q_y = -1
\end{aligned}$$

Der Quotient ist daher $\mathfrak{q} = 3 - \boldsymbol{i}$. Dann ist $\mathfrak{r} = \mathfrak{u} - \mathfrak{q}\mathfrak{v} = 4 + 3\boldsymbol{i} - (4 + 2\boldsymbol{i}) = \boldsymbol{i}$. Man kann allerdings auch $q_x = 4$ und $q_y = 0$ wählen, d.h. $\mathfrak{q} = 4$, und erhält $\mathfrak{r} = -\boldsymbol{i}$. In beiden Fällen ist $\Theta(\mathfrak{r}) = 1 < 2 = \Theta(\mathfrak{v})$. Die beiden gefundenen Quotienen sind nicht assoziiert, $3 - \boldsymbol{i} \not\sim 4$, denn keine Multiplikation von 4 mit einer der Einheiten aus $\mathbb{G}^\bullet = \{1, -1, \boldsymbol{i}, -\boldsymbol{i}\}$ ergibt $3 - \boldsymbol{i}$. Es ist auch daran zu erkennen, daß $\Theta(3 - \boldsymbol{i}) = 10 \neq 16 = \Theta(4)$ gilt, denn die Normfunktion Θ nimmt auf assoziierten Elementen denselben Wert an.
Das Beispiel wird nun fortgesetzt mit der Berechnung des größten gemeinsamen Teilers von $\mathfrak{u}$ und $\mathfrak{v}$. In einem weiteren Divisionsschritt sind $\mathfrak{q}_1$ und $\mathfrak{r}_1$ aus $\mathfrak{v} = \mathfrak{q}_1\mathfrak{r} + \mathfrak{r}_1$ zu berechnen. Ausgehend von $\mathfrak{q} = 4$ und $\mathfrak{r} = -\boldsymbol{i}$ erhält man

$$\frac{\mathfrak{v}}{\mathfrak{r}} = \frac{1 + \boldsymbol{i}}{-\boldsymbol{i}} = -\frac{(1 + \boldsymbol{i})\boldsymbol{i}}{\boldsymbol{i}^2} = -1 + \boldsymbol{i}$$

Hier ist keine Approximation nötig, es ist direkt $\mathfrak{q}_1 = -1 + \boldsymbol{i}$. Das Verfahren kommt hier wegen $\mathfrak{r}_1 = 0$ zum Halt, es ist also bereits $\mathfrak{r} = -\boldsymbol{i}$ ein Element des größten gemeinsamen Teilers, d.h. es ist $\mathsf{G}^{\mathbb{G}}_{\mathfrak{u},\mathfrak{v}} = \mathbb{G}^\bullet$. Die zweite Division war allerdings unnötig, denn schon nach der ersten konnte $1\mathfrak{u} - 4\mathfrak{v} = -\boldsymbol{i}$ oder $\boldsymbol{i}\mathfrak{u} - 4\boldsymbol{i}\mathfrak{v} = 1$ geschrieben werden, woraus nach **S 6.8.4** bereits folgt, daß der größte gemeinsame Teiler von den Einheiten gebildet wird. Jedenfalls sind $4+3\boldsymbol{i}$ und $1+\boldsymbol{i}$ relativ prim. Selbstverständlich kommt man ausgehend von $\mathfrak{q} = 3 - \boldsymbol{i}$ und $\mathfrak{r} = \boldsymbol{i}$ zu demselben größten gemeinsamen Teiler. Denn zwei größte gemeinsame Teiler teilen sich gegenseitig und sind daher assoziiert.

Wie sieht in $\mathbb{G}$ eine multiplikative Zerlegung in Primelemente aus? Zur Berechnung einer solchen Zerlegung erweist sich der folgende einfache Satz als sehr nützlich:

S 6.8.15

$$\bigwedge_{\mathfrak{u}\in\mathbb{G}} \big(\Theta(\mathfrak{u}) \in \mathbb{P} \implies \mathfrak{u} \in \mathbb{P}_{\mathbb{G}}\big) \tag{6.194}$$

Ist $\Theta(\mathfrak{u})$ eine Primzahl, dann ist $\mathfrak{u}$ ein Primelement von $\mathbb{G}$.

Sei $\mathfrak{u} \in \mathbb{G}$ und sei $\mathfrak{v} \in \mathsf{T}^{\mathbb{G}}_{\mathfrak{u}}$. Zu zeigen ist $\mathfrak{v} \in \mathbb{G}^\bullet \cup \mathsf{A}^{\mathbb{G}}_{\mathfrak{u}}$. Nun gibt es wegen $\mathfrak{v} \in \mathsf{T}^{\mathbb{G}}_{\mathfrak{u}}$ ein $\mathfrak{c} \in \mathbb{G}^\star$ mit $\mathfrak{u} = \mathfrak{c}\mathfrak{v}$. Nach Voraussetzung ist $\Theta(\mathfrak{u}) = \Theta(\mathfrak{c})\Theta(\mathfrak{v}) = p \in \mathbb{P}$. Hier sind nun zwei Fälle möglich. Im ersten Fall ist $\Theta(\mathfrak{c}) = 1$ und $\Theta(\mathfrak{v}) = p$, also $\mathfrak{c} \in \mathbb{G}^\bullet$ und daher $\mathfrak{v} \in \mathsf{A}^{\mathbb{G}}_{\mathfrak{u}}$. Im zweiten Fall ist $\Theta(\mathfrak{c}) = p$ und $\Theta(\mathfrak{v}) = 1$, also $\mathfrak{v} \in \mathbb{G}^\bullet$. Insgesamt ist folglich wie verlangt $\mathfrak{v} \in \mathbb{G}^\bullet \cup \mathsf{A}^{\mathbb{G}}_{\mathfrak{u}}$ herausgekommen.

So ist beispielsweise $1 + \boldsymbol{i}$ wegen $\Theta(1 + \boldsymbol{i}) = 2$ ein Primelement von $\mathbb{G}$ und damit auch die Assoziierten $1 - \boldsymbol{i}$, $-1 + \boldsymbol{i}$ und $-1 - \boldsymbol{i}$. Dann ist aber die Primzahl 2 wegen $2 = (1 + \boldsymbol{i})(1 - \boldsymbol{i})$ kein Primelement von $\mathbb{G}$ und $(1 + \boldsymbol{i})(1 - \boldsymbol{i})$ ist die Primzerlegung von 2.

Ein weiteres Primelement ist $8+5\boldsymbol{i}$, denn es ist $\Theta(8+5\boldsymbol{i}) = 64+25 = 89 \in \mathbb{P}$. Dagegen ist $7+5\boldsymbol{i}$ nicht prim in $\mathbb{G}$. Denn es ist $\Theta(7 + 5\boldsymbol{i}) = 49 + 25 = 2 \cdot 37$, man hat also $\mathfrak{u}, \mathfrak{v} \in \mathbb{G}$ zu finden mit $8 + 5\boldsymbol{i} = \mathfrak{u}\mathfrak{v}$ mit $\Theta(\mathfrak{u}) = 2$ und mit $\Theta(\mathfrak{v}) = 37$, dann ist $\mathfrak{u}\mathfrak{v}$ eine Primzerlegung von $7 + 5\boldsymbol{i}$. Diese sind schnell gefunden. Man kann für $\mathfrak{u}$ das Primelement $1 + \boldsymbol{i}$ wählen, und wegen $37 = 6^2 + 1^2$ ist $\mathfrak{v}$ vermutlich unter den $6 + \boldsymbol{i}$, $6 - \boldsymbol{i}$ usw. zu finden. Tatsächlich ist $5 + 7\boldsymbol{i} = (1 + \boldsymbol{i})(6 - \boldsymbol{i})$ eine Primzerlegung.

6.9. Polynome II

In diesem Abschnitt sind alle Ringe kommutativ.

Es ist noch nicht geklärt, aus welchen Elementen die Einheitenmenge eines Polynomrings besteht. Der folgende Satz gibt für Integritätsbereiche Auskunft:

S 6.9.1 (Einheiten in Polynomringen über Integritätsbereichen)
In einem Integritätsbereich R mit Einselement sind die folgenden Aussagen wahr:

(i) $\mathsf{R}[X]^\bullet = \mathsf{R}^\bullet$
(ii) $\mathsf{R}[X]$ ist ein Integritätsbereich mit Einselement

Zu (i): Offensichtlich ist $\mathsf{R}^\bullet \subset \mathsf{R}[X]^\bullet$ wahr. Sei $\boldsymbol{f} \in \mathsf{R}[X]^\bullet$. Aus **S 6.168**, und zwar (6.168d), folgt $\partial(\boldsymbol{f}) = \partial(1) = 0$, also $\boldsymbol{f} \in \mathsf{R}$. Weil $\boldsymbol{f}$ aber eine Einheit ist, muß $\boldsymbol{f} \in \mathsf{R}^\bullet$ gelten.
Zu (ii): Es seien $f, g \in \mathsf{R}[X]^\star$. Dann ist $\boldsymbol{f}\big(\partial(\boldsymbol{f})\big) \neq 0$ und $\boldsymbol{g}\big(\partial(\boldsymbol{g})\big) \neq 0$, daher $\boldsymbol{fg}\big(\partial(\boldsymbol{fg})\big) = \boldsymbol{f}\big(\partial(\boldsymbol{f})\big)\boldsymbol{g}\big(\partial(\boldsymbol{g})\big) \neq 0$ denn R ist Integritätsbereich. Also ist $\boldsymbol{fg} \neq 0$. Das Einselement von R ist natürlich das Einselement von $\mathsf{R}[X]$.

In Polynomringen über Integritätsbereichen mit Einselement gibt es die Möglichkeit, aus einer Äquivalenzklasse von assoziierten Polynomen einen kanonischen Stellvertreter zu wählen:

S 6.9.2 (Kanonischer Stellvertreter in Assoziierungsklassen)
Seien R ein Integritätsbereich mit Einselement und $\boldsymbol{f} \in \mathsf{R}[X]$ mit $\boldsymbol{f}\big(\partial(\boldsymbol{f})\big) \in \mathsf{R}^\bullet$. Dann enthält $\mathsf{A}_{\boldsymbol{f}}^{\mathsf{R}[X]}$ genau ein $\boldsymbol{g} \in \mathsf{R}[X]$ mit $\boldsymbol{g}\big(\partial(\boldsymbol{g})\big) = 1$.
Ist der Ring sogar ein Körper K, dann gilt diese Aussage für jedes $\boldsymbol{f} \in \mathsf{K}[X]^\star$.

Nach **S 6.6.1** gilt $\boldsymbol{f} \sim \boldsymbol{g}$ für $\boldsymbol{g} \in \mathsf{R}[X]$ genau dann, wenn es ein $u \in \mathsf{R}^\bullet$ gibt mit $\boldsymbol{f} = u\boldsymbol{g}$, oder

$$\mathsf{A}_{\boldsymbol{f}}^{\mathsf{R}[X]} = \{\, u\boldsymbol{f} \mid u \in \mathsf{R}^\bullet \,\}$$

Die Existenz des gesuchten $\boldsymbol{g}$ ist offensichtlich, man kann $\boldsymbol{g} = \boldsymbol{f}\big(\partial(\boldsymbol{f})\big)^{-1} f$ wählen. Zum Beweis der Eindeutigkeit seien $\boldsymbol{g}, \boldsymbol{h} \in \mathsf{A}_{\boldsymbol{f}}^{\mathsf{R}[X]}$ mit $\boldsymbol{g}\big(\partial(\boldsymbol{g})\big) = 1 = \boldsymbol{h}\big(\partial(\boldsymbol{h})\big)$. Aus $\boldsymbol{g} \sim \boldsymbol{f}$ folgt $u\boldsymbol{g} = \boldsymbol{f}$ für ein $u \in \mathsf{R}^\bullet$, und aus $\boldsymbol{h} \sim \boldsymbol{f}$ folgt $v\boldsymbol{h} = \boldsymbol{f}$ für ein $v \in \mathsf{R}^\bullet$. Das ergibt $u\boldsymbol{g} = v\boldsymbol{h}$. Weil aber die führenden Koeffizienten von $\boldsymbol{g}$ und $\boldsymbol{h}$ den Wert 1 haben, und weil gleiche Polynome natürlich gleiche führende Koeffizienten haben, folgt daraus $u = v$ und damit auch $\boldsymbol{g} = \boldsymbol{h}$.

Nach der Definition **D 6.6.3** der irreduziblen Elemente (auf Seite 261) sind irreduzible Polynome wie folgt charakterisiert:

$$\boldsymbol{p} \in \mathbb{I}_{\mathsf{R}[X]} \iff \mathsf{T}_{\boldsymbol{p}}^{\mathsf{R}[X]} = \mathsf{R}[X]^\bullet \cup \mathsf{A}_{\boldsymbol{p}}^{\mathsf{R}[X]} = \mathsf{R}^\bullet \cup \{\, u\boldsymbol{p} \mid u \in \mathsf{R}^\bullet \,\} \tag{6.195}$$

Ein Polynom $\boldsymbol{p}$ aus $\mathsf{R}[X]$ ist also irreduzibel, wenn sich seine Teiler nur aus seinen assoziierten Polynomen und den Einheiten des Ringes R zusammensetzen. Andernfalls ist es reduzibel, es gibt $\boldsymbol{g}, \boldsymbol{h} \in \mathsf{R}[X] \setminus (\mathsf{R}^\bullet \cup \mathsf{A}_{\boldsymbol{p}}^{\mathsf{R}[X]})$ mit $\boldsymbol{p} = \boldsymbol{gh}$. Hieraus kann jedoch nicht $0 < \partial(\boldsymbol{g}) < \partial(\boldsymbol{f})$ und $0 < \partial(\boldsymbol{h}) < \partial(\boldsymbol{f})$ geschlossen werden, falls R von Null verschiedene Nichteinheiten besitzt, falls also $\mathsf{R}^\star \setminus \mathsf{R}^\bullet \neq \emptyset$ gilt. Wird z.B. das Polynom $\boldsymbol{f} = 4X^2 + 6X + 2$ als Element von $\mathbb{Z}[X]$ angesehen, dann ist wegen $\boldsymbol{f} = 2(2X+1)(X+1)$ und $2 \in \mathbb{Z}^\star \setminus \mathbb{Z}^\bullet$ die Menge der Teiler von $\boldsymbol{f}$ gegeben durch

$$\mathsf{T}_{\boldsymbol{f}}^{\mathbb{Z}[X]} = \{2, X+1, 2X+1\} \cup \{1, -1\} \cup \{4X^2 + 6X + 2, -4X^2 - 6X - 2\}$$

Die erste Menge enthält die echten Teiler, die zweite die Einheiten und die dritte die zu $\boldsymbol{f}$ assoziierten Polynome. Ist jedoch $\boldsymbol{f}$ ein Polynom aus $\mathbb{Z}_7[\boldsymbol{X}]$ über dem Körper $\mathbb{Z}_7$, dann ist 2 eine Einheit und man erhält die Teilermenge

$$\mathsf{T}_{\boldsymbol{f}}^{\mathbb{Z}_7[\boldsymbol{X}]} = \{4\boldsymbol{X}+2, \boldsymbol{X}+1)\} \cup \{1,2,3,4,5,6\} \cup$$
$$\{4\boldsymbol{X}^2+6\boldsymbol{X}+2, \boldsymbol{X}^2+5\boldsymbol{X}+4, 5\boldsymbol{X}^2+4\boldsymbol{X}+6, 2\boldsymbol{X}^2+3\boldsymbol{X}+1, 6\boldsymbol{X}^2+2\boldsymbol{X}+3, 3\boldsymbol{X}^2+1\boldsymbol{X}+5\}$$

Jeder Euklidische Ring und damit auch $\mathsf{K}[\boldsymbol{X}]$ über einem Körper K ist nach **S 6.8.7** ein ZPE-Ring. Also sind in $\mathsf{K}[\boldsymbol{X}]$ irreduzible Polynome und prime Polynome identisch. Die allgemeine Definition eines primen Elementes übertragen auf $\mathsf{K}[\boldsymbol{X}]$ lautet wie folgt:

$$\boldsymbol{p} \in \mathbb{P}_{\mathsf{K}[\boldsymbol{X}]} \iff \bigwedge_{\boldsymbol{f},\boldsymbol{g} \in \mathsf{K}[\boldsymbol{X}]^\star} \left(\boldsymbol{p} \in \mathsf{T}_{\boldsymbol{fg}}^{\mathsf{K}[\boldsymbol{X}]} \implies \boldsymbol{p} \in \mathsf{T}_{\boldsymbol{f}}^{\mathsf{K}[\boldsymbol{X}]} \cup \mathsf{T}_{\boldsymbol{g}}^{\mathsf{K}[\boldsymbol{X}]}\right) \tag{6.196}$$

Allgemeiner formuliert: Teilt ein primes Polynom ein Produkt von Polynomen, dann teilt es mindestens einen der Faktoren des Produktes. Das läßt sich formal mit Vektoren $\mathfrak{f} = (\boldsymbol{f}_1, \ldots, \boldsymbol{f}_n)$ von Polynomen erfassen:

$$\boldsymbol{p} \in \mathbb{P}_{\mathsf{K}[\boldsymbol{X}]} \iff \bigwedge_{n \in \mathbb{N}_+} \bigwedge_{\mathfrak{f} \in (\mathsf{K}[\boldsymbol{X}]^\star)^n} \left(\boldsymbol{p} \in \mathsf{T}_{\prod \mathfrak{f}}^{\mathsf{K}[\boldsymbol{X}]} \implies \boldsymbol{p} \in \bigcup_{\nu=1}^{n} \mathsf{T}_{\boldsymbol{f}_\nu}^{\mathsf{K}[\boldsymbol{X}]}\right) \tag{6.197}$$

Jedes Polynom eines Polynomringes über einem Körper ist also in ein Produkt irreduzibler Polynome zerlegbar, und die Faktoren sind bis auf ihre Anordung und bis auf Einheiten eindeutig.

Die Polynome, die in der folgenden Definition eingeführt werden, waren der Gegenstand eines berühmten Lemmas von GAUSS (das Produkt primitiver Polynome ist primitiv).

D 6.9.1 (Primitive Polynome)
Es sei R ein Ring mit Einselement. Ein $\boldsymbol{f} \in \mathsf{R}[\boldsymbol{X}]$ heißt **primitiv**, wenn es die folgende Eigenschaft besitzt:

$$\bigcap_{c \in \boldsymbol{f}[\mathbb{N}]} \mathsf{T}_c^{\mathsf{R}} = \mathsf{R}^\bullet \tag{6.198}$$

Die Koeffizienten eines primitiven Polynoms sind relativ prim.

Beispielsweise ist die Koeffizientenmenge von $\boldsymbol{f} = 3\boldsymbol{X}^2+2\boldsymbol{X}+2 \in \mathbb{Z}[\boldsymbol{X}]$ gegeben als $\boldsymbol{f}[\mathbb{N}] = \{2,3\}$, das Polynom ist also primitiv.

Nach dieser Definition kann jetzt ein Satz formuliert werden, der eine wichtige Klasse von irreduziblen Polynomen liefert.

S 6.9.3 (Irreduzibilität primitiver linearer Polynome)
In einem Integritätsbereich mit Einselement sind primitive Polynome vom Grad 1 irreduzibel.

Es seien R der Integritätsbereich mit Einselement und $\boldsymbol{f} = a\boldsymbol{X} + b \in \mathsf{R}[\boldsymbol{X}]$ mit $a \in \mathsf{R}^\star$ und $b \in \mathsf{R}$ ein primitives Polynom. Es gilt also $\mathsf{T}_a^{\mathsf{R}} \cap \mathsf{T}_b^{\mathsf{R}} = \mathsf{R}^\bullet$. Zu zeigen ist $\mathsf{T}_{\boldsymbol{f}}^{\mathsf{R}[\boldsymbol{X}]} \subset \mathsf{A}_{\boldsymbol{f}}^{\mathsf{R}[\boldsymbol{X}]} \cup \mathsf{R}^\bullet$. Sei dazu $g \in \mathsf{T}_{\boldsymbol{f}}^{\mathsf{R}[\boldsymbol{X}]}$. Es gibt dann ein $h \in \mathsf{T}_{\boldsymbol{f}}^{\mathsf{R}[\boldsymbol{X}]}$ mit $\boldsymbol{f} = \boldsymbol{gh}$. Das ergibt $1 = \partial(\boldsymbol{f}) = \partial(\boldsymbol{g}) + \partial(\boldsymbol{h})$. Das ist aber wegen $\partial(\boldsymbol{g}) \geq 0$ und $\partial(\boldsymbol{h}) \geq 0$ nur in zwei Kombinationen von $\partial(\boldsymbol{g})$ und $\partial(\boldsymbol{h})$ möglich.

Die erste Kombination: $\partial(\boldsymbol{g}) = 1$ und $\partial(\boldsymbol{h}) = 0$.
Es sei $\boldsymbol{g} = c\boldsymbol{X} + d$ mit $c \in \mathsf{R}^\star$ und $d \in \mathsf{R}$ sowie $\boldsymbol{h} = h \in \mathsf{R}^\star$. Ausmultiplizieren der Polynome liefert $a\boldsymbol{X} + b = hc\boldsymbol{X} + hd$. Koeffizientenvergleich ergibt $hc = a$ und $hd = b$. Das wiederum bedeutet $h \in \mathsf{T}_a^\mathsf{R} \cap \mathsf{T}_b^\mathsf{R} = \mathsf{R}^\bullet$. Dann bedeutet $\boldsymbol{f} = h\boldsymbol{g}$ aber $\boldsymbol{f} \sim \boldsymbol{g}$, d.h. $\boldsymbol{g} \in \mathsf{A}_{\boldsymbol{f}}^{\mathsf{R}[\boldsymbol{X}]}$.
Die zweite Kombination: $\partial(\boldsymbol{g}) = 0$ und $\partial(\boldsymbol{h}) = 1$.
Es sei $\boldsymbol{h} = c\boldsymbol{X} + d$ mit $c \in \mathsf{R}^\star$ und $d \in \mathsf{R}$ sowie $\boldsymbol{g} = g \in \mathsf{R}^\star$. Ausmultiplizieren der Polynome liefert $a\boldsymbol{X} + b = gc\boldsymbol{X} + gd$. Koeffizientenvergleich ergibt $gc = a$ und $gd = b$. Das wiederum bedeutet $g \in \mathsf{T}_a^\mathsf{R} \cap \mathsf{T}_b^\mathsf{R} = \mathsf{R}^\bullet$.
Zusammengenommen ist das Geforderte $\mathsf{T}_{\boldsymbol{f}}^{\mathsf{R}[\boldsymbol{X}]} \subset \mathsf{A}_{\boldsymbol{f}}^{\mathsf{R}[\boldsymbol{X}]} \cup \mathsf{R}^\bullet$ herausgekommen.

Auf die Bedingung der Primitivität kann nicht verzichtet werden, wie das nicht primitive Polynom $\boldsymbol{f} = 4\boldsymbol{X} + 2 \in \mathbb{Z}[\boldsymbol{X}]$ zeigt, denn es besitzt den echten Teiler 2: $\boldsymbol{f} = 2(2\boldsymbol{X} + 1)$. Die Zahl 2 ist keine Einheit von $\mathbb{Z}$.

In einem Polynomring über einem Körper K sind alle vom Nullpolynom verschiedenen Polynome primitiv, weil alle Polynomkoeffizienten Einheiten sind. Das führt zu dem folgenden Korollar:

K 6.9.1 (Irreduzibilität linearer Polynome)
In einem Körper K gilt

$$\bigwedge_{\boldsymbol{f} \in \mathsf{K}[\boldsymbol{X}]} \big(\partial(\boldsymbol{f}) = 1 \implies \boldsymbol{f} \in \mathbb{P}_{\mathsf{K}[\boldsymbol{X}]}\big) \tag{6.199}$$

In einem Polynomring über einem Körper ist jedes lineare Polynom irreduzibel.

Das Polynom $\boldsymbol{f} = 4\boldsymbol{X} + 2 \in \mathbb{Z}_5[\boldsymbol{X}]$ ist also irreduzibel, im Gegensatz zu $\boldsymbol{f} \in \mathbb{Z}[\boldsymbol{X}]$ oben. Hier besagt $\boldsymbol{f} = 2(2\boldsymbol{X} + 1)$ nur $\boldsymbol{f} \sim 2\boldsymbol{X} + 1$.

Es ist Zeit für einige Beispiele. Als erstes soll das Polynom $\boldsymbol{f} = \boldsymbol{X}^5 + \boldsymbol{X} + 1 \in \mathbb{Z}_2[\boldsymbol{X}]$ auf Irreduzibilität geprüft werden. Es läßt sich sehr schnell feststellen, ob $\boldsymbol{f}$ Linearfaktoren enthält. Nach **S 6.7.4** (Seite 274) ist das genau dann der Fall, wenn $\boldsymbol{f}$ Nullstellen hat. Das ist in $\mathbb{Z}_2$ sehr leicht festzustellen, weil nur zwei Elemente geprüft werden müssen, ob sie Nullstellen von $\boldsymbol{f}$ sind: Es ist $\boldsymbol{f}^\star(0) = 0 + 0 + 1 = 1$ und $\boldsymbol{f}^\star(1) = 1 + 1 + 1 = 1$, d.h. keine Nullstellen und deshalb auch keine Linearfaktoren. Teilerkombinationen $\boldsymbol{f} = \boldsymbol{gh}$ mit $\partial(\boldsymbol{g}) = 1$ und $\partial(\boldsymbol{h}) = 4$ gibt es daher nicht. Es sind noch Teilerkombinationen $\boldsymbol{f} = \boldsymbol{gh}$ mit $\partial(\boldsymbol{g}) = 2$ und $\partial(\boldsymbol{h}) = 3$ möglich. Um zu testen, ob diese Kombination tatsächlich realisiert werden kann, macht man den Ansatz

$$\begin{aligned} \boldsymbol{g} &= u\boldsymbol{X}^2 + v\boldsymbol{X} + w \\ \boldsymbol{h} &= a\boldsymbol{X}^3 + b\boldsymbol{X}^2 + c\boldsymbol{X} + d \end{aligned}$$

Darin ist $u, a \in \mathbb{Z}_2^\star = \{1\}$, die übrigen Koeffizienten unterliegen keiner Beschränkung. Ausmultiplizieren ergibt ein Gleichungssystem für die unbekannten Koeffizienten:

$$\begin{aligned} \boldsymbol{X}^5 + \boldsymbol{X} + 1 = ua\boldsymbol{X}^5 + (va + ub)\boldsymbol{X}^4 + (wa + vb + uc)\boldsymbol{X}^3 + \\ (wb + vc + ud)\boldsymbol{X}^2 + (wc + vd)\boldsymbol{X} + wd \end{aligned}$$

Aus $ua = 1$ folgt natürlich $u = a = 1$, ebenso $w = d = 1$ aus $wd = 1$. Das liefert die vier Gleichungen $v + b = 0$, $1 + vb + c = 0$, $b + vc + 1 = 0$ und $c + v = 0$. Die erste Gleichung bedeutet $v = b$ und die dritte $c = v$. Das ergibt die beiden Gleichungen $1 + b^2 + b = 0$ und $b + b^2 = 0$, aus welchen durch Einsetzen die „Gleichung“ $1 = 0$ folgt. Das Gleichungssystem führt also auf einen Widerspruch, d.h. Teiler mit den Graden 2 und 3 existieren nicht. Das Polynom $\boldsymbol{f}$ ist irreduzibel.

Als zweites Beispiel sollen alle irreduziblen Polynome in $\mathbb{Z}_2[\boldsymbol{X}]$ vom Grad höchstens 3 bestimmt werden, also die Menge

$$I_3 = \{\, \boldsymbol{f} \in \mathbb{P}_{\mathbb{Z}_2[\boldsymbol{X}]} \mid \partial(\boldsymbol{f}) \leq 3 \,\}$$

$\mathbb{Z}_2[\boldsymbol{X}]$ enthält zwei Polynome vom Grad 1, nämlich $\boldsymbol{X}$ und $\boldsymbol{X}+1$. Weil $\mathbb{Z}_2$ ein Körper ist, sind beide Polynome irreduzibel. Von den quadratischen Polynomen sind $\boldsymbol{X}^2$ und $\boldsymbol{X}^2+\boldsymbol{X} = \boldsymbol{X}(\boldsymbol{X}+1)$ offensichtlich reduzibel. Wegen $(\boldsymbol{X}^2+1)^\star(1) = 1+1 = 0$ ist auch das dritte quadratische Polynom reduzibel. So bleibt noch das vierte quadratische Polynom $\boldsymbol{X}^2 + \boldsymbol{X} + 1$. Dieses Polynom hat offensichtlich keine Nullstellen und daher auch keinen linearen Faktor. Aber dann hat es überhaupt keinen Faktor, da als echte Teiler nur Linearfaktoren möglich sind. Das vierte Polynom ist daher irreduzibel.

$\boldsymbol{X}^3$	reduzibel
$\boldsymbol{X}^3+\boldsymbol{X}^2$	$= \boldsymbol{X}^2(\boldsymbol{X}+1)$ reduzibel
$\boldsymbol{X}^3+\boldsymbol{X}$	$= \boldsymbol{X}(\boldsymbol{X}^2+1)$ reduzibel
$\boldsymbol{X}^3+1$	$(\boldsymbol{X}^3+1)^\star(1) = 1+1 = 0$ reduzibel
$\boldsymbol{X}^3+\boldsymbol{X}^2+\boldsymbol{X}$	$= \boldsymbol{X}(\boldsymbol{X}^2+\boldsymbol{X}+1)$ reduzibel
$\boldsymbol{X}^3+\boldsymbol{X}^2+1$	kein Linearfaktor, daher irreduzibel
$\boldsymbol{X}^3+\boldsymbol{X}+1$	kein Linearfaktor, daher irreduzibel

Zu den letzten beiden Fällen ist zu bemerken, daß ein reduzibles Polynom vom Grad 3 einen linearen und einen quadratischen Faktor enthalten **muß**. Enthält es daher keinen linearen Faktor, ist es irreduzibel.

$$I_3 = \{\boldsymbol{X}, \boldsymbol{X}+1, \boldsymbol{X}^2+\boldsymbol{X}+1, \boldsymbol{X}^3+\boldsymbol{X}^2+1, \boldsymbol{X}^3+\boldsymbol{X}+1\}$$

Es kann auf rein mechanischem Wege bestimmt werden, ob ein Polynom irreduzibel ist, es ist nur durch alle Polynome, die als Teiler infrage kommen, zu dividieren. Das sind (auf den ersten Blick) alle Polynome von kleinerem Grad, ausgenommen die Einheiten und Null. Ist der Koeffizientenring der Polynome endlich, dann ist auch die Anzahl dieser Polynome endlich. Diese Anzahl ist leicht zu ermitteln.

S 6.9.4 (Polynomanzahl bei endlichem Ring)
Es sei R ein endlicher Ring.

$$\#(\mathsf{R}) = m \implies \#\Big(\{\, \boldsymbol{f} \in \mathsf{R}[\boldsymbol{X}] \mid \partial(\boldsymbol{f}) < n \,\}\Big) = m^n \tag{6.200}$$

In einem Ring mit m Elementen gibt es m^n Polynome mit einem Grad kleiner als n.

Beweis mit vollständiger Induktion über n. Weil es nur ein Polynom f mit $\partial(\boldsymbol{f}) < 0$ gibt, nämlich das Nullpolynom, ist die Behauptung für $n = 0$ wahr, denn $m^0 = 1$. Die Behauptung gelte für $n \geq 0$. Ein $\boldsymbol{f} \in \mathsf{R}[\boldsymbol{X}]$ mit $\partial(\boldsymbol{f}) < n+1$ hat die folgende Gestalt:

$$\boldsymbol{f} = u\boldsymbol{X}^n + \boldsymbol{g} \qquad u \in \mathsf{R},\ \boldsymbol{g} \in \mathsf{R}[\boldsymbol{X}] \text{ mit } \partial(\boldsymbol{g}) < n$$

Nach Induktionsvoraussetzung gibt es m^n Polynome $\boldsymbol{g}$. Jedes dieser $\boldsymbol{g}$ kann mit einem $u \in \mathsf{R}$ zu $\boldsymbol{f} = u\boldsymbol{X}^n + \boldsymbol{g}$ kombiniert werden, d.h. die Anzahl der $\boldsymbol{f}$ mit $\partial(\boldsymbol{f}) < n+1$ ist $m \cdot m^n = m^{n+1}$.

Um zu bestimmen, ob $\boldsymbol{f} \in \mathsf{R}[X]$ mit $\partial(\boldsymbol{f}) < n$ irreduzibel ist, müssen nicht alle Polynome mit einem Grad kleiner als n als Teiler versucht werden. Sind nämlich alle Polynome g mit $\partial(\boldsymbol{g}) = k < n$ kein Teiler von $\boldsymbol{f}$, dann kann es keinen Teiler $\boldsymbol{h}$ von $\boldsymbol{f}$ mit $k < \partial(\boldsymbol{h}) < n$ geben. Denn gäbe es solch ein $\boldsymbol{h}$, dann müßte doch ein $\boldsymbol{g}$ existieren mit $\boldsymbol{f} = \boldsymbol{gh}$, und daher $\partial(\boldsymbol{g}) < k$. Das kann für praktische Zwecke immer noch viel zu viel sein. In der Kryptographie kommen $m = 256$ und $n = 16$ vor, hier müßten etwa $1,5 \cdot 10^{38}$ Polynome überprüft werden, ein offensichtlich unmögliches Unterfangen.

Es empfiehlt sich, die in Abschnitt 6.8 gewonnenen Ergebnisse über größte gemeinsame Teiler auf Polynomringe zu übertragen. Die Existenz wird durch Satz **S 6.8.3** (auf Seite 278) gesichert. Die Anpassung an Polynomringe lautet wie folgt:

S 6.9.5 (Existenz größter gemeinsamer Teiler)
In einem Polynomring $\mathsf{K}[X]$ über einem Körper K. gelten die folgenden Aussagen:

$$\bigwedge_{\boldsymbol{f},\boldsymbol{g}\in\mathsf{K}[X]^\star} \mathsf{G}_{\boldsymbol{f},\boldsymbol{g}}^{\mathsf{K}[X]} \neq \emptyset \tag{6.201a}$$

$$\bigwedge_{\boldsymbol{f},\boldsymbol{g}\in\mathsf{K}[X]^\star} \bigwedge_{q\in\mathsf{G}_{\boldsymbol{f},\boldsymbol{g}}^{\mathsf{K}[X]}} \bigvee_{\boldsymbol{u},\boldsymbol{v}\in\mathsf{K}[X]} q = \boldsymbol{uf} + \boldsymbol{vg} \tag{6.201b}$$

Es existieren also größte gemeinsame Teiler zweier Polynome, und diese lassen sich als Linearkombination von Polynomen darstellen.

Die Berechnung eines größten gemeinsamen Teilers kann wie in jedem Euklidischen Ring mit dem Euklidischen Algorithmus geschehen.

In einer gewissen Umkehrung von (6.201b) kann man von der Existenz einer Linearkombination auf den größten gemeinsamen Teiler schließen (Adaption von **S 6.8.4** auf Seite 279).

S 6.9.6
Es seien $\mathsf{K}[X]$ ein Polynomring über einem Körper K und $\boldsymbol{f}, \boldsymbol{g} \in \mathsf{K}[X]^\star$.

$$\Bigl(\bigvee_{e\in\mathsf{K}^\bullet} \bigvee_{\boldsymbol{u},\boldsymbol{v}\in\mathsf{K}[X]} e = \boldsymbol{uf} + \boldsymbol{vg} \Bigr) \implies \mathsf{G}_{\boldsymbol{f},\boldsymbol{g}}^{\mathsf{K}[X]} = \mathsf{K}^\bullet \tag{6.202}$$

Insbesondere gibt es dann auch $\boldsymbol{u}, \boldsymbol{v} \in \mathsf{K}[X]$ mit $1 = \boldsymbol{uf} + \boldsymbol{vg}$.

Nach **S 6.6.6** bildet die Menge $\mathsf{G}_{\boldsymbol{f},\boldsymbol{g}}^{\mathsf{K}[X]}$ der größten gemeinsamen Teiler eine Assoziationsklasse, die nach **S 6.9.2** genau ein $\boldsymbol{h} \in \mathsf{K}[X]$ mit $\boldsymbol{h}\bigl(\partial(\boldsymbol{h})\bigr) = 1$ enthält. Dieser Teiler ist gemeint, wenn einfach von **dem** größten gemeinsamen Teiler gesprochen wird. Wie auf Seite 265 dargelegt wird, kann man sich von der Vielfachheit des größten gemeinsamen Teilers nicht durch Abstraktion befreien, d.h. nicht so, daß Klassen zu Elementen gemacht werden. So schön das auch wäre, hat man doch für $\boldsymbol{f}, \boldsymbol{g} \in \mathsf{K}[X]$ mit $\boldsymbol{f}\bigl(\partial(\boldsymbol{f})\bigr) = 1$ und $\boldsymbol{g}\bigl(\partial(\boldsymbol{g})\bigr) = 1$

$$\boldsymbol{f} \in \mathsf{T}_{\boldsymbol{g}}^{\mathsf{R}[X]} \wedge \boldsymbol{g} \in \mathsf{T}_{\boldsymbol{f}}^{\mathsf{R}[X]} \iff \boldsymbol{f} = \boldsymbol{g}$$

Denn sich gegenseitig teilende Polynome sind *per definitionem* assoziiert und es gibt in einer Assoziationsklasse genau ein Polynom, dessen führender Koeffizient aus dem Einselement besteht.

Es folgt nun noch ein Beispiel zur Berechnung eines größten gemeinsamen Teilers zweier Polynome aus $\mathbb{Z}_{13}[\boldsymbol{X}]$ mit dem Euklidischen Algorithmus (vorgestellt ab Seite 199). Die beiden Polynome sind

$$\boldsymbol{f} = \boldsymbol{X}^8 + \boldsymbol{X}^6 + 10\boldsymbol{X}^4 + 10\boldsymbol{X}^3 + 8\boldsymbol{X}^2 + 2\boldsymbol{X} + 8 \qquad \boldsymbol{g} = 3\boldsymbol{X}^6 + 5\boldsymbol{X}^4 + 9\boldsymbol{X}^2 + 4\boldsymbol{X} + 8$$

Es ist $\boldsymbol{a}_0 = \boldsymbol{f}$ und $\boldsymbol{a}_1 = \boldsymbol{g}$. Die weiteren vom Algorithmus berechneten Polynome sind

$$\begin{aligned} \boldsymbol{a}_2 &= 11\boldsymbol{X}^4 + 3\boldsymbol{X}^2 + 4 \\ \boldsymbol{a}_3 &= 4\boldsymbol{X} + 1 \\ \boldsymbol{a}_4 &= 12 \\ \boldsymbol{a}_5 &= 0 \end{aligned}$$

Das Ergebnis ist $\mathsf{G}_{\boldsymbol{f},\boldsymbol{g}}^{\mathbb{Z}_{13}} = \mathbb{Z}_{13}[\boldsymbol{X}]^{\bullet} = \mathbb{Z}_{13}^{\star}$, d.h. es ist $\boldsymbol{f} \perp \boldsymbol{g}$. Der erweiterte Euklidische Algorithmus zur Darstellung des größten gemeinsamen Teilers von $\boldsymbol{f}$ und $\boldsymbol{g}$ als Linearkombination von $\boldsymbol{f}$ und $\boldsymbol{g}$ liefert die folgende Polynomfolge:

$$\begin{aligned} \boldsymbol{a}_5 &= 1 \\ \boldsymbol{a}_4 &= 4\boldsymbol{X}^2 + 6 \\ \boldsymbol{a}_3 &= 8\boldsymbol{X}^2 + 8 \\ \boldsymbol{a}_2 &= 6\boldsymbol{X}^4 + 2\boldsymbol{X}^2 + 10 \\ \boldsymbol{a}_1 &= 4\boldsymbol{X}^5 + 12\boldsymbol{X}^4 + 8\boldsymbol{X}^3 + 11\boldsymbol{X}^2 + 4\boldsymbol{X} \\ \boldsymbol{a}_0 &= 3\boldsymbol{X}^7 + 9\boldsymbol{X}^6 + 4\boldsymbol{X}^5 + 12\boldsymbol{X}^4 + 6\boldsymbol{X}^3 + 9\boldsymbol{X}^2 + 5\boldsymbol{X} + 8 \end{aligned}$$

Die Darstellung ist $12 = \boldsymbol{a}_0\boldsymbol{f} + \boldsymbol{a}_1\boldsymbol{g}$, wie man durch Ausrechnen bestätigen kann.

Um festzustellen, ob in der Produktzerlegung eines Polynoms in irreduzible Faktoren ein Faktor mehrfach vorkommt, muß die Zerlegung nicht wirklich bestimmt werden (eine bei Polynomen höheren Grades nicht ganz leichte Aufgabe), es kann mit Hilfe der Derivation (auch einfach Ableitung) des Polynoms festgestellt werden.

D 6.9.2 (Multiple Faktoren und Nullstellen)
Es seien K ein Körper, L ein Oberkörper von K (d.h. $\mathsf{K} \in \mathcal{K}_{\mathsf{L}}$) und $\boldsymbol{f} \in \mathsf{K}[\boldsymbol{X}]$.

(**i**) Das Polynom $\boldsymbol{f}$ hat einen multiplen Faktor $\boldsymbol{h} \in \mathsf{K}[\boldsymbol{X}]^{\star} \setminus \mathsf{K}[\boldsymbol{X}]^{\bullet}$ mit der Multiplizität $m \in \mathbb{N} \setminus \{0, 1\}$, wenn die folgende Bedingung erfüllt ist:

$$\bigvee_{\boldsymbol{g} \in \mathsf{K}[\boldsymbol{X}]} \left(\boldsymbol{h} \notin \mathsf{T}_{\boldsymbol{g}}^{\mathsf{K}[\boldsymbol{X}]} \wedge \boldsymbol{f} = \boldsymbol{h}^m \boldsymbol{g} \right) \tag{6.203}$$

(**ii**) Das Körperelement $u \in \mathsf{L}$ ist eine multiple Nullstelle von $\boldsymbol{f}$ mit der Multiplizität $m \in \mathbb{N} \setminus \{0, 1\}$ falls gilt

$$\bigvee_{\boldsymbol{g} \in \mathsf{K}[\boldsymbol{X}]} \left(\boldsymbol{g}^{\star}(u) \neq 0 \wedge \boldsymbol{f} = (\boldsymbol{X} - u)^m \boldsymbol{g} \right) \tag{6.204}$$

also wenn $\boldsymbol{f}$ einen mit u gebildeten Linearfaktor der Multiplizität m besitzt.

Es ist also $m \geq 2$ und m ist die höchste Potenz, die $\boldsymbol{h}$ oder $\boldsymbol{X} - u$ besitzen können. Denn $\boldsymbol{h}$ ist kein Faktor von $\boldsymbol{g}$ und $\boldsymbol{X} - u$ kann wegen $\boldsymbol{g}^\star(u) = 0$ kein Faktor von $\boldsymbol{g}$ sein.

Ein Instrument, die Existenz eines multiplen Faktors oder einer multiplen Nullstelle eines Polynoms festzustellen, ist die Derivation von Polynomen. Derivationen wurden allgemein in **D 6.5.7** eingeführt. Speziell bei Polynomen wird man das Differenzieren der Analysis imitieren, natürlich ohne Grenzprozesse, denn die Ableitung eines Polynoms kann rein formal geschehen.

S 6.9.7 (Derivation von Polynomen)
Sei R ein Ring mit Einselement. Die Abbildung $\mathcal{D}\colon \mathsf{R}[\boldsymbol{X}] \longrightarrow \mathsf{R}[\boldsymbol{X}]$, definiert durch

$$\mathcal{D}\Big(\sum_{\nu=0}^{\partial(\boldsymbol{f})} \boldsymbol{f}(\nu)\boldsymbol{X}^\nu\Big) = \sum_{\nu=1}^{\partial(\boldsymbol{f})} \nu\boldsymbol{f}(\nu)\boldsymbol{X}^{\nu-1} = \sum_{\nu=1}^{\partial(\boldsymbol{f})} (\underbrace{\boldsymbol{f}(\nu) + \cdots + \boldsymbol{f}(\nu)}_{\nu})\boldsymbol{X}^{\nu-1} \tag{6.205}$$

ist eine Derivation mit der zusätzlichen Eigenschaft

$$\bigwedge_{u\in\mathsf{R}} \bigwedge_{\boldsymbol{f}\in\mathsf{R}[\boldsymbol{X}]} \mathcal{D}(u\boldsymbol{f}) = u\mathcal{D}(\boldsymbol{f}) \tag{6.206}$$

Die Abbildung $\mathcal{D}$ ist also ein Modulhomomorphismus des R-Moduls $\mathsf{R}[\boldsymbol{X}]$.

Der Beweis von **D 6.5.7** (**i**) ist sehr leicht zu erbringen und der von (6.206) ist direkt bei (6.205) ablesbar. Für den Beweis von (**ii**) seien $\boldsymbol{f}, \boldsymbol{g} \in \mathsf{R}[\boldsymbol{X}]$. Gibt es $\boldsymbol{p}, \boldsymbol{q} \in \mathsf{R}[\boldsymbol{X}]$ mit $\boldsymbol{f} = \boldsymbol{p} + \boldsymbol{q}$, dann hat man

$$\mathcal{D}(\boldsymbol{f}\boldsymbol{g}) = \mathcal{D}\big((\boldsymbol{p}+\boldsymbol{q})\boldsymbol{g}\big) = \mathcal{D}(\boldsymbol{p}\boldsymbol{g} + \boldsymbol{q}\boldsymbol{g}) = \mathcal{D}(\boldsymbol{p}\boldsymbol{g}) + \mathcal{D}(\boldsymbol{q}\boldsymbol{g})$$

Gibt es $\boldsymbol{r}, \boldsymbol{s} \in \mathsf{R}[\boldsymbol{X}]$ mit $\boldsymbol{g} = \boldsymbol{r} + \boldsymbol{s}$, dann erhält man weiter

$$\mathcal{D}(\boldsymbol{f}\boldsymbol{g}) = \mathcal{D}\big(\boldsymbol{p}(\boldsymbol{r}+\boldsymbol{s})\big) + \mathcal{D}\big(\boldsymbol{q}(\boldsymbol{r}+\boldsymbol{s})\big) = \mathcal{D}(\boldsymbol{p}\boldsymbol{r}) + \mathcal{D}(\boldsymbol{p}\boldsymbol{s}) + \mathcal{D}(\boldsymbol{q}\boldsymbol{r}) + \mathcal{D}(\boldsymbol{q}\boldsymbol{s})$$

Wenn bekannt ist, daß **D 6.5.7** (**ii**) für die Produkte auf der rechten Seite der vorigen Gleichung gilt, dann kann zurückgerechnet werden:

$$\begin{aligned}
&\mathcal{D}(\boldsymbol{f}\boldsymbol{g})\\
&= \mathcal{D}(\boldsymbol{p}\boldsymbol{r}) + \mathcal{D}(\boldsymbol{p}\boldsymbol{s}) + \mathcal{D}(\boldsymbol{q}\boldsymbol{r}) + \mathcal{D}(\boldsymbol{q}\boldsymbol{s})\\
&= \boldsymbol{p}\mathcal{D}(\boldsymbol{r}) + \mathcal{D}(\boldsymbol{p})\boldsymbol{r} + \boldsymbol{p}\mathcal{D}(\boldsymbol{s}) + \mathcal{D}(\boldsymbol{p})\boldsymbol{s} + \boldsymbol{q}\mathcal{D}(\boldsymbol{r}) + \mathcal{D}(\boldsymbol{q})\boldsymbol{r} + \boldsymbol{q}\mathcal{D}(\boldsymbol{s}) + \mathcal{D}(\boldsymbol{q})\boldsymbol{s}\\
&= (\boldsymbol{p}+\boldsymbol{q})\mathcal{D}(\boldsymbol{r}+\boldsymbol{s}) + \mathcal{D}(\boldsymbol{p}+\boldsymbol{q})(\boldsymbol{r}+\boldsymbol{s})\\
&= \boldsymbol{f}\mathcal{D}(\boldsymbol{g}) + \mathcal{D}(\boldsymbol{f})\boldsymbol{g}
\end{aligned}$$

Nun ist aber jedes Polynom eine Summe von Monomen $u\boldsymbol{X}^n$, daher ist (**ii**) nur für Produkte von Monomen $u\boldsymbol{X}^n$ und $v\boldsymbol{X}^m$ zu zeigen. Nun ist einerseits

$$\mathcal{D}(u\boldsymbol{X}^n v\boldsymbol{X}^m) = uv\mathcal{D}(\boldsymbol{X}^{n+m}) = uv(n+m)\boldsymbol{X}^{n+m-1}$$

und andererseits mit $\mathcal{D}(\boldsymbol{X}) = 1$

$$u\boldsymbol{X}^n\mathcal{D}(v\boldsymbol{X}^m) + \mathcal{D}(u\boldsymbol{X}^n)v\boldsymbol{X}^m = uv\boldsymbol{X}^n m\boldsymbol{X}^{m-1} + uvn\boldsymbol{X}^{n-1}\boldsymbol{X}^m = uv(n+m)\boldsymbol{X}^{n+m-1}$$

Damit ist **D 6.5.7 (ii)** vollständig nachgewiesen.

Wie der nächste Satz zeigt, kann die Existenz mehrfacher Faktoren eines Polynoms mit Hilfe seiner Derivation geprüft werden.

S 6.9.8

Es seien K ein Körper und $\boldsymbol{f} \in \mathsf{K}[\boldsymbol{X}]^\star$. Gilt $\boldsymbol{f} \perp \mathcal{D}(\boldsymbol{f})$, d.h. sind $\boldsymbol{f}$ und $\mathcal{D}(\boldsymbol{f})$ relativ prim, dann besitzt $\boldsymbol{f}$ keine multiplen Faktoren.

Der Beweis verläuft am einfachsten über die Umkehrung. Es habe also $\boldsymbol{f}$ einen multiplen Faktor, d.h. es sei $\boldsymbol{f} = \boldsymbol{h}^m \boldsymbol{g}$ wie in **D 6.9.2 (i)** mit $m > 1$. Die Berechnung der Ableitung ergibt

$$\mathcal{D}(\boldsymbol{f}) = \boldsymbol{h}^m \mathcal{D}(\boldsymbol{g}) + \mathcal{D}(\boldsymbol{h}^m)\boldsymbol{g} = \boldsymbol{h}^m \mathcal{D}(\boldsymbol{g}) + m\boldsymbol{h}^{m-1}\mathcal{D}(\boldsymbol{h})\boldsymbol{g}$$

Wegen $m > 1$ ergibt das $\boldsymbol{h} \in \mathsf{T}_{\boldsymbol{f}}^{\mathsf{K}[\boldsymbol{X}]} \cap \mathsf{T}_{\mathcal{D}(\boldsymbol{f})}^{\mathsf{K}[\boldsymbol{X}]}$.

Die Multiplizität einer Nullstelle eines Polynoms läßt sich ebenfalls durch den Einsatz der Derivation des Polynoms überprüfen.

S 6.9.9

Es seien K ein Körper, L ein Oberkörper von K und $\boldsymbol{f} \in \mathsf{K}[\boldsymbol{X}]^\star$. Es sei $u \in \mathsf{L}$ eine Nullstelle von $\boldsymbol{f}$. Dann sind äquivalent:

(i) u ist eine multiple Nullstelle von $\boldsymbol{f}$.

(ii) $\mathcal{D}(\boldsymbol{f})^\star(u) = 0$

„(i) $\Longrightarrow$ (ii)“: Es sei $\boldsymbol{f} = (\boldsymbol{X} - u)^m g$ wie in **D 6.9.2 (ii)**. Die Berechnung der Ableitung ergibt

$$\mathcal{D}(\boldsymbol{f}) = (\boldsymbol{X} - u)^m \mathcal{D}(\boldsymbol{g}) + \mathcal{D}\big((\boldsymbol{X} - u)^m\big)\boldsymbol{g} = m(\boldsymbol{X} - u)^{m-1} g$$

Wegen $m > 1$ folgt daraus $\mathcal{D}(\boldsymbol{f})^\star(u) = 0$.

„(ii) $\Longrightarrow$ (i)“: Weil u eine Nullstelle von $\boldsymbol{f}$ ist besitzt $\boldsymbol{f}$ einen Linearfaktor, d.h. es gibt ein $\boldsymbol{g} \in \mathsf{K}[\boldsymbol{X}]$ mit $\boldsymbol{g}^\star(u) \neq 0$ und $\boldsymbol{f} = (\boldsymbol{X} - u)^m$, mit $m \geq 1$. Angenommen, es ist $m = 1$. Dann ergibt die Bildung der Ableitung

$$\mathcal{D}(\boldsymbol{f}) = (\boldsymbol{X} - u)\mathcal{D}(\boldsymbol{g}) + \mathcal{D}\big((\boldsymbol{X} - u)\big)\boldsymbol{g} = (\boldsymbol{X} - u)\mathcal{D}(\boldsymbol{g}) + \boldsymbol{g}$$

woraus im Widerspruch zur Voraussetzung $\mathcal{D}(\boldsymbol{f})^\star(u) = \boldsymbol{g}^\star(u) \neq 0$ folgt.

Als ein Beispiel zu den vorangehenden Sätzen wird das Polynom $\boldsymbol{f} = \boldsymbol{X}^5 + \boldsymbol{X}^3 + \boldsymbol{X}^2 + 1 \in \mathbb{Z}_2[\boldsymbol{X}]$ herangezogen. Seine Derivation ist

$$\mathcal{D}(\boldsymbol{f}) = 5\boldsymbol{X}^4 + 3\boldsymbol{X}^2 + 2\boldsymbol{X} = (1+1+1+1+1)\boldsymbol{X}^4 + (1+1+1)\boldsymbol{X}^2 + (1+1)\boldsymbol{X} = \boldsymbol{X}^4 + \boldsymbol{X}^2$$

Um festzustellen, ob $\boldsymbol{f}$ multiple Faktoren besitzt, wird der größte gemeinsame Teiler von $\boldsymbol{f} = \boldsymbol{a}_0$ und $\mathcal{D}(\boldsymbol{f}) = \boldsymbol{a}_1$ berechnet:

$$\begin{aligned} \boldsymbol{a}_2 &= \boldsymbol{X}^2 + 1 \\ \boldsymbol{a}_3 &= 0 \end{aligned}$$

Das Polynom $\boldsymbol{f}$ und seine Derivation sind nicht relativ prim, sie haben den echten Faktor $\boldsymbol{X}^2 + 1$ gemeinsam. Folglich besitzt $\boldsymbol{f}$ einen multiplen Faktor. Es ist $\boldsymbol{f}^\star(1) = 1 + 1 + 1 + 1 = 0$ und $\mathcal{D}(\boldsymbol{f})^\star(1) = 1 + 1 = 0$, daher ist 1 eine multiple Nullstelle von $\boldsymbol{f}$. Tatsächlich ist die Primzerlegung des Polynoms als $\boldsymbol{f} = (\boldsymbol{X} + 1)^3(\boldsymbol{X}^2 + \boldsymbol{X} + 1)$ gegeben.

Polynome können ineinander verschachtelt werden, um ein neues Polynom zu erhalten. Für die Derivation der Verschachtelung gilt die Kettenregel der Differentiation der Analysis.

S 6.9.10 (Verschachtelung und Kettenregel)
Es seien K ein Körper und $\boldsymbol{f}, \boldsymbol{g} \in \mathsf{K}[\boldsymbol{X}]$. Die Verschachtelung $\boldsymbol{f} \circledcirc \boldsymbol{g}$ der beiden Polynome ist definiert durch

$$\boldsymbol{f} \circledcirc \boldsymbol{g} = \sum_{\nu=0}^{\partial(\boldsymbol{f})} \boldsymbol{f}(\nu)\boldsymbol{g}^{\nu} \tag{6.207}$$

Es ist natürlich $\boldsymbol{f} \circledcirc \boldsymbol{g} \in \mathsf{K}[\boldsymbol{X}]$. Die Verschachtelung (oder auch Verkettung) von $\boldsymbol{f}$ und $\boldsymbol{g}$ hat folgende Eigenschaften:

(i) $\partial(\boldsymbol{f} \circledcirc \boldsymbol{g}) = \partial(\boldsymbol{f})\partial(\boldsymbol{g})$

(ii) $\mathcal{D}(\boldsymbol{f} \circledcirc \boldsymbol{g}) = (\mathcal{D}(\boldsymbol{f}) \circledcirc \boldsymbol{g})\mathcal{D}(\boldsymbol{g})$

Die letzte Eigenschaft entspricht vollkommen der aus der Analysis oder Funktionentheorie bekannten Kettenregel der Differentiation.

Eigenschaft (**i**) kann unmittelbar an (6.207) abgelesen werden, wenn man nur beachtet, wie der Grad eines Polynoms definiert ist.
Die Eigenschaft (**ii**) ergibt sich aus (6.125) und der Additivität der Derivation wie folgt:

$$\begin{aligned}
\mathcal{D}(\boldsymbol{f} \circledcirc \boldsymbol{g}) &= \mathcal{D}\Big(\sum_{\nu=0}^{\partial(\boldsymbol{f})} \boldsymbol{f}(\nu)\boldsymbol{g}^{\nu}\Big) \\
&= \sum_{\nu=0}^{\partial(\boldsymbol{f})} \boldsymbol{f}(\nu)\mathcal{D}(\boldsymbol{g}^{\nu}) \\
&= \sum_{\nu=1}^{\partial(\boldsymbol{f})} \boldsymbol{f}(\nu)\nu\boldsymbol{g}^{\nu-1}\mathcal{D}(\boldsymbol{g}) \\
&= \mathcal{D}(g) \sum_{\nu=1}^{\partial(\boldsymbol{f})} \nu\boldsymbol{f}(\nu)\boldsymbol{g}^{\nu-1} \\
&= \mathcal{D}(\boldsymbol{g})(\mathcal{D}(\boldsymbol{f}) \circledcirc \boldsymbol{g})
\end{aligned}$$

Die Verschachtelung $\boldsymbol{f} \circledcirc \boldsymbol{g}$ erhält man anschaulich so, daß jedes Erscheinen von $\boldsymbol{X}$ in $\boldsymbol{f}$ durch das Polynom $\boldsymbol{g}$ ersetzt wird. Beispielsweise ergibt die Verschachtelung der Polynome $\boldsymbol{X}^2 + \boldsymbol{X}$ und $\boldsymbol{X} + 1$ aus $\mathbb{Z}_2[\boldsymbol{X}]$ das Polynom

$$(\boldsymbol{X}^2 + \boldsymbol{X}) \circledcirc (\boldsymbol{X} + 1) = (\boldsymbol{X} + 1)^2 + \boldsymbol{X} + 1 = \boldsymbol{X}^2 + 1 + \boldsymbol{X} + 1 = \boldsymbol{X}^2 + \boldsymbol{X}$$

Die Berechnung der Derivation der Verschachtelung auf zwei Wegen ergibt dasselbe Resultat:

$$\begin{aligned}
\mathcal{D}(\boldsymbol{X}^2 + \boldsymbol{X}) \circledcirc (\boldsymbol{X} + 1)) &= (\mathcal{D}(\boldsymbol{X}^2 + \boldsymbol{X}) \circledcirc (\boldsymbol{X} + 1))\mathcal{D}(\boldsymbol{X} + 1) = 1 \circledcirc (\boldsymbol{X} + 1) = 1 \\
\mathcal{D}(\boldsymbol{X}^2 + \boldsymbol{X}) &= 1
\end{aligned}$$

Man hat hier $\mathcal{D}(\boldsymbol{X}^2) = 2\boldsymbol{X} = \boldsymbol{X} + \boldsymbol{X} = 0$ zu beachten.

Ein Homomorphismus von Ringen kann auf eindeutige Weise zu einem Homomorphismus der Polynomringe ergänzt werden. Das ist die Aussage des folgenden Satzes.

S 6.9.11 (Fortsetzung von Ringhomomorphismen auf den Polynomring)
Seien R und S Ringe mit Einselement und $\varphi\colon \mathsf{R} \longrightarrow \mathsf{S}$ ein Ringhomomorphismus. Es gibt genau einen Ringhomomorphismus $\boldsymbol{\Phi}\colon \mathsf{R}[\boldsymbol{X}] \longrightarrow \mathsf{S}[\boldsymbol{X}]$ mit der Eigenschaft $\boldsymbol{\Phi}(\boldsymbol{X}) = \boldsymbol{X}$, der das folgende Diagramm kommutativ werden läßt:

$$\begin{array}{ccc} \mathsf{R}[\boldsymbol{X}] & \xrightarrow{\boldsymbol{\Phi}} & \mathsf{S}[\boldsymbol{X}] \\ \cup\big\uparrow & & \big\uparrow\cup \\ \mathsf{R} & \xrightarrow[\varphi]{} & \mathsf{S} \end{array} \tag{6.208}$$

Darin steht das Symobl $\cup$ für die Identifizierungsabbildung $r \mapsto r\boldsymbol{X}^0$. Die Kommutativität $\boldsymbol{\Phi} \circ \cup = \cup \circ \varphi$ des Diagramms bedeutet daher einfach $\boldsymbol{\Phi}_{/\mathsf{R}} = \varphi$, d.h die Einschränkung von $\boldsymbol{\Phi}$ auf den Grundring R ergibt φ.
Mit φ ist auch $\boldsymbol{\Phi}$ eine injektive Abbildung, und ist φ surjektiv, so auch $\boldsymbol{\Phi}$. Sind daher R und S isomorph, so sind auch deren Polynomringe isomorph.

Die Kommutativität des Diagramms bedeutet $\boldsymbol{\Phi}\big(\boldsymbol{f}(n)\big) = \varphi\big(\boldsymbol{f}(n)\big)$ für $\boldsymbol{f} \in \mathsf{R}[\boldsymbol{X}]$. Existiert daher eine solche Abbildung $\boldsymbol{\Phi}$, dann gilt

$$\boldsymbol{\Phi}\left(\sum_{n=0}^{\partial(\boldsymbol{f})} \boldsymbol{f}(n)\boldsymbol{X}^n\right) = \sum_{n=0}^{\partial(\boldsymbol{f})} \boldsymbol{\Phi}\big(\boldsymbol{f}(n)\big)\boldsymbol{\Phi}(\boldsymbol{X})^n = \sum_{n=0}^{\partial(\boldsymbol{f})} \varphi\big(\boldsymbol{f}(n)\big)\boldsymbol{X}^n \tag{6.209}$$

Daraus folgt schon die Eindeutigkeit der gesuchten Abbildung. Tatsächlich wird durch (6.209) aber eine Abbildung mit den gewünschten Eigenschaften definiert. Ehe man sich jedoch der Gültigkeit der Eigenschaften zuwendet, ist sicherzustellen, daß durch (6.209) auch wirklich eine **Abbildung** definiert wird, daß also $\boldsymbol{\Phi}(\boldsymbol{f}) = \boldsymbol{\Phi}(\boldsymbol{g})$ aus $\boldsymbol{f} = \boldsymbol{g}$ folgt. Das ist jedoch offensichtlich: Aus $\boldsymbol{f} = \boldsymbol{g}$ folgt $\boldsymbol{f}(n) = \boldsymbol{g}(n)$ für alle $n \in \mathbb{N}$ und daraus $\varphi\big(\boldsymbol{f}(n)\big) = \varphi\big(\boldsymbol{g}(n)\big)$, denn φ ist eine Abbildung (der Nachweis, daß eine Definition eine Abbildung ergibt ist nicht immer so leicht zu führen).
Die durch (6.209) definierte Abbildung ist ein Homomorphismus von Ringen mit Einselement. Seien dazu $\boldsymbol{f}, \boldsymbol{g} \in \mathsf{R}[\boldsymbol{X}]$ mit $n = \partial(\boldsymbol{f})$ und $m = \partial(\boldsymbol{g})$. O.B.d.A. kann $n = \min(n, m)$ angenommen werden. Die Additivität von $\boldsymbol{\Phi}$ ergibt sich wie folgt:

$$\begin{aligned}
\boldsymbol{\Phi}(\boldsymbol{f} + \boldsymbol{g}) &= \boldsymbol{\Phi}\left(\sum_{\nu=0}^{n}\big(\boldsymbol{f}(\nu) + \boldsymbol{g}(\nu)\big)\boldsymbol{X}^\nu + \sum_{\mu=n+1}^{m} \boldsymbol{g}(\mu)\boldsymbol{X}^\mu\right) \\
&= \sum_{\nu=0}^{n} \varphi\big(\boldsymbol{f}(\nu) + \boldsymbol{g}(\nu)\big)\boldsymbol{X}^\nu + \sum_{\mu=n+1}^{m} \varphi\big(\boldsymbol{g}(\mu)\big)\boldsymbol{X}^\mu \\
&= \sum_{\nu=0}^{n} \varphi\big(\boldsymbol{f}(\nu)\big)\boldsymbol{X}^\nu + \sum_{\nu=0}^{n} \varphi\big(\boldsymbol{g}(\nu)\big)\boldsymbol{X}^\nu + \sum_{\mu=n+1}^{m} \varphi\big(\boldsymbol{g}(\mu)\big)\boldsymbol{X}^\mu \\
&= \sum_{\nu=0}^{n} \varphi\big(\boldsymbol{f}(\nu)\big)\boldsymbol{X}^\nu + \sum_{\mu=0}^{m} \varphi\big(\boldsymbol{g}(\mu)\big)\boldsymbol{X}^\mu = \boldsymbol{\Phi}(\boldsymbol{f}) + \boldsymbol{\Phi}(\boldsymbol{g})
\end{aligned}$$

Die Additivität von $\varPhi$ geht direkt auf die Additivität von φ zurück. Analog zur Additivität stützt sich der Nachweis der Multiplikativität von $\boldsymbol{\varPhi}$ natürlich auf die Multiplikativität des Basishomomorphismus $\boldsymbol{\varphi}$:

$$\begin{aligned}
\boldsymbol{\varPhi}(\boldsymbol{f}\boldsymbol{g}) &= \boldsymbol{\varPhi}\Bigl(\sum_{n=0}^{\infty}\Bigl(\sum_{\substack{i,j\in\mathbb{N}\\ i+j=n}} \boldsymbol{f}(i)\boldsymbol{g}(j)\Bigr)\boldsymbol{X}^n\Bigr)\\
&= \sum_{n=0}^{\infty}\varphi\Bigl(\sum_{\substack{i,j\in\mathbb{N}\\ i+j=n}} \boldsymbol{f}(i)\boldsymbol{g}(j)\Bigr)\boldsymbol{X}^n\\
&= \sum_{n=0}^{\infty}\Bigl(\sum_{\substack{i,j\in\mathbb{N}\\ i+j=n}} \varphi\bigl(\boldsymbol{f}(i)\boldsymbol{g}(j)\bigr)\Bigr)\boldsymbol{X}^n\\
&= \sum_{n=0}^{\infty}\Bigl(\sum_{\substack{i,j\in\mathbb{N}\\ i+j=n}} \varphi\bigl(\boldsymbol{f}(i)\bigr)\varphi\bigl(\boldsymbol{g}(j)\bigr)\Bigr)\boldsymbol{X}^n\\
&= \boldsymbol{\varPhi}(\boldsymbol{f})\boldsymbol{\varPhi}(\boldsymbol{g})
\end{aligned}$$

$\boldsymbol{\varPhi}$ ist ein Homomorphismus unitärer Ringe, d.h. er bildet das Einselement von $\mathsf{R}[\boldsymbol{X}]$ auf das Einselement von $\mathsf{S}[\boldsymbol{X}]$ ab, denn es ist $\boldsymbol{\varPhi}(1_{\mathsf{R}}\boldsymbol{X}^0) = \varphi(1_{\mathsf{R}})\boldsymbol{X}^0 = 1_{\mathsf{S}}\boldsymbol{X}^0$.
Es sei nun φ injektiv. Ist $\boldsymbol{\varPhi}(\boldsymbol{f}) = 0$, d.h. ist $\boldsymbol{\varPhi}(\boldsymbol{f})$ das Nullpolynom, dann gilt $\varphi\bigl(\boldsymbol{f}(n)\bigr) = 0$ für alle $n \in \mathbb{N}$ und daher $\boldsymbol{f}(n) \in \mathbf{Kern}(\varphi) = \{0\}$, d.h. es ist $\boldsymbol{f} = 0$ und damit $\mathbf{Kern}(\boldsymbol{\varPhi}) = \{0\}$.
Es sei φ surjektiv. Sei $\boldsymbol{g} \in \mathsf{S}[\boldsymbol{X}]$. Zu jedem $\boldsymbol{g}(m)$ gibt es ein $f_m \in \mathsf{R}$ mit $\varphi(f_m) = \boldsymbol{g}(m)$. Durch

$$\boldsymbol{f}(m) = \begin{cases} f_m & \text{für } m \in \{0,\dots,\partial(\boldsymbol{g})\}\\ 0 & \text{für } m \notin \{0,\dots,\partial(\boldsymbol{g})\}\end{cases}$$

wird offenbar ein $\boldsymbol{f} \in \mathsf{R}[\boldsymbol{X}]$ mit $\boldsymbol{\varPhi}(\boldsymbol{f}) = \boldsymbol{g}$ definiert.

Es seien K und L Körper und $\varphi\colon \mathsf{K} \longrightarrow \mathsf{L}$ ein Körperisomorphismus. Dann ist nach dem vorigen Satz $\boldsymbol{\varPhi}\colon \mathsf{K}[\boldsymbol{X}] \longrightarrow \mathsf{L}[\boldsymbol{X}]$ ein Isomorphismus von Integritätsbereichen. Das bedeutet, daß die Polynome in den beiden Polynomringen identische Eigenschaften besitzen. So gilt z.B. für jedes $\boldsymbol{f} \in \mathsf{K}[\boldsymbol{X}]$

$$\partial(\boldsymbol{f}) = \partial\bigl(\boldsymbol{\varPhi}(\boldsymbol{f})\bigr) \tag{6.210}$$

Denn es ist $\boldsymbol{\varPhi}(f)\bigl(\partial(\boldsymbol{f})\bigr) = \varphi\bigl(\boldsymbol{f}\bigl(\partial(\boldsymbol{f})\bigr)\bigr) \neq 0$ wegen $\boldsymbol{f}\bigl(\partial(\boldsymbol{f})\bigr) \neq 0$ und der Injektivität von φ, und für $k > 0$ gilt $\boldsymbol{\varPhi}(f)\bigl(\partial(\boldsymbol{f}) + k\bigr) = \varphi\bigl(\boldsymbol{f}\bigl(\partial(\boldsymbol{f}) + k\bigr)\bigr) = 0$.
Eine weitere Eigenschaft, welche die Polynome beider Polynomringe teilen, ist die Irreduzibilität:

$$\boldsymbol{f} \in \mathbb{P}_{\mathsf{K}[\boldsymbol{X}]} \iff \boldsymbol{\varPhi}(\boldsymbol{f}) \in \mathbb{P}_{\mathsf{L}[\boldsymbol{X}]} \tag{6.211}$$

Denn besitzt $\boldsymbol{f}$ die Zerlegung $\boldsymbol{f} = \boldsymbol{g}\boldsymbol{h}$ mit $0 < \partial(\boldsymbol{g}), \partial(\boldsymbol{h}) < \partial(\boldsymbol{f})$, dann ist $\boldsymbol{\varPhi}(\boldsymbol{f}) = \boldsymbol{\varPhi}(\boldsymbol{g})\boldsymbol{\varPhi}(\boldsymbol{h})$ mit $0 < \partial\bigl(\boldsymbol{\varPhi}(\boldsymbol{g})\bigr), \partial\bigl(\boldsymbol{\varPhi}(\boldsymbol{h})\bigr) < \partial\bigl(\boldsymbol{\varPhi}(\boldsymbol{f})\bigr)$.
In nachfolgenden Abschnitten wird eine weitere Beziehung zwischen φ und $\boldsymbol{\varPhi}$ benötigt. Für $u \in \mathsf{R}$ und $\boldsymbol{f} \in \mathsf{R}[\boldsymbol{X}]$ gilt

$$\boldsymbol{\varPhi}(\boldsymbol{f})^{\star}\bigl(\varphi(u)\bigr) = \varphi\bigl(\boldsymbol{f}^{\star}(u)\bigr) \tag{6.212}$$

Ist daher insbesondere u eine Nullstelle von $\boldsymbol{f}$, gilt also $\boldsymbol{f}^{\star}(u) = 0$, dann ist $\varphi(u)$ eine Nullstelle von $\boldsymbol{\Phi}(\boldsymbol{f})$. Der Beweis von (6.212) ergibt sich durch einfache Rechnung. Es ist nämlich für $v \in \mathsf{S}$

$$\boldsymbol{\Phi}(\boldsymbol{f})^{\star}(v) = \sum_{n=0}^{\partial(\boldsymbol{f})} \varphi\big(\boldsymbol{f}(n)\big) v^n$$

In dieser Gleichung ist nur noch überall v durch $\varphi(u)$ zu ersetzen:

$$\boldsymbol{\Phi}(\boldsymbol{f})^{\star}\big(\varphi(u)\big) = \sum_{n=0}^{\partial(\boldsymbol{f})} \varphi\big(\boldsymbol{f}(n)\big)\varphi(u)^n = \varphi\Big(\sum_{n=0}^{\partial(\boldsymbol{f})} \boldsymbol{f}(n)u^n\Big) = \varphi\big(\boldsymbol{f}^{\star}(u)\big)$$

Ist ein Homomorphismus ψ die Fortsetzung eines Homomorphismus φ, dann ist auch die kanonische Erweiterung $\boldsymbol{\Psi}$ eine Fortsetzung der kanonischen Erweiterung $\boldsymbol{\Phi}$. Das ist der Inhalt des nächsten Satzes.

S 6.9.12 Seien P und R Ringe, Q ein Oberring von P und R ein Oberring von R. Es seien $\varphi\colon \mathsf{P} \longrightarrow \mathsf{R}$ und $\psi\colon \mathsf{Q} \longrightarrow \mathsf{S}$ Ringhomomorphismen und das folgende Diagramm sei kommutativ:

$$\begin{array}{ccc} \mathsf{Q} & \xrightarrow{\psi} & \mathsf{S} \\ \cup\uparrow & & \uparrow\cup \\ \mathsf{P} & \xrightarrow[\varphi]{} & \mathsf{R} \end{array} \tag{6.213}$$

Dann ist auch das folgende Diagramm mit der kanonischen Erweiterung $\boldsymbol{\Phi}$ von φ und der kanonischen Erweiterung $\boldsymbol{\Psi}$ von ψ kommutativ:

$$\begin{array}{ccc} \mathsf{Q}[\boldsymbol{X}] & \xrightarrow{\boldsymbol{\Psi}} & \mathsf{S}[\boldsymbol{X}] \\ \cup\uparrow & & \uparrow\cup \\ \mathsf{P}[\boldsymbol{X}] & \xrightarrow[\boldsymbol{\Phi}]{} & \mathsf{R}[\boldsymbol{X}] \end{array} \tag{6.214}$$

Aus $\psi_{/\mathsf{P}} = \varphi$ folgt also $\boldsymbol{\Psi}_{/\mathsf{P}[\boldsymbol{X}]} = \boldsymbol{\Phi}$.

Für $u \in \mathsf{P}$ gilt $\psi(u) = \varphi(u)$. Für $\boldsymbol{f} \in \mathsf{P}[\boldsymbol{X}]$. erhält man damit

$$\boldsymbol{\Psi}(\boldsymbol{f}) = \sum_{n=0}^{\partial(\boldsymbol{f})} \psi\big(\boldsymbol{f}(n)\big)\boldsymbol{X}^n = \sum_{n=0}^{\partial(\boldsymbol{f})} \varphi\big(\boldsymbol{f}(n)\big)\boldsymbol{X}^n = \boldsymbol{\Phi}(\boldsymbol{f})$$

Die folgende einfache Aussage ist gelegentlich von Nutzen:

S 6.9.13 Seien R ein Integritätsbereich mit Einslement, $\boldsymbol{f} \in \mathsf{R}[\boldsymbol{X}] \setminus \mathsf{R}$ und $u, v \in \mathsf{R}$.

$$u \neq v \Longrightarrow \boldsymbol{f} + u \perp \boldsymbol{f} + v \tag{6.215}$$

Die Behauptung ist bei $\partial(\boldsymbol{f}) = 1$ natürlich wahr. Es sei also $\partial(\boldsymbol{f}) > 1$. Angenommen, es gibt einen echten gemeinsamen Teiler von $\boldsymbol{f} + u$ und $\boldsymbol{f} + v$, d.h. angenommen es gibt $\boldsymbol{p}, \boldsymbol{q}, \boldsymbol{h} \in \mathsf{R}[\boldsymbol{X}]$

mit $\partial(\boldsymbol{p}) \geq 1$, $\partial(\boldsymbol{q}) \geq 1$, $\partial(\boldsymbol{h}) \geq 1$ und $\boldsymbol{f} + u = \boldsymbol{ph}$ sowie $\boldsymbol{f} + v = \boldsymbol{qh}$. Dann ist $\boldsymbol{ph} - u = \boldsymbol{qh} - v$ und daraus $(\boldsymbol{p} - \boldsymbol{q})\boldsymbol{h} = u - v$. Wäre nun $\boldsymbol{p} \neq \boldsymbol{q}$, dann gälte

$$0 = \partial(u - v) = \partial\big((\boldsymbol{p} - \boldsymbol{q})\boldsymbol{h}\big) = \partial(\boldsymbol{p} - \boldsymbol{q}) + \partial(\boldsymbol{h}) \geq 1$$

Also gilt $\boldsymbol{p} = \boldsymbol{q}$, woraus allerdings sofort $u - v = 0$ folgt. Die Annahme ist daher falsch.

Polynome, deren führender Koeffizient, d.h. der Koeffizient von $\boldsymbol{X}^{\partial(\boldsymbol{f})}$, mit dem Einselement des unterliegenden Ringes gebildet wird, spielen in vielen Bereichen eine Sonderrolle. Beispielsweise gibt es in einer Klasse von assoziierten Polynomen genau ein Polynom mit dieser Eigenschaft. Es empfiehlt sich daher, für solche Polynome eine besondere Bezeichnung einzuführen:

D 6.9.3 (Normiertes Polynom) Es sei R ein Ring mit Einslement. Ein Polynom $\boldsymbol{f} \in \mathsf{R}[\boldsymbol{X}]$ heißt normiert, wenn $\boldsymbol{f}\big(\partial(\boldsymbol{f})\big) = 1$ gilt:

$$\boldsymbol{f} = \boldsymbol{X}^{\partial(\boldsymbol{f})} + \boldsymbol{f}\big(\partial(\boldsymbol{f}) - 1)\big)\boldsymbol{X}^{\partial(\boldsymbol{f})-1} + \cdots + \boldsymbol{f}(1)\boldsymbol{X} + \boldsymbol{f}(0)$$

Der führende Koeffizient des Polynoms besteht also aus der Eins des Ringes.

6.10. Vektorräume

In Vektorräumen werden zwei perfekte in sich abgerundete mathematische Strukturen miteinander kombiniert, nämlich die Gruppe und der Körper. Es verwundert deshalb nicht, daß Vektorräume besonders schöne Eigenschaften besitzen und deshalb in Theorie und Praxis weite Verbreitung finden.

In vielen Fällen galt ein wissenschaftliches oder technisches Gebiet erst dann als wirklich verstanden, wenn es linearisiert werden konnte, d.h. mit Vektorräumen dargestellt werden konnte. Allerdings ist die Natur praktisch nirgendwo linear, weshalb die Beschreibung von Naturphänomenen mit Vektorräumen an ihre Grenzen stossen kann.

D 6.10.1 (Vektorraum)
Es sei K ein kommutativer Körper. Ein Vektorraum über K oder ein K-Vektorraum ist eine Menge $\mathfrak{V}$ mit einer Abbildung $\mathfrak{V} \times \mathfrak{V} \longrightarrow \mathfrak{U}$, Vektoraddition genannt und $(\mathfrak{u}, \mathfrak{v}) \mapsto \mathfrak{u} + \mathfrak{v}$ geschrieben, und einer Abbildung $\mathsf{K} \times \mathfrak{V} \longrightarrow \mathfrak{V}$, Skalarmultiplikation genannt und $(a, \mathfrak{u}) \mapsto a\mathfrak{u}$ geschrieben, mit folgenden Eigenschaften. Im folgenden ist $a, b \in \mathsf{K}$ und $\mathfrak{u}, \mathfrak{v}, \mathfrak{w} \in \mathfrak{V}$.

(**i**) Die Addition ist assoziativ: $(\mathfrak{u} + \mathfrak{v}) + \mathfrak{w} = \mathfrak{u} + (\mathfrak{v} + \mathfrak{w})$

(**ii**) Die Addition ist kommutativ: $\mathfrak{u} + \mathfrak{v} = \mathfrak{v} + \mathfrak{u}$

(**iii**) Es gibt ein Nullelement $\mathfrak{o} \in \mathfrak{V}$ mit $\mathfrak{o} + \mathfrak{u} = \mathfrak{o}$

(**iv**) Zu $\mathfrak{u}$ gibt es ein additives Inverses $-\mathfrak{u}$ mit $\mathfrak{u} + (-\mathfrak{u}) = \mathfrak{o}$

(**v**) Die Skalarmultiplikation ist assoziativ: $(ab)\mathfrak{u} = a(b\mathfrak{u})$

(**vi**) Das erste Distributivgesetz $(a + b)\mathfrak{u} = a\mathfrak{u} + b\mathfrak{u}$

(**vi**) Das zweite Distributivgesetz $a(\mathfrak{u} + \mathfrak{v}) = a\mathfrak{u} + a\mathfrak{v}$

(**vii**) Für das Einselement $1 \in \mathsf{K}$ gilt $1\mathfrak{u} = \mathfrak{u}$

Auf der linken Seite der Gleichung von (**vi**) bezeichnet $+$ die Körperaddition und auf der rechten Seite auch die Vektoraddition. Verwechselungen sind jedoch nicht zu befürchten.
Das Nullelement eines Vektorraumes ist eindeutig bestimmt. Ist nämlich auch $\mathfrak{o}'$ ein Nullelement, dann ist $\mathfrak{o} = \mathfrak{o} + \mathfrak{o}' = \mathfrak{o}'$.
Eine Menge $\{\mathfrak{o}\}$ mit $\mathfrak{o} + \mathfrak{o} = \mathfrak{o}$ und $a\mathfrak{o} = \mathfrak{o}$ ist trivialerweise ein Vektorraum. Um diesen Vektorraum nicht immer wieder ausschließen zu müssen seien alle Vektorräume wenn nicht anders vermerkt nicht trivial, d.h. von $\{\mathfrak{o}\}$ verschieden.

Vor den Beispielen werden zwei einfache aber doch für das praktische Rechnen mit Vektoren wichtige Eigenschaften von Vektorräumen aufgeführt.

$$(a = 0 \vee \mathfrak{u} = \mathfrak{o} \iff a\mathfrak{u} = \mathfrak{o} \qquad (6.216)$$

Aus $a = 0$ folgt $a\mathfrak{u} = (a + a)\mathfrak{u} = a\mathfrak{u} + a\mathfrak{u}$ und daraus $a\mathfrak{u} = \mathfrak{o}$ durch Addition von $-(a\mathfrak{u})$. Aus $\mathfrak{u} = \mathfrak{o}$ folgt $a\mathfrak{u} = a(\mathfrak{u} + \mathfrak{u}) = a\mathfrak{u} + a\mathfrak{u}$.
Sei $a\mathfrak{u} = \mathfrak{o}$. Falls $a = 0$ ist nichts zu beweisen. Es sei daher $a \neq 0$. Dann hat man aber $\mathfrak{u} = 1\mathfrak{u} = (a^{-1}a)\mathfrak{u} = a^{-1}(a\mathfrak{u}) = a^{-1}\mathfrak{o} = \mathfrak{o}$.

$$(-a)\mathfrak{u} = -(a\mathfrak{u}) \qquad (6.217)$$

Mit der Eigenschaft (**vi**) (oder Axiom (**vi**) des Vektorraumes, wie es manchmal auch genannt wird) erhält man $\mathbf{o} = 0\mathbf{u} = (a - a)\mathbf{u} = a\mathbf{u} + (-a\mathbf{u})$ und daraus durch Addition von $-(a\mathbf{u})$ zu beiden Seiten der Gleichung die Behauptung.

Das Standardbeispiel für einen K-Vektorraum ist die Menge K^n aller n-Tupel mit Elementen aus dem Körper K. Die Vektoraddition und die Skalarmultiplikation sind natürlich gegeben durch

$$\begin{pmatrix} u_1 \\ u_2 \\ \vdots \\ u_n \end{pmatrix} + \begin{pmatrix} v_1 \\ v_2 \\ \vdots \\ v_n \end{pmatrix} = \begin{pmatrix} u_1 + v_1 \\ u_2 + v_2 \\ \vdots \\ u_n + v_n \end{pmatrix} \qquad a \begin{pmatrix} u_1 \\ u_2 \\ \vdots \\ u_n \end{pmatrix} = \begin{pmatrix} au_1 \\ au_2 \\ \vdots \\ au_n \end{pmatrix} \tag{6.218}$$

Es wird sich später herausstellen, daß K^n der Prototyp aller endlich erzeugten K-Vektorräume ist, was beispielsweise für alle endlichen Körper zutrifft.

Die Anzahl der Beispiele für Vektorräume ist praktisch endlos und der Leser wird sich mühelos eine Reihe solcher Beispiele zurechtlegen können, etwa die Menge aller stetigen oder differenzierbaren oder integrierbaren oder meßbaren Funktionen $\mathbb{R} \longrightarrow \mathbb{R}$. Das Buch enthält natürlich selbst viele Beispiele von Vektorräumen.

6.10.1. Untervektorräume

So wie Ringe Teil- oder Unterringe enthalten, so sind in Vektorräumen Teil- oder Unterräume enthalten. Die Zusammenhänge sind allerdings etwas einfacher als bei Ringen.

S 6.10.1 (Untervektorräume)
Für eine Teilmenge $\mathfrak{A} \subset \mathfrak{V}$ eines Vektorraumes über einem Körper K sind folgende Aussagen äquivalent:

(i) $\mathfrak{A}$ ist mit den Einschränkungen der Vektoraddition und Skalarmultiplikation von $\mathfrak{V}$ auf $\mathfrak{A}$ ein Vektorraum über K

(ii) $\bigwedge_{\mathfrak{u},\mathfrak{v}\in\mathfrak{A}} \bigwedge_{a\in\mathsf{K}} \left(\mathfrak{u}+\mathfrak{v} \in \mathfrak{A} \wedge a\mathfrak{v} \in \mathfrak{A}\right)$

Eine Teilmenge $\mathfrak{A} \subset \mathfrak{V}$ welche diese Bedingungen erfüllt, heißt Untervektorraum oder Teilvektorraum (kurz: Unter- oder Teilraum) von $\mathfrak{V}$. Die Menge aller Teilräume von $\mathfrak{V}$ wird mit $\mathcal{V}_{\mathfrak{V}}$ bezeichnet.

In der Richtung „(i)$\Longrightarrow$(ii)" gibt es nichts zu beweisen.
„(ii)$\Longrightarrow$(i)": Die Voraussetzung besagt, daß die Vektorraumoperationen von $\mathfrak{V}$ nicht aus $\mathfrak{A}$ hinausführen. Die Assoziativ-, Distributiv- und Kommutativgesetzte von $\mathfrak{V}$ gelten natürlich auch in $\mathfrak{A}$. Es bleibt $\mathfrak{o} \in \mathfrak{A}$ zu zeigen und daß mit $\mathfrak{a}$ auch $-\mathfrak{a}$ zu $\mathfrak{A}$ gehört. Aber das ist klar, denn ist $\mathfrak{a} \in \mathfrak{A}$, dann folgt $\mathfrak{o} = 0\mathfrak{a} \in \mathfrak{A}$ und $-\mathfrak{a} = (-1)\mathfrak{a} \in \mathfrak{A}$.

Es sei K ein Körper. Der Ring $\mathsf{K}[X]$ ist in natürlicher Weise auch ein Vektorraum über K: Die Vektoraddition ist die Addition von Polynomen und die Skalarmultiplikation die Multiplikation eines Polynoms mit einem Körperelement. In diesem Vektorraum ist die Teilmenge

$$\mathsf{K}[X]^{\langle n\rangle} = \left\{ f \in \mathsf{K}[X] \mid \partial(f) \le n \right\} \tag{6.219}$$

ein Unterraum. Das folgt direkt aus **S 6.7.2**, und zwar für die Vektoraddition aus (6.156) und für die Skalarmultiplikation aus (6.157). Die Teilmenge

$$A = \left\{ f \in \mathsf{K}[X] \mid f^{\star}(1) = 0 \right\} \tag{6.220}$$

der Polynome, die das Einselement von K als Nullstelle besitzen, ist, wie man leicht nachprüft, ebenfalls ein Unterraum. Wie man dem nächsten Satz entnehmen kann, ist auch

$$\mathsf{K}[X]^{\langle n\rangle} \cap A = \left\{ f \in \mathsf{K}[X] \mid \partial(f) \le n \wedge f^{\star}(1) = 0 \right\}$$

ein Unterraum des Vektorraumes $\mathfrak{V}$.

S 6.10.2 (Durchschnitt von Unterräumen als Unterraum)
Sind $\mathfrak{A}$ und $\mathfrak{B}$ Unterräume eines Vektorraumes $\mathfrak{V}$ über einem Körper K, dann ist auch $\mathfrak{A} \cap \mathfrak{B}$ ein Unterraum von $\mathfrak{V}$, und zwar ist es der größte Unterraum (bezüglich $\subset$), der in $\mathfrak{A}$ und $\mathfrak{B}$ enthalten ist.

Aus $\mathfrak{u}, \mathfrak{v} \in \mathfrak{A} \cap \mathfrak{B}$ folgt $\mathfrak{u}, \mathfrak{v} \in \mathfrak{A}$ und damit $\mathfrak{u} + \mathfrak{v} \in \mathfrak{A}$, aber auch $\mathfrak{u}, \mathfrak{v} \in \mathfrak{B}$, woraus $\mathfrak{u} + \mathfrak{v} \in \mathfrak{B}$, folglich $\mathfrak{u} + \mathfrak{v} \in \mathfrak{A} \cap \mathfrak{B}$. Bei der Skalarmultiplikation geht man ähnlich vor. Also ist $\mathfrak{A} \cap \mathfrak{B}$ ein Unterraum, der natürlich in $\mathfrak{A}$ und $\mathfrak{B}$ enthalten ist.
Es sei $\mathfrak{C}$ irgendein Unterraum von $\mathfrak{V}$ mit $\mathfrak{C} \subset \mathfrak{A}$ und $\mathfrak{C} \subset \mathfrak{B}$. Dann gilt schon rein mengentheoretisch $\mathfrak{C} \subset \mathfrak{A} \cap \mathfrak{B}$.

Man kann hier die komplementäre Frage stellen: Wenn zwei Unterräume $\mathfrak{A}$ und $\mathfrak{B}$ eines Vektorraumes $\mathfrak{V}$ gegeben sind, was ist dann der kleinste Unterraum von $\mathfrak{V}$, der $\mathfrak{A}$ und $\mathfrak{B}$ enthält? der nächste Satz beantwortet diese Frage.

S 6.10.3 (Summe von Unterräumen als Unterraum)
Sind $\mathfrak{A}$ und $\mathfrak{B}$ Unterräume eines Vektorraumes $\mathfrak{V}$ über einem Körper K, dann ist auch

$$\mathfrak{A} + \mathfrak{B} = \left\{ \mathfrak{a} + \mathfrak{b} \;\middle|\; \mathfrak{a} \in \mathfrak{A} \wedge \mathfrak{b} \in \mathfrak{B} \right\} \tag{6.221}$$

ein Unterraum von $\mathfrak{V}$, und zwar ist es der kleinste Unterraum (bezüglich $\subset$), der $\mathfrak{A}$ und $\mathfrak{B}$ (oder $\mathfrak{A} \cup \mathfrak{B}$) enthält.

Sei $\mathfrak{v} \in \mathfrak{A} + \mathfrak{B}$, also $\mathfrak{v} = \mathfrak{a} + \mathfrak{b}$ mit $\mathfrak{a} \in \mathfrak{A}$ und $\mathfrak{b} \in \mathfrak{B}$. Sei $c \in \mathsf{K}$. Dann ist $c\mathfrak{a} \in \mathfrak{A}$ und $c\mathfrak{b} \in \mathfrak{B}$, folglich $c(\mathfrak{a} + \mathfrak{b}) = c\mathfrak{a} + c\mathfrak{b} \in \mathfrak{A} + \mathfrak{B}$. Bei der Vektoraddition geht man ähnlich vor.
Aus $\mathfrak{a} \in \mathfrak{A}$ folgt $\mathfrak{a} = \mathfrak{a} + \mathfrak{o} \in \mathfrak{A} + \mathfrak{B}$, also $\mathfrak{A} \subset \mathfrak{A} + \mathfrak{B}$. Ebenso $\mathfrak{B} \subset \mathfrak{A} + \mathfrak{B}$. Es sei $\mathfrak{C}$ ein Unterraum von $\mathfrak{V}$ mit $\mathfrak{A} \subset \mathfrak{C}$ und $\mathfrak{B} \subset \mathfrak{C}$. Sind $\mathfrak{a} \in \mathfrak{A} \subset \mathfrak{C}$ und $\mathfrak{b} \in \mathfrak{B} \subset \mathfrak{C}$, dann folgt $\mathfrak{a} + \mathfrak{b} \in \mathfrak{C}$, daher $\mathfrak{A} + \mathfrak{B} \subset \mathfrak{C}$.

6.10.2. Freie und erzeugende Vektorfamilien

Einer der wichtigsten Begriffe bei Vektorräumen ist die Linearkombination von Vektoren. Zu deren Einführung werden Familien von Vektoren und Skalaren benötigt.

D 6.10.2 (Familien von Vektoren und Skalaren)
Es sei $\mathfrak{V}$ ein Vektorraum über einem Körper K.
Eine Vektorfamilie ist eine Abbildung $A \longrightarrow \mathfrak{V}$, $\alpha \mapsto \mathfrak{v}_\alpha$, mit einer endlichen Indexmenge A. Sie wird mit $(\mathfrak{v}_\alpha)_{\alpha\in A}$ bezeichnet.
Eine Teilfamilie von $(\mathfrak{v}_\alpha)_{\alpha\in A}$ ist eine Familie $(\mathfrak{u}_\beta)_{\beta\in B}$ mit $B \subset A$ und $\mathfrak{u}_\beta = \mathfrak{v}_\beta$ für $\beta \in B$, d.h. $(\mathfrak{u}_\beta)_{\beta\in B}$ ist die Einschränkung von $(\mathfrak{v}_\alpha)_{\alpha\in A}$ auf B.
Eine Erweiterungsfamilie von $(\mathfrak{v}_\alpha)_{\alpha\in A}$ ist eine Familie $(\mathfrak{u}_\gamma)_{\gamma\in C}$ mit $A \subset C$ und $\mathfrak{v}_\alpha = \mathfrak{u}_\alpha$ für $\alpha \in A$, d.h. $(\mathfrak{v}_\alpha)_{\alpha\in A}$ ist die Einschränkung von $(\mathfrak{u}_\gamma)_{\gamma\in C}$ auf A.
Zu einer festen Indexmenge A wird die Menge aller Vektorfamilien $A \longrightarrow \mathfrak{V}$ mit $\mathcal{F}_{\mathfrak{V},A}$ bezeichnet.
Skalarfamilien $A \longrightarrow \mathsf{K}$ werden ebenso definiert und mit $(a_\alpha)_{\alpha\in A}$ bezeichnet. Die Menge aller Skalarfamilien zu einer festen Indexmenge ist $\mathcal{F}_{\mathsf{K},A}$.

Ist die Indexmenge einer Familie die Menge $\{1,\ldots,n\}$, dann kann $(\mathfrak{v}_\nu)_{\nu\in\{1,\ldots,n\}}$ als Element von $\mathfrak{V}^n$ betrachtet werden und auch als $(\mathfrak{v}_1,\ldots,\mathfrak{v}_n)$ bezeichnet werden. Entsprechendes gilt für Skalarfamilien.

D 6.10.3 (Linearkombination)
Es sei $\mathfrak{V}$ ein Vektorraum über einem Körper K. Eine Linearkombination in $\mathfrak{V}$ ist ein Tripel $\big((\mathfrak{v}_\alpha)_{\alpha\in A}, (a_\alpha)_{\alpha\in A}, \mathfrak{v}\big)$ mit einer Vektorfamilie $(\mathfrak{v}_\alpha)_{\alpha\in A}$, einer Skalarfamilie $(a_\alpha)_{\alpha\in A}$ und einem Wert

$$\mathfrak{v} = \sum_{\alpha\in A} a_\alpha \mathfrak{v}_\alpha \tag{6.222}$$

Für die Vektorfamilie $(\mathfrak{v}_1,\ldots,\mathfrak{v}_n)$ und die Skalarfamilie $(a_1,\ldots,a_n)$ ist der Wert der Linearkombination die gewichtete Summe $a_1\mathfrak{v}_1 + \cdots + a_n\mathfrak{v}_n$.

S 6.10.4 (Erzeugnis einer Vektorfamilie)
Es sei $\mathfrak{V}$ ein Vektorraum über einem Körper K und $(\mathfrak{v}_\alpha)_{\alpha\in A}$ eine Vektorfamilie. Die Menge

$$\big\langle(\mathfrak{v}_\alpha)_{\alpha\in A}\big\rangle = \Big\{ \sum_{\alpha\in A} a_\alpha \mathfrak{v}_\alpha \;\Big|\; (a_\alpha)_{\alpha\in A} \in \mathcal{F}_{\mathsf{K},A} \Big\} \tag{6.223}$$

ist ein Unterraum von $\mathfrak{V}$, er heißt das Erzeugnis von $(\mathfrak{v}_\alpha)_{\alpha\in A}$.

Vereinfachend gesagt ist die Summe zweier Linearkombinationen wieder eine Linearkombination, und auch die Multiplikation einer Linearkombination mit einem Skalar ergibt eine Linearkombination, folglich ist das Erzeugnis ein Untervektorraum. In einem rigorosen Beweis müßten die Familien der neuen Linearkombinationen präzise beschrieben werden, eine zwar einfache jedoch etwas mühsame Arbeit.
Die leere Menge $\emptyset$ ist endlich und daher eine zulässige Indexmenge für Familien. Es ist allerdings $(\mathfrak{v}_\alpha)_{\alpha\in\emptyset} = \emptyset$, denn eine Paarbildung mit Elementen aus $\emptyset$ und $\mathfrak{V}$ oder K ist natürlich nicht möglich. Der Wert einer Linearkombination, die Familien mit leeren Indexmengen enthält, ist $\mathfrak{o}$, es ist daher (vereinfacht geschrieben) $\langle\emptyset\rangle = \{\mathfrak{o}\}$.

Es ist möglich, daß das Erzeugnis einer Vektorfämilie der ganze Vektorraum ist. Dieser wichtige Spezialfall verlangt nach einer eigenen Definition:

D 6.10.4 (Erzeugendensystem)
Es sei $\mathfrak{V}$ ein Vektorraum über einem Körper K und $(\mathfrak{v}_\alpha)_{\alpha\in A}$ eine Vektorfamilie.
Gilt $\langle(\mathfrak{v}_\alpha)_{\alpha\in A}\rangle = \mathfrak{V}$, dann heißt die Familie ein Erzeugendensystem von $\mathfrak{V}$ oder auch einfach **erzeugend**.
Die Familie heißt **minimal erzeugend**, wenn keine Teilfamilie erzeugend ist.

Nicht jeder Vektorraum besitzt Erzeugendensysteme, jedenfalls nicht wie sie hier mit Familien mit endlichen Indexmengen definiert sind. Beispielsweise bilden die Polynome $\mathsf{K}[\boldsymbol{X}]$ über einem Körper K einen K-Vektorraum. Die Grade der Polynome, die durch Linearkombinationen einer Polynomfamilie erzeugt werden, sind natürlich nach oben beschränkt, es gibt aber Polynome beliebig hohen Grades.
Jede Erweiterungsfamilie eines Erzeugendensystems ist ebenfalls ein Erzeugendensystem.
Ist $\mathfrak{V}$ ein endlicher Vektorraum über einem endlichen Körper K, z.B. ein endlicher Erweiterungskörper von K, dann existieren Erzeugendensysteme. Beispielsweise ist $(\mathfrak{u}_\mathfrak{v})_{\mathfrak{v}\in\mathfrak{V}}$ mit $\mathfrak{u}_\mathfrak{v} = \mathfrak{v}$ erzeugend.

Der komplementäre Begriff zum Erzeugendensystem eines Vektorraumes ist die lineare Unabhängigkeit einer Vektorfamilie.

D 6.10.5 (Lineare Unabhängigkeit)
Es sei $\mathfrak{V}$ ein Vektorraum über einem Körper K. Die Vektorfamilie $(\mathfrak{v}_\alpha)_{\alpha\in A}$ heißt **linear unabhängig** oder **frei**, wenn folgendes gilt:

$$\bigwedge_{(a_\alpha)_{\alpha\in A}\in\mathcal{F}_{\mathsf{K},A}} \Big(\sum_{\alpha\in A} a_\alpha\mathfrak{v}_\alpha = \mathfrak{o} \implies \bigwedge_{\alpha\in A} a_\alpha = 0\Big) \tag{6.224}$$

Mit einer freien Vektorfamilie kann der Nullvektor nur mit der Nullfamilie als Skalarfamilie dargestellt werden.
Die Familie heißt **maximal frei**, wenn keine Erweiterungsfamilie frei ist.

Jede Teilfamilie einer freien Vektorfamilie ist frei. Denn sei $(\mathfrak{v}_\beta)_{\beta\in B}$ eine Teilfamilie der freien Familie $(\mathfrak{v}_\alpha)_{\alpha\in A}$. Für $(b_\beta)_{\beta\in B}$ gelte $\sum_{\beta\in B} b_\beta\mathfrak{v}_\beta = \mathfrak{o}$. Wird die Skalarfamilie $(a_\alpha)_{\alpha\in A}$ durch $a_\alpha = b_\alpha$ falls $\alpha \in B$ und $a_\alpha = 0$ falls $\alpha \in A \setminus B$ definiert, dann ist auch $\sum_{\alpha\in A} a_\alpha\mathfrak{v}_\alpha = \mathfrak{o}$, woraus $a_\alpha = 0$ folgt für alle $\alpha \in A$. Insbesondere ist $b_\beta = 0$ für alle $\beta \in B$.
Von der Nullfamilie abgesehen sind einelementige Vektorfamilien frei. Denn ist $\mathfrak{v} \in \mathfrak{V} \setminus \{\mathfrak{o}\}$, dann ist $a\mathfrak{v} = \mathfrak{o}$ nur für $a = 0$ möglich.
Freie Vektorfamilien sind injektiv, d.h. aus $\mathfrak{v}_\kappa = \mathfrak{v}_\lambda$ folgt $\kappa = \lambda$. Es sei nämlich $\mathfrak{v}_\kappa = \mathfrak{v}_\lambda$, aber $\kappa \neq \lambda$. Die Skalarfolge $(a_\alpha)_{\alpha\in A}$ sei definiert durch $a_\kappa = 1$, $a_\lambda = -1$ und $a_\alpha = 0$ für $\alpha \in A\setminus\{\kappa, \lambda\}$. Damit erhält man in

$$\sum_{\alpha\in A} a_\alpha\mathfrak{v}_\alpha = a_\kappa\mathfrak{v}_\kappa + a_\lambda\mathfrak{v}_\lambda = \mathfrak{v}_\kappa - \mathfrak{v}_\lambda = \mathfrak{o}$$

eine Darstellung des Nullvektors als nicht-triviale Linearkombination der freien Familie $(\mathfrak{v}_\alpha)_{\alpha\in A}$, also einen Widerspruch zu (6.224). Man kann diese Eigenschaft einer freien Vektorfamilie auch (nicht formal) so ausdrücken, daß die Familie keine Wiederholungen enthalten darf, genauer $\#(\{\,\mathfrak{v}_\alpha \mid \alpha \in A\,\}) = \#(A)$. So ist beispielsweise die Familie $(\mathfrak{v}, \mathfrak{v})$ für kein $\mathfrak{v} \in \mathfrak{V}$ frei.

Gibt es für die Familie $(\mathfrak{v}_\alpha)_{\alpha\in A}$ ein $\kappa \in A$ mit $\mathfrak{v}_\kappa = \mathfrak{o}$, dann ist die Familie nicht frei. Denn wäre sie frei, dann wären auch alle Teilfamilien frei, die Teilfamilie $(\mathfrak{v}_\alpha)_{\alpha\in\{\kappa\}}$ ist jedoch nicht frei.
Ist die Familie $(\mathfrak{v}_\alpha)_{\alpha\in A}$ frei, dann gibt es zu jedem $\mathfrak{v} \in \mathfrak{V}$ höchstens ein $(a_\alpha)_{\alpha\in A} \in \mathcal{F}_{\mathsf{K},A}$ mit

$$\sum_{\alpha\in A} a_\alpha \mathfrak{v}_\alpha = \mathfrak{v}$$

Das ist eine unmittelbare Folge von (6.224).

Bei erzeugenden Vektorfamilien gibt es zu jedem Vektor des Vektorraumes mindestens eine Darstellung durch die Familie als Linearkombination, bei freien Vektorfamilien höchstens eine solche. Es ist anzunehmen, daß Vektorfamilien, die beide Eigenschaften besitzen, in der linearen Algebra von besonderer Bedeutung sind.

S 6.10.5 (Basis eines Vektorraumes)
Es sei $\mathfrak{V}$ ein Vektorraum über einem Körper K. Die folgenden Aussagen über eine Vektorfamilie $(\mathfrak{v}_\alpha)_{\alpha\in A}$ sind äquivalent:

(i) $(\mathfrak{v}_\alpha)_{\alpha\in A}$ ist minimal erzeugend

(ii) $(\mathfrak{v}_\alpha)_{\alpha\in A}$ ist maximal frei

(iii) Zu jedem $\mathfrak{v} \in \mathfrak{V}$ gibt *genau ein* $(a_\alpha)_{\alpha\in A} \in \mathcal{F}_{\mathsf{K},A}$ mit

$$\sum_{\alpha\in A} a_\alpha \mathfrak{v}_\alpha = \mathfrak{v} \tag{6.225}$$

Eine Vektorfamilie mit diesen Eigenschaften heißt eine Basis des Vektorraums.

„**(i)**$\Longrightarrow$**(ii)**“: Es sei $(a_\alpha)_{\alpha\in A} \in \mathcal{F}_{\mathsf{K},A}$ mit $\sum_{\alpha\in A} a_\alpha \mathfrak{v}_\alpha = \mathfrak{o}$. Angenommen, es gibt ein $\kappa \in A$ mit $a_\kappa \neq 0$. Dann läßt sich $\mathfrak{v}_\kappa$ als Linearkombination der übrigen $\mathfrak{v}_\alpha$ darstellen:

$$\mathfrak{v}_\kappa = \sum_{\alpha\in A\smallsetminus\{\kappa\}} -a_\kappa^{-1} a_\alpha \mathfrak{v}_\alpha$$

Ist daher $\mathfrak{v} \in \mathfrak{V}$, dann kann in jeder Linearkombination von $(\mathfrak{v}_\alpha)_{\alpha\in A}$, die $\mathfrak{v}$ als Wert hat, der Vektor $\mathfrak{v}_\kappa$ als eine Linearkombination von $(\mathfrak{v}_\alpha)_{\alpha\in A\smallsetminus\{\kappa\}}$ dargestellt werden. Aber das bedeutet, daß auch $\mathfrak{v}$ eine Linearkombination von $(\mathfrak{v}_\alpha)_{\alpha\in A\smallsetminus\{\kappa\}}$ ist. Das steht jedoch im Widerspruch zur Voraussetzung, daß $(\mathfrak{v}_\alpha)_{\alpha\in A}$ minimal erzeugend ist. Also ist die Vektorfamilie frei.
Sei $(\mathfrak{u}_\beta)_{\beta\in B}$ eine Erweiterungsfamilie von $(\mathfrak{v}_\alpha)_{\alpha\in A}$. Es sei $\kappa \in B \smallsetminus A$. Weil $(\mathfrak{v}_\alpha)_{\alpha\in A}$ erzeugend ist, gibt es ein $(a_\alpha)_{\alpha\in A} \in \mathcal{F}_{\mathsf{K},A}$ mit $\sum_{\alpha\in A} a_\alpha \mathfrak{v}_\alpha = \mathfrak{u}_\kappa$. Es sei $(b_\beta)_{\beta\in B} \in \mathcal{F}_{\mathsf{K},B}$ wie folgt definiert: $b_\beta = a_\beta$ für $\beta \in A$, $b_\kappa = -1$ und $b_\beta = 0$ für $\beta \in B \smallsetminus (A \cup \{\kappa\})$. Damit gilt $\sum_{\beta\in B} b_\beta \mathfrak{u}_\beta = \mathfrak{o}$. Folglich ist die Erweiterungsfamilie nicht frei. Die Vektorfamilie ist daher maximal frei.
„**(ii)**$\Longrightarrow$**(iii)**“: Weil $(\mathfrak{v}_\alpha)_{\alpha\in A}$ frei ist, gibt es höchstens eine Darstellung (6.225).
Sei $\mathfrak{v} \in \mathfrak{V}$, $B = A \cup \{A\}$ und es sei die Erweiterungsfamilie $(\mathfrak{u}_\beta)_{\beta\in B}$ definiert durch $\mathfrak{u}_\beta = \mathfrak{v}_\beta$ für $\beta \in A$ und $\mathfrak{u}_A = \mathfrak{v}$. Nach Voraussetzung ist diese Erweiterungsfamilie nicht frei. Es gibt deshalb ein $(b_\beta)_{\beta\in B} \in \mathcal{F}_{\mathsf{K},B}$ mit $\sum_{\beta\in B} b_\beta \mathfrak{u}_\beta = \mathfrak{o}$ und $b_\beta \neq 0$ für ein $\beta \in B$. Es ist $b_A \neq 0$, denn bei $b_A = 0$ erhielte man

$$\mathfrak{o} = \sum_{\beta\in B} b_\beta \mathfrak{u}_\beta = \sum_{\beta\in A} b_\beta \mathfrak{v}_\beta$$

woraus $b_\beta = 0$ für $\beta \in A$ folgt, also $b_\beta = 0$ für $\beta \in B$, im Widerspruch zur Wahl von $(b_\beta)_{\beta\in B}$. Damit kann $\mathfrak{v}$ als Linearkombination von $(\mathfrak{v}_\alpha)_{\alpha\in A}$ dargestellt werden:

$$\mathfrak{v} = \sum_{\alpha\in A} -b_A^{-1} b_\alpha \mathfrak{v}_\alpha$$

„**(iii)**$\Longrightarrow$**(i)**“: Aus der Voraussetzung folgt, daß $(\mathfrak{v}_\alpha)_{\alpha\in A}$ erzeugend ist. Es sei $(\mathfrak{u}_\beta)_{\beta\in B}$ eine echte Teilfamilie, etwa $\alpha \in A \setminus B$. Zu zeigen ist, daß die Teilfamilie nicht erzeugend ist. Angenommen, sie ist erzeugend. Es gibt dann ein $(b_\beta)_{\beta\in B} \in \mathcal{F}_{\mathsf{K},B}$ mit $\sum_{\beta\in B} b_\beta \mathfrak{u}_\beta = \mathfrak{v}_\alpha$. Es ist aber auch $\mathfrak{v}_\alpha = 1\mathfrak{v}_\alpha$, d.h. es existieren zwei verschiedene Darstellungen von $\mathfrak{v}_\alpha$ als Linearkombinationen von $(\mathfrak{v}_\alpha)_{\alpha\in A}$.

> **S 6.10.6** Es sei $\mathfrak{V}$ ein Vektorraum über einem Körper K. Die Vektorfamilie $(\mathfrak{v}_\alpha)_{\alpha\in A}$ sei frei und erzeugend. Dann ist sie eine Basis von $\mathfrak{V}$.

Es sei $(\mathfrak{u}_\beta)_{\beta\in B}$ eine echte Erweiterungsfamilie, etwa $\kappa \in B \setminus A$. Weil $(\mathfrak{v}_\alpha)_{\alpha\in A}$ erzeugend ist, gibt es $(a_\alpha)_{\alpha\in A} \in \mathcal{F}_{\mathsf{K},A}$ mit $\sum_{\alpha\in A} a_\alpha \mathfrak{v}_\alpha = \mathfrak{u}_\kappa$. Wird $(b_\beta)_{\beta\in B} \in \mathcal{F}_{\mathsf{K},B}$ definiert durch $b_\beta = a_\beta$ für $\beta \in A$, $b_\kappa = -1$ und $b_\beta = 0$ für $\beta \in B \setminus (A \cup \{\kappa\})$, dann ist $\sum_{\beta\in B} b_\beta \mathfrak{u}_\beta = \mathfrak{o}$, aber $b_\kappa \neq 0$. Folglich ist die Erweiterungsfamilie nicht frei. Die Familie $(\mathfrak{v}_\alpha)_{\alpha\in A}$ ist daher maximal frei und damit nach **S 6.10.5** eine Basis.

Jeder endlich erzeugte Vektorraum, d.h. jeder Vektorraum mit einer erzeugenden Vektorfamilie, besitzt eine Basis. Das ist eine einfache Folgerung aus dem nächsten Satz, der eine etwas weiter gehende Aussage macht, daß nämlich die Basis so gewählt werden kann, daß sie eine vorgegebene freie Vektorfamilie enthält.

> **S 6.10.7** Es sei $\mathfrak{V}$ ein Vektorraum über einem Körper K. Die Vektorfamilie $(\mathfrak{v}_\alpha)_{\alpha\in A}$ sei erzeugend. Sie enthalte eine freie Teilfamilie $(\mathfrak{g}_\gamma)_{\gamma\in G}$. Dann gibt es eine Vektorfamilie $(\mathfrak{u}_\beta)_{\beta\in B}$ mit folgenden Eigenschaften:
>
> **(i)** $(\mathfrak{g}_\gamma)_{\gamma\in G}$ ist eine Teilfamilie von $(\mathfrak{u}_\beta)_{\beta\in B}$
>
> **(ii)** $(\mathfrak{u}_\beta)_{\beta\in B}$ ist eine Teilfamilie von $(\mathfrak{v}_\alpha)_{\alpha\in A}$
>
> **(iii)** $(\mathfrak{u}_\beta)_{\beta\in B}$ ist eine Basis von $\mathfrak{V}$

Es sei $\boldsymbol{\mathcal{F}}$ die Menge aller **freien** Vektorfamilien, die $(\mathfrak{g}_\gamma)_{\gamma\in G}$ als Teilfamilie enthalten und als Teilfamilie in $(\mathfrak{v}_\alpha)_{\alpha\in A}$ enthalten sind. Es ist $\boldsymbol{\mathcal{F}} \neq \emptyset$, denn $(\mathfrak{g}_\gamma)_{\gamma\in G} \in \boldsymbol{\mathcal{F}}$. Es sei

$$F = \{\#(D) \mid (\mathfrak{x}_\delta)_{\delta\in D} \in \boldsymbol{\mathcal{F}}\} \subset \mathbb{N}$$

Das ist die Menge der Kardinalzahlen (Elementeanzahlen) der Indexmengen aller Familien in $\boldsymbol{\mathcal{F}}$. Die Menge F ist endlich, denn für $(\mathfrak{x}_\delta)_{\delta\in D} \in \boldsymbol{\mathcal{F}}$ gilt $\#(G) \le \#(D) \le \#(A)$. Sie enthält daher ein größtes Element n. Es sei $(\mathfrak{b}_\beta)_{\beta\in B} \in \boldsymbol{\mathcal{F}}$ mit $\#(B) = n$. Diese Vektorfamilie ist eine Basis. Denn stimmt $(\mathfrak{b}_\beta)_{\beta\in B}$ mit $(\mathfrak{v}_\alpha)_{\alpha\in A}$ überein, dann ist $(\mathfrak{v}_\alpha)_{\alpha\in A}$ erzeugend und frei, also nach **S 6.10.6** eine Basis. Sei andernfalls $\kappa \in A \setminus B$ und $S = B \cup \{\kappa\}$. Die Familie $(\mathfrak{s}_\sigma)_{\sigma\in S}$ sei definiert durch $\mathfrak{s}_\sigma = \mathfrak{b}_\sigma$ für $\sigma \in B$ und $\mathfrak{s}_\kappa = \mathfrak{v}_\kappa$. Sie enthält $(\mathfrak{b}_\beta)_{\beta\in B}$ und damit auch $(\mathfrak{g}_\gamma)_{\gamma\in G}$ als Teilfamilie und ist selbst Teilfamilie von $(\mathfrak{v}_\alpha)_{\alpha\in A}$. Es ist jedoch $\#(S) > \#(B) = n$, d.h. es ist $(\mathfrak{s}_\sigma)_{\sigma\in S} \notin \boldsymbol{\mathcal{F}}$. Insbesondere ist $(\mathfrak{s}_\sigma)_{\sigma\in S}$ nicht frei. Daraus folgt wie im Beweis zu **S 6.10.5** „**(ii)**$\Longrightarrow$**(iii)**“ daß $\mathfrak{v}_\kappa$ als Linearkombination von $(\mathfrak{b}_\beta)_{\beta\in B}$ dargestellt werden kann. Weil $\kappa \in A \setminus B$ beliebig war, kann jedes zugehörige $\mathfrak{v}_\kappa$ als Linearkombination von $(\mathfrak{b}_\beta)_{\beta\in B}$ dargestellt werden. Also kann überhaupt jedes $\mathfrak{v}_\alpha$ als Linearkombination von $(\mathfrak{b}_\beta)_{\beta\in B}$ dargestellt werden, d.h. $(\mathfrak{b}_\beta)_{\beta\in B}$ ist mit $(\mathfrak{v}_\alpha)_{\alpha\in A}$ erzeugend. Als freie und erzeugende Familie ist $(\mathfrak{b}_\beta)_{\beta\in B}$ aber eine Basis von $\mathfrak{V}$.

Hier ist nun das oben angekündigte Korollar.

K 6.10.1 Jeder Vektorraum $\mathfrak{V}$ über einem Körper K mit einer erzeugenden Vektorfamilie enthält eine Basis.

Es sei $(\mathfrak{v}_\alpha)_{\alpha\in A}$ die erzeugende Familie. Es gibt ein $\kappa \in A$ mit $\mathfrak{v}_\kappa \neq \mathfrak{o}$, andernfalls die Familie nicht erzeugend wäre. Die Familie $(\mathfrak{g}_\gamma)_{\gamma\in\{\kappa\}}$, definiert durch $\mathfrak{g}_\kappa = \mathfrak{v}_\kappa$, ist frei und eine Teilfamilie von $(\mathfrak{v}_\alpha)_{\alpha\in A}$. Das garantiert nach dem vorigen Satz schon die Existenz einer Basis.

Jeder endliche Vektorraum $\mathfrak{V}$ besitzt nach diesem Korollar eine Basis, denn die Familie $(\mathfrak{u}_\mathfrak{v})_{\mathfrak{v}\in\mathfrak{V}}$, definiert durch $\mathfrak{u}_\mathfrak{v} = \mathfrak{v}$, ist trivialerweise erzeugend.

Ein endlicher Vektorraum ist beispielsweise der Körper $\mathbb{K}_9$, interpretiert als Vektorraum über dem Körper $\mathbb{K}_3 = \mathbb{Z}_3$:

$$\{\mathbf{0}, \mathbf{1}, \mathbf{2}, \boldsymbol{x}, \mathbf{1}+\boldsymbol{x}, \mathbf{2}+\boldsymbol{x}, 2\boldsymbol{x}, \mathbf{1}+2\boldsymbol{x}, \mathbf{2}+2\boldsymbol{x}\}$$

Arithmetik wird wie in $\mathbb{K}_3$ betrieben. Beispielsweise ist $(\mathbf{2}+2\boldsymbol{x})+(\mathbf{2}+\boldsymbol{x}) = \mathbf{1}$ eine Vektoraddition und $2(\mathbf{2}+2\boldsymbol{x}) = \mathbf{1}+\boldsymbol{x}$ eine Skalarmultiplikation. Dieser Vektorraum besitzt die Basis $(\mathbf{1}, \boldsymbol{x})$, denn jedes Element von $\mathbb{K}_9$ ist offensichtlich auf genau eine Weise als Linearkombination von $\mathbf{1}$ und $\boldsymbol{x}$ darstellbar. Der Vektorraum besitzt aber auch die Basis $(\mathbf{2}, \mathbf{1}+\boldsymbol{x})$. Wie kann $2\boldsymbol{x}$ als Linearkombination dieser Familie dargestellt werden? Gesucht sind $a, b \in \mathbb{K}_3$ mit $a\mathbf{2} + b\boldsymbol{x} = 2\boldsymbol{x}$. Wegen $a\mathbf{2} \in \mathbb{K}_3$ für alle $a \in \mathbb{K}_3$ gibt es für b nur die eine Möglichkeit $b = 2$. Dann ist notwendig $a\mathbf{2} + 2 = 0$ mit der eindeutigen Lösung $a = 2$. Für die übrigen Vektoren findet man ebenfalls eindeutige a und b. Der Vektorraum besitzt neben $(\mathbf{1}, \boldsymbol{x})$ und $(\mathbf{2}, \mathbf{1}+\boldsymbol{x})$ weitere Basen, die leicht zu entdecken sind. Daß die Indexmenge aller Basen aus zwei Elementen bestehen ist kein Zufall, sondern ein Gesetz. Zum Beweis, daß die Indexmengen aller Basen eines Vektorraums dieselbe Kardinalzahl besitzen, dient der folgende Austauschsatz von STEINITZ:

S 6.10.8 (Austauschsatz von Steinitz)
Es sei $\mathfrak{V}$ ein Vektorraum über einem Körper K mit einer erzeugenden Vektorfamilie $(\mathfrak{v}_\alpha)_{\alpha\in A}$. Für jede freie Vektorfamilie $(\mathfrak{f}_\beta)_{\beta\in B}$ gilt dann

(i) $\#(B) \leq \#(A)$

(ii) Es gibt eine erzeugende Familie $(\mathfrak{u}_\gamma)_{\gamma\in C}$ in $\mathfrak{V}$ mit $\#(C) = \#(A)$, die $(\mathfrak{f}_\beta)_{\beta\in B}$ als Teilfamilie enthält.

Der Beweis wird mit Induktion über $\#(B)$ geführt. Es sei $\#(A) = k$.
Für $\#(B) = 0$, also $B = \emptyset$, ist **(i)** natürlich wahr, und in **(ii)** kann als $(\mathfrak{u}_\gamma)_{\gamma\in C}$ die Familie $(\mathfrak{v}_\alpha)_{\alpha\in A}$ genommen werden, die sicherlich die leere Familie $(\mathfrak{f}_\beta)_{\beta\in\emptyset} = \emptyset$ als Teilfamilie enthält.
Die Behauptung gelte für alle freien Familien $(\mathfrak{f}_\beta)_{\beta\in B}$ mit $\#(B) \leq n$.
Es sei $(\mathfrak{w}_\mu)_{\mu\in M}$ eine freie Vektorfamilie mit $\#(M) = n+1$. Es sei $\mu_0 \in M$ und $M_0 = M \setminus \{\mu_0\}$. Die Vektorfamilie $(\mathfrak{w}_\mu)_{\mu\in M_0}$ ist frei, mit $\#(M_0) = n$. Nach Induktionsvoraussetzung gilt daher $n \leq k$ und es gibt eine erzeugende Familie $(\mathfrak{q}_\delta)_{\delta\in D}$ mit $\#(D) = k$, die $(\mathfrak{w}_\mu)_{\mu\in M_0}$ als Teilfamilie enthält, also $M_0 \subset D$. Insbesondere ist $\mathfrak{w}_{\mu_0}$ als Linearkombination von $(\mathfrak{q}_\delta)_{\delta\in D}$ darstellbar mit einer Skalarfamilie $(q_\delta)_{\delta\in D} \in \mathcal{F}_{\mathsf{K},D}$:

$$\mathfrak{w}_{\mu_0} = \sum_{\delta\in D} q_\delta \mathfrak{q}_\delta = \sum_{\mu\in M_0} q_\mu \mathfrak{w}_\mu + \sum_{\delta\in D\setminus M_0} q_\delta \mathfrak{q}_\delta \tag{6.226}$$

Aus dieser Linearkombination kann $n+1 \leq k$ geschlossen werden. Denn angenommen, es gilt $n+1 > k$. Dann ist $n = k$ wegen $n \leq k$, also $D \setminus M_0 = \emptyset$ und (6.226) ist eine Darstellung von $\mathfrak{w}_{\mu_0}$ als eine Linearkombination der Familie $(\mathfrak{w}_\mu)_{\mu \in M_0}$. Das ist jedoch nicht möglich, denn die Familie $(\mathfrak{w}_\mu)_{\mu \in M}$ ist frei.
Angenommen, es gilt $q_\delta = 0$ für alle $\delta \in D \setminus M_0$. Dann ist (6.226) wieder eine Darstellung von $\mathfrak{w}_{\mu_0}$ als eine Linearkombination der Familie $(\mathfrak{w}_\mu)_{\mu \in M_0}$. Es gibt also ein $\nu \in D \setminus M_0$ mit $q_\nu \neq 0$. Es sei $C = M \cup \big((D \setminus M_0) \setminus \{\nu\}\big)$ und die Vektorfamilie $(\mathfrak{u}_\gamma)_{\gamma \in C}$ sei wie folgt definiert:

$$\mathfrak{u}_\mu = \mathfrak{w}_\mu \text{ für } \mu \in M_0 \qquad \mathfrak{u}_\gamma = \mathfrak{q}_\gamma \text{ für } \gamma \in (D \setminus M_0) \setminus \{\nu\} \qquad \mathfrak{u}_{\mu_0} = \mathfrak{w}_{\mu_0}$$

Es gilt natürlich $\#(C) = k$. Die Familie $(\mathfrak{u}_\gamma)_{\gamma \in C}$ ist erzeugend. Um das zu zeigen sei $\mathfrak{x} \in \mathfrak{V}$. Weil $(\mathfrak{q}_\delta)_{\delta \in D}$ erzeugend ist, gibt es eine Skalarfamilie $(x_\delta)_{\delta \in D} \in \mathcal{F}_{\mathsf{K},D}$ mit

$$\mathfrak{x} = \sum_{\delta \in D} x_\delta \mathfrak{q}_\delta = x_\nu \mathfrak{q}_\nu + \sum_{\delta \in D \setminus \{\nu\}} x_\delta \mathfrak{q}_\delta = x_\nu \mathfrak{q}_\nu + \sum_{\delta \in D \setminus \{\nu\}} x_\delta \mathfrak{u}_\delta \tag{6.227}$$

Der Vektor $\mathfrak{q}_\nu$ läßt sich nach (6.226) als eine Linearkombination der Familie $(\mathfrak{u}_\gamma)_{\gamma \in C}$ darstellen:

$$\begin{aligned} \mathfrak{q}_\nu &= q_\nu^{-1} \mathfrak{w}_{\mu_0} - \sum_{\mu \in M_0} q_\nu^{-1} q_\mu \mathfrak{w}_\mu - \sum_{\delta \in (D \setminus M_0) \setminus \{\nu\}} q_\nu^{-1} q_\delta \mathfrak{q}_\delta \\ &= q_\nu^{-1} \mathfrak{u}_{\mu_0} - \sum_{\mu \in M_0} q_\nu^{-1} u_\mu \mathfrak{w}_\mu - \sum_{\delta \in (D \setminus M_0) \setminus \{\nu\}} q_\nu^{-1} q_\delta \mathfrak{u}_\delta \end{aligned}$$

Setzt man das in (6.227) ein, dann erhält man nach dem Zusammenfassen von Termen mit demselben $\mathfrak{u}_\gamma$ eine Darstellung von $\mathfrak{x}$ als eine Linearkombination von $(\mathfrak{u}_\gamma)_{\gamma \in C}$ (mit einer passend gewählten Skalarfamilie).

K 6.10.2 (Dimension eines Vektorraumes)
Sind $(\mathfrak{v}_\alpha)_{\alpha \in A}$ und $(\mathfrak{u}_\beta)_{\beta \in B}$ Basen eines Vektorraumes $\mathfrak{V}$ über einem Körper K, dann gilt für ihre Indexmengen

$$\#(A) = \#(B) \tag{6.228}$$

Die Indexmengen aller Basen haben dieselbe Anzahl von Elementen. Diese Invariante eines Vektorraumes wird seine Dimension $\operatorname{Dim}_{\mathsf{K}}(\mathfrak{V})$ genannt.

Einerseits ist die Familie $(\mathfrak{v}_\alpha)_{\alpha \in A}$ frei und ist die Familie $(\mathfrak{u}_\beta)_{\beta \in B}$ erzeugend, also gilt nach **S 6.10.8** $\#(A) \leq \#(B)$. Andererseits ist die Familie $(\mathfrak{v}_\alpha)_{\alpha \in A}$ erzeugend und $(\mathfrak{u}_\beta)_{\beta \in B}$ ist frei, also gilt wieder nach **S 6.10.8** $\#(A) \geq \#(B)$.

Wie oben gezeigt wurde hat der Vektorraum $\mathbb{K}_9$ über dem Körper $\mathbb{K}_3$ Basen mit zweielementigen Indexmengen, es ist daher $\operatorname{Dim}_{\mathbb{K}_3}(\mathbb{K}_9) = 2$. Man beachte aber, daß die Dimension nur dann eine Invariante eines Vektorraumes über einem Körper ist, wenn der Körper fixiert ist. So ist beispielsweise $\operatorname{Dim}_{\mathbb{K}_9}(\mathbb{K}_9) = 1$, denn die Familie (1) ist natürlich eine Basis.

S 6.10.9 (Dimension von Teilräumen)
Ist $\mathfrak{V}$ ein endlich erzeugter Vektorraum über einem Körper K und $\mathfrak{A}$ ein Unterraum von $\mathfrak{V}$, dann ist auch $\mathfrak{A}$ endlich erzeugt und es gilt $\operatorname{Dim}_{\mathsf{K}}(\mathfrak{A}) \leq \operatorname{Dim}_{\mathsf{K}}(\mathfrak{V})$. Bei $\mathfrak{A} \neq \mathfrak{V}$ ist $\operatorname{Dim}_{\mathsf{K}}(\mathfrak{A}) < \operatorname{Dim}_{\mathsf{K}}(\mathfrak{V})$.

Falls $\mathfrak{A} = \{\mathfrak{o}\}$ ist $\emptyset$ erzeugend und $\mathrm{Dim}_{\mathsf{K}}(\mathfrak{A}) = 0$.
Als endlich erzeugter Vektorraum besitzt $\mathfrak{B}$ eine Basis, und zwar sei $\mathrm{Dim}_{\mathsf{K}}(\mathfrak{B}) = m \geq 1$.
Es sei $\mathfrak{a}_{\langle 1\rangle} \in \mathfrak{A} \setminus \{\mathfrak{o}\}$ und $A_1 = \{1\}$. Die Familie $(\mathfrak{a}_\alpha)_{\alpha\in A_1}$ sei definiert durch $\mathfrak{a}_1 = \mathfrak{a}_{\langle 1\rangle}$. Diese Familie ist frei. Ist sie auch erzeugend für $\mathfrak{A}$, dann ist die Behauptung bewiesen: $\mathfrak{A}$ ist endlich erzeugt mit $\mathrm{Dim}_{\mathsf{K}}(\mathfrak{A}) = 1 \leq m$. Ist sie nicht erzeugend für $\mathfrak{A}$, dann wird das Verfahren fortgesetzt.
Der allgemeine Schritt ist wie folgt:
Es ist gibt eine freie Familie $\left(\mathfrak{a}_\alpha^{\langle n\rangle}\right)_{\alpha\in A_n}$, mit $A_n = \{1, \ldots, n\}$ und $\mathfrak{a}_\alpha^{\langle n\rangle} \in \mathfrak{A}$ für alle $\alpha \in A_n$, die nicht erzeugend ist für $\mathfrak{A}$. Sie ist dann erst recht nicht erzeugend für $\mathfrak{B}$, d.h. es gilt $n < m$. Es gibt ein $\mathfrak{a}_{\langle n+1\rangle} \in \mathfrak{A}$, das nicht als Linearkombination von $\left(\mathfrak{a}_\alpha^{\langle n\rangle}\right)_{\alpha\in A_n}$ dargestellt werden kann.
Dann ist aber die Familie $\left(\mathfrak{a}_\alpha^{\langle n+1\rangle}\right)_{\alpha\in A_{n+1}}$, mit $A_{n+1} = A_n \cup \{n+1\}$, $\mathfrak{a}_\alpha^{\langle n+1\rangle} = \mathfrak{a}_\alpha^{\langle n\rangle}$ für $\alpha \in A_n$ und $\mathfrak{a}_{n+1}^{\langle n+1\rangle} = \mathfrak{a}_{\langle n+1\rangle}$, frei. Ist die Familie auch erzeugend für $\mathfrak{A}$, dann ist die Behauptung des Satzes vollständig bewiesen, denn es ist auch $n + 1 \leq m$. Ist die Familie nicht erzeugend für $\mathfrak{A}$, dann wird das Verfahren fortgesetzt. Wegen $n \leq m$ im n-ten Schritt und weil n in jedem Schritt um 1 erhöht wird, muß das Verfahren allerdings nach höchstens m Schritten abbrechen, d.h. nach höchstens m Schritten muß eine Basis für $\mathfrak{A}$ gefunden worden sein.
Bricht das Verfahren mit $n = m$ ab, dann ist die gefundene Basis für $\mathfrak{A}$ auch eine Basis für $\mathfrak{B}$. Daraus folgt natürlich $\mathfrak{A} = \mathfrak{B}$. Folglich ist $\mathrm{Dim}_{\mathsf{K}}(\mathfrak{A}) = \mathrm{Dim}_{\mathsf{K}}(\mathfrak{B})$ nur für $\mathfrak{A} = \mathfrak{B}$ möglich.

Bei nicht endlich erzeugten Vektorräumen gilt die Aussage des Satzes nicht. Beispielsweise hat der Vektorraum $\mathsf{K}[\boldsymbol{X}]$ den Unterraum (6.219) mit der Basis $(1, \boldsymbol{X}, \ldots, \boldsymbol{X}^n)$, aber auch den nicht endlich erzeugten Unterraum (6.220), der Polynome beliebig hohen Grades enthält, etwa die Polynome $(\boldsymbol{X} - 1)^m$.

6.10.3. Körperwechsel

In der Theorie zyklischer linearer Codes besteht die Notwendigkeit, einen Vektorraum über einem Körper als einen Vektorraum über einem Teilkörper oder Erweiterungskörper einzusetzen.

D 6.10.6 (Vektorraum über Teilkörper)
Es seien L ein Körper, K ein Teilkörper und $\mathfrak{V}$ ein Vektorraum über L. Mit der Einschränkung der Skalarmultiplikation auf K ist $\mathfrak{V}$ auch ein Vektorraum über K, der hier mit ${}_{\mathsf{K}}\mathfrak{V}$ bezeichnet wird.

Natürlich ist ${}_{\mathsf{K}}\mathfrak{V}$ ein ganz gewöhnlicher K-Vektorraum, der sich mit $\mathfrak{V}$ allerdings die Menge der Vektoren teilt. Interessant ist deshalb hier, in welcher Beziehung die beiden Vektorräume stehen. In Abschnitt 4.5 werden nur elementare Aussagen benötigt, einige solche werden im nächsten Satz zusammengefaßt.

S 6.10.10
Es seien K ein Körper, L ein Erweiterungskörper von K und $\mathfrak{V}$ ein L-Vektorraum. Weiter sei $(\mathfrak{v}_\alpha)_{\alpha\in A}$ eine endliche Familie von Vektoren aus $\mathfrak{V}$.

(i) Ist $(\mathfrak{v}_\alpha)_{\alpha\in A}$ eine freie Familie in $\mathfrak{V}$, dann auch in ${}_{\mathsf{K}}\mathfrak{V}$.
(ii) Ist $(\mathfrak{v}_\alpha)_{\alpha\in A}$ ein Erzeugendensystem in ${}_{\mathsf{K}}\mathfrak{V}$, dann auch in $\mathfrak{V}$.
(iii) Ist ${}_{\mathsf{K}}\mathfrak{V}$ endlich erzeugt, ist L ein endlicher Körper und ist $\mathsf{K} \neq \mathsf{L}$, dann gilt $\mathrm{Dim}({}_{\mathsf{K}}\mathfrak{V}) > \mathrm{Dim}(\mathfrak{V})$.

Wenn für **jede** Skalarfamilie $u\colon A \longrightarrow \mathsf{L}$ die Bedingung

$$\sum_{\alpha\in A} u_\alpha \mathfrak{v}_\alpha = \mathfrak{o} \implies \bigwedge_{\alpha\in A} u_\alpha = 0$$

erfüllt ist, dann insbesondere auch für jede Skalarfamilie $u\colon A \longrightarrow \mathsf{K}$. Das zeigt (**i**).
Gibt es zu jedem $\mathfrak{v} \in {}_{\mathsf{K}}\mathfrak{V}$ eine Skalarfamilie $u\colon A \longrightarrow \mathsf{K}$ mit

$$\sum_{\alpha\in A} u_\alpha \mathfrak{v}_\alpha = \mathfrak{v}$$

dann ist $(\mathfrak{v}_\alpha)_{\alpha\in A}$ ein Erzeugendensystem von $\mathfrak{V}$, denn jeder Vektor aus $\mathfrak{V}$ ist auch ein Vektor aus ${}_{\mathsf{K}}\mathfrak{V}$, und jede Skalarfamilie $u\colon A \longrightarrow \mathsf{K}$ ist auch eine Skalarfamilie $u\colon A \longrightarrow \mathsf{L}$.
Weil jede Basis von $\mathfrak{V}$ eine freie Familie von ${}_{\mathsf{K}}\mathfrak{V}$ ist, gilt $\mathrm{Dim}({}_{\mathsf{K}}\mathfrak{V}) \geq \mathrm{Dim}(\mathfrak{V})$. Es sei nun $m = \mathrm{Dim}({}_{\mathsf{K}}\mathfrak{V})$ und $n = \mathrm{Dim}(\mathfrak{V})$. Es ist ${}_{\mathsf{K}}\mathfrak{V})$ isomorph zu K^m und $\mathfrak{V}$ ist isomorph zu L^n. Gälte daher $m = n$, so gäbe es eine bijektive Abbildung $\mathsf{K}^n \longrightarrow \mathsf{L}^n$, was wegen $\mathsf{K} \neq \mathsf{L}$ nicht möglich ist.

Ein Beispiel gibt der Körper $\mathbb{K}_4 = \mathbb{K}_{2^2}$, es setzt allerdings Stoff voraus, der erst in folgenden Abschnitten behandelt wird. Ein echter Teilkörper ist $\mathbb{K}_2$. Es ist $\mathbb{K}_4 = \{0, 1, a, b\}$ mit der Additionstabelle

+	1	a	b
1	0	b	a
a	b	0	1
b	a	1	0

Die Multiplikationstabelle wird für die weiteren Berechnungen nicht benötigt, weil die Elemente von $\mathbb{K}_4$ nur mit 0 und 1 multipliziert werden. Der Vektorraum des Beispiels ist $\mathfrak{V} = \mathbb{K}_4^2$, und es

sei $\mathfrak{U} = {}_{\mathbb{K}_2}\mathfrak{V}$. Die Vektorräume $\mathfrak{V}$ und $\mathfrak{U}$ besitzen die 16 Elemente $\binom{x}{y}$, $x, y \in \mathbb{K}_4$.
Die Aufgabe ist nun, eine Basis von $\mathfrak{U}$ zu konstruieren. Offensichtlich wird durch $1 \mapsto \binom{1}{0}$ und $2 \mapsto \binom{0}{1}$ eine freie Vektorfamilie in $\mathfrak{U}$ definiert. Sie erzeugt allerdings nur $\mathbb{K}_2^2$. Es muß folglich ein weiters Element von $\mathfrak{V}$ hinzugenommen werden, etwa durch Übergang zur Familie $1 \mapsto \binom{1}{0}$, $2 \mapsto \binom{0}{1}$ und $3 \mapsto \binom{a}{0}$. Die Familie ist frei, denn aus

$$x\binom{1}{0} + y\binom{0}{1} + z\binom{a}{0} = \binom{0}{0}$$

folgen die Gleichungen $x + za = 0$ und $y = 0$, die für $x, y, z \in \mathbb{K}_2$ nur für $x = y = z = 0$ möglich sind. Die Familie erzeugt jedoch neben $\mathbb{K}_2^2$ nur noch die Elemente $\binom{a}{0}$, $\binom{b}{0}$, $\binom{a}{1}$ und $\binom{b}{1}$, ist also noch kein Erzeugendensystem. Die Familie ist zu ergänzen, etwa durch $4 \mapsto \binom{0}{s}$. Auch diese Familie ist frei, denn aus

$$w\binom{1}{0} + x\binom{0}{1} + y\binom{a}{0} + z\binom{0}{a} = \binom{0}{0}$$

ergeben sich die Gleichungen $w + ya = 0$ und $x + za = 0$, die nur für $w = x = y = z$ möglich sind. Die Familie erzeugt nun tatsächlich die noch verbleibenden Elemente von $\mathfrak{V}$, nämlich die Elemente $\binom{0}{a}$, $\binom{1}{a}$, $\binom{0}{b}$, $\binom{1}{b}$, $\binom{a}{a}$, $\binom{b}{a}$, $\binom{a}{b}$ und $\binom{b}{b}$. Das Ergebnis der Rechnungen ist daher

$$\mathrm{Dim}_{\mathbb{K}_2}(\mathfrak{U}) = 4 > 2 = \mathrm{Dim}_{\mathbb{K}_4}(\mathfrak{V})$$

Welcher Körper zu welcher Dimension gehört ist extra gekennzeichnet.

Die Familie $1 \mapsto \binom{1}{0}$, $2 \mapsto \binom{0}{1}$, $3 \mapsto \binom{a}{0}$, $4 \mapsto \binom{0}{a}$ ist frei in $\mathfrak{U}$, aber natürlich nicht in $\mathfrak{V}$. Die Aussage (**i**) des Satzes kann daher nicht umgekehrt werden.

Die Familie $1 \mapsto \binom{1}{0}$, $2 \mapsto \binom{0}{1}$ erzeugt $\mathfrak{V}$, jedoch nicht $\mathfrak{U}$, die Aussage (**ii**) des Satzes kann daher nicht umgekehrt werden.

Die Aussage (**iii**) des vorangehenden Satzes, also $\mathrm{Dim}({}_{\mathsf{K}}\mathfrak{V}) > \mathrm{Dim}(\mathfrak{V})$, kann in Spezialfällen beträchtlich präzisiert werden:

S 6.10.11 (Dimensionswechsel bei Körperwechsel)
Es seien $k, l, m, n \in \mathbb{N}_+$ mit $l > 1$ und $n = lm$. Dann gilt die Dimensionsformel

$$\mathrm{Dim}\big({}_{\mathbb{K}_{q^m}}(\mathbb{K}_{q^n}^k)\big) = l^k \tag{6.229}$$

Der $\mathbb{K}_{q^n}$-Vektorraum $\mathbb{K}_{q^n}^k$ hat als $\mathbb{K}_{q^m}$-Vektorraum die Dimension l^k.

Es werden die Bezeichnungen von **S 4.4.1** verwendet. Es sei $\boldsymbol{b} \in \mathbb{K}_{q^m}[\boldsymbol{X}]$ ein irreduzibles Polynom mit $\partial(\boldsymbol{b}) = l$. Der Körper $\mathbb{K}_{q^n} = \mathbb{K}_{(q^m)^l} = \mathbb{K}_{q^m}[\boldsymbol{X}]_{\boldsymbol{b}}$ ist ein Vektorraum der Dimension l über $\mathbb{K}_{q^m}$. Die Vektorräume $\mathbb{K}_{q^n}$ und $\mathbb{K}_{q^m}^l$ sind also als $\mathbb{K}_{q^m}$-Vektorräume isomorph. Folglich sind auch $\mathbb{K}_{q^n}^k$ und $(\mathbb{K}_{q^m}^l)^k$ als $\mathbb{K}_{q^m}$-Vektorräume isomorph. Daraus folgt schon die Behauptung, denn die Dimension ist eine Invariante isomorpher Vektorräume.

Ist auch $\mathfrak{U}$ ein Vektorraum über K, so ist ein Vektorraumhomomorphismus $\varphi\colon \mathfrak{U} \longrightarrow {}_{\mathsf{K}}\mathfrak{V}$ auf die übliche Weise definiert. Man beachte aber, daß $a\varphi(\mathfrak{u}) = \varphi(a\mathfrak{u})$ für $a \in \mathsf{L}$ und $\mathfrak{u} \in \mathfrak{U}$ **nicht** gilt, denn $a\mathfrak{u}$ ist (i.A.) nicht definiert.

Es sei nun speziell eine lineare Abbildung $\varphi\colon \mathbb{K}_q^m \longrightarrow \mathbb{K}_{q^n}^k$ gegeben. Nach dem vorangehenden Satz gilt dann für die Matrix des Homomorphismus bezüglich irgendwelcher Basen der beiden $\mathbb{K}_q$-Vektorräume

$$\mathbf{M}_\varphi \in \boldsymbol{\mathcal{M}}_{m,n^k}^{\mathbb{K}_q}$$

Die meist große Spaltenzahl n^k der Matrix führt zu großem Rechenaufwand. Man kommt jedoch mit nur k Spalten aus, wenn im Körper $\mathbb{K}_{q^n}$ gerechnet wird. Es sei dazu $\mu\colon \mathsf{m} \longrightarrow \mathbb{K}_q^m$ die Standardbasis von $\mathbb{K}_q^m$ und $\varkappa\colon \mathsf{k} \longrightarrow \mathbb{K}_{q^n}^k$ die Standardbasis des $\mathbb{K}_{q^n}$-Vektorraumes $\mathbb{K}_{q^n}^k$. Es gibt zu jedem $i \in \mathsf{m}$ genau eine Skalarfamilie $v_i : \mathsf{k} \longrightarrow \mathbb{K}_{q^n}^k$ mit

$$\varphi\big(\mu(i)\big) = \sum_{j\in\mathsf{k}} v_i(j)\varkappa(j) \tag{6.230}$$

Man erhält so eine Matrix $\widehat{\mathbf{M}}_\varphi \in \boldsymbol{\mathcal{M}}_{m,k}^{\mathbb{K}_{q^n}}$, nämlich als

$$\widehat{\mathbf{M}}_\varphi(i,j) = v_i(j) \quad \text{für } (i,j) \in \mathsf{m} \times \mathsf{k} \tag{6.231}$$

Die Vektoren, welche die lineare Abbildung den Elementen der Standardbasis von $\mathbb{K}_q^m$ zuordnet, werden also mit Hilfe der Standardbasis von $\mathbb{K}_{q^n}^k$ entwickelt. Diese Entwicklungskoeffizienten bilden die Koeffizienten der Matrix der linearen Abbildung bezüglich der beiden Basen. Nach Konstruktion der Matrix gilt

$$\widehat{\mathbf{M}}_\varphi^{\mathsf{t}} \begin{pmatrix} u_1 \\ u_2 \\ \vdots \\ u_m \end{pmatrix} = \varphi\left(\begin{pmatrix} u_1 \\ u_2 \\ \vdots \\ u_m \end{pmatrix}\right) \tag{6.232}$$

Die vorangehende Gleichung kann natürlich auch umgekehrt interpretiert werden. Sie zeigt, wie durch Vorgabe einer Matrix mit Koeffizienten in $\mathbb{K}_{q^n}$ eine lineare Abbildung $\mathbb{K}_q^m \longrightarrow \mathbb{K}_{q^n}^k$ konstruiert werden kann.

6.10.4. Vektorraumhomomophismen

Wie bei allen bisher behandelten algebraischen Strukturen spielen auch bei den Vektorräumen die Abbildungen, welche die Vektorraumoperationen respektieren, eine besondere Rolle.

D 6.10.7 (Vektorraumhomomorphismus)
Seien $\mathfrak{U}$ und $\mathfrak{V}$ Vektorräume über einem Körper K. Eine Abbildung $\varphi\colon \mathfrak{U} \longrightarrow \mathfrak{V}$ heißt Vektorraumhomomorphismus oder linear, wenn gilt

$$\bigwedge_{\mathfrak{x},\mathfrak{y}\in\mathfrak{U}} \varphi(\mathfrak{x}+\mathfrak{y}) = \varphi(\mathfrak{x}) + \varphi(\mathfrak{y}) \tag{6.233}$$

$$\bigwedge_{\mathfrak{x}\in\mathfrak{U}} \bigwedge_{a\in\mathsf{K}} \varphi(a\mathfrak{x}) = a\varphi(\mathfrak{x}) \tag{6.234}$$

Eine lineare Abbildung ist also additiv und das Ergebnis einer Skalarmultiplikation hängt nicht davon ab, ob sie vor oder nach der Anwendung der Abbildung vorgenommen wird.

Der Polynomring $\mathsf{K}[X]$ über einem Körper K stellt als Vektorraum über K viele Beispiele für lineare Abbildungen bereit.
Für jedes $a \in \mathsf{K}$ wird durch $\varphi_a(\boldsymbol{f}) = \boldsymbol{f}^\star(a)$ eine lineare Abbildung $\varphi_a : \mathsf{K}[X] \longrightarrow \mathsf{K}[X]$ definiert. Nach **S 6.7.1** ist $\varphi_a(\boldsymbol{f}) = \boldsymbol{\sigma}_a(\boldsymbol{f})$, dabei ist $\boldsymbol{\sigma}_a : \mathsf{K}[X] \longrightarrow \mathsf{K}$ ein Ringhomomorphismus mit der Eigenschaft $\boldsymbol{\sigma}_a(u) = u$ für $u \in \mathsf{K}$. Also ist φ_a additiv. Für die Skalarmultiplikation erhält man

$$\varphi_a(u\boldsymbol{f}) = \boldsymbol{\sigma}_a(u\boldsymbol{f}) = \boldsymbol{\sigma}_a(u)\boldsymbol{\sigma}_a(\boldsymbol{f}) = u\boldsymbol{\sigma}_a(\boldsymbol{f}) = u\varphi_a(\boldsymbol{f})$$

Natürlich ist nicht jeder Ringhomomorphismus von $\mathsf{K}[X]$ in sich eine lineare Abbildung, wesentlich ist hier die Eigenschaft $\boldsymbol{\sigma}_a(u) = u$. Auch ist nicht jede lineare Abbildung von $\mathsf{K}[X]$ in sich ein Ringhomomorphismus. Ein Beispiel dafür ist schon die durch $\varphi(\boldsymbol{f}) = X\boldsymbol{f}$ definierte Abbildung. Ein weiteres Beispiel ist durch die Derivation $\mathcal{D}\colon \mathsf{K}[X] \longrightarrow \mathsf{K}[X]$ gegeben. Nach **S 6.9.7** (6.206) ist $\mathcal{D}$ tatsächlich eine lineare Abbildung. Wegen der Produktregel **D 6.5.7 (ii)** ist auch $\mathcal{D}$ kein Ringhomomorphismus.

Es sei $\mathfrak{V}$ ein endlich erzeugter Vektorraum über einem Körper K. Es sei $(\mathfrak{b}_\beta)_{\beta\in B}$ eine Basis von $\mathfrak{V}$ und $n = \#(B)$. Die **Koordinatenabbildung** $\boldsymbol{\xi}\colon \mathfrak{V} \longrightarrow \mathsf{K}^n$ ist wie folgt definiert: Zu jedem $\mathfrak{v} \in \mathfrak{V}$ gibt es genau eine Skalarfamilie $(v_\beta)_{\beta\in B}$ mit $\mathfrak{v} = \sum_{\beta\in B} v_\beta\mathfrak{b}_\beta$, damit wird

$$\boldsymbol{\xi}(\mathfrak{v}) = (v_1, \ldots, v_n) \tag{6.235}$$

Aus $\mathfrak{u} = \sum_{\beta\in B} u_\beta\mathfrak{b}_\beta$ und $\mathfrak{v} = \sum_{\beta\in B} v_\beta\mathfrak{b}_\beta$ folgt $\mathfrak{u}+\mathfrak{v} = \sum_{\beta\in B}(u_\beta+v_\beta)\mathfrak{b}_\beta$ und $a\mathfrak{v} = \sum_{\beta\in B} av_\beta\mathfrak{b}_\beta$, also ist $\boldsymbol{\xi}$ linear. Weil es genau eine Skalarfamilie zur Darstellung durch die Basis gibt ist die Abbildung bijektiv. Daher ist $\boldsymbol{\xi}$ ein **Isomorphismus** von Vektorräumen. Die beiden Vektorräume sind daher strukturell nicht unterscheidbar. Dieser Isomorphismus ist allerdings nicht kanonisch, d.h. er ist von einer Basiswahl abhängig.

S 6.10.12 Für einen Vektorraum $\mathfrak{V}$ über einem Körper K sind äquivalent:

(i) $\mathfrak{V}$ ist endlich erzeugt.

(ii) Es gibt ein $n \in \mathbb{N}_+$ und eine surjektive lineare Abbildung $\boldsymbol{\zeta}\colon \mathsf{K}^n \longrightarrow \mathfrak{V}$.

Die Richtung „(**i**)$\Longrightarrow$(**ii**)“ wurde soeben bewiesen, man nehme $\boldsymbol{\xi}^{-1}$ als $\boldsymbol{\zeta}$.
„(**ii**)$\Longrightarrow$(**i**)“: Die Familie $(\mathbf{e}_1,\dots,\mathbf{e}_n)$ der Einheitsvektoren $\mathbf{e}_1=(1,0,\dots,0)$ bis $\mathbf{e}_n=(0,\dots,0,1)$ bildet eine Basis von K^n. Die Familie $\big(\boldsymbol{\zeta}(\mathbf{e}_1),\dots,\boldsymbol{\zeta}(\mathbf{e}_n)\big)$ ist erzeugend für $\mathfrak{V}$. Sei nämlich $\mathfrak{v}\in\mathfrak{V}$. Weil $\boldsymbol{\zeta}$ surjektiv ist, gibt es ein $(v_1,\dots,v_n)\in\mathsf{K}^n$ mit

$$\mathfrak{v}=\boldsymbol{\zeta}(v_1,\dots,v_n)=\boldsymbol{\zeta}\bigg(\sum_{\nu=1}^{n}v_\nu\mathbf{e}_\nu\bigg)=\sum_{\nu=1}^{n}v_\nu\boldsymbol{\zeta}(\mathbf{e}_\nu)$$

Weil $\boldsymbol{\zeta}$ nur surjektiv ist, kann es mehrere $(v_1,\dots,v_n)$ geben mit $\mathfrak{v}=\boldsymbol{\zeta}(v_1,\dots,v_n)$, d.h. die Familie $\big(\boldsymbol{\zeta}(\mathbf{e}_1),\dots,\boldsymbol{\zeta}(\mathbf{e}_n)\big)$ ist nicht notwendig eine Basis von $\mathfrak{V}$. Aber sie ist natürlich eine Basis, wenn $\boldsymbol{\zeta}$ auch injektiv ist.

Sehr wichtig ist der Zusammenhang von linearen Abbildungen mit Unterräumen. Grundlegend dafür ist der folgende einfache Satz:

S 6.10.13 (Bild und Urbild von Unterräumen)
Es seien $\mathfrak{U}$ und $\mathfrak{V}$ Vektorräume über einem Körper K und $\varphi\colon\mathfrak{U}\longrightarrow\mathfrak{V}$ sei eine lineare Abbildung.

$$\mathfrak{A}\in\mathcal{V}_{\mathfrak{U}}\implies\varphi[\mathfrak{A}]\in\mathcal{V}_{\mathfrak{V}}\tag{6.236}$$

$$\mathfrak{B}\in\mathcal{V}_{\mathfrak{V}}\implies\varphi^{-1}[\mathfrak{B}]\in\mathcal{V}_{\mathfrak{U}}\tag{6.237}$$

Lineare Abbildungen respektieren also Unterräume in beiden Richtungen. Insbesondere sind

$$\mathbf{Bild}(\varphi)=\varphi[\mathfrak{U}]\quad\text{und}\quad\mathbf{Kern}(\varphi)=\varphi^{-1}\big[\{\mathfrak{o}\}\big]\tag{6.238}$$

Unterräume von jeweils $\mathfrak{V}$ und $\mathfrak{U}$.
Die lineare Abbildung φ ist genau dann injektiv, wenn $\mathbf{Kern}(\varphi)=\{\mathfrak{o}\}$ gilt.
Ist der Vektorraum $\mathfrak{U}$ endlich erzeugt, dann gilt folgende Dimensionsformel:

$$\mathrm{Dim}_{\mathsf{K}}(\mathfrak{V})=\mathrm{Dim}_{\mathsf{K}}\big(\mathbf{Kern}(\varphi)\big)+\mathrm{Dim}_{\mathsf{K}}\big(\mathbf{Bild}(\varphi)\big)\tag{6.239}$$

Die Dimensionen von Kern und Bild ergänzen sich also zur Dimension des Quellenvektorraums der linearen Abbildung.

Seien $\mathfrak{A}\in\mathcal{V}_{\mathfrak{U}}$, $\mathfrak{x},\mathfrak{y}\in\varphi[\mathfrak{A}]$ und $a\in\mathsf{K}$. Es gibt $\mathfrak{u},\mathfrak{v}\in\mathfrak{A}$ mit $\mathfrak{x}=\varphi(\mathfrak{u})$ und $\mathfrak{y}=\varphi(\mathfrak{v})$. Man erhält $\mathfrak{x}+\mathfrak{y}=\varphi(\mathfrak{u})+\varphi(\mathfrak{v})=\varphi(\mathfrak{u}+\mathfrak{v})$, also $\mathfrak{x}+\mathfrak{y}\in\varphi[\mathfrak{A}]$, und $a\mathfrak{x}=a\varphi(\mathfrak{u})=\varphi(a\mathfrak{u})$, also $a\mathfrak{x}\in\varphi[\mathfrak{A}]$.
Seien $\mathfrak{B}\in\mathcal{V}_{\mathfrak{V}}$, $\mathfrak{u},\mathfrak{v}\in\varphi^{-1}[\mathfrak{B}]$ und $a\in\mathsf{K}$. Es gibt $\mathfrak{x},\mathfrak{y}\in\mathfrak{B}$ mit $\mathfrak{x}=\varphi(\mathfrak{u})$ und $\mathfrak{y}=\varphi(\mathfrak{v})$. Man rechnet hier $\varphi(\mathfrak{u}+\mathfrak{v})=\varphi(\mathfrak{u})+\varphi(\mathfrak{v})=\mathfrak{x}+\mathfrak{y}\in\mathfrak{B}$, also $\mathfrak{u}+\mathfrak{v}\in\varphi^{-1}[\mathfrak{B}]$, und erhält für die Skalarmultiplikation $\varphi(a\mathfrak{u})=a\varphi(\mathfrak{u})=a\mathfrak{x}\in\mathfrak{B}$, also $a\mathfrak{u}\in\varphi^{-1}[\mathfrak{B}]$.
Ist φ injektiv, dann gilt natürlich $\mathbf{Kern}(\varphi)=\{\mathfrak{o}\}$. In der Umkehrung sei diese Bedingung erfüllt. Aus $\varphi(\mathfrak{u})=\varphi(\mathfrak{v})$ für $\mathfrak{u},\mathfrak{v}\in\mathfrak{U}$ folgt damit $\mathfrak{o}=\varphi(\mathfrak{u})-\varphi(\mathfrak{v})=\varphi(\mathfrak{u}-\mathfrak{v})$ und daher $\mathfrak{u}-\mathfrak{v}=\mathfrak{o}$.
Falls φ die Nullabbildung ist, dann ist (6.239) trivialerweise erfüllt. Es sei daher $\mathbf{Kern}(\varphi)\neq\mathfrak{U}$ angenommen. Mit $\mathfrak{U}$ ist auch $\mathbf{Kern}(\varphi)$ endlich erzeugt. Es sei $(\mathfrak{b}_\beta)_{\beta\in B}$ eine Basis von $\mathbf{Kern}(\varphi)$. Die freie Familie $(\mathfrak{b}_\beta)_{\beta\in B}$ kann zu einer Basis $(\mathfrak{u}_\alpha)_{\alpha\in A}$ von $\mathfrak{V}$ ergänzt werden, d.h. es ist $B\subset A$ und $\mathfrak{u}_\alpha=\mathfrak{b}_\alpha$ für $\alpha\in B$. Wegen $\mathbf{Kern}(\varphi)\neq\mathfrak{U}$ ist

$$\#(B)=\mathrm{Dim}_{\mathsf{K}}\big(\mathbf{Kern}(\varphi)\big)<\mathrm{Dim}_{\mathsf{K}}(\mathfrak{U})=\#(A)$$

und damit $C = A \setminus B \neq \emptyset$. Die Familie $(\mathfrak{v}_\gamma)_{\gamma \in C}$ sei definiert durch $\mathfrak{v}_\gamma = \varphi(\mathfrak{u}_\gamma)$. Diese Familie ist eine Basis von $\mathbf{Bild}(\varphi)$. Sei nämlich $\mathfrak{v} \in \mathbf{Bild}(\varphi)$. Es gibt ein $\mathfrak{u} \in \mathfrak{U}$ mit $\mathfrak{v} = \varphi(\mathfrak{u})$, das mit einer eindeutig bestimmten Skalarfamilie $(u_\alpha)_{\alpha \in A}$ als Linearkombination der Basis $(\mathfrak{u}_\alpha)_{\alpha \in A}$ dargestellt werden kann. Das ergibt unter Beachtung von $\mathfrak{b}_\beta \in \mathbf{Kern}(\varphi)$

$$\mathfrak{v} = \varphi(\mathfrak{u}) = \varphi\Big(\sum_{\alpha \in A} u_\alpha \mathfrak{u}_\alpha\Big) = \varphi\Big(\sum_{\beta \in B} u_\alpha \mathfrak{b}_\beta + \sum_{\gamma \in C} u_\gamma \mathfrak{u}_\gamma\Big) = \varphi\Big(\sum_{\gamma \in C} u_\gamma \mathfrak{u}_\gamma\Big) = \sum_{\gamma \in C} u_\gamma \varphi(\mathfrak{u}_\gamma)$$

Die Familie $(\mathfrak{v}_\gamma)_{\gamma \in C}$ ist also erzeugend für $\mathbf{Bild}(\varphi)$. Sie ist auch frei. Denn angenommen, es gibt eine Skalarfamilie $(c_\gamma)_{\gamma \in C}$ mit $c_\kappa \neq 0$ für ein $\kappa \in C$ und

$$\mathfrak{o} = \sum_{\gamma \in C} c_\gamma \varphi(\mathfrak{u}_\gamma) = \varphi\Big(\sum_{\gamma \in C} c_\gamma \mathfrak{u}_\gamma\Big)$$

Das bedeutet aber

$$\mathfrak{w} = \sum_{\gamma \in C} c_\gamma \mathfrak{u}_\gamma \in \mathbf{Kern}(\varphi) \setminus \{\mathfrak{o}\}$$

folglich gibt es eine Skalarfamilie $(d_\beta)_{\beta \in B}$ mit

$$\mathfrak{w} = \sum_{\beta \in B} d_\beta \mathfrak{b}_\beta$$

Damit gibt es für $\mathfrak{w}$ zwei verschiedene Darstellungen als Linearkombination der Basis $(\mathfrak{u}_\alpha)_{\alpha \in A}$. Das ist jedoch unmöglich, weshalb die Annahme $c_\kappa \neq 0$ für ein $\kappa \in C$ falsch ist. Die Familie $(\mathfrak{v}_\gamma)_{\gamma \in C}$ ist also erzeugend und frei, sie ist eine Basis von $\mathbf{Bild}(\varphi)$.
Die zu beweisende Dimensionsformel folgt nun wegen $C = A \setminus B$ unmittelbar aus

$$\#(C) = \#(A) - \#(B)$$

Denn die gesuchten Dimensionen sind gerade die Kardinalzahlen der Mengen A, B und C.

Das Zusammenwirken einer linearen Abbildung mit freien und erzeugenden Vektorfamilien beschreibt der folgende Satz:

S 6.10.14 Es seien $\mathfrak{U}$ und $\mathfrak{V}$ Vektorräume über einem Körper K und $\varphi\colon \mathfrak{U} \longrightarrow \mathfrak{V}$ sei eine lineare Abbildung. Es sei $(\mathfrak{u}_\alpha)_{\alpha \in A}$ eine Vektorfamilie in $\mathfrak{U}$.

(i) Ist $(\mathfrak{u}_\alpha)_{\alpha \in A}$ erzeugend, so ist $\big(\varphi(\mathfrak{u}_\alpha)\big)_{\alpha \in A}$ erzeugend für $\mathbf{Bild}(\varphi)$
(ii) Mit $\big(\varphi(\mathfrak{u}_\alpha)\big)_{\alpha \in A}$ ist auch $(\mathfrak{u}_\alpha)_{\alpha \in A}$ frei
(iii) Ist φ injektiv und $(\mathfrak{u}_\alpha)_{\alpha \in A}$ frei, dann ist auch $\big(\varphi(\mathfrak{u}_\alpha)\big)_{\alpha \in A}$ frei

Sei $\mathfrak{v} \in \mathbf{Bild}(\varphi)$. Es gibt ein $\mathfrak{u} \in \mathfrak{U}$ und eine Skalarfamilie $(u_\alpha)_{\alpha \in A}$ mit

$$\mathfrak{v} = \varphi(\mathfrak{u}) = \varphi\Big(\sum_{\alpha \in A} u_\alpha \mathfrak{u}_\alpha\Big) = \sum_{\alpha \in A} u_\alpha \varphi(\mathfrak{u}_\alpha)$$

Das zeigt (**i**). Zur Ableitung von (**ii**) sei $\mathbf{o} = \sum_{\alpha\in A} u_\alpha \mathbf{u}_\alpha$ mit einer Skalarfamilie $(u_\alpha)_{\alpha\in A}$.

$$\mathbf{o} = \varphi(\mathbf{o}) = \varphi\Big(\sum_{\alpha\in A} u_\alpha \mathbf{u}_\alpha\Big) = \sum_{\alpha\in A} u_\alpha \varphi(\mathbf{u}_\alpha)$$

Weil $\big(\varphi(\mathbf{u}_\alpha)\big)_{\alpha\in A}$ frei ist, folgt daraus $u_\alpha = 0$ für alle $\alpha \in A$.
Zu (**iii**): Weil φ injektiv ist, existiert die Umkehrabbildung $\varphi^{-1}\colon \mathbf{Bild}(\varphi) \longrightarrow \mathfrak{U}$ und die Behauptung folgt unmittelbar aus (**ii**).

6.10.5. Der Faktorraum

Jeder Unterraum eines Vektorraumes gibt Anlaß zu einer Zerlegung dieses Vektorraumes, die auf natürliche Weise zu einem Vektorraum gemacht werden kann.

S 6.10.15 (Faktorraum eines Unterraumes)
Es sei $\mathfrak{V}$ ein Vektorraum über einem Körper K und $\mathfrak{A}$ ein Unterraum von $\mathfrak{V}$. Für beliebiges $\mathfrak{v} \in \mathfrak{V}$ sei

$$\mathfrak{v} + \mathfrak{A} = \{\, \mathfrak{v} + \mathfrak{a} \mid \mathfrak{a} \in \mathfrak{A} \,\} \tag{6.240}$$

Diese Mengen bilden eine Zerlegung $\mathfrak{V}_{/\mathfrak{A}}$ von $\mathfrak{V}$, d.h. es gilt

$$\bigwedge_{\mathfrak{u} \in \mathfrak{V}} \bigvee_{\mathfrak{v} \in \mathfrak{V}} \mathfrak{u} \in \mathfrak{v} + \mathfrak{A} \tag{6.241}$$

$$\bigwedge_{\mathfrak{u},\mathfrak{v} \in \mathfrak{V}} \big(\mathfrak{u} + \mathfrak{A} \neq \mathfrak{v} + \mathfrak{A} \implies \mathfrak{u} + \mathfrak{A} \cap \mathfrak{v} + \mathfrak{A} = \emptyset \big) \tag{6.242}$$

Es gibt genau eine K-Vektorraumstruktur auf $\mathfrak{V}_{/\mathfrak{A}}$, welche die durch $\pi_{\mathfrak{A}}(\mathfrak{v}) = \mathfrak{v} + \mathfrak{A}$ definierte Abbildung $\pi_{\mathfrak{A}} : \mathfrak{V} \longrightarrow \mathfrak{V}_{/\mathfrak{A}}$ zu einem Vektorraumhomomorphismus macht.

Sei $\mathfrak{u} \in \mathfrak{V}$. Wegen $\mathfrak{o} \in \mathfrak{A}$ ist $\mathfrak{u} = \mathfrak{u} + \mathfrak{o} \in \mathfrak{u} + \mathfrak{A}$. Das zeigt (6.241).
Es gilt $\mathfrak{u} \in \mathfrak{v} + \mathfrak{A} \iff \mathfrak{u} - \mathfrak{v} \in \mathfrak{A}$. Denn $\mathfrak{u} \in \mathfrak{v} + \mathfrak{A}$ bedeutet, daß es ein $\mathfrak{a} \in \mathfrak{A}$ gibt mit $\mathfrak{u} = \mathfrak{v} + \mathfrak{a}$, folglich $\mathfrak{u} - \mathfrak{v} = \mathfrak{a} \in \mathfrak{A}$. Ist umgekehrt $\mathfrak{u} - \mathfrak{v} \in \mathfrak{A}$, dann gibt es ein $\mathfrak{a} \in \mathfrak{A}$ mit $\mathfrak{u} - \mathfrak{v} = \mathfrak{a}$, also $\mathfrak{u} = \mathfrak{v} + \mathfrak{a} \in \mathfrak{A}$.
Seien $\mathfrak{u}, \mathfrak{v} \in \mathfrak{V}$ mit $\mathfrak{u} + \mathfrak{A} \cap \mathfrak{v} + \mathfrak{A} \neq \emptyset$. Es gibt also ein $\mathfrak{x} \in \mathfrak{u} + \mathfrak{A} \cap \mathfrak{v} + \mathfrak{A}$. Das bedeutet $\mathfrak{x} - \mathfrak{u} \in \mathfrak{A}$ und $\mathfrak{x} - \mathfrak{v} \in \mathfrak{A}$.
Es sei $\mathfrak{y} = \mathfrak{u} + \mathfrak{a} \in \mathfrak{u} + \mathfrak{A}$. Zu zeigen ist $\mathfrak{y} \in \mathfrak{v} + \mathfrak{A}$. Nun ist $\mathfrak{u} - \mathfrak{x} \in \mathfrak{A}$, $\mathfrak{x} - \mathfrak{v} \in \mathfrak{A}$ und $\mathfrak{a} \in \mathfrak{A}$. Daraus folgt $\mathfrak{y} - \mathfrak{v} = \mathfrak{u} + \mathfrak{a} - \mathfrak{v} = (\mathfrak{u} - \mathfrak{x}) + (\mathfrak{x} - \mathfrak{v}) + \mathfrak{a} \in \mathfrak{A}$, d.h. $\mathfrak{y} \in \mathfrak{v} + \mathfrak{A}$. Vollkommen symmetrisch verläuft der Beweis von $\mathfrak{v} + \mathfrak{A} \subset \mathfrak{u} + \mathfrak{A}$. Damit ist (6.242) gezeigt.
Es seien $\oplus$ eine Addition und $\odot$ eine Skalarmultiplikation auf $\mathfrak{V}_{/\mathfrak{A}}$, die π zu einer linearen Abbildung machen. Seien $\mathfrak{u} + \mathfrak{A}, \mathfrak{v} + \mathfrak{A} \in \mathfrak{V}_{/\mathfrak{A}}$ und $a \in \mathsf{K}$. Dann muß gelten

$$\mathfrak{u} + \mathfrak{A} \oplus \mathfrak{v} + \mathfrak{A} = \pi_{\mathfrak{A}}(\mathfrak{u}) + \pi_{\mathfrak{A}}(\mathfrak{v}) = \pi_{\mathfrak{A}}(\mathfrak{u} + \mathfrak{v}) = \mathfrak{u} + \mathfrak{v} + \mathfrak{A} \tag{6.243}$$

$$a \odot \mathfrak{v} + \mathfrak{A} = a \odot \pi_{\mathfrak{A}}(\mathfrak{v}) = \pi_{\mathfrak{A}}(a\mathfrak{v}) = a\mathfrak{v} + \mathfrak{A} \tag{6.244}$$

Darin soll $+$ stärker binden als $\oplus$ und $\odot$, denn es hat keine arithmetische Bedeutung. Statt $\mathfrak{u} + \mathfrak{A}$ könnte z.B. auch $[\mathfrak{u}, \mathfrak{A}]$ geschrieben werden. Die Vektorraumoperationen sind dadurch eindeutig bestimmt. Es ist noch zu zeigen, daß (6.243) und (6.244) als Definitionen von Vektorraumoperationen genommen werden können. Zunächst ist zu zeigen, daß die Operationsergebnisse unabhängig von $\mathfrak{u}$ und $\mathfrak{v}$ sind.
Es gilt $\mathfrak{u} + \mathfrak{A} = \mathfrak{v} + \mathfrak{A} \iff \mathfrak{u} - \mathfrak{v} \in \mathfrak{A}$. Denn es ist $\mathfrak{u} = \mathfrak{u} + \mathfrak{o} \in \mathfrak{u} + \mathfrak{A}$, aus $\mathfrak{u} + \mathfrak{A} = \mathfrak{v} + \mathfrak{A}$ folgt daher $\mathfrak{u} \in \mathfrak{v} + \mathfrak{A}$, also, wie oben gezeigt, $\mathfrak{u} - \mathfrak{v} \in \mathfrak{A}$. Umgekehrt folgt $\mathfrak{u} \in \mathfrak{v} + \mathfrak{A}$ aus $\mathfrak{u} - \mathfrak{v} \in \mathfrak{A}$, d.h. es ist $\mathfrak{u} + \mathfrak{A} \cap \mathfrak{v} + \mathfrak{A} \neq \emptyset$, also $\mathfrak{u} + \mathfrak{A} = \mathfrak{v} + \mathfrak{A}$.
Es seien $\mathfrak{u}, \mathfrak{u}', \mathfrak{v}, \mathfrak{v}' \in \mathfrak{V}$ und $a \in \mathsf{K}$.
Zu zeigen ist: Aus $\mathfrak{u} + \mathfrak{A} = \mathfrak{u}' + \mathfrak{A}$ und $\mathfrak{v} + \mathfrak{A} = \mathfrak{v}' + \mathfrak{A}$ folgt $\mathfrak{u} + \mathfrak{v} + \mathfrak{A} = \mathfrak{u}' + \mathfrak{v}' + \mathfrak{A}$.
Wegen $\mathfrak{u} + \mathfrak{A} = \mathfrak{u}' + \mathfrak{A}$ ist $\mathfrak{u} - \mathfrak{u}' \in \mathfrak{A}$ und wegen $\mathfrak{v} + \mathfrak{A} = \mathfrak{v}' + \mathfrak{A}$ ist auch $\mathfrak{v} - \mathfrak{v}' \in \mathfrak{A}$. Das ergibt $(\mathfrak{u} - \mathfrak{v}) - (\mathfrak{u}' - \mathfrak{v}') \in \mathfrak{A}$, also $\mathfrak{u} + \mathfrak{v} + \mathfrak{A} = \mathfrak{u}' + \mathfrak{v}' + \mathfrak{A}$.
Weiter ist zu zeigen: Aus $\mathfrak{u} + \mathfrak{A} = \mathfrak{u}' + \mathfrak{A}$ folgt $a\mathfrak{u} + \mathfrak{A} = a\mathfrak{u}' + \mathfrak{A}$.

Wegen $\mathfrak{u}+\mathfrak{A} = \mathfrak{u}'+\mathfrak{A}$ ist $\mathfrak{u}-\mathfrak{u}' \in \mathfrak{A}$, daher auch $a\mathfrak{u}-a\mathfrak{u}' = a(\mathfrak{u}-\mathfrak{u}') \in \mathfrak{A}$, also $a\mathfrak{u}+\mathfrak{A} = a\mathfrak{u}'+\mathfrak{A}$. Daß $\oplus$ und $\odot$ tatsächlich die Vektorraumaxiome erfüllen kann mit elementaren Rechnungen bestätigt werden. Beispielsweise ist $\mathfrak{A} = \mathfrak{o} + \mathfrak{A}$ das Nullelement der Addition: $\mathfrak{u} + \mathfrak{A} \oplus \mathfrak{o} + \mathfrak{A} = \mathfrak{u} + \mathfrak{o} + \mathfrak{A} = \mathfrak{u} + \mathfrak{A}$.

In der Praxis wird einfach $\mathfrak{u} + \mathfrak{A} + \mathfrak{v} + \mathfrak{A}$ statt $\mathfrak{u} + \mathfrak{A} \oplus \mathfrak{v} + \mathfrak{A}$ und $a(\mathfrak{v} + \mathfrak{A})$ statt $a \odot \mathfrak{v} + \mathfrak{A}$ geschrieben. Verwechselungen sind nicht zu befürchten.

Ist der Vektorraum $\mathfrak{V}$ endlich erzeugt, läßt sich die Dimension des Faktorraumes mit einer einfachen Formel berechnen:

S 6.10.16 (Dimension des Faktorraumes)
Es sei $\mathfrak{V}$ ein endlich erzeugter Vektorraum über einem Körper K und $\mathfrak{A}$ ein Unterraum von $\mathfrak{V}$. Dann ist auch $\mathfrak{V}_{/\mathfrak{A}}$ endlich erzeugt und es gilt

$$\mathrm{Dim}_{\mathsf{K}}(\mathfrak{V}_{/\mathfrak{A}}) + \mathrm{Dim}_{\mathsf{K}}(\mathfrak{A}) = \mathrm{Dim}_{\mathsf{K}}(\mathfrak{V}) \tag{6.245}$$

Die Dimensionen des Unterraumes und seines Faktorraumes ergänzen sich zur Dimension von $\mathfrak{V}$.

Wegen $\mathfrak{V}_{/\mathfrak{A}} = \mathbf{Bild}(\boldsymbol{\pi}_{\mathfrak{A}})$ ist nach **S 6.10.14** (i) mit $\mathfrak{V}$ auch $\mathfrak{V}_{/\mathfrak{A}}$ endlich erzeugt. Die Dimensionsformel ergibt sich direkt aus **S 6.10.13** (6.239) angewandt auf $\boldsymbol{\pi}_{\mathfrak{A}}$.

Die Dimensionsformel (6.245) hat eine Entsprechung bei Vektorräumen. Natürlich gilt nicht $\mathfrak{V}_{/\mathfrak{A}} + \mathfrak{A} = \mathfrak{V}$, aber es gibt eine solche Summe mit einer isomorphen Kopie von $\mathfrak{V}_{/\mathfrak{A}}$. Denn es gibt einen Unterraum $\mathfrak{B}$ von $\mathfrak{V}$ mit $\mathfrak{A} + \mathfrak{B} = \mathfrak{V}$ und $\mathfrak{A} \cap \mathfrak{B} = \{\mathfrak{o}\}$, was als $\mathfrak{A} \oplus \mathfrak{B} = \mathfrak{V}$ geschrieben wird.
Sei nämlich $(\mathfrak{v}_\gamma)_{\gamma \in C}$ eine Basis von $\mathfrak{V}$ so, daß eine Teilfamilie $(\mathfrak{v}_\alpha)_{\alpha \in A}$ eine Basis von $\mathfrak{A}$ ist. Es sei $\mathfrak{A} \neq \mathfrak{V}$ angenommen, um den uninteressanten Trivialfall $\mathfrak{V}_{/\mathfrak{V}} = \{\mathfrak{o}\}$ auszuschließen. Dann ist also $B = C \smallsetminus A \neq \emptyset$. Die Linearkombinationen der freien Teilfamilie $(\mathfrak{v}_\beta)_{\beta \in B}$ von $(\mathfrak{v}_\gamma)_{\gamma \in C}$ erzeugen einen Unterraum $\mathfrak{B}$, der wegen der Komplementarität der Basen $(\mathfrak{v}_\alpha)_{\alpha \in A}$ und $(\mathfrak{v}_\beta)_{\beta \in B}$ die verlangten Eigenschaften $\mathfrak{A} + \mathfrak{B} = \mathfrak{V}$ und $\mathfrak{A} \cap \mathfrak{B} = \{\mathfrak{o}\}$ besitzt. Nun ist die Familie $\big(\boldsymbol{\pi}_{\mathfrak{A}}(\mathfrak{v}_\beta)\big)_{\beta \in B}$ eine Basis von $\mathfrak{V}_{/\mathfrak{A}}$. Aus

$$\mathfrak{o} = \sum_{\beta \in B} p_\beta \boldsymbol{\pi}_{\mathfrak{A}}(\mathfrak{v}_\beta) = \boldsymbol{\pi}_{\mathfrak{A}}\Big(\sum_{\beta \in B} p_\beta \mathfrak{v}_\beta\Big)$$

mit einer Skalarfamilie $(p_\beta)_{\beta \in B}$ folgt

$$\sum_{\beta \in B} p_\beta \mathfrak{v}_\beta \in \mathbf{Kern}(\boldsymbol{\pi}_{\mathfrak{A}}) = \mathfrak{A}$$

Andererseits ist natürlich $\sum_{\beta \in B} p_\beta \mathfrak{v}_\beta \in \mathfrak{B}$, also $\sum_{\beta \in B} p_\beta \mathfrak{v}_\beta = \mathfrak{o}$ wegen $\mathfrak{A} \cap \mathfrak{B} = \{\mathfrak{o}\}$, woraus $p_\beta = 0$ folgt für alle $\beta \in B$. Die Familie $\big(\boldsymbol{\pi}_{\mathfrak{A}}(\mathfrak{v}_\beta)\big)_{\beta \in B}$ ist also frei. Nun ist mit (6.245)

$$\mathrm{Dim}(\mathfrak{V}_{/\mathfrak{A}}) = \#(C) - \#(A) = \#(B)$$

d.h. die Familie $\big(\boldsymbol{\pi}_{\mathfrak{A}}(\mathfrak{v}_\beta)\big)_{\beta \in B}$ ist maximal frei und damit eine Basis. Allgemein gilt nun folgendes. Sind $\mathfrak{P}$ und $\mathfrak{Q}$ endlich erzeugte K-Vektorräume und sind $(\mathfrak{p}_\alpha)_{\alpha \in A}$ und $(\mathfrak{q}_\alpha)_{\alpha \in A}$ Basen von $\mathfrak{P}$

bzw. $\mathfrak{Q}$, dann wird durch

$$\sum_{\alpha\in A} p_\alpha \mathfrak{p}_\alpha \mapsto \sum_{\alpha\in A} p_\alpha \mathfrak{q}_\alpha$$

eine bijektive lineare Abbildung $\mathfrak{P} \longrightarrow \mathfrak{Q}$ definiert, d.h. eine Isomorphie $\mathfrak{P} \cong \mathfrak{Q}$. Angewandt auf die beiden Vektorräume $\mathfrak{B}$ und $\mathfrak{V}_{/\mathfrak{A}}$ mit ihren Basen $(\mathfrak{v}_\beta)_{\beta\in B}$ und $\big(\pi_{\mathfrak{A}}(\mathfrak{v}_\beta)\big)_{\beta\in B}$ erhält man so eine Isomorphie $\mathfrak{B} \cong \mathfrak{V}_{/\mathfrak{A}}$. Man kann $\mathfrak{B}$ in $\mathfrak{V}$ durch $\mathfrak{V}_{/\mathfrak{A}}$ ersetzen, tatsächlich ersetzen, nicht nur einbetten. Dann gilt wirklich $\mathfrak{A} \oplus \mathfrak{V}_{/\mathfrak{A}} = \mathfrak{V}$. Allerdings ist die Isomorphie von $\mathfrak{B}$ und $\mathfrak{V}_{/\mathfrak{A}}$ nicht kanonisch, sie hängt von den gewählen Basen ab.

Die Projektionsabbildung $\pi_{\mathfrak{A}} : \mathfrak{V} \longrightarrow \mathfrak{V}_{/\mathfrak{A}}$ ist universell in dem Sinne, daß jede lineare Abbildung $\varphi : \mathfrak{V} \longrightarrow \mathfrak{W}$, deren Kern den Unterraum $\mathfrak{A}$ enthält, zerlegt werden kann in die Hintereinanderschaltung von $\pi_{\mathfrak{A}}$ und einer durch φ eindeutig bestimmten linearen Abbildung $\Phi : \mathfrak{V}_{/\mathfrak{A}} \longrightarrow \mathfrak{W}$. Das ist analog zur Universaleigenschaft der Restabbildung ϱ_w bei Euklidischen Ringen (siehe **S 6.8.12**).

S 6.10.17 (Universelle Eigenschaft von $\pi_{\mathfrak{A}}$)
Es seien $\mathfrak{V}$ und $\mathfrak{W}$ Vektorräume über einem Körper K und $\mathfrak{A}$ ein Unterraum von $\mathfrak{V}$. Sei $\varphi : \mathfrak{V} \longrightarrow \mathfrak{W}$ eine lineare Abbildung mit der Eigenschaft $\mathfrak{A} \subset \mathbf{Kern}(\varphi)$. Es gibt genau eine lineare Abbildung $\Phi : \mathfrak{V}_{/\mathfrak{A}} \longrightarrow \mathfrak{W}$, die das folgende Diagramm kommutativ macht:

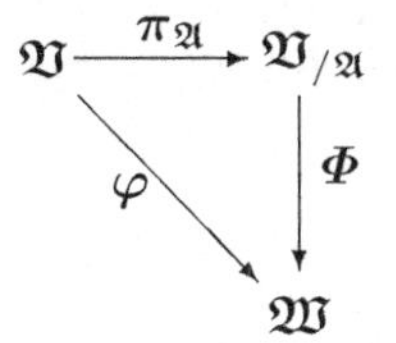

Die Kommutativität des Abbildungsdiagramms bedeutet, daß beide Wege, die von $\mathfrak{V}$ nach $\mathfrak{W}$ durchlaufen werden können, gleich sind, daß also $\varphi = \Phi \circ \pi_{\mathfrak{A}}$ gilt.
Die linearen Abbildungen φ und Φ sind wie folgt miteinander verbunden:

$$\mathbf{Bild}(\Phi) = \mathbf{Bild}(\varphi) \tag{6.246}$$

$$\mathbf{Kern}(\Phi) = \mathbf{Kern}(\varphi)_{/\mathfrak{A}} \tag{6.247}$$

Mit φ ist auch Φ surjektiv. Gilt sogar $\mathfrak{A} = \mathbf{Kern}(\varphi)$, dann ist Φ injektiv.

Angenommen, es gibt eine lineare Abbildung Φ, die das Diagramm kommutativ macht. Es sei $\mathfrak{q} \in \mathfrak{V}_{/\mathfrak{A}}$ und $\mathfrak{v} \in \mathfrak{V}$ mit $\mathfrak{q} = \pi_{\mathfrak{A}}(\mathfrak{v})$. Es muß dann

$$\Phi(\mathfrak{q}) = \Phi\big(\pi_{\mathfrak{A}}(\mathfrak{v})\big) = \varphi(\mathfrak{v}) \tag{6.248}$$

gelten. Also ist $\Phi(\mathfrak{q})$, falls es existiert, durch φ eindeutig bestimmt.
Tatsächlich wird durch (6.248) eine lineare Abbildung definiert. Damit aber überhaupt eine Abbildung definiert wird, muß für $\mathfrak{u}, \mathfrak{v} \in \mathfrak{V}$ mit $\pi_{\mathfrak{A}}(\mathfrak{u}) = \mathfrak{q} = \pi_{\mathfrak{A}}(\mathfrak{v})$ natürlich $\varphi(\mathfrak{u}) = \varphi(\mathfrak{v})$ gelten. Nun bedeutet $\mathfrak{o} = \pi_{\mathfrak{A}}(\mathfrak{u}) - \pi_{\mathfrak{A}}(\mathfrak{v}) = \pi_{\mathfrak{A}}(\mathfrak{u} - \mathfrak{v})$ daß $\mathfrak{u} - \mathfrak{v} \in \mathbf{Kern}(\pi) = \mathfrak{A}$ gilt, wegen $\mathfrak{A} \subset \mathbf{Kern}(\varphi)$ also $\mathfrak{o} = \varphi(\mathfrak{u} - \mathfrak{v}) = \varphi(\mathfrak{u}) - \varphi(\mathfrak{v})$. Die Voraussetzung $\mathfrak{A} \subset \mathbf{Kern}(\varphi)$ des Satzes macht das kommutative Diagramm überhaupt erst möglich.

Zum Beweis der Linearität von $\boldsymbol{\Phi}$ seien $\mathfrak{p}, \mathfrak{q} \in \mathfrak{V}_{/\mathfrak{A}}$ und $a \in \mathsf{K}$. Es gibt $\mathfrak{u}, \mathfrak{v} \in \mathfrak{V}$ mit $\mathfrak{p} = \pi_{\mathfrak{A}}(\mathfrak{u})$ und $\mathfrak{q} = \pi_{\mathfrak{A}}(\mathfrak{v})$. Das ergibt für die Additivität

$$\boldsymbol{\Phi}(\mathfrak{p}) + \boldsymbol{\Phi}(\mathfrak{q}) = \boldsymbol{\Phi}\big(\pi_{\mathfrak{A}}(\mathfrak{u})\big) + \boldsymbol{\Phi}\big(\pi_{\mathfrak{A}}(\mathfrak{v})\big) = \varphi(\mathfrak{u}) + \varphi(\mathfrak{v}) = \varphi(\mathfrak{u}+\mathfrak{v}) = \boldsymbol{\Phi}\big(\pi_{\mathfrak{A}}(\mathfrak{u}+\mathfrak{v})\big) = \boldsymbol{\Phi}(\mathfrak{p}+\mathfrak{q})$$

und für die Skalarmultiplikation

$$a\boldsymbol{\Phi}(\mathfrak{p}) = a\boldsymbol{\Phi}\big(\pi_{\mathfrak{A}}(\mathfrak{u})\big) = a\varphi(\mathfrak{u}) = \varphi(a\mathfrak{u}) = \boldsymbol{\Phi}\big(\pi_{\mathfrak{A}}(a\mathfrak{u})\big) = \boldsymbol{\Phi}\big(a\pi_{\mathfrak{A}}(\mathfrak{u})\big) = \boldsymbol{\Phi}(a\mathfrak{p})$$

Zum Beweis von (6.246) sei $\mathfrak{w} \in \mathbf{Bild}(\varphi)$. Es gibt dann ein $\mathfrak{v} \in \mathfrak{V}$ mit $\varphi(\mathfrak{v}) = \mathfrak{w}$, also wegen der Kommutativität des Diagramms $\mathfrak{w} = \boldsymbol{\Phi}\big(\pi_{\mathfrak{A}}(\mathfrak{v})\big)$, d.h. $\mathfrak{w} \in \mathbf{Bild}(\boldsymbol{\Phi})$. Ist umgekehrt $\mathfrak{w} \in \mathbf{Bild}(\boldsymbol{\Phi})$, dann gibt es ein $\mathfrak{q} \in \mathfrak{V}_{/\mathfrak{A}}$ mit $\mathfrak{w} = \boldsymbol{\Phi}(\mathfrak{q})$. Wegen der Surjektivität von π gibt es ein $\mathfrak{v} \in \mathfrak{V}$ mit $\mathfrak{q} = \pi_{\mathfrak{A}}(\mathfrak{v})$, woraus $\mathfrak{w} = \boldsymbol{\Phi}\big(\pi_{\mathfrak{A}}(\mathfrak{v})\big) = \varphi(\mathfrak{v})$ folgt.
Zum Beweis von (6.246) bemerkt man zunächst

$$\mathbf{Kern}(\varphi)_{/\mathfrak{A}} = \pi_{\mathfrak{A}}[\mathbf{Kern}(\varphi)] = \big\{\, \mathfrak{v} + \mathfrak{A} \;\big|\; \mathfrak{v} \in \mathbf{Kern}(\varphi) \,\big\}$$

Ist daher $\mathfrak{p} \in \mathbf{Kern}(\varphi)_{/\mathfrak{A}}$, dann gibt es ein $\mathfrak{v} \in \mathbf{Kern}(\varphi)$ mit $\mathfrak{p} = \pi_{\mathfrak{A}}(\mathfrak{v})$, also zusammengenommen $\mathfrak{o} = \varphi(\mathfrak{v}) = \boldsymbol{\Phi}\big(\pi_{\mathfrak{A}}(\mathfrak{v})\big)$ und damit $\boldsymbol{\Phi}(\mathfrak{p}) = \mathfrak{o}$, d.h. $\mathfrak{p} \in \mathbf{Kern}(\boldsymbol{\Phi})$. Sei umgekehrt $\mathfrak{p} \in \mathbf{Kern}(\boldsymbol{\Phi})$. Weil $\pi_{\mathfrak{A}}$ surjektiv ist, gibt es ein $\mathfrak{v} \in \mathfrak{V}$ mit $\mathfrak{p} = \pi_{\mathfrak{A}}(\mathfrak{v})$, woraus $\varphi(\mathfrak{v}) = \mathfrak{o}$ folgt, denn es ist $\mathfrak{o} = \boldsymbol{\Phi}(\mathfrak{p}) = \boldsymbol{\Phi}\big(\pi_{\mathfrak{A}}(\mathfrak{v})\big) = \pi_{\mathfrak{A}}(\mathfrak{v})$. Also ist $\mathfrak{v} \in \mathbf{Kern}(\varphi)$, d.h. $\mathfrak{p} \in \mathbf{Kern}(\varphi)_{/\mathfrak{A}}$.
Daß aus der Surjektivität von φ die von $\boldsymbol{\Phi}$ folgt ist eine Konsequenz von (6.246).
Aus $\mathfrak{A} = \mathbf{Kern}(\varphi)$ folgt mit (6.246)

$$\mathbf{Kern}(\boldsymbol{\Phi}) = \mathfrak{A}_{/\mathfrak{A}} = \{\mathfrak{A}\}$$

und $\mathfrak{A}$ ist das Nullelement von $\mathfrak{V}_{/\mathfrak{A}}$.

Der Faktorraum ist bisher nur eine abstrakte Größe. Die Extremfälle sind zwar leicht zu bestimmen als $\mathfrak{V}_{\mathfrak{V}} = \{\mathfrak{V}\}$ und $\mathfrak{V}_{\{\mathfrak{o}\}} = \mathfrak{V}$, wie geht man aber in konkreten Fällen zur Berechnung des Faktorraumes vor? Die nachfolgenden drei Beispiele zeigen dazu Wege auf.

Im ersten Beispiel ist der Vektorraum der K^3 mit einem Körper K, der Unterraum ist gegeben durch

$$\mathfrak{A} = \left\{ \begin{pmatrix} a \\ 0 \\ 0 \end{pmatrix} \;\middle|\; a \in \mathsf{K} \right\}$$

Man kann versuchen, die $\mathfrak{v} + \mathfrak{A}$ durch Rechnen zu bestimmen. Dem Beweis von **S 6.10.15** kann man entnehmen, daß $\mathfrak{u} + \mathfrak{A} = \mathfrak{v} + \mathfrak{A} \iff \mathfrak{u} \in \mathfrak{v} + \mathfrak{A}$ gilt, d.h. es ist mit $u, v, w, x, y, z \in \mathsf{K}$

$$\begin{pmatrix} u \\ v \\ w \end{pmatrix} + \mathfrak{A} = \begin{pmatrix} x \\ y \\ z \end{pmatrix} + \mathfrak{A} \iff \begin{pmatrix} u \\ v \\ w \end{pmatrix} \in \begin{pmatrix} x \\ y \\ z \end{pmatrix} + \mathfrak{A}$$

Mit einem $a \in \mathsf{K}$ erhält man die Gleichungen $u = x + a$, $v = y$ und $w = z$. Daraus folgt

$$\mathsf{K}^3_{/\mathfrak{A}} = \left\{ \begin{pmatrix} 0 \\ s \\ t \end{pmatrix} + \mathfrak{A} \;\middle|\; s, t \in \mathsf{K} \right\}$$

Man kann aber auch **S 6.10.17** benutzen. Dazu sind ein K-Vektorraum $\mathfrak{W}$ und eine surjektive lineare Abbildung $\varphi\colon \mathsf{K}^3 \longrightarrow \mathfrak{W}$ mit $\mathfrak{A} = \mathbf{Kern}(\varphi)$ zu finden, denn dann ist nach dem Satz die kommutative Ergänzung $\boldsymbol{\Phi}$ des Diagramms ein Isomorphismus, also $\mathsf{K}^3_{/\mathfrak{A}} \cong \mathfrak{W}$. Eine solche Abbildung ist in diesem Beispiel leicht zu finden. Definiert man nämlich $\varphi\colon \mathsf{K}^3 \longrightarrow \mathsf{K}^2$ durch

$$\varphi(x,y,z) = \begin{pmatrix} y \\ z \end{pmatrix}$$

dann erhält man offensichtlich eine surjektive lineare Abbildung mit $\varphi(x,y,z) = \left(\begin{smallmatrix} 0 \\ 0 \end{smallmatrix}\right)$ genau dann, wenn $y = z = 0$, d.h. es ist $\mathfrak{A} = \mathbf{Kern}(\varphi)$. Folglich ist $\mathsf{K}^3_{/\mathfrak{A}} \cong \mathsf{K}^2$. Der Isomorphismus ist natürlich gegeben durch

$$\boldsymbol{\Phi}\left(\begin{pmatrix} 0 \\ s \\ t \end{pmatrix} + \mathfrak{A}\right) = \begin{pmatrix} s \\ t \end{pmatrix}$$

Das nächste Beispiel geht vom Polynomring $\mathsf{K}[\boldsymbol{X}]$ über einem Körper K aus, aufgefasst als ein Vektorraum über K. Die Vektoraddition ist also die Polynomaddition und die Skalarmultiplikation die Multiplikation eines Polynoms mit einem Körperelement. Der Untervektorraum besteht aus allen Polynomen, die nur gerade Potenzen von $\boldsymbol{X}$ enthalten:

$$\mathsf{K}[\boldsymbol{X}]^{\langle 2\rangle} = \left\{ \boldsymbol{f} \in \mathsf{K}[\boldsymbol{X}] \;\middle|\; \boldsymbol{f}(n) \neq 0 \iff n \equiv_2 0 \right\}$$

Ein Element dieses Unterraumes ist ausgeschrieben

$$\boldsymbol{f} = \boldsymbol{f}(0) + \boldsymbol{f}(2)\boldsymbol{X}^2 + \boldsymbol{f}(4)\boldsymbol{X}^4 + \cdots + \boldsymbol{f}(2n)\boldsymbol{X}^{2n}$$

Es ist klar, daß $\mathsf{K}[\boldsymbol{X}]^{\langle 2\rangle}$ ein Untervektorraum von $\mathsf{K}[\boldsymbol{X}]$. Es gilt, $\mathsf{K}[\boldsymbol{X}]_{/\mathsf{K}[\boldsymbol{X}]^{\langle 2\rangle}}$ zu bestimmen, und zwar soll wieder **S 6.10.17** eingesetzt werden: Es sind ein K-Vektorraum $\mathfrak{W}$ und eine surjektive lineare Abbildung $\varphi\colon \mathsf{K}[\boldsymbol{X}] \longrightarrow \mathfrak{W}$ mit $\mathsf{K}[\boldsymbol{X}]^{\langle 2\rangle} = \mathbf{Kern}(\varphi)$ zu finden. Nun ist der Übergang von $\mathsf{K}[\boldsymbol{X}]$ zu $\mathsf{K}[\boldsymbol{X}]_{/\mathsf{K}[\boldsymbol{X}]^{\langle 2\rangle}}$ ein **Abstraktionsprozess**, nur das Wesentliche oder Artbestimmende von $\mathsf{K}[\boldsymbol{X}]^{\langle 2\rangle}$ wird übernommen, alles Unwesentliche wird unterdrückt. Betrachtet man ein Element des Unterraumes in diesem Sinne, dann kann man nur konstatieren, daß es sich als Vektor, d.h. als Linearkombination von geraden Potenzen von $\boldsymbol{X}$, nicht wesentlich von einem allgemeinen Polynom als Linearkombination von beliebigen Potenzen von $\boldsymbol{X}$ unterscheidet:

$$\boldsymbol{f} = \boldsymbol{f}(0) + \boldsymbol{f}(1)\boldsymbol{X} + \boldsymbol{f}(2)\boldsymbol{X}^2 + \boldsymbol{f}(3)\boldsymbol{X}^3 + \cdots + \boldsymbol{f}(n)\boldsymbol{X}^n$$

Die Vektorfamilien $(1, \boldsymbol{X}, \boldsymbol{X}^2, \ldots, \boldsymbol{X}^m)$ und $(1, \boldsymbol{X}^2, \boldsymbol{X}^4, \ldots, \boldsymbol{X}^{2m})$ sind beide frei und erzeugen m-dimensionale Vektorunterräume, die als solche isomorph sind. Vom linearen Standpunkt aus betrachtet ist die Eigenschaft eines Polynoms, nur gerade Potenzen zu besitzen, nicht wesentlich. Es ist also durchaus nicht abwegig, folgendes anzunehmen:

$$\mathsf{K}[\boldsymbol{X}]_{/\mathsf{K}[\boldsymbol{X}]^{\langle 2\rangle}} \cong \mathsf{K}[\boldsymbol{X}] \tag{6.249}$$

Falls sich diese Vermutung bewahrheiten sollte, dann ist diese Isomorphie ein Beispiel dafür, daß endlich und nichtendlich erzeugte Vektorräume in vielen Aspekten verschiedenes Verhalten zeigen. Wie oben gezeigt ist bei endlich erzeugten Vektorräumen $\mathfrak{V}_{/\mathfrak{A}} \cong \mathfrak{B}$ mit $\mathfrak{A} \oplus \mathfrak{B} = \mathfrak{V}$, der

Zusammenhang $\mathfrak{V}_{/\mathfrak{A}} \cong \mathfrak{V}$ ergibt sich nur bei $\mathfrak{A} = \{\mathfrak{o}\}$.
Es ist bei obiger Annahme eine surjektive lineare Abbildung $\varphi\colon \mathsf{K}[X] \longrightarrow \mathsf{K}[X]$ zu finden mit $\mathsf{K}[X]^{\langle 2\rangle} = \mathbf{Kern}(\varphi)$. Für $f \in \mathsf{K}[X]^{\langle 2\rangle}$ muß also $\varphi(f) = \mathbf{0}$ gelten. Diese Bedingung ist leicht umzusetzen, beispielsweise könnten die geraden Potenzen einfach ignoriert werden. Allerdings ist die so erhaltene Abbildung nicht surjektiv. Man erhält eine brauchbare Abbildung, wenn man nicht die geraden Potenzen von X ignoriert, sondern die Koeffizienten der graden Potenzen von X und aus den übrigen Koeffizienten ein gewöhnliches Polynom aufbaut. Das Polynom

$$f(0) + f(1)X + f(2)X^2 + f(3)X^3 + +f(4)X^4 + \cdots$$

geht dabei in das folgende Polynom über:

$$f(1) + f(3)X + f(5)X^2 + f(7)X^3 + +f(9)X^4 + \cdots$$

Die allgemeine Definition der Abbildung ist

$$\varphi(f)(n) = f(2n+1)$$

Die so definierte Abbildung ist offensichtlich linear. Sie ist aber auch surjektiv, denn ist $g \in \mathsf{K}[X]$, dann gilt für das durch

$$f(n) = \begin{cases} g\big(\lfloor \frac{n}{2} \rfloor\big) & \text{falls } n \equiv_2 1 \\ 0 & \text{falls } n \equiv_2 0 \end{cases}$$

definierte Polynom $\varphi(f) = g$. Und ist $f \in \mathsf{K}[X]^{\langle 2\rangle}$, dann gibt es keine ungeraden Potenzen und die Abbildung erzeugt das Nullpolynom, d.h. es ist auch $\mathsf{K}[X]^{\langle 2\rangle} = \mathbf{Kern}(\varphi)$ wahr. Damit sind aber alle Voraussetzungen zu **S 6.10.17** erfüllt, es gilt tatsächlich (6.249).

Das letzte Beispiel bleibt in $\mathsf{K}[X]$, aufgefasst als ein Vektorraum über dem Körper K. Der Unterraum ist hier jedoch

$$\langle X^2 \rangle = \{\, X^2 f \mid f \in \mathsf{K}[X] \,\}$$

Es ist leicht zu sehen, daß tatsächlich ein Vektorunterraum von $\mathsf{K}[X]$ vorliegt. Es soll noch einmal **S 6.10.17** benutzt werden. Besitzen die Elemente dieses Unterraumes eine (aus der linearen Sicht) wesentliche Eigenschaft, die sie von den übrigen unterscheidet? Ein Element von $\langle X^2 \rangle$ geht aus einem gewöhnlichen Polynom durch Verschieben seiner Polynomkoeffizienten um zwei Positionen in Richtung ∞ hervor, mit Nachzug zweier Nullkoeffizienten. Dieser Effekt kann allein mit der Vektoraddition und Skalarmultiplikation nicht erreicht werden. Die Vermutung liegt daher nahe, daß zumindest die Weite der Verschiebung, nämlich die Zahl 2, die Abstrahierung beim Übergang zum Quotientenraum

$$\mathsf{K}[X]_{/\langle X^2 \rangle}$$

überlebt. Wie kann ein Vektorraum durch eine einfache Zahl charakterisiert werden? Natürlich durch seine Dimension. Der Faktorraum könnte daher ein zweidimensionaler Vektorraum sein. Es gibt noch einen weiteren Grund für diese Vermutung. Anders als der Unterraum des vorigen Beispiels hat $\langle X^2 \rangle$ ein endlich erzeugtes Komplement, nämlich den Unterraum mit der Basis $(1, X)$, also $\langle 1, X \rangle$. Denn jeder Vektor $f \in \mathsf{K}[X]$ kann wie folgt geschrieben werden:

$$f = f(0) + f(1)X + X^2\big(f(2) + f(3)X + f(4)X^2 + \cdots\big)$$

Sollte hier noch die Regel bei endlich erzeugten Vektorräumen gelten, nämlich $\mathfrak{V}_{/\mathfrak{A}} \cong \mathfrak{B}$ mit $\mathfrak{A} \oplus \mathfrak{B} = \mathfrak{V}$, dann wäre die Beziehung

$$\mathsf{K}[X]_{/\langle X^2 \rangle} \cong \langle 1, \boldsymbol{X} \rangle$$

zu erwarten! Damit ist ein Kandidat für den Vektorraum $\mathfrak{W}$ gefunden. Zu finden ist aber noch eine lineare Abbildung $\varphi\colon \mathsf{K}[X] \longrightarrow \langle 1, \boldsymbol{X} \rangle$ mit der Eigenschaft $\langle 1, \boldsymbol{X} \rangle = \mathbf{Kern}(\varphi)$. Das ist nun nicht mehr schwer:

$$\varphi(\boldsymbol{f}) = \boldsymbol{f}(0) + \boldsymbol{f}(1)\boldsymbol{X}$$

Diese Abbildung ist offensichtlich linear, und es ist $\varphi(\boldsymbol{f}) = \mathbf{0}$ genau dann, wenn $\boldsymbol{f}(0) = \boldsymbol{f}(1) = 0$, wenn also $\boldsymbol{f}$ die Gestalt

$$\boldsymbol{f} = \boldsymbol{X}^2\big(\boldsymbol{f}(2) + \boldsymbol{f}(3)\boldsymbol{X} + \boldsymbol{f}(4)\boldsymbol{X}^2 + \cdots\big)$$

besitzt. Damit sind aber schon die Voraussetzungen von **S 6.10.17** erfüllt, der gesuchte Faktorraum ist tatsächlich $\langle 1, \boldsymbol{X} \rangle$, der Vektorraum aller höchstens linearen Polynome.

Zum Abschluß des Abschnittes noch eine einfache aber nützliche Bemerkung: Ist $\mathfrak{V}$ ein Vektorraum über einem Körper K und $\mathfrak{A}$ ein Unterraum von $\mathfrak{V}$, so gilt

$$\bigwedge_{\mathfrak{u},\mathfrak{v} \in \mathfrak{V}} \#(\mathfrak{u} + \mathfrak{A}) = \#(\mathfrak{v} + \mathfrak{A}) \tag{6.250}$$

Der Faktorraum besteht also aus gleichmächtigen Mengen.
Es seien nämlich $\mathfrak{u}, \mathfrak{v} \in \mathfrak{V}$. Eine Abbildung $f\colon \mathfrak{u} + \mathfrak{A} \longrightarrow \mathfrak{v} + \mathfrak{A}$ ist wie folgt definiert: Zu jedem $X \in \mathfrak{u} + \mathfrak{A}$ gibt es genau ein $\mathfrak{a} \in \mathfrak{A}$ mit $X = \mathfrak{u} + \mathfrak{a}$, und es sei $f(\mathfrak{u} + \mathfrak{a}) = \mathfrak{v} + \mathfrak{a}$. Diese Abbildung ist natürlich injektiv, denn $f(\mathfrak{u} + \mathfrak{a}) = f(\mathfrak{u} + \tilde{\mathfrak{a}})$ bedeutet $\mathfrak{v} + \mathfrak{a} = \mathfrak{v} + \tilde{\mathfrak{a}}$ oder $\mathfrak{a} = \tilde{\mathfrak{a}}$. Sie ist ganz offensichtlich auch surjektiv.

6.10.6. Exakte Sequenzen

Viele mathematische Sachverhalte lassen sich auf einfache und doch präzise Weise mit exakten Sequenzen beschreiben. Beispielsweise werden in Abschnitt 4.1 lineare Codes als exakte Sequenzen dargestellt. Ihre Definition lautet wie folgt:

D 6.10.8 (Exakte Sequenz)
Es seien $\mathfrak{U}$, $\mathfrak{V}$ und $\mathfrak{W}$ Vektorräume über einem Körper K. Ein Paar (φ, ψ) von Vektorraumhomomorphismen $\varphi\colon \mathfrak{U} \longrightarrow \mathfrak{V}$ und $\psi\colon \mathfrak{V} \longrightarrow \mathfrak{W}$ heißt **exakte Sequenz**, bezeichnet als Diagramm mit

$$\mathfrak{U} \xrightarrow{\ \varphi\ } \underset{\star}{\mathfrak{V}} \xrightarrow{\ \psi\ } \mathfrak{W} \tag{6.251}$$

wenn die Bedingung

$$\mathbf{Bild}(\varphi) = \mathbf{Kern}(\psi) \tag{6.252}$$

erfüllt ist. Das Bild von φ und der Kern von ψ stimmen exakt überein.

Weil jeder Bildvektor von φ im Kern von ψ liegt, von ψ also auf den Nullvektor von $\mathfrak{W}$ abgebildet wird, also wegen $\mathbf{Bild}(\varphi) \subset \mathbf{Kern}(\psi)$, gilt die Beziehung

$$\psi \circ \varphi = \mathbf{0} \tag{6.253}$$

Dabei ist $\mathbf{0}$ der Nullhomomorphismus von $\mathfrak{U}$. Umgekehrt folgt aus $\mathbf{Kern}(\psi) \subset \mathbf{Bild}(\varphi)$, daß es zu jedem $\mathfrak{v} \in \mathbf{Kern}(\psi)$ ein $\mathfrak{u} \in \mathfrak{U}$ gibt mit $\mathfrak{v} = \varphi(\mathfrak{u})$.

Mit einfachen speziellen exakten Sequenzen können injektive und surjektive Vektorraumhomomorphismen charakterisiert werden:

$$\{0\} \xrightarrow{\ \mathbf{0}\ } \underset{\star}{\mathfrak{V}} \xrightarrow{\ \psi\ } \mathfrak{W} \iff \psi \text{ ist injektiv} \tag{6.254a}$$

$$\mathfrak{U} \xrightarrow{\ \varphi\ } \underset{\star}{\mathfrak{V}} \xrightarrow{\ \mathbf{0}\ } \{0\} \iff \varphi \text{ ist surjektiv} \tag{6.254b}$$

Denn aus der Exaktheit der oberen Sequenz folgt $\{0\} = \mathbf{Bild}(\mathbf{0}) = \mathbf{Kern}(\psi)$, also die Injektivität von ψ. Ist umgekehrt ψ injektiv, dann gilt $\mathbf{Kern}(\psi) = \{0\} = \mathbf{Bild}(\mathbf{0})$, die Sequenz ist daher exakt.
Ist die untere Sequenz exakt, dann gilt $\mathfrak{V} = \mathbf{Kern}(\mathbf{0}) = \mathbf{Bild}(\varphi)$, d.h. φ ist surjektiv. Ist umgekehrt φ surjektiv, dann ist $\mathbf{Bild}(\varphi) = \mathfrak{V} = \mathbf{Kern}(\mathbf{0})$, die Sequenz ist exakt.

D 6.10.9 (Kurze exakte Sequenz)
Es seien $\mathfrak{U}$, $\mathfrak{V}$ und $\mathfrak{W}$ Vektorräume über einem Körper K. Ein Paar (φ, ψ) von Vektorraumhomomorphismen $\varphi\colon \mathfrak{U} \longrightarrow \mathfrak{V}$ und $\psi\colon \mathfrak{V} \longrightarrow \mathfrak{W}$ heißt **kurze exakte Sequenz**, bezeichnet als Diagramm mit

$$\{0\} \xrightarrow{\ \mathbf{0}\ } \underset{\star}{\mathfrak{U}} \xrightarrow{\ \varphi\ } \underset{\star}{\mathfrak{V}} \xrightarrow{\ \psi\ } \underset{\star}{\mathfrak{W}} \xrightarrow{\ \mathbf{0}\ } \{0\} \tag{6.255}$$

wenn $(\mathbf{0}, \varphi)$, (φ, ψ) und $(\varphi, \mathbf{0})$ exakte Sequenzen sind.

In der Sequenz stehen links und rechts natürlich die Nullhomomorphismen der entsprechenden Vektorräume. Aus der Definition folgt unmittelbar, daß φ eine injektive und ψ eine surjektive lineare Abbildung ist. Beispiele für kurze exakte Sequenzen ergeben die linearen Codes aus Abschnitt 4.1. Natürlich gibt es auch rein algebraische Beispiele. Es sei $\mathfrak{U}$ ein Vektorraum über einem Körper K und $\mathfrak{T} \subset \mathfrak{U}$ sei ein Untervektorraum. Man erhält folgende kurze exakte Sequenz:

$$\{0\} \xrightarrow{\ \mathbf{0}\ } \underset{\star}{\mathfrak{T}} \xrightarrow{\ \iota\ } \underset{\star}{\mathfrak{V}} \xrightarrow{\ \pi\ } \underset{\star}{\mathfrak{U}/\mathfrak{T}} \xrightarrow{\ \mathbf{0}\ } \{0\} \tag{6.256}$$

Darin ist ι die kanonische Einbettung $\mathfrak{t} \mapsto \mathfrak{t}$ und π die kanonische Projektion $\mathfrak{u} \mapsto \mathfrak{u} + \mathfrak{T}$. Denn weil die Einbettung injektiv ist, ist $(\mathbf{0}, \iota)$ exakt, wegen $\mathbf{Bild}(\iota) = \mathfrak{T} = \mathbf{Kern}(\pi)$ ist (ι, π) exakt, und wegen der Surjektivität von π ist $(\pi, \mathbf{0})$ exakt. Tatsächlich ist dieses Beispiel im Wesentlichen, d.h. bis auf Umbenennungen, das einzige Beispiel für eine kurze exakte Sequenz. Um diese Aussage zu präzisieren muß vorgegeben werden, was unter einem Isomorphismus, allgemeiner unter einem Homomorphismus, von kurzen exakten Sequenzen zu verstehen ist. Das geschieht mit der folgenden Definition.

D 6.10.10 (Homomorphismen kurzer exakter Sequenzen)
Es seien zwei kurze exakte Sequenzen gegeben:

$$\{0\} \xrightarrow{\ \mathbf{0}\ } \underset{\star}{\mathfrak{U}} \xrightarrow{\ \varphi\ } \underset{\star}{\mathfrak{V}} \xrightarrow{\ \psi\ } \underset{\star}{\mathfrak{W}} \xrightarrow{\ \mathbf{0}\ } \{0\}$$
$$\{0\} \xrightarrow{\ \mathbf{0}\ } \underset{\star}{\mathfrak{X}} \xrightarrow{\ \vartheta\ } \underset{\star}{\mathfrak{Y}} \xrightarrow{\ \chi\ } \underset{\star}{\mathfrak{Z}} \xrightarrow{\ \mathbf{0}\ } \{0\}$$

Ein Tripel (ξ, η, ζ) aus Vektorraumhomomorphismen $\xi \colon \mathfrak{X} \longrightarrow \mathfrak{V}$, $\eta \colon \mathfrak{V} \longrightarrow \mathfrak{Y}$ und $\chi \colon \mathfrak{W} \longrightarrow \mathfrak{Z}$ heißt **Homomorphismus** der kurzen exakten Sequenzen, wenn die drei Homomorphismen das folgende Diagramm kommutativ machen:

$$\begin{array}{ccccc} \mathfrak{U} & \xrightarrow{\ \varphi\ } & \mathfrak{V} & \xrightarrow{\ \psi\ } & \mathfrak{W} \\ \xi\big\downarrow & & \eta\big\downarrow & & \big\downarrow\zeta \\ \mathfrak{X} & \xrightarrow{\ \vartheta\ } & \mathfrak{Y} & \xrightarrow{\ \chi\ } & \mathfrak{Z} \end{array} \tag{6.257}$$

Sind ξ, η und ζ bijektiv, dann heißt das Tripel (ξ, η, ζ) ein **Isomorphismus** der kurzen exakten Sequenzen.

Die Kommutativität des Diagramms (6.257) bedeutet, daß alle Verbindungen mit Pfeilen, die in einem bestimmten Vektorraum beginnen und in einem bestimmten Vektorraum enden, identisch sein müssen. So ist beispielsweise $\zeta \circ \psi \circ \varphi = \chi \circ \eta \circ \varphi$ gefordert. Es genügt jedoch ganz allgemein bei Diagrammen, die nur aus Dreiecken und Rechtecken zusammengesetzt sind, die Kommutativität der einzelnen Dreiecke und Rechtecke zu zeigen. Gilt beispielsweise im obigen Diagramm bereits $\eta \circ \varphi = \vartheta \circ \xi$ und $\zeta \circ \psi = \chi \circ \eta$, d.h. sind beide Teilrechtecke kommutativ, dann folgt daraus

$$\chi \circ \eta \circ \varphi = \chi \circ \vartheta \circ \xi$$
$$\zeta \circ \psi \circ \varphi = \chi \circ \eta \circ \varphi$$
$$\zeta \circ \psi \circ \varphi = \chi \circ \eta \circ \varphi = \chi \circ \vartheta \circ \xi$$

Es sind also alle Wege des Diagrams, die vom Vektorraum $\mathfrak{U}$ zum Vektorraum $\mathfrak{Z}$ führen, als Abbildung identisch.

Mit dieser Definition kann nun präzisiert werden, was es bedeutet, daß es im Wesentlichen nur die durch (6.256) gegebene kurze exakte Sequenz gibt.

S 6.10.18 (Isomorphie kurzer exakter Sequenzen)
Jede kurze exakte Sequenz

$$\{0\} \xrightarrow{\mathbf{0}} \underset{\star}{\boldsymbol{\mathfrak{U}}} \xrightarrow{\varphi} \underset{\star}{\boldsymbol{\mathfrak{V}}} \xrightarrow{\psi} \underset{\star}{\boldsymbol{\mathfrak{W}}} \xrightarrow{\mathbf{0}} \{0\}$$

ist zu einer kurzen exakten Sequenz

$$\{0\} \xrightarrow{\mathbf{0}} \underset{\star}{\boldsymbol{\mathfrak{X}}} \xrightarrow{\iota} \underset{\star}{\boldsymbol{\mathfrak{Y}}} \xrightarrow{\pi} \underset{\star}{\boldsymbol{\mathfrak{Y}}_{/\boldsymbol{\mathfrak{X}}}} \xrightarrow{\mathbf{0}} \{0\}$$

für einen gewissen K-Vektorraum $\boldsymbol{\mathfrak{Y}}$ und einen Unterraum $\boldsymbol{\mathfrak{X}}$ isomorph.

Es sei $\boldsymbol{\mathfrak{Y}} = \boldsymbol{\mathfrak{V}}$ und $\boldsymbol{\mathfrak{X}} = \mathbf{Bild}(\varphi) = \mathbf{Kern}(\psi)$. Aus der kurzen Exaktheit folgt, daß φ injektiv ist, folglich ist die durch $\boldsymbol{\xi}(\mathfrak{u}) = \varphi(\mathfrak{u})$ definierte Abbildung $\boldsymbol{\xi}\colon \boldsymbol{\mathfrak{U}} \longrightarrow \boldsymbol{\mathfrak{X}}$ ein Isomorphismus. Wegen der kurzen Exaktheit ist ψ surjektiv. Nach der universellen Eigenschaft von $\boldsymbol{\pi}$ (siehe **S 6.8.12**) induziert ψ einen surjektiven Homomorphismus $\boldsymbol{\Psi}\colon \boldsymbol{\mathfrak{V}}_{/\boldsymbol{\mathfrak{X}}} \longrightarrow \boldsymbol{\mathfrak{W}}$. Wegen $\boldsymbol{\mathfrak{X}} = \mathbf{Kern}(\psi)$ ist $\boldsymbol{\Psi}$ injektiv, also ein Isomorphismus. Mit $\boldsymbol{\zeta} = \boldsymbol{\Psi}^{-1}$ erhält man das folgende Diagramm:

$$\begin{array}{ccccc}
\boldsymbol{\mathfrak{U}} & \xrightarrow{\varphi} & \boldsymbol{\mathfrak{V}} & \xrightarrow{\psi} & \boldsymbol{\mathfrak{W}} \\
{\scriptstyle \xi}\big\downarrow & & {\scriptstyle \iota}\big\downarrow & & \big\downarrow{\scriptstyle \zeta} \\
\boldsymbol{\mathfrak{X}} & \xrightarrow{\iota} & \boldsymbol{\mathfrak{V}} & \xrightarrow{\pi} & \boldsymbol{\mathfrak{V}}_{/\boldsymbol{\mathfrak{X}}}
\end{array}$$

Darin steht $\boldsymbol{\iota}$ für die Identität oder die kanonische Einbettung. Es ist sehr leicht zu zeigen, daß dieses Diagramm kommutativ ist.

6.10.7. Dualer Vektorraum und dualer Homomorphismus

Es seien $\mathfrak{U}$ und $\mathfrak{V}$ Vektorräume über einem Körper K, und zwar sei $\mathfrak{U}$ endlich erzeugt mit einer Basis $(\mathfrak{a}_\alpha)_{\alpha\in A}$. Es seien $\boldsymbol{\varphi}\colon \mathfrak{U} \longrightarrow \mathfrak{V}$ und $\boldsymbol{\psi}\colon \mathfrak{U} \longrightarrow \mathfrak{V}$ lineare Abbildungen mit der Eigenschaft $\boldsymbol{\varphi}(\mathfrak{a}_\alpha) = \boldsymbol{\psi}(\mathfrak{a}_\alpha)$ für jedes $\alpha \in A$. Für jedes $u \in \mathfrak{U}$ gibt es eine Skalarfamilie $(a_\alpha)_{\alpha\in A}$ mit $\mathfrak{u} = \sum_{\alpha\in A} a_\alpha \mathfrak{a}_\alpha$, woraus

$$\boldsymbol{\varphi}(\mathfrak{u}) = \boldsymbol{\varphi}\Big(\sum_{\alpha\in A} a_\alpha \mathfrak{a}_\alpha\Big) = \sum_{\alpha\in A} a_\alpha \boldsymbol{\varphi}(\mathfrak{a}_\alpha) = \sum_{\alpha\in A} a_\alpha \boldsymbol{\psi}(\mathfrak{a}_\alpha) = \boldsymbol{\psi}\Big(\sum_{\alpha\in A} a_\alpha \mathfrak{a}_\alpha\Big) = \boldsymbol{\psi}(\mathfrak{u})$$

folgt. Es sei andererseits $\boldsymbol{\phi}\colon \{\, \mathfrak{a}_\alpha \mid \alpha \in A \,\} \longrightarrow \mathsf{K}$ eine Abbildung. Weil es zu jedem $\mathfrak{u} \in \mathfrak{U}$ genau eine Skalarfamilie $(a_\alpha)_{\alpha\in A}$ gibt mit $\mathfrak{u} = \sum_{\alpha\in A} a_\alpha \mathfrak{a}_\alpha$, wird durch

$$\boldsymbol{\varphi}(\mathfrak{u}) = \sum_{\alpha\in A} a_\alpha \boldsymbol{\phi}(\mathfrak{a}_\alpha)$$

eine eindeutig bestimmte lineare Abbildung definiert. Es gilt daher der Satz:

S 6.10.19 Lineare Abbildungen auf endlich erzeugten Vektorräumen sind durch ihre Werte von Elementen einer Basis eindeutig bestimmt.
Jede Abbildung, die Basiselemente auf Skalare abbildet, kann auf genau eine Weise zu einer linearen Abbildung ergänzt werden.

Der duale Vektorraum kann ganz allgemein mit Hilfe einer Bilinearform definiert werden. Im Rahmen dieses Buches genügt jedoch der folgende Satz:

S 6.10.20 (Dualer Vektorraum)
Es sei $\mathfrak{U}$ ein Vektorraum über einem Körper K. Die Menge $\mathfrak{U}^*$ aller linearen Funktionen $\boldsymbol{\lambda}\colon \mathfrak{U} \longrightarrow \mathsf{K}$ ist ein Vektorraum über K. Ist $\mathfrak{U}$ endlich erzeugt, so auch $\mathfrak{U}^*$, und es gilt $\operatorname{Dim}(\mathfrak{U}) = \operatorname{Dim}(\mathfrak{U}^*)$.

Für $\boldsymbol{\lambda}, \boldsymbol{\mu} \in \mathfrak{U}^*$ und $a \in \mathsf{K}$ sind die Addition durch $(\boldsymbol{\lambda}+\boldsymbol{\mu})(\mathfrak{u}) = \boldsymbol{\lambda}(\mathfrak{u}) + \boldsymbol{\mu}(\mathfrak{u})$ und die Skalarmultiplikation durch $(a\boldsymbol{\lambda})(\mathfrak{u}) = a\boldsymbol{\lambda}(\mathfrak{u})$ definiert. Daß diese beiden Operationen alle Vektorraumaxiome erfüllen, ist sehr leicht zu zeigen.
Es sei $(\mathfrak{a}_\alpha)_{\alpha\in A}$ eine Basis von $\mathfrak{U}$. Nach **S 6.10.19** gibt es zu jedem $\alpha \in A$ genau eine lineare Funktion $\boldsymbol{\delta}_\alpha \in \mathfrak{U}^*$ mit $\boldsymbol{\delta}_\alpha(\mathfrak{a}_\alpha) = 1$ und $\boldsymbol{\delta}_\alpha(\mathfrak{a}_\beta) = 0$ für $\beta \in A \setminus \{\alpha\}$. Die Familie $(\boldsymbol{\delta}_\alpha)_{\alpha\in A}$ ist eine Basis von $\mathfrak{U}^*$. Sei nämlich $\boldsymbol{\lambda} \in \mathfrak{U}^*$. Die Skalarfamilie $(l_\alpha)_{\alpha\in A}$ sei definiert durch $l_\alpha = \boldsymbol{\lambda}(\mathfrak{a}_\alpha)$. Es sei $\mathfrak{u} \in \mathfrak{U}$. Es gibt eine Skalarfamilie $(a_\alpha)_{\alpha\in A}$ mit $\mathfrak{u} = \sum_{\alpha\in A} a_\alpha \mathfrak{a}_\alpha$. Man erhält zunächst

$$\boldsymbol{\delta}_\beta(\mathfrak{u}) = \sum_{\alpha\in A} a_\alpha \boldsymbol{\delta}_\beta(\mathfrak{a}_\alpha) = a_\beta \boldsymbol{\delta}_\beta(\mathfrak{a}_\beta) = a_\beta$$

woraus sich die folgende Darstellung von $\boldsymbol{\lambda}$ ergibt:

$$\boldsymbol{\lambda}(\mathfrak{u}) = \sum_{\alpha\in A} a_\alpha \boldsymbol{\lambda}(\mathfrak{a}_\alpha) = \sum_{\alpha\in A} l_\alpha \boldsymbol{\delta}_\alpha(\mathfrak{u}) \quad \text{d.h.} \quad \boldsymbol{\lambda} = \sum_{\alpha\in A} l_\alpha \boldsymbol{\delta}_\alpha$$

Gibt es eine weitere solche Darstellung mit einer Skalarfamilie $(h_\alpha)_{\alpha\in A}$ dann folgt

$$0 = \boldsymbol{\lambda}(\mathbf{u}_\beta) - \boldsymbol{\lambda}(\mathbf{u}_\beta) = \sum_{\alpha\in A}(l_\alpha - h_\alpha)\boldsymbol{\delta}_\alpha(\mathbf{u}_\beta) = l_\beta - h_\beta$$

für jeden Index $\beta \in A$.
Die soeben konstruierte Basis $(\boldsymbol{\delta}_\alpha)_{\alpha\in A}$ heißt die zu $(\mathfrak{a}_\alpha)_{\alpha\in A}$ **duale Basis**.

Passend zum Begriff des dualen Vektorraumes gibt es auch den Begriff des dualen Vektorraumhomomorphismus:

S 6.10.21 (Dualer Homomorphismus)
Es seien $\mathfrak{U}$ und $\mathfrak{V}$ Vektorräume über einem Körper K und $\varphi\colon \mathfrak{U} \longrightarrow \mathfrak{V}$ ein Vektorraumhomomorphismus. Dann wird durch

$$\bigwedge_{\boldsymbol{\lambda}\in\mathfrak{V}^*} \varphi^*(\boldsymbol{\lambda}) = \boldsymbol{\lambda}\circ\varphi \qquad \text{d.h.} \qquad \bigwedge_{\boldsymbol{\lambda}\in\mathfrak{V}^*}\bigwedge_{\mathbf{u}\in\mathfrak{U}} \varphi^*(\boldsymbol{\lambda})(\mathbf{u}) = \boldsymbol{\lambda}\big(\varphi(\mathbf{u})\big) \tag{6.258}$$

in kanonischer Weise der **duale Homomorphismus** $\varphi^*: \mathfrak{V}^* \longrightarrow \mathfrak{U}^*$ definiert.

Für $\boldsymbol{\lambda}, \boldsymbol{\mu} \in \mathfrak{V}^*$, $\mathbf{u} \in \mathfrak{U}$ und $a \in \mathsf{K}$ erhält man die Additivität und die Skalarmultiplikation durch

$$\varphi^*\big(\boldsymbol{\lambda}+\boldsymbol{\mu}\big)(\mathbf{u}) = (\boldsymbol{\lambda}+\boldsymbol{\mu})\big(\varphi(\mathbf{u})\big) = \boldsymbol{\lambda}\big(\varphi(\mathbf{u})\big) + \boldsymbol{\mu}\big(\varphi(\mathbf{u})\big) = \varphi^*\big(\boldsymbol{\lambda}\big)(\mathbf{u}) + \varphi^*\big(\boldsymbol{\mu}\big)(\mathbf{u})$$
$$\varphi^*\big(a\boldsymbol{\lambda}\big)(\mathbf{u}) = (a\boldsymbol{\lambda})\big(\varphi(\mathbf{u})\big) = a\boldsymbol{\lambda}\big(\varphi(\mathbf{u})\big) = a\varphi^*\big(\boldsymbol{\lambda}\big)(\mathbf{u})$$

Der nächste Satz stellt einige elementare Eigenschaften des dualen Homomorphismus zusammen.

S 6.10.22 (Eigenschaften des dualen Homomorphismus)
Es seien $\mathfrak{U}$, $\mathfrak{V}$ und $\mathfrak{W}$ Vektorräume über einem Körper K, $\varphi\colon \mathfrak{U} \longrightarrow \mathfrak{V}$, $\psi\colon \mathfrak{U} \longrightarrow \mathfrak{V}$ und $\chi\colon \mathfrak{V} \longrightarrow \mathfrak{W}$ lineare Abbildungen, und $a \in \mathsf{K}$.

(i) $(\varphi+\psi)^* = \varphi^* + \psi^*$

(ii) $(a\varphi)^* = a\varphi^*$

(iii) $(\chi\circ\varphi)^* = \varphi^*\circ\chi^*$

Zum Beweis von (**i**) seien $\boldsymbol{\lambda} \in \mathfrak{V}^*$ und $\mathbf{u} \in \mathfrak{U}$.

$$(\varphi+\psi)^*\big(\boldsymbol{\lambda}\big)(\mathbf{u}) = \boldsymbol{\lambda}\big((\varphi+\psi)(\mathbf{u})\big) = \boldsymbol{\lambda}\big(\varphi(\mathbf{u}) + \psi(\mathbf{u})\big) = \boldsymbol{\lambda}\big(\varphi(\mathbf{u})\big) + \boldsymbol{\lambda}\big(\psi(\mathbf{u})\big) = \varphi^*(\boldsymbol{\lambda}) + \psi^*(\boldsymbol{\lambda})$$

(**ii**) wird ebenso bewiesen.
Zum Beweis von (**iii**) seien $\boldsymbol{\lambda} \in \mathfrak{W}^*$ und $\mathbf{u} \in \mathfrak{U}$. Man erhält einerseits

$$(\chi\circ\varphi)^*(\mathbf{u}) = \boldsymbol{\lambda}\big((\chi\circ\varphi)(\mathbf{u})\big) = \boldsymbol{\lambda}\Big(\chi\big(\varphi(\mathbf{u})\big)\Big)$$

und andererseits mit $\chi^*(\boldsymbol{\lambda}) = \boldsymbol{\mu} \in \mathfrak{V}^*$

$$(\varphi^*\circ\chi^*)\big(\boldsymbol{\lambda}\big)(\mathbf{u}) = \varphi^*\big(\chi^*(\boldsymbol{\lambda})\big)(\mathbf{u}) = \varphi^*\big(\boldsymbol{\mu}\big)(\mathbf{u}) = \boldsymbol{\mu}\big(\varphi(\mathbf{u})\big) = \chi^*(\lambda)\big(\varphi(\mathbf{u})\big) = \boldsymbol{\lambda}\Big(\chi\big(\varphi(\mathbf{u})\big)\Big)$$

Damit ist (**iii**) gezeigt.

Als ein einfaches Beispiel wird die duale Basis zur Standardbasis $(\mathfrak{e}_1, \mathfrak{e}_2, \mathfrak{e}_3)$ des $\mathbb{K}_q^3$ bestimmt. Man erhält für $n \in \mathbf{3}$

$$\boldsymbol{\delta}_n(u_1, u_2, u_3) = \boldsymbol{\delta}_n\Bigl(\sum_{m \in \mathbf{3}} u_m \mathfrak{e}_m\Bigr) = u_n \boldsymbol{\delta}(\mathfrak{e}_n) = u_n$$

Die lineare Abbildung $\varphi\colon \mathbb{K}_q^3 \longrightarrow \mathbb{K}_q^2$ sei gegeben durch

$$\varphi(u_1, u_2, u_3) = \begin{pmatrix} u_1 + u_2 \\ u_3 \end{pmatrix}$$

Zu bestimmen ist die duale Abbildung $\varphi^* : (\mathbb{K}_q^2)^* \longrightarrow (\mathbb{K}_q^3)^*$. Man erhält

$$\varphi^*(\boldsymbol{\delta}_1)(u_1, u_2, u_3) = \boldsymbol{\delta}_1\bigl(\varphi(u_1, u_2, u_3)\bigr) = \boldsymbol{\delta}_1(u_1 + u_2, u_3) = u_1 + u_2$$
$$\varphi^*(\boldsymbol{\delta}_2)(u_1, u_2, u_3) = \boldsymbol{\delta}_2\bigl(\varphi(u_1, u_2, u_3)\bigr) = \boldsymbol{\delta}_2(u_1 + u_2, u_3) = u_3$$

Die allgemeine Gestalt für Elemente von $(\mathbb{K}_q^2)^*$ ist $c_1\boldsymbol{\delta}_1 + c_2\boldsymbol{\delta}_2$ mit $c_1, c_2 \in \mathbb{K}_q$, das ergibt

$$\varphi^*(c_1\boldsymbol{\delta}_1 + c_2\boldsymbol{\delta}_2) = c_1(u_1 + u_2) + c_2 u_3$$

Es gibt viele Zusammenhänge zwischen einem Vektorraumhomomorphismus und seinem dualen Homomorphismus. Beispielsweise haben beide Homomorphismen denselben Rang, wie der nächste Satz zeigt:

> **S 6.10.23 (Rang des dualen Vektorraumhomomorphismus)**
> Sind $\mathfrak{U}$, $\mathfrak{V}$ endlich erzeugte Vektorräume über einem Körper K und ist $\varphi\colon \mathfrak{U} \longrightarrow \mathfrak{V}$ eine lineare Abbildung, so gilt
>
> $$\mathrm{Dim}_{\mathsf{K}}\bigl(\mathbf{Bild}(\varphi)\bigr) = \mathrm{Dim}_{\mathsf{K}}\bigl(\mathbf{Bild}(\varphi^*)\bigr) \tag{6.259}$$
>
> Die Dimension des Bildes einer linearen Abbildung wird auch ihre Rang genannt. Eine lineare Abbildung und ihre duale Abbildung haben also denselben Rang.

Es sei $\mathrm{Dim}_{\mathsf{K}}\bigl(\mathbf{Bild}(\varphi)\bigr) = r$. Nach **S 6.10.13** (6.239) ist dann $\mathrm{Dim}_{\mathsf{K}}\bigl(\mathbf{Kern}(\varphi)\bigr) = n - r$, wobei $n = \mathrm{Dim}(\mathfrak{U})$. Außerdem sei $\mathrm{Dim}(\mathfrak{V}) = m$. Es sei nun eine Basis $(\mathfrak{a}_\nu)_{\nu \in \mathsf{n}}$ so gewählt, daß $(\mathfrak{a}_\nu)_{\nu \in \mathsf{n} \smallsetminus \mathsf{r}}$ eine Basis von $\mathbf{Kern}(\varphi)$ ist. Man wähle dazu irgendeine Basis von $\mathbf{Kern}(\varphi)$, ergänze diese gemäß **S 6.10.8** zu einer Basis von $\mathfrak{U}$ und benenne die Indizes so, daß die Bedingung erfüllt ist. Es sei $\mathfrak{A} = \bigl\langle(\mathfrak{a}_\nu)_{\nu \in \mathsf{r}}\bigr\rangle$ der von der freien Vektorfamilie $(\mathfrak{a}_\nu)_{\nu \in \mathsf{r}}$ erzeugte Untervektorraum von $\mathfrak{U}$. Nach Konstruktion der Basis ist

$$\mathfrak{A} \cap \mathbf{Kern}(\varphi) = \{\mathfrak{o}\} \qquad \mathfrak{A} + \mathbf{Kern}(\varphi) = \mathfrak{U}$$

Für ein $\mathfrak{u} \in \mathfrak{U} \smallsetminus \{\mathfrak{o}\}$ gilt daher entweder $\mathfrak{u} \in \mathfrak{A}$ oder $\mathfrak{u} \in \mathbf{Kern}(\varphi)$. Daraus folgt nun

$$\varphi[\mathfrak{A}] = \mathbf{Bild}(\varphi) \tag{6.260}$$

Natürlich gilt $\varphi[\mathfrak{A}] \subset \mathbf{Bild}(\varphi)$. Es sei also $\mathfrak{v} \in \mathbf{Bild}(\varphi)$. Falls $\mathfrak{v} = \mathfrak{o}$ ist natürlich $\mathfrak{v} \in \varphi[\mathfrak{A}]$, es sei deshalb $\mathfrak{v} \neq \mathfrak{o}$. Es gibt ein $\mathfrak{u} \in \mathfrak{U}$ mit $\mathfrak{v} = \varphi(\mathfrak{u})$. Es ist $\mathfrak{u} \notin \mathbf{Kern}(\varphi)$ und folglich $\mathfrak{v} \in \varphi[\mathfrak{A}]$. Damit

ist (6.260) gezeigt. Man erhält daraus $\mathrm{Dim}\big(\varphi[\mathfrak{A}]\big) = r$. Nun ist $(\mathfrak{a}_\nu)_{\nu\in\mathsf{r}}$ erzeugend für $\mathfrak{A}$, also ist nach **S 6.10.14** (i) die Familie $\big(\varphi(\mathfrak{a}_\nu)\big)_{\nu\in\mathsf{r}}$ erzeugend für $\varphi[\mathfrak{A}]$. Aber wegen $\mathrm{Dim}\big(\varphi[\mathfrak{A}]\big) = r$ ist $\big(\varphi(\mathfrak{a}_\nu)\big)_{\nu\in\mathsf{r}}$ sogar minimal erzeugend, d.h. eine Basis für $\varphi[\mathfrak{A}] = \mathbf{Bild}(\varphi)$. Diese Basis wird nach **S 6.10.8** zu einer Basis $(\mathfrak{b}_\mu)_{\mu\in\mathsf{m}}$ ergänzt, d.h. $\mathfrak{b}_\mu = \varphi(\mathfrak{a}_\mu)$ für $\mu \in \mathsf{r}$.
Weiter sei nun $(\boldsymbol{\delta}_\nu)_{\nu\in\mathsf{n}}$ die zu $(\mathfrak{a}_\nu)_{\nu\in\mathsf{n}}$ duale Basis und $(\boldsymbol{\gamma}_\mu)_{\mu\in\mathsf{m}}$ die zu $(\mathfrak{b}_\mu)_{\mu\in\mathsf{m}}$ duale Basis. Weil $(\boldsymbol{\gamma}_\mu)_{\mu\in\mathsf{m}}$ erzeugend ist für $\mathfrak{V}^*$ ist $\big(\varphi^*(\boldsymbol{\gamma}_\mu)\big)_{\mu\in\mathsf{m}}$ erzeugend für $\varphi^*[\mathfrak{V}^*]$ (nach **S 6.10.14** (**i**)). Es ist jedoch nicht minimal erzeugend, denn es gilt

$$\mu \in \mathsf{m} \setminus \mathsf{r} \Longrightarrow \varphi^*(\boldsymbol{\gamma}_\mu) = 0 \tag{6.261}$$

d.h. für $\mu > r$ ist $\varphi^*(\boldsymbol{\gamma}_\mu)$ die Nullfunktion $\mathfrak{U} \longrightarrow \mathsf{K}$.
Die lineare Funktion $\varphi^*(\boldsymbol{\gamma}_\mu)$ ist durch ihre Werte auf der Basis $(\mathfrak{a}_\nu)_{\nu\in\mathsf{n}}$ eindeutig bestimmt.
Es sei $\mu > r$. Nach Definition von φ^* gilt $\varphi^*(\boldsymbol{\gamma}_\mu)(\mathfrak{a}_\nu) = \boldsymbol{\gamma}_\mu\big(\varphi(\mathfrak{a}_\nu)\big)$
Falls $\nu > r$ ist $\mathfrak{a}_\nu \in \mathbf{Kern}(\varphi)$, folglich $\boldsymbol{\gamma}_\mu\big(\varphi(\mathfrak{a}_\nu)\big) = \boldsymbol{\gamma}_\mu(\mathfrak{o}) = 0$.
Falls $\nu \leq r$ ist $\varphi(\mathfrak{a}_\nu) \neq \mathfrak{b}_\mu$, folglich $\boldsymbol{\gamma}_\mu\big(\varphi(\mathfrak{a}_\nu)\big) = 0$.
Es sei $\mu \leq r$.
Falls $\nu > r$ ist wieder $\mathfrak{a}_\nu \in \mathbf{Kern}(\varphi)$ und daher auch hier $\boldsymbol{\gamma}_\mu\big(\varphi(\mathfrak{a}_\nu)\big) = 0$.
Falls $\nu \leq r$ hat man schließlich $\boldsymbol{\gamma}_\mu\big(\varphi(\mathfrak{a}_\nu)\big) = \begin{cases} 0 & \text{falls } \mu \neq \nu \\ 1 & \text{falls } \mu = \nu \end{cases}$
Für $\mu > r$ ist also $\varphi^*(\boldsymbol{\gamma}_\mu) = 0$, womit (6.261) gezeigt ist. Folglich ist bereits $\big(\varphi^*(\boldsymbol{\gamma}_\mu)\big)_{\mu\in\mathsf{r}}$ erzeugend für $\mathbf{Bild}(\varphi^*)$. Aber für $\mu \leq r$ hat sich zusätzlich

$$\varphi^*(\boldsymbol{\gamma}_\mu)(\mathfrak{a}_\nu) = \begin{cases} 0 & \text{falls } \mu \neq \nu \\ 1 & \text{falls } \mu = \nu \end{cases}$$

ergeben, und das bedeutet natürlich $\varphi^*(\boldsymbol{\gamma}_\mu) = \boldsymbol{\delta}_\mu$, denn lineare Abbildungen sind durch ihre Werte von Basiselementen eindeutig bestimmt. Damit ist $\big(\varphi^*(\boldsymbol{\gamma}_\mu)\big)_{\mu\in\mathsf{r}} = (\boldsymbol{\delta}_\mu)_{\mu\in\mathsf{r}}$ frei und folglich eine Basis von $\mathbf{Bild}(\varphi^*)$. Also ist $\mathrm{Dim}\big(\mathbf{Bild}(\varphi^*)\big) = r$, was zu zeigen war.

Es sei $\varphi\colon \mathfrak{U} \longrightarrow \mathfrak{V}$ ein Vektorraumhomomorphismus. Der Kern des dualen Homomorphismus kann wie folgt beschrieben werden:

$$\begin{aligned}
\mathbf{Kern}(\varphi^*) &= \big\{\, \boldsymbol{\lambda} \in \mathfrak{V}^* \;\big|\; \varphi(\boldsymbol{\lambda}) = \mathbf{0} \,\big\} \\
&= \Big\{\, \boldsymbol{\lambda} \in \mathfrak{V}^* \;\Big|\; \bigwedge_{\mathfrak{u}\in\mathfrak{U}} \boldsymbol{\lambda}\big(\varphi(\mathfrak{u})\big) = 0 \,\Big\} \\
&= \Big\{\, \boldsymbol{\lambda} \in \mathfrak{V}^* \;\Big|\; \bigwedge_{\mathfrak{u}\in\mathfrak{U}} \varphi(\mathfrak{u}) \in \mathbf{Kern}(\boldsymbol{\lambda}) \,\Big\} \\
&= \big\{\, \boldsymbol{\lambda} \in \mathfrak{V}^* \;\big|\; \mathbf{Bild}(\varphi) \subset \mathbf{Kern}(\boldsymbol{\lambda}) \,\big\}
\end{aligned}$$

6.10.8. Lineare Abbildungen und Matrizen

In Abschnitt 2.2 wurde schon der Ring der quadratischen Matrizen über einem Körper vorgestellt. In diesem Abschnitt werden Matrizen aus der Sicht der linearen Algebra behandelt. Hier ist zunächst die Definition:

D 6.10.11 (Matrix über einem Körper)
Es seien $m, n \in \mathbb{N}_+$. Eine (n, m)-Matrix $\mathbf{A}$ über einem Körper K ist eine Abbildung $\mathbf{A}\colon \mathsf{n} \times \mathsf{m} \longrightarrow \mathsf{K}$. Die Menge aller (n, m)-Matrizen über K wird mit $\mathcal{M}^{\mathsf{K}}_{n,m}$ bezeichnet. Die Bildwerte $\mathbf{A}(\nu, \mu)$ der Matrix werden auch als $a_{\nu\mu}$ geschrieben, man spricht dann auch von den Elementen der Matrix. Die gesamte Abbildung wird als ein rechteckiges Schema dargestellt:

$$\mathbf{A} = \begin{pmatrix} a_{11} & a_{12} & \cdots & a_{1m} \\ a_{21} & a_{22} & \cdots & a_{2m} \\ \vdots & \vdots & & \vdots \\ a_{n1} & a_{n2} & \cdots & a_{nm} \end{pmatrix}$$

Die **transponierte** Matrix $\mathbf{A}^{\mathsf{t}}$ entsteht aus $\mathbf{A}$ durch Spiegeln an der Hauptdiagonalen (von links oben nach rechts unten):

$$\mathbf{A}^{\mathsf{t}} = \begin{pmatrix} a_{11} & a_{21} & \cdots & a_{n1} \\ a_{12} & a_{22} & \cdots & a_{n2} \\ \vdots & \vdots & & \vdots \\ a_{1m} & a_{2m} & \cdots & a_{nm} \end{pmatrix}$$

Die Zeilen der Matrix $\mathbf{A}$ werden mit ${}_{\nu}\mathbf{A}$ bezeichnet, $\nu \in \mathsf{n}$. Es ist also

$${}_{\nu}\mathbf{A} = \begin{pmatrix} a_{\nu 1} & a_{\nu 2} & \cdots & a_{\nu m} \end{pmatrix} \in \mathcal{M}^{\mathsf{K}}_{1,m}$$

Die Spalten der Matrix $\mathbf{A}$ werden mit $\mathbf{A}_{\mu}$ bezeichnet, $\mu \in \mathsf{m}$. Hier ist

$$\mathbf{A}_{\mu} = \begin{pmatrix} a_{1\mu} \\ a_{2\mu} \\ \vdots \\ a_{n\mu} \end{pmatrix} \in \mathcal{M}^{\mathsf{K}}_{n,1}$$

Falls Mißverständnisse möglich sind, werden die beiden Indizes von Matrixelementen durch ein Komma getrennt, etwa bei $a_{11,1}$.

Es ist klar, wie man die Addition von Matrizen und die Multiplikation von Matrizen mit Skalaren definieren muß, damit die Matrizen einen Vektorraum bilden:

S 6.10.24 (Matrizen als Vektorraum)
Die Menge $\mathcal{M}^{\mathsf{K}}_{n,m}$ aller (n, m)-Matrizen bildet mit den folgenden Operationen einen Vektorraum über K, wobei $\mathbf{A}, \mathbf{B} \in \mathcal{M}^{\mathsf{K}}_{n,m}$ und $c \in \mathsf{K}$:

$$(\mathbf{A} + \mathbf{B})(\nu, \mu) = \mathbf{A}(\nu, \mu) + \mathbf{B}(\nu, \mu) \qquad (c\mathbf{A})(\nu, \mu) = c\mathbf{A}(\nu, \mu) \tag{6.262}$$

Es ist sehr leicht, eine Basis für den Vektorraum aller (n, m)-Matrizen anzugeben. Es ist eine Verallgemeinerung der Standardbasis des K^k:

S 6.10.25 (Standardbasis für den Matrizenvektorraum)
Es seien $n, m \in \mathbb{N}_+$. Die Matrizen $\mathbf{E}_{\kappa\lambda}$, mit $(\kappa, \lambda) \in \mathsf{n} \times \mathsf{m}$, seien definiert durch

$$\mathbf{E}_{\kappa\lambda}(\nu, \mu) = \begin{cases} 1 & \text{für } (\kappa, \lambda) = (\nu, \mu) \\ 0 & \text{für } \kappa \neq \nu \vee \lambda \neq \mu \end{cases} \tag{6.263}$$

Die Matrizenfamilie $(\mathbf{E}_{\kappa\lambda})_{(\kappa,\lambda)\in\mathsf{n}\times\mathsf{m}}$ ist eine Basis für den Vektorraum $\mathcal{M}^{\mathsf{K}}_{n,m}$ über K. Insbesondere ist seine Dimension gegeben durch

$$\mathrm{Dim}\big(\mathcal{M}^{\mathsf{K}}_{n,m}\big) = nm \tag{6.264}$$

Speziell sind $\mathcal{M}^{\mathsf{K}}_{n,1}$ und K^n sowie $\mathcal{M}^{\mathsf{K}}_{1,m}$ und K^m isomorph.

Für praktisches Rechnen in Vektorräumen, insbesondere für numerische Berechnungen, ist es wichtig, daß man jeder linearen Abbildung eine Matrix zuordnen kann. Diese ist allerdings nicht kanonisch, sondern hängt von zwei Vektorraumbasen ab.

D 6.10.12 (Matrix eines Vektorraumhomomorphismus)
Es seien nun $\mathfrak{U}$ und $\mathfrak{V}$ endlich erzeugte Vektorräume über einem Körper K. Es sei $(\mathfrak{a}_\nu)_{\nu\in\mathsf{n}}$ eine Basis für $\mathfrak{U}$ und $(\mathfrak{b}_\mu)_{\mu\in\mathsf{m}}$ eine Basis für $\mathfrak{V}$. Weiter sei $\varphi\colon \mathfrak{U} \longrightarrow \mathfrak{V}$ eine lineare Abbildung. Zu jedem $\nu \in \mathsf{n}$ gibt es eine eindeutig bestimmte Skalarfamilie $(b_{\nu\mu})_{\mu\in\mathsf{m}}$ mit

$$\varphi(\mathfrak{a}_\nu) = \sum_{\mu\in\mathsf{m}} b_{\nu\mu}\mathfrak{b}_\mu \tag{6.265}$$

Eine (n, m)-Matrix $\mathbf{M}_\varphi$ wird mit (6.265) wie folgt definiert:

$$\mathbf{M}_\varphi(\nu, \mu) = b_{\nu\mu} \tag{6.266}$$

$\mathbf{M}_\varphi$ heißt die Matrix der linearen Abbildung φ.
Ist umgekehrt $\mathbf{B} \in \mathcal{M}^{\mathsf{K}}_{n,m}$, dann wird durch die Zuordnung (6.265) eine lineare Abbildung $\varphi\colon \mathfrak{U} \longrightarrow \mathfrak{V}$ definiert.

Die Matrix $\mathbf{M}_\varphi$ ist allerdings von den gewählten Basen der beiden Vektorräume abhängig und müßte korrekterweise etwa wie $\mathbf{M}_{\varphi,\mathfrak{a},\mathfrak{b}}$ bezeichnet werden. Die letzte Aussage des Satzes ergibt sich aus **S 6.10.19**.

Die Matrizen eines Vektorraumhomomorphismus φ und seines dualen Homomomorphismus stehen in einem einfachen Zusammenhang, wie der folgende Satz zeigt:

S 6.10.26 (Matrix des dualen Vektorraumhomomorphismus)
Sind $\mathfrak{U}$, $\mathfrak{V}$ endlich erzeugte Vektorräume über einem Körper K und ist $\varphi\colon \mathfrak{U} \longrightarrow \mathfrak{V}$ eine lineare Abbildung, so gilt

$$\mathbf{M}_{\varphi^*} = \mathbf{M}^{\mathsf{t}}_\varphi \tag{6.267}$$

Die Matrix der dualen Abbildung φ^* ist die transponierte Matrix von φ.

Es sei $(\mathfrak{a}_\nu)_{\nu\in\mathsf{n}}$ eine Basis von $\mathfrak{U}$ und $(\gamma_\nu)_{\nu\in\mathsf{n}}$ die zugehörige duale Basis. Es sei $(\mathfrak{b}_\mu)_{\mu\in\mathsf{m}}$ eine Basis von $\mathfrak{V}$ und $(\boldsymbol{\delta}_\mu)_{\mu\in\mathsf{m}}$ die zugehörige duale Basis. Weiter sei

$$\mathbf{M}_\varphi(\nu,\mu) = c_{\nu\mu} \qquad \mathbf{M}_{\varphi^*}(\mu,\nu) = d_{\mu\nu} \qquad \text{für } (\nu,\mu)\in\mathsf{n}\times\mathsf{m}$$

Nach der Definition beider Matrizen gilt damit

$$\varphi(\mathfrak{a}_\nu) = \sum_{\sigma\in\mathsf{m}} c_{\nu\sigma}\mathfrak{b}_\sigma \qquad \varphi^*(\boldsymbol{\delta}_\mu) = \sum_{\rho\in\mathsf{n}} d_{\mu\rho}\gamma_\rho$$

Das führt auf die folgenden beiden Darstellungen von $\varphi^*(\boldsymbol{\delta}_\mu)(\mathfrak{a}_\nu)$:

$$\varphi^*(\boldsymbol{\delta}_\mu)(\mathfrak{a}_\nu) = \boldsymbol{\delta}_\mu\big(\varphi(\mathfrak{a}_\nu)\big) = \boldsymbol{\delta}_\mu\Big(\sum_{\sigma\in\mathsf{m}} c_{\nu\sigma}\mathfrak{b}_\sigma\Big) = \sum_{\sigma\in\mathsf{m}} c_{\nu\sigma}\boldsymbol{\delta}_\mu(\mathfrak{b}_\sigma) = c_{\nu\mu}$$

$$\varphi^*(\boldsymbol{\delta}_\mu)(\mathfrak{a}_\nu) = \Big(\sum_{\rho\in\mathsf{n}} d_{\mu\rho}\gamma_\rho\Big)(\mathfrak{a}_\nu) = \sum_{\rho\in\mathsf{n}} d_{\mu\rho}\gamma_\rho(\mathfrak{a}_\nu) = d_{\mu\nu}$$

Daraus folgt natürlich die Behauptung.

Die Spalten und Zeilen einer (n,m)-Matrix können als Elemente des K^n bzw. des K^m aufgefasst werden und erzeugen daher Teilräume von K^n bzw. K^m. Diese Teilräume haben auch bei $n\neq m$ dieselbe Dimension und sind deshalb isomorph (aber natürlich nicht kanonisch):

S 6.10.27 (Zeilen- und Spaltenrang identisch)
Seien $n,m\in\mathbb{N}_+$ und $\mathbf{M}\in\mathcal{M}^{\mathsf{K}}_{n,m}$ eine (n,m)-Matrix über einem Körper K. Es gilt

$$\operatorname{Dim}\Big(\big\langle(\mathbf{M}_\nu)_{\nu\in\mathsf{n}}\big\rangle\Big) = \operatorname{Dim}\Big(\big\langle({}_\mu\mathbf{M})_{\mu\in\mathsf{m}}\big\rangle\Big) \tag{6.268}$$

Eine Matrix besitzt also dieselbe Anzahl $\operatorname{Rang}(\mathbf{M})$ maximal freier Zeilen und Spalten.

Die Standardbasis von K^k wird mit $(\mathfrak{e}_\kappa)_{\kappa\in\mathsf{k}}$ und ihre duale Basis mit $(\boldsymbol{\delta}_\kappa)_{\kappa\in\mathsf{k}}$ bezeichnet.
Die lineare Abbildung $\varphi\colon\mathsf{K}^n\longrightarrow\mathsf{K}^m$ sei definiert durch $\varphi(\mathfrak{e}_\nu) = {}_\nu\mathbf{M}$ (Eine lineare Abbildung ist durch ihre Werte auf einer Basis eindeutig vorgegegeben). Die Familie $(\mathfrak{e}_\nu)_{\nu\in\mathsf{n}}$ ist erzeugend, folglich ist die Familie

$$\big(\varphi(\mathfrak{e}_\nu)\big)_{\nu\in\mathsf{n}} = ({}_\nu\mathbf{M})_{\nu\in\mathsf{n}}$$

erzeugend für $\mathbf{Bild}(\varphi)$. Letztere Familie enthält eine kleinste erzeugende Teilfamilie

$$({}_\nu\mathbf{M})_{\nu\in N} \quad \text{mit} \quad N\subset\mathsf{n}$$

die also eine Basis von $\mathbf{Bild}(\varphi)$ ist. Das bedeutet

$$\operatorname{Dim}\big(\mathbf{Bild}(\varphi)\big) = \operatorname{Dim}\Big(\big\langle({}_\nu\mathbf{M})_{\nu\in\mathsf{n}}\big\rangle\Big) = p = \#(N)$$

Insbesonder ist p die maximale Anzahl freier Zeilen von $\mathbf{M}$.
Die zu φ duale lineare Abbildung φ^* hat $\mathbf{M}^{\mathsf{t}}$ als Matrix, es gilt folglich

$$\varphi^*(\boldsymbol{\delta}_\mu) = \sum_{\nu\in\mathsf{n}}\mathbf{M}^{\mathsf{t}}(\mu,\nu)\boldsymbol{\delta}_\nu = \sum_{\nu\in\mathsf{n}}\mathbf{M}(\nu,\mu)\boldsymbol{\delta}_\nu$$

Darin gehören $\boldsymbol{\delta}_\mu$ zu $(\mathsf{K}^m)^*$ und die $\boldsymbol{\delta}_\nu$ zu $(\mathsf{K}^n)^*$. Die lineare Abbildung $\boldsymbol{\chi}\colon (\mathsf{K}^n)^* \longrightarrow \mathsf{K}^n$ sei definiert durch $\boldsymbol{\chi}(\boldsymbol{\delta}_\nu) = \mathfrak{e}_\nu$. Sie bildet eine Basis auf eine Basis ab und ist deshalb ein Isomorphismus. Anwendung dieses Isomorphismus ergibt

$$\boldsymbol{\chi}\big(\varphi^*(\boldsymbol{\delta}_\mu)\big) = \sum_{\nu\in\mathbf{n}} \mathbf{M}^{\mathbf{t}}(\mu,\nu)\boldsymbol{\chi}(\boldsymbol{\delta}_\nu) = \sum_{\nu\in\mathbf{n}} \mathbf{M}(\nu,\mu)\mathfrak{e}_\nu = \mathbf{M}_\mu$$

Nun kann wie eben geschlossen werden: Die Familie $(\mathfrak{e}_\mu)_{\mu\in\mathbf{m}}$ ist erzeugend, folglich ist die Familie

$$\big((\boldsymbol{\chi}\circ\varphi^*)(\mathfrak{e}_\mu)\big)_{\mu\in\mathbf{m}}$$

erzeugend für $\mathbf{Bild}(\boldsymbol{\chi}\circ\varphi^*)$. Letztere Familie enthält eine kleinste erzeugende Teilfamilie

$$\big((\boldsymbol{\chi}\circ\varphi^*)(\mathfrak{e}_\mu)\big)_{\mu\in M} \quad \text{mit} \quad M\subset\mathbf{m}$$

die also eine Basis von $\mathbf{Bild}(\boldsymbol{\chi}\circ\varphi^*)$ ist. Das bedeutet

$$\mathrm{Dim}\big(\mathbf{Bild}(\boldsymbol{\chi}\circ\varphi^*)\big) = \mathrm{Dim}\Big(\big\langle(\mathbf{M}_\mu)_{\mu\in\mathbf{m}}\big\rangle\Big) = q = \#(M)$$

Insbesondere ist q die maximale Anzahl freier Spalten von $\mathbf{M}$. Weil aber der Homomorphismus $\boldsymbol{\chi}$ ein Isomorphismus ist, gilt

$$\mathrm{Dim}\big(\mathbf{Bild}(\boldsymbol{\chi}\circ\varphi^*)\big) = \mathrm{Dim}\big(\mathbf{Bild}(\varphi^*)\big)$$

Insgesamt hat sich (siehe **S 6.10.26**)

$$p = \mathrm{Dim}\big(\mathbf{Bild}(\varphi)\big) = \mathrm{Dim}\big(\mathbf{Bild}(\varphi^*)\big) = q$$

ergeben, womit die Behauptung bewiesen ist.

Die Methode, Matrizen zu multiplizieren, kann auf vielerlei Wegen plausibel gemacht werden. Hier liegt es nahe, sich auf den folgenden Satz über die Matrix zweier verketteter linearer Abbildungen zu stützen.

S 6.10.28 (Matrix verketteter Vektorraumhomomorphismen)
Es seien $\mathfrak{U}$, $\mathfrak{V}$ und $\mathfrak{W}$ endlich erzeugte Vektorräume über einem Körper K mit $\mathrm{Dim}(\mathfrak{U}) = n$, $\mathrm{Dim}(\mathfrak{V}) = m$ und $\mathrm{Dim}(\mathfrak{W}) = k$. Es sei $(\mathfrak{a}_\nu)_{\nu\in\mathbf{n}}$ eine Basis von $\mathfrak{U}$, $(\mathfrak{b}_\mu)_{\mu\in\mathbf{m}}$ eine Basis von $\mathfrak{V}$ und $(\mathfrak{c}_\kappa)_{\kappa\in\mathbf{k}}$ eine Basis von $\mathfrak{W}$. Sind $\varphi\colon \mathfrak{U} \longrightarrow \mathfrak{V}$ und $\psi\colon \mathfrak{V} \longrightarrow \mathfrak{W}$ lineare Abbildungen dann gilt bezüglich der drei Basen

$$\mathbf{M}_{\psi\circ\varphi}(\nu,\mu) = \sum_{\mu\in\mathbf{m}} \mathbf{M}_\varphi(\nu,\mu)\mathbf{M}_\psi(\mu,\kappa) \tag{6.269}$$

Mit den Matrizen der beiden Homomorphismen φ und ψ bezüglich der Basen von $\mathfrak{U}$ und $\mathfrak{V}$ erhält man die Darstellungen

$$\varphi(\mathfrak{a}_\nu) = \sum_{\mu\in\mathbf{m}} \mathbf{M}_\varphi(\nu,\mu)\mathfrak{b}_\mu \qquad \psi(\mathfrak{b}_\mu) = \sum_{\kappa\in\mathbf{k}} \mathbf{M}_\psi(\mu,\kappa)\mathfrak{c}_\kappa$$

Einsetzen ergibt

$$(\psi \circ \varphi)(\mathfrak{a}_\nu) = \sum_{\kappa \in \mathbf{k}} \Big(\sum_{\mu \in \mathbf{m}} \mathbf{M}_\varphi(\nu,\mu)\mathbf{M}_\psi(\mu,\kappa) \Big) \mathfrak{c}_\kappa$$

woraus gemäß der Definition der Matrix einer linearen Abbildung die Behauptung folgt.

Es ist jetzt offenkundig, wie die Matrizenmultiplikation zu definieren ist, damit sie mit der Hintereinanderschaltung von linearen Abbildungen verträglich ist.

D 6.10.13 (Matrizenmultiplikation)
Es seien $n, m, k \in \mathbb{N}_+$, $\mathbf{A} \in \mathcal{M}^{\mathsf{K}}_{n,m}$ und $\mathbf{B} \in \mathcal{M}^{\mathsf{K}}_{m,k}$. Dann ist das Produkt der beiden Matrizen definiert durch

$$(\mathbf{AB})(\nu,\kappa) = \sum_{\mu \in \mathbf{m}} \mathbf{A}(\nu,\mu)\mathbf{B}(\mu,\kappa) \qquad (\nu,\kappa) \in \mathbf{n} \times \mathbf{k} \tag{6.270}$$

Es ist also $\mathbf{AB} \in \mathcal{M}^{\mathsf{K}}_{n,k}$.

Im Kontext der vorangehenden Definition kann **S 6.10.28** jetzt in Matrixschreibweise formuliert werden. Man beachte jedoch die Vertauschung der beiden Homomorphismen.

K 6.10.3 Mit den Bezeichnungen und Voraussetzungen von **S 6.10.28** gilt

$$\mathbf{M}_{\psi \circ \varphi} = \mathbf{M}_\varphi \mathbf{M}_\psi \tag{6.271}$$

Das Produkt $\mathbf{C} = \mathbf{AB}$ zweier Matrizen $\mathbf{A}$ und $\mathbf{B}$ existiert nach der Definition nur dann, wenn die Anzahl der Spalten von $\mathbf{A}$ mit der Anzahl der Zeilen von $\mathbf{B}$ übereinstimmt. Das nachstehende Bild illustriert diesen Sachverhalt:

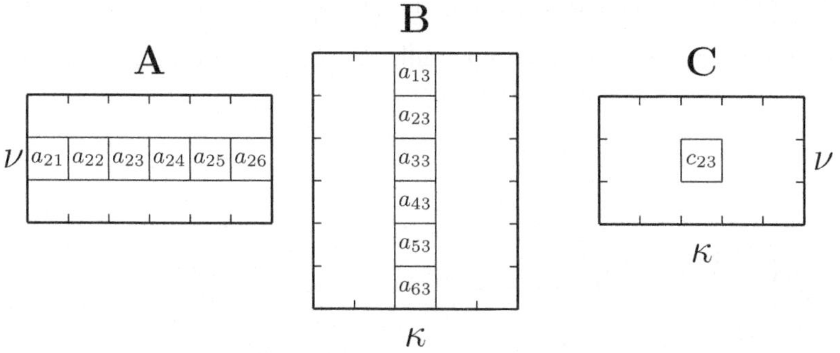

Wie mit leichter aber nicht ganz kurzer Rechnung bestätigt werden kann ist die Matrizenmultiplikation assoziativ, für $\mathbf{A} \in \mathcal{M}^{\mathsf{K}}_{n,m}$, $\mathbf{B} \in \mathcal{M}^{\mathsf{K}}_{m,k}$ und $\mathbf{C} \in \mathcal{M}^{\mathsf{K}}_{k,l}$ gilt also $(\mathbf{AB})\mathbf{C} = \mathbf{A}(\mathbf{BC})$.
Wie schon einfachste Beispiele zeigen ist die Multiplikation zweier **quadratischer** Matrizen, d.h. zweier (n,n)-Matrizen, nicht kommutativ.
Es gibt zwei Distributivgesetze. Einmal ist für $\mathbf{A} \in \mathcal{M}^{\mathsf{K}}_{n,m}$ und $\mathbf{B}, \mathbf{C} \in \mathcal{M}^{\mathsf{K}}_{m,k}$

$$\mathbf{A}(\mathbf{B} + \mathbf{C}) = \mathbf{AB} + \mathbf{AC} \tag{6.272}$$

zum anderen ist für $\mathbf{A}, \mathbf{B} \in \mathcal{M}^{\mathsf{K}}_{n,m}$ und $\mathbf{C} \in \mathcal{M}^{\mathsf{K}}_{m,k}$

$$(\mathbf{A} + \mathbf{B})\mathbf{C} = \mathbf{AC} + \mathbf{BC} \tag{6.273}$$

In dem Spezialfall, daß alle drei Matrizen Elemente von $\mathcal{M}^{\mathsf{K}}_{n,n}$ sind, fallen die beiden Distributivgesetze nicht zusammen, denn die Multiplikation quadratischer Matrizen ist nicht kommutativ.

S 6.10.22 (**iii**) kann natürlich auch in Matrixschreibweise formuliert werden. Zusammen mit **S 6.10.26** erhält man

S 6.10.29 (Transponiertes Matrizenprodukt)
Für Matrizen $\mathbf{A} \in \mathcal{M}^{\mathsf{K}}_{n,m}$ und $\mathbf{B} \in \mathcal{M}^{\mathsf{K}}_{m,k}$ über einem Körper K gilt

$$(\mathbf{AB})^{\mathsf{t}} = \mathbf{B}^{\mathsf{t}}\mathbf{A}^{\mathsf{t}} \tag{6.274}$$

Beim Transponieren wird die Reihenfolge der Matrizen vertauscht.

Es seien $\varphi\colon \mathsf{K}^n \longrightarrow \mathsf{K}^m$ und $\psi\colon \mathsf{K}^m \longrightarrow \mathsf{K}^k$ lineare Abbildungen mit $\mathbf{M}_\varphi = \mathbf{A}$ und $\mathbf{M}_\psi = \mathbf{B}$. Damit erhält man

$$\mathbf{B}^{\mathsf{t}}\mathbf{A}^{\mathsf{t}} = \mathbf{M}_{\psi^*}\mathbf{M}_{\varphi^*} = \mathbf{M}_{\varphi^*\circ\psi^*} = \mathbf{M}_{(\psi\circ\varphi)^*} = \mathbf{M}^{\mathsf{t}}_{\psi\circ\varphi} = (\mathbf{AB})^{\mathsf{t}}$$

In dem Spezialfall eines Vektorraumhomomorphismus $\varphi\colon \mathsf{K}^n \longrightarrow \mathsf{K}^m$ kann man vermuten, daß seine Matrix $\mathbf{M}_\varphi$ eine stärkere Rolle spielt als bei einem Homomorphismus zwischen beliebigen Vektorräumen. Das ist auch tatsächlich der Fall:

S 6.10.30 Es seien $n, m \in \mathbb{N}_+$, K ein Körper und $\varphi\colon \mathsf{K}^n \longrightarrow \mathsf{K}^m$ eine lineare Abbildung. Dann gilt

(**i**) Für $\mathfrak{u} \in \mathsf{K}^n$ ist $\varphi(\mathfrak{u}) = \mathbf{M}^{\mathsf{t}}_\varphi \mathfrak{u}$

(**ii**) $\mathbf{Bild}(\varphi) = \left\langle \left((\mathbf{M}^{\mathsf{t}}_\varphi)_\nu \right)_{\nu\in\mathbf{n}} \right\rangle$

(**iii**) Ist φ injektiv (und daher $n \le m$), so ist $\left\langle \left((\mathbf{M}^{\mathsf{t}}_\varphi)_\nu \right)_{\nu\in\mathbf{n}} \right\rangle$ eine Basis für $\mathbf{Bild}(\varphi)$

Die Aussage von (**ii**) ist also, daß die Familie der Spalten der transponierten Matrix von φ ein Erzeugendensystem für $\mathbf{Bild}(\varphi)$ bildet.

Es sei $(\mathfrak{e}_\kappa)_{\kappa\in\mathbf{k}}$ die Standardbasis von K^k und es sei $(u_1, \cdots, u_n)^{\mathsf{t}} \in \mathsf{K}^n$. Damit erhält man zunächst die Entwicklung

$$\varphi(\mathfrak{u}) = \varphi(\begin{pmatrix} u_1 \\ \vdots \\ u_n \end{pmatrix}) = \varphi\Big(\sum_{\nu\in\mathbf{n}} u_\nu \mathfrak{e}_\nu\Big) = \sum_{\nu\in\mathbf{n}} u_\nu \varphi(\mathfrak{e}_\nu) = \sum_{\nu\in\mathbf{n}} u_\nu \sum_{\mu\in\mathbf{m}} \mathbf{M}_\varphi(\nu,\mu)\mathfrak{e}_\mu \tag{6.275}$$

Man kann nun die Summationsreihenfolge in der Doppelsumme belassen und wie folgt weiterentwickeln:

$$\varphi(\mathfrak{u}) = \sum_{\nu\in\mathbf{n}} u_\nu \begin{pmatrix} \mathbf{M}_\varphi(\nu,1) \\ \vdots \\ \mathbf{M}_\varphi(\nu,m) \end{pmatrix} = \sum_{\nu\in\mathbf{n}} u_\nu \big(\mathbf{M}^{\mathsf{t}}_\varphi\big)_\nu \tag{6.276}$$

Ist $\mathfrak{v} = \varphi(\mathfrak{u}) \in \mathbf{Bild}(\varphi)$, dann besagt (6.276), daß $\mathfrak{v}$ eine Linearkombination der transponierten Zeilen von $\mathbf{M}_\varphi$ ist. Ist umgekehrt $(a_\nu)_{\nu\in\mathbf{n}}$ eine Skalarfamilie und $\mathfrak{v} \in \mathsf{K}^m$ mit

$$\mathfrak{v} = \sum_{\nu\in\mathbf{n}} a_\nu \big(\mathbf{M}^{\mathsf{t}}_\varphi\big)_\nu$$

dann kann mit (6.276) (von rechts nach links gelesen) auf

$$\varphi(\begin{pmatrix} a_1 \\ \vdots \\ a_n \end{pmatrix}) = \mathfrak{v} \quad \text{und also auf} \quad \mathfrak{v} \in \mathbf{Bild}(\varphi)$$

geschlossen werden. Damit ist (**ii**) bewiesen.
Ist φ injektiv, dann sind K^n und $\mathbf{Bild}(\varphi)$ isomorph, was für $n > m$ natürlich unmöglich ist. Nun enhält (6.276) den Spezialfall $\varphi(\mathfrak{e}_\nu) = \left(\mathbf{M}_\varphi^{\mathsf{t}}\right)_\nu$. Bei injektivem φ ist die Familie $\left((\mathbf{M}_\varphi^{\mathsf{t}})_\nu\right)_{\nu\in\mathbf{n}}$ daher als Bild einer freien Vektorfamilie ebenfalls frei, folglich ein freies Erzeugendensystem von $\mathbf{Bild}(\varphi)$, d.h. eine Basis. Damit ist auch (**iii**) bewiesen.
Vertauscht man in der Doppelsumme auf der rechten Seite von (6.275) die Summationsreihenfolge und setzt man $\mathbf{F} = \mathbf{M}_\varphi$, um die Bezeichnung zu vereinfachen, dann erhält man

$$\varphi(\mathfrak{u}) = \sum_{\mu\in\mathbf{m}} \Big(\sum_{\nu\in\mathbf{n}} u_\nu \mathbf{F}(\nu, \mu) \Big) \mathfrak{e}_\mu \tag{6.277}$$

Nun ist $\mathfrak{u}^{\mathsf{t}} \in \mathcal{M}_{1,n}^{\mathsf{K}}$ und $\mathbf{F}_\mu \in \mathcal{M}_{n,1}^{\mathsf{K}}$, also ist $\mathfrak{u}^{\mathsf{t}}\mathbf{F}_\mu \in \mathcal{M}_{1,1}^{\mathsf{K}} = \mathsf{K}$, und man erhält konkret

$$\mathfrak{u}^{\mathsf{t}}\mathbf{F}_\mu = \sum_{\nu\in\mathbf{n}} u_\nu \mathbf{F}(\nu, \mu)$$

Daher wird aus (6.277)

$$\varphi(\mathfrak{u}) = \sum_{\mu\in\mathbf{m}} \mathfrak{u}^{\mathsf{t}}\mathbf{F}_\mu \mathfrak{e}_\mu = \begin{pmatrix} \mathfrak{u}^{\mathsf{t}}\mathbf{F}_1 \\ \vdots \\ \mathfrak{u}^{\mathsf{t}}\mathbf{F}_m \end{pmatrix} = (\mathfrak{u}^{\mathsf{t}}\mathbf{F})^{\mathsf{t}} = \mathbf{F}^{\mathsf{t}}\mathfrak{u} = \mathbf{M}_\varphi^{\mathsf{t}}\mathfrak{u}$$

Damit ist schließlich auch (**i**) bewiesen.

6.10.9. Lineare Gleichungssysteme

Es seien $\mathfrak{U}$ und $\mathfrak{V}$ Vektorräume über einem kommutativen Körper K und $\varphi\colon \mathfrak{U} \longrightarrow \mathfrak{V}$ eine lineare Abbildung. Für ein $\mathfrak{v} \in \mathfrak{V}$ ist die **lineare Gleichung**

$$\varphi(\mathfrak{x}) = \mathfrak{v} \tag{6.278}$$

eine Abkürzung für die **Lösungsmenge**

$$\{\, \mathfrak{x} \in \mathfrak{U} \mid \varphi(\mathfrak{x}) = \mathfrak{v} \,\} = \varphi^{-1}\big[\{\mathfrak{v}\}\big] \tag{6.279}$$

In dieser Allgemeinheit gehören lineare Gleichungen zur Funktionalanalysis. Geht man jedoch zu endlichdimensionalen Vektorräumen über, dann ist man in der Linearen Algebra angekommen. Für praktisches Rechnen ersetzt man $\mathfrak{U}$ durch K^n, $\mathfrak{V}$ durch K^m, mit $n, m \in \mathbb{N}_+$, und die lineare Abbildung $\varphi\colon \mathsf{K}^n \longrightarrow \mathsf{K}^m$ durch ihre Matrix $\mathbf{M}_\varphi \in \mathcal{M}^{\mathsf{K}}_{n,m}$ bezüglich geeigneter Basen von K^n und K^m. Nach **S 6.10.30 (i)** ist $\varphi(\mathfrak{u}) = \mathbf{M}^{\mathsf{t}}_\varphi \mathfrak{u}$ für jedes $\mathfrak{u} \in \mathsf{K}^n$. Setzt man

$$\mathbf{M}^{\mathsf{t}}_\varphi = \mathbf{A} = \begin{pmatrix} a_{11} & a_{12} & \cdots & a_{1n} \\ a_{21} & a_{22} & \cdots & a_{2n} \\ \vdots & \vdots & & \vdots \\ a_{m1} & a_{m2} & \cdots & a_{mn} \end{pmatrix} \tag{6.280}$$

dann erhält man als Lösungsmenge der linearen Gleichung $\mathbf{A}\mathfrak{x} = \mathfrak{v}$

$$\{\, \mathfrak{x} \in \mathsf{K}^n \mid \mathbf{A}\mathfrak{x} = \mathfrak{v} \,\} = \left\{ \begin{pmatrix} x_1 \\ x_2 \\ \vdots \\ x_n \end{pmatrix} \in \mathsf{K}^n \;\middle|\; \begin{pmatrix} a_{11} & a_{12} & \cdots & a_{1n} \\ a_{21} & a_{22} & \cdots & a_{2n} \\ \vdots & \vdots & & \vdots \\ a_{m1} & a_{m2} & \cdots & a_{mn} \end{pmatrix} \begin{pmatrix} x_1 \\ x_2 \\ \vdots \\ x_n \end{pmatrix} = \begin{pmatrix} v_1 \\ v_2 \\ \vdots \\ v_m \end{pmatrix} \right\} \tag{6.281}$$

Mit Ausschreiben des Matrizenproduktes läßt sich die Lösungsmenge auf traditionelle Weise beschreiben. Gesucht sind $x_1, \ldots, x_n \in \mathsf{K}$, welche die folgenden m Gleichungen erfüllen:

$$\begin{aligned} a_{11}x_1 + a_{12}x_2 + \ldots + a_{1n}x_n &= v_1 \\ a_{21}x_1 + a_{22}x_2 + \ldots + a_{2n}x_n &= v_2 \\ &\vdots \\ a_{m1}x_1 + a_{m2}x_2 + \ldots + a_{mn}x_n &= v_m \end{aligned} \tag{6.282}$$

Um die Eigenschaften eines solchen Gleichungssystems zu bestimmen geht man besser zum allgemeinen System (6.278) zurück, allerdings mit $\mathbf{Dim}(\mathfrak{U}) = n$ und $\mathbf{Dim}(\mathfrak{V}) = m$. Eine notwendige und hinreichende Bedingung dafür, daß das System (6.278) eine Lösung besitzt ist offensichtlich

$$\mathfrak{v} \in \mathbf{Bild}(\varphi) \tag{6.283}$$

Daher hat jede lineare Gleichung, die mit einer surjektiven linearen Abbildung φ gebildet wird, eine Lösung. Zu einer etwas konkreteren Aussage kommt man, wenn man den **homogenen** Teil der Gleichung betrachtet, also die lineare Gleichung $\varphi(\mathfrak{x}) = \mathfrak{o}$. Ihre Lösungsmenge ist ein alter

Bekannter, nämlich $\mathbf{Kern}(\varphi)$. Folglich hat ein homogenes System stets eine Lösung, nämlich $\mathfrak{x} = \mathfrak{o}$, und bei injektivem φ genau diese eine Lösung. Für die allgemeine lineare Gleichung gilt nun der folgende einfache Satz:

S 6.10.31 (Partikuläre Lösung)
Es seien $\varphi\colon \mathsf{K}^n \longrightarrow \mathsf{K}^m$ eine lineare Abbildung und $\mathfrak{v} \in \mathsf{K}^m$. Ist $\mathfrak{u} \in \mathsf{K}^n$ eine **partikuläre** Lösung der Gleichung $\varphi(\mathfrak{x}) = \mathfrak{v}$, d.h. ist $\varphi(\mathfrak{u}) = \mathfrak{v}$, dann gilt

$$\{\, \mathfrak{x} \in \mathsf{K}^n \mid \varphi(\mathfrak{x}) = \mathfrak{v} \,\} = \mathfrak{u} + \mathbf{Kern}(\varphi) \tag{6.284}$$

Die allgemeine Lösung besteht aus Summen einer Partikulärlösung mit den Lösungen des homogenen Systems (siehe Abschnitt 6.10.5).

Es sei $\mathfrak{x} \in \mathsf{K}^n$ mit $\varphi(\mathfrak{x}) = \mathfrak{v}$. Aus $\varphi(\mathfrak{u}) = \varphi(\mathfrak{x})$ folgt $\mathfrak{o} = \varphi(\mathfrak{x}) - \varphi(\mathfrak{u}) = \varphi(\mathfrak{x} - \mathfrak{u})$, und das bedeutet $\mathfrak{x} - \mathfrak{u} \in \mathbf{Kern}(\varphi)$ oder $\mathfrak{x} \in \mathfrak{u} + \mathbf{Kern}(\varphi)$.
Es sei umgekehrt $\mathfrak{x} \in \mathfrak{u} + \mathbf{Kern}(\varphi)$. Es gibt daher ein $\mathfrak{k} \in \mathbf{Kern}(\varphi)$ mit $\mathfrak{x} = \mathfrak{u} + \mathfrak{k}$. Daraus folgt $\varphi(\mathfrak{x}) = \varphi(\mathfrak{u} + \mathfrak{k}) = \varphi(\mathfrak{u}) + \varphi(\mathfrak{k}) = \varphi(\mathfrak{u}) = \mathfrak{v}$.

In einem mit einer linearen Abbildung $\varphi\colon \mathsf{K}^n \longrightarrow \mathsf{K}^m$ gebildeten System $\varphi(\mathfrak{x}) = \mathfrak{v}$ bedeutet n die Anzahl der Unbekannten und m die Anzahl der Gleichungen (siehe (6.281) oder (6.282)). Ein System mit weniger Gleichungen als Unbekannten heißt **unterbestimmt**, für solche Systeme gilt

S 6.10.32 (Unterbestimmtes System hat echte Lösungen)
Für lineare Abbildungen $\varphi\colon \mathsf{K}^n \longrightarrow \mathsf{K}^m$ gilt

$$m < n \implies \mathrm{Dim}\big(\mathbf{Kern}(\varphi)\big) \geq 1 \tag{6.285}$$

Ein homogenes System mit mehr Unbekannten als Gleichungen hat echte Lösungen, d.h. Lösungen $\mathfrak{x} \neq \mathfrak{o}$.

Die Behauptung des Satzes folgt direkt aus der wohlbekannten Dimensionsformel (6.239). Es sei dazu $k = \mathrm{Rang}(\mathbf{A}) = \mathrm{Rang}(\mathbf{M}_\varphi^{\mathbf{t}}) = \mathrm{Rang}(\mathbf{M}_\varphi) = \mathrm{Dim}\big(\mathbf{Bild}(\varphi)\big)$. Damit gilt

$$n = \mathrm{Dim}\big(\mathbf{Kern}(\varphi)\big) + \mathrm{Dim}\big(\mathbf{Bild}(\varphi)\big) = \mathrm{Dim}\big(\mathbf{Kern}(\varphi)\big) + k$$

Es ist natürlich $k \leq m$, woraus sich zusammen mit $m < n$ die Behauptung ergibt:

$$\mathrm{Dim}\big(\mathbf{Kern}(\varphi)\big) = n - k \geq n - m \geq 1$$

Ein mit einer linearen Abbildung $\varphi\colon \mathsf{K}^n \longrightarrow \mathsf{K}^m$ gebildetes System $\varphi(\mathfrak{x}) = \mathfrak{v}$ mit mehr Gleichungen als Unbekannten, d.h. mit $n < m$, heißt **überbestimmt**. Aus der Dimensionsformel folgt, daß φ nicht surjektiv sein kann, d.h. nicht jedes überbestimmte System hat eine Lösung.

Am häufigsten finden in der Praxis lineare Systeme Anwendung, welche dieselbe Anzahl von Gleichungen und Unbekannten haben: Es ist $n = m$ und die Abbildung φ ist ein Endomorphismus $\varphi\colon \mathsf{K}^n \longrightarrow \mathsf{K}^n$, eine lineare Abbildung von K^n in sich selbst. Die Matrix $\mathbf{A} = \mathbf{M}_\varphi^{\mathbf{t}}$ ist also eine quadratische (n, n)-Matrix.

Ist φ surjektiv, dann hat die lineare Gleichung $\varphi(\mathfrak{x}) = \mathfrak{v}$ für jedes $\mathfrak{v} \in \mathsf{K}^n$ eine Lösung. Aus der Dimensionsformel folgt für surjektives φ

$$n = \mathrm{Dim}\big(\mathbf{Kern}(\varphi)\big) + \mathrm{Dim}\big(\mathbf{Bild}(\varphi)\big) = \mathrm{Dim}\big(\mathbf{Kern}(\varphi)\big) + n$$

also $\mathrm{Dim}\big(\mathbf{Kern}(\varphi)\big) = 0$ oder $\mathbf{Kern}(\varphi) = \{\mathfrak{o}\}$ und φ ist auch injektiv, also insgesamt bijektiv und besitzt eine Inverse. Die Gleichung hat daher sogar genau eine Lösung. Auf die Matrix $\mathbf{A}$ übertragen heißt das $\mathrm{Rang}(\mathbf{A}) = n$, die Matrix ist regulär und besitzt eine Inverse $\mathbf{A}^{-1}$. Kennt man die inverse Matrix, dann kennt man auch die Lösung des Systems:

$$\mathbf{A}\mathfrak{x} = \mathfrak{v} \implies \mathfrak{x} = \mathbf{A}^{-1}\mathbf{A}\mathfrak{x} = \mathbf{A}^{-1}\mathfrak{v}$$

Ist die Matrix jedoch singulär, d.h. ist $\mathrm{Rang}(\mathbf{A}) < n$, dann ist (wie eben gesehen) φ nicht surjektiv und für jedes $\mathfrak{v} \in \mathsf{K}^n \setminus \mathbf{Bild}(\varphi)$ hat das System $\varphi(\mathfrak{x}) = \mathfrak{v}$ keine Lösung.

Die Matrix $\mathbf{A}$ sei nun regulär. Weil die Berechnung der inversen Matrix $\mathbf{A}^{-1}$ gegenüber der Auflösung einer linearen Gleichung aufwendig ist, denn sie besteht aus der Auflösung von n linearen Gleichungen, werden in der Praxis andere Methoden zur Gleichunglösung angewandt. Man stellt zunächst fest, daß es Matrizen gibt, die es erlauben, eine Lösung direkt anzugeben. Das ist beispielsweise bei oberen Dreicksmatrizen der Fall. Das System

$$\begin{pmatrix} a_{11} & a_{12} & a_{13} & a_{14} \\ 0 & a_{22} & a_{23} & a_{24} \\ 0 & 0 & a_{33} & a_{34} \\ 0 & 0 & 0 & a_{44} \end{pmatrix} \begin{pmatrix} x_1 \\ x_2 \\ x_3 \\ x_4 \end{pmatrix} = \begin{pmatrix} v_1 \\ v_2 \\ v_3 \\ v_4 \end{pmatrix}$$

oder als System linearer Gleichungen geschrieben

$$\begin{aligned} a_{11}x_1 + a_{12}x_2 + a_{13}x_3 + a_{14}x_4 &= v_1 \\ a_{22}x_2 + a_{23}x_3 + a_{24}x_4 &= v_2 \\ a_{33}x_3 + a_{34}x_4 &= v_3 \\ a_{44}x_4 &= v_4 \end{aligned}$$

kann auf einfache Weise gelöst werden. Es ist $x_4 = a_{44}^{-1}v_4$, dann $x_3 = a_{33}^{-1}(v_3 - a_{34}a_{44}^{-1}v_4)$ usw. Der nächste Satz zeigt eine (jetzt noch potentielle) Methode auf, ein beliebiges quadratisches lineares System in ein System mit einer Dreiecksmatrix umzuformen.

S 6.10.33 (Transformation eines linearen Gleichungssystems)
Es seien $\varphi\colon \mathsf{K}^n \longrightarrow \mathsf{K}^n$ eine lineare Abbildung und $\psi\colon \mathsf{K}^n \longrightarrow \mathsf{K}^n$ ein Automorphismus (eine bijektive lineare Abbildung) von K^n. Für jedes $\mathfrak{v} \in \mathbf{Bild}(\varphi)$ gilt dann

$$\{\,\mathfrak{x} \in \mathsf{K}^n \mid \varphi(\mathfrak{x}) = \mathfrak{v}\,\} = \{\,\mathfrak{x} \in \mathsf{K}^n \mid \psi\big(\varphi(\mathfrak{x})\big) = \psi(\mathfrak{v})\,\} \tag{6.286}$$

Die linearen Gleichungen $\varphi(\mathfrak{x}) = \mathfrak{v}$ und $\psi\circ\varphi(\mathfrak{x}) = \psi(\mathfrak{v})$ haben dieselbe Lösungsmenge.

Die Behauptung des Satzes folgt unmittelbar aus der Bijektivität der Abbildung ψ:

$$\psi\big(\varphi(\mathfrak{x})\big) = \psi(\mathfrak{v}) \iff \varphi(\mathfrak{x}) = \mathfrak{v}$$

Die Linearität der Abbildung ψ ist für die Aussage des Satzes nicht notwendig, man will jedoch mit der Transformation wieder zu einem linearen System gelangen, und *dazu* ist die Linearität von ψ notwendig.

Es gilt nun also, geeignete Automorphismen ψ zu finden, und zwar so, daß die Matrix von $\psi\circ\varphi$ eine Dreiecksmatrix ist. Das ist kein großes Problem, denn solche Automorphismen sind schon seit Jahrhunderten bekannt, wenn auch nicht in unmittelbarer Automorphismengestalt. Um das System linearer Gleichungen mit Koeffizienten in $\mathbf{K}$

$$\begin{aligned} a_{11}x_1 + a_{12}x_2 + a_{13}x_3 + a_{14}x_4 &= v_1 \\ a_{21}x_1 + a_{22}x_2 + a_{23}x_3 + a_{24}x_4 &= v_2 \\ a_{31}x_1 + a_{32}x_2 + a_{33}x_3 + a_{34}x_4 &= v_3 \\ a_{41}x_1 + a_{42}x_2 + a_{43}x_3 + a_{44}x_4 &= v_4 \end{aligned} \tag{6.287}$$

zu lösen multipliziert man die erste Gleichung mit dem multiplikativen Inversen ihres führenden Koeffizienten a_{11}^{-1} und erhält so eine Gleichung

$$x_1 + \tilde{a}_{12}x_2 + \tilde{a}_{13}x_3 + \tilde{a}_{14}x_4 = \tilde{v}_1$$

Subtrahiert man nun das a_{21}-fache der modifizierten ersten Gleichung von der zweiten Gleichung, so ist die Unbekannte x_1 aus der zweiten Gleichung eliminiert und man erhält das System

$$\begin{aligned} x_1 + \tilde{a}_{12}x_2 + \tilde{a}_{13}x_3 + \tilde{a}_{14}x_4 &= \tilde{v}_1 \\ \tilde{a}_{22}x_2 + \tilde{a}_{23}x_3 + \tilde{a}_{24}x_4 &= \tilde{v}_2 \\ a_{31}x_1 + a_{32}x_2 + a_{33}x_3 + a_{34}x_4 &= v_3 \\ a_{41}x_1 + a_{42}x_2 + a_{43}x_3 + a_{44}x_4 &= v_4 \end{aligned}$$

Durch Subtrahieren des a_{31}-fachen der modifizierten ersten Gleichung von der dritten und des a_{41}-fachen der modifizierten ersten Gleichung von der vierten ergibt sich das Gleichungssystem

$$\begin{aligned} x_1 + \tilde{a}_{12}x_2 + \tilde{a}_{13}x_3 + \tilde{a}_{14}x_4 &= \tilde{v}_1 \\ \tilde{a}_{22}x_2 + \tilde{a}_{23}x_3 + \tilde{a}_{24}x_4 &= \tilde{v}_2 \\ \tilde{a}_{32}x_2 + \tilde{a}_{33}x_3 + \tilde{a}_{34}x_4 &= \tilde{v}_3 \\ \tilde{a}_{42}x_2 + \tilde{a}_{43}x_3 + \tilde{a}_{44}x_4 &= \tilde{v}_4 \end{aligned} \tag{6.288}$$

Damit ist x_1 bekannt, wenn nur erst x_2, x_3 und x_4 bekannt sind. Man fährt jetzt natürlich damit fort, die Unbekannte x_2 aus der zweiten und dritten Gleichung des Systems

$$\begin{aligned} \tilde{a}_{22}x_2 + \tilde{a}_{23}x_3 + \tilde{a}_{24}x_4 &= \tilde{v}_2 \\ \tilde{a}_{32}x_2 + \tilde{a}_{33}x_3 + \tilde{a}_{34}x_4 &= \tilde{v}_3 \\ \tilde{a}_{42}x_2 + \tilde{a}_{43}x_3 + \tilde{a}_{44}x_4 &= \tilde{v}_4 \end{aligned} \tag{6.289}$$

zu eleminieren. Das verbleibende System mit zwei Gleichungen für die Unbekannten x_3 und x_4 wird ebenso behandelt. Das Ergebnis ist ein dreieckiges Gleichungsystem, mit dem die Unbekannten sukzessive bestimmt werden können. Man arbeitet sich bei der Unbekannten x_4 beginnend bis zu x_1 vor.

Doch es ist nicht alles Gold, was glänzt. Das Verfahren bricht schon im ersten Schritt ohne Ergebnis ab, falls $a_{11} = 0$ gilt. Oder, wenn nicht schon im ersten Schritt dann möglicherweise im zweiten wegen $\tilde{a}_{22} = 0$ usw.

Angenommen es ist bereits $a_{11} = 0$. Dann kann das Verfahren trotzdem weitergeführt werden wenn es ein $\mu \in \{2, 3, 4\}$ gibt mit $a_{\mu 1} \neq 0$, d.h. überhaupt eine Gleichung mit nicht verschwindendem führenden Koeffizienten. Man hat nur die erste Gleichung mit der μ-ten zu vertauschen und erlangt sogar noch den Vorteil, in der nach dem Austausch μ-ten Gleichung die Unbekannte x_1 nicht eleminieren zu müssen. Das Gleichungssystem als Ganzes ändert sich durch einen Gleichungstausch natürlich nicht.

Es ist allerdings auch möglich, daß in dem System (6.289) die Unbekannte x_2 überhaupt nicht vorkommt, daß also $\tilde{a}_{22} = \tilde{a}_{32} = \tilde{a}_{42} = 0$ gilt. Es liegt dann ein überbestimmtes System vor:

$$\begin{aligned} \tilde{a}_{23}x_3 + \tilde{a}_{24}x_4 &= \tilde{v}_2 \\ \tilde{a}_{33}x_3 + \tilde{a}_{34}x_4 &= \tilde{v}_3 \\ \tilde{a}_{43}x_3 + \tilde{a}_{44}x_4 &= \tilde{v}_4 \end{aligned} \tag{6.290}$$

Dieser Fall kann eintreten, weil nicht vorausgesetzt wird, daß die Matrix $\mathbf{A}$ des Gesamtsystems regulär ist. Man streicht hier die erste Gleichung in (6.290) und versucht, das verbleibende System

$$\begin{aligned} \tilde{a}_{33}x_3 + \tilde{a}_{34}x_4 &= \tilde{v}_3 \\ \tilde{a}_{43}x_3 + \tilde{a}_{44}x_4 &= \tilde{v}_4 \end{aligned}$$

nach den Unbekannten x_3 und x_4 aufzulösen. Gelingt das nicht, so hat auch das Gesamtsystem (6.287) keine Lösung. Konnten jedoch Lösungen u_3 und u_4 gefunden werden, so ist zu prüfen, ob diese auch die erste Gleichung des Systems (6.290) lösen, d.h. es muß gelten

$$\tilde{a}_{23}u_3 + \tilde{a}_{24}u_4 = \tilde{v}_2$$

Ist das nicht der Fall, so hat sich ein Widerspruch ergeben und das Gesamtsystem (6.287) hat keine Lösung. Andernfalls ist jedoch eine Lösung des Gesamtsystems gefunden. Denn x_2 kann offenbar jedes beliebige Element $u_2 \in \mathsf{K}$ sein und x_1 läßt sich aus der ersten Gleichung des Systems (6.288) bestimmen:

$$u_1 = \tilde{v}_1 - \tilde{a}_{12}u_2 - \tilde{a}_{13}u_3 - \tilde{a}_{14}u_4$$

An dieser Stelle ist sicherlich ein Beispiel angebracht, und zwar soll das folgende System linearer Gleichungen mit Koeffizienten im Körper $\mathsf{K} = \mathbb{Z}_3$ gelöst werden:

$$\begin{aligned} x_1 + 2x_2 \phantom{{}+x_3} + x_4 &= 0 \\ 2x_1 + 2x_2 + x_3 \phantom{{}+2x_4} &= 2 \\ x_2 + x_3 + x_4 &= 2 \\ x_1 \phantom{{}+2x_2} + x_3 + 2x_4 &= 2 \end{aligned}$$

Das Verfahren läßt sich besser verfolgen, wenn die Unbekannten mit einem Nullkoeffizienten mit ausgeschrieben werden, das Gleichungssystem wird damit zu

$$\begin{aligned} x_1 + 2x_2 + 0x_3 + x_4 &= 0 \\ 2x_1 + 2x_2 + x_3 + 0x_4 &= 2 \\ 0x_1 + x_2 + x_3 + x_4 &= 2 \\ x_1 + 0x_2 + x_3 + 2x_4 &= 2 \end{aligned}$$

Die Subtraktion der ersten Gleichung des Systems von der vierten und die Subtraktion der mit 2 multiplizierten ersten Gleichung von der zweiten ergibt das System

$$\begin{aligned} x_1 + 2x_2 + 0x_3 + x_4 &= 0 \\ 0x_1 + x_2 + x_3 + x_4 &= 2 \\ 0x_1 + x_2 + x_3 + x_4 &= 2 \\ 0x_1 + x_2 + x_3 + x_4 &= 2 \end{aligned}$$

Geht man nach der Regel vor, dann ist die zweite Gleichung von der dritten und vierten Gleichung zu subtrahieren. Man erhält das System

$$\begin{aligned} x_1 + 2x_2 + 0x_3 + x_4 &= 0 \\ 0x_1 + x_2 + x_3 + x_4 &= 2 \\ 0x_1 + 0x_2 + 0x_3 + 0x_4 &= 0 \\ 0x_1 + 0x_2 + 0x_3 + 0x_4 &= 0 \end{aligned}$$

Ein Mensch könnte die Rechnung hier offensichtlich abbrechen, das Verfahren soll jedoch von einem Computerprogramm durchgeführt werden. Es wird daher noch einmal nach der Regel vorgegangen. Weil in dem Restsystem

$$\begin{aligned} 0x_3 + 0x_4 &= 0 \\ 0x_3 + 0x_4 &= 0 \end{aligned}$$

keine Gleichung mit von Null verschiedenem führenden Koeffizienten existiert, wird versucht, das folgende überbestimmte System zu lösen:

$$\begin{aligned} 0x_4 &= 0 \\ 0x_4 &= 0 \end{aligned}$$

Dazu wird die erste Gleichung gestrichen. Das schließlich verbleibende System $0x_4 = 0$ ist mit jedem Element von $\mathbb{Z}_3$ lösbar, etwa mit $u_4 = 0$. Weil $u_4 = 0$ auch die erste Gleichung $0x_4 = 0$ des überbestimmten Systems löst, kann für x_3 jedes Element aus $\mathbb{K}_3$ gewählt werden, etwa $u_3 = 0$. Aus der Gleichung $x_2 + x_3 + x_4 = 2$ Man erhält weiter $u_2 = 2 - u_1 - u_2 = 2$ und endlich mit der ersten Gleichung des ursprünglichen Systems $u_1 + 2u_2 = 0$ oder $u_1 = 2$. Damit ist eine partikuläre Lösung des Gleichungssystems gefunden:

$$\mathfrak{u} = \begin{pmatrix} 2 \\ 2 \\ 0 \\ 0 \end{pmatrix}$$

Um die gesamte Lösungsmenge zu finden, ist nach **S 6.10.31** das zugehörige homogene Gleichungssystem zu lösen. Offensichtlich ergibt die soeben durchgeführte Transformation des Gleichungssystems auch Lösungen des homogenen Systems, man hat nur zu berücksichtigen, daß die rechten Seiten der Gleichungen des homogenen Systems, weil sie die Konstante Null enthalten, invariant sind gegenüber allen vorgenommen Veränderungen des Gleichungssystems. Für x_4 und x_3 können daher beliebige Elemente aus $\mathbb{Z}_3$ gewählt werden, etwa $x_4 = a$ und $x_3 = b$. Die Unbekannten x_1 und x_2 sind aus den beiden Gleichungen

$$\begin{aligned} x_1 + 2x_2 + a &= 0 \\ x_2 + a + b &= 0 \end{aligned}$$

zu bestimmen, mit den Lösungen $x_2 = -a - b$ und $x_1 = -2(-a - b) - a = a - b$ (wegen $-2 = 1$). Damit ist die allgemeine Lösung des Gleichungssystems gefunden:

$$\begin{pmatrix} 2 \\ 2 \\ 0 \\ 0 \end{pmatrix} + \left\{ \begin{pmatrix} a-b \\ -a-b \\ b \\ a \end{pmatrix} \;\middle|\; a, b \in \mathbb{Z}_3 \right\} = \begin{pmatrix} 2 \\ 2 \\ 0 \\ 0 \end{pmatrix} + \left\{ \begin{pmatrix} a+2b \\ 2a+2b \\ b \\ a \end{pmatrix} \;\middle|\; a, b \in \mathbb{Z}_3 \right\}$$

Es ist nun noch zu zeigen, daß die bei dem Verfahren vorgenommenen Zeilenvertauschungen und Subtraktionen skalierter Zeilen einen Automorphismus von K^n darstellen. Zunächst zu den Zeilenvertauschungen.

Sollen die κ-te Zeile ${}_\kappa\mathbf{A}$ und die λ-te Zeile ${}_\lambda\mathbf{A}$ einer Matrix vertauscht werden, so kann das durch die Multiplikation mit einer speziellen **Permutationsmatrix** $\mathbf{P}_{\kappa\lambda}$ erreicht werden. Dabei entsteht die Matrix $\mathbf{P}_{\kappa\lambda}$ selbst durch eben den Zeilentausch, den sie durchführen soll, nämlich durch den Austausch der κ-ten und der λ-ten Zeile der Einheitsmatrix $\mathbf{I}_n$. So ist für $n = 4$ beispielsweise

$$\mathbf{P}_{24} = \begin{pmatrix} 1 & 0 & 0 & 0 \\ 0 & 0 & 0 & 1 \\ 0 & 0 & 1 & 0 \\ 0 & 1 & 0 & 0 \end{pmatrix} \begin{matrix} \\ \leftarrow \kappa = 2 \\ \\ \leftarrow \lambda = 4 \end{matrix}$$

Daß das Matrizenprodukt $\mathbf{P}_{\kappa\lambda}\mathbf{A}$ tatsächlich die beiden Zeilen der Matrix $\mathbf{A}$ vertauscht bedarf sicher keines Beweises. Es ist auch offensichtlich, daß durch das Produkt $\mathbf{P}_{\kappa\lambda}\mathbf{P}_{\kappa\lambda}$ die κ-te und die λ-te Zeile der im Produkt rechts stehenden Matrix $\mathbf{P}_{\kappa\lambda}$ vertauscht werden, mit anderen Worten

$$\mathbf{P}_{\kappa\lambda}\mathbf{P}_{\kappa\lambda} = \mathbf{I}_n \quad \text{oder} \quad \mathbf{P}_{\kappa\lambda}^{-1} = \mathbf{P}_{\kappa\lambda}$$

Diese Permutationsmatrizen sind daher regulär und folglich die Matrizen eines Automorphismus (d.h. einer bijektiven linearen Abbildung) von K^n.

Die Zeilensubtraktionen können mit speziellen **Frobeniusmatrizen** vorgenommen werden. Für eine Matrix $\mathbf{A} \in \mathcal{M}_{n,n}^{\mathsf{K}}$ sind diese für $\kappa \in \{1, \ldots, n-1\}$ wie folgt definiert:

$$\mathbf{F}_{\mathbf{A},\kappa} = \begin{pmatrix} \mathbf{I}_{\kappa-1} & & \mathbf{0} & & & & \\ & 1 & 0 & 0 & \cdots & 0 & 0 \\ \mathbf{0}^{\mathrm{t}} & f_{\kappa+1,\kappa} & 1 & 0 & \cdots & 0 & 0 \\ & \vdots & & & & & \\ & f_{n\kappa} & 0 & 0 & \cdots & 0 & 1 \end{pmatrix} \qquad f_{\mu\kappa} = -\frac{a_{\mu\kappa}}{a_{\kappa\kappa}},\ \mu \in \{\kappa+1, \ldots, n\} \tag{6.291}$$

Bei $\kappa = 1$ sind die erste Zeile und die erste Spalte der Matrix zu streichen. Die Frobeniusmatrix ist in leicht verständlicher Weise als ein Mittelding zwischen einer Normalmatrix und einer Blockmatrix dargestellt (siehe dazu Abschnitt 6.11). Die fette Null $\mathbf{0}$ steht natürlich für die Nullmatrix mit $\kappa - 1$ Zeilen und $n - \kappa - 1$ Spalten. Für $n = 4$ ergeben sich die folgenden drei Frobeniusmatrizen:

$$\mathbf{F}_{\mathbf{A},1} = \begin{pmatrix} 1 & 0 & 0 & 0 \\ f_{21} & 1 & 0 & 0 \\ f_{31} & 0 & 1 & 0 \\ f_{41} & 0 & 0 & 1 \end{pmatrix} \quad \mathbf{F}_{\mathbf{A},2} = \begin{pmatrix} 1 & 0 & 0 & 0 \\ 0 & 1 & 0 & 0 \\ 0 & f_{32} & 1 & 0 \\ 0 & f_{42} & 0 & 1 \end{pmatrix} \quad \mathbf{F}_{\mathbf{A},3} = \begin{pmatrix} 1 & 0 & 0 & 0 \\ 0 & 1 & 0 & 0 \\ 0 & 0 & 1 & 0 \\ 0 & 0 & f_{43} & 1 \end{pmatrix} \tag{6.292}$$

Daß die Multiplikation mit einer Frobeniusmatrix die gewünschten Zeilensubtraktionen ergibt kann durch Ausrechnen bestätigt werden. Im Fall $n = 4$ und $\kappa = 2$ erhält man für eine Matrix $\mathbf{A}$, wie sie im zweiten Schritt des Rechenverfahrens vorliegt, das folgende Produkt:

$$\begin{aligned} \begin{pmatrix} 1 & 0 & 0 & 0 \\ 0 & 1 & 0 & 0 \\ 0 & f_{32} & 1 & 0 \\ 0 & f_{42} & 0 & 1 \end{pmatrix} \begin{pmatrix} a_{11} & a_{12} & a_{13} & a_{14} \\ 0 & a_{22} & a_{23} & a_{24} \\ 0 & a_{32} & a_{33} & a_{34} \\ 0 & a_{42} & a_{43} & a_{44} \end{pmatrix} &= \begin{pmatrix} a_{11} & a_{12} & a_{13} & a_{14} \\ 0 & a_{22} & a_{23} & a_{24} \\ 0 & f_{32}a_{22} + a_{32} & f_{32}a_{23} + a_{33} & f_{32}a_{24} + a_{34} \\ 0 & f_{42}a_{22} + a_{42} & f_{42}a_{23} + a_{43} & f_{42}a_{24} + a_{44} \end{pmatrix} \\ &= \begin{pmatrix} a_{11} & a_{12} & a_{13} & a_{14} \\ 0 & a_{22} & a_{23} & a_{24} \\ 0 & 0 & \tilde{a}_{33} & \tilde{a}_{34} \\ 0 & 0 & \tilde{a}_{43} & \tilde{a}_{44} \end{pmatrix} \end{aligned}$$

Die Spalten der Frobeniusmatrizen sind offensichtlich frei und bilden also eine Basis von K^n, die Matrizen haben daher maximalen Rang und sind regulär. Sie besitzen deshalb eine inverse Matrix, die hier zwar nicht benötigt wird, sich aber leicht erraten läßt. Durch Ausrechnen bestätigt man, daß sich $\mathbf{F}_{\mathbf{A},\kappa}$ und $\mathbf{F}_{\mathbf{A},\kappa}^{-1}$ nur durch das Vorzeichen der $f_{\mu\kappa}$ unterscheiden:

$$\mathbf{F}_{\mathbf{A},\kappa}^{-1} = \begin{pmatrix} \mathbf{I}_{\kappa-1} & & \mathbf{0} & & & & \\ & 1 & 0 & 0 & \cdots & 0 & 0 \\ \mathbf{0}^{\mathrm{t}} & -f_{\kappa+1,\kappa} & 1 & 0 & \cdots & 0 & 0 \\ & \vdots & & & & & \\ & -f_{n\kappa} & 0 & 0 & \cdots & 0 & 1 \end{pmatrix} \tag{6.293}$$

Das Verfahren zur Lösung eines linearen Gleichungssystem kann jetzt mit Hilfe von regulären Matrizen formuliert werden. Es sei also $\mathbf{A} \in \mathcal{M}_{n,n}^{\mathsf{K}}$, eine nicht notwendig reguläre Matrix, das Gleichungssystem sei $\mathbf{A}\mathfrak{x} = \mathfrak{v}$. Es wird als lösbar vorausgesetzt.

Im ersten Schritt wird versucht, durch Zeilentausch $a_{11} \neq 0$ zu erreichen. Ist das möglich, so wird die Matrix mit den vertauschten Zeilen als das Matrizenprodukt von $\mathbf{A}$ mit einer geeigneten Permutationsmatrix

$$\mathbf{Z}_1 = \mathbf{P}_{1\lambda_1}\mathbf{A} \quad \lambda_1 \in \{2, \ldots, n\}$$

erhalten. Die den Zeilen entsprechenden Koeffizienten von $\mathfrak{v}$ werden ebenfalls durch Multiplikation mit der Permutationsmatrix vertauscht, d.h. es wird $\mathbf{P}_{1\lambda_1}\mathfrak{v}$ berechnet. Die Zeilensubtraktionen werden daraufhin mit der geeigneten Frobeniusmatrix durchgeführt, man erhält so

$$\mathbf{Q}_1 = \mathbf{F}_{\mathbf{Z}_1,1}\mathbf{P}_{1\lambda_1} \quad \mathbf{A}_1 = \mathbf{Q}_1\mathbf{A} \quad \mathfrak{v}_1 = \mathbf{Q}_1\mathfrak{v} \tag{6.294}$$

mit der regulären Matrix $\mathbf{Q}_1$. Falls $a_{11} \neq 0$ nicht erreicht werden kann, setzt man $\mathbf{Q}_1 = \mathbf{I}_n$.

Im zweiten Schritt des Verfahrens, angewandt auf die Matrix $\mathbf{A}_1$, wird analog vorgegangen. Die Matrix hat bereits die Gestalt

$$\mathbf{A}_1 = \begin{pmatrix} \tilde{a}_{11} & \tilde{a}_{12} & \tilde{a}_{13} & \cdots & \tilde{a}_{1n} \\ 0 & \tilde{a}_{22} & \tilde{a}_{23} & \cdots & \tilde{a}_{2n} \\ 0 & \tilde{a}_{32} & \tilde{a}_{33} & \cdots & \tilde{a}_{3n} \\ \vdots & \vdots & \vdots & & \vdots \\ 0 & \tilde{a}_{n2} & \tilde{a}_{n3} & \cdots & \tilde{a}_{nn} \end{pmatrix}$$

Hier wird versucht, durch Zeilentausch zu $\tilde{a}_{22} \neq 0$ zu kommen. Falls möglich erhält man wieder mit einer passenden Permutationsmatrix

$$\mathbf{Z}_2 = \mathbf{P}_{2\lambda_2}\mathbf{A}_1 \quad \lambda_2 \in \{3, \ldots, n\}$$

Die Zeilenvertauschungen mit der Permutationsmatrix und die Zeilensubtraktionen mit der Frobeniusmatrix führen in diesem Schritt auf

$$\mathbf{Q}_2 = \mathbf{F}_{\mathbf{Z}_2,2}\mathbf{P}_{2\lambda_2} \quad \mathbf{A}_2 = \mathbf{Q}_2\mathbf{A}_1 \quad \mathfrak{v}_2 = \mathbf{Q}_2\mathfrak{v}_1 \tag{6.295}$$

mit der regulären Matrix $\mathbf{Q}_2$. Falls es nicht möglich ist, mit Zeilentausch zu $\tilde{a}_{22} \neq 0$ zu gelangen setzt man $\mathbf{Q}_2 = \mathbf{I}_n$. Nimmt man (6.294) und (6.295) zusammen, so ergibt sich

$$\mathbf{A}_2 = \mathbf{Q}_2\mathbf{A}_1 = \mathbf{Q}_2\mathbf{Q}_1\mathbf{A} \quad \mathfrak{v}_2 = \mathbf{Q}_2\mathfrak{v}_1 = \mathbf{Q}_2\mathbf{Q}_1\mathfrak{v} \tag{6.296}$$

mit der regulären Matrix $\mathbf{Q}_2\mathbf{Q}_1$. Das zu lösende lineare Gleichungssystem ist damit $\mathbf{A}_2\mathfrak{x} = \mathfrak{v}_2$, mit der Matrix

$$\mathbf{A}_2 = \begin{pmatrix} \hat{a}_{11} & \hat{a}_{12} & \hat{a}_{13} & \hat{a}_{14} & \cdots & \hat{a}_{1n} \\ 0 & \hat{a}_{22} & \hat{a}_{23} & \hat{a}_{24} & \cdots & \hat{a}_{2n} \\ 0 & 0 & \hat{a}_{33} & \hat{a}_{34} & \cdots & \hat{a}_{3n} \\ 0 & 0 & \hat{a}_{43} & \hat{a}_{44} & \cdots & \hat{a}_{4n} \\ \vdots & \vdots & \vdots & \vdots & & \vdots \\ 0 & 0 & \hat{a}_{n3} & \hat{a}_{n4} & \cdots & \hat{a}_{nn} \end{pmatrix}$$

Nach $n-1$ Schritten gelangt man so zu einer oberen Dreicksmatrix $\mathbf{D} = \mathbf{A}_{n-1}$ und zu dem linearen Gleichungssystem

$$\mathbf{D}\mathfrak{x} = \mathbf{A}_{n-1}\mathfrak{x} = \mathbf{Q}_{n-1}\cdots\mathbf{Q}_1\mathbf{A} = \mathbf{Q}_{n-1}\cdots\mathbf{Q}_1\mathfrak{v} = \mathbf{Q}\mathfrak{v} = \mathfrak{w} \tag{6.297}$$

mit der regulären Matrix $\mathbf{Q} = \mathbf{Q}_{n-1}\cdots\mathbf{Q}_1$.

$$\begin{pmatrix} d_{11} & d_{12} & d_{13} & \cdots & d_{1,n-2} & d_{1,n-1} & d_{1n} \\ & d_{22} & d_{23} & \cdots & d_{2,n-2} & d_{2,n-1} & d_{2n} \\ & & d_{33} & \cdots & d_{3,n-2} & d_{3,n-1} & d_{3n} \\ & & & \ddots & \vdots & \vdots & \vdots \\ & 0 & & & d_{n-2,n-2} & d_{n-2,n-1} & d_{n-2,n} \\ & & & & & d_{n-1,n-1} & d_{n-1,n} \\ & & & & & & d_{nn} \end{pmatrix} \begin{pmatrix} x_1 \\ x_2 \\ x_3 \\ \vdots \\ x_{n-2} \\ x_{n-1} \\ x_n \end{pmatrix} = \begin{pmatrix} w_1 \\ w_2 \\ w_3 \\ \vdots \\ w_{n-2} \\ w_{n-1} \\ w_n \end{pmatrix} \tag{6.298}$$

Wird von einem homogenen System ausgegangen, d.h. ist $\mathfrak{v} = \mathfrak{o}$ und damit auch $\mathfrak{w} = \mathbf{Q}\mathfrak{o} = \mathfrak{o}$, so kann der Matrix $\mathbf{D}$ unmittelbar ihr Rang abgelesen werden und bei bekannter partikulärer Lösung kann auch der Lösungsraum angegeben werden.

Falls $d_{\nu\nu} \neq 0$ für alle $\nu \in \{1, \ldots, n\}$ sind die Spaltenvektoren der Matrix offensichtlich frei, d.h. es ist $\text{Rang}(\mathbf{D}) = n$ und der Lösungsunterraum des homogenen Systems ist $\{\mathfrak{o}\}$. Andernfalls kann durch Vertauschen von Zeilen von $\mathbf{D}$ folgendes erreicht werden: Es gibt ein $k \in \{1, \ldots, n\}$ mit $d_{\kappa\kappa} \neq 0$ für $\kappa \in \{1, \ldots, k\}$ und $d_{\kappa\kappa} = 0$ für $\kappa \in \{k+1, \ldots, n\}$. Es sei die lineare Abbildung $\boldsymbol{\delta}\colon \mathbf{K}^n \to \mathbf{K}^n$ definiert durch $\boldsymbol{\delta}(\mathfrak{x}) = \mathbf{D}\mathfrak{x}$. Es ist dann

$$\mathbf{Kern}(\boldsymbol{\delta}) = \left\{ \mathfrak{x} \in \mathbf{K}^n \;\middle|\; \mathbf{D}\mathfrak{x} = \mathfrak{o} \right\}$$

d.h. der Kern von $\boldsymbol{\delta}$ ist die Lösungsmenge des homogenen Systems $\mathbf{D}\mathfrak{x} = \mathfrak{o}$. Die Lösungsmenge ist leicht anzugeben. Ergibt sich nämlich im Lösungsverfahren $d_{\nu\nu} = 0$, dann kann der Koeffizient x_ν des Lösungsvektors beliebig in $\mathbf{K}$ gewählt werden, die Lösungsmenge ist daher

$$\mathbf{Kern}(\boldsymbol{\delta}) = \left\{ \begin{pmatrix} x_1 \\ \vdots \\ x_k \\ y_{k+1} \\ \vdots \\ y_n \end{pmatrix} \in \mathbf{K}^n \;\middle|\; \begin{pmatrix} y_{k+1} \\ \vdots \\ y_n \end{pmatrix} \in \mathbf{K}^{n-k} \right\}$$

wobei die Vektorkoeffizienten x_1 bis x_k mit dem Lösungsverfahren berechnet werden, und zwar (beim Rückwärtseinsetzen) als lineare Funktionen von y_{k+1} bis y_n:

$$x_\nu = \sum_{\kappa=k+1}^{n} c_{\nu\kappa} y_\kappa$$

Die x_ν sind also von den y_κ linear abhängig. Das bedeutet natürlich $\text{Dim}\big(\mathbf{Kern}(\boldsymbol{\delta})\big) = n - k$. Daraus folgt mit $\text{Rang}(\mathbf{D}) = \text{Dim}\big(\mathbf{Bild}(\boldsymbol{\delta})\big)$ nach der Dimensionsformel **S 6.10.13**-(6.239)

$$\text{Rang}(\mathbf{D}) = \text{Dim}(\mathbf{K}^n) - \text{Dim}\big(\mathbf{Kern}(\boldsymbol{\delta})\big) = n - (n-k) = k \tag{6.299}$$

Der Rang der Matrix $\mathbf{D}$ ist also gerade die Anzahl der nicht verschwindenden Matrixelemente ihrer Hauptdiagonalen.

6.10.10. Die Matrix von VANDERMONDE

Diese Matrix spielt eine gewisse Rolle in der Codierungstheorie, sie wird deshalb hier kurz mit ihrer dort wichtigen Eigenschaft vorgestellt. Ihre Definition ist

D 6.10.14 (VANDERMONDEsche Matrix)
Es seien $n \in \mathbb{N}_+$, $\mathbf{K}$ ein Körper und $\mathfrak{x} = (x_1, \ldots, x_n)^{\mathsf{t}} \in \mathbf{K}^n$. Die VANDERMONDEsche Matrix ist damit gegeben als

$$\mathbf{V}\langle\mathfrak{x}\rangle = \begin{pmatrix} 1 & x_1 & x_1^2 & \cdots & x_1^{n-1} \\ 1 & x_2 & x_2^2 & \cdots & x_2^{n-1} \\ \vdots & \vdots & \vdots & & \vdots \\ 1 & x_n & x_n^2 & \cdots & x_n^{n-1} \end{pmatrix} \tag{6.300}$$

In manchen Texten wird auch $\mathbf{V}\langle\mathfrak{x}\rangle^{\mathsf{t}}$ als VANDERMONDEsche Matrix bezeichnet. Eine naheliegende Verallgemeinerung ist die Matrix

$$\mathbf{V}\langle\mathfrak{x}\rangle_m = \begin{pmatrix} 1 & x_1 & x_1^2 & \cdots & x_1^{n-1} & \cdots & x_1^m \\ 1 & x_2 & x_2^2 & \cdots & x_2^{n-1} & \cdots & x_2^m \\ \vdots & \vdots & \vdots & & \vdots & & \vdots \\ 1 & x_n & x_n^2 & \cdots & x_n^{n-1} & \cdots & x_n^m \end{pmatrix} \tag{6.301}$$

wobei $m \geq n$ gelten soll.

Im Kapitel über Codierungstheorie wird die folgende Aussage über den Rang der quadratischen VANDERMONDEschen Matrix benötigt.

S 6.10.34 (Rang der VANDERMONDEschen Matrix)
Es seien $n \in \mathbb{N}_+$, $\mathbf{K}$ ein Körper und $\mathfrak{x} = (x_1, \ldots, x_n)^{\mathsf{t}} \in \mathbf{K}^n$. Damit gilt die Aussage

$$\operatorname{Rang}\big(\mathbf{V}\langle\mathfrak{x}\rangle\big) = n \iff \bigwedge_{i,j \in \mathbf{n}} \big(x_i = x_j \implies i = j\big) \tag{6.302}$$

Die Matrix $\mathbf{V}\langle\mathfrak{x}\rangle$ ist also genau dann singulär, wenn mindestens zwei der Koeffizienten x_i von $\mathfrak{x}$ identisch sind. Oder anders formuliert: Die Matrix ist genau dann regulär, wenn die Koeffizienten von $\mathfrak{x}$ verschieden sind.

Nach Abschnitt 6.10.9 ändert sich der Rang einer Matrix nicht, wenn das Vielfache einer Matrixzeile von irgendeiner Zeile der Matrix subtrahiert wird, da es der Multiplikation mit einer regulären Frobeniusmatrix entspricht. Entsprechendes gilt natürlich auch für Spaltensubtraktionen, um das zu sehen muss nur zur transponierten Matrix übergegangen werden.
Der Beweis wird mit vollständiger Induktion über n geführt.
Für $n = 1$ ist die Behauptung natürlich wahr, denn es ist dann $\mathbf{V}\langle\mathfrak{x}\rangle = (\,1\,)$, die linke Seite der Äquivalenz ist daher trivialerweise unabhängig von der rechten Seite immer wahr. Auch die rechte Seite ist unabängig von der linken Seite immer wahr, denn die Implikation der rechten Seite kann für $i, j \in \{1\}$ nicht falsch sein.
Die Behauptung gelte nun für $n - 1 \geq 1$. An der Matrix $\mathbf{V}\langle\mathfrak{x}\rangle$ mit n Zeilen und Spalten werden

nun die folgenden Spaltentransformationen vorgenommen: Von jeder Spalte mit Ausnahme der ersten wird die mit x_1 multiplizierte vorangehende Spalte subtrahiert. Das führt auf die Matrix

$$\begin{pmatrix} 1 & 0 & 0 & \cdots & 0 \\ 1 & x_2 - x_1 & x_2^2 - x_1 x_2 & \cdots & x_2^{n-1} - x_1 x_2^{n-2} \\ \vdots & \vdots & \vdots & & \vdots \\ 1 & x_n - x_1 & x_n^2 - x_1 x_n & \cdots & x_n^{n-1} - x_1 x_n^{n-2} \end{pmatrix} \tag{6.303}$$

Wird nun die erste Zeile dieser Matrix von allen übrigen Zeilen subtrahiert, erhält man als Resultat eine Matrix $\mathbf{A}$ mit demselben Rang wie $\mathbf{V}\langle\mathfrak{x}\rangle$ (mit n Zeilen und Spalten):

$$\begin{aligned} \mathbf{A} &= \begin{pmatrix} 1 & 0 & 0 & \cdots & 0 \\ 0 & x_2 - x_1 & x_2^2 - x_1 x_2 & \cdots & x_2^{n-1} - x_1 x_2^{n-2} \\ \vdots & \vdots & \vdots & & \vdots \\ 0 & x_n - x_1 & x_n^2 - x_1 x_n & \cdots & x_n^{n-1} - x_1 x_n^{n-2} \end{pmatrix} \\ &= \begin{pmatrix} 1 & 0 & 0 & \cdots & 0 \\ 0 & x_2 - x_1 & (x_2 - x_1)x_2 & \cdots & (x_2 - x_1)x_2^{n-2} \\ \vdots & \vdots & \vdots & & \vdots \\ 0 & x_n - x_1 & (x_n - x_1)x_n & \cdots & (x_n - x_1)x_n^{n-2} \end{pmatrix} \\ &= \mathbf{Diag}(1, x_2 - x_1, \ldots, x_n - x_1) \begin{pmatrix} 1 & 0 & 0 & \cdots & 0 \\ 0 & 1 & x_2 & \cdots & x_2^{n-2} \\ \vdots & \vdots & \vdots & & \vdots \\ 0 & 1 & x_n & \cdots & x_n^{n-2} \end{pmatrix} \\ &= \mathbf{Diag}(1, x_2 - x_1, \ldots, x_n - x_1)\mathbf{B} \end{aligned}$$

Die Matrix $\mathbf{B}$ enthält offenbar als quadratische Teilmatrix die VANDERMONDEsche Matrix $\mathbf{V}\langle\tilde{\mathfrak{x}}\rangle$ für $\tilde{\mathfrak{x}} = (x_1, \ldots, x_{n-1})^{\mathrm{t}}$.
Es sei $\mathbf{A}$ regulär. Dann muß auch die Diagonalmatrix regulär sein, was nur für $x_i \neq x_1$ für $i < n$ möglich ist. Natürlich muß auch die Matrix $\mathbf{B}$ regulär sein, wozu notwendig ihre Teilmatrix $\mathbf{V}\langle\tilde{\mathfrak{x}}\rangle$ regulär sein muss. Nach der Induktionsvoraussetung folgt daraus nun, daß die x_1 bis x_{n-1} verschieden sind, folglich sind alle x_i verschieden.
Es seien umgekehrt die x_i verschieden, $i \in \{1, \ldots, n\}$. Dann ist die Diagonalmatrix der rechten Seite natürlich regulär. Weil erst recht die x_i für $i \in \{1, \ldots, n-1\}$ verschieden sind, ist nach Induktionsvoraussetzung die VANDERMONDEsche Matrix $\mathbf{V}\langle\tilde{\mathfrak{x}}\rangle$ regulär, d.h. ihre Spalten bilden eine freie Familie. Daraus folgt aber ganz offensichtlich, daß alle Spalten von $\mathbf{B}$ frei sind, d.h. die Matrix $\mathbf{B}$ ist regulär. Also ist die Matrix $\mathbf{A}$ als Produkt regulärer Matrizen regulär.

6.11. Blockmatrizen

Wie man Matrizen mit Ring- oder Körperelementen bilden kann, so kann man auch Matrizen bilden, deren Elemente selbst Matrizen sind. Matrizen, deren Elemente Matrizen sind, werden hier Blockmatrizen genannt, sie heißen manchmal auch Übermatrizen. Allerdings sind die Matrizenelemente nicht beliebig wählbar, wenn Blockmatrizen addiert und multipliziert werden sollen. Die Bedingung, die Matrizen erfüllen müssen, um Elemente von Blockmatrizen zu sein, kann ohne Schwierigkeiten angegeben werden:

D 6.11.1 (Blockmatrix)
Es sei K ein kommutativer Körper. Es seien $s,t \in \mathbb{N}_+$, $(n_1,\ldots,n_s) \in \mathbb{N}_+^s$ und $(m_1,\ldots,m_t) \in \mathbb{N}_+^t$. Eine Blockmatrix vom Typ $[s,t,(n_1,\ldots,n_s),(m_1,\ldots,m_t)]$ ist eine Abbildung

$$\mathbf{\Phi} : \mathsf{s} \times \mathsf{t} \longrightarrow \bigcup_{p,q \in \mathbb{N}_+} \mathcal{M}_{p,q}^{\mathsf{K}} \tag{6.304}$$

welche die folgende Bedingung erfüllt:

$$\bigwedge_{(\sigma,\tau)\in \mathsf{s}\times\mathsf{t}} \mathbf{\Phi}(\sigma,\tau) \in \mathcal{M}_{n_\sigma,m_\tau}^{\mathsf{K}} \tag{6.305}$$

Wird die Blockmatrix wie eine gewöhnliche Matrix geschrieben,

$$\mathbf{\Phi} = \begin{pmatrix} \mathbf{\Phi}(1,1) & \mathbf{\Phi}(1,2) & \cdots & \mathbf{\Phi}(1,t) \\ \mathbf{\Phi}(2,1) & \mathbf{\Phi}(2,2) & \cdots & \mathbf{\Phi}(2,t) \\ \vdots & \vdots & & \vdots \\ \mathbf{\Phi}(s,1) & \mathbf{\Phi}(s,2) & \cdots & \mathbf{\Phi}(s,t) \end{pmatrix}$$

erkennt man die Bedeutung der Bedingung (6.305): Alle Matrizen in einer Zeile der Blockmatrix besitzen dieselbe Zeilenzahl, und alle Matrizen in einer Spalte besitzen dieselbe Spaltenzahl.

Es ist klar, daß Blockmatrizen desselben Typs addiert werden können. Aber auch Multiplikation ist möglich, es müssen nur die Zeilen des ersten Faktors vom selben Typ sein wie die Spalten des zweiten. Es sei nämlich $\mathbf{\Phi}$ eine Blockmatrix vom Typ $[r,s,(k_1,\ldots,k_r),(n_1,\ldots,n_s)$ und $\mathbf{\Psi}$ eine Blockmatrix vom Typ $[s,t,(n_1,\ldots,n_s),(m_1,\ldots,m_t)]$. Dann ist das Produkt $\mathbf{\Xi} = \mathbf{\Phi\Psi}$ eine Blockmatrix vom Typ $[r,t,(k_1,\ldots,k_s),(m_1,\ldots,m_t)]$:

$$\begin{pmatrix} \mathbf{\Phi}(1,1) & \cdots & \mathbf{\Phi}(1,s) \\ \vdots & & \vdots \\ \mathbf{\Phi}(r,1) & \cdots & \mathbf{\Phi}(r,s) \end{pmatrix} \begin{pmatrix} \mathbf{\Psi}(1,1) & \cdots & \mathbf{\Psi}(1,t) \\ \vdots & & \vdots \\ \mathbf{\Psi}(s,1) & \cdots & \mathbf{\Psi}(s,t) \end{pmatrix} = \begin{pmatrix} \mathbf{\Xi}(1,1) & \cdots & \mathbf{\Xi}(1,t) \\ \vdots & & \vdots \\ \mathbf{\Xi}(r,1) & \cdots & \mathbf{\Xi}(r,t) \end{pmatrix}$$

Für $\rho \in \mathsf{r}$, $\sigma \in \mathsf{s}$ und $\tau \in \mathsf{t}$ ist $\mathbf{\Phi}(\rho,\sigma) \in \mathcal{M}_{k_\rho,n_\sigma}^{\mathsf{K}}$ und $\mathbf{\Psi}(\sigma,\tau) \in \mathcal{M}_{n_\sigma,m_\tau}^{\mathsf{K}}$, folglich gilt für das Produkt $\mathbf{\Phi}(\rho,\sigma)\mathbf{\Psi}(\sigma,\tau) \in \mathcal{M}_{k_\rho,m_\tau}^{\mathsf{K}}$. Für festes ρ und τ haben diese Produkte also dieselbe Zeilen- und Spaltenzahl, folglich können die Produktmatrizen addiert werden:

$$\mathbf{\Xi}(\rho,\tau) = \sum_{\sigma\in\mathsf{s}} \mathbf{\Phi}(\rho,\sigma)\mathbf{\Psi}(\sigma,\tau)$$

Wegen $\boldsymbol{\Xi}(\rho,\tau) \in \mathcal{M}^{\mathsf{K}}_{k_\rho,m_\tau}$ ist die Bedingung (6.305) für $\boldsymbol{\Xi}$ erfüllt, das Produkt der Blockmatrizen ist wieder eine echte Blockmatrix.

Eine weitere Operation mit Normalmatrizen, die auf Blockmatrizen übertragen werden kann, ist die Transposition. Eine Blockmatrix $\boldsymbol{\Phi}$ wird wie eine Normalmatrix transponiert, d.h. die nicht auf der Haupdiagonale liegenden Elemente werden an der bei nichtquadratischen Matrizen verlängerten Hauptdiagonalen so gespiegelt, daß $\boldsymbol{\Phi}(\sigma,\tau)$ in der transponierten Matrix in $\boldsymbol{\Phi}(\tau,\sigma)$ übergeht. Zusätzlich müssen aber *alle* Matrixelemente der Blockmatrix transponiert werden, auch die Matrizen in der Hauptdiagonalen.

$$\begin{pmatrix} \boldsymbol{\Phi}(1,1) & \boldsymbol{\Phi}(1,2) & \boldsymbol{\Phi}(1,3) & \boldsymbol{\Phi}(1,4) & \boldsymbol{\Phi}(1,5) & \boldsymbol{\Phi}(1,6) \\ \boldsymbol{\Phi}(2,1) & \boldsymbol{\Phi}(2,2) & \boldsymbol{\Phi}(2,3) & \boldsymbol{\Phi}(2,4) & \boldsymbol{\Phi}(2,5) & \boldsymbol{\Phi}(2,6) \end{pmatrix}^{\mathsf{t}} = \begin{pmatrix} \boldsymbol{\Phi}(1,1)^{\mathsf{t}} & \boldsymbol{\Phi}(2,1)^{\mathsf{t}} \\ \boldsymbol{\Phi}(1,2)^{\mathsf{t}} & \boldsymbol{\Phi}(2,2)^{\mathsf{t}} \\ \boldsymbol{\Phi}(1,3)^{\mathsf{t}} & \boldsymbol{\Phi}(2,3)^{\mathsf{t}} \\ \boldsymbol{\Phi}(1,4)^{\mathsf{t}} & \boldsymbol{\Phi}(2,4)^{\mathsf{t}} \\ \boldsymbol{\Phi}(1,5)^{\mathsf{t}} & \boldsymbol{\Phi}(2,5)^{\mathsf{t}} \\ \boldsymbol{\Phi}(1,6)^{\mathsf{t}} & \boldsymbol{\Phi}(2,6)^{\mathsf{t}} \end{pmatrix}$$

Aus einer Matrix vom Typ $[s,t,(n_1,\ldots,n_s),(m_1,\ldots,m_t)]$ wird durch Transposition eine Matrix vom Typ $[t,s,(m_1,\ldots,m_t),(n_1,\ldots,n_s)]$.

Eine Blockmatrix kann durch „Entfernen“ der Blockgrenzen in eine Normalmatrix verwandelt werden. Es sei $\boldsymbol{\Phi}$ eine Blockmatrix vom Typ $[s,t,(n_1,\ldots,n_s),(m_1,\ldots,m_t)]$. Man erhält daraus eine Normalmatrix $\mathbf{M} \in \mathcal{M}_{n,m}$, mit $n = n_1 + \cdots + n_s$ und $m = m_1 + \cdots + m_t$. Die Elemente $\mathbf{M}(\nu,\mu)$ mit $(\nu,\mu) \in \mathbf{n} \times \mathbf{m}$ sind leicht zu finden. Gilt beispielsweise

$$n_1 + n_2 < \nu \leq n_1 + n_2 + n_3 \qquad m_1 < \mu \leq m_1 + m_2$$

dann gehört dazu das Matrixelement

$$\mathbf{M}(\nu,\mu) = \boldsymbol{\Phi}(3,2)(\nu - n_1 - n_2, \mu - m_1)$$

Umgekehrt kann eine Blockmatrix aus einer normalen Matrix über einem Ring durch Einteilung in rechteckige Blöcke geschaffen werden. Erfolgt die Einteilung durch „Ziehen waagrechter und senkrechter Linien“, dann ist die Bedingung (6.305) automatisch erfüllt. Dem interessierten Leser sei empfohlen, diese etwas saloppe Aussage zu präsieren.

Blockmatrizen sind allerdings mit normalen Matrizen über Ringen oder Körpern nicht zu vergleichen. Beispielsweise ist es normalerweise nicht möglich, die Matrixelemente in einer Zeile einer Blockmatrix zu addieren, denn diese haben zwar dieselbe Zeilenzahl, die Spaltenzahl kann jedoch von Spalte zu Spalte variieren. Auch können zwei Zeilen im Allgemeinen nicht addiert werden, weil die Zeilen verschiedenen Zeilenzahlen besitzen können. Folglich kann eine Blockmatrix beispielsweise nicht durch Zeilenoperationen in eine Dreiecksblockmatrix transformiert werden.

Der größte Nutzen der Blockmatrizen liegt wohl darin, bei manchen Gelegenheiten eine bequeme abkürzende Schreibweise zur Verfügung zu haben, wenn eine normale Matrix in Blöcke aufgeteilt werden soll. Mit solchen Matrizen addieren, multiplizieren und transponieren zu können ist in den meisten Fällen vollkommen ausreichend.

Die Menge $\mathcal{M}^{\mathsf{K}}_{n,n}$ aller quadratischen Matrizen mit $n \in \mathbb{N}_+$ Zeilen über irgendeinem Körper K bildet mit der Matrizenmultiplikation einen Ring, wenn auch einen nicht kommutativen. Die in **D 6.10.11** definierten „normalen“ Matrizen sind dann tatsächlich Blockmatrizen (der Körper K in **D 6.10.11** kann natürlich durch einen Ring ersetzt werden, auch durch einen wie $\mathcal{M}^{\mathsf{K}}_{n,n}$, der nicht kommutativ ist). Das ist streng formal zwar nicht richtig, weil die Definitionen verschiedene Abbildungen verwenden, aber im praktischen Rechnen kann man keine Unterschiede erkennen.

Eine Anwendung von Blockmatrizen, die doch noch erwähnt werden soll, sind die KRONECKER-Produkte von gewöhnlichen Matrizen. Es sei dazu $\mathbf{A} \in \mathcal{M}^{\mathsf{K}}_{n,m}$ und $\mathbf{B} \in \mathcal{M}^{\mathsf{K}}_{k,l}$ mit irgendeinem Körper K. Das KRONECKER-Produkt ist gegeben durch

$$\mathbf{A} \otimes \mathbf{B} = \begin{pmatrix} a_{11}\mathbf{B} & a_{12}\mathbf{B} & \cdots & a_{1m}\mathbf{B} \\ a_{21}\mathbf{B} & a_{22}\mathbf{B} & \cdots & a_{2m}\mathbf{B} \\ \vdots & \vdots & & \vdots \\ a_{n1}\mathbf{B} & a_{n2}\mathbf{B} & \cdots & a_{nm}\mathbf{B} \end{pmatrix}$$

Solche Matrizen werden allerdings durch „Entfernen der Blockung“ (siehe oben) als Normalmatrizen angesehen, man erhält auf diese Weise eine Matrix aus $\mathcal{M}^{\mathsf{K}}_{nk,lm}$.

Die Eigenschaften des KRONECKER-Produktes können in [Groe] nachgeschlagen werden. Ihnen ist dort ein eigener wenn auch recht kurzer Paragraph gewidmet.

6.12. Konstruktion von Ringen und Körpern mit Polynomkongruenzen

Die Sätze **S 6.8.9** und **S 6.8.11** werden in diesem Abschnitt auf Polynomringe über kommutativen Körpern angewandt. Es sei also K ein kommutativer Körper und $\boldsymbol{f} \in \mathsf{K}[\boldsymbol{X}]$. Es gibt genau eine Ringstruktur auf der Menge

$$\mathsf{K}[\boldsymbol{X}]_{\boldsymbol{f}} = \{\, \boldsymbol{h} \in \mathsf{K}[\boldsymbol{X}] \mid \partial(\boldsymbol{h}) < \partial(\boldsymbol{f}) \,\} \tag{6.306}$$

welche die Teilerrestabbildung $\varrho_{\boldsymbol{f}}$ (siehe Seite 273) zu einem Homomorphismus von Ringen (mit Einselement) macht. Diese Ringstruktur wird induziert von

$$\boldsymbol{g} \oplus \boldsymbol{h} = \varrho_{\boldsymbol{f}}(\boldsymbol{g} + \boldsymbol{h}) \tag{6.307}$$

$$\boldsymbol{g} \odot \boldsymbol{h} = \varrho_{\boldsymbol{f}}(\boldsymbol{g}\boldsymbol{h}) \tag{6.308}$$

mit $g, h \in \mathsf{K}[\boldsymbol{X}]_{\boldsymbol{f}}$. Nun gilt für $h \in \mathsf{K}[\boldsymbol{X}]_{\boldsymbol{f}}$ natürlich $\varrho_{\boldsymbol{f}}(\boldsymbol{h}) = \boldsymbol{h}$, insbesondere $\varrho_{\boldsymbol{f}}(\boldsymbol{X}) = \boldsymbol{X}$. Für das Polynom $\boldsymbol{f}$ selbst erhält man nach Definition $\varrho_{\boldsymbol{f}}(\boldsymbol{f}) = 0$. Diese Gleichung müßte eigentlich mit dem Nullpolynom $\mathbf{0}$ als $\varrho_{\boldsymbol{f}}(\boldsymbol{f}) = \mathbf{0}$ geschrieben werden, durch die Einbettung von K in $\mathsf{K}[\boldsymbol{X}]$ wird jedoch 0 mit $\mathbf{0}$ identifiziert.

Nun kann, weil der Ring $\mathsf{K}[\boldsymbol{X}]_{\boldsymbol{f}}$ den Körper K (durch Einbettung) als Teilring enthält, $\boldsymbol{f}$ auch als ein Polynom $\tilde{\boldsymbol{f}}$ über $\mathsf{K}[\boldsymbol{X}]_{\boldsymbol{f}}$ interpretiert werden, seine Koeffizienten sind eben auch Elemente von $\mathsf{K}[\boldsymbol{X}]_{\boldsymbol{f}}$. Dann muß die „Unbestimmte“ $\boldsymbol{X}$ allerdings durch eine andere ersetzt werden, etwa durch $\boldsymbol{Y}$:

$$\boldsymbol{f} = \sum_{\nu=0}^{n} \boldsymbol{f}(\nu)\boldsymbol{X}^{\nu} \in \mathsf{K}[\boldsymbol{X}]$$

$$\tilde{\boldsymbol{f}} = \sum_{\nu=0}^{n} \boldsymbol{f}(\nu)\boldsymbol{Y}^{\nu} \in \mathsf{K}[\boldsymbol{X}]_{\boldsymbol{f}}[\boldsymbol{Y}]$$

Der Sinn der Uminterpretation liegt darin, daß nun $\boldsymbol{X}$ eine Nullstelle von $\tilde{\boldsymbol{f}}$ ist:

$$0 = \varrho_{\boldsymbol{f}}(\boldsymbol{f}) = \varrho_{\boldsymbol{f}}\Big(\sum_{\nu=0}^{n} \boldsymbol{f}(\nu)\boldsymbol{X}^{\nu}\Big) = \sum_{\nu=0}^{n} \boldsymbol{f}(\nu)\varrho_{\boldsymbol{f}}(\boldsymbol{X})^{\nu} = \sum_{\nu=0}^{n} \boldsymbol{f}(\nu)\boldsymbol{X}^{\nu} = \tilde{\boldsymbol{f}}^{\star}(\boldsymbol{X}) \tag{6.309}$$

Selbstverständlich befreit man sich in der Praxis von dieser umständlichen Notation, man setzt etwa $\Omega = \boldsymbol{X}$ und schreibt jedes $\boldsymbol{h} \in \mathsf{K}[\boldsymbol{X}]_{\boldsymbol{f}}$ als

$$\tilde{\boldsymbol{h}}^{\star}(\Omega) = \sum_{\mu=0}^{m} \boldsymbol{h}(\mu)\Omega^{\mu}$$

Man addiert und multipliziert also $\sum_{\kappa=0}^{k} g_{\kappa}\Omega^{\kappa} \in \mathsf{K}[\boldsymbol{X}]_{\boldsymbol{f}}$ und $\sum_{\mu=0}^{m} h_{\mu}\Omega^{\mu} \in \mathsf{K}[\boldsymbol{X}]_{\boldsymbol{f}}$ wie Polynome und kann dann zwar mit $\varrho_{\boldsymbol{f}}$ reduzieren, um wieder ein Element aus $\mathsf{K}[\boldsymbol{X}]_{\boldsymbol{f}}$ zu bekommen, es ist jedoch einfacher, die Gleichung

$$\sum_{\nu=0}^{n} \boldsymbol{f}(\nu)\Omega^{\nu} = 0 \quad \text{oder} \quad \Omega^{n} = -\sum_{\nu=0}^{n-1} \boldsymbol{f}(\nu)\boldsymbol{f}(n)^{-1}\Omega^{\nu} \tag{6.310}$$

zur Reduktion zu nutzen. Man sollte aber nicht vollständig vergessen (oder verdrängen), daß die eigentliche Bedeutung dieser Schreibweise von (6.12) herkommt. Im Prinzip ist ein Erweiterungsring von **K** konstruiert worden, in dem das Polynom $\boldsymbol{f}$ eine Nullstelle besitzt (eine einfache Körpererweiterung, dazu später Genaueres).

Dazu ein Beispiel. Auf Seite 297 wurde das Polynom $\boldsymbol{p} = \boldsymbol{X}^3 + \boldsymbol{X} + 1$ als ein irreduzibles Polynom aus $\mathbb{Z}_2[\boldsymbol{X}]$ erkannt. Dort wurden auch schon die Elemente von $\mathbb{Z}_2[\boldsymbol{X}]_{\boldsymbol{p}}$ bestimmt:

$$\mathbb{Z}_2[\boldsymbol{X}]_{\boldsymbol{p}} = \{0, 1, \Omega, \Omega + 1, \Omega^2, \Omega^2 + \Omega, \Omega^2 + 1, \Omega^2 + \Omega + 1\}$$

Wie in diesem Körper mit Ausnutzung der Gleichung $\Omega^3 = \Omega + 1$ gerechnet wird illustriert das folgende Beispiel:

$$\Omega^2(\Omega^2 + 1) = \Omega^4 + \Omega^2 = \Omega^3\Omega + \Omega^2 = (\Omega + 1)\Omega + \Omega^2 = \Omega^2 + \Omega + \Omega^2 = \Omega$$

Auf diese Weise fortfahrend kommt man zur Multiplikationstafel des Körpers. Wird mit Papier

Tabelle 6.12.: Multiplikationstafel für $\mathbb{Z}_2[\boldsymbol{X}]_{\boldsymbol{p}}$, $\boldsymbol{p} = \boldsymbol{X}^3 + \boldsymbol{X} + 1$

$\odot$	Ω	$\Omega+1$	Ω^2	$\Omega^2+\Omega$	Ω^2+1	$\Omega^2+\Omega+1$
Ω	Ω^2	$\Omega^2+\Omega$	$\Omega+1$	$\Omega^2+\Omega+1$	1	Ω^2+1
$\Omega+1$	$\Omega^2+\Omega$	Ω^2+1	$\Omega^2+\Omega+1$	1	Ω^2	Ω
Ω^2	$\Omega+1$	$\Omega^2+\Omega+1$	$\Omega^2+\Omega$	Ω^2+1	Ω	1
$\Omega^2+\Omega$	$\Omega^2+\Omega+1$	1	Ω^2+1	Ω	$\Omega+1$	Ω^2
Ω^2+1	1	Ω^2	Ω	$\Omega+1$	$\Omega^2+\Omega+1$	$\Omega^2+\Omega$
$\Omega^2+\Omega+1$	Ω^2+1	Ω	1	Ω^2	$\Omega^2+\Omega$	$\Omega+1$

und Bleistift gerechnet, dann empfiehlt es sich, einige höhere Potenzen von Ω durch Elemente von $\mathbb{Z}_2[\boldsymbol{X}]_{\boldsymbol{p}}$ auszudrücken. Oben wurde schon $\Omega^4 = \Omega^2 + \Omega$ bestimmt. Die nächste Potenz ist $\Omega^5 = \Omega^3 + \Omega^2 = \Omega^2 + \Omega + 1$, dann folgt $\Omega^6 = \Omega^3 + \Omega^2 + \Omega = \Omega^2 + 1$, usw.

Die Konstruktion von Körpern wie eben $\mathbb{Z}_2[\boldsymbol{X}]_{\boldsymbol{p}}$ mittels **S 6.8.9** ist ein rein technischer Vorgang, der keinerlei Einblicke in die tiefer liegenden Zusammenhänge und Vorgänge bei der Konstruktion von Körpern durch die Erfindung von Nullstellen von Polynomen gibt. Kenntnisse des theoretischen Unterbaus sind allerdings nötig, wenn beispielsweise Minimalpolynome verwendet und berechnet werden sollen, weshalb die notwendige Theorie auf den folgenden Seiten vorgestellt wird. Es beginnt mit einer einfachen Definition:

D 6.12.1 Für jeden Körper **K** sei $\mathcal{K}_{\mathsf{K}}$ die Menge seiner Unterkörper.

Der folgende Satz stellt die Grundlagen für den Aufbau von Erweiterungskörpern, die ein vorgegebenes Element eines Oberkörpers enthalten, zur Verfügung. Er beschreibt noch nicht den konkreten Aufbau eines solchen Erweiterungskörpers.

S 6.12.1 (Einfache Körpererweiterung)
Es seien **L** ein Körper, $\mathsf{K} \in \mathcal{K}_{\mathsf{L}}$ und $a \in \mathsf{L}$. Es sei

$$\mathcal{K}_{\mathsf{L},\mathsf{K},a} = \{\mathsf{M} \in \mathcal{K}_{\mathsf{L}} \mid \mathsf{K} \cup \{a\} \subset \mathsf{M}\} \quad \text{und} \quad \mathsf{K}(a) = \bigcap \mathcal{K}_{\mathsf{L},\mathsf{K},a} \tag{6.311}$$

Es ist $\mathsf{K}(a) \in \mathcal{K}_{\mathsf{L}}$, und zwar ist $\mathsf{K}(a)$ der bezüglich $\subset$ kleinste Unterkörper von **L**, der **K** und a enthält.

Es ist $\mathcal{K}_{\mathsf{L},\mathsf{K},a}$ die Menge aller Unterkörper von L, die K und a enthalten, und $\mathsf{K}(a)$ ist der Durchschnitt aller Unterkörper aus $\mathcal{K}_{\mathsf{L},\mathsf{K},a}$. Bild 6.3 enthält eine Skizze der gegenseitigen Lagen von L, K, a und dem Erweiterungskörper $\mathsf{K}(a)$.

Abbildung 6.3.: Die Konstellation von L, K, a und $\mathsf{K}(a)$

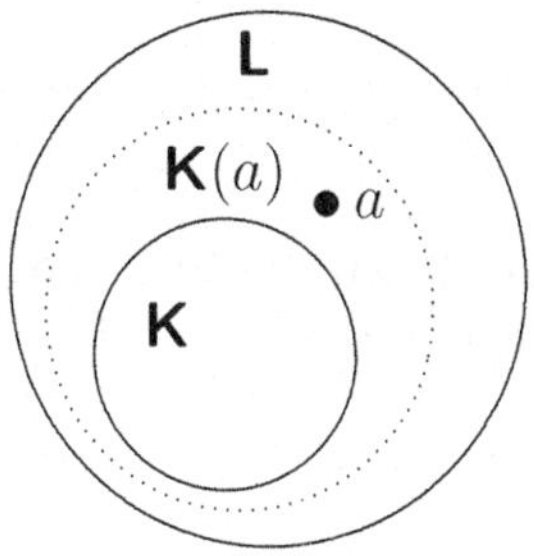

Es seien $u, v \in \mathsf{K}(a)$. Dann ist $u, v \in \mathsf{M}$ für jedes $\mathsf{M} \in \mathcal{K}_{\mathsf{L},\mathsf{K},a}$, folglich ist auch $u + v \in \mathsf{M}$ für jedes solche M, d.h. es ist $u + v \in \mathsf{K}(a)$. Für die Körpermultiplikation schließt man analog. Jedes Element von $\mathcal{K}_{\mathsf{L},\mathsf{K},a}$ enthält das Einselement von L, folglich ist es auch in $\mathsf{K}(a)$ enthalten. Ist weiter $u \in \mathsf{K}(a)$, dann ist $u \in \mathsf{M}$ für jedes $\mathsf{M} \in \mathcal{K}_{\mathsf{L},\mathsf{K},a}$, damit ist auch $u^{-1} \in \mathsf{M}$ für jedes solche M. Damit ist $\mathsf{K}(a) \in \mathcal{K}_{\mathsf{L}}$ gezeigt. Nun ist $\mathsf{K} \cup \{a\} \subset \mathsf{M}$ für jedes $\mathsf{M} \in \mathcal{K}_{\mathsf{L},\mathsf{K},a}$, daher ist auch $\mathsf{K} \cup \{a\} \subset \mathsf{K}(a)$. Und schließlich ist $\cap\mathcal{K}_{\mathsf{L},\mathsf{K},a} \subset \mathsf{M}$ für jedes $\mathsf{M} \in \mathcal{K}_{\mathsf{L},\mathsf{K},a}$.

Der nächste Satz beschreibt die konkrete Struktur des Erweiterungskörpers $\mathsf{K}(a)$. Er besteht aus „Quotienten“ von „Polynomen“ aus a.

S 6.12.2 (Struktur der einfachen Körpererweiterung)
Es seien L ein Körper, $\mathsf{K} \in \mathcal{K}_{\mathsf{L}}$ und $a \in \mathsf{L}$. Dann gilt

$$\mathsf{K}(a) = \{\, \boldsymbol{f}^\star(a)\boldsymbol{g}^\star(a)^{-1} \mid \boldsymbol{f}, \boldsymbol{g} \in \mathsf{K}[\boldsymbol{X}] \wedge \boldsymbol{g}^\star(a) \neq 0 \,\} \tag{6.312}$$

Der Erweiterungskörper besteht aus Quotienten von Polynomauswertungen von a.

Es sei A die Menge auf der rechten Seite von (6.312). Zunächst wird $\mathsf{A} \in \mathcal{K}_{\mathsf{L}}$ gezeigt. Es seien dazu $\boldsymbol{f}^\star(a)\boldsymbol{g}^\star(a)^{-1}, \boldsymbol{p}^\star(a)\boldsymbol{q}^\star(a)^{-1} \in \mathsf{A}$. Man erhält

$$\boldsymbol{f}^\star(a)\boldsymbol{g}^\star(a)^{-1} + \boldsymbol{p}^\star(a)\boldsymbol{q}^\star(a)^{-1} = (\boldsymbol{q}\boldsymbol{f} + \boldsymbol{p}\boldsymbol{g})^\star(a)(\boldsymbol{g}\boldsymbol{q})^\star(a)^{-1} \in \mathsf{A}$$
$$\boldsymbol{f}^\star(a)\boldsymbol{g}^\star(a)^{-1}\boldsymbol{p}^\star(a)\boldsymbol{q}^\star(a)^{-1} = (\boldsymbol{f}\boldsymbol{p})^\star(a)(\boldsymbol{g}\boldsymbol{q})^\star(a)^{-1} \in \mathsf{A}$$

Weiter ist $1 = 1^\star(a)1^\star(a)^{-1} \in \mathsf{A}$. Und sei schließlich $u = \boldsymbol{f}^\star(a)\boldsymbol{g}^\star(a)^{-1} \in \mathsf{A} \setminus \{0\}$. Mit $\boldsymbol{g}^\star(a) \neq 0$ gilt auch $\boldsymbol{f}^\star(a) \neq 0$, denn L enthält als Körper keine Nullteiler. Dann ist aber

$$\boldsymbol{f}^\star(a)\boldsymbol{g}^\star(a)^{-1}\boldsymbol{g}^\star(a)\boldsymbol{f}^\star(a)^{-1} = 1$$

womit auch $u^{-1} \in \mathsf{A}$. Die Menge A ist tatsächlich ein Unterkörper von L. Wie beim Einselement hat man $v = v^\star(a)1^\star(a)^{-1} \in \mathsf{A}$ für jedes $v \in \mathsf{K}$ und auch $a = \boldsymbol{X}^\star(a)1^\star(a)^{-1} \in \mathsf{A}$. Damit ist A ein Unterkörper von L, der K und a enthält, was $\mathsf{K}(a) \subset \mathsf{A}$ bedeutet. Umgekehrt folgt aus den Körpereigenschaften, daß mit a auch alle Elemente von A in $\mathsf{K}(a)$ enthalten sind, d.h. $\mathsf{A} \subset \mathsf{K}(a)$. Insgesamt ist $\mathsf{K}(a) = \mathsf{A}$, also (6.312), herausgekommen.

Vollkommen analog zu den einfachen Körpererweiterungen können auch einfache Ringerweiterungen eines Körpers eingeführt werden. Ringerweiterungen sind in der Regel vermutlich kleiner als Körpererweiterungen, weil durch das Fehlen von Inversen weniger Möglichkeiten zur Elementebildung zur Verfügung stehen, eine Vermutung, die sich sogleich als wahr erweisen wird.

D 6.12.2 Für jeden Körper K sei $\mathcal{R}_{\mathsf{K}}$ die Menge seiner Unterringe mit Einselement.

Wie bei der Körpererweiterung wird mit dem bezüglich der Inklusion $\subset$ kleinsten Ring erweitert, der den Unterkörper K und das Element a von L enthält.

S 6.12.3 (Einfache Ringerweiterung eines Körpers)
Es seien L ein Körper, $\mathsf{K} \in \mathcal{K}_{\mathsf{L}}$ und $a \in \mathsf{L}$. Es sei

$$\mathcal{R}_{\mathsf{L},\mathsf{K},a} = \left\{ \mathsf{M} \in \mathcal{R}_{\mathsf{L}} \;\middle|\; \mathsf{K} \cup \{a\} \subset \mathsf{M} \right\} \quad \text{und} \quad \mathsf{K}[a] = \bigcap \mathcal{R}_{\mathsf{L},\mathsf{K},a} \tag{6.313}$$

Es ist $\mathsf{K}[a] \in \mathcal{R}_{\mathsf{L}}$, und zwar ist $\mathsf{K}[a]$ der bezüglich $\subset$ kleinste Unterring von L, der K und a enthält.

Weil jeder Körper auch ein Ring mit Einselement ist, enthält der Beweis zu **S 6.12.1** auch einen Beweis von **S 6.12.3**. Man hat in dem Beweis nur alle Bezüge auf inverse Elemente zu ignorieren. Die Struktur von $\mathsf{K}[a]$ beschreibt der folgende Satz.

S 6.12.4 (Struktur der einfachen Ringerweiterung)
Es seien L ein Körper, $\mathsf{K} \in \mathcal{K}_{\mathsf{L}}$ und $a \in \mathsf{L}$. Dann gilt

$$\mathsf{K}[a] = \left\{ \boldsymbol{f}^{\star}(a) \;\middle|\; \boldsymbol{f} \in \mathsf{K}[\boldsymbol{X}] \right\} \subset \mathsf{K}(a) \tag{6.314}$$

Der Erweiterungsring besteht aus Polynomauswertungen von a.

Auch hier ist es so, daß der Beweis von **S 6.12.4** schon mit dem Beweis von **S 6.12.2** gegeben wurde. Die gegenseitigen Lagen der verschiedenen Körper und Ringe und des Elementes a sind in Bild 6.4 gezeigt. Der ganze Bereich innerhalb der äußeren gepunkteten Linie gehört zu $\mathsf{K}(a)$, der von der inneren gepunkteten Linie umschlossene Bereich zu $\mathsf{K}[a]$.

Abbildung 6.4.: Die Konstellation von L, K, a, $\mathsf{K}[a]$ und $\mathsf{K}(a)$

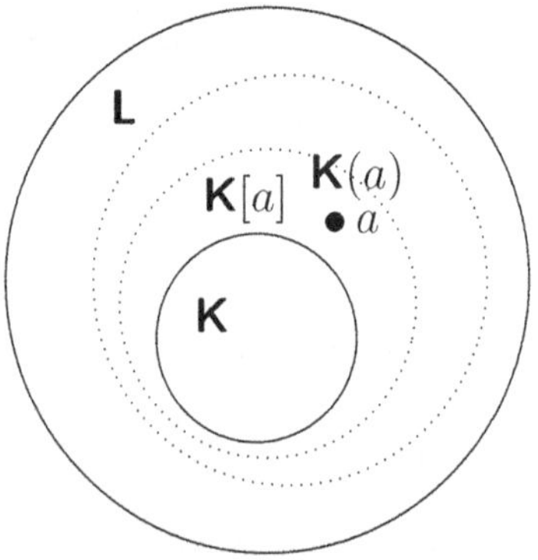

Der Erweiterungsring $\mathsf{K}[a]$ und der Erweiterungskörper $\mathsf{K}(a)$ sind im Allgemeinen verschieden, doch in einem wichtigen Fall stimmen beide überein, nämlich dann, wenn a algebraisch ist über dem Grundkörper K.

D 6.12.3 (Algebraische Elemente)
Es seien L ein Körper und $\mathsf{K} \in \mathcal{K}_\mathsf{L}$. Ein Element $a \in \mathsf{L}$ heißt **algebraisch** über K, wenn es ein $\boldsymbol{f} \in \mathsf{K}[\boldsymbol{X}]$ gibt mit $\boldsymbol{f}^\star(a) = 0$.

Die algebraischen Elemente über dem Grundkörper K sind also die Nullstellen von Polynomen aus $\mathsf{K}[\boldsymbol{X}]$ in einem Oberring von K.

S 6.12.5
Es seien L ein Körper, $\mathsf{K} \in \mathcal{K}_\mathsf{L}$ und $a \in \mathsf{L}$ algebraisch über K.

(i) $\mathrm{M}_a = \big\{ \boldsymbol{p} \in \mathbb{P}_{\mathsf{K}[\boldsymbol{X}]} \;\big|\; \bigwedge_{\boldsymbol{f} \in \mathsf{K}[\boldsymbol{X}]} \big(\boldsymbol{f}^\star(a) = 0 \Longrightarrow \boldsymbol{p} \in \mathsf{T}_{\boldsymbol{f}}^{\mathsf{K}[\boldsymbol{X}]} \big) \big\} \neq \emptyset$

(ii) $\boldsymbol{p}, \boldsymbol{q} \in \mathrm{M}_a \Longrightarrow \boldsymbol{p} \sim \boldsymbol{q}$

(iii) $\mathsf{K}[a] = \mathsf{K}(a)$

Es sei $\mathbf{N}_a = \big\{ \boldsymbol{f} \in \mathsf{K}[\boldsymbol{X}] \;\big|\; \boldsymbol{f}^\star(a) = 0 \big\}$. Weil a algebraisch ist gilt $\mathbf{N}_a \neq \emptyset$, etwa $\boldsymbol{s} \in \mathbf{N}_a$. Weiter sei $G_a = \big\{ \partial(\boldsymbol{f}) \;\big|\; \boldsymbol{f} \in \mathbf{N}_a \big\}$ die Menge der Grade von Polynomen aus $\mathbf{N}_a$. Es ist $G_a \subset \mathbb{N}$ und $G_a \neq \emptyset$, denn $\boldsymbol{s} \in \mathbf{N}_a$. Also hat G_a ein kleinstes Element m. Es sei $\boldsymbol{p}_m$ ein zugehöriges Polynom aus $\mathbf{N}_a$ mit $m = \partial(\boldsymbol{p}_m)$. Es gilt $\boldsymbol{p}_m \in \mathbb{P}_{\mathsf{K}[\boldsymbol{X}]}$. Denn angenommen es ist $\boldsymbol{p}_m = \boldsymbol{g}\boldsymbol{h}$ mit echten Teilern $\boldsymbol{g}, \boldsymbol{h} \in \mathsf{K}[\boldsymbol{X}]$, d.h. $\partial(\boldsymbol{g}) < \partial(\boldsymbol{p}_m)$ und $\partial(\boldsymbol{h}) < \partial(\boldsymbol{p}_m)$. Das führt auf

$$0 = \boldsymbol{p}_m^\star(a) = (\boldsymbol{g}\boldsymbol{h})^\star(a) = \boldsymbol{g}^\star(a)\boldsymbol{h}^\star(a)$$

Weil der Körper K keine Nullteiler besitzt folgt daraus $\boldsymbol{g}^\star(a) = 0$ oder $\boldsymbol{h}^\star(a) = 0$. Beides ist jedoch unmöglich, denn $\boldsymbol{p}_m$ ist ein Polynom kleinsten Grades mit dieser Eigenschaft.
Es ist $\boldsymbol{p}_m \in \mathrm{M}_a$. Denn sei $\boldsymbol{f} \in \mathsf{K}[\boldsymbol{X}]$ mit $\boldsymbol{f}^\star(a) = 0$. Es gibt $\boldsymbol{q}, \boldsymbol{r} \in \mathsf{K}[\boldsymbol{X}]$ mit $\boldsymbol{f} = \boldsymbol{q}\boldsymbol{p}_m + \boldsymbol{r}$ und $\partial(\boldsymbol{r}) < \partial(\boldsymbol{p}_m)$. Das Einsetzen von a ergibt

$$0 = \boldsymbol{f}^\star(a) = \boldsymbol{g}^\star(a)\boldsymbol{p}_m^\star(a) + \boldsymbol{r}^\star(a)$$

Wäre nun $\boldsymbol{r} \neq 0$, dann wäre $\boldsymbol{r}$ ein Polynom mit der Nullstelle a, jedoch von kleinerem Grad als $\boldsymbol{p}_m$, wieder eine Unmöglichkeit. Es ist daher $\boldsymbol{f} = \boldsymbol{q}\boldsymbol{p}_m$, d.h. $\boldsymbol{p}_m \in \mathsf{T}_{\boldsymbol{f}}^{\mathsf{K}[\boldsymbol{X}]}$. Damit ist die Behauptung $\boldsymbol{p}_m \in \mathrm{M}_a$ bewiesen.
Es seien nun $\boldsymbol{p}, \boldsymbol{q} \in \mathrm{M}_a$. Wegen $\boldsymbol{p}_m \in \mathbf{N}_a$ ist $\boldsymbol{p}_m(a) = 0$, woraus $\boldsymbol{p} \in \mathsf{T}_{\boldsymbol{p}_m}^{\mathsf{K}[\boldsymbol{X}]}$ folgt. Aber $\boldsymbol{p}_m$ ist irreduzibel, also $\boldsymbol{p} \sim \boldsymbol{p}_m$. Natürlich ist auch $\boldsymbol{q} \sim \boldsymbol{p}_m$, folglich $\boldsymbol{p} \sim \boldsymbol{q}$.
Zu zeigen ist $\mathsf{K}(a) \subset \mathsf{K}[a]$. Sei dazu $\boldsymbol{f}^\star(a)\boldsymbol{g}^\star(a)^{-1} \in \mathsf{K}(a)$, mit $\boldsymbol{g}^\star(a) \neq 0$. Wegen $\boldsymbol{g}^\star(a) \neq 0$ gilt $\boldsymbol{g} \notin \mathbf{N}_a$. Das bedeutet $\boldsymbol{p}_m \notin \mathsf{T}_{\boldsymbol{g}}^{\mathsf{K}[\boldsymbol{X}]}$. Denn aus $\boldsymbol{g} = \boldsymbol{h}\boldsymbol{p}_m$ mit $\boldsymbol{h} \in \mathsf{K}[\boldsymbol{X}]$ folgte $\boldsymbol{g}^\star(a) = \boldsymbol{h}^\star(a)\boldsymbol{p}_m^\star(a) = 0$. Daraus, daß das irreduzible Polynom $\boldsymbol{p}_m$ kein Teiler von $\boldsymbol{g}$ ist folgt

$$\mathsf{T}_{\boldsymbol{p}_m}^{\mathsf{K}[\boldsymbol{X}]} \cap \mathsf{T}_{\boldsymbol{g}}^{\mathsf{K}[\boldsymbol{X}]} = \mathsf{K}[\boldsymbol{X}]^\star \quad \text{und damit} \quad \mathsf{G}_{\boldsymbol{p}_m,\boldsymbol{g}}^{\mathsf{K}[\boldsymbol{X}]} = \mathsf{K}[\boldsymbol{X}]^\star$$

Es gibt daher $\boldsymbol{s}, \boldsymbol{t} \in \mathsf{K}[\boldsymbol{X}]$ mit $1 = \boldsymbol{s}\boldsymbol{g} + \boldsymbol{t}\boldsymbol{p}_m$. Auswerten bei a liefert

$$1 = 1^\star(a) = \boldsymbol{s}^\star(a)\boldsymbol{g}^\star(a) + \boldsymbol{t}^\star(a)\boldsymbol{p}_m^\star(a) = \boldsymbol{s}^\star(a)\boldsymbol{g}^\star(a)$$

daher $\boldsymbol{s}^\star(a) = \boldsymbol{g}^\star(a)^{-1}$. Daraus folgt nun direkt das gewünschte Resultat:

$$\boldsymbol{f}^\star(a)\boldsymbol{g}^\star(a)^{-1} = \boldsymbol{f}^\star(a)\boldsymbol{s}^\star(a) = (\boldsymbol{f}\boldsymbol{s})^\star(a) \in \mathsf{K}[\boldsymbol{X}]$$

Der erste Teil des Satzes besagt, daß es für ein algebraisches Element a ein irreduzibles Polynom gibt, das Teiler jedes Polynoms ist, das a als Nullstelle hat. Nach dem zweiten Teil sind die irreduziblen Polynome mit dieser Eigenschaft assoziiert. Und der dritte Teil zeigt an, daß es genügt, statt des Erweiterungskörperw $\mathsf{K}(a)$ den Erweiterungsring zu betrachten, mit dem man sehr viel einfacher arbeiten kann.

D 6.12.4 (Minimalpolynom)
Es werden die Bezeichnungen aus dem vorigen Satz übernommen.
Das eindeutig bestimmte Polynom $\boldsymbol{m}_a \in \mathbf{M}_a$ mit $\boldsymbol{m}_a\big(\partial(\boldsymbol{m}_a)\big) = 1$ heißt **das** irreduzible **Minimalpolynom** von a über K.

Falls aus dem Zusammenhang nicht eindeutig hervorgeht, zu welchem Körper K das Minimalpolynom gehört, wird auch präziser $\boldsymbol{m}_{a,\mathsf{K}}$ geschrieben.

K 6.12.1
Es werden die Bezeichnungen aus dem vorigen Satz übernommen. Es sei $m = \partial(\boldsymbol{m}_a)$.

(i) $\boldsymbol{m}_a$ hat unter alle Polynomen $\boldsymbol{f} \in \mathsf{K}[\boldsymbol{X}]$ mit $\boldsymbol{f}^\star(a) = 0$ den kleinsten Grad.

(ii) $\big(1, a, a^2, \ldots, a^{m-1}\big)$ ist eine Basis des K-Vektorraumes $\mathsf{K}[a]$.

Die erste Behauptung kann dem Beweis des Satzes entnommen werden, folgt aber auch unmittelbar aus $\boldsymbol{m}_a \in \mathbf{M}_a$.
Es seien $c_0, \ldots, c_{m-1} \in \mathsf{K}$ mit $c_0 + c_1 a + \cdots + c_{m-1}a^{m-1} = 0$. Das durch $\boldsymbol{f} = \sum_{\mu=0}^{m-1} c_\mu a^\mu$ definierte Polynom aus $\mathsf{K}[\boldsymbol{X}]$ hat dann a als Nullstelle: $\boldsymbol{f}^\star(a) = 0$. Das ist wegen $\partial(\boldsymbol{f}) < \partial(\boldsymbol{m}_a)$ nur für $\boldsymbol{f} = 0$ möglich, d.h. es ist $c_0 = \cdots = c_{m-1} = 0$: Die a^μ sind linear unabhängig.
Es seien $u \in \mathsf{K}[a]$ und $\boldsymbol{f} \in \mathsf{K}[\boldsymbol{X}]$ mit $\boldsymbol{f}^\star(a) = 0$. Es gibt $\boldsymbol{q}, \boldsymbol{r} \in \mathsf{K}[\boldsymbol{X}]$ mit $\boldsymbol{f} = \boldsymbol{q}\boldsymbol{m}_a + \boldsymbol{r}$ und $\partial(\boldsymbol{r}) < \partial(\boldsymbol{m}_a)$. Einsetzen von a führt auf

$$u = \boldsymbol{f}^\star(a) = \boldsymbol{q}^\star(a)\boldsymbol{m}_a^\star(a) + \boldsymbol{r}^\star(a) = \boldsymbol{r}^\star(a)$$

Hat das Polynom $\boldsymbol{r}$ die Koeffizienten $r_0, \ldots, r_k$, $k < m$, dann gilt $u = \sum_{\kappa=0}^{k} r_\kappa a^\kappa$ und die a^μ bilden ein Erzeugendensystem von $\mathsf{K}[a]$.

Es gibt keine isolierten algebraischen Elemente über einem Körper K, mit einem algebraischen Element a sind auch alle übrigen Element von $\mathsf{K}[a]$ algebraisch. Das ist die wesentliche Aussage des nächsten Satzes. Der Beweis des Satzes ist konstruktiv, es wird eine Methode aufgezeigt, mit der das irreduzible Polynom von a berechnet werden kann. Im Anschluss an den Satz wird ein ausführliches Beispiel durchgerechnet.

S 6.12.6
Es seien L ein Körper, $\mathsf{K} \in \mathcal{K}_\mathsf{L}$ und $a \in \mathsf{L}$ algebraisch über K. Es sei $b \in \mathsf{K}[a]$.

(i) Das Element b ist algebraisch über K.

(ii) $\mathsf{K}[b] \subset \mathsf{K}[a]$

(iii) $\partial(\boldsymbol{m}_b) \leq \partial(\boldsymbol{m}_a)$

Es sei $m = \partial(\boldsymbol{m}_a)$. Die Teilmenge $\{1, a, a^2, \ldots, a^{m-1}\}$ von $\mathsf{K}[a]$ ist Basis des K-Vektorraumes $\mathsf{K}[a]$. Das bedeutet, daß die b^μ als Linearkombination der Elemente der Basis dargestellt werden können. Es gibt daher $a_{\mu\nu}$ mit

$$\begin{aligned} 1 &= a_{00} + a_{01}a + a_{02}a^2 + \cdots + a_{0,m-1}a^{m-1} \\ b &= a_{10} + a_{11}a + a_{12}a^2 + \cdots + a_{1,m-1}a^{m-1} \\ &\vdots \\ b^m &= a_{m0} + a_{m1}a + a_{m2}a^2 + \cdots + a_{m,m-1}a^{m-1} \end{aligned}$$

Falls $b_0, \ldots, b_m \in \mathsf{K}$ gefunden werden können mit $0 = b_0 + b_1 b + b_2 b^2 + \cdots + b_m b^m$, dann gibt es auch ein $f \in \mathsf{K}[\boldsymbol{X}]$ mit $\boldsymbol{f}^\star(b) = 0$, nämlich $\boldsymbol{f} = b_0 + b_1\boldsymbol{X} + b_2\boldsymbol{X}^2 + \cdots + b_m\boldsymbol{X}^m$. Man ersetzt dazu die b^μ in der Polynomgleichung durch ihre Basisdarstellungen, sortiert nach den Basiselementen (den Potenzen von a) und führt einen Koeffizientenvergleich der Basiselemente durch (das nachfolgende Beispiel bringt alle Einzelheiten). Das ergibt das folgende lineare Gleichungssystem für die Unbekannten b_μ:

$$\begin{aligned} 0 &= a_{00}b_0 + a_{10}b_1 + \cdots + a_{m,0}b_m \\ 0 &= a_{01}b_0 + a_{11}b_1 + \cdots + a_{m,1}b_m \\ &\vdots \\ 0 &= a_{0,m-1}b_0 + a_{1,m-1}b_1 + \cdots + a_{m,m-1}b_m \end{aligned}$$

oder als Matrizengleichung geschrieben

$$\begin{bmatrix} a_{00} & a_{10} & a_{20} & \cdots & a_{m,0} \\ a_{01} & a_{11} & a_{21} & \cdots & a_{m,1} \\ \vdots & \vdots & \vdots & \vdots & \vdots \\ a_{0,m-11} & a_{1,m-1} & a_{2,m-1} & \cdots & a_{m,m-11} \end{bmatrix} \begin{bmatrix} b_0 \\ b_1 \\ b_2 \\ \vdots \\ b_m \end{bmatrix} = \begin{bmatrix} 0 \\ 0 \\ \vdots \\ 0 \end{bmatrix}$$

Die Matrix induziert einen Vektorraumhomomorphismus (lineare Abbildung) $\varPsi\colon \mathsf{K}^{m+1} \longrightarrow \mathsf{K}^m$. Sind allgemein $\mathbf{U}$ und $\mathbf{V}$ Vektorräume (über irgendeinem Körper) und ist $\varPhi\colon \mathbf{U} \longrightarrow \mathbf{V}$ linear, dann gilt

$$\dim \mathbf{U} = \dim \mathbf{Kern}(\varPhi) + \dim \mathbf{Bild}(\varPhi)$$

Im vorliegenden Spezialfall wird daraus

$$\dim \mathsf{K}^{m+1} = \dim \mathbf{Kern}(\varPsi) + \dim \mathbf{Bild}(\varPsi)$$

Nun ist natürlich $\dim(\mathsf{K}^{m+1}) = m + 1$ und $\dim\bigl(\mathbf{Bild}(\varPsi)\bigr) \le m$, also $\dim\bigl(\mathbf{Kern}(\varPsi)\bigr) \ge 1$, und das bedeutet, daß das (homogene) Gleichungssystem $\varPsi(b) = 0$ eine vom Nullvektor verschiedene Lösung $(b_0, \ldots, b_m)$ besitzt.

Weil wie eben gezeigt b algebraisch über K ist, ist $\mathsf{K}[b]$ der kleinste (bez. $\subset$) Unterkörper von L, der K und b enthält. Aber $\mathsf{K}[a]$ ist ebenfalls ein Unterkörper von L, der K und b enthält, folglich gilt $\mathsf{K}[b] \subset \mathsf{K}[a]$.

Es ist $\mathsf{K}[b]$ ein Untervektorraum von $\mathsf{K}[a]$, die Menge $\{1, b, b^2, \dots, b^k\}$ ist eine Basis von $\mathsf{K}[b]$ und $\{1, a, a^2, \dots, a^{m-1}\}$ ist eine Basis von $\mathsf{K}[a]$. Daraus folgt natürlich $k \le m$.

Um das Minimalpolynom zu bestimmen berechnet man das Polynom $\boldsymbol{f}$ aus dem Beweis des Satzes über das dort aufgestellte lineare Gleichunssystem. Ist $\boldsymbol{f}$ irreduzibel, dann ist es das gesuchte Minimalpolynom. Andernfalls muss ein irreduzibler Teiler von $\boldsymbol{f}$ gefunden werden.

Der am Anfang des Abschnittes konstruierte Körper $\mathsf{K}[\boldsymbol{X}]_{\boldsymbol{f}}$ ist ein Oberkörper des Körpers K, wenn die Körperelemente $k \in \mathsf{K}$ mit den Körperelementen $k\boldsymbol{X}^0 \in \mathsf{K}[\boldsymbol{X}]_{\boldsymbol{f}}$ identifiziert werden. Das Element $a = \boldsymbol{X} \in \mathsf{K}[\boldsymbol{X}]_{\boldsymbol{f}}$ ist eine Nullstelle des Polynoms $\boldsymbol{f}$, also ist a algebraisch über K. Daraus folgt $\mathsf{K}[a] \subset \mathsf{K}[\boldsymbol{X}]_{\boldsymbol{f}}$. Nun besteht aber $\mathsf{K}[\boldsymbol{X}]_{\boldsymbol{f}}$ aus allen Polynomen

$$\boldsymbol{h} = \sum_{\kappa=0}^{k} \boldsymbol{h}(\kappa)\boldsymbol{X}^{\kappa} = \sum_{\kappa=0}^{k} \boldsymbol{h}(\kappa)a^{\kappa} \qquad k < \partial(\boldsymbol{f})$$

daher gilt auch $\mathsf{K}[\boldsymbol{X}]_{\boldsymbol{f}} \subset \mathsf{K}[a]$ und damit $\mathsf{K}[\boldsymbol{X}]_{\boldsymbol{f}} = \mathsf{K}[a]$. Schließlich ist $\boldsymbol{f}$ ein irreduzibles Polynom mit a als Nullstelle, d.h. $\boldsymbol{f}$ ist zum Minimalpolynom von a assoziiert. Es wird sich sogleich zeigen, daß alle Körpererweiterungen von K, die eine Nullstelle a von $\boldsymbol{f}$ enthalten, zu $\mathsf{K}[\boldsymbol{X}]_{\boldsymbol{f}}$ isomorph sind, d.h. solche Körpererweiterungen sind, von Umbenennungen abgesehen, identisch.

Es folgt nun das angekündigte Beispiel zur Berechnung eines Minimalpolynoms nach der im Beweis des vorigen Satzes verwendeten Methode. Es wird das Polynom $\boldsymbol{f} = \boldsymbol{X}^4 + \boldsymbol{X} + 1 \in \mathbb{Z}_2[\boldsymbol{X}]$ eingesetzt, um den Körper $\mathbb{Z}_2[\boldsymbol{X}]_{\boldsymbol{f}}$ zu bilden. Dazu ist zu zeigen, daß $\boldsymbol{f}$ irreduzibel ist. Das Polynom hat keine Linearfaktoren, denn es hat keine Nullstellen in $\mathbb{Z}_2$: $\boldsymbol{f}^\star(0) = \boldsymbol{f}^\star(1) = 1$. Wenn es also reduzibel ist, dann muß es aus zwei quadratischen Faktoren zusammengesetzt sein. Um das zu prüfen, setzt man zwei quadratische Faktoren an, multipliziert diese aus und ordnet nach Potenzen von $\boldsymbol{X}$:

$$\begin{aligned}\boldsymbol{X}^4 + \boldsymbol{X} + 1 &= (a\boldsymbol{X}^2 + b\boldsymbol{X} + c)(\tilde{a}\boldsymbol{X}^2 + \tilde{b}\boldsymbol{X} + \tilde{c})\\ &= a\tilde{a}\boldsymbol{X}^4 + (b\tilde{a} + a\tilde{b})\boldsymbol{X}^3 + (c\tilde{a} + b\tilde{b} + a\tilde{c})\boldsymbol{X}^2 + (c\tilde{b} + b\tilde{c})\boldsymbol{X} + c\tilde{c}\end{aligned}$$

Der Vergleich der Koeffizienten der $\boldsymbol{X}^n$ auf beiden Seiten der Gleichung liefert das folgende Gleichungssystem mit Unbekannten in $\mathbb{Z}_2$:

$$\begin{aligned}1 &= a\tilde{a}\\ 0 &= b\tilde{a} + a\tilde{b}\\ 0 &= c\tilde{a} + b\tilde{b} + a\tilde{c}\\ 1 &= c\tilde{b} + b\tilde{c}\\ 1 &= c\tilde{c}\end{aligned}$$

Aus der ersten Gleichung folgt $a = \tilde{a} = 1$, ebenso aus der letzten $c = \tilde{c} = 1$. Damit wird die zweite Gleichung zu $b + \tilde{b} = 0$, die vierte dagegen zu $b + \tilde{b} = 1$: Ein Widerspruch. Das Polynom hat daher keine quadratischen Faktoren. Es hat folglich gar keine Faktoren und ist somit irreduzibel.

Es sei nun $a = \boldsymbol{X} \in \mathbb{Z}_2[\boldsymbol{X}]_{\boldsymbol{X}^4+\boldsymbol{X}+1}$. Durch $\{1, a, a^2, a^3\}$ ist eine Basis von $\mathbb{Z}_2[a]$ gegeben. Zur

Berechnung von Minimalpolynomen sind höhere Potenzen von a als Linearkombinationen der Basiselemente darzustellen, und zwar bis zu a^6. Das ist leicht möglich, wenn $a^4 = 1 + a$ beachtet wird. Man rechnet wie folgt:

$$\begin{aligned} a^4 &= a + 1 \\ a^5 &= a^4 a = (a+1)a = a^2 + a \\ a^6 &= a^5 a = (a^2 + a)a = a^3 + a^2 \end{aligned}$$

Es soll jetzt das Minimalpolynom $\boldsymbol{m}_b$ von $b = a^3 + 1 \in \mathbb{Z}_2[a]$ berechnet werden. Man beginnt damit, die Potenzen von b bis zu b^4 mit obiger Basis darzustellen:

$$\begin{aligned} b^1 &= a^3 + 1 \\ b^2 &= (a^3+1)^2 = a^6 + 1 = a^3 + a^2 + 1 \\ b^3 &= (a^3 + a^2 + 1)b = (a^3 + a^2 + 1)(a^3 + 1) = a^6 + a^5 + a^3 + a^3 + a^2 + 1 = a^3 + a + 1 \\ b^4 &= (a^3 + a + 1)b = (a^3 + a + 1)(a^3 + 1) = a^6 + a^4 + a^3 + a^3 + a + 1 = a^3 + a^2 \end{aligned}$$

Anschließend werden die Potenzen von b in das Polynom in b eingesetzt, dessen Koeffizienten zu bestimmen sind. Daß b Nullstelle des gesuchten Polynoms ist gibt die Gleichung

$$0 = b_0 + b_1 b + b_2 b^2 + b_3 b^3 + b_4 b^4$$

und daraus durch Ersetzen der b^n

$$0 = b_0 + b_1(a^3+1) + b_2(a^3 + a^2 + 1) + b_3(a^3 + a + 1) + b_4(a^3 + a^2)$$

Ordnet man die Gleichung nach Potenzen von a um, erhält man also

$$0 = b_0 + b_1 + b_2 + b_3 + b_3 a + (b_2 + b_4)a^2 + (b_1 + b_2 + b_3 + b_4)a^3$$

dann müssen wegen der linearen Unabhängigkeit der Basiselemente die Koeffizienten der Potenzen von a verschwinden. Man erhält so vier Gleichungen für die fünf Unbekannten b_0 bis b_4:

$$\begin{aligned} 0 &= b_0 + b_1 + b_2 + b_3 \\ 0 &= b_3 \\ 0 &= b_2 + b_4 \\ 0 &= b_1 + b_2 + b_3 + b_4 \end{aligned}$$

Als Lösung erhält man $b_3 = 0$, dann aus der dritten Gleichung $b_2 = b_4$, aus der vierten Gleichung $b_1 = 0$ wegen $b_2 + b_3 + b_4 = 0$ und schließlich aus der ersten Gleichung $b_0 = b_2$ wegen $b_1 + b_3 = 0$. Es gibt daher **genau eine** von $(b_0, b_1, b_2, b_3, b_4) = (0,0,0,0,0)$ verschiedene Lösung des Gleichungssystems, nämlich $(b_0, b_1, b_2, b_3, b_4) = (1,0,1,0,1)$ und folglich ist das Polynom

$$\boldsymbol{X}^4 + \boldsymbol{X}^2 + 1$$

nicht nur irgendein Polynom mit b als Nullstelle sondern als einziges in Frage kommendes Polynom notwendigerweise sogar das Minimalpolynom $\boldsymbol{m}_b$ von b und ist damit auch irreduzibel.

Es gibt verschiedene Wege, zu einem gegebenen Grundkörper K und einem gegebenen Polynom $\boldsymbol{f} \in \mathsf{K}[\boldsymbol{X}]$ einen Erweiterungskörper von K zu finden, in dem das Polynom eine Nullstelle besitzt. Der in diesem Buch konstruierte Erweiterungskörper $\mathsf{K}[\boldsymbol{X}]_{\boldsymbol{f}}$ besteht aus einer zu einem Körper umgewidmeten Teilmenge von $\mathsf{K}[\boldsymbol{X}]$, nämlich der Teilmenge aller Polynome von einem Grad kleiner als der Grad von $\boldsymbol{f}$. Eine weitere Möglichkeit besteht darin, so wie für ganze Zahlen auch für Polynome eine Kongruenzrelation $\boldsymbol{f} \equiv_{\boldsymbol{h}} \boldsymbol{g}$ einzuführen, wobei $\boldsymbol{f}$ und $\boldsymbol{g}$ kongruent modulo $\boldsymbol{h}$ sind, wenn $\boldsymbol{f} - \boldsymbol{g}$ durch $\boldsymbol{h}$ teilbar ist, und die Kongruenzklassen der Relation mit einer Körperstruktur auszustatten. Man erhält auf diesen Wegen grundverschiedene Objekte, die auf dem ersten Weg erzeugten Körperelemente sind tatsächlich Elemente der auf dem zweiten Weg erhaltenen Körperelemente als Mengen. Daß es jedoch gleichgültig ist, welchen Weg man zur Körperkonstruktion beschreitet, daß nämlich die erhaltenen Körper im Wesentlichen identisch sind, ist die Aussage des nachfolgenden Satzes.

S 6.12.7 (Isomorphie der einfachen Körpererweiterungen)
Es seien L ein Körper mit einem Teilkörper K und N ein Körper mit einem Teilkörper M. Es seien $\varphi\colon \mathsf{K} \longrightarrow \mathsf{M}$ ein Körperisomorphismus und $\boldsymbol{\Phi}\colon \mathsf{K}[\boldsymbol{X}] \longrightarrow \mathsf{M}[\boldsymbol{X}]$ die kanonische isomorphe Erweiterung von φ auf die Polynomringe (**S 6.9.11**). Es sei $\boldsymbol{p} \in \mathsf{K}[\boldsymbol{X}]$ irreduzibel. Es seien $a \in \mathsf{L}$ eine Nullstelle von $\boldsymbol{p}$ und $b \in \mathsf{N}$ eine Nullstelle von $\boldsymbol{\Phi}(\boldsymbol{p})$. Dann gibt es genau einen Körperisomorphismus $\phi\colon \mathsf{K}[a] \longrightarrow \mathsf{M}[b]$ mit der Eigenschaft $\phi(a) = b$, der das folgende Diagramm kommutativ werden läßt:

$$\begin{array}{ccc} \mathsf{K}[a] & \xrightarrow{\ \phi\ } & \mathsf{M}[b] \\ \cup\Big\uparrow & & \Big\uparrow\cup \\ \mathsf{K} & \xrightarrow[\varphi]{} & \mathsf{M} \\ \cap\Big\downarrow & & \Big\downarrow\cap \\ \mathsf{K}[\boldsymbol{X}] & \xrightarrow[\boldsymbol{\Phi}]{} & \mathsf{M}[\boldsymbol{X}] \end{array} \tag{6.315}$$

Das Symbol $\cup$ steht für die Identifizierungsabbildungen $u \mapsto ua^0$ bzw. $u \mapsto ub^0$. Die Kommutativität $\phi \circ \cup = \cup \circ \varphi$ des oberen Diagrammrechtecks bedeutet daher einfach $\phi_{/\mathsf{K}} = \varphi$, d.h die Einschränkung von ϕ auf den GrundKörper K ergibt φ. Entsprechend steht das Symobl $\cap$ für die Identifizierungsabbildung $u \mapsto u\boldsymbol{X}^0$. Die Kommutativität $\boldsymbol{\Phi} \circ \cap = \cap \circ \varphi$ des Diagramms bedeutet daher $\boldsymbol{\Phi}_{/\mathsf{K}} = \varphi$, d.h die Einschränkung von $\boldsymbol{\Phi}$ auf den Grundkörper K ergibt φ.

Jedes Polynom aus $\mathsf{K}[\boldsymbol{X}]$, das a als Nullstelle besitzt, ist ein Vielfaches des Minimalpolynoms $\boldsymbol{m}_a$. Weil $\boldsymbol{p}$ aber bereits irreduzibel ist, müssen $\boldsymbol{p}$ und $\boldsymbol{m}_a$ assoziiert sein, $\boldsymbol{p} \sim \boldsymbol{m}_a$, und besitzen daher denselben Grad, etwa $n = \partial(\boldsymbol{p}) = \partial(\boldsymbol{m}_a)$. Die Menge $A = \{1, a, \ldots, a^{n-1}\}$ ist eine Basis des K-Vektorraumes $\mathsf{K}[a]$ (siehe **K 6.12.1**). Daher gibt es zu jedem $u \in \mathsf{K}[a]$ ein eindeutig bestimmtes $\mathbf{u} = (u_0, \ldots, u_{n-1}) \in \mathsf{K}^n$ mit

$$u = \sum_{\nu=0}^{n-1} u_\nu a^\nu$$

Folglich gibt es ein eindeutig bestimmtes Polynom $\boldsymbol{u} \in \mathsf{K}[\boldsymbol{X}]$ mit $\boldsymbol{u}^\star(a) = u$ und $\partial(\boldsymbol{u}) \leq n - 1$, nämlich das mit den Koeffizienten **u** gebildete Polynom

$$\boldsymbol{u} = \sum_{\nu=0}^{n-1} u_\nu \boldsymbol{X}^\nu$$

Weil $\partial(\boldsymbol{p}) = \partial(\boldsymbol{\Phi}(\boldsymbol{p}))$ gilt und mit $\boldsymbol{p}$ auch $\boldsymbol{\Phi}(\boldsymbol{p})$ irreduzibel ist (siehe (6.210) und (6.211)), ist $B = \{1, b, \ldots, b^{n-1}\}$ eine Basis des M-Vektorraumes $\mathsf{M}[b]$ und es gibt zu jedem $v \in \mathsf{M}[b]$ ein eindeutig bestimmtes Polynom $\boldsymbol{v} \in \mathsf{M}[\boldsymbol{X}]$ mit $\boldsymbol{v}^\star(v) = 0$ und $\partial(\boldsymbol{v}) \leq n-1$.
Falls es nun eine Abbildung ϕ mit den geforderten Eigenschaften gibt, dann gilt für diese Abbildung zwangsläufig bei jedem $u \in \mathsf{K}[a]$

$$\phi(u) = \phi\Big(\sum_{\nu=0}^{n-1} u_\nu a^\nu\Big) = \sum_{\nu=0}^{n-1} \phi(u_\nu)\phi(a)^\nu = \sum_{\nu=0}^{n-1} \varphi(u_\nu) b^\nu \tag{6.316}$$

Gibt es daher solch eine Abbildung, dann ist sie eindeutig bestimmt. Tatsächlich wird nun durch (6.316) eine Abbildung mit den geforderten Eigenschaften festgelegt. Daß überhaupt eine Abbildung definiert wird ergibt sich daraus, daß die Koeffizienten u_ν zur Darstellung von u eindeutig bestimmt sind. Es seien $u, v \in \mathsf{K}[a]$.
Durch (6.316) ist natürlich eine additive Abbildung gegeben:

$$\phi(u+v) = \sum_{\nu=0}^{n-1} \varphi(u_\nu + v_\nu) b^\nu = \sum_{\nu=0}^{n-1} \varphi(u_\nu) b^\nu + \sum_{\nu=0}^{n-1} \varphi(v_\nu) b^\nu = \phi(u) + \phi(v)$$

Die Multiplikativität ist etwas schwieriger zu beweisen. Es seien $\boldsymbol{u}, \boldsymbol{v}, \boldsymbol{w} \in \mathsf{K}[\boldsymbol{X}]$ mit $\boldsymbol{u}^\star(a) = u$, $\boldsymbol{v}^\star(a) = v$, $\boldsymbol{w}^\star(a) = uv$ und $\partial(\boldsymbol{u}) \leq n-1$, $\partial(\boldsymbol{v}) \leq n-1$, $\partial(\boldsymbol{w}) \leq n-1$. Damit gilt

$$\phi(u) = \phi\big(\boldsymbol{u}^\star(a)\big) = \phi\Big(\sum_{\nu=0}^{n-1} u_\nu a^\nu\Big) = \sum_{\nu=0}^{n-1} \varphi(u_\nu) b^\nu = \boldsymbol{\Phi}(\boldsymbol{u})^\star(b)$$

und entsprechend $\phi(v) = \boldsymbol{\Phi}(\boldsymbol{v})^\star(b)$ sowie $\phi(uv) = \boldsymbol{\Phi}(\boldsymbol{w})^\star(b)$. Ferner gilt

$$(\boldsymbol{uv} - \boldsymbol{w})^\star(a) = \boldsymbol{u}^\star(a)\boldsymbol{v}^\star(a) - \boldsymbol{w}^\star(a) = uv - uv = 0$$

Es ist also a eine Nullstelle des Polynoms $\boldsymbol{uv} - \boldsymbol{w}$, woraus folgt, daß $\boldsymbol{uv} - \boldsymbol{w}$ ein Vielfaches von $\boldsymbol{p}$ ist, d.h. es gibt ein $\boldsymbol{h} \in \mathsf{K}[\boldsymbol{X}]$ mit $\boldsymbol{uv} - \boldsymbol{w} = \boldsymbol{hp}$. Daraus folgt aber

$$\boldsymbol{\Phi}(\boldsymbol{uv} - \boldsymbol{w}) = \boldsymbol{\Phi}(\boldsymbol{h})\boldsymbol{\Phi}(\boldsymbol{p})$$

und daraus schließlich was zu zeigen war:

$$\phi(u)\phi(v) - \phi(uv) = \boldsymbol{\Phi}(\boldsymbol{u})^\star(b)\boldsymbol{\Phi}(\boldsymbol{v})^\star(b) - \boldsymbol{\Phi}(\boldsymbol{w})^\star(b) = \boldsymbol{\Phi}(\boldsymbol{uv} - \boldsymbol{w})^\star(b) = \boldsymbol{\Phi}(\boldsymbol{h})^\star(b)\boldsymbol{\Phi}(\boldsymbol{p})^\star(b) = 0$$

Aus der Definition (6.316) folgen unmittelbar $\phi(u) = \varphi(u)$ für $u \in \mathsf{K}$, d.h. $\phi_{/\mathsf{K}} = \varphi$, und $\phi(a) = b$. ϕ ist injektiv. Aus $\phi(u) = 0$ folgt nämlich $\varphi(u_0) = \cdots = \varphi(u_{n-1}) = 0$, denn B ist eine Basis von $\mathsf{M}[b]$. Das zieht aber $u_0 = \cdots = u_{n-1} = 0$ nach sich, denn φ ist als Isomorphismus injektiv. Es ist daher $u = 0$ und damit $\mathbf{Kern}(\phi) = \{0\}$ herausgekommen.

ϕ ist auch surjektiv. Sei nämlich $v \in \mathsf{M}[b]$. Weil B eine Basis von $\mathsf{M}[b]$ über M ist, gibt es ein $\mathbf{v} = (v_0, \ldots, v_{n-1}) \in \mathsf{M}^n$ mit

$$v = \sum_{\nu=0}^{n-1} v_\nu b^\nu$$

Nun ist φ surjektiv, es gibt daher zu jedem v_ν ein $u_\nu \in \mathsf{K}$ mit $v_\nu = \varphi(u_\nu)$. Es sei

$$u = \sum_{\nu=0}^{n-1} u_\nu a^\nu$$

Es ist offensichtlich $\phi(u) = v$.
Damit ist der Satz vollständig bewiesen. In Bild 6.5 werden die gegenseitigen Beziehungen und Lagen der Körper und Homomorphismen des Satzes in einer Skizze dargestellt.

Abbildung 6.5.: Die Konstellation der Körper und Homomorphismen von **S 6.12.7**

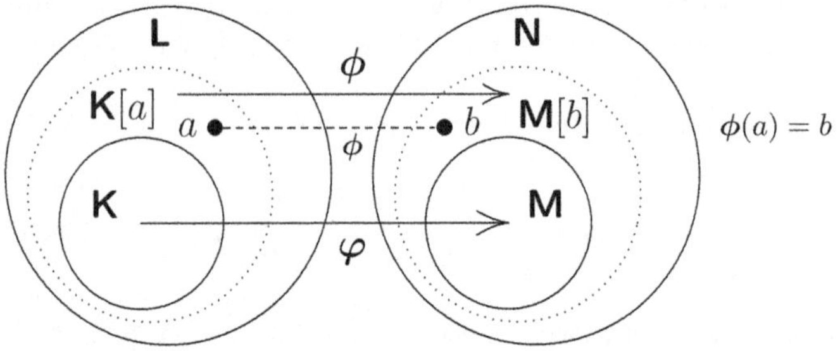

Die Aussage, daß auf verschiedenen Wegen konstruierte einfache Erweiterungskörper isomorph sind, folgt aus der Satzaussage durch eine einfache Spezialisierung. Man setzt dazu $\mathsf{K} = \mathsf{M}$ und wählt als Isomorphismus φ die identische Abbildung des Körpers K. Die Oberkörper L und N sollen jedoch nicht identisch sein, um die verschiedenen Wege zu repräsentieren, auf denen Oberkörper von K konstruiert werden können, die eine Nullstelle des Polynoms $\boldsymbol{p}$ enthalten. Es ist a eine Nullstelle von $\boldsymbol{p}$ in L und $\mathsf{K}[a]$ ist der kleinste Teilkörper von L, der K und a enthält. Ebenso ist b eine Nullstelle von von $\boldsymbol{p}$ in N und $\mathsf{K}[b]$ ist der kleinste Teilkörper von N, der K und b enthält. Der Satz besagt, daß die identische Abbildung des Körpers K zu einem Isomorphismus $\phi\colon \mathsf{K}[a] \longrightarrow \mathsf{K}[b]$ erweitert wird, und zwar so, daß $\phi_{/\mathsf{K}}$, die Einschränkung von ϕ auf K, die identische Abbildung von K ist, und daß $\phi(a) = b$ gilt. Der Isomorphismus ϕ ist konkret gegeben durch die Vorschrift

$$\phi\Big(\sum_{\nu=0}^{n-1} u_\nu a^\nu\Big) = \sum_{\nu=0}^{n-1} u_\nu b^\nu$$

Ein Weg, zu $\mathsf{K}[a]$ zu kommen, besteht darin, den Erweiterungskörper $\mathsf{K}[\boldsymbol{X}]_{\boldsymbol{p}}$ zu konstruieren, wie es weiter oben vorgeführt worden ist. Konkret erhält man

$$\mathsf{K}[a] = \big\{\, \boldsymbol{f} \in \mathsf{K}[\boldsymbol{X}] \;\big|\; \partial(\boldsymbol{f}) < \partial(\boldsymbol{p}) \,\big\}$$

und die Nullstelle von $\boldsymbol{p}$ ist $a = \boldsymbol{X}$. Ein weiterer Oberkörper L wird hier nicht benötigt, man kann $\mathsf{K}[a]$ als L wählen. Ein zweiter Weg zu einem Erweiterungskörper mit Nullstelle führt über eine Kongruenzrelation für Polynome, die der Kongruenzrelation für ganze Zahlen nachgebildet ist, und zwar wie folgt (zur Teilerrestfunktion für Polynome siehe die Definition **D 6.7.3**):

$$\bigwedge_{\boldsymbol{f},\boldsymbol{g}\in\mathsf{K}[\boldsymbol{X}]} \boldsymbol{f} \equiv_{\boldsymbol{p}} \boldsymbol{g} \;:\Longleftrightarrow\; \varrho_{\boldsymbol{p}}(\boldsymbol{f}) = \varrho_{\boldsymbol{p}}(\boldsymbol{g}) \tag{6.317}$$

Wie jede Äquivalenzrelation gibt auch $\equiv_{\boldsymbol{p}}$ Anlass zu einer Klasseneinteilung von $\mathsf{K}[\boldsymbol{X}]$ in Äquivalenzklassen. Die Menge dieser Klassen wird mit $\mathsf{K}[\boldsymbol{X}]_{/\boldsymbol{p}}$ oder ähnlich bezeichnet. Jede dieser Klassen kann, ohne Mehrdeutigkeiten befürchten zu müssen, von irgendeinem ihrer Elemente repräsentiert werden, was meist in der Gestalt $[\boldsymbol{f}]$ geschieht, d.h. es ist

$$[\boldsymbol{f}] = \{\, \boldsymbol{g} \in \mathsf{K}[\boldsymbol{X}] \;\big|\; \boldsymbol{f} \equiv_{\boldsymbol{p}} \boldsymbol{g} \,\} \tag{6.318}$$

Die Menge $\mathsf{K}[\boldsymbol{X}]_{/\boldsymbol{p}}$ kann nun auf kanonische (d.h. natürliche) Weise mit einer Körperstruktur versehen werden, und zwar so, daß das Polynom $\boldsymbol{p}$ als ein Polynom $\boldsymbol{p} \in \mathsf{K}[\boldsymbol{X}]_{/\boldsymbol{p}}[\boldsymbol{Y}]$ eine Nullstelle in $\mathsf{K}[\boldsymbol{X}]_{/\boldsymbol{p}}$ besitzt. Um hier den Polynomring über K von dem über $\mathsf{K}[\boldsymbol{X}]_{/\boldsymbol{p}}$ zu unterscheiden, wurde die „Unbestimmte" von letzterem mit $\boldsymbol{Y}$ bezeichnet. Und zwar ist diese Nullstelle gegeben als die Kongruenzklasse von $\boldsymbol{X}$:

$$b = [\boldsymbol{X}] = \{\, \boldsymbol{f} \in \mathsf{K}[\boldsymbol{X}] \;\big|\; \boldsymbol{f} \equiv_{\boldsymbol{p}} \boldsymbol{X} \,\} \qquad \text{dagegen } a = \boldsymbol{X}$$

Und natürlich ist $\mathsf{K}[b] = \mathsf{K}[\boldsymbol{X}]_{/\boldsymbol{p}}$. Die Körper $\mathsf{K}[a]$ und $\mathsf{K}[b]$ sind also als Mengen strukturell verschieden, $\mathsf{K}[a]$ besteht aus Polynomen und $\mathsf{K}[b]$ aus Mengen von Polynomen, doch als Körper sind sie strukturell identisch weil isomorph.

Der nachfolgende Satz ist eine Erweiterung der Aussage von **K 6.7.2**, er gibt noch eine Bedingung an, die erfüllt sein muß, damit ein Homomorphismus mit den verlangten Eigenschaften existiert.

S 6.12.8
Es sei K ein Körper und R ein Ring, der K als Unterring enthält. Es seien $\boldsymbol{q} \in \mathsf{K}[\boldsymbol{X}] \setminus \mathsf{K}$ und $u \in \mathsf{R}$. Die Abbildung $\vartheta\colon \mathsf{K}[\boldsymbol{X}]_{\boldsymbol{q}} \longrightarrow \mathsf{R}$ sei definiert durch $\vartheta(\boldsymbol{f}) = \boldsymbol{f}^\star(u)$.

(i) Es gibt höchstens einen Ringhomomorphismus $\varphi\colon \mathsf{K}[\boldsymbol{X}]_{\boldsymbol{q}} \longrightarrow \mathsf{R}$ mit $\varphi_{/\mathsf{K}} = \iota_{\mathsf{K}}$ und $\varphi(\boldsymbol{X}) = u$. Existiert solch ein Homomorphismus φ, dann ist $\varphi = \vartheta$.

(ii) $\vartheta \in \mathbf{Hom}(\mathsf{K}[\boldsymbol{X}]_{\boldsymbol{q}}, \mathsf{R}) \iff \boldsymbol{q}^\star(u) = 0$

Ganz so wie in **K 6.7.2** ergibt sich, daß, falls φ existiert, $\varphi(\boldsymbol{f}) = \boldsymbol{f}^\star(u)$ für alle $\boldsymbol{f} \in \mathsf{K}[\boldsymbol{X}]$ gelten muß. Es gibt also höchstens ein solches φ, das im Falle der Existenz mit ϑ übereinstimmen muß. Es sei $n = \partial(\boldsymbol{q})$. Nach Voraussetzung ist $n \geq 1$. Es ist damit $\boldsymbol{X}^{n-1}, \boldsymbol{X} \in \mathsf{K}[\boldsymbol{X}]_{\boldsymbol{q}}$, und man erhält

$$\vartheta(\boldsymbol{X}^{n-1} \odot \boldsymbol{X}) = \vartheta\big(\varrho_{\boldsymbol{q}}(\boldsymbol{X}^{n-1}\boldsymbol{X})\big) = \varrho_{\boldsymbol{q}}(\boldsymbol{X}^n)^\star(u) \tag{6.319}$$

$$\vartheta(\boldsymbol{X}^{n-1})\vartheta(\boldsymbol{X}) = (\boldsymbol{X}^{n-1})^\star(u)\boldsymbol{X}^\star(u) \tag{6.320}$$

Weiter gibt es ein $\boldsymbol{h} \in \mathsf{K}[\boldsymbol{X}]$ mit

$$\boldsymbol{X}^n = \boldsymbol{X}^{n-1}\boldsymbol{X} = \boldsymbol{h}\boldsymbol{q} + \varrho_{\boldsymbol{q}}(\boldsymbol{X}^n)$$

Wegen $\partial(\boldsymbol{X}^n) = n = \partial(\boldsymbol{q})$ ist $\boldsymbol{h} = h \in \mathsf{K}^\star$, andernfalls stünde wegen $\partial(\varrho_{\boldsymbol{q}}(\boldsymbol{X}^n)) < n$ auf der rechten Seite der Gleichung kein Polynom vom Grad n. Insbesondere ist $\boldsymbol{h}^\star(u) = h \neq 0$. Die Auswertung beider Seiten der Gleichung an der Stelle u ergibt

$$(\boldsymbol{X}^{n-1})^\star(u)\boldsymbol{X}^\star(u) = h\boldsymbol{q}^\star(u) + \varrho_{\boldsymbol{q}}(\boldsymbol{X}^n)^\star(u)$$

oder auf die Funktion ϑ umgeschrieben

$$\vartheta(\boldsymbol{X}^{n-1})\vartheta(\boldsymbol{X}) = h\boldsymbol{q}^\star(u) + \vartheta(\boldsymbol{X}^{n-1} \odot \boldsymbol{X}) \tag{6.321}$$

Es sei jetzt $\vartheta \in \mathbf{Hom}\big(\mathsf{K}[X]_{\boldsymbol{q}}, \mathsf{R}\big)$. Dann gilt $\vartheta(\boldsymbol{X}^{n-1})\vartheta(\boldsymbol{X}) = \vartheta(\boldsymbol{X}^{n-1} \odot \boldsymbol{X})$ und aus (6.321) folgt $h\boldsymbol{q}^\star(u) = 0$, also $\boldsymbol{q}^\star(u) = 0$ wegen $h \neq 0$.
Ist andererseits $\boldsymbol{q}^\star(u) \neq 0$, dann erhält man mit (6.321)

$$\vartheta(\boldsymbol{X}^{n-1})\vartheta(\boldsymbol{X}) - \vartheta(\boldsymbol{X}^{n-1} \odot \boldsymbol{X}) = h\boldsymbol{q}^\star(u) \neq 0$$

d.h. es ist $\vartheta(\boldsymbol{X}^{n-1})\vartheta(\boldsymbol{X}) \neq \vartheta(\boldsymbol{X}^{n-1} \odot \boldsymbol{X})$ und damit $\vartheta \notin \mathbf{Hom}\big(\mathsf{K}[X]_{\boldsymbol{q}}, \mathsf{R}\big)$.

Ein einfaches Beispiel zum vorangehenden Satz bietet der Erweiterungsring $\mathbb{Z}_3[\boldsymbol{i}]$ des Körpers $\mathbb{Z}_3$. Zunächst einige Vorbereitungen. Es sei $m \in \mathbb{N} \setminus \{0,1\}$. Dann kann $\mathbb{Z}_m^2 = \mathbb{Z}_m \times \mathbb{Z}_m$ mit den folgenden Operationen zu einem Ring gemacht werden:

$$\begin{aligned}(u,v) + (x,y) &= (u \oplus x, v \oplus y)\\ (u,v)(x,y) &= (u \odot x \ominus v \odot y, u \odot y \ominus v \odot x)\end{aligned}$$

Darin sind $\oplus$, $\ominus$ und $\odot$ die Ringoperationen von $\mathbb{Z}_m$. Die Ringaxiome können durch einfaches Ausrechnen bestätigt werden. Das Nullelement ist $(0,0)$ und der Ring besitzt das Einselement $(1,0)$. Das Element $(0,1)$ hat die Eigenschaft $(0,1)(0,1) = (m-1,0)$ oder $(0,1)(0,1) = (-1,0)$. Man bezeichnet daher $(0,1)$ mit $\boldsymbol{i}$ und schreibt $u + v\boldsymbol{i}$ statt (u,v). Die Ringoperationen werden damit zu

$$(u + v\boldsymbol{i}) + (x + y\boldsymbol{i}) = (x + u) + (v + y)\boldsymbol{i} \tag{6.322}$$

$$(u + v\boldsymbol{i})(x + y\boldsymbol{i}) = (ux - vy) + (uy - vx)\boldsymbol{i} \tag{6.323}$$

Die Verknüpfungen in den Klammern der rechten Seiten sind natürlich die Ringverknüpfungen von $\mathbb{Z}_m$. In dieser Schreibweise ist $\boldsymbol{i}^2 = (0 + 1\boldsymbol{i})^2 = (-1 + 0\boldsymbol{i}) = -1$, weshalb dieser Ring auch mit $\mathbb{Z}_m[\boldsymbol{i}]$ bezeichnet wird. Es wird $\mathbb{Z}_m$ zu einem Teilring von $\mathbb{Z}_m[\boldsymbol{i}]$ gemacht, indem $u + 0\boldsymbol{i}$ mit u identifiziert wird.

Es sei nun speziell $m = 3$, und es sei $\boldsymbol{q} \in \mathbb{Z}_3[\boldsymbol{X}]$ gegeben durch $\boldsymbol{q} = \boldsymbol{X}^2 + 1$. Das Polynom $\boldsymbol{q}$ hat keine Nullstellen in $\mathbb{Z}_3$, denn es ist $\boldsymbol{q}^\star(0) = 1$, $\boldsymbol{q}^\star(1) = 2$ und $\boldsymbol{q}^\star(2) = 2$. Fasst man aber $\boldsymbol{q}$ als ein Polynom aus $(\mathbb{Z}_3[\boldsymbol{i}])[\boldsymbol{X}]$ auf, dann erhält man

$$\begin{aligned}\boldsymbol{q}^\star(\boldsymbol{i}) &= \boldsymbol{i}^2 + 1 = -1 + 1 = 0\\ \boldsymbol{q}^\star(-\boldsymbol{i}) &= \boldsymbol{q}^\star(2\boldsymbol{i}) = \varrho_3(4)\boldsymbol{i}^2 + 1 = \boldsymbol{i}^2 + 1 = -1 + 1 = 0\end{aligned}$$

d.h. $\boldsymbol{i}$ und $-\boldsymbol{i}$ sind Nullstellen von $\boldsymbol{q}$ in $\mathbb{Z}_3[\boldsymbol{i}]$. Durch Vorgabe von $\vartheta(\boldsymbol{i})$ und $\vartheta(-\boldsymbol{i}) = \vartheta(2\boldsymbol{i})$ gewinnt man daher zwei Homomorphismen $\boldsymbol{\vartheta}_{\boldsymbol{i}}$ und $\boldsymbol{\vartheta}_{2\boldsymbol{i}}$ die durch $\boldsymbol{\vartheta}_{\boldsymbol{i}}(\boldsymbol{f}) = \boldsymbol{f}^\star(\boldsymbol{i})$ und $\boldsymbol{\vartheta}_{2\boldsymbol{i}}(\boldsymbol{f}) = \boldsymbol{f}^\star(2\boldsymbol{i})$ für alle $\boldsymbol{f} \in \mathbb{Z}_3[\boldsymbol{X}]_{\boldsymbol{q}}$ definiert sind, mit der Eigenschaft $\boldsymbol{\vartheta}_{\boldsymbol{i}}(u) = \boldsymbol{\vartheta}_{2\boldsymbol{i}}(u) = u$ für alle $u \in \mathbb{Z}_3$.
Dagegen ist $1 + \boldsymbol{i}$ keine Nullstelle von $\boldsymbol{q}$, denn $\boldsymbol{q}^\star(1 + \boldsymbol{i}) = 1 - i \neq 0$, daher erhält man nach dem

voranstehenden Satz durch die Vorgabe von $\vartheta(1+\boldsymbol{i})$ keinen Ringhomomorphismus $\boldsymbol{\vartheta}_{1+\boldsymbol{i}}$. Das kann natürlich auch direkt bestätigt werden. Wie man leicht errät ist $\varrho_{\boldsymbol{q}}(\boldsymbol{X}^2) = 2 = -1$, daher

$$\begin{aligned}\vartheta(\boldsymbol{X} \odot \boldsymbol{X}) &= \vartheta(2) = 2^\star(1+\boldsymbol{i}) = 2 \\ \vartheta(\boldsymbol{X})\vartheta(\boldsymbol{X}) &= \boldsymbol{X}^\star(1+\boldsymbol{i})\boldsymbol{X}^\star(1+\boldsymbol{i}) = (1+\boldsymbol{i})^2 = 2\boldsymbol{i} \neq 2\end{aligned}$$

Tatsächlich ist $\boldsymbol{\vartheta}_{\boldsymbol{i}}$ (und analog $\boldsymbol{\vartheta}_{2\boldsymbol{i}}$) ein Körperisomorphismus. Denn $\boldsymbol{q}$ hat in $\mathbb{Z}_3$ keine Nullstellen, also keine Linearfaktoren und als quadratisches Polynom daher überhaupt keine echten Faktoren aus $\mathbb{Z}_3[\boldsymbol{X}]$, d.h. $\boldsymbol{q}$ ist irreduzibel über $\mathbb{Z}_3[\boldsymbol{X}]$. Wegen $\boldsymbol{q}^\star(\boldsymbol{i})$ ist $\boldsymbol{i}$ algebraisch über $\mathbb{Z}_3$ und $\boldsymbol{q}$ ist, weil irreduzibel, das Minimalpolynom von $\boldsymbol{i}$. Es gibt daher kein $\boldsymbol{f} \in \mathbb{Z}_3[\boldsymbol{X}]$ mit $0 < \partial(\boldsymbol{f}) < \partial(\boldsymbol{q}) = 2$ und $\boldsymbol{f}^\star(\boldsymbol{i}) = 0$, und das bedeutet gerade $\mathbf{Kern}(\boldsymbol{\vartheta}_{\boldsymbol{i}}) = \{0\}$, d.h. $\boldsymbol{\vartheta}_{\boldsymbol{i}}$ ist injektiv. Natürlich ist $\boldsymbol{\vartheta}_{\boldsymbol{i}}$ auch surjektiv. Ist nämlich $u + v\boldsymbol{i} \in \mathbb{Z}_3[\boldsymbol{i}]$, dann gilt $\boldsymbol{\vartheta}_{\boldsymbol{i}}(v\boldsymbol{X}+u) = (v\boldsymbol{X}+u)^\star(\boldsymbol{i}) = v\boldsymbol{i}+u$, $\boldsymbol{\vartheta}_{\boldsymbol{i}}$ ist also bijektiv, und das bedeutet

$$\mathbb{Z}_3[\boldsymbol{i}] \cong \mathbb{Z}_3[\boldsymbol{X}]_{\boldsymbol{X}^2+1} \tag{6.324}$$

Insbesondere ist $\mathbb{Z}_3[\boldsymbol{i}]$ ein Körper. Allerdings ist $\mathbb{Z}_p[\boldsymbol{i}]$ nicht für jedes $p \in \mathbb{P}$ ein Körper. Wie später noch gezeigt wird, ist das nur für solche p mit $p \equiv_4 3$ der Fall.

Es sei K ein Körper und $\boldsymbol{f} \in \mathsf{K}[\boldsymbol{X}] \setminus \mathsf{K}$. Das Polynom $\boldsymbol{f}$ ist also mindestens linear, d.h. es gilt $\partial(\boldsymbol{f}) \geq 1$, und kann Nullstellen in K besitzen.
Ist $\boldsymbol{f}$ linear, d.h. ist $\partial(\boldsymbol{f}_1) = 1$, etwa $\boldsymbol{f} = u\boldsymbol{X} + v$ mit $u, v \in \mathsf{K}$, dann ist $\boldsymbol{f}$ in der Gestalt $\boldsymbol{f} = c(\boldsymbol{X} - a)$ darstellbar, mit $c, a \in \mathsf{K}$ und $\boldsymbol{f}^\star(a) = 0$, nämlich als $\boldsymbol{f} = u\big(\boldsymbol{X} - (-u^{-1}v)\big)$.
Es sei $\boldsymbol{f}$ nun mindestens quadratisch, d.h. $\partial(\boldsymbol{f}) \geq 2$, und $\boldsymbol{f}$ besitze keine Nullstelle in K. Im bisherigen Verlauf des Abschnittes wurde ein Erweiterungskörper $\mathsf{K}[a_1]$ von K konstruiert, der eine Nullstelle a_1 von $\boldsymbol{f}$ enthält, und zwar von $\boldsymbol{f}$ aufgefasst als Polynom über $\mathsf{K}[a_1]$. Das bedeutet, daß es ein $c_1 \in \mathsf{K}[a_1]$ und ein $\boldsymbol{f}_1 \in \mathsf{K}[a_1][\boldsymbol{X}] = (\mathsf{K}[a_1])[\boldsymbol{X}]$ gibt mit $\boldsymbol{f} = c_1(\boldsymbol{X} - a_1)\boldsymbol{f}_1$. Ist $\partial(\boldsymbol{f}_1) = 1$, dann ist wie eben $\boldsymbol{f}_1 = c_2(\boldsymbol{X} - a_2)$, mit $c_2, a_2 \in \mathsf{K}[a_1]$ und $\boldsymbol{f}_1^\star(a_2) = 0$, also insgesamt mit $c = c_1c_2$

$$\boldsymbol{f} = c(\boldsymbol{X} - a_1)(\boldsymbol{X} - a_2)$$

Darin ist $c = \boldsymbol{f}\big(\partial(\boldsymbol{f})\big)$ der führende Koeffizient von $\boldsymbol{f}$, hier also der Koeffizient von $\boldsymbol{X}^2$. Man sagt, daß $\boldsymbol{f}$ vollständig über $\mathsf{K}[a_1]$ zerfalle.
Gilt nun aber $\partial(\boldsymbol{f}_1) \geq 2$ und hat $\boldsymbol{f}_1$ in $\mathsf{K}[a_1]$ keine Nullstelle, dann kann das Verfahren zur Nullstellenkonstruktion fortgesetzt werden. Man konstruiert nach dem angegebenen Verfahren einen Erweiterungskörper $(\mathsf{K}[a_1])[a_2] = \mathsf{K}[a_1, a_2]$, der eine Nullstelle a_2 des als Polynom über $\mathsf{K}[a_1, a_2]$ aufgefassten $\boldsymbol{f}_1$ enthält. Es gibt also ein $c_2 \in \mathsf{K}[a_1, a_2]$ und ein $\boldsymbol{f}_2 \in \mathsf{K}[a_1, a_2][\boldsymbol{X}]$ mit $\boldsymbol{f}_1 = c_2(\boldsymbol{X} - a_2)\boldsymbol{f}_2$, folglich gilt $\boldsymbol{f} = c_1c_2(\boldsymbol{X} - a_1)(\boldsymbol{X} - a_2)\boldsymbol{f}_2$. Ist $\partial(\boldsymbol{f}_2) = 1$, dann erhält man wieder $\boldsymbol{f}_2 = c_3(\boldsymbol{X} - a_3)$, mit $c_3, a_3 \in \mathsf{K}[a_1, a_2]$ und $\boldsymbol{f}_2^\star(a_3) = 0$, also insgesamt mit $c = c_1c_2c_3$

$$\boldsymbol{f} = c(\boldsymbol{X} - a_1)(\boldsymbol{X} - a_2)(\boldsymbol{X} - a_3)$$

Das Polynom zerfällt also vollständig über $\mathsf{K}[a_1, a_2]$.
Das Verfahren kann offenbar so lange fortgesetzt werden, bis ein Erweiterungskörper von K gefunden ist, der alle $\partial(\boldsymbol{f})$ Nullstellen von $\boldsymbol{f}$ enthält.
Es ist natürlich auch möglich, daß K einige jedoch nicht alle Nullstellen von $\boldsymbol{f}$ enthält. Es gibt dann $a_1, \ldots, a_k \in \mathsf{K}$, ein $c \in \mathsf{K}$ und ein $\boldsymbol{g} \in \mathsf{K}[\boldsymbol{X}]$ mit

$$\boldsymbol{f} = c(\boldsymbol{X} - a_1)\cdots(\boldsymbol{X} - a_k)\boldsymbol{g}$$

Um das Polynom $\boldsymbol{f}$ vollständig zu zerlegen, ist hier ein Erweiterungskörper von K zu konstruieren, der die Nullstellen von $\boldsymbol{g}$ enthält, in dem $\boldsymbol{g}$ also vollständig zerfällt.

D 6.12.5 (Vollständige Zerfällung eines Polynoms)
Es sei K ein Körper, $\boldsymbol{f} \in \mathsf{K}[X] \setminus \mathsf{K}$ und $n = \partial(\boldsymbol{f})$ (also $n \geq 1$). Das Polynom $\boldsymbol{f}$ **zerfällt vollständig** über K, wenn es ein $(a_1, \ldots, a_n) \in \mathsf{K}^n$ und ein $c \in \mathsf{K}^\star$ gibt mit

$$\boldsymbol{f} = c \prod_{\nu=1}^{n} (\boldsymbol{X} - a_\nu) \tag{6.325}$$

Es sei Z_K die Menge aller Polynome in $\mathsf{K}[X] \setminus \mathsf{K}$, die vollständig über K zerfallen.

Beispielsweise zerfällt das Polynom $\boldsymbol{f} = 2\boldsymbol{X}^4 + 1 \in \mathbb{Z}_3[\boldsymbol{i}][\boldsymbol{X}]$ vollständig über $\mathbb{Z}_3[\boldsymbol{i}]$, denn man errät leicht die Zerlegung

$$2\boldsymbol{X}^4 + 1 = 2(\boldsymbol{X}^4 + 2) = 2(\boldsymbol{X}^4 - 1) = 2(\boldsymbol{X} - \boldsymbol{i})(\boldsymbol{X} + \boldsymbol{i})(\boldsymbol{X} - 1)(\boldsymbol{X} + 1)$$

Das oben geschilderte Verfahren zur Konstruktion eines Erweiterungskörpers, in dem ein Polynom vollständig zerfallt, ist allerdings noch kein Beweis dafür, daß ein solcher Körper unter allen Umständen existiert. Die Existenz wird jedoch durch den nachfolgenden Satz gesichert.

S 6.12.9 (Existenz vollständiger Zerfällung)
Zu jedem Körper K und jedem $\boldsymbol{f} \in \mathsf{K}[X] \setminus \mathsf{K}$ gibt es einen Erweiterungskörper L von K, über dem $\boldsymbol{f}$ vollständig zerfällt.

Der Beweis wird mit vollständiger Induktion über den Grad $n = \partial(\boldsymbol{f})$ des Polynoms $\boldsymbol{f}$ geführt. Für $n = 1$ zerfällt $\boldsymbol{f}$ schon vollständig über K selbst.
Die Behauptung sei für $n \in \mathbb{N}$ mit $n \geq 1$ wahr. Es sei $\boldsymbol{f} \in \mathsf{K}[\boldsymbol{X}]$ mit $\partial(\boldsymbol{f}) = n + 1$. Weil $\mathsf{K}[\boldsymbol{X}]$ ein ZPE-Ring ist, kann $\boldsymbol{f}$ in ein Produkt irreduzibler Faktoren zerlegt werden, d.h. es gibt $\boldsymbol{p}, \boldsymbol{q} \in \mathsf{K}[\boldsymbol{X}]$, $\boldsymbol{p}$ irreduzibel, mit $\boldsymbol{f} = \boldsymbol{pq}$. Das Konstruktionsverfahren liefert einen Erweiterungskörper $\mathsf{K}[a_1]$ von K, der die Nullstelle a_1 von $\boldsymbol{p}$ enthält. Natürlich ist a_1 auch Nullstelle von $\boldsymbol{f}$, es gibt daher $c_1 \in \mathsf{K}[a_1]$ und ein $\boldsymbol{f}_1 \in \mathsf{K}[a_1][\boldsymbol{X}]$ mit $\boldsymbol{f} = c_1(\boldsymbol{X} - a_1)\boldsymbol{f}_1$. Nun gilt für den Grad von $\boldsymbol{f}_1$ aber $\partial(\boldsymbol{f}_1) = \partial(\boldsymbol{f}) - 1 = n$, es gibt daher nach Induktionsvoraussetzung einen Erweiterungskörper L von $\mathsf{K}[a_1]$, ein $(a_2, \ldots, a_{n+1}) \in \mathsf{L}^n$ und ein $c_2 \in \mathsf{L}$ mit

$$\boldsymbol{f}_1 = c_2 \prod_{\nu=2}^{n+1} (\boldsymbol{X} - a_\nu)$$

Das Polynom $\boldsymbol{f}$ zerfällt daher über L vollständig, denn mit $c = c_1 c_2$ wird die Darstellung

$$\boldsymbol{f} = c \prod_{\nu=1}^{n+1} (\boldsymbol{X} - a_\nu)$$

erhalten. Die Behauptung ist auch für $n + 1$ wahr und der Satz damit bewiesen.

Die Existenz eines Körpers, in welchem ein gegebenens Polynom vollig zerfällt, ist durch den Satz also gesichert. Der Satz macht jedoch keine Eindeutigkeitsaussage, und tatsächlich ist die Eindeutigkeit auch nicht gegeben, denn zerfällt ein Polynom in einem Körper vollständig, dann auch in jedem seiner Erweiterungskörper. Nun wird man in der Praxis nicht mit irgendeinem Körper vorlieb nehmem wollen, sondern danach trachten, einen möglichst kleinen Körper zu finden, in dem das Polynom zerfällt. Das führt direkt auf die nachfolgende Definition. Zunächst aber ein Lemma:

L 6.12.1 (Durchschnitt von Körpern)
Es sei K ein Körper und $\mathbf{U} \subset \mathcal{K}_{\mathsf{K}}$, d.h. $\mathbf{U}$ ist eine Teilmenge der Menge aller Teilkörper von K. Dann ist

$$\bigcap \mathbf{U} \in \mathcal{K}_{\mathsf{K}} \tag{6.326}$$

Der Durchschnitt von Teilkörpern eines Körpers K ist ebenfalls ein Teilkörper von K.

Der Beweis ist leicht zu führen. Es ist $\{0,1\} \subset \cap\mathbf{U}$, weil $\{0,1\} \subset \mathsf{U}$ für alle $\mathsf{U} \in \mathbf{U}$. Zum Beispiel gilt mit $u \in (\cap\mathbf{U})^\star$ auch $u^{-1} \in \cap\mathbf{U}$, denn für jeden Teilkörper $\mathsf{U} \in \mathbf{U}$ von K gilt doch $u^{-1} \in \mathsf{U}$ für das Inverse $u^{-1} \in \mathsf{K}$ von u.

D 6.12.6 (Zerfällungskörper eines Polynoms)
Es sei K ein Körper und $\boldsymbol{f} \in \mathsf{K}[X] \setminus \mathsf{K}$. Es sei L eine Körpererweiterung mit $\boldsymbol{f} \in \mathsf{Z}_{\mathsf{K}}$ und es sei

$$\mathcal{Z}_{\boldsymbol{f},\mathsf{K}} = \{\, \mathsf{Q} \in \mathcal{K}_{\mathsf{L}} \mid \mathsf{K} \subset \mathsf{Q} \wedge \boldsymbol{f} \in \mathsf{Z}_{\mathsf{Q}} \,\} \tag{6.327}$$

Nach **S 6.12.9** ist $\mathcal{Z}_{\boldsymbol{f},\mathsf{K}} \neq \emptyset$. Der Körper

$$\mathsf{Z}_{\boldsymbol{f},\mathsf{K}} = \bigcap \mathcal{Z}_{\boldsymbol{f},\mathsf{K}} \tag{6.328}$$

heißt **ein Zerfällungskörper** von $\boldsymbol{f}$ über K. Es ist der (bezüglich $\subset$) kleinste Teilkörper von L, der K enthält und über dem $\boldsymbol{f}$ vollständig zerfällt.

Es sei K ein Körper und $\boldsymbol{f} \in \mathsf{K}[X] \setminus \mathsf{K}$ mit $n = \partial(\boldsymbol{f})$. Der oben konstruierte Erweiterungskörper $\mathsf{K}[a_1,\ldots,a_n]$ von K, in dem $\boldsymbol{f}$ vollständig zerfällt, ist ein Zerfällungskörper von $\boldsymbol{f}$ über K. Denn einerseits ist nach Konstruktion $\mathsf{K}[a_1,\ldots,a_n] \in \mathcal{Z}_{\boldsymbol{f},\mathsf{K}}$, mit $\mathsf{L} = \mathsf{K}[a_1,\ldots,a_n]$, und daher

$$\mathsf{Z}_{\boldsymbol{f},\mathsf{K}} = \bigcap \mathcal{Z}_{\boldsymbol{f},\mathsf{K}} \subset \mathsf{K}[a_1,\ldots,a_n]$$

Andererseits ist die Nullstelle a_1 im Zerfällungskörper enthalten, d.h. es gilt $a_1 \in \mathsf{Z}_{\boldsymbol{f},\mathsf{K}}$. Weil die Elemente von $\mathsf{K}[a_1]$ Polynomauswertungen von a_1 über K sind, folgt daraus $\mathsf{K}[a_1] \subset \mathsf{Z}_{\boldsymbol{f},\mathsf{K}}$. Weiter gilt auch $a_2 \in \mathsf{Z}_{\boldsymbol{f},\mathsf{K}}$, und weil die Elemente von $\mathsf{K}[a_1,a_2]$ Polynomauswertungen von a_2 über $\mathsf{K}[a_1]$ sind, folgt daraus $\mathsf{K}[a_1,a_2] = (\mathsf{K}[a_1])[a_2] \subset \mathsf{Z}_{\boldsymbol{f},\mathsf{K}}$. Allgemein ist $a_\nu \in \mathsf{Z}_{\boldsymbol{f},\mathsf{K}}$ für $\nu \in \{2,\ldots,n\}$, und weil die Elemente von $\mathsf{K}[a_1,\ldots,a_\nu]$ Polynomauswertungen von a_ν über $\mathsf{K}[a_1,\ldots,a_{\nu-1}]$ sind, folgt daraus $\mathsf{K}[a_1,\ldots,a_\nu] = (\mathsf{K}[a_1,\ldots,a_{\nu-1}])[a_\nu] \subset \mathsf{Z}_{\boldsymbol{f},\mathsf{K}}$. Es gilt daher auch

$$\mathsf{K}[a_1,\ldots,a_n] \subset \mathsf{Z}_{\boldsymbol{f},\mathsf{K}}$$

Damit ist gezeigt, daß der Körper $\mathsf{K}[a_1,\ldots,a_n]$ tatsächlich ein Zerfällungskörper des Polynoms $\boldsymbol{f}$ über K ist.

Als ein Beispiel ist ein Zerfällungskörper für das Polynom $\boldsymbol{f} = \boldsymbol{X}^3 + 2\boldsymbol{X} + 1 \in \mathbb{Z}_3[\boldsymbol{X}]$ zu berechnen. Eine schnelle Rechnung zeigt $\boldsymbol{f}^\star(0) = 1$, $\boldsymbol{f}^\star(1) = 1$ und $\boldsymbol{f}^\star(2) = 1$, das Polynom besitzt daher keine Nullstelle in $\mathbb{Z}_3$ und deshalb auch keinen Linearfaktor. Ohne einen Linearfaktor kann es natürlich auch keinen quadratischen Faktor haben, d.h. das Polynom ist irreduzibel über $\mathbb{Z}_3$.

Der Übergang zum Körper $\mathbb{Z}_3[\boldsymbol{X}]_{\boldsymbol{f}}$ liefert die Nullstelle $\boldsymbol{X}$ des Polynoms. Diese wird wie schon früher mit Ω bezeichnet, damit ist $\mathbb{Z}_3[\boldsymbol{X}]_{\boldsymbol{f}} = \mathbb{Z}_3[\Omega]$. In $\mathbb{Z}_3$ ist $-1 = 2$ und $-2 = 1$, daraus folgt $-\Omega = 2\Omega$ und $-2\Omega = \Omega$ in $\mathbb{Z}_3[\Omega]$. Wegen $\boldsymbol{f}^\star(\Omega) = \Omega^3 + 2\Omega + 1 = 0$ gilt $\Omega^3 = -2\Omega - 1 = \Omega + 2$. Daraus erhält man leicht die höheren Potenzen von Ω:

$$\begin{aligned}\Omega^4 &= \Omega^3\Omega = (\Omega + 2)\Omega = \Omega^2 + 2\Omega\\ \Omega^5 &= \Omega^4\Omega = (\Omega^2 + 2\Omega)\Omega = \Omega^3 + 2\Omega^2 = 2\Omega^2 + \Omega + 2\end{aligned}$$

und so fort. Diese werden zur Bestimmung eines Zerfällungskörpers jedoch nicht benötigt.
Es wird nun der Linearfaktor $\boldsymbol{X} - \Omega = \boldsymbol{X} + 2\Omega$ aus $\boldsymbol{f}$ herausdividiert, um einen quadratischen Faktor zu erhalten. Gesucht sind also $a, b \in \mathbb{Z}_3[\Omega]$ mit

$$\boldsymbol{X}^3 + 2\boldsymbol{X} + 1 = (\boldsymbol{X} + 2\Omega)(\boldsymbol{X}^2 + a\boldsymbol{X} + b) = \boldsymbol{X}^3 + (2\Omega + a)\boldsymbol{X}^2 + (2a\Omega + b)\boldsymbol{X} + 2b\Omega$$

Der Koeffizientenvergleich der Potenzen von $\boldsymbol{X}$ liefert drei Gleichungen für die zwei Unbekannten, die sich natürlich nicht widersprechen können, denn $\boldsymbol{f}$ besitzt über $\mathbb{Z}_3[\Omega]$ einen quadratischen Faktor. Dieses Gleichungssystem ist gegeben durch

$$0 = 2\Omega + a \quad 2 = 2a\Omega + b \quad 1 = 2b\Omega$$

Die erste Gleichung liefert $a = -2\Omega = \Omega$. Wird das Ergebnis in die zweite Gleichung eingesetzt, so erhält man $b = 2 - 2\Omega^2 = 2 + \Omega^2$. Setzt man das in die dritte Gleichung ein, so ergibt sich wie erwartet kein Widerspruch, sondern die wahre Gleichung $1 = 1$. Damit besitzt $\boldsymbol{f}$ in $\mathbb{Z}_3[\Omega]$ die folgende Zerlegung:

$$\boldsymbol{f} = \boldsymbol{X}^3 + 2\boldsymbol{X} + 1 = (\boldsymbol{X} + 2\Omega)(\boldsymbol{X}^2 + \Omega\boldsymbol{X} + 2 + \Omega^2) = (\boldsymbol{X} + 2\Omega)\boldsymbol{g}$$

Hier empfiehlt es sich, zu prüfen, ob $\mathbb{Z}_3[\Omega]$ nicht schon ein Zerfällungskörper von $\boldsymbol{f}$ ist, ob also $\boldsymbol{g}$ in $\mathbb{Z}_3[\Omega]$ eine Nullstelle besitzt, denn dann zerfällt $\boldsymbol{g}$ und damit auch $\boldsymbol{f}$ über $\mathbb{Z}_3[\Omega]$ in Linearfaktoren. Der nahe liegende Ansatz

$$\boldsymbol{g} = \boldsymbol{X}^2 + \Omega\boldsymbol{X} + 2 + \Omega^2 = (\boldsymbol{X} + a)(\boldsymbol{X} + b)$$

führt allerdings auf die quadratische Gleichung $a\Omega - a^2 = 2 + \Omega^2$, d.h. das Problem, die Nullstellen eines quadratischen Polynoms zu finden, wird nur durch das Problem, die Nullstellen eines anderen quadratischen Polynoms zu finden, ersetzt. Nun ist der Körper $\mathbb{Z}_3[\Omega]$ nicht zu groß (er hat $3^3 = 27$ Elemente), man kann es mit Probieren versuchen oder eine systematische Suche durchführen. Man findet $\boldsymbol{g}^\star(\Omega) = 2$ und $\boldsymbol{g}^\star(2\Omega) = 2 + \Omega^2$, aber schon die nächste Wahl, $1 + \Omega$, ist ein Treffer:

$$\boldsymbol{g}^\star(1 + \Omega) = 1 + 2\Omega + \Omega^2 + \Omega + \Omega^2 + 2 + \Omega^2 = 0$$

Die zweite Nullstelle von $\boldsymbol{g}$ in $\mathbb{Z}_3[\Omega]$ kann man durch Koeffizientenvergleich in dem Ansatz

$$\boldsymbol{X}^2 + \Omega\boldsymbol{X} + 2 + \Omega^2 = (\boldsymbol{X} + 2 + 2\Omega)(\boldsymbol{X} + a) = \boldsymbol{X}^2 + (2 + 2\Omega + a)\boldsymbol{X} + 2a + 2a\Omega$$

bestimmen, der auf die Gleichung $2 + 2\Omega + a = \Omega$ führt. Man kann es aber noch einmal mit Probieren versuchen, und tatsächlich führt der Versuch $2 + \Omega$ schon zu einem Erfolg.
Damit ist in $\mathbb{Z}_3[\Omega]$ ein Körper gefunden, der die drei Nullstellen Ω, $\Omega_1 = 1 + \Omega$ und $\Omega_2 = 2 + \Omega$

des Polynoms $\boldsymbol{f}$ enthält. Einen kleineren Körper Z, in dem $\boldsymbol{f}$ zerfällt und der $\mathbb{Z}_3$ enthält, kann es nicht geben, denn Z müßte Ω und damit auch $\mathbb{Z}_3[\Omega]$ enthalten. Folglich ist $\mathbb{Z}_3[\Omega]$ tatsächlich ein Zerfällungskörper für $\boldsymbol{f}$ über $\mathbb{Z}_3$.

Zerfällungskörper sind nicht eindeutig, sie hängen von der Wahl des Oberkörpers L ab. Alle Zerfällungskörper eines Polynoms sind jedoch isomorph. Das ist zwar nicht direkt die Aussage des nächsten Satzes, der etwas allgemeiner gehalten ist, doch kann die Aussage durch eine einfache Spezialisierung erhalten werden.

S 6.12.10 (Fortsetzung eines Isomorphismus auf Zerfällungskörper)
Es seien K und M Körper und $\varphi\colon \mathsf{K} \longrightarrow \mathsf{M}$ ein Körperisomorphismus. Weiter sei $\boldsymbol{f} \in \mathsf{K}[X] \setminus \mathsf{K}$. Es sei $\boldsymbol{\Phi}\colon \mathsf{K}[X] \longrightarrow \mathsf{M}[X]$ die kanonische isomorphe Erweiterung von φ auf die Polynomringe (**S 6.9.11**). Es sei L ein Zerfällungskörper von $\boldsymbol{f}$ über K und N ein Zerfällungskörper von $\Phi(\boldsymbol{f})$ über M. Dann gibt es einen Isomorphismus $\boldsymbol{\vartheta}: \mathsf{L} \longrightarrow \mathsf{N}$, der das folgende Diagramm kommutativ macht:

$$\begin{array}{ccc} \mathsf{L} & \xrightarrow{\vartheta} & \mathsf{N} \\ \cup\uparrow & & \uparrow\cup \\ \mathsf{K} & \xrightarrow[\varphi]{} & \mathsf{M} \end{array} \tag{6.329}$$

Das Symbol $\cup$ steht für die identische Abbildung von L (bzw. N) eingeschränkt auf K (bzw. M), die Kommutativität $\boldsymbol{\vartheta} \circ \cup = \cup \circ \varphi$ des Diagrammrechtecks bedeutet daher einfach

$$\boldsymbol{\vartheta}_{/\mathsf{K}} = \varphi \tag{6.330}$$

d.h die Einschränkung von $\boldsymbol{\vartheta}$ auf den Körper K ergibt φ.
Außerdem gilt noch

$$\bigwedge_{u \in \mathsf{L}} \Big(\boldsymbol{f}^\star(u) = 0 \implies \boldsymbol{\Phi}(\boldsymbol{f})^\star\big(\boldsymbol{\vartheta}(u)\big) = 0\Big) \tag{6.331}$$

Nullstellen von $\boldsymbol{f}$ in L werden also von $\boldsymbol{\vartheta}$ auf Nullstellen von $\Phi(\boldsymbol{f})$ in N abgebildet.

Weil assoziierte Polynome dieselben Nullstellen besitzen kann man im Beweis annehmen, daß $\boldsymbol{f}\big(\partial(\boldsymbol{f})\big) = 1$ ist, daß also die höchste Potenz von $\boldsymbol{X}$ in $\boldsymbol{f}$ den Koeffizienten 1 hat. Zerlegungen in Linearfaktoren besitzen so keinen konstanten Faktor.
Der Beweis wird mit vollständiger Induktion über $n = \partial(\boldsymbol{f})$ geführt.
$\partial(\boldsymbol{f}) = 1$ bedeutet, daß $\boldsymbol{f}$ vollständig über K zerfällt. Weil $\mathsf{Z}_{\boldsymbol{f},\mathsf{K}}$ der kleinste Körper mit dieser Eigenschaft ist, der K enthält, gilt $\mathsf{Z}_{\boldsymbol{f},\mathsf{K}} \subset \mathsf{K}$, d.h. $\mathsf{Z}_{\boldsymbol{f},\mathsf{K}} = \mathsf{K}$. Entsprechend ist $\mathsf{Z}_{\boldsymbol{\Phi}(\boldsymbol{f}),\mathsf{M}} = \mathsf{M}$. Die Behauptung des Satzes ist mit $\boldsymbol{\vartheta} = \varphi$ bei $n = 1$ offenbar wahr.
Die Behauptung des Satzes gelte für $n \geq 1$. Es sei $\boldsymbol{f} \in \mathsf{K}[X]$ mit $\partial(\boldsymbol{f}) = n + 1$. Fall $\boldsymbol{f}$ schon über K vollständig zerfällt, ist wie im Fall $n = 1$ der Körper K ein Zerfällungskörper von $\boldsymbol{f}$ über K und entsprechend M ein Zerfällungskörper für $\boldsymbol{\Phi}(\boldsymbol{f})$ über M, und die Induktionsbehauptung ist mit $\boldsymbol{\vartheta} = \varphi$ wahr (unabhängig von der Induktionsvoraussetzung). Es zerfalle $\boldsymbol{f}$ daher nicht vollständig über $\boldsymbol{K}$. Folglich besitzt $\boldsymbol{f}$ einen (nicht linearen) irreduziblen Faktor $\boldsymbol{f}_1$ und $\boldsymbol{\Phi}(\boldsymbol{f}_1)$ ist (nicht linearer) irreduzibler Faktor von $\boldsymbol{\Phi}(\boldsymbol{f})$.
Weil $\boldsymbol{f}$ und damit auch $\boldsymbol{f}_1$ über L vollständig zerfällt, besitzt $\boldsymbol{f}_1$ eine Nullstelle a in L. Weil

$\boldsymbol{\Phi}(\boldsymbol{f})$ und damit auch $\boldsymbol{\Phi}(\boldsymbol{f}_1)$ über N vollständig zerfällt, besitzt $\boldsymbol{\Phi}(\boldsymbol{f})$ eine Nullstelle b in N. Nach **S 6.12.7** gibt es einen Isomorphismus $\phi\colon \mathsf{K}[a] \longrightarrow \mathsf{M}[b]$ mit der Eigenschaft $\phi(a) = b$, der das folgende Diagramm kommutativ werden läßt:

$$\begin{array}{ccc} \mathsf{K}[a] & \xrightarrow{\ \phi\ } & \mathsf{M}[b] \\ \cup\big\uparrow & & \big\uparrow\cup \\ \mathsf{K} & \xrightarrow[\ \varphi\ ]{} & \mathsf{M} \end{array} \tag{6.332}$$

Natürlich ist a auch Nullstelle von $\boldsymbol{f}$, es gibt daher ein $\boldsymbol{g} \in (\mathsf{K}[a])[\boldsymbol{X}]$ mit $\boldsymbol{f} = (\boldsymbol{X} - a)\boldsymbol{g}$.Es sei nun $\boldsymbol{\Psi}\colon (\mathsf{K}[a])[\boldsymbol{X}] \longrightarrow (\mathsf{M}[b])[\boldsymbol{X}]$ die kanonische Fortsetzung von ϕ nach **S 6.9.11**, die das Diagramm (6.208) kommutativ macht. Aus $\phi_{/\mathsf{K}} = \varphi$ folgt nach **S 6.9.12** die Beziehung $\boldsymbol{\Psi}_{/\mathsf{K}[\boldsymbol{X}]} = \boldsymbol{\Phi}$. Damit erhält man aus $\boldsymbol{f} = (\boldsymbol{X} - a)\boldsymbol{g}$

$$\boldsymbol{\Phi}(\boldsymbol{f}) = \boldsymbol{\Psi}(\boldsymbol{f}) = \boldsymbol{\Psi}\big((\boldsymbol{X} - a)\boldsymbol{g}\big) = \boldsymbol{\Psi}(\boldsymbol{X} - a)\boldsymbol{\Psi}(\boldsymbol{g}) = \big(\boldsymbol{X} - \phi(a)\big)\boldsymbol{\Psi}(\boldsymbol{g}) = (\boldsymbol{X} - b)\boldsymbol{\Psi}(\boldsymbol{g}) \tag{6.333}$$

Es folgt nun der Nachweis, daß $\mathsf{K}[a]$ und L, $\mathsf{M}[b]$ und N zusammen mit ϕ und $\boldsymbol{g}$ die Induktionsvoraussetzungen erfüllen.
Es ist $n + 1 = \partial(\boldsymbol{f}) = \partial(\boldsymbol{X} - a) + \partial(\boldsymbol{g})$, also $\partial(\boldsymbol{g}) = n$.
L ist ein Zerfällungskörper von $\boldsymbol{g}$ über $\mathsf{K}[a]$. Sei dazu $\mathsf{Q} \in \mathcal{Z}_{\boldsymbol{g},\mathsf{K}[a]}$, d.h. es ist $\mathsf{Q} \in \mathcal{K}_{\mathsf{L}}$, $\mathsf{K}[a] \subset \mathsf{Q}$ und $\boldsymbol{g} \in \mathsf{Z}_{\mathsf{Q}}$. Dann ist natürlich $\mathsf{K} \subset \mathsf{K}[a] \subset \mathsf{Q}$, und $\boldsymbol{f} = (\boldsymbol{X} - a)\boldsymbol{g}$ zerfällt mit $\boldsymbol{g}$ vollständig in $\boldsymbol{Q}$ (es ist $a \in \mathsf{Q}$). Aber das bedeutet $\boldsymbol{Q} \in \mathcal{Z}_{\boldsymbol{f},\mathsf{K}}$! Es gilt daher $\mathcal{Z}_{\boldsymbol{g},\mathsf{K}[a]} \subset \mathcal{Z}_{\boldsymbol{f},\mathsf{K}}$, folglich

$$\mathsf{Z}_{\boldsymbol{f},\mathsf{K}} = \bigcap \mathcal{Z}_{\boldsymbol{f},\mathsf{K}} \subset \bigcap \mathcal{Z}_{\boldsymbol{g},\mathsf{K}[a]} = \mathsf{Z}_{\boldsymbol{g},\mathsf{K}[a]}$$

Nun ist $\mathsf{L} = \mathsf{Z}_{\boldsymbol{f},\mathsf{K}}$ ein Körper, über dem $\boldsymbol{f}$ vollständig zerfällt, es ist insbesondere $a \in \mathsf{Z}_{\boldsymbol{f},\mathsf{K}}$ und damit auch $\mathsf{K}[a] \subset \mathsf{Z}_{\boldsymbol{f},\mathsf{K}}$. Mit $\boldsymbol{f}$ zerfällt auch der Faktor $\boldsymbol{g}$ vollständig über $\mathsf{Z}_{\boldsymbol{f},\mathsf{K}}$. Weil $\mathsf{Z}_{\boldsymbol{g},\mathsf{K}[a]}$ der kleinste (bez. $\subset$) Körper mit diesen Eigenschaften ist, erhält man $\mathsf{Z}_{\boldsymbol{g},\mathsf{K}[a]} \subset \mathsf{Z}_{\boldsymbol{f},\mathsf{K}}$. Insgesamt hat sich $\mathsf{Z}_{\boldsymbol{g},\mathsf{K}[a]} = \mathsf{Z}_{\boldsymbol{f},\mathsf{K}} =$ ergeben, d.h. $\mathsf{L} = \mathsf{Z}_{\boldsymbol{f},\mathsf{K}}$ ist auch Zerfällungskörper von $\boldsymbol{g}$ über $\mathsf{K}[a]$. Und schließlich transformiert der Isomorphismus $\boldsymbol{\Psi}$ den Zerfällungskörper L von $\boldsymbol{g}$ über $\mathsf{K}[a]$ in den Zerfällungskörper N von $\boldsymbol{\Psi}(\boldsymbol{g})$ über $\mathsf{M}[b]$.
Die Induktionsvoraussetzungen sind also in der Tat erfüllt. Es gibt deshalb einen Isomorphismus $\boldsymbol{\vartheta}\colon \mathsf{L} \longrightarrow \mathsf{N}$ mit welchem das folgende Diagramm kommutativ ist:

$$\begin{array}{ccc} \mathsf{L} & \xrightarrow{\ \boldsymbol{\vartheta}\ } & \mathsf{N} \\ \cup\big\uparrow & & \big\uparrow\cup \\ \mathsf{K}[a] & \xrightarrow[\ \phi\ ]{} & \mathsf{M}[b] \end{array} \tag{6.334}$$

Aus der Induktionsvoraussetzung folgt weiter für alle $u \in \mathsf{L}$

$$\boldsymbol{g}^{\star}(u) = 0 \implies \boldsymbol{\Psi}(\boldsymbol{g})^{\star}\big(\boldsymbol{\vartheta}(u)\big) = 0 \tag{6.335}$$

Der Satz ist allerdings noch nicht bewiesen, denn die Behauptung des Satzes ist nicht über $\mathsf{K}[a]$, L, $\mathsf{M}[b]$, N, ϕ und $\boldsymbol{g}$, sondern über K, L, M, N, φ und $\boldsymbol{g}$. Es ist allerdings nicht schwierig, die Diagramme (6.332) und (6.334) zu dem vom Satz geforderten Diagramm (6.329) zusammenzusetzen. Dieses vereinigte Diagramm ist

$$\begin{array}{ccc}
\mathsf{L} & \xrightarrow{\vartheta} & \mathsf{N} \\
\cup\uparrow & & \uparrow\cup \\
\mathsf{K}[a] & \xrightarrow{\phi} & \mathsf{M}[b] \\
\cup\uparrow & & \uparrow\cup \\
\mathsf{K} & \xrightarrow[\varphi]{} & \mathsf{M}
\end{array}$$

Die Kommutativität des unteren Diagramms bedeutet $\phi_{/\mathsf{K}} = \varphi$, die des oberen Diagramms hat die Bedeutung $\vartheta_{/\mathsf{K}[a]} = \phi$, woraus natürlich $\vartheta_{/\mathsf{K}} = \varphi$ folgt.
Es ist noch zu zeigen, daß die Nullstellen von $\boldsymbol{f}$ in L von ϑ in Nullstellen von $\boldsymbol{\Phi}(\boldsymbol{f})$ transformiert werden. Das geschieht mit (6.333), denn damit erhält man für $u \in \mathsf{L}$

$$\boldsymbol{\Phi}(\boldsymbol{f})^\star\big(\vartheta(u)\big) = \big(\vartheta(u) - b\big)\boldsymbol{\Psi}(\boldsymbol{g})^\star\big(\vartheta(u)\big)$$

Gilt nun $\boldsymbol{f}^\star(u) = 0$, dann ist $u = a$, mit $\vartheta(a) - b = b - b = 0$, oder $\boldsymbol{g}^\star(u) = 0$, mit $\boldsymbol{\Psi}(\boldsymbol{g})^\star\big(\vartheta(u)\big) = 0$ nach (6.335), d.h. es ist in jedem Fall $\boldsymbol{\Phi}(\boldsymbol{f})^\star\big(\vartheta(u)\big) = 0$.
Damit ist der Satz vollständig bewiesen.

Wählt man im Satz $\mathsf{K} = \mathsf{M}$ und ist φ die identische Abbildung von K, dann erhält man einen Isomorphismus $\vartheta\colon \mathsf{L} \longrightarrow \mathsf{N}$ zwischen den beiden Zerfällungskörpern L und N. Es gilt daher

K 6.12.2 (Isomorphie der Zerfällungskörper)
Es seien K ein Körper und $\boldsymbol{f} \in \mathsf{K}[X] \setminus \mathsf{K}$. Dann sind alle Zerfällungskörper von $\boldsymbol{f}$ über K isomorph.

Körpererweiterungen sind Beispiele für Vektorräume, denn ist K ein Körper und L ein Erweiterungskörper, dann ist L ein Vektorraum über K. Die Addition von Vektoren aus L ist natürlich die Addition in L. Die Multiplikation eines Vektors $\mathbf{v}$ aus L mit einem Skalar a aus K ist die Multiplikation $a\mathbf{v}$ in L, denn a und $\mathbf{v}$ gehören zu L (siehe Abschnitt 6.10).

D 6.12.7 (Grad einer Körpererweiterung)
Es sei K ein Körper und L ein Erweiterungskörper. Ist L ein endlichdimensionaler Vektorraum über K, dann heißt die Körpererweiterung endlich und

$$[\mathsf{L} : \mathsf{K}] = \mathrm{Dim}_{\mathsf{K}}(\mathsf{L})$$

der Grad der Körpererweiterung.

Es seien K ein Körper und L eine Körpererweiterung von K. Es sei $a \in \mathsf{L}$ algebraisch über K. Dann ist nach **K 6.12.1**

$$\big[\mathsf{K}[a] : \mathsf{K}\big] = m = \partial(\boldsymbol{m}_a)$$

und die Familie $(1, a, a^2, \ldots, a^{m-1})$ ist eine Basis von $\mathsf{K}[a]$ über K.
Speziell für die Körpererweiterung $\mathsf{K}[X]_{\boldsymbol{f}}$ eines Körpers K mittels eines irreduziblen Polynoms $\boldsymbol{f} \in \mathsf{K}[X]$ erhält man

$$\big[\mathsf{K}[X]_{\boldsymbol{f}} : \mathsf{K}\big] = m = \partial(\boldsymbol{f})$$

und die Familie $(1, \boldsymbol{X}, \boldsymbol{X}^2, \ldots, \boldsymbol{X}^{m-1})$ ist eine Basis von $\mathsf{K}[\boldsymbol{X}]_{\boldsymbol{f}}$ über K.

Eine einfache Körpererweiterung ist also endlich. Allerdings ist nicht jede algebraische Körpererweiterung endlich, es gilt jedoch die Umkehrung:

S 6.12.11 Jede endliche Körpererweiterung ist algebraisch.

Es sei L Erweiterungskörper von K und $[\mathsf{L} : \mathsf{K}] = n \in \mathbb{N}_+$. Sei $u \in \mathsf{L}$. Die Familie $(1, u, \ldots, u^n)$ ist wegen $\mathrm{Dim}_{\mathsf{K}}(\mathsf{L}) = n$ nicht frei, es gibt deshalb eine Skalarfamilie $(a_0, \ldots, a_n)$ mit $a_\nu \neq 0$ für ein $\nu \in \{0, \ldots, n\}$ und

$$0 = \sum_{\nu=0}^{n} a_\nu u^\nu$$

Das bedeutet, daß u Nullstelle des durch $\boldsymbol{f}(\nu) = a_\nu$ definierten Polynoms $\boldsymbol{f} \in \mathsf{K}[\boldsymbol{X}]$ ist.

Bei verschachtelten endlichen Körpererweiterungen gibt es eine Formel für die Erweiterungsgrade, die sich gelegentlich als nützlich erweist:

S 6.12.12 Es seien L ein endlicher Erweiterungskörper von K und M ein endlicher Erweiterungskörper von L. Dann ist M ein endlicher Erweiterungskörper von K und für die Erweiterungsgrade gilt

$$[\mathsf{M} : \mathsf{K}] = [\mathsf{M} : \mathsf{L}][\mathsf{L} : \mathsf{K}] \tag{6.336}$$

Es seien $(u_\alpha)_{\alpha \in A}$ eine Basis für L über K und $(v_\beta)_{\beta \in B}$ eine Basis für M über l. Der Beweis besteht darin, zu zeigen, daß

$$(w_\gamma)_{\gamma \in C} \quad \text{mit} \quad C = A \times B \quad \text{und} \quad w_{(\alpha,\beta)} = u_\alpha v_\beta$$

eine Basis für M über K ist. Es sei $(c_\gamma)_{\gamma \in C} \in \mathcal{F}_{\mathsf{K},C}$ mit

$$0 = \sum_{\gamma \in C} c_\gamma w_\gamma = \sum_{(\alpha,\beta) \in A \times B} c_{(\alpha,\beta)} w_{(\alpha,\beta)} = \sum_{\alpha \in A} \sum_{\beta \in B} c_{(\alpha,\beta)} w_{(\alpha,\beta)} = \sum_{\alpha \in A} \Bigl(\sum_{\beta \in B} c_{(\alpha,\beta)} v_\beta \Bigr) u_\alpha$$

Weil $(u_\alpha)_{\alpha \in A}$ frei ist, erhält man für alle $\alpha \in A$

$$0 = \sum_{\beta \in B} c_{(\alpha,\beta)} v_\beta$$

und daraus, weil $(v_\beta)_{\beta \in B}$ frei ist, $c_{(\alpha,\beta)} = 0$ für alle $\beta \in B$. Insgesamt also $c_{(\alpha,\beta)} = 0$ für alle $(\alpha, \beta) \in A \times B = C$. Das bedeutet, daß die Familie $(w_\gamma)_{\gamma \in C}$ frei ist.
Sei $w \in \mathsf{M}$. Weil $(v_\beta)_{\beta \in B}$ eine Basis von M über L ist, gibt es eine Skalarfamilie $(b_\beta)_{\beta \in B} \in \mathcal{F}_{\mathsf{L},B}$ mit

$$w = \sum_{\beta \in B} b_\beta v_\beta$$

Weil $(u_\alpha)_{\alpha \in A}$ eine Basis von L über K ist und wegen $(b_\beta)_{\beta \in B} \in \mathcal{F}_{\mathsf{L},B}$ gibt es für jedes $\beta \in B$ ein $(a_{\alpha,\beta})_{\alpha \in A} \in \mathcal{F}_{\mathsf{K},A}$ mit

$$b_\beta = \sum_{\alpha \in A} a_{\alpha,\beta} u_\alpha$$

Einsetzen ergibt das gewünschte Resultat, daß nämlich $(w_\gamma)_{\gamma\in C}$ erzeugend für M über K ist:

$$w = \sum_{\beta\in B} v_\beta \sum_{\alpha\in A} a_{\alpha,\beta} u_\alpha = \sum_{\beta\in B}\sum_{\alpha\in A} a_{\alpha,\beta} u_\alpha v_\beta = \sum_{(\alpha,\beta)\in A\times B} a_{\alpha,\beta} w_{(\alpha,\beta)}$$

Die drei Vektorfamilien sind frei und damit injektiv, folglich gilt

$$[\mathsf{M}:\mathsf{K}] = \#(A\times B) = \#(A)\#(B) = [\mathsf{L}:\mathsf{K}][\mathsf{M}:\mathsf{L}]$$

denn die gesuchten Dimensionen sind die Kardinalzahlen der Familienindexmengen (siehe dazu die Erläuterungen zu **D 6.10.5**).

Sind K und L endliche Körper, dann ist L zwangsläufig ein endlichdimensionaler K-Vektorraum, denn ganz L ist als Familie $(u_v)_{v\in\mathsf{L}}$ mit $u_v = v$ ein endliches Erzeugendensystem von sich selbst. In solch einer Konstellation läßt sich die Anzahl der Elemente von L leicht angeben:

> **S 6.12.13** Es sei L ein endlicher Körper und K ein Teilkörper mit m Elementen, und es sei $n = [\mathsf{L}:\mathsf{K}]$. Dann hat L genau m^n Elemente.

Wegen $\mathrm{Dim}_{\mathsf{K}}(\mathsf{L}) = n$ ist L zum K-Vektorraum K^n isomorph, und dieser Vektorraum hat offenbar m^n Elemente.

6.13. Primitive Elemente endlicher Körper

Die Implementierung der Arithmetik endlicher Körper kann vereinfacht werden, wenn man ausnutzt, daß es in jedem solchen Körper Elemente gibt, die jedes von Null verschiedene Körperelement als eine Potenz ihrer selbst darstellen können. Dieser Abschnitt ist der Herleitung der Existenz und der Bestimmung der Anzahl jener Elemente gewidmet. Es beginnt mit einer Aussage über Potenzen von Elementen endlicher Körper:

S 6.13.1 In einem endlichen Körper K mit q Elementen gilt

$$\bigwedge_{u\in\mathsf{K}^\bullet} u^{q-1} = 1 \tag{6.337}$$

Es sei $u \in \mathsf{K}^\bullet$. Die durch $f(x) = ux$ definierte Abbildung $f\colon \mathsf{K}^\bullet \longrightarrow \mathsf{K}^\bullet$ ist injektiv, denn aus $f(x) = vx = vy = f(y)$ folgt nach der Kürzungsregel $x = y$. Als injektive Abbildung einer endlichen Menge ist f auch surjektiv, d.h. es ist $f[\mathsf{K}^\bullet] = \mathsf{K}^\bullet$. Daraus folgt

$$\prod_{x\in\mathsf{K}^\bullet} x = \prod_{x\in\mathsf{K}^\bullet} ux = u^{q-1}\prod_{x\in\mathsf{K}^\bullet} x$$

woraus sich durch Kürzen die Behauptung ergibt.

Der Begriff der Ordnung eines Elementes, der anschließend definiert wird, entstammt der Gruppentheorie, und in der Tat ist der Gegenstand dieses Abschnittes die Gruppe der Einheiten eines endlichen Körpers.

D 6.13.1 (Ordnung von Körperelementen)
Seien K ein endlicher Körper mit q Elementen, $u \in \mathsf{K}^\bullet$ und $U = \{\, n \in \mathbb{N}_+ \mid u^n = 1 \,\}$. Die Zahl $\mho(u) = \min(U)$ heißt die Ordnung von u oder (etwas umständlich) der u zugeordnete Exponent.

Nach **S 6.13.1** ist stets $U \neq \emptyset$, die Definition ist daher sinnvoll. Der Satz gibt eine obere Schranke für die Ordnung von Körperelementen an.

Eine erste Aussage über die Ordnung eines Körperelementes u betrifft das Verhältnis, in dem ein beliebiger positiver Exponent n mit $u^n = 1$ zur Ordnung von u steht.

S 6.13.2 In einem endlichen Körper K mit q Elementen gilt

$$\bigwedge_{u\in\mathsf{K}^\bullet} \bigwedge_{n\in\mathbb{N}_+} \big(u^n = 1 \implies \mho(u) \in \mathsf{T}_n\big) \tag{6.338}$$

Jeder Exponent n mit $u^n = 1$ ist ein Vielfaches der Ordnung von u. Insbesondere

$$\bigwedge_{u\in\mathsf{K}^\bullet} \mho(u) \in \mathsf{T}_{q-1} \tag{6.339}$$

Jede Elementeordung teilt $q - 1$, die Anzahl der Elemente von $\mathsf{K}^\bullet$.

Es seien $u \in \mathsf{K}^\bullet$ und $n \in \mathbb{N}_+$ mit $u^n = 1$. Es gibt $s \in \mathbb{N}_+$ und $r \in \mathbb{N}$ mit $n = s\mho(u) + r$ und $0 \leq r < \mho(u)$. Angenommen es ist $r > 0$. Dann erhielte man $1 = u^n = u^{s\mho(u)+r} = (u^{\mho(u)})^s u^r = u^r$,

was im Widerspruch dazu steht, daß $\mho(u)$ der kleinste Exponent mit dieser Eigenschaft ist. Es ist daher $r = 0$ und damit $\mho(u) \in \mathsf{T}_n$.
Die zweite Behauptung folgt unmittelbar aus **S 6.13.1**.

Die Menge der Ordnungen, welche die von Null verschiedenen Elemente eines Körpers mit q Elementen besitzen, ist also auf die Teiler von $q-1$ beschränkt. Diese Menge wird jetzt näher betrachtet.

D 6.13.2 (Menge der Ordnungen eines endlichen Körpers)
Für einen endlichen Körper K sei

$$\Omega_{\mathsf{K}} = \{\, n \in \mathbb{N}_+ \mid \bigvee_{u \in \mathsf{K}^\bullet} \mho(u) = n \,\} \tag{6.340}$$

die Menge der möglichen Ordnungen der von Null verschiedenen Elemente.

Nach **S 6.13.2** ist $\Omega_{\mathsf{K}} \subset \mathsf{T}_{q-1}$. Also kommen beispielsweise als Elemente für $\Omega_{\mathbb{Z}_{101}}$ nur die Teiler von 100 in Betracht. Tatsächlich sind alle Teiler von 100 in der Ordnungsmenge vertreten:

$$\Omega_{\mathbb{Z}_{101}} = \{1, 2, 4, 5, 10, 20, 25, 50, 100\}$$

Natürlich gilt $1 \in \Omega_{\mathsf{K}}$ für jeden endlichen Körper K. Leicht zu sehen ist noch $2 \in \Omega_{\mathbb{Z}_p}$ für jedes $p \in \mathbb{P} \setminus \{2\}$, denn man hat

$$(p-1) \odot (p-1) = \varrho_p(p-1)\varrho_p(p-1) = \varrho_p\big((p-1)^2\big) = \varrho_p\big(p(p-2)+1\big) = \varrho_p\big(p(p-2)\big) + \varrho_p(1) = 1$$

Betrachtet man $\Omega_{\mathbb{Z}_{101}}$ etwas näher, fallen einige Gesetzmäßigkeiten auf. Am leichtesten ist zu sehen, daß mit jedem n auch alle Teiler von n Element von $\Omega_{\mathbb{Z}_{101}}$ sind. Zwar gibt es einige $m, n \in \Omega_{\mathbb{Z}_{101}}$, deren Produkt zur Menge gehört, doch gilt das nicht allgemein, so gehören z.B. 4 und 20 dazu, nicht aber $4 \cdot 20$. Wählt man jedoch teilerfremde Paare, dann ist deren Produkt stets in $\Omega_{\mathbb{Z}_{101}}$, etwa 4 und 25. Etwas schwieriger zu sehen ist eine dritte Eigenschaft. So gehört zwar das Produkt $4 \cdot 10$ nicht zur Ordnungsmenge, wohl aber das kleinste gemeinsame Vielfache 20. Das gilt für alle Paare aus der Ordnungsmenge. Das motiviert den folgenden Satz:

S 6.13.3 (Eigenschaften der Ordnungsmenge eines endlichen Körpers)
Die Menge Ω_{K} der Ordnungen der Elemente eines endlichen Körpers K hat folgende Eigenschaften:

(i) $m, n \in \Omega_{\mathsf{K}} \wedge m \perp n \implies mn \in \Omega_{\mathsf{K}}$

(ii) $n \in \Omega_{\mathsf{K}} \wedge m \in \mathsf{T}_n \implies m \in \Omega_{\mathsf{K}}$

(iii) $m, n \in \Omega_{\mathsf{K}} \implies \mathrm{kgV}(m,n) \in \Omega_{\mathsf{K}}$

(iv) $\Omega_{\mathsf{K}} \subset \mathsf{T}_{\max(\Omega_{\mathsf{K}})}$

Zu (**i**):
Seien $u, v \in \mathsf{K}^\bullet$ mit $n = \mho(u)$ und $m = \mho(v)$. Es soll gezeigt werden daß $nm = \mho(uv)$. Jedenfalls gilt $(uv)^{nm} = u^{nm}v^{nm} = (u^n)^m(v^m)^n = 1$. Nachzuweisen ist, daß nm der kleinste Exponent mit dieser Eigenschaft ist. Sei dazu $k \in \mathbb{N}_+$ mit $(uv)^k = 1$. Damit erhält man

$$1 = \big((uv)^k\big)^n = (uv)^{kn} = u^{kn}v^{kn} = (u^n)^k v^{kn} = v^{kn}$$

Nach **S 6.13.2** (6.338) folgt daraus $m = \mho(v) \in \mathsf{T}_{kn}$. Wegen $n \perp m$ bedeutet das $m \in \mathsf{T}_k$. Ebenso kann von $1 = \big((uv)^k\big)^m = u^{km}$ auf $m \in \mathsf{T}_k$ geschlossen werden. Nach **S 6.1.24** (6.52a) kann man von $n, m \in \mathsf{T}_k$ auf $\mathrm{kgV}(n, m) \in \mathsf{T}_k$ schließen. Nun ist aber $n \perp m$, was nach **S 6.1.24** (6.52b) $\mathrm{kgV}(n, m) = nm$ zur Folge hat. Es gilt also $nm \in \mathsf{T}_k$ und damit $nm \leq k$.
Zu (**ii**):
Sei $u \in \mathbf{K}^\bullet$ mit $\mho(u) = n$. Sei $m \in \mathsf{T}_n$, also $n = km$ mit einem $k \in \mathbb{N}_+$. Wenn gezeigt werden kann, daß $\mho(u^k) = m$ gilt, dann ist $m \in \Omega_{\mathbf{K}}$. Nun ist $(u^k)^m = u^{km} = u^n = 1$ und es bleibt nachzuweisen, daß m der kleinste Exponent mit dieser Eigenschaft ist. Sei also $q \in \mathbb{N}_+$ mit $(u^k)^q = 1$. Mit **S 6.13.2** (6.338) folgt daraus $n = \mho(u) \in \mathsf{T}_{kq}$, d.h. $n = km \leq kq$, daraus durch Kürzen $m \leq q$.
Zu (**iii**):
Es seien $n, m \in \Omega_{\mathbf{K}}$. Ohne Einschränkung der Allgemeinheit kann angenommen werden, daß beide Ordnungen Zerlegungen in Primzahlpotenzen mit denselben Primzahlen besitzen (siehe die Vorüberlegungen zu **S 6.1.25** auf Seite 213):

$$n = \prod_{\kappa=1}^{k} p_\kappa^{a_\kappa} \quad m = \prod_{\kappa=1}^{k} p_\kappa^{b_\kappa} \quad p_\kappa \in \mathbb{P},\ a_\kappa, b_\kappa \in \mathbb{N} \text{ für } \kappa \in \{1, \ldots, k\}$$

Nach (**ii**) folgt daraus $p_\kappa^{a_\kappa}, p_\kappa^{b_\kappa} \in \Omega_{\mathbf{K}}$, insbesondere $p_\kappa^{\max(a_\kappa, b_\kappa)} \in \Omega_{\mathbf{K}}$, für alle $\kappa \in \{1, \ldots, k\}$. Die Primzahlpotenzen sind natürlich relativ prim, daher kann (**i**) zur Anwendung kommen:

$$\mathrm{kgV}(n, m) = \prod_{\kappa=1}^{k} p_\kappa^{\max(a_\kappa, b_\kappa)} \in \Omega_{\mathbf{K}}$$

Zu (**iv**):
Es seien $m = \max(\Omega_{\mathbf{K}})$ und $n \in \Omega_{\mathbf{K}}$. Zu zeigen ist $n \in \mathsf{T}_m$. Nun folgt nach (**iii**) daß mit $n, m \in \Omega_{\mathbf{K}}$ auch $\mathrm{kgV}(n, m) \in \Omega_{\mathbf{K}}$ gilt, d.h. es ist $\mathrm{kgV}(n, m) \leq m$. Andererseits folgt aus $m \mid \mathrm{kgV}(n, m)$ die Ungleichung $m \leq \mathrm{kgV}(n, m)$. Es ist daher $\mathrm{kgV}(n, m) = m$. Dann bedeutet $n \mid \mathrm{kgV}(n, m)$ aber $n \mid m$ oder $n \in \mathsf{T}_m$.

Berechnet man alle Potenzen 99^n, $n \in \{0, 1, \ldots, 100\}$, dann stellt man fest, daß jedes Element von $\mathbb{Z}_{101}^\bullet$ unter diesen Potenzen vorkommt, jedes Element von $\mathbb{Z}_{101}^\bullet$ ist eine Potenz von 99. Gemäß der nachfolgenden Definition ist 99 ein primitives Element von $\mathbb{Z}_{101}$.

D 6.13.3 (Primitives Element)
Es sei $\mathbf{K}$ ein endlicher Körper mit q Elementen. Ein $a \in \mathbf{K}^\bullet$ heißt **primitives Element** von $\mathbf{K}$, wenn es die folgende Eigenschaft besitzt:

$$\bigwedge_{u \in \mathbf{K}^\bullet} \bigvee_{n \in \mathbb{N}} a^n = u \tag{6.341}$$

Jedes Element von $\mathbf{K}^\bullet$ kann als eine Potenz von a dargestellt werden.

Sucht man in $\mathbb{Z}_{101}$ weiter nach primitiven Elementen, so wird man noch oft fündig. Insgesamt findet man genau 40 primitive Elemente. Es ist sicher kein Zufall, daß 40 gerade der Wert der EULERschen ϕ-Funktion für das Argument 100 ist, d.h. $40 = \phi(100)$ (siehe **D 6.4.1** auf Seite 245).

Bevor die Existenz von primitiven Elementen bewiesen und ihre genaue Anzahl ermittelt wird, ist noch festzustellen, in welchem Zusammenhang die Ordnung $\mho(u)$ eines Elementes mit dem

Exponenten k des primitiven Elementes a steht, das u als $u = a^k$ darstellt. Der nachstehende Satz gibt eine Formel zur Berechnung von $\mho(u)$.

S 6.13.4 Es sei K ein endlicher Körper mit q Elementen und a sei ein primitives Element von K. Ist $u \in \mathsf{K}^\bullet$ und $k \in \{1,\ldots,q-2\}$ mit $u = a^k$, dann ist die Ordnung von u gegeben durch

$$\mho(u) = \frac{q-1}{\mathrm{ggT}(k,q-1)} \tag{6.342}$$

Es seien u und k wie in der Voraussetzung angegeben. Es sei $g = \mathrm{ggT}(k,q-1)$. Wegen $g \in \mathsf{T}_k$ gibt es ein $r \in \mathbb{N}_+$ mit $k = rg$, und wegen $g \in \mathsf{T}_{q-1}$ gibt es ein $s \in \mathbb{N}_+$ mit $q-1 = sg$. Es ist $r \perp s$. Denn ein echter gemeinsamer Teiler von r und s, etwa h, wäre dann auch ein gemeinsamer Teiler von k und $q-1$, und gh wäre ein größerer gemeinsamer Teiler als der größte gemeinsame Teiler g. Nach Definition von s ist die Behauptung bewiesen, wenn $\mho(u) = s$ gezeigt werden kann. Es ist $u^s = (a^k)^s = a^{ks} = a^{rgs} = a^{r(q-1)} = (a^{q-1})^r = 1$, und nachzuweisen ist, daß s der kleinste Exponent mit dieser Eigenschaft ist. Es sei deshalb $u^m = 1$ für ein $m \in \mathbb{N}_+$. Es ist $1 = u^m = (a^k)^m = a^{km}$. Nach **S 6.13.2** (6.338) bedeutet das $q-1 \in \mathsf{T}_{km}$, es gibt daher ein $c \in \mathbb{N}_+$ mit $km = c(q-1)$. Das ergibt $rgm = km = c(q-1) = csg$, also $rm = cs$ und damit $s \in \mathsf{T}_{rm}$. Nun ist aber $s \perp r$, folglich $s \in \mathsf{T}_m$ und $s \leq m$.

Als ein Beispiel zum Einsatz des Satzes soll $\mho(99^{25})$ berechnet werden (die Potenzierung natürlich in $\mathbb{Z}_{101}$). Weil $\mathrm{ggT}(25,100) = 25$ erhält man $\mho(99^{25}) = \frac{100}{25} = 4$. Es ist $99^{25} = 91$ und tatsächlich gilt $\mho(91) = 4$.

Zur Präsentierung des Satzes zur Existenz primitiver Elemente wird noch ein einfaches Lemma benötigt. Seine einfache Aussage hätte auch direkt im Beweis des Satzes abgeleitet werden können, doch ist die Aussage von allgemeinem Nutzen.

L 6.13.1 Es seien K ein endlicher Körper und $u \in \mathsf{K}^\bullet$. Die Menge

$$U = \left\{\, u^k \;\middle|\; k \in \{0,1,\ldots,\mho(u)-1\} \,\right\} \tag{6.343}$$

hat $\mho(u)$ Elemente: $\#(U) = \mho(u)$

Es sei $\mho(u) = n$. Es gilt natürlich $\#(U) \leq n$. Nun ist $\#(U) < n$ nur dann möglich, wenn es $u^r, u^s \in U$ gibt mit $u^r = u^s$, aber $r \neq s$. Angenommen, das ist der Fall. O.B.d.A. kann $r < s$ angenommen werden. Es ist dann $1 = u^{s-r}$. Nun folgt aus $r < s < n$ aber $s - r < n - r \leq n$, eine Unmöglichkeit wegen $n = \mho(u)$.

S 6.13.5 (Existenz und Anzahl primitiver Elemente)
Ein endlicher Körper K mit q Elementen besitzt $\phi(q-1)$ primitive Elemente.

Angenommen, es gilt $q-1 \in \Omega_{\mathsf{K}}$. Es gibt dann ein $a \in \mathsf{K}^\bullet$ mit $a^{q-1} = 1$. Daraus folgt nach dem vorigen Lemma, daß die Menge

$$A = \left\{\, a^k \;\middle|\; k \in \{0,1,\ldots,q-2\} \,\right\} \subset \mathsf{K}^\bullet$$

genau $q-1$ Elemente besitzt, d.h. es ist $A = \mathsf{K}^\bullet$ und a ist ein primitives Element. Die Existenz eines primitiven Elementes ist also gesichert, wenn $q-1 \in \Omega_{\mathsf{K}}$ gezeigt werden kann.
Sei dazu $\max(\Omega_{\mathsf{K}}) = m$. Nach **S 6.13.3 (ii)** folgt daraus $\Omega_{\mathsf{K}} \subset \mathsf{T}_m$. Ist daher $u \in \mathsf{K}^\bullet$ mit $\mho(u) = k$, dann ist $k \in \mathsf{T}_m$, d.h. es gibt ein $v \in \mathbb{N}_+$ mit $m = kv$, also $u^m = u^{kv} = (u^k)^v = 1^v = 1$. Das

bedeutet nun, daß jedes $u \in \mathsf{K}^\bullet$ eine Nullstelle des Polynoms $\boldsymbol{X}^m - 1 \in \mathsf{K}[\boldsymbol{X}]$ ist. Sei N die Menge der Nullstellen des Polynoms. Ein Polynom vom Grad m hat höchstens m Nullstellen, also $\#(N) \leq m$. Weil aber jedes Element von $\mathsf{K}^\bullet$ eine Nullstelle ist, gilt auch $q - 1 \leq \#(N)$, d.h. $q - 1 \leq m$. Andererseits ist $m \in \Omega_\mathsf{K}$ und damit $m \leq q - 1$. Zusammengenommen hat sich $m = q - 1$ ergeben und die Existenz eines primitiven Elementes $a \in \mathsf{K}^\bullet$ ist gesichert.
Es sei $u \in \mathsf{K}^\bullet$ mit $\mho(u) = q - 1$. Nach dem vorangehenden Lemma ist u ein primitives Element von K. Weil a ein primitives Element ist, gibt es ein $k \in \{0, \ldots, q-2\}$ mit $u = a^k$. Der Einsatz von **S 6.13.4** ergibt

$$q - 1 = \mho(u) = \frac{q-1}{\mathrm{ggT}(k, q-1)}$$

folglich $\mathrm{ggT}(k, q-1) = 1$, d.h. $k \perp q-1$. Ist umgekehrt $u = a^k$ und $k \perp q-1$, d.h. $\mathrm{ggT}(k, q-1) = 1$, dann folgt aus der Formel $\mho(u) = q - 1$, d.h. u ist ein primitives Element. Nach **D 6.4.1** ist die Anzahl der zu $q - 1$ relativ primen Elemente $k < q - 1$ durch $\phi(q - 1)$ gegeben.

Tabelle 6.13.: Multiplikationstabelle für $\mathbb{Z}_8$

$\odot$	2	3	4	5	6	7
2	4	6	0	2	4	6
3	6	1	4	7	2	5
4	0	4	0	4	0	4
5	2	7	4	1	6	3
6	4	2	0	6	4	2
7	6	5	4	3	2	1

Als Gegenbeispiel kann der Ring $\mathbb{Z}_8$ dienen, der Nullteiler besitzt und daher kein Körper ist. Er besitzt kein primitives Element. Wie man nämlich der Multiplikationstabelle 6.13 entnehmen kann, ist $\mathbb{Z}_8^\bullet = \{1, 3, 5, 7\}$ und $3^2 = 5^2 = 7^2 = 1$.

Ein positives Beispiel ist durch den in Abschnitt 6.12 definierten Körper $\mathbb{Z}_3[\boldsymbol{i}]$ gegeben. Dieser Körper hat offenbar $q = 3 \cdot 3 = 9$ Elemente (jedes $x \in \mathbb{Z}_3$ kann mit jedem $y\boldsymbol{i}$, $y \in \mathbb{Z}_3$ kombiniert werden). Er hat also $\phi(q-1) = \phi(2^3) = 2^3 - 2^2 = 4$ primitive Elemente, nämlich $1 + \boldsymbol{i}$, $2 + \boldsymbol{i}$, $1 + 2\boldsymbol{i}$ und $2 + 2\boldsymbol{i}$. Beispielsweise ist

$$\begin{aligned}
(1 + \boldsymbol{i})^1 &= 1 + \boldsymbol{i} \\
(1 + \boldsymbol{i})^2 &= 2\boldsymbol{i} \\
(1 + \boldsymbol{i})^3 &= 1 + 2\boldsymbol{i} \\
(1 + \boldsymbol{i})^4 &= 2 \\
(1 + \boldsymbol{i})^5 &= 2 + 2\boldsymbol{i} \\
(1 + \boldsymbol{i})^6 &= \boldsymbol{i} \\
(1 + \boldsymbol{i})^7 &= 2 + \boldsymbol{i} \\
(1 + \boldsymbol{i})^8 &= 1
\end{aligned}$$

$\mathbb{Z}_3[\boldsymbol{i}]$ ist der erste bisher vorgekommene Körper, dessen Elementeanzahl keine Primzahl ist. Denn $\mathbb{Z}_9$ enthält den Nullteiler 3, ist also kein Körper!

Jedoch ist $\mathbb{Z}_p[\boldsymbol{i}]$ nicht für jede Primzahl p ein Körper. Das ist zwar schon bei der Diskussion des Körpers $\mathbb{Z}_3[\boldsymbol{i}]$ in Abschnitt 6.12 angemerkt worden, es wurde aber kein Beispiel angeführt. Tatsächlich sind Beispiele leicht zu finden, schon bei der kleinsten Primzahl 2 wird man fündig. So gilt in $\mathbb{Z}_2[\boldsymbol{i}]$

$$(1+\boldsymbol{i})(1+\boldsymbol{i}) = 1+\boldsymbol{i}+\boldsymbol{i}-1 = 0$$

Aber auch in $\mathbb{Z}_5[\boldsymbol{i}]$ findet man beispielsweise

$$(2+4\boldsymbol{i})(2+\boldsymbol{i}) = 4+3\boldsymbol{i}+2\boldsymbol{i}-4 = 0$$

d.h. $1+\boldsymbol{i}$ ist Nullteiler in $\mathbb{Z}_2[\boldsymbol{i}]$ und $2+4\boldsymbol{i}$ und $2+\boldsymbol{i}$ sind Nullteiler in $\mathbb{Z}_5[\boldsymbol{i}]$. Ist man einmal dabei und betrachtet $\mathbb{Z}_5[\boldsymbol{i}]$ genauer, so stellt man fest, daß $\boldsymbol{i}$ keine Nullstelle von $\boldsymbol{X}^2+1 \in \mathbb{Z}_5[\boldsymbol{X}]$ ist, das Polynom zerfällt vielmehr vollständig schon über $\mathbb{Z}_5$:

$$\boldsymbol{X}^2+1 = (\boldsymbol{X}-3)(\boldsymbol{X}+3) = (\boldsymbol{X}+2)(\boldsymbol{X}+3)$$

Folglich ist auch $\mathbb{Z}_5[\boldsymbol{X}]_{\boldsymbol{X}^2+1}$ kein Körper. Die Frage ist, für welche $p \in \mathbb{P}$ ist $\boldsymbol{X}^2+1$ irreduzibel über $\mathbb{Z}_p$, damit im Körper $\mathbb{Z}_p[\boldsymbol{X}]_{\boldsymbol{X}^2+1}$ die Nullstelle $\boldsymbol{i}$ mit der Eigenschaft $\boldsymbol{i}^2 = -1$ existiert. Der folgende Satz gibt die Antwort darauf.

S 6.13.6 (Irreduzibilität von $\boldsymbol{X}^2+1$ über $\mathbb{Z}_p$)

$$\bigwedge_{p\in\mathbb{P}\smallsetminus\{2\}} \Big(\boldsymbol{X}^2+1 \in \mathbb{I}_{\mathbb{Z}_p[\boldsymbol{X}]} \iff p \in \mathbb{P}_3\Big) \tag{6.344}$$

Für jede ungerade Primzahl p ist das Polynom $\boldsymbol{X}^2+1$ genau dann irreduzibel über $\mathbb{Z}_p$ wenn p zu $\mathbb{P}_3$ gehört, d.h. wenn $p \equiv_4 3$ gilt.

Ein quadratisches Polynom über einem Ring ist genau dann reduzibel, wenn es einen Linearfaktor besitzt, was damit äquivalent ist, eine Nullstelle in diesem Ring zu besitzen. Nach Abschnitt 6.2 ist $\mathbb{P} = \{2\} \cup \mathbb{P}_1 \cup \mathbb{P}_3$ eine disjunkte Zerlegung von $\mathbb{P}$, weshalb $p \neq 2 \wedge p \notin \mathbb{P}_3$ äquivalent ist mit $p \neq 2 \wedge p \in \mathbb{P}_1$. Eine zur Aussage (6.344) äquivalente Formulierung ist deshalb

$$\bigwedge_{p\in\mathbb{P}\smallsetminus\{2\}} \Big(\Big(\bigvee_{v\in\mathbb{Z}_p} (\boldsymbol{X}^2+1)^\star(v) = 0\Big) \iff p \in \mathbb{P}_1\Big) \tag{6.345}$$

und diese wird nachfolgend bewiesen. Der Beweis macht wesentlichen Gebrauch von der Existenz primitiver Elemente in den Körpern $\mathbb{Z}_p$ und kann deshalb erst an so später Stelle des Kapitels präsentiert werden.
Es sei $p \in \mathbb{P} \smallsetminus \{2\}$ und u ein primitives Element in $\mathbb{Z}_p$.
Beweis von „$\Longrightarrow$“: Es sei $v \in \mathbb{Z}_p^\bullet$ eine Nullstelle von $\boldsymbol{X}^2+1$. Es gibt ein $k \in \mathbb{N}_+$ mit $v = u^k$, also $(\boldsymbol{X}^2+1)^\star(u^k) = 0$ oder $u^{2k} = -1$ in $\mathbb{Z}_p$ (also $u^{2k} = p-1$). Als primitives Element von $\mathbb{Z}_p$ hat u die Ordnung $p-1$, d.h. $u^{p-1} = 1$. Weil $p-1$ eine gerade Zahl ist, gilt $n = \frac{p-1}{2} \in \mathbb{N}$. Das ergibt $1 = u^{p-1} = (u^n)^2$, also $(\boldsymbol{X}^2-1)^\star(u^n) = 0$: u^n ist eine Nullstelle von $\boldsymbol{X}^2-1$ in $\mathbb{Z}_p$. Nun hat $\boldsymbol{X}^2-1$ in $\mathbb{Z}_p$ die beiden Nullstellen $v_1 = 1$ und $v_2 = -1 = p-1$. Es ist aber $n < p-1 = \mho(u)$, d.h. es ist $u^n \neq 1$ und damit u^n keine Nullstelle von $\boldsymbol{X}^2-1$. Folglich ist $u^n = -1$. Es ist also $u^{2k} = -1$ und $u^n = -1$, was $u^{2k} = u^n$ ergibt, und daraus $1 = u^{-2k}u^{2k} = u^{-2k}u^n = u^{n-2k}$. Nach (6.338) ist $n-2k$ ein Vielfaches der Ordnung $p-1$ von u, d.h. es gibt ein $a \in \mathbb{Z}$ mit $n-2k = a(p-1)$ oder

$p = 4k + 2a(p-1) + 1$. Weil p eine gerade Zahl ist gibt es ein $q \in \mathbb{N}_+$ mit $p - 1 = 2q$ und man erhält schließlich die zu beweisende Aussage

$$p = 4k + 4aq + 1 = 4(k + aq) + 1 \in \mathbb{P}_1$$

Beweis von „$\Longleftarrow$": Es sei $p \in \mathbb{P}_1$, also $p - 1 = 4m$ für ein $m \in \mathbb{N}_+$. Es ist $1 = u^{p-1} = u^{4m}$ oder $(u^{2m})^2 = 1$, d.h. $(\boldsymbol{X}^2 - 1)^\star(u^{2m}) = 0$. Wie im ersten Teil des Beweises sind für u^{2m} in $\mathbb{Z}_p$ nur die beiden Nullstellen $v_1 = 1$ und $v_2 = -1$ möglich. Weil aber $2m < 4m = \mho(u)$ ist $u^{2m} \neq 1$, folglich ist $u^{2m} = v_2 = -1$ ($= p - 1$ in $\mathbb{Z}_p$) und damit $(\boldsymbol{X}^2 + 1)^\star(u^{2m}) = 0$.

Es ist jetzt klar, warum der Ring $\mathbb{Z}_3[\boldsymbol{i}]$ ein Körper ist und $\mathbb{Z}_5[\boldsymbol{i}]$ nicht: Es ist nämlich $3 \in \mathbb{P}_3$ und $5 \in \mathbb{P}_1$. Der Ring $\mathbb{Z}_7[\boldsymbol{i}]$ ist wieder ein Körper, ebenso der Ring $\mathbb{Z}_{11}[\boldsymbol{i}]$, doch dann ist $\mathbb{Z}_{13}[\boldsymbol{i}]$ wegen $13 \equiv_4 1$ kein Körper.

Die Aussage (6.71) in Abschnitt 6.2 über die Unendlichkeit der Primzahlmengen $\mathbb{P}_1$ und $\mathbb{P}_3$ ist dort nur zum Teil bewiesen worden. Der noch ausstehende Beweis der Behauptung

$$\#(\mathbb{P}_1) = \aleph_0 \tag{6.346}$$

wird nun hier nachgeholt, er ist eine direkte Folge des vorigen Satzes.
Es sei $\#(\mathbb{P}_1) < \aleph_0$ angenommen. Dann können

$$u = \prod \mathbb{P}_1 \quad \text{und} \quad v = 4u^2 + 1$$

definiert werden. Wegen $v = 2(2u^2) + 1$ ist $\varrho_2(v) = 1$, d.h. $2 \notin \mathsf{T}_v$. Für $p \in \mathbb{P}_1$ erhält man

$$v = p\big(4u \prod \mathbb{P}_1 \smallsetminus \{p\}\big) + 1$$

also $\varrho_p(v) = 1$ und damit $p \notin \mathsf{T}_v$. Es sei nun $q \in \mathbb{P} \cap \mathsf{T}_v$. Wie soeben gezeigt ist $q \neq 2$ und $q \notin \mathbb{P}_1$, folglich ist $q \in \mathbb{P}_3$ und damit ist nach dem vorigen Satz $\boldsymbol{X}^2 + 1$ irreduzibel über $\mathbb{Z}_q$.
Aus $q \in \mathsf{T}_v$ folgt nun aber $v = cq$ für ein $c \in \mathbb{N}_+$, also $4u^2 + 1 = cq$, was

$$0 = \varrho_q(4u^2 + 1) = \varrho_q(4u^2) + \varrho_q(1) = \varrho_q(4u^2) + 1 \quad \text{oder} \quad (\boldsymbol{X}^2 + 1)^\star\big(\varrho_q(4u^2)\big) = 0$$

bedeutet. Damit ist allerdings ein Widerspruch zur oben abgeleiteten Irreduzibilität von $\boldsymbol{X}^2 + 1$ über $\mathbb{Z}_q$ erreicht, denn $\boldsymbol{X}^2 + 1$ besitzt die Nullstelle $\varrho_q(4u^2) \in \mathbb{Z}_q$, zerfällt deshalb über $\mathbb{Z}_q$ in Linearfaktoren und ist daher reduzibel über $\mathbb{Z}_q$.
Die Annahme $\#(\mathbb{P}_1) < \aleph_0$ ist also nicht wahr, es gilt vielmehr $\#(\mathbb{P}_1) \geq \aleph_0$. Wegen $\mathbb{P}_1 \subset \mathbb{P}$ ist natürlich $\#(\mathbb{P}_1) \leq \aleph_0$, also wie behauptet $\#(\mathbb{P}_1) = \aleph_0$.

Der nächste Satz und die nachfolgende Verallgemeinerung erleichtern die Suche nach primitiven Elementen eines endlichen Körpers beträchtlich.

L 6.13.2 (Multiplikativität der Ordnung) In einem endlichen Körper K gilt

$$\bigwedge_{u,v \in \mathsf{K}^\star} \big(\mho(u) \perp \mho(v) \Longrightarrow \mho(uv) = \mho(u)\mho(v)\big) \tag{6.347}$$

Die Ordnung eines Produktes zweier Körperelemente ist das Produkt der Ordnungen, falls die Ordnungen relativ prim sind.

Es sei $n = \mho(u)$ und $m = \mho(v)$. Zu zeigen ist: Es ist $(uv)^{nm} = 1$ und es folgt $c \geq nm$ aus $(uv)^c = 1$. Die erste Behauptung ist offensichtlich: $(uv)^{nm} = u^{nm}v^{nm} = (u^n)^m(v^m)^n = 1$.
Es sei $c \in \mathbb{N}_+$ mit $1 = (uv)^c = u^c v^c$. Daraus folgt $u^c = v^{-c}$, wobei v^{-c} für $(v^{-1})^c$ steht. Wegen $1 = u^n$ folgt daraus $1 = (u^n)^c = (u^c)^n = (v^{-c})^n = v^{-cn}$ oder $v^{cn} = 1$ nach Multiplikation mit v^{cn}. Das bedeutet $m \in \mathsf{T}_{cn}$, denn m ist die Ordnung von v. Nach **S 6.1.17** folgt daraus und aus der Voraussetzung $m \in \mathsf{T}_c$. Vollkommen symmetrisch zeigt man $n \in \mathsf{T}_c$. Also sind n und m Vielfache von c, was natürlich $c \geq \mathrm{kgV}(n, m)$ bedeutet. Wegen $n \perp m$ ist aber $\mathrm{kgV}(n, m) = nm$.

S 6.13.7 (Multiplikativität endlich vieler Ordnungen)
Es sei $\mathbf{K}$ ein endlicher Körper und $M \subset \mathbf{K}^\star$ mit $\#(M) < \aleph_0$. Dann gilt

$$\bigwedge_{u,v \in M} \Big(\models \{\, \mho(u) \mid u \in M \,\} \Longrightarrow \mho\Big(\prod M\Big) = \prod\{\, \mho(u) \mid u \in M \,\} \Big) \tag{6.348}$$

Die Ordnung eines Produktes ist das Produkt der Ordnungen der Faktoren des Produktes, falls die Ordnungen der Faktoren relativ prim sind.

Beweis durch vollständige Induktion über $\#(M)$.
Für $\#(M) = 0$ sind beide Seiten der Implikation wahr, denn $\emptyset$ ist sicherlich paarweise relativ prim (sie hat keine Elemente, die dagegen verstoßen könnten), und es gilt $\mho(\prod \emptyset) = \mho(1) = 1 = \prod \emptyset$. Die Behauptung ist daher für $\#(M) = 0$ wahr.
Sie ist auch bei $\#(M) = 1$ wahr. Denn einelementige Teilmengen von $\mathbb{N}_+$ sind paarweise relativ prim, und ist etwa $M = \{u\}$, dann hat man $\mho(\prod\{u\}) = \mho(u) = \prod\{\mho(u)\}$. Beide Seiten der Implikation sind also wahr.
Es sei nun $M \subset \mathbf{K}^\star$ mit $\#(M) \geq 2$. Die Behauptung sei für alle $M' \subset \mathbf{K}^\star$ mit $\#(M') < \#(M)$ bewiesen. Es sei $v \in M$. Es ist dann $N = M \setminus \{v\} \neq \emptyset$ und nach Satz **S 6.1.15** (6.35) gilt $\models\{\, \mho(u) \mid u \in N \,\}$. Wegen $\#(N) < \#(M)$ ist die Behauptung nach Induktionsvoraussetzung für N wahr, d.h. es ist

$$\mho\Big(\prod N\Big) = \prod\{\, \mho(u) \mid u \in N \,\} \tag{6.349}$$

Aus $\models\{\, \mho(u) \mid u \in M \,\}$ folgt nach **S 6.1.15** (6.36) $\mho(v) \perp \{\, \mho(u) \mid u \in N \,\}$, was nach **S 6.1.18** mit $\mho(v) \perp \prod\{\, \mho(u) \mid u \in N \,\}$ äquivalent ist. Mit **L 6.13.2** erhält man daraus

$$\mho\Big(v \prod N\Big) = \mho(v)\mho\Big(\prod N\Big)$$

woraus sich mit (6.349) folgendes ergibt:

$$\mho\Big(\prod M\Big) = \mho\Big(v\prod N\Big) = \mho(v)\mho\Big(\prod N\Big) = \mho(v)\prod\{\, \mho(u) \mid u \in N \,\} = \prod\{\, \mho(u) \mid u \in M \,\}$$

Das ist aber gerade die zu zeigende Behauptung. Der Induktionsbeweis ist damit komplett.

Beispielsweise findet man in $\mathbb{K}_{1621}$ (1621 ist Pimzahl) nach rascher Suche die Ordnungen $\mho(166) = 4$, $\mho(184) = 3$ und $\mho(231) = 5$. Die drei Ordnungen sind natürlich relativ prim, nach dem vorangehenden Satz gilt daher

$$\mho(1072) = \mho(166 \odot 184 \odot 231) = 4 \cdot 3 \cdot 5 = 60$$

dabei ist $\odot$ die Multiplikation in $\mathbb{K}_{1621}$.

Zur Bestimmung eines primitiven Elementes a eines endlichen Körpers K geht man umgekehrt vor. Hier ist $\mho(a)$ bekannt, man zerlegt die Ordnung in ein Produkt von paarweise relativ primen Faktoren und sucht nach Körperelementen, deren Ordnung durch einen dieser Faktoren gegeben ist. Man verwendet dabei den folgenden einfachen Satz:

S 6.13.8 (Charakterisierung primitiver Elemente)
Es sei K ein endlicher Körper und $\mathbb{E}_{\mathsf{K}}$ die Menge der primitiven Elemente. Dann gilt

$$\bigwedge_{u \in \mathsf{K}^\star} \Big(u \in \mathbb{E}_{\mathsf{K}} \iff \mho(u) = \#(\mathsf{K}) - 1 \Big) \tag{6.350}$$

Ein Element aus $\mathsf{K}^\star$ ist genau dann primitiv, wenn seine Ordnung gleich der Anzahl der Elemente von $\mathsf{K}^\star$ ist.

Es sei $\#(\mathsf{K}) = q$.
Es sei $u \in \mathbb{E}_{\mathsf{K}}$, mit $\mho(u) = m$. Nach **S 6.13.2** gilt $m \in \mathsf{T}_{q-1}$, also $m \leq q - 1$. Angenommen, es ist $m < q - 1$. Nach **L 6.13.1** hat die Menge

$$U = \{\, u^k \mid k \in \{0, \ldots, m-1\} \,\}$$

m Elemente, und nach Annahme über m gibt es ein $v \in \mathsf{K}^\star \setminus U$. Weil u primitiv ist, gibt es ein $k \in \mathbb{N}_+$ mit $v = u^k$. Wegen $v \notin U$ ist $k \geq m$. Es gibt daher $s \in \mathbb{N}_+$ und $r \in \mathbb{N}$ mit $k = sm + r$ und $r < m$. Daraus folgt $v = u^k = u^{sm+r} = u^{sm}u^r = (u^m)^s u^r = u^r$, also $v \in U$ wegen $k < m$, ein Widerspruch zu $v \notin U$. Folglich ist die Annahme $m < q - 1$ falsch.
Der Beweis der umgekehrten Richtung kann dem Beweis von **S 6.13.5** entnommen werden.

Beispielsweise kann ein primitives Element u von $\mathbb{K}_{1621}$ über die Eigenschaft $u^{1620} = 1$ gefunden werden. Nun gilt $1620 = 2^2 3^4 5 = 4 \cdot 81 \cdot 5$, es genügt daher, Elemente a, b und c mit $\mho(a) = 4$, $\mho(b) = 81$ und $\mho(c) = 5$ zu finden, um $u = abc$ als ein primitives Element zu erhalten. Die Suche führt mit etwas Programmierarbeit auf $a = 166$, $b = 7$ und $c = 231$, ein primitives Element ist damit $u = 957$. Es ist zwar überflüssig, aber die Proberechnung bringt tatsächlich $957^{1620} = 1$.

6.14. Klassifizierung endlicher Körper

Es wird sich in diesem Abschnitt herausstellen, daß endliche Körper durch die Angabe der Zahl ihrer Elemente vollständig bestimmt sind, denn endliche Körper mit derselben Elementezahl sind isomorph. Man kann auch sagen, daß es im Wesentlichen nur einen Körper mit einer vorgegebenen Zahl von Elementen gibt. Allerdings ist diese Elementezahl nicht beliebig, es sind nur Primzahlpotenzen p^n möglich. Diese stellen aber nicht nur eine Möglichkeit dar, tatsächlich gibt zu jedem $p \in \mathbb{P}$ und $n \in \mathbb{N}_+$ einen endlichen Körper mit p^n Elementen. Dieser bis auf Isomorphie eindeutig bestimmte Körper wird der GALOIS-Körper $\mathsf{GK}(p^n)$ genannt ($\mathsf{GF}(p^n)$ von *Galois field* im englischsprachigen Raum) und hier mit $\mathbb{K}_{p^n}$ bezeichnet.

Die Klassifizierung fußt auf dem folgenden Satz, der besagt, daß jeder endliche Körper als einfache Körpererweiterung eines $\mathbb{Z}_p$ mit Hilfe eines irreduziblen Polynoms aus $\mathbb{Z}_p[\boldsymbol{X}]$ dargestellt werden kann.

S 6.14.1 (Endliche Körper als einfache Körpererweiterungen)
Es sei K ein endlicher Körper mit der Charakteristik $\kappa_{\mathsf{K}} = p \in \mathbb{P}$.

(i) Es gibt ein irreduzibles Polynom $\boldsymbol{f} \in \mathbb{Z}_p[\boldsymbol{X}]$ mit $\mathbb{Z}_p[\boldsymbol{X}]_{\boldsymbol{f}} \cong \mathsf{K}$

(ii) Es gibt ein $n \in \mathbb{N}_+$ mit $\#(\mathsf{K}) = p^n$

Es sei $\#(\mathsf{K}) = q$. Der Körper K ist ein Oberkörper von $\mathbb{Z}_p$ (siehe **S 6.5.7** und **S 6.5.8**). Es sei a ein primitives Element von K. Dann ist insbesondere $\mho(a) = q - 1$, d.h. $a^{q-1} = 1$. Also ist a eine Nullstelle des Polynoms $\boldsymbol{X}^{q-1} - 1 \in \mathbb{Z}_p[\boldsymbol{X}]$. Folglich ist a algebraisch über $\mathbb{Z}_p$ und $\mathbb{Z}_p[\boldsymbol{X}]_{\boldsymbol{m}_a}$ ist ein Körper. Es ist $\boldsymbol{m}_a^\star(a) = 0$, daher wird durch $\Xi(\boldsymbol{g}) = \boldsymbol{g}^\star(a)$ ein Homomorphismus $\Xi : \mathbb{Z}_p[\boldsymbol{X}]_{\boldsymbol{m}_a} \longrightarrow \mathsf{K}$ definiert (siehe **S 6.12.8**) mit $\Xi(\boldsymbol{X}) = a$ und $\Xi(u) = u$ für alle $u \in \mathbb{Z}_p$. Natürlich ist Ξ surjektiv, denn ist $v \in \mathsf{K}^\star$, dann gibt es ein $k \in \mathbb{N}$ mit $v = a^k$, und man erhält

$$\Xi(\boldsymbol{X}^k) = \Xi(\boldsymbol{X})^k = a^k = v$$

Nach **S 6.5.12** ist Ξ auch injektiv.
Zum Beweis von (ii) sei $n = \partial(\boldsymbol{m}_a)$. Nach **S 6.9.4** hat $\mathbb{Z}_p[\boldsymbol{X}]_{\boldsymbol{m}_a}$ genau p^n Elemente, also wegen der Isomorphie auch K.

Als eine einfache Folgerung kann zunächst festgestellt werden:

K 6.14.1 Es seien K und L endliche Körper.

$$\#(\mathsf{K}) = \#(\mathsf{L}) \implies \kappa_{\mathsf{K}} = \kappa_{\mathsf{L}} \tag{6.351}$$

Endliche Körper gleicher Elementezahl besitzen die gleiche Charakteristik.

Es seien $\kappa_{\mathsf{K}} = p_{\mathsf{K}}, \kappa_{\mathsf{L}} = p_{\mathsf{L}} \in \mathbb{P}$. Nach dem vorigen Satz gibt es $n, m \in \mathbb{N}_+$ mit $\#(\mathsf{K}) = p_{\mathsf{K}}^n$ und $\#(\mathsf{L}) = p_{\mathsf{L}}^m$, also $p_{\mathsf{K}}^n = p_{\mathsf{L}}^m$. Das bedeutet $p_{\mathsf{K}} \in \mathsf{T}_{p_{\mathsf{L}}^m}$ woraus $p_{\mathsf{K}} \subset \mathsf{T}_{p_{\mathsf{L}}}$ folgt. Das ist bei Primzahlen jedoch nur für $p_{\mathsf{K}} = p_{\mathsf{L}}$ möglich.

Endliche Körper besitzen nach **S 6.14.1** notwendigerweise eine Primzahlpotenz als Elementezahl. Das bedeutet beispielsweise, daß es keinen Körper mit 6 oder 100 Elementen gibt. Hier stellt sich natürlich die Frage, ob es zu jeder Primzahlpotenz p^n einen Körper mit p^n Elementen gibt, denn der Ring $\mathbb{Z}_{p^n}$ ist kein Körper, weil er den Nullteiler p enthält. Andererseits wurde schon festgestellt (als Folge von **S 6.13.6**), daß es für $p \in \mathbb{P}_3$ tatsächlich Körper mit p^2 Elementen gibt. Letzteres gibt nun den allgemeinen Fall wieder, jede Primzahlpotenz ist die Elementeanzahl eines Körpers. Bevor ein entsprechender Satz vorgestellt werden kann, ist noch **S 6.5.9 (ii)** zu verallgemeinern: Für einen unitären Ring R mit Primzahlcharakteristik $\kappa_{\mathsf{R}} = p$ gilt

$$\bigwedge_{u,v\in\mathsf{R}}\ \bigwedge_{n\in\mathbb{N}_+} (u\pm v)^{p^n} = u^{p^n} \pm v^{p^n} \tag{6.352}$$

Der einfache Beweis erfolgt mit vollständiger Induktion. Für $n = 0$ ist die Behauptung trivialerweise richtig. Sie gelte für $n \in \mathbb{N}$. Man rechnet wie folgt:

$$\begin{aligned}
(u\pm v)^{p^{n+1}} &= (u\pm v)^{pp^n}\\
&= \bigl((u\pm v)^p\bigr)^{p^n}\\
&= (u^p \pm v^p)^{p^n} \text{ nach } \mathbf{S\ 6.5.9\ (ii)}\\
&= (u^p)^{p^n} \pm (v^p)^{p^n} \text{ Induktionsvoraussetzung}\\
&= u^{p^{n+1}} \pm v^{p^{n+1}}
\end{aligned}$$

Der angekündigte Satz lautet nun wie folgt:

S 6.14.2 (Existenz von Körpern mit p^n Elementen)
Es seien $p \in \mathbb{P}$ und $n \in \mathbb{N}_+$. Der Zerfällungskörper K des Polynoms $\boldsymbol{X}^{p^n} - \boldsymbol{X} \in \mathbb{Z}_p[\boldsymbol{X}]$ hat p^n Elemente. Zu jedem $p \in \mathbb{P}$ und jedem $n \in \mathbb{N}_+$ gibt es daher einen Körper K mit $\#(\mathsf{K}) = p^n$.

Es sei L ein Zerfällungskörper des Polynoms $\boldsymbol{X}^{p^n} - \boldsymbol{X} \in \mathbb{Z}_p[\boldsymbol{X}]$ über $\mathbb{Z}_p$. Der Körper L hat als Oberkörper von $\mathbb{Z}_p$ die Charakteristik $\kappa_{\mathsf{L}} = p$. Die Menge

$$\mathsf{K} = \bigl\{\, u \in \mathsf{L} \bigm| \bigl(\boldsymbol{X}^{p^n} - \boldsymbol{X}\bigr)^{\star}(u) = 0 \bigr\} = \bigl\{\, u \in \mathsf{L} \bigm| u^{p^n} = u \,\bigr\}$$

der Nullstellen von $\boldsymbol{X}^{p^n} - \boldsymbol{X}$ ist ein Teilkörper seines Zerfällungskörpers L:

$$\begin{aligned}
(\boldsymbol{X}^{p^n} - \boldsymbol{X})^{\star}(1) = 1 - 1 = 0 &\implies 1 \in \mathsf{K}\\
(u-v)^{p^n} = u^{p^n} - v^{p^n} = u - v &\implies u - v \in \mathsf{K}\\
(uv)^{p^n} = u^{p^n} v^{p^n} = uv &\implies uv \in \mathsf{K}\\
\bigl(u \neq 0 \implies (u^{-1})^{p^n} = u^{-1}\bigr) &\implies u^{-1} \in \mathsf{K}
\end{aligned}$$

Die Anzahl der Elemente des Körpers K ist offenbar gleich der Anzahl der Nullstellen des den Körper definierenden Polynoms $\boldsymbol{X}^{p^n} - \boldsymbol{X}$. Nun ist

$$\mathcal{D}\bigl(\boldsymbol{X}^{p^n} - \boldsymbol{X}\bigr) = p^n \boldsymbol{X}^{p^n-1} - 1$$

und für $u \in \mathsf{K}$ folgt daraus wegen $\kappa_{\mathsf{L}} = p$

$$\mathcal{D}\bigl(\boldsymbol{X}^{p^n} - \boldsymbol{X}\bigr)^{\star}(u) = p^n u^{p^n-1} - 1 = p^{n-1} p \cdot 1 \cdot u^{p^n-1} - 1 = 0 - 1 = -1 \neq 0$$

weshalb u nach **S 6.9.9** eine einfache Nullstelle von $\boldsymbol{X}^{p^n} - \boldsymbol{X}$ ist. Alle den Körper K definierenden Nullstellen sind also einfach, wegen $\partial\bigl(\boldsymbol{X}^{p^n} - \boldsymbol{X}\bigr) = p^n$ besteht der Körper daher aus p^n

Elementen. Nun ist aber der Zerfällungskörper der kleinste $\mathbb{Z}_p$ enthaltende Körper, über dem das Polynom zerfällt, und K ist ein solcher Körper, folglich gilt $\mathsf{L} \subset \mathsf{K}$. Das zeigt den zweiten Teil der Behauptung des Satzes.

Dieser Abschnitt begann mit der Bemerkung, daß endliche Körper schon durch die Anzahl ihrer Elemente vollständig bestimmt sind. Tatsächlich unterscheiden sich Körper mit gleicher Elementeanzahl nur durch die Bezeichnung ihrer Elemente und Verknüpfungen.

S 6.14.3
Alle endlichen Körper mit derselben Anzahl von Elementen sind isomorph.

Es sei zunächst K ein endlicher Körper mit $\kappa_{\mathsf{K}} = p \in \mathbb{P}$. Es gibt ein $n \in \mathbb{N}_+$ mit $\#(\mathsf{K}) = p^n$. Nach **S 6.13.1** gilt $u^{p^n-1} = 1$ für alle $u \in \mathsf{K}^\star$, d.h. $u^{p^n} = u$. Also ist u Nullstelle des Polynoms $\boldsymbol{X}^{p^n} - \boldsymbol{X} \in \mathbb{Z}_p[\boldsymbol{X}]$. Natürlich ist auch 0 Nullstelle dieses Polynoms. Folglich hat $\boldsymbol{X}^{p^n} - \boldsymbol{X}$ genau p^n (verschiedene) Nullstellen in K. Wegen $\partial(\boldsymbol{X}^{p^n} - \boldsymbol{X}) = p^n$ sind das alle Nullstellen des Polynoms, das Polynom zerfällt deshalb vollständig über K. Weil jeder Zerfällungskörper von $\boldsymbol{X}^{p^n} - \boldsymbol{X}$ die p^n Nullstellen des Polynoms enthalten muß, ist K bereits sein Zerfällungskörper.
Es seien nun K und L endliche Körper mit $\#(\mathsf{K}) = \#(\mathsf{L})$. Dann ist $\kappa_{\mathsf{K}} = p = \kappa_{\mathsf{L}}$ für ein $p \in \mathbb{P}$ und $\#(\mathsf{K}) = p^n = \#(\mathsf{L})$ für ein $n \in \mathbb{N}_+$. Wie eben gesehen sind beide Körper Zerfällungskörper des Polynoms $\boldsymbol{X}^{p^n} - \boldsymbol{X} \in \mathbb{Z}_p[\boldsymbol{X}]$ über $\mathbb{Z}_p$ und sind deshalb nach **K 6.12.2** isomorph.

Für das praktische Rechnen mit endlichen Körpern ist es wichtig, daß der (bis auf Isomorpie eindeutige) Körper mit p^n Elementen $\mathbb{K}_{p^n}$ die Eigenschaft besitzt, daß jedes seiner Elemente eine Nullstelle des Polynoms $\boldsymbol{X}^{p^n} - \boldsymbol{X} \in \mathbb{Z}_p[\boldsymbol{X}]$ ist, d.h für jedes seiner Elemente u gilt

$$u^{p^n} = u \tag{6.353}$$

Es ist möglich, die Teilkörper eines endlichen Körpers vollständig zu charakterisieren, wobei es nun genügt, die Anzahl ihrer Elemente anzugeben:

S 6.14.4 (Teilkörpercharakterisierung endlicher Körper)
Seien $p \in \mathbb{P}$, $n \in \mathbb{N}_+$ und sei $q = p^n$.

(i) Zu jedem $\mathsf{K} \in \mathcal{K}_{\mathbb{K}_q}$ gibt es ein $k \in \mathsf{T}_n$ mit $\#(\mathsf{K}) = p^k$

(ii) Zu jedem $k \in \mathsf{T}_n$ gibt es genau ein $\mathsf{K} \in \mathcal{K}_{\mathbb{K}_q}$ mit $\#(\mathsf{K}) = p^k$

Zu (**i**): Es sei $\mathsf{K} \in \mathcal{K}_{\mathbb{K}_q}$. Für K gilt als Teilkörper von $\mathbb{K}_q$ $\kappa_{\mathsf{K}} = p$. Nach **S 6.14.1**(**ii**) gibt es ein $k \in \mathbb{N}_+$ mit $\#(\mathsf{K}) = p^k$. Natürlich ist $k \leq n$. Nach **S 6.12.13** hat $\mathbb{K}_q$ daher p^{km} Elemente, mit $m = [\mathbb{K}_q : \mathsf{K}]$, d.h. $q = p^n = p^{km}$. Daraus folgt $k \in \mathsf{T}_n$.

Zu (**ii**): Es sei $k \in \mathsf{T}_n$. Für jedes u aus einem Erweiterungsring von $\mathbb{K}_q$ und für $\boldsymbol{X}^{p^k} - \boldsymbol{X} \in \mathbb{K}_p[\boldsymbol{X}]$ gilt dann

$$\left(\boldsymbol{X}^{p^k} \quad \boldsymbol{X}\right)^\star(u) = 0 \implies u \in \mathbb{K}_q$$

Nach **S 6.6.10** folgt $p^k - 1 \in \mathsf{T}_{p^n-1}$ aus $k \in \mathsf{T}_n$. Daraus folgt noch einmal nach **S 6.6.10**

$$\boldsymbol{X}^{p^k-1} - 1 \in \mathsf{T}^{\mathbb{K}_p[\boldsymbol{X}]}_{\boldsymbol{X}^{p^n-1}-1} \quad \text{daher} \quad \boldsymbol{X}^{p^k} - \boldsymbol{X} \in \mathsf{T}^{\mathbb{K}_p[\boldsymbol{X}]}_{\boldsymbol{X}^{p^n}-\boldsymbol{X}} = \mathsf{T}^{\mathbb{K}_p[\boldsymbol{X}]}_{\boldsymbol{X}^{q}-\boldsymbol{X}}$$

Aus $\left(\boldsymbol{X}^{p^k} - \boldsymbol{X}\right)^\star(u) = 0$ folgt daher $\left(\boldsymbol{X}^q - \boldsymbol{X}\right)^\star(u) = 0$. Die Nullstellen von $\boldsymbol{X}^q - \boldsymbol{X}$ sind aber die Elemente vo $\mathbb{K}_q$, d.h. $u \in \mathbb{K}_q$.

Wenn aber jede Nullstelle von $\boldsymbol{X}^{p^k} - \boldsymbol{X}$ zu $\mathbb{K}_q$ gehört, dann muss $\mathbb{K}_q$ einen Zerfällungskörper K über $\mathbb{K}_p$ des Polynoms enthalten, und nach **S 6.14.2** hat dieser Körper p^k Elemente.
Angenommen, es gibt einen weiteren Körper $\mathsf{L} \in \mathcal{K}_{\mathbb{K}_q}$ mit $\#(\mathsf{L}) = p^k$. Dann ist $\mathsf{L} \cong \mathsf{K}$, d.h. L ist ebenfalls Zerfällungskörper von $\boldsymbol{X}^{p^k} - \boldsymbol{X}$ und das Polynom besitzt damit mehr Nullstellen als sein Grad angibt: Ein Widerspruch.

Abbildung 6.6.: Die Teilkörperhierarchie von $\mathbb{K}_{2^{30}}$

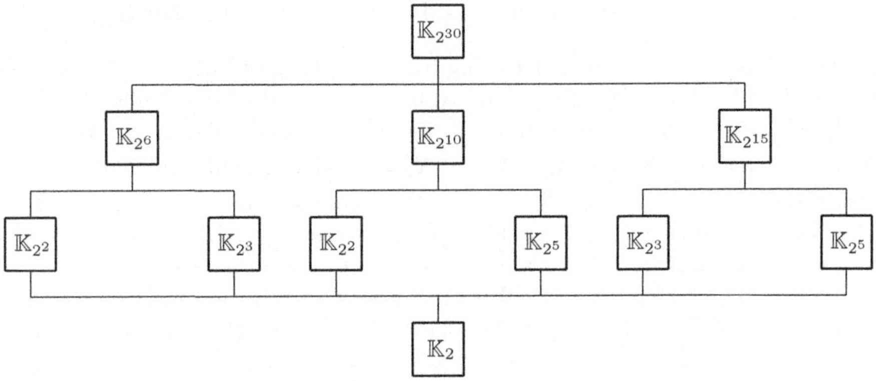

6.15. Polynome III

Der dritte Abschnitt über Polynome handelt von irreduziblen Polynomen über endlichen Körpern. Das Polynom $\boldsymbol{X}^{q^n} - \boldsymbol{X} \in \mathbb{K}_q[\boldsymbol{X}]$ wird eine prominente Rolle spielen, es wird deshalb abkürzend als $\boldsymbol{t}_{q,n}$ geschrieben. Auch sei in diesem Abschnitt generell $q = p^e$ mit $p \in \mathbb{P}$ und $e \in \mathbb{N}_+$.

Es beginnt mit einer Folgerung aus **S 6.14.1**, die knapp formuliert besagt, daß es genug irreduzible Polynome in $\mathbb{K}_p[\boldsymbol{X}]$ gibt.

S 6.15.1 (Existenz irreduzibler Polynome)
Zu jedem $p \in \mathbb{P}$ und jedem $n \in \mathbb{N}_+$ gibt es ein irreduzibles Polynom $\boldsymbol{f} \in \mathbb{K}_p[\boldsymbol{X}]$ mit $\partial(\boldsymbol{f}) = n$ und

$$\boldsymbol{f} \in \mathsf{T}_{\boldsymbol{t}_{p,n}}^{\mathbb{K}_p[\boldsymbol{X}]} \tag{6.354}$$

Das Polynom $\boldsymbol{f}$ vom Grad n ist also ein Teiler von $\boldsymbol{t}_{p,n}$.

Nach **S 6.14.1** gibt es ein irreduzibles $\boldsymbol{f} \in \mathbb{Z}_p[\boldsymbol{X}]$ mit $\mathbb{K}_{p^n} \cong \mathbb{Z}_p[\boldsymbol{X}]_{\boldsymbol{f}}$. Also hat auch $\mathbb{Z}_p[\boldsymbol{X}]_{\boldsymbol{f}}$ genau p^n Elemente. Nun ist

$$\mathbb{Z}_p[\boldsymbol{X}]_{\boldsymbol{f}} = \{\boldsymbol{g} \in \mathbb{Z}_p[\boldsymbol{X}] \mid \partial(\boldsymbol{g}) < \partial(\boldsymbol{f})\}$$

also ist nach **S 6.9.4** $p^n = p^{\partial(\boldsymbol{f})}$ und $n = \partial(\boldsymbol{f})$.
Angenommen $\boldsymbol{f}$ ist kein Teiler von $\boldsymbol{t}_{p,n}$. Der größte gemeinsame Teiler beider Polynome besteht dann aus Einheiten, insbesondere gibt es Polynome $\boldsymbol{g}, \boldsymbol{h} \in \mathbb{K}_p[\boldsymbol{X}]$ mit $1 = \boldsymbol{g}\boldsymbol{f} + \boldsymbol{h}\boldsymbol{t}_n$. Nach Konstruktion von $\mathbb{Z}_p[\boldsymbol{X}]_{\boldsymbol{f}}$ ist $\boldsymbol{X}$ eine Nullstelle von $\boldsymbol{f}$, daher hat $\boldsymbol{f}$ (obiger Isomorphie wegen) eine Nullstelle $v \in \mathbb{K}_{p^n}$. Weil jedes Element von $\mathbb{K}_{p^n}$ eine Nullstelle von $\boldsymbol{t}_n$ ist erhält man

$$1 = \boldsymbol{g}^\star(v)\boldsymbol{f}^\star(v) + \boldsymbol{h}^\star(v)\boldsymbol{t}_n^\star(v) = 0 + 0 = 0$$

einen Widerspruch. Also wird $\boldsymbol{t}_n$ von $\boldsymbol{f}$ geteilt.

Beispielsweise findet man für $p = 2$ und $n = 5$ das Polynom $\boldsymbol{f} = \boldsymbol{X}^5 + \boldsymbol{X}^2 + 1 \in \mathbb{K}_2[\boldsymbol{X}]$, das tatsächlich ein Teiler von $\boldsymbol{X}^{32} - \boldsymbol{X} = \boldsymbol{X}^{32} + \boldsymbol{X}$ ist:

$$\begin{aligned}\boldsymbol{X}^{2^5} - \boldsymbol{X} = \big(&\boldsymbol{X}^{27} + \boldsymbol{X}^{24} + \boldsymbol{X}^{22} + \boldsymbol{X}^{21} + \boldsymbol{X}^{18} + \boldsymbol{X}^{17} + \boldsymbol{X}^{16} + \boldsymbol{X}^{15} + \boldsymbol{X}^{14} + \boldsymbol{X}^{10} + \\ &+ \boldsymbol{X}^9 + \boldsymbol{X}^7 + \boldsymbol{X}^6 + \boldsymbol{X}^5 + \boldsymbol{X}^3 + \boldsymbol{X}\big)\big(\boldsymbol{X}^5 + \boldsymbol{X}^2 + 1\big)\end{aligned}$$

Es liegt nahe, zu vermuten, daß jedes irreduzible Polynom ein Teiler eines $\boldsymbol{t}_{p,n}$ ist. Das ist auch tatsächlich der Fall. Der nächste Satz gibt eine notwendige und hinreichende Bedingung dafür an, daß $\boldsymbol{t}_{p,n}$ von einem irreduziblen Polynom $\boldsymbol{f}$ geteilt wird.

S 6.15.2 Es sei $n \in \mathbb{N}_+$. Für ein irreduzibles Polynom $\boldsymbol{f} \in \mathbb{K}_q[\boldsymbol{X}]$ mit $\partial(\boldsymbol{f}) = k$ gilt

$$\boldsymbol{f} \in \mathsf{T}_{\boldsymbol{t}_{q,n}}^{\mathbb{K}_q[\boldsymbol{X}]} \iff k \in \mathsf{T}_n \tag{6.355}$$

Das Polynom $\boldsymbol{f}$ teilt also $\boldsymbol{t}_{q,n}$ genau dann, wenn sein Grad ein Teiler von n ist.

„$\Longrightarrow$“: Es sei K ein Zerfällungskörper von $\boldsymbol{f}$ und $u \in \mathsf{K}$ eine Nullstelle von $\boldsymbol{f}$. Dann ist $\mathbb{K}_q[u]$ ein Teilkörper von $\mathbb{K}_{q^n}$. Denn weil $\boldsymbol{f}$ ein Teiler von $\boldsymbol{t}_{q,n}$ ist, gilt auch $\boldsymbol{t}_{q,n}^\star(u) = 0$, d.h. es ist $u = u^{q^n} \in \mathbb{K}_{q^n}$, woraus natürlich $\mathbb{K}_q[u] \subset \mathbb{K}_{q^n}$ folgt. Nun ist $\boldsymbol{f}$ irreduzibel mit $\boldsymbol{f}^\star(u) = 0$, also ist

$\boldsymbol{f}$ mit dem Minimalpolynom $\boldsymbol{m}_{u,\mathbb{K}_q}$ assoziiert, oder anders ausgedrückt es ist $\boldsymbol{f}(k)^{-1}\boldsymbol{f} = \boldsymbol{m}_{u,\mathbb{K}_q}$. Daraus folgt nach **S 6.12.1** $[\mathbb{K}_q[u] : \mathbb{K}_q] = \partial(\boldsymbol{f}) = k$. Nach **S 6.12.13** ist $\mathbb{K}_{q^n}$ ein Körper mit q^d Elementen, wobei $d = [\mathbb{K}_{q^n} : \mathbb{K}_q]$. Aber $\mathbb{K}_{q^n}$ hat q^n Elemente, d.h. es ist $d = n$. Das ergibt

$$n = [\mathbb{K}_{q^n} : \mathbb{K}_q] = \big[\mathbb{K}_{q^n} : \mathbb{K}_q[u]\big]\big[\mathbb{K}_q[u] : \mathbb{K}_q\big] = ck$$

für ein $c \in \mathbb{N}_+$. Also ist $k = \partial(\boldsymbol{f})$ ein Teiler von n.
„$\Longleftarrow$": Nach **S 6.14.4** folgt aus der Voraussetzung, daß $\mathbb{K}_{q^n}$ den Teilkörper $\mathbb{K}_{q^k}$. Es sei wieder K ein Zerfällungskörper von $\boldsymbol{f}$ und $u \in \mathsf{K}$ mit $\boldsymbol{f}^\star(u) = 0$. Es ist wie schon oben $\boldsymbol{f}(k)^{-1}\boldsymbol{f} = \boldsymbol{m}_{u,\mathbb{K}_q}$ und damit $[\mathbb{K}_q[u] : \mathbb{K}_q] = k$. Also ist $\mathbb{K}_q[u]$ ein Körper mit q^k Elementen, d.h. es ist $\mathbb{K}_q[u] = \mathbb{K}_{q^k}$. Daher ist $u \in \mathbb{K}_{q^k} \subset \mathbb{K}_{q^n}$, was $u^{q^n} = u$ und damit $\boldsymbol{t}^\star_{q,n}(u) = 0$ bedeutet. Weil aber $\boldsymbol{f}(k)^{-1}\boldsymbol{f}$ das Minimalpolynom von u ist folgt daraus nach **S 6.12.5** daß $\boldsymbol{t}_{q,n}$ ein Vielfaches von $\boldsymbol{f}(k)^{-1}\boldsymbol{f}$ ist. Dann ist natürlich $\boldsymbol{f}$ ein Teiler von $\boldsymbol{t}_{q,n}$.

Mit dem folgenden Satz hat man eine Möglichkeit festzustellen, ob ein Element eines Erweiterungskörpers von $\mathbb{K}_q$ tatsächlich zu $\mathbb{K}_q$ gehört.

S 6.15.3 Es sei $m \in \mathbb{N}_+$. Durch $\boldsymbol{\lambda}(u) = u^q$ ist ein Automorphismus $\boldsymbol{\lambda}\colon \mathbb{K}_{q^m} \longrightarrow \mathbb{K}_{q^m}$ des Körpers $\mathbb{K}_{q^m}$ mit folgender Eigenschaft gegeben:

$$\bigwedge_{u\in\mathbb{K}_{q^m}} \Big(u \in \mathbb{K}_q \iff \boldsymbol{\lambda}(u) = u\Big) \tag{6.356}$$

Die Einschränkung von $\boldsymbol{\lambda}$ auf $\mathbb{K}_q$ ist also $\boldsymbol{\lambda}_{/\mathbb{K}_q} = \mathbf{id}_{\mathbb{K}_q}$.

Nach (6.352) ist die Abbildung $\boldsymbol{\lambda}$ additiv, und sie ist natürlich auch multiplikativ, d.h. sie ist ein Ringhomomorphismus. Nach **S 6.5.12** ist $\boldsymbol{\lambda}$ injektiv und wegen der Endlichkeit von $\mathbb{K}_{q^m}$ auch surjektiv (vergleiche auch **S 6.5.11**).
Es sei $u \in \mathbb{K}_q$. Nach **S 6.13.1** gilt $u^{q-1} = 1$ und Multiplikation mit u ergibt $u^q = u$.
Es sei umgekehrt $u \in \mathbb{K}_{q^m}$ mit $\boldsymbol{\lambda}(u) = u^q = u$. Das bedeutet, daß u Nullstelle von $\boldsymbol{X}^q - \boldsymbol{X} \in \mathbb{K}_q[\boldsymbol{X}]$ ist. Nun ist wieder nach **S 6.13.1** jedes der q Elemente von $\mathbb{K}_q$ eine Nullstelle von $\boldsymbol{X}^q - \boldsymbol{X}$, folglich muß auch u dazu gehören, denn $\boldsymbol{X}^q - \boldsymbol{X}$ hat nicht mehr als q Nullstellen.

Die Aussage des vorigen Satzes kann auf Polynomringe übertragen werden. Mit dem nachfolgenden Korollar kann entschieden werden, ob ein Polynom über einem Erweiterungskörper von $\mathbb{K}_q$ tatsächlich bereits ein Polynom über $\mathbb{K}_q$ ist.

K 6.15.1 Zusätzlich zu den Voraussetzungen von **S 6.15.3** sei $\boldsymbol{\Lambda}\colon \mathbb{K}_{q^m}[\boldsymbol{X}] \longrightarrow \mathbb{K}_{q^m}[\boldsymbol{X}]$ die nach **S 6.9.11** eindeutig bestimmte Fortsetzung von $\boldsymbol{\lambda}$ mit $\boldsymbol{\Lambda}(\boldsymbol{X}) = \boldsymbol{X}$ und $\boldsymbol{\Lambda}_{/\mathbb{K}_{q^m}} = \boldsymbol{\lambda}$. Damit gilt

$$\bigwedge_{\boldsymbol{f}\in\mathbb{K}_{q^m}[\boldsymbol{X}]} \Big(\boldsymbol{f} \in \mathbb{K}_q[\boldsymbol{X}] \iff \boldsymbol{\Lambda}(\boldsymbol{f}) = \boldsymbol{f}\Big) \tag{6.357}$$

Die Einschränkung von $\boldsymbol{\Lambda}$ auf $\mathbb{K}_q[\boldsymbol{X}]$ ist also $\boldsymbol{\Lambda}_{/\mathbb{K}_q[\boldsymbol{X}]} = \mathbf{id}_{\mathbb{K}_q[\boldsymbol{X}]}$.

Der Ringhomomorphismus $\boldsymbol{\Lambda}$ erfüllt neben $\boldsymbol{\Lambda}(\boldsymbol{X}) = \boldsymbol{X}$ also auch $\boldsymbol{\Lambda}(u) = \boldsymbol{\lambda}(u)$ für alle $u \in \mathbb{K}_{q^m}$. Für den Beweis sei nun $\boldsymbol{f} \in \mathbb{K}_{q^m}[\boldsymbol{X}]$.

Ist $\boldsymbol{f} \in \mathbb{K}_q[\boldsymbol{X}]$, dann gilt $\boldsymbol{f}(n) \in \mathbb{K}_q$ für $n \in \{0, \ldots, \partial(\boldsymbol{f})\}$ und es folgt

$$\boldsymbol{\Lambda}(\boldsymbol{f}) = \boldsymbol{\Lambda}\Big(\sum_{n=0}^{\partial(\boldsymbol{f})} \boldsymbol{f}(n)\boldsymbol{X}^n\Big) = \sum_{n=0}^{\partial(\boldsymbol{f})} \boldsymbol{\Lambda}\big(\boldsymbol{f}(n)\big)\boldsymbol{X}^n = \sum_{n=0}^{\partial(\boldsymbol{f})} \boldsymbol{\lambda}\big(\boldsymbol{f}(n)\big)\boldsymbol{X}^n = \sum_{n=0}^{\partial(\boldsymbol{f})} \boldsymbol{f}(n)\boldsymbol{X}^n = \boldsymbol{f}$$

Umgekehrt gelte $\boldsymbol{\Lambda}(\boldsymbol{f}) = \boldsymbol{f}$. Es ist $\boldsymbol{f}(n) \in \mathbb{K}_{q^m}$, also $\boldsymbol{\Lambda}\big(\boldsymbol{f}(n)\big) = \boldsymbol{\lambda}\big(\boldsymbol{f}(n)\big)$. Das ergibt

$$\sum_{n=0}^{\partial(\boldsymbol{f})} \boldsymbol{f}(n)\boldsymbol{X}^n = \boldsymbol{\Lambda}\Big(\sum_{n=0}^{\partial(\boldsymbol{f})} \boldsymbol{f}(n)\boldsymbol{X}^n\Big) = \sum_{n=0}^{\partial(\boldsymbol{f})} \boldsymbol{\Lambda}\big(\boldsymbol{f}(n)\big)\boldsymbol{X}^n = \sum_{n=0}^{\partial(\boldsymbol{f})} \boldsymbol{\lambda}\big(\boldsymbol{f}(n)\big)\boldsymbol{X}^n$$

Koeffizientenvergleich liefert $\boldsymbol{f}(n) = \boldsymbol{\lambda}\big(\boldsymbol{f}(n)\big)$ für $n \in \{0, \ldots, \partial(\boldsymbol{f})\}$, also $\boldsymbol{f}(n) \in \mathbb{K}_q$ nach (6.356).

Aus der Aussage des vorhergehenden Korollars kann eine Folgerung über den Zusammenhang der Auswertung von Polynomen mit dem Automorphismus $\boldsymbol{\lambda}$ gewonnen werden:

K 6.15.2 Es sei $m \in \mathbb{N}_+$. Der Automorphismus $\boldsymbol{\lambda}$ hat die folgende Eigenschaft:

$$\bigwedge_{\boldsymbol{f} \in \mathbb{K}_q[\boldsymbol{X}]} \; \bigwedge_{u \in \mathbb{K}_{q^m}} \boldsymbol{f}^\star\big(\boldsymbol{\lambda}(u)\big) = \boldsymbol{\lambda}\big(\boldsymbol{f}^\star(u)\big) \tag{6.358}$$

Die Auswertungsabbildung von Polynomen aus $\mathbb{K}_q[\boldsymbol{X}]$ ist mit dem Automorphismus $\boldsymbol{\lambda}$ vertauschbar.

Aus $\boldsymbol{f} \in \mathbb{K}_q[\boldsymbol{X}]$ folgt mit **K 6.15.1** $\boldsymbol{f} = \boldsymbol{\Lambda}(\boldsymbol{f}) = \sum_{n=0}^{\partial(\boldsymbol{f})} \boldsymbol{\lambda}\big(\boldsymbol{f}(n)\big)\boldsymbol{X}^n$. Das ergibt

$$\begin{aligned} \boldsymbol{f}^\star\big(\boldsymbol{\lambda}(u)\big) = \boldsymbol{\Lambda}(\boldsymbol{f})^\star\big(\boldsymbol{\lambda}(u)\big) = \sum_{n=0}^{\partial(\boldsymbol{f})} \boldsymbol{\lambda}\big(\boldsymbol{f}(n)\big)\boldsymbol{\lambda}(u)^n = \sum_{n=0}^{\partial(\boldsymbol{f})} \boldsymbol{\lambda}\big(\boldsymbol{f}(n)\big)\boldsymbol{\lambda}(u^n) = \\ = \sum_{n=0}^{\partial(\boldsymbol{f})} \boldsymbol{\lambda}\big(\boldsymbol{f}(n)u^n\big) = \boldsymbol{\lambda}\Big(\sum_{n=0}^{\partial(\boldsymbol{f})} \boldsymbol{f}(n)u^n\Big) = \boldsymbol{\lambda}\big(\boldsymbol{f}^\star(u)\big) \end{aligned}$$

Der nächste Satz charakterisiert die Nullstellen irreduzibler Polynome über $\mathbb{K}_q$ und gibt ihren Zerfällungskörper an.

S 6.15.4 (Nullstellen und Zerfällungskörper irreduzibler Polynome) Es sei $\boldsymbol{f} \in \mathbb{K}_q[\boldsymbol{X}]$ irreduzibel mit $\partial(\boldsymbol{f}) = k \in \mathbb{N}_+$.

(i) Der Zerfällungskörper von $\boldsymbol{f}$ ist $\mathbb{K}_{q^k}$

(ii) Alle Nullstellen von $\boldsymbol{f}$ sind einfach. Ist u eine Nullstelle, dann ist die Menge der Nullstellen von $\boldsymbol{f}$ gegeben durch $\{u, u^q, u^{q^2}, \ldots, u^{q^{k-1}}\}$.

Sei L ein Zerfällungskörper von $\boldsymbol{f}$ und $u \in \mathsf{L}$ mit $\boldsymbol{f}^\star(u) = 0$. Weil $\boldsymbol{f}(k)^{-1}\boldsymbol{f}$ das Minimalpolynom von u ist, gilt $\big[\mathbb{K}_q[u] : \mathbb{K}_q\big] = k$ (siehe die Bemerkung zu **D 6.12.7**) und $\mathbb{K}_q[u]$ hat q^k Elemente (nach **S 6.12.13**). Es ist daher $\mathbb{K}_q[u] = \mathbb{K}_{q^k}$. Nach (6.358) ist

$$\boldsymbol{f}^\star(u^q) = \boldsymbol{f}^\star\big(\boldsymbol{\lambda}(u)\big) = \boldsymbol{\lambda}\big(\boldsymbol{f}^\star(u)\big) = \boldsymbol{\lambda}(0) = 0$$

Mit u ist daher auch u^q eine Nullstelle von $\boldsymbol{f}$, dann sind $(u^q)^q = u^{q^2}$ usw. bis $u^{q^{k-1}}$ Nullstellen von $\boldsymbol{f}$. Es ist $\#(\{u, u^q, u^{q^2}, \ldots, u^{q^{k-1}}\}) = k$. Denn die Annahme, daß es $\nu, \mu \in \{0, \ldots, k-1\}$ gibt mit $\nu \neq \mu$, aber $u^{q^\nu} = u^{q^\mu}$ führt auf einen Widerspruch: O.B.d.A. sei $\mu < \nu$. Nun folgt aus $u^{q^\nu} = u^{q^\mu}$

$$\left(u^{q^\nu}\right)^{q^{k-\nu}} = \left(u^{q^\mu}\right)^{q^{k-\nu}}$$

Das ergibt, unter Berücksichtigung von $u^{q^k} = u$ in $\mathbb{K}_{q^k}$, $u = u^{q^k} = u^{q^\nu q^{k-\nu}} = u^{q^\mu q^{k-\nu}} = u^{q^{k+\mu-\nu}}$, also $u^{q^{k+\mu-\nu}} - u = 0$. Damit ist u eine Nullstelle des Polynoms $\boldsymbol{X}^{q^{k+\mu-\nu}} - \boldsymbol{X}$, woraus folgt, daß $\boldsymbol{X}^{q^{k+\mu-\nu}} - \boldsymbol{X}$ ein Vielfaches des Minimalpolynoms $\boldsymbol{f}(k)^{-1}\boldsymbol{f}$ von u und damit auch von $\boldsymbol{f}$ ist. Nach **S 6.15.2** ist das genau dann der Fall, wenn $k \in \mathsf{T}_{k+\mu-\nu}$ gilt, woraus natürlich $k \leq k + \mu - \nu$ folgt. Wegen $0 \leq \mu < \nu < k$ gilt jedoch $k - (\nu - \mu) < k$, und der Widerspruch ist erreicht. Damit ist (**ii**) gezeigt.
Das Polynom $\boldsymbol{f}$ zerfällt über $\mathbb{K}_q[u]$, denn mit u sind natürlich auch u^q, u^{q^2} bis $u^{q^{k-1}}$ im Körper $\mathbb{K}_q[u]$ enthalten. Also ist $\mathsf{L} \subset \mathbb{K}_q[u]$. Andererseits gilt $u \in \mathsf{L}$ und damit auch $\mathbb{K}_q[u] \subset \mathsf{L}$. Es ist daher $\mathsf{L} = \mathbb{K}_q[u] = \mathbb{K}_{q^k}$.

Aus dem Satz folgt unmittelbar, daß alle irreduziblen Polynome aus $\mathbb{K}_q[\boldsymbol{X}]$ mit demselben Grad k denselben Zerfällungskörper besitzen, nämlich $\mathbb{K}_{q^k}$.

Als ein Beispiel sollen alle Nullstellen des Polynoms $\boldsymbol{f} = \boldsymbol{X}^3 + 2\boldsymbol{X} + 1 \in \mathbb{K}_3[\boldsymbol{X}]$ bestimmt werden. Wegen $\boldsymbol{f}^\star(0) = 1$, $\boldsymbol{f}^\star(1) = 1$ und $\boldsymbol{f}^\star(2) = 1$ besitzt das Polynom keine Nullstelle in $\mathbb{K}_3$, folglich keinen Linearfaktor und deshalb auch keinen quadratischen Faktor über $\mathbb{K}_3$: Das Polynom ist irreduzibel. Eine Nullstelle ist schnell gefunden, denn nach Konstruktion ist $\Omega = \boldsymbol{X}$ eine Nullstelle von $\boldsymbol{f}$ im Körper $\mathbb{K}_3[\boldsymbol{X}]_{\boldsymbol{f}} = \mathbb{K}_{3^3}$, die übrigen Nullstellen von $\boldsymbol{f}$ sind nach dem vorangehenden Satz Ω^3 und Ω^9. In $\mathbb{K}_3$ ist $-1 = 2$ und $-2 = 1$, daraus folgt $-\Omega = 2\Omega$ und $-2\Omega = \Omega$ in $\mathbb{K}_{3^3}$. Wegen $\boldsymbol{f}^\star(\Omega) = \Omega^3 + 2\Omega + 1 = 0$ gilt $\Omega^3 = -2\Omega - 1 = \Omega + 2$. Die dritte Nullstelle erhält man wie folgt:

$$\begin{aligned}(\Omega+2)^3 &= (\Omega+2)^2(\Omega+2) = (\Omega^2 + 2\Omega + 2\Omega + 2^2)(\Omega+2) = (\Omega^2 + \Omega + 1)(\Omega+2) = \\ &= \Omega^3 + \Omega^2 + \Omega + 2\Omega^2 + 2\Omega + 2 = \Omega^3 + 2 = \Omega + 2 + 2 = \Omega + 1\end{aligned}$$

Die drei Nullstellen des Polynoms $\boldsymbol{X}^3 + 2\boldsymbol{X} + 1 \in \mathbb{K}_3[\boldsymbol{X}]$ in $\mathbb{K}_9$ sind also $\Omega = \boldsymbol{X}$, $\Omega + 1$ und $\Omega + 2$. Man vergleiche die vorangehenden Berechnungen mit der Bestimmung der Nullstellen des Polynoms des Beispiels im Anschluss an die Definition **S 6.12.6** des Zerfällungskörpers.

Der folgende Satz ist sehr wichtig, denn er gestattet es, die normierten irreduziblen Polynome über $\mathbb{K}_q$ auf eine gezielte Art und Weise zu bestimmen.

S 6.15.5 (Produkt aller normierten irreduziblen Polynome)
Es seien $n \in \mathbb{N}_+$ und

$$\mathfrak{I}_n = \left\{ \boldsymbol{f} \in \mathbb{K}_q[\boldsymbol{X}] \;\middle|\; \boldsymbol{f}\big(\partial(\boldsymbol{f})\big) = 1 \wedge \partial(\boldsymbol{f}) \in \mathsf{T}_n \right\} \cap \mathbb{I}_{\mathbb{K}_q[\boldsymbol{X}]}$$

Damit gilt

$$\boldsymbol{t}_{q,n} = \prod \mathfrak{I}_n \tag{6.359}$$

Das Produkt aller normierten irreduziblen Polynome über dem Körper $\mathbb{K}_q$, deren Grad n teilt, ist gerade $\boldsymbol{t}_{q,n}$.

Die eindeutige Darstellung von $\boldsymbol{t}_{q,n}$ als Produkt normierter irreduzibler Polynome über $\mathbb{K}_q$ sei

$$\boldsymbol{t}_{q,n} = \prod_{\kappa=0}^{k} \boldsymbol{p}_\kappa^{d_\kappa}$$

Weil p die Charakteristik von $\mathbb{K}_q$ ist, erhält man für die Derivation von $\boldsymbol{t}_{q,n}$

$$\mathcal{D}(\boldsymbol{t}_{q,n}) = q^n \boldsymbol{X}^{q^n-1} - 1 = -1$$

Das bedeutet, daß $\boldsymbol{t}_{q,n}$ keine mehrfachen Nullstellen besitzt, folglich gilt $d_0 = \cdots d_k = 1$ und die Produktdarstellung von $\boldsymbol{t}_{q,n}$ ist einfach

$$\boldsymbol{t}_{q,n} = \prod_{\kappa=0}^{k} \boldsymbol{p}_\kappa = \prod \{\boldsymbol{p}_0, \ldots, \boldsymbol{p}_k\}$$

Es sei nun

$$\mathfrak{T}_n = \{ \boldsymbol{f} \in \mathbb{K}_q[\boldsymbol{X}] \mid \boldsymbol{f}(\partial(\boldsymbol{f})) = 1 \wedge \boldsymbol{f} \in \mathsf{T}_{\boldsymbol{t}_{p,n}}^{\mathbb{K}_p[\boldsymbol{X}]} \} \cap \mathbb{I}_{\mathbb{K}_q[\boldsymbol{X}]}$$

Es gilt $\boldsymbol{f} \in \mathfrak{T}_n$ genau dann, wenn $\boldsymbol{f}$ normiert und irreduzibel ist und $\boldsymbol{t}_{q,n}$ teilt, also genau dann, wenn $\boldsymbol{f} \in \{\boldsymbol{p}_0, \ldots, \boldsymbol{p}_k\}$, d.h. $\mathfrak{T}_n = \{\boldsymbol{p}_0, \ldots, \boldsymbol{p}_k\}$. Nun gilt nach **S 6.15.2**

$$\boldsymbol{f} \in \mathsf{T}_{\boldsymbol{t}_{q,n}}^{\mathbb{K}_q[\boldsymbol{X}]} \iff \partial(\boldsymbol{f}) \in \mathsf{T}_n$$

woraus natürlich $\mathfrak{J}_n = \mathfrak{T}_n$ folgt. Daraus ergibt sich die Behauptung:

$$\boldsymbol{t}_{q,n} = \prod \{\boldsymbol{p}_0, \ldots, \boldsymbol{p}_k\} = \prod \mathfrak{T}_n = \prod \mathfrak{J}_n$$

Die normierten irreduziblen Polynome über $\mathbb{K}_q$ vom Grad n sind also unter den Teilern von $\boldsymbol{t}_{q,n}$ zu suchen. In Abschnitt 3.2 wird daraus ein Verfahren entwickelt, um festzustellen, ob ein Polynom über einem endlichen Körper irreduzibel ist oder andernfalls die irreduziblen Komponenten zu bestimmen.

Man betrachte beispielsweise $\boldsymbol{t}_{2,5}$. Die Teiler von 5 sind 1 und 5. Weil in $\mathbb{K}_2[\boldsymbol{X}]$ alle Polynome normiert sind, enthält $\boldsymbol{t}_{2,5}$ *alle* irreduziblen Polynome der Grade 1 und 5. Es gibt zwei lineare irreduzible Polyome, nämlich $\boldsymbol{X}$ und $\boldsymbol{X}+1$. Wird $\boldsymbol{X}(\boldsymbol{X}+1)$ abdividiert, bleibt ein Polynom vom Grad 30, es gibt daher sechs irreduzible Polynome vom Grad 5. Soviel läßt sich ganz ohne Rechnung sagen. Um diese Polynome, d.h. ihre Koeffizienten, zu bestimmen, ist erheblich mehr Aufwand zu investieren (siehe Kapitel 3).

$$\begin{aligned}\boldsymbol{t}_{2,5} = \boldsymbol{X}^{32} + \boldsymbol{X} = \boldsymbol{X}(\boldsymbol{X}+1)(\boldsymbol{X}^5+\boldsymbol{X}^2+1)(\boldsymbol{X}^5+\boldsymbol{X}^3+1)(\boldsymbol{X}^5+\boldsymbol{X}^3+\boldsymbol{X}^2+\boldsymbol{X}+1)\cdot \\ \cdot(\boldsymbol{X}^5+\boldsymbol{X}^4+\boldsymbol{X}^2+\boldsymbol{X}+1)(\boldsymbol{X}^5+\boldsymbol{X}^4+\boldsymbol{X}^3+\boldsymbol{X}+1)(\boldsymbol{X}^5+\boldsymbol{X}^4+\boldsymbol{X}^3+\boldsymbol{X}^2+1)\end{aligned}$$

6.16. Äquivalenzrelationen

Bei vielen mathematischen Strukturen gibt es zwischen den Trägern dieser Strukturen Verwandtschaftsverhältnisse, die ähnliche Eigenschaften besitzen wie die (logische) Gleichheit, sie aber doch nicht ganz erreichen. Es ist dann möglich, durch Abstraktion zu einer neuen Struktur überzugehen, in welcher die approximative Gleichheit der alten Struktur in die echte Gleichheit übergeht. Es ist der Übergang von einer Menge mit einer Äquivalenzrelation zu den Äquivalenzklassen. Zunächst aber die Definition einer Relation überhaupt, allerdings nicht in ihrer allgemeinsten Gestalt:

D 6.16.1 (Relation)
Eine Relation $\mathbf{R}$ in einer Menge A ist eine Teilmenge der Menge aller geordneten Paare (x, y), die mit Elementen $x, y \in A$ gebildet werden können, d.h. $\mathbf{R} \subset A \times A$. Traditionellerweise wird $x\,\mathbf{R}\,y$ statt $(x, y) \in \mathbf{R}$ geschrieben.
Zu einer Relation gehören ihr Definitionsbereich **DefB** und ihr Bildbereich **BilB**:

$$\mathbf{DefB}(\mathbf{R}) = \big\{\, x \in A \mid \bigvee_{y \in A} x\,\mathbf{R}\,y \,\big\} \qquad \mathbf{BilB}(\mathbf{R}) = \big\{\, y \in A \mid \bigvee_{x \in A} x\,\mathbf{R}\,y \,\big\} \tag{6.360}$$

Die Vereinigung von Definitions- und Bildbereich wird manchmal das **Feld** der Relation genannt.

Die leere Menge $\emptyset$ ist natürlich eine Relation. Echte Beispiele sind die Kongruenzrelation $\equiv_m$ in $\mathbb{Z}$ und die Teilbarkeit $\mid$ in $\mathbb{N}_+$ aus Abschnitt 6.1. Es ist $\mathbf{DefB}(\equiv_m) = \mathbf{BilB}(\equiv_m) = \mathbb{Z}$ und $\mathbf{DefB}(\mid) = \mathbf{BilB}(\mid) = \mathbb{N}_+$. Ein weiteres Beispiel ist $\subset$ in der Potenzmenge $\mathcal{P}(A)$ einer Menge

Abbildung 6.7.: Eine Relation $\mathbf{R}$ in einer Menge A

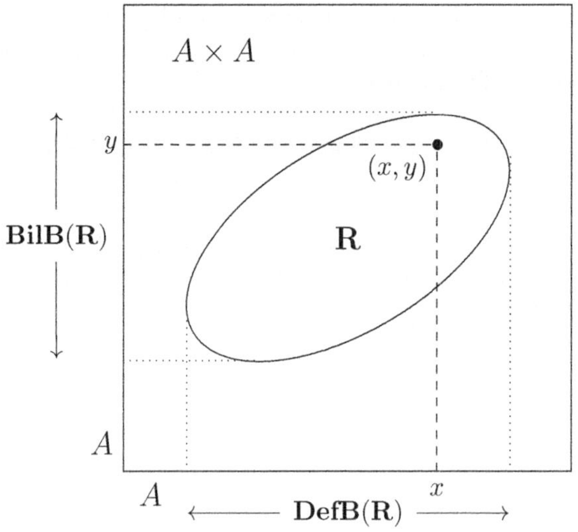

A. In der Menge $A = \{a, b, c\}$ ist $\mathbf{R} = \{(b, c), (c, a)\}$ eine Relation mit $\mathbf{DefB}(\mathbf{R}) = \{b, c\}$ und $\mathbf{BilB}(\mathbf{R}) = \{a, c\}$. Nach dem Muster des letzten Beispiels können beliebig viele weitere Relationen

erzeugt werden, doch sind solche allgemeinen Relationen noch nicht sonderlich nützlich. Um zu sinnvollen Relationen zu kommen wird man einschränkende Eigenschaften fordern, beispielsweise die in der folgenden Definition aufgeführten.

D 6.16.2 (Relationseigenschaften)
Eine Relation $\mathbf{R} \subset A \times A$ heißt **reflexiv** wenn

$$\bigwedge_{x \in A} \big(x \in \mathbf{DefB}(\mathbf{R}) \implies x\,\mathbf{R}\,x\big) \tag{6.361}$$

gilt, sie heißt **symmetrisch** falls sie

$$\bigwedge_{x,y \in A} \big(x\,\mathbf{R}\,y \implies y\,\mathbf{R}\,x\big) \tag{6.362}$$

erfüllt, und sie wird **transitiv** genannt, wenn sie der Bedingung

$$\bigwedge_{x,y,z \in A} \big(x\,\mathbf{R}\,y \wedge y\,\mathbf{R}\,z \implies x\,\mathbf{R}\,z\big) \tag{6.363}$$

genügt.

Die Leere Menge $\emptyset$ genügt allen drei Bedingungen, weil sie keine Elemente besitzt, die gegen eine der Bedingungen verstoßen könnte. Die Kongruenzrelation besitzt ebenfalls alle drei Eigenschaften, die Teilbarkeitsrelation ist reflexiv und transitiv, jedoch nicht symmetrisch (sie ist jedenfalls in $\mathbb{N}_+$ antisymmetrisch, d.h. aus $x \mid y$ und $y \mid x$ folgt $x = y$).

D 6.16.3 (Äquivalenzrelation)
Eine **Äquivalenzrelation** in der Menge A ist eine symmetrische und transitive Relation $\ddot{\mathbf{A}} \subset A \times A$.

Danach ist die Kongruenzrelation $\equiv_m$ in $\mathbb{Z}$ eine Äquivalenzrelation, die Teilbarkeitsrelation $\mid$ in $\mathbb{N}_+$ jedoch nicht. Die leere Menge ist ebenfalls eine Äquivalenzrelation.

Oft wird die Reflexivität der Äquivalenzrelation in der Definition explizit gefordert, doch ist das nicht nötig, wie der nächste Satz zeigt.

S 6.16.1 (Reflexivität)
Äquivalenzrelationen sind reflexiv.

Es sei $\ddot{\mathbf{A}}$ eine Äquivalenzrelation in A. Ist $x \in \mathbf{DefB}(\ddot{\mathbf{A}})$ dann gibt es ein $y \in A$ mit $x\,\ddot{\mathbf{A}}\,y$, wegen der Symmetrie gilt auch $y\,\ddot{\mathbf{A}}\,x$ und mit der Transitivität erhält man schließlich $x\,\ddot{\mathbf{A}}\,x$.

Für jede Menge $A \neq \emptyset$ ist $\mathbf{D}_A = \big\{ (a,a) \bigm| a \in A \big\}$ offensichtlich eine Äquivalenzrelation, in der jedes Element von A nur mit sich selbst äquivalent ist. Es ist die kleinste (bezüglich $\subset$) von $\emptyset$ verschiedene Äquivalenzrelation in A, deren Definitätsbereich A ist. Denn ist $\ddot{\mathbf{A}}$ eine Äquivalenzrelation in A mit $\mathbf{DefB}(\ddot{\mathbf{A}}) = A$, dann gilt wegen ihrer Reflexivität $\mathbf{D}_A \subset \ddot{\mathbf{A}}$. Andererseits ist $A \times A$ die (bezüglich $\subset$) größte Äquivalenzrelation in A, bei der jedes Element von A zu jedem Element von A äquivalent ist.

Der Durchschnitt $\ddot{\mathbf{A}}_1 \cap \ddot{\mathbf{A}}_2$ zweier Äquivalenzrelationen $\ddot{\mathbf{A}}_1$ und $\ddot{\mathbf{A}}_2$ in A ist offensichtlich eine Äquivalenzrelation in A. Allgemein ist der Durchschnitt beliebig vieler Äquivalenzrelationen in A wieder eine Äquivalenzrelation in A. Damit gibt es auch die kleinste Äquivalenzrelation in A, die eine vorgegebene Teilmenge $\mathbf{M} \subset A \times A$ enthält, nämlich der Durchschnitt aller Äquivalenzrelationen in A, die $\mathbf{M}$ enthalten. In einfachen Fällen kann diese kleinste Relation auch direkt berechnet werden. Es sei beispielsweise A eine Menge mit zwei verschiedenen Elementen a und b. Gesucht ist die kleinste Äquivalenzrelation $\ddot{\mathbf{A}}$, die $\{(a,b)\}$ enthält. Wegen der Symmetrie muß auch $(b,a) \in \ddot{\mathbf{A}}$ gelten und mit der Transitivität folgt noch $(a,a) \in \ddot{\mathbf{A}}$ und $(b,b) \in \ddot{\mathbf{A}}$. Tatsächlich ist $\{(a,a),(b,b),(a,b),(b,a)\}$ schon eine Äquivalenzrelation und damit die gesuchte kleinste, die (a,b) als Element enthält.

Die Vereinigung von Äquivalenzrelationen ist dagegen im Allgemeinen keine Äquivalenzrelation. Beispielsweise ist die Vereinigung $\equiv_2 \cup \equiv_3$ der Äquivalenzrelationen $\equiv_2$ und $\equiv_3$ in $\mathbb{Z}$ keine Äquivalenzrelation. So gilt zwar $(2,6) \in \equiv_2$ und $(6,9) \in \equiv_3$, aber $(2,9)$ ist weder Element von $\equiv_2$ noch von $\equiv_3$, die Vereinigung ist daher nicht transitiv.

D 6.16.4 (Projektion einer Relation)
Es sei $\mathbf{R}$ eine Relation in der Menge A. Die Projektionsabbildung $\Pi_{\mathbf{R}}: A \longrightarrow \mathcal{P}(A)$ der Relation ist definiert durch

$$\Pi_{\mathbf{R}}(a) = \{\, x \in A \mid a\,\mathbf{R}\,x \,\} \tag{6.364}$$

Die Menge $\Pi_{\mathbf{R}}(a)$ heißt die $\mathbf{R}$-Klasse von $a \in A$. Es gilt also $a\,\mathbf{R}\,x \iff x \in \Pi_{\mathbf{R}}(a)$. Die Menge der $\mathbf{R}$-Klassen, also $\mathbf{Bild}(\Pi_{\mathbf{R}})$, wird mit $A_{/\mathbf{R}}$ bezeichnet. Die $\ddot{\mathbf{A}}$-Klassen von Äquivalenzrelationen heißen auch einfach die Äquivalenzklassen der Relation.

Zu beachten ist, daß $\Pi_{\mathbf{R}}(a) = \emptyset$ gilt für $a \notin \mathbf{DefB}(\mathbf{R})$.

Beispielsweise hat man für die Teilbarkeitsrelation $\mid$ in $\mathbb{N}_+$ als $\mid$-Klasse von $n \in \mathbb{N}_+$ die Menge V_n der Vielfachen von n:

$$\Pi_{\mid}(n) = \{\, m \in \mathbb{N}_+ \mid n \in \mathsf{T}_m \,\} = \mathsf{V}_n$$

Als weiteres Beispiel betrachte man die Relation $\subset$ in der Potenzmenge $\mathcal{P}(M)$ einer Menge M. Hier besteht die $\subset$-Klasse von $A \in \mathcal{P}(M)$, d.h. $A \subset M$, aus der Menge aller Teilmengen von M, die A als Teilmenge enthalten:

$$\Pi_{\subset}(A) = \{\, X \subset M \mid A \subset X \,\}$$

Die besonderen Eigenschaften der Äquivalenzrelation führen zu besonderen Eigenschaften der Äquivalenzklassen. Die Reflexivität hat beispielsweise $a \in \Pi_{\ddot{\mathbf{A}}}(a)$ für jedes $a \in \mathbf{DefB}(\ddot{\mathbf{A}})$ zur Folge. Und wie der folgende Satz zeigt, bestehen die Äquivalenzklassen gerade aus den konstanten Bereichen der Projektionsabbildung der Relation.

S 6.16.2 Für eine Äquivalenzrelation $\ddot{\mathbf{A}} \subset A \times A$ gilt

$$\bigwedge_{x,y \in \mathbf{DefB}(\ddot{\mathbf{A}})} \big(x\,\ddot{\mathbf{A}}\,y \iff \Pi_{\ddot{\mathbf{A}}}(x) = \Pi_{\ddot{\mathbf{A}}}(y)\big) \tag{6.365}$$

Die Projektionsabbildung ist auf den Äquivalenzklassen konstant, und diese Konstanz charakterisiert umgekehrt die Äquivalenzklassen.

Es gelte $x\,\ddot{\mathbf{A}}\,y$. Es sei $z \in \Pi_{\ddot{\mathbf{A}}}(x)$. Daraus folgt $z\,\ddot{\mathbf{A}}\,x$, daher nach Voraussetzung und Transitivität $z\,\ddot{\mathbf{A}}\,y$, also $z \in \Pi_{\ddot{\mathbf{A}}}(y)$ und damit $\Pi_{\ddot{\mathbf{A}}}(x) \subset \Pi_{\ddot{\mathbf{A}}}(y)$. Die andere Richtung ergibt sich ebenso.
Es gelte $\Pi_{\ddot{\mathbf{A}}}(x) = \Pi_{\ddot{\mathbf{A}}}(y)$. Dann ist etwa $x \in \Pi_{\ddot{\mathbf{A}}}(y)$, folglich $x\,\ddot{\mathbf{A}}\,y$.

Die Aussage des vorangehenden Satzes kann dahin verallgemeinert werden, daß die Konstantbereiche beliebiger Abbildungen die Klassen einer Äquivalenzrelation darstellen:

S 6.16.3 (Äquivalenzrelationen durch Abbildungen)
Es seien A und B Mengen und $f: A \longrightarrow B$ eine Abbildung. Dann wird durch

$$\bigwedge_{x,y \in A} \big(x \,\mathbf{\ddot{A}}_f\, y \iff f(x) = f(y) \big) \tag{6.366}$$

eine Äquivalenzrelation $\mathbf{\ddot{A}}_f$ in A definiert.

Daß die drei Bedingungen, die eine Äquivalenzrelation kennzeichnen, erfüllt sind läßt sich mühelos nachprüfen. Tatsächlich kann **jede** Äquivalenzrelation über eine Abbildung definiert werden, denn nach **S 6.16.2** gilt offenbar

$$\mathbf{\ddot{A}}_{\Pi_{\mathbf{\ddot{A}}}} = \mathbf{\ddot{A}} \tag{6.367}$$

Die Projektionsabbildung einer Äquivalenzrelation ist universal, das bedeutet, daß jede Abbildung, die eine Äquivalenzrelation respektiert, d.h. deren Konstantenbereiche gerade die Äquivalenzklassen sind, über die Projektionsabbildung geführt werden kann:

S 6.16.4 (Universelle Eigenschaft von $\Pi_{\mathbf{\ddot{A}}}$)
Es sei $\mathbf{\ddot{A}} \subset A \times A$ eine Äquivalenzrelation in einer Menge A und $f: A \longrightarrow B$ eine Abbildung mit $\mathbf{\ddot{A}}_f = \mathbf{\ddot{A}}$. Es gibt genau eine Abbildung $g: A_{/\mathbf{\ddot{A}}} \longrightarrow B$, die das folgende Diagramm kommutativ macht:

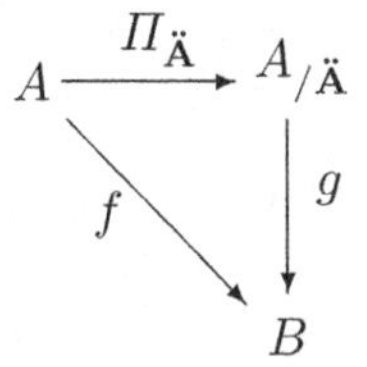

Die Kommutativität des Diagramms bedeutet wie immer $f = g \circ \Pi_{\mathbf{\ddot{A}}}$.

Angenommen, es gibt eine solche Abbildung g. Es sei $X \in A_{/\mathbf{\ddot{A}}} = \mathbf{BilB}(\mathbf{\ddot{A}})$. Es gibt ein $x \in A$ mit $X = \Pi_{\mathbf{\ddot{A}}}(x)$. Wegen der Kommutativität des Diagramms folgt daraus

$$g(X) = g\big(\Pi_{\mathbf{\ddot{A}}}(x)\big) = \big(g \circ \Pi_{\mathbf{\ddot{A}}}\big)(x) = f(x) \tag{6.368}$$

Damit ist g, falls existent, eindeutig bestimmt.
Tatsächlich wird durch (6.16.4) bereits eine Abbildung definiert. Dazu ist nur zu zeigen, daß $g\big(\Pi_{\mathbf{\ddot{A}}}(x)\big) = g\big(\Pi_{\mathbf{\ddot{A}}}(y)\big)$ aus $\Pi_{\mathbf{\ddot{A}}}(x) = \Pi_{\mathbf{\ddot{A}}}(y)$ folgt. Das ergibt sich aber direkt aus der Voraussetzung an f, denn $\Pi_{\mathbf{\ddot{A}}}(x) = \Pi_{\mathbf{\ddot{A}}}(y)$ bedeutet $x \,\mathbf{\ddot{A}}\, y$, also ist $f(x) = f(y)$.

In Abschnitt 6.10.5 wird zu einem Vektorraum $\mathfrak{V}$ über einem Körper K und einem Unterraum $\mathfrak{U}$ von $\mathfrak{V}$ der Faktorraum $\mathfrak{V}_{/\mathfrak{U}}$ konstruiert. Die Konstruktion erfolgt nach für die lineare Algebra traditioneller Manier, indem gezeigt wird, daß die Menge der affinen Unterräume $u + \mathfrak{U}$ eine Zerlegung von $\mathfrak{V}$ ist und mit einer passenden Vektorraumstruktur versehen werden kann. Man kann allerdings auch verwenden, daß durch

$$u \,\mathbf{\ddot{A}}_{\mathfrak{U}}\, v \iff u - v \in \mathfrak{U} \tag{6.369}$$

eine Äquivalenzrelation in $\mathfrak{V}$ definiert ist. Für jedes $v \in \mathfrak{V}$ und für beliebiges $u \in \mathfrak{U}$ hat man $v-(v-u) = u \in \mathfrak{U}$, d.h. es ist $v\,\mathbf{\ddot{A}}_{\mathfrak{U}}\,v-u$ und damit $v \in \mathbf{DefB}(\mathbf{\ddot{A}}_{\mathfrak{U}})$, d.h. es ist $\mathbf{DefB}(\mathbf{\ddot{A}}_{\mathfrak{U}}) = \mathfrak{V}$. Es gibt genau eine Vektorraumstruktur auf $\mathfrak{V}_{/\mathbf{\ddot{A}}_{\mathfrak{U}}}$, welche die Projektionsabbildung $\Pi_{\mathbf{\ddot{A}}_{\mathfrak{U}}}$ zu einer linearen Abbildung macht. Dieser Aufbau einer Faktorstruktur ist ganz schematisch auch bei anderen algebraischen Strukturen durchführbar, wie es in dem Abschnitt 6.17 über Ideale in allen Einzelheiten vorgeführt wird.

Eine wichtige Eigenschaft der Äquivalenzrelationen ist, daß ihre Äquivalenzklassen eine Zerlegung des Definitionsbereiches bilden. Der folgende Satz enthält neben dieser Aussage noch eine weitere Charaktersisierung von Äquivalenzrelationen.

S 6.16.5 (Charakterisierungen der Äquivalenzrelation)
Es sei $\mathbf{R} \subset A \times A$ eine Relation in der Menge A. Dann sind die folgenden Aussagen (logisch) äquivalent:

$$\mathbf{R} \text{ ist eine Äquivalenzrelation} \tag{6.370a}$$

$$\bigwedge_{x,y\in A} \Big(x\,\mathbf{R}\,y \iff \bigvee_{z\in A} (x\,\mathbf{R}\,z \wedge y\,\mathbf{R}\,z) \Big) \tag{6.370b}$$

$$\bigwedge_{x,y\in A} \Big(x\,\mathbf{R}\,y \iff \Pi_{\mathbf{R}}(x) \cap \Pi_{\mathbf{R}}(y) \neq \emptyset \Big) \tag{6.370c}$$

Die Aussage (6.370b) ist die *Drittengleichheit* der logischen Identität: Zwei Größen, die einer dritten Größe gleich sind, sind auch untereinander gleich.

„(6.370a)$\Longrightarrow$(6.370b)": Für $x, y \in A$ gelte $x\,\mathbf{R}\,y$. Wegen der Reflexivität ist auch $y\,\mathbf{R}\,y$, daher gilt die Behauptung mit $z = y$. Umgekehrt gebe es ein $z \in A$ mit $x\,\mathbf{R}\,z$ und $y\,\mathbf{R}\,z$. Wegen der Symmetrie gilt $z\,\mathbf{R}\,y$, folglich nach Transitivität $x\,\mathbf{R}\,y$.
„(6.370b)$\Longrightarrow$(6.370c)": Es gelte $x\,\mathbf{R}\,y$. Dann gibt es nach Voraussetzung ein $z \in A$ mit $x\,\mathbf{R}\,z$, also $z \in \Pi_{\mathbf{R}}(x)$, und $y\,\mathbf{R}\,z$, also $z \in \Pi_{\mathbf{R}}(y)$, d.h. $z \in \Pi_{\mathbf{R}}(x) \cap \Pi_{\mathbf{R}}(y)$. Sei nun umgekehrt $z \in \Pi_{\mathbf{R}}(x) \cap \Pi_{\mathbf{R}}(y)$. Das bedeutet $x\,\mathbf{R}\,z$ und $y\,\mathbf{R}\,z$, also nach Voraussetzung $x\,\mathbf{R}\,y$.
„(6.370c)$\Longrightarrow$(6.370a)": Die rechte Seite der (logischen) Äquivalenz von (6.370c) ist symmetrisch in x und y, damit ist auch $\mathbf{R}$ symmetrisch. Seien $x, y, z \in A$ mit $x\,\mathbf{R}\,y$ und $y\,\mathbf{R}\,z$. Weil $\mathbf{R}$ symmetrisch ist, gilt auch $x\,\mathbf{R}\,y$ und $z\,\mathbf{R}\,y$, d.h. $z \in \Pi_{\mathbf{R}}(x)$ und $z \in \Pi_{\mathbf{R}}(y)$, also $z \in \Pi_{\mathbf{R}}(x) \cap \Pi_{\mathbf{R}}(y)$. Daraus kann mit (6.370c) auf $x\,\mathbf{R}\,z$ geschlossen werden: $\mathbf{R}$ ist auch transitiv.

Es sei $\mathbf{\ddot{A}}$ eine Äquivalenzrelation in A. Wegen $x \in \Pi_{\mathbf{\ddot{A}}}(x)$ für jedes $x \in \mathbf{DefB}(\mathbf{\ddot{A}})$ bilden die $\Pi_{\mathbf{\ddot{A}}}(x)$ eine Überdeckung von $\mathbf{DefB}(\mathbf{\ddot{A}})$. Nun ist (6.370c) offensichtlich (logisch) äquivalent mit

$$\bigwedge_{x,y\in A} \Big((x,y) \notin \mathbf{\ddot{A}} \iff \Pi_{\mathbf{\ddot{A}}}(x) \cap \Pi_{\mathbf{R}}(y) = \emptyset \Big) \tag{6.371}$$

denn die Verneinung beider Seiten einer (logischen) Äquivalenz verändert die Wahrheitswerte nicht. Das bedeutet aber, daß die $\Pi_{\mathbf{\ddot{A}}}(x)$ paarweise disjunkt sind und daher sogar eine Zerlegung von $\mathbf{DefB}(\mathbf{\ddot{A}})$ bilden.

6.17. Ideale

In Abschnitt 6.3.2 wurden Teilringe eingeführt. Ein Teilring Q eines Ringes R hat insbesondere die Eigenschaft, daß die Multiplikation nicht aus Q hinausführt, daß also $uv \in \mathsf{Q}$ gilt für alle $u, v \in \mathsf{Q}$. Diese Bedingung kann dahin verschärft werden, daß Q sogar bezüglich der Multiplikation **absorbierend** ist, daß nämlich $uv \in \mathsf{Q}$ gilt für alle $u \in \mathsf{R}$ und $v \in \mathsf{Q}$!

D 6.17.1 (Ideal)
Es sei R ein kommutativer Ring mit Einselement. Eine Teilmenge $\mathfrak{a} \subset \mathsf{R}$ heißt ein **Ideal** in R, wenn die folgenden Bedingungen erfüllt sind:

(i) Für alle $u, v \in \mathfrak{a}$ ist $u - v \in \mathfrak{a}$

(ii) Für alle $u \in \mathsf{R}$ und $v \in \mathfrak{a}$ ist $uv \in \mathfrak{a}$

Die Menge aller Ideale des Ringes R wird mit $\mathcal{I}_{\mathsf{R}}$ bezeichnet.

Wie bei Teilringen folgt aus (i), daß die Ringaddition nicht aus $\mathfrak{a}$ hinausführt. Es ist jedoch nicht jedes Ideal ein Teilring. Beispielsweise ist $\{0\}$ trivialerweise ein Ideal, aber kein Teilring, denn R ist als Ring mit Einselement vorausgesetzt, für dessen Teilringe das Einselement ebenfalls Einselement sein soll. Man kann aber nicht verlangen, daß Ideale das Einselement enthalten, denn dann gälte $u = u1 \in \mathfrak{a}$ für alle $u \in \mathsf{R}$, d.h. $\mathfrak{a} = \mathsf{R}$. Natürlich ist R selbst ein Ideal.

Ein Beispiel mit etwas mehr Substanz erhält man wie folgt: Es sei R ein Ring, S ein Erweiterungsring von R und $v \in \mathsf{S}$. Dann ist die Menge

$$\mathfrak{n}_v = \{\, \boldsymbol{f} \in \mathsf{R}[\boldsymbol{X}] \mid \boldsymbol{f}^\star(v) = 0 \,\}$$

ein Ideal in $\mathsf{R}[\boldsymbol{X}]$, wie unmittelbar zu sehen ist. Wegen $1 \notin \mathfrak{n}_v$ ist $\mathfrak{n}_v$ ebenfalls kein Teilring.

Aus bekannten Idealen lassen sich mit Ringhomomorphismen weitere Ideale gewinnen. Erste Möglichkeiten stellt der nächste Satz vor.

S 6.17.1 (Urbilder und Bilder von Idealen)
Es seien R und S kommutative Ringe und $\varphi\colon \mathsf{R} \longrightarrow \mathsf{S}$ ein Ringhomomorphismus.

$$\bigwedge_{\mathfrak{b} \in \mathcal{I}_{\mathsf{S}}} \varphi^{-1}[\mathfrak{b}] \in \mathcal{I}_{\mathsf{R}} \tag{6.372}$$

$$\varphi[\mathsf{R}] = \mathsf{S} \implies \bigwedge_{\mathfrak{a} \in \mathcal{I}_{\mathsf{R}}} \varphi[\mathfrak{a}] \in \mathcal{I}_{\mathsf{S}} \tag{6.373}$$

Urbilder von Idealen, also auch die Kerne von Homomorphismen, sind stets Ideale, bei surjektiven Homomorphismen gilt das auch für Bilder.

Es seien $u \in \mathsf{R}$ und $v \in \varphi^{-1}[\mathfrak{b}]$ Zu zeigen ist $\varphi(uv) \in \mathfrak{b}$. Nun gibt es nach Wahl von v ein $b \in \mathfrak{b}$ mit $\varphi(v) = b$, folglich $\varphi(uv) = \varphi(u)\varphi(b) \in \mathfrak{b}$. Es seien $x \in \mathsf{S}$ und $y \in \varphi[\mathfrak{a}]$. Es gibt ein $a \in \mathfrak{a}$ mit $\varphi(a) = y$ und wegen der Surjektivität von φ gibt es ein $u \in \mathsf{R}$ mit $\varphi(u) = x$, daher $xy = \varphi(u)\varphi(a) = \varphi(ua) \in \varphi[\mathfrak{a}]$. Die Additivität beweist man ähnlich.

Die Voraussetzung von (6.373), also die Surjektivität des Homomorphismus, ist notwendig. Es sei beispielsweise $\psi\colon \mathbb{Z}_2[\boldsymbol{X}] \longrightarrow \mathbb{Z}_2[\boldsymbol{X}]$ die durch $\psi(\boldsymbol{f}) = \boldsymbol{f}^2$ definierte Abbildung. Wegen $1 = -1$ in $\mathbb{Z}_2$ hat man $(\boldsymbol{f} + \boldsymbol{g})^2 = \boldsymbol{f}^2 + \boldsymbol{g}^2$ für $\boldsymbol{f}, \boldsymbol{g} \in \mathbb{Z}_2[\boldsymbol{X}]$, die Abbildung ist daher additiv. Sie ist offensichtlich auch multiplikativ und es gilt $\psi(1) = 1$. Damit ist ψ ein Ringhomomorphismus. Er ist aber nicht surjektiv, z.B. ist $\boldsymbol{X} \notin \mathbf{Bild}(\psi)$. Tatsächlich ist $\mathbf{Bild}(\psi)$ kein Ideal, denn für kein $\boldsymbol{h} \in \mathbf{Bild}(\psi)$ ist $\boldsymbol{Xh}$ ein Quadrat.

Für ein Beispiel zur Anwendung des Satzes seien R ein kommutativer Ring und $\mathfrak{a} \subset \mathsf{R}[\boldsymbol{X}]$ ein Ideal. Die Abbildung $\phi\colon \mathsf{R}[\boldsymbol{X}] \longrightarrow \mathsf{R}$, definiert durch $\phi(\boldsymbol{f}) = \boldsymbol{f}\big(\partial(\boldsymbol{f})\big)$ für $\boldsymbol{f} \in \mathfrak{a} \setminus \{\mathbf{0}\}$ und $\phi(\mathbf{0}) = 0$ ist ganz offensichtlich ein surjektiver Ringhomomorphismus. Die Menge der führenden Koeffizienten von Polynomen aus $\mathfrak{a}$ vermehrt um 0

$$\phi[\mathfrak{a}] = \big\{\, \boldsymbol{f}\big(\partial(\boldsymbol{f})\big) \;\big|\; \boldsymbol{f} \in \mathfrak{a} \setminus \{\mathbf{0}\} \,\big\} \cup \{0\}$$

ist daher ein Ideal in R (siehe dazu auch [vdW2] **§115**).

Eine weitere Möglichkeit, aus bekannten Idealen neue zu erzeugen, bietet die Durchschnittsbildung von Mengen. Aus der allgemeinen Aussage des folgenden Satzes können einige Möglichkeiten der Idealbildung als Spezialfälle abgeleitet werden.

S 6.17.2 (Durchschnitt von Idealen)
In jedem kommutativen Ring R gilt

$$\mathbf{I} \subset \mathcal{I}_{\mathsf{R}} \implies \bigcap \mathbf{I} \in \mathcal{I}_{\mathsf{R}} \tag{6.374}$$

Der Durchschnitt beliebig vieler Ideale ist ein Ideal. Es ist das bezüglich $\subset$ größte Ideal, das in jedem $\mathfrak{a} \in \mathbf{I}$ enthalten ist.

Es seien $u, v \in \cap\mathbf{I}$. Es gilt $u - v \in \mathfrak{a}$ für jedes $\mathfrak{a} \in \mathbf{I}$, folglich auch $u - v \in \cap\mathbf{I}$.
Es seien $u \in \mathsf{R}$ und $d \in \cap\mathbf{I}$. Dann gilt $ud \in \mathfrak{a}$ für jedes $\mathfrak{a} \in \mathbf{I}$, also ist $ud \in \cap\mathbf{I}$.

D 6.17.2 (Endlich erzeugtes Ideal)
Es seien R ein kommutativer Ring und $M \subset \mathsf{R}$ eine **endliche** Teilmenge von R. Das Ideal $\cap\big\{\, \mathfrak{a} \in \mathcal{I}_{\mathsf{R}} \;\big|\; M \subset \mathfrak{a} \,\big\}$ heißt das von M erzeugte Ideal und wird mit $\langle M \rangle$ bezeichnet.

$\langle M \rangle$ ist das bezüglich $\subset$ kleinste Ideal, das die Menge M enthält. Denn es sei $\mathfrak{b}$ ein Ideal mit $M \subset \mathfrak{b}$ und $\mathfrak{b} \subset \langle M \rangle$. Dann ist $\mathfrak{b} \in \big\{\, \mathfrak{a} \in \mathcal{I}_{\mathsf{R}} \;\big|\; M \subset \mathfrak{a} \,\big\}$ und folglich $\langle M \rangle = \cap\big\{\, \mathfrak{a} \in \mathcal{I}_{\mathsf{R}} \;\big|\; M \subset \mathfrak{a} \,\big\} \subset \mathfrak{b}$, daher $\mathfrak{b} = \langle M \rangle$.

S 6.17.3 (Berechnung von $\langle M \rangle$)
Es seien R ein kommutativer Ring mit Einselement und $M \subset \mathsf{R}$ eine **endliche** Teilmenge von R. Das von M erzeugte Ideal kann berechnet werden als

$$\langle M \rangle = \Big\{\, \sum_{v \in M} u_v v \;\Big|\; (u_v)_{v \in M} \in \mathcal{F}_{\mathsf{R},M} \,\Big\} \tag{6.375}$$

Es besteht aus Linearkombinationen der Elemente von M mit Koeffizienten aus R.

Es sei M die Menge der Linearkombinationen auf der rechten Seite von (6.375). Wegen $M \subset \langle M \rangle$ sind diese Linearkombinationen natürlich in dem Ideal $\langle M \rangle$ enthalten, d.h. $\mathsf{M} \subset \langle M \rangle$. Andererseits ist M ein Ideal. Denn die Differenz zweier Linearkombinationen aus M ist wieder eine Linearkombination aus M, und wird eine Linearkombination aus M mit einem $x \in \mathsf{R}$ multipliziert, dann erhält man auch in diesem Fall eine Linearkombination aus M. Wählt man für $v \in M$ die charakteristische Funktion χ_v von v als Familie, dann erhält man $v \in \mathsf{M}$, also $M \subset \mathsf{M}$. Weil aber $\langle M \rangle$ das kleinste Ideal ist das M enthält gilt $\langle M \rangle \subset \mathsf{M}$. Folglich ist $\langle M \rangle = \mathsf{M}$.

Das kleinste Ideal in einem kommutativen Ring, das die leere Menge $\emptyset$ enthält, ist natürlich das überhaupt kleinste Ideal im Ring, nämlich $\{0\}$, d.h. es ist $\langle\emptyset\rangle = \{0\}$.

Nach **S 6.17.1** sind die Kerne von Ringhomomorphismen Ideale. Tatsächlich gilt auch die Umkehrung: Jedes Ideal ist Kern eines Ringhomomorphismus. Um zu diesem Resultat zu gelangen wird ausgenutzt, daß jedes Ideal Anlass gibt zu einer Äquivalenzrelation im Grundring.

S 6.17.4 (Kongruenzrelation eines Ideals)
Seien R ein kommutativer Ring mit Einselement und $\mathfrak{a}$ ein Ideal von R. Durch

$$\bigwedge_{u\in\mathsf{R}} \big(u \equiv_{\mathfrak{a}} v \iff u - v \in \mathfrak{a}\big) \tag{6.376}$$

wird eine Äquivalenzrelation in R definiert. Es ist $\mathbf{DefB}(\equiv_{\mathfrak{a}}) = \mathsf{R}$.

Aus den Idealeigenschaften folgt $v - u \in \mathfrak{a}$ falls $u - v \in \mathfrak{a}$, die Relation ist symmetrisch. Und gilt $u - v \in \mathfrak{a}$ und $v - w \in \mathfrak{a}$, dann ist $u - w = (u - v) - (w - v) \in \mathfrak{a}$, die Relation ist transitiv.

D 6.17.3 (Äquivalenzklassen von $\equiv_{\mathfrak{a}}$)
Seien R ein kommutativer Ring mit Einselement und $\mathfrak{a}$ ein Ideal von R. Die Menge der Äquivalenzklassen $\mathsf{R}_{/\equiv_{\mathfrak{a}}}$ wird mit $\mathsf{R}_{/\mathfrak{a}}$ bezeichnet, die Projektionsabbildung $\Pi_{\equiv_{\mathfrak{a}}}$ mit $\pi_{\mathfrak{a}}$. Die Abbildung $\pi_{\mathfrak{a}} : \mathsf{R} \longrightarrow \mathsf{R}_{/\mathfrak{a}}$ ist also gegeben durch

$$\bigwedge_{u\in\mathsf{R}} \pi_{\mathfrak{a}}(u) = \{\, v \in \mathsf{R} \mid u - v \in \mathfrak{a} \,\} \tag{6.377}$$

Wegen der Bezeichnungen siehe dazu Abschnitt 6.16.

Die Menge der Äquivalenzklassen $\mathsf{R}_{/\mathfrak{a}}$ wird nun auf solche Weise mit einer Ringstruktur versehen, daß die Projektionsabbildung $\pi_{\mathfrak{a}}$ zu einem Ringhomomorphismus mit dem Kern $\mathfrak{a}$ wird.

S 6.17.5 (Faktorring eines Ideals)
Seien R ein kommutativer Ring mit Einselement 1 und $\mathfrak{a}$ ein Ideal von R. Es gibt genau eine Ringstruktur $(\mathsf{R}_{/\mathfrak{a}}, \oplus, \odot, \dot{1})$ auf $\mathsf{R}_{/\mathfrak{a}}$, die $\pi_{\mathfrak{a}}$ zu einem Ringhomomorphismus macht. Dieser Ring heißt der Faktorring bezüglicn $\mathfrak{a}$ (oder, von der Gruppentheorie her kommend, Restklassenring). Es ist $\mathbf{Kern}(\pi_{\mathfrak{a}}) = \mathfrak{a}$ und

$$\bigwedge_{u\in\mathsf{R}} \pi_{\mathfrak{a}}(u) = u + \mathfrak{a} = \{\, u + a \mid a \in \mathfrak{a} \,\} \tag{6.378}$$

$\pi_{\mathfrak{a}}(0) = \mathfrak{a}$ ist das Nullelement und $\dot{1} = \pi_{\mathfrak{a}}(1) = 1 + \mathfrak{a}$ ist das Einselement des Faktorringes.

Seien $U, V \in \mathsf{R}_{/\mathfrak{a}}$. Angenommen, es gibt eine Ringstruktur auf $\mathsf{R}_{/\mathfrak{a}}$ mit den verlangten Eigenschaften. Sind dann $u, v \in \mathsf{R}$ mit $\pi_{\mathfrak{a}}(u) = U$ und $\pi_{\mathfrak{a}}(v) = V$, so muß folgendes gelten:

$$U \oplus V = \pi_{\mathfrak{a}}(u) \oplus \pi_{\mathfrak{a}}(v) = \pi_{\mathfrak{a}}(u + v) \tag{6.379a}$$
$$U \odot V = \pi_{\mathfrak{a}}(u) \odot \pi_{\mathfrak{a}}(v) = \pi_{\mathfrak{a}}(uv) \tag{6.379b}$$

Wenn also solch eine Struktur existiert, dann ist sie durch (6.379a) und (6.379b) gegeben und damit eindeutig bestimmt.

Tatsächlich werden durch die beiden Gleichungen eine Ringaddition und Ringmultiplikation mit den geforderten Eigenschaften gegeben. Zunächst stellt man fest, daß (6.379a) und (6.379b) nicht von der Wahl von u und v abhängen. Gibt es nämlich auch $\hat{u}, \hat{v} \in \mathsf{R}$ mit $\boldsymbol{\pi}_{\mathfrak{a}}(\hat{u}) = U$ und $\boldsymbol{\pi}_{\mathfrak{a}}(\hat{v}) = V$, dann ist $u - \hat{u} \in \mathfrak{a}$ und $v - \hat{v} \in \mathfrak{a}$, folglich

$$(u+v) - (\hat{u}+\hat{v}) = (u-\hat{u}) + (v-\hat{v}) \in \mathfrak{a}$$

also $u + v \equiv_{\mathfrak{a}} \hat{u} + \hat{v}$, d.h. $\boldsymbol{\pi}_{\mathfrak{a}}(u+v) = \boldsymbol{\pi}_{\mathfrak{a}}(\hat{u}+\hat{v})$. Weil $\mathfrak{a}$ ein Ideal ist, gilt $u(v-\hat{v}) \in \mathfrak{a}$ und $\hat{v}(u-\hat{u}) \in \mathfrak{a}$, damit

$$uv - \hat{u}\hat{v} = uv + u\hat{v} - u\hat{v} - \hat{u}\hat{v} = u(v-\hat{v}) + \hat{v}(u-\hat{u}) \in \mathfrak{a}$$

also $uv \equiv_{\mathfrak{a}} \hat{u}\hat{v}$, d.h. $\boldsymbol{\pi}_{\mathfrak{a}}(uv) = \boldsymbol{\pi}_{\mathfrak{a}}(\hat{u}\hat{v})$. Man beachte, daß der letzte Schluss bei einem Teilring statt des Ideals $\mathfrak{a}$ nicht mehr gilt und daher (6.379a) und (6.379b) von der Wahl von u und v abhängen können (ein konkretes Beispiel dazu folgt weiter unten).
Der Nachweis, daß durch die beiden Definitionen Ringoperationen definiert werden, ist nicht schwer zu erbringen. Das Distributivgesetz beispielsweise erhält man wie folgt:

$$\begin{aligned} U \odot (V \oplus W) &= \boldsymbol{\pi}_{\mathfrak{a}}(u) \odot \big(\boldsymbol{\pi}_{\mathfrak{a}}(v) \oplus \boldsymbol{\pi}_{\mathfrak{a}}(w)\big) = \boldsymbol{\pi}_{\mathfrak{a}}(u) \odot \boldsymbol{\pi}_{\mathfrak{a}}(v+w) = \boldsymbol{\pi}_{\mathfrak{a}}\big(u(v+w)\big) = \\ &= \boldsymbol{\pi}_{\mathfrak{a}}(uv+uw) = \boldsymbol{\pi}_{\mathfrak{a}}(uv) \oplus \boldsymbol{\pi}_{\mathfrak{a}}(uw) = U \odot V \oplus U \odot W \end{aligned}$$

Für $u \in \mathsf{R}$ gilt $u - 0 \in \mathfrak{a} \iff u \in \mathfrak{a}$, was $\boldsymbol{\pi}_{\mathfrak{a}}(0) = \mathfrak{a}$ bedeutet, d.h. $\mathfrak{a}$ ist das Nullelement des Faktorringes. Und $\boldsymbol{\pi}_{\mathfrak{a}}(u) = \mathfrak{a}$ bedeutet natürlich $u \in \mathfrak{a}$, also $\mathbf{Kern}(\boldsymbol{\pi}_{\mathfrak{a}}) = \mathfrak{a}$. Schließlich gilt noch

$$v \in \boldsymbol{\pi}_{\mathfrak{a}}(u) \iff v - u \in \mathfrak{a} \iff \bigvee_{a \in \mathfrak{a}} v - u = a \iff \bigvee_{a \in \mathfrak{a}} v = u + a \iff v \in u + \mathfrak{a}$$

Die Elemente des Faktorringes sind also die $u + \mathfrak{a}$ für alle $u \in \mathsf{r}$.

Es folgt ein Beispiel zur Bestimmung eines Faktorringes. Sei dazu R ein kommutativer Ring mit Einselement. Die Menge

$$\mathfrak{b} = \big\{\, \boldsymbol{f} \in \mathsf{R}[\boldsymbol{X}] \;\big|\; \boldsymbol{f}^{\star}(0) = 0 \,\big\}$$

ist ein Ideal von $\mathsf{R}[\boldsymbol{X}]$. Denn für $\boldsymbol{f}, \boldsymbol{g} \in \mathfrak{b}$ gilt $(\boldsymbol{f} - \boldsymbol{g})^{\star}(0) = \boldsymbol{f}^{\star}(0) - \boldsymbol{g}^{\star}(0) = 0$ und für $\boldsymbol{f} \in \mathsf{R}[\boldsymbol{X}]$ und $\boldsymbol{g} \in \mathfrak{b}$ hat man $(\boldsymbol{f}\boldsymbol{g})^{\star}(0) = \boldsymbol{f}^{\star}(0)\boldsymbol{g}^{\star}(0) = 0$. Die Äquivalenzrelation von $\mathfrak{b}$ kann wie folgt dargestellt werden. Für $\boldsymbol{f}, \boldsymbol{g} \in \mathsf{R}[\boldsymbol{X}]$ gilt

$$\boldsymbol{f} \equiv_{\mathfrak{b}} \boldsymbol{g} \iff \boldsymbol{f}^{\star}(0) - \boldsymbol{g}^{\star}(0) = 0 \iff \boldsymbol{f}^{\star}(0) = \boldsymbol{g}^{\star}(0)$$

und das bedeutet für die Äquivalenzklassen

$$\boldsymbol{\pi}_{\mathfrak{b}}(\boldsymbol{f}) = \big\{\, \boldsymbol{g} \in \mathsf{R}[\boldsymbol{X}] \;\big|\; \boldsymbol{g}^{\star}(0) = \boldsymbol{f}^{\star}(0) \,\big\}$$

Zur Bestimmung des Faktorringes $\mathsf{R}[\boldsymbol{X}]_{/\mathfrak{b}}$ sei $\mathbf{1}$ das konstante Polynom mit $\mathbf{1}(0) = 1$ und $\mathbf{1}(n) = 0$ für $n > 0$. Mit dieser Bezeichnung hat man für $\boldsymbol{f} \in \mathsf{R}[\boldsymbol{X}]$ $\boldsymbol{\pi}_{\mathfrak{b}}(\boldsymbol{f}) = \boldsymbol{\pi}_{\mathfrak{b}}\big(\boldsymbol{f}^{\star}(0)\mathbf{1}\big)$. Die Abbildung $\boldsymbol{\psi}\colon \mathsf{R} \longrightarrow \mathsf{R}[\boldsymbol{X}]_{/\mathfrak{b}}$ sei definiert durch $\boldsymbol{\psi}(u) = \boldsymbol{\pi}_{\mathfrak{b}}(u\mathbf{1})$. Diese Abbildung ist ein Ringhomomorphismus. Es seien nämlich $u, v \in \mathsf{R}$. Man hat für die Ringaddition

$$\boldsymbol{\psi}(u+v) = \boldsymbol{\pi}_{\mathfrak{b}}\big((u+v)\mathbf{1}\big) = \boldsymbol{\pi}_{\mathfrak{b}}(u\mathbf{1} + v\mathbf{1}) = \boldsymbol{\pi}_{\mathfrak{b}}(u\mathbf{1}) + \boldsymbol{\pi}_{\mathfrak{b}}(v\mathbf{1}) = \boldsymbol{\psi}(u) + \boldsymbol{\psi}(v)$$

Für die Ringmultiplikation erhält man ganz ähnlich

$$\psi(uv) = \pi_{\mathfrak{b}}(uv\mathbf{1}) = \pi_{\mathfrak{b}}\big((u\mathbf{1})(v\mathbf{1})\big) = \pi_{\mathfrak{b}}(u\mathbf{1})\pi_{\mathfrak{b}}(v\mathbf{1}) = \psi(u)\psi(v)$$

Die Abbildung ist offensichtlich surjektiv. Sie ist auch injektiv, d.h. es ist $\mathbf{Kern}(\psi) = \{0\}$, denn für $u \in \mathsf{R}$ hat man

$$\psi(u) = \mathfrak{b} \iff \pi_{\mathfrak{b}}(u\mathbf{1}) = \mathfrak{b} \iff u\mathbf{1} \in \mathfrak{b} \iff u = 0$$

Damit hat sich als Faktorring des Ideals $\mathfrak{b}$ der Grundring R selbst ergeben:

$$\mathsf{R}[\boldsymbol{X}]_{/\mathfrak{b}} \cong \mathsf{R}$$

Das Ergebnis ist plausibel, denn vereinfachend gesagt gibt es zu der von $\mathfrak{b}$ induzierten Äquivalenzrelation so viele Äquivalenzklassen wie der Grundring R Elemente besitzt.

Das nächste Beispiel zeigt, daß die Konstruktion des Faktorringes mit einem Teilring statt eines Ideals nicht durchgeführt werden kann. Es sei dazu

$$\mathsf{Q} = \{\, \boldsymbol{f}^2 \mid \boldsymbol{f} \in \mathbb{Z}_2[\boldsymbol{X}] \,\}$$

Weil $(\boldsymbol{f}+\boldsymbol{g})^2 = (\boldsymbol{f}-\boldsymbol{g})^2 = \boldsymbol{f}^2+\boldsymbol{g}^2$ in $\mathbb{Z}_2[\boldsymbol{X}]$ gilt, ist Q ein Teilring von $\mathbb{Z}_2[\boldsymbol{X}]$. Denn sind $\boldsymbol{f},\boldsymbol{g} \in \mathsf{Q}$, mit $\boldsymbol{f} = \boldsymbol{p}^2$ und $\boldsymbol{g} = \boldsymbol{q}^2$, dann hat man $\boldsymbol{f}-\boldsymbol{g} = \boldsymbol{p}^2-\boldsymbol{q}^2 = (\boldsymbol{p}-\boldsymbol{q})^2 \in \mathsf{Q}$ und $\boldsymbol{f}\boldsymbol{g} = \boldsymbol{p}^2\boldsymbol{q}^2 = (\boldsymbol{p}\boldsymbol{q})^2 \in \mathsf{Q}$.
Der Teilring Q ist jedoch kein Ideal, es ist beispielsweise $\boldsymbol{X}^2 \in \mathsf{Q}$, aber $\boldsymbol{X}\boldsymbol{X}^2 = \boldsymbol{X}^3 \notin \mathsf{Q}$, denn für den Grad aller Polynome aus $\boldsymbol{f} \in \mathsf{Q}$ gilt natürlich $\partial(\boldsymbol{f}) \equiv_2 0$.
In der von Q induzierten Äquivalenzrelation $\equiv_{\mathsf{Q}}$ folgt jedoch aus $\boldsymbol{f} \equiv_{\mathsf{Q}} \hat{\boldsymbol{f}}$ und $\boldsymbol{g} \equiv_{\mathsf{Q}} \hat{\boldsymbol{g}}$ **nicht** $\boldsymbol{f}\boldsymbol{g} \equiv_{\mathsf{Q}} \hat{\boldsymbol{f}}\hat{\boldsymbol{g}}$. Sei nämlich $\boldsymbol{f} = \boldsymbol{X}^2+1$ und $\boldsymbol{g} = 1$. Es ist $\boldsymbol{f}-\boldsymbol{g} = \boldsymbol{X}^2 \in \mathsf{Q}$. Für $\hat{\boldsymbol{f}} = \boldsymbol{X}+\boldsymbol{X}^2$ und $\hat{\boldsymbol{g}} = \boldsymbol{X}$ ist ebenfalls $\hat{\boldsymbol{f}}-\hat{\boldsymbol{g}} = \boldsymbol{X}^2 \in \mathsf{Q}$. Für $\boldsymbol{f}\boldsymbol{g} = \boldsymbol{X}^2+1$ und $\hat{\boldsymbol{f}}\hat{\boldsymbol{g}} = \boldsymbol{X}^3+\boldsymbol{X}2$ gilt jedoch $\boldsymbol{f}\boldsymbol{g}-\hat{\boldsymbol{f}}\hat{\boldsymbol{g}} = \boldsymbol{X}^3+1 \notin \mathsf{Q}$.

Ein Faktorring des Ideals $\mathfrak{a}$ kann auch statt mit dem Grundring mit einem Teilring des Grundringes gebildet werden, der $\mathfrak{a}$ enthält. Für die beiden Faktorringe des Ideals gibt es einen einfachen Zusammenhang.

S 6.17.6 (Faktorring mit Teilring)
Seien R ein kommutativer Ring mit Einselement 1, Q ein Teilring von R und $\mathfrak{a}$ ein Ideal von R mit $\mathfrak{a} \subset \mathsf{Q}$. Es ist dann

$$\mathsf{Q}_{/\mathfrak{a}} = \pi_{\mathfrak{a}}[\mathsf{Q}] = \{\, q+\mathfrak{a} \mid q \in \mathsf{Q} \,\} \tag{6.380}$$

Insbesondere gilt $\mathfrak{a}_{/\mathfrak{a}} = \{\mathfrak{a}\}$.

Natürlich ist $\mathfrak{a}$ auch ein Ideal von Q. Für die Projektion $\pi_{\mathfrak{a}}^{\mathsf{Q}} : \mathsf{Q} \longrightarrow \mathsf{Q}_{/\mathfrak{a}}$ erhält man nach (6.378)

$$\pi_{\mathfrak{a}}^{\mathsf{Q}}(q) = q+\mathfrak{a} = \pi_{\mathfrak{a}}(q)$$

woraus die Behauptung unmittelbar folgt.

Die Projektionsabbildung in den Faktorring eines Ideals ist wie eigentlich zu erwarten universal: Jeder Ringhomomorphismus, dessen Kern das Ideal enthält, kann via Projektionsabbildung über den Faktorring geführt werden, wie es auch schon bei Vektorräumen der Fall war (man vergleiche mit **S 6.10.17**).

S 6.17.7 (Universelle Eigenschaft von $\pi_\mathfrak{a}$)
Es seien R und S kommutative Ringe mit Einselement, $\mathfrak{a}$ ein Ideal in R und $\varphi\colon \mathsf{R} \longrightarrow \mathsf{S}$ ein Ringhomomorphismus mit der Eigenschaft $\mathfrak{a} \subset \mathbf{Kern}(\varphi)$. Dann gibt es genau einen Ringhomomorphismus $\boldsymbol{\Phi}\colon \mathsf{R}_{/\mathfrak{a}} \longrightarrow \mathsf{S}$, der das nachfolgende Diagramm kommutativ macht:

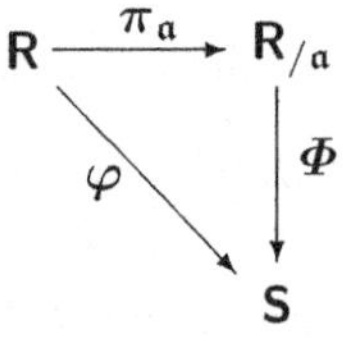

Die Kommutativität des Diagramms bedeutet, daß beide Wege, die von R nach S durchlaufen werden können, gleich sind, daß also $\varphi = \boldsymbol{\Phi} \circ \pi_\mathfrak{a}$ gilt.
Die Ringhomomorphismen φ und $\boldsymbol{\Phi}$ sind wie folgt miteinander verbunden:

$$\mathbf{Bild}(\boldsymbol{\Phi}) = \mathbf{Bild}(\varphi) \tag{6.381}$$

$$\mathbf{Kern}(\boldsymbol{\Phi}) = \mathbf{Kern}(\varphi)_{/\mathfrak{a}} \tag{6.382}$$

Mit φ ist auch $\boldsymbol{\Phi}$ surjektiv. Gilt sogar $\mathfrak{a} = \mathbf{Kern}(\varphi)$, dann ist $\boldsymbol{\Phi}$ injektiv.

Angenommen es gibt eine Abbildung $\boldsymbol{\Phi}$ mit den geforderten Eigenschaften. Sei $U \in \mathsf{R}_{/\mathfrak{a}}$. Es gibt ein $u \in \mathsf{R}$ mit $U = \pi_\mathfrak{a}(u)$, und damit erhält man

$$\boldsymbol{\Phi}(U) = \boldsymbol{\Phi}\big(\pi_\mathfrak{a}(u)\big) = (\boldsymbol{\Phi} \circ \pi_\mathfrak{a})(u) = \varphi(u) \tag{6.383}$$

Damit wäre $\boldsymbol{\Phi}$ eindeutig bestimmt. Tatsächlich ist (6.383) eine Definition. Dazu ist zu zeigen, daß (6.383) nicht von dem gewählten u abhängig ist. Es sei also auch $\hat{u} \in \mathsf{R}$ mit $U = \pi_\mathfrak{a}(\hat{u})$. Es folgt $\pi_\mathfrak{a}(u - \hat{u}) = \pi_\mathfrak{a}(u) - \pi_\mathfrak{a}(\hat{u}) = U - U = 0$, also $u - \hat{u} \in \mathbf{Kern}(\pi_\mathfrak{a}) = \mathfrak{a} \subset \mathbf{Kern}(\varphi)$, d.h. es ist $\varphi(u - \hat{u}) = 0$ oder $\varphi(u) = \varphi(\hat{u})$. Aber (6.383) ist nicht nur die Definition einer Abbildung, sondern auch eines Ringhomomorphismus. Die Additivität z.B. weist man wie folgt nach: Mit $U, V \in \mathsf{R}_{/\mathfrak{a}}$, etwa $U = \pi_\mathfrak{a}(u)$ und $V = \pi_\mathfrak{a}(v)$ erhält man

$$\begin{aligned}\boldsymbol{\Phi}(U+V) &= \boldsymbol{\Phi}\big(\pi_\mathfrak{a}(u) + \pi_\mathfrak{a}(v)\big) = \boldsymbol{\Phi}\big(\pi_\mathfrak{a}(u+v)\big) = \varphi(u+v) = \\ &= \varphi(u) + \varphi(v) = \boldsymbol{\Phi}\big(\pi_\mathfrak{a}(u)\big) + \boldsymbol{\Phi}\big(\pi_\mathfrak{a}(v)\big) = \boldsymbol{\Phi}(U) + \boldsymbol{\Phi}(V)\end{aligned}$$

Die Multiplikativität zeigt man ebenso. Schließlich hat man noch $\boldsymbol{\Phi}\big(\pi_\mathfrak{a}(1)\big) = \varphi(1) = 1$.
Zum Beweis von (6.381) sei $v \in \mathbf{Bild}(\boldsymbol{\Phi})$. Es gibt ein $U \in \mathsf{R}_{/\mathfrak{a}}$ mit $v = \boldsymbol{\Phi}(U)$ und ein $u \in \mathsf{R}$ mit $U = \pi_\mathfrak{a}(u)$. Daraus folgt $v = \boldsymbol{\Phi}(\pi_\mathfrak{a}(u)) = \varphi(u)$, also $v \in \mathbf{Bild}(\varphi)$. Es sei umgekehrt $v \in \mathbf{Bild}(\varphi)$. Es gibt ein $u \in \mathsf{R}$ mit $v = \varphi(u) = \boldsymbol{\Phi}\big(\pi_\mathfrak{a}(u)\big)$. Mit $V = \pi_\mathfrak{a}(u)$ ist $v = \boldsymbol{\Phi}(V)$, also $v \in \mathbf{Bild}(\boldsymbol{\Phi})$.
$\mathbf{Kern}(\varphi)$ ist ein Teilring von R, nach **S 6.17.6** gilt daher $\mathbf{Kern}(\varphi)_{/\mathfrak{a}} = \pi_\mathfrak{a}[\mathbf{Kern}(\varphi)]$. Um (6.382) nachzuweisen ist folglich $\mathbf{Kern}(\boldsymbol{\Phi}) = \pi_\mathfrak{a}[\mathbf{Kern}(\varphi)]$ zu zeigen.
Sei dazu $U \in \mathbf{Kern}(\boldsymbol{\Phi})$, etwa $U = \pi_\mathfrak{a}(u)$. Also ist $0 = \boldsymbol{\Phi}(U) = \boldsymbol{\Phi}\big(\pi_\mathfrak{a}(u)\big) = \varphi(u)$, d.h. es gilt $u \in \mathbf{Kern}(\varphi)$ und damit $U \in \pi_\mathfrak{a}[\mathbf{Kern}(\varphi)]$. Ist umgekehrt $U \in \pi_\mathfrak{a}[\mathbf{Kern}(\varphi)]$, dann gibt es ein $u \in \mathbf{Kern}(\varphi)$ mit $U = \pi_\mathfrak{a}(u)$, also $\boldsymbol{\Phi}(U) = \boldsymbol{\Phi}\big(\pi_\mathfrak{a}(u)\big) = \varphi(u) = 0$ wegen $u \in \mathbf{Kern}(\varphi)$, d.h. es

ist $U \in \mathbf{Kern}(\boldsymbol{\Phi})$.
Die erste zusätzliche Behauptung ist eine direkte Folge von (6.381). Gilt $\mathfrak{a} = \mathbf{Kern}(\varphi)$, dann ist nach (6.382) $\mathbf{Kern}(\boldsymbol{\Phi}) = \mathfrak{a}_{/\mathfrak{a}} = \{\mathfrak{a}\}$, folglich ist $\boldsymbol{\Phi}$ injektiv, denn $\mathfrak{a}$ ist das Nullelement von $\mathsf{R}_{/\mathfrak{a}}$.

Eine einfache Spezialisierung des Satzes ergibt den klassischen Zusammenhang zwischen Kern und Bild eines Homomorphismus.

K 6.17.1 Für jeden Ringhomomorphismus $\varphi\colon \mathsf{R} \longrightarrow \mathsf{S}$ von kommutativen Ringen mit Eins gilt

$$\mathbf{Bild}(\varphi) \cong \mathsf{R}_{/\mathbf{Kern}(\varphi)} \tag{6.384}$$

Das Bild des Homomorphismus und der Faktorring seines Kerns sind isomorph.

Mit $\mathfrak{a} = \mathbf{Kern}(\varphi)$ in **S 6.17.7** ist $\boldsymbol{\Phi}$ injektiv, folglich sind $\mathsf{R}_{/\mathbf{Kern}(\boldsymbol{\Phi})}$ und $\mathbf{Bild}(\boldsymbol{\Phi})$ isomorph, woraus wegen $\mathbf{Kern}(\boldsymbol{\Phi}) = \mathbf{Kern}(\varphi)$ die Behauptung folgt.

Es sei R ein kommutativer Ring mit Einselement. Durch $\varphi(u) = \boldsymbol{f}^\star(u)$ ist ein surjektiver Ringhomomorphismus $\varphi\colon \mathsf{R}[\boldsymbol{X}] \longrightarrow \mathsf{R}$ gegeben. Nach dem Korollar ist daher

$$\mathsf{R} \cong \mathsf{R}[\boldsymbol{X}]_{/\mathbf{Kern}(\varphi)}$$

Wegen $\mathbf{Kern}(\varphi) = \{\, \boldsymbol{f} \in \mathsf{R}[\boldsymbol{X}] \mid \boldsymbol{f}^\star(0) = 0 \,\}$ ist das eine Wiederholung des ersten Beispiels nach **S 6.17.5** mit dem Ideal $\mathfrak{b}$.

Durch $\varphi(x) = \varrho_5(x)$ wird ein surjektiver Ringhomomorphismus $\varphi\colon \mathbb{Z}_{20} \longrightarrow \mathbb{Z}_5$ definiert. Sein Kern ist gegeben durch $\mathbf{Kern}(\varphi) = \{\, x \in \mathbb{Z}_{20} \mid \varrho_5(x) = 0 \,\} = \{0, 5, 10, 15\} = 5\mathbb{Z}_{20}$, nach dem Korollar ist daher $\mathbb{Z}_{20/5\mathbb{Z}_{20}} \cong \mathbb{Z}_5$.

Das bezüglich der Mengeninklusion einfachste Ideal eines Ringes ist das Nullideal $\{0\}$, das von der leeren Menge erzeugt wird. Der nächste einfache Fall nach der leeren Menge ist die einelementige Menge. Ideale, die von *einem* Ringelement erzeugt werden, spielen in der Ringtheorie eine besondere Rolle und tragen deshalb einen eigenen Namen.

D 6.17.4 (Hauptideal und Hauptidealring) Es sei R ein kommutativer Ring.

(i) Ein **Hauptideal** von R ist ein von einer Einermenge $\{v\} \subset \mathsf{R}$ erzeugtes Ideal. Gewöhnlich wird einfach $\langle v \rangle$ statt $\langle \{v\} \rangle$ geschrieben. Es ist $\langle v \rangle = \{\, uv \mid u \in \mathsf{R} \,\}$.

(ii) Ein Ring, dessen Ideale $\neq \{0\}$ Hauptideale sind, heißt **Hauptidealring.**.

Beispielsweise ist das von dem Monom $\boldsymbol{X}$ erzeugte Hauptideal des Polynomringes $\mathsf{R}[\boldsymbol{X}]$ eines kommutativen Ringes R gegeben durch

$$\langle \boldsymbol{X} \rangle = \{\, \boldsymbol{f}\boldsymbol{X} \mid \boldsymbol{f} \in \mathsf{R}[\boldsymbol{X}] \,\} = \{\, \boldsymbol{f} \in \mathsf{R}[\boldsymbol{X}] \mid \boldsymbol{f}(0) = 0 \,\}$$

Natürlich hat $\langle \boldsymbol{X} \rangle$ noch andere Erzeugungssysteme. So gilt beispielsweise $\langle \boldsymbol{X} \rangle = \langle \{\boldsymbol{X}, \boldsymbol{X}^2\} \rangle$. Denn offensichtlich ist einerseits $\langle \boldsymbol{X} \rangle \subset \langle \{\boldsymbol{X}, \boldsymbol{X}^2\} \rangle$. Ist andererseits $\boldsymbol{f} \in \langle \{\boldsymbol{X}, \boldsymbol{X}^2\} \rangle$, dann gibt es $\boldsymbol{g}, \boldsymbol{h} \in \mathsf{R}[\boldsymbol{X}]$ mit $\boldsymbol{f} = \boldsymbol{g}\boldsymbol{X} + \boldsymbol{h}\boldsymbol{X}^2 = (\boldsymbol{g} + \boldsymbol{h}\boldsymbol{X})\boldsymbol{X} \in \langle X \rangle$ folglich ist auch $\langle \{\boldsymbol{X}, \boldsymbol{X}^2\} \rangle \subset \langle \boldsymbol{X} \rangle$. Das ändert allerdings nichts daran, daß das Ideal $\langle \{\boldsymbol{X}, \boldsymbol{X}^2\} \rangle$ ein Hauptideal ist. Tatsächlich ist für einen kommutativen Integritäsbereich mit Einselement jedes Ideal in $\mathsf{R}[\boldsymbol{X}]$ ein Hauptideal.

S 6.17.8 Jeder Euklidische Ring ist ein Hauptidealring.

Es seien E ein Euklidischer Ring mit der Normfunktion Θ und $\mathfrak{a}$ ein Ideal in E mit $\mathfrak{a} \neq \{0\}$. Es ist $\Theta[\mathfrak{a} \setminus \{0\}] \subset \mathbb{N}$ (siehe Abschnitt 6.8), diese Menge hat daher ein kleinstes Element m, und zwar ist $m = \Theta(a)$ für ein $a \in \mathfrak{a}$. Für jedes $u \in \mathfrak{a}$ gibt es $q, r \in \mathsf{E}$ mit $u = qa + r$ und $\Theta(r) < \Theta(a)$. Nun ist aber $r = u - qa \in \mathfrak{a}$. Wäre daher $r \in \mathfrak{a} \setminus \{0\}$, dann stünde $\Theta(r) < \Theta(a)$ im Widerspruch zur Wahl von a als ein Element von $\mathfrak{a} \setminus \{0\}$ mit kleinster Norm. Es bleibt also nur die Möglichkeit $r = 0$. Aber das bedeutet $u = qa \in \langle a \rangle$, d.h. $\mathfrak{a} \subset \langle a \rangle$. Umgekehrt ist $\mathfrak{a} \supset \langle a \rangle$ wegen $a \in \mathfrak{a}$.

Nach diesem Satz ist $\mathbb{Z}$ als Euklidischer Ring ein Hauptidealring. Auch die Polynomringe $\mathsf{K}[\boldsymbol{X}]$ über einem Körper K sind als Euklidische Ringe Hauptidealringe. So ist beispielsweise $\mathbb{K}_3[\boldsymbol{X}]$ ein Hauptidealring, weshalb das Ideal $\langle 2, \boldsymbol{X} \rangle \subset \mathbb{K}_3[\boldsymbol{X}]$ ein Hauptideal sein muss. Das ist aber offensichtlich, denn wegen $2 \cdot 2 = 1$ ist 2 eine Einheit von $\mathbb{K}_3$ und damit auch von $\mathbb{K}_3[\boldsymbol{X}]$, es gilt folglich $\langle 2, \boldsymbol{X} \rangle = \langle 1 \rangle = \mathbb{K}_3[\boldsymbol{X}]$.

Dagegen ist das Ideal $\langle 2, \boldsymbol{X} \rangle$ *kein* Hauptideal in $\mathbb{Z}_4[\boldsymbol{X}]$ und daher $\mathbb{Z}_4[\boldsymbol{X}]$ kein Hauptidealring. Es ist nämlich $\langle 2, \boldsymbol{X} \rangle = \{ 2\boldsymbol{f} + \boldsymbol{X}\boldsymbol{g} \mid \boldsymbol{f}, \boldsymbol{g} \in \mathbb{Z}_4[\boldsymbol{X}] \}$. Angenommen, es gibt ein $\boldsymbol{q} \in \mathbb{Z}_4[\boldsymbol{X}]$ mit $\langle 2, \boldsymbol{X} \rangle = \langle \boldsymbol{q} \rangle$. Es gibt dann insbesondere ein $\boldsymbol{f} \in \mathbb{Z}_4[\boldsymbol{X}]$ mit $2 = \boldsymbol{f}\boldsymbol{q}$. Das bedeutet aber, daß beide Polynome Elemente von $\mathbb{Z}_4$ sind und daß $\boldsymbol{q} = q$ ein Teiler von 2 ist. Es ist jedoch $\mathsf{T}_2^{\mathbb{Z}_4} = \{1, 3\}$, beide Teiler gehören wegen $2\mathbb{Z}_4 = \{0, 2\}$ nicht zu $\langle 2, \boldsymbol{X} \rangle$ und können daher auch $\langle 2, \boldsymbol{X} \rangle$ nicht erzeugen: Das Ideal ist kein Hauptideal und deshalb $\mathbb{Z}_4[\boldsymbol{X}]$ kein Hauptidealring. Nach dem vorigen Satz ist dann $\mathbb{Z}_4[\boldsymbol{X}]$ auch kein Euklidischer Ring!

Das nachfolgende Lemma stellt einen Zusammenhang zwischen Hauptidealen und Ringhomomorphismen her.

L 6.17.1 Es seien R und S kommutative Ringe und $\varphi\colon \mathsf{R} \longrightarrow \mathsf{S}$ ein surjektiver Ringhomorphismus. Es sei $\mathfrak{b}$ ein Ideal in S. Ist $\varphi^{-1}[\mathfrak{b}]$ ein Hauptideal in R, dann ist $\mathfrak{b}$ ein Hauptideal in S, und zwar ist $\mathfrak{b} = \langle \varphi(b) \rangle$ wenn $\varphi^{-1}[\mathfrak{b}] = \langle b \rangle$.

Es sei $v \in \mathfrak{b}$. Weil φ surjektiv ist gibt es ein $u \in \mathsf{R}$ mit $v = \varphi(u)$. Wegen $\varphi^{-1}[\mathfrak{b}] = \langle b \rangle$ gibt es ein $x \in \mathsf{R}$ mit $u = xb$. Es ist also $v = \varphi(u) = \varphi(xb) = \varphi(x)\varphi(b)$, d.h. es ist $v \in \langle \varphi(b) \rangle$. Es gilt daher $\mathfrak{b} \subset \langle \varphi(b) \rangle$. Andererseits ist $b \in \langle b \rangle = \varphi^{-1}[\mathfrak{b}]$, also $\varphi(b) \in \mathfrak{b}$, folglich $\mathfrak{b} \supset \langle \varphi(b) \rangle$.

Aus dem Lemma folgt unmittelbar, daß Faktorringe von Hauptidealringen wieder Hauptidealringe sind.

S 6.17.9 (Faktorringe von Hauptidealringen)
Ist $\mathfrak{a}$ ein Ideal in einem Hauptidealring H, dann ist auch der Faktorring $\mathsf{H}_{/\mathfrak{a}}$ ein Hauptidealring.

Die Projektionsabbildung $\pi_{\mathfrak{a}}: \mathsf{H} \longrightarrow \mathsf{H}_{/\mathfrak{a}}$ ist surjektiv. Es sei $\mathfrak{b}$ ein Ideal in $\mathsf{H}_{/\mathfrak{a}}$ und $b \in \mathsf{H}$ mit $\pi_{\mathfrak{a}}^{-1}[\mathfrak{b}] = \langle b \rangle$. Nach dem Lemma gilt $\mathfrak{b} = \langle \pi_{\mathfrak{a}}(b) \rangle$, d.h. $\mathfrak{b}$ ist ein Hauptideal.

Jeder Hauptidealring H besitzt ein Einselement. Denn weil H selbst ein Hauptideal ist, gibt es ein $u \in \mathsf{H}$ mit $\mathsf{H} = \langle u \rangle$. Jedes Element von H ist also ein Vielfaches von u, insbesondere u selbst: es gibt ein $e \in \mathsf{H}$ mit $u = eu$. Ist nun $v \in \mathsf{H}$, dann gibt es ein $x \in \mathsf{H}$ mit $v = xu$, also $v = xu = xeu = ev$. Das bedeutet, daß e Einselement von H ist.

In einem Hauptidealring H existiert für alle Elemente $u, v \in \mathsf{H}^\star$ ein größter gemeinsamer Teiler. Denn u und v erzeugen das Ideal $\langle u, v \rangle = \{ xu + yv \mid x, y \in \mathsf{H} \}$, das ein Hauptideal ist. Es gibt daher ein $g \in \mathsf{H}$ mit $\langle u, v \rangle = \langle g \rangle$, also gibt es $x, y \in \mathsf{H}$ mit $g = xu + yv$. Wegen $u, v \in \langle u, v \rangle$ gibt es auch $a, b \in \mathsf{H}$ mit $u = ag$ und $v = bg$. Folglich ist g ein gemeinsamer Teiler von u und v. Ist andererseits c ein gemeinsamer Teiler von u und v, dann ist c wegen $g = xu + yv$ ein Teiler von g. Zusammengenommen bedeutet das, daß g ein größter gemeinsamer Teiler von u und v ist, der als gewichtete Summe von u und v darstellbar ist. Auch hier sind assoziierte Elemente eines größten gemeinsamen Teilers wieder größte gemeinsame Teiler. Gesichert ist allerdings nur die

Existenz eines größten gemeinsamen Teilers, ein Rechenverfahren wie der Euklidische Algorithmus in Euklidischen Ringen gibt es in allgemeinen Hauptidealringen nicht.

In Hauptidealringen ist die Inklusion von Idealen auf einfache Weise mit der Teilbarkeitsrelation verbunden. Ist nämlich H ein Hauptidealring, dann gilt

$$\bigwedge_{u,v\in\mathsf{H}^\star} \big(\langle u\rangle \subset \langle v\rangle \iff v \in \mathsf{T}_u^{\mathsf{H}}\big) \tag{6.385}$$

Denn aus $u \in \langle u\rangle$ und $u \in \langle v\rangle$ folgt $u = xv$ für ein $x \in \mathsf{H}$. Gibt es umgekehrt ein $x \in \mathsf{H}$ mit $u = xv$, dann ist $u \in \langle v\rangle$ und damit auch $\langle u\rangle \subset \langle v\rangle$.

Der folgende Satz macht eine Aussage über Faktorringe von Idealen in Hauptidealringen, nämlich unter welcher Bedingung ein Faktorring ein Körper ist.

S 6.17.10 (Faktorring als Körper)
Es seien H ein Hauptidealring und $q \in \mathsf{H}^\star$. Die folgenden Aussagen sind äquivalent:

(i) $\mathsf{H}_{/\langle q\rangle}$ ist ein Körper

(ii) $q \in \mathbb{I}_{\mathsf{H}}$

Der Faktorring von $\langle q\rangle$ ist genau dann ein Körper, wenn q irreduzibel ist.

„**(i)** $\Longrightarrow$ **(ii)**“: Angenommen, q ist reduzibel. Es gibt also $u, v \in \mathsf{H}^\star \setminus \mathsf{H}^\bullet$ mit $q = uv$. Wegen $\langle q\rangle = \pi_{\langle q\rangle}(q) = \pi_{\langle q\rangle}(xy) = \pi_{\langle q\rangle}(x)\pi_{\langle q\rangle}(y)$ sind $\pi_{\langle q\rangle}(x)$ und $\pi_{\langle q\rangle}(y)$ allerdings Nullteiler in $\mathsf{H}_{/\langle q\rangle}$, im Widerspruch zur Voraussetzung.
„**(ii)** $\Longrightarrow$ **(i)**“: Es sei $U \in (\mathsf{H}_{/\langle q\rangle})^\star$. Gesucht ist ein $V \in (\mathsf{H}_{/\langle q\rangle})$ mit $UV = \pi_{\langle q\rangle}(1)$. Es gibt ein $u \in \mathsf{H}$ mit $U = \pi_{\langle q\rangle}(u)$. Das Ideal $\langle u, q\rangle$ ist ein Hauptideal, d.h. es gibt ein $g \in \mathsf{H}$ mit $\langle u, q\rangle = \langle g\rangle$. Wie oben gezeigt, ist g ein größter gemeinsamer Teiler von u und q. Nun ist q aber irreduzibel und g ist folglich eine Einheit. Es gibt daher $x, y \in \mathsf{H}$ mit $1 = xu+yq$ und $V = \pi_{\langle q\rangle}(x)$ ist das gesuchte multiplikative Inverse zu U, denn es gilt $\pi_{\langle q\rangle}(1) = \pi_{\langle q\rangle}(xu + yv) = \pi_{\langle q\rangle}(x)\pi_{\langle q\rangle}(u) = VU$.

Der Satz **S 6.17.5** über die Konstruktion des Faktorringes eines Ideals, speziell eines Hauptideals, hat eine Entsprechung im Abschnitt über Euklidische Ringe, nämlich den Satz **S 6.8.9**. Tatsächlich sind die beiden konstruierten Ringe isomorph, also

$$\mathsf{E}_w \cong \mathsf{E}_{/\langle w\rangle}$$

Die Konstruktion des Faktorringes geht allerdings auf einem höheren Niveau vor sich. Die Isomorphie beruht auf dem für $u, v \in \mathsf{E}$ offensichtlichen Zusammenhang

$$\varrho_w(u - v) = 0 \iff u \equiv_{\langle w\rangle} v$$

Ein Isomorphismus $\Psi : \mathsf{E}_w \longrightarrow \mathsf{E}_{/\langle w\rangle}$ kann leicht angegeben werden, für $u \in \mathsf{E}$ setzt man

$$\Psi\big(\varrho_w(u)\big) = \pi_{\langle w\rangle}(u)$$

Das ist tatsächlich die Definition einer Abbildung. Es sei nämlich $\varrho_w(u) = \varrho_w(v)$ für $u, v \in \mathsf{E}$. Es gibt $a, b \in \mathsf{E}$ mit $u = aw + \varrho_w(u)$ und $v = bw + \varrho_w(v)$, also $u - v = (a - b)w \in \langle w\rangle$, was $\pi_{\langle w\rangle}(u) - \pi_{\langle w\rangle}(v) = 0$ bedeutet, wobei hier die 0 für die Null $\langle w\rangle$ von $\mathsf{E}_{/\langle w\rangle}$ steht. Daß Ψ ein Ringhomomorphismus ist liegt auf der Hand. Und $\Psi\big(\varrho_w(u)\big) = \langle w\rangle$ bedeutet $\pi_{\langle w\rangle}(u) = \langle w\rangle$, also $u \in \langle w\rangle$ oder $\varrho_w(u) = 0$, d.h. Ψ ist injektiv.

Am Anfang des Abschnittes wurde die Menge $\mathcal{I}_{\mathsf{R}}$ der Ideale eines Ringes R eingeführt. Dieser Begriff wird in der folgenden Definition etwas verallgemeinert.

D 6.17.5 Es sei R ein kommutativer Ring und $\mathfrak{a}$ ein Ideal in R. Dann ist

$$\mathcal{I}_{\mathsf{R},\mathfrak{a}} = \{\mathfrak{u} \in \mathcal{I}_{\mathsf{R}} \mid \mathfrak{a} \subset \mathfrak{u}\} \tag{6.386}$$

die Menge aller Ideale in R, die das gegebene Ideal $\mathfrak{a}$ enthalten. Versteht sich der Grundring R von selbst, wird auch einfach $\mathcal{I}_{\mathfrak{a}}$ geschrieben. Ist $\varphi\colon \mathsf{R} \longrightarrow \mathsf{S}$ ein Ringhomomorphismus, so sei $\mathcal{I}_{\varphi} = \mathcal{I}_{\mathsf{R},\mathbf{Kern}(\varphi)}$.

Es ist natürlich $\mathcal{I}_{\mathsf{R}} = \mathcal{I}_{\mathsf{R},\{0\}}$ und $\{\mathfrak{a},\mathsf{R}\} \subset \mathcal{I}_{\mathsf{R},\mathfrak{a}}$. Wie der nächste Satz zeigt, gibt es tatsächlich Ringe mit $\{\mathfrak{a},\mathsf{R}\} = \mathcal{I}_{\mathsf{R},\mathfrak{a}}$.

S 6.17.11 Für einen kommutativen Ring R mit Einselement sind äquivalent:

(i) R ist ein Körper

(ii) $\{\{0\},\mathsf{R}\} = \mathcal{I}_{\mathsf{R}}$

Ein Körper besitzt also die kleinstmögliche Idealmenge.

Es sei R ein Körper und $\mathfrak{a} \neq \{0\}$ ein Ideal in R. Es gibt ein $u \in \mathfrak{a} \setminus \{0\}$ und man erhält $1 = u^{-1}u \in \mathfrak{a}$, d.h. $\mathfrak{a} = \mathsf{R}$. Umgekehrt besitze R nur die beiden Ideale $\{0\}$ und R. Sei $u \in \mathsf{R}^{\star}$. Es ist natürlich $\langle u\rangle \neq \{0\}$, folglich ist $\langle u\rangle = \mathsf{R}$ und es gibt ein $v \in \mathsf{R}$ mit $1 = vu$, d.h. u besitzt das Inverse v.

Auf die Annahme, daß der Ring R ein Einselement besitze, kann nicht verzichtet werden. Für $n \in \mathbb{N} \setminus \{0,1\}$ sei der Ring $\mathbb{Y}_n$ auf der Menge $\{0,\dots,n-1\}$ wie folgt definiert: Die Ringaddition ist die Addition von $\mathbb{Z}_n$ und für alle $u,v \in \mathbb{Y}_n$ ist $uv = 0$. Die Ringaxiome sind trivialerweise erfüllt, und der Ring besitzt natürlich kein Einselement. Ferner muß eine Teilmenge $\mathfrak{a}$ von $\mathbb{Y}_n$, um ein Ideal zu sein, nur die eine Bedingung $u - v \in \mathfrak{a}$ für alle $u,v \in \mathfrak{a}$ erfüllen, die zweite ist automatisch gegeben. Man betrachte nun $\mathbb{Y}_2$. Als Ideale kommen nur solche Teilmengen in Betracht, welche die Null enthalten, also $\{0\}$ und $\mathbb{Y}_2$ selbst, welche auch wirklich Ideale sind: $\mathbb{Y}_2$ ist zwar kein Körper, es gilt aber trotzdem $\{\{0\},\mathbb{Y}_2\} = \mathcal{I}_{\mathbb{Y}_2}$.

S 6.17.12 Es seien R und S kommutative Ringe und $\varphi\colon \mathsf{R} \longrightarrow \mathsf{S}$ ein **surjektiver** Ringhomomorphismus.
Durch $\Phi(\mathfrak{a}) = \varphi[\mathfrak{a}]$ ist eine bijektive Abbildung $\Phi\colon \mathcal{I}_{\varphi} \longrightarrow \mathcal{I}_{\mathsf{S}}$ gegeben. Die Ideale von $\mathbf{Bild}(\varphi) = \mathsf{S}$ und diejenigen Ideale von R, die $\mathbf{Kern}(\varphi)$ enthalten, entsprechen also einander in eindeutiger Weise. Weiterhin gilt

$$\bigwedge_{\mathfrak{a} \in \mathcal{I}_{\varphi}} \mathsf{R}_{/\mathfrak{a}} \cong \mathsf{S}_{/\varphi[\mathfrak{a}]} \tag{6.387}$$

Die Faktorringe eines Ideals $\mathfrak{a}$, das den Kern von φ enthält, und seines Bildes $\varphi[\mathfrak{a}]$ sind also isomorph.

Nach **S 6.17.1** (6.373) ist $\varphi[\mathfrak{a}] \in \mathcal{I}_{\mathsf{S}}$ falls $\mathfrak{a} \in \mathcal{I}_{\varphi}$.
Φ ist injektiv: Es seien $\mathfrak{a},\mathfrak{b} \in \mathcal{I}_{\varphi}$ mit $\Phi(\mathfrak{a}) = \Phi(\mathfrak{b})$, d.h $\varphi[\mathfrak{a}] = \varphi[\mathfrak{b}]$. Zu zeigen ist $\mathfrak{a} = \mathfrak{b}$. Es sei daher $a \in \mathfrak{a}$. Es ist $\varphi(a) \in \varphi[\mathfrak{a}] = \varphi[\mathfrak{b}]$, es gibt deshalb ein $b \in \mathfrak{b}$ mit $\varphi(a) = \varphi(b)$ oder $\varphi(a-b) = 0$. Das bedeutet $a - b \in \mathbf{Kern}(\varphi) \subset \mathfrak{b}$, also $a \in b + \mathfrak{b} = \mathfrak{b}$. Der Symmetrie wegen gilt

natürlich auch $\mathfrak{b} \subset \mathfrak{a}$.
Φ ist surjektiv: Es sei $\mathfrak{b} \in \mathcal{I}_{\mathsf{S}}$. Nach **S 6.17.1** (6.372) ist $\mathfrak{a} = \varphi^{-1}[\mathfrak{b}] \in \mathcal{I}_{\mathsf{R}}$. Aus $u \in \mathbf{Kern}(\varphi)$ folgt $\varphi(u) = 0 \in \mathfrak{b}$, also $u \in \varphi^{-1}[\mathfrak{b}] = \mathfrak{a}$. Folglich ist $\mathbf{Kern}(\varphi) \subset \mathfrak{a}$ und damit $\mathfrak{a} \in \mathcal{I}_{\varphi}$. Die Behauptung ist nun $\Phi(\mathfrak{a}) = \mathfrak{b}$, also $\varphi[\mathfrak{a}] = \mathfrak{b}$. Es sei dazu $b \in \mathfrak{b}$. Weil φ surjektiv ist, gibt es ein $a \in \mathsf{R}$ mit $b = \varphi(a)$. Daraus folgt $a \in \varphi^{-1}[\mathfrak{b}] = \mathfrak{a}$. Damit ist $b \in \varphi[\mathfrak{a}]$, d.h. $\mathfrak{b} \subset \varphi\big[\varphi^{-1}[\mathfrak{b}]\big]$. Die Umkehrung $\mathfrak{b} \supset \varphi\big[\varphi^{-1}[\mathfrak{b}]\big]$ ist trivialerweise richtig.
Es sei $\mathfrak{a} \in \mathcal{I}_{\varphi}$. Eine Abbildung $\phi\colon \mathsf{R}_{/\mathfrak{a}} \longrightarrow \mathsf{S}_{/\varphi[\mathfrak{a}]}$ wird wie folgt definiert: Zu jedem $U \in \mathsf{R}_{/\mathfrak{a}}$ gibt es ein $u \in \mathsf{R}$ mit $U = \pi_{\mathfrak{a}}(u)$, damit wird gesetzt

$$\phi(U) = \phi\big(\pi(u)\big) = \pi_{\varphi[\mathfrak{a}]}\big(\varphi(u)\big)$$

Um zu zeigen, daß so tatsächlich eine Abbildung definiert wird, ist nachzuweisen, daß die Definition bei gegebenem U nicht von der Wahl von u abhängt. Es seien also $u, v \in \mathsf{R}$ mit $\pi_{\mathfrak{a}}(u) = \pi_{\mathfrak{a}}(v)$. Das ergibt $\pi_{\mathfrak{a}}(u - v) = \mathfrak{a}$, d.h. das Nullelement von $\mathsf{R}_{/\mathfrak{a}}$, daher $u - v \in \mathbf{Kern}(\pi_{\mathfrak{a}}) = \mathfrak{a}$. Daraus folgt nun $\varphi(u) - \varphi(v) = \varphi(u - v) \in \varphi[\mathfrak{a}]$ und daraus $\pi_{\varphi[\mathfrak{a}]}\big(\varphi(u) - \varphi(v)\big) = \varphi[\mathfrak{a}]$, d.h. das Nullelement von $\mathsf{S}_{/\varphi[\mathfrak{a}]}$. Es gilt daher $\pi_{\varphi[\mathfrak{a}]}\big(\varphi(u)\big) = \pi_{\varphi[\mathfrak{a}]}\big(\varphi(v)\big)$, was gemäß der Definition gerade $\phi\big(\pi(u)\big) = \phi\big(\pi(v)\big)$ bedeutet.
ϕ ist trivialerweise ein Ringhomomorphismus.
ϕ ist surjektiv: Sei $V \in \mathsf{S}_{/\varphi[\mathfrak{a}]}$, etwa $V = \pi_{\varphi[\mathfrak{a}]}(v)$ mit $v \in \mathsf{S}$. Weil φ surjektiv ist, gibt es ein $u \in \mathsf{R}$ mit $v = \varphi(u)$, also $V = \pi_{\varphi[\mathfrak{a}]}\big(\varphi(u)\big) = \phi\big(\pi(u)\big)$.
ϕ ist injektiv: Es sei $U = \pi_{\mathfrak{a}}(u) \in \mathbf{Kern}(\phi)$, mit $u \in \mathsf{R}$, folglich $\phi\big(\pi(u)\big) = \pi_{\varphi[\mathfrak{a}]}\big(\varphi(u)\big) = \varphi[\mathfrak{a}]$ (das Nullelement von $\mathsf{S}_{/\varphi[\mathfrak{a}]}$). Damit gehört $\varphi(u)$ zu $\mathbf{Kern}(\pi_{\varphi[\mathfrak{a}]})$, d.h. es ist $\varphi(u) \in \varphi[\mathfrak{a}]$, was natürlich $u \in \mathfrak{a}$ und folglich $\pi_{\varphi[\mathfrak{a}]}(u) = \mathfrak{a}$ bedeutet ($\mathfrak{a}$ das Nullelement von $\mathsf{R}_{/\mathfrak{a}}$). Es ist also tatsächlich $\mathbf{Kern}(\phi) = \{\mathfrak{a}\}$.
Wie man dem Beweis der ersten Behauptung des Satzes entnehmen kann, ist $\Phi^{-1}(\mathfrak{b}) = \varphi^{-1}[\mathfrak{b}]$ für jedes $\mathfrak{b} \in \mathcal{I}_{\mathsf{S}}$.

Die Menge $\mathcal{I}_{\mathsf{R}}$ der Ideale eines kommutativen Ringes R bildet mit der Mengeninklusion eine Halbordnung $(\mathcal{I}_{\mathsf{R}}, \subset)$ (siehe **D 6.1.4**). Diese Halbordnung besitzt ein größtes Element, nämlich den Ring R selbst. In jeder Halbordnung gibt es höchstens ein größtes Element. In einer Halbordnung ohne größtes Element kann es allerdings viele „lokal größte“ Elemente geben, die als maximale Elemente bezeichnet werden. Maximale Elemente u stehen jedoch nicht in der Beziehung $x \preccurlyeq u$ für jedes Element x der Halbordnung.

D 6.17.6 (Maximales Element)
Es sei $(M, \preccurlyeq)$ eine Halbordnung. Ein Element $u \in M$ heißt **maximal**, wenn es die folgende Bedingung erfüllt:

$$\bigwedge_{x \in M} (u \preccurlyeq x \implies u = x) \tag{6.388}$$

Durch Anwendung zweimaliger Verneinung erhält man die zu (6.388) äquivalente Bedingung

$$\neg\Big(\bigvee_{x \in M} u \prec x\Big) \tag{6.389}$$

Darin steht $u \prec x$ für $u \preccurlyeq x \wedge u \neq x$. Das Element u ist daher maximal, wenn es kein $x \in M$ gibt, das in der Halbordnung echt nach u kommt.

In einer Halbordung $(M, \preccurlyeq)$ mit größtem Element u gibt es nur ein maximales Element, nämlich u. Denn ist v ein maximales Element, dann gilt $v \preccurlyeq u$, weil u größtes Element ist, und daraus folgt $v = u$, weil v maximal ist.
Gibt es umgekehrt mindestens zwei maximale Elemente, dann gibt es kein größtes Element. Denn seien u und v verschiedene maximale Elemente der Halbordnung. Wär nun g ein größtes Element, dann gälte $u \preccurlyeq g$, also $u = g$, aber auch $v \preccurlyeq g$, folglich $v = g$, mithin $g \neq g$.

D 6.17.7 (Maximales Ideal)
Es seien R ein kommutativer Ring und $\mathcal{I}_{\mathsf{R}}^{\circ} = \mathcal{I}_{\mathsf{R}} \setminus \{\mathsf{R}\}$. Ein Ideal in R heißt maximal, wenn es ein maximales Element der Halbordnung $(\mathcal{I}_{\mathsf{R}}^{\circ}, \subset)$ ist. Ein Ideal $\mathfrak{m} \in \mathcal{I}_{\mathsf{R}}^{\circ}$ ist also maximal, wenn es die Bedingung

$$\bigwedge_{\mathfrak{a} \in \mathcal{I}_{\mathsf{R}}^{\circ}} (\mathfrak{m} \subset \mathfrak{a} \Longrightarrow \mathfrak{m} = \mathfrak{a}) \tag{6.390}$$

oder alternativ die äquivalente Bedingung

$$\neg\Big(\bigvee_{\mathfrak{a} \in \mathcal{I}_{\mathsf{R}}^{\circ}} \mathfrak{m} \subsetneqq \mathfrak{a}\Big) \tag{6.391}$$

erfüllt. Zu einem maximalen Ideal gibt es kein vom Grundring R verschiedenes echt größeres Ideal.
Die Menge der maximalen Ideale von R wird mit $\mathbb{M}_{\mathcal{I}_{\mathsf{R}}}$ bezeichnet.

Im Ring $\mathbb{Z}$ sind alle Hauptideale $\langle p \rangle$ mit $p \in \mathbb{P}$ maximal. Denn sei $u \in \mathbb{Z}$ mit $\langle p \rangle \subset \langle u \rangle$. Nach (6.385) bedeutet das $u \in \mathsf{T}_p^{\mathbb{Z}} = \{-p, -1, 1, p\}$. Für $u \in \{-p, -1, 1, p\}$ ist $\langle u \rangle = \mathbb{Z} \notin \mathcal{I}_{\mathbb{Z}}^{\circ}$, daher bleibt nur $u \in \{-p, p\}$, d.h. $\langle p \rangle = \langle u \rangle$. Daraus folgt insbesondere, daß die Halbordnung $(\mathcal{I}_{\mathbb{Z}}^{\circ}, \subset)$ kein größtes Element besitzt.

Maximale Ideale sind von besonderer Bedeutung, weil ihre Faktorringe Körper sind, wie der nächste Satz zeigt.

S 6.17.13 (Charakterisierung maximaler Ideale)
Es seien R ein kommutativer Ring mit Einselement und $\mathfrak{a} \in \mathcal{I}_{\mathsf{R}}^{\circ}$. Dann sind äquivalent:

(i) $\mathfrak{a}$ ist maximal

(ii) $\mathcal{I}_{\mathsf{R}/\mathfrak{a}}^{\circ} = \{\{\mathfrak{a}\}\}$

(**iii**) $\mathsf{R}_{/\mathfrak{a}}$ ist ein Körper

Sei $\mathfrak{a}$ maximal. Nach Definition bedeutet das $\mathcal{I}_{\mathsf{R},\mathfrak{a}} = \{\mathfrak{a}, \mathsf{R}\}$ (siehe (6.386)). Nach **S 6.17.12** mit $\pi_{\mathfrak{a}} : \mathsf{R} \longrightarrow \mathsf{R}_{/\mathfrak{a}}$ als φ folgt daraus

$$\mathcal{I}_{\mathsf{R}/\mathfrak{a}} = \Phi[\mathcal{I}_{\mathsf{R},\mathfrak{a}}] = \{\Phi(\mathfrak{a}), \Phi(\mathsf{R})\} = \{\pi_{\mathfrak{a}}[\mathfrak{a}], \pi_{\mathfrak{a}}[\mathsf{R}]\} = \{\{\mathfrak{a}\}, \mathsf{R}_{/\mathfrak{a}}\}$$

Damit ist gezeigt, daß (**ii**) aus (**i**) folgt.
Nach **S 6.17.11** ist (**iii**) eine Folge von (**ii**).
Es sei $\mathsf{R}_{/\mathfrak{a}}$ ein Körper. Es sei $\mathfrak{b}$ ein Ideal in R mit $\mathfrak{a} \subset \mathfrak{b}$, aber $\mathfrak{a} \neq \mathfrak{b}$. Es sei $b \in \mathfrak{b} \setminus \mathfrak{a}$. Daraus folgt $\pi_{\mathfrak{a}}(b) \neq \mathfrak{a}$, d.h. $\neq 0$. Weil $\mathsf{R}_{/\mathfrak{a}}$ ein Körper ist, gibt es ein $u \in \mathsf{R}$ mit $\pi_{\mathfrak{a}}(bu) = \pi_{\mathfrak{a}}(b)\pi_{\mathfrak{a}}(u) = \pi_{\mathfrak{a}}(1)$. Für $x \in \mathsf{R}$ folgt daraus $\pi_{\mathfrak{a}}(x) = \pi_{\mathfrak{a}}(1x) = \pi_{\mathfrak{a}}(1)\pi_{\mathfrak{a}}(x) = \pi_{\mathfrak{a}}(bu)\pi_{\mathfrak{a}}(x) = \pi_{\mathfrak{a}}(bux)$. Wegen

$bux \in \mathfrak{b}$ bedeutet das $\pi_\mathfrak{a}[\mathsf{R}] \subset \pi_\mathfrak{a}[\mathfrak{b}]$, also $\pi_\mathfrak{a}[\mathsf{R}] = \pi_\mathfrak{a}[\mathfrak{b}]$, oder nach **S 6.17.12** ,wieder mit $\pi_\mathfrak{a}$ als φ, $\Phi(\mathsf{R}) = \Phi(\mathfrak{b})$. Nun ist die Abbildung Φ bijektiv, man erhält daher $\mathsf{R} = \mathfrak{b}$ und die Bedingung (6.391) ist erfüllt. Die Aussage (**i**) folgt also aus (**iii**).

Auf die Voraussetzung des Satzes, der Ring müsse ein Einselement besitzen, kann nicht verzichtet werden. In dem Ring $\mathbb{Y}_4$ aus dem Beispiel zu **S 6.17.11** ist $\mathfrak{a} = \{0, 2\}$ ein Ideal, denn es ist $0 - 2 = 0 + 2 = 2 \in \mathfrak{a}$. Für von $\mathbb{Y}_4$ verschiedene Oberideale kommen nur $\{0, 1, 2\}$ und $\{0, 2, 3\}$ in Betracht, doch sind beide Mengen wegen $1 - 2 = 3$ bzw. $0 - 3 = 1$ keine Ideale. Also ist $\mathfrak{a}$ maximal. Für kein Ideal $\mathfrak{b} \neq \{0\}$ von $\mathbb{Y}_4$ ist jedoch $(\mathbb{Y}_4)_{/\mathfrak{b}}$ ein Körper. Denn für $b \in \mathfrak{b} \setminus \{0\}$ gilt $\pi_\mathfrak{b}(b)\pi_\mathfrak{b}(b) = \pi_\mathfrak{b}(bb) = \pi_\mathfrak{b}(0)$, d.h. $\pi_\mathfrak{b}(b)$ ist ein Nullteiler in $(\mathbb{Y}_4)_{/\mathfrak{b}}$.

Es seien M und N irgendwelche Mengen und $f : M \longrightarrow N$ eine Abbildung. Für beliebige Teilmengen $A, B \subset M$ und $X, Y \subset N$ gelten die folgenden einfachen Aussagen der elementaren Mengentheorie:

$$A \subset B \implies f[A] \subset f[B] \qquad \text{und} \qquad X \subset Y \implies f^{-1}[X] \subset f^{-1}[Y]$$

Die Abbildung Φ aus **S 6.17.12** ist daher eine *ordnungserhaltende* Abbildung, diese Abbildung hat also die Eigenschaft

$$\bigwedge_{\mathfrak{a},\mathfrak{b} \in \mathcal{I}_\varphi} \big(\mathfrak{a} \subset \mathfrak{b} \iff \Phi(\mathfrak{a}) \subset \Phi(\mathfrak{b})\big) \tag{6.392}$$

Der nächste Satz macht Aussagen über den Zusammenhang von Ringhomomorphismen und maximalen Idealen.

S 6.17.14 (Homomorphismen und maximale Ideale) Es seien R und S kommutative Ringe und $\varphi : \mathsf{R} \longrightarrow \mathsf{S}$ ein *surjektiver* Ringhomomorphismus. Dann gilt

$$\bigwedge_{\mathfrak{a} \in \mathcal{I}_\varphi} \big(\mathfrak{a} \in \mathbb{M}_{\mathcal{I}_\mathsf{R}} \iff \varphi[\mathfrak{a}] \in \mathbb{M}_{\mathcal{I}_\mathsf{S}}\big) \tag{6.393a}$$

$$\bigwedge_{\mathfrak{b} \in \mathcal{I}_\mathsf{S}} \big(\varphi^{-1}[\mathfrak{b}] \in \mathbb{M}_{\mathcal{I}_\mathsf{R}} \iff \mathfrak{b} \in \mathbb{M}_{\mathcal{I}_\mathsf{S}}\big) \tag{6.393b}$$

Die zweite Aussage besagt also, daß ein Ideal genau dann maximal ist, wenn sein Urbild bezüglich eines surjektiven Homomorphismus maximal ist.

Es sei $\mathfrak{a} \in \mathcal{I}^\circ_\varphi$. Es sei $\varphi[\mathfrak{a}]$ ein maximales Ideal in S. Zu zeigen ist, daß $\mathfrak{a}$ maximal in R ist. Es sei dazu $\mathfrak{x} \in \mathcal{I}^\circ_\mathsf{R}$ mit $\mathfrak{a} \subset \mathfrak{x}$. Weil die Abbildung Φ aus **S 6.17.12** ordungserhaltend ist (siehe (6.392)), folgt daraus $\Phi(\mathfrak{a}) \subset \Phi(\mathfrak{x})$. Das bedeutet $\Phi(\mathfrak{a}) = \Phi(\mathfrak{x})$, denn $\Phi(\mathfrak{a}) = \varphi[\mathfrak{a}]$ ist maximal. Die Bijektivität von Φ hat nun $\mathfrak{a} = \mathfrak{x}$ zur Folge, was zeigt, daß $\mathfrak{a}$ maximal ist.
Die umgekehrte Richtung wird genauso bewiesen.
Zum Beweis der zweiten Aussage sei $\mathfrak{b} \in \mathcal{I}_\mathsf{S}$, und es sei $\mathfrak{a} = \varphi^{-1}[\mathfrak{b}] = \Phi^{-1}(\mathfrak{b})$. Aus $u \in \mathbf{Kern}(\varphi)$ folgt $\varphi(u) = 0 \in \mathfrak{b}$, d.h. $u \in \mathfrak{a}$ und damit $\mathbf{Kern}(\varphi) \subset \mathfrak{a}$ oder $\mathfrak{a} \in \mathcal{I}_\varphi$. Nach (6.393a) folgt daraus

$$\mathfrak{a} = \varphi^{-1}[\mathfrak{b}] \in \mathbb{M}_{\mathcal{I}_\mathsf{R}} \iff \varphi[\mathfrak{a}] = \Phi(\mathfrak{a}) = \Phi\big(\Phi^{-1}(\mathfrak{b})\big) = \mathfrak{b} \in \mathbb{M}_{\mathcal{I}_\mathsf{S}}$$

Das ist aber gerade die zu beweisende Behauptung (6.393b).

Ist $\varphi : \mathsf{R} \longrightarrow \mathsf{K}$ ein surjektiver Homomorphismus eines kommutativen Ringes (mit Einselement) in einen Körper, dann ist $\mathbf{Kern}(\varphi)$ nach (6.393b) ein maximales Ideal. Denn es ist $\mathcal{I}^\circ_\mathsf{K} = \big\{\{0\}\big\}$, weshalb es kein von K verschiedenes echtes Oberideal von $\{0\}$ gibt, d.h. $\{0\}$ ist maximal.

Es sei speziell E ein Euklidischer Ring und $p \in \mathbb{P}_{\mathsf{E}}$, d.h. ein Primelement (oder äquivalent dazu irreduzibel). Die Abbildung $\varrho_p : \mathsf{E} \longrightarrow \mathsf{E}_p$ ist ein surjektiver Ringhomomorphismus und nach **S 6.8.11** ist E_p ein Körper. Daher ist $\mathbf{Kern}(\varrho_p)$ ein maximales Ideal in E. Nun ist nach Definition von ϱ_p offenbar $\mathbf{Kern}(\varrho_p) = \langle p \rangle$, woraus folgt, daß jedes von einem Primelement (oder irreduziblen Element) eines Euklidischen Ringes erzeugte Hauptideal maximal ist.

Die maximalen Ideale leiten ihre definierende Eigenschaft von einer Ordnungsstruktur ab, dagegen basiert die definierende Eigenschaft der zum Schluß des Abschnittes vorzustellenden Ideale auf einer Eigenschaft der Primzahlen, allerdings nicht auf deren Unzerlegbarkeit in echte Teiler:

D 6.17.8 (Primideal)
Es sei R ein kommutativer Ring. Ein Ideal $\mathfrak{p}$ in R heißt **Primideal**, wenn es die folgende Bedingung erfüllt:

$$\bigwedge_{u,v \in \mathsf{R}} \left(uv \in \mathfrak{p} \Longrightarrow u \in \mathfrak{p} \vee v \in \mathfrak{p}\right) \tag{6.394}$$

Die Menge der Primideale von R wird mit $\mathbb{P}_{\mathcal{I}_{\mathsf{R}}}$ bezeichnet.

Daß im Ring $\mathbb{Z}$ jedes Ideal $\langle p \rangle$ mit $p \in \mathbb{P}$ ein Primideal ist, kommt sicherlich nicht überraschend. Allgemeiner gilt: In einem Euklidischen Ring E ist für jedes Primelement $p \in \mathbb{P}_{\mathsf{E}}$ das Ideal $\langle p \rangle$ ein Primideal. Denn seien $u, v \in \mathsf{E}$. Gilt $uv \in \langle p \rangle$, so gibt es ein $c \in \mathsf{E}$ mit $uv = cp$, also $p \in \mathsf{T}^{\mathsf{E}}_{uv}$. Weil p ein Primelement ist, folgt daraus $p \in \mathsf{T}^{\mathsf{E}}_u \cup \mathsf{T}^{\mathsf{E}}_v$. Es gibt deshalb ein $a \in \mathsf{E}$ mit $u = ap$ oder ein $b \in \mathsf{E}$ mit $v = bp$, was $u \in \langle p \rangle$ oder $v \in \langle p \rangle$ bedeutet.

Es seien R ein Integritätsbereich und $u \in \mathsf{R}^\star$. Dann ist

$$\mathfrak{n}_u = \left\{ \boldsymbol{f} \in \mathsf{R}[\boldsymbol{X}] \;\middle|\; \boldsymbol{f}^\star(u) = 0 \right\}$$

ein Primideal in $\mathsf{R}[\boldsymbol{X}]$. Offensichtlich ist $\mathfrak{n}_u$ ein Ideal, denn haben zwei Polynome u als Nullstelle, so auch ihre Differenz, und hat ein Polynom u als Nullstelle, dann auch das Produkt mit jedem beliebigem Polynom. Seien $\boldsymbol{f}, \boldsymbol{g} \in \mathsf{R}[\boldsymbol{X}]$. Weil R ein Integritätsbereich ist, folgt $\boldsymbol{f}^\star(u) = 0$ oder $\boldsymbol{g}^\star(u) = 0$ aus $(\boldsymbol{fg})^\star(u) = \boldsymbol{f}^\star(u)\boldsymbol{g}^\star(u) = 0$. In einem Ring mit Nullteilern ist also das Ideal $\mathfrak{n}_u$ kein Primideal!

Ebenso wie maximale Ideale können Primideale über ihren Faktorring charakterisiert werden, und zwar gilt der Satz

S 6.17.15 (Charakterisierung der Primideale)
Es seien R ein kommutativer Ring und $\mathfrak{p} \in \mathcal{I}_{\mathsf{R}}$. Dann sind äquivalent:

(i) $\mathfrak{p}$ ist Primideal

(ii) $\mathsf{R}_{/\mathfrak{p}}$ ist ein Integritätsbereich

Es seien $u, v \in \mathsf{R}$. Nach der Definition der kanonischen Projektionsabbildung $\boldsymbol{\pi}_{\mathfrak{p}}$ ist die folgende Äquivalenz ganz offensichtlich wahr:

$$\left(uv \in \mathfrak{p} \Longrightarrow u \in \mathfrak{p} \vee v \in \mathfrak{p}\right) \iff \left(\boldsymbol{\pi}_{\mathfrak{p}}(uv) = \boldsymbol{\pi}_{\mathfrak{p}}(u)\boldsymbol{\pi}_{\mathfrak{p}}(v) = 0 \Longrightarrow \boldsymbol{\pi}_{\mathfrak{p}}(u) = 0 \vee \boldsymbol{\pi}_{\mathfrak{p}}(v) = 0\right)$$

Daraus folgt die Behauptung, denn auf der linken Seite der Äquivalenz steht die definierende Aussage für ein Primideal und auf der rechten Seite steht die Aussage, daß $\mathsf{R}_{/\mathfrak{p}} = \boldsymbol{\pi}_{\mathfrak{p}}[\mathsf{R}]$ keine Nullteiler besitzt und daher ein Integritätsbereich ist.

Zusammen mit dem Charakterisierungssatz **S 6.17.13** maximaler Ideale ergibt der vorangehende Charakterisierungssatz für Primideale eine erste Aussage über die Beziehungen von maximalen Idealen und Primidealen.

> **S 6.17.16** In einem kommutativen Ring **mit Einselement** ist jedes maximale Ideal ein Primideal.

Ist $\mathfrak{a}$ ein maximales Ideal in einem kommutativen Ring mit Einselement, dann ist der Faktorring nach **S 6.17.13** ein Körper. Er ist also auch ein Integritätsbereich, folglich ist nach dem vorangehenden Satz $\mathfrak{a}$ ein Primideal.

Auf die Voraussetzung, daß der Grundring ein Einselement zu besitzen habe, kann nicht verzichtet werden. Im Beispiel nach **S 6.17.13** wird gezeigt, daß $\mathfrak{a} = \{0, 2\}$ ein maximales Ideal im Ring $\mathbb{Y}_4$ ist. Es ist jedoch kein Primideal, denn es gilt $1 \cdot 3 = 0 \in \mathfrak{a}$, aber $1 \notin \mathfrak{a}$ und $3 \notin \mathfrak{a}$.

Für Hauptidealringe gilt auch die Umkehrung des vorangehenden Satzes:

> **S 6.17.17** In einem Hauptidealring ist jedes Primideal maximal.

Es seien H ein Hauptidealring und $\langle p \rangle$ ein Primideal. Es sei $h \in \mathsf{H}$ mit $\langle p \rangle \subset \langle h \rangle$. Es ist $p \in \langle h \rangle$, also gibt es ein $q \in \mathsf{H}$ mit $p = qh$. Das bedeutet aber $qh \in \langle p \rangle$, folglich ist $q \in \langle p \rangle$ oder $h \in \langle p \rangle$. Aus $h \in \langle p \rangle$ folgt natürlich $\langle p \rangle = \langle h \rangle$. Es sei daher $q \in \langle p \rangle$, d.h. es gibt ein $v \in \mathsf{H}$ mit $q = vp$. Das ergibt $p = pvh$. Damit ist $e = vh$ eine Einheit von H, die im Ideal $\langle h \rangle$ enthalten ist, und das bedeutet $\langle h \rangle = \mathsf{H}$. Es gibt also kein von H verschiedenes echtes Oberideal von $\langle p \rangle$, d.h. $\langle p \rangle$ ist maximal.

Für den Satz **S 6.17.14**, der den Zusammenhang von Ringhomomorphismen und maximalen Idealen beschreibt, gibt es eine Entsprechung für Primideale:

> **S 6.17.18 (Homomorphismen und Primideale)**
> Es seien R und S kommutative Ringe und $\varphi\colon \mathsf{R} \longrightarrow \mathsf{S}$ ein *surjektiver* Ringhomomorphismus. Dann gilt
>
> $$\bigwedge_{\mathfrak{a} \in \mathcal{I}_\varphi} \big(\mathfrak{a} \in \mathbb{P}_{\mathcal{I}_\mathsf{R}} \iff \varphi[\mathfrak{a}] \in \mathbb{P}_{\mathcal{I}_\mathsf{S}}\big) \tag{6.395a}$$
>
> $$\bigwedge_{\mathfrak{b} \in \mathcal{I}_\mathsf{S}} \big(\varphi^{-1}[\mathfrak{b}] \in \mathbb{P}_{\mathcal{I}_\mathsf{R}} \iff \mathfrak{b} \in \mathbb{P}_{\mathcal{I}_\mathsf{S}}\big) \tag{6.395b}$$
>
> Die zweite Aussage besagt also, daß ein Ideal genau dann ein Primideal ist, wenn sein Urbild bezüglich eines surjektiven Homomorphismus ein Primideal ist.

Wegen der Surjektivität von φ, also wegen $\varphi[\mathsf{R}] = \mathsf{S}$, ist die erste Behauptung für $\mathfrak{a} = \mathsf{R}$ wahr, denn R und S sind natürlich Primideale.
Es sei $\mathfrak{a} \in \mathcal{I}_\varphi^\circ$. Nach **S 6.17.12** (6.387) besteht die folgende Isomorphie:

$$\mathsf{R}_{/\mathfrak{a}} \cong \mathsf{S}_{/\varphi[\mathfrak{a}]}$$

Es ist daher $\mathsf{R}_{/\mathfrak{a}}$ genau dann ein Integritätsbereich, wenn das auch für $\mathsf{S}_{/\varphi[\mathfrak{a}]}$ gilt, und das beweist die Aussage (6.395a).
Die Aussage (6.395b) folgt aus (6.395a) genau so, wie in **S 6.17.14** die Aussage (6.393b) aus (6.393b) folgt.

Die Aussage von **S 6.17.17** kann nicht verallgemeinert werden. Beispielsweise ist das Ideal $\langle \boldsymbol{X} \rangle$ in $\mathbb{Z}[\boldsymbol{X}]$ zwar ein Primideal, jedoch kein Hauptideal. Es sei nämlich $\boldsymbol{\kappa}\colon \mathbb{Z}[\boldsymbol{X}] \longrightarrow \mathbb{Z}$ die durch $\boldsymbol{\kappa}(\boldsymbol{f}) = \boldsymbol{f}(0)$ definierte Abbildung. Diese Abbildung ist offensichtlich ein surjektiver Ringhomomorphismus. Weil $\mathbb{Z}$ ein Integritätsbereich ist, weil aus $uv \in \{0\}$ also $u \in \{0\}$ oder $v \in \{0\}$ folgt, ist das Nullideal $\{0\}$ ein Primideal in $\mathbb{Z}$. Nach **S 6.17.18** (6.395b) ist auch $\boldsymbol{\kappa}^{-1}[\{0\}]$ ein Primideal. Daher ist wegen

$$\boldsymbol{\kappa}^{-1}[\{0\}] = \{\, \boldsymbol{f} \in \mathbb{Z}[\boldsymbol{X}] \mid \boldsymbol{f}(0) = 0 \,\} = \langle \boldsymbol{X} \rangle$$

$\langle \boldsymbol{X} \rangle$ ein Primideal. Es ist jedoch kein maximales Ideal, denn es ist

$$\langle \boldsymbol{X} \rangle \subsetneqq \langle 2, \boldsymbol{X} \rangle \subsetneqq \mathbb{Z}[\boldsymbol{X}]$$

Es ist nämlich $\boldsymbol{X} \in \langle 2, \boldsymbol{X} \rangle$, also $\langle \boldsymbol{X} \rangle \subset \langle 2, \boldsymbol{X} \rangle$, aber $2 \in \langle 2, \boldsymbol{X} \rangle$ und $2 \notin \langle \boldsymbol{X} \rangle$. Außerdem ist noch $1 \notin \langle 2, \boldsymbol{X} \rangle$.
Mit Hilfe der Abbildung $\boldsymbol{\kappa}$ läßt sich auch zeigen, daß $\langle 2, \boldsymbol{X} \rangle$ maximal in $\mathbb{Z}[\boldsymbol{X}]$ ist. Denn es gilt

$$\boldsymbol{\kappa}^{-1}\big[\langle 2 \rangle\big] = \langle 2, \boldsymbol{X} \rangle \tag{6.396}$$

Es sei $\boldsymbol{h} \in \langle 2, \boldsymbol{X} \rangle$, also $\boldsymbol{h} = 2\boldsymbol{f} + \boldsymbol{X}\boldsymbol{g}$ mit $\boldsymbol{f}, \boldsymbol{g} \in \mathbb{Z}[\boldsymbol{X}]$. Man erhält $\boldsymbol{h}(0) = 2\boldsymbol{f}(0) \in \langle 2 \rangle$. Es sei umgekehrt $\boldsymbol{h} \in \mathbb{Z}[\boldsymbol{X}]$ mit $\boldsymbol{h}(0) \in \langle 2 \rangle$, etwa $\boldsymbol{h}(0) = 2u$, $u \in \mathbb{Z}$. Definiert man $\boldsymbol{f} \in \mathbb{Z}[\boldsymbol{X}]$ durch

$$\boldsymbol{f}(n) = \begin{cases} u & \text{für } n = 0 \\ 0 & \text{für } n > 0 \end{cases}$$

und das Polynom $\boldsymbol{g} \in \mathbb{Z}[\boldsymbol{X}]$ durch $\boldsymbol{g} = \sum_{n=0}^{\partial(\boldsymbol{h})-1} \boldsymbol{h}(n+1)\boldsymbol{X}^n$, dann ist $\boldsymbol{h} = 2\boldsymbol{f} + \boldsymbol{X}\boldsymbol{g} \in \langle 2, \boldsymbol{X} \rangle$.
Damit ist (6.396) gezeigt. Nun ist aber 2 eine Primzahl, folglich ist $\langle 2 \rangle$ ein maximales Ideal und damit auch $\langle 2, \boldsymbol{X} \rangle$ nach **S 6.17.14** (6.393b) und (6.396).

A. Anhang

A.1. Die Bestimmung der Minimalpolynome über $\mathbb{K}_q$ von Elementen aus $\mathbb{K}_{q^m}$

Es ist $\boldsymbol{m}_b$ zu bestimmen für $b \in \mathbb{K}_{q^m}$. Natürlich gilt $\boldsymbol{m}_0 = \boldsymbol{X}$ und $\boldsymbol{m}_1 = \boldsymbol{X} + 1$. Es sei daher $b \in \mathbb{K}_{q^m} \setminus \{0, 1\}$. Es sei $k \in \mathbb{N}_+$ die kleinste Zahl mit $b^{q^k} = b$, und das Polynom $\boldsymbol{f}_b \in \mathbb{K}_{q^m}[\boldsymbol{X}]$ sei definiert durch

$$\boldsymbol{f}_b = \prod_{\kappa=0}^{k-1} (\boldsymbol{X} - b^{q^\kappa}) = (\boldsymbol{X} - b)(\boldsymbol{X} - b^q)(\boldsymbol{X} - b^{q^2}) \cdots (\boldsymbol{X} - b^{q^{k-1}})$$

Offenbar ist $\partial(\boldsymbol{f}_b) = k$. Es sei $\boldsymbol{\Lambda}\colon \mathbb{K}_{q^m}[\boldsymbol{X}] \longrightarrow \mathbb{K}_{q^m}[\boldsymbol{X}]$ die in **K 6.15.1** definierte Abbildung. Ihre Anwendung auf $\boldsymbol{f}_b$ ergibt

$$\begin{aligned}
\boldsymbol{\Lambda}(\boldsymbol{f}_b) &= \boldsymbol{\Lambda}\Big(\prod_{\kappa=0}^{k-1} (\boldsymbol{X} - b^{q^\kappa})\Big) = \prod_{\kappa=0}^{k-1} \boldsymbol{\Lambda}(\boldsymbol{X} - b^{q^\kappa}) = \prod_{\kappa=0}^{k-1} \big(\boldsymbol{\Lambda}(\boldsymbol{X}) - \boldsymbol{\Lambda}(b^{q^\kappa})\big) \\
&= \prod_{\kappa=0}^{k-1} \big(\boldsymbol{X} - (b^{q^\kappa})^q\big) = \prod_{\kappa=0}^{k-1} (\boldsymbol{X} - b^{q^{\kappa+1}}) \\
&= (\boldsymbol{X} - b^{q^k}) \prod_{\kappa=1}^{k-1} (\boldsymbol{X} - b^{q^\kappa}) = (\boldsymbol{X} - b) \prod_{\kappa=1}^{k-1} (\boldsymbol{X} - b^{q^\kappa}) = \prod_{\kappa=0}^{k-1} (\boldsymbol{X} - b^{q^\kappa}) \\
&= \boldsymbol{f}_b
\end{aligned}$$

denn nach Konstruktion ist $b^{q^k} = b$. Aus $\boldsymbol{\Lambda}(\boldsymbol{f}_b) = \boldsymbol{f}_b$ folgt aber nach **K 6.15.1**

$$\boldsymbol{f}_b \in \mathbb{K}_q[\boldsymbol{X}]$$

Es sei $\partial(\boldsymbol{m}_b) = l$. Weil $\boldsymbol{m}_b$ ein irreduzibles normiertes Polynom ist und weil natürlich $l \in \mathsf{T}_l$ gilt, erhält man $\boldsymbol{m}_b \in \mathsf{T}_{\boldsymbol{t}_{q,l}}^{\mathbb{K}_q[\boldsymbol{X}]}$ aus **S 6.15.5**, d.h. $\boldsymbol{m}_b$ ist ein Teiler von $\boldsymbol{t}_{q,l}$. Aus $\boldsymbol{m}_b^\star(b) = 0$ folgt dann aber $\boldsymbol{t}_{q,l}^\star(b) = 0$, d.h. $b^{q^l} = b$. Nach Wahl von k muß daraus $k \leq l$ geschlossen werden. Nun ist aber $\boldsymbol{f}_b^\star(b) = 0$, folglich gilt $\boldsymbol{m}_b \in \mathsf{T}_{\boldsymbol{f}_b}^{\mathbb{K}_q[\boldsymbol{X}]}$, und das bedeutet $k \geq l$. Damit ist $l = k$. Nun sind $\boldsymbol{m}_b$ und $\boldsymbol{f}_b$ beide normierte Polynome desselben Grades, und $\boldsymbol{f}_b$ ist ein Vielfaches von $\boldsymbol{m}_b$, woraus offensichtlich $\boldsymbol{f}_b = \boldsymbol{m}_b$ folgt: $\boldsymbol{f}_b$ ist tatsächlich das Minimalpolynom von b.

Nun sind allerdings noch die Koeffizienten (in $\mathbb{K}_q$) von $\boldsymbol{f}_b$ zu bestimmen. Das ist kein Problem, wenn Programme zur Verfügung stehen, welche die Arithmetik von $\mathbb{K}_{q^m}[\boldsymbol{X}]$ realisieren: Man berechnet mit diesen Prgrammen einfach das Produkt der Linearfaktoren. Wenn wenigstens die Arithmetik von $\mathbb{K}_{q^m}$ als Programmmodul zur Verfügung steht (siehe dazu Abschnitt 2.5), ist es nicht allzu schwierig, ein Programm zur Ausmultiplizierung der Linearfaktoren zu implementieren.

Wenn keinerlei programmatische Hilfsmittel zur Verfügung stehen, kann man für kleines q und kleines m auch mit Papier und Beistift zum Ziel kommen. Mit viel Geduld und **größter** Sorgfalt sind noch Minimalpolynome für $q = 2$ und $m = 8$ zu berechnen. Unverzichtbar sind allerdings Tabellen, wie sie in den Abschnitten A.2 und A.3 dargestellt werden. Als Beispiel für eine solche Rechnung wird das Minimalpolynom von $b = a^3$ aus dem Körper $\mathbb{K}_{2^4} = \mathbb{K}_2[\boldsymbol{X}]_{\boldsymbol{X}^4+\boldsymbol{X}+1}$ bestimmt. Darin ist $a = \boldsymbol{X}$. Bei der einfachen Rechnung wird allerdings nur $a^{15} = 1$ verwendet.

Es ist $(a^3)^2 = a^6$, $(a^3)^4 = a^{12}$, $(a^3)^8 = a^{24} = a^9$ und schließlich $(a^3)^{16} = a^{18} = a^3$. Das bedeutet daß $k = 4$ gilt, also $\partial(\boldsymbol{m}_{a^3}) = 4$, und es ist

$$\boldsymbol{m}_{a^3} = (\boldsymbol{X} - a^3)(\boldsymbol{X} - a^6)(\boldsymbol{X} - a^9)(\boldsymbol{X} - a^{12})$$

Das Ausmultiplizieren der Linearfaktoren ergibt zunächst

$$(\boldsymbol{X} - a^3)(\boldsymbol{X} - a^6)(\boldsymbol{X} - a^9)(\boldsymbol{X} - a^{12}) = \boldsymbol{X}^4 + c_3\boldsymbol{X}^3 + c_2\boldsymbol{X}^2 + c_1\boldsymbol{X} + 1$$

mit den Faktoren

$$\begin{aligned}
c_3 &= a^3 + a^6 + a^9 + a^{12} = a^3 + a^3 + a^2 + a^3 + a + a^3 + a^2 + a + 1 = 1\\
c_2 &= a^9 + a^{12} + 1 + 1 + a^3 + a^6 = a^3 + a + a^3 + a^2 + a + 1 + 1 + 1 + a^3 + a^3 + a^2 = 1\\
c_1 &= a^3 + a^6 + a^9 + a^{12} = 1
\end{aligned}$$

Das Minimalpolynom von a^3 ist daher

$$\boldsymbol{m}_{a^3} = \boldsymbol{X}^4 + \boldsymbol{X}^3 + \boldsymbol{X}^2 + \boldsymbol{X} + 1$$

Die eben vorgestellte Methode zur Berechnung eines Minimalpolynoms ist in der Durchführung angenehmer als der Weg über die Lösung eines Systems von linearen Gleichungen, wie er im Anschluß an **S 6.12.6** vorgestellt wurde.

A.2. Der Körper $\mathbb{K}_{2^4}$

Es ist $\mathbb{K}_{2^4} = \mathbb{K}_2[\boldsymbol{X}]_{\boldsymbol{X}^4+\boldsymbol{X}+1}$. Das Element $a = \boldsymbol{X}$, eine Nullstelle von $\boldsymbol{X}^4 + \boldsymbol{X} + 1$, ist ein primitives Element des Körpers:

$$\begin{aligned}
a^4 &= a+1 \\
a^5 &= a^2+a \\
a^6 &= a^3+a^2 \\
a^7 &= a^3+a+1 \\
a^8 &= a^2+1 \\
a^9 &= a^3+a \\
a^{10} &= a^2+a+1 \\
a^{11} &= a^3+a^2+a \\
a^{12} &= a^3+a^2+a+1 \\
a^{13} &= a^3+a^2+1 \\
a^{14} &= a^3+1 \\
a^{15} &= 1
\end{aligned}$$

Das Polynom $\boldsymbol{X}^4 + \boldsymbol{X} + 1$ ist irreduzibel (und normiert) und hat a als Nullstelle, ist also folglich das Minimalpolynom $\boldsymbol{m}_a$ von a. Nach **S 6.15.4** sind die übrigen Nullstellen a^2, a^4 und a^8, d.h. es ist

$$\boldsymbol{m}_a = \boldsymbol{m}_{a^2} = \boldsymbol{m}_{a^4} = \boldsymbol{m}_{a^8}$$

Das Minimalpolynom von a^3 kann mit wenig Mühe mit den in Abschnitt 6.12 gezeigten Mittel (siehe **S 6.12.6**) bestimmt werden. Es hat dann auch die Nullstellen a^6, a^{12} und $a^{24} = a^9$:

$$\boldsymbol{X}^4 + \boldsymbol{X}^3 + \boldsymbol{X}^2 + \boldsymbol{X} + 1 = \boldsymbol{m}_{a^3} = \boldsymbol{m}_{a^6} = \boldsymbol{m}_{a^9} = \boldsymbol{m}_{a^{12}}$$

Das Minimalpolynom von a^5 hat auch noch die Nullstelle a^{10}, und zwar ist

$$\boldsymbol{X}^2 + \boldsymbol{X} + 1 = \boldsymbol{m}_{a^5} = \boldsymbol{m}_{a^{10}}$$

A.3. Der Körper $\mathbb{K}_{2^8}$

Es ist $\mathbb{K}_{2^8} = \mathbb{K}_2[\boldsymbol{X}]_{\boldsymbol{X}^8+\boldsymbol{X}^4+\boldsymbol{X}^3+\boldsymbol{X}^2+1}$. Das Element $a = \boldsymbol{X}$, eine Nullstelle des erzeugenden Polynoms $\boldsymbol{X}^8 + \boldsymbol{X}^4 + \boldsymbol{X}^3 + \boldsymbol{X}^2 + 1$, ist, wie die Tabelle auf den beiden folgenden Seiten zeigt, ist ein primitives Element des Körpers. Natürlich gilt

$$\boldsymbol{m}_a = \boldsymbol{X}^8 + \boldsymbol{X}^4 + \boldsymbol{X}^3 + \boldsymbol{X}^2 + 1$$

Die Minimalpolynome der ersten ungeraden Primzahlpotenzen von a sind

$$\begin{aligned}
\boldsymbol{m}_{a^3} &= \boldsymbol{X}^8 + \boldsymbol{X}^6 + \boldsymbol{X}^5 + \boldsymbol{X}^4 + \boldsymbol{X}^2 + \boldsymbol{X} + 1 \\
\boldsymbol{m}_{a^5} &= \boldsymbol{X}^8 + \boldsymbol{X}^7 + \boldsymbol{X}^6 + \boldsymbol{X}^5 + \boldsymbol{X}^4 + \boldsymbol{X} + 1 \\
\boldsymbol{m}_{a^7} &= \boldsymbol{X}^8 + \boldsymbol{X}^6 + \boldsymbol{X}^5 + \boldsymbol{X}^3 + 1 \\
\boldsymbol{m}_{a^{11}} &= \boldsymbol{X}^8 + \boldsymbol{X}^7 + \boldsymbol{X}^6 + \boldsymbol{X}^5 + \boldsymbol{X}^2 + \boldsymbol{X} + 1 \\
\boldsymbol{m}_{a^{13}} &= \boldsymbol{X}^8 + \boldsymbol{X}^5 + \boldsymbol{X}^3 + \boldsymbol{X} + 1 \\
\boldsymbol{m}_{a^{17}} &= \boldsymbol{X}^4 + \boldsymbol{X} + 1 \\
\boldsymbol{m}_{a^{19}} &= \boldsymbol{X}^8 + \boldsymbol{X}^6 + \boldsymbol{X}^5 + \boldsymbol{X}^2 + 1
\end{aligned}$$

Ein Beispiel zum Einsatz der folgenden Tabellen bei einfachen Rechnungen in $\mathbb{K}_{2^8}$:
Zur Berechnung von $a^{32} + a^{232}$ entnimmt man der ersten Tabelle $a^{32} = a^7 + a^4 + a^3 + a^2 + 1$ und $a^{232} = a^7 + a^6 + a^5 + a^4 + a^2 + a + 1$. Man addiert nun

$$a^{32} + a^{232} = a^7 + a^4 + a^3 + a^2 + 1 + a^7 + a^6 + a^5 + a^4 + a^2 + a + 1 = a^6 + a^5 + a^3 + a$$

Mit der zweiten Tabelle kann man von der Basisdarstellung zur Exponentendarstellung zurückkehren. Man findet

$$a^{32} + a^{232} = a^{40}$$

Die Darstellung von a^n durch die Basis $\alpha\colon \{0,1,\ldots,7\} \longrightarrow \mathbb{K}_{2^8}$, $\alpha(i) = a^i$ (1. Teil)

n	a^n	n	a^n
0	1	64	$a^6+a^4+a^3+a^2+a+1$
1	a	65	$a^7+a^5+a^4+a^3+a^2+a$
2	a^2	66	a^6+a^5+1
3	a^3	67	a^7+a^6+a
4	a^4	68	$a^7+a^4+a^3+1$
5	a^5	69	$a^5+a^3+a^2+a+1$
6	a^6	70	$a^6+a^4+a^3+a^2+a$
7	a^7	71	$a^7+a^5+a^4+a^3+a^2$
8	$a^4+a^3+a^2+1$	72	$a^6+a^5+a^2+1$
9	$a^5+a^4+a^3+a$	73	$a^7+a^6+a^3+a$
10	$a^6+a^5+a^4+a^2$	74	a^7+a^3+1
11	$a^7+a^6+a^5+a^3$	75	a^3+a^2+a+1
12	$a^7+a^6+a^3+a^2+1$	76	$a^4+a^3+a^2+a$
13	a^7+a^2+a+1	77	$a^5+a^4+a^3+a^2$
14	a^4+a+1	78	$a^6+a^5+a^4+a^3$
15	a^5+a^2+a	79	$a^7+a^6+a^5+a^4$
16	$a^6+a^3+a^2$	80	$a^7+a^6+a^5+a^4+a^3+a^2+1$
17	$a^7+a^4+a^3$	81	$a^7+a^6+a^5+a^2+a+1$
18	$a^5+a^3+a^2+1$	82	$a^7+a^6+a^4+a+1$
19	$a^6+a^4+a^3+a$	83	$a^7+a^5+a^4+a^3+a+1$
20	$a^7+a^5+a^4+a^2$	84	$a^6+a^5+a^3+a+1$
21	$a^6+a^5+a^4+a^2+1$	85	$a^7+a^6+a^4+a^2+a$
22	$a^7+a^6+a^5+a^3+a$	86	$a^7+a^5+a^4+1$
23	$a^7+a^6+a^3+1$	87	$a^6+a^5+a^4+a^3+a^2+a+1$
24	$a^7+a^3+a^2+a+1$	88	$a^7+a^6+a^5+a^4+a^3+a^2+a$
25	$a+1$	89	$a^7+a^6+a^5+1$
26	a^2+a	90	$a^7+a^6+a^4+a^3+a^2+a+1$
27	a^3+a^2	91	a^7+a^5+a+1
28	a^4+a^3	92	$a^6+a^4+a^3+a+1$
29	a^5+a^4	93	$a^7+a^5+a^4+a^2+a$
30	a^6+a^5	94	$a^6+a^5+a^4+1$
31	a^7+a^6	95	$a^7+a^6+a^5+a$
32	$a^7+a^4+a^3+a^2+1$	96	$a^7+a^6+a^4+a^3+1$
33	a^5+a^2+a+1	97	$a^7+a^5+a^3+a^2+a+1$
34	$a^6+a^3+a^2+a$	98	a^6+a+1
35	$a^7+a^4+a^3+a^2$	99	a^7+a^2+a
36	a^5+a^2+1	100	a^4+1
37	a^6+a^3+a	101	a^5+a
38	$a^7+a^4+a^2$	102	a^6+a^2
39	$a^5+a^4+a^2+1$	103	a^7+a^3
40	$a^6+a^5+a^3+a$	104	a^3+a^2+1
41	$a^7+a^6+a^4+a^2$	105	a^4+a^3+a
42	$a^7+a^5+a^4+a^2+1$	106	$a^5+a^4+a^2$
43	$a^6+a^5+a^4+a^2+a+1$	107	$a^6+a^5+a^3$
44	$a^7+a^6+a^5+a^3+a^2+a$	108	$a^7+a^6+a^4$
45	a^7+a^6+1	109	$a^7+a^5+a^4+a^3+a^2+1$
46	$a^7+a^4+a^3+a^2+a+1$	110	$a^6+a^5+a^2+a+1$
47	a^5+a+1	111	$a^7+a^6+a^3+a^2+a$
48	a^6+a^2+a	112	a^7+1
49	$a^7+a^3+a^2$	113	$a^4+a^3+a^2+a+1$
50	a^2+1	114	$a^5+a^4+a^3+a^2+a$
51	a^3+a	115	$a^6+a^5+a^4+a^3+a^2$
52	a^4+a^2	116	$a^7+a^6+a^5+a^4+a^3$
53	a^5+a^3	117	$a^7+a^6+a^5+a^3+a^2+1$
54	a^6+a^4	118	$a^7+a^6+a^2+a+1$
55	a^7+a^5	119	a^7+a^4+a+1
56	$a^6+a^4+a^3+a^2+1$	120	$a^5+a^4+a^3+a+1$
57	$a^7+a^5+a^4+a^3+a$	121	$a^6+a^5+a^4+a^2+a$
58	$a^6+a^5+a^3+1$	122	$a^7+a^6+a^5+a^3+a^2$
59	$a^7+a^6+a^4+a$	123	$a^7+a^6+a^2+1$
60	$a^7+a^5+a^4+a^3+1$	124	$a^7+a^4+a^2+a+1$
61	$a^6+a^5+a^3+a^2+a+1$	125	a^5+a^4+a+1
62	$a^7+a^6+a^4+a^3+a^2+a$	126	$a^6+a^5+a^2+a$
63	a^7+a^5+1	127	$a^7+a^6+a^3+a^2$

Die Darstellung von a^n durch die Basis $\alpha\colon \{0,1,\ldots,7\} \longrightarrow \mathbb{K}_{2^8}$, $\alpha(i) = a^i$ (2. Teil)

n	a^n	n	a^n
128	a^7+a^2+1	192	a^7+a
129	a^4+a^2+a+1	193	a^4+a^3+1
130	$a^5+a^3+a^2+a$	194	a^5+a^4+a
131	$a^6+a^4+a^3+a^2$	195	$a^6+a^5+a^2$
132	$a^7+a^5+a^4+a^3$	196	$a^7+a^6+a^3$
133	$a^6+a^5+a^3+a^2+1$	197	$a^7+a^3+a^2+1$
134	$a^7+a^6+a^4+a^3+a$	198	a^2+a+1
135	$a^7+a^5+a^3+1$	199	a^3+a^2+a
136	$a^6+a^3+a^2+a+1$	200	$a^4+a^3+a^2$
137	$a^7+a^4+a^3+a^2+a$	201	$a^5+a^4+a^3$
138	a^5+1	202	$a^6+a^5+a^4$
139	a^6+a	203	$a^7+a^6+a^5$
140	a^7+a^2	204	$a^7+a^6+a^4+a^3+a^2+1$
141	a^4+a^2+1	205	$a^7+a^5+a^2+a+1$
142	a^5+a^3+a	206	a^6+a^4+a+1
143	$a^6+a^4+a^2$	207	$a^7+a^5+a^2+a$
144	$a^7+a^5+a^3$	208	a^6+a^4+1
145	$a^6+a^3+a^2+1$	209	a^7+a^5+a
146	$a^7+a^4+a^3+a$	210	$a^6+a^4+a^3+1$
147	a^5+a^3+1	211	$a^7+a^5+a^4+a$
148	a^6+a^4+a	212	$a^6+a^5+a^4+a^3+1$
149	$a^7+a^5+a^2$	213	$a^7+a^6+a^5+a^4+a$
150	$a^6+a^4+a^2+1$	214	$a^7+a^6+a^5+a^4+a^3+1$
151	$a^7+a^5+a^3+a$	215	$a^7+a^6+a^5+a^3+a^2+a+1$
152	a^6+a^3+1	216	a^7+a^6+a+1
153	a^7+a^4+a	217	$a^7+a^4+a^3+a+1$
154	$a^5+a^4+a^3+1$	218	a^5+a^3+a+1
155	$a^6+a^5+a^4+a$	219	$a^6+a^4+a^2+a$
156	$a^7+a^6+a^5+a^2$	220	$a^7+a^5+a^3+a^2$
157	$a^7+a^6+a^4+a^2+1$	221	a^6+a^2+1
158	$a^7+a^5+a^4+a^2+a+1$	222	a^7+a^3+a
159	$a^6+a^5+a^4+a+1$	223	a^3+1
160	$a^7+a^6+a^5+a^2+a$	224	a^4+a
161	$a^7+a^6+a^4+1$	225	a^5+a^2
162	$a^7+a^5+a^4+a^3+a^2+a+1$	226	a^6+a^3
163	a^6+a^5+a+1	227	a^7+a^4
164	$a^7+a^6+a^2+a$	228	$a^5+a^4+a^3+a^2+1$
165	a^7+a^4+1	229	$a^6+a^5+a^4+a^3+a$
166	$a^5+a^4+a^3+a^2+a+1$	230	$a^7+a^6+a^5+a^4+a^2$
167	$a^6+a^5+a^4+a^3+a^2+a$	231	$a^7+a^6+a^5+a^4+a^2+1$
168	$a^7+a^6+a^5+a^4+a^3+a^2$	232	$a^7+a^6+a^5+a^4+a^2+a+1$
169	$a^7+a^6+a^5+a^2+1$	233	$a^7+a^6+a^5+a^4+a+1$
170	$a^7+a^6+a^4+a^2+a+1$	234	$a^7+a^6+a^5+a^4+a^3+a+1$
171	$a^7+a^5+a^4+a+1$	235	$a^7+a^6+a^5+a^3+a+1$
172	$a^6+a^5+a^4+a^3+a+1$	236	$a^7+a^6+a^3+a+1$
173	$a^7+a^6+a^5+a^4+a^2+a$	237	a^7+a^3+a+1
174	$a^7+a^6+a^5+a^4+1$	238	a^3+a+1
175	$a^7+a^6+a^5+a^4+a^3+a^2+a+1$	239	a^4+a^2+a
176	$a^7+a^6+a^5+a+1$	240	$a^5+a^3+a^2$
177	$a^7+a^6+a^4+a^3+a+1$	241	$a^6+a^4+a^3$
178	$a^7+a^5+a^3+a+1$	242	$a^7+a^5+a^4$
179	a^6+a^3+a+1	243	$a^6+a^5+a^4+a^3+a^2+1$
180	$a^7+a^4+a^2+a$	244	$a^7+a^6+a^5+a^4+a^3+a$
181	a^5+a^4+1	245	$a^7+a^6+a^5+a^3+1$
182	a^6+a^5+a	246	$a^7+a^6+a^3+a^2+a+1$
183	$a^7+a^6+a^2$	247	a^7+a+1
184	$a^7+a^4+a^2+1$	248	a^4+a^3+a+1
185	$a^5+a^4+a^2+a+1$	249	$a^5+a^4+a^2+a$
186	$a^6+a^5+a^3+a^2+a$	250	$a^6+a^5+a^3+a^2$
187	$a^7+a^6+a^4+a^3+a^2$	251	$a^7+a^6+a^4+a^3$
188	$a^7+a^5+a^2+1$	252	$a^7+a^5+a^3+a^2+1$
189	$a^6+a^4+a^2+a+1$	253	a^6+a^2+a+1
190	$a^7+a^5+a^3+a^2+a$	254	$a^7+a^3+a^2+a$
191	a^6+1	255	1

Die Umkehrung der vorangehenden Tabelle (1. Teil)

n	a^n	n	a^n
80	$a^7+a^6+a^5+a^4+a^3+a^2+1$	65	$a^7+a^5+a^4+a^3+a^2+a$
88	$a^7+a^6+a^5+a^4+a^3+a^2+a$	109	$a^7+a^5+a^4+a^3+a^2+1$
168	$a^7+a^6+a^5+a^4+a^3+a^2$	162	$a^7+a^5+a^4+a^3+a^2+a+1$
175	$a^7+a^6+a^5+a^4+a^3+a^2+a+1$	71	$a^7+a^5+a^4+a^3+a^2$
116	$a^7+a^6+a^5+a^4+a^3$	57	$a^7+a^5+a^4+a^3+a$
214	$a^7+a^6+a^5+a^4+a^3+1$	60	$a^7+a^5+a^4+a^3+1$
234	$a^7+a^6+a^5+a^4+a^3+a+1$	83	$a^7+a^5+a^4+a^3+a+1$
244	$a^7+a^6+a^5+a^4+a^3+a$	132	$a^7+a^5+a^4+a^3$
173	$a^7+a^6+a^5+a^4+a^2+a$	20	$a^7+a^5+a^4+a^2$
230	$a^7+a^6+a^5+a^4+a^2$	42	$a^7+a^5+a^4+a^2+1$
231	$a^7+a^6+a^5+a^4+a^2+1$	93	$a^7+a^5+a^4+a^2+a$
232	$a^7+a^6+a^5+a^4+a^2+a+1$	158	$a^7+a^5+a^4+a^2+a+1$
79	$a^7+a^6+a^5+a^4$	86	$a^7+a^5+a^4+1$
174	$a^7+a^6+a^5+a^4+1$	171	$a^7+a^5+a^4+a+1$
213	$a^7+a^6+a^5+a^4+a$	211	$a^7+a^5+a^4+a$
233	$a^7+a^6+a^5+a^4+a+1$	242	$a^7+a^5+a^4$
44	$a^7+a^6+a^5+a^3+a^2+a$	97	$a^7+a^5+a^3+a^2+a+1$
117	$a^7+a^6+a^5+a^3+a^2+1$	190	$a^7+a^5+a^3+a^2+a$
122	$a^7+a^6+a^5+a^3+a^2$	220	$a^7+a^5+a^3+a^2$
215	$a^7+a^6+a^5+a^3+a^2+a+1$	252	$a^7+a^5+a^3+a^2+1$
11	$a^7+a^6+a^5+a^3$	135	$a^7+a^5+a^3+1$
22	$a^7+a^6+a^5+a^3+a$	144	$a^7+a^5+a^3$
235	$a^7+a^6+a^5+a^3+a+1$	151	$a^7+a^5+a^3+a$
245	$a^7+a^6+a^5+a^3+1$	178	$a^7+a^5+a^3+a+1$
81	$a^7+a^6+a^5+a^2+a+1$	149	$a^7+a^5+a^2$
156	$a^7+a^6+a^5+a^2$	188	$a^7+a^5+a^2+1$
160	$a^7+a^6+a^5+a^2+a$	205	$a^7+a^5+a^2+a+1$
169	$a^7+a^6+a^5+a^2+1$	207	$a^7+a^5+a^2+a$
89	$a^7+a^6+a^5+1$	55	a^7+a^5
95	$a^7+a^6+a^5+a$	63	a^7+a^5+1
176	$a^7+a^6+a^5+a+1$	91	a^7+a^5+a+1
203	$a^7+a^6+a^5$	209	a^7+a^5+a
62	$a^7+a^6+a^4+a^3+a^2+a$	32	$a^7+a^4+a^3+a^2+1$
90	$a^7+a^6+a^4+a^3+a^2+a+1$	35	$a^7+a^4+a^3+a^2$
187	$a^7+a^6+a^4+a^3+a^2$	137	$a^7+a^4+a^3+a^2+a$
204	$a^7+a^6+a^4+a^3+a^2+1$	46	$a^7+a^4+a^3+a^2+a+1$
96	$a^7+a^6+a^4+a^3+1$	17	$a^7+a^4+a^3$
134	$a^7+a^6+a^4+a^3+a$	68	$a^7+a^4+a^3+1$
177	$a^7+a^6+a^4+a^3+a+1$	146	$a^7+a^4+a^3+a$
251	$a^7+a^6+a^4+a^3$	217	$a^7+a^4+a^3+a+1$
41	$a^7+a^6+a^4+a^2$	38	$a^7+a^4+a^2$
85	$a^7+a^6+a^4+a^2+a$	124	$a^7+a^4+a^2+a+1$
157	$a^7+a^6+a^4+a^2+1$	180	$a^7+a^4+a^2+a$
170	$a^7+a^6+a^4+a^2+a+1$	184	$a^7+a^4+a^2+1$
59	$a^7+a^6+a^4+a$	119	a^7+a^4+a+1
82	$a^7+a^6+a^4+a+1$	153	a^7+a^4+a
108	$a^7+a^6+a^4$	165	a^7+a^4+1
161	$a^7+a^6+a^4+1$	227	a^7+a^4
12	$a^7+a^6+a^3+a^2+1$	24	$a^7+a^3+a^2+a+1$
111	$a^7+a^6+a^3+a^2+a$	49	$a^7+a^3+a^2$
127	$a^7+a^6+a^3+a^2$	197	$a^7+a^3+a^2+1$
246	$a^7+a^6+a^3+a^2+a+1$	254	$a^7+a^3+a^2+a$
23	$a^7+a^6+a^3+1$	74	a^7+a^3+1
73	$a^7+a^6+a^3+a$	103	a^7+a^3
196	$a^7+a^6+a^3$	222	a^7+a^3+a
236	$a^7+a^6+a^3+a+1$	237	a^7+a^3+a+1
118	$a^7+a^6+a^2+a+1$	13	a^7+a^2+a+1
123	$a^7+a^6+a^2+1$	99	a^7+a^2+a
164	$a^7+a^6+a^2+a$	128	a^7+a^2+1
183	$a^7+a^6+a^2$	140	a^7+a^2
31	a^7+a^6	112	a^7+1
45	a^7+a^6+1	192	a^7+a
67	a^7+a^6+a	247	a^7+a+1
216	a^7+a^6+a+1	7	a^7

Die Umkehrung der vorangehenden Tabelle
(2. Teil)

n	a^n	n	a^n
87	$a^6+a^5+a^4+a^3+a^2+a+1$	77	$a^5+a^4+a^3+a^2$
115	$a^6+a^5+a^4+a^3+a^2$	114	$a^5+a^4+a^3+a^2+a$
167	$a^6+a^5+a^4+a^3+a^2+a$	166	$a^5+a^4+a^3+a^2+a+1$
243	$a^6+a^5+a^4+a^3+a^2+1$	228	$a^5+a^4+a^3+a^2+1$
78	$a^6+a^5+a^4+a^3$	9	$a^5+a^4+a^3+a$
172	$a^6+a^5+a^4+a^3+a+1$	120	$a^5+a^4+a^3+a+1$
212	$a^6+a^5+a^4+a^3+1$	154	$a^5+a^4+a^3+1$
229	$a^6+a^5+a^4+a^3+a$	201	$a^5+a^4+a^3$
10	$a^6+a^5+a^4+a^2$	39	$a^5+a^4+a^2+1$
21	$a^6+a^5+a^4+a^2+1$	106	$a^5+a^4+a^2$
43	$a^6+a^5+a^4+a^2+a+1$	185	$a^5+a^4+a^2+a+1$
121	$a^6+a^5+a^4+a^2+a$	249	$a^5+a^4+a^2+a$
94	$a^6+a^5+a^4+1$	29	a^5+a^4
155	$a^6+a^5+a^4+a$	125	a^5+a^4+a+1
159	$a^6+a^5+a^4+a+1$	181	a^5+a^4+1
202	$a^6+a^5+a^4$	194	a^5+a^4+a
61	$a^6+a^5+a^3+a^2+a+1$	18	$a^5+a^3+a^2+1$
186	$a^6+a^5+a^3+a^2+a$	69	$a^5+a^3+a^2+a+1$
250	$a^6+a^5+a^3+a^2$	130	$a^5+a^3+a^2+a$
133	$a^6+a^5+a^3+a^2+1$	240	$a^5+a^3+a^2$
40	$a^6+a^5+a^3+a$	53	a^5+a^3
58	$a^6+a^5+a^3+1$	142	a^5+a^3+a
84	$a^6+a^5+a^3+a+1$	147	a^5+a^3+1
107	$a^6+a^5+a^3$	218	a^5+a^3+a+1
72	$a^6+a^5+a^2+1$	15	a^5+a^2+a
110	$a^6+a^5+a^2+a+1$	33	a^5+a^2+a+1
126	$a^6+a^5+a^2+a$	36	a^5+a^2+1
195	$a^6+a^5+a^2$	225	a^5+a^2
30	a^6+a^5	5	a^5
66	a^6+a^5+1	47	a^5+a+1
163	a^6+a^5+a+1	101	a^5+a
182	a^6+a^5+a	138	a^5+1
56	$a^6+a^4+a^3+a^2+1$	8	$a^4+a^3+a^2+1$
64	$a^6+a^4+a^3+a^2+a+1$	76	$a^4+a^3+a^2+a$
70	$a^6+a^4+a^3+a^2+a$	113	$a^4+a^3+a^2+a+1$
131	$a^6+a^4+a^3+a^2$	200	$a^4+a^3+a^2$
19	$a^6+a^4+a^3+a$	28	a^4+a^3
92	$a^6+a^4+a^3+a+1$	105	a^4+a^3+a
210	$a^6+a^4+a^3+1$	193	a^4+a^3+1
241	$a^6+a^4+a^3$	248	a^4+a^3+a+1
143	$a^6+a^4+a^2$	52	a^4+a^2
150	$a^6+a^4+a^2+1$	129	a^4+a^2+a+1
189	$a^6+a^4+a^2+a+1$	141	a^4+a^2+1
219	$a^6+a^4+a^2+a$	239	a^4+a^2+a
54	a^6+a^4	4	a^4
148	a^6+a^4+a	14	a^4+a+1
206	a^6+a^4+a+1	100	a^4+1
208	a^6+a^4+1	224	a^4+a
16	$a^6+a^3+a^2$	27	a^3+a^2
34	$a^6+a^3+a^2+a$	75	a^3+a^2+a+1
136	$a^6+a^3+a^2+a+1$	104	a^3+a^2+1
145	$a^6+a^3+a^2+1$	199	a^3+a^2+a
37	a^6+a^3+a	3	a^3
152	a^6+a^3+1	51	a^3+a
179	a^6+a^3+a+1	223	a^3+1
226	a^6+a^3	238	a^3+a+1
48	a^6+a^2+a	2	a^2
102	a^6+a^2	26	a^2+a
221	a^6+a^2+1	50	a^2+1
253	a^6+a^2+a+1	198	a^2+a+1
6	a^6	0	1
98	a^6+a+1	1	a
139	a^6+a	25	$a+1$
191	a^6+1	255	1

A.4. Fehlerlokalisierungspolynome

Tabelle A.1.: Fehlerlokalisierungspolynome $\boldsymbol{l}_I$ aus Abschnitt 4.4.2

I	l_I		I	l_I	
{0}	1	01	{10, 13}	$\boldsymbol{x}^6+\boldsymbol{x}^5+\boldsymbol{x}^3+\boldsymbol{x}^1+\boldsymbol{x}^0$	6B
{1}	$\boldsymbol{x}^1$	02	{5, 15}	$\boldsymbol{x}^6+\boldsymbol{x}^5+\boldsymbol{x}^3+\boldsymbol{x}^2+\boldsymbol{x}^1$	6E
{0, 1}	$\boldsymbol{x}^1+\boldsymbol{x}^0$	03	{1, 9}	$\boldsymbol{x}^6+\boldsymbol{x}^5+\boldsymbol{x}^4$	70
{2}	$\boldsymbol{x}^2$	04	{0, 9}	$\boldsymbol{x}^6+\boldsymbol{x}^5+\boldsymbol{x}^4+\boldsymbol{x}^1+\boldsymbol{x}^0$	73
{0, 2}	$\boldsymbol{x}^2+\boldsymbol{x}^0$	05	{2, 9}	$\boldsymbol{x}^6+\boldsymbol{x}^5+\boldsymbol{x}^4+\boldsymbol{x}^2+\boldsymbol{x}^1$	76
{1, 2}	$\boldsymbol{x}^2+\boldsymbol{x}^1$	06	{8, 15}	$\boldsymbol{x}^6+\boldsymbol{x}^5+\boldsymbol{x}^4+\boldsymbol{x}^2+\boldsymbol{x}^1+\boldsymbol{x}^0$	77
{5, 14}	$\boldsymbol{x}^2+\boldsymbol{x}^1+\boldsymbol{x}^0$	07	{3, 9}	$\boldsymbol{x}^6+\boldsymbol{x}^5+\boldsymbol{x}^4+\boldsymbol{x}^3+\boldsymbol{x}^1$	7A
{3}	$\boldsymbol{x}^3$	08	{11, 13}	$\boldsymbol{x}^6+\boldsymbol{x}^5+\boldsymbol{x}^4+\boldsymbol{x}^3+\boldsymbol{x}^2+\boldsymbol{x}^1$	7E
{0, 3}	$\boldsymbol{x}^3+\boldsymbol{x}^0$	09	{0, 7}	$\boldsymbol{x}^7+\boldsymbol{x}^0$	81
{1, 3}	$\boldsymbol{x}^3+\boldsymbol{x}^1$	0A	{1, 7}	$\boldsymbol{x}^7+\boldsymbol{x}^1$	82
{2, 3}	$\boldsymbol{x}^3+\boldsymbol{x}^2$	0C	{2, 7}	$\boldsymbol{x}^7+\boldsymbol{x}^2$	84
{6, 15}	$\boldsymbol{x}^3+\boldsymbol{x}^2+\boldsymbol{x}^1$	0E	{3, 13}	$\boldsymbol{x}^7+\boldsymbol{x}^2+\boldsymbol{x}^1+\boldsymbol{x}^0$	87
{7, 13}	$\boldsymbol{x}^3+\boldsymbol{x}^2+\boldsymbol{x}^1+\boldsymbol{x}^0$	0F	{3, 7}	$\boldsymbol{x}^7+\boldsymbol{x}^3$	88
{0, 4}	$\boldsymbol{x}^4+\boldsymbol{x}^0$	11	{2, 13}	$\boldsymbol{x}^7+\boldsymbol{x}^3+\boldsymbol{x}^1+\boldsymbol{x}^0$	8B
{1, 4}	$\boldsymbol{x}^4+\boldsymbol{x}^1$	12	{1, 13}	$\boldsymbol{x}^7+\boldsymbol{x}^3+\boldsymbol{x}^2+\boldsymbol{x}^0$	8D
{2, 4}	$\boldsymbol{x}^4+\boldsymbol{x}^2$	14	{0, 13}	$\boldsymbol{x}^7+\boldsymbol{x}^3+\boldsymbol{x}^2+\boldsymbol{x}^1$	8E
{3, 4}	$\boldsymbol{x}^4+\boldsymbol{x}^3$	18	{13}	$\boldsymbol{x}^7+\boldsymbol{x}^3+\boldsymbol{x}^2+\boldsymbol{x}^1+\boldsymbol{x}^0$	8F
{8, 14}	$\boldsymbol{x}^4+\boldsymbol{x}^3+\boldsymbol{x}^2+\boldsymbol{x}^1$	1E	{12, 15}	$\boldsymbol{x}^7+\boldsymbol{x}^4+\boldsymbol{x}^2+\boldsymbol{x}^0$	95
{0, 5}	$\boldsymbol{x}^5+\boldsymbol{x}^0$	21	{6, 12}	$\boldsymbol{x}^7+\boldsymbol{x}^4+\boldsymbol{x}^3+\boldsymbol{x}^1+\boldsymbol{x}^0$	9B
{1, 5}	$\boldsymbol{x}^5+\boldsymbol{x}^1$	22	{4, 13}	$\boldsymbol{x}^7+\boldsymbol{x}^4+\boldsymbol{x}^3+\boldsymbol{x}^2+\boldsymbol{x}^1+\boldsymbol{x}^0$	9F
{2, 14}	$\boldsymbol{x}^5+\boldsymbol{x}^1+\boldsymbol{x}^0$	23	{7, 14}	$\boldsymbol{x}^7+\boldsymbol{x}^5+\boldsymbol{x}^2+\boldsymbol{x}^1+\boldsymbol{x}^0$	A7
{2, 5}	$\boldsymbol{x}^5+\boldsymbol{x}^2$	24	{13, 14}	$\boldsymbol{x}^7+\boldsymbol{x}^5+\boldsymbol{x}^3$	A8
{1, 14}	$\boldsymbol{x}^5+\boldsymbol{x}^2+\boldsymbol{x}^0$	25	{9, 12}	$\boldsymbol{x}^7+\boldsymbol{x}^5+\boldsymbol{x}^3+\boldsymbol{x}^0$	A9
{0, 14}	$\boldsymbol{x}^5+\boldsymbol{x}^2+\boldsymbol{x}^1$	26	{10, 15}	$\boldsymbol{x}^7+\boldsymbol{x}^5+\boldsymbol{x}^3+\boldsymbol{x}^1$	AA
{14}	$\boldsymbol{x}^5+\boldsymbol{x}^2+\boldsymbol{x}^1+\boldsymbol{x}^0$	27	{5, 13}	$\boldsymbol{x}^7+\boldsymbol{x}^5+\boldsymbol{x}^3+\boldsymbol{x}^2+\boldsymbol{x}^1+\boldsymbol{x}^0$	AF
{3, 5}	$\boldsymbol{x}^5+\boldsymbol{x}^3$	28	{8, 13}	$\boldsymbol{x}^7+\boldsymbol{x}^5+\boldsymbol{x}^4+\boldsymbol{x}^2+\boldsymbol{x}^1$	B6
{11, 12}	$\boldsymbol{x}^5+\boldsymbol{x}^3+\boldsymbol{x}^1$	2A	{11, 15}	$\boldsymbol{x}^7+\boldsymbol{x}^5+\boldsymbol{x}^4+\boldsymbol{x}^3+\boldsymbol{x}^2+\boldsymbol{x}^1+\boldsymbol{x}^0$	BF
{3, 14}	$\boldsymbol{x}^5+\boldsymbol{x}^3+\boldsymbol{x}^2+\boldsymbol{x}^1+\boldsymbol{x}^0$	2F	{13, 15}	$\boldsymbol{x}^7+\boldsymbol{x}^6+\boldsymbol{x}^0$	C1
{3, 8}	$\boldsymbol{x}^5+\boldsymbol{x}^4+\boldsymbol{x}^0$	31	{10, 14}	$\boldsymbol{x}^7+\boldsymbol{x}^6+\boldsymbol{x}^1+\boldsymbol{x}^0$	C3
{4, 14}	$\boldsymbol{x}^5+\boldsymbol{x}^4+\boldsymbol{x}^2+\boldsymbol{x}^1+\boldsymbol{x}^0$	37	{4, 12}	$\boldsymbol{x}^7+\boldsymbol{x}^6+\boldsymbol{x}^3+\boldsymbol{x}^1+\boldsymbol{x}^0$	CB
{0, 8}	$\boldsymbol{x}^5+\boldsymbol{x}^4+\boldsymbol{x}^3$	38	{7, 15}	$\boldsymbol{x}^7+\boldsymbol{x}^6+\boldsymbol{x}^3+\boldsymbol{x}^2+\boldsymbol{x}^1$	CE
{1, 8}	$\boldsymbol{x}^5+\boldsymbol{x}^4+\boldsymbol{x}^3+\boldsymbol{x}^1+\boldsymbol{x}^0$	3B	{6, 13}	$\boldsymbol{x}^7+\boldsymbol{x}^6+\boldsymbol{x}^3+\boldsymbol{x}^2+\boldsymbol{x}^1+\boldsymbol{x}^0$	CF
{9, 15}	$\boldsymbol{x}^5+\boldsymbol{x}^4+\boldsymbol{x}^3+\boldsymbol{x}^2$	3C	{3, 12}	$\boldsymbol{x}^7+\boldsymbol{x}^6+\boldsymbol{x}^4+\boldsymbol{x}^1+\boldsymbol{x}^0$	D3
{2, 8}	$\boldsymbol{x}^5+\boldsymbol{x}^4+\boldsymbol{x}^3+\boldsymbol{x}^2+\boldsymbol{x}^0$	3D	{11, 14}	$\boldsymbol{x}^7+\boldsymbol{x}^6+\boldsymbol{x}^4+\boldsymbol{x}^2+\boldsymbol{x}^1$	D6
{10, 12}	$\boldsymbol{x}^5+\boldsymbol{x}^4+\boldsymbol{x}^3+\boldsymbol{x}^2+\boldsymbol{x}^1+\boldsymbol{x}^0$	3F	{1, 12}	$\boldsymbol{x}^7+\boldsymbol{x}^6+\boldsymbol{x}^4+\boldsymbol{x}^3+\boldsymbol{x}^0$	D9
{0, 6}	$\boldsymbol{x}^6+\boldsymbol{x}^0$	41	{0, 12}	$\boldsymbol{x}^7+\boldsymbol{x}^6+\boldsymbol{x}^4+\boldsymbol{x}^3+\boldsymbol{x}^1$	DA
{1, 6}	$\boldsymbol{x}^6+\boldsymbol{x}^1$	42	{12}	$\boldsymbol{x}^7+\boldsymbol{x}^6+\boldsymbol{x}^4+\boldsymbol{x}^3+\boldsymbol{x}^1+\boldsymbol{x}^0$	DB
{2, 6}	$\boldsymbol{x}^6+\boldsymbol{x}^2$	44	{2, 12}	$\boldsymbol{x}^7+\boldsymbol{x}^6+\boldsymbol{x}^4+\boldsymbol{x}^3+\boldsymbol{x}^2+\boldsymbol{x}^1+\boldsymbol{x}^0$	DF
{3, 15}	$\boldsymbol{x}^6+\boldsymbol{x}^2+\boldsymbol{x}^1$	46	{2, 10}	$\boldsymbol{x}^7+\boldsymbol{x}^6+\boldsymbol{x}^5$	E0
{3, 6}	$\boldsymbol{x}^6+\boldsymbol{x}^3$	48	{8, 12}	$\boldsymbol{x}^7+\boldsymbol{x}^6+\boldsymbol{x}^5+\boldsymbol{x}^1$	E2
{2, 15}	$\boldsymbol{x}^6+\boldsymbol{x}^3+\boldsymbol{x}^1$	4A	{0, 10}	$\boldsymbol{x}^7+\boldsymbol{x}^6+\boldsymbol{x}^5+\boldsymbol{x}^2+\boldsymbol{x}^0$	E5
{1, 15}	$\boldsymbol{x}^6+\boldsymbol{x}^3+\boldsymbol{x}^2$	4C	{1, 10}	$\boldsymbol{x}^7+\boldsymbol{x}^6+\boldsymbol{x}^5+\boldsymbol{x}^2+\boldsymbol{x}^1$	E6
{15}	$\boldsymbol{x}^6+\boldsymbol{x}^3+\boldsymbol{x}^2+\boldsymbol{x}^1$	4E	{3, 10}	$\boldsymbol{x}^7+\boldsymbol{x}^6+\boldsymbol{x}^5+\boldsymbol{x}^3+\boldsymbol{x}^2$	EC
{0, 15}	$\boldsymbol{x}^6+\boldsymbol{x}^3+\boldsymbol{x}^2+\boldsymbol{x}^1+\boldsymbol{x}^0$	4F	{0, 11}	$\boldsymbol{x}^7+\boldsymbol{x}^6+\boldsymbol{x}^5+\boldsymbol{x}^4$	F0
{12, 13}	$\boldsymbol{x}^6+\boldsymbol{x}^4+\boldsymbol{x}^2$	54	{1, 11}	$\boldsymbol{x}^7+\boldsymbol{x}^6+\boldsymbol{x}^5+\boldsymbol{x}^4+\boldsymbol{x}^1+\boldsymbol{x}^0$	F3
{9, 14}	$\boldsymbol{x}^6+\boldsymbol{x}^4+\boldsymbol{x}^2+\boldsymbol{x}^0$	55	{2, 11}	$\boldsymbol{x}^7+\boldsymbol{x}^6+\boldsymbol{x}^5+\boldsymbol{x}^4+\boldsymbol{x}^2+\boldsymbol{x}^0$	F5
{7, 12}	$\boldsymbol{x}^6+\boldsymbol{x}^4+\boldsymbol{x}^3+\boldsymbol{x}^1+\boldsymbol{x}^0$	5B	{3, 11}	$\boldsymbol{x}^7+\boldsymbol{x}^6+\boldsymbol{x}^5+\boldsymbol{x}^4+\boldsymbol{x}^3+\boldsymbol{x}^0$	F9
{4, 15}	$\boldsymbol{x}^6+\boldsymbol{x}^4+\boldsymbol{x}^3+\boldsymbol{x}^2+\boldsymbol{x}^1$	5E	{5, 12}	$\boldsymbol{x}^7+\boldsymbol{x}^6+\boldsymbol{x}^5+\boldsymbol{x}^4+\boldsymbol{x}^3+\boldsymbol{x}^1+\boldsymbol{x}^0$	FB
{6, 14}	$\boldsymbol{x}^6+\boldsymbol{x}^5+\boldsymbol{x}^2+\boldsymbol{x}^1+\boldsymbol{x}^0$	67	{12, 14}	$\boldsymbol{x}^7+\boldsymbol{x}^6+\boldsymbol{x}^5+\boldsymbol{x}^4+\boldsymbol{x}^3+\boldsymbol{x}^2$	FC
{14, 15}	$\boldsymbol{x}^6+\boldsymbol{x}^5+\boldsymbol{x}^3+\boldsymbol{x}^0$	69	{9, 13}	$\boldsymbol{x}^7+\boldsymbol{x}^6+\boldsymbol{x}^5+\boldsymbol{x}^4+\boldsymbol{x}^3+\boldsymbol{x}^2+\boldsymbol{x}^0$	FD

A.5. Binäre modulare Potenzierung

Es ist $y = x^u \bmod m = \varrho_m(x^u)$ zu berechnen. Das in diesem Abschnitt vorgestellte Verfahren basiert auf der Entwicklung von u in Binärziffern:

$$u = \sum_{\nu=0}^{n} \mathsf{b}_\nu 2^\nu \quad \text{mit} \quad \mathsf{b}_\nu \in \{0,1\} \tag{A.1}$$

Das ergibt in x^u eingesetzt

$$x^u = x^{\sum_{\nu=0}^{n} \mathsf{b}_\nu 2^\nu} = \prod_{\nu=0}^{n} x^{\mathsf{b}_\nu 2^\nu} \tag{A.2}$$

Nach (6.3d) kann das Produkt sukzessive mit Multiplikationen mod m berechnet werden. Beachtet man noch

$$x^{2^{\nu+1}} = \left(x^{2^\nu}\right)^2$$

dann kann x^u nach dem folgenden einfachen Algorithmus berechnet werden:

1 $y \leftarrow 1;\ q \leftarrow x$
2 **for** $\nu = 0$ **to** n **do**
3   **if** $\mathsf{b}_\nu = 1$ **then** $y \leftarrow \varrho_m(yq)$ **end**
4     $q \leftarrow \varrho_m(q^2)$
5   **end**

Beim letzten Passieren der Schleife kann die Berechnung von $\varrho_m(q^2)$ natürlich weggelassen werden, dieses q wird nicht mehr benötigt. Als einfaches Beispiel wird $11^{31} \bmod 100$ berechnet. Es ist $31 = 11111_2$. Zu beginn ist $y = 1$ und $q = 11$.

3 $y \leftarrow 11 = \varrho_{100}(1 \cdot 11)$
4 $q \leftarrow 21 = \varrho_{100}(11^2)$
3 $y \leftarrow 31 = \varrho_{100}(11 \cdot 21)$
4 $q \leftarrow 41 = \varrho_{100}(21^2)$
3 $y \leftarrow 71 = \varrho_{100}(31 \cdot 41)$
4 $q \leftarrow 81 = \varrho_{100}(41^2)$
3 $y \leftarrow 51 = \varrho_{100}(71 \cdot 81)$
4 $q \leftarrow 61 = \varrho_{100}(81^2)$
3 $y \leftarrow 11 = \varrho_{100}(51 \cdot 61)$

Das Ergebnis ist $\varrho_{100}(11^{31}) = 11$. Zur Kontrolle: $11^{31} = 191943424957750480504146841291811$.

A.6. AVR-Nomenklatur und AVR-Makros

In den Programmen werden die folgenden Präfixe für Assemblervariablen und Marken benutzt:

`a` Absolute Adresse (Assemblervariable)
`o` *Offset*, d.h. relative Adresse (Assemblervariable)
`i` Index (Assemblervariable)
`b` Byte (Marke)
`w` Wort (Marke)
`p` Adresse (Marke)

Die Präfixe `b`, `w` und `p` kennzeichnen Speicherelemente, im Gegensatz zu den Präfixen `a`, `o` und `i`, die im Konstantenfeld von Assembler- oder Maschinenbefehlen verwendet werden. Lokal werden weitere Präfixe eingesetzt, z.B. `cbc` für *callback chain*.
Beispiele:

```
        .equ    aXyz = b0pq
        .equ    oXyz = 2
        .equ    iXyz = 3
         sts    aXyz,r0             2   Bytezugriff absolut
         std    Z+oXyz,r1           2   Bytezugriff über offset
         std    Z+2*iXyz,r16        2   Wortzugriff über Index
         std    Z+2*iXyz+1,r17      2
        .dseg
b0pq:   .byte   1                       Bytevariable
w0pq:   .byte   2                       Wortvariable
        .cseg
p0pq:   .dw     b0pq                    Adressenvariable (ebenfalls Wort)
```

Ein anständiger Makroprozessor kann das Programmieren in jeder Assemblersprache zumindest erträglich machen. Beispielsweise kann der Zugriff auf Tabellen mit Makros nicht nur erleichtert, sondern auch transparenter gemacht werden. Überhaupt sollte es möglich sein, die Verwendung komplexerer Datenstrukturen als sie der Assembler selbst verarbeiten kann so zu gestalten, dass ein Programm auch nach längerer Zeit noch nachvollzogen werden kann. Als absolutes Minimum sollte die Fähigkeit vorhanden sein, öfter vorkommende Befehlsfolgen durch ein Makro zu ersetzen. Dieses Minimum stellt der AVR-Assembler zwar zur Verfügung, aber nur in rudimentärer Form. Soll z.B. eine Folge von fünf `push`-Befehlen abgekürzt werden, kann das mit dem Makro

```
.macro  push5
 push   @0
 push   @1
 push   @2
 push   @3
 push   @4
.endm
```

geschehen. Dieses Makro gilt aber nur für genau fünf `push`-Befehle, für eine Folge mit sieben solcher Befehle muss ein Makro `push7` programmiert werden. Ein allgemeines Makro `mpush` für eine beliebig lange Folge von `push`-Befehlen kann nicht erzeugt werden, da die Möglichkeit fehlt, in einem Makro die tatsächliche Anzahl der dem Makro übergebenen Parameter festzustellen.[1] Ganz allgemein mangelt es an einer Verarbeitungsmöglichkeit von Texten, zu denen ja auch die Makroparameter gehören.

Hier ist jedenfalls noch das zu `push5` passende Makro. Man vergesse nicht, daß die Register von `push5` bei `pop5` dann in umgekehrter Reihenfolge anzugeben sind!

```
.macro  pop5
 pop    @0
 pop    @1
 pop    @2
 pop    @3
 pop    @4
.endm
```

Solche Makros lassen sich natürlich auch mit anderen Befehlen bilden, sie können eine beträchtliche Einsparung an Programmzeilen bringen. Ein Beispiel:

```
.macro  clr5
 clr    @0
 clr    @1
 clr    @2
 clr    @3
 clr    @4
.endm
```

Auch lange Sequenzen von Speicherbefehlen können mit einem Makro zusammengefasst werden. Der erste Parameter `@0` enthält das Adressregister **X** oder **Y**, der dritte `@2` das *offset* zur Adresse im Adressregister, und der zweite Parameter `@1` enthält das zu verwendende Quellenregister $\mathbf{r_0}$ bis $\mathbf{r_{31}}$.

```
.macro  std8O
 std    @0+0+@2,@1
 std    @0+1+@2,@1
 std    @0+2+@2,@1
 std    @0+3+@2,@1
 std    @0+4+@2,@1
 std    @0+5+@2,@1
 std    @0+6+@2,@1
 std    @0+7+@2,@1
.endm
```

Man beachte: Es heißt nicht `std80`, sondern `std8O`, mit dem Buchstaben „O" von *offset*. Z.B. liefert das Makro `std8O Y,r16,10` die Befehlsfolge von `std Y+0+10,r16` bis `std Y+7+10,r16`.

Die folgenden Makros sind allerdings subtiler als die bisher vorgestellten. Sie beruhen darauf, daß die relativen Sprungbefehle des Prozessors nicht die Zieladresse enthalten, sondern die Anzahl der Befehle, die übersprungen werden sollen. Der **Assembler** macht daraus jedoch *im*

[1] Jedenfalls erwähnt die Dokumentation keine solche Möglichkeit und auch einiges Herumprobieren enthüllte keine verborgenen Mechanismen.

Programmtext absolute Sprünge an eine Marke. Relative Sprünge sind nur mit Assemblerbefehlen allein nicht durchführbar. Man kann aber den relativen Sprung über n Befehlsworte als Bitmuster berechnen und als Datum in das Programm einbringen.

```
#define skcc  .dw 0b1111010000001000
#define skcc2 .dw 0b1111010000010000
#define skcc3 .dw 0b1111010000011000
#define skcc4 .dw 0b1111010000100000
#define skcc5 .dw 0b1111010000101000
#define skcs  .dw 0b1111000000001000
#define skcs2 .dw 0b1111000000010000
#define skcs3 .dw 0b1111000000011000
#define skcs4 .dw 0b1111000000100000
#define skeq  .dw 0b1111000000001001
#define skeq1 .dw 0b1111000000001001
#define skeq2 .dw 0b1111000000010001
#define skeq3 .dw 0b1111000000011001
#define skeq4 .dw 0b1111000000100001
#define skeq5 .dw 0b1111000000101001
#define skeq6 .dw 0b1111000000110001
#define skeq7 .dw 0b1111000000111001
#define skeq8 .dw 0b1111000001000001
#define skeq9 .dw 0b1111000001001001
#define skge  .dw 0b1111010000001100
#define skge2 .dw 0b1111010000010100
#define skhc  .dw 0b1111010000001101
#define skhc2 .dw 0b1111010000010101
#define skhs  .dw 0b1111000000001101
#define skhs2 .dw 0b1111000000010101
#define skid  .dw 0b1111010000001111
#define skid2 .dw 0b1111010000010111
#define skie  .dw 0b1111000000001111
#define skie2 .dw 0b1111000000010111
#define sklo  .dw 0b1111000000001000
#define sklo2 .dw 0b1111000000010000
#define sklo3 .dw 0b1111000000011000
#define sklo4 .dw 0b1111000000100000
#define sklt  .dw 0b1111000000001100
#define sklt2 .dw 0b1111000000010100
#define skmi  .dw 0b1111000000001010
#define skmi2 .dw 0b1111000000010010
#define skmi3 .dw 0b1111000000011010
#define skmi4 .dw 0b1111000000100010
#define skmi5 .dw 0b1111000000101010
#define skmi6 .dw 0b1111000000110010
#define skmi7 .dw 0b1111000000111010
```

```
#define skmi8 .dw 0b1111000001000010
#define skmi9 .dw 0b1111000001001010
#define skne  .dw 0b1111010000001001
#define skne1 .dw 0b1111010000001001
#define skne2 .dw 0b1111010000010001
#define skne3 .dw 0b1111010000011001
#define skne4 .dw 0b1111010000100001
#define skne5 .dw 0b1111010000101001
#define skne6 .dw 0b1111010000110001
#define skpl  .dw 0b1111010000001010
#define skpl2 .dw 0b1111010000010010
#define skpl3 .dw 0b1111010000011010
#define skpl4 .dw 0b1111010000100010
#define sksh  .dw 0b1111010000001000
#define sksh1 .dw 0b1111010000001000
#define sksh2 .dw 0b1111010000010000
#define sksh3 .dw 0b1111010000011000
#define sktc  .dw 0b1111010000001110
#define sktc2 .dw 0b1111010000010110
#define skts  .dw 0b1111000000001110
#define skts2 .dw 0b1111000000010110
#define skvc  .dw 0b1111010000001011
#define skvc2 .dw 0b1111010000010011
#define skvs  .dw 0b1111000000001011
#define skvs2 .dw 0b1111000000010011
#define skip  .dw 0b1100000000000001
#define skip1 .dw 0b1100000000000001
#define skip2 .dw 0b1100000000000010
#define skip3 .dw 0b1100000000000011
#define skip4 .dw 0b1100000000000100
#define skip5 .dw 0b1100000000000101
#define bjmp1 .dw 0xC000|(-3&0xFFF)
#define bjmp2 .dw 0xC000|(-4&0xFFF)
```

Die Bitmuster der Befehle können [Atm] entnommen werden, falls z.B. der Wunsch bestehen sollte, nach das Makro `skeq10` hinzuzufügen.

Literaturverzeichnis

[Atm] Atmel Corporation. 8-bit AVR Instruction Set. Rev. 0856D-AVR-08/02.

[Berl] Berlekamp, E.R. (1968): Algebraic Coding Theory. New York: McGraw-Hill.

[Bour] Bourbaki, Nicolas (1968): Elements of Mathematics. Theory of Sets.
Paris: Herman, Publishers in Arts and Science.
Reading, Massachusetts: Addison-Wesley Publishing Company.

[Greu] Greub, W.H. (1967): Linear Algebra. New York Heidelberg Berlin: Springer-Verlag

[Groe] Gröbner, Wolfgang (1966): Matrizenrechnung. Mannheim: Bibliographisches Institut.

[Knut] Knuth, D.E. (19182): The Art of Computer Programming, vol. 2, Seminumerical Algorithms.
Reading, Mass.:Addison-Wesley.

[Lang] Lang, Serge (1967): Algebra.
Reading, Massachusetts: Addison-Wesley Publishing Company.

[LiNi] Lidl, R., Niederreiter, H. (1986): Introduction to finite fields and their applications.
Cambride, London, New York: Cambridge University Press.

[MlBi] MacLane, S., Birkhoff, G. (1968): Algebra. New York: The Macmillan Company.

[Monk] Monk, J. Donald (1969): Introduction to Set Theory.
New York: McGraw-Hill Book Company.

[NiZu] Niven, I., Zuckermann, H.,S. (1972): Introduction to the Theory of Numbers.
New York: John Wiley & Sons

[PeWe] Peterson, W.W., Weldon, E.J. (19172): Error Correcting Codes.
Cambridge, Mass.: M.I.T. Press.

[Ples] Pless, V. (1982): Introduction to the Theory of Error-Correting Codes. New York: Wiley.

[Robn] Robinson, Abraham (1965): Numbers and Ideals.
San Francisco, London, Amsterdam: Holden-Day, Inc.

[Schm] Schmidt, Jürgen (1966): Mengenlehre I. Mannheim: Bibliographisches Institut.

[Mss1] Schwabl-Schmidt, M. (2010): AVR-Programmierung Buch1. Aachen: Elektor-Verlag.

[Mss3] Schwabl-Schmidt, M. (2010): AVR-Programmierung Buch2. Aachen: Elektor-Verlag.

[Mss2] Schwabl-Schmidt, M. (2012): AVR-Programmierung Buch4. Aachen: Elektor-Verlag.

[Stan] Stanoyevitch, Alexander (2011): Introduction To Cryptography. Boca Raton, London, New York: CRC Press.

[vdW1] van der Waerden, B.L. (1966): Algebra. New York Heidelberg Berlin: Springer-Verlag

[vdW2] van der Waerden, B.L. (1967): Algebra II. New York Heidelberg Berlin: Springer-Verlag

[Wilk] Wilkinson, J.H., Reinsch, C. (1971): Linear Algebra. New York Heidelberg Berlin: Springer-Verlag

Index

The manufacturer's authorised representative in the EU is Springer Nature Customer Service Centre GmbH, Europaplatz 3, 69115 Heidelberg, Germany. If you have any concerns regarding our products, please contact ProductSafety@springernature.com

Printed and bound by CPI Group (UK) Ltd, Croydon, CR0 4YY
25/03/2026
02078194-0018